JN303055

口絵 1　花の模様の種類（図 4-1-20 参照）
　a：覆輪模様；外縁白色型覆輪模様（ペチュニア），b：星型模様（ペチュニア），c：扇型模様および吹っかけ絞り模様；細かい模様が吹っかけ絞り模様（マルバアサガオ），d：鹿の子模様；中心部の細かい模様が鹿の子模様（アルストロメリア）

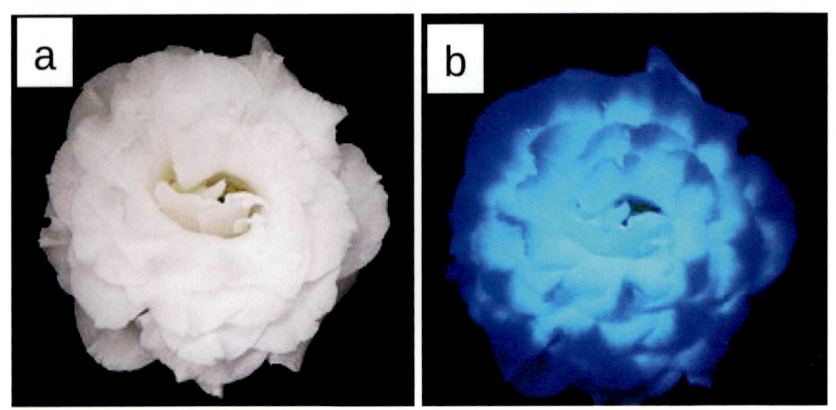

口絵 2　紫外光の下であらわれる模様（図 4-1-21 参照）
　被写体はトルコギキョウの白花品種。a：可視光下での様子，b：紫外光の下での様子。フラボノイドの濃度の高い花弁の先端部分が暗く見える。

口絵 3　ウイルス感染によってチューリップに発現する模様（図 4-1-22 参照）
　a：非感染の花，b：チューリップモザイクウイルスに感染した花。模様が発現するとともに色の濃さも変化している

コンメリニン分子の構造

対称軸の上から見た図　　対称軸の側面から見た図

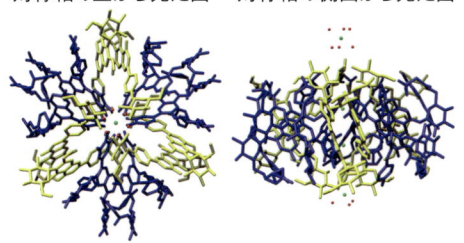

オオボウシバナの花

Mg イオンの結合部位（側面図）
対合しているアントシアニンの一方は Mg1 に，他方は Mg2 に結合

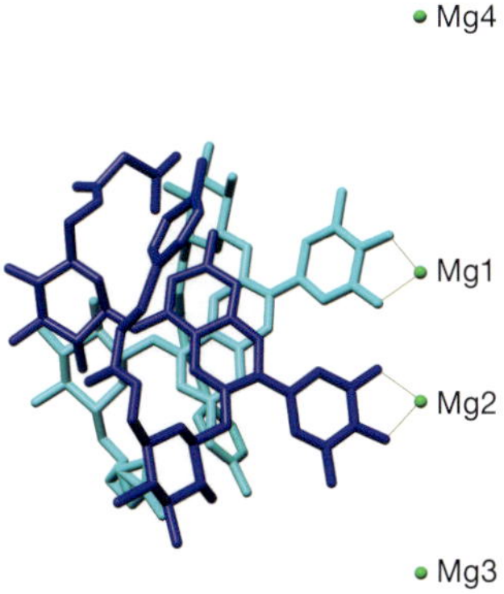

対合しているフラボンの一方は Mg3 に，他方は Mg4 に結合

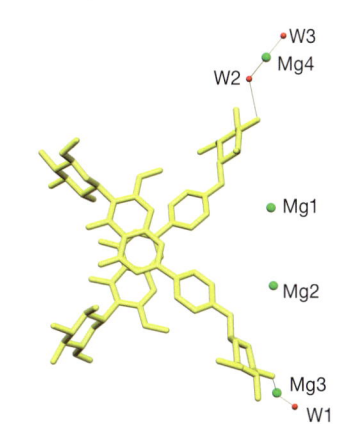

Mg イオンの結合部位（上から見た図）

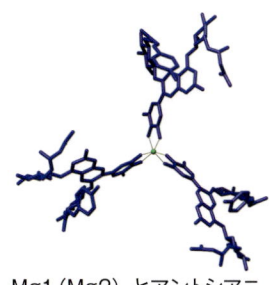

Mg1（Mg2）とアントシアニンの結合 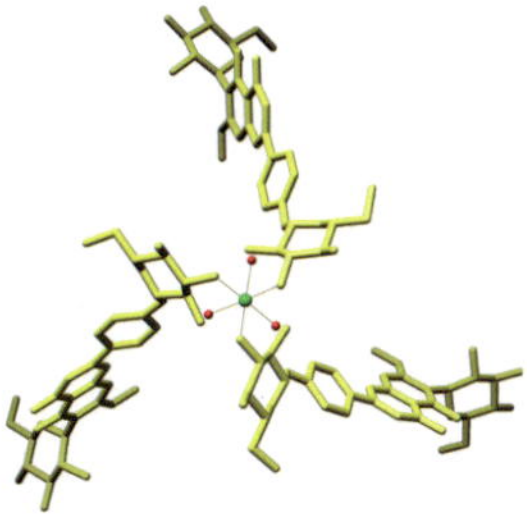　　Mg3 とフラボンの結合 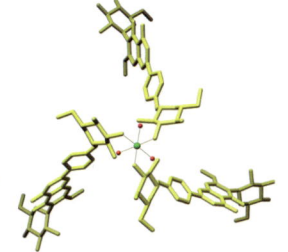　　Mg4 とフラボンの結合

口絵 4　コンメリニンの構造（図 4-1-5 参照）

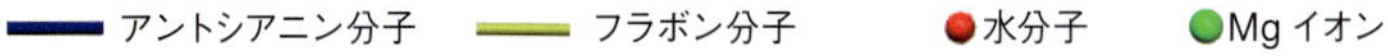

── アントシアニン分子　　── フラボン分子　　● 水分子　　● Mg イオン

ヤグルマギクの花

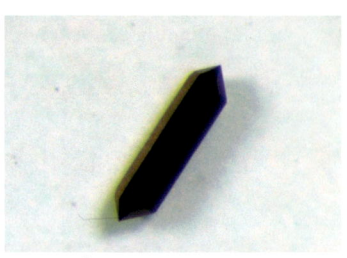

プロトシアニンの単結晶

プロトシアニン分子の構造

対称軸の上から見た図

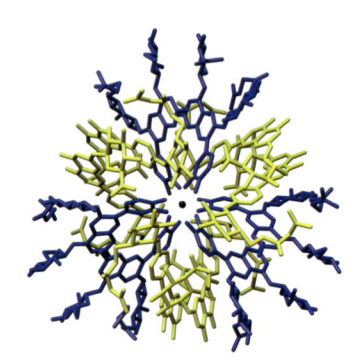

側面から見た図

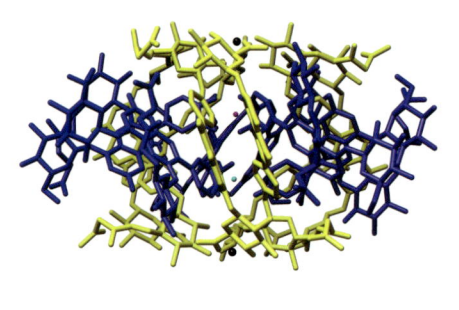

金属イオンとアントシアニン，フラボンとの結合（側面図）

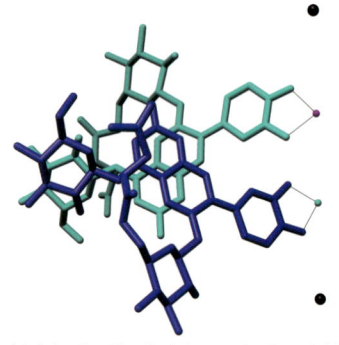

対合しているアントシアニンの一方は上側の Fe イオンと，他方は下側の Mg イオンと結合している

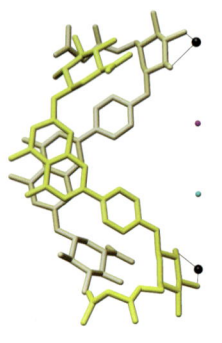

対合しているフラボンの一方は上側の Ca イオンと，他方は下側の Ca イオンと結合している

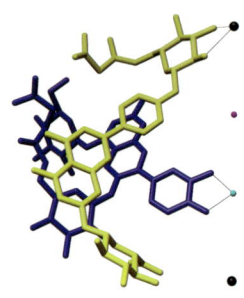

Mg イオンと結合しているアントシアニンと対をつくっているフラボンは上側の Ca イオンと結合している

口絵5　プロトシアニンの構造（図 4-1-6 参照）

── アントシアニン分子　── フラボン分子　● Ca イオン　● Fe イオン　● Mg イオン

植 物 色 素
フラボノイド
武田幸作・齋藤規夫・岩科 司 編

文一総合出版

はじめに

　フラボノイド化合物は，コケ植物から裸子・被子植物にいたるまで植物界に広く分布し，今日までに7000種を超える報告がある。フラボノイドの研究が始まったのは1830年代からで，当時はヨーロッパを中心として行われていた。歴史的にはおよそ180年前からということになるが，この領域の研究は，特に1980年代から著しい研究の進展が見られている。その進展は，この時期に新しい分析実験方法が導入されてきたことによっている。例えば，フラボノイド成分の分取分析には高速液体クロマトグラフィーを始めとして新しい各種のクロマトグラフィーが，構造解析には高性能の核磁気共鳴スペクトルメトリーやマススペクトルメトリーが開発導入され，また遺伝，生合成の研究には分子生物学的な手法が取り入れられ，フラボノイドの研究は目覚しい進展をとげている。

　フラボノイドの研究分野は，未知のフラボノイド化合物の構造研究はもちろんであるが，現在では，遺伝子解析を含めた生合成，生理活性，花の色の発色機構，薬理作用など，また，園芸分野での新しい花色の導入やフラボノイド成分のいろいろな応用的研究など多岐にわたって研究が広がっている。

　筆者は，嘗て恩師林孝三先生編による『植物色素——実験研究への手引き』の一部を分担執筆させていただいたが，この書は大学に在職時，研究室でよく使用されていた。特に，新しく研究を始めた学生は，植物色素についての基本事項を学び，常に取り出して参考にしながら実験を進めていた。手元にあるその本の側面を見ると帯状に変色した部分がいくつかあり，頻繁に利用されていた項目がわかる。しかし，その書の増訂版の刊行からでさえ4半世紀，特にフラボノイドについての研究は，その後，上記のように方法等に隔世的な進展をとげており，筆者が執筆した項目においても研究の実際の項目はもちろんのこと，基礎的な実験方法の項でさえ不適切な部分が出てきており，気がかりになっていた。最近になり，この書が現在でも古書で購入され学生が使用していることを知り，これに代わる書を出すことができればと考えたのが本書出版の出発点であった。本書は，林孝三編の植物色素の項目のうち，フラボノイド部分を取り上げた改訂版とも言える書にできればと齋藤規夫，岩科司両博士とともに企画したものである。本書の趣旨に賛同され，執筆していただいた第一線の研究者の方々に深甚なる謝意を表します。

　本書の構成は，1章でフラボノイドの主な成分の概要をとりあげ，2章ではフラボノイドの分析に用いられるおもな機器分析方法の基本を取り上げた。3章では，各フラボノイドの単離と分析の基本的な方法を具体的な例を取り上げ解説した。その中では，必ずしも色素研究の先端的な設備が整っていなくても，フラボノイドの

精製や定性などの研究ができるという部分も大切にしたつもりである。4章では，「フラボノイド研究の実際」として現在展開しつつある分野の研究をできるだけ多く取り上げた。フラボノイドと植物の色，生合成，食品のフラボノイド，薬理作用，遺伝子組換えによる花色の改変など14の項目である。なお，本書では，フラボノイドと同様に水溶性で，黄色から紫色にいたる広範な発色をしているベタレイン系色素についてもその定性分析法，生合成を加えた。また，引用文献については詳細を記載するように配慮したので活用していただければ幸いである。

　フラボノイドは，植物特有な成分であり，種類も非常に多い。物質的にもオリゴマー，ポリマーなど未知の領域も多く残されており，植物におけるその生理的な意義も不明なことが多い。その生合成に関連する遺伝子の獲得と植物の進化，環境への適応などとの関連，フラボノイド合成関連遺伝子の発現制御機構，生理活性，園芸や育種への応用，医薬品や機能性食品への利用等などいろいろな分野で更なる飛躍的な展開が期待される。本書が多くの方々に利用され，フラボノイド研究の進展に多少なりとも寄与することができれば，われわれにとって大きな喜びである。

　終わりに本書の刊行をお引き受けいただいた株式会社文一総合出版，刊行に当たって多大なご尽力をいただいた同社の菊地千尋さんに深く感謝申し上げる。また，本書の中では国内外の成書からも引用させていただいている。それらの成書の編著者に敬意と謝意を表する。

編者を代表して　**武田幸作**

植物色素フラボノイド

目　次

はじめに　*3*

1章　フラボノイドの類別と特性　…………………………… 武田幸作 …… *15*
 1.1　アントシアニン …………………………………………………………… *19*
 1.2　フラボン ………………………………………………………………… *19*
 1.3　フラボノール …………………………………………………………… *21*
 1.4　カルコン，ジヒドロカルコン ………………………………………… *22*
 1.5　オーロン ………………………………………………………………… *22*
 1.6　フラバノン，ジヒドロフラボノール ………………………………… *23*
 1.7　フラバン 3-オール，フラバン 3,4-ジオール，
   フラバン 4-オール，プロアントシアニジン ………………………… *24*
 1.8　イソフラボン …………………………………………………………… *26*
 1.9　ビフラボノイドなど …………………………………………………… *27*

2章　フラボノイドの分析法
 2.1.　電子スペクトル（紫外および可視吸収スペクトル）… 渡辺正行 … *33*
  2.1.1.　Lambert と Beer の法則 ………………………………………… *33*
  2.1.2.　測定方法 …………………………………………………………… *34*
   1）　測光系 …………………………………………………………… *34*
   2）　溶媒の吸収 ……………………………………………………… *35*
   3）　セルの選択 ……………………………………………………… *35*
   4）　秤量 ……………………………………………………………… *35*
   5）　走査 ……………………………………………………………… *35*
  2.1.3.　電子スペクトルの解析 …………………………………………… *36*
   1）　官能基や色素団の帰属 ………………………………………… *36*
   2）　分子吸光計数の求め方 ………………………………………… *36*
   3）　光照射による電子スペクトルの形状の変化 ……………… *37*
  2.1.4.　その他の測光 ……………………………………………………… *37*
 2.2.　核磁気共鳴（NMR スペクトル），フラボノイド分析での
   NMR スペクトルによる構造決定 ……… 本多利雄・齋藤規夫 … *38*
  2.2.1.　化学シフト ………………………………………………………… *39*
  2.2.2.　スピン–スピンカップリング …………………………………… *40*

	2.2.3.	緩和時間 ···	*41*
	2.2.4.	核 Overhauser 効果 ·······································	*42*
	2.2.5.	^{13}C NMR ··	*45*
	2.2.6.	二次元 NMR（2D NMR）······································	*49*
		1）HH-COSY, CH-COSY, CC COSY（シフト相関スペクトル）······	*49*
		2）HMQC および HSQC ······································	*51*
		3）HMBC ··	*51*
		4）NOESY ··	*54*
		5）HOHAHA, TOCSY ··	*54*
		6）COLOC ··	*54*
	2.2.7.	フラボノイド系化合物の NMR による構造決定の例 ········	*54*
2.3.	質量スペクトル ··· 木下武 ······	*57*
	2.3.1.	イオン化法 ···	*58*
		1）EI（電気イオン化）法 ·································	*58*
		2）FAB（高速原子衝撃イオン化）法 ·················	*59*
		3）ESI（エレクトロスプレーイオン化）法 ············	*60*
		4）MALDI（マトリックス支援レーザーイオン化）法 ······	*60*
	2.3.2.	分析部（質量分離部）···································	*61*
	2.3.3.	最近の質量分析法の傾向 ···························	*62*
2.4.	円二色性（CD）スペクトル ································· 渡辺正行 ······	*64*
	2.4.1.	光学活性 ···	*64*
	2.4.2.	円二色性 ···	*64*
	2.4.3.	測定方法 ···	*66*
		1）測光系 ··	*66*
		2）セルの種類と洗浄 ······································	*66*
		3）試料濃度 ···	*66*
		4）その他 ··	*66*
	2.4.4.	フラボノイドへの応用 ·····································	*67*
2.5.	トレーサー ··· 作田正明 ······	*69*
	2.5.1.	アイソトープを用いた代謝研究 ····························	*69*
	2.5.2.	放射性同位体を用いたトレーサー実験の実際 ········	*70*
	2.5.3.	RI 使用上の注意 ··	*73*

3 章　フラボノイドの定性・定量分析各論

3.1.　アントシアニン ·· 武田幸作 ······ *77*

- 3.1.1. 材料の処理，抽出および精製 ……………………… 77
  - 1) 材料の処理 ……………………… 77
  - 2) 抽出 ……………………… 78
  - 3) 精製 ……………………… 79
- 3.1.2. 定性分析
  - 1) 酸，アルカリの加水分解などによる定性 ……………… 84
  - 2) 紫外可視吸収スペクトル ……………………… 96
  - 3) アントシアニンのTLCとPC ……………………… 99
  - 4) アントシアニンのHPLC ……………… 村井良徳・武田幸作 99
  - 5) アントシアニンの質量スペクトルによる同定 …… 木下武 104
  - 6) 液体クロマトグラフ・質量スペクトル（LC-MC）
        …………………………………… 村井良徳・武田幸作 108
  - 7) アントシアニンのNMRスペクトル 本多利雄・齋藤規夫 112
- 3.1.3 アントシアニンの定量 ……………………… 武田幸作 138
3.2. 黄色系フラボノイド
- 3.2.1 試料の調製と抽出 ……………………… 岩科司 141
  - 1) 配糖体の抽出 ……………………… 141
  - 2) アグリコンの抽出 ……………………… 142
- 3.2.2 分離および精製 ……………………… 143
  - 1) 粗抽出物の調製 ……………………… 143
  - 2) TLCまたはPCによる精製 ……………………… 144
  - 3) カラムクロマトグラフィーによる精製・純化 ……… 145
  - 4) HPLCによる精製 ……………………… 145
- 3.2.3 定性分析 ……………………… 146
  - 1) TLCやPCによる定性 ……………………… 146
  - 2) HPLCによる定性 ……………………… 152
  - 3) 紫外・可視吸収スペクトルによる定性 ……………… 157
  - 4) 加水分解 ……………………… 168
  - 5) NMRによる定性 ……………… 岩科司・北島潤一 173
  - 6) 質量スペクトル(LC-MS)による定性 …… 村井良徳・岩科司 180
  - 7) フラボノイド同定の実際 ……………………… 岩科司 187
3.3. その他のフラボノイド ……………………… 201
- 3.3.1 試料の調製と抽出 ……………………… 201
- 3.3.2 分離および精製 ……………………… 201
- 3.3.3 定性分析 ……………………… 201
  - 1) TLC，PC，HPLC，酸加水分解などによる定性 …… 201
  - 2) 紫外・可視吸収スペクトルによる定性 ……………… 202
  - 3) NMRとMSによる定性 ……………………… 205

- 3.3.4 フラボノイド同定の実際 ……………………………… 207
  - 1) ファレロール 7-グルコシド ………………………… 207
  - 2) ジヒドロケンフェロール 3-グルコシド …………… 209
  - 3) フロレチン 4'-グルコシド …………………………… 211
- 3.4. フラボノイドに関連するフェノール性化合物 ……………… 215
  - 3.4.1 芳香族有機酸 ……………………………………… 215
  - 3.4.2 キサントン ………………………………………… 217
  - 3.4.3 スチルベン ………………………………………… 218
  - 3.4.4 水解性タンニン …………………………………… 219
  - 3.4.5 キノン ……………………………………………… 219
- 3.5. ベタレイン系色素 ……………………………………………… 223
  - 3.5.1 試料の調製と抽出 ………………………………… 223
  - 3.5.2 分離および精製 …………………………………… 225
    - 1) カラムクロマトグラフィーによる分離 ………… 225
    - 2) ゲル電気泳動による分離 ………………………… 225
    - 3) PC や TLC による分離 …………………………… 226
    - 4) 分取 HPLC による分離 …………………………… 226
  - 3.5.3 定性分析 …………………………………………… 228
    - 1) ベタシアニンとアントシアニンの区別 ………… 228
    - 2) TLC, PC およびカラムクロマトグラフィーによる定性 …… 228
    - 3) HPLC による定性 ………………………………… 229
    - 4) 紫外・可視吸収スペクトルによる定性 ………… 230
    - 5) 質量スペクトルによる定性 ……………………… 232
    - 6) NMR スペクトルによる定性 …………………… 233
    - 7) 加水分解による定性 ……………………………… 237

4 章　フラボノイド研究の実際

- 4.1. フラボノイドと植物の色
  - 4.1.1 花の色 ……………………………………… 武田幸作 … 245
    - 1) 赤～青の発現 ……………………………………… 245
    - 2) 園芸植物における花の色とアントシアニン
       …………………… 土岐健次郎・立澤文見・齋藤規夫 … 270
    - 3) 斑入り …………………………………… 中山真義 … 293
    - 4) 黄色の発現 ……………………………… 岩科司 … 307
  - 4.1.2 葉や茎の色 ………………………………… 吉玉國二郎 … 319
  - 4.1.3 花粉, 種子, 根, 果実の色 ……………………………… 321
    - 1) 花粉の色 …………………………………………… 321

- 2) 種子の色 ·································· *321*
- 3) 根の色 ···································· *322*
- 4) 果実の色 ·································· *322*
- 4.1.4. 木材の色 ························ 矢崎義和 ··· *324*
  - 1) 材の色と色素 ······························ *324*
  - 2) 材および樹皮のフラボノイド ················ *331*

4.2. フラボノイド，アントシアニン，イソフラボノイドの生合成

- 4.2.1 フラボノイドの生合成
  ·················· 小関良宏・松葉由紀・佐々木伸大 ··· *347*
  - 1) フラボノイド生合成系の研究の歴史とその概観 ········· *347*
  - 2) フェニルプロパノイド合成系 ················ *353*
  - 3) フラボノイド合成系 ························ *355*
  - 4) フラボノイド修飾における配糖化酵素 ········ *359*
- 4.2.2 アントシアニンの生合成
  小関良宏・松葉由紀・阿部裕・梅基直行・佐々木伸大 ··· *363*
  - 1) アントシアニン基本骨格の生合成系 ·········· *363*
  - 2) プロアントシアニジン合成系 ················ *366*
  - 3) アントシアニンの配糖化 ···················· *366*
  - 4) アントシアニンの有機酸による修飾 ·········· *372*
  - 5) アントシアニン合成の場とその輸送と液胞への蓄積 ········· *377*
- 4.2.3. イソフラボノイドの生合成
  ················ 綾部真一・明石智義・青木俊夫・内山寛 ··· *384*
  - 1) マメ科におけるイソフラボノイド骨格の生合成：CYP93C IFS ········· *386*
  - 2) IFS の反応機構と進化 ······················ *390*
  - 3) イソフラボンの生成：IFS 産物の脱水と 4'-*O*-メチル化反応 ········· *390*
  - 4) 5-デオキシ(イソ)フラボノイド構造の構築 ···· *394*
  - 5) イソフラボノイドファイトアレキシン（プテロカルパン，イソフラバン）の生合成 ········· *397*
  - 6) イソフラボン修飾系の酵素 ·················· *403*
  - 7) 非マメ科植物のイソフラボン生合成 ·········· *405*
  - 8) イソフラボノイド生合成系の調節，ゲノム学，代謝エンジニアリング ········· *405*

4.3. ベタレインの生合成

- 4.3.1. ベタレイン生合成とその調節 ··········· 作田正明 ··· *413*
  - 1) トレーサー実験による生合成研究 ············ *413*
  - 2) チロシンのヒドロキシル化 ·················· *414*

　　　　3) ベタラミン酸の合成……………………………………… *417*
　　　　4) 配糖化 ……………………………………………………… *418*
　　　　5) 生合成の制御要因 ………………………………………… *419*
　　4.3.2 ベタレインとアントシアニンの排他的な分布
　　　　　　　　　　　　　　　　　……… 嶋田勢津子・作田正明 … *420*
　　　　1) ナデシコ目植物におけるフラボノイド合成………………… *420*
　　　　2) ナデシコ目植物にも DFR と ANS は存在する …………… *423*
　　　　3) ナデシコ目植物における DFR と ANS の機能 …………… *424*
　　　　4) ナデシコ目植物における DFR と ANS の転写調節 ……… *426*
4.4. トランスポゾン …………………………… 星野敦・森田裕将 … *434*
　　4.4.1. フラボノイドとトランスポゾン ………………………………… *434*
　　4.4.2 トランスポゾンの構造と種類 ………………………………… *435*
　　　　1) 自律性因子と非自律性因子の分類 ……………………… *435*
　　　　2) 転移様式による分類 ……………………………………… *435*
　　　　3) 配列の特徴，構造による分類 …………………………… *435*
　　　　4) ゲノムの主要構成要素としてのトランスポゾン ………… *437*
　　4.4.3. トランスポゾンの活性制御 …………………………………… *438*
　　　　1) 転移活性の観察と活性化 ………………………………… *438*
　　　　2) 転移の抑制 ………………………………………………… *438*
　　4.4.4. トランスポゾンによる遺伝子の発現制御 …………………… *440*
　　　　1) 突然変異による制御 ……………………………………… *440*
　　　　2) エピジェネティックな制御 ………………………………… *441*
　　4.4.5. トランスポゾンを利用した遺伝子のクローニングと
　　　　　機能解析 ………………………………………………………… *442*
　　　　1) トランスポゾントラッピング ……………………………… *442*
　　　　2) トランスポゾンタギング ………………………………… *443*
　　　　3) 逆遺伝学的なトランスポゾンタギング ………………… *444*
4.5. 遺伝子発現の調節 ………………………… 由田和津子・作田正明 … *448*
　　4.5.1. 主なフラボノイド化合物の転写制御 ………………………… *448*
　　　　1) アントシアニン合成制御 ………………………………… *448*
　　　　2) プロアントシアニジン合成制御 ………………………… *453*
　　　　3) フラボノール合成制御 …………………………………… *454*
　　　　4) フロバフェン合成制御 …………………………………… *455*
　　4.5.2. 環境に応答して誘導される
　　　　　フラボノイド合成経路の転写制御 …………………………… *455*
　　　　1) 光に応答した遺伝子発現制御 …………………………… *455*
　　　　2) 物理的傷害，病原菌感染に応答した
　　　　　フラボノイド合成制御 …………………………………… *456*

              3) 栄養飢餓ストレスによるフラボノイド合成制御 ……………… 457
       4.5.3. フラボノイド合成の転写制御ネットワーク ………………………… 457
              1) MYB/bHLH/WDR 複合体による制御 ………………………… 458
              2) フラボノイド合成経路の転写因子の転写制御 ………………… 460
              3) フラボノイド合成の抑制因子 ………………………………… 461
4.6. 紫外線防御とフラボノイド … 高橋昭久・大西武雄・武田幸作 469
       4.6.1. 太陽紫外線 …………………………………………………………… 469
       4.6.2. 太陽紫外線によるDNA損傷 ………………………………………… 470
       4.6.3. 太陽紫外線と生物進化 ……………………………………………… 470
       4.6.4. 太陽紫外線によるDNA損傷の修復 ………………………………… 471
              1) 光回復 ………………………………………………………… 471
              2) 暗回復 ………………………………………………………… 472
       4.6.5. 紫外線吸収物質の蓄積による紫外線防御機構 …………………… 473
4.7. ファイトアレキシン …………………………………… 田原哲士 478
       4.7.1. 植物由来の抗菌物質について ……………………………………… 479
       4.7.2. ファイトアレキシンの多様な構造とそれらを産生する植物
              ……………………………………………………………………… 482
              1) 裸子植物のファイトアレキシン ……………………………… 483
              2) 単子葉植物のファイトアレキシン …………………………… 484
              3) 双子葉植物のファイトアレキシン …………………………… 486
       4.7.3. ファイトアレキシンの生理・生化学 ……………………………… 494
              1) ファイトアレキシンの誘導生成と抗菌性 …………………… 494
              2) ファイトアレキシンの代謝的運命 …………………………… 501
              3) ファイトアレキシンは植物の病原抵抗性に機能しているのか？
              ……………………………………………………………………… 503
4.8. アレロパシー ……………………………………………… 藤井義晴 … 515
       4.8.1. アレロパシーとは …………………………………………………… 515
       4.8.2. 外来植物の侵入に関する新兵器仮説とカテキン ………………… 516
       4.8.3. ニセアカシアのアレロパシーとフラボノイドの寄与 …………… 516
       4.8.4. ソバのアレロパシーと全活性法によるルチンの寄与 …………… 518
       4.8.5. ダッタンソバに含まれる植物成長阻害物質の単離・同定
              ……………………………………………………………………… 519
       4.8.6. リョクトウのビテキシン・イソビテキシンと
              アレロケミカル領域 ………………………………………………… 520
       4.8.7. フラボノイドなどの色素の植物生育阻害活性 …………………… 521
4.9. フラボノイドと昆虫のかかわり
       4.9.1. フラボノイドと昆虫の寄主選択 ……………………… 西田律夫 523

- 1) チョウの産卵選択とフラボノイド ……………………… 523
- 2) 吸汁性昆虫とフラボノイド ……………………………… 527
- 3) 昆虫の摂食・代謝に関与するフラボノイド …………… 529
- 4) フラボノイドを蓄積する昆虫 …………………………… 532
- 4.9.2. 花の色と昆虫 …………………… 齋藤規夫・立澤文見 … 536
  - 1) ミツバチによる受粉 ……………………………………… 538
  - 2) ワスプ類による受粉 ……………………………………… 545
  - 3) 鱗翅類による受粉 ………………………………………… 546
  - 4) ハエ類と甲虫類 …………………………………………… 549
- 4.10. 食品のフラボノイド ………………………… 寺原典彦 … 552
  - 4.10.1. 食用植物および食品中に見出されるフラボノイド … 552
  - 4.10.2. フラボノイドを含む主な食品素材 …………………… 558
    - 1) ブドウ ……………………………………………………… 558
    - 2) 茶 …………………………………………………………… 558
    - 3) カカオ ……………………………………………………… 559
  - 4.10.3. フラボノイドの吸収と体内利用 ……………………… 559
  - 4.10.4. フラボノイドの抗酸化活性と機能性 ………………… 562
  - 4.10.5. フラボノイドのタンパク質との相互作用と機能性 … 563
    - 1) 各種酵素との相互作用 …………………………………… 563
    - 2) 受容体（レセプター）との相互作用 …………………… 564
  - 4.10.6. 発酵紅酢中の新規アシル化ポリフェノール成分の構造と機能性
    ……………………………………………………………… 564
    - 1) DGY類およびACS類の単離と構造決定 ……………… 565
    - 2) DGY類およびACS類の抗酸化活性 …………………… 567
    - 3) DGY類およびACS類の生成機構 ……………………… 570
- 4.11. 遺伝子組換えによる花色の改変 …………… 田中良和 … 574
  - 4.11.1. 白い花の作出 …………………………………………… 574
  - 4.11.2. 黄色い花の作出 ………………………………………… 577
  - 4.11.3. デルフィニジン蓄積による青い花の作出 …………… 577
    - 1) 基本戦略 …………………………………………………… 577
    - 2) 青いカーネーションの作出 ……………………………… 579
    - 3) 青いバラの作出 …………………………………………… 580
  - 4.11.4. ペラルゴニジンまたはシアニジンによる花の赤色化 … 581
  - 4.11.5. アントシアニンの修飾による花色の変化 …………… 583
  - 4.11.6. フラボノール，フラボン量の改変による花色変化 … 584
  - 4.11.7. アントシアニン量の上昇による着色 ………………… 584

- 4.12. フラボノイドの薬理作用 … 榊原啓之・下位香代子・寺尾純二 … *590*
  - 4.12.1. フラボノイドの構造と生理活性 …………………………… *590*
  - 4.12.2. フラボノイドの生体利用性と細胞への取り込み機構 ……… *591*
  - 4.12.3. 血管系への作用 …………………………………………… *592*
  - 4.12.4. 脳・神経系への作用 ………………………………………… *595*
- 4.13. 樹皮および材のフラボノイドの利用 ……………… 矢崎義和 … *601*
  - 4.13.1. 接着剤としての利用 ………………………………………… *601*
  - 4.13.2. 健康食品としての利用 ……………………………………… *608*
- 4.14. 植物界におけるフラボノイドの分布 ………………… 岩科司 … *620*
  - 4.14.1. アントシアニン以外のフラボノイドの分布 ………………… *620*
    1) コケ類のフラボノイド ……………………………………… *620*
    2) シダ類のフラボノイド ……………………………………… *621*
    3) 裸子植物のフラボノイド …………………………………… *622*
    4) 双子葉植物のフラボノイド ………………………………… *624*
    5) 単子葉植物のフラボノイド ………………………………… *630*
    6) その他の生物のフラボノイド ……………………………… *633*
  - 4.14.2. アントシアニンの分布 ………………………… 吉玉國二郎 … *643*
    新規アントシアニンの報告と化学分類 ……………………… *653*

事項索引　*665*
生物名索引　*679*
執筆者一覧　*694*

1章

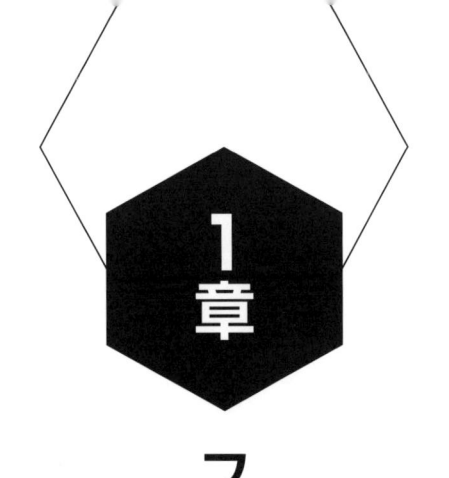

フラボノイドの類別と特性

1章　フラボノイドの類別と特性*

　ここでは，フラボノイドの類別とそれらの特性について概要を述べる。個々のフラボノイドの詳細については，各論を参照されたい。

　フラボノイドは，基本的にはコケ植物からシダ植物，種子植物など植物界に広く分布しており，植物の根，茎，葉，花，種子などほとんどすべての器官に存在している。

　フラボノイドは，化学的には2個のベンゼン環（A環，B環）が3個の炭素原子で結合したC_6-C_3-C_6の基本構造をもち，C_3の部分はカルコン，ジヒドロカルコンを除いて1つのベンゼン環（A環）に縮合した形で酸素原子を含むヘテロ環（C環）を形成している。フラボノイドは，このC環の酸化状態などの違いによって類別されている。

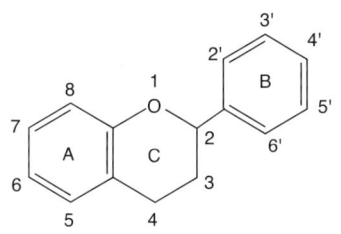

フラボノイドの基本構造

　フラボノイドの基本構造は，生合成と関係があり，B環とC_3の部分を合わせたC_6-C_3の部分は，芳香族アミノ酸であるフェニルアラニン phenylalanine 由来のフェニルプロパノイド phenylpropanoid から派生している。これに3分子のマロニル CoA（malonyl CoA）が脱炭酸しながら縮合してC_6となり，A環が合成され基本構造ができる。それゆえ，ヒドロキシ（水酸）基は，A環の5位と7位，B環では3′，4′，5′位などにある。

　フラボノイドは生体内では糖と結合して配糖体（グリコシド glycoside）などとなって存在することが多く，糖を除いた色素本体をアグリコン aglycone と呼ぶ。フラボノイドの中のアントシアニン anthocyanin に限って配糖体をアントシアニン，アグリコンをアントシアニジン anthocyanidin という。フラボノイド配糖体については，結合する糖の数が1つのものをモノグリコシド monoglycoside（単糖配糖体），2つのものをジグリコシド diglycoside（二糖配糖体），3つ結合したものをトリグリコシド triglycoside（三糖配糖体）などという。

　結合している糖としては，グルコース glucose，ガラクトース galactose，ラムノース rhamnose，キシロース xylose，アラビノース arabinose，グルクロン酸 glucuronic acid などの単糖類の他に，ルチノース rutinose（6-rhamnosylglucose），ソフォロース sophorose（2-glucosylglucose），ゲンチオビオース gentiobiose（6-glucosylglucose），

＊執筆：武田幸作　Kosaku Takeda

アントシアニジン　フラボン　フラボノール

カルコン　オーロン　フラバノン

ジヒドロフラボノール　フラバン 3,4-ジオール　イソフラボン

フラバン 3-オール（フラバノール）　　フラボノイドの主な種類とその基本構造

サンブビオース sambubiose（2-xylosylglucose）などの二糖類もある。また，三糖類を結合しているものも近年多く報告されている。

　糖は，一般にアグリコンにあるヒドロキシ基に結合しており（O-配糖体 O-glycoside），たとえばフラボノールのアグリコンであるクェルセチン quercetin（フラボノール骨格の 3, 5, 7, 3', 4' 位にヒドロキシ基をもつ）の 3 位の OH にグルコースが結合していれば，クェルセチン 3-O-グルコシド quercetin 3-O-glucoside，また，ルチノースが結合していればクェルセチン 3-O-ルチノシド quercetin 3-O-rutinoside という。なお，前者にはイソクェルシトリン isoquercitrin，後者にはルチン rutin の名前がそれぞれつけられている。配糖体の中には，糖が基本骨格の炭素に直接 C-C 結合で結合している C-配糖体 C-glycoside もある。フラボンにはビテキシン vitexin（apigenin 8-C-glucoside），オリエンチン orientin（luteolin 8-C-glucoside）のような C-

配糖体が多く存在している。

なお，配糖体の糖の結合を記載する場合に，糖は O-グリコシド結合していることが多いので，3-O-グルコシド 3-O-glucoside を単に 3-グルコシド 3-glucoside と記載することもよくある。それゆえ，C-配糖体の場合には C-グリコシドと記載して結合様式を示す必要がある。

1.1. アントシアニン anthocyanin

アントシアニンのベンゾピラン benzopyran の酸素原子は他のフラボノイドと異なり，オキソニウム酸素 oxonium oxygen になっている。そのため酸性ではオキソニウム塩となり安定になる。アントシアニンは，橙赤色〜ピンク〜赤〜紫〜青色の色素で，花や果実，紅葉や芽生え，根などにも含まれる。配糖体として含まれていて非常に多くの種類があるが，主なアグリコンのアントシアニジンはペラルゴニジン pelargonidin, シアニジン cyanidin, ペオニジン peonidin, デルフィニジン delphinidin, ペチュニジン petunidin, マルビジン malvidin の 6 種類である。吸収スペクトルの吸収極大は，約 240〜300 nm と 475〜560 nm にある。チリイチゴ *Fragaria chiloensis*[1] やエゾノヘビイチゴ *Fragaria vesca*[2] の赤い果実に含まれるカリステフィン callistephin（pelargonidin 3-glucoside），ヤマモミジ *Acer ornatum* var. *matsumurae* などの紅葉[3]，キク *Chrysanthemum indicum* の赤色花[4] などのクリサンテミン chrysanthemin（cyanidin 3-glucoside），ベニタデ *Polygonum hydropiper* の暗赤色の芽生え[5] に含まれるイデイン idaein（cyanidin 3-galactoside），バラ *Rosa gallica* の赤色花[6] に含まれるシアニン cyanin（cyanidin 3,5-diglucoside），黒紫色のチューリップ *Tulipa gesneriana* のアントシアニン[7] であるチュリパニン tulipanin（delphinidin 3-rutinoside），パンジー *Viola tricolor* の紫色花[8]，ナス *Solanum melongena* の果皮[9] などに存在するビオラニン violanin（delphinidin 3-p-coumaroylrutinoside-5-glucoside）などがある。

ペラルゴニジン シアニジン デルフィニジン

1.2. フラボン flavone

ほとんどが無色で，花，葉，樹皮や材などに含まれる。非常に多くの種類がある。

配糖体として存在するが，水に溶けないアグリコンの形で葉の表面などにあるワックスに含まれているものもある。アントシアニンと共存するとコピグメント（補助色素）として作用し，アントシアニンの可視部の吸収極大波長を長波長側にシフトさせるとともに，吸光度を大きくする。吸収極大波長λmax は，240～290 nm と 300～350 nm にある。パセリ *Petroselinum crispum* の葉[10] に含まれる配糖体アピイン apiin (apigenin 7-apiosylglucoside)，コスモス *Cosmos bipinnatus* の白色花[11] に含まれるコスモシイン cosmosiin (apigenin 7-glucoside) などがある。キンギョソウ *Antirrhinum majus* の花にはルテオリン 7-グルクロニド luteolin 7-glucuronide が含まれている[12]。

　フラボンにはビテキシン，イソビテキシン isovitexin (apigenin 6-*C*-glucoside)，オリエンチンのような *C*-配糖体も多く存在しており，*C*-グリコシルフラボン *C*-glycosylflavone と呼ばれている。ビテキシンは，ハマゴウの仲間 *Vitex lucens* の材からイソビテキシンとともに得られた[13, 14]。サボンソウ *Saponaria officinalis* の葉[15] には *O*-配糖体のサポナリン saponarin (isovitexin 7-*O*-glucoside) が含まれている。オリエンチンは，オオケタデ *Polygonum orientale* から最初に得られた[16, 17]。

　フラボンの多くはフラボン核だけをもつが，フラボン核に C-C 結合でメチル基

アピゲニン　　　　ルテオリン　　　　ビテキシン

イソビテキシン　　　　　　　　　　オリエンチン

ガンカオニンQ

を 6 位や 8 位などにもつもの，C_5 のジメチルアリル dimethylallyl の炭素鎖，プレニル基 prenyl を骨格の炭素に C-C 結合しているもの，プレニル基を 2 個あるいはそれ以上多く結合しているもの，それらの側鎖とフラボン核の OH との間で環状の 5 員環のフラン furan や 6 員環のピラン pyran の構造を形成しているフラノフラボン furanoflavone やピラノフラボン pyranoflavone などもある。このような側鎖をもつフラボンも多くの種類が知られている。ここではプレニル基を結合するフラボンの例としてウラルカンゾウ Glycyrrhiza uralensia から得られているガンカオニン Q gancaonin Q[18] の構造を示しておく。

1.3. フラボノール flavonol

　フラボン骨格の 3 位にヒドロキシ基をもっている。フラボン同様にほとんどが無色で，広く分布しており，花，葉，樹皮などに含まれる。アントシアニンと共存するとコピグメントとして作用する。吸収極大波長 λ max は，240〜290 nm と 320〜390 nm にある。非常に多くの種類が知られており，その多くが配糖体として存在する。アグリコンには，ケンフェロール kaempferol，クェルセチン，ミリセチン myricetin などがある。

　ムラサキツメクサ Trifolium pratense の花[19] に含まれるトリフォリン trifolin (kaempferol 3-galactoside)，オオイタドリ Polygonum sachalinense[20] やアブラギリ Aleurites cordata[21] の葉，フクシア Fuchsia hybrida の花[22] などに含まれるクェルシトリン quercitrin (quercetin 3-rhamnoside)，マグワ Morus alba の葉[23]，インドワタ Gossypium herbaceum の花[24] などに含まれるイソクェルシトリン，コブシ Magnolia kobus の花[25]，チョウセンレンギョウ Forsythia koreana の花[26]，パンジーの花[27]，イチジク Ficus carica やカラハナソウ Humulus lupulus の葉[21] などに含まれるルチン，ヤマモモ Myrica rubra の樹皮[28〜30] などに含まれるミリシトリン myricitrin (myricetin 3-rhamnoside) などがある。

　フラボンの場合と同様にフラボノール骨格にプレニル基などの側鎖を結合しているものも多く存在する。

ケンフェロール　　　　　クェルセチン　　　　　ミリセチン

1.4. カルコン chalcone，ジヒドロカルコン dihydrochalcone

共にA環とB環を結合するC_3の部分はC環を形成していないので，炭素原子の位置は他のフラボノイドとは異なり，基本構造で示したようにA環の炭素を1'〜6'，B環の炭素を1〜6で示す。また，両者を結合しているC_3の部分は，カルボニルの炭素，続く炭素をα，βの記号で示す。

【カルコン】 黄色〜橙黄色の色素で花や葉などに含まれる。吸収極大波長λmaxは，220〜270 nm と 340〜390 nm にある。

カーネーション Dianthus caryophyllus の黄色花[31]にはカルコノナリンゲニン chalcononaringenin の 2'-glucoside（isosalipurposide）が含まれている。また，キバナコスモス Cosmos sulphureus [32]，ハマベハルシャギク Coreopsis maritima [33]，ダリア Dahlia variabilis [34, 35]などの黄色花には，ブテイン butein とその配糖体のコレオプシン coreopsin（butein 4'-glucoside）が含まれる。

【ジヒドロカルコン】 無色で，リンゴ属植物 Malus spp. の樹皮や葉，アセビ Pieris japonica やカルミアの仲間 Kalmia latifolia の葉[36]にはフロレチン phloretin の配糖体であるフロリジン phloridzin（phloretin 2'-glucoside）が含まれる。アセビの葉[37, 38]には，毒性をもつアセボチン asebotin（4,2',6'-trihydroxy-4'-methoxydihydrochalcone 2'-glucoside）が含まれている。

| カルコノナリンゲニン | ブテイン | フロレチン |

1.5. オーロン aurone

黄色〜橙黄色の花などに含まれる黄色色素である。吸収極大波長λmaxは，240〜270 nm と 390〜430 nm にある。オーロイシジン aureusidin，スルフレチン sulphuretin（sulfuretin），ブラクテアチン bracteatin などがある。

キンギョソウの黄色花[12, 31, 39]には，オーロイシジンの6-グルコシド（オーロイシン aureusin）やブラクテアチンの6-グルコシドが，キバナコスモス[32]やダリア[35]の黄色花には，スルフレチンの6-グルコシド（スルフレイン sulphurein; sulfurein）

が含まれる．また，ムギワラギク Helichrysum bracteatum [40] の黄色花には，ブラクテアチンの 4-グルコシド（ブラクテイン bractein）が，また，キンギョソウの黄色花[12]には，ブラクテアチンの 6-グルコシドがそれぞれ含まれている．

オーロイシジン　　　　　スルフレチン　　　　　ブラクテアチン

1.6. フラバノン flavanone，ジヒドロフラボノール dihydroflavonol

　無色の物質で，吸収極大波長 λ max は 270～290 nm と 310～330 nm（小ピークまたはショルダー）にある．植物に広く分布しており，葉，果実，材などに含まれている．

　【フラバノン】　ナリンゲニン naringenin，ヘスペレチン hesperetin，エリオジクチオール eriodictyol などがある．ナリンゲニンは，配糖体のナリンギン naringin (naringenin 7-neohesperidoside) として，また，ヘスペレチンは，配糖体のヘスペリジン hesperidin (hesperetin 7-rutinoside)，ネオヘスペリジン neohesperidin (hesperetin 7-neohesperidoside) として，ブンタン Citrus grandis var. buntan [41]，ハッサク C. hassaku，ユズ C. junos [42]，ダイダイ C. aurantium，ナツミカン C. natsudaidai [43]，グレープフルーツ C. paradisi [44] などの柑橘類の外果被に存在している．また，レモン C. limon [45] にはエリオジクチオールの 7-ルチノシドがヘスペレチンとともに含まれている．ナリンギンやネオヘスペリジンは苦味をもっている．

ナリンゲニン　　　　　ヘスペレチン　　　　　エリオジクチオール

　【ジヒドロフラボノール（フラバノノール **flavanonol**）】　ジヒドロケンフェロール dihydrokaempferol (aromadendrin)，ジヒドロクェルセチン dihydroquercetin (taxifolin)，ジヒドロミリセチン dihydromyricetin (ampelopsin) などがある．いずれも材や樹皮などにアグリコンや配糖体として広く分布している．ジヒドロケンフェロールは，カツラ Cercidiphyllum japonicum [46]，マグワ [47] の材などに，ジヒドロクェルセ

チンは，カラマツ *Larix kaempferi* [48]，タブノキ *Machilus thunbergii* [49] の材などに含まれている。また，ロッジポールマツ *Pinus contorta* の樹皮[50]にはジヒドロミリセチンがジヒドロケンフェロール，ジヒドロクェルセチンとともに含まれている。ジヒドロフラボノールは葉にも広く含まれており，Harborne ら[51]は，ツツジ属植物 *Rhododendron* spp. 206 種の葉について調べ，ほとんどにジヒドロフラボノールがフラボノールなどとともに含まれていることを報告している。

ジヒドロケンフェロール　　　ジヒドロクェルセチン　　　ジヒドロミリセチン

1.7. フラバン 3-オール flavan 3-ol,
　　　フラバン 3,4-ジオール flavan 3,4-diol,
　　　フラバン 4-オール flavan 4-ol,
　　　プロアントシアニジン proanthocyanidin

植物に広く分布しており，葉，樹皮，材などに含まれる。いずれも無色の化合物である。

【フラバン 3-オール（フラバノール **flavanol**）】　カテキン catechin，エピカテキン epicatechin，ガロカテキン gallocatechin，エピガロカテキン epigallocatechin などがある。骨格の C2, C3 は不斉炭素で，カテキン（2R3S）とエピカテキン（2R3R），ガロカテキン（2R3S）とエピガロカテキン（2R3R）とはそれぞれ互いに立体構造

カテキン　　　　　　　　　　　エピカテキン

ガロカテキン　　　　　　　　　エピガロカテキン

が異なる。チャノキ Camellia sinensis の葉には，カテキン，エピカテキン，ガロカテキン，エピガロカテキン，それらに没食子酸 gallic acid が結合したものなどが含まれる[52〜54]。これらのフラバン 3-オールは，緑茶にも含まれている[55]。

【フラバン 3,4-ジオール，フラバン 4-オール】 ロイコアントシアニジン leucoanthocyanidin とも呼ばれる。ロイコアントシアニジンの名称は，無機酸で加熱することによってアントシアニジンに変換するフラバン 3,4-ジオール，フラバン 4-オールなどの単量体につけられたもので，プロアントシアニジンとは区別されている。植物に広く分布しており，材や樹皮などに含まれる。Tindale ら[56] は，多くの種類のアカシア属植物 Acacia spp. の樹皮，材に 7,3',4'-トリヒドロキシフラバン 3,4-ジオール 7,3',4'-trihydroxyflavan 3,4-diol など数種類のフラバン 3,4-ジオールが含まれていることを示している。また，ヒメシダ科 Thelypteridaceae のシダ Pneumatopteris pennigera には，5,7-ジヒドロキシ-6-ヒドロキシメチル-8-メチルフラバン 4-オール 5,7-dihydroxy-6-hydroxymethyl-8-methylflavan 4-ol の 5,7-ジグルコシドなどの数種類のフラバン 4-オールが含まれている[57]。

ロイコアントシアニジンは，アントシアニンの生合成過程でアントシアニジンになる直前の前駆物質で，たとえばロイコペラルゴニジン leucopelargonidin はジヒドロケンフェロールから，ロイコシアニジン leucocyanidin はジヒドロクェルセチンから，ロイコデルフィニジン leucodelphinidin はジヒドロミリセチンから，それぞれ酵素による還元反応で得られる[58,59]。

ロイコペラルゴニジン　　　　ロイコシアニジン　　　　ロイコデルフィニジン

【プロアントシアニジン】 プロアントシアニジンは，フラバン 3-オールがフラバン骨格の炭素の間で C-C 結合などによって結合した二量体 dimer，三量体 trimer，オリゴマー oligomer，ポリマー polymer などで，植物の葉，果実，樹皮，材，根皮などに広く分布しており，非常に多くの種類が存在する。塩酸のような無機酸で加熱することによって C-C などの結合が切れてアントシアニジンを生じる。二量体のプロシアニジンの例としてリンゴの仲間 Malus sylvestris，コケモモ Vaccinium vitis-idaea，セイヨウサンザシ Crataegus monogyna などの果実に含まれるプロシアニジン B-1 procyanidin B-1 （エピカテキン-カテキン），ラズベリー Rubus idaeus や

ブラックベリー Rubus fruticosus の果実に含まれるプロシアニジン B-4 procyanidin B-4（カテキン－エピカテキン）[60,61] の構造を次に示しておく。

プロシアニジンB-1
エピカテキン－カテキン

プロシアニジンB-4
カテキン－エピカテキン

1.8. イソフラボン isoflavone

　イソフラボンは，他のフラボノイドと異なり，3-フェニルクロマン 3-phenylchroman 骨格をもっている。生合成の過程でフェニル基 phenyl の2位から3位への分子内転移によってイソフラボンの骨格が生成される。吸収極大波長は，245〜275 nm と 300〜340 nm（ピークまたはショルダー）にあるものが多い。マメ科 Leguminosae, Fabaceae のマメ亜科 Papilionoideae, Faboideae の植物に特に広く分布しており，その種類も非常に多い。菌の感染に反応して誘導生成される抗菌性をもつファイトアレキシン phytoalexin として知られているものが多い。ダイゼイン daidzein，ゲニステイン genistein，フォルモノネチン formononetin，ビオカニンA biochanin A などがある。ダイズ Glycine max には，ダイゼインの7-グルコシドのダイジン daidzin (daidzein 7-glucoside)やゲニステインの7-グルコシドのゲニスチン genistin(genistein 7-glucoside) が含まれている[62]。ヒヨコマメ Cicer arietinum, ムラサキツメクサ，シロツメクサ Trifolium repens, ムラサキセンダイハギ Baptisia australis などには，

ダイゼイン

ゲニステイン

フォルモノネチン

ビオカニンA

フォルモノネチンやビオカニン A, それらの 7-グルコシドなどが含まれている[63]。また, シャジクソウの仲間 *Trifolium subterraneum* には, フォルモノネチン, ゲニステインなどが含まれている[64]。

イソフラボンの他にイソフラバノン isoflavanone, イソフラバン isoflavan, プテロカルパン pterocarpane, ロテノイド rotenoid, クメスタン coumestan など類似の化合物が知られており, これらのグループをイソフラボノイド isoflavonoid とよび, その他を狭義のフラボノイドとすることもある。

1.9. ビフラボノイド biflavonoid など

ビフラボノイドは, フラボン, フラボノール, フラバノン, カルコン, イソフラボン, オーロンなどいろいろなフラボノイドの二量体で, フラボノイド骨格の炭素の間で C-C などの結合によってできている。フラボンとフラバノンの二量体, フラバノンとイソフラボンの二量体など異なったフラボノイドの二量体も存在する。三量体のトリフラボノイド triflavonoid, 四量体のテトラフラボノイド tetraflavonoid などオリゴ体も知られている。植物界に広く分布しており, 葉, 樹皮, 材, 根などに存在する。次の構造は, オオヒモゴケ *Aulacomnium palustre* [65] から得られているオーロンのオーロイシジンの二量体とフラボンのルテオリンの三量体の例である。

オーロイシジンの二量体

ルテオリンの三量体

引用文献

(1) Sondheimer, E., Kertesz, Z.I. 1948. The anthocyanin of strawberries. *J. Amer. Chem. Soc.* **70**, 3476-3479.
(2) Sondheimer, E., Karash, C.B. 1956. The major anthocyanin pigments of the wild strawberry (*Fragaria vesca*). *Nature* **178**, 648-649.
(3) Hattori, S., Hayashi, K. 1937. Über die Farbstoffe aus den roten Herbst blättern von einigen *Acer*-Arten. *Acta Phytochim.* **10**, 129-138.
(4) Willstätter, R., Bolton, E.K. 1917. Über ein Anthocyan der Winteraster (*Chrysanthemum*). *Justus Liebigs Ann. Chem.* **412**, 136-148.
(5) Sugano, N., Hayashi, K. 1960. Anthocyanin of the seedlings of a *Polygonum*. *Bot. Mag. Tokyo* **73**, 231-233.
(6) Willstätter, R., Mallison, H. 1915. Über Variationen der Blütenfarben. *Justus Liebigs Ann. Chem.* **408**, 147-162.
(7) Shibata, M. 1956. Über das Anthocyanin in den dunkelpurpurnen Blüten von *Tulipa gesneriana* L. *Bot. Mag. Tokyo* **69**, 462-468.
(8) Takeda, K., Hayashi, K. 1963. Further evidence for the new structure of violanin as revealed by degradation with hydrogen peroxide. *Proc. Japan Acad.* **39**, 484-488.
(9) Takeda, K., Abe, Y., Hayashi, K. 1963. Violanin as a complex triglycoside of delphinidin and its occurrence in the variety 'Burma' of *Solanum melongena* L. *Proc. Japan Acad.* **39**, 225-229.
(10) Vongerichten, E. 1901. Über Apiin und Apiose. *Justus Liebigs Ann. Chem.* **318**, 121-136.
(11) 中沖太七郎 1935. コスモス花の成分に就いて. 白色花のフラボン族配糖体の研究. 薬学雑誌 **55**, 967-978.
(12) Harborne, J.B. 1963. Plant polyphenols. X. Flavone and aurone glycosides of *Antirrhinum*. *Phytochemistry* **2**, 327-334.
(13) Perkin, A.G. 1898. Coloring matters of the New Zealand dyewood puriri, *Vitex littoralis*. *J. Chem. Soc. Perkin Trans. I* **73**, 1019-1031.
(14) Horowitz, R.M., Gentili, B. 1964. Structure of vitexin and isovitexin. *Chem. Ind.* 498-499.
(15) Barger, G. 1906. Saponarin, a new glucoside, coloured blue with iodine. *J. Chem. Soc. Perkin Trans. I* **89**, 1210-1224.
(16) Hörhammer, L., Wagner, H., Nieschlag, H., Wildi, G. 1959. Über einen neuen Glykosidtyp der Flavonreihe. *Arch. Pharm.* **292**, 380-387.
(17) Koeppen, B.H. 1964. Structure and interrelationship of orientin and homo-orientin. *Z. Naturforsch.* **19B**, 173.
(18) Fukai, T., Wang, Q.-H., Nomura, T. 1991. Six prenylated phenols from *Glycyrrhiza uralensis*. *Phytochemistry* **30**, 1245-1250.
(19) Hattori, S., Hasegawa, M., Shimokoriyama, M. 1943. Über die Struktur des Glykosids Trifolins aus den Bluten von *Trifolium pratense*, nebst einer Bemerkung über einen gelben Begleitstoff. *Acta Phytochim.* **13**, 99-107.
(20) 中沖太七郎, 森田直賢 1956. 薬用資源の研究(第4報). いたどり及びおおいたどりの葉の成分に就いて. 薬学雑誌 **76**, 323-324.
(21) 中沖太七郎, 森田直賢, 西野真一郎 1957. 薬用資源の研究(第8報). あぶらぎり, あおぎり, いちじく, からはなそうの葉の成分に就いて. 薬学雑誌 **77**, 110-111.
(22) Yazaki, Y., Hayashi, K. 1967. Analysis of flower colors in *Fuchsia hybrida* in reference to the concept of co-pigmentation. *Proc. Japan Acad.* **43**, 316-321.
(23) 奥正巳 1934. 家蚕繭糸色素の化学的研究(第8報). 桑葉のクェルセチン配糖体について. 日

本農芸化学会誌 **10**, 1029-1038.
(24) Perkin, A.G. 1909. The colouring matter of cotton flowers. *Gossypium herbaceum*. Part II. *J. Chem. Soc.* **95**, 2181-2193.
(25) Hayashi, K., Ouchi, K. 1948. A coloring matter contained in the white flower of *Magnolia kobus*. *Proc. Japan Acad.* **24**, 16-19.
(26) 山田節子,高野俊武,涼野元,林孝三 1960. チョウセンレンギョウの花のフラボノイド. 植物学雑誌 **73**, 265-266.
(27) Perkin, A.G. 1902. Robinin, violaquercetin, myrticolorin, and osyritrin. *J. Chem. Soc.* **81**, 473-480.
(28) Perkin, A.G., Hummel, J.J. 1896. The colouring principle contained in the bark of *Myrica nagi*. Part 1. *J. Chem. Soc.* **69**, 1287-1294.
(29) Perkin, A.G. 1902. Myricetin. Part II. *J. Chem. Soc.* **81**, 203-210.
(30) 服部静夫,林孝三 1931. ミリシトリンの構造. 日本化学会誌 **52**, 193-196.
(31) Harborne, J.B. 1966. Comparative biochemistry of flavonoids-I. Distribution of chalcone and aurone pigments. *Phytochemistry* **5**, 111-115.
(32) Shimokoriyama, M., Hattori, S. 1953. Anthochlor pigments of *Cosmos sulphureus, Coreopsis lanceolata, C. saxicola*. *J. Amer. Chem. Soc.* **75**, 1900-1904.
(33) Geissman, T.A., Harborne, J.B., Seikel, M.K. 1956. Anthochlor pigments. XI. The constituents of *Coreopsis maritima*. Reinvestigation of *Coreopsis gigantea*. *J. Amer. Chem. Soc.* **78**, 825-829.
(34) Bate-Smith, E.C., Swain, T. 1953. The isolation of 2': 4: 4'-trihydroxychalkone from yellow varieties of *Dahlia variabilis*. *J. Chem. Soc.* 2185-2187.
(35) Nordström, C.G., Swain, T. 1956. The flavonoid glycosides of *Dahlia variabilis*. II. Glycosides of yellow varieties "Pius IX" and "Coton". *Arch. Biochem. Biophys.* **60**, 329-344.
(36) Williams, A.H. 1964. Dihydrochalcones; their occurrence and use as indicators in chemical plant taxonomy. *Nature* **202**, 824-825.
(37) 村上信三,竹内信三 1936. アセビの成分について asebotin 及び aseboquercetin の構造. 薬学雑誌 **56**, 649-661.
(38) 村上信三,福田穣 1955. アセビ葉の成分研究(第3報). アセボチン所在の非恒常性. 薬学雑誌 **75**, 603-604.
(39) Seikel, M.K., Geissmann, T.A. 1950. Anthochlor pigments. VII. The pigments of yellow *Antirrhinum majus*. *J. Amer. Chem. Soc.* **72**, 5725-5730.
(40) Hänsel, R., Langhammer, L., Albrecht, A.G. 1962. Ein neues Auronglykosid aus *Helichrysum bracteatum*. *Tetrahedron Lett.* 599-601.
(41) Hattori, S., Hasegawa, M., Kanao, M. 1949. Naringin aus den Fruchtschalen von *Citrus grandis* var. *Buntan*. *Acta Phytochim.* **15**, 199-200.
(42) 刈米達夫,松野隆男 1954. 柑橘類成分の研究. 薬学雑誌 **74**, 363-365.
(43) 中林敏郎 1961. 柑橘類フラボノイドの研究. だいだい類に含まれるフラボノイド配糖体. 日本農芸化学会誌 **35**, 945-949.
(44) Maier, V.P., Metzler, D.M. 1967. Grapefruit phenolics-II. Principal aglycones of endocarp and peel and their possible biosynthetic relationship. *Phytochemistry* **6**, 1127-1135.
(45) Albach, R.F., Redman, G.H. 1969. Components and inheritance of flavanones in *Citrus* fruit. *Phytochemistry* **8**, 127-143.
(46) 卯尾田秀隆,福島武吉,近藤民雄 1943. 材幹中のマグネシウム塩酸反応陽性物質に関する研究(第一報). カツラ材(其一)-新フラバノノール katuranin について. 日本農芸化学会誌 **19**, 467-477.
(47) Laidlaw, R.A., Smith, G.A. 1959. Heartwood extractives of some timbers of the family Moraceae. *Chem. Ind.* 1604-1605.
(48) 長谷川正男,白戸輝雄 1951. 木材のフェノール性成分(第3報)カラマツ材より得られたフラ

バノンに就いて. 日本化学会誌 **72**, 279-280.
(49) 近藤民雄, 伊藤博之, 須田元茂 1956. 木材の抽出成分(第6報). タブ心材の抽出成分. 日本農芸化学会誌 **30**, 717-720.
(50) Hergert, H.L. 1956. The flavonoids of lodgepole pine bark. *J. Org. Chem.* **21**, 534-537.
(51) Harborne, J.B., Williams, C.A. 1971. Leaf survey of flavonoids and simple phenols in the genus *Rhododendron. Phytochemistry* **10**, 2727-2744.
(52) Vuataz, L., Brandenberger, H., Egli, R.H. 1959. Plant phenols. I. Separation of the tea leaf polyphenols by cellulose column chromatography. *J. Chromatog.* **2**, 173-187.
(53) Coxon, D.T., Holmes, A., Ollis, W.D., Vora, V.C., Grant, M.S., Tee, J.L. 1972. Flavanol digallates in green tea leaf. *Tetrahedron* **28**, 2819-2826.
(54) Nonaka, G., Kawahara, O., Nishioka, I. 1983. Tannins and related compounds. XV. A new class of dimeric flavan-3-ol gallates, theasinensins A and B, and proanthocyanidin gallates from green tea leaf (1). *Chem. Pharm. Bull.* **31**, 3906-3914.
(55) Bradfield, A.E., Penney, M. 1948. The catechins of green tea. *J. Chem. Soc.* 2249-2254.
(56) Tindale, M.D., Roux, D.G. 1969. A phytochemical survey of the Australian species of *Acacia. Phytochemistry* **8**, 1713-1727.
(57) Tanaka, N., Ushioda, T., Fuchino, H., Braggins J. E. 1997. Four new flavan-4-ol glycosides from *Pneumatopteris pennigera. Aust. J. Chem.* **50**, 329-332.
(58) Heller, W., Forkmann, G., Britsch, L., Grisebach, H. 1985. Enzymatic reduction of (+)-dihydroflavonols to flavan-3,4-*cis*-diols with flower extracts from *Matthiola incana* and its role in anthocyanin biosynthesis. *Planta* **165**, 284-287.
(59) Stafford, H.A., Lester, H.H. 1985. Flavan-3-ol biosynthesis. The conversion of (+) dihydromyricetin to its flavan 3,4-diol (leucodelphinidin) and to (+) gallocatechin by reductases extracted from tissue cultures of *Ginkgo biloba* and *Pseudotsuga menziesii. Plant Physiol.* **78**, 791-794.
(60) Thompson, R.S., Jacques, D., Haslam, E., (in part) Tanner, R.J.N. 1972. Plant proanthocyanidins. Part 1. Introduction; the isolation, structure, and distribution in nature of procyanidins. *J. Chem. Soc. Perkin Trans. I* 1387-1399.
(61) Weiges, K., Göritz, K., Nader, F. 1968. Konfigurationsbestimmung von $C_{30}H_{26}O_{12}$-Procyanidinen und Strukturaufklärung eines neuen Procyanidins. *Justus Liebigs Ann. Chem.* **715**, 164-171.
(62) Warz, E. 1931. Isoflavon- und Saponin-Glucoside in *Soja hispida. Justus Liebigs Ann. Chem.* **489**, 118-155.
(63) Köster, J., Strack, D., Barz, W. 1983. High performance liquid chromatographic separation of isoflavones and structural elucidation of isoflavone 7-*O*-glucoside 6"-malonates from *Cicer arietinum. Planta Med.* **48**, 131-135.
(64) Bradbury, R.B., White, D.E. 1951. The chemistry of subterranean clover. Part I. Isolation of formononetin and genistein. *J. Chem. Soc.* 3447-3449.
(65) Hahn, H., Seeger, T., Geiger, H., Zinsmeister, H.D., Markham, K.R., Wong, H. 1995. The first biaurone, a triflavone and biflavonoids from two *Aulacomnium* species. *Phytochemistry* **40**, 573-576.

2章

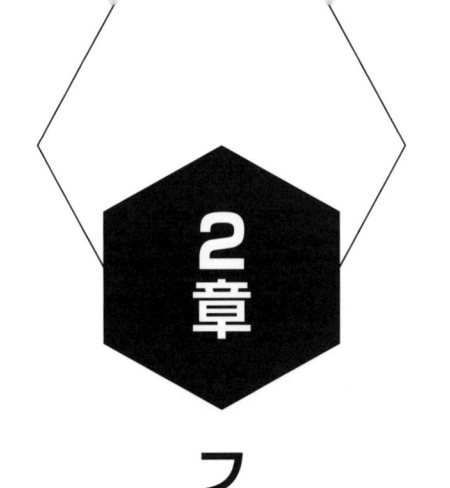

フラボノイドの分析法

2章 フラボノイドの分析法

2.1. 電子スペクトル（紫外および可視吸収スペクトル）＊

2.1.1. Lambert と Beer の法則

電子スペクトルは試料の光吸収に由来する。光吸収は次の法則に基づく。

Lambert の法則：試料が吸収する単色光 monochromatic light の割合（t）は，試料に入射する光の強度によらず一定である。

Beer の法則：光の吸収量（A）は媒質の量に比例する。詳細を以下に述べる。

試料を透過した光の強度を I とし，試料がない時の光の強度を I_0 とする。I は光の吸収量に応じて指数関数的に減少するので，透過した光の波長を λ とすれば，その強度は $I = I_0 10^{-A(\lambda)}$ とあらわされる。$I \leq I_0$ より $A(\lambda)$ は正の定数である。したがって，$t = I/I_0 = 10^{-A(\lambda)}$（一定）を得るが，これは Lambert の法則にほかならない。$A(\lambda) = -\log t (\geq 0)$ であり，$t \times 100$（％）とすれば透過率 transmittance となる。$A(\lambda)$ は吸光度 absorbance と呼ばれる。一方，Beer の法則にある媒質の量は，試料の濃度と光が通過する光路長に依存する。それぞれ c と d とすれば，$A(\lambda) = \varepsilon(\lambda) cd$ を得る。

Lambert と Beer の法則より，Lambert-Beer の法則が導かれる。この法則は次式で示される。

$$A(\lambda) = \varepsilon(\lambda) cd = -\log I/I_0 \qquad ①$$

式①では，光強度 I と I_0 以外に c と d の情報を要する。I と I_0 は信号の取得に用い，c と d はサンプリング時に要する。

光の吸収量 A は，吸光度 absorbance または光学密度 optical density（OD）と呼ばれ，ε は分子吸光係数 molar extinction coefficient と呼ばれる。色素では，1万から10数万の値をとる。ここで，A が最大となる時の吸収波長 λ_0 を吸収極大波長 absorption maximum wavelength という。A は無次元であるが，ε は L mol^{-1} cm^{-1} の単位をもつ。c と d はそれぞれ mol L^{-1} と cm で与える。Lambert-Beer の法則は透過測定を対

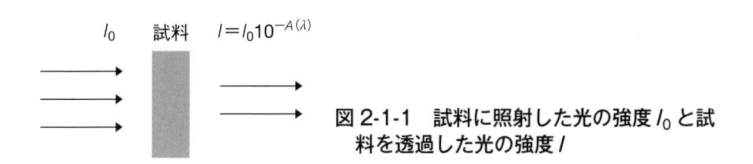

図 2-1-1　試料に照射した光の強度 I_0 と試料を透過した光の強度 I

＊執筆：渡辺正行　Masayuki Watanabe

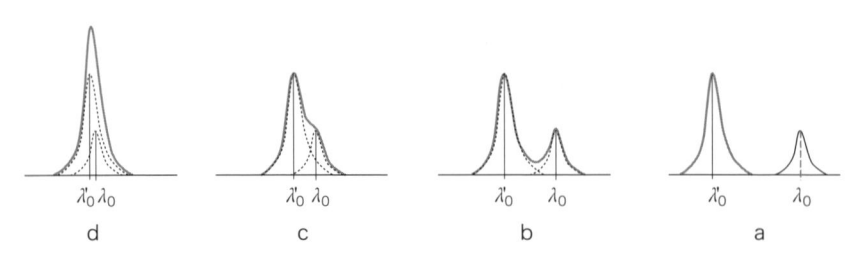

図 2-1-2　吸収極大波長の位置と電子スペクトルの形状
　　　──：実測される電子スペクトル。⋯⋯⋯：吸収極大波長における電子スペクトル。

象とする（式①）。透過した光の強度を用いて物質の吸光度を求める測定方法は透過測定 transmission measurement といわれる[1]。

縦軸を A あるいは ε，横軸を照射した光の波長としたグラフは吸収スペクトル absorption spectrum といわれる[1]。特に，紫外域（200～380 nm）および可視域（380～780 nm）を対象とした吸収スペクトルは電子スペクトルと呼ばれる。

吸光度は，吸収極大波長を平均値とした時の正規分布のような形状となる（図 2-1-2a）。試料が溶液であればこの分布は広く，気体であれば分布は狭くなる。このような分布の違いは溶質と溶媒（あるいは溶質）間の相互作用に由来する。溶液ではこの相互作用が比較的大きく，気体中では比較的小さい。

一般に，吸収最大波長は1つに限らず複数存在する。これらの波長が十分離れていれば，吸光度は式①で近似される（図 2-1-2a）。ところが，吸収極大波長を互いに近づけると，分布の裾野に重なりが生じ（図 2-1-2b），さらに近づけると吸収の小さいピークは吸収の大きなピークに吸収され，前者は肩（ショルダー）を残す（図 2-1-2c）。吸収極大波長がほとんど一致すると，吸収のピークはほとんど1つとなる（図 2-1-2d）。図 2-1-2 に示すように，吸収のピークは吸光度の重ね合わせによって生じた電子スペクトルの最大値であり，この重ね合わせが無視できない場合（図 2-1-2b～d）は，吸収極大波長における吸光度と吸収のピークは一般に異なる。

2.1.2. 測定方法

1）測光系

溶媒を入れたセルと溶液を入れたセルを用い，交互に単色光を照射し[2]，透過光を検出する。セルを透過した光の強度は，それぞれ I_0 と I に相当するので，I_0 と I を個々に求めることなく，吸光度（式①）が求められる。

2) 溶媒の吸収

試料に照射した光のほとんどが，試料を溶かした溶媒に吸収されてしまえば，試料が吸収する光量が不十分となり，吸光度に誤りが生じる。この場合，求めたい波長領域で吸収のない溶媒とする。溶媒を替えることができない場合は，光路長の短いセルを用いて，試料濃度を高めた溶液と溶媒の電子スペクトルをそれぞれ測定し，その後スペクトルの差をとる。

3) セルの選択

セルは，光路長が 10 cm のものから数十 μm のものまで市販されている。セルは用途に応じてその形状が異なる。たとえば，マイクロオーダーでしかない少ない試料の測定には，溶液を入れる容積を狭くしたミクロセルが用いられる。セルの材質も用途によって使い分けられる。通常ガラスか石英であるが，石英セルは 250 nm より短波長の光を通す。石英セルは高価なので，通常はガラス製のセルを用い，短波長測定を行う場合に石英セルを用いるとよい。まれではあるが，溶質によるガラスや石英セルへの吸着が甚だしい場合や時間がたつと固まってしまうような溶液であれば，使い捨てのセルが便利である。

測光系で説明したように，電子スペクトルの測定には，2 つのセルが使われる[2]。吸光度に装置限界の精度を求める場合は，リファレンス側と試料側とで透過率が均等となるようなセルを用いる必要がある。このようなマッチングは，材質やその作成方法に制御が行き届いた石英セルやガラスセルにふさわしい。

4) 秤量

簡易測定には必ずしも必要としないが，分子吸光係数を求める場合や定量測定 quantitative measurement を行う場合は，溶液の濃度を正しく知る必要がある。

まず，試料をガラス製の容器に入れ，試料の重量を電子天秤で秤量する。次に，この試料をメスフラスコに入れ，容器に残った試料を溶媒で共洗いしながらメスフラスコに流し込む。容器の洗浄は何度か繰り返し行う。フラスコ内の試料を十分に溶かした後にメスフラスコで秤量し，もう一度溶液をよく攪拌する。

5) 走査

後述するように，光照射によって分解してしまうことがある。このような事態を避けるために，測定は長波長側から行う。光に弱い試料であれば，単色光を減光し，走査速度を速めて測定する。また，試料にダメージを与える吸収波長が既知であれ

表 2-1-1 代表的な化合物の吸収極大波長

化合物	吸収極大波長	溶媒
1,3,5-ヘキサトリエン	266, 256, 247	C_6H_{14}
β-カロテン(all-trans)	479, 451, 426, 273	C_6H_{14}
ベンゼン	262, 255, 247.5, 243.5, 237.5, 234	$i\text{-}C_8H_{18}$
ナフタレン	320, 310, 301, 297, 286, 283, 275, 266, 221	C_8H_{18}
ジメチルエーテル	184, 169, 162	
シクロヘキサノン	292	$c\text{-}C_6H_{12}$

単位：nm

ば，その波長よりも手前で走査を止めるか，減光してすばやく測定する。サンプリングは試料が吸収しない色の蛍光灯の下で行い，試料を入れた容器をアルミ箔で厚く包むなど，光による試料のダメージを最小限に留めるよう配慮する。

2.1.3. 電子スペクトルの解析

1）官能基や色素団の帰属

試料を構成する官能基や色素団の存在は，電子スペクトルの吸収極大波長からおおむね帰属することができる[3]。それには，あらかじめ物質に固有の吸収極大波長を知る必要がある。表 2-1-1 に紫外域および可視域で光吸収が生じる代表的な物質を挙げる[4]。

一般に，π電子の共役が長く，また共鳴による安定化が大きいほど，吸収極大波長はより長波長側にあらわれる。β-カロテン β-carotene とヘキサトリエン hexatriene，ナフタレン naphthalene とベンゼン benzene の関係がこれにあたる。逆に，ポリエン polyene がねじれると共役が弱まり，吸収極大波長は短波長側にシフトする。芳香族環の共鳴が弱まる場合も同様である。

反応の前後で官能基や色素団に違いが生じれば，吸収極大波長が消滅し，別の吸収位置に生じる。吸光度が消滅した波長と生じた波長の帰属を行えば，消滅，生成した官能基や色素団を予測することができる。

2）分子吸光係数の求め方

電子スペクトルから分子吸光係数を求めるには，まず吸収のピークやショルダーにあたる吸光度を読みとり，次にこの吸光度とセルの光路長，および試料濃度を Beer の法則あるいは Lambert-Beer の法則に代入する。試料濃度は数点用意したほうがよい。試料濃度が高くなると，分子間の相互作用によって吸収のピークがシフトするおそれがある。目的とする吸収波長で，横軸を試料濃度，縦軸を吸光度としたグラフを作成し，このグラフが直線であることを確認した後に分子吸光係数を

決定する．求めた分子吸光係数は，官能基や色素団の帰属や試料濃度を予測するのに用いる．この試料濃度は，分子吸光係数とセルの光路長をBeerの法則あるいはLambert-Beerの法則に代入し求める．

3) 光照射による電子スペクトルの形状の変化

光照射によって光異性化photoisomerizationや光分解photodestruction [5] が生じれば，電子スペクトルの形状が測定するたびに変化する．β-カロテンやヘキサトリエンのように，二重結合を有する物質は *cis* 体から *all-trans* 体への光異性化が可視－紫外領域で生じる．紫外域では特に光分解に注意する．これに対し，芳香族環やエーテル環，カルボニルといった官能基は可視－紫外域において比較的安定であるが，強い光源を用いて少量の試料を長時間照射すると，やはり光分解による電子スペクトルへの影響は避けられない．

2.1.4. その他の測光

透過測定について述べてきたが，実際には試料の形状や状態に応じて測定方法も異なる．たとえば懸濁液では，透過した光が拡散してしまうので，試料の直後に積分球integrating sphereを置き，拡散した透過光を集める．積分球には検出器が設置されており，拡散した透過光を検出する．この測光法は拡散透過法diffuse transmission methodと呼ばれる．また，試料が粉末であれば，積分球の後方に試料を置いて，この試料に直接光を照射する．光は試料表面で反射し拡散するので，やはり積分球を用いて検出する．この測光法は拡散反射法diffuse reflectance methodと呼ばれる．これらの測定は，定量こそ困難であるが，サンプリングのしやすさ，物質そのものの知見が得られる利点があり，近年その高まりを見せている．

引用文献

(1) 飯田修一　1967．光学的測定．物理測定技術5．朝倉書店，東京．
(2) 日本分析化学会（編）　2005．機器分析の事典．朝倉書店，東京．p. 2-3．
(3) Rao, C.N.R.（著）・中川正澄（訳）　1963．紫外・可視スペクトル．現代化学シリーズ23，東京化学同人，東京．
(4) 日本化学会（編）　1989．化学便覧．基礎編II，丸善，東京．p. 593．
(5) 日本化学会（編）　1996．有機フォトクロミズムの化学．季刊化学総説 **28**，学会出版センター，東京．p. 28．

2.2. 核磁気共鳴（NMR スペクトル），フラボノイド分析での NMR スペクトルによる構造決定*

　約50年前に核磁気共鳴現象が見出されて以来，この分野は急速な発展を遂げ，その応用結果として，複雑な天然物をはじめとする有機化合物の分子構造解析を可能にしただけでなく，近年では MRI Magnetic Resonance Imaging（核磁気共鳴画像法）として知られるように，生体内の内部の情報を画像化する方法として，臨床の診断においても使われるようになってきた。有機化合物における，この分析方法は分子を分解することなく，そのままの状態で水素原子や炭素原子などを確認することができ，分子中におけるそれら原子の環境状態を知ることができる点にある。したがって，比較的簡単な構造の化合物では，NMR 解析からだけでも分子の構造決定が可能になることがあり，今日では有機化合物の構造決定には必要不可欠の分析手段となっている。

　NMR の詳細な原理や解説は紙面の関係からここでは省略するが，フラボノイド化合物の分析に必要最低限の NMR の原理を測定結果とあわせて説明する。NMR の一般的な原理や解説はすでに多くの専門書があり，文献に取り上げてあるので参照されたい[1~3]。また，フラボノイド化合物については Mabry, Markham, Andersen などの総説があるので参照されたい[4~7]。

　NMR の原理の基本は以下のように理解できる。すなわち，原子核内に存在する陽子と中性子は，電荷をもって回転していることから，それぞれを小さな磁石と考えることができる。また，陽子が複数ある時，磁極が逆向きの陽子2個で1対となり，磁力を打ち消す。中性子も同様な性質があることから，原子番号と質量数がともに偶数でない原子核，すなわち陽子か中性子のいずれかが奇数になる原子では，0でない核スピン量子数 I と磁気双極子モーメントをもち，核全体で磁気双極子モーメントをもつ。このような原子核として，^1H，^{13}C，^{15}N，^{19}F，^{23}Na，^{31}P があり，一般的な NMR 装置で観測される原子の種類になる。

　これらの原子核を強い磁場の中に置くと，磁気双極子モーメントが磁場ベクトルの周りを一定の周波数で回転する。これは才差運動と呼ばれる。ある種の原子核に対して，ある周波数で回転する回転磁場をかけると，原子核と磁場の間に共鳴が起こる。この共鳴現象が核磁気共鳴 Nuclear Magnetic Resonance（NMR）と呼ばれる。NMR シグナルから得られる代表的な情報として，化学シフト，スピン結合，緩和時間などがあり，以下に必要事項について，シアニジンとクェルセチン 4'-グルコシドの測定例を用いて簡単に説明する。

＊執筆：本多利雄・齋藤規夫　Toshio Honda and Norio Saito

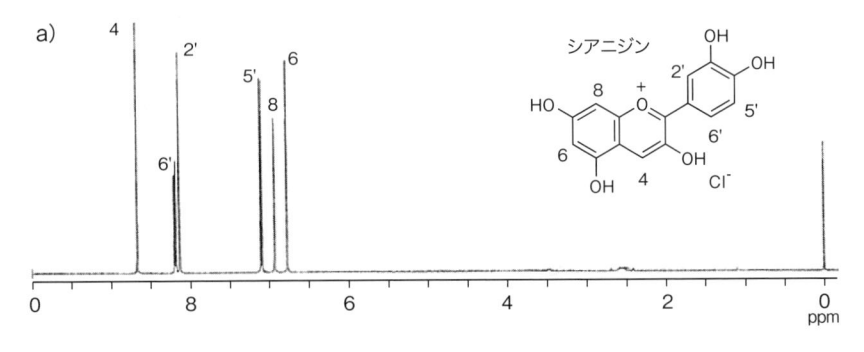

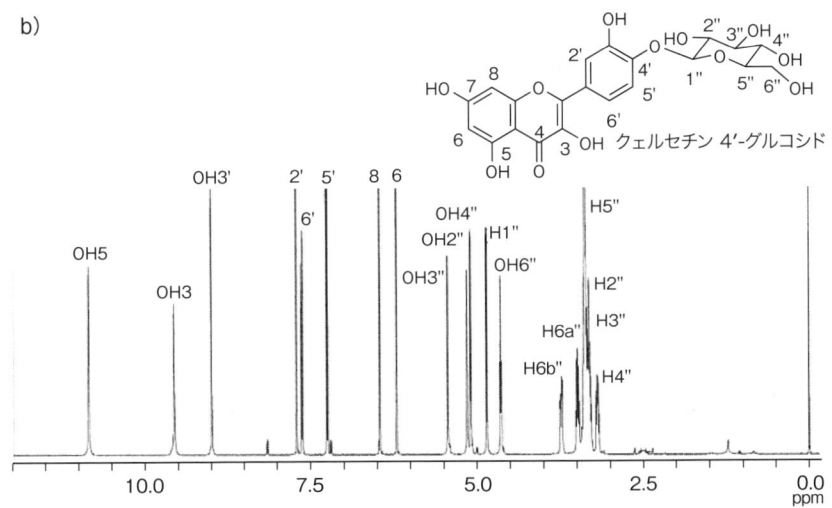

図 2-2-1 シアニジンとクェルセチン 4'-グルコシドの ^{1}H NMR スペクトル
a：シアニジン（500 MHz, DMSO-d_6：CF$_3$CO$_2$D＝9：1 で測定）
b：クェルセチン 4'-グルコシド（500 MHz, DMSO-d_6 で測定）

2.2.1. 化学シフト chemical shift ［ケミカルシフト（ppm; δ）］

　化学シフトは，それぞれの原子に対して得られた信号の周波数であり，原子の電子密度や官能基との結合状態，すなわち原子がどのような電子状態にあるかを判断する材料になる。図 2-2-1 の例に示すように，NMR スペクトルの横軸は化学シフト（ppm または δ）であらわし，この値は高磁場にシグナルが観測される化合物（一般にはテトラメチルシラン（Me$_4$Si）が用いられる）を標準物質として，その化学シフトを δ0 とすることにより，高磁場（スペクトルの右側）から低磁場（スペクトルの左側）にシフトの大きさを表記する。また，場合によっては，用いたD水素

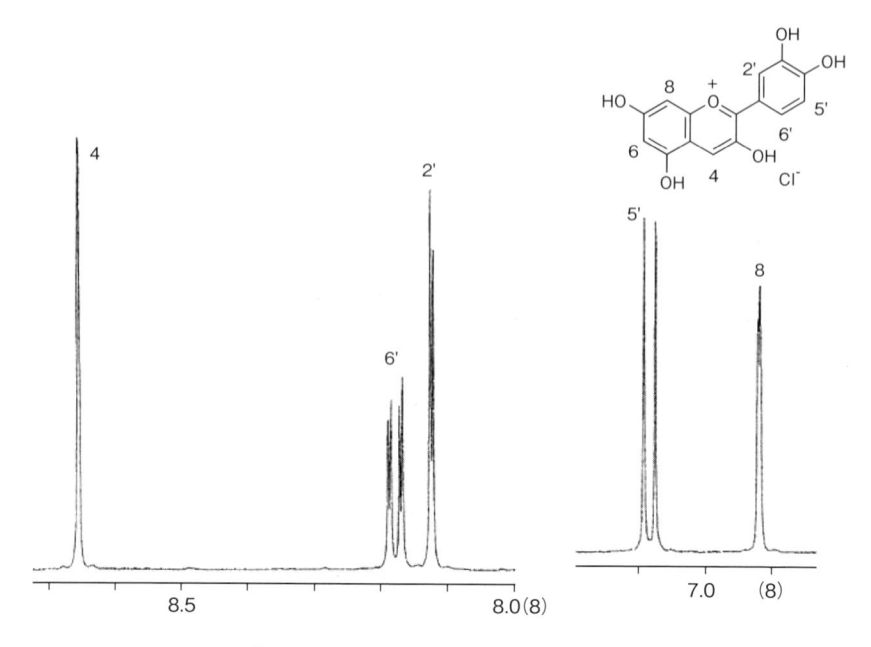

図 2-2-2 シアニジンの ^{1}H NMR スペクトル

図 2-2-1 の拡大図。H-4 は一重線（s），H-2' と H-8 は二重線（d）であり，H-6' は二重二重線（dd）に出現する。

化した溶媒の化学シフトを基準にすることもある。化学シフトは化合物の中の対象となる原子核（水素とか炭素）の環境の変化に対して敏感に影響を受け，δ 値は変化する。また，使用する溶媒の種類によっても変化する。

2.2.2. スピン-スピンカップリング spin-spin coupling

1つの原子から複数本の NMR シグナルが観察される現象をスピン結合という（図 2-2-1 および 2-2-2）。それぞれシグナルの分かれた本数から一重線 singlet，二重線 doublet，三重線 triplet，四重線 quartet などと表現する。また，複雑に重なって判断が不明の時は，多重線 multiplet としてあらわす。^{1}H NMR では，「一般に観測されたプロトンシグナルはその元素に隣接する元素についた水素原子の数より1つ多い本数に分裂する」というのがスピン-スピンカップリングの特徴になる。すなわち，ある化合物の NMR を測定する時，その分子中で共鳴する2つの原子が近くに存在すると，1つの原子から出る信号が2つ以上に分離する。フラボノイド化合物によく見られるベンゼン環では，観察しようとする水素の隣接位に水素が存在すると，目的とする水素はオルトカップリングして二重線にあらわれる（図 2-2-2 で

のH-5')。一方，メタ位に水素が存在しても，やはりメタカップリングして二重線にあらわれる（たとえば図2-2-1および図2-2-2でのH-8やH-2'）。したがって，観察しようとする水素のオルト位とメタ位に水素が存在する場合は，観察しようとする水素はそれぞれの水素とカップリングするため四重線としてあらわれる（たとえば図2-2-2でのH-6'）。

表2-2-1に主要なフラボノイド化合物の^{1}Hのシフトとカップリング定数を示した[6,7]。上で説明したように，^{1}Hの化学シフトは結合している炭素の電子状態に依存する。すなわち，ベンゼン環のような芳香環sp^{2}炭素に結合している水素は，$\delta 6.0 \sim 9.0$にピークがあらわれ，フラバノンにおけるH-2やH-3のように，sp^{3}炭素に結合している水素は$\delta 2.0 \sim 4.5$にピークがあらわれる。また，図2-2-1bの測定では，溶媒としてDMSO-d_6（重ジメチルスルホキシド）を使用しているため，フェノール性ヒドロキシ基の水素（5-OHと3-OH）も重水素交換されることなく，測定可能である。

簡単には，隣接するスピンの影響でピークが分裂するが，その分裂する周波数がJ値であり，化学シフトとは異なる。これをスピン結合といい，通常の測定で解析しようとすると複雑になる場合が多く，各ピークの帰属が困難な場合がある。詳しくは，後の二次元NMRスペクトルのところで説明するが，最近では2次元NMRという手法を用いることが一般的である。これは，条件を変化させながら複数回の測定をする手法で，フラボノイドのように炭素と水素からなる化合物の構造は2次元NMRを用いて比較的容易に解析することができる。また，スピン結合は一般的にJであらわされることからJ結合とも呼ばれる。このJ値は結合定数coupling constantと呼ばれる。前述したベンゼン環でのオルトカップリングにおける結合定数は一般に6〜8 Hzぐらいであり，メタカップリングにおける結合定数は一般に1〜3 Hzである。

2.2.3. 緩和時間

磁場においた原子核に共鳴周波数でエネルギー（励起パルス）を与えると，エネルギーを吸収して磁化ベクトルが生じ，励起状態になる。すなわち，熱平衡にあったスピン状態の一部がαからβに遷移する。β状態の核はエネルギーを放射してα状態に戻るが，励起パルス量が十分大きいと，αスピンとβスピンの数は等しくなってエネルギーを吸収できなくなり，NMRは観測できなくなる。このような状態を飽和状態saturationという。

その後このエネルギーを切ると，βスピンがαスピンに戻り，熱平衡の状態になり，磁化ベクトルは元の方向に戻る。この過程が緩和と呼ばれる。緩和時間とは，

表 2-2-1　主要なフラボノイド化合物の $^1H\delta$ (ppm) 化学シフト（TMS を基準値としている）

フラボノイド化合物	2	3 ax	3 eq	4
フラボン				
アピゲニン*			6.76 s	
ルテオリン			6.69 s	
トリセチン			6.54 s	
フラボノール				
ケンフェロール				
クェルセチン				
ミリセチン*				
イソフラボン				
ゲニステイン*	8.00 s			
オロボール*	8.25 s			
フラバノン及びジヒドロフラボノール				
ナリンゲニン	5.43 dd(2.8, 12.7)	3.26 dd(12.7, 17.1)		2.69 dd(2.8, 17.1)
エリオジクチオール	5.34 dd(3.0, 12.3)	3.15 dd(12.3, 17.1)		2.66 dd(3.0, 17.1)
タキシフォリン	4.99 d(11.1)	4.51 d(11.1)		
アントシアニジン**				
ペラルゴニジン*				8.85 s
シアニジン				8.66 s
デルフィニジン*				8.72 s

*配糖体からの値．**溶媒として DMSO-d_6+CF$_3$CO$_2$D 他は CD$_3$OD＋DCl で測定．
（　）はカップリング定数（結合定数；J (Hz) = ppm; たとえば doublet にあらわれるピークの結合

NMR シグナルが観測される時間をいい，NMR において共鳴の緩和時間は，その原子核を含む分子の運動状態を反映している．したがって，緩和時間は分子の運動と関係があるパラメーターととらえられる．すなわち，この情報で分子が置かれている環境を調べることができる．たとえば，分子がミセル（集合体）を形成している場合に，その大きさなどの情報を得ることができる．緩和過程にはスピン－格子緩和（横緩和），スピン－スピン緩和（縦緩和），交差緩和などがあり，これらは同時に混合されて安定状態に復帰する．ここではその詳細については省略する．

2.2.4. 核 Overhauser 効果（Nuclear Overhauser Effect; NOE）

２つの核が近接していると結合電子を介して相互作用（スピン－スピンカップリング）するだけでなく，直接結合はしていなくても，空間的に近くに存在すると双極子相互作用することができる．２つの核が空間的に接近している時，一方の核を共鳴周波数で強力に照射（デカップリング）すると，その核のエネルギー準位間の遷移が速くなり，近隣の核の緩和を促進してそのシグナル強度を変化させる．すな

	6	8	2'	3'	5'	6'
	6.23 d(2.0)	6.52 d(2.0)	7.94 d(8.0)	6.98 d(8.0)	6.98 d(8.0)	7.94 d(8.0)
	6.22 d(2.1)	6.47 d(2.1)	7.43 d(2.1)		6.92 d(8.0)	7.44 dd(2.1, 9.0)
	6.20 d(2.0)	6.42 d(2.0)	6.98 s			6.98 s
	6.20 d(2.0)	6.45 d(2.0)	8.06 d(8.9)	6.94 d(8.9)	6.94 d(8.9)	8.06 d(8.9)
	6.22 d(2.1)	6.42 d(2.1)	7.69 d(2.1)		6.90 d(8.9)	7.55 dd(2.1, 8.9)
	6.20 d(1.9)	6.37 d(1.9)	7.16 s			7.16 s
	6.38 d(2.2)	6.72 d(2.8)	7.28 d(8.4)	6.78 d(8.4)	6.78 d(8.4)	7.28 d(8.4)
	6.20 d(2.0)	6.35 d(2.0)	7.00 d(2.0)		6.77 d(9.0)	6.80 dd(2.0, 9.0)
	5.90 s	5.90 s	7.32 d(8.5)	6.81 d(8.5)	6.81 d(8.5)	7.32 d(8.5)
	5.86 s	5.86 s	6.86 s		6.73 s	6.73 s
	5.88 d(2.0)	5.92 d(2.0)	6.89 s		6.75 s	6.75 s
	6.99 d(1.9)	7.13 d(1.9)	8.68 d(9.1)	7.10 d(9.1)	7.10 d(9.1)	8.68 d(9.1)
	6.76 d(1.9)	6.96 d(1.9)	8.12 d(2.4)		7.08 d(8.5)	8.17 dd(2.4, 8.5)
	6.78 d(2.0)	6.86 d(2.0)	7.73 s			7.73 s

他は DMSO-d_6 で測定。表中の s は一重線，d は二重線，dd は二重二重線。
定数は分裂線の間隔 (ppm)×MHz [4~8]。

わち，もう一方の核の低エネルギー状態の存在数が増加する。そのために低エネルギー状態になった核シグナル強度が増大する現象であり，その発見者の名前にちなんで，核 Overhauser 効果 Nuclear Overhauser Effect (NOE) という。NOE は空間的な距離を反映するので，^{1}H NMR においても，立体的に近接する核を明示できることから立体構造の解析に利用される。また，^{13}C NMR では，プロトン完全デカップリングによる NOE のために，最大 3 倍ものシグナル強度の増大が見られることがあり，有用な測定手段になっている。

この手段は，平面状の分子構造をとるフラボン，フラボノールやアントシアニジンの構造解析よりも，これらの配糖体などの複雑な分子の構造解析に有用な手段である。例として，ペオニジン 3-[2-(グルコシル)-6-(4-グルコシルカフェオイル)-グルコシド]-5-グルコシド peonidin 3-[2-(glucosyl)-6-(4-glucosylcaffeoyl)-glucoside]-5-glucoside における糖と有機酸残基の分子内での結合を決めた結果を図 2-2-3 に示した [8]。図中のグルコース A の H-1，グルコース B の H-1，グルコース C の H-1，グルコース D の H-1 にそれぞれの共鳴周波電磁波を照射し，生じた NOE シグナル

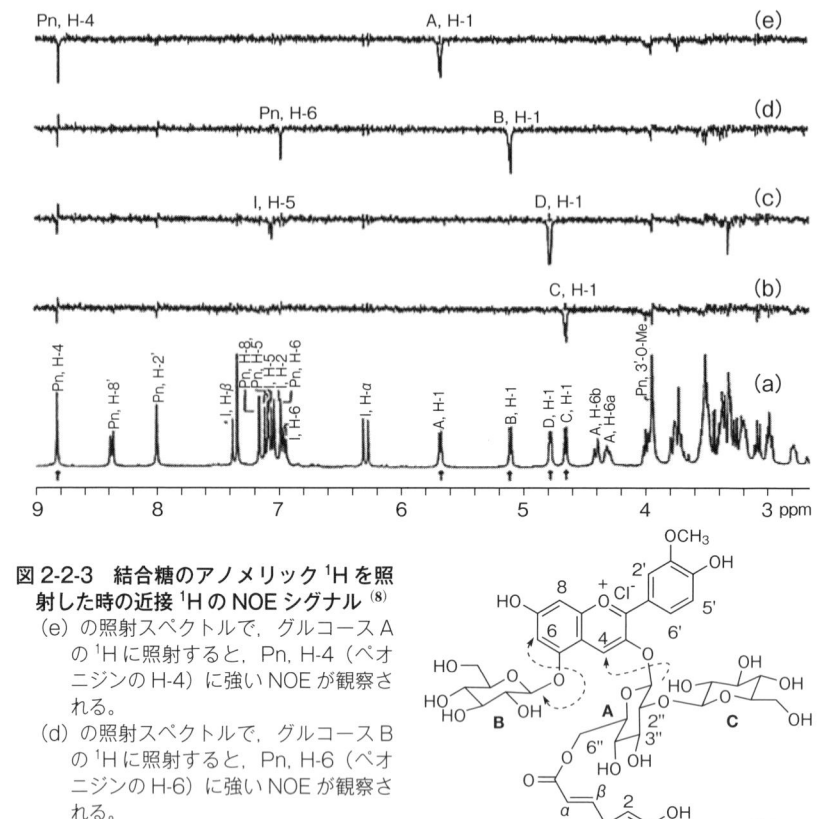

図 2-2-3 結合糖のアノメリック ^{1}H を照射した時の近接 ^{1}H の NOE シグナル [8]

(e) の照射スペクトルで，グルコース A の ^{1}H に照射すると，Pn, H-4（ペオニジンの H-4）に強い NOE が観察される。

(d) の照射スペクトルで，グルコース B の ^{1}H に照射すると，Pn, H-6（ペオニジンの H-6）に強い NOE が観察される。

(c) の照射スペクトルで，グルコース D の ^{1}H に照射すると，I, H-5（カフェ酸の H-5）に NOE が観察される。

(b) の照射スペクトルで，グルコース C の ^{1}H に照射すると，A, H-2（グルコース A の H-2; 3.99 ppm）にあまりはっきりしないが NOE が生じる。

(a) はペオニジン 3-[2-(グルコシル)-6-(4-グルコシルカフェオイル)-グルコシド]-5-グルコシドの ^{1}H NMR スペクトルを 400 MHz の NMR で測定（DMSO-d_6:CF$_3$CO$_2$D = 9:1）。

を観察した。この結果，グルコース A の H-1 では，アグリコン（ペオニジン）の H-4 に，グルコース B の H-1 ではアグリコンの H-6 位に，グルコース D の H-1 ではカフェ酸の H-5 位に強い NOE が観察される。グルコース C の H-1 では，あまり鮮明ではないがグルコース A の H-2（δ 3.99）との間に弱い NOE が観察される。この結果は構造式に示したように，グルコース A がアグリコンの 3 位に，グルコース B が 5 位に，グルコース D がカフェ酸の 4 位に結合していることを示している。

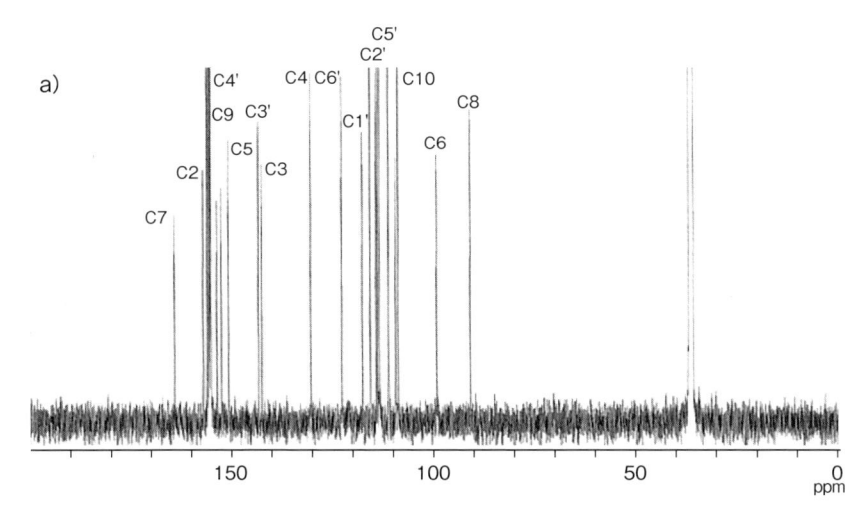

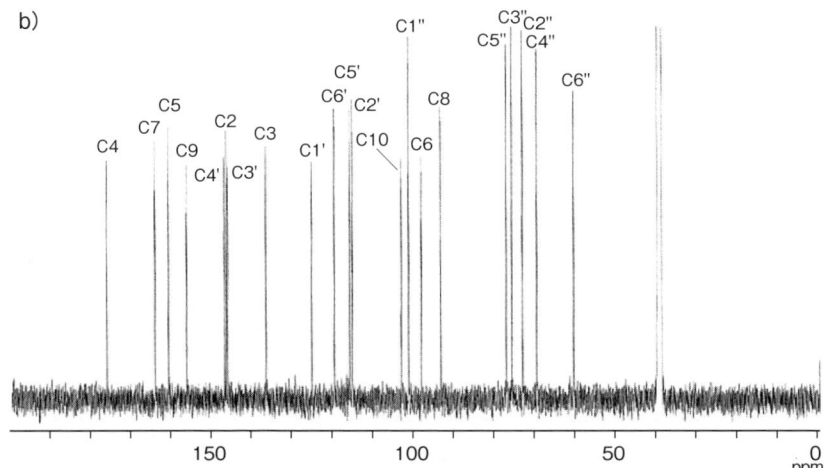

図 2-2-4 シアニジン (a) とクェルセチン 4'-グルコシド (b) の ^{13}C NMR スペクトル

また，他の分析結果とあわせてグルコース C がグルコース A の 2-OH に結合していることも決定されている。

2.2.5. ^{13}C NMR

天然に存在する炭素の同位体 ^{13}C は核スピンをもつため，^{1}H と同様に NMR シグナルを与える。しかし，その感度はプロトンに比べ，非常に低く，天然存在度(1.11％)も小さい。^{13}C NMR は ^{1}H とカップリングして複雑なスペクトルを与えるが，通常

表 2-2-2 主要なフラボノイド化合物の $^{13}C\delta$ (ppm) 化学シフト（TMS を基準値としている）

フラボノイド化合物	C-2	C-3	C-4	C-5	C-6	C-7
フラボン						
アピゲニン	164.1	102.8	181.8	161.5	98.8	163.7
ルテオリン	164.5	103.3	182.2	162.1	99.2	164.7
トリセチン	164.2	103.2	181.6	161.6	99.0	164.2
フラボノール						
ケンフェロール	146.8	135.6	175.9	160.7	98.2	163.9
クェルセチン	146.9	135.8	175.9	160.8	98.3	164.0
ミリセチン*	148.2	136.2	176.3	160.3	98.8	162.5
イソフラボン						
ゲニステイン	153.6	121.4	180.2	157.6	98.6	164.3
フラバノン及びジヒドロフラボノール						
ナリンゲニン	78.4	42.0	196.2	163.6	95.9	166.7
エリオジクチオール	78.3	42.2	196.2	163.4	95.7	166.6
タキシフォリン	83.1	71.7	197.1	163.3	96.1	166.8
アントシアニジン**						
ペラルゴニジン*	162.7	144.6	132.7	155.0	104.1	167.8
シアニジン	156.8	142.2	130.1	150.5	99.0	163.4
デルフィニジン*	163.1	146.2	133.0	155.8	105.6	166.8

*配糖体からの値，**溶媒として DMSO-d_6+CF$_3$CO$_2$D または DMSO-d_6+DCl で測定。

表 2-2-3 他の主なフラボノイド化合物の ^{1}H と ^{13}Cδ (ppm) 化学シフト

^{1}H NMR 化学シフト

オーロン	α	5	7	2'	
オーロイシジン	6.47 s	6.09 d (1.5)	6.20 d (1.5)	7.41 d (1.6)	
カルコン	α	β	3'	5'	
カルコノナリンゲニン*	7.99 d (15.6)	7.59 d (15.6)	6.13 d (1.9)	5.90 d (1.9)	

^{13}C NMR 化学シフト

オーロン	2	3	4	5	6	7
スルフレチン	145.6	180.8	125.3	115.9	167.3	98.2
カルコン	α	β	1'	2'	3'	4'
カルコノナリンゲニン*	115.0	142.4	105.0	166.1	94.9	172.5

*配糖体からの値，溶媒として DMSO-d_6 で測定。データは主に Markham [6] を参照。

は広帯域プロトンデカップリング broad-band proton decoupling 法により ^{13}C シグナルを単一線として観測する。例として図 2-2-4a にシアニジン，図 2-2-4b にクェルセチン 4'-グルコシドのスペクトルを示した。^{13}C NMR の化学シフトは通常大きくあらわれ，δ 200 以上の広がりをもっており，シグナルが単一線として観測されるため，ピークの重なりは少なくなり，非等価な炭素の数が決定できる。したがって，^{13}C NMR からは炭素原子の種類を推定することが容易になる。

2.2.5. ^{13}C NMR

C-8	C-9	C-10	C-1'	C-2'	C-3'	C-4'	C-5'	C-6'
94.0	157.3	103.7	121.3	128.4	116.0	161.1	116.0	128.4
94.2	157.9	104.2	122.1	113.8	146.2	146.2	116.4	119.3
93.9	157.5	104.0	120.9	106.0	146.5	146.5	146.5	106.0
93.5	156.2	103.1	121.7	129.5	115.4	159.2	115.4	129.5
93.5	156.2	103.1	122.1	115.2	145.1	147.7	115.7	120.1
94.6	156.0	105.0	121.1	107.9	146.1	136.2	146.1	107.9
93.7	157.6	104.6	122.4	130.0	115.2	162.1	115.2	130.0
95.0	162.9	101.8	128.9	128.2	115.2	157.8	115.2	128.2
94.8	162.8	101.7	129.4	114.2	145.1	145.6	115.3	117.8
95.1	162.5	100.6	128.1	115.3	144.9	145.7	115.3	119.2
96.4	155.6	101.9	119.4	135.2	117.2	165.4	117.2	135.2
90.7	152.2	101.1	117.3	114.0	142.0	153.4	113.6	122.4
94.5	157.3	113.6	119.9	113.6	147.8	147.3	147.8	113.6

データは主に Markham [6] を参照した。

	5'	6'						
	6.83 d (8.2)	7.18 dd (1.6, 8.2)						
	2	3		5	6			
	7.63 d (8.3)	6.82 d (8.3)		6.82 d (8.3)	7.63 d (8.3)			

8	9	α	1'	2'	3'	4'	5'	6'
165.9	113.7	112.6	123.3	111.5	145.3	147.7	117.9	124.2
5'	6'	7'	1	2	3	4	5	6
100.2	160.2	191.5	128.1	126.1	124.1	157.5	124.1	126.1

オーロイシジン　　　　　　　　　カルコノナリンゲニン

表 2-2-2 と 2-2-3 に主要なフラボノイド化合物の化学シフトを示した。一般に，^{13}C NMR においても，テトラメチルシランが化学シフトの内部標準として用いられる。炭素の化学シフトは主に炭素原子の荷電子の混成状態に依存し，結合している原子の電気陰性度にも影響される。sp^2 炭素は sp^3 炭素よりも低磁場側にあらわれ，カルボニル炭素はその中でも特に低磁場側にあらわれる。**図 2-2-4b** や**表 2-2-2** に示されているように，4 位のカルボニル炭素は δ 176 〜 197 という低磁場にピークがあらわれる。

また，芳香環で OH が置換している炭素も δ 130 〜 170 という比較的低磁場にそのピークが出現するが，OH が置換していない炭素は δ 90 〜 125 付近にピークがあらわれる。糖のアノメリック炭素は δ 95 〜 110 付近に，また sp^3 炭素で OH と結合している炭素は δ 60 〜 85 付近に出現する[5]。

^{13}C NMR においては，一般にシグナルの面積は炭素数に比例しない。特に水素の結合していない第四級炭素のシグナルは小さくなる。また，カルボニル炭素も測定条件によってはシグナルがほとんど見えなくなるなど，小さくなることもあるので注意が必要である。ここでは特別に例を挙げて示さないが，隣接プロトン数の情報は，通常 DEPT（あるいは INEPT）法により得られる。DEPT90° は CH シグナルのみを，DEPT135° は CH_2 シグナルが下向き，CH，CH_3 を上向きに与える。完全デカップリングスペクトル（COM）とあわせて，ピークをメチル，メチレン，メチン，第 4 級と区別できることになる。

これまでにある程度例を集めて説明してきたが，改めてそれでは一体 NMR で何がわかるのであろうか。

ピークの位置と強度からは，同じ環境の水素が何種類あるか，またどれだけあるかがわかる。また，ピークの形，結合を介した相互作用からは結合の様式がわかり，したがって分子の構造式が決まってくる。NOE は空間を通した相互作用の測定をすることから，特定の原子間の距離の情報が得られ，分子が空間内でどのような形をとっているかを予想できる。特に結合している糖について得られる情報は重要である。最も一般的な核磁気共鳴スペクトルとして，従来は ^{1}H NMR や ^{13}C NMR に代表されるように，対象となる核の化学シフトの値とピークの強度で示されるスペクトルから，化合物の同定や分析などを行ってきたが，機器の進歩にともない，近年では構造決定においても主に二次元 NMR が活用されるようになり，いちだんと強力な手段になっている。ここでは主に炭素，水素，及び酸素から構成されるフラボノイド系化合物の構造決定に利用される二次元 NMR について以下に簡単に解説し，これまで取り上げてきたシアニジンとクェルセチン 4′-グルコシドを中心に実際の例で説明したい。

2.2.6. 二次元 NMR（2D NMR）

測定条件を変えながら測定し，2つ以上のパラメーターに対してシグナル強度を求め，2つの周波数軸に対してシグナル強度を等高線図としてプロットしたスペクトルを，二次元 NMR という。同一の核種間あるいは2種類の異なる核種間の相関を見ることができる。この方法によって，シグナル間の相関を明らかにし，立体構造も含めて目的とする化合物の構造解析を行うことができる。種々の 2D NMR があり，さらに多次元の NMR を得る技法もあるが，ここでは代表的な 2D NMR スペクトルからどのようなことがわかるか説明する。

1) HH-COSY, CH-COSY, CC-COSY　correlation spectroscopy （シフト相関スペクトル）

図 2-2-5a と図 2-2-5b にシアニジンとクェルセチン 4'-グルコシドの ^{1}H の 2 次元 NMR を示した。HH-COSY は縦横軸（x 軸と y 軸）とも ^{1}H の化学シフトとして見られる二次元スペクトルであり，ピーク間にスピン結合がある時にクロスピークを与える。このため，スピンカップリングしている相手の ^{1}H を示すので，原子の結合様式などの平面的な構造を明らかにするために有用である。COSY スペクトルではシグナルが等高線図としてあらわされている。すなわち，対角線上にシグナルがあらわれ，対角線からはずれた位置には"交差ピーク（クロスピーク）"が観測される。交差ピークはカップリングしているプロトン対をあらわし，強度はスピン結合定数の大きさを示している。

図 2-2-5a ではシアニジン骨格の B 環でオルト位に位置する H-5' と H-6'，メタ位に位置する H-2' と H-6'，さらには A 環ではメタ位に位置する H-6 と H-8 のクロスピークが観察される。図 2-2-5b では全体的にシグナルがあまり強くなく，フラボノール骨格での H-5' と H-6' のクロスピークと，糖の H-1" と H-2" のクロスピークが大きく出現していることが観察できる。クロスピークは結合定数の大きいものほど等高線が大きく，かつ濃く観察される。これは原子間距離にも関係している。C–H シフト相関あるいは C–C シフト相関を示す 2D NMR スペクトルも，同じように観測できる。

CH-COSY は横軸（F_2 軸：観測核周波数軸）に ^{13}C の化学シフトをあらわし，縦軸（F_1 軸：照射核周波数軸）に ^{1}H の化学シフトをあらわす異種核 COSY である。図 2-2-6 にシアニジンの CH-COSY を示したが，^{1}H の化学シフト値が決定できれば，自動的に ^{13}C の帰属も可能になる。これらのスペクトルからは，直接結合している炭素－水素あるいは炭素－炭素の結合解析ができるので，構造解析の強力な手段になる。間接的に結合している CH 対のクロスピークを観測する場合を特に，長距離

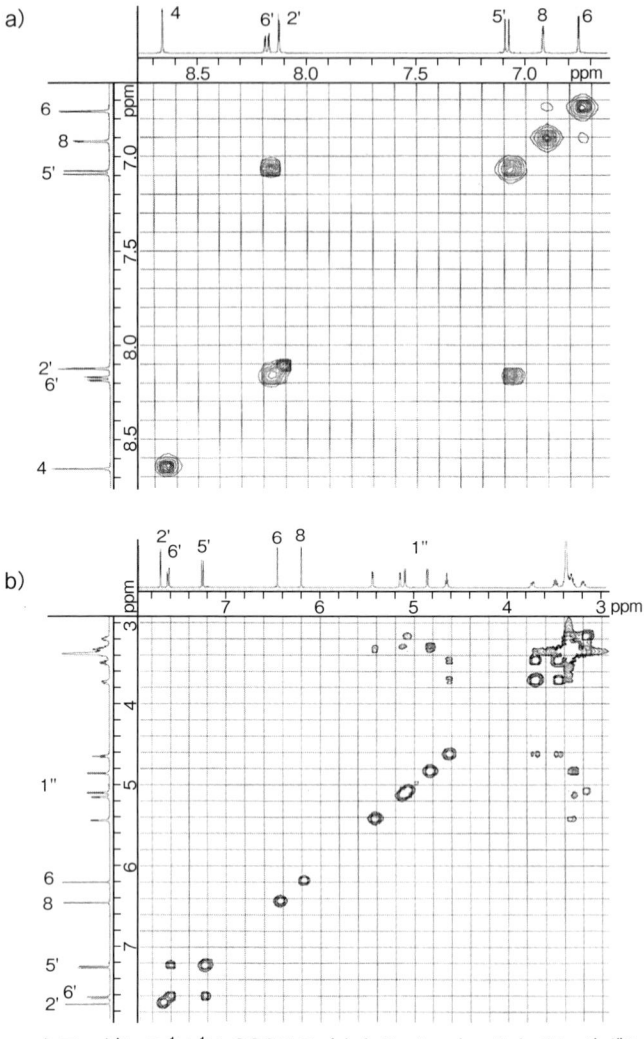

図 2-2-5 a：シアニジンの ¹H-¹H COSY スペクトル，b：クェルセチン 4'-グルコシドの ¹H-¹H COSY スペクトル

a) クロスピークの H-5'/H-6' は B 環ではオルト位の隣接関係を示して，大きく濃い等高線であらわれている。メタ位の関係にある H-6/H-8 や H-2'/H-6' のクロスピークは小さく，薄い等高線になる。

b) 測定色素濃度が低いのでクロスピークとして H-5'/H-6' と糖部分の 6 個のクロスピークしか観測されない。OH 基のプロトンや糖部のプロトンは重なりが大きいので省略した。

相関法 long-range（CH-COSY）と呼ぶ。

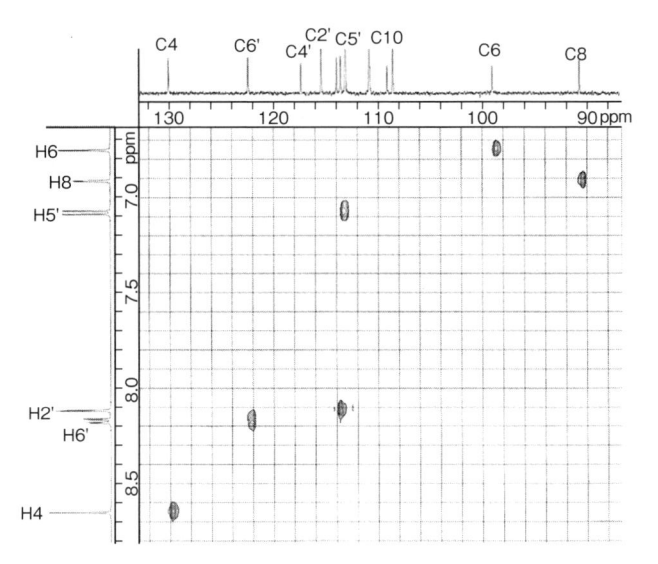

図2-2-6 シアニジンの ^{13}C-^{1}H COSY スペクトル

2) HMQC　Hetero-nuclear Multiple Quantum Coherence および
　　HSQC　Hetero-nuclear Single Quantum Coherence

　HSQCとは横軸（F_2）が ^{1}H，縦軸（F_1）が ^{13}C の化学シフトとして見られる二次元スペクトルであり，直接結合するプロトンと炭素が検出できる。C-H COSY とは逆に，F_2 軸が ^{1}H の化学シフトであり，F_1 軸が ^{13}C の化学シフトとして見られるが，パルスシーケンスおよび原理は COSY とは異なる。一般的な ^{1}H の観測では ^{13}C の天然存在比が少ないために，^{1}H-^{12}C 対の信号が強く，観測したい ^{1}H-^{13}C 対の信号の妨害となる。そこで ^{1}H-^{12}C 対の信号を抑制するために，このシーケンスが用いられる。HMQC も HSQC の場合と同様に ^{13}C 照射により，結合プロトンを観測し，スピン結合している CH 対のクロスピークを観測する方法である。HMQC は多量子コヒーレンス，HSQC は一量子コヒーレンスによるシーケンスを使っており，HSQC の方がピーク幅が狭く，分解能を高くしやすい。**図 2-2-7a** と **図 2-2-7b** にシアニジンとクェルセチン 4'-グルコシドの HMQC の測定例を示した。ここでは ^{1}H の化学シフトが決定されれば，自動的に ^{13}C の帰属も可能になる。

3) HMBC　Hetero-nuclear Multiple-Bond Connectivity

　横軸（F_2）が ^{1}H，縦軸（F_1）が ^{13}C の化学シフトである二次元スペクトルであり，2本，あるいは3本の結合を介する比較的遠距離のプロトンとカーボンでのクロス

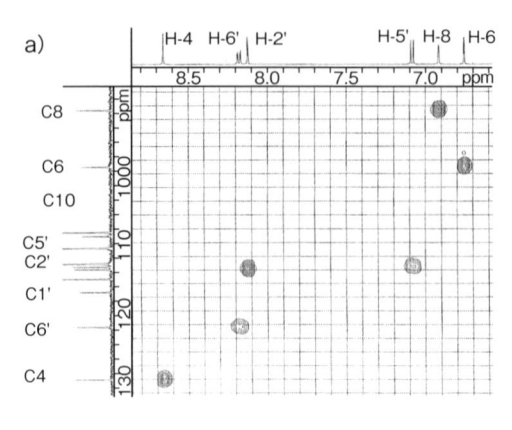

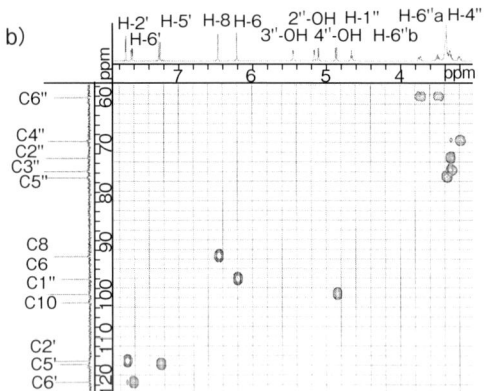

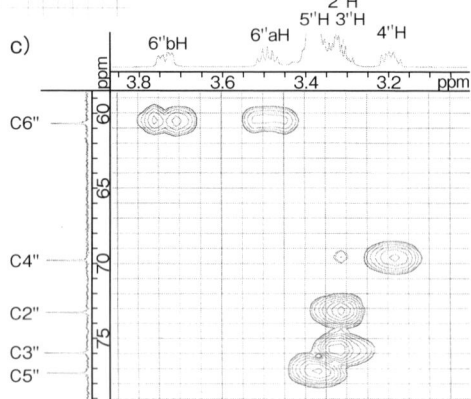

図 2-2-7　シアニジンの HMQC スペクトル（a）とクェルセチン 4'-グルコシドの HMQC スペクトル（b）および（b）の拡大図（c）
　b は，^{1}H NMR は 500 MHz で，^{13}C NMR は 125.65 MHz で溶媒として DMSO-d_6 を用いて測定した。

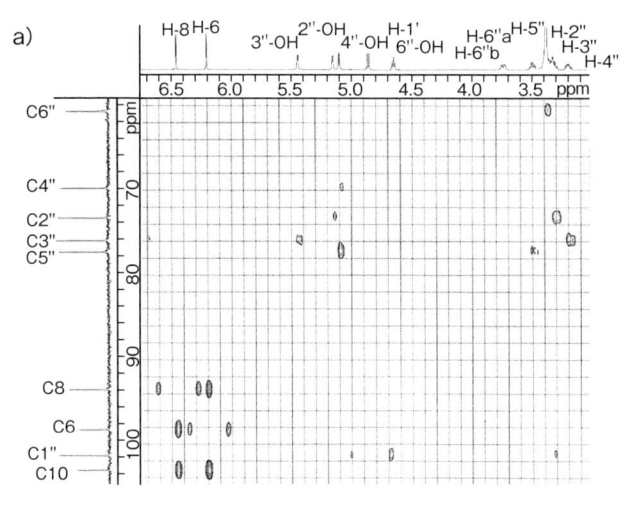

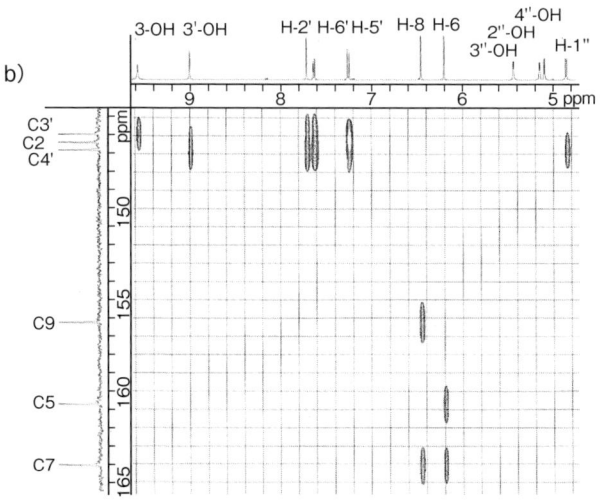

2.2.6. 二次元 NMR（2D NMR）　53

図 2-2-8　クェルセチン 4'-グルコシドの HMBC スペクトル
 ^{1}H NMR は 500 MHz, ^{13}C NMR は 125.65 MHz で，溶媒として DMSO-d_6 を用いて測定した．

ピークを検出することができる．図 2-2-8 に示したように，HMBpC パルスシーケンスで測定パラメーターを変えて長距離相関のいくつかのクロスピークが観測できる．したがって，アシル化の結合様式や結合糖の結合位置の解明に有効な手段となる．

4) NOESY (NOE correlated spectroscopy; nuclear Overhauser enhancement and exchange spectroscopy; nuclear Overhauser effect difference spectroscopy)

両軸が同じ核種の化学シフトで，ピーク間に NOE 結合や化学交換がある時，クロスピークが生じる。NOE によるクロスピーク強度から原子間の距離が推定できる。すなわち，近い位置に存在する時はクロスピークが強くあらわれる。NOESY は核の空間的な距離情報を与えるので，立体配座解析に用いることもできる。主に相対配置を帰属する時に用いる。

また，NOESY においては，COSY でも観測されるような，結合的に近いプロトン (2，3結合を介した) との相関が見られることもある。したがって，NOESY のチャートから，COSY のチャートで見られる相関を除いた情報が特に有用な情報といえる。詳しくはアントシアニンの解析 (3-1-2) で説明しているので参照されたい。

5) HOHAHA　Homo-nuclear Hartmann-Hahn experiment,
　　TOCSY　Totally correlated spectroscopy

間接的にスピン結合している水素原子核同士の相関が観測でき，COSY の拡張バージョンに相当する。ある原子に結合している水素を基準にして，連続した水素の関係を知ることができるが，炭素鎖に四級炭素が存在する場合，その先にあるプロトンとの相関は基本的には得られない。TOCSY は HOHAHA の別名称。HOHAHA も COSY と同様にプロトンどうしの二次元 NMR であり，見方もまったく同じだが，HOHAHA は COSY よりさらに隣のプロトンとも相関が見える。すなわち，HOHAHA から COSY のピークを消去して読むことにより，隣の隣のプロトンとの関係がわかるようになる。フラボノイド化合物の構造決定では一般に COSY の測定で十分な場合が多いので，ここでは例を挙げて説明することは省略した。

6) COLOC　Correlation spectroscopy via long range coupling spectrum

通常，2ないし3の結合を介したプロトンとカーボンのロングレンジ相関を検出する時に使われる。遠隔 CH-COSY や HMBC などと同じ目的で使われることが多いため，ここではこれ以上の説明は省略する。

2.2.7. フラボノイド系化合物の NMR による構造決定の例

これまでに Markham らや Andersen らにより，フラボノイド化合物の NMR による構造解析の解説や総説，データ集などが多く報告されており，これらの手法はこの分野においても一般的な構造決定の手段となっている[4~7]。通常のフラボノ

イド化合物を扱った植物生化学系の論文では、マススペクトル測定とNMR測定の結果が不可欠と見なされるほどに広く普及した分析手段となってきている。この章のまとめとして、フラボノイド化合物に関するNMR測定の概観を以下に述べ、締めくくりたい。

　フラボノイド系化合物とはベンゼン環とテトラヒドロピラン環が縮環し、その2位（ピラン環酸素の隣り）にベンゼン環が置換したきわめて単純な構造をもつフラバン誘導体の総称である。4位にカルボニル基が導入されたフラバノンや、その2位と3位が二重結合になったフラボンなどが代表的な化合物として知られている。また、フラボンのベンゼン環（B環）が3位に移ったイソフラボンや、フラバンの3位にヒドロキシ基が導入されたフラバノール（カテキン）、さらにはフラボンの3位にヒドロキシ基が導入されたフラボノールなども同様な骨格を有する一連の化合物であるが、中にはピラン環の開環したカルコンや、5員環になったオーロンなどもこの分野の化合物に分類される。これら化合物のアグリコン部は、芳香環を中心として構成される単純な構造をしていることから、ごく通常の ^1H NMR及び ^{13}C NMRで比較的簡単に構造決定が可能である。表2-2-1〜3には代表的な化合物の化学シフトを挙げた。

　一方、このアグリコンに存在するヒドロキシ基がグリコシル化されると糖部の立体構造や結合位置の決定も含めた構造決定が必要になってくる。クェルセチン4'-グルコシドの例でも取り上げたが、これらの目的によく用いられる2D NMRとしては、^1H-^1H 相関や ^{13}C-^1H 相関スペクトルがあり、これらはCOSYスペクトルと呼ばれている。さらに、NOEを利用したNOESYなどがあり、さらに複雑な化合物の構造決定に貢献している。

　フェノール性ヒドロキシ基を多く有するフラボノイド系化合物の測定溶媒として一般に用いられるのは、極性の比較的高い重メタノール（CD_3OD）や重ジメチルスルホキシド（$(CD_3)_2SO$）であるが、重アセトニトリル（CD_3CN）や重アセトン（$(CD_3)_2CO$）も用いられる。また、溶解性の高い化合物の場合には重クロロホルム（$CDCl_3$）も使用することができる。DIFNOE（差NOEのこと：飽和をしてNOEが起こっている方のスペクトルと、NOEを起こしていないスペクトルの差をとって、NOEによって生じたスペクトルの差を浮き彫りにする手法のこと）を測定するには、DMSO-d_6 が好ましいが、NOESYは CD_3OD で測定可能である。測定溶媒によって化学シフトは異なってくるので、比較する場合には注意が必要である。

　アシル化アントシアニンのような複雑な構造を有する化合物の構造決定に関しては、アントシアニンの項に後述する。ここではごく一般的なフラボン系化合物のNMRによる構造決定に試用されるスペクトル測定の例を取り上げ、解説した。そ

れぞれのフラボノイド化合物の特殊な測定問題や解析に必要なことは，3章のフラボノイドの定性・定量分析各論でのそれぞれの項目に解説されているので参照されたい。

引用文献

(1) Abraham, R.J., Loftus, P. 1979. Proton and Carbon-13 NMR Spectroscopy, (^{1}H および ^{13}C NMR 概説), 竹内敬人訳, 化学同人, 東京.
(2) Kemp, W. 1988. NMR in Chemistry. A Multinuclear Introduction, (化学, 生化学, 薬学, 医学のためのやさしい最新の NMR 入門), 培風館, 東京.
(3) 日本化学会 (編) 1991. NMR, 第4版実験化学講座 5, 丸善, 東京.
(4) Mabry, T.J., Markham, K.R., Thomas, M.B. 1970. The Systematic Identification of Flavonoids, Springer, Berlin.
(5) Mabry, T.J., Moham Chari, V. 1982. Carbon-13 NMR spectroscopy of flavonoids. *In* The Flavonoids. Advances in Research (eds. Harborne, J.B., Mabry, T.J.), Chapman and Hall, London. pp. 19-134.
(6) Markham, K.R., Geiger, H. 1994. ^{1}H nuclear magnetic resonance spectroscopy of flavonoids and their glycosides in hexadeuterodimethylsulfoxide. *In* The Flavonoids. Advances in Research since 1986 (ed. Harborne, J.B.), Chapman and Hall, London. pp. 441-497.
(7) Fossen, T., Andersen, Ø.M. 2006. Spectroscopic techniques applied to flavonoids. *In* The Flavonoids. Chemistry, Biochemistry, and Applications (eds. Andersen, Ø.M., Markham, K.R.), CRC Press, Boca Raton. pp. 37-142.
(8) Lu, T.S., Saito, N., Yokoi, M., Shigihara, A., Honda, T. 1991. An acylated peonidin glycoside in the violet-blue flowers of *Pharbitis nil*. *Phytochemistry* **30**, 2387-2390.

2.3. 質量スペクトル*

質量スペクトル mass spectrum は横軸が質量 (m) と電荷数 (z) の比 m/z で,縦軸がイオンの相対存在量で表示されている。このようなスペクトルを求める分析法が質量分析法 (MS 法) Mass Spectrometry である。MS 法からは分子の質量および組成に関する情報が得られるほかに,分子が断片化された各々の断片の質量と組成を求めることもでき,各断片の構造を推定し,さらには断片構造を組み合わせることによって,元の分子の構造情報を得ることができる。また,イオン強度は試料分子の存在量に比例するので,定性分析(構造分析)のほかに定量分析にも応用されている。

MS 法の応用分野は非常に幅広く,有機化合物だけを考えても,化学,薬学,医学,代謝化学,生物学,農薬化学,地球化学,天然物化学,裁判化学,バイオサイエンスなどの多岐にわたっている。ここでは,最近の質量分析法の簡単な紹介をすると同時に,どのように MS 法が応用できるかについて概略する。

まず,質量分析をするための装置である質量分析計 (MS 装置) Mass Spectrometer の基本的な構成は,試料を導入するための「試料導入部」,導入された試料をイオン化するための「イオン源 ion source」,生成されたイオンを質量と電荷数の比によって分離するための「分析部 analyzer」,そして分離されたイオンを検出するための「検出部 detector」から成っており,さらに,これらの構成部分はコンピュータによって制御されている(図2-3-1)。

試料導入部における手法としては,直接導入法,GC (gas chromatograph) 導入法や LC (liquid chromatograph) 導入法などがある。GC を試料の導入法とした質量分析法を GC/MS 法と呼び,同様に LC の場合には,LC/MS 法と呼んでいる。

イオン源で用いられている主なイオン化法としては,EI (Electron Ionization; 電子イオン化) 法,FAB (fast atom bombardment ionization; 高速原子衝撃イオン化) 法,ESI (electrospray ionization; エレクトロスプレーイオン化) 法,及び MALDI (matrix assisted laser desorption ionization; マトリックス支援レーザーイオン化) 法などがある。

イオンにはさまざまな種類があり,中性の分子 (M) を例にすると,正イオン(M^+, M^{2+}) と負イオン (M^-, M^{2-}),正のラジカルイオン ($M^{+\cdot}$) と負のラジカルイオン ($M^{-\cdot}$),H^+ が付加した一価および多価のプロトン化分子 ($[M+H]^+$, $[M+2H]^{2+}$, $[M+nH]^{n+}$),H^+ がとれた脱プロトン化分子 ($[M-H]^-$, $[M-2H]^{2-}$, $[M-nH]^{n-}$),プロトン以外の付加イオン ($[M+Na]^+$, $[M+NH_4]^+$, $[M+2Na]^{2+}$, $[M+Cl]^-$,

---

*執筆:木下武　Takeshi Kinoshita

58 2章 フラボノイドの分析法

```
試料導入部 → イオン源 → 分析部 → 検出部
```

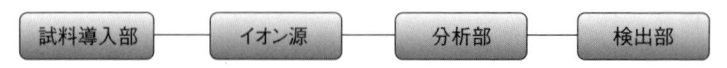

図2-3-1 質量分析計の基本構成

[M+2Cl]$^{2-}$などなど），および二量体や三量体のイオン（[2M+H]$^{+}$，[3M+H]$^{+}$）などがある。これらの生成される主なイオンは，イオン化法の種類によって決まってくるが，これらすべてのイオンが質量分析の対象である。

　分析部における質量分離法も多様であり，質量分離の方式により質量分析計の命名がなされている。現在，主として使用されている質量分析計は，磁場型質量分析計 magnetic sector-type mass spectrometer（磁場型MS），四重極質量分析計 quadrupole mass spectrometer（QMS），イオントラップ質量分析計 ion trap mass spectrometer（ITMS），飛行時間質量分析計 time-of-flight mass spectrometer（TOFMS）及びフーリエ変換イオンサイクロトロン共鳴質量分析計 fourier-transform ion cyclotron resonance mass spectrometer（FT-ICR-MS または FTMS）などがある。

2.3.1. イオン化法

1）EI（電子イオン化）法 electron ionization

　質量分析法では，分析したい分子（または原子）をイオン化する必要がある。最も使われてきている方法が電子イオン化（EI）法で，真空中でフィラメント（タングステンやレニウム製）に電流を流して熱電子を発生させ，電圧を印可してその熱電子を加速し，ガス化した試料に衝突させてイオン化を行う。この時の印可電圧がイオン化電圧で，一般的には 70 eV または 75 eV に設定されている。試料分子をMとすると，熱電子（e^{-}）により分子イオン（M$^{+ \cdot}$）が生成される。

$$M+e^{-} \rightarrow M^{+ \cdot}+2e^{-}$$

通常使用されているイオン化電圧により，M$^{+ \cdot}$は余分なエネルギーをもらうため，その化合物特有のパターンで断片化 fragmentation（フラグメンテーション）されたイオン fragment ion（フラグメントイオン）を与える（一般的な有機化合物のイオン化エネルギー（イオン化電圧）は 10 数 eV）。このフラグメントイオンの情報により，目的の化合物の構造解析が可能となる（図2-3-2）。

　図2-3-2はアセトンのEIマススペクトルの模式図であるが，m/z 58 がアセトン分子を示す分子イオンで，m/z 43 と m/z 15 が分子イオンからのフラグメントイオンである。質量スペクトル中で最もイオン強度の高いイオンをベースピーク base peak（基準ピーク）といい，一般に，その相対強度を 100％としてマススペク

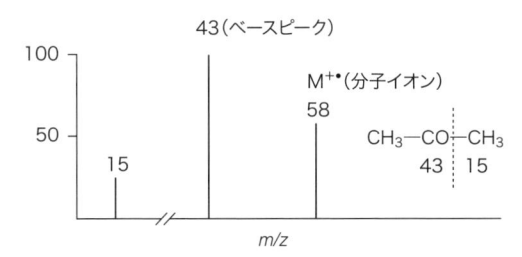

図2-3-2 アセトンのEIマススペクトル模式図

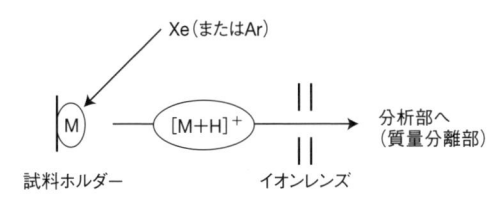

図2-3-3 FABイオン源の模式図

トルを規格化する。

2) FAB（高速原子衝撃イオン化）法 fast atom bombardment ionization

EI法では，試料を加熱により気化させる必要があるため，熱不安定物質や難揮発性物質の測定には不向きであった。そんななかで，加熱を必要としないイオン化法であるFAB法が発明された。FAB法は，グリセロール，チオグリセロール，メタ-ニトロベンジルアルコールなどのような，高真空中でも気化しにくい粘度の高い液体で，試料をよく溶解する有機化合物（これをFAB用マトリックスという）に目的化合物を溶解した混液を試料ホルダー上に置き，キセノン（Xe）やアルゴン（Ar）などの中性原子が高速に加速されたビームをその混液に衝突させて，イオンを生成させる方法である。

FABイオン源の模式図を**図2-3-3**に示す。高速中性原子がマトリックス溶液に衝突すると，そのエネルギーが試料を包むマトリックス分子に移動し，溶液表面層の一部を急激に気化させると同時に，試料を覆っているマトリックス分子をイオン化する。さらに，マトリックスと試料との間でのプロトンや電子の授受によって，$[M+H]^+$，$[M-H]^-$，$M^{+\cdot}$や$M^{-\cdot}$が生成される。FAB法はEI法のように試料を気化させる必要がないため，特に熱不安定物質や難揮発性物質の測定に適しているが，マトリックス由来のバックグラウンドピークが，特に低質量領域に強く，多数あらわれるという欠点があるため，試料が低分子量の時には，解析が困難な場合がある。

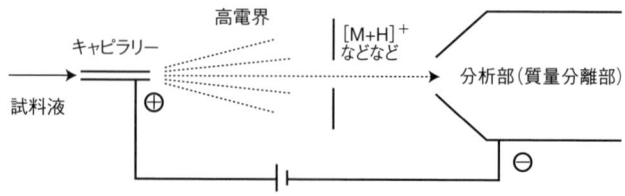

図2-3-4 ESIイオン源の模式図

3) ESI（エレクトロスプレーイオン化）法 electrospray ionization

大気圧イオン化法の一種で，図2-3-4に示したように，キャピラリーに高電圧を加えると試料溶液が自ら噴霧し，イオン化する現象を利用した方法である。試料を加熱して気化させる必要がないので，試料分子を熱分解させることなく，気体状のイオンにできるイオン化法のため，熱不安定物質や難揮発性物質の測定に向いている。特に，$-COOH$ や $-SO_3H$ のような酸性官能基，$-NH_2$ や $=NH$ のような塩基性官能基を持ち，溶液中でイオンになりやすい化合物に適したイオン化法である。

ペプチドやタンパク質などは多価イオンとなり，低質量領域に分子量関連イオンがあらわれる。たとえば，10価の多価イオンの場合には，質量スペクトルの横軸を示す m/z は $m/10$ となり，1/10 の質量のところにイオンピークがあらわれる。これは，質量測定範囲が比較的小さい四重極質量分析計でも，質量の大きなペプチドやタンパク質などを測定できることを意味している。キャピラリー先端に加える高電圧が正の場合には，生成するイオンはプロトン化分子（$[M+H]^+$）や多価プロトン化分子（$[M+nH]^{n+}$）であり，逆に負の場合には，脱プロトン化分子（$[M-H]^-$）や多価脱プロトン化分子（$[M-nH]^{n-}$）である。

4) MALDI（マトリックス支援レーザーイオン化）法 matrix assisted laser desorption ionization

物質に紫外レーザー光を照射すると，物質が光を吸収して光電子移動が進行してイオン化されるが，レーザー光を吸収しない試料や，レーザーで破壊を受けやすい化合物には不向きなイオン化法であった。その後，レーザー光をよく吸収し，イオン化されやすい物質をマトリックス（FAB用のマトリックスと同様な意味）として，試料と予めよく混合しておき，これにレーザーを照射してイオン化する手法，すなわち MALDI 法が開発された。

MALDI 法では，たとえば，タンパク質などをシナピン酸 sinapic acid などの結晶マトリックスに包み込み（試料と過剰のマトリックスを適当な溶媒に溶かして，試料ホルダー上で乾燥固化する），波長が 337 nm の窒素レーザー光をパルス照射す

ると，マトリックスがレーザー光を吸収してマトリックスのごく一部が急速に加熱され，試料とともに気化される．その際，照射したレーザー光のエネルギーはほとんどがマトリックスに吸収されるため，サンプルの分解はほとんど起こらない．MALDI法でのイオン化はマトリックスと試料とのプロトン授受によって起こり，試料のイオンは主として，[M+H]$^+$ または [M−H]$^-$ として観測される．

なお，MALDI法での代表的なマトリックスには，シナピン酸，α-シアノ-4-ヒドロキシケイ皮酸 α-cyano-4-hydroxycinnamic acid，ゲンチシン酸 gentisic acid，3-ヒドロキシピコリン酸 3-hydroxypicolinic acid などがある．MALDI法は質量測定範囲が広いTOF型の質量分析装置との組み合わせにより，高分子化合物の分析が可能となり，特に生化学分野の発展にMALDI法は非常に大きな役割を果たしている．

2.3.2. 分析部（質量分離部）

ここでは，紙面の都合上，各種の質量分析計に関しての詳細な説明はせずに，それぞれの特徴の概略を列記するにとどめるので，興味のある方は質量分析全般にわたって比較的やさしく解説されている参考書[1~4]を見ていただきたい．

分析部（質量分離部）は質量分析計そのものを代表する意味で使われてきているので，ここでも，そのような書き方をする．

磁場型質量分析計（磁場型MS）：分解能及び感度が高く，測定質量範囲は比較的広いが，重量・大きさ・高価という面でハンディをもっている．

四重極質量分析計（QMS）：分解能が低く，測定質量範囲は狭いが，多価イオンが生成されるイオン化法であるESI法の場合は，その価数に応じて高分子量まで測定が可能になり，さらに小型で安価であるため，LC-MSとして多用されている．

イオントラップ質量分析計（ITMS）：分解能が低く，測定質量範囲は狭いが，感度が高く，小型・軽量・安価及び使いやすさから，二台目のMS装置として多用されている．

飛行時間質量分析計（TOFMS）：分解能が高く，測定質量範囲が非常に広く，特にMAIDI法との相性がよいため，近年多方面での応用が盛んになってきている．

フーリエ変換イオンサイクロトロン共鳴質量分析計（FT-ICR-MSまたはFTMS）：分解能及び感度が非常に高く，測定質量範囲も中程度であるが，高価・大型及びメンテナンスの面で，ほかの質量分析計と比較して不利となっている．最近では，このハンディを改良したタイプの新しいFTMSが出てきている．

ここでいう分解能が高い分析計とは，精密質量測定ができる装置を意味する．質量という言葉は整数質量と精密質量とに使い分けられ，整数質量はC=12，H=1，N=14，O=16など，原子の質量を整数値として，元素組成式から算出

イオン源 → MS-1 → 衝突室 → MS-2 → 検出部

図 2-3-5　MS/MS 法の基本的な構成図

される質量である。たとえば、ニトロベンゼン（$C_6H_5NO_2$）の場合、整数質量$=12×6+1×5+14+16×2=123$ となる。この 123 という質量は、たとえば EI マススペクトルでは、m/z 123 に主イオンとして出現する。

また、精密質量は原子の質量を整数ではなく、小数点以下の端数も含めた精密質量を用いて、元素組成式から算出される質量で、上記の主イオンピーク m/z 123 の精密質量は、^{12}C、^1H、^{14}N、^{16}O の各々の精密原子量を使って求めるので、$12.0000×6+1.0078×5+14.0031+15.9949×2=123.0319$ となる。すなわち、高分解能質量測定によって、目的化合物の化学組成式を求めることが可能となる。

2.3.3. 最近の質量分析法の傾向

最近の質量分析法の傾向として、単体としての MS 装置の利用ではなく、イメージとして MS 装置を 2 台組み合わせた MS/MS 方式と考えられる応用利用が多くなってきている。MS/MS の元々の意味は質量分析計（MS）を 2 台つないだ装置ということで、GC-MS や LC-MS の GC または LC の代わりに MS を使用したことに由来する命名である。

図 2-3-5 に MS/MS 法の模式図を示した。イオン源で生成したイオンの中から目的のイオンを 1 台目の質量分析計（MS-1）で選択する。この選択されたイオンはプリカーサーイオン precursor ion（前駆イオン）と呼ばれている。MS-1 を通過したプリカーサーイオンを、1 台目と 2 台目の間に設置されたコリジョンセル（collision cell、衝突室）で、ヘリウムやアルゴンなどの不活性ガスにより、衝突誘起解離 collision-induced dissociation（CID）させる。それによって分解生成したプロダクトイオン product ion（生成イオン）のスペクトルを 2 台目の質量分析計（MS-2）で測定し、定性分析や定量分析を行う。

MS/MS 法の発展により、ソフトイオン化法（EI マススペクトルのように、多数のフラグメントイオンを与えるイオン化法をハードイオン化法といい、フラグメントイオンをほとんど与えないイオン化法をソフトイオン化法と呼んでいる）である FAB 法、ESI 法、MALDI 法などから得られる安定な分子量関連イオン（$[M+H]^+$、$[M+2H]^{2+}$、$[M+Na]^+$、$[M+Cl]^-$ など）を MS-1 で選び出し、衝突室で希ガスと衝突させて分解し、MS-2 で分解パターンの質量分離を行い、検出器で MS/MS スペクトルを得る。MS/MS スペクトルからは分子イオンからのフラグメントイオン

群が得られ，目的分子の構造情報が得られる．

　急激な質量分析法の発展により，現在では MS 分析の対象はあらゆる分野に広がってきており，特に植物色素の分析には最適な分析法であるといえる．なかでも，高分解能測定によって，分子の組成式が得られる質量分析装置を使った MS/MS 法と LC/MS/MS 法が植物色素の分析におすすめである．MS/MS 法に関してさらに興味のある方は下記の参考書（引用文献 (1)〜(4)）などを見ていただきたい．

引用文献

(1) J.H. グロス　2007. マススペクトロメトリー．日本質量分析学会出版委員会（訳），シュプリンガー・ジャパン，東京．
(2) 木下武　1997. 質量分析法を用いた構造解析．上野民夫，平山和雄，原田健一（編），バイオロジカルマススペクトロメトリー　現代化学増刊 31，東京化学同人，東京．pp.96-104.
(3) 酒井郁男，木下武　1988. MS/MS 質量分析法の新展開　現代化学増刊 15. 土屋正彦他（編），東京化学同人，東京．pp. 90-110.
(4) 志田保夫，笠間健嗣，黒野定，高山光男，高橋利枝　2001. これならわかるマススペクトロメトリー．東京化学同人，東京．

2.4. 円二色性（CD）スペクトル*
2.4.1. 光学活性

フラバノンの溶液に直線偏光 linear polarization を照射すると，試料を透過した光の偏光面 polarization plane が光の進行軸の周りに回転する。この現象を旋光 optical rotation（OR）といい，このような物質は光学活性 optical activity をもつという。旋光の向きは，試料を透過した位置から試料を見た時に右旋光ならば正と定める。光学活性をもつ物質の多くは光学異性体 optical isomer を有し，これらは同じ吸収波長で互いに逆符号の旋光を示す。

光学異性体であればエナンチオマー enantiomer が存在する。エナンチオマーと元の物質は鏡像であり，互いに重ね合わせることができない。この関係をキラリティ chirality という。光学異性体は測定してはじめて与えられる名称であるのに対し，エナンチオマーは絶対構造 absolute structure によって与えられる幾何学的な名称である。OR が観測されなければ，たとえエナンチオマーであっても光学異性体といえないことに注意されたい。また，エナンチオマーが等量存在する物質はラセミ体 racemic body と呼ばれる。ラセミ体は OR を生じない。

光学活性をもつ物質の命名には，慣習的に D 体，L 体の記法を用いることがある。糖類などはこれが多い。しかしながら，IUPAC International Union of Pure and Applied Chemistry では R 体，S 体といった絶対配置 absolute conformation による記法を用いることを推奨しており，近年では IUPAC 表記が一般的である。

旋光を決定づける直線偏光は，同じ重みの右回り円偏光 right-handed circularly-polarized light と左回り円偏光 left-handed circularly-polarized light の重ね合わせで記述される。この円偏光表記を用いると，OR は試料を透過した右回りと左回り円偏光の屈折率 refractive index の差となる。OR は光吸収のある，なしにかかわらず，右と左の円偏光の屈折率差がもたらす現象であるといえる。

2.4.2. 円二色性

OR が生じる物質に光吸収が生じれば，右回りと左回りの円偏光に対する吸光度が異なり，吸光度の差に値が生じる。この差は円二色性 circularly polarization（CD）と呼ばれ，屈折率にかかわらず定義される。本来，OR と CD は互いに異なる現象であるが，実は OR は CD の微分に相当する。したがって，CD が生じれば OR も生じるので，CD が生じる物質は光学活性であるといえる。また，光学異性体の CD は元の物質の CD と強度が等しく符号が異なる。これは OR と同様である。こ

＊執筆：渡辺正行　Masayuki Watanabe

のスペクトルの関係はミラーイメージ mirror image といわれる。ここで，CD と OR は試料で同時に生じていると理解してよい。どちらの現象を取り出すかは，光学配置によって定められる [1]。

　光学活性の定義は，歴史的には OR を用いて成されたが，CD は OR よりも値が大きく，セルの歪みによる悪影響も OR に比べて小さいこともあり，近年では光学活性物質の解析には CD がよく用いられる。以後，本書では CD を対象とする。OR の詳細は，文献（1）を参照いただきたい。

　右回りと左回りの円偏光に対する吸光度をそれぞれ A_R, A_L とすると，CD の定義により CD＝A_R-A_L となる。試料濃度を c，セルの光路長を d とし，A_R と A_L の分子吸光係数をそれぞれ ε_R と ε_L とし，A_R と A_L に Lambert-Beer の法則を適用する。さらに，Taylor 展開を一次の項で打ち切ると，Lambert-Beer の法則に対応する CD が得られる。

$$\mathrm{CD} = \Delta\varepsilon c d = G\frac{\Delta I}{I}, \ \Delta\varepsilon = \varepsilon_L - \varepsilon_R, \ \Delta I = I_L - I_R, \ I = \frac{I_L + I_R}{2} \qquad ①$$

　式①の G は定数であり，0.06％〜d-10-カンファスルホン酸アンモニウム水溶液を用いてキャリブレートする。$\Delta\varepsilon$ は分子円二色度 molar circular-dichroic absorption と呼ばれる。

　CD と $\Delta\varepsilon$ の単位は，それぞれ吸光度と分子吸光係数のそれと同一であり，c と d もまた mol L^{-1} と cm^{-1} 単位であらわす。Lambert-Beer の法則と同様に，式①はサンプリングに必要な情報（c と d）と，光信号取得に必要な情報（I と ΔI）を含む。ここで，①の ΔI（$\Delta\varepsilon$）は光学活性をもつ物質の立体構造によって生じることに注意されたい。また，I は透過した光の強度をあらわすが，これは吸収波長と CD が生じるための条件を示す。①は透過測定を対象とする。ここで，CD が最大となる波長と吸収極大波長は必ずしも一致しないことに注意されたい。

　縦軸を CD あるいは $\Delta\varepsilon$ とし，横軸を照射した光の波長とした時のグラフは一般に CD スペクトルといわれる。光吸収を強調する場合は，吸収 CD（Abs CD）スペクトル，電子励起を強調する場合は ECD electronic CD スペクトルと言い，区別することがある。また CD が正の時は正のコットン効果 positive cotton effect，負の場合は負のコットン効果 negative cotton effect ということがある。コットン効果は吸収スペクトルと同様に，CD が最大となる波長を平均値とした時の正規分布のような形状となる。したがって，コットン効果は電子スペクトルと同様に，吸収波長が隣接することで互いに重なり合う。スペクトルの重ね合わせに関する詳細は電子スペクトルの章を参照していただきたい。

2.4.3. 測定方法
1) 測光系

　CD スペクトルの測定は，吸収スペクトルの測定と異なり，単一のセルを用いて行う。これは，CD が吸光度よりも 100〜1000 倍ほど小さい微弱な信号であることに由来する。試料に照射する円偏光の純度を高めるには，反射によって円偏光の光路を変えてはならず，またセルのマッチングも合理的とは思えない。

　そこで，CD 測定はまず溶媒のベースライン測定 baseline measurement を行い，次に試料を入れた溶液の測定を行う。ともに同じセルを用いる。その後，2 つのスペクトルを差し引き，これを試料の CD スペクトルとする。ただし，コットン効果が大きい場合は，ベースライン測定は必ずしも必要ではない。

2) セルの種類と洗浄

　吸収スペクトルの測定と同様に，セルの種類もまた数多く存在するが，CD スペクトル測定ではセルの材質に注意を払いたい。セル板の屈折率に偏りが生じると，試料に照射される直前で円偏光の質が落ちる。その結果 CD が減少し，ひどい場合には CD の符号すら反転してしまう。通常，CD 測定には屈折率に偏りが少ない石英セルが用いられる。セルの歪みの評価は，0.06%-ACS 水溶液の CD と比較するか，ブランク測定を行って CD スペクトルのうねりが小さいことを確認する。

　セルの洗浄にも注意を要する。溶液を回収した後は，試料を入れていた溶媒か溶媒とよく混じる液体で繰り返し，共洗いする。その後，何らかの溶媒を入れ，ベースライン測定を行い，測定前と同等の形状であることを確認するとよい。洗浄後は自然乾燥するとよい。紙ワイパーなどで強くふき取ると，セル表面に小さな傷が生じることがあり，これは CD にアーティファクトをもたらす要因となる。また，セルに吸着してしまった試料を取り除くには，薄い硝酸に入れ，超音波洗浄機ですばやく洗浄するとよい。アルカリ洗剤はより強力だが，石英を溶かしてしまうおそれがあるので，この扱いには注意を要する。

3) 試料濃度

　試料の濃度は吸光度 0.8 が理想とされる。濃度を高めるか，あるいは光路長を長くすると吸光度は増すが，検出される光量が減少するので，ノイズが高まり CD の質を落とすおそれがある。吸光度が 2.0 を超えるような場合は注意を要する。

4) その他

　溶媒の吸収と秤量，および走査は吸収スペクトルと同様である。電子スペクトル

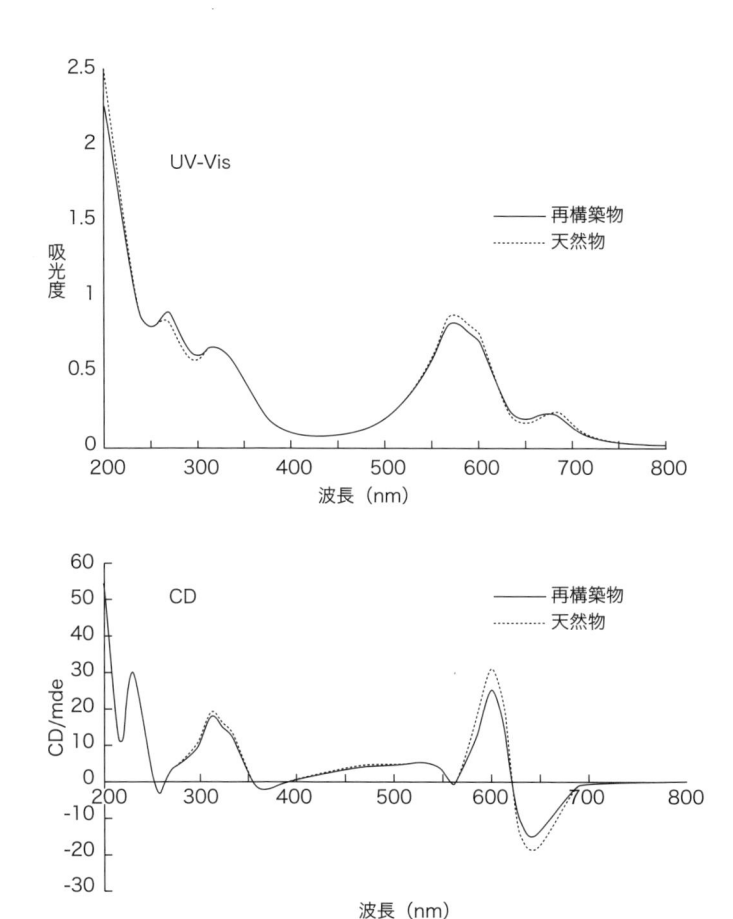

図 2-4-1 プロトシアニンの電子スペクトルと CD スペクトル

の章を参照していただきたい。

2.4.4. フラボノイドへの応用

ヤグルマギクの花が青色であることはよく知られているが，青色となる理由について長い間明らかにされていなかった。ところが近年，このような花からの色素の抽出技術が高まることで，その理由が実験的に明らかにされた [2~5]。ヤグルマギクの花の色は，Fe^{3+}，Mg^{2+}，および 2 つの Ca^{2+} による光吸収が寄与し，これらの金属イオンにはアントシアニン 6 分子とフラボン 6 分子が配位する [2, 4]。ソライロサルビア *Salvia patens* とアジサイ *Hydrangea macrophylla* にも金属複合体が存

在し，これらの花の色（青色）は複合体の中心金属に，それぞれ Mg^{2+} と Al^{3+} が関与していることも示された[3]。

図 2-4-1 の CD は濃縮した植物色素の結晶を再び水溶液とした時に，濃縮する前の色素の CD と一致することを確認する目的で用いられる。この一致は，色素分子の構造が一致することを意味する。0.05 M 酢酸緩衝液（pH＝4.80）に溶かした時，プロトシアニン（天然物）の CD スペクトルと，その濃縮結晶（再構築物）をこの緩衝液に溶かした時の CD スペクトルを図 2-4-1 に示す。参考として吸収スペクトルも示す。再構築されたプロトシアニンの CD は，天然のプロトシアニンのそれに比べて減じている。この現象は広い波長範囲で生じており，また電子スペクトルに吸収位置の顕著なシフトが見られないことから，天然物と再構築物の構造の違いはほとんど無視できるほどであり，分子構造の再製がよく達成されている。

近年では，CD を用いた測光法が多く成されているが，フラボノイド系に対する応用例はよく知られていない。しかしながら，エナンチオマーと物質の構造を知ることは，生体分子や薬品，臨床，食品，天然物，および機能性分子などと共通する課題である。したがって，これらの分野と同様に，フラボノイド系もまた CD の活用が期待される。

本文の内容は，文献（6）を参考にした。この文献には，フラボノイド以外の天然物化合物に対する CD スペクトルの測定例が記されている。また，CD に関する専門的な文献（7）も参照されたい。これには種々の物性と測光法，および測定例が記されている。

引用文献

(1) 日本分析化学会（編） 2005. 機器分析の事典. 朝倉書店，東京. pp. 135-145.
(2) Shiono, M., Matsugaki, N., Takeda, K. 2005. Structure of the blue cornflower pigment. *Nature* **436**, 791.
(3) Takeda, K., Osakabe, A., Saito, S., Furuyama, D., Tomita, A., Kojima, Y., Yamadera, M., Sakuta, M. 2005. Components of protocyanin, a blue pigment from the blue flowers of *Centaurea cyanus*. *Phytochemistry* **66**, 1607-1613.
(4) Takeda, K. 2006. Blue metal complex pigments involved in blue flower color. *Proc. Japan. Acad., Ser. B* **82**, 142-154.
(5) Shiono, M., Matsugaki, N., Takeda, K. 2008. Structure of commelinin, a blue complex pigment from the blue flowers of *Commelina communis*. *Proc. Japan. Acad., Ser. B* **84**, 452-456.
(6) 安部愃三 1988. 機器分析. 林孝三（編著）. 増訂植物色素 －実験・研究への手引き－, 養賢堂，東京. pp.124-139.
(7) Berova, N., Nakanishi, K., Woody, R.W. 2000. Circular Dichroism Principles and Applications, Wiley-VHC, New York. pp.337-382.

2.5. トレーサー*
2.5.1. アイソトープを用いた代謝研究

　二次代謝は，文字どおり一次代謝より派生する多種多様な代謝であり，代謝産物の構造も一次代謝産物に比べ複雑である。特に高等植物における二次代謝はきわめて多様，かつ複雑であり，動物，微生物に比べ二次代謝産物の種類は格段に多い[1]。こういった高等植物の二次代謝産物の生合成を研究する際に，同位体を用いたトレーサー法は強力なツールとなる。

　原子番号が同じで質量数が異なる原子を同位体（同位元素，アイソトープ）と呼ぶが，細胞内の代謝は同位体を区別しない。したがって自然界では希少な同位体を細胞に投与し，そのメタボリックフェイトを追うことにより，細胞内での物質の流れを解析するのがトレーサー法である。同位体は，安定同位体と放射性同位体とに大別でき，安定同位体をトレーサーに用いる場合は質量を，放射性同位体をトレーサーに用いる場合には放射線を検知することにより同位体を識別する。安定同位体は放射線障害防止のための管理の必要もなく，^{15}N や ^{13}C が従来よりトレーサーとしてよく用いられてきたが，放射性同位体に比べ，検出が容易とはいえず，その使用範囲はかなり限られたものであった。しかし近年では，高感度な NMR や質量分析器が開発され，普及したことにより，安定同位体によるトレーサーが再度注目されてきている。

　同位体のうち，放射線を出して他の核種（娘核種）に変わるものが放射性同位体である。たとえば ^{14}C は β 壊変により ^{14}N に，^{32}P も同じく β 壊変により，^{32}S に変わる。その際に放出される放射線をモニターすることにより同位体の動態をトレースする方法が放射性同位体（ラジオアイソトープを RI と略記するのは日本だけで，英語では略さずに radioisotope (s) とそのまま記載される）によるトレーサー法である。この方法は，後述のように放射線障害防止のために法令で定められている管理下で行う必要があるが，トレーサーの検出感度と測定精度が高く，広く普及している。実際，フラボノイド生合成に関する研究の初期段階においては，放射性同位体によるトレーサー法が主役として活躍し，フェニルプロパノイド経路，フラボノイド経路の全体像が明らかにされた（4.2. 参照）。さらにベタレインの生合成系におけるドーパ DOPA からベタラミン酸 betalamic acid への合成のような複雑な反応を対象とする場合には（4.3.1. 参照），種類の異なる複数の放射性同位体（^{14}C, ^{3}H など）でダブルラベルした基質を調整し，それぞれの放射性同位体のメタボリックフェイトを解析することにより代謝産物の同定が行われている[2]。

＊執筆：作田正明　Masaaki Sakuta

放射性同位体によるトレーサー法は，このような生合成経路の解明のための有効な手段であるばかりではなく，細胞内でのトレーサーの動きは in vivo での代謝の実態をある程度反映していると考えられることから，種々の環境条件下における細胞内での代謝変動の解析といった植物生理学的研究においても多用されている。最近では代謝系の遺伝子の発現レベルをリアルタイム PCR（もしくは RT-PCR）で解析することによりメタボリクフローの変動が議論されることも多いが，これはフラボノイド合成系のような分子レベルまで研究が進んでいる，むしろ例外ともいえるごく一部の二次代謝系に限られる。これら以外の分子レベルでの詳細が不明な多くの二次代謝系の解析には，トレーサー実験はいまだに有効な手段の一つといえる。

2.5.2. 放射性同位体を用いたトレーサー実験の実際

トレーサー実験を行うにあたりまず考慮しなければいけないのが，トレーサーの投与方法である。植物の代謝は，種々の環境要因によって劇的に変動することから，できるだけ自然に近い形でトレーサーを投与するのが最良の方法である。こういった条件を最もよく満たすのは $^{14}CO_2$ であるが，二次代謝系を対象とした実験の場合には投与物質からターゲットまでの代謝系が長いため，トレーサーがターゲット以外の広い範囲の代謝産物に流れ，これらの中には分解やサルベージといった過程を経て生成されるものも含まれるため，事実上解析は不可能である。このような事情から二次代謝研究においてトレーサー実験を行う場合には，同位体でラベルした糖やアミノ酸，一次代謝の中間産物等を用いる場合が多い。また目的とする代謝系の実態がある程度分かっている場合には，その代謝系の中間産物をラベルして用いることもある。

トレーサー法は，基本的にどのような植物組織でも材料として使用可能である。実際，芽生え，茎，葉，根，塊茎などを材料とした多くの実験例があるが，いずれの場合でも茎の切断面に投与物資の溶液を塗るとか，コルクボーラーでディスクにして投与物資の溶液に浮かべるなど投与物資の取り込みをよくするような実験的な工夫がなされる。こういった点からすると，培養細胞，特に液体懸濁培養細胞はトレーサー実験に最適な材料の一つであるといえる。実際，Hahlbrock と Grisebach のグループによって行われたダイズやパセリ *Petroselinum hortense* の懸濁培養細胞を材料としたトレーサー実験は，フラボノイドの生合成系の解明に大きく寄与しており，この実験なくしてフラボノイド生合成研究は成り立たなかったと言っても過言ではない。

懸濁培養細胞系は比較的均一な細胞集団で，液体に小さな細胞塊が浮遊している状態であることから，植物体の各組織と比べ物質の吸収が容易であり，かつ細胞へ

の標識化合物の直接投与が可能である。芽生えの幼根や下胚軸の切り口から標識化合物を吸収させる方法は，トレーサー実験においてよく用いられる方法の一つであるが，この方法により投与した標識化合物中の同位体が子葉である物質に取り込まれていたとしても，その結果が子葉での代謝を反映したものなのか，もしくは標識化合物が根や通道組織で代謝され，その代謝産物が子葉まで輸送された結果を反映したものなのか定かではない。また，培養細胞は無菌であるため，付着微生物による代謝が反映されることはない。

このように培養細胞は，トレーサー実験の材料としていくつかの利点を有するが，その一方で，利用できる培養細胞が限られることが最大の欠点である。培養細胞では，生きていくために必須である一次代謝は常に発現しているが，二次代謝は必ずしも発現しているとは限らない。むしろ発現していない場合の方が多い。したがって実験材料として使用できるのは，目的としている二次代謝系が発現している，もしくは発現が誘導できる培養細胞に限られる。

しかし，もし利用可能な培養細胞系があるならば，培養環境を制御することにより，目的の二次代謝系を誘導したり，抑制したりすることが比較的自由にできる。これにより，代謝の誘導，抑制にともなう酵素活性の変動，さらには遺伝子発現パターンの変動をモニターすることが可能となり，生合成そのものの解明はもとより，生合成調節の律速段階やこれを触媒する鍵酵素の特定などにいかんなき威力を発揮する。

フラボノイド生合成研究に用いられたパセリ培養細胞がまさにこれで，この培養細胞系ではフラボノイド生合成系のスイッチが光によりオン，オフされる[3]。前述のようにパセリの培養細胞系を用いたトレーサー実験によりフラボノイド合成系の全容が明らかにされ，現在でもこの系は光による遺伝子の転写調節機構の解明のための材料として用いられている。

培養細胞を材料としたトレーサー実験の一例として，ヨウシュヤマゴボウ *Phytolacca americana* 懸濁培養細胞系におけるベタシアニン生合成に対する，2,4-D の影響について検討することを目的としたトレーサー実験の実際を紹介する（図 2-5-1）。

$5\,\mu\text{M}$ 2,4-D を含む通常の培地と 2,4-D を含まない培地で，それぞれ 4 日間培養した懸濁培養細胞（100～200 μg 程度）をオートクレーブで滅菌したセンターウェルつきのバイアルに入れる。センターウェルには，発生する CO_2 を吸収するために 1N KCl を 200 μl 入れる。懸濁培養細胞に L-[U-^{14}C] チロシン（185 kBq, 17.98 TBq mol^{-1}; Bq（ベクレル）は放射能の強度を示す単位。1Bq は，1 秒間に 1 個の原子が崩壊することを示す。1 Bq=1 dpm=2.7×10^{-11} Ci）を投与し，27℃で 2 時

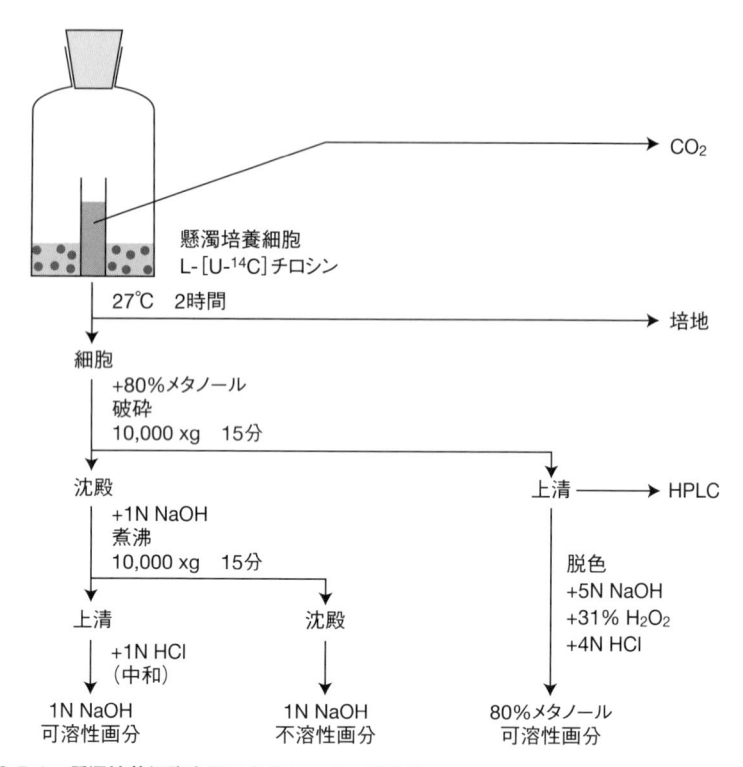

図 2-5-1　懸濁培養細胞を用いたトレーサー実験法

間インキュベートする．インキュベート後，細胞をろ過して集め，蒸留水で洗浄する．細胞に 80% メタノール（3 ml）を加え，ガラスホモジナイザーで破砕し，10,000 ×g で 15 分間遠心分離する．沈殿に 80% メタノール（1 ml）を加え懸濁し，10,000 ×g で 5 分間遠心分離する．上清を合わせ，濃縮乾涸後，残渣を蒸留水（500 μl）に溶解し（80% メタノール可溶性画分），その一部をベタシアニン分析のための HPLC-ラジオアナライザー用サンプルとする．

遠心分離後の沈殿には 1N NaOH を加え，煮沸後遠心分離し，1N NaOH 可溶性画分（上清）と 1N NaOH 不溶性画分（沈殿）を得る．1N KCl と 1N NaOH 可溶性画分は中和後，80% メタノール可溶性画分は，アルカリ条件下で過酸化水素により酸化脱色し，中和後，液体シンチレーションカウンターにより放射活性を測定する．80% メタノール可溶性画分には，投与したチロシンのほか，ベタシアニンなどの低分子化合物が，1N NaOH 可溶性画分にはタンパク質などが含まれる．このシステムで，ベタシアニンへの放射活性の取り込みを測定すると，培地から 2,4-D

を除去した場合,通常(5μM 2,4-D)に比べ,チロシンからベタシアニンへの放射活性の取り込みが半分以下となり,この培養細胞系において 2,4-D はベタシアニン合成を促進していることが示されている[4]。

2.5.3. RI 使用上の注意

放射性同位体を取り扱う場合,取扱者や周囲の人々の安全を確保するために,種々の基準が定められている[5]。わが国では,「放射性同位元素の使用,販売,貸借,廃棄その他の取扱い,放射線発生装置の使用及び放射性同位元素によって汚染された物の廃棄その他の取扱いを規制することにより,放射線障害を防止し,公共の安全を確保する。」ことを目的とした放射線障害防止法が定められており,この法令に沿った放射性同位体の取扱いが求められている。

放射線障害防止法では,①許可,届出の制度,②放射線施設に対する基準,③安全管理に対する義務,④自主的管理,が定められている。このうち取扱者に最も身近な部分を定めたのが,③安全管理に対する義務に関する部分で,教育訓練,健康診断,被ばく線量の測定,管理区域の設定,放射線の量および汚染の状況の測定,使用,保管,廃棄,運搬についての基準の遵守を定めている。これらに関する詳細は,新規使用者,継続使用者に対する教育訓練の際に説明がなされるので,これを遵守し,実験を行うことが必要である。

引用文献

(1) Luckner, M. 1984. Secondary Metabolism in Microorganisms, Plants and Animals. VEB Gustav Fischer, Verlag Jena, pp. 16-24.
(2) Fischer, N., Dreiding, A.S. 1972. Biosynthesis of betalains. On the cleavage of the aromatic ring during enzymic transformation of dopa into betalamic acid. *Helv. Chem. Acta* **55**, 649-658.
(3) Hahlbrock, K., Knobloch, K.H., Kreuzaler, F., Potts, J.R., Wellmann, E. 1976. Coordinated induction and subsequent activity changes of two groups of metabolically interrelated enzymes. Light-induced synthesis of flavonoid glycosides in cell suspension cultures of *Petroselinum hortense*. *Eur. J. Biochem.* **61**, 199-205.
(4) Sakuta, M., Hirano, H., Komamine, A. 1991. Stimulation by 2,4-dichlorophenoxyacetic acid of betacyanin accumulation in suspension cultures of *Phytolacca americana*. *Physiol. Plant.* **83**, 154-158.
(5) 日本アイソトープ協会 2005. 放射線・アイソトープを取扱う前に -教育訓練テキスト-. 丸善,東京.

3章

フラボノイドの定性・定量分析各論

3章 フラボノイドの定性・定量分析各論

3.1. アントシアニン*

　フラボノイドの中にはほとんど色のないものもあるが，アントシアニンは赤〜紫〜青の鮮やかな色調を示すので，アントシアニンが含まれているかどうか，その量が多いかどうかなどは容易に見分けることができる。アントシアニンは，一般に中性では不安定であるが，酸性のもとでは安定なオキソニウム塩 oxonium salt を作るため，抽出には酸性の溶媒が用いられる。既知のアントシアニンであれば，粗抽出液を用いて高速液体クロマトグラフィー HPLC: high performance liquid chromatography: HPLC，薄層クロマトグラフィー thin layer chromatography: TLC，ろ紙クロマトグラフィー paper chromatography: PC などによって純標品との比較で定性も可能ではあるが，精製した試料を用い，いくつかの定性実験が加われば定性はより確実なものになる。また，一般に植物試料に含まれるアントシアニンは，1つではなく数種類が混在していることが少なくない。特に園芸品種の花では，多くの種類のアントシアニンが含まれていることが多い。このような場合には，それぞれを分離精製して定性する必要がある。未知のアントシアニンの場合には，ある程度の量の純アントシアニンを精製して解析する必要がある。酸性条件下ではアントシアニンは安定ではあるが，アントシアニンをわずかしか含まない材料から色素を抽出精製してその性質を調べることは容易ではない。できればできるだけ色素を多く含む材料を集める必要がある。ここではアントシアニンを精製して定性分析を行う方法について述べる。

3.1.1. 材料の処理，抽出および精製

1) 材料の処理

　植物材料を採集してから長時間そのままにしておくと，材料によっては褐変してアントシアニンが分解してしまうこともあるし，褐変しないまでも少しずつ褪色していくことが多い。できるだけ早いうちに色素を抽出するか，フリーザーなどに入れて凍結して保存するとよい。凍結乾燥して低温保存することができれば最もよいであろう。また，真空デシケーターなどに入れて一気に乾燥して保存してもよい。特に定量実験の場合には，色素の分解による損失がないよう十分に注意する必要がある。定性的な実験のために材料を保存したい時は，乾燥して保存するとよいが，真空デシケーターによらなくても，材料によっては風通しのよいところに広げて陰

＊執筆：武田幸作　Kosaku Takeda

干しして乾燥できるものもある。要はアントシアニンが分解されなければよいのである。なお，凍結して保存した試料でも室温に戻すと急速に褐変することがあるし，乾燥して保存した材料でも吸湿すると褐変することもあるので注意しなければならない。

アントシアニン色素が局在していて，色素を含む部分だけを集めることが可能な材料では，あらかじめその部分を分離して集めてから色素を抽出する方が，その後の色素の精製が容易になる。たとえば，ヤツデ Fatsia japonica の果被に含まれる色素を単離する際，そのまま果実から色素を抽出すると夾雑物が多く，アントシアニンの精製は非常に困難であるが，果実を布袋などに入れて強く圧搾してから水の中で軽く揉み，浮遊する果被を集めて色素を抽出すると色素の精製が容易になる[1]。

また，クロマメ Glycine max では種子を水に浸して吸水させると色素を含む種皮を容易にはがして集めることができるし，クロアズキ Vigna angularis ではそのままメタノール塩酸に浸しても色素はほとんど溶出しないが，吸水させてから抽出すると色素は容易に浸出する[2]。

このように色素を抽出する前にちょっとした処理をすることによって色素抽出やその後の精製が容易になることもある。

2) 抽出

アントシアニンが塩酸酸性で安定な赤色の塩化物になることやメタノールに溶けやすいことから，抽出には1％程度の塩酸を含むメタノール塩酸を用いるのが常法であった。しかし，アントシアニンの中にはマロン酸，コハク酸 succinic acid，リンゴ酸 malic acid などの脂肪族の有機酸がエステル結合しているものがあり，抽出やその後の精製過程で塩酸酸性が強いと，有機酸がアントシアニンから容易に遊離して脱アシル化アントシアニンに変化することが1980年代に明らかになった。そのため脂肪族の有機酸でアシル化されたアントシアニンの抽出や精製には，塩酸を用いずにギ酸や酢酸を用いた方がよい。アントシアニンの抽出には，1～8％程度のギ酸または酢酸を含むメタノール系溶液や酢酸：メタノール：水（10：1：9）などが用いられている。抽出に際して用いるギ酸や酢酸の濃度は，植物材料によって一概には決められないが，5％前後の濃度の酸を含む溶媒を使用すれば無難であろう。

アントシアニンは，一般に酸性で赤色のオキソニウム塩を作り比較的安定であるので，予備的に抽出実験を行い，抽出液が赤色になるような酸濃度を選べばよい。筆者の経験では，酢酸を含むメタノール系の溶液で抽出するとギ酸系の溶媒で抽出した時に比べて抽出溶液の赤色は薄いが，濃縮乾固するとアントシアニン本来の濃

赤色に戻り，得られる色素の収率が落ちることはない。

　試料に浸る程度の抽出溶液を加えて数時間から一夜室温に放置すれば色素は溶出される。抽出は2回ほど繰り返せば十分である。抽出液をそのまま長時間室温に放置するとアントシアニンが変性して収率が落ちてしまうことがあるので早めに濃縮する必要がある。濃縮には減圧ロータリーエバポレーター（回転式濃縮装置）を使用すると便利である。抽出溶液が極少量であれば，乾燥剤を入れた真空デシケーター中に色素液をシャーレやビーカーなどに入れて保ち，水流ポンプなどで連続吸引して濃縮乾固してもよい。また，時計皿に入れてドラフトチャンバーの戸口に置くなどして排気を行い，強い空気の流れを利用して乾固することもできるし，小ビーカーやサンプル瓶に入れてドラフトチャンバー内に置き，窒素ボンベから窒素の気体を細管で誘導して，細いノズルから溶液表面に吹きつけるように当てて蒸発乾固することもできる。乾固した試料は，冷蔵庫中で保存する。長期に保存したい時には冷凍庫で保存する。なお，これらの抽出，濃縮，精製に際しては，アントシアニンが変化していないことを常にTLCやHPLCなどで確認しながら操作を進めていく方が安全である。

　アントシアニンのうちジカルボン酸を結合していないアントシアニンの場合には，従来のように塩酸酸性条件下での抽出精製を行うことができる。色素もよく抽出できるし，安定しているのでその収率もよい。次に塩酸酸性条件下での抽出について少し記しておきたい。

　普通の抽出には1%メタノール塩酸（濃塩酸35%）をメタノールで35倍に希釈したもの）を用いる。ただし，p-クマル酸，カフェ酸 caffeic acid などの芳香族有機酸を結合しているアントシアニンの場合には，1%塩酸でも長く室温に放置すると結合した有機酸の離脱したものが生じ始めることがある。そのような場合には，塩酸濃度を0.1〜0.5%程度に下げる，抽出液を室温に長く放置しないなどの注意が必要である。塩酸酸性でのアントシアニン抽出液をそのまま濃縮する必要がある場合には，塩酸濃度があまり高くならないようにするため，抽出の際，塩酸濃度の低い溶媒を用いたり，できるだけ少ない量の溶媒で色素を抽出したり，濃縮時に温度をあまり上げないなどの注意が必要である。

3）精製

　アントシアニンの定性を行うには，十分に精製された色素を用いて行う必要がある。TLC，HPLC，カラムクロマトグラフィー，PCなどの方法によって精製することができる。また，それらの方法を組み合わせて精製すれば効率よく純度の高い色素を得ることができる。

a) PC や TLC による精製

少量のアントシアニンの精製には，手軽に実施できるうえ，高価な装置を必要としないこともあり，現在でも使用されている．ただし，展開溶媒には有機溶媒を使うことがあり，溶媒を入れた展開槽の扱いや展開後のクロマトグラムの乾燥には，ドラフトチャンバーや強制排気できる環境で行うなどの注意が必要である．

【PC】 分取のための PC は，マスペーパークロマトグラフィーと呼ばれている．PC 用のろ紙としてはいろいろな種類のものが市販されている．多量の物質の分離をするために厚手のろ紙もある．また，酸処理して灰分を除いたろ紙もあり，アントシアニンの分離には具合がよいこともある．抽出した赤色の色素抽出液をそのままクロマトグラフィーの試料としてもよいが，そのままでは，クロマトグラフィーでアントシアニンのバンドが乱れて分離が難しいことがある．厚い花弁などで色素を含まない組織部分が多く含まれているような試料からの抽出液でよく見られることであるが，アントシアニン以外の多糖類などの夾雑物が多く含まれていると，クロマトグラフィーを行ってもアントシアニンのバンドが乱れてアントシアニンがきれいに分離できないことが多い．そのような場合は，PC の前に XAD7 やセファデックス Sephadex などを用いたカラムクロマトグラフィーを行うとよい．カラムクロマトグラフィーの項目を参照されたい (p. 81 参照)．また, 赤色の酸性メタノール（5% ギ酸を含むメタノール）抽出液に約 3 倍容のエーテルを加えてよく混和し，しばらく放置すると赤色色素はシロップ状に沈殿するので，これを再び少量の酸性メタノールに溶かして試料とするとエーテル可溶物が除かれ，よい結果が得られることもある．

また，エーテルによる色素沈殿物を少量の 5% ギ酸水溶液に溶かして，酢酸エチルを少し加えて振とうして反覆洗浄すればフラボンなどの夾雑物をある程度除くことができる．このような処理をマス PC の前に行う必要があるかどうかは，通常の PC で，あらかじめクロマトグラフィーの展開溶媒の検討とともに予備的に分離できるかどうかを調べておく必要がある．

得られた色素液をクロマト用ろ紙に帯状に添着して，適当な溶媒で展開する．展開溶媒としては，n-ブタノール / 酢酸 / 水 (4:1:5 の上層または 4:1:2 の混液)（一般には BAW と呼ばれている），15% 酢酸など塩酸を含まない溶媒がよく使われている．塩酸を含む酢酸 / 塩酸 / 水 (3:1:8)，n-ブタノール / 濃塩酸 / 水 (7:2:5 の上層) などもアントシアニンの種類によっては使われている．

展開後アントシアニン部分を切り抜き，色素を溶出する．色素の溶出には，5% メタノール酢酸や 5% メタノールギ酸などを用いる．溶出した色素が純化されているかどうかを調べるには，いろいろなアントシアニン用展開溶媒で PC あるいは

TLC を行って単一のスポットを与えるかどうか，また，紫外線照射下で蛍光物質が検出されないかどうかなどを調べるとよい．通常1回のマスPCだけでは，アントシアニン部分に他の夾雑物が混在していることが多いので，得られた色素をさらにマスPCにかけて精製を繰り返す．その場合，展開溶媒としては組成の異なったものを選んだ方が，精製にはより効果的である．1回目を n-ブタノール / 酢酸 / 水で行い，2回目を15%酢酸で行うという組み合わせはよく使われている．

アントシアニンの分解などによる損失を防ぐためには，このようなマスPCの一連の操作は，できるだけ手早く行う必要がある．展開したクロマトグラムから切り取った，アントシアニン部分からの色素の溶出も，展開後溶媒が乾いた直後に行えば，ほとんど溶出できるが，いく日も放置したものでは完全に回収するのが困難になるし，変性してしまい収率が落ちることもある．試料中に数種類のアントシアニンが含まれている場合には，それらの分離にマスPCは特に有効である．

なお，異なった溶媒系を用いたマスPCを2回行って精製したアントシアニンにも紫外光下で検出できないような無色の物質や塩類などが夾雑していることがあり，できればセファデックッスなどの分子ふるいカラムを用いたカラムクロマトグラフィーでさらに精製するとよい．特に機器分析などの試料として使用する場合などには，この精製によってよい結果が得られることがある．筆者らは，クロマトグラフィーの前後にセファデックスを用いたカラムクロマトグラフィーを行ってよい結果を得ている[3]．

【TLC】 アントシアニンのTLCによる分取には，セルロース系の薄層を使うので展開溶媒など基本的にはPCに準じて行えばよい．分離できるアントシアニン量は，PCに比してかなり少ないが，分離がよく溶媒の展開も短時間ですむという利点がある．また，展開は小型の装置でできるので便利である．展開後分離したアントシアニンのバンド部分をかきとって集め，ギ酸または酢酸酸性メタノールで色素を溶出する．PCの場合と同様に展開後はすぐに色素を溶出する方がよい．TLCでは色素の分離はよいが，1回のクロマトグラフィーではPCの場合と同様に夾雑物と重なっていることが多いので，異なった溶媒系を用いて再度TLCを行って精製する．なお，市販のセルロース系薄層プレートには，蛍光指示薬を入れたものがあるが，アントシアニンの分取には指示薬を含まないプレートを使う方がよい．

b) カラムクロマトグラフィーによる精製

ここでは，溶媒の重力による落下によって溶媒がカラムを流下する，いわゆるオープンカラムによるアントシアニンの精製について述べる．アントシアニンのカラムクロマトグラフィーには適当な充填材は少ないが，微顆粒性のカラムクロマトグラフィー用のセルロースやセファデックスなどの分子ふるい用（ゲルろ過用）の担体，

樹脂吸着剤などが用いられる。セルロースのカラムクロマトグラフィーの場合には，溶媒としては PC 用のものを用いることができるが，分離はあまりよくない。

分子ふるい用の担体の場合には，溶媒としてギ酸や酢酸で酸性にした水系や 70％程度の含水メタノールを用いる。カラムからの溶出後に色素の分画を濃縮する必要があるので，水系だけでなく有機溶媒系の溶媒も使用できる担体を用いる方が便利である。筆者は，担体としてセファデックス LH-20 を，溶媒として 1～2％の酢酸またはギ酸を含む 70％程度の含水メタノールをよく用いている。

なお，分子ふるいカラムは分子の拡散を利用して，物質を分子のサイズによって分離する仕組みなので，試料がカラムを流下中に溶媒中で十分拡散しながら流下するよう注意しなければならない。あまり濃厚な色素をそのまま流下させると，拡散しないまま流下してしまい，精製することができない。

このようなカラムクロマトグラフィーだけでは，アントシアニンの精製は期待できないが，前に記したように PC や TLC の前後に組み合わせて利用するとよい。樹脂吸着剤としては，アンバーライト Amberlite XAD7 などが用いられる。XAD7 樹脂の場合，アントシアニンは水系で樹脂に吸着しアルコール系で溶出するので，他のクロマトグラフィーによる精製の前にこのカラムクロマトグラフィーを行っておくと，その後のアントシアニンの分離が格段によくなることがある。特に，肉厚の花弁，茎や葉などを材料にしてアントシアニンを抽出すると多糖類などの夾雑物が多く含まれていることが多く，そのまま PC，TLC，HPLC などの試料として使用すると，色素の分離はよくない。色素の回収率もよくなく，カラムであればカラムを汚すことにもなる。このような試料では，XAD7 のような樹脂カラムを最初に用いておくと，その後の色素精製を改善することができる。

c) HPLC による精製

HPLC の初期の頃は，極性の高いシリカゲル系の固定相が用いられていたのでフラボノイドの分離はできなかったが，極性の低い固定相を用いる逆相クロマトグラフィーが行われるようになり，フラボノイドが分離できるようになった。一般にはシリカゲルに C18 のオクタデシル基を結合させたオクタデシルカラム（ODS カラム）がフラボノイド分離に用いられる。アントシアニンの分離も非常によい。分取用のカラムも市販されているが，アントシアニンの同定などそれほど多量の試料を必要としない標品の精製であれば，セミ分取程度のカラムを用いれば，使用する移動相としての溶媒もそれほど多くなくてよいので便利である。

筆者は，アントシアニンの分取精製に 100×250 mm の ODS カラムを用いているが，量的に必要な場合にも繰り返して HPLC を行って，十分量の試料を精製することができている。移動相としては，酢酸やギ酸を含む 20～30％程度のアセト

ニトリル水溶液やメタノール水溶液がよく用いられている。分取したアントシアニンの分画を濃縮乾固する。必要であればHPLCでの精製を繰り返して行うとよいが，分離しにくい成分が含まれている場合などには，溶媒系を変えてみるとよいこともある。紫外光，可視光検出器で1つのピークとなっていれば純度は高いということができるが，検出器で検出できないような成分が色素分画に混じっていたりすることがあるので注意しなければならない。特に，塩類などが混在していることが多いので，気をつける必要がある。HPLCによる精製後にゲルろ過カラムなどで再度精製すると，それらを除くことができるので，筆者はよく用いている[4]。

d) 結晶としての単離精製

現在では，いろいろなクロマトグラフィーによってアントシアニンを精製することができるが，以前は結晶化して単離することが純度の高いアントシアニンを得ることのできる唯一の方法であった。また，色素の定性にもかなりの量の試料を必要としたので，結晶化して純度の高い試料を多量に得る必要があった。概して精製のステップは複雑で，操作は大変な作業をともなうことが多いが，なかには比較的簡単な操作で結晶が得られる例もある。既知のアントシアニンを多量に入手したい時などには参考にするとよい。また，それらの中に記載されている精製操作の過程に，前に述べたゲルろ過や樹脂吸着剤を用いたカラムによる精製を併用すると，収率よくアントシアニン結晶標品を得ることができる。次にシアニン（シアニジン3,5-ジグルコシド）の結晶単離の例を2つ取り上げておくことにする。

【ダリアの花からのシアニンの単離[5]】 暗赤色のダリア *Dahlia variabilis*（品種'千鳥'）の生花弁150gを2％メタノール塩酸に浸して，室温に3時間放置してから，ろ過し，残渣になるべく少量の1％メタノール塩酸を加えて，約1時間再抽出する。ろ過後暗赤色の抽出液を合わせて，約35℃で濃縮し，約350mlにする。無晶形の不純物をろ過して除き，ろ液を一夜冷蔵庫に保つとシアニンは，赤褐色の針状結晶となって析出する。結晶をろ集する（1.5g）。ろ液に20％塩酸150mlを加えて，冷蔵庫に数日間放置すると，シアニンの結晶がさらに得られる（0.7g）。得られた粗結晶を合わせて熱水に溶かしてろ過し，ろ液に等量の3％エタノール塩酸を加えて放置するとシアニンは，扁平の菱形状の結晶として析出する。ろ集して風乾するとチョコレート色を呈し，金属光沢を示す。冷水にはほとんど溶けないが，熱湯には溶解する。この操作で粗結晶を熱水に溶かす時には，適当な大きさの三角フラスコなどに粗結晶を入れ，水を加えてから熱湯の中に保って加熱しながら混ぜ，溶解させる。使用する水の量が多すぎると薄いアントシアニンの水溶液となり，その後結晶が析出しにくくなる。できるだけ少ない水で加熱して，濃赤色の水溶液にすることが大切である。なお，暗赤色のダリアの花のアントシアニンは，その後マロン

酸が結合したシアニンであることが明らかにされている[3]。この操作では，塩酸を使用しているのでマロン酸が遊離してシアニンが得られるものと考えられる。しかし，シアニン標品を量的に得たい時などには，操作が比較的簡単なので利用できる。

【バラの花からのシアニンの単離】 筆者らは，暗赤色花のバラの花弁から，ほぼこの方法に準じてアントシアニンを抽出，精製してシアニンの結晶を得ている。バラの暗赤色の品種（Tassin, Josephine Bruce）の生花弁約 2.2 kg を 0.5％メタノール塩酸に浸して室温に放置して，色素を抽出ろ過する。赤色のろ液約 12 l を減圧濃縮して約 600 ml とし，析出する無色の物質をろ過して除く。次にエタノール 100 ml と濃塩酸 120 ml を加えて冷蔵庫に 4～5 日放置すると暗赤色の色素が沈殿する。これをろ集して（3.1 g），熱水 70 ml に溶解してろ過する。冷却後ろ液に 3％エタノール塩酸 70 ml を加えて室温に置く。数時間すると色素は，フラスコの壁に金属光沢をもったチョコレート色の菱形の結晶となって析出する。ろ集後（1.7 g）熱水 40 ml に溶かしてろ過し，ろ液に等量の 3％エタノール塩酸を加えて再結晶を行う（1.6 g）。

3.1.2. 定性分析

現在では，複雑な構造をもつアントシアニンや新しいアントシアニンを除けば，少量の試料でアントシアニンの定性を行うことができる。特に HPLC, NMR, MS などの機器分析法の進展は著しく，容易にアントシアニンの定性分析ができるようになった。未知のかなり複雑な構造のものでも，純度が高い試料を少量でも得ることができれば構造決定ができる。

ここでは，PC, TLC, HPLC による定性分析，各種機器を用いた定性分析の方法を紹介することにしたい。色素は機器分析のみでも分析できるが，分析機器が使用できなければ定性分析ができないということはなく，かなり複雑な構造のものでも PC, TLC などによって解析することは可能であるし，たとえば微量の試料で可能な質量分析の情報が加われば，解析は確実になる。必要に応じていろいろな分析法を組み合わせて定性分析を行うとよい。

1）酸，アルカリの加水分解などによる定性

a）酸による完全加水分解とアグリコンおよび糖の調製

約 18％の塩酸水溶液に試料を少量入れて，2.5 分間煮沸して加水分解する。この操作は，適当なサイズの試験管を用いて行い，バーナーの小さな炎で試験管の底部を直接加熱するとよい。その際，突沸させないように試験管を少し傾斜させて持ち，小刻みに振りながら炎に出し入れして加熱するようにする。直ちに冷却後水を

加えて液量をほぼ最初の量としてから，少量のイソアミルアルコールを加えてアグリコンをアルコールに転溶させる．加水分解されていれば，生じた赤色のアグリコンは上層のイソアミルアルコール層に移る．アルコール層をそのままクロマトグラフィーの試料とする．冷蔵庫に入れておけばしばらくは使用できるが，少しずつ分解するので，長期にわたって保存したい時には乾固して冷蔵庫に保存する．アミルアルコールは，蒸発しにくいので加温してできるだけ手早く乾固する必要がある．加水分解で生じた糖は，水層に残るので濃縮乾固して少量の水またはアルコールに溶かして結合糖を調べる試料とする．

なお，加水分解の際に試料を試験管に入れ，2N 塩酸を加えて沸騰湯浴中に約 40 分保って加水分解する方法もよく使われている．しかし，この場合には，加水分解が完全ではないこともあるので注意する必要がある．また，加水分解反応では，試料が少ない時には使用する塩酸液の量に気をつけて行うようにする．試料濃度があまり低いと加熱中に色素が分解して褪色してしまうこともある．

なお，有機酸を結合するアントシアニンの場合には，酸加水分解により有機酸も生じる．加水分解後に最初にエチルエーテルを加えて振盪すれば，芳香族の有機酸は定量的に転溶するので，エーテル層をとり有機酸の定性の試料とする．しかし，有機酸の中には，カフェ酸のように酸加水分解によって変性してしまうものもあるので注意しなければならない．有機酸の定性については後に述べる．

アントシアニンを含む花弁などの組織をそのまま使用してアントシアニジンを調べる場合には，組織を試験管に入れて 2N 塩酸を加えて，沸騰湯浴中で 40 分加熱して加水分解する．冷却後，組織を除いてから酢酸エチルを少し加えて，少し振盪して混ぜてから上層の酢酸エチル層を除く．これにより混在するフラボンなどを酢酸エチルに転溶させて除くことができる．この操作を 2 回繰り返した後，アントシアニジンを含む水溶液を少し加熱して，酢酸エチルを蒸発させて除く．次にイソアミルアルコールを加えて上記のようにアントシアニジンを得る．

このようにして組織を直接使ってアントシアニジンを調べることもできるが，その際注意しなければならないことは，植物界には広く無色のロイコアントシアニジン，プロアントシアニジンなどが存在しており，塩酸との煮沸によってアントシアニジンに変換することである．ロイコアントシアニジンなどは，葉，樹皮，および材に含まれているが，花弁などでも存在が知られているので，そのような試料で直接アントシアニジンを調べる時には注意する必要がある．

b) アグリコンと糖の定性および同定

【アグリコンの定性】　PC または TLC，HPLC，可視吸収スペクトルなどで定性を行う．これまでに知られているアグリコンには，6 種類の一般的なアントシア

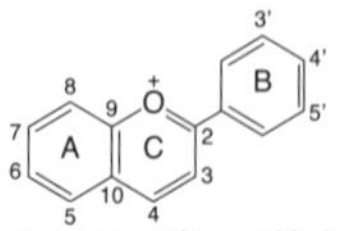

アントシアニジンの基本骨格

一般的なアントシアニジン

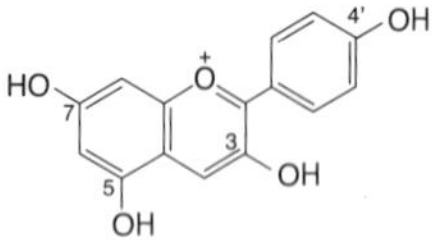

ペラルゴニジン (Pg)

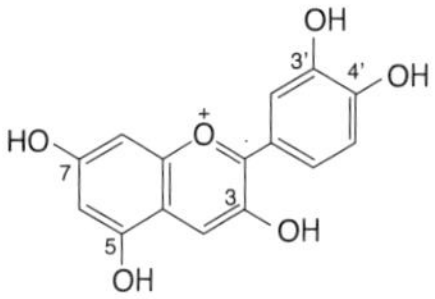

シアニジン (Cy) 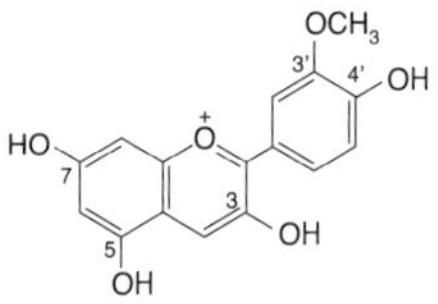   ペオニジン (Pn)

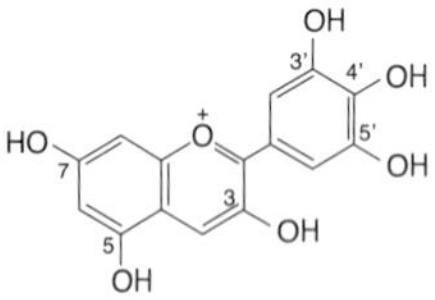

デルフィニジン (Dp) 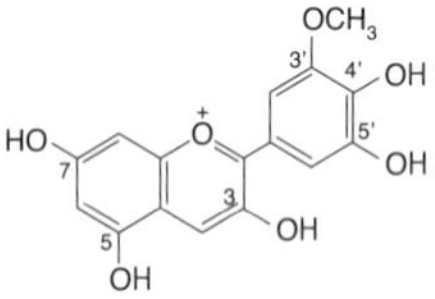   ペチュニジン (Pt) 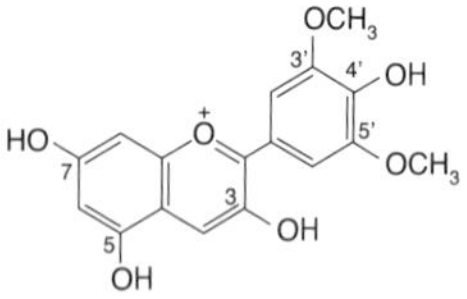   マルビジン (Mv)

図 3-1-1　アントシアニジンの構造

ニジンのほか，3-デオキシアントシアニジン，メチル化アントシアニジンなど図 3-1-1 に示すようなものがある。

　これらのうち最も一般的なアグリコンは，ペラルゴニジン，シアニジン，ペオニジン，デルフィニジン，ペチュニジン，マルビジンの 6 種類である。これらについての定性は，PC，TLC，HPLC，吸収スペクトルなどによって同定できる。TLC や PC の場合には，2～3 種類の展開溶媒を用いて同定することが望ましいが，筆者の経験では，Forestal と呼ばれている酢酸／塩酸／水（30:3:10）の溶媒がよい。

3-デオキシアントシアニジン

アピゲニニジン apigeninidin (Ap)　$R_1=R_2=R_3=R_4=R_5=R_6=H$
ルテオリニジン luteolinidin (Lt)　$R_1=R_2=R_3=H, R_4=OH, R_5=R_6=H$
トリセチニジン tricetinidin　$R_1=R_2=R_3=H, R_4=OH, R_5=H, R_6=OH$
7-メチルアピゲニニジン 7-methylAp　$R_1=R_2=H, R_3=CH_3, R_4=R_5=R_6=H$
5-メチルルテオリニジン 5-methylLt　$R_1=CH_3, R_2=R_3=H, R_4=OH, R_5=R_6=H$
5-メチル-6-ヒドロキシアピゲニニジン 5-methyl-6-hydroxyAp
　　$R_1=CH_3, R_2=OH, R_3=R_4=R_5=R_6=H$
5,4'-ジメチル-6-ヒドロキシアピゲニニジン 5,4'-dimethyl-6-hydroxyAp
　　$R_1=CH_3, R_2=OH, R_3=R_4=H, R_5=CH_3, R_6=H$
5-メチル-6-ヒドロキシルテオリニジン 5-methyl-6-hydroxyLt
　　$R_1=CH_3, R_2=OH, R_3=H, R_4=OH, R_5=R_6=H$
5,4'-ジメチル-6-ヒドロキシルテオリニジン 5,4'-dimethyl-6-hydroxyLt
　　$R_1=CH_3, R_2=OH, R_3=H, R_4=OH, R_5=CH_3, R_6=H$

まれなアントシアニジン

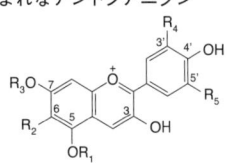

5-メチルシアニジン 5-methylCy　$R_1=CH_3, R_2=R_3=H, R_4=OH, R_5=H$
7-メチルペオニジン 7-methylPn (rosinidin)　$R_1=R_2=H, R_3=CH_3, R_4=OCH_3, R_5=H$
5-メチルデルフィニジン 5-methylDp (pulchellidin)　$R_1=CH_3, R_2=R_3=H, R_4=R_5=OH$
5-メチルペチュニジン 5-methylPt (europinidin)　$R_1=CH_3, R_2=R_3=H, R_4=OCH_3, R_5=OH$
5-メチルマルビジン 5-methylMv (capensinidin)　$R_1=CH_3, R_2=R_3=H, R_4=R_5=OCH_3$
7-メチルマルビジン 7-methylMv (hirsutidin)　$R_1=R_2=H, R_3=CH_3, R_4=R_5=OCH_3$
6-ヒドロキシペラルゴニジン 6-hydroxyPg　$R_1=H, R_2=OH, R_3=R_4=R_5=H$
6-ヒドロキシシアニジン 6-hydroxyCy　$R_1=H, R_2=OH, R_3=H, R_4=OH, R_5=H$
6-ヒドロキシデルフィニジン 6-hydroxyDp　$R_1=H, R_2=OH, R_3=H, R_4=R_5=OH$

　表 3-1-1 は，Harborne[(6)] によって調べられたものであるが，酢酸—塩酸系の溶媒，たとえば Forestal での Rf 値は，アントシアニジンの骨格のヒドロキシ基やメトキシ基の数と関係があり，ペラルゴニジン 0.68, シアニジン 0.49, デルフィニジン 0.32 とヒドロキシ基が増すにつれて Rf 値は下がり，デルフィニジン 0.32, ペチュニジン 0.46, マルビジン 0.60 とメトキシ基が増すにつれて Rf 値は高くなる。これらの Rf 値は，セルロース系の薄層とろ紙とでは類似しているので参考になる。
　なお，同定にはアントシアニジンの基準標品を必ず試料と並行して展開して一致

表3-1-1 アントシアニジンのRf値（×100）[6]

アントシアニジン	溶媒			濾紙上の色
	AHW（Forestal）	FHW	BAW*	（可視光）
ペラルゴニジン	68	33	80	赤橙
シアニジン	49	22	68	赤
ペオニジン	63	30	71	赤
デルフィニジン	32	13	42	紫赤
ペチュニジン	46	20	52	紫赤
マルビジン	60	27	58	紫赤
ヒルスチジン	78	36	66	紫赤
ロシニジン	76	39	–	赤
アピゲニニジン	75	44	74	黄
ルテオリニジン	61	35	56	橙
トリセチニジン	46	28	38	橙赤
プルケリジン	50	24	48	紫赤
ユーロピニジン	64	30	–	紫赤
カペンシニジン	88	–	79	紫赤

＊：希塩酸であらかじめ洗って風乾した濾紙を使用
溶媒　AHW（Forestal）酢酸：濃塩酸：水（30：3：10），FHW　ギ酸：濃塩酸：水（5：2：3），BAW　n-ブタノール：酢酸：水（4：1：5，上層）

することを確かめなければならない。アントシアニジンの基準標品は，それぞれのアントシアニンの純標品をそのつど加水分解して用いるか，あらかじめ調製したアグリコンを少しずつ1％のメタノール塩酸に溶かして使用する。

アントシアニンの純標品がない場合には，アントシアニジンを得るのによい植物材料（なるべく単一のアントシアニンを含む花など）を乾燥したり，凍結して保存しておき，必要に応じてアントシアニンを純化し，加水分解して使用するとよい。その材料としては，次のようなものがある。

　ペラルゴニジン：ヤグルマギクのピンク色の花，サルビアの緋赤色の花，ハツカダイコンの赤い表皮
　シアニジン：バラやダリアの濃赤色花，ヤグルマギクの青色花，クロマメの種皮，シソの赤い葉
　ペオニジン：シャクヤクやボタンの赤色花（シアニジンが混在していることがある）
　デルフィニジン：パンジーの濃紫色花，ツユクサの青色花，チューリップの黒紫色花
　ペチュニジン：ペチュニアの紫青色花（マルビジンが混在することがある）
　マルビジン：ハナショウブの青紫色花，コバノミツバツツジやゼニアオイの赤紫色花（ペチュニジンが混在することがある）

吸収スペクトルの測定もまたアントシアニジンの定性に利用できる。表3-1-2は，

表 3-1-2　アントシアニジンの可視部における吸収極大波長 [7]

	吸収極大波長（nm）		塩化アルミニウムによる
	0.01%メタノール塩酸	0.01%エタノール塩酸	吸収極大の移動 $\Delta\lambda$ (nm)
ペラルゴニジン	520	530	0
シアニジン	535	545	18
ペオニジン	532	542	0
デルフィニジン	546	557	23
ペチュニジン	543	558	24
マルビジン	542	554	0
ヒルスチジン	536	545	0
ルテオリニジン	493	503	52
アピゲニニジン	476	483	0
ロシニジン	524	534	0

Harborne [7] が 0.01％の塩酸を含むメタノールおよびエタノール中でアグリコンの吸収を調査した結果で，可視部における吸収極大波長を示したものである．

この表で見られるように，エタノール塩酸中ではメタノール塩酸中に比べて10 nm ほど長波長側へ移動しているので，比較には同じ溶媒を使用するよう注意しなければならない．また，塩化アルミニウムの添加によってアントシアニジンの種類によっては，吸収極大がかなり変化することもわかる．これは，吸収スペクトルを測定後，セル中の色素溶液（約 4 ml）に塩化アルミニウムの 5％のエタノール溶液を 3 滴加え，直ちに吸収スペクトルを測定したものであるが，アントシアニジン骨格の B 環に 2 個以上の隣接するヒドロキシ基をもつ，シアニジン，デルフィニジン，ペチュニジンでは吸収極大波長が著しく長波長側へ移動することを示している．

HPLC によるアグリコンの同定は，試料も少なくてよいし，短時間でできるので便利である．しかし，この場合にもそのつど標準アントシアニジンとの比較は必要である．保持時間（Rt）は，カラムの種類やその状態，使用する溶媒によって微妙に変わるからである．また，検出器にフォトダイオードアレイ型のものを用いていれば，吸収スペクトルの情報も得られるので都合がよい．図 3-1-2 は，主なアントシアニジンの HPLC のクロマトグラムである．ODS（C-18）カラムを用いたものであるが，ヒドロキシ基の多いアントシアニジンから溶出することがわかる．

【糖の定性】　糖の試料液は，そのまま TLC や PC に用いる．アントシアニンに結合していることが知られている主なものはグルコースで，他にガラクトース，ラムノース，キシロース，アラビノースなどがある．クロマトグラフィーでの糖の同定の場合にも対照として，標準試料を同時に展開しなければならない．これらの糖の PC(ADOVANTEC No 51)での Rf 値を表 3-1-3 に示すが，グルコースとガラクトースとは分離しにくいので，同定には十分注意する必要がある．

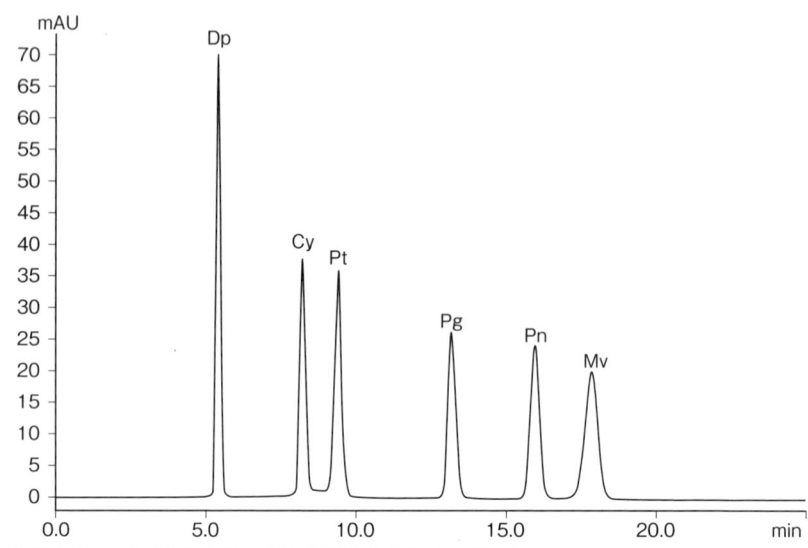

図 3-1-2 主なアントシアニジンの HPLC クロマトグラム
Rt: Dp:デルフィニジン (5.4 min), Cy:シアニジン (8.2 min), Pt:ペチュニジン (9.4 min), Pg:ペラルゴニジン (13.2 min), Pn:ペオニジン (15.9 min), Mv:マルビジン (17.8 min) の順にアントシアニジンが検出されている。
ODSカラム (5 μm, 6 × 150 mm, 溶媒 リン酸：酢酸：アセトニトリル：水 (3：8：14：75), 流速 1.0 ml/min, 検出波長 530 nm, カラム温度 40℃, (村井良徳博士測定)

表 3-1-3 糖類の Rf 値 (× 100)

糖	溶媒			
	BPW	BAW	EPW	IPAW
グルコース	24	17	24	57
ガラクトース	18	14	19	52
ラムノース	47	39	49	74
キシロース	33	25	37	66
アラビノース	29	22	30	59

BPW n-ブタノール：ピリジン：水 (6：3：1), BAW n-ブタノール：酢酸：水 (4：1：2), EPW 酢酸エチル：ピリジン：水 (2：1：2), IPAW イソプロピルアルコール：ピリジン：酢酸：水 (8：8：1：4)

糖のスポットの検出には，アニリン水素フタル酸塩，p-アニシジン塩酸塩などが用いられる。

アニリン水素フタル酸塩：アニリン 0.93 g とフタル酸 1.66 g を水飽和の n-ブタノール 100 ml に溶かした試薬を噴霧して 100℃ で 5 分間加熱する。加熱は，あぶり出しの要領で行うとよい。

p-アニシジン塩酸塩：3% p-アニシジン塩酸塩の n-ブタノール溶液を噴霧して

100℃で加熱する。

c) アシル化アントシアニンにおける有機酸の同定

【アシル化アントシアニン】 アントシアニンの中には有機酸を結合しているアシル化アントシアニンがある。結合している有機酸には、芳香族の有機酸と脂肪族の有機酸がある。芳香族有機酸としては、p-クマル酸、カフェ酸、フェルラ酸 ferulic acid, シナピン酸, p-ヒドロキシ安息香酸 p-hydroxybenzoic acid, 没食子酸などがあり、脂肪族有機酸としては、酢酸、マロン酸、シュウ酸 oxalic acid, コハク酸、リンゴ酸、酒石酸 tartaric acid などが知られている。有機酸は、アントシアニンの糖にエステル結合によって結合している。芳香族の有機酸の結合は比較的安定であるが、前に記したように脂肪族の有機酸の結合は塩酸酸性で容易に加水分解されてしまう。そのため脂肪族有機酸を結合しているアントシアニンの場合,塩酸酸性の条件で抽出,精製していると、結合している有機酸はアントシアニンから遊離してしまうので注意する必要がある。

脂肪族の有機酸が結合しているアントシアニンが自然界に広く存在していることがわかってきたのは、1985年にHarborneらが電気泳動を利用した研究によって、被子植物22科81種の植物の花のアントシアニンを調べ、その半分ほどでアントシアニンにマロン酸などのジカルボン酸が結合していることを示し[8]、それらの構造が解明されてきた頃からである[9, 10]。これらの実験では、抽出や精製の過程でそれまで常法として用いられていた塩酸は、ジカルボン酸を遊離させてしまうことから、使用せずに、酸として酢酸が用いられた。

このことが明らかにされて以来、アントシアニンの抽出、精製には酸として酢酸やギ酸が用いられるようになった。したがって以前に調べられているアントシアニンは、多くの場合に塩酸を用いて抽出、精製が行われてきたもので、マロン酸など脂肪族の有機酸を結合しているものでは、遊離したアントシアニンとして報告されている可能性がある。

アントシアニンに有機酸が結合しているかどうかは、芳香族の有機酸の場合には吸収スペクトルの測定によって見分けがつく。すなわち、芳香族有機酸を結合していないアントシアニンがもっている270〜280 nm域の吸収極大の他に、芳香族有機酸をアシル化しているアントシアニンでは紫外域に新しい吸収極大があらわれてくる。また、結合する有機酸の種類に関係なく、アシル化アントシアニンと脱アシル化したアントシアニンは、HPLCでのRt値やTLC, PCのRf値が著しく異なることで有機酸が結合しているかどうか判定できる。一般にアシル化アントシアニンと脱アシル化アントシアニンを比較すると、HPLCでのRt値はアシル化アントシアニンでは大きくなり（遅く流出する），PCやTLCのRf値はn-ブタノール/塩

酸系の溶媒では大きくなる。したがってアントシアニンがアシル化されているのかどうかは，脱アシル化を行って，HPLC の Rt 値や PC, TLC の Rf 値が変わるかどうかで知ることもできる。

【アルカリ加水分解】 アシル化アントシアニンを少量の水または 1% 塩酸に溶かした濃厚な色素溶液に，窒素または水素の気体を通しながら，等量の 10% 水酸化ナトリウム水溶液を加えて 30 ～ 45 分間室温に放置する。次に反応液に 10% の塩酸を徐々に加えて酸性に戻す。反応液は，黄褐色～緑褐色になっているが，塩酸を加えて酸性にすると赤色が回復するので，赤くなったところで塩酸の添加をやめる。塩酸を過剰に入れないよう注意する。なお，アルカリ加水分解は，一般に窒素または水素の気流中で行うとされている。これは，酸素を除いた条件の下で行うということなので，筆者は，窒素などの気体が使えない場合，少量の溶液で加水分解する時には，少し脱気して溶液中の酸素を除いた後，少量のトルエンやキシレンなどの有機溶媒を加えて色素液の上に有機溶媒の層を作って，空気を遮断してからアルカリを加えて，反応を行ったこともある。

酸性にした後，濃縮乾固すると色素とともに多量の食塩が残る。完全に乾固してから少量のエチルエーテルで有機酸を 3 回ほど溶出して有機酸の試料とする。最後に少量のメタノール塩酸でアントシアニン色素を溶出してデアシルアントシアニン（脱アシル化アントシアニン）の試料とする。色素に塩が混在するとその後の分析に支障をきたすことがあるので注意する。

塩を除く方法の 1 つとして，少量の ODS 粉末を用いてミニカラムを準備し，反応液をゆっくり通すとアントシアニンは吸着する。少量の水を通して洗って塩を除いた後，ギ酸酸性メタノールなどで色素をカラムから溶出する方法もある。

また，アントシアニンに結合している有機酸が芳香族有機酸の場合には，上記のアルカリ加水分解の後，酸性にしてから色素水溶液におよそ等量のエチルエーテルを加えて振盪すると，遊離した芳香族有機酸は，定量的にエーテル層に移るので最初に有機酸を分離し，次にデアシルアントシアニンを得る方法もある。

なお，酸による加水分解のところで述べたように酸加水分解で変性するカフェ酸などの有機酸を除いて，変性しない有機酸の場合には酸加水分解後のエーテル層を有機酸の試料とすることができる。

【有機酸の定性】 芳香族有機酸は紫外域に吸収があり，紫外線照射で蛍光も発するので HPLC や PC, TLC などで同定できる。脂肪族の有機酸の同定には HPLC では特別の検出器が必要となるが，PC や TLC で同定できる。PC や TLC の展開溶媒としてはいろいろあるが，芳香族の有機酸の場合には，ベンゼン / 酢酸 / 水（6：7：3），イソプロピルアルコール /28% アンモニア / 水（8：1：1），*n*-ブタノール / 酢

酸／水 (4：1：2) のようなものがある。展開後クロマトグラムを風乾させて暗所で紫外線をあてると，有機酸のスポットは独特な蛍光を発するので容易に検出できる。次に，濃アンモニア水の入った容器の上にかざすなどしてアンモニアの蒸気にさらしながら紫外線を照射すると，蛍光色はそれぞれの有機酸に固有な色に変化を示す。また，ジアゾ化スルファニル酸試薬などで発色して検出する。

脂肪族の有機酸の展開溶媒としては，n-ブタノール／酢酸／水 (4：1：5の上層)，n-ブタノール／酢酸／水 (4：1：2)，酢酸エチル／酢酸／水 (3：1：1) などが用いられる。スポットの検出には，グルコース・アニリン試薬 (10%のグルコース水溶液と10%のアニリンエタノール溶液を等量混合してから，混液にその2.5倍量のn-ブタノールを加えて希釈する) などの発色試薬を噴霧して5〜10分程度加熱する (105℃)。有機酸のスポットは，濃い褐色に発色する。また，使用した酸系の溶媒が気化してなくなっていれば，BCG (ブロムクレゾールグリーン) 試薬などpH指示薬を噴霧しても検出することができる。

d) **有機酸および糖の結合部位**

【**部分加水分解**】 アントシアニンを緩和な条件下で酸によって加水分解すると，結合している糖が部分的に少しずつはずれてくる。たとえば，ジグリコシドdiglycosideでは，加水分解によって結合している糖がすべてはずれてアントシアニジンになる前に，まず1分子の糖がはずれてモノグリコシドが生じる。部分加水分解法は，このことを利用して阿部，林[11]によって考案されたもので，TLCやPC，HPLCなどと併用することによって糖が何分子結合しているかを調べることができる。また，多くの場合，糖の結合部位についての情報も得ることもできる。

アントシアニンの1%メタノール塩酸溶液に等量の20%塩酸を加え，70℃の水浴中に保ち，一定時間ごとに少量の反応液を採取して試料とする。TLCやPCであれば，添着用のキャピラリーなどでとればよい。TLC，PCの展開溶媒には，酢酸／塩酸／水 (3：1：8) とn-ブタノール／塩酸／水 (7：2：5，上層) を用いる。

図3-1-3は，阿部，林[11]がシアニジンの配糖体を部分加水分解して得たろ紙クロマトグラムを示したものであるが，クリサンテミン (3-モノグルコシド) では，反応時間の経過とともに少しずつ加水分解されてアグリコンであるシアニジンに直接移行して行くことがわかる。ケラシアニンkeracyanin(3-ラムノグルコシド)では，最初に糖部分の外側のラムノースがはずれて，3-グルコシドが生じてからアグリコンへ移行していき，シアニンでは3または5のいずれかのグルコースがまず加水分解され，3-および5-モノグルコシドを生じて次にアグリコンへと分解が進むことが示されている。

2つの展開溶媒のうち，酢酸・塩酸系では，結合する糖が多いほど高いRf値を

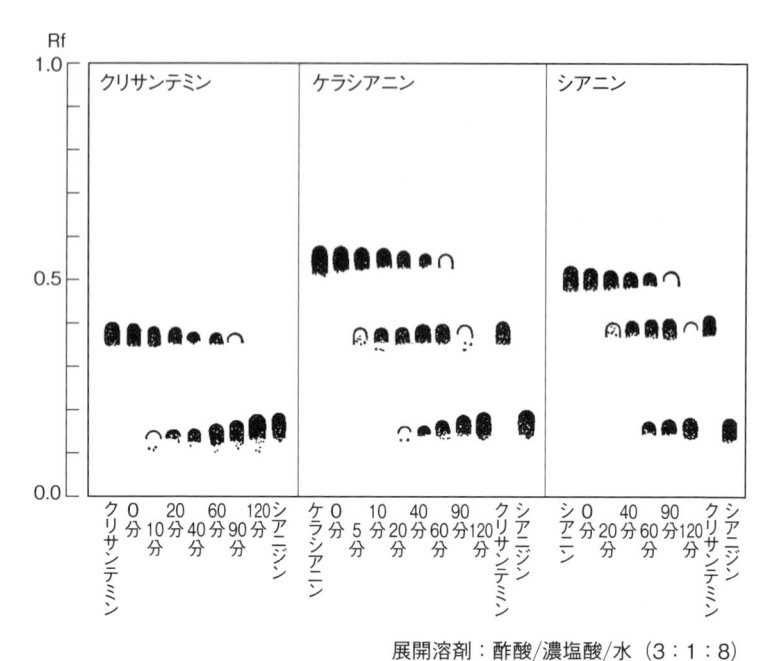

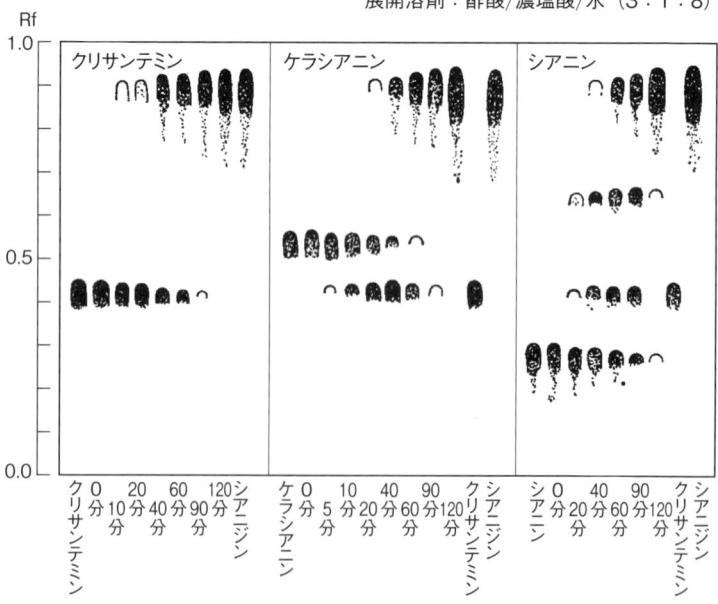

図 3-1-3　アントシアニンの部分加水分解物のろ紙クロマトグラム [11]

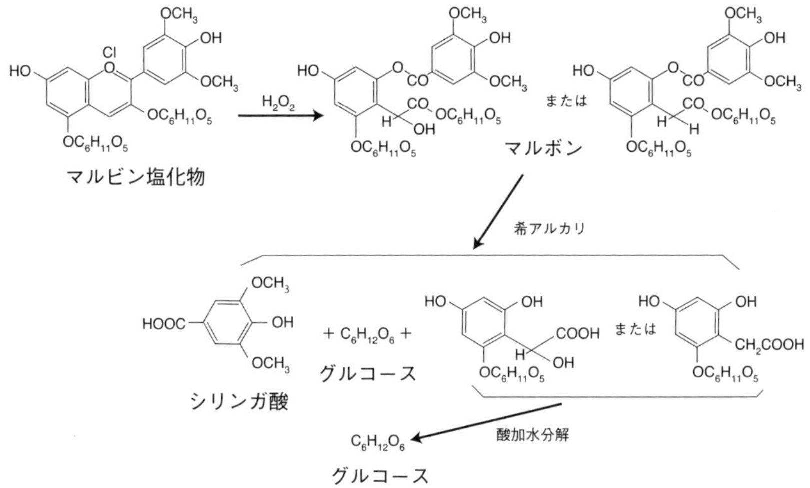

図 3-1-4 アントシアニンの過酸化水素分解の反応 [12, 13]

示すので，ジグリコシドからモノグリコシド，次にアグリコンへの変化がわかる。しかし，シアニンで生じた3-モノグルコシドと5-モノグルコシドは，まったく同じ Rf 値を示し，区別はできない。それに対して n-ブタノール・塩酸系では，Rf 値と結合する糖との間に必ずしも一定の関係は見られないが，3-モノグルコシドと5-モノグルコシドが分離するので，ケラシアニンのような3-ジグリコシド型かシアニンのような3,5-ジグリコシド型かの区別ができる。それゆえ，部分加水分解のPC や TLC では，両方の溶媒で展開して検討するのがよい。

HPLC の場合には，3-モノグリコシドと5-モノグリコシドの Rt 値が異なり，両者を容易に区別できる。たとえば，シアニンの部分加水分解で HPLC を用いると Rt 値は，シアニン：4.8 min，シアニジン 3-グルコシド：7.3 min，シアニジン 5-グルコシド：8.4 min，シアニジン：19.6 min［ODS カラム（6 × 150 mm），溶媒 リン酸：酢酸：アセトニトリル：水（3：8：8：81）］となり，2つのモノグルコシドは分離するので短時間で調べることができる。

【**過酸化水素分解**】 アントシアニンを過酸化水素で分解することで3位に結合している糖を TLC や PC で調べることができる。

Karrer ら [12, 13] は，アントシアニジン，およびアントシアニンを30％過酸化水素水で処理すると，アントシアニジン核の2位と3位の炭素原子間で開裂が起こることを示した。マルビンの塩化物では**図 3-1-4** のようにマルボン malvone が生じ，これは希アルカリまたは希酸の加水分解でさらに分解される。

この反応で3位に結合している糖だけが遊離してくるので,糖を調べることによって3位に結合している糖の情報を得ることができる。TLCやPCを用いれば少量のアントシアニンで3位に結合する糖を調べることが可能である[14]。3位に結合している糖が,二糖類や三糖類などの場合には,そのまま遊離してくる。また,アシル化アントシアニンに適用すると,3位の糖に有機酸が結合しているものではアシル糖として遊離してくるので,有機酸の結合している糖を知ることもできる[5, 15, 16, 17]。しかし,結合する有機酸が芳香族のカフェ酸の場合には,この反応では,壊れてしまい検出できない[18]。検出は糖の検出試薬を用いてできるが,芳香族有機酸の結合している糖は,紫外線下で特有な蛍光を示すのでスポットを検出できる。脂肪族有機酸の場合には,前に記したグルコース・アニリン試薬で調べることができる。

2) 紫外可視吸収スペクトル

アントシアニンの紫外可視吸収スペクトルは,HPLCのRt値やTLC,PCのRf値とともに同定に用いることができる。スペクトルの測定は,少量の塩酸を含むメタノール,エタノール,水などの溶液で行うが,可視部の吸収極大の波長などは溶媒によって少しずつ違うので,比較には同じ溶媒を用いる必要がある。

表3-1-4は,0.01%メタノール塩酸中でのアントシアニンの可視部における吸収極大波長を示したものである[7]。芳香族有機酸でアシル化されていないアントシアニンでは紫外部(275 nm近辺)と可視部にそれぞれ吸収極大を1個ずつもっている。紫外部の吸収は,アントシアニンの種類によってあまり変化は見られないが,可視部では種類によってかなりの違いが見られる。

アントシアニンのうち植物界に多く存在している3-グリコシドと3,5-ジグリコシドの吸収極大波長は,アグリコンが同じであればほとんど差は見られないが,両者の間では400〜460 nmの波長域の吸光度に差が見られる。表では440 nmでの吸光度E_{440}と可視部の吸収極大での吸光度E_{max}との比率(%)が示されており,その値には両者の間で違いがある。5位のヒドロキシ基がグリコシル化されているものの値は,グリコシル化されていないものに比べて,かなり小さい値になることから,糖の結合位置についての情報を得ることができる。先に記した部分加水分解とともに糖の結合位置の決定に有効である。しかし,アントシアニンのB環のヒドロキシ基に糖が結合している場合には,表3-1-5に示すように,アグリコンが同じアントシアニンと比較して可視部の吸収極大波長が短波長側に移動する。すなわちB環のヒドロキシ基が1つ少ないアントシアニン,たとえば,シアニジン型であれば,ペラルゴニジン型のアントシアニンの吸収極大波長に近い値を示す。また,

3.1.2. 定性分析

表 3-1-4 アシル化されていないアントシアニンの可視部領域における吸収極大 [7]

アグリコン	配糖体	吸収極大波長（nm）	E_{440}/E_{max}（%）	平均（%）
5位のOHが遊離しているもの				
ペラルゴニジン	ペラルゴニジン	520	39	
	3-グルコシド	506	38	
	3-ラムノグルコシド	508	40	39
	3-ゲンチオビオシド	506	36	
	3-ジグルコシド-7-(または4'-)グルコシド	498	42	
シアニジン	シアニジン	535	19	
	3-グルコシド	535	22	
	3-ラムノグルコシド	523	23	
	3-ゲンチオビオシド	523	25	23
	3-キシログルコシド	523	22	
ペオニジン	ペオニジン	532	25	
	3-グルコシド	523	26	
デルフィニジン	デルフィニジン	544	16	
	3-グルコシド	535	18	
	3-ラムノグルコシド	537	17	
ペチュニジン	ペチュニジン	543	17	18
	3-グルコシド	535	18	
マルビジン	マルビジン	542	19	
	3-グルコシド	535	18	
5位のOHが置換（グリコシル化）されているもの				
ペラルゴニジン	5-グルコシド	513	15	
	3,5-ジグルコシド	504	21	
	3-ラムノグルコシド-5-グルコシド	505	19	19
	3-ジグルコシド-5-グルコシド	503	21	
シアニジン	3,5-ジグルコシド	522	13	
ペオニジン	3,5-ジグルコシド	523	13	
	3-ラムノグルコシド-5-グルコシド	523	12	12
	5-グルコシド	528	12	
	5-ベンゾエート	528	11	
デルフィニジン	3-ラムノグルコシド-5-グルコシド	534	11	
ペチュニジン	3,5-ジグルコシド	533	10	
	3-ラムノグルコシド-5-グルコシド	535	10	10
マルビジン	3,5-ジグルコシド	533	12	
	3-ラムノグルコシド-5-グルコシド	534	9	

E_{440}/E_{max} の比率も同様で，B環のヒドロキシ基が1つ少ないアントシアニジンでの比率に近い値を示す。このようなB環のヒドロキシ基に糖を結合しているグループのアントシアニンの中には，芳香族有機酸を2分子以上結合しているもの，すな

表 3-1-5　B環のヒドロキシ基に糖を結合するアントシアニンの吸収極大

アグリコン	配糖体	吸収極大波長（nm）	E_{440}/E_{max}（%）
5位のOHが遊離しているもの			
ペラルゴニジン	ペラルゴニジン	520	39
シアニジン	シアニジン	535	19
	3,3'-ジグルコシド	519	35
	3,7,3'-トリグルコシド	513	34
	3-ルチノシド-3'-グルコシド	521	39
デルフィニジン	デルフィニジン	544	16
	3,3'-ジグルコシド	531	25
	3,7,3'-トリグルコシド	525	22
5位のOHが置換（グリコシル化）されているもの			
シアニジン	3,5,3'-トリグルコシド	518	19
デルフィニジン	3-ルチノシド-5,3',5'-トリグルコシド	522	17

Yoshitama and Abe [19], Saito and Harborne [20] のデータより作成

表 3-1-6　芳香族有機酸とアントシアニンの混液の吸収スペクトル [7]

アントシアニン	加えた有機酸の種類とアントシアニンに対するモル比	吸収極大波長（nm）*	E_{max}・酸/E_{max}・色素（%）
ペラルゴニン	-	269, 505	6
ペラルゴニン	p-クマル酸（1）	288, 312, 505	57
ペラルゴニン	p-クマル酸（2）	288, 312, 505	107
ペラルゴニン	p-クマル酸（0.5）	288, 312, 505	31
ペラルゴニン	カフェ酸（1）	287, 328, 505	47
ペラルゴニン	カフェ酸（2）	287, 328, 505	83
ペラルゴニン	フェルラ酸（1）	287, 326, 505	49
ペラルゴニン	フェルラ酸（2）	287, 326, 505	91

＊　0.01%メタノール塩酸溶液で測定

わちポリアシル化アントシアニンが多く含まれており，その場合には脱アシル化アントシアニンと比較する必要がある。

　芳香族有機酸が結合しているアシル化アントシアニンの場合には，紫外部に別の吸収極大が見られる。p-クマル酸，カフェ酸，フェルラ酸などケイ皮酸誘導体の有機酸を結合しているアシル化アントシアニンでは，310～335 nm近辺に，また，安息香酸誘導体の有機酸を結合しているものでは，250～260 nm近辺にそれぞれ新しいピークがあらわれてくる。

　Harborne [7] は，アントシアニンと芳香族有機酸をいろいろなモル比で混合した時の吸収スペクトルとアシル化アントシアニンの吸収スペクトルを比較し，アシル基による吸収極大の吸光度 E_{max}・酸（310～335 nm域のピークの吸光度）と可視部吸収極大の吸光度 E_{max}・色素との比率（%），すなわち E_{max}・酸/E_{max}・色素から，

アシル化アントシアニン分子内のアシル残基のおよその数を知ることができることを示した。

表3-1-6は，アントシアニンと有機酸の混液の E_{max}・酸/E_{max}・色素を示したものであるが，アントシアニンの種類が異なっていてもここで示されている値に近い数値になり，結合する有機酸分子のおよその数を知ることができる。

3) アントシアニンのTLCとPC

アントシアニンの酸加水分解，部分加水分解など一連の定性実験で色素の構造が推定されたら，既知のものであればその純標品と同一であることをHPLC，TLC，PCなどで比較することが望ましい。アントシアニンのセルロース系薄層によるTLC，PCの展開溶媒としては，n-ブタノール/酢酸/水（4:1:5の上層または4:1:2），n-ブタノール/濃塩酸/水（7:2:5の上層）またはn-ブタノール/2N塩酸（1:1の上層），1%塩酸（1% HCl），n-ブタノール/酢酸/水（4:1:5の上層または4:1:2）などがよく用いられる。TLC，PCによる同定には少なくとも異なった溶媒系3種類以上による展開を行った方がよい。

表3-1-7は，Harborneが各種アントシアニンのRf値を同一条件で調べてまとめたもので，Rf値でアントシアニンを比較するのに利用できる。このようなRf値の表を参考にする時に注意しなくてはならないことは，Rf値そのものは，使用する薄層やろ紙，展開時の温度，展開溶媒の状況などで異なることが多いということである。したがって，実験で得られたRf値と表に示されているRf値との比較だけから同定することは避けなければならない。また，TLCの場合は，添着する試料の濃度の差で同じ試料でもRf値がかなり異なることがあるので，注意する必要がある。

4) アントシアニンのHPLC *

アントシアニンのHPLCには，通常ODSカラムが用いられるが，一概にODSカラムといっても，メーカー，サイズ，ロットなどの違いにより各成分の保持時間（Rt）やピークの形状などが異なることが多い。このため，分析に用いるカラムの検討を十分に行う必要がある。また移動相には水―アセトニトリル系の溶媒がよく用いられるが，アセトニトリルで良好な分離が得られない場合は，カラムによってはメタノールを用いるとよい分離が得られることもある。また，アントシアニンは酸性条件下で安定であるため，溶媒にはトリフルオロ酢酸（TFA），ギ酸，酢酸な

＊執筆：村井良徳・武田幸作　Yoshinori Murai and Kosaku Takeda

表 3-1-7 主なアントシアニンの Rf 値（× 100）[6]

アントシアニン	溶媒			
	BAW	BuHCl	1%HCl	HOAc-HCl
ペラルゴニジン配糖体				
3-グルコシド	44	38	14	35
3-ガラクトシド	39	37	13	33
3-ルチノシド	37	30	22	44
3-ソフォロシド	36	30	38	65
3,5-ジグルコシド	31	14	23	45
3-ルチノシド-5-グルコシド	29	13	40	58
3-ソフォロシド-5-グルコシド	23	10	60	68
モナルデイン monardaein	40	46	19	53
サルビアニン salvianin	37	37	17	48
マティオラニン matthiolanin	34	29	37	61
シアニジン配糖体				
3-グルコシド	38	25	7	26
3-ガラクトシド	37	24	7	26
3-ルチノシド	37	25	19	43
3-ソフォロシド	33	22	34	61
3,5-ジグルコシド	28	6	16	40
3-ルチノシド-5-グルコシド	25	8	36	59
3-ソフォロシド-5-グルコシド	17	9	54	62
ヒアシンチン hyacinthin	33	63	4	24
ペリラニン perillanin（シソニン shisonin）	35	34	11	43
ルブロブラッシシン C rubrobrassicin C	21	13	39	−
ペオニジン配糖体				
3-グルコシド	41	30	9	33
3-ガラクトシド	39	28	10	32
3-ルチノシド	34	14	16	41
3,5-ジグルコシド	31	10	17	44
3-ルチノシド-5-グルコシド	29	12	37	60
デルフィニジン配糖体				
3-グルコシド	26	11	3	18
3-ガラクトシド	23	11	3	18
3-ルチノシド	30	15	11	37
3-ルチノシド-5-グルコシド	20	6	37	61
3,5-ジグルコシド	15	3	8	32
アオバニン awobanin	30	22	5	32
デルファニン delphanin（ビオラニン violanin）	31	24	31	59
ペチュニジン配糖体				
3-グルコシド	35	14	4	22
3-ガラクトシド	33	13	4	20
3-ルチノシド	35	16	13	42
3-ソフォロシド	−	17	36	66
3,5-ジグルコシド	24	4	8	32
3-ルチノシド-5-グルコシド	23	6	37	61
ペタニン petanin	32	26	19	59
マルビジン配糖体				
3-グルコシド	38	15	6	29
3-ガラクトシド	36	15	6	29
3-ルチノシド	35	16	15	45
3,5-ジグルコシド	31	3	13	42
3-ルチノシド-5-グルコシド	30	5	40	63
チボウキニン tibouchinin	40	42	10	−
ネグレテイン negretein	36	28	20	64

ろ紙：ワットマン No. 1，下降法
BAW：n-ブタノール/酢酸/水（4：1：5，上層），BuHCl：n-ブタノール/2N 塩酸（1：1，上層），
HOAc-HCl：酢酸/濃塩酸/水（15：3：82）

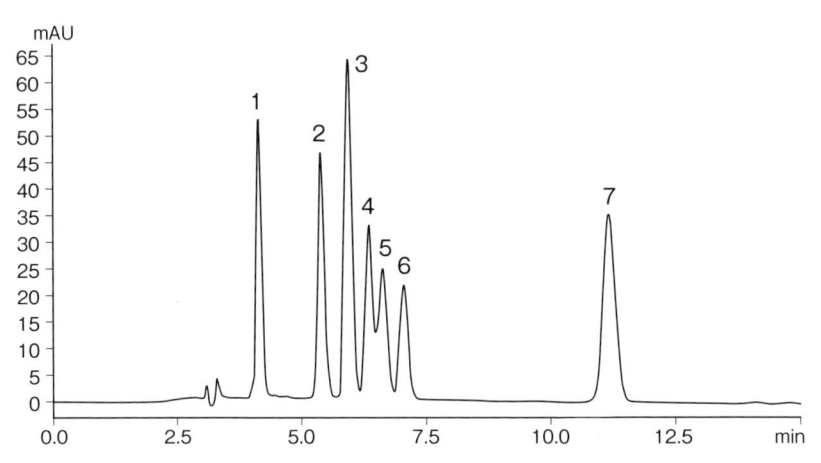

図 3-1-5　各種シアニジン配糖体の HPLC による分析
1：シアニン（cyanidin 3,5-diglucoside），2：シアニジン 3-ガラクトシド，3：シアニジン 3-グルコシド，4：シアニジン 3-ルチノシド（cyanidin 3-rhamnosyl-(1→6)-glucoside），5：シアニジン 3-スクシニルグルコシド -5-グルコシド，6：シアニジン 3-アラビノシド，7：シアニジン 3-マロニルグルコシドの順に検出される。
分析条件　カラム：Inertsil ODS-4（5 μm, 4.6 × 150 mm）（ジーエルサイエンス株式会社），溶離液：リン酸：酢酸：アセトニトリル：水（3：8：10：79），流速：1.0 ml/min，カラム温度：40℃，検出波長：520 nm

どの酸を加える。また緩衝剤としてリン酸などを加える場合もある。

HPLC を用いたアントシアニンの分析例は多く報告されているが，たとえば Mazza and Miniati [21] には，果実や穀物に含まれるアントシアニンの HPLC による分析例が数多く掲載されている。

アグリコンであるアントシアニジンの HPLC による分析に関しては，保持時間は前述したが（アグリコンの定性の項），配糖体では，同一のアグリコンでも結合する糖の種類が異なっている場合，図 3-1-5 のように，ガラクトシド，グルコシド，アラビノシドの順で溶出される。また二糖類が結合した場合，たとえばシアニジンの配糖体では，3-グルコシドと比較して，その3位のグルコースに，さらにグルコースが結合したシアニジン 3-ゲンチオビオシド（グルコシル(1→6)グルコシド）や 3-ソフォロシド（グルコシル(1→2)グルコシド）では保持時間が早くなり，逆にラムノースが結合したシアニジン 3-ルチノシド（ラムノシル(1→6)グルコシド）や 3-ネオヘスペリドシド 3-neohesperidoside（ラムノシル(1→2)グルコシド），3-ラミナリビオシド 3-laminaribioside（グルコシル(1→3)グルコシド）などでは，保持時間が遅くなることが報告されている [22]。このようにアグリコンに結合する糖の種類や数などにより，アントシアニンの保持時間は影響を受ける。また，使用す

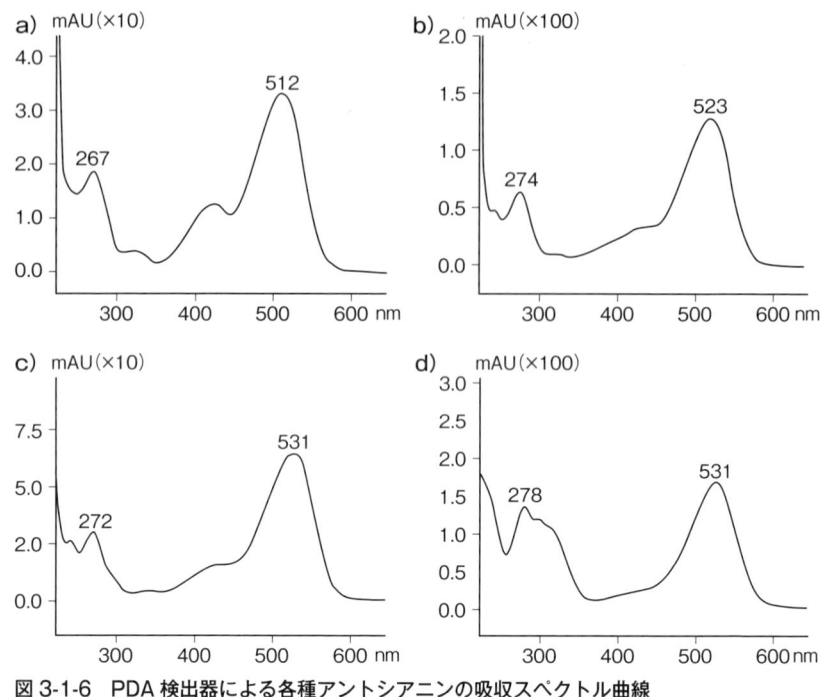

図3-1-6　PDA検出器による各種アントシアニンの吸収スペクトル曲線
　a：ペラルゴニジン，b：シアニジン，c：デルフィニジン，d：マロニルアオバニン

　るカラムが同一のものであっても，溶媒の組成によりアントシアニンの溶出順序が入れ替わる場合がある。たとえば図3-1-5のシアニジン3-アラビノシドは，アセトニトリルの割合を低くした溶媒では，シアニジン3-スクシニルグルコシド-5-グルコシドよりも遅く溶出される。
　その他にアントシアニンの保持時間に影響を与えるのがアシル化である。芳香族や脂肪族有機酸が結合したアントシアニンでは，それらを結合しない配糖体と比べて，保持時間が長くなる。たとえばシアニジン3-グルコシドと比べ，マロン酸の結合したシアニジン3-マロニルグルコシドは，およそ2倍もの時間，カラムに保持される（図3-1-5）。また保持時間は，結合する有機酸の種類によっても影響を受け，たとえば芳香族有機酸を結合したアントシアニンを比較すると，カフェ酸，p-ヒドロキシ安息香酸，フェルラ酸を結合したアントシアニンの順に溶出される。
　次にフォトダイオードアレイ（PDA）検出器（ダイオードアレイ検出器）を用いた場合に得られる吸収スペクトルについて述べる。アントシアニンの吸収スペクトルは，溶液のpHやサンプルの濃度により影響は受けるものの，たとえば

図 3-1-5 の HPLC 分析の溶媒を用いて分析した場合，ペラルゴニジンはおおむね 510 nm 前後（図 3-1-6a）に，同じくシアニジン型（シアニジンおよびペオニジン）は 520 nm 前後（図 3-1-6b），また，デルフィニジン型（デルフィニジン，ペチュニジン，マルビジン）は 530 nm 前後（図 3-1-6c）に吸収極大をもつスペクトルが得られる。

また，芳香族有機酸の p-クマル酸を結合したアントシアニンでは 310 nm 付近に，また，カフェ酸やフェルラ酸およびシナピン酸が結合したアントシアニンでは 320 nm にこれらの吸収極大があるため，それがショルダーあるいはピークとなって出現し，アシル化されているかどうかの推定が可能となる。

図 3-1-6d には p-クマル酸でアシル化されたアントシアニンの例として，マロニルアオバニン malonylawobanin (delphinidin 3-p-coumaroylglucoside-5-malonylglucoside) の PDA 検出器によるスペクトルを示す。ただし，この芳香族有機酸によるアシル化をスペクトル特性で推定する際，芳香族有機酸でアシル化されていないアントシアニンと，試料中の夾雑物として含まれている芳香族有機酸の誘導体が同じ保持時間に検出されると，それらが合わさったスペクトルが得られ，あたかもそのアントシアニンが芳香族有機酸でアシル化されたアントシアニンのようなスペクトルが得られることがあるので注意が必要である。

以上のような点を踏まえながら，分析試料に含まれる各アントシアニン成分と基準標品の保持時間（さらには PDA 検出器による吸収スペクトル特性）を，比較することにより同定を行う。ただしこの時，HPLC の保持時間は溶媒のロットによっても変動してしまうことに留意し，その都度，基準標品を指標として分析を行うべきである。

近年，新しいカラムや分析装置の開発により，HPLC はめざましく進歩をとげている。一般的なアントシアニン類を良好に分析できるカラムをはじめ，アントシアニンに結合する有機酸のシス型，トランス型などの異性体を識別し，分離できるカラムなども開発されている。また通常の ODS カラムを用いる場合でも，一度カラムを通過しただけでは分離が不十分な成分を，流路の切り替えにより繰り返しカラムを通して分離するリサイクル分析なども導入され始めている。この技術は特に分取 HPLC において大きな効果を発揮する。さらに，これまでの HPLC において数十分かかっていた分析を，わずか数分で行うことのできる超高速液体クロマトグラフィー（UHPLC）によるアントシアニン分析の報告もみられるようになった。今後広く使用されるようになる可能性がある。

5) アントシアニンの質量スペクトルによる同定*

フラボノイド化合物の同定や構造解析に質量分析法（MS法）が有力な分析法の1つとして大きな役割を果たしている。フラボノイド化合物におけるほとんどのアグリコンは，加熱（約100～200℃）により十分な揮発性を示すので，EI-MS測定によりアグリコンの質量スペクトルを容易に得ることができるので，長い間EI法がイオン化法としての主役をなしている。一方，フラボノイドの配糖体やアントシアニジンなどは揮発性がほとんどないので，EI法では揮発性を高めるためにメチル化methylationやTMS化trimethylsilylationといった誘導体化が必須である。また，生体関連化合物の多くは加熱による気化の段階で，熱分解を起こし，正確な分子量関連情報を得る事ができない場合が多かったが，近年，高温加熱を用いずに，より温和な条件下でのイオン化法が種々開発されている。温和なイオン化法の開発により，高極性化合物や熱に不安定な化合物を始め，フラボノイドなどへの応用が非常に活発になってきている。

MS法に関する基礎的な情報は，本書の2章3節「質量スペクトル」（p. 57）に解説されている。ここでは，新しいMS法の1つであるMS/MS法を応用したアントシアニンの質量スペクトルについて述べる。

新しく開発されてきたイオン化法の中でも，特に極性化合物に適したイオン化による質量スペクトルでは，分子量領域のイオンは非常に明確な情報を与えるが，これらの温和なイオン化法による分子関連イオンの安定性が高く，ほとんどの場合EI-MSスペクトルの時に見られるような構造情報を与えるフラグメントイオンがあまり見られない。さらに，温和なイオン化法によるマススペクトル中には，通常，バックグラウンドピークが非常に多く見られるのが特徴である。このような温和なイオン化法によるマススペクトルに関する欠点を補うために，MS/MS法が開発され，現在のMS法の隆盛に至っている。ここでは温和なイオン化法の1つであるFAB法によるアントシアニンのマススペクトルについての例を挙げる。

アントシアニンは陽イオン（プロトン付加分子）になりやすく，質量分析による構造解析の対象体として非常によいサンプルである。マロニルアオバニン（図3-1-7b）のFAB-MSによる擬分子イオンQM^+859のMS/MSスペクトルとマロニルアオバニンのアセチル化体に相当するアントシアニン（図3-1-7a）の擬分子イオンQM^+901のMS/MSスペクトルを比較して，マロニルアオバニンのアセチル化体の構造解析をした際のマススペクトルについて簡単に述べる。

図3-1-7はFABイオン化法（マトリックスはグリセロール）によって得られた

＊執筆：木下　武　Takeshi Kinoshita

3.1.2. 定性分析　105

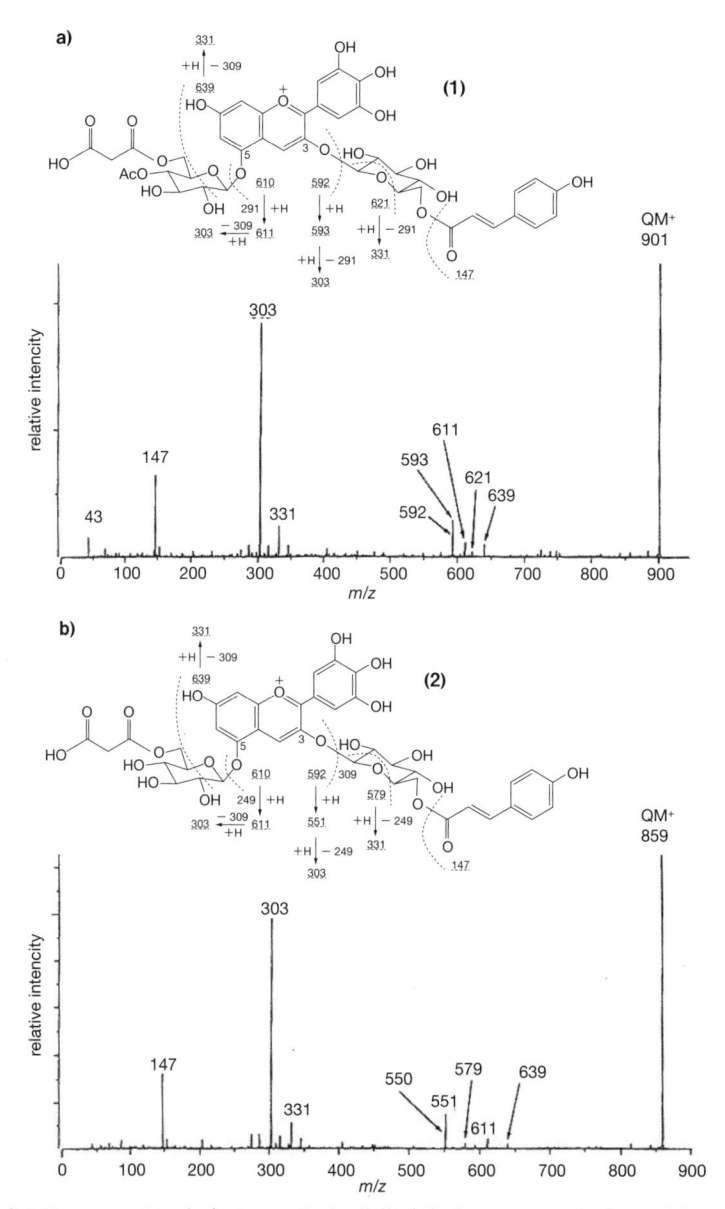

図 3-1-7　マロニルアオバニンのアセチル化体（1）とマロニルアオバニン（2）の FAB イオン化法による擬分子イオン（プロトン付加分子）QM⁺901（a）と QM⁺859（b）の FAB-MS/MS スペクトル
下線で示した数字は，スペクトル上に出現しているフラグメントイオンに対応している．

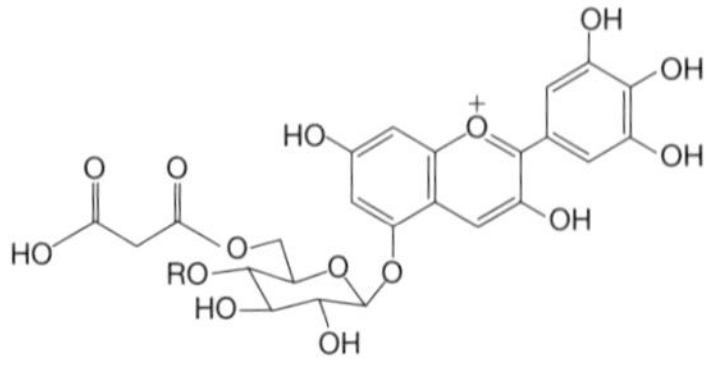

図 3-1-8　R=Ac の時 m/z 593，R=H の時 m/z 551

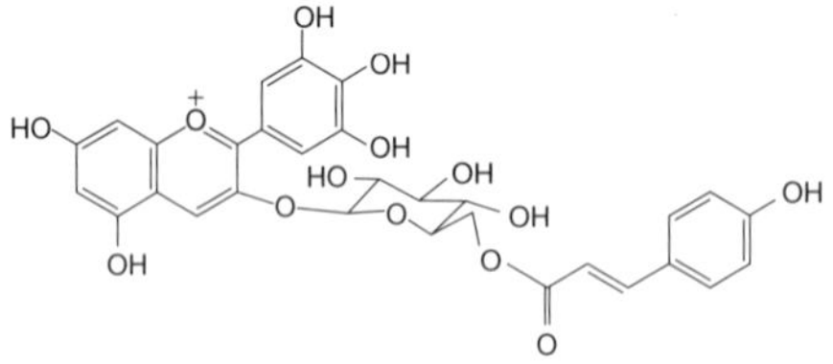

図 3-1-9　フラグメントイオン（プロダクトイオン）m/z 611 のイオン構造式

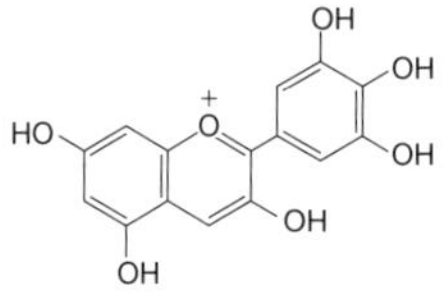

図 3-1-10　フラグメントイオン（プロダクトイオン）m/z 303 のイオン構造式

目的のイオン（プリカーサーイオン precursor ion，または前駆イオンという）を選び出すための質量分析計（MS1）として高分解能磁場型 MS を，選び出された目的の安定な分子イオンをイオン分解室（衝突室 collision cell）で壊すための不活性ガスとしてアルゴン（Ar）を，さらに開裂イオン（プロダクトイオン product ion，または生成イオンという）群のパターンを質量スペクトルとして展開させるための質量分析計（MS2）として，高分解能磁場型 MS を用いた MS/MS 測定装置による MS/MS スペクトルの例である[23]。

図 3-1-7a はマロニルアオバニンのアセチル化体（1）の分子量関連イオン QM^+ 901 からのフラグメントイオン（プロダクトイオン）群を示す MS/MS スペクトルであり，図 3-1-7b はマロニルアオバニン（2）の分子量関連イオン QM^+ 859 からのフラグメントイオン群を示す MS/MS スペクトルである（QM^+ は擬分子イオン，quasi molecular ion に由来する略語で，ここに示した例の場合の QM^+ はプロトン付加分子で，$[M+H]^+$ を意味する）。両スペクトルを比較解析することによって，アセチル化された位置がクマロイル側の糖ではなく，マロニル側の糖であることがわかる。たとえば，(a) の m/z 593 と (b) の m/z 551 の質量差は 42 で，後者の H が前者のアセチル基に置き換わっていることを示している（図 3-1-8）。

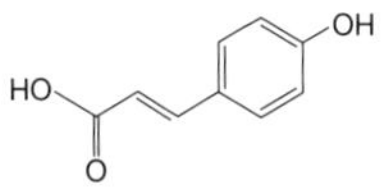

図 3-1-11　*p*-クマル酸（3）の構造式

　図 3-1-7a と b での共通なフラグメントイオン，m/z 611 と m/z 303 はそれぞれ図 3-1-9 および図 3-1-10 に示したようなイオン構造式が考えられる．この例のように，ソフトなイオン化法によって得られる安定な [M+H]$^+$ のようなイオンをプリカーサーイオンとして，有用な構造情報を含んだプロダクトイオン群を解析することによって，目的の化合物の構造を推察することができる．なお，マロニルアオバニンアセチル化体（1）のアセチル基の詳細な位置決定は，MS 法だけではやや困難であったので，NMR 情報をも利用して最終決定としている．
　アントシアニンのような極性の高い化合物の質量分析には，FAB 法，ESI 法，MALDI 法などのイオン化法が適している．特に，これらのソフトなイオン化法と MS/MS 法の組合せによるマススペクトル測定法は，花の色素の研究にますます重要な手法となっていくと思われる．
　さらに，MS/MS スペクトル中のフラグメントイオンからの MS スペクトルを測定する方法である MS/MS/MS 法も，今後の構造解析に有力な手段になると思われる．たとえば，図 3-1-7a の QM$^+$901 の MS/MS スペクトルおよび (b) の QM$^+$859 の MS/MS スペクトルから得られるフラグメントイオン m/z 147 からの MS/MS スペクトル（すなわち，MS/MS/MS スペクトル）と，市販の既知物質，*p*-クマル酸（図 3-1-11）の QM$^+$ = [M+H]$^+$ = m/z 165 の MS/MS スペクトルから得られるフラグメントイオン m/z 147 からのスペクトル（すなわち，MS/MS/MS スペクトル）を比較することにより，化合物（1），（2），（3）が共通の部分構造，クマロイル基をもっていることが容易に推察される．
　このように，MS/MS 法と並んで MS/MS/MS 法も，フラボノイド化合物などの有力な構造解析手段としてますます応用されていくと思われる．MS/MS/MS 測定は，磁場型 MS/MS，ITMS（単独または TOFMS などとの複合 MS/MS）や FT-ICR-MS などの装置で簡単に行える．ここでは，紙面の都合上，MS/MS/MS 法に関しての詳細は文献[24, 25]に譲る．

6）液体クロマトグラフ・質量スペクトル（LC-MS）*

　LC-MS は HPLC に MS を結合したものであり，サンプル溶液中の成分を HPLC のカラムにより分離し，溶出された成分の質量を順次 MS により測定することができる。このため，単離成分のみならず，単離が不十分な混合溶液の分析が可能となり，簡便な前処理のみを行った粗抽出物の分析などにも利用できる。

　なお MS の概論については，すでに本書で述べられているので，そちらを参考にしていただきたい（p. 57）。まず，アントシアニンの LC-MS 分析におけるイオン化法としては，ソフトイオン化法である ESI electrospray ionization 法や APCI atomospheric pressure chemical ionization などが用いられているが，最も利用されているのは ESI 法である[26]。ESI 法は，高電圧を印可したキャピラリーに試料を導入し，その先端から電荷をもった微小液滴を噴霧させる。その後，噴霧された帯電液滴からは大気圧下で溶媒が蒸発し，さらにイオン蒸発により試料がイオン化される。このようにしてイオン化された試料は MS 部に送られ，質量分析される。この ESI 法は，中極性から高極性・イオン性の物質を分析対象とし，イオン性試料であるアントシアニンのイオン化には適した方法である（図 3-1-12）。LC-ESI-MS 法によるアントシアニンの分析についての概要，および実際の分析例については後に示す。

　MS 分析のデータは，質量電荷比（m/z）を横軸に，イオンのシグナル強度を縦軸にとったマス（MS）スペクトルとして得られる。その際，アントシアニンは正の電荷をもつため，分子量は分子イオン（M^+）として正イオンモードにより検出することができる。また，分子イオン以外にも，グリコシド結合の部分で開裂した断片的な構造の質量を示すフラグメントイオンが検出され，この情報は構造解析に非常に有効である。また ESI 法による分析においては，溶離液中のイオン（たとえばナトリウムイオンなど）に由来する付加イオンが検出される場合がある。この付加イオンも考慮したうえで，分子イオン，フラグメントイオンのデータから，物質の構造の推定を行うことができる。

　次に分析条件についての注意点を述べる。まず LC 側の溶媒には，MS でのイオン化を妨げないように，効率よく溶媒を蒸発させ除去することができるアセトニトリルやメタノールなどの揮発性の有機溶媒を使用することが好ましい。通常はアセトニトリルと水を混合した溶液が用いられる。また，LC 部において，カラムをはじめとする分析条件を検討し，シャープな形状で高さのあるピークを得ることにより，MS 部でのイオン感度が良好となる。特にアントシアニンの分析時には，溶媒

＊執筆：村井良徳・武田幸作　Yoshinori Murai and Kosaku Takeda

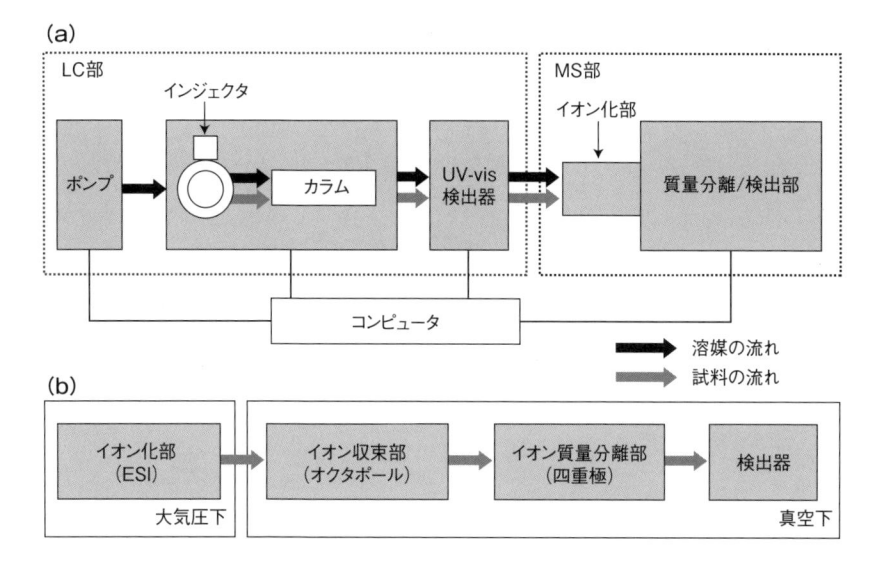

図 3-1-12　LC-MS の構成の一例
(a)LC 部および MS 部の構成と溶媒および試料の流れ。(b)MS 部の構成の一例と試料の流れ。

に酸を添加することが感度の向上につながる。この酸には通常，ギ酸が用いられる。
　一方で，HPLC 分析において用いられるリン酸については，粘性が高く，イオン化効率を悪くすることや，不揮発性の塩の析出が起こるなどの問題が生じるため使用しない。また分析試料にも注意が必要であり，あまりに高濃度の試料や，前処理が不十分であり多糖類やタンパクなどが多く混入した試料を分析すると，ESI のキャピラリーや，イオンの取り込み口である CDL パイプが著しく劣化するため，日頃の洗浄をはじめとする保守・点検に加え，さらなるメンテナンスが必要となる。
　以下に実際の分析例を示す。紫色系チューリップの花に含まれるアントシアニンを抽出し，LC-MS 分析を行った。まずフォトダイオードアレイ検出器付の HPLC を用いた分析により，デルフィニジン型（A1）とシアニジン型（A2）のアントシアニンが1種類ずつ検出された。次にこの2成分を各種クロマトグラフィーにより単離・精製して，それぞれ紫外・可視吸収スペクトルを測定したところ，A1 はデルフィニジン，A2 はシアニジンの3位配糖体であることが示唆された。これらを加水分解したところ，A1 からはデルフィニジンに加え，糖としてグルコースとラムノースが，A2 からはシアニジン，グルコースおよびラムノースが得られた。そこで，この2成分を含む溶液を LC-MS 分析したところ，まずデルフィニジン型のアントシアニンは分子イオンとして m/z 611 が，またグリコシド結合部が開裂して得られる構造（**図 3-1-13**）のフラグメントイオンとして，まずラムノースが脱

図3-1-13 紫色系チューリップから単離されたチュリパニン

チュリパニン（A1）の構造式とグリコシド結合の開裂部分（点線）。ケラシアニン（A2）も同様の結合部分で開裂し，フラグメントイオンが観察された。

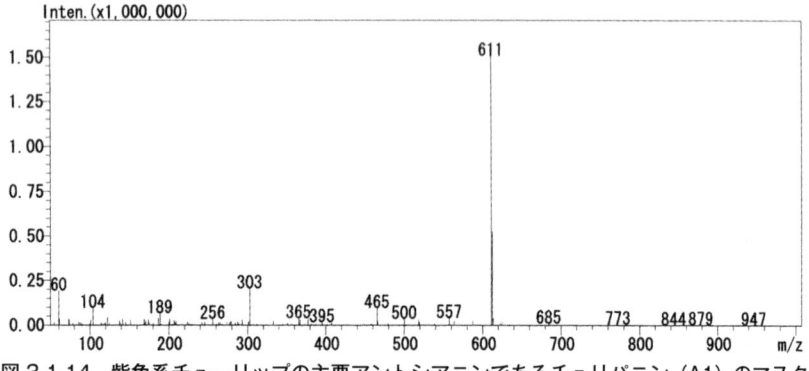

図3-1-14 紫色系チューリップの主要アントシアニンであるチュリパニン（A1）のマスクロマトグラム（正イオンモード）

分子イオン（M^+）である m/z 611 に加え，フラグメントイオンである m/z 465（デルフィニジン＋1 mol グルコース）と m/z 303（デルフィニジン）が観察された。LC-MS の分析条件は以下に示す。

LC 部
　装置：Shimadzu HPLC Prominence，カラム：Inertsil ODS-4（3 μm, 2.1 mm I.D. × 100 mm）（ジーエルサイエンス株式会社），溶媒：アセトニトリル：水：ギ酸（17：78：5）
　流速：0.2 ml/min，検出：530 nm，カラム温度：40 ℃，注入量：10 μl

MS 部
　装置：Shimadzu LCMS-2010EV，イオン化モード：ESI（＋，－）正負同時測定，霧化ガス流量：1.5 l/min，乾燥ガス圧：0.1 MPa，印可電圧：＋4.5 kV，－3.5 kV，CDL 温度：250 ℃
　ブロックヒータ：200 ℃，分析範囲：m/z 50-1000，取込時間：1.0 sec/SCAN

離した m/z 465，さらにグルコースが脱離した m/z 303 がそれぞれ観察された（図3-1-14）。同様に A2 は分子イオンとして m/z 593，フラグメントイオンとして m/z 449 と 287 が観察された。

　主なアントシアニジン，糖および有機酸の分子量を表3-1-8 に示した。なお糖や有機酸は脱水縮合しているため，それらの分子量から水1分子の質量である 18 を引いた値がフラグメントイオンとして観察される。

表 3-1-8　主要アントシアニジンとそれに結合する糖および有機酸の分子量

化合物	分子量	分子量−18(水1分子)
アントシアニジン		
ペラルゴニジン	271	
シアニジン	287	
ペオニジン	301	
デルフィニジン	303	
ペチュニジン	317	
マルビジン	331	
糖		
<u>ペントース（五炭糖）</u>		
アラビノース	150	132
キシロース	150	132
<u>ヘキソース（六炭糖）</u>		
グルコース	180	162
ガラクトース	180	162
ラムノース	164	146
有機酸（アシル基）		
<u>脂肪族</u>		
酢酸	60	42
シュウ酸	90	72
マロン酸	104	86
コハク酸	118	100
リンゴ酸	134	116
<u>芳香族</u>		
p-ヒドロキシ安息香酸	138	120
p-クマル酸	164	146
カフェ酸	180	162
フェルラ酸	194	176
シナピン酸	224	206
没食子酸	170	152

　以上の結果より，A1 はデルフィニジン 3-ラムノシルグルコシド，A2 はシアニジン 3-ラムノシルグルコシドと推定された。ただし LC-MS のデータからは，配糖体の結合様式までは明らかにすることができないため，たとえばルチノシド（ラムノシル(1→6)グルコシド）やネオヘスペリドシド（ラムノシル(1→2)グルコシド）のような糖 - 糖間結合を決定することはできない。そこで，再度 HPLC を用いて，それぞれ基準標品と比較したところ，保持時間および吸収スペクトル特性が，A1 はチュリパニン（デルフィニジン 3-ルチノシド），A2 はケラシアニン（シアニジン 3-ルチノシド）と一致し，これらの成分を同定することができた。

近年のアントシアニンの LC-MS 分析では，構造情報を多く与えるフラグメントイオンを検出するため，MS/MS や MS^n などを用いた分析例が多く見られる。また，今回分析例に用いた LC-MS（2006 年製・Shimadzu LCMS-2010EV）をはじめ，比較的近年製造されたモデルでは，MS 部の改良により，シングル MS によってもフラグメントイオンが十分に得られるものもあるが，その他にフラグメントイオンを得る方法としては，コーン電圧を変化させる方法もある[27]。さらに，液体クロマトグラフ部にフォトダイオードアレイ検出器が装備されていれば，各成分の紫外・可視吸収スペクトルをモニターしながら質量分析を行うことができ，定性効率が向上する。

7）アントシアニンの NMR スペクトル*

アントシアニンは植物色素での中心的な色素化合物の一種として知られ，フラボノイド系化合物に分類されるが，その構造決定においては他のフラボノイドとはまったく異なる手法や解析技術が必要である。特に NMR スペクトルによる構造決定において解析を複雑化しているのは，その構造に由来する安定性が大きな一因である。アントシアニンは通常の NMR 測定条件下，すなわち粉末や結晶性の遊離型試料を適当な溶媒に溶かして測定するという方法では，アントシアニジン骨格の 2 位炭素上に水の付加が進行し，フラビリウム環が開環し，対応するシュードベース pseudobase 構造を経て，カルコンにまで構造変化する。NMR による構造決定では各種スペクトルの測定にある程度の時間が必要とされる。しかしながら測定中に構造変化が進行すると，そのスペクトルにおいてもすべての構造に由来するピークが観測されてしまい，きわめて複雑なスペクトルになり，解析不能となることが多い。

また，アントシアニンは水の付加による基本構造の変化のみならず，キノノイダル quinonoidal 型においても pH などの要因により多種多様の共鳴構造変化が可能である。したがって，アントシアニジンであるアグリコン部分に関しては，比較的安定な 1 つの構造に集約するために重塩酸（DCl）や重トリフルオロ酢酸（CF_3CO_2D）などの強酸を用いて対応するフラビリウム塩として測定する方が一般に解析しやすいスペクトルが得られる。ただし，重塩酸のような鉱酸を用いて室温でしばらく放置しておくと，アシル基の切断が起こる場合もあるので注意を要する。

一方，アシル化アントシアニンのように，多くの芳香環を置換基として有する化合物の測定においても同様な注意が必要で，純粋で単一な化合物の構造決定を行う際にも，用いる測定溶媒によって分子内スタッキングなどの寄与による三次元的コ

＊執筆：本多利雄・齋藤規夫　Toshio Honda and Norio Saito

ンフォメーションの変化が観察されることもあり，そのスペクトルをますます複雑化させる場合が見られる．一般に NMR の測定においては，最も安定な構造やコンフォメーションで測定するのが，その解析を容易にする必要条件であり，ポイントでもある．測定溶媒はフラボノイド系化合物の場合と同様である．

　まず，構造決定は ^{1}H NMR の測定から始まるが，この段階で化合物が純粋かどうかの一般的な判断が不可欠になる．化合物が純粋でサンプル量が少ない場合は，プロトン関連のみの二次元スペクトル，すなわち ^{1}H-^{1}H COSY や DIFNOE，あるいは NOESY などのスペクトルを測定すれば，だいたいの構造が推定できる場合もある．プロトンの結合定数（カップリング コンスタント coupling constant）からアグリコンの置換様式やアノメリック位を含めた糖の立体化学も推定することができるが，糖の絶対構造（D-または L-）は NMR からでは一般に決定することはできない．

　一方，サンプル量（5〜10 mg）が十分に確保できる場合は ^{13}C NMR スペクトルも測定し，各炭素原子の帰属を行う．また，その二次元 NMR（C-H COSY あるいは HMQC や HMBC など）を測定し，プロトンとの関係を精査することによりアグリコンと糖，あるいは糖同士の結合位置や結合様式の推定を行う．

　立体的な位置関係の確認には NOE 測定が有効であるが，比較的分子量の大きなアントシアニン色素では，粘調性の高い DMSO-d_6 溶媒中での測定によって分解能に優れた DIFNOE が観察される場合が多い．また，この場合には一般に負の NOE として観察される．

　一方，重メタノール(CD_3OD)中の測定では，一般に DIFNOE は観測されにくいが，このような溶媒を用いて NOE 効果を知りたい時には NOESY を測定すれば同様な結果が得られる．

　アントシアニンの ^{1}H NMR スペクトルにおいては B 環の 2' 位および 6' 位のプロトンが通常の芳香環プロトンより低磁場にあらわれる（δ 7.7〜9.0）．これはフラビリウムイオンの芳香環の平面性（環電流）によるものであり，2' 位および 6' 位のプロトンがフラビリウムイオンの側面に位置していることを意味している．ちなみに，プロトンが環の上下に位置している時は高磁場シフトするが，これも環電流効果である．また，3' 位のヒドロキシ基に糖が置換すると 2' 位のプロトンはさらに低磁場シフトする（δ 9.0 付近）．これは電子供与性基であるヒドロキシ基の I 効果が減弱したためであり，このような場合，2' 位のプロトンは 4 位のプロトンより低磁場にあらわれることもあるので注意を要する．7 位がグリコシル化されたアントシアニンの 8 位プロトンが予測より低磁場にあらわれるのも同じ理由である．同様な現象は ^{13}C NMR スペクトルにおいても観察される．

　一方，グリコシル化アントシアニンにおいて，アノマー位の水素が低磁場にあら

われるのは，2個の酸素原子にはさまれたプロトン（アセタール型）だからであり，独立したピークとして観察されることから，構造決定の際の確かな指標になる。また，結合定数を検証することにより，糖のα-あるいはβ-配置がわかる。糖のヒドロキシ基がアシル化されると，ヒドロキシ基が結合した炭素上のプロトンは，かなり低磁場シフトする（$\delta \sim 1$）。この低磁場シフトしたプロトンを指標にすることにより，アシル化の位置を推定することも可能である。アシル化に関与する有機酸としては，ヒドロキシ安息香酸やヒドロキシケイ皮酸などが知られているが，ヒドロキシケイ皮酸の場合には，α，β-不飽和二重結合の配置も問題となる。

一般にトランス配置の場合，不飽和二重結合プロトンの結合定数は$J=15 \sim 18$ Hz であるのに対し，シス配置ではそれより小さい$J=10 \sim 13$ Hz にあらわれる。また，アントシアニン系色素のNMRスペクトルの測定では，構造により測定溶媒が限られることもある。一般的にペラルゴニジンとシアニジンの場合はDMSO-d_6とCF$_3$CO$_2$D（9：1）の溶媒で，比較的分解能に優れたスペクトルが得られるが，デルフィニジンの場合には，この条件ではフラビリウムイオンに収束することが困難であり，強酸であるDClを使用すると分解能の高いスペクトルが得られることが多い。ただし，一般にDClの使用は混在するH$_2$Oのピークが大きくあらわれ，近傍のピーク，特にアノマー位のプロトンをも隠してしまうことが多々あるので測定には注意が必要になる。

以下に実際の測定例を挙げてそれぞれのスペクトルを解説する。また，これまでにいくつかのアントシアニンのNMRスペクトルについての解説や総説が出されているので参照されたい[26, 28, 29]。

実際の例として，すでに2章2-2の機器分析の項（p. 38）でアグリコンのシアニジンについて解説してあるので，ここでははじめに簡単なアントシアニジンについて説明をし，配糖体として6-ヒドロキシシアニジン3-ルチノシド（図3-1-15A）の解析を取り上げる。次にアシル化アントシアニンの例としてニオイアラセイトウ*Cheilanthus cheiri* の色素であるシアニジン3-*p*-クマロイルサンブビオシド-5-グルコシド（図3-1-15B）の解析例を取り上げ，最後に複雑な構造のポリアシル化アントシアニンの例として，マルバアサガオ *Ipomoea purpurea* の赤紫色色素1（図3-1-15C）の構造決定を説明する。

アントシアニジンの解析では，すでに2章の「2.2. NMR」（p. 38）でシアニジンを取り上げ説明している。ここでは非常にまれなアントシアニジンをアグリコンとしている6-ヒドロキシシアニジン3-ルチノシドの構造解析に際し，このアントシアニジンの構造決定とともに，前章での説明だけでは不十分な箇所，およびもう少し説明が必要な点を補足し解説することとした。

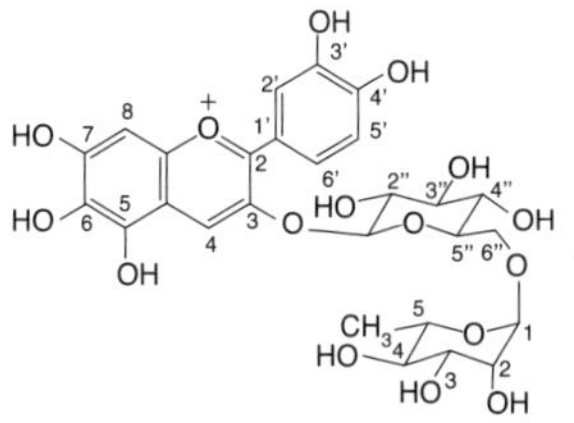

A: 6-ヒドロキシシアニジン 3-ルチノシド
6-hydroxycyanidin 3-rutinoside

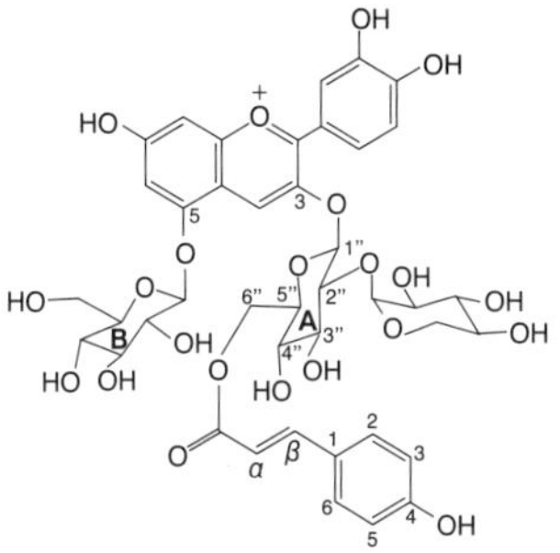

B: シアニジン 3-[2-(キシロシル)-6-(p-クマロイル)-グルコシド]-5-グルコシド
cyanidin 3-[2-(xylosyl)-6-(p-coumaroyl)-glucoside]-5-glucoside

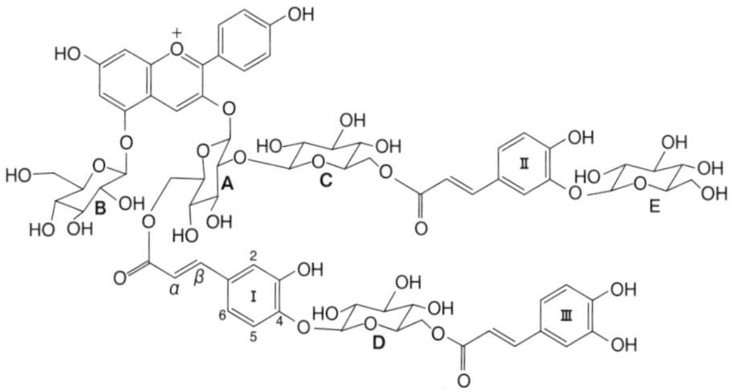

C: マルバアサガオ赤紫色素1(ポリアシル化アントシアニン)
pelargonidin 3-[2-(6-(3-(glucosyl)-caffeoyl)-glucosyl)-6-(4-(6-(caffeoyl)-glucosyl)-caffeoyl)-glucoside]-5-glucoside

図3-1-15 アントシアニジンの構造

　一般に構造決定に際しては，各種機器スペクトルだけでなく，他の情報がきわめて有用であることは疑いもない事実である．アントシアニンの構造決定に関しても同様であり，質量分析による分子量の決定や酸加水分解による構成成分の知見，特にアグリコン，糖，有機酸の種類や構成比に対する情報などが得られれば構造解析は比較的簡素化できる．さらに，アシル化アントシアニンであればアルカリケン化

表 3-1-9　主要アントシアニジンの ^{1}H NMR δ (ppm) 化学シフト (TMS を基準値としている)

アントシアニジン	4	6	8
ペラルゴニジン	8.77 s	6.94 d (1.9)	7.15 d (1.9)
6-ヒドロキシペラルゴニジン	8.93 s		7.17 s
シアニジン	8.81 s	6.79 d (2.0)	6.90 d (2.0)
ペオニジン	8.93 s	6.72 d (2.0)	7.01 d (2.0)
6-ヒドロキシシアニジン	8.79 s		7.06 d (2.0)
7-メトキシシアニジン	8.96 s	6.70 d (1.9)	7.17 d (1.9)
ロシニジン (7,3'-ジメチルシアニジン)	8.92 s	6.78 d (1.9)	7.42 d (1.9)
デルフィニジン	8.72 s	6.78 d (2.0)	6.88 d (2.0)
ペチュニジン	8.69 s	7.09 brs	7.30 brs
マルビジン	9.09 s	7.21 d (2.1)	7.44 d (2.0)
6-ヒドロキシデルフィニジン	8.85 s		7.19 s
アピゲニニジン	9.24 s	7.06 d (8.7)	7.14 d (1.6)
ルテオリニジン	9.21 s	6.98 d (<1)	7.12 d (<1)
5-カルボキシピラノペラルゴニジン		7.27 d (1.9)	7.37 d (<1)
5-カルボキシピラノシアニジン		7.23 d (2.0)	7.31 d (2.0)
ロザシアニン B (rosacyanin B)		7.33	7.41

配糖体として測定されたアントシアニジンでの数値。
溶媒として DMSO-d_6+CF$_3$CO$_2$D, または CD$_3$OD+DCl で測定。ただし, B 環の 3', 4', 5' 位に OH あるいは OCH$_3$ が置換されている化合物は CD$_3$OD+DCl で測定。図中の s は一重線 (singlet), d

表 3-1-10　主要アントシアニジンの ^{13}C NMR δ (ppm) 化学シフト (TMS を基準値としている)

アントシアニジン	C-2	C-3	C-4	C-5	C-6	C-7
ペラルゴニジン	163.0	144.5	132.8	155.0	104.9	167.7
6-ヒドロキシペラルゴニジン	164.5	144.6	133.9	141.1	134.6	172.5
シアニジン	162.3	145.6	132.8	155.2	105.0	167.8
ペオニジン	162.8	143.7	138.5	155.4	104.1	168.0
7-メトキシシアニジン	163.2	145.0	133.0	155.9	102.4	168.1
ロシニジン	163.1	145.3	134.5	156.8	102.2	168.5
デルフィニジン*	164.5	147.1	131.1	156.1	104.4	169.1
ペチュニジン*	164.7	146.2	134.9	156.6	106.2	169.6
マルビジン*	162.1	147.6	133.8	154.7	104.4	168.1
ロザシアニン B	155.6	156.0	133.7	151.6	101.8	168.0

*溶媒として CD$_3$OD:DCl=9:1 で測定。他は DMSO-d_6:CF$_3$CO$_2$D=9:1 で測定。主要なデータとして文

処理により作られる脱アシル色素体の知見があればより容易になる。配糖体での結合糖については, 結合糖の分子数が多くなると ^{1}H NMR では δ 4.0〜3.0 の狭い領域に多くのシグナルが集中し, また, ^{13}C NMR でも δ 80.0〜60.0 に集中してあらわれてくるので, それぞれのシグナル帰属が困難な作業となる。このため NMR スペクトルにのみ依存する構造決定にはかなりの無理が生じる。このような複雑な化合物の構造決定においては, 加水分解などの化学操作を利用し, 色素の中間体を導くなどして, 部分構造を決定し, それらの蓄積した情報を解析して構造決定するな

2'	3'	5'	6'	OCH₃ or 3-H
8.58 d (9.3)	7.07 d (9.3)	7.07 d (9.5)	8.58 d (9.3)	
8.57 d (8.9)	7.08 d (8.9)	7.08 d (8.9)	8.57 d (8.9)	
7.98 d (2.0)		7.02 d (8.5)	8.22 dd (2.0, 8.5)	
8.17 d (2.4)		7.11 d (8.7)	8.27 dd (2.4, 8.7)	3.95 s
7.94 d (2.4)		7.00 d (8.7)	8.17 dd (2.4, 8.7)	
8.14 d (2.5)		7.04 d (8.9)	8.33 dd (2.5, 8.9)	4.04 s
8.26 d (1.9)		7.15 d (8.9)	8.39 dd (1.9, 8.9)	3.99 s, 404 s
7.73 s			7.73 s	
7.90 s			7.91 s	3.90 s
8.02 s			8.02 s	3.74 s
7.71 s			7.71 s	
8.38 d (8.7)	7.10 d (8.7)	7.10 d (8.7)	8.38 d (8.7)	8.16 d (6.7)
7.85 d (2.0)		7.11 d (8.6)	7.99 dd (2.0, 8.6)	8.26 d (8.8)
8.52 d (8.9)	7.10 d (8.7)	7.10 d (8.9)	8.52 d (8.9)	8.11 s
7.92 d (2.4)		7.04 d (8.7)	8.14 dd (2.4, 8.7)	8.08 s
7.98		7.17	8.05	7.92 (H-3")

d は二重線 (doublet), dd は二重二重線 (double doublet), brs はブロード一重線 (broad singlet)。( ) 内はカップリング定数 (J=Hz)。参考文献として 28, 26 を参照されたい。

C-8	C-9	C-10	C-1'	C-2'	C-3'	C-4'	C-5'	C-6'	OCH₃
96.5	155.4	111.9	119.4	135.4	117.1	165.4	117.1	135.4	
94.7	150.2	113.4	120.0	134.5	117.1	160.7	117.1	134.5	
96.3	155.2	111.7	121.4	117.7	146.3	155.2	117.1	127.5	
96.7	155.8	111.9	119.6	113.8	148.8	156.0	116.9	129.8	
92.2	156.7	112.5	119.9	118.1	146.4	155.2	116.8	127.7	55.2
92.5	155.7	112.7	119.6	114.7	148.4	156.1	116.9	128.6	57.2, 56.0
97.2	156.6	112.1	119.9	113.0	145.9	147.7	145.9	113.0	
97.4	157.1	113.3	119.8	109.6	149.9	146.3	147.7	114.2	57.2
96.8	155.8	112.0	118.2	109.8	148.3	144.8	148.3	109.8	56.6
98.9	152.7	102.7	118.9	116.6	146.4	154.0	117.0	125.1	

献 26 を参照されたい。

どの工夫が必要になる。

a) 6-ヒドロキシシアニジン 3-ルチノシドの構造解析

アルストロエメリア *Alstroemeria* spp. の赤色花から単離された 6-ヒドロキシシアニジン 3-ルチノシドの構造解析を取り上げるが [30, 31]、この色素はアグリコンが非常にめずらしいアントシアニンであることから、アグリコンの解析を少し丁寧に解説し、次いでその配糖体の NMR スペクトルについて説明をする。

表 3-1-9 と表 3-1-10 に、これまで植物から取り出されている主要なアントシア

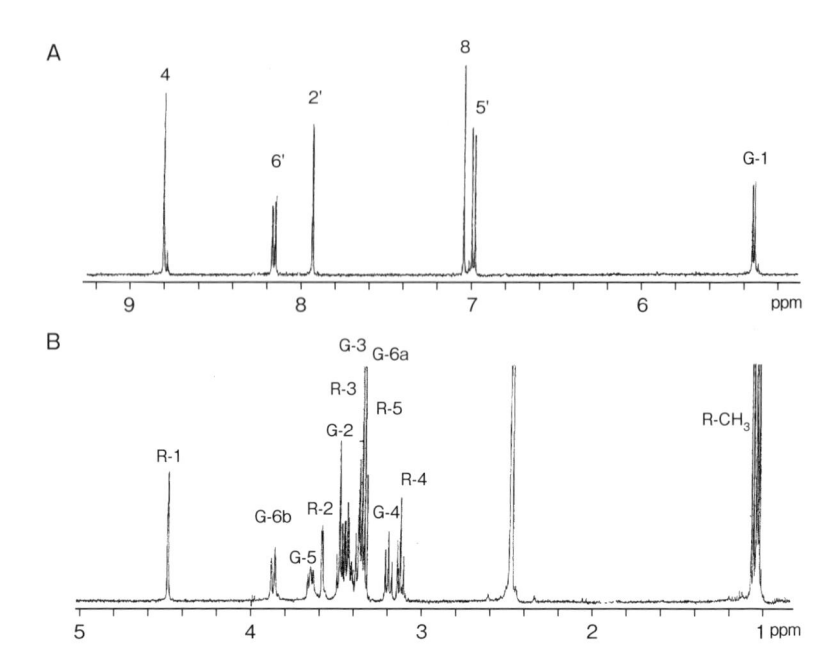

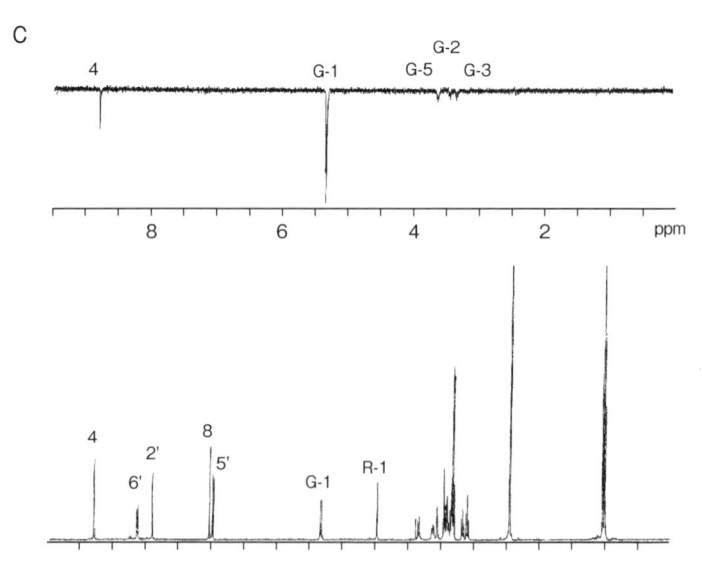

図3-1-16 6-ヒドロキシシアニジン3-ルチノシドの ^{1}H NMR スペクトル (A および B) と，そのグルコース・アノマー位水素の照射による差 NOE スペクトル (C) (DMSO-d_6:CF$_3$CO$_2$D=9:1)
G＝グルコース，R＝ラムノース。

表3-1-11　6-ヒドロキシシアニジン3-ルチノシドの ^{1}H NMRデータ（500MHz, DMSO-d_6-CF$_3$CO$_2$D=9：1）

^{1}H δ (ppm)			^{1}H δ (ppm)	
シアニジン			グルコース	
4	8.81 s		1	5.34 d（7.6）
8	7.06 s		2	3.49 t*（8.5）
2'	7.94 d（2.4）		3	3.37 m
5'	7.00 d（8.9）		4	3.20 t *（9.2）
6'	8.16 dd（2.4, 8.9）		5	3.66 m
			6a	3.42 m
			6b	3.88 brd（10.1）
			ラムノース	
			1	4.50 d（1.5）
			2	3.59 dd（1.5,3.4）
			3	3.45 dd（3.4,9.5）
			4	3.13 t*（9.5）
			5	3.35 m
			CH$_3$	1.06 d（7.8）

（　）内は結合定数（J=Hz）。
s＝singlet, d＝doublet, dd＝double doublet, brd＝broad doublet, m＝multiplet, t* はゆがんだtriplet。

ニジンの化学シフト値を示した。図3-1-16に6-ヒドロキシシアニジン3-ルチノシドの ^{1}H NMRスペクトルを，また表3-1-11にはその化学シフト値とスペクトルデータを示した。

この研究ではNMRスペクトルの解析を始める前に，予備知識として分子量が611.161; C$_{27}$H$_{31}$O$_{16}$ であることが質量分析から，また，酸加水分解実験からアントシアニジン以外に糖成分としてグルコースとラムノースの存在が確認されていた。この色素のアントシアニジン部は図3-1-15Aに示してあるが，2章の2.2の図2-2-1に示したシアニジンのスペクトルおよび表2-2-1と表3-1-9のアントシアニジンの ^{1}H MNRの化学シフト値を比較すると，シアニジンのH-6（δ6.79）のシグナルが欠如していることが一目瞭然である。しかもH-8(δ7.06)はシングレットs(一重線）として出現し，シアニジンの場合のようにH-6のプロトンとのカップリングによるダブレットd（二重線）を示さない。これは逆に6-ヒドロキシシアニジン6-hydroxycyanidinでは，6位の炭素原子にHの代わりにOHが置換していることを示すものである。

この色素のアントシアニジンのB環ではH-2', H-5'とH-6'のシグナルはシアニジンと同じである。この関係は，図3-1-17の ^{1}H-^{1}H COSYスペクトルでもH-5'とH-6'の間にクロスピークが観察されることからも確認できる。

この図ではスペクトルのピークが若干弱いために，H-2'とH-6'間のクロスピー

クが鮮明には観測できないが，^{1}H NMR スペクトルでは H-2' は 2.4 Hz の結合定数 ($J=2.4$ Hz) で d としてあらわれ，H-6' は 2.4 と 8.9 Hz の結合定数 ($J=2.4, 8.9$ Hz) で dd（二重二重線）としてあらわれることから，明らかに H-2' と H-6' はメタの関係に存在することを示している。以上の結果からこのアントシアニジンは 6-ヒドロキシシアニジンであることが決定された。この色素では，^{13}C NMR スペクトルを用いた解析の説明は省略するが，^{1}H NMR スペクトルから得られたものと同じ結果が得られている。アントシアニジンの構造の問題では，最近見つけ出された複雑なピラノアントシアニジンなどが報告されているが[26]，ここでは例が少ないため，特別に取り上げて詳述することは省略した。それ以外では OH 基がメチル化されたアントシアニジンが知られている（表 3-1-9）。これらのメチル基のプロトンは通常は 3 個分の H 原子が s として $\delta 3.7 \sim 4.1$ 付近に，また ^{13}C NMR スペクトルにおいては $\delta 54.0 \sim 58.0$ 付近に出現し，帰属しやすい（表 3-1-10）。

次に結合糖の構造について説明しよう。図 3-1-16A と B に見られるように $\delta 1.0 \sim 6.0$ に糖部のプロトンがあらわれる。一般に配糖体の糖分子のアノメリックプロトン (H-1) はヘミアセタール構造をとるので $\delta 4.0 \sim 6.0$ の低磁場に出現する。このため糖分子の他のプロトンシグナルとの重なりが少なくなり，比較的容易に帰属が可能となる。アントシアニジンの 3 位にグリコシル結合した時の，それぞれ主要な単糖分子の化学シフト値と関連結合定数の代表的なデータを，表 3-1-12 に示した。この色素では $\delta 5.34$ と $\delta 4.50$ に 2 つのアノメリックプロトンのシグナルが観察される。前者は 7.6 Hz の結合定数で，また後者は 1.5 Hz の結合定数でそれぞれ d としてあらわれる。

解析前の予備知識として，糖はグルコースとラムノースの存在が確認されており，前者がグルコース由来で，後者がラムノース由来であることが明確である。また，それぞれの結合定数からグルコースは β 型ピラノース配座，ラムノースは α 型ピラノース配座をとっていることも決定できる。さらに図 3-1-16A と B における 2 つのアノメリックプロトンのシグナルの面積比が 1 : 1 であることから，それぞれ等モルの糖の存在が推定されるが，これは質量分析値の考察からそれぞれ 1 分子ずつであると容易に確認できる。

両糖分子の構造は，図 3-1-17 の COSY スペクトルのクロスピークをたどることにより H-1 以外のプロトンシグナルが帰属可能となり決定できる。図 3-1-17 ではラムノースの H-1 と H-2 の関係が弱く，関連するピークの確認が困難であったが，それ以外のピーク確認は可能である（表 3-1-11 参照）。

一方，この色素においては図 3-1-16B に示したようにグルコースの H-6b が $\delta 3.88$ に出現し，通常の第一級アルコールのメチレンと比較して，かなり低磁場に

3.1.2. 定性分析   *121*

表 3-1-12　配糖体のグリコシドとして存在する主要な単糖類の ¹H NMR データ (DMSO-d_6-CF$_3$CO$_2$D=9:1)

A　¹H NMR の化学シフト値

	H-1	H-2	H-3	H-4	H-5	H-6 a	H-6 b
β-d-グルコース	5.40 d (7.8)	3.55 dd (7.8, 9.2)	3.61 t (9.2)	3.51 m	3.64 m	3.75 dd (2.0, 12.0)	3.56 dd (6.1, 12.0)
β-d-ガラクトース	5.38 dd (7.7)	3.58 dd (7.7, 9.6)	3.38 dd (3.3, 9.6)	3.66 brd (3.3)	3.34 dd (6.0, 6.3)	3.46 dd (6.0, 10.6)	3.38 dd (6.3, 10.6)
β-d-キシロース*	4.90 d (7.6)	3.63 dd (7.6, 9.0)	3.56 t (9.0)	3.71 m	4.10 dd (5.3, 11.4)	3.48 dd (10.5, 11.4)	
α-l-ラムノース	5.44 dd (1.5)	4.35 dd (1.5, 3.3)	3.92 dd (3.3, 9.5)	3.47 t (9.5)	3.64 dd (6.2, 9.5)	1.08 d** (6.2)	

＊サンブビオースの中のキシロース。＊＊メチル基の化学シフト。(　) 内は結合定数 (J=Hz)

B　¹³C NMR の化学シフト値

	1	2	3	4	5	6
β-d-グルコース	100.7	74.2	76.5	70.2	77.8	61.5
β-d-ガラクトース	102.0	71.4	73.3	68.1	76.0	60.3
β-d-キシロース*	102.5	74.3	77.0	70.2	66.9	
α-l-ラムノース	103.6	71.9	72.2	73.4	72.1	17.7
α-d-アラビノース	108.0	80.8	79.4	90.1	63.2	

文献の 26 と 28 を参照。＊サンブビオースの中のキシロース。

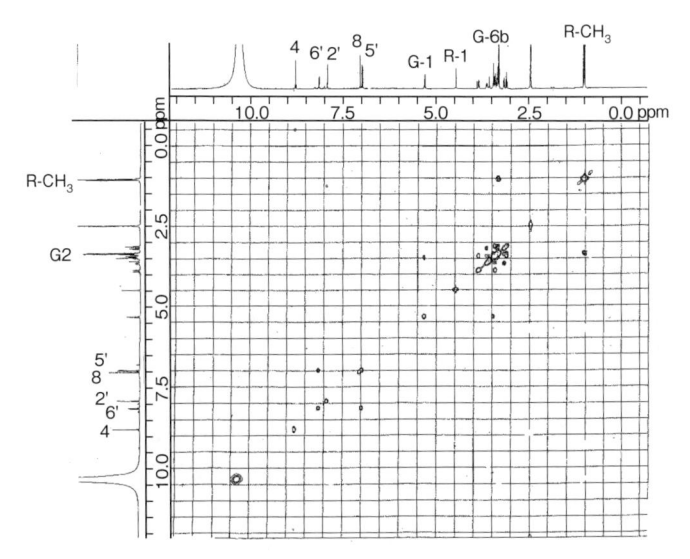

図 3-1-17　6-ヒドロキシシアニジン 3-ルチノシドの ¹H-¹H COSY スペクトル

122   3.1. アントシアニン

シフトしている。これはグルコースの 6-OH がラムノースと結合していることを示すもので、その結果、結合糖はルチノースであると結論づけられた。グルコースの結合位置は NOE を測定し決定することとした。すなわち、**図 3-1-16C** に示したように、グルコースのアノメリックプロトン (G-1) を共鳴周波数で照射し、生じた差 NOE (DIFNOE) スペクトルを解析した。この場合、アントシアニジンの H-4 に強い NOE が観察できる。これはグルコースの 1 位がアントシアニジンの 4 位の水素と立体的に近い位置にあることを支持するものであり、6-ヒドロキシシアニジンの 3 位のヒドロキシ基にグリコシル結合していることを示すものである。

また、弱い効果ながら、この照射でグルコースの H-5, H-2, H-3 に対しても NOE が観察され、COSY スペクトルでの不明瞭さを補足することができる。以上の結果から、この色素は 6-ヒドロキシシアニジン 3-[6-(α-ラムノピラノシル)-β-グルコピラノシド] と決定された。

b）モノアシル化アントシアニン：シアニジン 3-*p*-クマロイルサンブビオシド-5-グルコシドの構造解析

ここでは前者の 6-ヒドロキシシアニジン 3-ルチノシドより複雑な構造を有するモノアシル化アントシアニンの解析を取り上げる。シアニジン 3-*p*-クマロイルサンブビオシド-5-グルコシドは、アブラナ科のニオイアラセイトウから単離された色素である[32]。**図 3-1-18** にこの色素の NMR スペクトルを、**表 3-1-13** に ^{1}H と ^{13}C NMR スペクトルの化学シフト値を示した。

解析を始めるにあたって予備知識として以下の知見を得ている。まず、酸加水分解実験からシアニジン、グルコース、キシロース、*p*-クマル酸を構成成分とすることがわかり、質量分析の結果から分子量が 889.240; $C_{41}H_{45}O_{22}$ であること、また、シアニジン、グルコース、キシロース、*p*-クマル酸はそれぞれ 1 分子ずつであることが推測されていた。さらに色素のアルカリケン化処理より得られる脱アシル色素体はシアニジン 3-サンブビオシド-5-グルコシドであることも判明していた。したがって、NMR スペクトルによる解析は結合位置や結合様式、さらには糖の配座決定などが主な目的となる。

はじめに**表 3-1-9** のシアニジンの化学シフト値を参考にしながら、**図 3-1-18A** の δ 6.0～9.0 領域を解析すれば、シアニジンと *p*-クマル酸部 (PC) の芳香環プロトンが容易に決定できる。芳香環プロトンは、**図 3-1-19A** の ^{1}H-^{1}H COSY スペクトルにおいて、それぞれのクロスピークをたどることから比較的簡単に確認可能である。図 3-1-19A ではシアニジンの H-2' と H-6' の相関関係が弱いため、クロスピークは観察できないが、それぞれのプロトンは d としてあらわれ、また結合定数からも容易に確認できる（**表 3-1-13**）。同様に、H-6 と H-8 も、ここではシグナルの

3.1.2. 定性分析　*123*

A ¹H NMRスペクトル

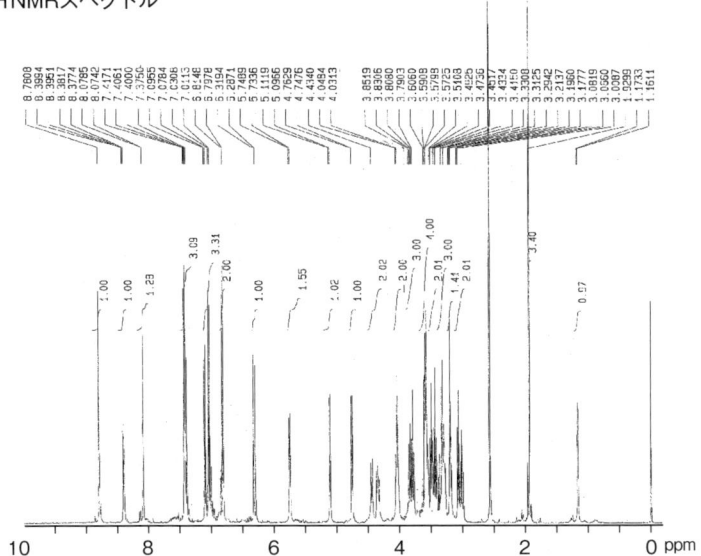

B ¹³C NMRスペクトル

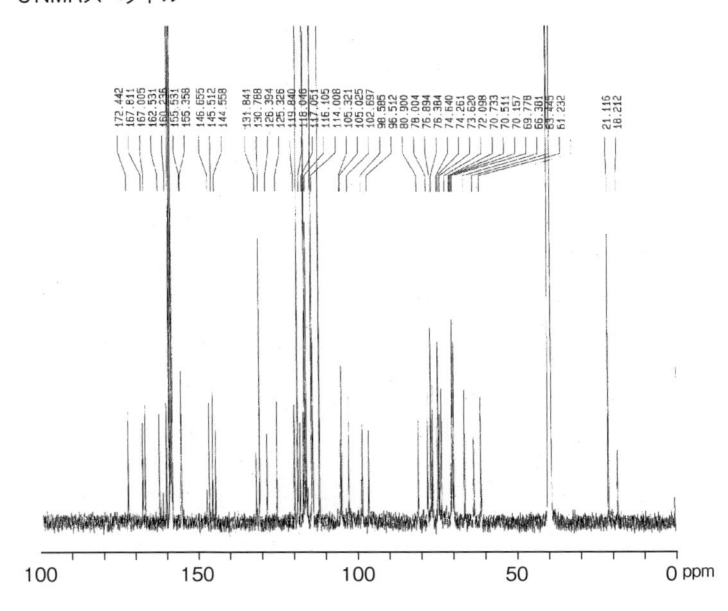

図 3-1-18　シアニジン 3-[2-(キシロシル)-6-(*p*-クマロイル)-グルコシド]-5-グルコシドの ¹H および ¹³C NMR スペクトル（DMSO-d_6:CF$_3$CO$_2$D=9：1）

表 3-1-13　シアニジン 3-[2-(キシロシル)-6-(p-クマロイル)-グルコシド]-5-グルコシドの NMR データ（^{1}H 500 MHz; ^{13}C 125.78 MHz, DMSO-d_6-CF$_3$CO$_2$D 中）

	^{13}C δ (ppm)	^{1}H δ (ppm)		^{13}C δ (ppm)	^{1}H δ (ppm)
シアニジン			グルコース A (3)		
2	162.5		1	98.6	5.74 d (7.7)
3	144.6		2	80.9	4.05 t* (8.0)
4	131.8	8.78 s	3	76.9	3.79 t (8.9)
5	155.5		4	70.5	3.49 t (9.2)
6	105.3	7.01 brs	5	74.3	4.02 m
7	167.8		6a	63.4	4.35 dd (7.3, 12.2)
8	96.5	7.03 brs	6b		4.44 d (12.2)
9	155.4		グルコース B (5)		
10	111.8		1	102.7	5.10 d (7.7)
1'	119.8		2	73.6	3.57 dd (7.7, 9.2)
2'	118.0	8.08 d (2.2)	3	76.4	3.48 t* (9.2)
3'	146.7		4	69.8	3.31 t* (9.2)
4'	155.5		5	78.0	3.57 m
5'	117.1	7.09 d (8.6)	6a	61.2	3.55-3.66 m
6'	128.4	8.39 dd (2.2, 8.6)	6b		3.84 d (10.7)
p-クマル酸 (PC)			キシロース (X)		
1	125.3		1	105.0	4.76 d (7.7)
2	130.8	7.41 d (8.6)	2	74.6	3.07 t* (9.2)
3	116.1	6.81 d (8.6)	3	76.9	3.20 t* (9.2)
4	160.2		4	70.2	3.29 m
5	116.1	6.81 d (8.6)	5a	66.4	3.01 t* (11.0)
6	130.8	7.41 d (8.6)	5b		3.57 m
α	114.0	6.30 d (16.2)			
β	145.5	7.39 d (16.2)			
C=O	167.0				

( ) 内は結合定数（J=Hz）。
s=singlet, d=doublet, dd=double doublet, brs=broad singlet, m=multiplet, t* はゆがんだ triplet。

広がりが大きく近いためクロスピークは重なり，明確でない。他方，p-クマル酸部は H-2 と H-6 および H-3 と H-5 に，またオレフィン部の H-α と H-β にも強いクロスピークが見られる。また，オレフィンプロトンの結合定数が 16.2 Hz であることから，p-クマル酸のオレフィンはトランス配置を有していることが決定できる。

糖に関しては，δ 4.5～6.0 領域に 3 個のアノメリックプロトンシグナルが観察されることから，3 分子の糖の存在が確認できる（表 3-1-13）。また，δ 3.0～6.0 領域に出現する他の糖プロトンシグナルは図 3-1-19B と C に示したように，それぞれのアノメリックプロトンシグナル [H の 3-1 (δ 5.74)，H の 5-1 (δ 5.10)，および H の X-1 (δ 4.76)] を起点とした COSY スペクトルの解析により帰属した。その結果，H の 3-1 と H の 5-1 はグルコース (A と B) に，H の X-1 はキシロース

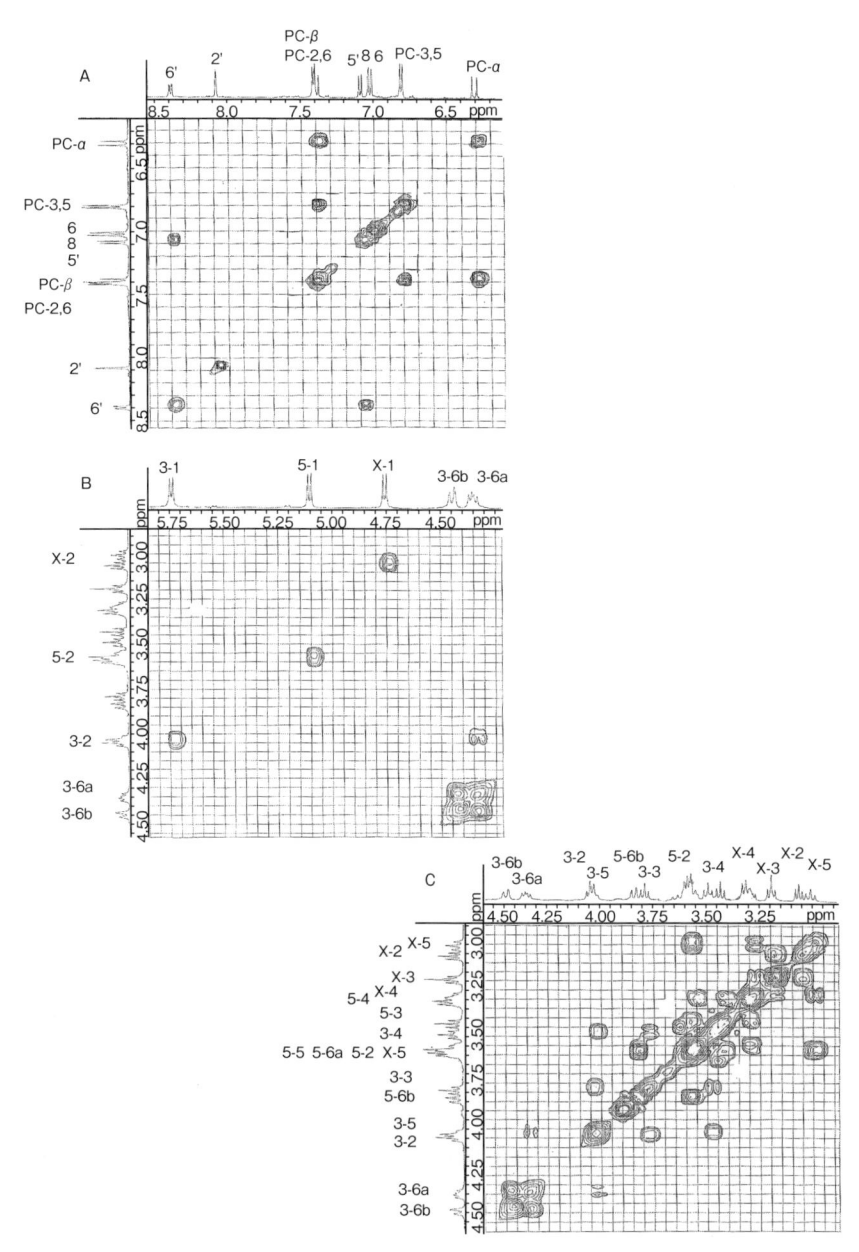

図 3-1-19　シアニジン 3-[2-(キシロシル)-6-(p-クマロイル)-グルコシド]-5-グルコシドの ^{1}H-^{1}H COSY スペクトル（DMSO-d_6:CF$_3$CO$_2$D=9：1）

に由来するものと結論づけた（表3-1-13）。これらのアノメリックプロトンの結合定数はそれぞれ7.7 Hzを有し，また他の糖プロトンの結合定数からもこれら3分子の糖はすべてβ型ピラノース配座と決定した。さらに，Hの3-6aとHの3-6bのプロトンシグナルがδ4.44および4.35とかなり低磁場にシフトしているが，これはグルコースAの6-OHが有機酸とエステル結合していることを示唆するものである。

また，グルコースAのHの3-2のシグナルが同様にδ4.05と低磁場シフトしている。アグリコンの3位にはサンブビオシドが結合していることを，予備知識として得ており，このことからグルコースAの2-OHにキシロースが結合していることが明らかである。また，構成成分間の結合様式はHMBCスペクトルの解析により決定した。

アントシアニンの構造決定においては，それぞれの成分同定も重要であるが，中心となるのはその構成成分が，どのように結合し，分子を形成しているかである。「(a) 6-ヒドロキシシアニジン 3-ルチノシドの構造解析」の例では，グルコースH-1の照射で得られる差NOEスペクトルにおいて，アグリコン4位の水素に強いNOEが観測されたことから，3位にグルコースが結合していることを決定したが，ここでは別の方法，すなわちHMBCスペクトル解析による結合様式の決定を説明する。

HMBCスペクトル解析には，当然のことながら^{1}Hおよび^{13}Cの化学シフトに関するデータが必要であり，それぞれの帰属を行わなければならない（図3-1-19A～Cおよび図3-1-18B）。まず，図3-1-19A～Cで帰属されたプロトンのデータを基に，HMQCスペクトル上にあらわれるクロスピークをたどって，対応する炭素の化学シフトを決定する（表3-1-13および図3-1-20A～C）。次いで，4級炭素や4-置換炭素をHMBCスペクトルから見出す。図3-1-21A～Dに示したように，HMBCスペクトルにあらわれるクロスピークは結合原子様式がH-C-C，H-C-C-C，H-C-O-C，H-C-C-C-Cなどのように，二結合あるいは三結合を隔てた関係まで観測されるのが特徴である。たとえば，図3-1-21Aのシアニジンの H-4 はクロスピークとしてC-3，C-5，C-2のシグナルと関連づけられる。また，HMBCスペクトルにおいては，HMQCスペクトルで観測されるC-4との相関は見られない。これらのデータを総合するとすべての^{13}C化学シフト値が求められる（表3-1-13）。

HMBCスペクトルは，上記のようにH-C-O-Cのような酸素原子が関係するエーテルやエステル結合などの関係でもクロスピークを見ることが可能である。例として，図3-1-21CではグルコースAのHの3-1とシアニジンのC3シグナル間，グルコースBのHの5-1とシアニジンのC5シグナル間でクロスピークを見つけるこ

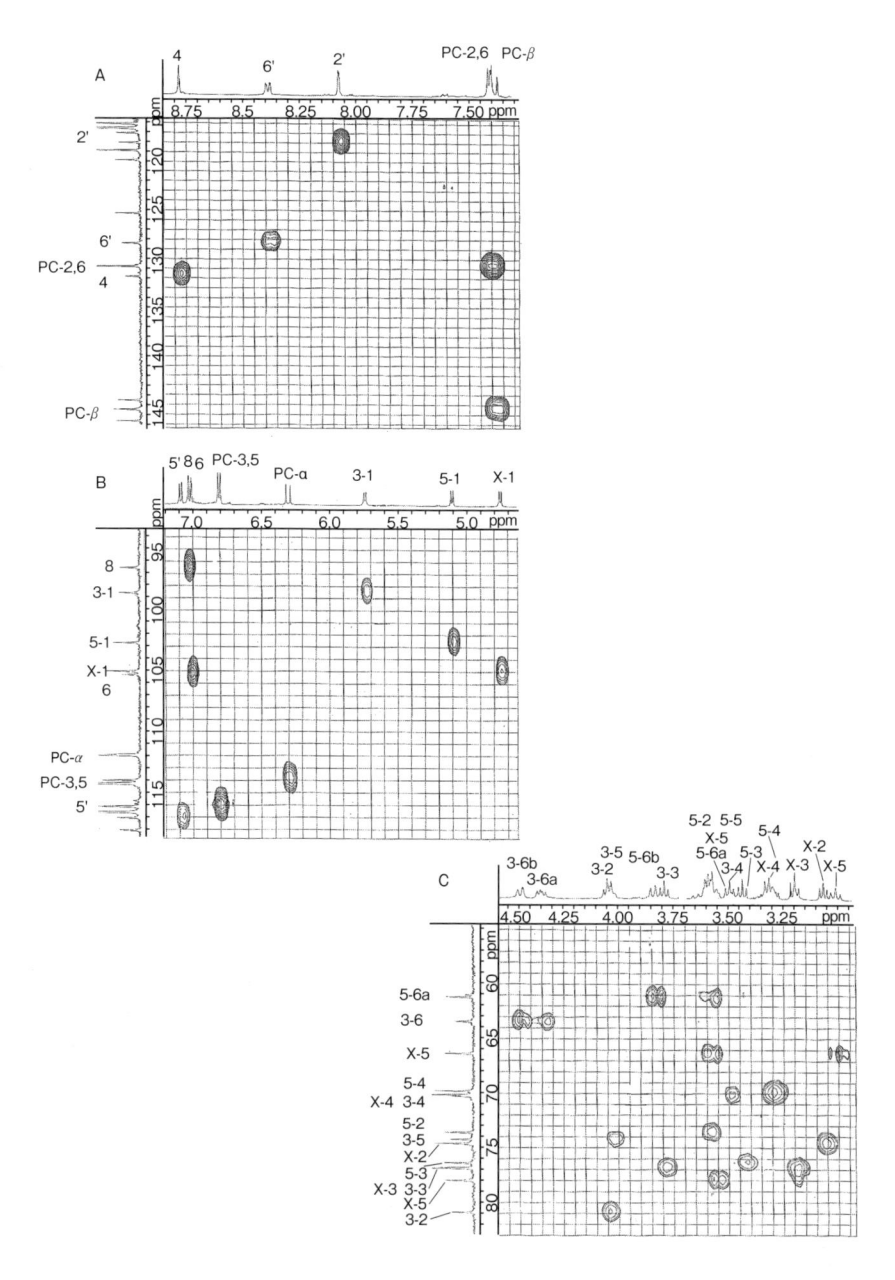

図3-1-20 シアニジン 3-[2-(キシロシル)-6-(*p*-クマロイル)-グルコシド]-5-グルコシドの HMQC スペクトル (DMSO-d_6:CF_3CO_2D=9:1)

128　3.1. アントシアニン

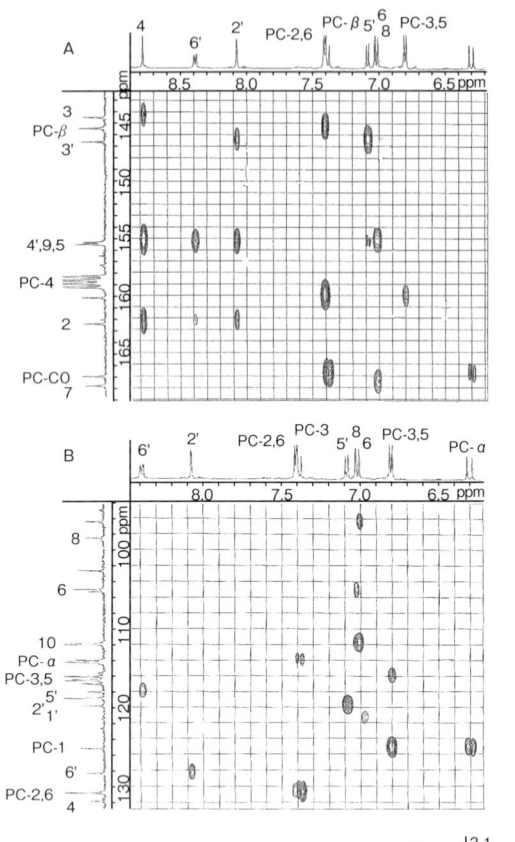

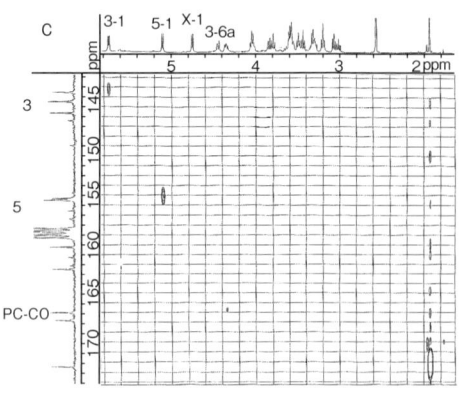

図 3-1-21　シアニジン 3-[2-(キシロシル)-6-(*p*-クマロイル)-グルコシド]-5-グルコシドの HMBC および NOESY スペクトル (DMSO-d_6:CF$_3$CO$_2$D=9:1)
A-D は HMBC スペクトル，E-G は NOESY スペクトル。

3.1.2. 定性分析

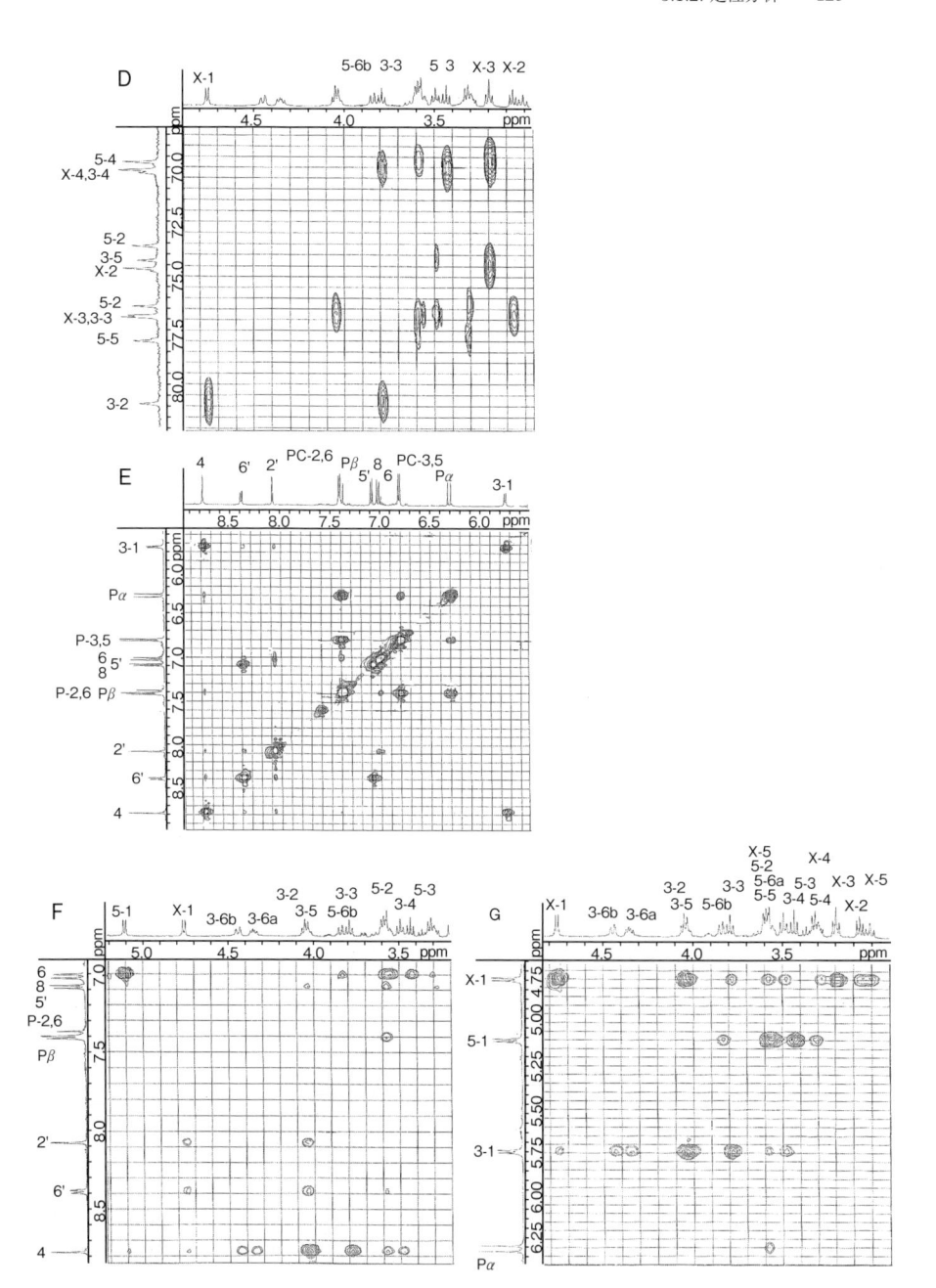

とができる。

　また、図 3-1-21D では、キシロースの H の X-1 がグルコース A の 2 番目の炭素（C3-2）とクロスピークを作っている。これは、グルコース A が 3 位、グルコース B が 5 位、キシロースがグルコース A の 2-OH 基にそれぞれがグリコシル結合していることを支持するものである。図 3-1-21C には、グルコース A の 6 位の炭素原子に結合している H3-6b シグナルと p-クマル酸のカルボキシ炭素（Cpc-co）シグナルが非常に弱いながらもクロスピークを作っていることが観察される。これらの結果から、この色素を構成しているシアニジン、グルコース A、グルコース B、キシロース、p-クマル酸の 5 成分はシアニジン 3-[2-(β-キシロピラノシル)-6-(trans-p-クマロイル)-β-グルコピラノシド]-5-β-グルコピラノシドの結合様式であることが決定された。

　これまでは、アントシアニン分子の構成成分である糖や有機酸分子の結合位置の決定に DIFNOE スペクトルと HMBC スペクトル解析による決定法について説明してきた。ここではよく利用されるもう 1 つの別の手段である NOESY スペクトル解析について説明する。NOESY スペクトルでは、^{1}H-^{1}H COSY スペクトルのように隣接する位置に存在する水素原子の関係を示すだけでなく、いくつかの原子をはさんだ遠隔水素原子の関係も知ることができる。ただし、前述したように NOESY スペクトルは NOE 効果が基盤となることから、この論理はそれぞれの水素が立体的に近い位置にあることが重要である。例として、H-C-C-H、H-C-C-C-H、H-C-C-C-C-H や糖分子同士の結合における H-C-O-C-H やアグリコンと糖の結合における H-C-O-C=C-H などの相関ピークが観察できる。分解能が十分に高い場合には糖と有機酸のエステル結合の H-C-O-C-C-H という遠隔水素原子間にもクロスピークを観察することが可能になる。

　実際の測定例として上述したニオイアラセイトウの色素であるシアニジン 3-[2-(β-キシロピラノシル)-6-(trans-p-クマロイル)-β-グルコピラノシド]-5-β-グルコピラノシドを取り上げ、NOESY スペクトル解析を説明する。

　図 3-1-21E～G に NOESY スペクトルを示した。図 3-1-21E にはシアニジンと p-クマル酸の芳香族水素原子のシグナルを中心としたそれぞれの相関ピークが観測でき、COSY スペクトルとあわせて解析を進めることは強力な構造決定手段となっている。

　図 3-1-21E ではシアニジンの H-4（δ 8.78）はグルコース A の H-1（3-1; δ 5.74）と強いクロスピークを作っている。これはグルコース A がシアニジンの 3-OH とグリコシル結合を形成していることを示している。次に、H-6' のシグナルは H-5'（δ 7.09）と強いクロスピークを作っているが、これは COSY スペクトルと同様で

ある。また，ここでは弱いながらも H-2′（δ 8.08）にもクロスピークが見られる。p-クマル酸の H-2 と H-6 のシグナル（δ 7.41）と H-3 と H-5 のシグナル（δ 6.81），それに H-β（δ 7.39）と H-α（δ 6.30），H-2,6 と H-α，H-2,6 と H-β，H-3,5 と H-α，H-3,5 と H-β の各クロスピークも観測できる。

図 3-1-21F において直接結合に関与するクロスピークはグルコース B の H-1（5-1; δ 5.10）とシアニジンの H-6（δ 6.97）に見られる強いピークである。これはグルコース B がシアニジンの 5-OH とグリコシル結合を形成していることを示している。シアニジンの H-4（δ 8.78）と空間的に比較的近い位置にあるグルコース A のそれぞれのプロトンがクロスピークを作っているのも観測できる。同じようなことがシアニジンの H-6 とグルコース B の水素原子間にも見られる。

図 3-1-21G では，キシロースの H-1（X-1; δ 4.76）がグルコース A の H-2（3-2; δ 4.05）と強いクロスピークを作っている。これはキシロースがグルコース A の 2-OH と結合していることを示しており，グルコース A はキシロースとサンブビオースを形成していることを支持している。グルコース A の H-1（3-1），グルコース B の H-1（5-1），キシロースの H-1（X-1）はそれぞれの糖分子の水素原子とクロスピークを形成している。特にキシロースは結合しているグルコース A の H-2(3-2)，H-3（3-3），H-4（3-4）ともクロスピークを作る。

一般に糖分子の水素を ^{1}H-^{1}H COSY スペクトルで解析する際，狭い範囲に過度に重なったピークが出現することから，それぞれの水素の帰属がきわめて困難になるが，上記の NOESY スペクトルの情報を合わせると帰属が比較的容易になる。この色素の NOESY スペクトルからは，p-クマル酸とグルコース A とのエステル結合についての直接的な知見は残念ながら得られなかった。

c）ポリアシル化アントシアニンの NMR 解析

ポリアシル化アントシアニンとしては赤紫色花のマルバアサガオから単離された主要色素（マルバアサガオ赤紫色素 1）を解析の例として取り上げるが，この色素には 3 分子のカフェ酸が結合している（図 3-1-15C）[33]。質量分析からこの色素の分子量は 1567.379; $C_{72}H_{79}O_{39}$ であることがわかり，また，通常の化学分析である酸加水分解からペラルゴニジン，グルコース，カフェ酸の 3 成分で構成されていることも判明した。さらに，アルカリケン化実験で生成された脱アシル色素体がペラルゴニジン 3-ソフォロシド -5-グルコシドであることも決められていた。

この色素の ^{1}H NMR および ^{1}H-^{1}H COSY スペクトルの測定結果を図 3-1-22 および図 3-1-23 に示した。これらのスペクトル分析からアグリコンとして 5 個のシグナル H-4，H-6，H-8，H-2′ と 6′，H-3′ と 5′ が帰属でき，ペラルゴニジンの存在が確認できる（表 3-1-9 と表 3-1-14 を参照）。さらにカフェ酸 3 分子の 6 個のオレフィ

132　3.1. アントシアニン

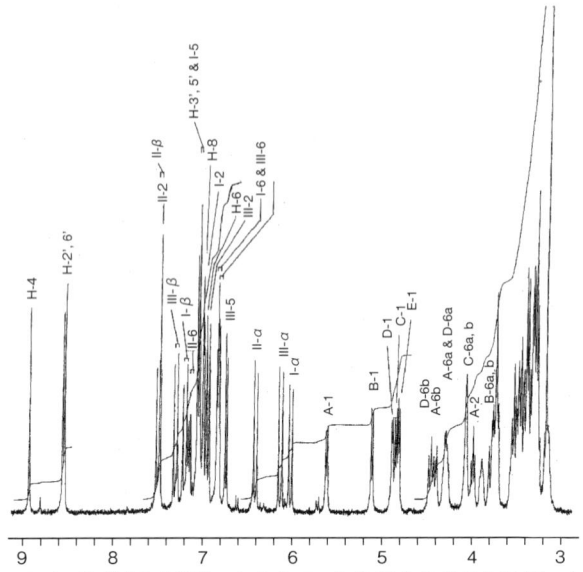

図3-1-22　マルバアサガオの赤紫色アントシアニン色素1の ^{1}H NMRデータ（500 MHz, DMSO-d_6-CF$_3$CO$_2$D, 内部標準：TMS）
記号は表3-1-14を参照。

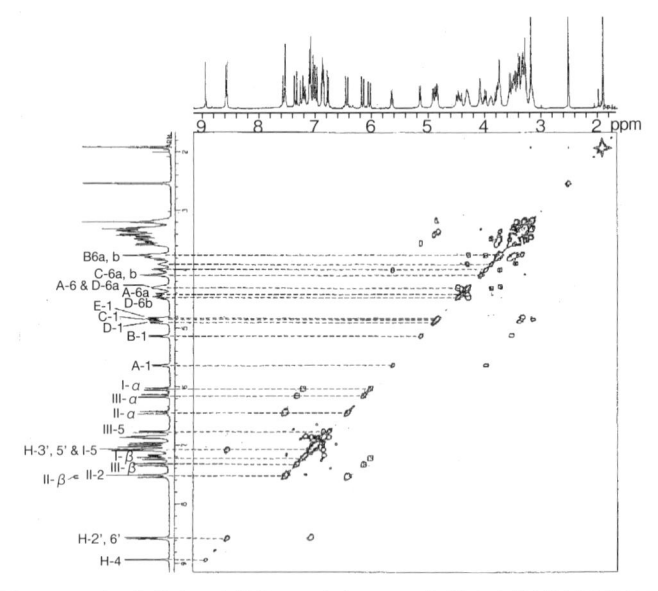

図3-1-23　マルバアサガオの赤紫色アントシアニン色素1の ^{1}H-^{1}H COSYスペクトル（500 MHz, DMSO-d_6-CF$_3$CO$_2$D, 内部標準：TMS）

表 3-1-14 マルバアサガオの主要赤紫色アントシアニン色素 1 の NMR データ (500 MHz, DMSO-d_6-CF$_3$CO$_2$D, 内部標準：TMS)

分子構造は図 3-1-15 C を参照

	^{13}C δ (ppm)	^{1}H δ (ppm)		^{13}C δ (ppm)	^{1}H δ (ppm)
ペラルゴニジン			グルコース A		
2	162.5		1	100.2	5.63
3	144.1		2	81.0	4.00
4	135.1	8.92 s	3	76.1	3.75
4a	111.9		4	69.8	3.47
5	155.5		5	74.2	3.90
6	104.9	6.95 brs	6	63.2	4.32, 4.42
7	168.3		グルコース B		
8	96.5	7.02 brs	1	101.9	5.13
8a	155.4		2	73.4	3.55
1'	118.7		3	75.8	3.40
2'	135.1	8.55 d (9.2)	4	69.8	3.29
3'	117.2	7.07 d (9.2)	5	77.8	3.50
4'	165.7		6	60.9	3.57, 3.81
5'	117.2	7.07 d (9.2)	グルコース C		
6'	135.1	8.55 d (9.2)	1	104.2	4.85
カフェ酸 (I)			2	74.6	3.17
1	128.8		3	76.1	3.34
2	115.3	7.01 d (1.5)	4	70.0	3.28-3.31
3	145.6		5	76.3	
4	147.5		6	63.4	4.08, 4.08
5	117.2	7.07 d (9.2)	グルコース D		
6	121.5	6.85 m	1	101.6	4.90
α	115.8	6.03 d	2	73.4	3.39
β	144.5	7.22 d (16.2)	3	76.1	3.30
C=O	166.2		4	69.8	3.47
カフェ酸 (II)			5	74.2	3.75
1	126.0		6	63.0	4.29, 4.47
2	116.4	7.50 brs	グルコース E		
3	147.0		1	102.1	4.82
4	149.6		2	73.5	3.34
5	116.1	6.84 d (8.1)	3	76.3	3.30
6	124.5	7.17 brd (8.1)	4	70.2	3.17
α	115.0	6.43 d (16.1)	5	77.5	3.38
β	145.2	7.52 d (16.1)	6	61.1	3.43, 3.46
C=O	166.7				
カフェ酸 (III)					
1	125.6				
2	115.3	6.95 d (1.5)			
3	145.7				
4	148.5				
5	116.0	6.76 d (8.1)			
6	120.8	6.85 m			
α	113.7	6.15 d (16.1)			
β	145.8	7.32 d (16.1)			
C=O	166.7				

s=singlet, brs=broad singlet, d=doublet, brd=broad doublet, m=multiplet. (　) 内は結合定数 (J=Hz)。

ンプロトン（H-αとH-β）はそれぞれ約16 Hzという大きな結合定数を示すことから，これらのオレフィンはE-配置 *trans* と決定できる。また，$\delta 4.8 \sim 5.8$ の領域に5個のアノメリックプロトンシグナルが観察されるが，これらはいずれも $J = 7.0 \sim 7.7$ Hz の結合定数を示しており，β-ピラノース配座で存在していることも支持された。この結果から，この色素はペラルゴニジン1分子に対してグルコース5分子（A〜E）とカフェ酸3分子（I〜III）からなることが確認できる。

また，脱アシル色素体としてペラルゴニジン3-ソフォロシド-5-グルコシドが得られることから，それ以外の2分子のグルコースと3分子のカフェ酸の結合様式の確定が構造決定の中心になる。

実際の ^{1}H NMR スペクトルにおいて，6個の糖分子のメチレンプロトン（H-6aとH-6b）が低磁場（$\delta 4.0 \sim 4.5$）領域に出現している。これは3分子のグルコースがそれぞれ6-OHでカフェ酸とエステル結合を形成していることを示すものである。また，グルコースAの2位のプロトンシグナルが $\delta 4.00$ と若干低磁場シフトしているが，これはグルコースAが2位で他のグルコースと結合してソフォロースを形成することに起因するものである。この色素では残りの糖分子のプロトンシグナルが $\delta 3.0 \sim 4.0$ という狭い領域に重なって出現しており，複雑なスペクトルを与えるため，これらのシグナルの帰属は省略し，それぞれの成分の結合位置の決定に必要となる3分子のカフェ酸のプロトンシグナルの帰属と各成分の結合について説明する。カフェ酸の芳香環上にある3個のシグナル（H-2，H-5，H-6）は3分子合計で9個となり，$\delta 6.7 \sim 7.5$ に集中して出現するため，通常のCOSYスペクトル解析からだけではそれぞれのシグナルの正確な帰属は困難である。このため，^{13}C スペクトルの帰属および HMQC と HMBC スペクトルの解析を行った。図3-1-24A に HMQC スペクトルを，図3-1-24B に HMBC スペクトルを示したが，この両スペクトルで観察されるクロスピークから3分子（I，II，III）のカフェ酸プロトンの化学シフトが正確に決定できた（図3-1-22と表3-1-14）。

次に図3-1-25に示すように，5分子のグルコースA〜Eのそれぞれのアノメリックプロトンを照射することによって差NOEスペクトルを測定した。

結果として，図3-1-25AとBに見られるようにグルコースAのH-1を照射するとシアニジンのH-4にNOEが見られることから，グルコースAが3位にグリコシル結合していることが明白になった。また弱いながらグルコースAのH-6aとH-6bにもNOEが観測でき，これらのプロトンシグナルが低磁場シフトしていることから，有機酸とのエステル結合が推定できた。結合している有機酸については，この時点では決められないが最終的にカフェ酸Iと決定された。図3-1-25C では，グルコースBのH-1照射により，シアニジンのH-6に強いNOEが生じていること

3.1.2. 定性分析

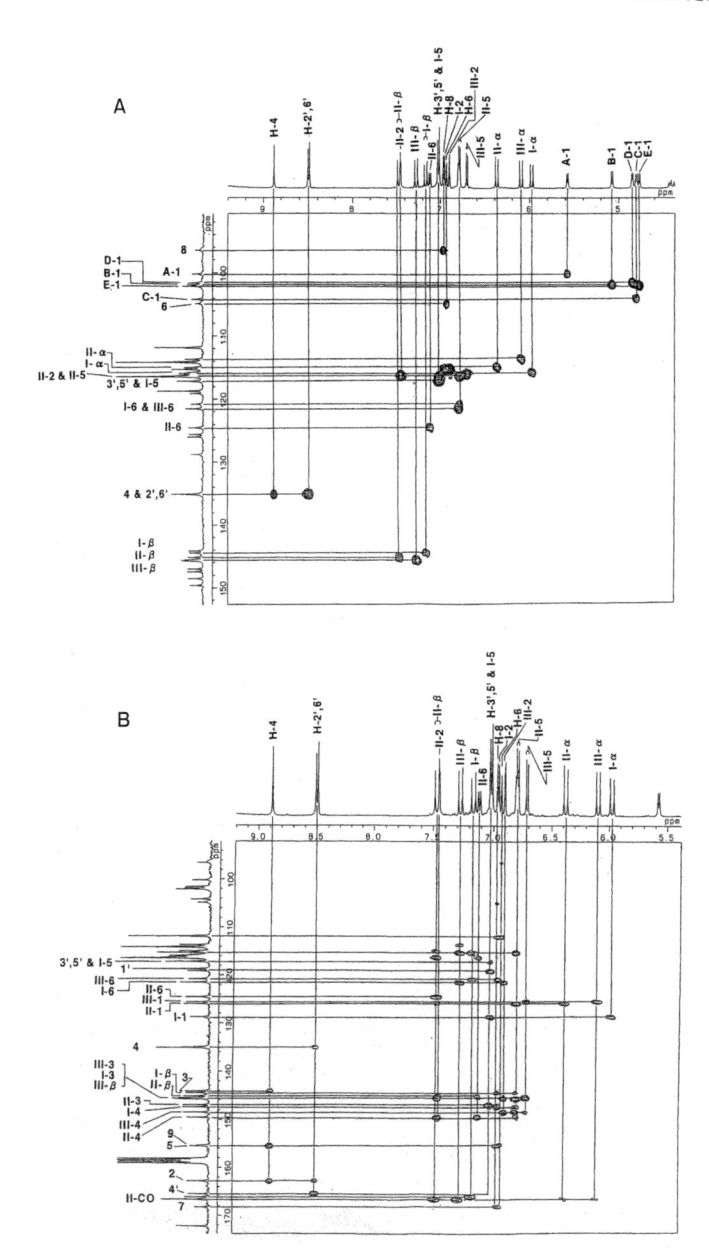

図 3-1-24 マルバアサガオの赤紫色アントシアニン色素 1 の HMQC スペクトル (A) と HMBC スペクトル (DMSO-d_6-CF$_3$CO$_2$D) (B)

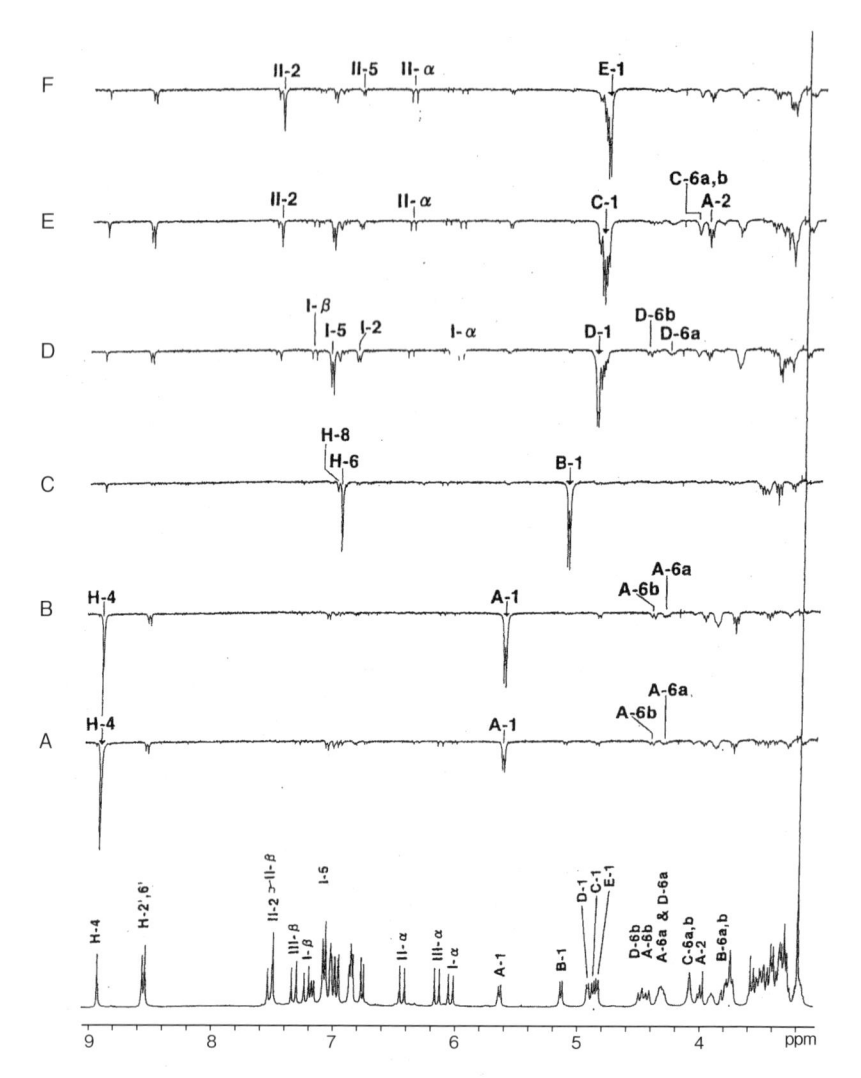

図 3-1-25 マルバアサガオの赤紫色アントシアニン色素 1 の差 NOE スペクトル (DMSO-d_6-CF$_3$CO$_2$D)
矢印は照射位置を示す。

がわかる。したがって, グルコース B はシアニジンの 5-OH にグリコシル結合していると決定できる。グルコース B の他のプロトンは, すべて δ4.0 より高磁場にあらわれることから有機酸とのエステル結合はないものと考えられる。図 3-1-25D のスペクトルからはカフェ酸 I の 4-OH にグルコース D がグリコシル結合し, グル

コース D の 6-OH ではカフェ酸とエステル結合していることが推測できるが，図 3-1-25E の結果から，これはカフェ酸 III であると結論づけられた。図 3-1-25E では，グルコース C の H-1 照射によりグルコース A の H-2 に強い NOE が生じることから，グルコース C がグルコース A の 2-OH に結合しソフォロースを形成していることがわかる。これは脱アシル色素の分析結果からも支持される。さらに，この照射でグルコース C の H-6a と H-6b，それにカフェ酸 II の H-α，H-β，H-2，H-5 にも NOE が観測されるので，グルコース C とカフェ酸 II が 6-OH でエステル結合していることが決められた。図 3-1-25F はカフェ酸 II の 3-OH にグルコース E がグリコシル結合していることを示している。

また，ここでは特にグルコース E の H-6a と H-6b に由来するピークの低磁場への移動が見られないことから，グルコース E においてはエステル結合は見られず，6-OH は遊離である。

以上を考慮するとグルコシル (D) とカフェ酸 (I) はグルコース A と結合しているという結論が得られる。したがって，この色素はペラルゴニジン 3-[2-(6-(3-(β-グルコピラノシル)-*trans*-カフェオイル)-β-グルコピラノシド)-6-(4-(6-(*trans*-カフェオイル)-β-グルコピラノシル)-*trans*-カフェオイル)-β グルコピラノシド]-5-β-グルコピラノシドと決定された。

　一般には分子が大きくなるにしたがい，それぞれのシグナルの重なり具合が激しくなるため，シグナルの帰属や化学シフト値の決定が困難になる。このため色素の精製純度が高く，かつ十分量のサンプルを確保することが重要である。アントシアニンの複合体には，ツユクサの色素やヤグルマギクの色素のように，分子量が 10,000 に及ぶような化合物が発見されている。これからも複雑な分子量の大きな色素体が見つかってくることが予想される。実際，炭素や水素原子数がそれぞれ 100 を超えるような大きな分子は，全体像の NMR スペクトルにおいてシグナルが複雑に出現するため帰属が困難な場合が多い。これらを解決するには，色素を比較的簡単な部分分解物に導き，それらの構造を順次決定して全体像を眺めるようにすれば，ある程度容易に構造決定が可能になる。NMR 測定による構造決定は，強力な手段を提供するが限界があることも事実である。この領域はハード面およびソフト面でもいまだに発展を続けている。今後もさらなる工夫を加えた有効な利用法が期待される。

3.1.3. アントシアニンの定量*

植物材料の採取後なるべく早く色素を抽出して比色定量を行う。材料を採取後にすぐに定量できない場合には，凍結，真空乾燥するなどして色素の損失をできるだけ防いで保存する。もちろん定量のためには，あらかじめ新鮮重量，乾重量など基準とする量は測定しておく。アントシアニンの全量としての量の把握であれば，定量的に抽出後，可視部の吸収極大波長近辺の波長における吸光度を比色定量してもよい。しかし，複数の種類のアントシアニンが含まれている場合に，個々のアントシアニンを定量するには，HPLCやTLCなどの他のクロマトグラフィーによって定量的に分離分析する必要がある。ただし，吸光度の値の測定やその値の扱いについては，比色定量の方法にしたがって行うようにしなければならない。

色素の抽出には，1〜5％の塩酸またはメタノール塩酸を用いるのがよいが，脂肪族有機酸を結合しているアントシアニンを個々に測る場合などは，有機酸が離脱しないようにギ酸酸性メタノールを使用する必要がある。抽出は，繰り返して行い，色素を完全に溶出させる。できるだけ短時間のうちに抽出を完了して定量するのがよい。また，その場合に材料によっては，アントシアニン以外にカロテノイドのような可視部に吸収をもつものが共存することがある。メタノール溶媒ではアントシアニンとともに溶出されるので，そのままでは比色定量できない。酸を含む水系で抽出すれば，カロテノイドの溶出をさせずにアントシアニンを抽出して定量することができる。試料からアントシアニンを完全に溶出した後，色素液を必要に応じて希釈して一定量とし，比色定量する。アントシアニンの絶対量を求める場合には，同一の純アントシアニンで作成した検量線を使用する。

引用文献

(1) Hayashi, K. 1939. Über die Farbstoffe der Beeren von *Fatsia japonica*. *Acta Phytochim.* **11**, 91-108.
(2) Sasanuma, S., Takeda, K., Hayashi, K. 1966. Black red pigment of adzuki bean. *Bot. Mag. Tokyo* **79**, 807-810.
(3) Takeda, K., Harborne, J.B., Self, R. 1986. Identification and distribution of malonated anthocyanins in plants of the Compositae. *Phytochemistry* **25**, 1337-1342.
(4) Takeda, K., Osakabe, A., Saito, S., Furuyama, D., Tomita, A., Kojima, Y., Yamadera, M., Sakuta, M. 2005. Components of protocyanin, a blue pigment from the blue flowers of *Centaurea cyanus*. *Phytochemistry* **66**, 1607-1613.
(5) 林孝三 1933. 花青素抽出材料としてのダーリア品種. 植物学雑誌 **47**, 394-399.

＊執筆：武田幸作　Kosaku Takeda

(6) Harborne, J.B. 1967. The anthocyanin pigments. *In* Comparative Biochemistry of the Flavonoids, Academic Press, London. pp. 1-36.
(7) Harborne, J.B. 1958. Spectral methods of characterizing anthocyanins. *Biochem. J.* **70**, 22-28.
(8) Harborne, J.B., Boardley, M. 1985. The widespread occurrence in nature of anthocyanins as zwitterions. *Z. Naturforsch.* **40c**, 305-308.
(9) Takeda, K., Harborne, J.B., Self, R. 1986. Identification of malonated anthocyanins in the Liliaceae and Labiatae. *Phytochemistry* **25**, 2191-2192.
(10) Terahara, N., Yamaguchi, M., Takeda, K., Harborne, J.B., Self, R. 1986. Anthocyanins acylated with malic acid in *Dianthus caryophyllus* and *D. deltoides*. *Phytochemistry* **25**, 1715-1717.
(11) Abe, Y., Hayashi, K. 1956. Further studies on paper chromatography of anthocyanins, involving an examination of glycoside types of partial hydrolysis. *Bot. Mag. Tokyo* **69**, 577-585.
(12) Karrer, P., Widmer, R., Herfenstein, A., Hürliman, W., Nievergelt, O., Monsarrat-Thoms, P. 1927. Zur Kenntnis der Anthocyane und Anthocyanidine. *Helv. Chim. Acta* **10**, 729-757.
(13) Karrer, P., Meuron, G. 1932. Zur Kenntnis des oxydativen Abbaus der Anthocyane. Konstitution des Malvons. *Helv. Chim. Acta* **15**, 507-512.
(14) Chandler, B., Harper, K.A. 1961. Identification of saccharides in anthocyanins and other flavonoids. *Aust. J. Chem.* **14**, 586-595.
(15) Takeda, K., Hayashi, K. 1963. Further evidence for the new structure of violanin as revealed by degradation with hydrogen peroxide. *Proc. Japan Acad.* **39**, 484-488.
(16) Takeda, K., Hayashi, K. 1964. Oxidative degradation of acylated anthocyanins showing the presence of organic acid-sugar linkage in the 3-position of anthocyanins. Experiments on ensatin, awobanin, and shisonin. *Proc. Japan Acad.* **40**, 510-515.
(17) Harborne, J.B. 1964. The structure of acylated anthocyanins. *Phytochemistry* **3**, 151-160.
(18) Saito, N., Osawa, Y., Hayashi, K. 1971. Platyconin, a new acylated anthocyanin in Chinese bell-flower, *Platycodon grandiflorum*. *Phytochemistry* **10**, 445-447.
(19) Yoshitama, K., Abe, K. 1977. Chromatographic and spectral characterization of 3'-glycosylation in anthocyanidins. *Phytochemistry* **16**, 591-593.
(20) Saito, N., Harborne, J.B. 1983. A cyanidin glycoside giving scarlet coloration in plants of the Bromeliaceae. *Phytochemistry* **22**, 1735-1740.
(21) Mazza, G., Miniati, E. 1996. Anthocyanins in Fruits, Vegetables, and Grains. CRC Press, Boca Raton.
(22) Wu, X., Prior, R.L. 2005. Identification and characterization of anthocyanins by high-performance liquid chromatography-electrospray ionization-tandem mass spectrometry in common foods in the United States : vegetables, nuts, and grains. *J. Agric. Food Chem.* **53**, 3101-3113.
(23) Ishikawa, T., Kondo, T., Kinoshita, T., Haruyama, H., Inada, S., Takeda, K., Grayer, R.J., Veitch, N.C. 1999. An acylated anthocyanin from the blue petals of *Salvia uliginosa*. *Phytochemistry* **52**, 517-521.
(24) 木下武 1997. 質量分析法を用いた構造解析. バイオロジカルマススペクトロメトリー 現代化学増刊 (31), 上野民夫, 平山和雄, 原田健一 (編), 東京化学同人, 東京. pp. 96-104.
(25) 志田保夫, 笠間健嗣, 黒野定, 高山光男, 高橋利枝 2001. これならわかるマススペクトロメトリー. 化学同人, 京都.
(26) Fossen, T., Andersen, Ø.M. 2006. Spectroscopic techniques applied to flavonoids. *In* Flavonoids. Chemistry, Biochemistry and Applications (eds. Andersen, Ø.M., Markham, K.R.), CRC Press, Boca Raton. pp. 37-142.
(27) 久世典子, 市隆人 2004. 色素の定性分析法. 植物色素研究法 (植物色素研究会編), 大阪公立大学共同出版会, 大阪. pp. 21-28.
(28) Markham, K.R., Geiger, H. 1994. ^{1}H nuclear magnetic resonance spectroscopy of flavonoids

and their glycosides in hexadeuterodimethylsulfoxide. *In* The Flavonoids. Advances in Research since 1986 (ed. Harborne, J.B.), Chapman and Hall, London. pp. 441-497.
(29) 植物色素研究会（編） 2004. 植物色素研究法，大阪公立大学共同出版会，大阪. pp. 39-73.
(30) Saito, N., Yokoi, M., Yamaji, M., Honda, T. 1985. Anthocyanidin glycosides from the flowers of *Alstroemeria*. *Phytochemistry* **24**, 2125-2126.
(31) Tatsuzawa, F., Murata, N., Shinoda, K., Saito, N., Shigihara, A., Honda, T. 2001. 6-Hydroxycyanidin 3-malonylglycosides from the flowers of *Alstroemeria* 'Tiara'. *Heterocycles* **55**, 1195-1199.
(32) Tatsuzawa, F., Saito, N., Shinoda, K., Shigihara, A., Honda, T. 2006. Acylated cyanidin 3-sambubioside-5-glucosides in three garden plants of the Cruciferae. *Phytochemistry* **67**, 1287-1295.
(33) Saito, N., Tatsuzawa, F., Yokoi, M., Kasahara, K., Iida, S., Shigihara, A., Honda, T. 1996. Acylated pelargonidin glycosides in red-purple flowers of *Ipomoea purpurea*. *Phytochemistry* **43**, 1365-1370.

3.2. 黄色系フラボノイド*

　フラボノイドのうちで，フラボン，フラボノール，カルコン，オーロンは一般に330 nm 付近から 400 nm 付近に大きな吸収極大を有するので（後に詳述），淡黄色から黄色を呈することが多く，諸性質も類似しているので，一括して述べる。

3.2.1. 試料の調製と抽出

　植物界からこれまで報告されたフラボノイドのうちで，最も種類の多いのがフラボンとフラボノールである[1~3]。一方，より黄色味の強いカルコンやオーロンは比較的その種類は限られている。特にオーロンの出現は限定的である[4]。とはいうものの，フラボノイドはこれまで，葉や花はもとより，材，根などのほとんどすべての植物の部位から報告されているので，コケ類以上の植物であれば，たいていの場合どこの部位であっても何かしら検出されることが多い。

1) 配糖体の抽出

　これらのフラボノイドの多くは配糖体として存在するので，親水性であり，したがって水やアルコール類によく溶ける。そのために抽出は材料とする植物の部位にあまり関係なく，アルコールあるいは水とアルコールの混合物で行うことが多い。ただプロピルアルコール以上では沸点が高く，濃縮が困難となるために，一般的にはメタノールかエタノールで行う。特にメタノールは沸点が低いことと，安価であるために用いられることが多い。

　フラボノイドはごく一部のアシル化配糖体を除けば，比較的安定なので，試料は新鮮物でも乾燥物でも，たいていの場合は材料として用いることができるが，乾燥材料は薬品や高温では乾燥させず，半日陰の状態で自然乾燥させたものが好ましい。多量の材料を用いる時は，むしろ水分が少なくなった分，乾燥材料の方がより少ない溶液で抽出することができるので溶剤をあまり使わないですむという利点もある。乾燥させた材料では，かなり古いものでも分析が可能で，本来の組成のままでフラボノイドを分離することができる。たとえば，シダ類では116年前のアオチャセンシダ *Asplenium viride* の標本の葉に含まれるフラボノイド配糖体を新鮮葉のものと比較したところ，その組成は質的には何ら変化していなかったという報告があり[5]，またバラ科のセッケンボク属植物 *Guillaja* spp. でも，100年以上も前の乾燥葉に含まれるフラボノイドが新鮮葉のものと質的に変化していなかったという報告もある[6]。ただ，キンポウゲ科のセンニンソウ属 *Clematis* やトリカブト属

＊執筆：岩科　司　Tsukasa Iwashina

Aconitum の花のように，乾燥させるとたちどころに褐変してしまうような材料はやはり新鮮物を材料とするのが好ましい。

新鮮物を材料とする場合は，もともと水分が含まれているので，たいていアルコールのみで抽出するが，乾燥材料の場合は，ある程度（30％前後）の水を加えるほうがよいこともある。ただし水を加えた場合，多糖類やアミノ酸なども溶出しやすくなり，分離の妨げとなったり，また酸化酵素などがはたらいてフラボノイドの性質が変わることもある。さらに水は沸点が高いので濃縮の効率が悪くなる。したがって，多量の材料がある場合には，アルコールのみで抽出するのがよい。

花弁の場合はもともと組織が柔らかいので，抽出は比較的容易であるが，葉や根などは細かくちぎったり，つぶした方がより効率的に抽出することができる。また短時間で抽出したい場合には，温時抽出することもある。何度か反復して抽出することもあるが，不純物をも同時に取り出してしまうので，この場合は少量の材料しか入手できなかったか，あるいは微量成分を取り出したい時に限定するべきである。

花，特に，赤〜青系の花色のものはアントシアニンと共存していることが一般的である。前章でも述べたように，アントシアニンの抽出には酢酸やギ酸などの酸を加えるが，フラボノイドはこれらの酸に対しても安定なので，アントシアニンとフラボノイドの両方を得たい時は酢酸酸性，あるいはギ酸酸性のメタノールで抽出するのがよい。ただし，塩酸酸性では，特に配糖体では糖がはずれてしまうことが多いので使用は避けたい。

2) アグリコンの抽出

前述のとおり，多くのフラボノイドは配糖体として存在するが，サクラソウの仲間 *Primula* spp.[7]，ゴマ科のウンカリナ属植物 *Uncarina* spp.[8] あるいはギンシダ *Pityrogramma calomeranos*，コナシダ *Cheilanthes farinosa* などの一部のシダ類の葉[9,10]，さらにはカバノキ *Betula* spp.，ハンノキ *Alnus* spp.，ヤマナラシ *Populus* spp. の仲間の芽[11〜13]，などには糖を結合しない，いわゆるアグリコンの状態でフラボノイドが存在する。これらのフラボノイドは糖を結合していないばかりでなく，ポリメトキシル化されていたり，ヒドロキシ基の数が少ないものが多いために疎水性が強く，水を含んだアルコールでは抽出効率が悪い。

これらのフラボノイドの多くは植物の表面に粉状浸出物や樹脂として存在するが，材の木部[14]やまれに細胞内に結晶として存在することもある[15]。このような場合に，これらのフラボノイドが細胞内にあるか，細胞外にあるかを判断するためには，ビーカーなどにアセトンを注ぎ，ピンセットで試料をはさみ，アセトン中ですすぐのがよい（原著では'リンスする'とある）。こうして細胞外フラボノイ

ドを得た後，試料をメタノールなどで抽出し，細胞内フラボノイドを得る方法がよく用いられる[16]。この場合に花弁や葉などの柔らかい材料の場合にはすばやく行わないとアセトンで組織が破壊され，細胞内フラボノイドも抽出されてしまうので注意を要する。また材料を抽出前に水洗することも本来存在していたはずの細胞外フラボノイドをも除去してしまうことになるので，あらかじめ予備的にTLCかHPLCでその存在を確認しておくのもよい。材の中や細胞内に結晶として存在するアグリコンについては配糖体と同様にメタノールなどで抽出する。

3.2.2. 分離および精製

フラボノイドの分離は古くは抽出後，主にアルコール，水，ピリジン，酢酸エチル，クロロホルムなどの各種溶剤に対する溶解性を利用して純化し，最終的に主要成分を結晶化して得るのが一般的であった[17]。

戦後，PCをはじめとする各種クロマトグラフ法による分離が主流となり，近年は特にHPLCを用いた方法によって，きわめて微量なフラボノイドも，比較的複雑な化学構造のものも得ることができるようになった。

1）粗抽出物の調製

前述のようにして得られた抽出物のほとんどすべてがフラボノイドに限らず，多糖類，クロロフィル，カロテノイド，塩類，時にはテルペノイドなど，さまざまな生体成分が混在しているのが一般的である。特に葉や果実のような器官には，これらの成分が多く含まれている。これらはその後のクロマトグラフ法によるフラボノイドの分離精製の妨げとなるので，可能な限り除去することが必要である。その一つの方法が，各種溶剤のフラボノイドに対する溶解性を利用した方法である。

フラボノイド配糖体は水溶性であり，石油エーテル，ジエチルエーテル，クロロホルムのような試薬には溶けない。そこで濃縮乾固した抽出物に水を加えた後，これに上記溶剤を加えて，分液ロートで振り，油溶性分画（上層）と水層（下層）とに分けることで，クロロフィル，カロテノイド，テルペノイドなどの油溶性成分を除去することができる。フラボノイド配糖体を含む水層は濃縮乾固し，メタノールに再度溶かし，分離のための試料とする。

多糖類やタンパク質のような強い親水性をもつ成分が多い抽出物の場合は，少量の水性画分に多量のメタノールを加えると，過飽和によってこれらの沈殿が生ずる。これをろ去することによって過剰の親水性成分を除去することも，その後の分離を容易にする一つの方法である。ただし，これらの操作によって，ある程度のフラボノイド配糖体もまた失われるので，少量の試料の場合は抽出液を濃縮後，これを直

接クロマトグラフィーなどによる分離の試料とするほうが損失は少ない。またアグリコンの状態でのフラボノイドが共存する場合は，これらは油性画分に移行しているので注意を要する。

きわめてまれであるが，メタノール抽出物を少容量に濃縮し，

ペクトリナリゲニン 3-グルコシド

数日間放冷しただけで結晶として析出してしまうフラボノイド配糖体もある。ノアザミ *Cirsium japonicum* などの葉に含まれるペクトリナリゲニン 7-ルチノシド pectolinarigenin 7-rutinoside がその一つであるが，不純物もまた取り込んでしまっている場合が多い[18]。

2) TLC または PC による精製

フラボノイドの分離に大きく貢献している方法が PC や TLC である。PC によるフラボノイドの分離法は 1960 年代に確立され，これまでにもいくつかの単行本などが出版されている[19〜22]。

比較的多量の成分を分離するのに用いられるのが PC である。分離の方法はアントシアニンの場合とほぼ同様である。使用するろ紙は市販の大きさ（40 × 40 cm あるいは 60 × 60 cm）のものが一般的だが，私の研究室では後者を半切して，30 × 60 cm のものを使用している。密封することができるスチールあるいは樹脂製のキャビネット（近年は販売中止となり，特注品）内で展開を行う。フラボノイドの分離によく用いられる展開溶媒が BAW（*n*-ブタノール／酢酸／水，4：1：5，上層），15％酢酸および BEW（*n*-ブタノール／エタノール／水，4：1：2.2）である[23]。BAW の代わりに TBA（*t*-ブタノール／酢酸／水，3：1：1）を用いることもある。またアグリコンは，15％酢酸での展開ではほとんど原点に留まったままなので，50％酢酸を用いて展開することもある。

展開時間は温度などによっても異なるが，上昇法で 30 cm 展開するのに BAW と BEW で 12〜13 時間，15％酢酸で 3〜4 時間程度である。これらのフラボノイドはほとんどすべてが UV ランプ下で暗紫色もしくは黄色，まれに青の蛍光色として出現する。またカルコンやオーロンは肉眼でも黄色のバンドとして出現する。UV ランプ下で相当するフラボノイドのバンドの輪郭を鉛筆でなぞり，それをはさみで切り取り，バンド状にして，あるいは細かく刻んでメタノールで溶出する。溶出は一晩程度でよいが，細かく刻んだものは完全に溶出するために 3 回程度反復する。

15％酢酸，次いでBEWによって，同様の方法で分離を反復する。BAWとBEWはほとんどのフラボノイドでそのRf値は同じだが，グルクロン酸やガラクツロン酸galacturonic acidのようなカルボキシ基をもつ糖が結合している場合や，アシル化されている場合には大きく異なってくるので，たとえば同じ種類のアグリコンにグルコースを結合したフラボノイドとグルクロン酸を結合したものとが共存するような試料の分離にはBEWの使用がきわめて有効である[24]。

後述する二次元PCを行い，それぞれのスポットを切り抜いてメタノールで溶出する方法もあるが，多量に試料を扱う場合には不向きである。

セルロースTLCも時に分離目的のために用いられるが，やはり大きさに限度があることから，多量の試料の分離には向かない。使用する展開溶媒はPCと同様である。溶出は相当するフラボノイドのバンドをかきとってメタノールで行う。

3) カラムクロマトグラフィーによる精製・純化

キログラム単位の比較的多量の植物材料からフラボノイドを分離する場合は，カラムクロマトグラフィーによって分離を行うことが多い。一般にフラボノイドの分離に用いられる充填剤はポリアミドとセルロースである。展開溶媒は水-メタノールあるいはエタノールの混合液を用いる場合と[25]，水から始めて，経時，数％ずつメタノールの割合を増やし，最終的に100％メタノールで溶出する場合がある。溶出されるフラボノイドのカラム中での位置はUVランプで確かめることができるので，適宜フラクションとして集める。しかし近年，多量に試料を処理できる大口径の分取用HPLC（後述）による分離が可能になったため，この手法はあまり用いられなくなった。

カラムクロマトグラフィーに用いられる他の充填剤として，XADなどのイオン交換樹脂やセファデックスなどもフラボノイドの純化精製に用いられる。前者は粗抽出物から多糖類などとフラボノイドを分離するのに有効である。これはアントシアニンの精製に用いるのと同じ方法である（p.81参照）。後者のセファデックス（一般にはLH-20を使用）はPC，TLC，分取HPLCなどで単離したフラボノイドの最終的な純化によく用いられる。溶出液としては70％程度のメタノールが一般的で，これもUVランプ下で相当するフラボノイドバンドをモニターしながらフラクションとして得る。

4) HPLCによる精製

フラボノイドの分離精製を行うにあたって，近年最も利用されるようになったのがHPLCによる方法である。使用するカラムはODS，逆層の分析用の標準カラム（直

径 6 × 長さ 150 mm）でも可能であるが，中規模程度の分離にはセミ分取用のカラム（直径 10 × 長さ 250 mm），さらにはより大口径のカラムも使用される。カラムについては最近，多くの企業によって多種類の製品が開発されており，分離しようとするフラボノイドとカラムとの相性もかなり異なる。

移動層はアセトニトリルあるいはメタノールを基本として，これらと水との混合物，あるいはグラジエントで行うのが一般的であるが，分析用の HPLC によく用いられるリン酸を加えると，分取したフラクションの濃縮やその後の処理の妨げとなったり，配糖体の性質が変わることがあるので用いない。アセトニトリルやメタノールの濃度はあらかじめ試料を分析用 HPLC で，含有フラボノイドの保持時間などを調査した上で決定するのがよい。検出波長は HPLC の検出器が全波長検出（190〜700 nm）であれば問題ないが，1 波長ならば，フラボン，フラボノール，カルコン，オーロンの吸収極大は一般的には 330 nm 付近から 400 nm 付近にあるので，350 nm 前後で検出するのがよい。

近年は，その構造や分子量が類似しているために分離することができなかったフラボノイドの混合物を，反復してカラムを通すことで分離できるリサイクルシステムも分取の HPLC に取りつけることができるようになり，これらを利用することでフラボノイドの分離が飛躍的に進歩した。

分取の HPLC を行うに際し，粗抽出物をそのまま注入することは HPLC の劣化を招くので，前述の各種溶剤による分画や，PC やカラムなどを用いてある程度精製してから HPLC 分離を行うのが好ましい。

3.2.3. 定性分析

フラボノイドの同定は古くは，塩化アルミニウム（$AlCl_3$）や塩化鉄（$FeCl$）に対する呈色反応や，酸あるいはアルカリなどによる加水分解，メチル化やアセチル化，融点の測定などを中心として行われてきた[26, 27]。しかし近年は，TLC，PC，HPLC などの各種クロマトグラフィーによる定性分析はもとより，紫外・可視吸収，質量あるいは NMR などの各種スペクトルの測定による定性分析が飛躍的に進歩し，かなり複雑な構造をもつフラボノイドでさえも詳細に同定を行うことができるようになった。

1) TLC や PC による定性

フラボン，フラボノール，カルコンおよびオーロンをセルロース TLC や PC で分析する時の展開溶媒としてよく用いられるのが BAW，BEW および 15％酢酸である。これらは配糖体でもアグリコンでも使用されるが，アグリコンは 15％酢酸

を用いた時はほぼ原点に留まってしまうので，その代わりに Forestal（酢酸／塩酸／水, 30：3：10）を用いるとよく分離する。

セルロースの TLC と PC とでは各種フラボノイドの色や Rf 値などの特性は基本的に変わらないが，TLC の方がガラスあるいはプラスチックのような硬いプレートであるために，Rf 値がより正確で，しかも展開時間が短いので，定性用としては PC より優れている。ただし，フラボノイドの定性には以下で述べるように，UV ランプ光下での色も重要であるので，TLC を用いる場合，けい光塗料を含まないものを使用したい。

単離したフラボノイドを定性したいとき，すでに相当する標準試料が手元にある時は，TLC によってその性質を直接比較することはきわめて有効である。また粗抽出物に対して，二次元の PC や TLC を行うのも，本来のフラボノイド組成を容易に調べることができるばかりでなく，構成するそれぞれのフラボノイドのおおまかな性質を把握できるよい方法である。

a) Rf 値による判定

分析の対象となるフラボノイドはアルコール系の展開溶媒である BAW と BEW では，基本的に疎水性の強いものが上（Rf 値が高い）に，親水性の強いものが下（Rf 値が低い）になる。また水系の 15％酢酸ではその逆になる。たとえば，ヒドロキシ基や糖は親水性であるので，これらがより多く結合しているフラボノイドほど，BAW や BEW では低い位置に，逆に 15％酢酸では高い位置に出現する。またメトキシ基やメチル基が結合すると BAW や BEW では Rf 値が高くなる。

配糖体の場合は結合する糖の種類や結合位置，あるいは数によって Rf 値が異なる。たとえば，グルコースが 2 分子結合しているものは，1 分子のものよりも親水性なので，15％酢酸では高く，BAW や BEW では低い Rf 値を示す。また同じ糖が結合する場合でも，その結合位置によってその Rf 値は変動する。たとえばフラボノールでは，3 位よりも 7 位に糖を結合しているもののほうが 15％酢酸では低い Rf 値を示す。C-配糖体は同じ数の糖を結合する O-配糖体よりも一般的に親水性を示すが，いずれの展開溶媒でも糖の結合する位置（6 位か 8 位，まれに 3 位）によって Rf 値は大きく異なる。しかし，TLC でも PC でも，ペントース間（たとえば，アラビノースとキシロース）やヘキソース間（グルコース，ガラクトースおよびアロース）では結合している糖の数と位置が同じならば，Rf 値によってそれらを区別することはきわめて困難である。主なフラボンの Rf 値を**表 3-2-1** に，フラボノールを**表 3-2-2** に，またカルコンとオーロンの Rf 値を**表 3-2-3** に示す。しかし，特に BAW と BEW のようなアルコール系の展開溶剤では，キャビネット内の温度や飽和の状態などによって Rf 値が変化することが多いので，すでに保有している基

表 3-2-1　主なフラボンにおける PC および TLC での Rf 値と UV 光下（365 nm）での色調

フラボン	Rf 値 BAW	Rf 値 BEW	Rf 値 15%酢酸	色 UV	色 UV/NH$_3$	文献
アグリコン						
アピゲニン（5, 7, 4'-OH）	0.92	0.95	0.01	暗紫色	暗緑黄色	(62)
ルテオリン（5, 7, 3', 4'-OH）	0.85	0.78	0.05	暗紫色	黄色	(63)
アカセチン（5, 7-OH, 4'-OCH$_3$）	0.91	0.92	0.11	暗紫色	暗紫色	(63)
ペクトリナリゲニン（5, 7-OH, 6, 4'-OCH$_3$）	0.95	0.96	0.08	暗紫色	暗紫色	(63)
キルシマリン（5, 4'-OH, 6, 7-OCH$_3$）	0.85	0.88	0.17	暗紫色	暗紫色	(63)
O-配糖体						
アピゲニン 7-グルコシド	0.57	0.56	0.13	暗紫色	暗緑黄色	(68)
アピゲニン 7-グルクロニド	0.57	0.43	0.12	暗紫色	暗緑黄色	(68)
アピゲニン 5-グルコシド	0.57	0.49	0.11	鈍紫色	緑色	(29)
ルテオリン 7-グルコシド	0.34	0.37	0.06	暗紫色	黄色	(68)
ルテオリン 7-グルクロニド	0.34	0.28	0.07	暗紫色	黄色	(68)
ルテオリン 5-グルコシド	0.40	0.40	0.12	鈍青色	緑色	(80)
ルテオリン 4'-グルコシド	0.61	0.66	0.08	暗紫色	暗紫色	(69)
ルテオリン 7, 4'-ジグルクロニド	0.15	0.14	0.42	暗紫色	暗紫色	(8)
C-配糖体						
ビテキシン（5, 7, 4'-OH, 8-C-グルコシル）	0.52	0.58	0.28	暗紫色	暗緑黄色	(64)
ビテキシン 2"-グルコシド	0.35	0.57	0.64	暗紫色	暗緑黄色	(74)
イソビテキシン（5, 7, 4'-OH, 6-C-グルコシル）	0.67	0.74	0.48	暗紫色	暗緑黄色	(64)
イソビテキシン 2"-グルコシド	0.35	0.67	0.72	暗紫色	暗緑黄色	(74)
イソビテキシン 4'-グルコシド	0.55	0.37	0.81	暗紫色	暗紫色	(76)
オリエンチン（5, 7, 3', 4'-OH, 8-C-グルコシル）	0.24	0.27	0.08	暗紫色	輝黄色	(72)
オリエンチン 7-グルコシド	0.50	0.39	0.23	暗紫色	緑黄色	(76)
オリエンチン 2"-グルコシド	0.20	0.44	0.50	暗紫色	暗黄色	(74)
イソオリエンチン（5, 7, 3', 4'-OH, 6-C-グルコシル）	0.39	0.47	0.23	暗紫色	黄色	(72)
イソオリエンチン 2"-グルコシド	0.25	0.37	0.61	暗紫色	暗黄色	(74)
ビセニン-2（5, 7, 4'-OH, 6, 8-C-グルコシル）	0.20	0.27	0.42	暗紫色	暗黄色	(58)
ルセニン-2（5, 7, 3', 4'-OH, 6, 8-C-グルコシル）	0.11	0.16	0.31	暗紫色	黄色	(58)
スウェルチジン（5, 4'-OH, 7-OCH$_3$, 6-C-グルコシル）	0.74	0.70	0.52	暗紫色	輝緑黄色	(25)
スウェルチジン 2"-グルコシド	0.52	0.56	0.76	暗紫色	輝緑黄色	(25)
イソスウェルチジン（5, 4'-OH, 7-OCH$_3$, 8-C-グルコシル）	0.49	0.45	0.24	暗紫色	黄色	(25)
スウェルチアジャポニン（5, 3', 4'-OH, 7-OCH$_3$, 6-C-グルコシル）	0.32	0.31	0.16	暗紫色	輝黄色	(25)
イソスウェルチアジャポニン（5, 3', 4'-OH, 7-OCH$_3$, 8-C-グルコシル）	0.53	0.46	0.42	暗紫色	輝黄色	(25)
エンビゲニン（5-OH, 7, 4'-OCH$_3$, 6-C-グルコシル）	0.79	0.74	0.62	暗紫色	暗紫色	(65)

表 3-2-2 主なフラボノールにおける PC および TLC での Rf 値と UV 光下（365 nm）での色調

フラボノール	Rf 値			色		文献
	BAW	BEW	15%酢酸	UV	UV/NH$_3$	
アグリコン						
ケンフェロール (3, 5, 7, 4'-OH)	0.90	0.89	0.04	黄色	黄色	(15)
クェルセチン (3, 5, 7, 3', 4'-OH)	0.74	0.76	0.04	黄色	黄色	(15)
イソラムネチン (3, 5, 7, 4'-OH, 3'-OCH$_3$)	0.79	0.81	0.02	黄色	黄色	(15)
クェルセチン 3-メチルエーテル (5, 7, 3', 4'-OH, 3-OCH$_3$)	0.92	0.94	0.13	暗紫色	暗黄色	(66)
O-配糖体						
ケンフェロール 3-グルコシド	0.69	0.71	0.37	暗紫色	暗緑黄色	(73)
ケンフェロール 3-ガラクトシド	0.67	0.70	0.36	暗紫色	暗緑黄色	(73)
ケンフェロール 3-グルクロニド	0.69	0.40	0.37	暗紫色	暗緑黄色	(73)
ケンフェロール 3-ラムノシド	0.85	0.85	0.49	暗紫色	暗緑黄色	(75)
ケンフェロール 3-アラビノシド	0.75	0.72	0.38	暗紫色	緑黄色	(5)
ケンフェロール 3-ルチノシド	0.50	0.56	0.61	暗紫色	暗緑黄色	(73)
ケンフェロール 5-グルコシド	0.39	0.35	0.06	輝黄色	輝黄色	(71)
ケンフェロール 7-グルコシド	0.46	0.55	0.11	黄色	緑黄色	(70)
ケンフェロール 3, 7-ジグルコシド	0.34	0.24	0.65	暗紫色	暗緑黄色	(73)
クェルセチン 3-グルコシド	0.54	0.57	0.27	暗紫色	黄色	(73)
クェルセチン 3-ガラクトシド	0.54	0.57	0.27	暗紫色	黄色	(73)
クェルセチン 3-アラビノシド	0.64	0.71	0.12	暗紫色	黄色	(44)
クェルセチン 3-ラムノシド	0.72	0.72	0.44	暗紫色	暗黄色	(79)
クェルセチン 3-ルチノシド	0.51	0.42	0.51	暗紫色	黄色	(73)
クェルセチン 3-ソフォロシド	0.31	0.52	0.57	暗紫色	暗黄色	(35)
クェルセチン 3-(2"-アセチルガラクトシド)	0.71	0.69	0.43	暗紫色	黄色	(67)
クェルセチン 5-グルコシド	0.24	0.36	0.06	輝黄色	輝黄色	(71)
ミリセチン 3-ラムノシド	0.63	0.76	0.38	暗紫色	黄色	(77)
ラムノシトリン (3, 5, 4'-OH, 7-OCH$_3$) 3-アロシド	0.80	0.79	0.41	暗紫色	暗緑黄色	(78)
クェルセチン 3-メチルエーテル 5-グルコシド	0.36	0.40	0.25	鈍青色	輝黄色	(5)
クェルセチン 3-メチルエーテル 7-グルコシド	0.67	0.67	0.28	暗紫色	輝黄色	(66)
クェルセチン 3-メチルエーテル 4'-グルコシド	0.75	0.78	0.29	暗紫色	暗紫色	(66)
C-配糖体						
6-C-グルコシルケンフェロール	0.61	0.70	0.21	暗黄色	黄色	(44)
6-C-グルコシルケンフェロール 3-グルコシド	0.33	0.43	0.69	暗紫色	暗緑黄色	(44)
6-C-グルコシルクェルセチン	0.26	0.40	0.19	暗黄色	黄色	(44)
6-C-グルコシルクェルセチン 3-グルコシド	0.10	0.26	0.66	暗紫色	黄色	(44)

表 3-2-3　主なカルコンとオーロンにおける PC および TLC での Rf 値と UV 下 (365 nm) での色調

カルコン, オーロン	Rf 値			色		文献
	BAW	BEW	15%酢酸	UV	UV/NH$_3$	
カルコン						
カルコノナリンゲニン 4-グルコシド	0.19	0.28	0.21	暗緑色	暗緑色	(35)
カルコノナリンゲニン 2′,4′-ジグルコシド	0.35	0.42	0.29	暗緑色	輝橙色	(37)
カルコノナリンゲニン 4,2′,4′-トリグルコシド	0.26	0.17	0.51	暗紫色	暗紫色	(35)
カルコノナリンゲニン 2′-グルコシド -4′-ゲンチオビオシド	0.24	0.31	0.52	暗緑色	輝橙色	(37)
オーロン						
オーロイシジン 4,6-ジグルコシド	0.13	0.26	0.23	輝黄色	橙黄色	(35)

準標品との直接の比較に用いる場合以外は, Rf 値による判定はある程度の目安にとどめるべきである.

b) 色による判定

PC や TLC ではその Rf 値によってある程度の構造の推定ができるが, それぞれのフラボノイドの UV ランプ光下, あるいは自然光下の肉眼での色もまた重要な知見を与えてくれる.

フラボン, フラボノール, カルコン, オーロンのうち, 後二者は花では重要な黄色色素であり, 多くのものは TLC や PC 上でも肉眼で見ても明らかな黄色のスポットとして出現する. フラボノールはミリセチンやクェルセチンのように, B 環に 3 つないし 2 つのヒドロキシ基をもつものでは, ある程度の量で存在する場合には, 淡黄色のスポットとして出現するが, ケンフェロールのように 1 つしかヒドロキシ基をもたない場合には, 相当量でも肉眼では見ることができない.

フラボンの場合は, B 環にヒドロキシ基を 3 つもつトリセチン tricetin や 2 つのルテオリンでさえも, 一般には肉眼での識別は不可能である.

UV ランプ光下 (365 nm) で PC や TLC 上にあらわれるフラボノイドのスポットの色と, それをアンモニア蒸気にさらした後のスポットの色の変化は, フラボノイドの構造を推定するいくつかの知見を与えてくれる (表 3-2-1〜3).

フラボンはほとんどすべてが UV 下で暗紫色を呈する. またこれにアンモニア蒸気をさらすと, B 環にヒドロキシ基が 2 つ以上あるもの (たとえばルテオリン) は黄色に, 1 つしかないもの (たとえばアピゲニン) は暗緑黄色に変化する. また B 環にまったくヒドロキシ基がないもの (たとえばクリシン chrysin) は暗紫色のままで変化しない. 4′ 位の遊離のヒドロキシ基がメトキシ基に置換されたり, 糖が結

合して結果的に遊離のヒドロキシ基がないのと同じ状態になったものも同様で，たとえばアピゲニン4'-グルコシドのような配糖体もアンモニア蒸気にさらした後でも，暗紫色のままである。

アピゲニン4'-グルコシド　　　　　クリシン

フラボノールでは，ケンフェロール，クェルセチン，ミリセチンなど，3位と4'位に共に遊離のヒドロキシ基が存在するものではUV下で黄色を呈する。したがって，UV下で黄色を示すものは基本的にフラボノールと考えてよい。しかし，配糖体として存在する場合は，多くのフラボノールでは3位に糖が結合するので，結果的に3位にヒドロキシ基がない状態と同じになるので，この場合は暗紫色を呈する。4'位に糖やメトキシ基が結合した場合も同様である。B環のヒドロキシ基の数の違いによってアンモニア蒸気にさらした時の色が異なることはフラボンと同様である。

このように，フラボンとフラボノールはUV下で暗紫色あるいは黄色を呈するが，例外的に5位に遊離のヒドロキシ基がないか，あるいは糖やメトキシ基で置換されている場合は，青，緑あるいは黄色の蛍光色として出現する。青の蛍光色を呈するもの（たとえば，アピゲニン5-グルコシド）は後述する芳香族の有機酸，特にクロロゲン酸 chlorogenic acid などのようなカフェ酸の誘導体とUV下での色がきわめて類似しており，間違いやすいので注意を要する[28, 29]。ただし，BAW，BEW，15%酢酸のいずれの展開溶媒でも，有機酸と比較して低い Rf 値を示すので区別できる。モリン morin やザポチン zapotin のように，まれに2'位あるいは6'位にヒドロキシ基やメトキシ基を結合するようなフラボノイドもあるが，これらの位置の置換は紫外領域も含め，ほとんど色には反映しない[19]。

モリン　　　　　　　　　ザポチン

カルコンやオーロンはUV下では緑色，青緑色，蛍光を帯びた黄色や黄緑色など，

さまざまな色に見えるが、たいていのものがアンモニア蒸気にさらすと橙色、ピンク色あるいは赤色を呈する[19]。またこの時、自然光下でも濃黄色や橙色のスポットとして出現する。ただし、やはりB環の4'位（カルコンでは4位）のヒドロキシ基が置換されるとアンモニア蒸気の有無にかかわらずUV下で暗紫色に見える。代表的なフラボノイドのUV下およびアンモニア蒸気にさらした時の色を表3-2-1、表3-2-2および表3-2-3に示す。

2）HPLCによる定性

近年はHPLCの性能がきわめてよくなり、フラボノイドの定性や植物における組成の調査に用いることが一般的になり[30]、既知の化合物では、すでに基準標品として保持している場合には、HPLCの保持時間が一致するかどうかによって同定を行うことが多くなった。最近は特に、紫外領域から可視領域（190～700 nm）までを検知できるフォトダイオードアレイ検出器を用いることで、保持時間ばかりでなく、それぞれのフラボノイドの吸収スペクトル特性（後述）も比較できるようになり、いっそうその精度が増している。

フラボン、フラボノール、カルコン、オーロンも含むフラボノイドのHPLC分析に用いられるカラムは、現在ではほとんどすべてがシリカ系の逆層である。また移動層としては、アセトニトリル／水、あるいはメタノール／水を用いる場合が多く、たいていの場合で、これに少量のリン酸、または酢酸やギ酸を加えた混合物か、アセトニトリルやメタノールの濃度勾配をつけたもの（たいていは低濃度→高濃度）を用いることが多い。この場合、アセトニトリルやメタノールの割合を多くするほど、保持時間が早くなる。検出波長は一般的なフラボン、フラボノール、カルコン、オーロンは330～400 nmの間に吸収極大をもつので、HPLCが1波長の検出器であれば350 nm付近で測定すれば成分を検出し損なうことはほとんどない。

後述するフラバノン、イソフラボン、ジヒドロカルコンなどが共存する場合には、これらは330～400 nm間には顕著な吸収極大がないが、250～290 nm間に大きな吸収極大を有し、この部分にはフラボンとフラボノールも吸収極大があるので、250 nm付近の吸収波長で検出するのがよい。しかし、カルコンやオーロンも共存する場合には、これらのフラボノイドはフラバノンなどとは逆に250～290 nm間に顕著な吸収極大がなく、1波長の検出器ではこれらを発見できない恐れがあり、可能な限りフォトダイオードアレイ、もしくは2波長の検出器を用いることが望ましい。これらのカラムと移動層を使用した場合には、基本的に親水性の強いフラボノイドのピークがクロマトグラム上により早く出現し、逆に、疎水性の強いものが遅く出現する。

表 3-2-4　HPLC における主なフラボンのアグリコンの保持時間

フラボン	保持時間 Rt（分）
アピゲニン	6.57
ルテオリン	5.07
クリシン（5, 7-OH）	13.92
バイカレイン（5, 6, 7-OH）	7.94
アカセチン	15.17
ゲンカニン（5, 4'-OH, 7-OCH$_3$）	16.85
クリソエリオール（5, 7, 4'-OH, 3'-OCH$_3$）	7.14
ジオスメチン（5, 7, 3'-OH, 4'-OCH$_3$）	7.30
トリシン（5, 7, 4'-OH, 3', 5'-OCH$_3$）	6.60
5, 3'-ジヒドロキシ-7, 4', 5'-トリメトキシフラボン（5, 3'-OH, 7, 4', 5'-OCH$_3$）	21.36
5, 4'-ジヒドロキシ-7, 3', 5'-トリメトキシフラボン（5, 4'-OH, 7, 3', 5'-OCH$_3$）	18.76
5, 3'-ジヒドロキシ-6, 7, 4', 5'-テトラメトキシフラボン（5, 3'-OH, 6, 7, 4', 5'-OCH$_3$）	14.44
ペクトリナリゲニン	17.57
ネバデンシン（5, 7-OH, 6, 8, 4'-OCH$_3$）	16.23
ユーパトリン（5, 3'-OH, 6, 7, 4'-OCH$_3$）	12.59
ヒスピデュリン（5, 7, 4'-OH, 6-OCH$_3$）	7.02
ネペチン（5, 7, 3', 4'-OH, 6-OCH$_3$）	5.21

移動層：アセトニトリル／水／リン酸（35：65：0.2）
カラム：PEGASIL ODS（6 × 150 mm, センシュー科学）
流速：1.0 ml/min

表 3-2-5　HPLC における主なフラボノールのアグリコンの保持時間

フラボノール	保持時間 Rt（分）
ケンフェロール	6.76
クェルセチン	5.06
ミリセチン（3, 5, 7, 3', 4', 5'-OH）	4.09
ケンフェリド（3, 5, 7-OH, 4'-OCH$_3$）	17.22
ラムノシトリン（3, 5, 4'-OH, 7-OCH$_3$）	16.62
クェルセチン 3-メチルエーテル	5.52
イソラムネチン（3, 5, 7, 4'-OH, 3'-OCH$_3$）	7.27
クェルセタゲチン（3, 5, 6, 7, 3', 4'-OH）	4.17

移動層：アセトニトリル／水／リン酸（35：65：0.2）
カラム：PEGASIL ODS（6 × 150 mm, センシュー科学）
流速：1.0 ml/min

表 3-2-4 と表 3-2-5 に主なフラボンとフラボノールのアグリコンの保持時間をそれぞれ示したが，基本的にヒドロキシ基の多いフラボノイドほど早く出現し，メトキシ基の多いものほど保持時間が遅くなる。またアグリコンよりも配糖体のほうが早く出現する。たとえば，一般的なフラボノールであるケンフェロール，クェルセ

表 3-2-6　HPLC における主なフラボン配糖体の保持時間

フラボン	保持時間 Rt（分）
O-配糖体	
アピゲニン 7-グルコシド（コスモシイン）	10.15
アピゲニン 7-アピオシド（アピイン）	9.42
アピゲニン 7-ルチノシド（イソロイフォリン）	8.99
アピゲニン 7-ネオヘスペリドシド（ロイフォリン）	10.01
ルテオリン 5-グルコシド（ガルテオリン）	5.58
ルテオリン 7-グルコシド	7.02
ルテオリン 3'-グルコシド	12.49
ルテオリン 4'-グルコシド	10.42
C-配糖体	
イソビテキシン	6.63
ビテキシン	5.96
イソオリエンチン	4.94
オリエンチン	5.01
ビセニン -2	3.98
ルセニン -2	3.70

移動層：アセトニトリル / 水 / リン酸（20：80：0.2）
カラム：PEGASIL ODS（6 × 150 mm, センシュー科学）
流速：1.0 ml/min

チン，ミリセチンの場合，ヒドロキシ基の多いミリセチンがより早く出現し，次いでクェルセチンが，そして最後にケンフェロールが出現する（表 3-2-5）。

　同じ数のヒドロキシ基あるいはメトキシ基を有する場合でも，それらの結合する位置によって保持時間が変化するが，一般に A 環よりも B 環にメトキシ基が置換しているもののほうがより遅い保持時間を示す。

　表 3-2-6 と表 3-2-7 は主なフラボンおよびフラボノール配糖体の保持時間を示しているが，基本的に親水性である糖がより多く結合するものほどその保持時間は早くなるが，糖の結合する位置によって保持時間が異なる。たとえば，ルテオリンに 1 分子のグルコースが結合した配糖体の場合，5 位に結合したものが最も早く，次いで 7 位であり，B 環の 4' 位や 3' 位に糖が結合すると，そのピークの出現は遅くなる。イソオリエンチンやオリエンチンのようなルテオリン骨格に 1 分子のグルコースが *C*-結合した場合は *O*-配糖体と比較して，ピークの出現が著しく早くなる（表 3-2-6）。

　同じ位置に糖が結合していても，結合する糖の種類が異なっていると，その保持時間は変動する。たとえば，クェルセチンの 3 位に糖が 1 分子結合している場合，ヘキソースであるガラクトース，グルコース，アロースの配糖体の順に，次いでペントースのアラビノース，グルクロン酸の順に出現し，最後に疎水基のメチル基が

表 3-2-7 HPLC における主なフラボノール配糖体の保持時間

フラボノール	保持時間 Rt(分)
O-配糖体	
ケンフェロール 3-グルコシド（アストラガリン）	9.41
クェルセチン 3-グルコシド（イソクェルシトリン）	6.29
クェルセチン 3-ガラクトシド（ヒペリン）	6.10
クェルセチン 3-アロシド（ニッコシジン）	7.30
クェルセチン 3-ラムノシド（クェルシトリン）	9.40
クェルセチン 3-グルクロニド（ミクェリアニン）	9.73
クェルセチン 3-アラビノピラノシド（グアイヤベリン）	7.54
クェルセチン 3-アラビノフラノシド（アビクラリン）	7.53
クェルセチン 3-ルチノシド（ルチン）	6.17
クェルセチン 3-ソフォロシド	4.65
クェルセチン 3-(2″,6″-ジグルコシル-グルコシド)	3.75
クェルセチン 5-グルコシド（サキシフラギン）	5.73
クェルセチン 3′-グルコシド	10.84
クェルセチン 3-(2″-ガロイル-グルコシド)	7.88
クェルセチン 3-(6″-3-ヒドロキシ-3-メチルグルタリル-グルコシド)	8.38
イソラムネチン 3-グルコシド	10.40
ミリセチン 3-グルコシド	5.08
C-配糖体	
6-C-グルコシルケンフェロール	6.35
6-C-グルコシルケンフェロール 3-O-グルコシド	3.78
6-C-グルコシルクェルセチン	4.64
6-C-グルコシルクェルセチン 3-O-グルコシド	3.71

移動層：アセトニトリル/水/リン酸（20：80：0.2）
カラム：PEGASIL ODS（6 × 150 mm, センシュー科学）
流速：1.0 ml/min

存在するラムノースの結合した配糖体が出現する（表 3-2-7）。フラボン配糖体と同様に，O-配糖体に比べて C-配糖体は親水性が強い。このように HPLC を用いて分析を行った場合，ヒドロキシ基，メトキシ基などの置換基の数と結合位置の違いによってその保持時間がかなり異なる。

配糖体では，結合する糖の種類，位置および数の違いで明らかに保持時間が異なってくる。さらに，たとえばアピゲニン 7-ルチノシドと 7-ネオヘスペリドシドに代表されるように，同じアグリコンの同じ位置に 2 種類の糖（この場合はグルコースとラムノース）が結合している場合でも，グルコシル(1→6)ラムノシド（ルチノース）とグルコシル(1→2)ラムノシド（ネオヘスペリドース）のような糖-糖間の結合様式のみが異なる場合でも区別することができる（表 3-2-6）。またラムノグルコシドとグルコラムノシドのようなアグリコンに結合する 2 種類の糖の位置関係が逆になった場合でも区別することが可能である[31]。

アピゲニン 7-ルチノシド　　　　　　アピゲニン 7-ネオヘスペリドシド

しかし，クェルセチン 3-アラビノピラノシド（グアイヤベリン guaijaverin）と 3-アラビノフラノシド（アビクラリン avicularin）のように，結合している糖がピラノース型かフラノース型かを識別するのは比較的困難である（表 3-2-7）。なお，ビフラボンはほとんどのものがアグリコンとして見出されるが，基本的にフラボンよりも保持時間が長くなる。

アビクラリン
（クェルセチン 3-アラビノフラノシド）

グアイヤベリン
（クェルセチン 3-アラビノピラノシド）

多くのフラボノイドにおいて，HPLC は TLC や PC と比較して明らかにその分離能は良好であるが，たとえば C-配糖体では，ビテキシンとイソビテキシンあるいはオリエンチンとイソオリエンチンのように，HPLC よりもむしろ TLC や PC のほうが分離能の高い場合もあり，定性については可能な限り，HPLC と TLC を併用するのが好ましい。

ここでは主なフラボンとフラボノールのアグリコンおよび配糖体，さらにはカルコンとオーロンの HPLC での保持時間を表に示したが（表 3-2-4～3-2-8）。これらの保持時間は移動層や流速の違いはもちろんのこと，使用する HPLC のシステムやカラムなどによって大きく異なるので，あくまで目安として参照されたい。それを是正するために，内部標準を試料に加えて HPLC 分析を行う方法もあるが，その場合は，確実にもとの試料には含まれていない化合物を選定しなければならない。ただし，同じようにシリカ系の逆層カラムを用いた場合は，保持時間は異なってもその出現順序が変わってしまうことはあまりない。

表 3-2-8　HPLC における主なカルコンとオーロンの保持時間

アントクロル	保持時間 Rt（分）
カルコン	
カルコノナリンゲニン 2'-グルコシド（イソサリプルポシド）	11.99
カルコノナリンゲニン 2', 4'-ジグルコシド	6.03
ブテイン 4'-グルコシド（コレオプシン）	10.04
オーロン	
マリチメチン 6-グルコシド（マリチメイン）	6.26

移動層：アセトニトリル / 水 / リン酸（20：80：0.2）
カラム：PEGASIL ODS（6 × 150 mm，センシュー科学）
流速：1.0 ml/min

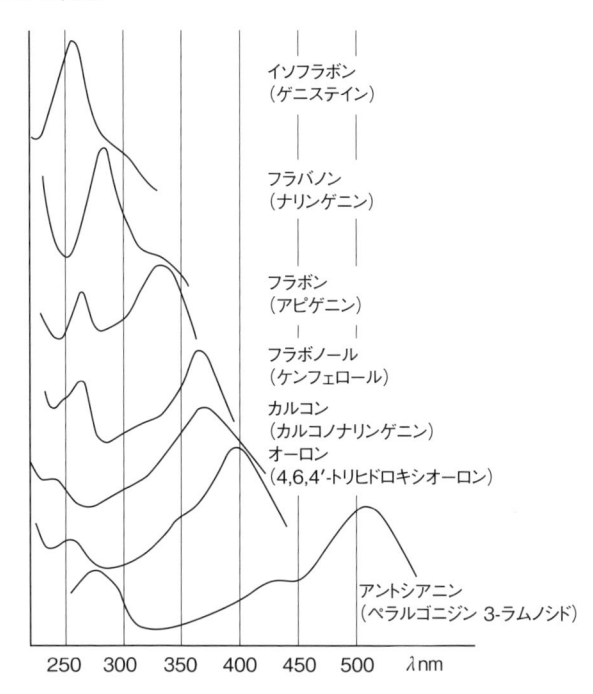

図 3-2-1　一般的なフラボノイドクラスの紫外・可視吸収スペクトル特性

（Markham[20] を改変）

3）紫外・可視吸収スペクトルによる定性

　アントシアニンも含むすべてのフラボノイドは紫外領域から可視領域（190～700 nm）に2か所の光吸収帯をもつことが特徴である。それらはアントシアニン，フラボン，フラボノールのような，フラボノイドのクラスによって吸収の曲線および極大の位置がそれぞれ異なっており，それらを観察することで，どのクラスに属するフラボノイドであるかを大まかに識別できる。図3-2-1はアントシアニン，オー

ロン,カルコン,フラボノール,フラボンなどのフラボノイドの紫外・可視領域における一般的な吸収スペクトル特性を示している[20]。フラボノイドが有する2か所の吸収極大のうち,長波長側のものを Band I,短波長側のものを Band II としているが,アントシアニンのみ可視領域（400～700 nm）にバンドを有するが,その他のフラボノイドはオーロンとカルコンの一部を除いて,いずれも紫外領域（190～400 nm）にのみ吸収極大がある。

a）フラボンとフラボノールの吸収特性

ケンフェロールやクェルセチンのような一般的なフラボノールは 340～370 nm 間に Band I が,250～270 nm 間に Band II が出現するのに対して,フラボンの Band II の位置はフラボノールのそれとほとんど変わらないが,Band I はフラボノールより短波長側の 320～350 nm 付近に出現する（図 3-2-1）。これらのバンドのうち,Band I は主に B 環を含むシンナモイル系 cinnamoyl system の部分の吸収によるものであり,一方,Band II は A 環のベンゾイル系 benzoyl system に由来する吸収である[22]（図 3-2-2）。また Band I と II は,助色団として機能するヒドロキシ基の数が多いほど,それぞれ長波長側に出現する。

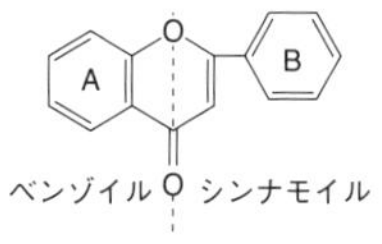

図 3-2-2　フラボノイドにおけるベンゾイル系とシンナモイル系

たとえば,B 環の 4' 位にのみヒドロキシ基が存在するケンフェロールと,3' 位と 4' 位の両方に存在するクェルセチンを比較すると,前者では Band I が 367 nm 付近にあるのに対して,後者では 370 nm 付近にある。フラボンでも同様で,B 環には 4' 位にのみヒドロキシ基を有するアピゲニンと,3' 位と 4' 位にあるルテオリンの Band I はそれぞれ 336 nm および 349 nm である。

Band II は本来,ベンゾイル系に由来する吸収極大であるが,アピゲニンやケンフェロールのように,B 環の 4' 位のみにヒドロキシ基を有するものでは単一のピークとして,またルテオリンやクェルセチンのように B 環に隣接する 2 つ以上のヒドロキシ基を有するものでは,2 つのピーク,あるいはそれぞれ 1 つのピークとショルダーとして出現することが多い。クリシンのように,B 環にまったくヒドロキシ基をもたないようなフラボンでは,Band I が著しく短波長側に出現し（313 nm）,その吸光度も低い。また B 環のヒドロキシ基でも,2' 位や 6' 位にある場合は吸収曲線そのものが一般的なものとはかなり異なってしまうか,もしくは吸収極大にあまり反映されない。

これらのヒドロキシ基が糖やメチル基で置換された場合は,ヒドロキシ基が存在しない状態に近くなり,Band I はより短波長側に出現する。たとえば,クェルセチンの 3 位のヒドロキシ基に糖やメチル基が結合した場合は,クェルセチン自身

の Band I は 370 nm 付近にあるのに対して，350～360 nm に出現する。しかしこの場合，結合する糖の種類の違いや数は極大の出現する位置にはほとんど影響しない。

　フラボンやフラボノールがアシル化された場合では，本来，紫外領域に吸収をもたないマロン酸，コハク酸，酢酸のような脂肪族の有機酸が結合してもそのスペクトル特性は変化しないが，芳香族の有機酸が結合した時には，元の配糖体と有機酸のスペクトル特性をあわせもった吸収を示すことはアントシアニンと同じである。たとえば，クェルセチン 3-グルコシドや 3-ガラクトシドがカフェ酸でアシル化された場合には，カフェ酸自体の吸収極大が 326 nm にあるために，元の配糖体の Band I は 355 nm 付近であるにもかかわらず，330 nm 付近になだらかなピークとして出現する。

　また，ケンフェロール 3-ルチノシドがカフェ酸でアシル化されると，非アシル化配糖体の Band I が 350 nm にあるのに対して，アシル化体では 341 nm となる[32]。没食子酸でクェルセチン 3-グルコシドがアシル化されると，元の配糖体の Band II が 257 nm であるにもかかわらず，没食子酸自体の吸収極大が 274 nm にあるために，その吸収極大は 266 nm を示す[33]。

　シンナモイル系に由来する Band I と比較して，ベンゾイル系に由来する Band II は，ヒドロキシ基の数による極大の位置の変化は総じて少ない。しかし，一般的な 5 位と 7 位にヒドロキシ基をもつフラボンやフラボノールよりも，付加的に 6 位と 8 位のどちらか，あるいは両方にヒドロキシ基をもつもののほうが，Band II は長波長側に出現する。また 6 位や 8 位はベンゾイル系の A 環に位置するにもかかわらず，ここにヒドロキシ基が存在する場合は，Band I がより長波長側に出現することが多い。6 位や 8 位はヒドロキシ基ばかりでなく，ほとんどの C-配糖体のように糖が結合した場合でも，Band II がより長波長側に出現する。たとえば，アピゲニンの Band II が 267 nm であるのに対して，6 位にグルコースが C-結合したイソビテキシンでは 271 nm にあり，Band II の出現位置を見ることで，6 位や 8 位に何らかの置換基があることを予測できる。主なフラボンとフラボノールの吸収極大については，**表 3-2-9** に示してある。なお，裸子植物などに含まれているビフラボンは，基本的に結合している 2 つのフラボンが同一のものならそのスペクトルの見方はフラボンと変わらないが，異なっている場合は両者の特性をあわせもつ。

b) カルコンとオーロンの吸収特性

　黄色色素として機能するカルコンとオーロンは，一般的に可視領域に近い 360～400 nm 付近に大きな吸収極大 (Band I) がある (**図 3-2-1** および**表 3-2-10**)。両者の間ではカルコンよりもオーロンの Band I のほうが長波長側に位置し，マリチメチ

表 3-2-9　主なフラボンおよびフラボノールの吸収極大

フラボノイド	Band I	Band II
フラボン		
クリシン	313	268
アピゲニン	336	267
アピゲニン 7-グルコシド	333	268
イソビテキシン	336	271
アカセチン	327	269
ペクトリナリゲニン	330	274
ルテオリン	349	253, 267
ルテオリン 7-グルコシド	348	255, 267sh
イソオリエンチン	349	255, 271
ジオスメチン	344	252, 267
トリシン	350	269
フラボノール		
ガランギン	359	267
ケンフェロール	367	266
ケンフェロール 3-グルコシド	347	266
ケンフェロール 3-(カフェオイル-グルコシド)	341	266
ケンフェロール 7-グルコシド	364	266
クェルセチン	370	255, 269sh
クェルセチン 3-グルコシド	358	257, 266sh
クェルセチン 3-(アセチル-グルコシド)	356	256, 266sh
クェルセチン 3-(カフェオイル-グルコシド)	333	254
クェルセチン 3-(ガロイル-グルコシド)	355	266
6-C-グルコシルクェルセチン	373	258, 271sh
6-C-グルコシルクェルセチン 3-O-グルコシド	360	260, 267sh
ミリセチン	374	254, 272sh
ミリセチン 3-グルコシド	364	257, 264sh

メタノール溶液中　sh：ショルダー

ン maritimetin などでは可視領域の 413 nm にある。両者ともに Band II は 240〜260 nm 近辺にあるが，その吸光度は非常に小さいか，あるいはショルダーとなって出現する。

　カルコンやオーロンにおいても，ヒドロキシ基に糖やメチル基が結合すると，その吸収極大はより短波長側に出現するが，オーロンにおいてはカルコンと比較するとあまり影響されず，アグリコンでもその配糖体でも類似した吸収特性を示すことが多い[22]。

c) 各種試薬の添加による吸収スペクトルの測定

　すべてのフラボノイドが紫外・可視領域に 2 か所の吸収極大，すなわち Band I と Band II を有していることはすでに述べたが，このフラボノイド溶液に各種の試

表 3-2-10 主なカルコンとオーロンの吸収極大

アントクロル	Band I	Band II
カルコン		
イソリキリチゲニン	367	258sh
カルコノナリンゲニン 2'-グルコシド	368	248sh
カルコノナリンゲニン 4-グルコシド	356	232sh
カルコノナリンゲニン 4,2',4'-トリグルコシド	354	246sh
ブテイン	382	263
ブテイン 4'-グルコシド	385	265
オカニン	384	260
オーロン		
オーロイシジン 4,6-ジグルコシド	408	254sh
スルフレチン	395	257
マリチメチン 6-グルコシド	413	244sh
ブラクテアチン	403	260
ブラクテアチン 4-グルコシド	409	259

メタノール溶液中　sh：ショルダー

薬を添加して，その吸収極大の移動を測定することにより，化学構造についての多くの情報を得ることができる。この方法は 1962 年に Jurd によって総説され[34]，さらに 1970 年に Mabry らによって単行本として出版されたが[19]，現在でもフラボノイドの同定を行ううえで，きわめて重要な位置を占めている。ここではこれらの方法について述べる。

　各種フラボノイドは次に述べる試薬を添加して吸収スペクトルの測定を行うが，まず最初に試料とするフラボノイドそのものの吸収特性を知らなければならない。これは最近ではメタノール溶液として測定することが多くなったが，エタノール溶液としても可能である。測定波長領域はアントシアニン以外は 220～500 nm の範囲で十分である。

【ナトリウムメチラート（**NaOMe**）の添加】　2.5 g の金属ナトリウムを注意深く切り，100 ml のメタノールに溶かして試薬を調整する。メタノールのみで試料の吸収スペクトルを測定した後に，その石英セルに 3 滴程度加え，かくはん後，すぐに測定を行う。これをメタノールのみで測定したスペクトルとその吸収極大の位置や吸光度を比較する。また NaOMe の添加の場合では，試料に分解が生じたかどうか（スペクトルの曲線が著しく変形する）をチェックするために 5～10 分後に再度スペクトルの測定を行う。なお，エタノール溶液として測定を行う場合には，金属ナトリウムはエタノールに溶かす。金属ナトリウムの取り扱いは危険をともなうことが多いので，市販のナトリウムメチラート（28％ナトリウムメチラートメタノール溶液）を用いても結果はほとんど変わらない。また水酸化ナトリウム溶液も用い

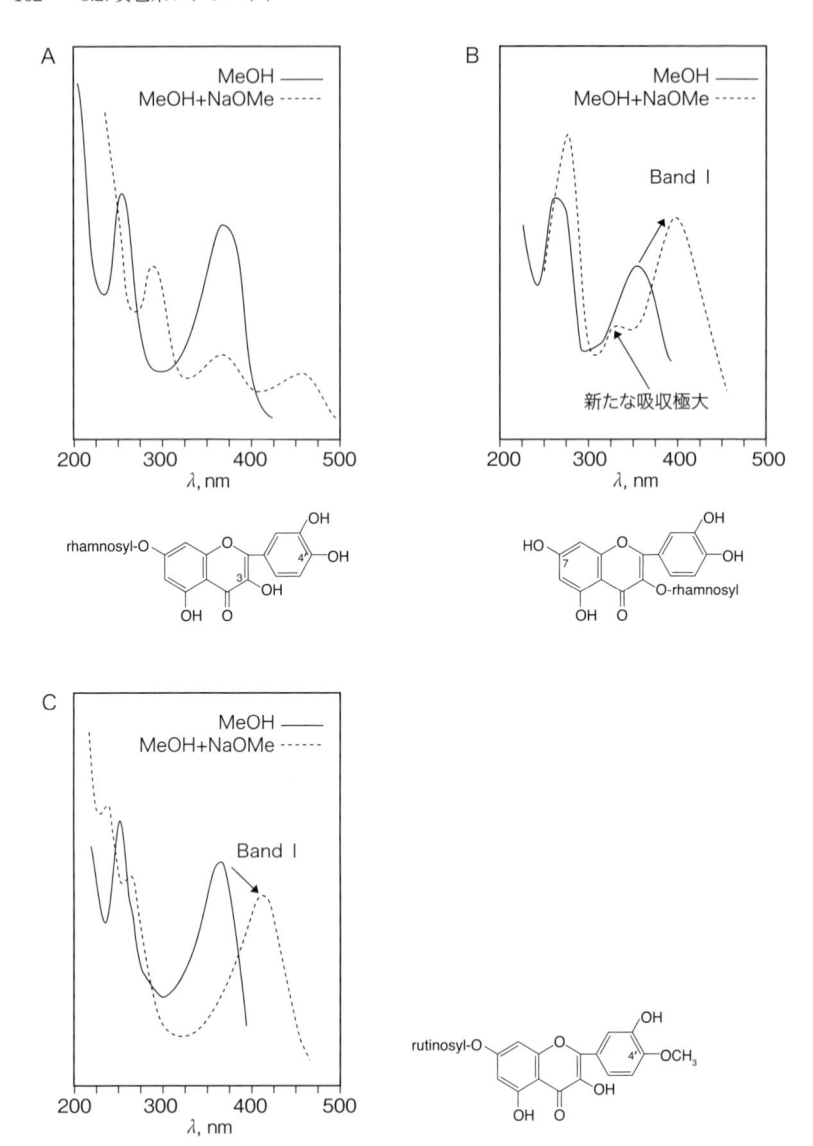

図 3-2-3　ナトリウムメチラートを添加した時の吸収スペクトルの移動（Mabry ら[19]を改変）

A：クェルセチン 7-ラムノシド（スペクトル曲線が変形。3 位と 4' 位のヒドロキシ基が遊離）
B：クェルセチン 3-ラムノシド（Band I の吸光度が増加，さらに Band I と II の間に付加的な吸収極大の出現。4' 位のヒドロキシ基は遊離だが，3 位はグリコシル化またはメチル化，7 位のヒドロキシ基は遊離）
C：タマリキセチン 7-ルチノシド（Band I の吸光度が著しく減少。4' 位のヒドロキシ基がグリコシル化またはメチル化）

ることができる。測定後、アルカリが入ってしまっているので、反応溶液は廃棄する。

フラボノイドの溶液をアルカリ性にすると、そのヒドロキシ基はほとんど解離するため、強アルカリの NaOMe を添加すると遊離のヒドロキシ基を有するフラボノイドの吸収極大はすべて長波長側に移動する（深色移動 bathochromic shift）。この場合、B 環も含めたシンナモイル系の部分に遊離のヒドロキシ基が多いほど、その吸収極大はより深色移動する。しかし、3 位に遊離のヒドロキシ基が存在するフラボノールではさらに 4' 位にも遊離のヒドロキシ基がある場合には分解が生じ、吸収スペクトルの曲線自体が変形してしまう（図 3-2-3A）。これは B 環にヒドロキシ基の多いものほど著しく、クェルセチンやミリセチンでは即座に分解が生じる。フラボノール配糖体は 3 位に糖を結合していることが多く、この場合は分解が生じない。3 位がメチル化された時も同様である。したがって、フラボノールで分解が生じない場合は 3 位か 4' 位のどちらか、あるいは両方のヒドロキシ基がグリコシル化やメチル化されていることを意味する（図 3-2-3B）。ただミリセチンのように、B 環に 3 つの遊離のヒドロキシ基が存在する場合には、少なくとも市販の NaOMe を使用した場合には、たとえ 3 位のヒドロキシ基が遊離の状態でなくても分解が生じることが多い。

3 位と 4' 位のどちらがグリコシル化あるいはメチル化されているのかを決定するには、Band I の吸光度を見るのがよい。NaOMe を添加して生じた Band I が、メタノールのみで測定したものより深色移動し、なおかつ吸光度が増加している場合は 4' 位のヒドロキシ基が遊離であり（図 3-2-3B）、逆に吸光度が著しく減少している場合は、4' 位ないしは 3 位と 4' 位の両方のヒドロキシ基がグリコシル化あるいはメチル化されていると考えてよい（図 3-2-3C）。またフラボンの場合は、本来 3 位にヒドロキシ基が存在しないので分解は生じない。

このように NaOMe の添加では、主に 3 位と 4' 位の遊離のヒドロキシ基の有無や置換を見ることができるが、これとは別に、7 位のヒドロキシ基が置換されているかどうかも見ることができる。置換されている場合には Band I と II の間（320～335 nm）に新たな吸収極大が出現する（図 3-2-3B）。これはアピゲニンやケンフェロールのような 4' 位にのみヒドロキシ基を有するもののほうが顕著である。

カルコンやオーロンの場合は基本的に分解は生じない。またカルコノナリンゲニン 4, 2', 4'-トリグルコシド chalcononaringenin 4,2',4'-triglucoside のように、B 環の 4 位（オーロンの場合は 4' 位）のヒドロキシ基がなかったり、またはあってもグリコシル化やメチル化されている場合は、Band I が深色移動しても吸光度が減少することはフラボンやフラボノールと同様である[35]。

3.2. 黄色系フラボノイド

カルコノナリンゲニン 4, 2', 4'-トリグルコシド

【塩化アルミニウム（AlCl$_3$）および塩酸（HCl）の添加】 5gの無水 AlCl$_3$ を 100 ml のメタノールに溶かす。この溶液を試料の入った石英セルに 5〜6 滴加え，かくはん後に吸収スペクトルを測定する。その後，蒸留水で 3 倍希釈した濃塩酸をこれに 3 滴添加して，かくはん後に吸収スペクトルを測定する。測定後，溶液は金属が入ってしまっているので廃棄する。

　フラボンやフラボノールなど，4 位にカルボニル基を有するフラボノイドは隣接する 3 位や 5 位（カルコンの場合は 6' 位）に遊離のヒドロキシ基が存在する場合，これに AlCl$_3$ を加えると錯塩が形成される。この錯塩はきわめて安定で，これに HCl を加えてもアルミニウムが遊離することはない（図3-2-4）。これとは別に，錯塩は互いに隣接したヒドロキシ基の間，たとえば B 環の 3' 位と 4' 位，あるいは A 環の 6 位と 7 位の間でも形成される。しかしながら，このような錯塩は不安定で，これに HCl を滴下するとたちどころにアルミニウムが遊離してしまう。フラボノイドは錯塩を形成することによって，吸収極大が深色的に移動する。したがって，AlCl$_3$ を加えたものと，それに HCl を加えたものの吸収極大の位置を比較することによって，3 位や 5 位，あるいは B 環や A 環に隣接する 2 つ以上の遊離のヒドロキシ基が存在するかどうかを把握することができる。またこのような錯塩，特に B 環の隣接するヒドロキシ基の間で生じたものは黄色となり，肉眼的にも識別が可能である。

　フラボンの場合で，ルテオリンのように 5 位のヒドロキシ基と 4 位のカルボニル基および B 環の 3' 位と 4' 位のヒドロキシ基の両方で錯塩が形成される場合には，メタノール溶液中で測定された吸収極大より Band I で 65〜90 nm ほどの深色移動を示すが，これに HCl を加えるとヒドロキシ基間の錯塩は解離するので，30〜40 nm ほど短波長側に戻る（浅色移動 hypsochromic shift）（図3-2-5C および表3-2-11）。またこの時，Band I と II はそれぞれ 2 つのピーク（Band Ia, Ib および IIa, IIb）に分岐する。一方，アピゲニンのように B 環に隣接するヒドロキシ基を持たないものは AlCl$_3$ の添加で 35〜55 nm の深色移動が生じるが（Band Ia），これに HCl を加えても実質の移動は生じない（図3-2-5B）。また B 環に隣接するヒドロキシ基は存在するが，5 位にヒドロキシ基がないものは AlCl$_3$ の添加で 17〜20 nm の深色移動が生じるが，これに HCl を加えると，ほぼメタノールのみで測定した吸

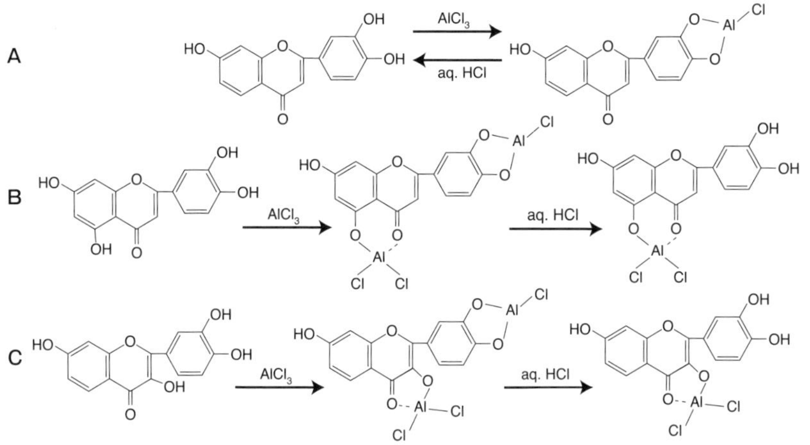

図 3-2-4 フラボンおよびフラボノールの溶液に塩化アルミニウムおよび塩酸を加えた時のさまざまな金属錯体の形成（Mabry ら [19] を改変）

表 3-2-11 主なフラボンとフラボノールの塩化アルミニウム添加による吸収極大と塩酸添加での移動

フラボノイド	+AlCl$_3$		+AlCl$_3$/HCl	
	Band I	Band II	Band I	Band II
フラボン				
クリシン	380, 330	279, 252	381, 326	280, 251
アピゲニン	384, 348	301, 276	381, 340	299, 276
アピゲニン 7-グルコシド	386, 348	300, 276	382, 341	299, 277
アカセチン	382, 344	302, 277	379, 338	300, 279
ルテオリン	426	274	385, 355	294sh, 275
ルテオリン 7-グルコシド	432	274	387, 358	294sh, 273
フラボノール				
ガランギン	413, 337	300sh, 274	412, 334	302sh, 273
ケンフェロール	424, 350	303sh, 268	424, 348	303sh, 269
ケンフェロール 3-グルコシド	393, 348	304, 275	394, 347	303, 275
クェルセチン	458	272	428, 359	301sh, 265
クェルセチン 3-グルコシド	433	275	399, 362	298, 269
イソラムネチン	431, 361sh	304sh, 264	428, 357	302sh, 262
イソラムネチン 3-グルコシド	407, 365sh	299sh, 269	403, 357	298sh, 267

メタノール溶液中　sh：ショルダー

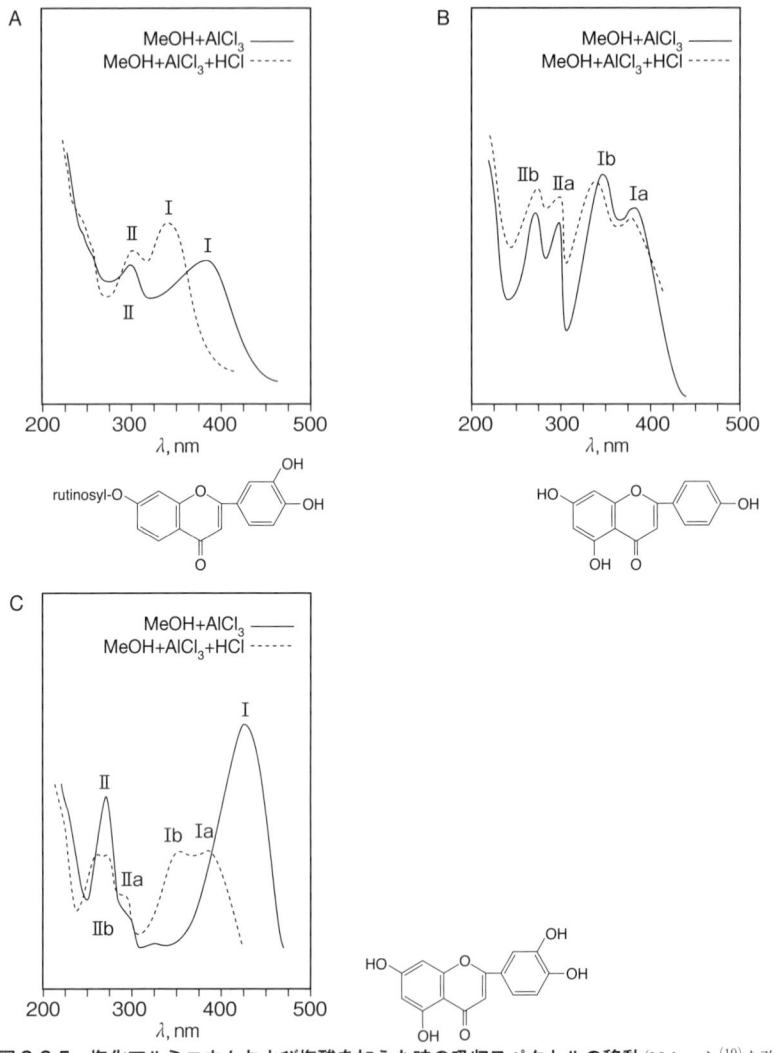

図3-2-5 塩化アルミニウムおよび塩酸を加えた時の吸収スペクトルの移動(Mabryら[19]を改変)
A：7, 3', 4'-トリヒドロキシフラボン 7-ルチノシド，B：アピゲニン，C：ルテオリン

収極大の位置に戻ってしまう（図3-2-5A）。

　カルコンとオーロンでも，$AlCl_3$およびこれにHClを加えた時の吸収極大の移動は基本的に同じである。$AlCl_3$および$AlCl_3$/HClの添加の両方で，結合している糖の種類や数，あるいはメチル化はスペクトルの変化に反映されない。

【酢酸ナトリウム（NaOAc）およびホウ酸（H_3BO_3）の添加】　市販の無水 NaOAc（特級）の粉末をそのまま試料の入った石英セルの底に 2 mm ぐらい沈積する程度に加え，かくはん後，約 2 分で吸収スペクトルの測定を行う。測定を行ったこの溶液に，さらに市販の無水の H_3BO_3（特級）の粉末をそのまま石英セルに十分に加え（セルの底に 2～3 mm 程度），かくはん後にスペクトルの測定を行う（方法 I）。ただ前述した NaOMe を添加しての測定で，分解が生じた試料については，NaOAc を添加してスペクトルを測定した試料を廃棄し，新たにフラボノイド溶液を準備し，これに H_3BO_3 の粉末ではなくメタノールに十分に H_3BO_3 を飽和させた溶液を調合し，これを 5 滴程度加えてかくはんし，これに NaOAc の粉末を添加した後にスペクトルの測定を行う（方法 II）。この試料も測定後に廃棄する。

　NaOAc は弱いアルカリであるために，フラボンやフラボノールでは他のヒドロキシ基よりやや強い酸性を示す 3 位，7 位および 4' 位のヒドロキシ基のみをイオン化する。これを添加することにより，7 位に遊離のヒドロキシ基を有するものは Band II に，また 3 位や 4' 位にあるものは Band I に深色的な移動が生じる。ただし，6 位や 8 位にも遊離のヒドロキシ基が存在すると，7 位のヒドロキシ基の酸性が弱まるためにほとんど移動しなくなる。その結果として 6 位と 7 位，あるいは 7 位と 8 位にヒドロキシ基が存在するものは，7 位のヒドロキシ基がグリコシル化やメチル化していなくても深色移動がほとんど生じないので，7 位のヒドロキシ基が置換されているかどうかは NaOMe 添加で Band I と II の間に付加的な極大が出現するかどうかで判断するのがよい。

　カルコンとオーロンの場合は，NaOAc を添加したとき，カルコンでは 4 位および 4' 位，オーロンでは 4' 位および 6 位のどちらか，あるいは両方に遊離のヒドロキシ基が存在する時，深色移動が生ずるか，長波長側にショルダーが出現する。

　$AlCl_3$ とは異なり，H_3BO_3 は遊離のヒドロキシ基が隣接して存在する場合のみに錯塩を生ずる（図 3-2-6）。ただし，5 位と 6 位の間はフラボンやフラボノールのように 4 位にカルボニル基が存在するものでは，5 位のヒドロキシ基と 4 位のカルボニル基との間で水素結合が生じているために，錯塩を形成しない。B 環（一般的には 3' 位と 4' 位）に隣接する遊離のヒドロキシ基が存在する場合，Band I に 12～30 nm の深色移動が見られ，A 環に存在する場合（6 位と 7 位あるいは 7 位と 8 位）は，それより小さい 5～10 nm の移動が観察される（表 3-2-12）。

　カルコンとオーロンでは，B 環に隣接する遊離のヒドロキシ基が存在すれば，Band I が 28～38 nm 程度深色的に移動するが，A 環の場合にはその移動がきわめて小さく，判断が困難である。NaOAc と NaOAc/H_3BO_3 添加の場合でも，結合する糖の種類や数はもとより，グリコシル化あるいはメチル化の判断は不可能である。

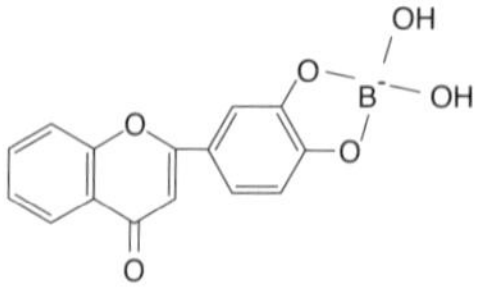

図 3-2-6　フラボンのホウ酸による錯塩の形成

表 3-2-12　主なフラボンとフラボノールの酢酸ナトリウム添加による吸収極大とホウ酸添加での移動

フラボノイド	+NaOAc		+NaOAc/H$_3$BO$_3$	
	Band I	Band II	Band I	Band II
フラボン				
クリシン	359	275	315	269
バイカレイン	360	257	303	277
アピゲニン	376	274	338	268
アピゲニン 7-グルコシド	387	267	340	267
ルテオリン	384	269	370	259
ルテオリン 7-グルコシド	405	259	372	259
フラボノール				
ガランギン	388	275	361	267
ケンフェロール	387	274	372	267
クェルセチン	390	274	388	261
クェルセチン 3-グルコシド	394	273	378	261
クェルセチン 7-ラムノシド	428	286	386	261

メタノール溶液中

以上の各種試薬の添加によるスペクトルの移動と構造の評価をまとめると表 3-2-13 のようになる。

4) 加水分解

すでに述べたように，多くのフラボノイドは糖が結合した状態，すなわち配糖体として存在する。これまで報告されている結合糖のうち，最も一般的なものはグルコースであり，その異性体であるガラクトースや，さらにラムノースなども普遍的に存在する。五単糖であるアラビノース，キシロース，アピオース，さらにはウロン酸であるグルクロン酸も結合糖として報告されている。これらの他に，まれな糖としてアロース allose，フコース fucose，グルコサミン glucosamine，マンノース mannose，ガラクツロン酸，フルクトース fructose，リキソース lyxose なども知られている[2]。

これらの糖は単糖としてばかりでなく，2 糖類や 3 糖類，さらにはそれ以上として結合している例も近年，数多く報告されている。またフラボノイド骨格の 1 か所

ばかりでなく，数か所に結合していることもまれではない。

近年は比較的複雑な構造の配糖体であっても，NMR 解析の急速な発展によって，糖－糖間の結合様式も含めたフラボノイドの完全な同定も可能になったが，これらの配糖体を加水分解し，その生成物のアグリコンと糖をそれぞれ定性することはもとの配糖体の同定を行ううえでの重要な情報を提供してくれる。

a）完全酸加水分解

加水分解の方法としては，酸を用いる方法（酸加水分解）と酵素を用いる方法（酵素加水分解）とがあるが，結合している糖をすべて遊離させる（完全加水分解）ためには，塩酸を用いるのが一般的である。酸加水分解の方法としては，2N 塩酸に試料を溶かし，沸騰水浴上（100℃）で 30 分間加熱すれば，たいていの糖を遊離させることができる。塩酸の濃度は必ずしも厳密なものではなく，2N でなくても 10% 程度であれば基本的に問題はない。

加水分解に対する糖の遊離は，糖の種類や結合位置によって異なる[36]。単糖類では一般にラムノースが最も容易に遊離され，次いでアラビノースやキシロース，さらにはグルコースやガラクトースで，グルクロン酸は加水分解に対して最も抵抗性を示す。これはグルクロン酸に結合しているカルボキシ基に起因するといわれている[36]。

結合位置としては，たとえ同じ種類の糖が結合している場合でも，フラボノールでは 7 位よりも 4' 位が，さらには 4' 位よりも 3 位の糖が速やかに水解される。しかし，アグリコンの違いは加水分解率にほとんど影響しない。

フラボノイドの中で，カルコンの配糖体を加水分解すると，本来黄色を呈していた溶液がたちどころに無色となってしまう。これは酸性条件で加熱すると，開環しているカルコンの中央の部分（フラボンやフラボノールの C 環）が閉環し，無色のフラバノンへと変換してしまうことによる。たとえば，カルコノナリンゲニン 2'-グルコシドを酸加水分解すると，これに対応するフラバノンのナリンゲニンとグルコースが生成される（図 3-2-7）[37]。この反応はカルコノナリンゲニンのような A 環がフロログルシン型のカルコンでは容易に起こるが，イソリキリチゲニン isoliquiritigenin のようなレゾルシン型のものでは簡単には生じない[38]。

b）酵素加水分解

酸加水分解が，結合している糖の種類に関係なく水解できるのに対して，酵素による加水分解は用いる酵素によって特定の糖が遊離される。市販品として一般に入手できる酵素は β-グルコシダーゼである。その他に α-ラムノシダーゼ，β-グルクロニダー

イソリキリチゲニン

表 3-2-13　一般的なフラボン，フラボノール，カルコンおよびオーロンにおける各種吸収スペクトルの移動とその解釈

フラボノイドのクラス	Band I
メタノール溶液	
フラボン	320〜350 nm
フラボノール	340〜370 nm
カルコン	360〜400 nm
オーロン	370〜420 nm
+NaOMe	
フラボン，フラボノール	吸収曲線が著しく変形（分解）
	45〜65 nm の深色移動（吸光度の増加）
	45〜65 nm の深色移動（吸光度の著しい減少）
	320〜335 nm 間に新たな吸収極大の出現
オーロン	80〜95 nm の深色移動（吸光度の増加）
	60〜70 nm の深色移動（吸光度の増加）
	ほとんど移動しない
カルコン	60〜100 nm の深色移動（吸光度の増加）
	60〜100 nm の深色移動（吸光度の著しい減少）
	40〜50 nm の深色移動
+AlCl$_3$ および +AlCl$_3$/HCl	
フラボン，フラボノール	+AlCl$_3$ で 65〜90 nm の深色移動，かつ +HCl で 30〜40 nm の浅色移動
	+AlCl$_3$ で 35〜55 nm の深色移動，しかし +HCl で移動が生じない
	+AlCl$_3$ で 17〜20 nm の深色移動，かつ +HCl でほぼもとの極大位置に戻る
カルコン，オーロン	+AlCl$_3$ で 80〜130 nm の深色移動，かつ +HCl で 40〜70 nm の浅色移動
	+AlCl$_3$ で 48〜64 nm の深色移動，しかし +HCl で移動が生じない
+NaOAc	
フラボン，フラボノール	
カルコン，オーロン	深色移動あるいは長波長側に付加的なショルダー
+NaOAc/H$_3$BO$_3$	
フラボン，フラボノール，カルコン，オーロン	12〜36 nm の深色移動（メタノール溶液でのスペクトルと比較）

ゼ，アントシアナーゼなどがある．基本的に β-グルコシダーゼはグルコースを，α-ラムノシダーゼはラムノースを，そして β-グルクロニダーゼはグルクロン酸をフラボノイドから特異的に遊離するが，市販のアントシアナーゼは β-グルコシダー

Band II	解釈
250〜270 nm	
250〜270 nm	
240〜260 nm（吸収極大が小さいかショルダー）	
240〜260 nm（吸収極大が小さいかショルダー）	
	3位と4'位の両方に遊離のヒドロキシ基が存在
	4'位に遊離のヒドロキシ基が存在
	4'位に遊離のヒドロキシ基がないか，置換
	7位に遊離のヒドロキシ基が存在
	4'位に遊離のヒドロキシ基が存在
	6位と4'位の両方に遊離のヒドロキシ基が存在
	6位に遊離のヒドロキシ基が存在し，4'位が置換
	4'位に遊離のヒドロキシ基が存在
	2位あるいは4'位に遊離のヒドロキシ基が存在し，4位のヒドロキシ基がないか，置換
	4'位に遊離のヒドロキシ基が存在
	3位と5位，あるいはそのどちらかに遊離のヒドロキシ基が存在し，かつB環にも隣接する2つ以上の遊離のヒドロキシ基が存在
	3位と5位，あるいはそのどちらかに遊離のヒドロキシ基が存在
	B環にも隣接する2つ以上の遊離のヒドロキシ基が存在するが，3位と5位にはヒドロキシ基がないか，置換
	B環にも隣接する2つ以上の遊離のヒドロキシ基が存在（カルコン，オーロン）
	2'位に遊離のヒドロキシ基が存在（カルコン）
5〜20 nm の深色移動	7位に遊離のヒドロキシ基が存在
	4'位と4位（カルコン）あるいは4'位と6位（オーロン）の両方またはどちらかに遊離のヒドロキシ基が存在
	B環に隣接する2つ以上の遊離のヒドロキシ基が存在

ゼや α-ラムノシダーゼも混入していることが多く，たとえば，マルトースやルチノース（ラムノシル（1→6）グルコース）なども遊離することができる[20]。酵素加水分解の場合は，糖の結合する位置は加水分解率にほとんど反映されない。

カルコノナリンゲニン 4'-グルコシド　　　　　　　ナリンゲニン　＋グルコース

図 3-2-7　カルコン配糖体の酸加水分解によるフラバノンへの変換

c）部分酸加水分解

完全加水分解の項で述べたように，フラボノイドに結合する糖の種類や位置で水解の難易性が異なる。これを利用して 2 分子以上の糖が結合している場合に，穏やかな条件で加水分解を行い，中間産物を得て，これを同定することによりもとの配糖体の構造決定を行う情報を得るのが部分加水分解である。

フラボンやフラボノールの場合，1％程度の塩酸，または 1％塩酸とメタノールを等量混合した溶液，あるいは 1.5N 塩酸などの弱い酸性溶液中で，沸騰水浴上で行う。ただし先にも述べたように，糖の種類などによって遊離の時間が異なるので，5 分，10 分と定期的にピペットなどで反応物を回収し，これに含まれる中間産物を HPLC や LC-MS などによって定性を行う。これは従来，PC や TLC で行われてきたが，より少量でも検出可能な HPLC を用いるのが便利である。部分加水分解は最終産物であるアグリコンが検出されるまで行う。グルクロン酸のような遊離の困難な糖が結合している場合には，完全加水分解とほぼ同様の塩酸濃度で行ってもよい。

d）*C*-配糖体と *O*-配糖体

フラボノイド骨格のヒドロキシ基に糖が結合した *O*-配糖体の場合は前述の条件で確実な加水分解を行うことができるのに対して，*C*-配糖体は糖が直接フラボノイド骨格に結合しているために，同様の条件での加水分解は不可能である。そのために，*C*-配糖体に結合している糖の判定は後述の質量や NMR スペクトル分析に頼る以外はない。

C-配糖体を酸加水分解と同様の熱塩酸処理を行い，その反応物を TLC や HPLC で分析すると，もとの配糖体に相当するスポット（ピーク）に加えて，別のスポット（ピーク）が出現する。これは Wessely-Moser 再配列 Wessely-Moser rearrangement といわれる現象である[20]。一般に *C*-グリコシル化されるのは 6 位か 8 位であるが，強酸性の条件で加熱すると 6 位あるいは 8 位に結合している糖がそれぞれ，8 位あるいは 6 位に移動する現象で，結果として 6-*C*-配糖体と 8-*C*-配糖体の混合物が生成される。たとえば，イソビテキシン（アピゲニン 6-*C*-グル

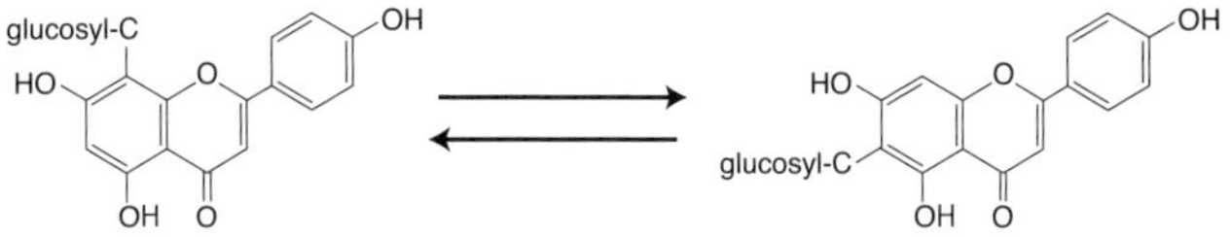

図 3-2-8　Wessely-Moser 再配列

コシド）はビテキシン（アピゲニン 8-C-グルコシド）に異性化され，両者の混合物が生じる（図 3-2-8）。6 位と 8 位に異なる糖が結合した C-配糖体も同様で，たとえば，シャフトシド schaftoside（アピゲニン 6-C-グルコシド -8-C-アラビノシド）はイソシャフトシド isoschaftoside（アピゲニン 6-C-アラビノシド -8-C-グルコシド）に異性化される。

　C-配糖体の中には，C-グリコシル基上，あるいはフラボノイド骨格のヒドロキシ基上にさらに糖が O-結合しているものがある。この場合は，常法の酸加水分解によって水解されるが，C-グリコシル基は遊離されないために，水解産物は水溶性のままであり，これにエーテルを加えても水性母液にとどまっている。

e）アルカリ加水分解

　この加水分解には 2 つの方法がある。1 つは窒素気流中で，0.5％水酸化カリウム（10 ml）に配糖体を溶かし，30 分間沸騰水浴上で加熱した後，2 mol の塩酸で中和するものであり，もう 1 つは 2 mol の水酸化ナトリウムと配糖体の水溶液あるいは水性メタノール溶液を混合し，中の空気を追い出した 10 μl のシリンジに溶液を入れ，室温で 2 時間放置する。その後，2 mol の塩酸を含むガラスビンに混合物を出し，減圧下で濃縮乾固する方法である。

　前者はフラボノールの 3 位と 7 位，あるいは 3 位と 4' 位の両方に糖が結合している配糖体から選択的に 7 位あるいは 4' 位の糖のみを遊離させる方法である[20]。一方，後者はアシル化配糖体からエステル結合している有機酸を選択的に遊離させるものである[20,39]。遊離した有機酸は反応溶液にエーテルを加えて振ることによって得られる。脱アシル化された配糖体は水解母液に溶存されている。

5）NMR による定性*

　2006 年の時点で発見されたアントシアニンも含むフラボノイドの種類数は 7000

---

*執筆：岩科　司・北島潤一　Tsukasa Iwashina and Junichi Kitajima

を超える[40]。これは各種クロマトグラフィーなどの分離技術の発達によることが大きいが，NMRスペクトルの応用によって，より複雑な配糖体の同定が可能になったことも大きい。

フラボノイドの構造の複雑さは，主に結合する糖の種類，数，糖と糖の結合様式，さらにこれがアシル化された時の有機酸の種類，結合位置などに起因する。これらのNMRによる定性はアントシアニンの項（p. 112）ですでに述べられており，その他のフラボノイドについても基本的には同じであるので，ここでは省略する。

アントシアニン以外のフラボノイドは相対的に安定であるので，測定する時に酸を添加する必要はほとんどない。そのために，測定にはDMSO-d_6，重ピリジンpyridine-d_5，重メタノールMeOH-d_4，重アセトンacetone-d_6など，いくつかの溶媒が用いられている。最も報告の多いのが，DMSO-d_6である[41]。これはフラボノイドの溶解性が非常に強いので，フラボノイドの誘導体を作ることなく，配糖体でもアグリコンでも直接測定することができる反面，測定したフラボノイドを回収しようとする場合に，沸点が高いために困難であることが欠点である。そのために，私の研究室では，pyridine-d_5をよく用いている。これも誘導体を作らずに直接測定が可能であるが，ピリジン由来の3つのシグナルが低磁場（^{1}H NMRではδ 7.0～9.0，^{13}C NMRではδ 120.0～150.0）に出現し（図3-2-9Bおよび図3-2-10B），芳香族由来のシグナルの確認を妨害するのが欠点であるが，沸点が低いためにたとえ貴重な試料でも回収が容易であることが利点である。図3-2-9および図3-2-10と表3-2-14および表3-2-15にはクェルセチン3-ルチノシドを両溶媒で測定したデータを示した。同じ化合物でも，基本的にはpyridine-d_5による測定では，DMSO-d_6によるものよりもすべてのシグナルが低磁場に出現することがわかる。しかし，^{1}H NMRでのH-2'とH-6'，およびH-6とH-8が若干入れ違う以外は出現の順序は基本的に変化がない。

a) フラボンとフラボノール

フラボンとフラボノールのNMRとアントシアニンのそれを比較して異なる所は，前2者は4位にカルボニル基が存在することである。そのために，これらのNMRデータでは，^{1}H NMRでH-4が欠失することと，^{13}C NMRでC-4がかなり低磁場（δ 177～180）に出現することが大きな違いである。その他は基本的にアントシアニンと同じである（図3-2-9および図3-2-10）。

b) カルコンとオーロン

カルコンはC環が開環しているために，^{1}H NMRのH-βとH-α（他のフラボノイドではH-2とH-3に相当）がδ 7.0～8.0の低磁場に結合定数15～16 Hzのダブレット（d）として出現する。また^{13}C NMRではカルボニル基の結合する炭素（他のフ

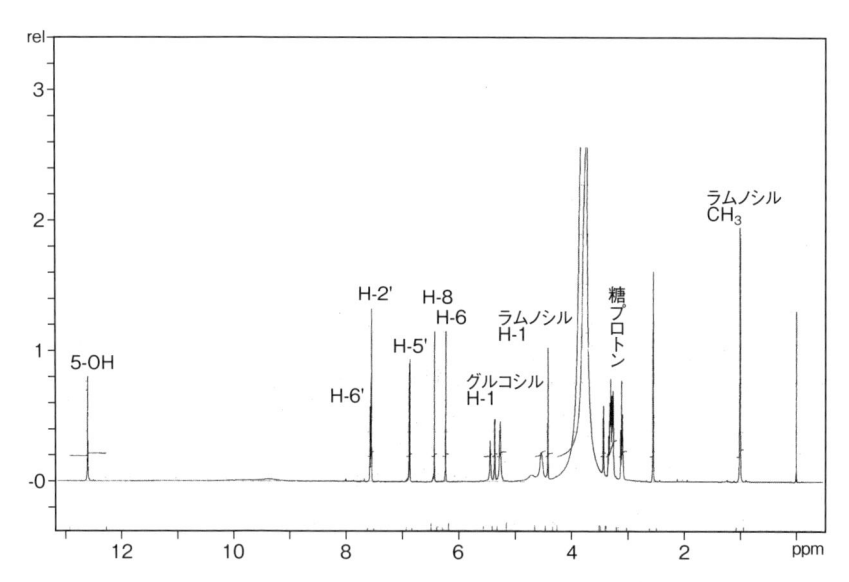

図 3-2-9A DMSO-d_6 を溶媒としたクェルセチン 3-ルチノシドの ^{1}H NMR の化学シフト（600 MHz）

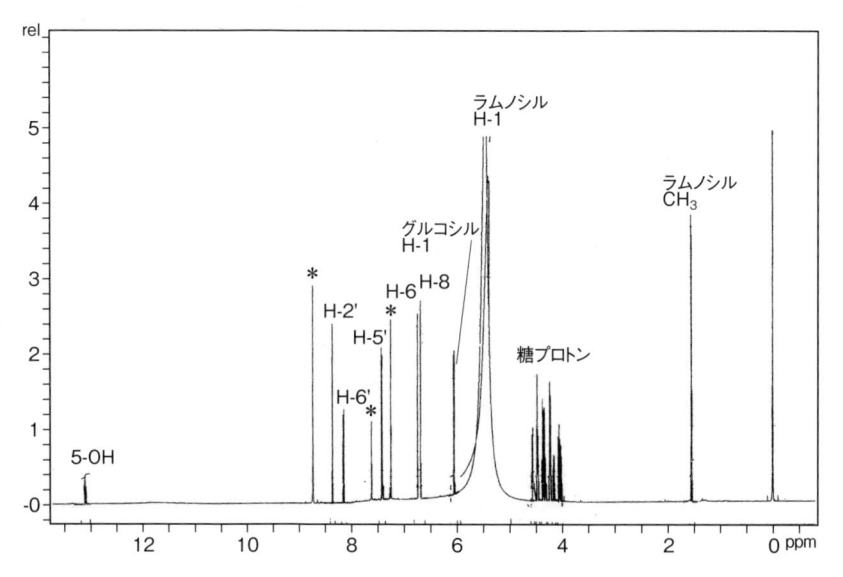

図 3-2-9B Pyridine-d_5 を溶媒としたクェルセチン 3-ルチノシドの ^{1}H NMR の化学シフト（600 MHz）
＊ Pyridine-d_5 起源のシグナル

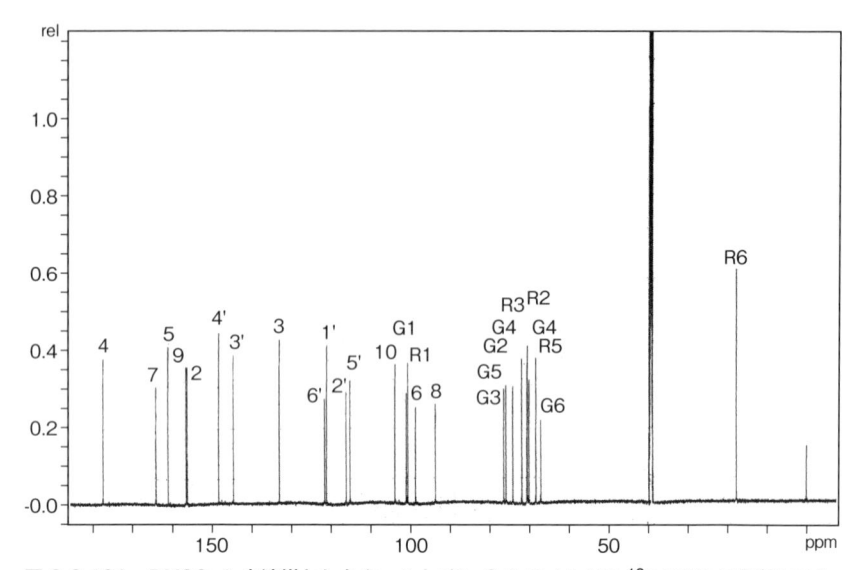

図 3-2-10A DMSO-d_6 を溶媒としたクェルセチン 3-ルチノシドの ^{13}C NMR の化学シフト（150 MHz）

数字はフラボノイド骨格の炭素の位置，GおよびRはそれぞれグルコースおよびラムノースの炭素の位置。

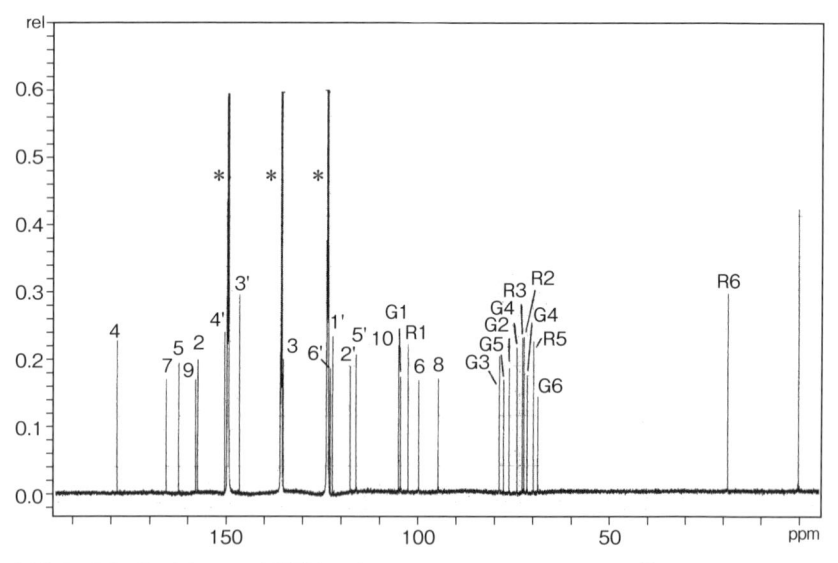

図 3-2-10B Pyridine-d_5 を溶媒としたクェルセチン 3-ルチノシドの ^{13}C NMR の化学シフト（150 MHz）

＊Pyridine-d_5 起源のシグナル

表3-2-14 DMSO-d_6とPyridine-d_5を溶媒とした時のクェルセチン3-ルチノシドの ^{1}H NMR（600 MHz）の化学シフト（δ）

溶媒	5-OH	H-6'	H-2'	H-5'	H-8	H-6	グルコシル H-1	ラムノシル H-1	ラムノシル CH$_3$
DMSO-d_6	12.60 s	7.57 dd (2.2, 8.3)	7.54 d (2.2)	6.87 d (8.3)	6.43 d (2.0)	6.22 d (2.0)	5.35 d (7.5)	4.40 s	1.00 d (6.2)
Pyridine-d_5	13.11 s	8.15 dd (2.2, 8.3)	8.36 d (2.2)	7.42 d (8.3)	6.68 d (2.0)	6.74 d (2.0)	6.05 d (7.6)	5.38 s	1.53 d (5.6)

（　）＝結合定数（J=H$_z$）
＊：その他にPyridine-d_5では溶媒に由来するδ 8.73, 7.62および7.24のシグナルが出現

表3-2-15 DMSO-d_6とPyridine-d_5を溶媒とした時のクェルセチン3-ルチノシドの ^{13}C NMR（150 MHz）の化学シフト（δ）

溶媒									
クェルセチン部分	C-2	C-3	C-4	C-5	C-6	C-7	C-8	C-9	C-10
DMSO-d_6	156.3	133.1	177.2	161.0	98.6	164.0	93.6	156.6	103.8
Pyridine-d_5	157.6	135.3	178.6	162.6	99.8	165.9	94.6	158.2	105.1
クェルセチン部分	C-1'	C-2'	C-3'	C-4'	C-5'	C-6'			
DMSO-d_6	121.0	116.1	144.6	148.3	115.1	121.5			
Pyridine-d_5	122.3	117.8	146.8	150.7	116.3	123.0			
グルコース部分	C-1	C-2	C-3	C-4	C-5	C-6			
DMSO-d_6	101.0	73.9	76.2	69.8	75.7	66.9			
Pyridine-d_5	104.7	76.0	77.4	71.3	78.6	68.5			
ラムノース部分	C-1	C-2	C-3	C-4	C-5	C-6			
DMSO-d_6	100.6	70.2	70.4	71.7	68.1	17.5			
Pyridine-d_5	102.6	72.0	72.5	73.9	69.6	18.5			

＊：その他にPyridine-d_5では溶媒に由来するδ 149.9, 149.8, 149.6; δ 135.9, 135.8, 135.6; およびδ 123.8, 123.7, 123.5のシグナルが出現

ラボノイドではC-4）がかなりの低磁場（δ 190〜200）に出現するのが特徴である。オーロンでは^{1}H NMRで，H-αがδ 6.0〜7.0間にシングレット（s）として出現する。カルコノナリンゲニンとオーロイシジンの化学シフトを表3-2-18に示した[42,43]。

c）C-配糖体

アントシアニンにはほとんど存在しないグリコシル化として，C-配糖体があげられる。多くはフラボンであるが，フラボノールなどの他のフラボノイドでも見出されている[44,45]。O-結合とC-結合の糖は^{13}C NMRによって容易に区別することができる。すなわち，糖の種類の如何にかかわらず，O-グリコシル基のC-1は基本的にδ 100前後に出現するのに対して，C-グリコシル基のC-1はδ 70〜75付近に出現する[46]。他の糖由来の炭素の化学シフト値もO-配糖体のものとは多少異なる

表 3-2-16　回転異性体を生じるビテキシン 2″-ラムノシドの ¹H NMR（600 MHz）の化学シフト（δ）[81]

溶媒	H-2′,6′	H-3′,5′	H-3	H-6			
CD₃OD	8.04 d (8.7)	7.01 d (8.7)	6.66 s	6.36 s			
	7.89 d (8.7)	7.00 d (8.7)	6.67 s	6.35 s			

溶媒				グルコシル			
	H-1	H-2	H-3	H-4	H-5	H-6a	H-6b
CD₃OD	5.12 d (9.9)	4.34 dd (9.9, 8.6)	3.74 m	3.74 m	3.55 m	4.06 m	3.89 m
	5.12 d (9.9)	4.32 t (9.0)	3.78 m	3.78 m	3.64 m	4.03 m	3.88 m

溶媒				ラムノシル			
	H-1	H-2	H-3	H-4	H-5	H-6	
CD₃OD	5.19 d (1.8)	3.94 dd (1.8, 3.2)	3.49 dd (3.2, 9.5)	3.21 t (9.5)	2.53 dd (6.3, 9.5)	0.73 d (6.3)	
	5.29 d (1.8)	3.88 dd (1.8, 3.2)	3.16 m	3.16 m	2.40 dd (6.3, 9.5)	0.87 d (6.3)	

ビテキシン 2″-ラムノシド

表 3-2-17　回転異性体を生じるビテキシン 2″-ラムノシドの ¹³C NMR（150 MHz）の化学シフト（δ）[81]

溶媒	C-2	C-3	C-4	C-5	C-6	C-7	C-8	C-9	C-10
CD₃OD	166.53	103.53	183.99	162.56	99.81	164.04	105.52	157.77	105.89
	165.74	103.46	183.99	162.47	101.06	164.35	105.41	156.60	105.86

溶媒	C-1′	C-2′	C-3′	C-4′	C-5′	C-6′
CD₃OD	123.42	129.99	116.91	162.56	116.91	129.99
	123.35	129.99	116.91	162.47	116.91	129.99

溶媒			グルコシル			
	C-1	C-2	C-3	C-4	C-5	C-6
CD₃OD	73.59	78.04	81.48	72.12	82.68	63.01
	74.86	77.88	81.17	71.56	82.75	62.55

溶媒			ラムノシル			
	C-1	C-2	C-3	C-4	C-5	C-6
CD₃OD	102.37	72.37	71.84	73.43	69.84	17.97
	102.37	72.02	71.88	73.14	69.91	17.90

表 3-2-18 カルコン (500 MHz, pyridine-d_5) とオーロン (300 MHz, DMSO-d_6) における ^{1}H および ^{13}C NMR の化学シフト (δ)

		α	β	C=O	1'	2'	3'	4'	5'	6'
カルコノナリンゲニン[42] (2'-グルコシドとして)	^{13}C	143.6	125.5	193.4	106.8	168.3	98.3	166.5	95.6	161.7
	^{1}H	8.19 d (15.3)	8.80 d (15.6)				6.64 d (2.1)		6.94 d (2.1)	
		α	2	3	9	8	7	6	5	4
オーロイシジン[43]	^{13}C	109.6	145.9	179.1	102.9	158.2	90.3	167.5	97.7	167.0
	^{1}H	6.47 s					6.20 d (1.5)		6.09 d (1.5)	
		1	2	3	4	5	6			
カルコノナリンゲニン (2'-グルコシドとして)	^{13}C	127.5	131.5	116.8	161.3	116.8	131.5			
	^{1}H		7.96 d (8.6)	7.05 d (8.2)		7.05 d (8.2)	7.96 d (8.6)			
		1'	2'	3'	4'	5'	6'			
オーロイシジン	^{13}C	123.7	115.9	145.5	147.4	117.6	123.9			
	^{1}H		7.41 d (1.6)			6.83 d (8.2)	7.18 dd (1.6, 8.2)			

( ) 内は結合定数 (J=Hz)

カルコノナリンゲニン

オーロイシジン

表 3-2-19 フラボンやフラボノールなどに結合している主な置換基の ^{1}H NMR (DMSO-d_6) の化学シフト[69]

置換基	プロトンの位置 (δ)
メトキシ基 (OCH$_3$)	3.75 〜 3.95 s
メチル基 (CH$_3$)	2.0〜2.31 s (6-C-メチル基 2.0〜2.1) (8-C-メチル基 2.2〜2.3)
メチレンジオキシ基 (O-CH$_2$-O)	5.67〜6.15
イソプレニル基 H-1 (CH$_2$)	2.90
H-4/5 (CH$_3$)	1.65〜1.70 brs, 1.72〜1.83 brs
アセチル基	1.97〜2.20 s
3-ヒドロキシ-3-メチルグルタロイル基	
H-1A/H-3A (CH$_2$)	4.41 d (14.0), 2.29 (14.9)
H-1B/H-3B (CH$_2$)	2.27 d, 2.26 d
H-5 (CH$_3$)	1.03 s

が, アグリコン部分の化学シフトは O-配糖体と変わらない。C-配糖体の C-グリコシル基にさらに糖が結合している場合や有機酸でアシル化されているフラボノイドの NMR 分析では, ^{1}H および ^{13}C NMR の両方でフラボノイドが回転異性体 (rotamer)

を形成し，その結果として，それぞれのシグナルが1対ずつ生じ，2種類のフラボノイドの混合物であるかのようなデータが得られる[81]。その例として，ビテキシン 2″-ラムノシドのデータを表3-2-16 と 3-2-17 に示す。この現象は当初プロアントシアニジンで報告されたが[82]，その後，いくつかの C-グリコシルフラボンのNMR 測定でも知られるようになった[83〜86]。この現象は高温で測定すると比較的緩和される。

d) その他の置換基の NMR での化学シフト

イソプレニル基，硫酸塩 sulphate（sulfate），メチレンジオキシ基，C-メチル基などはこれまでアントシアニンではほとんど見出されていない。これらの ^{1}H NMR での化学シフトを表 3-2-19 に示した。これらの置換基が結合したフラボノイドの詳細な NMR データは，たとえばイソプレニル基が結合したものはカンゾウの仲間 *Glycyrrhiza eurycarpa*（マメ科）[47]やイカリソウの仲間 *Epimedium* spp.（メギ科）[48]から，硫酸塩の結合したものはキク科のフラベリア属植物 *Flaveria* spp.[49]から，またメチレンジオキシ基が結合したものはホウレンソウ *Spinacia oleracea* などから報告されている[50]。アントシアニンでは皆無，あるいはあまり報告されないアシル基として，酢酸や 3-ヒドロキシ-3-メチルグルタル酸などがあるがこれらについても表 3-2-17 に示した。詳細な化学シフトについては，アセチル化フラボノールはマリーゴールドの仲間 *Tagetes* spp.[51]など，3-ヒドロキシ-3-メチルグルタル酸についてはヒマラヤダイオウ *Rheum nobile*（タデ科）などから報告されている[52]。なお，硫酸塩の結合した化合物は，pyridine-d_5 には溶けにくいので，重水 D_2O などによる測定が推奨される。

フラボン，フラボノール，カルコンおよびオーロンの NMR については ^{13}C NMR は Agrawal が総説している[53]。その他にもいくつかの総説があるが，これらはアントシアニンの NMR の項に記されている。これらのフラボノイドについても，アントシアニンと同様に加水分解とその生成物の同定，UV 吸収スペクトル特性，分子量の測定，またアシル化されている場合には，ケン化などのデータもあわせて同定するのが好ましい。

6）質量スペクトル（LC-MS）による定性*

質量分析法（MS 法）は，今日のフラボノイドの定性分析において必要不可欠な工程である。試料を質量分析計に導入・イオン化し，その質量を測定する。質量分析は破壊測定法であるためサンプルの回収はできないものの，場合によっては数ナ

＊執筆：村井良徳・岩科　司　Yoshinori Murai and Tsukasa Iwashina

ノグラムオーダーというわずかなサンプル量でも測定が可能である[54]。この分析によりフラボノイドのアグリコンやそれに結合する糖や有機酸の種類や数を,各成分の質量から予測することが可能となる。ジグソーパズルにたとえれば,ピースをはめる枠の外観や,各々のピースのおおまかな形や数を認識することができるのである。

各種質量分析法のなかでも,液体クロマトグラフ-質量スペクトル(LC-MS)は,近年における分析機器の進歩により飛躍的に操作性および定性能力が向上し,フラボノイドの分析にも汎用されている。LC-MS は,HPLC(LC部)に前述の質量分析計(MS部)を接続したものである(概略図は,アントシアニンの LC-MS の項,図3-1-12を参照)。LC部においては,目的のフラボノイドを,極性化合物を溶解できる水と,アセトニトリルもしくはメタノールなどの極性有機溶媒とを移動相に用いて,主に逆相カラムであるC-18のODSカラムにより分離し,UV検出器により検出する。その後フラボノイドはMS部へと送られ質量分析される。測定データであるマススペクトルでは横軸に質量電荷比(m/z)が与えられ,縦軸にはイオン強度が示される。高純度のフラボノイドを正イオンモードや負イオンモード,もしくはその両方を用いて測定することにより,分子イオン(付加イオンが検出される場合がある)およびフラグメントイオンを得ることができる。

ただし測定物質の純度が低く,サンプル内に夾雑物(特に保持時間が近い成分など)があると,目的成分由来のイオンピークが検出されにくくなるため,なるべく物質の純度を高めてから分析を行うことが望ましい。また,サンプルの濃度が低い場合も,イオンピークが検出されないので注意が必要である。このためLCクロマトグラムにおける目的成分のピークの高さが低い場合は,サンプル溶液を濃縮することや,移動相や流速,カラムなどを調整することにより,目的成分を他の成分と分離させた状態で速やかに溶出させ,ピークの高さを十分に得るなどの工夫が必要である。フラボノイド成分の質量分析に関する概要は本書でも述べられているが,さまざまなイオン化法の中で,ESI や APCI,FAB などは,フラボノイドの質量分析に頻繁に用いられているイオン化法である[55]。このうち,LC-MS に適用できるのは ESI や APCI であり,この項では,ESI法を用いたフラボノールやイソフラボノイドの O-配糖体,さらにフラボン C-配糖体の分析例を紹介する。ここで注意したいのは,イオン化法によっては分析物質の分子イオンが得られないことがある点である。そのため,イオン化法の選択は非常に重要であり,過去の文献を参考に,イオン化法の選択や測定条件を設定することが重要である。たとえば,LC-MS に用いられるイオン化法のうち,ESI 法は中~高極性分子のイオン化に適する一方で,APCI 法は低~中極性分子のイオン化に汎用される。適切なイオン化法を用いてイ

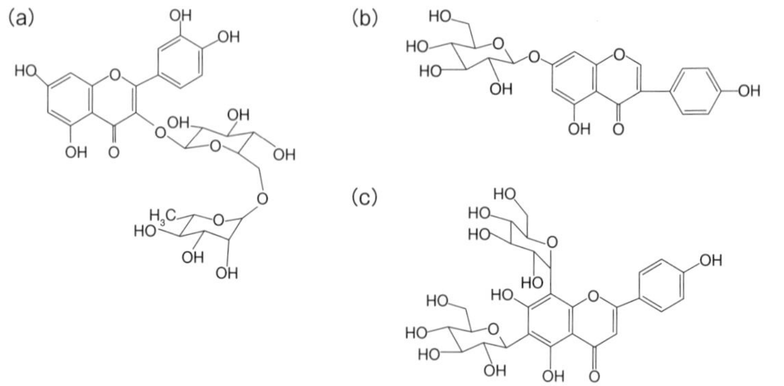

図3-2-11　クェルセチン 3-ルチノシド（a），ゲニステイン 7-グルコシド（b）およびビセニン-2（c）の構造式

オン化された成分は，脱溶媒された後，質量分析計に送られ，四重極型などの質量分析計により，目的の m/z をもつイオンのみが分離され，その後イオン検出器によりイオン量が測定・検出される。

ここでは，さまざまな植物の葉や花などに含まれる主要なフラボノールであるクェルセチン 3-ルチノシド，多くのマメ科植物に分布するイソフラボノイドのゲニステイン 7-グルコシド genistein 7-glucoside（genistin）さらにフラボン C-配糖体であるビセニン-2（アピゲニン 6,8-ジ-C-グルコシド）について，それらの構造式（図3-2-11）と，LC-ESI-MS 測定を行った際の質量スペクトル（図3-2-12）を用いて説明する。分析条件は図3-2-12の脚注の通りである。

クェルセチン 3-ルチノシドは，アグリコンであるクェルセチンの 3 位にグルコースが結合し，さらにそのグルコースの 6 位にラムノースが結合したものである（図3-2-11a）。イオンピークの検出には，質量を $[M+H]^+$ で検出するポジティブ（正）イオンモードと，$[M-H]^-$ で検出するネガティブ（負）イオンモードがあるが，図3-2-12の質量スペクトルは，それぞれ（a）が前者，（b）が後者で測定したものである。（a）では m/z 611, 465, 303 に，（b）では m/z 609 に顕著なイオンピークが観察された。このことから，正イオン m/z 611 と負イオン m/z 609 の中間値の 610 がこのフラボノイド（クェルセチン 3-ルチノシド）の分子量であることがわかる。さらに正イオンの m/z 465 は，それから 1 分子のラムノースが切断されたこと，また，正イオン m/z 303 は，さらに 1 分子のグルコースが切断され，クェルセチンのフラグメントが得られたことを示している。ここで注意したいのは，ラムノースとグルコースの分子量はそれぞれ 164 および 180 のため，質量スペクト

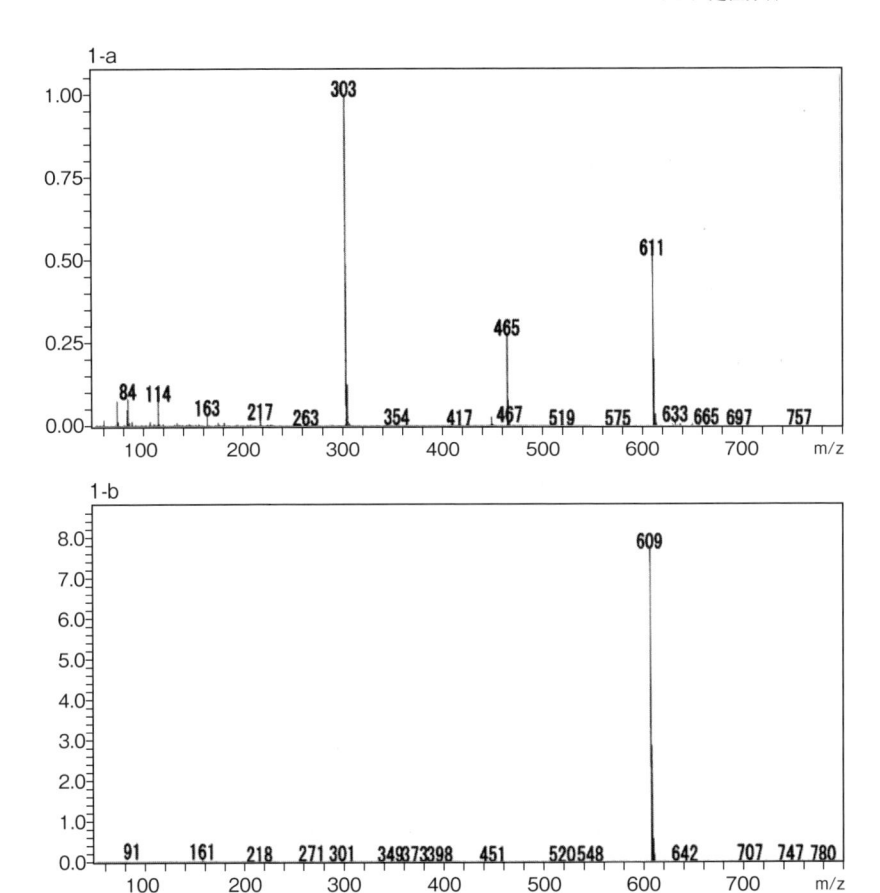

図 3-2-12 クェルセチン 3-ルチノシド，ゲニステイン 7-グルコシドおよびビセニン -2 の質量スペクトル（次ページに続く）

分析条件

LC 部　装置：Shimadzu HPLC Prominence。カラム：L-column2 ODS（3 μm, 2.1 × 100 mm）（財団法人化学物質評価研究機構）。溶媒：アセトニトリル／水／ギ酸（20：78：2）。流速：0.2 ml/min。検出：350 nm（クェルセチン 3-ルチノシド，ビセニン -2），280 nm（ゲニステイン 7-グルコシド）。カラム温度：40℃。注入量：5 nl

MS 部　装置：Shimadzu LCMS-2010EV SPD-M10Avp。イオン化モード：ESI（+，－）正負同時測定。霧化ガス流量：1.5 ℓ/min。乾燥ガス圧：0.1 MPa。印可電圧：+4.5 kV，－3.5 kV。CDL 温度：250℃。ブロックヒータ：200℃。分析範囲：m/z 50 ～ 800。取込時間：1.0 sec/SCAN

（1）クェルセチン 3-ルチノシド，（a）正イオンモード，（b）負イオンモード。クェルセチン 3-ルチノシドでは，正イオンモードで分子イオンおよびフラグメントイオンピークが良好に観察された。

2-a

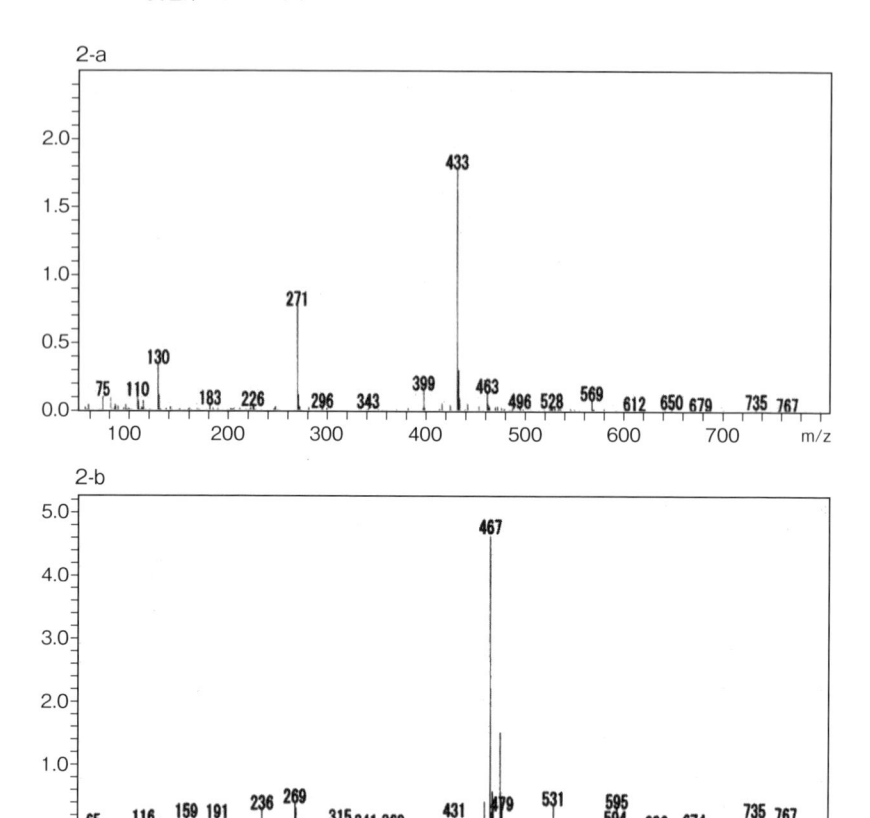

2-b

図 3-2-12（続き） クェルセチン 3-ルチノシド，ゲニステイン 7-グルコシドおよびビセニン -2 の質量スペクトル

(2) ゲニステイン 7-グルコシド，(a) 正イオンモード，(b) 負イオンモード。ゲニステイン 7-グルコシドでも，正イオンモードで分子イオンおよびフラグメントイオンピークが良好に観察され，さらにゲニステイン 7-グルコシドの負イオンモード (2-b) では塩素の付加イオンピークも観察された。

ルにおける分子イオンやフラグメントイオンピーク間で観察される値の 146 および 162 では一見計算が合わないようにも見えるが，これはそれぞれの分子間の結合が，脱水縮合によるエーテル結合であるため，それらの結合時に水 1 分子（質量 18）が脱離していることに起因する。

同様にゲニステイン 7-グルコシドについてのデータを解析すると，まず分子イオンピークとして，正イオン m/z 433 と負イオン m/z 431 が検出されたことから，その中間値の 432 がゲニステイン 7-グルコシドの分子量となり，さらに，正イオ

3.2.3. 定性分析

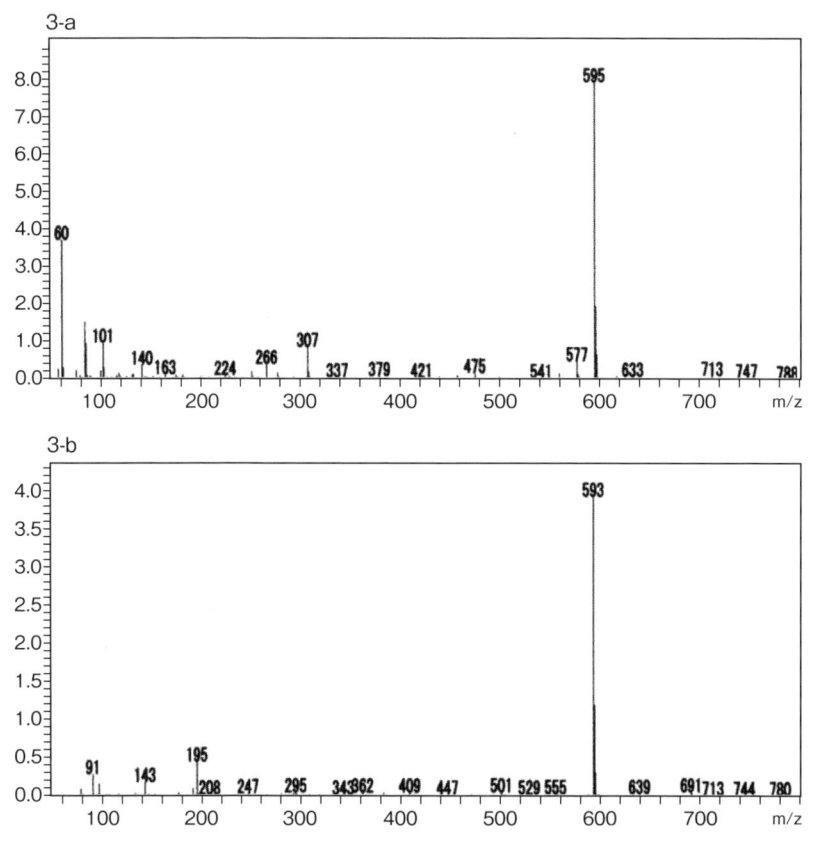

図 3-2-12（続き）　クェルセチン 3-ルチノシド，ゲニステイン 7-グルコシドおよびビセニン-2 の質量スペクトル
(3) ビセニン-2. (a) 正イオンモード, (b) 負イオンモード。ビセニン-2 では，両イオンモードにおいて分子イオンピークのみが良好に観察された。

ン m/z 271 と負イオン m/z 269 のフラグメントイオンピークが，ゲニステイン 7-グルコシドから 1 分子のグルコースが脱離したアグリコンのゲニステインを示している。また，**図 3-2-12** の **2-b** に注目すると，m/z 467 に塩素の付加イオンピークも観察されている。ESI 法による LC-MS 測定では，この塩素以外にも，たとえば正イオンモードにおいてナトリウムなどの付加イオンが比較的よく観察される。

一方でビセニン-2 では，正イオン m/z 595 と負イオン m/z 593 に分子イオンピークが観察され，その中間値である 594 が分子量であることがわかるが，C-配糖体はアグリコンと糖の結合が強固であるため，O-配糖体のようなアグリコン（この場合はアピゲニン）に相当するフラグメントイオンは観察できないので，C-配糖体

表 3-2-20　アピゲニン 7-ラムノシル-(1 → 4)-ラムノシド -4'-ラムノシドの各種特性[58]

- TLC　Rf 値：0.48（BAW），0.55（BEW），0.59（15%酢酸）
  UV（356 nm）下での色：暗紫色
  アンモニア蒸気にさらした後の色：暗紫色

- 紫外・可視部吸収スペクトル
  吸収極大 λ max　メタノール中：　　　　　　　　269, 317 nm
  　　　　　　　　　　　ナトリウムメチラートの添加：　286, 370 nm（吸光度の減少）
  　　　　　　　　　　　塩化アルミニウムの添加：　　　278, 299, 336, 374sh nm
  　　　　　　　　　　　塩化アルミニウム / 塩酸の添加：279, 298, 332, 369 nm
  　　　　　　　　　　　酢酸ナトリウムの添加：　　　　270, 311 nm
  　　　　　　　　　　　酢酸ナトリウム / ホウ酸の添加：270, 320 nm

- 酸加水分解（12%塩酸中，100℃，30 分）
  加水分解産物：アピゲニン（エーテル層），ラムノース（水解母液）

- 質量スペクトル（LC-MS）
  分子イオンピーク：　　　　　m/z 709 ［M+H］$^+$（アピゲニン+3 mol ラムノース）
  フラグメントイオンピーク：m/z 563 ［M−146+H］$^+$（アピゲニン+2 mol ラムノース）
  　　　　　　　　　　　　　m/z 417 ［M−292+H］$^+$（アピゲニン+1 mol ラムノース）
  　　　　　　　　　　　　　m/z 271 ［M−438+H］$^+$（アピゲニン）

- ^{1}H NMR スペクトル（500 MHz, pyridine-d_5）
  δ 13.50（1H，s，5-OH）
  　　7.97（2H，d，J=8.9 Hz，H-2',6'）
  　　7.43（2H，d，J=9.2 Hz，H-3',5'）
  　　7.03（1H，d，J=2.1 Hz，H-8）
  　　6.99（1H，s，H-3）
  　　6.85（1H，d，J=2.1 Hz，H-6）
  　　6.32（1H，d，J=1.5 Hz，4"-ラムノシル H-1）
  　　6.23（1H，d，J=1.5 Hz，7-ラムノシル H-1）
  　　6.19（1H，d，J=1.5 Hz，4'-ラムノシル H-1）
  　　1.62（3H，d，J=5.8 Hz，4"-ラムノシル CH$_3$）
  　　1.61（3H，d，J=6.1 Hz，4'-ラムノシル CH$_3$）
  　　1.58（3H，d，J=6.1 Hz，7-ラムノシル CH$_3$）

- ^{13}C NMR スペクトル（125 MHz, pyridine-d_5）
  アピゲニン δ 164.4（C-2），105.1（C-3），182.9（C-4），162.6（C-5），100.8（C-6），
  　　　　　162.8（C-7），95.2（C-8），157.9（C-9），106.7（C-10），124.8（C-1'），
  　　　　　128.7（C-2', 6'），117.3（C-3', 5'），160.3（C-4'）
  7-ラムノース δ 99.7（C-1），72.8（C-2），72.9（C-3），79.5（C-4），69.5（C-5），
  　　　　　　18.5（C-6）
  4"-ラムノース δ 103.3（C-1），72.0（C-2），72.6（C-3），73.9（C-4），70.6（C-5），
  　　　　　　19.0（C-6）
  4'-ラムノース δ 99.9（C-1），71.8（C-2），72.5（C-3），73.6（C-4），71.5（C-5），
  　　　　　　18.6（C-6）

と O-配糖体とを区別することができる。

　以上のような分析により，分子全体の質量をはじめ，それが破壊されていく過程における断片的な構造の質量までを測定することができる。なお，フラボノイドの分子量は，Harborne and Baxter [56] が参考になる。また，アグリコンの詳細なフラグメントパターンは斎藤 [57] などを参照されたい。

　最後に，近年の LC-MS 分析の傾向としては，LC 部に多波長検出が可能な PDA 検出器を装備して，分離・検出した物質の紫外・可視吸収スペクトルを観察することにより，フラボノイドのクラスの認識や，他の物質群との識別を行う分析方法が多く用いられている。また，この PDA 検出器を備えた HPLC に，フラグメントイオン情報が多く得られる MS/MS や MS^n 測定の可能な質量分析計をつないで，この項で紹介した単離物の分析のみならず，粗抽出液をはじめとする未単離な混合物をダイレクトに分析する，一斉分析も広く行われている。さらに，カラムや検出器をはじめとする分析装置の機能が向上した結果，LC 部に超高速液体クロマトグラフィー（UHPLC）を用いて，分析時間と分析溶媒の節約を図った方法も導入され始めている。

　質量分析に関する文献は枚挙にいとまがなく，たとえば本章や，本書の他の項において参考文献として紹介されているもの以外にも多数ある。さらに最近では，さまざまな分析機器メーカーがホームページや分析機器セミナーなどで分析データの情報を公開している。

7）フラボノイド同定の実際*

　これまでフラボン，フラボノール，カルコンおよびオーロンの HPLC や TLC，紫外・可視吸収スペクトル，質量および NMR スペクトルなどの特性を示した。ここでは植物から分離したフラボノイドを例にして，上記特性による実際の同定について述べる。

a） アピゲニン 7-ラムノシル-(1→4)-ラムノシド-4'-ラムノシド

　このフラボノイドはマレーシアで採集されたヌリトラノオ *Asplenium normale*（チャセンシダ科）から淡黄色の粉末として得られた [58]。この成分の各種特性を**表 3-2-20** に示したが，TLC での Rf 値は 15％酢酸で展開した時，0.59 と比較的高い値を示し，親水性の強い化合物であることが予想された。また，TLC 上のスポットの UV 下での色は暗紫色であり，これにアンモニア蒸気をさらしても色の変化が生じなかったことから，B 環の 4' 位に遊離のヒドロキシ基がないか，あるい

---

*執筆：岩科　司　Tsukasa Iwashina

は糖などで置換されていることが予想された。この化合物の紫外・可視吸収スペクトル分析で、メタノール中での吸収極大が 269（Band II）と 317（Band I）nm にあることから、これがフラボンに属するフラボノイドであり、一般的なアピゲニン（336 nm）と比較して、Band I がかなり短波長側にあることからも、4' 位のヒドロキシ基の置換が予想された。さらに、これに NaOMe を添加すると、Band I の 53 nm の深色移動が生じるが、その吸光度は著しく減少することで、B 環の 4' 位のヒドロキシ基の糖などによる置換が確証された。また AlCl$_3$ の添加によって、Band I と Band II がいずれも深色移動し、それぞれ Band Ia（374sh nm）と Band Ib（336 nm）および Band IIa（299 nm）と IIb（278 nm）となって出現する。さらに、これに HCl を滴下しても実質的な浅色移動が生じないことから、5 位には遊離のヒドロキシ基が存在するが、4' 位に隣接する 3' 位や 5' 位には遊離のヒドロキシ基が存在しないこともわかる。加えて、NaOAc の添加による吸収スペクトルの測定で、Band II（270 nm）が、メタノール中で測定したものと、ほぼ同じ値をとることから、7 位のヒドロキシ基もまた糖などによって置換されていることがわかる。こうして、紫外・可視吸収スペクトルの測定によって、5 位の遊離のヒドロキシ基の存在と、7 位および 4' 位のヒドロキシ基の置換が示された。

この化合物を酸加水分解すると、アピゲニンと糖としてラムノースが得られた。以上のことから、このフラボノイドはアピゲニンの 7 位と 4' 位にラムノースが結合した配糖体であることがわかる。しかし、LC-MS の測定で、分子イオンピーク m/z 709 [M+H]$^+$ が出現したことから、このフラボノイドの分子量は 708 であり、これはアピゲニンに 3 分子のラムノースが結合している配糖体に相当する。この 3 分子のラムノースのうち、2 つはすでに 7 位と 4' 位に結合していることが判明しているが、残りの 1 分子のラムノースはこれらのラムノースのどちらかに結合していると予想された。

^{1}H NMR の測定では、それぞれ H-2',6' および H-3',5' に相当する δ 7.97 と 7.43 に 2H のダブレットが出現するのに加えて、H-8 と H-6 に相当する δ 7.03 と 6.85 のダブレット、および H-3 に相当する δ 6.99 のシングレットが出現したことから、この化合物がアピゲニンを基本骨格とすることが実証された。またこれらの芳香族プロトンシグナルに加えて、さらに 3 分子のラムノースのアノメリックプロトンに相当する δ 6.32、6.23 および 6.19 のシグナルが出現し、これらの結合定数がそれぞれ、J=1.5 Hz であることから、ラムノースはいずれも α-結合したピラノース型であることがわかる。

第 3 のラムノースの結合位置が 7 位のラムノースの 4 位であることは、^{13}C NMR、HMBC（図 3-2-13）および HSQC（図 3-2-14）によって決定することが

できる。すなわち，^{13}C NMR によって 3 分子のラムノースのカーボンのうち，C-4 に相当するシグナルのうちの 2 つが δ 73.9 と 73.6 に出現するのに対して，残りの 1 つが低磁場に出現（δ 79.5）すること。HMBC で，3 つのアノメリックプロトンがそれぞれ，アピゲニンの C-7 (δ 162.8)，C-4' (δ 160.3) および 7 位のラムノースの C-4 (δ 79.5) とクロスピークを形成することからわかる。以上のことから，このフラボノイドはアピゲニン 7-α-ラムノピラノシル-(1 → 4)-α-ラムノピラノシド -4'-α-ラムノピラノシド apigenin 7-α-rhamnopyranosyl-(1 → 4)-α-rhamnopyranoside-4'-α-rhamnopyranoside と同定された。

アピゲニン 7-ラムノシル-(1 → 4)-ラムノシド-4'-ラムノシド

b) 6-C-グルコシルクェルセチン 3-グルコシド

このフラボノイドは日本固有の植物であるオゼソウ *Japonolirion osense*（広義ユリ科）の葉から淡黄色の粉末として得られた[44]。この成分の各種特性を**表 3-2-21**に示した。BAW や BEW のようなアルコール系の展開溶媒を用いた TLC で，その Rf 値がきわめて低く，逆に 15% 酢酸で比較的高い Rf 値であることから，親水性の強いことが予想された。紫外・可視吸収スペクトルの測定で，メタノール中で 260 (Band II) および 360 nm (Band I) に極大を示すことから，このフラボノイドは B 環に 2 つ以上の遊離のヒドロキシ基をもつフラボノールであることも予想された。ただし，Band II が 255 nm 前後に出現する一般的なフラボノールであるクェルセチンやミリセチンと比較して，Band II が 260 nm に出現する。このことは A 環側の 6 位あるいは 8 位，もしくはその両方への何らかの置換基の結合を推定させた。

メタノール溶液への NaOMe 添加による吸収スペクトルの測定で，Band I に 58 nm の深色移動が生じ，かつ吸光度が増加するので，フラボノールの 4' 位のヒドロキシ基は遊離であるが，3 位は置換されていることがわかる。$AlCl_3$ の添加では，やはり Band I に 68 nm の深色移動が生じるが，これに HCl を加えると 32 nm の浅色移動が生じることから，5 位および 4' 位に隣接する 3' 位にも遊離のヒドロキシ基が存在することがわかる。また 3' 位と 4' 位の遊離のヒドロキシ基の存在は，$NaOAc/H_3BO_3$ の添加によって生じる Band I の 23 nm の深色移動からも明らかである。さらに，7 位にもまた遊離のヒドロキシ基が存在することは，NaOAc 添加による吸収スペクトルの測定で，Band II に 17 nm の深色移動が生じることと，

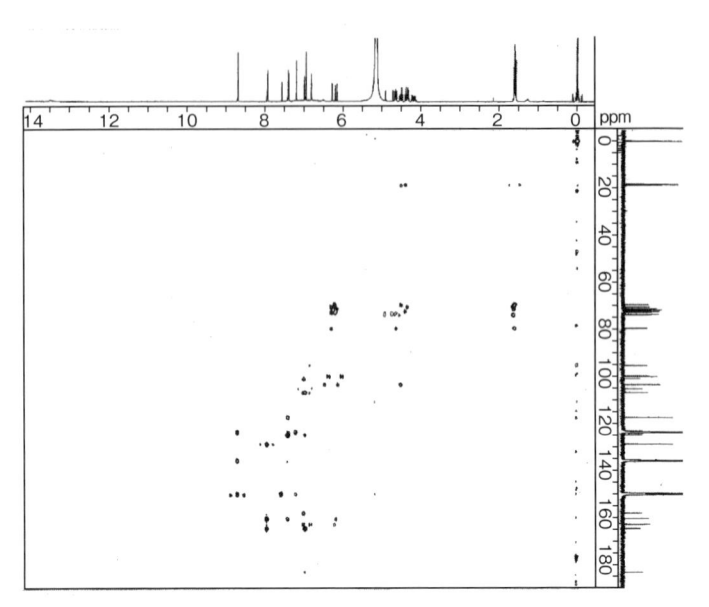

図 3-2-13A　アピゲニン 7-ラムノシル-(1 → 4)-ラムノシド -4'-ラムノシドの FG-HMBC（全体）

4''-ラムノシル H-1

7-ラムノシル C-4

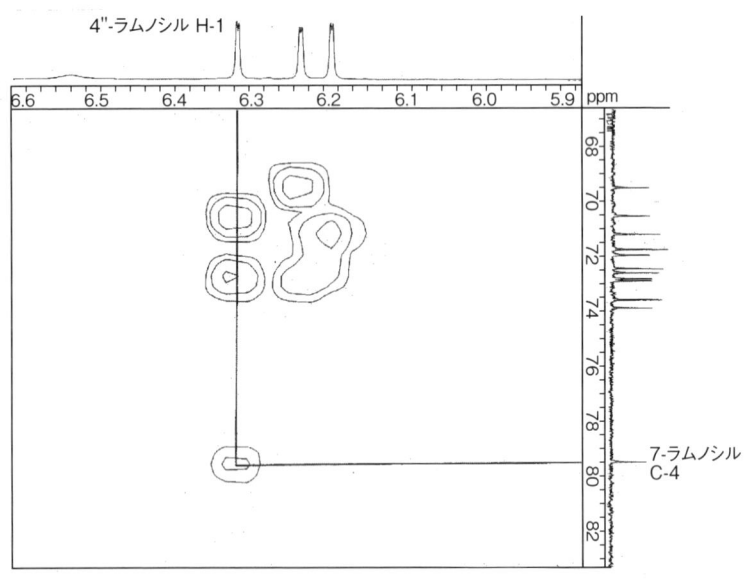

図 3-2-13B　アピゲニン 7-ラムノシル-(1 → 4)-ラムノシド -4'-ラムノシドの FG-HMBC（一部，その 1）

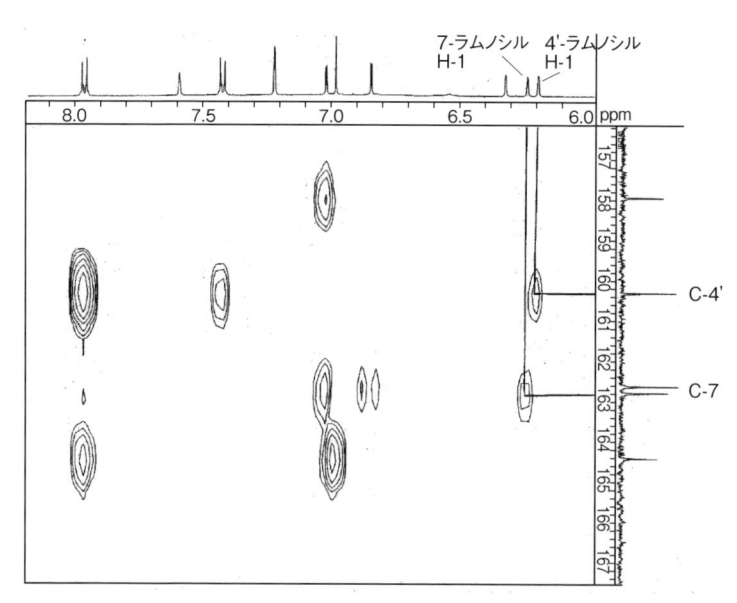

図 3-2-13C　アピゲニン 7-ラムノシル-(1 → 4)-ラムノシド-4'-ラムノシドの FG-HMBC（一部, その2）

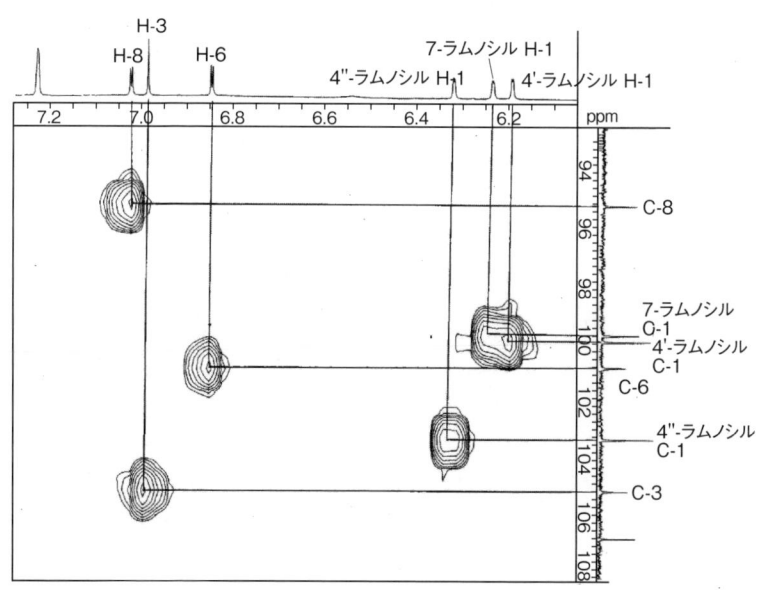

図 3-2-14　アピゲニン 7-ラムノシル-(1 → 4)-ラムノシド-4'-ラムノシドの FG-HSQC

表 3-2-21　6-C-グルコシルクェルセチン 3-グルコシドの各種特性[44]

- TLC
    - もとの配糖体
        - Rf 値：0.10（BAW），0.26（BEW），0.66（15％酢酸）
        - UV（356 nm）下での色：暗紫色
        - アンモニア蒸気にさらした後の色：黄色
    - 加水分解生成物
        - Rf 値：0.26（BAW），0.40（BEW），0.19（15％酢酸）
        - UV（356 nm）下での色：暗黄色
        - アンモニア蒸気にさらした後の色：黄色

- 紫外・可視吸収スペクトル
    - もとの配糖体
        - 吸収極大 λ max
            - メタノール中：　　　　　　　　　　260，267sh，360 nm
            - ナトリウムメチラートの添加：　　　277，339，418 nm（吸光度の増加）
            - 塩化アルミニウムの添加：　　　　　277，428 nm
            - 塩化アルミニウム/塩酸の添加：271，300sh，363，396sh nm
            - 酢酸ナトリウムの添加：　　　　　　277，331，403 nm
            - 酢酸ナトリウム/ホウ酸の添加：266，383 nm

    - 加水分解生成物
        - 吸収極大 λ max
            - メタノール中：　　　　　　　　　　258，271sh，373 nm
            - ナトリウムメチラートの添加：　　　分解
            - 塩化アルミニウムの添加：　　　　　274，463 nm
            - 塩化アルミニウム/塩酸の添加：268，304sh，362，436 nm
            - 酢酸ナトリウムの添加：　　　　　　278，326，401 nm
            - 酢酸ナトリウム/ホウ酸の添加：263，392 nm

　NaOMe の添加で Band I と II の間に 339 nm の付加的な吸収極大が出現することでも示される。これらのことから，このフラボノイドは 5，7，3' および 4' 位に遊離のヒドロキシ基が存在し，3 位のヒドロキシ基が糖などによって置換されているフラボノールであることがわかる。

　このフラボノイドの分子量を HR-FABMS（高分解能 FABMS スペクトルメーター）で測定すると，分子イオンピーク m/z 627.158 $[M+H]^+$ が出現する。これは $C_{27}H_{30}O_{17}$ と計算され，クェルセチンに 2 分子のヘキソースが結合しているものに相当する。

　この配糖体を加水分解し，その反応溶液にエーテルを加えても，エーテル層に生成物が移動せず，水解母液に残る。また糖としてグルコースも検出された。し

- 酸加水分解（12％塩酸中，100℃，30分）
  　加水分解産物：なし（エーテル層），6-C-グルコシルクェルセチン，グルコース（水解母液）

- 質量スペクトル（HR-FABMS）
  　もとの配糖体
  　　分子イオンピーク：m/z 627.1584$[M+H]^+$（base, calcd. for $C_{27}H_{30}O_{17}$, 627.1561）
  　　　（クェルセチン＋2 mol グルコース）

  　加水分解生成物
  　　分子イオンピーク：m/z 465.1016$[M+H]^+$（base, calcd. for $C_{21}H_{20}O_{12}$, 465.1033）
  　　　（クェルセチン＋1 mol グルコース）

- ^{1}H NMR スペクトル（500 MHz, pyridine-d_5）
  　もとの配糖体　　　　　　　　　　　　　　加水分解生成物
  　δ 13.81（1H, s, 5-OH）　　　　　　　　δ 13.88（1H, s, 5-OH）
  　　8.40（1H, d, J=2.1 Hz, H-2'）　　　　　　8.58（1H, d, J=2.1 Hz, H-2'）
  　　7.98（1H, dd, J=2.1, 8.2 Hz, H-6'）　　　8.04（1H, dd, J=2.1, 8.5 Hz, H-6'）
  　　7.29（1H, d, J=8.5 Hz, H-5'）　　　　　　7.40（1H, d, J=8.5 Hz, H-5'）
  　　6.62（1H, s, H-8）　　　　　　　　　　　　6.75（1H, s, H-8）
  　　6.19（1H, d, J=7.0 Hz, 3-グルコシル H-1）　－
  　　5.80（1H, d, J=9.8 Hz, 6-C-グルコシル H-1）　5.85（1H, d, J=9.8 Hz, 6-C-グルコシル H-1）

- ^{13}C NMR スペクトル（125 MHz, pyridine-d_5）
  　もとの配糖体
  　　クェルセチン δ 157.5（C-2），135.1（C-3），178.8（C-4），161.6（C-5），109.9（C-6），165.0（C-7），94.4（C-8），156.5（C-9），105.0（C-10），122.3（C-1'），117.8（C-2'），146.7（C-3'），150.6（C-4'），116.2（C-5'），122.5（C-6'）
  　　6-C-グルコース δ 75.4（C-1），72.8（C-2），80.6（C-3），71.9（C-4），83.0（C-5），62.8（C-6）
  　　3-グルコース δ 104.1（C-1），76.0（C-2），78.9（C-3），71.3（C-4），78.5（C-5），62.6（C-6）

かし，反応物はもとの配糖体とは HPLC や TLC で比較すると明らかに異なる。この生成物の NaOMe の添加による吸収スペクトルの測定で分解が生じることから，3 位の遊離のヒドロキシ基の存在が明らかである。したがって，もとの配糖体の 3 位にはグルコースが結合していたことがわかる。また水解物の分子量は 464 であることが HR-FABMS の測定で判明した。これはクェルセチンに 1 分子のヘキソースが結合しているものに相当する。以上の加水分解による反応，分子量などから，もとの配糖体は 3 位にグルコースがエーテル結合しているクェルセチン型の C-配糖体であることがわかる。この C-ヘキソシル基の結合位置については，^{1}H および ^{13}C NMR スペクトルの測定により決定された。すなわち，^{1}H NMR で H-2'，H-6'，H-5' および H-8 に相当する芳香族プロトンシグナルが出現するが，H-6 に相当する

シグナルが出現しないこと。H-8 のプロトンシグナルがシングレットとして出現すること。また、^{13}C NMR でクェルセチンの C-6 に相当するカーボンシグナル(δ 109.9)がクェルセチンそのものの C-6 のシグナル(δ 99.7)と比較して、低磁場に出現することなどから、6位に結合していることがわかる。さらにこの糖が C-結合であることは、^{13}C NMR で2分子の糖のうちの、C-1 に相当するカーボンシグナルの1つが δ 75.4 であることからもわかる。ちなみに ^{1}H NMR での2つのアノメリックプロトンがいずれも $J=7.0$ および 9.8 Hz であることから β 結合であることもわかる。さらに、イソビテキシンやイソオリエンチンの ^{13}C NMR データとの比較で、この糖がグルコースであることもわかる。

以上より、この配糖体はクェルセチン 6-C-β-グルコピラノシド-3-β-グルコピラノシド quercetin 6-C-β-glucopyranoside-3-β-glucopyranoside と判定された。

クェルセチン 6-C-グルコシド-3-グルコシド

c) カルコノナリンゲニン 2',4'-ジグルコシド

このフラボノイドはウマノスズクサ科のカナダサイシン *Asarum canadense* の葉から黄色の粉末として得られた[37]。この成分の各種特性を表 3-2-22 に示す。PC 上における UV 光下での色は暗緑色であるが、アンモニア蒸気にさらすと、たちどころに輝黄色に変化する。また肉眼で見ても黄色である。このフラボノイドがアントクロル系であることはメタノール中での UV 吸収スペクトルの測定で、吸収極大が 368 nm(Band I)にある一方で、Band II は 243 nm に小さなピークとしてのみ出現することから予想された。この化合物を酸加水分解すると、その色はすぐに消失し、水解母液にエーテルを加えて振ると無色の生成物が得られた。これは UV 吸収スペクトル特性よりフラバノンと考えられ、標品との HPLC などの比較によってナリンゲニンと同定された。一方、水層からはグルコースが検出された。したがって、もとの配糖体はカルコンのカルコノナリンゲニンにグルコースが結合したものであることがわかる。

さらに、この配糖体の分子量を HR-FABMS で測定したところ、分子イオンピーク 597.1843 [M+H]$^+$ が得られた。これ

カルコノナリンゲニン 2',4'-ジグルコシド

表 3-2-22 カルコノナリンゲニン 2',4'-ジグルコシドの各種特性 [37]

- PC Rf 値：0.35（BAW），0.42（BEW），0.39（15%酢酸）
  UV（356 nm）下での色：暗緑色
  アンモニア蒸気にさらした後の色：輝黄色

- 紫外・可視吸収スペクトル
  もとの配糖体
    吸収極大 λ max
      メタノール中：　　　　　　　　243sh，368 nm
      ナトリウムメチラートの添加：　243，393 nm（吸光度の増加）
      塩化アルミニウムの添加：　　　250，326，422 nm
      塩化アルミニウム / 塩酸の添加：245sh，399 nm
      酢酸ナトリウムの添加：　　　　307sh，375，437sh nm
      酢酸ナトリウム / ホウ酸の添加：306sh，371，450sh nm

  熱酢酸ナトリウム処理による生成物（ナリンゲニン 5,7-ジグルコシド）
    吸収極大 λ max メタノール中：　277，318 nm
    ナトリウムメチラートの添加：　　244sh，394 nm（吸光度の増加）
    塩化アルミニウムの添加：　　　　277，310，360 nm
    塩化アルミニウム / 塩酸の添加：　277，310sh，360 nm
    酢酸ナトリウムの添加：　　　　　277，315sh nm
    酢酸ナトリウム / ホウ酸の添加：　277，315sh nm

- 酸加水分解（12%塩酸中，100℃，30 分）
    加水分解産物：ナリンゲニン（エーテル層），グルコース（水解母液）

- 質量スペクトル（HR-FABMS）
    分子イオンピーク：m/z 597.1843$[M+H]^+$（base，calcd. for $C_{27}H_{33}O_{15}$，597.1819）
    （カルコノナリンゲニン＋2 mol グルコース）

- ^{1}H NMR スペクトル（500 MHz，Pyridine-d_5）
    δ 8.66（1H，d，J=15.3 Hz，H-α）
    8.17（1H，d，J=15.3 Hz，H-β）
    7.96（2H，d，J=8.6 Hz，H-2,6）
    7.06（2H，d，J=8.6 Hz，H-3,5）
    7.19（1H，d，J=2.1 Hz，H-3'）
    6.66（1H，d，J=2.1 Hz，H-5'）
    5.93（1H，d，J=7.6 Hz，2'-グルコシル H-1）
    5.90（1H，d，J=7.9 Hz，4'-グルコシル H-1）

- ^{13}C NMR スペクトル（125 MHz，Pyridine-d_5）
    カルコノナリンゲニン δ 125.2（C-β），144.4（C-α），193.9（C=O），108.4（C-1'），
        164.2（C-2'），98.9（C-3'），166.7（C-4'），95.7（C-5'），
        161.1（C-6'），127.3（C-1），131.7（C-2,6），116.9（C-3,5），
        161.0（C-4）
    2'-グルコース δ 102.0（C-1），75.1（C-2），79.0（C-3），71.6（C-4），79.1（C-5），
        62.5（C-6）
    4'-グルコース δ 101.1（C-1），74.8（C-2），78.5（C-3），71.7（C-4），79.0（C-5），
        62.7（C-6）

は $C_{27}H_{33}O_{15}$ と計算され，カルコノナリンゲニンに 2 分子のグルコースが結合した配糖体に相当する。この化合物の ^{1}H NMR スペクトルの測定では，8 個の芳香族プロトンのシグナルに加えて，2 つのグルコースのアノメリックプロトンの存在が示された。またこれの結合定数がそれぞれ $J=7.6$ および 7.9 Hz であったことから，これらのグルコースはいずれも β 結合であることもわかる。これらとは別に，熱酢酸ナトリウムによる処理では，フロログルシノール型のカルコンは糖を遊離することなく，それに相当するフラバノン配糖体に変換される[59]。こうして得られたフラバノン配糖体の吸収スペクトルを測定すると，NaOMe の添加で，吸光度の増加をともなう 76 nm の深色移動が生じた。以上より，このフラバノンは 4' 位に遊離のヒドロキシ基をもち，5 位のヒドロキシ基が置換されたものであり，さらに NaOAc の添加によって，吸収極大の移動が生じなかったことから，7 位のヒドロキシ基もまた置換されていることがわかる。

以上より，このフラバノンはナリンゲニン 5,7-ジグルコシドであり，したがってもとのカルコン配糖体はカルコノナリンゲニン 2',4'-ジグルコシドであることが判明した。これらのことは 2',4'-ジヒドロキシ-4,6'-ジメトキシカルコン[60] や 4,2'-ジヒドロキシ-4',6'-ジメトキシカルコン 4-グルコシド[61] などとの ^{13}C NMR の特性の比較からも確証された。これらの結果から，このカルコン配糖体はカルコノナリンゲニン 2',4'-ジ-β-グルコピラノシド chalcononaringenin 2',4'-di-β-glucopyranoside と同定された。

引用文献

(1) Valant-Vetschera, K.M., Wollenweber, E. 2006. Flavones and flavonols. *In* Flavonoids. Chemistry, Biochemistry and Applications (eds. Andersen, Ø.M., Markham, K.R.), CRC Press. Boca Raton. pp. 617-748.
(2) Williams, C.A. 2006. Flavone and flavonol *O*-glycosides. *In* Flavonoids. Chemistry, Biochemistry and Applications (eds. Andersen, Ø.M., Markham, K.R.), CRC Press, Boca Raton. pp. 749-856.
(3) Jay, M., Viricel, M.-R., Gonnet, J.-F. 2006. *C*-Glycosylflavonoids. *In* Flavonoids. Chemistry, Biochemistry and Applications (eds. Andersen, Ø.M., Markham, K.R.), CRC Press, Boca Raton. pp. 857-915.
(4) Veitch, N.C., Grayer, R.J. 2006. Chalcones, dihydrochalcones, and aurones. *In* Flavonoids. Chemistry, Biochemistry and Applications (eds. Andersen, Ø.M., Markham, K.R.), CRC Press. Boca Raton. pp. 1003-1100.
(5) Iwashina, T., Matsumoto, S., Nishida, M., Nakaike, T. 1995. New and rare flavonol glycosides from *Asplenium trichomanes-ramosum* as stable chemotaxonomic markers. *Biochem. Syst. Ecol.* **23**, 283-290.

(6) Bate-Smith, E.C. 1965. Investigation of the chemistry and taxonomy of sub-tribe Quillajeae of the Rosaceae using comparisons of fresh and herbarium material. *Phytochemistry* **4**, 535-539.
(7) Harborne, J.B. 1968. Comparative biochemistry of the flavonoids – VII. Correlations between flavonoid pigmentation and systematics in the family Primulaceae. *Phytochemistry* **7**, 1215-1230.
(8) Yamazaki, K., Iwashina, T., Kitajima, J., Gamou, Y., Yoshida, A., Tannowa, T. 2007. External and internal flavonoids from Madagascarian *Uncarina* species (Pedaliaceae). *Biochem. Syst. Ecol.* **35**, 743-749.
(9) Wollenweber, E., Schneider, H. 2000. Lipophilic exudates of Pteridaceae-Chemistry and chemotaxonomy. *Biochem. Syst. Ecol.* **28**, 751-777.
(10) Wollenweber, E. 1978. The distribution and chemical constituents of the farinose exudates in gymnogrammoid ferns. *Amer. Fern J.* **68**, 13-28.
(11) Wollenweber, E., Egger, K. 1971. Flavonoid-Aglykone im Knospen-Exkret von *Betula ermani*. *Z. Pflanzenphysiol.* **65**, 427-431.
(12) Wollenweber, E. 1975. Flavonoidmuster im Knospenexkret der Betulaceen. *Biochem. Syst. Ecol.* **3**, 47-52.
(13) Wollenweber, E. 1975. Flavonoidmuster als systematisches Merkmal in der Gattung *Populus*. *Biochem. Syst. Ecol.* **3**, 35-45.
(14) Hasegawa, M. 1958. On the flavonoids contained in *Prunus* woods. *J. Jap. Forest Soc.* **40**, 111-121.
(15) Iwashina, T., Ootani, S., Hayashi, K. 1988. On the pigmented spherical bodies and crystals in tepals of Cactaceous species in reference to the nature of betalains or flavonols. *Bot. Mag. Tokyo* **101**, 175-184.
(16) Asai, F., Iinuma, M., Tanaka, T., Mizuno, M. 1992. Two complex flavonoids in the farinose exudates of *Pityrogramma calomeranos*. *Heterocycles* **33**, 229-233.
(17) 服部静夫 1942. 天然色素. 化学実験学 第二部 **11**, 5-96.
(18) Iwashina, T., Kadota, Y., Ueno, T., Ootani, S. 1995. Foliar flavonoid composition in Japanese *Cirsium* species (Compositae), and their chemotaxonomic significance. *J. Jap. Bot.* **70**, 280-290.
(19) Mabry, T.J., Markham, K.R., Thomas, M.B. 1970. The Systematic Identification of Flavonoids. Springer, Berlin.
(20) Markham, K.R. 1982. Techniques of Flavonoid Identification. Academic Press, London.
(21) Harborne, J.B. 1984. Phytochemical Methods. A Guide to Modern Techniques of Plant Analysis. 2nd ed., Chapman and Hall, London.
(22) 下郡山正巳 1988. 黄色系フラボノイド（フラボン，フラボノール，オーロン，カルコン類）. 増訂植物色素－実験・研究への手引－（林孝三 編著），養賢堂，東京. pp. 174-182.
(23) Harborne, J.B. 1959. The chromatography of the flavonoid pigments. *J. Chromatog.* **2**, 581-604.
(24) Murai, Y., Kanemoto, T., Iwashina, T. 2008. Flavone glucuronides from *Plantago hakusanensis* endemic to Japan. *Biochem. Syst. Ecol.* **36**, 815-816.
(25) 林孝三，大谷俊二，岩科司 1989. ヒオウギアヤメおよびその近縁植物における色素成分の比較分析－各種のフラボノイドを中心として－. 進化生研報 **6**, 30-60.
(26) 赤井左一郎, 松川泰三 1935. イカリソウ属植物成分の研究（第二報）－新フラボン配糖体「イカリイン」の化学的構造研究（其二）. Icaritin, Anhydroicaritin および β-Anhydroicaritin の相互関係，並に Anhydroicaritin の酸化に就て. 薬学雑誌 **55**, 705-718.
(27) 赤井左一郎, 中澤浩一 1935. イカリソウ属植物成分の研究（第三報）－新フラボン配糖体「イカリイン」の化学的構造研究（其三）. Anhydroicaritol および Anhydroicaritin-trimetyläther の合成. 薬学雑誌 **55**, 719-727.

(28) Glennie, C.W., Harborne, J.B. 1971. Flavone and flavonol 5-glucosides. *Phytochemistry* **10**, 1325-1329.
(29) 岩科司, 伊藤勉, 大谷俊二 1989. 日本産アザミ属植物から分離したフラボン体の5-グルコシドの特性と同定. 筑波実験植物園研報 **8**, 15-19.
(30) Marston, A., Hostettmann, K. 2006. Separation and quantification of flavonoids. *In* Chemistry. Biochemistry and Applications (eds. Andersen, Ø.M., Markham, K.R.), CRC Press, Boca Raton. pp. 1-36.
(31) Iwashina, T., Matsumoto, S. 1994. Flavonoid variation and evolution in *Asplenium normale* and related species (Aspleniaceae). *J. Plant Res.* **107**, 275-282.
(32) Iwashina, T., Matsumoto, S., Nakaike, T. 1995. Flavonoid characters of five *Adiantum* species in Pakistan. *In* Cryptogams of the Himalayas Vol. 3. Nepal and Pakistan (eds. Watanabe, M., Hagiwara, H.), Department of Botany, National Science Museum, Tsukuba, pp. 179-191.
(33) Kawasaki, M., Kanomata, T., Yoshitama, K. 1986. Flavonoids in the leaves of twenty-eight Polygonaceous plants. *Bot. Mag. Tokyo* **99**, 67-74.
(34) Jurd, L. 1962. Spectral properties of flavonoid compounds. *In* The Chemistry of Flavonoid Compounds (ed. Geissman, T.A.), Pergamon Press, Oxford. pp. 107-155.
(35) Iwashina, T., Kitajima, J., Shiuchi, T., Itou, Y. 2005. Chalcones and other flavonoids from *Asarum* sensu lato (Aristolochiaceae). *Biochem. Syst. Ecol.* **33**, 571-584.
(36) Harborne, J.B. 1965. Plant polyphenols – XIV. Characterization of flavonoid glycosides by acidic and enzymic hydrolyses. *Phytochemistry* **4**, 107-120.
(37) Iwashina, T., Kitajima, J. 2000. Chalcone and flavone glycosides from *Asarum canadense* (Aristolochiaceae). *Phytochemistry* **55**, 971-974.
(38) 下郡山正巳 1988. 植物色素の類別とその特性. 増訂植物色素－実験・研究への手引－（林孝三 編著），養賢堂，東京，pp. 12-55.
(39) Markham, K.R., Zinsmeister, H.D., Mues, R. 1978. Luteolin 7-glucuronide-3'-mono (*trans*) ferulylglucoside and other unusual flavonoids in the aquatic liverwort complex, *Riccia fluitans*. *Phytochemistry* **17**, 1601-1604.
(40) Andersen, Ø.M., Markham, K.R. (eds.) 2006. Flavonoids. Chemistry. Biochemistry and Applications. CRC Press, Boca Raton. 1237 pp.
(41) Markham, K.R., Geiger, H. 1994. ^{1}H Nuclear magnetic resonance spectroscopy of flavonoids and their glycosides in hexadeuterodimethoxysulfoxide. *In* The Flavonoids. Advances in Research since 1986 (ed. Harborne, J.B.), Chapman & Hall., London. pp. 441-497.
(42) Yoshida, H., Itoh, Y., Ozeki, Y., Iwashina, T., Yamaguchi, M. 2004. Variation on chalcononaringenin 2'-*O*-glucoside content in the petals of carnations (*Dianthus caryophyllus*) bearing yellow flowers. *Sci. Hort.* **99**, 175-186.
(43) Geiger, H., Markham, K.R. 1992. Campylopusaurone, an auronoflavanone biflavonoid from the mosses *Campylopus clavatus* and *Campylopus holomitrium*. *Phytochemistry* **31**, 4325-4328.
(44) Iwashina, T., Kitajima, J., Kato, T., Tobe, H. 2005. An analysis of flavonoid compounds in leaves of *Japonolirion* (Petrosaviaceae). *J. Plant Res.* **118**, 31-36.
(45) Jay, M., Viricel, M.-R., Gonnet, J.-F. 2006. *C*-Glycosylflavonoids. *In* Flavonoids. Chemistry, Biochemistry and Applications (eds. Andersen, Ø.M., Markham, K.R.), CRC Press, Boca Raton. pp. 857-915.
(46) Österdahl, B.-G. 1978. Chemical studies on bryophytes. 19. Application of ^{13}C NMR in structural elucidation of flavonoid *C*-glucosides from *Hedwigia ciliata*. *Acta Chem. Scand.* **32B**, 93-97.
(47) Fukai, T., Nishimura, J., Nomura, T. 1994. Five isoprenoid-substituted flavonoids from *Glycyrrhiza eurycarpa*. *Phytochemistry* **35**, 515-519.
(48) Li, W.K., Pan, J.Q., Lü, M.-J., Xiao, P.G., Zhang, R.-Y. 1996. Anhydroicaritin 3-*O*-rhamnosyl-

(1→2) rhamnoside from *Epimedium koraeanum* and a reappraisal of other rhamnosyl (1→2, 1→3 and 1→4) rhamnoside structures. *Phytochemistry* **42**, 213-216.
(49) Barron, D., Ibrahim, R.K. 1987. Quercetin and patuletin 3, 3'-disulphates from *Flaveria chloraefolia*. *Phytochemistry* **26**, 1181-1184.
(50) Aritomi, M., Kawakami, T. 1984. Three highly oxygenated flavone glucuronides in leaves of *Spinacia oleracea*. *Phytochemistry* **23**, 2043-2047.
(51) D'Agostino, M., De Simone, F., Zhou, Z.L., Pizza, C. 1992. Flavonol glycosides from *Tagetes elliptica*. *Phytochemistry* **31**, 4387-4388.
(52) Iwashina, T., Omori, Y., Kitajima, J., Akiyama, S., Suzuki, T., Ohba, H. 2004. Flavonoids in translucent bracts of the Himalayan *Rheum nobile* (Polygonaceae) as ultraviolet shields. *J. Plant Res.* **117**, 101-107.
(53) Agrawal, P.K. (ed.) 1989. Carbon-13 NMR of Flavonoids. Elsevier, Amsterdam. 564 pp.
(54) Gross, J.H., 日本質量分析学会出版委員会（訳） 2007. マススペクトロメトリー，シュプリンガー・ジャパン，東京.
(55) Fossen, T., Andersen, Ø.M. 2006. Spectroscopic techniques applied to flavonoids. *In* Flavonoids. Chemistry, Biochemistry and Applications (eds. Andersen, Ø.M., Markham, K.R.), CRC Press, Boca Raton. pp. 37-142.
(56) Harborne, J.B., Baxter, H. (eds.) 1999. The Handbook of Natural Flavonoids. Vol. 1 & 2, John Wiley & Sons, Chichester.
(57) 斎藤規夫 1988. フラボノイド化合物の Mass- スペクトル分析. 増訂植物色素－実験・研究への手引－（林孝三 編著），養賢堂，東京. pp. 560-579.
(58) Iwashina, T., Matsumoto, S., Kitajima, J., Nakamura, T., Kokubugata, G., Suleiman, M., Said, I.M. 2009. Apigenin di- and trirhamnosides from *Asplenium normale* in Malaysia. *Nat. Prod. Commun.* **5**, 39-42.
(59) Shimokoriyama, M. 1957. Interconversion of chalcones and flavanones of a phloroglucinol type structure. *J. Amer. Chem. Soc.* **79**, 4199-4202.
(60) Thuy, T.T., Porzel, A., Ripperger, H., Sung, T.V., Adam, G. 1998. Chalcones and ecdysteroids from *Vitex leptobotrys*. *Phytochemistry* **49**, 2603-2605.
(61) Fukunaga, T., Kazikawa, I., Nishiya, K., Watanabe, Y., Takeya, K., Itokawa, H. 1987. Studies on the constituents of the European mistletoe, *Viscum album* L. *Chem. Pharm. Bull.* **35**, 3292-3297.
(62) Iwashina, T., Benitez, E.R., Takahashi, R. 2006. Analysis of flavonoids in pubescence of soybean near-isogenic lines for pubescence color loci. *J. Heredity* **97**, 438-443.
(63) 岩科司，伊藤勉，大谷俊二 1988. 日本産アザミ属植物の葉から分離されたフラボノイド成分の同定とその特殊性. 筑波実験植物園研報 **7**, 149-158.
(64) 岩科司，大谷俊二，林孝三 1984. *Strongylodon macrobotrys*（ヒスイカズラ）の花の色素成分と生体スペクトルによる花色の検討. 進化生研報 **2**, 67-74.
(65) 林孝三，岩科司，川崎勝，大谷俊二 1984. ヒメシャガ *Iris gracilipes* の花のフラボノイド成分. 進化生研報 **2**, 75-83.
(66) Iwashina, T., Ootani, S., Hayashi, K. 1984. Neochilenin, a new glycoside of 3-*O*-methylquercetin, and other flavonoids in the tepals of *Neochilenia*, *Neoporteria* and *Parodia* species (Cactaceae). *Bot. Mag. Tokyo* **97**, 23-30.
(67) Takemura, S., Kitajima, J., Iwashina, T. 2009. Ultraviolet-absorbing substances in the translucent bracts of *Davidia involucrata* (Davidiaceae). *Bull. Natl. Mus. Nature Sci., Ser. B* **35**, 1-9.
(68) Murai, Y., Takemura, S., Kitajima, J., Iwashina, T. 2009. Geographic variation of phenylethanoids and flavonoids in the leaves of *Plantago asiatica* in Japan. *Bull. Natl. Mus. Nature Sci., Ser. B* **35**, 131-140.
(69) Saito, Y., Iwashina, T., Peng, C.-I., Kokubugata G. 2009. Taxonomic reconsideration of

Disporum luzoniense (Liliaceae s.l.) using flavonoid characters. *Blumea* **54**, 59-62.
(70) Iwashina, T., Githiri, S.M., Benitez, E.R., Takemura, T., Kitajima, J., Takahashi, R. 2007. Analysis of flavonoids in flower petals of soybean near-isogenic lines for flower and pubescence color genes. *J. Heredity* **98**, 250-257.
(71) Kusano, K., Iwashina, T., Kitajima, J., Mishio, T. 2007. Flavonoid diversity of *Saussurea* and *Serratula* species in Tien Shan Mountains. *Nat. Prod. Commun.* **2**, 1121-1128.
(72) Iwashina, T., Murai, Y. 2008. Quantitative variation of anthocyanins and other flavonoids in autumn leaves of *Acer palmatum*. *Bull. Natl. Mus. Nature Sci., Ser. B* **34**, 53-62.
(73) Hashimoto, M., Iwashina, T., Kitajima, J., Matsumoto, S. 2008. Flavonol glycosides from *Clematis* cultivars and taxa, and their contribution to yellow and white flower colors. *Bull. Natl. Mus. Nature Sci., Ser. B* **34**, 127-134.
(74) Iwashina, T., Matsumoto, S. 2005. Flavonoid variation in fronds of *Cyrtomium falcatum* complex. *Ann. Tsukuba Bot. Gard.* **24**, 27-41.
(75) Iwashina, T., Hatta, H. 1993. The flavonoid glycosides in the leaves of *Cornus* species III. The flavonoids of three Himalayan *Cornus* species. *Ann. Tsukuba Bot. Gard.* **12**, 49-56.
(76) Iwashina, T., Konishi, T., Takayama, A., Fukada, M., Ootani, S. 1999. Isolation and identification of the flavonoids in the leaves of taro. *Ann. Tsukuba Bot. Gard.* **18**, 71-74.
(77) Iwashina, T., Hatta, H. 1994. The flavonoid glycosides in the leaves of *Cornus* species IV. The distribution of flavonoids in genus *Cornus*. *Ann. Tsukuba Bot. Gard.* **13**, 29-40.
(78) Iwashina, T., Ootani, S. 1990. Three flavonol allosides from *Glaucidium palmatum*. *Phytochemistry* **29**, 3639-3641.
(79) 岩科司, 八田洋章 1990. ミズキ属 (*Cornus*) 植物の葉に含まれるフラボノイド配糖体 I. ミズキ, クマノミズキ, *C. darvasica* および *C. drummondii* のフラボノイド. 筑波実験植物園研報 **9**, 41-47.
(80) Iwashina, T., Matsumoto, S., Nakaike, T. 1993. Inter-specific variation of internal flavonoid pattern in Pakistani *Cheilanthes* species and the flavonoid glycosides from *C. dalhousiae*. *Bull. Natl. Sci. Mus., Ser. B* **19**, 85-93.
(81) Rayyan, S., Fossen, T., Nateland, H.S., Andersen, Ø.M. 2005. Isolation and identification of flavonoids including flavone rotamers, from the herbal 'Crataegi Folinm Cum Flore' (Hawthorn). *Phytochem. Anal.* **16**, 334-341.
(82) Weinges, K., Maex, H.D., Goritz, K. 1970. Contributions to proanthocyanidins. 15. Rotational hindrance at C (sp^2) -C (sp^3) linkage of 4-aryl-substituted polymethoxyflavans. *Chem. Beri-Recu* **103**, 2336-2343.
(83) Markham, K.R., Mues, R., Stoll, M., Zinsmeister, H.D. 1987. NMR spectra of flavone di-*C*-glycosides flom *Apomezgeria pubescens* and the detection of rotational-isomerism in 8-*C*-hexosylflavones. *Z. Naturforsh.* **42c**, 1039-1042.
(84) Lewis, K.C., Maxwell, A.R., McLean, S., Reynolds, W.F., Enriquez, R.G. 2000. Room temperature (^{1}H and ^{13}C) and variable-temperature (^{1}H) NMR studies on spinosin. *Magn. Reson. Chem.* **38**, 771-774.
(85) Nørbæk, R., Brandt, K., Kondo, T. 2000. Identification of flavone *C*-glycosides including a new flavonoid chromophore from barley leaves (*Hordeum vulgare* L.) by improved NMR techniques. *J. Agric. Food Chem.* **48**, 1703-1707.
(86) Kumazawa, T., Kimura, T., Matsuda, S., Sato, S., Onodera, J. 2001. Synthesis of 8-*C*-glucosylflavones. *Carbohyd. Res.* **334**, 183-193.

3.3. その他のフラボノイド*

フラボノイドのうちで，フラバノン，ジヒドロフラボノール，ジヒドロカルコン，フラバンおよびプロアントシアニジン，イソフラボンなどは一般に 240 nm から 290 nm の間に大きな吸収極大（Band II）を有し，肉眼ではほとんど無色である。比較的高分子量のプロアントシアニジンを除けば，これらの分離や同定については前述のフラボンやフラボノールと類似しており，以下に述べる。

3.3.1. 試料の調製と抽出

フラボンやフラボノールに比較すると，その種類が限られるこれらのフラボノイドもその調製や抽出の方法は基本的に同じであるが，一般的に花に含まれることは比較的少ない。逆に材などではその出現頻度は相対的に増加する[1,2]。またイソフラボンは根などの地下部に含まれていることが多い。根や材からの抽出はそのままでは効率がよくないので，乾燥後に粉末やかんなくずにしてから抽出する。メタノールあるいはエタノールのようなアルコールで抽出するのも同じであるが，材の場合，配糖体として存在することのほうがむしろ少ないので，あまり水を加えない。

3.3.2. 分離および精製

これについても基本的にはフラボンやフラボノールの場合と同様である。ただし後述するように，これらのフラボノイドはほとんどの場合，特にイソフラボンやフラバンは UV-A 領域（320〜400 nm）に大きな吸収領域をもたないので，PC，TLC あるいはカラムで分離しようとする時，一般的な紫外線ランプ（356 nm）で検出することは困難なので，254 nm あるいは 302 nm の紫外線ランプを用いる。しかし近年，フォトダイオードアレイ検出器つきの HPLC が普及し，紫外・可視の全領域（190〜700 nm）を検出できるようになったため，あらかじめ TLC や PC でおおまかに分離した後に，分取 HPLC によって単離することが多くなった。

3.3.3. 定性分析

1) TLC，PC，HPLC，酸加水分解などによる定性

これらのフラボノイドの同定についても近年は，質量および NMR スペクトルを利用することが多くなった。もちろん TLC や PC で分析することで，ある程度の化学構造に関する情報を得ることができるが，NMR を測定できるほどの量を得ることができない場合のほうがむしろ多いので，この方法を知っておくことは肝要で

＊執筆：岩科　司　Tsukasa Iwashina

表 3-3-1　主なフラバノンおよびジヒドロフラボノールにおける PC および TLC での Rf 値と UV 光下での色調

フラボノイド	Rf 値			色		文献
	BAW	BEW	15%酢酸	UV	UV/NH$_3$	
フラバノン						
ナリンゲニン	0.87	0.95	0.01	暗紫色	暗緑色	
ファレロール	0.86	0.88	0.14	暗紫色	暗紫色	(3)
ファレロール 7-グルコシド	0.75	0.83	0.54	暗紫色	緑帯暗紫色	(3)
キルトミネチン	0.86	0.88	0.14	暗紫色	暗紫色	(3)
キルトミネチン 7-グルコシド	0.66	0.72	0.45	暗紫色	暗紫色	(3)
ジヒドロフラボノール						
ジヒドロケンフェロール 3-グルコシド	0.60	0.68	0.74	暗青色	輝青色	(6)
ジヒドロクェルセチン 6-C-グルコシド	0.35	0.41	0.65	暗紫色	緑帯暗紫色	

ある。TLC や PC で検出する時には短波長の UV 検出器を用いるが，展開溶媒はフラボンやフラボノールと同様に BAW や BEW あるいは 15%酢酸などを用いることが一般的である。アルコール系の溶媒では疎水性の強いものが高い Rf 値を，逆に水系では親水性の高いものが高い Rf 値をもつことも同様である。

UV ランプ光下での色はほとんどの場合，暗紫色であるが，アンモニア蒸気にさらしても顕著に色が変わることはあまりない。例外的に，4 位にカルボニル基を有するフラバノン，ジヒドロフラボノールあるいはイソフラボンなどで，5 位に遊離のヒドロキシ基が存在しないか，あるいは糖やメトキシ基で置換されている場合には，青色や黄色の蛍光色として発現するので比較的検出しやすい。代表的なこれらのフラボノイドの Rf 値と UV 下での色を**表 3-3-1** に示す。

HPLC においても，前述のフラボンやフラボノールの定性と基本的には同じであるので，参考にされたい。加水分解およびその生成物の同定方法についても基本的にはフラボンやフラボノールと同様であるが，ジヒドロカルコンはカルコンと同様に，いわゆる C 環が開環しているが，α 位と β 位との間が二重結合でないために，酸加水分解と同様の熱塩酸処理によっても閉環されず，対応するフラバノンに変換されることはない。

2) 紫外・可視吸収スペクトルによる定性

これらのフラボノイドがフラボンやフラボノールと顕著に異なるのが UV 吸収スペクトル特性である。一般的なイソフラボン（ゲニステイン）とフラバノン（ナリンゲニン）の吸収スペクトル曲線を**図 3-2-1** に示した。紫外・可視領域に 2 つの吸収帯がある点ではフラボンやフラボノールと同様だが，これらのフラボノイ

表 3-3-2　主なフラバノン，ジヒドロフラボノール，ジヒドロカルコンなどの UV スペクトルの吸収極大

フラボノイド	Band I	Band II
フラバノン		
ナリンゲニン	330sh	288
ナリンゲニン 7-グルコシド	327	283
ナリンゲニン 5,7-ジグルコシド	314sh	277
エリオジクチオール	324sh nm	289
イソサクラネチン	327sh	289
ファレロール	348	294
ファレロール 7-グルコシド	361	283
キルトミネチン	345	294
キルトミネチン 7-グルコシド	350	285
フラバン		
(＋)-カテキン	−	280
(−)-エピカテキン	−	280
(−)-エピガロカテキン	−	271
プロアントシアニジン		
プロシアニジン B-1	−	281
プロシアニジン B-3	−	281
イソフラボノイド		
ダイゼイン	303sh	249
ダイゼイン 7-グルコシド	304sh	259
ゲニステイン	328sh	261
ゲニステイン 7-グルコシド	328	261
フォルモノネチン	311	248
ジヒドロカルコン		
フロレチン	324sh	286
フロレチン 4'-グルコシド	327sh	280
2',6'-ジヒドロキシ-4,4'-ジメトキシジヒドロカルコン	325sh	284
2',6'-ジヒドロキシ-4'-メトキシジヒドロカルコン	324sh	285
ジヒドロフラボノール		
ジヒドロケンフェロール	329sh	291
ジヒドロクェルセチン	327sh	290
ジヒドロクェルセチン 6-C-グルコシド	333sh	291

＊メタノール溶液中。

ドでは一般的に Band I がきわめて小さく，多くの場合ショルダーとして出現する一方で，Band II は大きなピークとしてあらわれる．これらの吸収曲線は互いに類似しているが，吸収極大の位置はフラボノイドの種類によって若干異なる．すなわち，一般的なジヒドロフラボノールでは Band II が 290 nm 付近に，フラバノンやジヒドロカルコンでは 280 nm 付近に，フラバンおよびプロアントシアニジンでは 270～280 nm 付近に，またイソフラボンでは 250 nm 付近にある（表 3-3-2）．一

方, Band I はジヒドロフラボノール, フラバノン, ジヒドロカルコンでは 330 nm 前後に小さなピークかショルダーとして出現するが, フラバンとプロアントシアニジンでは一見して Band I が出現しないので, アルブチン arbutin のような低分子のフェノール類と区別がつきにくい。これらの代表的なフラボノイドの吸収極大を**表 3-3-2** に示す。

これらのフラボノイドについても, フラボンやフラボノールの項で述べた NaOMe, $AlCl_3$, $AlCl_3$/HCl, NaOAc, NaOAc/H_3BO_3 をメタノール溶液に加えることによる吸収極大の移動から, ある程度の化学構造の推定を行うことができるが, 一般にあまり大きな移動が生じないために, フラボンやフラボノールのそれと比較して, 得られる情報は限定的である。

a) NaOMe の添加

ジヒドロクェルセチンのように 3 位と 4' 位に遊離のヒドロキシ基が存在するジヒドロフラボノールは NaOMe の添加により分解が生じ, 吸収スペクトルの曲線自体が変形することはフラボノールと同様であるが, その反応は比較的遅い。フラバノンとジヒドロフラボノールのいずれも 5 位と 7 位に遊離のヒドロキシ基が存在する場合は Band II に約 45 nm の深色移動が生じる。

b) $AlCl_3$ および $AlCl_3$/HCl の添加

$AlCl_3$ をメタノール溶液に添加した時に, 互いに隣接する遊離のヒドロキシ基間, および 4 位にカルボニル基を有するフラバノン, ジヒドロフラボノール, ジヒドロカルコンなどでは, これと隣接する 5 位 (ジヒドロカルコンでは 6' 位) との間に錯体が形成される。これらのフラボノイドについても Band I はシンナモイル系の部分の吸収によるものだが, 元来これらの Band I は小さいか, あるいはショルダーとして出現するので, 仮に B 環の隣接する遊離のヒドロキシ基間で錯体が形成されたとしても, その移動の判断は困難である。ただし, A 環に隣接する 2 つの遊離のヒドロキシ基が存在する場合は, Band II に反映されるので 10～30 nm の深色移動が観察される。

c) NaOAc および NaOAc/H_3BO_3 の添加

フラバノンとジヒドロフラボノールに NaOAc を添加した場合では, 5 位と 7 位がともに遊離のヒドロキシ基である時には, メタノール溶液中での吸収極大と比較して Band II の約 35 nm の深色移動が生じるが, 5 位が置換されている場合には約 60 nm もの大きな移動が生じる。また, イソフラボンの場合でも, 7 位に遊離のヒドロキシ基が存在する時には Band II の深色移動が生じるが, それは 5～20 nm にとどまる。フラバノン, ジヒドロフラボノール, およびイソフラボンへの NaOAc/H_3BO_3 の添加では, A 環に隣接する遊離のヒドロキシ基が存在する場合に (6, 7

位あるいは 7, 8 位), メタノール溶液中での吸収極大と比較して約 10～15 nm の Band II の深色移動が生じる。

3) NMR と MS による定性

フラバノン，ジヒドロフラボノール，ジヒドロカルコン，イソフラボンなどの NMR や質量スペクトルについても，その方法や見方はフラボン，フラボノール，アントシアニンと基本的には同じであるので，結合する有機酸や糖の種類，位置，結合様式などについてはアントシアニンの項（p.112）と黄色系フラボノイドの項（p.173）を参照していただきたい。これらのフラボノイドのうち，フラバノン，ジヒドロフラボノール，ジヒドロカルコン，カテキン類（フラバン 3-オール，4-オールと 3, 4-ジオール），およびプロアントシアニジンは 2 位と 3 位（ジヒドロカルコンでは α 位と β 位）間が二重結合ではないために，^{1}H NMR で H-2 および H-3 あるいは H-4 のプロトンが出現する。

フラバノンでは 3 位に 2 つのプロトン（3_{ax} と 3_{eq}）が存在するが，これらは δ 3.1～3.4 に結合定数 $J=11.5$～13 Hz および約 17 Hz の H-3_{ax} が，また δ 2.6～2.85 に $J=2.5$～4 Hz および約 17 Hz の H-3_{eq} がダブルダブレットとして出現する（DMSO-d_6 中）[7]。さらに 2 位のプロトンが δ 5.3～5.6 に $J=2.5$～3 および 11.5～13 Hz のダブルダブレットとしてあらわれる。

ジヒドロフラボノールでは，H-2 はおおむね δ 4.6～5.0 付近に約 11 Hz のダブレットとして出現する（CD$_3$OD 中）[8]。具体的なフラバノンとジヒドロフラボノールの ^{1}H および ^{13}C NMR データについては，ファレロール 7-グルコシドとジヒドロケンフェロール（アロマデンドリン）3-グルコシドについて表 3-3-5 と表 3-3-6 に記した[3,6]。

ジヒドロカルコンについてもフロレチン 4'-グルコシドの ^{1}H および ^{13}C NMR データを表 3-3-7 に示したが，H-β と H-α はそれぞれ δ 3.68 に $J=15.6$ Hz，および δ 3.14 に $J=15.3$ Hz のトリプレットとして出現する。

カテキン類については，フラバン 3-オールの配糖体では H-2 が δ 4.65～4.9 に $J=6.5$～8.0 のダブレットとして，H-3 が δ 4.17～4.21 のムルティプレットとして，また 2 つの H-4 が δ 2.90～3.06 の $J=5.5$ および 16.5 Hz，および δ 2.63～2.76 の $J=7.0$～8.0 および 16.5 Hz のダブルダブレットとして出現する[9]。

プロアントシアニジンはカテキン類の重合体であるために，多くのプロトンシグナルが出現する以外は，それを構成するカテキン類のデータと基本的に同じである。近年はこれらの複雑な化合物の NMR による解析も多く報告されている。たとえば，ハンニチバナの仲間 *Cistus incanus* の樹皮からのガロカテキン（$4\alpha \rightarrow 8$）ガロカ

表 3-3-3　主なイソフラボンの ^{1}H NMR スペクトルの化学シフト（250 MHz, DMSO-d_6）（δ）

	5-OH	H-2	H-6	H-8
ゲニステイン 5-グルコシド [18]	–	8.00 s	6.72 d (2.2)	6.38 d (2.2)
オロボール 7-グルコシド [19]	10.79 s	8.38 s	6.48 d (2.0)	6.72 d (2.0)
プラテンセイン 7-グルコシド [19] *	10.70 s	8.42 s	6.48 d (2.0)	6.72 d (2.0)

*さらに 4'-OCH$_3$ の δ 3.80 s が出現。

表 3-3-4　主なイソフラボンの ^{13}C NMR スペクトルの化学シフト（62.89 MHz, DMSO-d_6）（δ）

アグリコン部分	C-2	C-3	C-4	C-5	C-6	C-7	C-8	C-9	C-10
ゲニステイン 5-グルコシド [18]	152.0	125.3	176.3	159.8	104.7	165.7	98.6	158.5	108.3
オロボール 7-グルコシド [19]	154.4	122.7	180.0	162.9	99.5	161.6	94.5	157.1	106.1
プラテンセイン 7-グルコシド [19]	154.7	123.1	180.4	162.9	99.6	161.6	94.5	157.1	106.1

アグリコン部分	C-1'	C-2'	C-3'	C-4'	C-5'	C-6'	4'-OCH$_3$
ゲニステイン 5-グルコシド [18]	123.6	131.1	115.8	157.8	115.8	131.1	–
オロボール 7-グルコシド [19]	121.4	116.5	144.9	145.6	115.4	119.9	–
プラテンセイン 7-グルコシド [19]	122.4	116.3	146.1	147.8	112.0	119.8	55.6

グルコース部分	C-1	C-2	C-3	C-4	C-5	C-6
ゲニステイン 5-グルコシド [18]	103.7	73.8	76.1	70.3	77.6	61.4
オロボール 7-グルコシド [19]	99.8	73.0	77.1	69.6	76.3	60.6
プラテンセイン 7-グルコシド [19]	99.9	73.0	77.1	69.6	76.4	60.6

テキン [10]，キントラノオ科の植物 Byrsonima crassifolia の樹皮の没食子酸が結合した数種の二量体や三量体 [11]，モロコシ Sorghum vulgare の種子からのカテキン（4α→8）カテキンなど [12]，クロトンの仲間 Croton lechleri の樹液からのカテキン，ガロカテキン，エピガロカテキンとその二量体や三量体 [13]，シキミ Illicium anisatum の樹皮からのプレニル化フラバン 3-オールとプロアントシアニジン [14]，ヤマヤナギ Salix sieboldiana の樹皮からのアシル化フラバン 3-オールとプロアントシアニジン [15]，ウーロン茶に含まれるエピガロカテキンなどを基本骨格とする二量体や三量体 [16] など，多数報告されている。

　イソフラボノイドは付随的な環の形成などによって，さらにイソフラボン，プテロカルパン，クメスタン，ロテノイドなどに細分される [17]。他のフラボノイド

H-2'	H-3'	H-5'	H-6'	グルコース H-1	グルコース H-2〜H-6
7.28 d (8.4)	6.78 d (8.4)	6.78 d (8.4)	7.28 d (8.4)	4.65 d (6.4)	3.18〜3.77 m
7.03 s	–	6.82 s	6.82 s	5.07 d (7.0)	3.0〜4.0 m
7.05 s	–	6.98 s	6.98 s	5.07 d (7.0)	3.0〜3.7 m

と異なり，B環が2位ではなく，3位に結合している。^{1}H NMRでは，この2位のプロトンのシグナルは一般にδ 8.00〜8.45にシングレットとして出現する(DMSO-d_6中)。これらのイソフラボノイドの中で，イソフラボンのNMRについてはスミノミザクラ Prunus cerasus の樹皮からのゲニステイン 5-グルコシド[18]。ハリガネゴケ Bryum capillare からのオロボール orobol 7-グルコシドとプラテンセイン pratensein 7-グルコシド[19]などの報告がある。これらの化学シフトについては表3-3-3および表3-3-4に示した。

オロボール 7-グルコシド

プラテンセイン 7-グルコシド

質量スペクトルによる定性はフラボンやフラボノールと基本的に変わらない。黄色フラボノイドの項の図 3-2-12 にイソフラボンのゲニステイン 7-グルコシドについて記してある。

3.3.4. フラボノイド同定の実際

これまで示したようなフラバノンやジヒドロフラボノールなどの同定について，上記特性による実際の例を述べる。

1）ファレロール 7-グルコシド

このフラボノイドはシダ類のナガバヤブソテツ Cyrtomium devexiscapulae（オシダ科）の葉から白色の粉末として得られた[3〜5]。化合物の各種特性を表 3-3-5 に示した。15％酢酸を展開溶媒としたPCのRf値が 0.54 と，相対的に高いことから，親水性の強いフラボノイド，すなわち配糖体と推定された。また，メタノール中での吸収スペクトルの測定で，主要な吸収極大が 283 nm（Band II）にあり，これに小さな Band I（361 nm）がともなうことから，フラバノンと考えられた。しかし，Band I がナリンゲニンのような一般的なフラバノン（330 nm）よりも長波長側に出現することが特徴的であった。この溶液に NaOMe を添加して測定すると，

表 3-3-5　ファレロール 7-グルコシドの各種特性

- PC Rf 値：0.75（BAW），0.83（BEW），0.54（15% 酢酸）
  UV（356 nm）下での色：暗紫色
  アンモニア蒸気にさらした後の色：緑帯暗紫色

- 紫外・可視吸収スペクトル
  もとの配糖体
    吸収極大 λ max
      メタノール中：　　　　　　　　　　283，361 nm
      ナトリウムメチラートの添加：　　　287，392 nm（吸光度の増加）
      塩化アルミニウムの添加：　　　　　287，312 sh，362 nm
      塩化アルミニウム / 塩酸の添加：　 285，311 sh，363 nm
      酢酸ナトリウムの添加：　　　　　　284，363 nm
      酢酸ナトリウム / ホウ酸の添加：　 285，363 nm

- 加水分解生成物（ファレロール）
    吸収極大 λ max
      メタノール中：　　　　　　　　　　294，348 nm
      ナトリウムメチラートの添加：　　　338 nm（Band II）（吸光度の増加）
      塩化アルミニウムの添加：　　　　　316，361，407 sh nm
      塩化アルミニウム / 塩酸の添加：　 315，364 sh，400 nm
      酢酸ナトリウムの添加：　　　　　　290，338 nm
      酢酸ナトリウム / ホウ酸の添加：　 296，348 nm

- 酸加水分解（12% 塩酸中，100℃，30 分）
    加水分解産物：ファレロール（エーテル層），グルコース（水解母液）

- 質量スペクトル（LC-MS）
    分子イオンピーク：　　　　　m/z 463$[M+H]^+$（ファレロール ＋ 1 mol グルコース）
    フラグメントイオンピーク：m/z 301$[M-162+H]^+$（ファレロール）

- ^{1}H NMR スペクトル（500 MHz, pyridine-d_5）
    δ 12.59（1H，s，5-OH）
    7.55（2H，d，J＝7.9 Hz，H-2',6'）
    7.09（2H，d，J＝9.8 Hz，H-3',5'）
    5.3-5.5（2H，不明瞭，グルコシル H-1，H-2）
    4.6-4.0（m，糖プロトン）
    3.25（1H，dd，J＝10.4，17.1 Hz，H-3$_{ax}$）
    2.91（1H，dd，J＝3.4，16.8 Hz，H-3$_{eq}$）
    2.65（3H，s，6 あるいは 8-CH$_3$）
    2.55（3H，s，8 あるいは 6-CH$_3$）

- ^{13}C NMR スペクトル（125 MHz, pyridine-d_5）
    ファレロール δ 79.1（C-2），43.6（C-3），198.6（C-4），159.5（C-5），112.1（C-6），
        162.7（C-7），111.2（C-8），159.5（C-9），105.9（C-10），130.9（C-1'），
        128.6（C-2'），116.5（C-3'），158.4（C-4'），116.5（C-5'），128.6（C-6'），
        10.0（6 あるいは 8-CH$_3$），9.5（8 あるいは 6-CH$_3$）
    グルコース δ 105.8（C-1），75.8（C-2），78.5（C-3），71.6（C-4），78.8（C-5），
        62.7（C-6）

Band II の移動がほとんど生じないことから，5位あるいは7位のヒドロキシ基が置換されていると考えられた。

これを酸加水分解すると，糖としてグルコースが得られた。またアグリコンはそのメタノール溶液に NaOMe を添加して測定した吸収スペクトルで，44 nm の Band II の深色移動が生じた。これはアグリコンの5位と7位の両方に遊離のヒドロキシ基があることを示している。この結果から，グルコースは5位あるいは7位のどちらかに結合していることが考えられた。しかし，元の配糖体の UV 光下での色が暗紫色であり，5位のヒドロキシ基が置換されている場合には，蛍光色を示すことから，この配糖体では糖は7位に結合していると推定された。

元の配糖体の分子量を LC-MS で測定すると，分子イオンピーク m/z 463 $[M+H]^+$ とフラグメントイオンピーク m/z 301 $[M-162+H]^+$ が得られた。このことはトリヒドロキシ-ジ-C-メチルフラバノンに1分子のグルコースが結合していることを示している。

^{1}H NMR スペクトルの測定で，δ 12.59 に5位の遊離のヒドロキシ基の存在を示すシングレットのシグナルが出現した。また δ 7.55（H-2',6'）と 7.09（H-3',5'）にそれぞれ 2H に相当するシグナルが出現することから B 環には4'位にのみヒドロキシ基が結合していることがわかる。またさらに，6位と8位に相当するプロトンシグナルが出現せず，その代わりに δ 2.65 と 2.55 に C-メチル基の存在を示すシングレットのシグナル

ファレロール 7-グルコシド

が出現した。このことから C-メチル基が6位と8位に結合していることが明らかになった。これについては，^{13}C NMR スペクトルで，C-6 および C-8 に相当するカーボンシグナルが，それぞれ δ 112.1 および 111.2 という低磁場に出現することからも明らかである。さらに HMBC スペクトルで，δ 2.65 と 2.55 の C-メチル基由来のプロトンシグナルと，上記の C-6 および C-8 のカーボンシグナルとがクロスピークを形成することからもわかる。

以上のことから，このフラボノイドは C-メチル基が結合したフラバノン配糖体の 5,7,4'-トリヒドロキシ-6,8-ジ-C-メチルフラバノン 7-β-グルコピラノシド，すなわちファレロール 7-グルコシド farrerol 7-glucoside と判明した。

2）ジヒドロケンフェロール 3-グルコシド

このフラボノイドはダイズの系統 "Harosoy-wm" の花から白色の粉末として得られた[6]。この成分の各種特性を**表 3-3-6** に示してあるが，PC による Rf 値はア

表 3-3-6　ジヒドロケンフェロール 3-グルコシドの各種特性

- PC Rf 値：0.60（BAW），0.68（BEW），0.74（15%酢酸）
  UV（356 nm）下での色：暗青色
  アンモニア蒸気にさらした後の色：輝青色

- 紫外・可視吸収スペクトル
  吸収極大 λ max
  　　メタノール中：　　　　　　　　290, 330sh nm
  　　ナトリウムメチラートの添加：　322 nm（Band II）（吸光度の増加）
  　　塩化アルミニウムの添加：　　　291, 365sh nm
  　　塩化アルミニウム / 塩酸の添加：291, 365sh nm
  　　酢酸ナトリウムの添加：　　　　286sh, 330 nm
  　　酢酸ナトリウム / ホウ酸の添加：292, 324sh nm

- 酸加水分解（12% 塩酸中，100℃，30 分）
  加水分解産物：ジヒドロケンフェロール（エーテル層），グルコース（水解母液）

- 質量スペクトル（FABMS）
  分子イオンピーク：m/z 451.2 $[M+H]^+$（ジヒドロケンフェロール + 1 mol グルコース）
  フラグメントイオンピーク：m/z 289.2 $[M-162+H]^+$（ジヒドロケンフェロール）

- ^{1}H NMR スペクトル（500 MHz, pyridine-d_5）
  δ 7.55（2H, d, $J=8.2$ Hz, H-2',6'）
  　 7.01（2H, d, $J=8.2$ Hz, H-3',5'）
  　 6.58（1H, d, $J=1.5$ Hz, H-8）
  　 6.40（1H, d, $J=1.5$ Hz, H-6）
  　 5.51（1H, d, $J=7.6$ Hz, グルコシル H-1）
  　 4.4-4.2（m, 糖プロトン）
  　 3.89（1H, d, $J=13.7$ Hz, H-2）
  　 3.52（1H, d, $J=14.0$ Hz, H-3$_{ax}$）

- ^{13}C NMR スペクトル（125 MHz, pyridine-d_5）
  ジヒドロケンフェロール δ 79.1（C-2），70.9（C-3），195.2（C-4），158.4（C-5），97.0（C-6），173.6（C-7），93.2（C-8），170.6（C-9），102.0（C-10），125.6（C-1'），132.6（C-2'），115.9（C-3'），157.8（C-4'），115.9（C-5'），132.6（C-6'）
  グルコース δ 107.4（C-1），74.2（C-2），79.0（C-3），70.8（C-4），78.4（C-5），62.2（C-6）

ルコール系の展開溶媒（BAW と BEW）でも水系（15%酢酸）のいずれでも比較的高い値を示した。このフラボノイドの紫外・可視吸収スペクトルの測定で，その吸収極大は 290 nm の大きな Band II と 330 nm にショルダーで出現する小さな Band I からなり，これがジヒドロフラボノールの仲間であることが推定できる。

分子量を FABMS で測定すると，分子イオンピークとして m/z 451.2 $[M+H]^+$

が、またフラグメントイオンピークとして m/z 289.2 $[M-162+H]^+$ が出現した。このことから、この化合物はテトラヒドロキシフラバノンに1分子のヘキソースが結合したジヒドロフラボノールと推定された。またこれを酸加水分解すると、水解母液からグルコースが検出された。生成されたアグリコンも一般的なジヒドロフラボノールのジヒドロケンフェロールの標品とHPLCで比較したところ、保持時間が一致した。

^{1}H NMR スペクトルでは、B環の H-2',6' および H-3',5' に相当する δ 7.77 と 7.01 のプロトン2つ分のダブレットのシグナル、さらにはA環のH-6およびH-8に相当するδ6.40と6.58のダブレットのシグナルが出現し、このことから4つのヒドロキシ基はそれぞれ3、5、7および4'位であることが確証された。

ジヒドロケンフェロール 3-グルコシド

グルコースの結合位置については、HMBCでジヒドロケンフェロールのC-3に相当するδ70.9のカーボンシグナルとグルコースのH-1に相当するδ5.51のプロトンシグナルがクロスピークを形成することから、3位と決定された。またアノメリックプロトンの結合定数が J =7.6 Hz であったことから、グルコースはアグリコンに対してβ結合していることも示された。以上のことから、このフラボノイドはジヒドロフラボノール配糖体のジヒドロケンフェロール 3-β-グルコピラノシド dihydrokaempferol 3-β-glucopyranoside と同定された。

3) フロレチン 4'-グルコシド

このフラボノイドはヒュウガミズキ *Corylopsis pauciflora*（マンサク科）の葉から白色の針状結晶として得られた。この化合物の各種特性を**表 3-3-7** に示した。メタノール中での吸収極大は 280 nm（Band II）にピークとして、また 327 nm（Band I）にショルダーとして出現した。このスペクトル特性はこの化合物がフラバノン、ジヒドロフラボノールあるいはジヒドロカルコンのいずれかであることを推定させる。これを加水分解すると、糖としてグルコースが得られた。また元の配糖体の分子量をLC-MSで測定したところ、分子イオンピークとして m/z 437$[M+H]^+$ が、またフラグメントイオンピークとして m/z 275$[M-162+H]^+$ が得られた。このことから、元の配糖体は分子量 276（$C_{15}H_{14}O_5$）のフラバノンあるいはジヒドロカルコンに1分子のグルコースが結合しているものであることが明らかとなった。

フラバノンやジヒドロカルコンは各種試薬の添加によるUVスペクトルの吸収極大の移動が、フラボンやフラボノールのそれと比較して不明瞭なことが多く、その

表 3-3-7　フロレチン 4'-グルコシドの各種特性

●紫外・可視吸収スペクトル
　もとの配糖体
　　　吸収極大 λmax
　　　　　メタノール中：　　　　　　　　　280，327sh nm
　　　　　ナトリウムメチラートの添加：　　292，369 nm（吸光度の増加）
　　　　　塩化アルミニウムの添加：　　　　306，365 nm
　　　　　塩化アルミニウム／塩酸の添加：　303，363 nm
　　　　　酢酸ナトリウムの添加：　　　　　287，368 nm
　　　　　酢酸ナトリウム／ホウ酸の添加：　282，314sh nm

●加水分解生成物（フロレチン）
　　　吸収極大 λmax
　　　　　メタノール中：　　　　　　　　　286，324 sh nm
　　　　　ナトリウムメチラートの添加：　　321 nm（Band II）（吸光度の増加）
　　　　　塩化アルミニウムの添加：　　　　310，363 nm
　　　　　塩化アルミニウム／塩酸の添加：　306，362 nm
　　　　　酢酸ナトリウムの添加：　　　　　287sh，319 nm
　　　　　酢酸ナトリウム／ホウ酸の添加：　288，337sh nm

●酸加水分解（12% 塩酸中，100℃，30 分）
　　　加水分解産物：フロレチン（エーテル層），グルコース（水解母液）

●質量スペクトル（LC-MS）
　　　分子イオンピーク：m/z 437 $[M+H]^+$（フロレチン＋1 mol グルコース）
　　　フラグメントイオンピーク：m/z 275 $[M-162+H]^+$（フロレチン）

●^{1}H NMR スペクトル（500 MHz，pyridine-d_5）
　　　δ 8.72（1H，s，6'-OH）
　　　　7.31（2H，d，J＝8.6 Hz，H-2,6）
　　　　7.17（2H，d，J＝8.6 Hz，H-3,5）
　　　　6.69（2H，s，H-3',5'）
　　　　5.65（1H，d，J＝7.6 Hz，グルコシル H-1）
　　　　4.3-4.2（m，糖プロトン）
　　　　3.68（2H，t，J＝15.6 Hz，H-α）
　　　　3.14（2H，t，J＝15.3 Hz，H-β）

●^{13}C NMR スペクトル（125 MHz，pyridine-d_5）
　　　フロレチン δ 132.7（C-1），130.4（C-2），116.3（C-3），157.1（C-4），116.3（C-5），
　　　　　　　　130.4（C-6），106.8（C-1'），165.5（C-2'），96.1（C-3'），164.7（C-4'），
　　　　　　　　96.1（C-5'），165.5（C-6'），46.8（C-α），30.3（C-β），206.0（C＝O）
　　　グルコース δ 101.2（C-1），74.6（C-2），78.2（C-3），71.1（C-4），78.8（C-5），
　　　　　　　　62.2（C-6）

化学構造は基準標品がない場合には同定を NMR 分析に頼ることが多いが，この化合物もまたその同定は主に NMR 分析によって行われた。すなわち，^{1}H NMR スペクトルで，δ 3.68 と 3.14 に H-α および H-β（フラバノンの場合は H-2 および H-3）に相当するプロトンの結合定数が約 15 Hz のトリプレットのシグナルとして出現することから，この化合物が 2 位と 3 位の間が二重結合ではないフラバノン，ジヒドロフラボノール，あるいはジヒドロカルコンの配糖体であることがわかる。また，B 環の H-2,6 および H-3,5（フラバノンとジヒドロフラボノールでは H-2',6' および H-3',5'）に相当する δ 7.31 と 7.17 の 2H のシグナルが出現することから，このフラボノイドの B 環には 4 位（フラバノンでは 4' 位）にのみヒドロキシ基が存在することもわかる。さらに，A 環の H-3' と H-5'（フラバノンなどでは H-6 と H-8）に相当するシグナルがプロトン 2 個分のシングレットとして出現するので，このフラボ

フロレチン 4'-グルコシド

ノイドは B 環ばかりでなく，A 環の構造もまたシンメトリックであることがわかる。以上のプロトンシグナルの出現から，ヒドロキシ基は 4,2',4' および 6' 位にあることが判明した。このことから配糖体のアグリコンは 4,2',4',6'-トリヒドロキシジヒドロカルコン，すなわちフロレチンであることが判明した。また 1 分子のグルコースは HMBC で，δ 5.65 のグルコースのアノメリックプロトンシグナルと，δ 164.7 の C-4' に相当するカーボンシグナルとの間でクロスピークを生じたため，4' 位と決定された。なお，アノメリックプロトンのダブレットのシグナルの結合定数が $J = 7.6$ Hz であったため，グルコースはアグリコンに対して β 結合していることも示された。

以上より，この配糖体はジヒドロカルコンであるフロレチン 4'-β-グルコピラノシド phloretin 4'-β-glucopyranoside と同定された。

引用文献

(1) Hasegawa, M. 1958. On the flavonoids contained in *Prunus* woods. *J. Jap. Forest Soc.* **40**, 111-121.
(2) 長谷川正男，林孝三 1991. サクラ属の材成分特にフラボノイドの生合成系とサクラ類の分類系について．進化生研研報 **7**, 1-17.
(3) Iwashina, T., Kitajima, J., Matsumoto, S. 2006. Flavonoids in the species of *Cyrtomium* (Dryopteridaceae) and related genera. *Biochem. Syst. Ecol.* **34**, 14-24.
(4) Iwashina, T., Matsumoto, S. 2005. Flavonoid variation in fronds of *Cyrtomium falcatum*

complex. *Ann. Tsukuba Bot. Gard.* **24**, 27-41.
(5) 岸本安生　1956．ヤブソテツ属のフラボノイド　その 2．フラボノイド配糖体について（シダ類の薬学的知見　第 10 報）．薬学雑誌 **76**, 250-253.
(6) Iwashina, T., Githiri, S.M., Benitez, E.R., Takemura, T., Kitajima, J., Takahashi, R. 2007. Analysis of flavonoids in flower petals of soybean near-isogenic lines for flower and pubescence color genes. *J. Heredity* **98**, 250-257.
(7) Markham, K.R., Geiger, H. 1994. ^{1}H Nuclear magnetic resonance spectroscopy of flavonoids and their glycosides in hexadeuterodimethoxysulfoxide. *In* The Flavonoids. Advances in Research since 1986 (ed. Harborne, J.B.), Chapman & Hall, London. p. 441-497.
(8) Fossen, T., Andersen, Ø.M. 2006. Spectroscopic techniques applied to flavonoids. *In* Flavonoids. Chemistry, Biochemistry and Applications (eds. Andersen, Ø.M., Markham, K.R.), CRC Press, Boca Laton. pp. 37-142.
(9) Lokvam, J., Coley, P.D., Kursar, T.A. 2004. Cinnamoyl glucosides of catechin and dimeric procyanidins from young leaves of *Inga umbelliferae* (Fabaceae). *Phytochemistry* **65**, 351-358.
(10) Petereit, F., Kolodziej, H., Naharsteds, A. 1991. Flavan-3-ols and proanthocyanidins from *Cistus incanus*. *Phytochemistry* **30**, 981-985.
(11) Geiss, F., Heinrich, M., Hunkler, D., Rimpler, H. 1995. Proanthocyanidins with (+)-epicatechin units from *Byrsonima crassifolia* bark. *Phytochemistry* **39**, 635-643.
(12) Brandon, M.J., Foo, L.Y., Porter, L.J., Meredith, P. 1982. Proanthocyanidins of barley and sorghum; composition as a function of maturity of barley ears. *Phytochemistry* **21**, 2953-2957.
(13) Cai, Y., Evans, F. J., Roberts, M.F., Phillipson, J.D., Zenk, M.H., Gleba, Y.Y. 1991. Polyphenolic compounds from *Croton lechleri*. *Phytochemistry* **30**, 2033-2040.
(14) Morimoto, S., Tanabe, H., Nonaka, G.-I., Nishioka, I. 1988. Prenylated flavan-3-ols and procyanidins from *Illicium anisatum*. *Phytochemistry* **27**, 907-910.
(15) Hsu, F.L., Nonaka, G.-I., Nishioka, I. 1985. Acylated flavanols and procyanidins from *Salix sieboldiana*. *Phytochemistry* **24**, 2089-2092.
(16) Hashimoto, F., Nonaka, G.-I., Nishioka, I. 1989. Tannins and related compounds. XC. 8-*C*-Ascorbyl (-)-epigallocatechin 3-*O*-gallate and novel dimeric flavan-3-ols, oolonghomobisflavans A and B, from oolong tea. (3). *Chem. Pharm. Bull.* **37**, 3255-3263.
(17) Dewick, P.M. 1994. Isoflavonoids. *In* The Flavonoids. Advances in Research since 1986 (ed. Harborne, J.B.), Chapman & Hall, London. p. 117-238.
(18) Geibel, M., Geiger, H., Treutters, D. 1990. Tectochrysin 5- and genistein 5-glucosides from the bark of *Prunus cerasus*. *Phytochemistry* **29**, 1351-1353.
(19) Anhut, S., Zinsmeister, H.D., Mues, R., Barz, W., Mackenborck, K., Köster, J., Markham, K.R. 1984. The first identification of isoflavones from a bryophyte. *Phytochemistry* **23**, 1073-1075.

3.4. フラボノイドに関連するフェノール性化合物*

　植物に含まれるフラボノイドを分析すると、ほとんどすべての場合でフラボノイドのみが検出されることはない。たいていの場合で関連する化合物も同時に見出されることが一般的である。先にも述べたように、フラボノイドは紫外・可視光領域に必ず吸収帯をもつが、このような性質は必ずしもフラボノイドだけの特徴ではなく、たいていのフェノール化合物はこの領域、特に紫外領域に光吸収帯がある。ここではこのような化合物の中で、特にフラボノイドと共存することが多い関連化合物の分離や定性分析について述べる。

　これらの化合物の抽出や分離もまた基本的にフラボノイドのそれとほぼ同じである。すなわち、メタノールやエタノール、場合によってはアセトンなどを基本とした溶媒で抽出し、PC あるいは TLC、大規模に行う時は、シリカゲル、ポリアミドなどのカラムクロマトグラフィー、近年では分取の HPLC などで分離を行い、これを小口径のセファデックス LH-20 カラムで純化する。同定については、LC-MS などによる分子量の測定、紫外・可視領域の吸収スペクトルの測定、配糖体やアシル化されている場合は、酸加水分解やケン化を行い、これらのデータをもとに、既知の化合物で基準標品がある場合には TLC や HPLC での比較、またある程度の量で得られた場合で、特に未知やまれな化合物と推定される場合には ^{1}H および ^{13}C NMR スペクトルの測定によって行われる。

3.4.1. 芳香族有機酸

　フラボノイドを PC、TLC あるいは HPLC で検出する時、ほとんどすべての植物で同時に見出されるのがケイ皮酸 sinnamic acid の誘導体である[1]。これらはフラボノイド生合成系の中間体ないし、その関連化合物でもあるために、植物界に広く分布している[2,3]。これらの化合物の紫外・可視吸収スペクトルを測定すると、一般的には 300～330 nm 付近に吸収極大をもつことが特徴である（表 3-4-1）。この部分に吸収極大を有する代表的なフラボノイドはアピゲニンを中心としたフラボン類であるが、それとは異なって、260～270 nm 付近に吸収極大がないので、互いに区別できる。TLC や PC ではたいていのフラボン類が UV 下で暗紫色に見えるのに対して、これらの有機酸は青色の蛍光として出現する。ただし、フラボノイドでも 5 位に遊離のヒドロキシ基がないものは芳香族の有機酸ときわめて類似した色調を呈するので注意を要する。

　一般的なものとして、カフェ酸、p-クマル酸、フェルラ酸などがあるが[4]、そ

＊執筆：岩科　司　Tsukasa Iwashina

表 3-4-1　フラボノイドに関連する化合物の吸収スペクトル特性

化合物	吸収極大
芳香族有機酸	
安息香酸	272
p-クマル酸	286, 304
カフェ酸	298sh, 326
フェルラ酸	294sh, 322
クロロゲン酸	297sh, 328
プランタマジョシド	291, 330
アクテオシド	291, 332
キサントン	
マンギフェリン	242, 256, 316, 364
スウェルチアニン*	242, 269, 314sh, 330, 400sh
デクッサチン*	240, 260, 312, 380sh
ノルスウェルチアニン*	239, 267, 332, 392sh
スチルベン	
4,4'-ジヒドロキシスチルベン	301, 325
レスベラトロール	305, 317
レスベラトロール 3-グルコシド	307, 320
アストリンギン	291, 325
水解性タンニンとその生成物	
没食子酸	274
エラグ酸	254, 365
コリラギン	270
ペンタガロイルグルコース	279
2,3-HHDP-グルコース	279
アントラキノン	
アロエエモジン*	254, 277, 287, 430
クリソファノール*	257, 277, 287, 430
アリザリン*	247, 278, 330, 434
バルバロイン	261, 269, 297, 360

＊エタノール溶液中で測定

れ自体で植物に含まれていることは比較的少なく，たいていの場合ではグルコースなどの糖や [5,6]，クロロゲン酸のように，キナ酸 quinic acid などの他の有機酸とのエステルとして [7,8]，あるいはアクテオシド acteoside やプランタマジョシド plantamajoside のようなフェニルエタノイド phenylethanoid として存在することの

クロロゲン酸　　　　　　　　　　アクテオシド

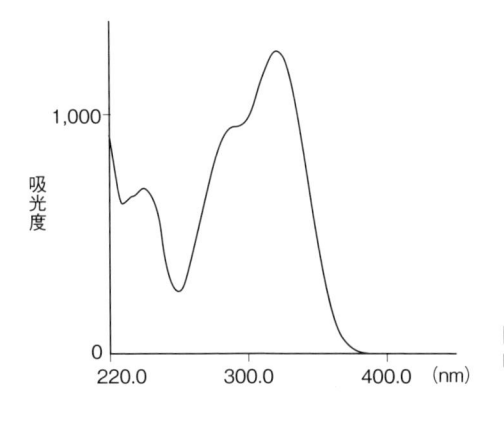

図 3-4-1 クロロゲン酸の紫外・可視吸収スペクトル曲線

ほうが多い[9, 10]。これらの化合物についても，その吸収スペクトル特性や UV 下での色調は基本的に遊離の状態の有機酸のものとほとんど同じである（図 3-4-1）。

安息香酸 benzoic acid を基本とする芳香族の有機酸もまた，多くの植物でフラボノイドと共存する化合物群であるが，その特性は前述のケイ皮酸誘導体とは異なる。その一つは紫外光領域における吸収特性で，その吸収極大はケイ皮酸類より短波長側の 270 nm 前後にあり，互いに区別することができる。また PC や TLC のスポットの色調を観察する時，長波長の UV ランプ（356 nm）ではほとんど見ることができず，短波長の UV ランプ（254 nm）を使用する必要がある。

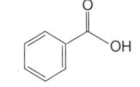

安息香酸

フラボノイドの項で述べた各種試薬を添加しての吸収極大の移動からは，フラボンやフラボノールほどの情報は得られないが，$AlCl_3$ と $AlCl_3$/HCl の添加では，ベンゼン環の部分に隣接する 2 つ以上の遊離のヒドロキシ基が存在する場合には，アルミニウムを介しての錯体が形成されるので，約 40〜50 nm の深色移動が生じ，これに塩酸を加えるとほぼ元の位置に戻るので，その存在を知ることができる。芳香族有機酸類の同定については，特に新規やまれなものについては，やはり近年，質量および ^1H および ^{13}C NMR スペクトルなどの情報をもとに行われることが多い[2]。

3.4.2. キサントン

キサントンは C_6-C_1-C_6 からなる化合物群で，フラボノイドとは異なり，顕花植物ばかりでなく，菌類[11, 12]や地衣類[13]からも広く報告されている。顕花植物での分布は比較的限られているが，特にリンドウ科とオトギリソウ科に集中しており[14, 15]，フラボノイドとキサントンが共存しているのが一般的である[16, 17]。両化合物はアルカリの添加で黄色となったり，マグネシウムと塩酸の還元反応がき

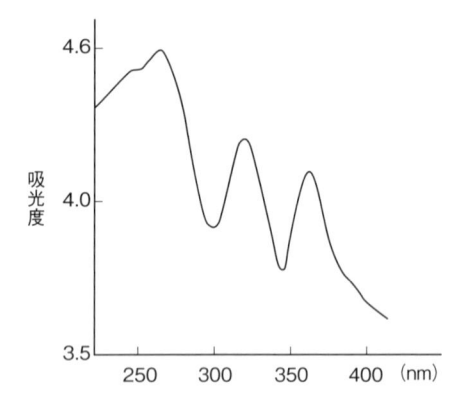

図3-4-2 マンギフェリンの紫外・可視吸収スペクトル曲線

わめて類似しているので，互いに間違えやすいが[18]，TLCやPCで分析した時に出現するスポットのUV光下での色やUV吸収スペクトル特性が異なるので，区別することができる．たとえば，キサントン類の中でマンゴーノキ Mangifera indica の果実[19]やヒオウギアヤメ Iris setosa の花[20]などをはじめ，高等植物に比較的広く分布する C-配糖体であるマンギフェリン mangiferin やイソマンギフェリン isomangiferin は UV 光下で橙色で，アンモニア蒸気にさらすと輝黄色へと変化する．また吸収スペクトル特性は，フラボンやフラボノールでは基本的に紫外領域に2つの吸収極大が出現するのに対して，多くのキサントンは4つ，まれに3つの吸収極大が出現する（表3-4-1，図3-4-2）[20, 21]．

キサントンについても上記のマンギフェリンのような一般的な化合物は別として，^{1}H および ^{13}C NMR スペクトルによる同定が行われるようになり，詳細な NMR データも蓄積しつつある[22, 23]．

マンギフェリン

3.4.3. スチルベン

スチルベン stilbene は C_6-C_2-C_6 からなるフェノール化合物である．これまでに約200種類ほどが報告されているが[24]，これらもまたフラボノイドと共存していることが多い．またピセイド piceid（レスベラトロール 3-グルコシド resveratrol 3-glucoside）のように配糖体としても存在している．スチルベンは主にユーカリの仲間の葉や材[25, 26]，マツの仲間の樹皮[27]をはじめとする各種植物の果実，種子などから散在的に報告されている[24]．さらにブドウ，ワイン，ピーナッツバター，ホップなどの食品からも多くの報告がある[28]．この仲間の化合物も紫外光領域に

吸収帯をもつ点でフラボノイドと類似しているが，多くのものは300～330 nm間に2つの吸収極大がある点で異なる（表3-4-1）。UV光下で蛍光のある紫色で，これをアンモニア蒸気にさらすと青色に変化する[29]。これらもまた，その分離や同定の方法は基本的にフラボノイドと同じである。

ピセイド

3.4.4. 水解性タンニン

フラバン3-オールあるいはフラバン3,4-ジオールが重合している縮合性タンニン（プロアントシアニジン）に対して，没食子酸とヘキサヒドロジフェン酸 hexahydrodipheic acid（HHDP），あるいはそのどちらか，さらに糖，主にグルコースが重合している化合物群を水解性タンニン hydrolysable tannin という。これはヌルデ Rhus javanica などのウルシ科やユーカリなどのフトモモ科のような木本植物の葉，堅果，材などを中心に広く報告されている[30～33]。またこれに縮合性タンニンを構成するフラバン3-オールやフラバン3,4-ジオールも結合したものも発見されている[34]。これらの化合物をTLCやPCで分析すると，輪郭のはっきりしたスポットとしてあらわれにくい。またUV光下では暗紫色あるいは濃紫色として見えるものが多い。

加水分解を行うと，ほとんどのものでその構成成分であるグルコース，没食子酸およびエラグ酸 ellagic acid が生成される。このエラグ酸はヘキサヒドロジフェン酸が，水解時に脱水されてできたものであり，本来の構成成分ではない[35]。吸収スペクトル特性はその構成成分である没食子酸（吸収極大274 nm）やエラグ酸（吸収極大254, 365 nm）に近いものが多い（表3-4-1）。水解性タンニンの抽出には水とメタノールあるいは水とアセトンの混合物が用いられ，セファデックスLH-20などの各種カラムクロマトグラフィーや，近年は分取HPLCで分離を行うことが多い。同定はこれらの化合物の多くが高度に重合されたものであることなどから，前述の加水分解とその生成物の同定や分子量の測定を行った後に，^{1}H および ^{13}C NMR スペクトルによることが一般的であり，多くの報告がある[36,37]。

3.4.5. キノン

キノン類 quinone は菌類，地衣類から高等植物に至るまで，散在的ではあるが広く分布する化合物群である。しかし，シダ類とコケ類からはあまり報告されていない[38]。大きくベンゾキノン benzoquinone，ナフトキノン naphtoquinone，アント

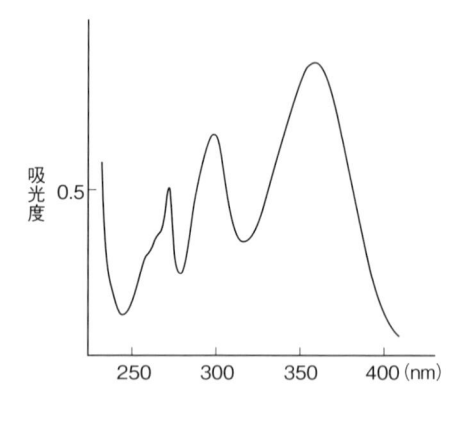

図 3-4-3 バルバロインの紫外・可視吸収スペクトル曲線

アロエエモジン

バルバロイン

ラキノン anthraquinone に大別されるが，顕花植物で多く報告されているのは後2者である．これらの化合物もまた同一の器官でフラボノイドと共存していることが多い[39]．ここではアントラキノン類に絞ってその特性を述べる．

　アントラキノンはこれまでにアカネ科，タデ科，広義のユリ科のアロエ Aloe 属植物などを中心に，550 種類ほどが報告されている[40, 41]．多くのものが淡黄色から時に橙色を呈し，紫外・可視光領域に基本的に4つの吸収帯をもつ（表3-4-1，図3-4-3）．関連するバルバロイン barbaloin のようなアントラキノン誘導体も紫外光領域に4つの吸収帯をもつが，カルボニル基の1つが C-グルコシル基に変換されているので，最長波長側の吸収極大が一般のアントラキノンでは 430 nm 前後であるのに対して，より短波長側の 360 nm 前後に出現する[39]．

　抽出については，ヘキサンや石油エーテルで行えるものから，上記のバルバロインのように水とメタノールの混合物でも可能なものまである．分離・精製についてはアルミナ，シリカゲル，セファデックスのようなカラムクロマトグラフィー，PC，TLC，また最近では分取 HPLC で行われていることはフラボノイドとほぼ同様である．キノン類についても近年は質量および NMR スペクトルの測定による同定が主流となっている[42〜44]．

引用文献

(1) Niemann, G.J., Baas, W.J. 1978. Phenolics from *Larix* needles XIV. Flavonoids and phenolic glucosides and ester of *L. decidua*. *Z. Naturforsch*. **33c**, 780-782.
(2) Schuster, B., Winter, M., Herrmann, K. 1986. 4-O-β-d-Glucosides of hydroxybenzoic and hydroxycinnamic acids – Their synthesis and determination in berry fruit and vegetable. *Z. Naturforsch*. **41c**, 511-520.
(3) Dirks, U., Hermann, K. 1984. 4-(β-d-Glucopyranosyloxy) benzoic acid, a characteristic phenolic constituents of the Apiaceae. *Phytochemistry* **23**, 1811-1812.
(4) Bourne, E.J., Macleod, N.J., Pridham, J.B. 1963. The identification of naturally occurring cinnamic acid derivatives. *Phytochemistry* **2**, 225-230.
(5) Niemann, G.L. 1973. Phenolic glucosides from needles of *Larix leptolepis*. *Phytochemistry* **12**, 723-724.
(6) Shima, K., Hisada, S., Inagaki, I. 1971. Isolation of glucosyringic acid from *Anodendron affine*. *Phytochemistry* **10**, 894-895.
(7) Takeda, K., Kubota, R., Yagioka, C. 1985. Copigments in the blueing of sepal colour of *Hydrangea macrophylla*. *Phytochemistry* **24**, 1207-1209.
(8) Iwashina, T., Tobe, H. 2006. Flavonoids from the leaves of *Hydrastis* (Hydrastidaceae): The phytochemical comparison with *Glaucidium*. *Bull. Natl. Sci. Mus., Ser. B* **32**, 29-33.
(9) Murai, Y., Takemura, S., Takeda, K., Kitajima, J., Iwashina, T. 2009. Altitudinal variation of UV-absorbing compounds in *Plantago asiatica*. *Biochem. Syst. Ecol*. **37**, 378-384.
(10) Murai, Y., Takemura, S., Kitajima, J., Iwashina, T. 2009. Geographic variation of phenylethanoids and flavonoids in the leaves of *Plantago asiatica* in Japan. *Bull. Natl. Mus. Nature Sci., Ser. B* **35**, 131-140.
(11) Isaka, M., Palaqsarn, S., Kocharin, K., Saenboonrueng, J. 2005. A cytotoxic xanthone dimmer from the entomopathogenic fungus *Aschersonia* sp. BCC 8401. *J. Nat. Prod*. **68**, 945-946.
(12) Abdel-Lateff, A., Klemke, C., König, G.M., Wright, A.D. 2003. Two new xanthone derivatives from the algiocolous marine fungus *Wardomyces anomalus*. *J. Nat. Prod*. **66**, 706-708.
(13) Huneck, S., Yoshimura, I. 1996. Identification of Lichen Substances. Springer, Berlin.
(14) Peres, V., Nagem, T.J. 1997. Trioxygenated naturally occurring xanthones. *Phytochemistry* **44**, 191-214.
(15) Al-Hazimi, H.M.G., Miana, G.A. 1990. Naturally occurring xanthones in higher plants and ferns. *J. Chem. Soc. Pak*. **12**, 174-188.
(16) 富森毅,吉崎正雄,難波恒雄 1973.ネパール薬物の研究(第1報)数種の *Swertia* 属植物のフラボノイドならびにキサントン成分について.薬学雑誌 **93**, 442-447.
(17) Lin, C.-N., Chang, C.-H Arisawa, M., Shimizu, M., Morita, N. 1982. A xanthone glycoside from *Tripterospermum taiwanense* and rutin from *Gentiana flavo-maculata*. *Phytochemistry* **21**, 948-949.
(18) 長谷川正男 1988.キサントン.増訂植物色素 – 実験・研究への手引 – (林孝三 編著),養賢堂,東京.pp. 201-205.
(19) 伊勢田駿 1956.マンギフェリンの化学構造について.日本化学雑誌 **77**, 1629-1630.
(20) 林孝三,大谷俊二,岩科司 1989.ヒオウギアヤメおよびその近縁植物における色素成分の比較分析 – 各種のフラボノイドを中心として.進化生研報 **6**, 30-60.
(21) 富森毅,小松曼耆 1969.センブリの成分研究(第6報)ニイタカセンブリおよびシノノメソウのフラボノイドならびにキサントン成分について.薬学雑誌 **89**, 1276-1282.
(22) Westerman, P.W., Gunasekera, S.P., Uvaris, M., Sultanbawa, S., Kazlauskas, R. 1977. Carbone-13 NMR study of naturally occurring xanthones. *Org. Magn. Reson*. **9**, 631-636.
(23) Sen, A.K., Sarkav, K.K., Mazumder, P.C., Bamerji, N., Uusvuori, R., Hase, T.A. 1980. A xanthone from *Garcinia mangostana*. *Phytochemistry* **19**, 2223-2225.
(24) Al-Hazimi, H.M.G., Alkhathlan, H.Z. 1997. Stilbenes and bibenzyls in higher plants. *J. King*

Saud, Univ. **9**, 161-188.
(25) Etoh, H., Yamashita, N., Sakata, K., Ina, H., Ina, K. 1990. Stilbene glucosides isolated Eucalyptus rubida, as repellents against the blue mussel Mytilus edulis. Agric. Biol. Chem. **54**, 2443-2444.
(26) Hathway, D.E. 1962. The use of hydroxystilbene compounds as taxonomic tracers in the genus Eucalyptus. Biochem. J. **83**, 80-85.
(27) Manners, G.D., Swan, E.P. 1971. Stilbenes in the barks of five Canadian Picea species. Phytochemistry **10**, 607-610.
(28) Roupe, K.A., Remsberg, C.M., Aáñez, J.A., Davies, N.M. 2006. Pharmacometrics of stilbenes : seguing towards the clinic. Curr. Clin. Pharm. **1**, 81-101.
(29) Harborne, J.B. 1984. Phytochemical Methods. A Guide to Modern Techniques of Plant Analysis. 2nd ed. Chapman and Hall, London. pp. 81-82.
(30) Mole, S. 1993. The systematic distribution of tannins in the leaves of angiosperms : a tool for ecological studies. Biochem. Syst. Ecol. **21**, 833-846.
(31) Yazaki, Y., Collins, P.J., Iwashina, T. 1993. Extractives from blackbutt (Eucalyptus pilularis) wood which affect gluebond quality of phenolic resins. Holzforschung **47**, 412-418.
(32) Nishizawa, M., Yamaguchi, T., Nonaka, G., Nishioka, I. 1982. Tannins and related compounds. Part 5. Isolation and characterization of polygalloylglucoses from Chinese gallotannin. J. Chem. Soc. Perkin Trans. I. 2963-2968.
(33) Nishizawa, M., Yamaguchi, T., Nonaka, G., Nishioka, I. 1983. Tannins and related compounds. Part 9. Isolation and characterization of polygalloylglucoses from Turkish galls (Quercus infectoria). J. Chem. Soc. Perkin Trans. I. 961-965.
(34) Nonaka, G., Nishimura, H., Nishioka, I. 1985. Tannins and related compounds. Part 26. Isolation and structures of stenophyllanins A, B, and C, novel tannins from Quercus stenophylla. J. Chem. Soc. Perkin Trans. I. 163-172.
(35) 石倉成行 1987. 植物代謝生理学. 森北出版, 東京. pp. 168-169.
(36) Okuda, T., Yoshida, T., Hatano, T., Ikeda, Y., Shingu, T., Inoue, T. 1986. Constituents of Geranium thunbergii Sieb. et Zucc. XIII. Isolation of water-soluble tannins by centrifugal partition chromatography, and biomimetic synthesis of ellaeocarpusin. Chem. Pharm. Bull. **34**, 4075-4082.
(37) Hatano, T., Hattori, S., Okuda, T. 1986. Tannins of Coriaria japonica A. Gray. I. Coriariins A and B, new dimeric and monomeric hydrolysable tannins. Chem. Pharm. Bull. **34**, 4092-4097.
(38) 下郡山正巳 1988. 植物色素の類別とその特性. 増訂植物色素－実験・研究への手引－（林孝三 編著）, 養賢堂, 東京. pp. 12-55.
(39) 岩科司, 天野實, 水野茂博, 大谷俊二 1986. Aloe 属植物の花から分離したフラボノイドおよびキノン系色素とその種間および種内変異の意義. 進化生研報報 **3**, 116-131.
(40) Thomson, R.H. 1976. Quinones: nature, distribution and biosynthesis. In Chemistry and Biochemistry of Plant Pigments, 2nd. ed. Vol. 1 (ed. Goodwin, T.W.), Academic Press, London. pp. 527-559.
(41) Thomson, R.H. 1997. Naturally Occurring Quinones IV. Recent Advances. Blackie Academic & Professional, London. pp. 309-483.
(42) Shao, C., She, Z., Guo, Z., Peng, H., Cai, X., Zhou, S., Gu, Y., Lin, Y. 2007. Spectral assignments and reference data ^{1}H and ^{13}C NMR assignments for two anthraquinones and two xanthones from the mangrove fungus (ZSUH-36). Magn. Reson. Chem. **45**, 434-438.
(43) Choi, J.S., Jung, J.H., Lee, H.J., Kang, S.S. 1996. The NMR assignments of anthraquinones from Cassia tora. Arch. Pharm. Res. **19**, 302-306.
(44) Kalidhar, S.B. 1989. Location of glycosylation and alkylation sites in anthraquinones by ^{1}H NMR. Phytochemistry **28**, 2455-2458.

3.5. ベタレイン系色素*

　ベタレイン betalain は顕花植物では，古くは中心子目 Centrospermae と呼ばれたナデシコ目 Caryophyllales の 8 あるいは 9 つの科，すなわち，ヒユ科 Amaranthaceae, アカザ科 Chenopodiaceae（ただし近年の分類ではヒユ科に併合されている）[1]，ツルムラサキ科 Basellaceae, スベリヒユ科 Portulacaceae, サボテン科 Cactaceae, ディディエレア科 Didiereaceae, ハマミズナ科（＝ツルナ科）Aizoaceae, ヤマゴボウ科 Phytolaccaceae およびオシロイバナ科 Nyctaginaceae に限定して存在する色素群である [2,3]。その後，この仲間の化合物はベニテングタケ Amanita muscaria, アカヤマタケ属 Hygrocybe spp. およびヌメリガサ属 Hygrophorus spp. のキノコ類からも発見された [4~8]。

　ベタレインはベタシアニンとベタキサンチンとに大別される。前者は赤紫色，そして後者は主として黄色の色素であるが，両者ともにベタラミン酸を基本骨格とする点では共通である。ベタシアニンはこれにシクロドーパ cycloDOPA およびその配糖体が結合しているのに対して（表 3-5-1），ベタキサンチンでは各種のアミノ酸あるいはその誘導体が結合しており，配糖体としては存在しない（表 3-5-2）。

3.5.1. 試料の調整と抽出

　初期の頃には，ベタレイン系色素は根や果実などの栄養器官を材料とした時には，新鮮材料をつぶしたり，磨砕した後に冷水で抽出することが多かったが [9~11]，近年ではメタノールやエタノールを中心とした溶液で抽出されている。しかし，一般に親水性の強いものが多いので，たいていの場合で 20～50％ 程度の水を加えて行っている。ただし，この場合は pH の変化や生体内酵素の影響を受けやすくなるので，凍結乾燥させた材料を用いるか，あるいはあまり多量に水を加えないほうがよい。もし水そのもの，あるいは水の割合が多い溶液で抽出する場合には，若干の色素は分解されるが，短時間加熱して（70℃，5分程度），酵素を失活させる [12]。

　ベニテングタケからのベタレイン系色素の抽出は，暗中で純粋メタノールで行われ，さらに 25％ 水性メタノールで再抽出されて行われている [5]。近年は，ベタシアニンおよびベタキサンチンの両方で，液体窒素で凍結した，あるいは新鮮物そのものを 80％ 水性メタノール（ケイトウ Celosia argentea var. cristata の花）[13]，あるいはエタノール（ドラゴンフルーツ Hylocereus polyrhizus の果実や，ビート Beta vulgaris の根）[14] で抽出することが多くなった。こうして得られた粗抽出物を遠心分離して沈殿物を除去し，分離用の材料としている。

＊執筆：岩科　司　Tsukasa Iwashina

表 3-5-1 これまでに同定されたベタシアニン

ベタシアニン	糖部分	文献
ベタニジン	–	56
2-デカルボキシベタニジン	–	37
ベタニン	5-グルコシド	51
ネオベタニン*	5-グルコシド	50
フィロカクチン	5-(6'-マロニルグルコシド)	57
リビニアニン	5-(3'-スルフリルグルコシド)	58
プレベタニン	5-(6'-スルフリルグルコシド)	59
ランブランチン I	5-(6'-p-クマロイルグルコシド)	60
ランブランチン II	5-(6'-フェルロイルグルコシド)	45
2-デカルボキシベタニジン 5-グルコシド	5-グルコシド	38
2-デカルボキシベタニジン 5-マロニルグルコシド	5-(6'-マロニルグルコシド)	38
アマランチン	5-(2'-グルクロニルグルコシド)	36
セロシアニン I	5-[2'-(2''-p-クマロイルグルクロニル)グルコシド]	60
セロシアニン II	5-[2'-(2''-フェルロイルグルクロニル)グルコシド]	45
イレシニン I	5-(2'-グルクロニル)-(6'-3-ヒドロキシ-3-メチルグルタリルグルコシド)	12
ブーゲンビレイン-r-I	5-ソフォロシド	61
ベタニジン 6-(6'-カフェオイル-ソフォロシド)	6-(6'-カフェオイルソフォロシド)	47
ベタニジン 6-(6''-p-クマロイル-ソフォロシド)	6-(6''-p-クマロイルソフォロシド)	47
ベタニジン 6-(6'-p-クマロイル-ソフォロシド)	6-(6'-p-クマロイルソフォロシド)	47
ベタニジン 6-{2''-ソフォロシル-[(6'-カフェオイル)-(6''-p-クマロイル)]-ソフォロシド}	6-{2''-ソフォロシル-[(6'-カフェオイル)-(6''-p-クマロイル)]-ソフォロシド}	47
ベタニジン 6-{2''-グルコシル-[(6'-カフェオイル)-(6''-p-クマロイル)]-ソフォロシド}	6-{2''-グルコシル-[(6'-カフェオイル)-(6''-p-クマロイル)]-ソフォロシド}	47
ベタニジン 6-[(2'-グルコシル)-(6',6''-ジ-p-クマロイル)-ソフォロシド]	6-[(2'-グルコシル)-(6',6''-ジ-p-クマロイル)-ソフォロシド]	47
ベタニジン 6-(6',6''-ジ-p-クマロイル-ソフォロシド)	6-(6',6''-ジ-p-クマロイル-ソフォロシド)	47
ゴムフレニン I	6-グルコシド	19
ゴムフレニン II	6-(6'-p-クマロイルグルコシド)	19
ゴムフレニン III	6-(6'-フェルロイルグルコシド)	19
ベタニジン 5-[(5''-フェルロイル)-2'-アピオシル]-グルコシド	5-[(5''-フェルロイル)-2'-アピオシル]-グルコシド	17
ヒロセレニン	5-[6'-(3-ヒドロキシ-3-メチルグルタリル)]-グルコシド	14

*アグリコン部分はネオベタニジン

3.5.2. 分離および精製

1) カラムクロマトグラフィーによる分離

従来,最も利用されてきたベタレイン系色素の分離は,各種充填剤を用いたカラムクロマトグラフィーとゲル電気泳動法であった。カラムクロマトグラフィーによる分離では,たとえば,サボテンの仲間 *Phyllocactus hybridus* の花に含まれるベタシアニン（ベタニン betanin）の場合では,調整された粗試料をセルロースパウダーに吸着させ,これをセルロースを充填したカラムの上に置き,メタノールで洗うことによってベタキサンチンを除去した後に,水でベタシアニンを溶出する。この溶出物に1N塩酸を加えてpH3に調整してから,ダウエックス 50W-X2 (Dowex 50X-X2) (H^+型) カラムクロマトグラフィーにあて,0.1％塩酸で十分に洗った後に水で溶出し,粗ベタシアニンを得る。これをポリアミドカラムにあて,0.1％塩酸によって溶出する。この溶液を濃縮し,ひと晩4℃で放置するとベタニンの結晶が得られる[11]。

ベタキサンチンの場合も,基本的にはベタシアニンとほぼ同様の方法によって分離されている。たとえば,ビートの根からのブルガキサンチン-I vulgaxanthin-I とブルガキサンチン-II の分離では,水で抽出された試料をpH3に調整し,遠心ろ過した後に,ダウエックスカラムで0.1％塩酸で洗ってから水で溶出する。これを濃縮後,ポリアミドカラムで,冷却下 (5℃),0.2％クエン酸:0.2％クエン酸ナトリウム (1:1) で溶出し,1N塩酸でpH3に調整して,それぞれの色素の結晶を得ている[9]。

2) ゲル電気泳動による分離

電気泳動を用いた分離としては,pH 4.5 の 0.05 M ピリジン-ギ酸緩衝液に12％となるように水解デンプンを加え,加熱してゾル化し,減圧により脱気した後,泳動容器に注入する。濃縮した粗抽出液をろ紙に吸着させ,冷却ゲル化した泳動容器

ブルガキサンチンI　　　　　　ブルガキサンチンII

表 3-5-2　これまでに同定されたベタキサンチン

ベタキサンチン	アミノ酸部分	文献
インディカキサンチン	プロリン	55
ドーパキサンチン	3,4-ジヒドロキシフェニルアラニン（DOPA）	40
フミリキサンチン	5-ヒドロキシノルバリン	21
ミラキサンチン I	メチオニンスルフォキシド	62
ミラキサンチン II	アスパラギン酸	62
ミラキサンチン III	チラミン	62
ミラキサンチン V	ドパミン	62
ポーチュラカキサンチン	ヒドロキシプロリン	63
ポーチュラカキサンチン II	チロシン	41
ポーチュラカキサンチン III	グリシン	41
ブルガキサンチン I	グルタミン	9
ブルガキサンチン II	グルタミン酸	9
トリプトファン-ベタキサンチン	トリプトファン	13
3-メトキシチラミン-ベタキサンチン	3-メトキシチラミン	13
ムスカアウリン I	イボテン酸	13
ムスカアウリン II	スチゾロビン酸	13
ムスカアウリン VII	ヒスチジン	31
ムスカプルプリン	ムスカプルプリン酸	6

中に挿入し，200 V（=10 V/cm）の定電圧（70 mA）で1時間泳動する．こうして得られた各色素バンドをゲルカッターで切り取り，それぞれ水で溶出する．濃縮後，これをセルロース TLC や PC で精製する[15]．

3) PC や TLC による分離

PC による分離としては，各種サボテンの花に含まれるベタシアニンの場合では，展開溶剤として BACW (n-ブタノール/酢酸/m-クレゾール/水 =2:1:2:1) および BAW (n-ブタノール/酢酸/水 =12:3:5) を，またベタキサンチンの場合は BAW のみを用いている．TLC では，CtMe (10%クエン酸/メタノール =1:1) を用いた報告がある[16]．

4) 分取 HPLC による分離

ベタレイン系色素においても，フラボノイドと同様に分離の方法として用いられるようになったのが分取の HPLC である．たとえば，ドラゴンフルーツの果実からのベタニン，フィロカクチン phyllocactin およびヒロセレニン hylocerenin の分離の場合では，濃縮粗抽出物をセファデックス G-25 および LH-20 カラムクロマトグラフィーに通すことによっておおまかに精製する[17, 18]．その後ガードカラムとして LiChrosper® 60RP-select B を装着した LiChroCART® 250-10 カラムを用いて，

0.5％水性トリフルオロ酢酸（TFA）：アセトニトリル（9：1）の混合液で，注入量 1 ml，検出波長 538 nm，流速 3.1 ml min^{-1} で行われている[14]。

センニチコウ *Gomphrena globosa* の花からのゴムフレニン gomphlrenin I，II および III の分離では，60％メタノールで抽出され，ダウエックスカラムおよびセファデックス LH-20 カラムでおおまかに精製する。得られた粗ベタシアニンをシリカ C-18 カラム（直径 40 × 300 mm，10 μm）を用いて，1％水性ギ酸から 80％水性メタノールへのライナーグラジエントで，流速 20 ml min^{-1}，注入量 1.0〜1.5 ml および検出波長 280，320 および 540 nm による分取 HPLC で，それぞれの色素を分離している[19]。またグラジエントを用いない分取 HPLC では，μBondapak/Porasil B カラム（直径 7.8 × 610 mm，35〜75 μm）を用いて，流速 8.0 ml min^{-1} で，溶出液としてメタノール / 酢酸 /0.05 M リン酸 2 水素カリウム（17.8：1：81.2，pH 2.75）でベタニンを分離している[20]。

分取 HPLC を用いてのベタキサンチンの分離では，フサゲイトウ *Celosia argentea* var. *plumosa* の黄色花に含まれるベタラミン酸，ミラキサンチン V miraxanthin V，トリプトファン-ベタキサンチン tryptophan-betaxanthin，3-メトキシチラミン-ベタキサンチン 3-methoxytyramine-betaxanthin の分離が報告されている[13]。これでは 80％水性メタノールで抽出し，遠心分離された試料を，Nucleasil C18 カラム（直径 4 × 250 mm，5 μm）で，3 種類の混合溶剤，すなわち溶剤 A（1％水性酢酸）と溶剤 B（アセトニトリル）を 40 分間で 100％の A から 24％の B へのライナーグラジエント（流速 1 ml min^{-1}）で溶出する。次いで溶剤 A（1.5％水性リン酸）と溶剤 B（アセトニトリル）で同様のグラジエントで，そして溶剤 A（1％水性酢酸）と溶剤 B（アセトニトリル）を 10 分間で 5％から 18％の B へのライナーグラジエントで溶出することによって行われている。なお，この時の注入量は 100 μl，検出波長 540，460 および 405 nm であった。

ミラキサンチン V

ジュズサンゴ *Rivina humilis* の果実からのフミリキサンチン humilixanthin の分取 HPLC では，80％水性メタノールで抽出された試料を，ポリアミドカラムである程度精製した後に，Multosorb-C$_{18}$ カラム（直径 20 × 250 mm，10 μm）を用いて，溶出液として溶剤 A（0.4％水性ギ酸）と溶剤 B（ギ酸 /50％水性アセトニトリル = 0.4：99.6）を，85 分間で 10〜60％の B へのライナーグラジエントを行うことによって分離している[21]。

3.5.3. 定性分析

1) ベタシアニンとアントシアニンの区別

ベタレイン系色素，特にベタシアニンの色は一見してアントシアニンと区別がつかない色調であるが，酸およびアルカリによる呈色は異なっている。アントシアニンは酸性条件（2M 塩酸）での加熱でもきわめて安定な赤色を呈するが，ベタシアニンはしばらくはそのままの色であるが，やがて退色してしまう。一方，アルカリ条件（2M 水酸化ナトリウムあるいは水酸化カリウム）では，アントシアニンは青緑色に変化し，最終的に色が消失するのに対して，ベタシアニンではしだいに黄色へと変化する[22]。また pH 2～4 での電気泳動では，アントシアニンが陰極へ動くのに対して，ベタシアニンは陽極へと移動する。アミルアルコールに対しては，アントシアニンが低い pH では溶解するのに対して，ベタシアニンは溶けない。

その他に，フラボノイドの TLC や PC で展開溶媒としてよく用いられる BAW（n-ブタノール/酢酸/水＝4:1:5，上層）で，アントシアニンはその種類によってある程度変化があるものの，一般に Rf 値が 0.10～0.40 の範囲であるのに対して，ベタシアニンはほとんど動かない（Rf 値 0.00～0.10）。水性溶媒の 1% 塩酸や 0.1 M 塩酸あるいは 0.1 M ギ酸では，アントシアニンが低いか，あるいは中間程度の Rf 値を示すのに対して，ベタシアニンは非常に高い Rf 値を示す。さらに，カラムクロマトグラフィーでは，ダウエックス 50W-XI のような充填剤で，アントシアニンは水で溶出されるが，ベタシアニンは濃塩酸を少量加えたメタノールで溶出される。可視吸収スペクトルでは，一般的なアントシアニンの吸収極大がメタノール性塩酸溶液中で 505～535 nm の間にあるのに対して，ベタシアニンでは 532～554 nm の範囲にある（表 3-5-3）[23～25]。

2) TLC，PC およびカラムクロマトグラフィーによる定性

ベタレイン研究の初期の頃には，フラボノイドと同様にその定性に PC が頻繁に用いられた[26～28]。しかし，前項でもふれたように，ベタレイン系化合物は BAW のようなアルコール系の展開溶媒では一般的に Rf 値がきわめて低く，逆に水系の展開溶媒では比較的高い値を示すばかりでなく（表 3-5-3）[6]，それぞれの成分であまりその差がないために，近年は定性の方法としてはあまり用いられなくなった。しかし，いくつかの TLC 用の展開溶媒，たとえば，イソプロパノール/エタノール/水/酢酸（6:7:6:1）を一次元，同じ混合物の（11:4:4:1）を二次元と三次元に使用した三次元のセルロース TLC[29]，あるいは一般的なセルロース TLC でも，酢酸エチル/ギ酸/水（33:7:10）はベタレイン系色素の良好な分離が行

表 3-5-3　ベタシアニンとアントシアニンの各種特性の違い [23〜25]

試験	ベタシアニン	アントシアニン
2 M 塩酸, 100℃で5分間の加熱	退色	安定な赤色
2 M 水酸化ナトリウムの滴下	黄色に変化	青緑色に変化, 次第に退色
1%塩酸による PC あるいは TLC	高い Rf 値	Rf 値は 0.50 以下
BAW による PC あるいは TLC	非常に低い Rf 値 (0.00〜0.10)	Rf 値は 0.10〜0.40
メタノール性塩酸溶液中での可視吸収スペクトルの吸収極大	532〜554 nm	505〜535 nm（3-デオキシアントシアニンを除く）
ろ紙電気泳動 (pH 2〜4)	陽極へ移動	陰極へ移動
アミルアルコールに対する溶解性	不溶	低い pH で溶解
ダウエックス 50W-XI での溶出	メタノール：濃塩酸 (100：4) で溶出	水で溶出

われるという報告もある[23]。ベタキサンチンについては, ジエチルアミノエチルセルロースの TLC で, イソプロパノール/水/酢酸（13：4：1）がフミリキサンチンなどについて良好な分離がなされている[21]。

　カラムクロマトグラフィーは定性というよりもむしろ, 分離の方法として用いられており, その例は前項でも述べた。その他にもセファデックス系, ポリアミド系を中心とした充填剤を使用して, 水とメタノールを基本として, それにギ酸などの酸を添加した溶出液を用いた多くの報告がある[22]。

3）HPLC による定性

　近年の HPLC 技術と装置の急速な発展で, ベタレイン系色素もまたその分離と定性・定量において HPLC による分析が主流となった[30〜32, 65]。フラボノイドと同様に, ベタレインでも最も多く用いられ, また分離能のよいのがシリカ系の逆層カラムである。また移動層としてよく利用されるのが酢酸, ギ酸あるいはリン酸を含む水－メタノール, あるいは水－アセトニトリルの混合物である[22, 33]。これらでは親水性の強いものが早く, また逆に疎水性の強いものほど遅い保持時間を有する。上記のカラムを使用した場合, ベタシアニンよりもベタキサンチンの保持時間が短い（早く溶出される）。ベタシアニンでは結合する糖の種類, 数および位置, さらにそれがアシル化されているかどうかが重要になる。たとえば同じモノグルコシドでもベタニン（5-グルコシド）はゴムフレニンⅠ（6-グルコシド）よりも保持時間が短い[19]。ベタシアニ

ネオベタニン

ンの C-15 エピマー（S と R）、たとえばベタニンとイソベタニンでは S 型の前者のほうが保持時間が短い[34]。さらには 14 位と 15 位の間が二重結合（14,15-デヒドロ型）となったネオベタニン neobetanin もまた、明らかにベタニンとは異なった保持時間を有する[34]。アシル化されているものは一般に非アシル型よりも保持時間が長い。

ベタキサンチンのエピマーに関しては、インディカキサンチンの R 型と S 型の比較がなされており、前者のほうが保持時間が短いことが知られているが[35]、R 型はまだ天然物としては報告されていない。

4) 紫外・可視吸収スペクトルによる定性

フラボノイドと比較して、吸収スペクトル特性もベタシアニン（表 3-5-4）あるいはベタキサンチン（表 3-5-5）の種類間で変異が少ない。これまで報告されているベタシアニンは 530〜550 nm の間に大きな吸収帯を有し、たいていの場合で 250〜300 nm に 1 つ、あるいは 2 つの小さな極大を伴っている[68]。例外的に、14,15-デヒドロ型のネオベタニンのみは後述するベタキサンチンとほぼ同じ 470 nm 付近に吸収極大をもつ[36]。

2 位にカルボキシ基がない 2-デカルボキシベタニジン 2-decarboxybetanidin とその配糖体も基本的には一般のベタシアニンと吸収極大の位置に変化はない[37, 38]。p-クマル酸、カフェ酸、フェルラ酸のようなケイ皮酸誘導体でアシル化されたランプランチン I lampranthin I や II、セロシアニン II celosianin II、ゴムフレニン II や III などはベタシアニン自身の吸収極大に加えて、300〜330 nm 付近に、これらの有機酸に由来する付加的な吸収極大が出現するだけでなく、分子内コピグメントの結果として、より長波長域にある吸収極大も深色移動することが多い[19]。たとえば、ゴムフレニン I の長波長側の吸収極大が 543 nm であるのに対して、ゴムフレニン I が p-クマル酸やフェルラ酸でアシル化されたゴムフレニン II や III では約 7 nm の深色移動が生じる[19]。同様に、ベタニンの吸収極大が 539 nm であるのに対して、

ランプランチン II

表 3-5-4　ベタシアニンの紫外・可視吸収スペクトルにおける吸収極大

ベタシアニン	吸収極大 λ max H$_2$O (nm)	文献
ベタニジン	542-546	12
イソベタニジン	542-546	12
2-デカルボキシベタニジン	542	37
ベタニン	539	19
イソベタニン	538	12
ネオベタニン	473	36
フィロカクチン	538	57
リビニアニン	253, 541	58
プレベタニン	269, 536	59
ランプランチン II[a]	543	19
2-デカルボキシベタニン[b]	532	38
2-デカルボキシベタニン 6'-マロネート[b]	535	38
アマランチン[b]	270, 294, 541	13
セロシアニン I	535-537	12
セロシアニン II	298, 324, 538	45
イレシニン I[b]	538	12
ブーゲンビレイン -r-I[b]	538	61
ベタニジン 6-(6'-カフェオイル-ソフォロシド)[b]	545	47
ベタニジン 6-(6"-p-クマロイル-ソフォロシド)[b]	540	47
ベタニジン 6-(6'-p-クマロイル-ソフォロシド)[b]	540	47
ベタニジン 6-{2"-ソフォロシル-[(6'-カフェオイル)-(6"-p-クマロイル)]ソフォロシド}[b]	549	47
ゴムフレニン I[b]	543	19
ゴムフレニン II[b]	550	19
ゴムフレニン III[b]	550	19
ベタニジン 5-[(5"-フェルロイル)-2'-アピオシル-グルコシド]	548	17
ヒロセレニン[b]	541	14

a：メタノール溶液中, b：HPLC による測定

　フェルラ酸でアシル化されたランプランチン II は 543 nm へと深色移動する[19]。
　ベタキサンチンは，455～470 nm にショルダーをもつ 470～485 nm の大きな吸収帯をもつのが特徴である（表3-5-5）。ベタキサンチンの場合でも，ベタシアニンと同様にデヒドロ型のネオベタキサンチン neobetaxanthin では，より短波長の 340～360 nm の間に吸収極大がある[22]。逆にアミノ酸としてムスカプルプリン酸 muscapurpulic acid を結合した，ベニテングタケから分離されたムスカプルプリン muscapurpulin では，ベタシアニン類の吸収領域である 540 nm に吸収極大がある[5]。ちなみに，ベタシアニンおよびベタキサンチンの両方の基本骨格であるベタラミン酸の吸収極大は 426 nm にある[39]。
　ベタニジンやイソベタニジンのように，構造中に隣接する 2 つの遊離のヒドロキ

表 3-5-5 ベタキサンチンの紫外・可視吸収スペクトルにおける吸収極大

ベタキサンチン	吸収極大 λmax H$_2$O (nm)	文献
ベタラミン酸[a]	426	39
インディカキサンチン	260, 305, 485	55
ドーパキサンチン	470sh, 483[	40
フミリキサンチン	258, 463sh, 483	21
ミラキサンチン I	462sh, 475	62
ミラキサンチン II	462sh, 477	62
ミラキサンチン III	458sh, 473.5	62
ミラキサンチン V	458sh, 475.5	62
ネオベタキサンチン[c]	340-360	62
ポーチュラカキサンチン II	470-472	41
ポーチュラカキサンチン III	470	41
ブルガキサンチン I	462sh, 477	62
ブルガキサンチン II	478	9
トリプトファン-ベタキサンチン[b]	218, 264, 471	13
3-メトキシチラミン-ベタキサンチン[b]	261, 457	13
ムスカアウリン I	245sh, 295sh, 460sh, 475	5
ムスカアウリン II	261, 301, 426sh, 478	5
ムスカアウリン VII	460sh, 476	64
ムスカプルプリン	226, 303, 540	5

a:メタノール溶液中, b:HPLCによる測定, c:合成品で天然物としては報告されていない。

シ基が存在する場合，ホウ酸の添加で最長波長側の吸収極大に深色移動が生じる。これはヒドロキシ基間でホウ素を仲立ちとする錯体が形成されるためである[22]。このことはベタキサンチンでも同様で，ドーパキサンチン dopaxanthin はアミノ酸部分（DOPA）にカテコール構造を有するために深色移動が生じる[40]。

ドーパキサンチン

ベタレイン系色素は水酸化ナトリウムのようなアルカリを添加すると，一般に浅色移動が生じる。たとえば，ポーチュラカキサンチン II portulacaxanthin II では，470〜472 nm の吸収極大が 424 nm へと移動する。これはベタキサンチンがアルカリの添加によって加水分解され，ベタラミン酸を生成することによる[41]。

5）質量スペクトルによる定性

最近のベタレイン系色素の同定に，後述の NMR スペクトルとともに利用されているのが質量スペクトルである。特に，FAB-MS がよく用いられている。方法や得られたデータの解釈はフラボノイドのそれと基本的には変わらない。そのひとつ

としてセンニチコウの花から得られたゴムフレニンIIとIIIのIS-MS Ion spray mass spectraを用いた例をあげる [19]。ゴムフレニンIIはベタニジンの6位にグルコースが結合し、さらにそのグルコースの6位に p-クマル酸が、一方、ゴムフレニンIIIは p-クマル酸の代わりにフェルラ酸を結合したアシル化ベタシアニンであるが、それぞれゴムフレニンII (m/z 697) とゴムフレニンIII (m/z 727) の分子イオンピーク $[M+H]^+$ が出現する。

またさらに、両者ともにフラグメントイオンピークとして m/z 551 が出現することから、ゴムフレニンIIでは分子量146、IIIでは176の物質が解離したことを意味する。これらはそれぞれ p-クマル酸およびフェルラ酸の分子量に相当する。さらに同じく、両者にフラグメントイオンピーク m/z 389 が出現するので、もとの化合物には1分子のヘキソース(グルコース)が結合していることがわかる。

したがって、ゴムフレニンIIはベタニジンと各1分子の p-クマル酸とヘキソースで、またIIIは、同じくフェルラ酸とヘキソースで構成されていることが示される(図3-5-1)。その他にIS-MSでは、ツルムラサキ Basella rubra の果実と花からのゴムフレニン I〜III の同定 [42, 67]、FAB-MSを用いた、マツバギクの仲間 Lampranthus peersii と L. sociorum の花弁のランプランチンII、およびアカザ Chenopodium rubrum の懸濁培養細胞からのセロシアニンIIの同定 [30]、IS-MSとLC-MSを用いた、ハリビユ Amaranthus spinosus とナハカノコソウの仲間 Boerhaavia erecta の茎に含まれる数種のベタシアニン類の同定 [36]、ケイトウ Celosia argentea の花のベタレインの同定 [13]、最近では、ウチワサボテンの仲間 Opuntia spp. の果実に含まれる19種類のベタキサンチンと7種類のベタシアニンを、LC-MSを用いて分析した例もある [43]。

ゴムフレニンII

また、ヨウシュヤマゴボウ Phytolacca americana の果実および懸濁培養細胞からのベタニジン 5-[(5″-フェルロイル)-2′-アピオシルグルコシド]では、LC-ESI-MSおよびMS-MSによって、そのフラグメントパターンからの定性が行われている [17]。

6) NMRスペクトルによる定性

ベタレイン系色素においても、近年のNMR技術の急速な発展により、比較的複雑な構造のものでも同定が可能になった。アントシアニンの場合と同様に、ベタレ

(a)

【ベタニジン+H】$^+$
389

【ゴムフレニンI+H】$^+$
551

分子イオン
697

(b)

【ベタニジン+H】$^+$
389

【ゴムフレニンI+H】$^+$
551

分子イオン
727

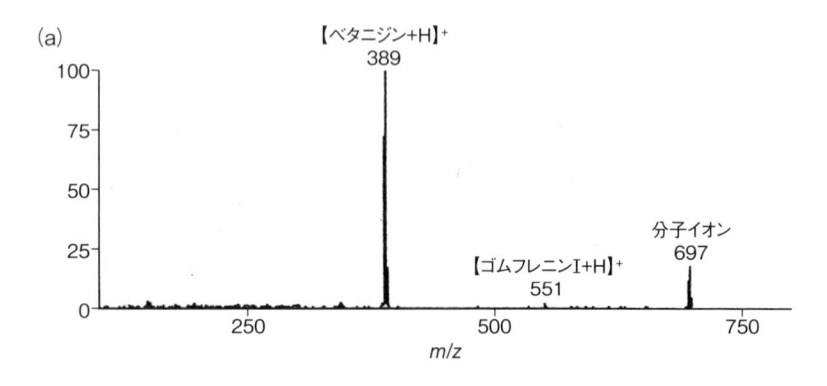

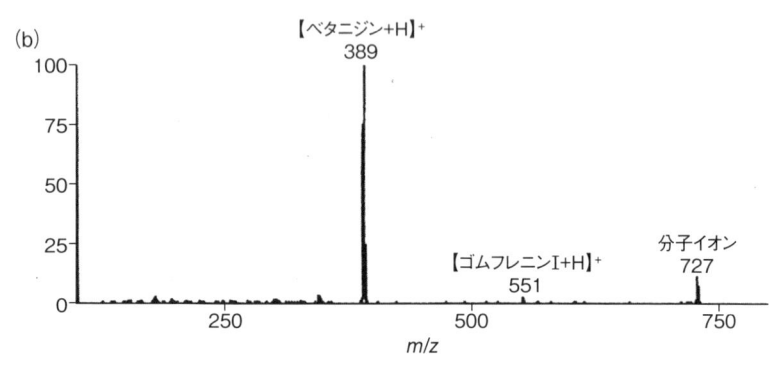

図 3-5-1 IS-MS によるセンニチコウの花から得たゴムフレニン II と III の分析 [19]
(a) ゴムフレニン II, (b) ゴムフレニン III

インの NMR スペクトルの測定も酸性条件で行われる。よく用いられるのが少量の DCl や CF_3CO_2D を添加した CD_3OD や DMSO-d_6 である [33, 69]。

これまでのベタレイン系色素の分析に一般に用いられているのは ^{1}H NMR である。多くのベタシアニンはベタニジンを基本骨格としており、その 5 位あるいは 6 位に糖かアシル化糖を結合しているので、ベタニジンに由来するプロトンシグナルはほとんど同じである（表 3-5-6）。ただし、12 位の異性体間では、12E-異性体の H-12 のプロトンシグナルが 12Z-異性体では高磁場に移動し、逆に H-7, H-11 および H-18 では低磁場に移動する。しかし、ベタニジンとイソベタニジンとでは、少なくとも各プロトンシグナルの位置は基本的に変化がない [44]。これらのプロトンシグナルのうち、H-11 と H-12 は結合定数（J 値）約 12 Hz のダブレットとして、また H-4, H-7 および H-18 はシングレットとして、他はたいていの場合ムルティプレットあるいはダブルダブレットとして出現する。

ベタニジンの 5 位がグリコシル化された場合、その結果として、隣接する H-4

表 3-5-6　ベタシアニンの ^{1}H NMR スペクトル特性（δ：ppm）

ベタシアニン	2	3a 3b	4	7	11	12	14a 14b	15	18	文献
ベタニジン[a]（12E-異性体）	5.56	4.1-3.3	7.06	7.38	8.68	6.39	4.1-3.3	4.76	6.69	44
ベタニジン[a]（12Z-異性体）	5.56	4.1-3.3	7.06	7.43	8.96	6.12	4.1-3.3	4.76	7.10	44
イソベタニジン[a]（12E-異性体）	5.54	4.1-3.3	7.05	7.36	8.70	6.40	4.1-3.3	4.76	6.69	44
イソベタニジン[a]（12Z-異性体）	5.54	4.1-3.3	7.05	7.44	8.97	6.13	4.1-3.3	4.76	7.10	44
ベタニン[a]	5.55	3.68 3.68	7.31	7.41	8.75	6.41	3.68 3.68	4.80	6.74	44
イソベタニン[b]	5.47	3.74 3.42	7.26	7.34	8.66	6.20	3.70 3.27	4.63	6.45	19
ゴムフレニン I[b]	5.50	3.76 3.43	6.94	7.72	8.64	6.24	3.14 2.95	4.66	6.45	19
プレベタニン[a]	5.52	3.67 6.67	7.37	7.37	8.73	6.39	3.67 3.67	4.70	6.69	59
ランプランチン II[c]	5.35	3.54 3.20	7.10	7.62	8.72	6.23	3.74 3.74 -3.00	4.49	6.30	30
セロシアニン II[c]	5.42-5.36	3.62 3.28	7.13	7.66	8.74	6.27	3.78 3.12	4.59-4.49	6.34	30
ネオベタニン[c]	4.81	3.49 3.02	7.01	7.32	8.43	5.60	7.98 −	−	7.98	30
2-デカルボキシベタニン[b]	4.40 (2H)	3.33 3.33	7.30	7.36	8.67	6.39	3.66 3.29	4.59	6.49	38
2-デカルボキシベタニン 6'-マロネート[b]	4.40 (2H)	3.36 3.36	7.24	7.36	8.67	6.39	3.67 3.27	4.57	6.49	38
ベタニジン 5-[(5'-フェルロイル)-2'-アピオシルグルコシド][b]	5.27	3.65 3.35	7.23	7.20	8.43	6.09	3.47 3.30	4.75	6.44	17
ヒロセレニン[b]	5.47	3.73 3.50	7.22	7.34	8.69	6.24	3.72 3.31	4.64	6.46	14

a：CF_3CO_2H 中，b：CD_3OD-DCl 中，c：DMSO-d_6-DCl 中．H-11 と H-12 は d，結合定数 J＝ 約 12 Hz，H-4，H-7 および H-18 は s，その他は m あるいは dd として出現．

のプロトンシグナルの低磁場への移動が観察される．ゴムフレニン I のように，6 位がグリコシル化された場合も同様で，やはり隣接する H-7 のプロトンシグナルの低磁場への移動によってそれとわかる．ネオベタニンのように，14, 15-デヒドロ型のベタシアニンも H-14b と H-15 のプロトンシグナルの欠失によって容易に判別することができる[(45)]．

ベタシアニンの糖部分の NMR による帰属はアントシアニンやフラボノイドのそれと基本的には同じである．ベタシアニンに結合している糖はほとんどの場合で

ゴムフレニン I

表 3-5-7　ベタキサンチンの ^{1}H NMR スペクトル特性（δ：ppm）

ベタキサンチン	2	3	4	5	7	8	10a	10b	11	14	文献
インディカキサンチン[a]（8E-異性体）	5.1-4.9	2.8-2.5	2.5-2.2	4.3-3.8	8.61	6.33	3.6-3.1		4.8-4.5	6.64	44
インディカキサンチン[a]（8Z-異性体）	5.1-4.9	2.8-2.5	2.5-2.2	4.3-3.8	8.90	6.04	3.6-3.1		4.8-4.5	6.90	44
フミリキサンチン[b]	4.90	2.5-2.3	2.3-2.1	4.1-3.8	8.61	6.24	3.52	3.16	4.53	6.42	21
ポーチュラカキサンチン II[c]	4.45	3.15	6.75	7.05	7.60	5.95	3.10	2.90	4.30	6.10	22

a：CF_3CO_2H 中，b：CD_3OD-DCl 中，c：CD_3OD 中

グルコースであり，そのアノメリックプロトンは CD_3OD-DCl 中では δ4.7〜5.0 の間に出現する。ベタシアニンに結合することが報告されている p-クマル酸，フェルラ酸，カフェ酸，マロン酸，3-ヒドロキシ-3-メチルグルタル酸などの各種有機酸も，基本的にはフラボノイドのアシル基に対する帰属と本質的には同じであるので，これまで報告されているアシル化ベタシアニンのデータ[22] ばかりでなく，フラボノイドのそれも利用できる[46]。ブーゲンビレア Bougainvillea glabra の苞から分離された，複雑にグリコシル化およびアシル化されたベタシアニンは ^{1}H NMR および 2D COSY スペクトルおよび NOE 効果の分析を基本として帰属された[47]。

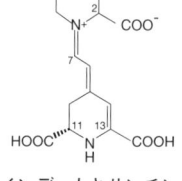

インディカキサンチン

　ベタキサンチンの ^{1}H NMR スペクトルによる定性は比較的少ない。合成されたベタキサンチンの誘導体の NMR の情報も若干報告されている[48, 49]。ベタキサンチンでは，ベタラミン酸由来の 8 位の異性体で（ベタシアニンでは 12 位），H-8 のプロトンシグナルが 8E-異性体よりも 8Z-異性体で高磁場に，また逆に H-7 と H-14（ベタシアニンでは 11 位と 18 位）のプロトンシグナルは低磁場に出現する（表 3-5-7）。

　^{1}H NMR と比較して，^{13}C NMR スペクトルのデータは少なく，1980 年代まではネオベタニンのもののみであった[50, 66]。しかし近年，LC-NMR と 2D NMR によるベタニン，イソベタニン isobetanin，フィロカクチンおよびヒロセレニンの同定を行った研究で，これらのベタシアニンの ^{13}C NMR スペクトル特性に関する情報が得られている（表 3-5-8）[52]。この研究では同時に，COSY，HSQC および HMQC なども測定されており，この結果からマロン酸（フィロカクチン）や 3-ヒドロキシ-3-メチルグルタル酸（ヒロセレニン）の結合位置も特定されている。

表 3-5-8　ベタシアニンの ¹³C NMR スペクトル特性（δ：ppm）

δ	ベタニン[a]	イソベタニン[a]	フィロカクチン[a]	ヒロセレニン[a]	ネオベタニン[b]
アグリコン					
2	65.0	64.7	64.9	64.6	62.1
3	32.7	33.5	33.0	32.9	32.8
4	113.9	113.9	113.9	113.9	114.9
5	144.0	144.1	143.9	143.9	147.3
6	146.1	146.6	146.2	146.7	141.2
7	100.0	100.3	100.1	99.9	98.4
8	137.4	137.9	137.9	138.0	139.8
9	124.1	124.3	124.1	124.3	119.4
10	175.8	176.1	176.5	176.5	181.3
11	144.4	144.6	144.3	143.7	117.7
12	106.9	nd	106.4	106.1	98.7
13	nd	nd	nd	nd	137.4
14	26.5	26.4	26.7	26.4	115.3
15	53.1	53.0	53.1	53.3	161.6
17	nd	nd	nd	nd	160.6
18	nd	nd	nd	nd	115.3
19	nd	nd	nd	nd	171.9
20	nd	nd	nd	nd	171.9
グルコース					
1	101.4	101.0	101.4	101.1	103.7
2	75.7	73.4	75.2	75.2	73.3
3	73.9	75.8	72.8	72.5	75.7
4	69.3	69.7	69.4	69.4	69.8
5	76.2	76.6	73.8	73.5	77.2
6	60.6	60.8	63.7	63.0	60.8
有機酸					
1			170.1[c]	172.9[d]	
2			43.3[c]	45.0[d]	
3			172.9[c]	69.9[d]	
4				26.8[d]	
5				44.4[d]	
6				175.6[d]	

a：水：D₂O（9：1）+0.05％ TFA 中 [51]，b：DMSO-d_6 中 [50]，c：マロン酸，d：3-ヒドロキシ-3-メチルグルタル酸。nd= 未検出

7）加水分解による定性

　ベタシアニンの場合は，天然物ではほとんどが配糖体，あるいはアシル化配糖体として存在するので，これを加水分解して，その生成物の定性を行うことが化学構造の決定に有益な情報をもたらしてくれる。たとえばベタニンを，フラボノイドの配糖体と同様の条件で加水分解すると，ベタニジンとグルコースに加えて，ベタニジンの異性体であるイソベタニジンも得られる [53]。さらに，より温和な加

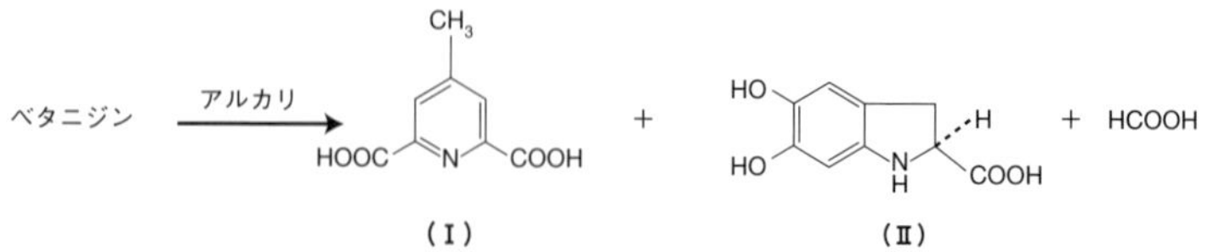

図3-5-2 ベタニジンのアルカリ加水分解による反応[70]
(I) 4-メチルピリジン-2,6-ジカルボン酸
(II) 5,6-ジヒドロキシ-2,3-ジヒドロインドール-2-カルボン酸（シクロ DOPA）

　水分解では，異性化は生じないでベタニジンとグルコースのみが生成される[53]。一方，アルカリ加水分解では，ベタニジンは 4-メチルピリジン-2,6-ジカルボン酸 4-methylpyridine-2,6-dicarboxylic acid, 5,6-ジヒドロキシ-2,3-ジヒドロインドール-2-カルボン酸 5,6-dihydroxy-2,3-dihydroindole-2-carboxylic acid およびギ酸に分解される（図3-5-2）[54]。

　ベタキサンチンでも，酸およびアルカリで処理を行った場合には，たとえばインディカキサンチンでは，酸ではプロリンが，アルカリではベタシアニンと同様に 4-メチルピリジン-2,6-ジカルボン酸と，これに加えてプロリンが得られる[55]。

引用文献

(1) 邑田仁，米倉浩司 2009. 高等植物分類表．北隆館，東京．pp. 76-79.
(2) Piattelli, M. 1976. Betalains. In Chemistry and Biochemistry of Plant Pigments. 2nd ed. Vol. 1 (ed. Goodwin, T.W.), Academic Press, London. pp. 560-596.
(3) Clement, J.S., Mabry, T.J., Wyler, H., Dreiding, A.S. 1994. Chemical review and evolutionary significance of the betalains. In Caryophyllales. Evolution and Systematics (eds. Behnke, H.-D., Mabry, T.J.), Springer, Berlin. pp. 247-261.
(4) Döpp, H., Grob, W., Musso, H. 1971. Über die Farbstoffe des Fliegenpilzes (Amanita muscaria). Naturwissenschaften **58**, 566.
(5) Döpp, H., Musso, H. 1973. Fliegenpilzfarbstoffe, II. Isolielung und Chromophore der Farbstoffe aus Amanita muscaria. Chem. Ber. **106**, 3473-3482.
(6) Döpp, H., Musso, H. 1974. Eine chromatographische Analysenmethode für Betalainfarbstoffe in Pilzen und höheren Pflanzen. Z. Naturforsch. **29c**, 640-642.
(7) von Ardenne, R., Döpp, H., Musso, H., Steglich, W. 1974. Über das Vorkommen von Muscaflavin bei Hygrocyben (Agaricales) und seine Dihydro-azepin Struktur. Z. Naturforsch. **29c**, 637-639.
(8) Steglich, W., Strack, D. 1990. Betalains. In The Alkaloids. Chemistry and Pharmacology (ed. Brossi, A.), Academic Press, San Diego. pp. 1-62.
(9) Piattelli, M., Minale, L., Prota, G. 1965. Pigments of Centrospermae - III. Betaxanthins from Beta vulgaris L. Phytochemistry **4**, 121-125.
(10) Mabry, T.J., Taylor, A., Turner, B.L. 1963. The betacyanins and their distribution. Phytochemistry

2, 61-64.
(11) Piattelli, M., Minale, L. 1964. Pigments of Centrospermae - I. Betacyanins from *Phyllocactus hybridus* Hort. and *Opuntia ficus-indica* Mill. *Phytochemistry* **3**, 307-311.
(12) Piattelli, M., Minale, L. 1964. Pigments of Centrospermae - II. Distribution of betacyanins. *Phytochemistry* **3**, 547-557.
(13) Schliemann, W., Cai, Y., Degenkolb, T., Schmidt, J., Corke, H. 2001. Betalain of *Cerosia argentea*. *Phytochemistry* **58**, 159-165.
(14) Wybraniec, S., Platzner, I., Geresh, S., Gottlieb, H.E., Haimberg, M., Mosilnitzki, M., Mizrahi, Y. 2001. Betacyanins from vine cactus *Hylocereus polyrhizus*. *Phytochemistry* **58**, 1209-1212.
(15) 足立泰二, 大谷俊二 1988. ベタレイン. 増訂植物色素-実験・研究への手引 (林孝三 編著), 養賢堂, 東京. pp. 242-250.
(16) 岩科司, 大谷俊二, 近藤典生 1985. 柱サボテン亜科植物の花色とそのベタレイン色素の構成. 進化生研研報 **2**, 95-118.
(17) Schliemann, W., Joy IV, R.W., Komamine, A., Metzger, J.W., Nimtz, M., Wray, V., Strack, D. 1996. Betacyanins from plants and cell cultures of *Phytolacca americana*. *Phytochemistry* **42**, 1039-1046.
(18) Adams, J.P., von Elbe, J.H. 1977. Betanin separation and quantification by chromatography on gels. *J. Food Sci.* **42**, 410-414.
(19) Heuer, S., Wray, V., Metzger, J.W., Strack, D. 1992. Betacyanins from flowers of *Gomphrena globosa*. *Phytochemistry* **31**, 1801-1807.
(20) Schwartz, S.J., von Elbe, J.H. 1980. Quantitative determination of individual betacyanin pigments by high-performance liquid chromatography. *J. Agric. Food Chem.* **28**, 540-543.
(21) Strack, D., Schmitt, D., Reznik, H., Boland, W., Grotjahn, L., Wray, V. 1987. Humilixanthin, a new betaxanthin from *Rivina humilis*. *Phytochemistry* **26**, 2285-2287.
(22) Strack, D., Steglich, W., Wray, V. 1993. Betalains. *In* Methods in Plant Biochemistry. Vol. 8. Alkaloids and Sulphur Compounds (ed. Waterman, P.G.), Academic Press, London. pp. 421-450.
(23) Dreiding, A.S. 1961. The betacyanins, a class of red pigments in the Centrospermae. *In* Recent Developments in the Chemistry of Natural Phenolic Compounds (ed. Ollis, W.D.), Pergamon Press, Oxford. pp. 194-211.
(24) Harborne, J.B. 1984. Phytochemical Methods. A Guide to Modern Techniques of Plant Analysis. Chapman and Hall, London. pp. 67-68.
(25) Mabry, T.J. 1980. Betalains. *In* Encyclopedia of Plant Physiology, New Series Volume 8. Secondary Plant Products (eds., Bell, E.A., Charlwood, B.V.), Springer, Berlin. pp. 513-533.
(26) Reznik, H. 1955. Die Pigmente der Centrospermen als systematisches Element. *Z. Bot.* **43**, 499-530.
(27) Reznik, H. 1957. Die Pigmente der Centrospermen als systematisches Element II. Untersuchungen über das ionophoretische Verhalten. *Planta* **49**, 406-434.
(28) Ootani, S., Hagiwara, T. 1969. Inheritance of flower colors and related chymochromic pigments in F1 hybrids of common portulaca, *Portulaca grandiflora*. *Japan. J. Genet.* **44**, 65-79.
(29) Bilyk. A. 1981. Thin-layer chromatographic separation of beet pigments. *J. Food Sci.* **46**, 298-299.
(30) Vincent, K.R., Scholz, R.G. 1978. Separation and quantification of red beet betacyanins and betaxanthins by high-performance liquid chromatography. *J. Agric. Food Chem.* **26**, 812-816.
(31) Cai, Y., Sun, M., Wu, H., Huang, R., Corke, H. 1998. Characterization and quantification of betacyanin pigments from diverse *Amaranthus* species. *J. Agric. Food Chem.* **46**, 2065-

2069.
(32) Strack, D., Reznik, H. 1979. High-performance liquid chromatographic analysis of betaxanthins in Centrospermae (Caryophyllales). Z. Pflanzenphysiol. **94**, 163-167.
(33) Strack, D., Wray, V. 1994. Recent advances in betalain analysis. In Caryophyllales. Evolution and Systematics (eds. Behnke, H.-D. and Mabry, T.J.), Springer, Berlin. pp. 263-277.
(34) Strack, D., Engel, U., Wray, V. 1987. Neobetanin : a new natural plant constituent. Phytochemistry **26**, 2399-2400.
(35) Terradas, F., Wyler, H. 1991. 2,3- and 4,5-secodopa, the biosynthetic intermediates generated from L-dopa by an enzyme system extracted from the fly agaric Amanita muscaria L., and their spontaneous conversion to muscaflavin and betalamic acid, respectively, and betalains. Helv. Chim. Acta **74**, 124-140.
(36) Stintzing, F.C., Kammerer, D., Schieber, A., Adama, H., Nacoulma, O.G., Carle, R. 2004. Betacyanins and phenolic compounds from Amaranthus spinosus L. and Boerhaavia erecta L. Z. Naturforsch. **59c**, 1-8.
(37) Piattelli, M., Impellizzeri, G. 1970. 2-Descarboxybetanidin, a minor betacyanin from Carpobrotus acinaciformis. Phytochemistry **9**, 2553-2556.
(38) Kobayashi, N., Schmidt, J., Wray, V., Schliemann, W. 2001. Formation and occurrence of dopamine-derived betacyanins. Phytochemistry **56**, 429-436.
(39) Reznik, H. 1978. Das Vorkommen von Betalain-säure bei Centrospermen. Z. Pflanzenphysiol. **87**, 95-102.
(40) Impellizzeri, G., Piattelli, M., Sciuto, S. 1973. A new betaxanthin from Glottiphyllum longum. Phytochemistry **12**, 2293-2294.
(41) Trezzini, G.F., Zrÿd, J.-P. 1991. Two betalains from Portulaca grandiflora. Phytochemistry **30**, 1897-1899.
(42) Glässgen, W.E., Metzger, J.W., Heuer, M.S., Strack, D. 1993. Betacyanins from fruits of Basella rubra. Phytochemistry **33**, 1525-1527.
(43) Castellanos-Santiago, E., Yahia, E.M. 2008. Identification and quantification of betalains from the fruits of 10 Mexican prickly pear cultivars by high-performance liquid chromatography and electrospray ionization mass spectrometry. J. Agric. Food Chem. **56**, 5758-5764.
(44) Wyler, H., Dreiding, A.S. 1984. Deuterierung von Betanidin und Indicaxanthin. (E/Z)-Stereoisomerie in Betalainen. Helv. Chim. Acta **67**, 1793-1800.
(45) Strack, D., Bokern, M., Marxen, N., Wray, V. 1988. Feruloylbetanin from petals of Lampranthus and feruloylamaranthin from cell suspension cultures of Chenopodium rubrum. Phytochemistry **27**, 3529-3531.
(46) Markham, K.R., Geiger, H. 1994. ^{1}H Nuclear magnetic resonance spectroscopy of flavonoids and their glycosides in hexadeuterodimethylsulfoxide. In The Flavonoids. Advances in Research since 1986 (ed. Harborne, J.B.), Chapman & Hall, London. pp. 441-497.
(47) Heuer, S., Richter, S., Metzger, J.W., Wray, V., Nimtz, M., Strack, D. 1994. Betacyanins from bracts of Bougainvillea glabra. Phytochemistry **37**, 761-767.
(48) Hilpert, H., Dreiding, A.S. 1984. Über die Totalsynthese von Betalainen. Helv. Chim. Acta **67**, 1547-1561.
(49) Hilpert, H., Siegfried, M.-A., Dreiding, A.S. 1985. Totalsynthese von Decarboxybetalainen durch photochemisch Ringöffnung von 3- (4-Pyridyl) alanin. Helv. Chim. Acta **68**, 1670-1678.
(50) Alard, D., Wray, V., Grotjahn, L., Reznik, H., Strack, D. 1985. Neobetanin: isolation and identification from Beta vulgaris. Phytochemistry **24**, 2383-2385.
(51) Wyler, H., Dreiding, A.S. 1959. Darstellung und Abbauprodukte des Betanidins. Über die Konstitution des Randenfarbstoffes Betanin. Helv. Chim. Acta **42**, 1699-1702.
(52) Stintzing, F.C., Conrad, J., Klaiber, I., Beifuss, U., Carle, R. 2004. Structural investigation on

betacyanin pigments by LC NMR and 2D NMR spectroscopy. *Phytochemistry* **65**, 415-422.
(53) Schmidt, O.T., Becher, P., Hübner, M. 1960. Zur Kenntnis der Farbstoffe der rotten Rübe III. *Chem. Ber.* **93**, 1296-1304.
(54) Wyler, H., Dreiding, A.S. 1962. Abbauprodukte der Betanidins. Über die Konstitution des Randenfarbstoffes Betanin. *Helv. Chim. Acta* **45**, 638-640.
(55) Piattelli, M., Minale, L., Prota, G. 1964. Isolation, structure and absolute configration of indicaxanthin. *Tetrahedron* **20**, 2325-2329.
(56) Mabry, T.J., Wyler, H., Parikh, I., Dreiding, A.S. 1967. The conversion of betanidin and betanin to neobetanidin derivatives. *Tetrahedron* **23**, 3111-3127.
(57) Minale, L., Piattelli, M., De Stefano, S., Nicolaus, R.A. 1966. Pigments of Centrospermae - VI. Acylated betacyanins. *Phytochemistry* **5**, 1037-1052.
(58) Imperato, F. 1975. Betanin 3'-sulphate from *Rivina humilis*. *Phytochemistry* **14**, 2526-2527.
(59) Weyler, H., Rösler, H., Mercier, M., Dreiding, A.S. 1967. Präbetanin, ein Schwefelsäurehalbester des Betanins. Ein Beitrag zur Kenntnis der Betacyane. *Helv. Chim. Acta* **50**, 545-561.
(60) Bokern, M., Strack, D. 1988. Synthesis of hydroxycinnamic acid esters of betacyanins bia 1-*O*-acylglucosides of hydroxycinnamic acids by protein preparations from cell suspension cultures of *Chenopodium rubrum* and petals of *Lampranthus sociorum*. *Planta* **174**, 101-105.
(61) Piattelli, M., Imperato, F. 1970. Betacyanins from *Bougainvillea*. *Phytochemistry* **9**, 455-458.
(62) Piattelli, M., Minale, L., Nicolaus, R.A. 1965. Pigments of Centrospermae - V. Betaxanthins from *Mirabilis jalapa* L. *Phytochemistry* **4**, 817-823.
(63) Adachi, T., Nakatsukasa, M. 1983. High-performance liquid chromatographic separation of betalains and their distribution in *Portulaca grandiflora* and related species. *Z. Pflanzenphysiol.* **109**, 155-162.
(64) Döpp, H., Maurer, S., Sasaki, A.N., Musso, H. 1982. Fliegenpilzfarbstoffe, VIII. Die Konstitution der Musca-aurine. *Justus Liebigs Ann. Chem.* 254-264.
(65) Schwartz, S.J., Hildenbrand, B.E., von Elbe J.H. 1981. Comparison of spectrophotometric and HPLC methods to quantify betacyanins. *J. Food Sci.* **46**, 296-297.
(66) Mabry, T.J. 2001. Selected topics from forty years of natural products research : betalains to flavonoids, antiviral proteins, and neurotoxic nonprotein amino acids. *J. Nat. Prod.* **64**, 1596-1604.
(67) Minale, L., Piattelli, M., De Stefano, S. 1967. Pigments of Centrospermae - VII. Betacyanins from *Gomphrena globosa* L. *Phytochemistry* **6**, 703-709.
(68) Mabry, T.J., Dreiding, A.S. 1968. The betalains. *In* Recent Advances in Phytochemistry, Vol. 1 (eds. Mabry, T.J., Alston, R.E., Runeckles, V.C.), North-Holland Publishing, Amsterdam, pp. 145-160.
(69) Heuer, S., Richter, S., Metzger, J.W., Wray, V., Nimts, M., Strack, D. 1994. Betacyanins from bracts of *Bougainvillea glabra*. *Phytochemistry* **37**, 761-767.
(70) 下郡山正巳 1988. 植物色素の類別とその特性. 増訂植物色素－実験・研究への手引（林孝三編著），養賢堂，東京. pp. 12-55.

4章

フラボノイド研究の実際

4章　フラボノイド研究の実際

4.1. フラボノイドと植物の色*

　フラボノイドのうち植物の色の発色にかかわっているのは，淡黄色～黄色系のフラボン，フラボノール，カルコン，オーロンと赤～紫～青色を発色しているアントシアニンである。これらは，花のほかに葉，茎，根，花粉，種子，果実，樹木の樹皮や材などに含まれていて，単独あるいは共存して，また，複雑な複合体を形成したり重合したりして，それぞれ特有な色を発現している。ここでは，フラボノイドで発色しているそれらの色についての研究の主なものを取り上げる。なお，植物の色の発色には，フラボノイドのほかに脂溶性のカロテノイド（黄色～橙～橙赤～赤色）とクロロフィル（緑色），水溶性のベタレイン（黄色～赤～紫色）がかかわっている。

4.1.1. 花の色

1) 赤～青色の発現

　花の色の赤～青は，多くの場合アントシアニンによって発色していると見なしてよいが，赤～紫色の花色の中には水溶性のベタレイン色素によって発色しているものもある。ただし，ベタレインの分布は，ナデシコ目に属するヒユ科（ケイトウ，センニチコウなど），オシロイバナ科（オシロイバナ，ブーゲンビレアなど），サボテン科（シャコバサボテン *Zygocactus truncatus* など），スベリヒユ科（マツバボタン *Portulaca grandiflora* など）などの特定の植物に限られている。ベタレインについては，3.5. のベタレイン系色素の項目（p. 223）を参照されたい。ここではアントシアニンによる花の色について述べることにする。

a) アントシアニン分子と色

　【アントシアニジンの型と色】　花に含まれるアントシアニンの種類は非常に多いが，アントシアニンの色は，基本的にはアグリコンの種類によって違いがある。最も一般的なアグリコンは図 4-1-1 に示した 6 種類で，化学構造を比較すると B 環以外では置換基の位置はまったく同じである。アントシアニンの色の相違は，B 環におけるヒドロキシ基の数およびメトキシ基置換と関係がある。B 環のヒドロキシ基が 1 個だけのペラルゴニジン系のアントシアニンは橙赤色，B 環のヒドロキシ基が 2 個のシアニジン系のアントシアニンは赤色，3 個のデルフィニジン系のアントシアニンは赤紫色で，B 環のヒドロキシ基が増すにつれて，色調は青色味を増して

＊執筆：武田幸作　Kosaku Takeda

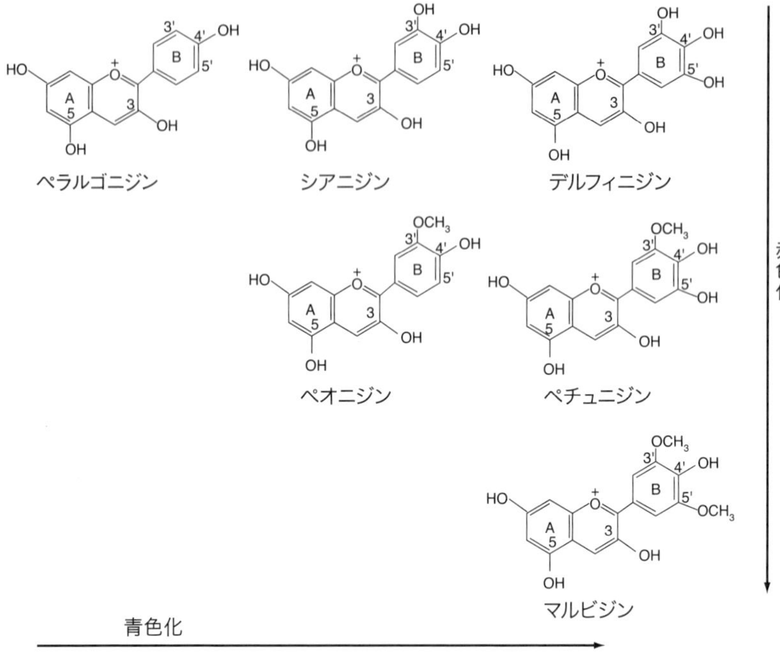

図 4-1-1 主なアントシアニジンの型と色

くる。一方，B環のヒドロキシ基がメチル化されると赤色味が増す。シアニジンよりもペオニジン，デルフィニジン型のアントシアニンではデルフィニジンよりもペチュニジン，ペチュニジンよりもマルビジンとヒドロキシ基のメチル化が進むにつれて赤味が加わる（図4-1-1）。

花弁の中では，多くの場合いろいろな要因が加わってアントシアニンの色は変異しているので一概には言えないが，サルビア，ザクロ *Punica granatum*，カーネーション *Dianthus caryophyllus* などのような橙赤色～赤色の花ではペラルゴニジン型のアントシアニンが発色をしている。また，バラ，ダリア，キクの赤色の花色はシアニジン型のアントシアニンが，パンジー，ツユクサ *Commelina communis*，キキョウ *Platycodon grandiflorum*，リンドウ *Gentiana scabra* var. *buergeri* などの紫～青紫～青色の花色はデルフィニジン型のアントシアニンがそれぞれ発色の母体となっている。

【配糖体の型と色】　アントシアニジンの3位のヒドロキシ基がグリコシル化されると，可視部の吸収極大波長は，約15 nm 短波長側へ移動する。天然のアントシアニンは，3位のヒドロキシ基または3位と5位の両方のヒドロキシ基に糖が結合

しているものが多い。しかし，アントシアニンの中には，アントシアニジン骨格のB環にあるヒドロキシ基がグリコシル化されているものがあり，その場合には吸収極大は短波長側に移動して色調は赤〜黄色化する。たとえば，デルフィニジン型のアントシアニンでB環の3'位のヒドロキシ基がグリコシル化されると，シアニジン型のアントシアニンに見られるような吸収極大波長を示すようになる。同様にシアニジン型のアントシアニンでは，橙赤色のペラルゴニジン型のアントシアニンに見られるような色調を示すようになる。B環のヒドロキシ基に糖を結合するアントシアニンは，シネラリア *Cineraria cruenta*＝*Senecio cruentus* の花で最初に報告され[1,2]，その後ロベリア *Loberia erinus*[3]，オヤマリンドウ *Gentiana makinoi*[4] などいろいろな花のアントシアニンで見出されている。しかし，これらのアントシアニンの場合には，いずれも同じ分子の中にカフェ酸，p-クマル酸などの芳香族有機酸を2分子以上結合しており，それらの分子内コピグメンテーション (p. 254) によって青色化への影響を受けているため，短波長側への吸収極大波長の移動は打ち消されている。B環に糖を結合するアントシアニンは，パイナップル *Ananas comosus* などを含むパイナップル科 Bromeliaceae の植物の苞葉や葉にも含まれていて，明るい色調を発色している[5]。

【アントシアニンのアシル化と色】 アントシアニンには，糖の部分に芳香族や脂肪族の有機酸が結合しているアシル化アントシアニンがあるが，脂肪族の有機酸の結合は，アントシアニンの色には影響しない。芳香族の有機酸が結合しているものでも，アントシアニンの色，すなわち可視部の吸収スペクトルに影響しないものが多いが，2分子以上の芳香族有機酸を結合しているものでは，分子内の芳香族有機酸がコピグメント（補助色素）として作用して，アントシアニンの色調に濃色効果と深色効果をもたらしていることがある。このことについては，コピグメントの項で述べることにする。

【pHの影響】 アントシアニンの色は，pHによって赤色から紫〜青色へと変化する。一般に酸性では安定な赤色のフラビリウムカチオン flavylium cation となり，中性からアルカリ性ではアンヒドロ塩基 anhydrobase 〜アンヒドロ塩基アニオン anhydrobase anion となって，可視部の吸収極大波長が長波長側に移動して赤紫色〜青色を示す。また，アントシアニンは，弱酸性〜アルカリ性の領域の溶液で水と水和反応を起こし，無色の擬塩基 pseudobase に変化する[6]。たとえば，シアニンの場合では，次の図4-1-2のように変化する。

b）ジェヌインアントシアニンとアントシアニンの自己会合

アントシアニンは酸性で安定なオキソニウム塩を作るため，アントシアニンの抽出，精製には塩酸などの酸を用いるのが常法であった。しかし，アントシアニンを

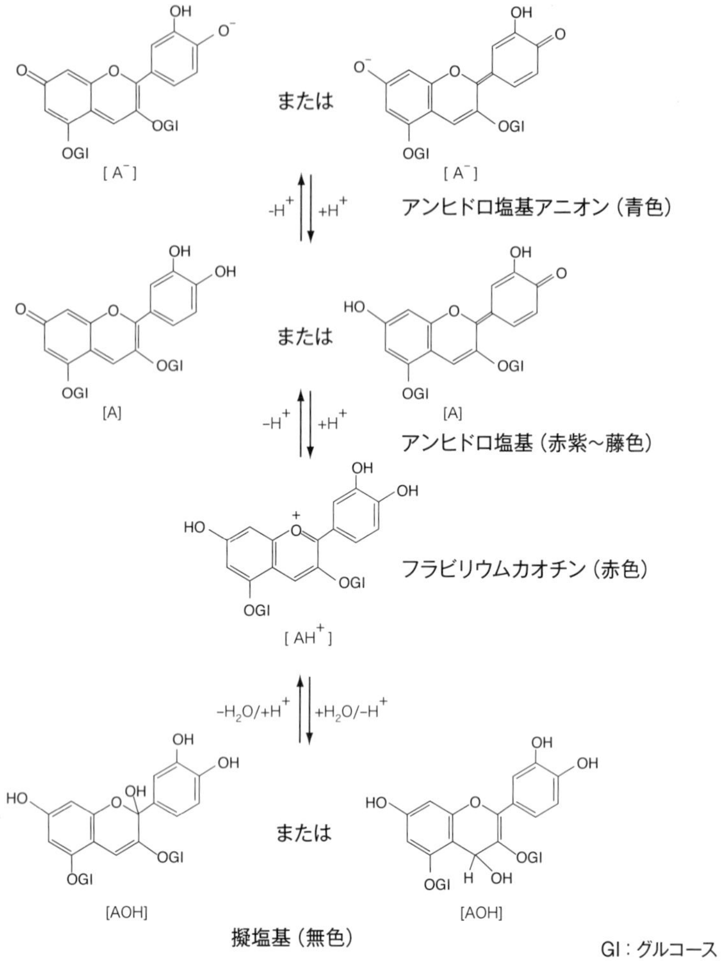

[A⁻] アンヒドロ塩基アニオン（青色）

[A] アンヒドロ塩基（赤紫〜藤色）

[AH⁺] フラビリウムカオチン（赤色）

[AOH] 擬塩基（無色）

Gl：グルコース

図 4-1-2　pH によるシアニンの色の変化

オキソニウム塩にした場合には，自然の花の色が失われる場合がある．特に青色の花，たとえば，ヤグルマギク Centaurea cyanus やツユクサの青色花では，アントシアニンをオキソニウム塩で取り出すと，自然の花の色調は失われてしまう．花色の発現の機構を解明するため，林孝三らは青色花だけでなく赤色花，紫色花からも中性溶媒を用いて赤色や紫色の色素の単離を試みてきた．青色色素については後に述べるが，これまでにヤグルマギクの赤色花からペラルゴニン（ペラルゴニジン 3,5-ジグルコシド pelargonidin 3,5-diglucoside），バラ（Rosa gallica の 2 品種，Tassin と

Josephine Bruce) の濃赤色花からシアニン，ダリアの赤色花からはペラルゴニンとシアニンが得られている[7]。

また，パンジーの暗紫色花（品種 Jet Black）からビオラニン（デルフィニジン 3-p-クマロイルラムノグルコシド-5-グルコシド delphinidin 3-p-coumaroyl-rhamnoglucoside-5-glucoside)[8] が，フクシア *Fuchsia hybrida* の紫色花からマルビン（マルビジン 3,5-ジグルコシド malvidin 3,5-diglucoside)[9] がそれぞれ結晶として精製単離され，それらの性状が調べられている。

これらのアントシアニンは，これまでに得られているオキソニウム塩と区別してジェヌインアントシアニン genuine anthocyanin とよばれている。アントシアニンのオキソニウム塩（塩化物）から調製したアンヒドロ塩基（キノイド塩基）との比較などから，これらのジェヌインアントシアニンは，いずれもそれぞれのアントシアニンのアンヒドロ塩基そのものであることが示されている[10]。ジェヌインアントシアニンは，水に溶かすとそれぞれ天然の花色を再現するが，単独で薄い濃度では水和反応によって褪色する。しかし，後に述べるようにコピグメントが共存すると，それによるコピグメンテーションによって安定化されるとともに，アントシアニンの色は変異する。コピグメントが含まれない場合には，アントシアニン（キノイド塩基）は，スタッキングによる自己会合によって安定化していることが明らかにされている[6,11〜13]。自己会合は，アントシアニンの濃度が高いほど強く生じる。花弁細胞中のアントシアニン濃度は，10^{-2} M に近いとされており[14]，このような濃度ではアントシアニンは，自己会合によって安定な色を保っていると考えられる。

c) アントシアニンによる花色の変異

1913 年に Willstätter ら[15] が，ヤグルマギクの青色の花のアントシアニンを赤色の塩化物の結晶として単離してシアニンと命名し，その化学構造を解明した。これがアントシアニンの化学的な研究の出発点といってもよいであろう。また，彼らはシアニンが赤いバラの花にも含まれていることを明らかにし，アントシアニンが酸性では赤色，中性〜アルカリ性では紫色〜青色とその溶液の pH によって指示薬のように変わることから，花弁の細胞液の pH がアントシアニンによる花の色の変化の大きな要因であるとして，1915 年に pH 説を提唱した[16]。

これに対して柴田桂太ら[17] は，植物生理学的な見地から花弁の細胞液がアルカリ性で青色を示すという考えに疑問をもち，青色の発現はアントシアニンと金属元素との錯体によっているとして 1919 年に金属錯体説を提出した。このころから花色の変異についての研究は続いてきているが，1931 年には，Robinson ら[18,19] がアントシアニンにコピグメントが共存して，その作用によって青色が発色しているというコピグメント説を発表した。花色変異の研究は，これらの 3 つの説を中心に

して進められてきたといっても過言ではない。研究の歴史的な経緯については，林孝三博士が詳細に記述しているので参照されたい[20]。

【pHと花色】 植物の花のアントシアニンを含む細胞のpHについては，これまでに多くの植物で主に花弁の搾汁などについて調べられてきており[21,22]，花色に関係なく，概して弱酸性である。Stewartら[23,24]は，アントシアニンを含む花弁の表皮細胞の細胞液をミクロピペットで採取し，pH指示薬で発色させてから顕微分光光度計で吸光度を測定してpHを判定する方法を開発し，いろいろな科の250以上の植物について調べている。

それによると橙赤色～赤～紫～青色の花で，色素を含む細胞液のpHはすべて3から6程度の範囲であることが示されている。すなわち，花弁の細胞液のpHは，花色に関係なくほとんど酸性であることが明らかにされた。ただし，その中で西洋アサガオの'ヘブンリー・ブルー' *Ipomoea tricolor* 'Heavenly Blue' の青色の花だけがpH 7.5で，アルカリ性であることが示された。

また，'ヘブンリー・ブルー'の花は，開花4時間前のつぼみは濃い赤紫色をしているが，開花すると青色に変わる。この時，色素を含む細胞液のpHは，つぼみでは6.5で，開花後，青色に変わった時点では7.5に上昇していた。さらに，花から単離したアントシアニンの溶液のpH 6.5と7.5での吸収スペクトルは，それぞれつぼみの赤紫色花弁と開花した青色花弁のスペクトルとほぼ一致したと報告し，青色の発色がpHによっていることを示した。

'ヘブンリー・ブルー'でのこのようなpH変化とアルカリ性による青色の発現については，吉田ら[25]が微小電極を用いて調べ，花の開花にともなう赤～青色の変化にともなってpHが6.6から7.7へと上昇することを報告している。これは日本のアサガオ *Ipomoea nil* の花でも同様で，アサガオの液胞のpHをアルカリ性にする遺伝子がクローニングされている[26]。

ヒスイカズラ *Strongylodon macrobotrys* の花は特徴的な青緑色をしているが，アントシアニンを含む表皮組織の搾汁のpHは7.9でアルカリ性であるのに対して，内部の無色の部分はpH 5.6で，青緑色はアルカリ性による発現であることが明らかにされている[27]。これについては，次の「コピグメンテーション」で取り上げることにする。

植物の花のアントシアニンを含む細胞のpHについては，多くの植物で花色に関係なく概して弱酸性で，アサガオやヒスイカズラで色素を含む細胞がアルカリ性であることは，例外的ということができるが，細胞液のpHは，同じ花でもつぼみから開花してしぼむまでの花の加齢（エイジング）の間に微妙に変化している。開花した時には明るい赤色であった花の色が，エイジングが進むにつれて青味が加わっ

4.1.1. 花の色

表 4-1-1　アントシアニンに対するフラボノールのコピグメント作用

	アントシアニン (2.5×10^{-4}M) +コピグメント (1 : 1)		アントシアニン (1×10^{-4}M) +コピグメント (1 : 4)	
	吸収極大波長 (nm)	吸収極大波長における吸光度	吸収極大波長 (nm)	吸収極大波長における吸光度
ペラルゴニン	520 (510)	0.08 (0.05)	520 (510)	0.04 (0.02)
シアニン	540 (520)	0.13 (0.04)	540 (520)	0.07 (0.04)
ペオニン	550 (530)	0.17 (0.07)	560 (530)	0.10 (0.03)
ビオラニン	555 (542)	0.76 (0.28)	584 (542)	0.34 (0.07)
ペタニン	560 (545)	0.99 (0.51)	590 (546)	0.50 (0.16)
エンサチン	580 (545)	0.73 (0.24)	586 (548)	0.84 (0.18)
マルビン	582 (550)	0.42 (0.05)	586 (548)	0.25 (0.03)

( ) 内の値は, アントシアニンのみの場合を示す。0.05 M 酢酸緩衝液　pH 4.80 での測定。矢崎[28]の表を改変。コピグメント：クェルセチン 4'-グルコシド

たくすんだ色になるなどの変化はよく見られる現象である。このような微妙な花色の変化には, pH の変化も影響しているものと考えられる。

【コピグメンテーション】　コピグメンテーション（コピグメント作用）とは, アントシアニンがフラボン, フラボノール, タンニンなどの物質と共存することによって, 青色味を帯びた色調を示す現象である。イギリスの Robinson ら[18,19]は, この現象がアントシアニンによる花色変異の要因であると考えた。これがコピグメント学説である。この考えのもとになったのは, 次の事実である。フクシアの濃紫色花弁の酸性抽出液は, 青味を帯びた赤色であるが, これにイソアミルアルコールを加えて振盪すると水層の青味は薄れて, 赤色になる。しかし, 上層のイソアミルアルコール層に転溶した物質を取り出して水層に加えると, 再び青味を回復した。このような色の変化は, イソアミルアルコール層に転溶するある種のコピグメントが存在していることを示しており, もとの抽出液にはコピグメントが存在していてアントシアニンと複合体を作って青色味を発現していたと考えたのである。この場合にはコピグメントは, タンニンであるとしている。

コピグメントとアントシアニンとの複合体は, メタノールなどを加えると容易に解離して色調が変わるし, ゲルろ過カラムなどを通すと解離するため, 複合体そのものを単離することはできていない。

アントシアニンに対するフラボンやフラボノールのコピグメント効果には, アントシアニンの色調を青味がかったものにする深色効果 bathochromic effect（可視部の吸収極大の波長が長波長側に移動する）と色調を濃くする濃色効果 hyperchromic effect（可視部の吸収極大の吸光度が大きくなる）とがある。このようなコピグメンテーションは, アントシアニン分子の芳香環とコピグメントとしてのフラボンやフ

表 4-1-2　シアニンに対するフラボンのコピグメント効果

シアニン(1×10^{-3}M)に対するフラボンのモル比	吸収極大波長 (nm)	吸収極大波長における吸光度
0	530	0.22
1	541	0.33
2	547	0.43
4	551	0.59
6	553	0.73
8	554	0.85
10	554	0.93
12	555	1.05
16	556	1.18
20	556	1.29
30	557	1.53
40	557	1.65

0.05 M 酢酸緩衝液　pH 4.80, 光路長 3 mm（平塚 恵, 武田幸作測定）

ラボノール分子の芳香環の間での相互作用によって, アントシアニン分子が安定化して, 花色を発現していると考えられている[6,13]。

コピグメント効果は, 同じコピグメントでもアントシアニンの種類によって異なるし, コピグメントの濃度によっても異なる。表 4-1-1 は, いろいろなアントシアニンに対するフラボノールのコピグメント効果について, スピラエオシド spiraeoside（クェルセチン 4'-グルコシド）を用いて矢崎[28]によって調べられたものであるが, デルフィニジン型のアントシアニンが最も強い効果を受けている。

また, 表 4-1-2 は, シアニンに対するフラボンのコピグメント効果をフラボコンメリン flavocommelin（スウェルチジン 4'-グルコシド swertisin 4'-glucoside）のいろいろな濃度で筆者らが調べたものであるが, コピグメントの濃度が増すにつれて深色効果と濃色効果が大きくなること, 深色効果にはある程度のレベルで限界がみられるが, 濃色効果は, コピグメント濃度がかなり高くなっても増加することがわかる。

コピグメントとして作用する物質は, フラボン, フラボノールなどが知られているが, Asen ら[29]は, いろいろな物質を用いてシアニンに対するコピグメント効果を比較し, フラボン, フラボノール, オーロンなどが強いコピグメント作用を持つこと, 芳香族の有機酸も多少の作用があることを示している。

アントシアニンを含む花は, 多くの場合にアントシアニンのほかに, フラボノールやフラボンを一緒に含んでおり, それらのコピグメント作用を受けて花色を発現していることが多い。次にその例を少し紹介しておきたい。

【ダッチアイリス *Iris hollandica*（品種: Prof. Blaauw）の青色花[14]】デルフィニジン 3-*p*-クマロイルルチノシド -5-グルコシド delphinidin 3-*p*-coumaroylrutinoside

-5-glucoside がスウェルチジン、ビテキシンなど 5 種類の C-グリコシルフラボンと青色複合体を形成し、細胞内でさらにペクチンに吸着して花の青色をあらわしている。

【**ハナショウブ Iris ensata の青紫色花**[30]】　主なアントシアニンとしてデルフィニジン 3-p-クマロイルルチノシド -5-グルコシド、マルビジン 3-p-クマロイルルチノシド -5-グルコシド malvidin 3-p-coumaroylrutinoside-5-glucoside, ペチュニジン 3-p-クマロイルルチノシド -5-グルコシド petunidin 3-p-coumaroylrutinoside-5-glucoside がイソビテキシンのコピグメンテーションによって青紫色を発現している。

【**フクシアの青紫色花**】　マルビンがスピラエオシド、クェルシトリン、イソクェルシトリンのコピグメンテーション（アントシアニンとコピグメントのモル比はアントシアニン：クェルセチン グルコシド 1：0.6, pH 4.8）によって青紫色を発現している。フクシアの花弁の青紫色は、若い花では青紫色であるが、加齢すると赤みを帯びてくる。この時 pH は 4.2 になっており、pH の低下は、アスパラギン酸、リンゴ酸、酒石酸のような有機酸の増加によっている[9,28]。

【**ルピナス Lupinus, Russel hybrids の青色花**】　デルフィニジン 3-(6"-マロニルグルコシド)delphinidin 3-(6"-malonylglucoside)がアピゲニン 7-(6"マロニルグルコシド)apigenin 7-(6"-malonylglucoside)のコピグメンテーションによって青色を発現している。生花弁ではマロン酸によって両者が結合しているものの存在を推定している[31]。

【**ヒスイカズラの青緑色花**[27,32]】　マルビンがサポナリン saponarin（イソビテキシン 7-グルコシド）のコピグメンテーション（マルビン：サポナリン 1：9 の比で含まれている）によって発現している。しかし、ヒスイカズラでは花弁の色素を含む表皮の細胞の搾汁の pH が 7.90 でアルカリ性であるため、pH も花色に大きくかかわっている。花弁の内部の無色の組織の pH は 5.60 で、表皮の細胞だけがアルカリ性である。この pH のもとでは、アントシアニンは、アンヒドロ塩基アニオンで青色を呈するが、サポナリンのコピグメンテーションによって吸収極大波長は、611.3 nm から 620.5 nm へと移動するとともに、吸光度の値も上がる（図 4-1-3a, 3b）。さらにコピグメントのサポナリンは、アルカリ性で濃い黄色を発色する（図 4-1-3b）。サポナリンの吸収スペクトルは、波長 400〜450 nm 領域の吸光度の値が大きくなり、黄色を発色していることが示されている。

このような 400〜450 nm 領域のサポナリンが示すスペクトルの曲線は、マルビンとサポナリンの混液で、花の色の青緑色を示す pH 7.50〜8.50 での吸収スペクトルにそのままあらわれている。このことからコピグメンテーションによる青色に、コピグメントそのものの黄色が加わるため、特異的な青緑色が発現していることがわかる。ヒスイカズラの花の蛍光色的な青緑色は、熱帯の森の薄暮の中でこの花の

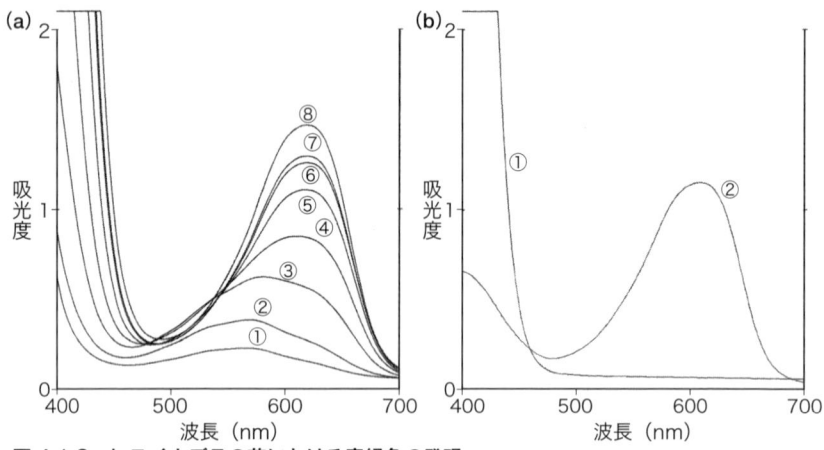

図 4-1-3 ヒスイカズラの花における青緑色の発現
(a) マルビン（1×10^{-4} M）とサポナリン（9×10^{-4} M）のコピグメンテーションにおよぼすpHの影響。①: pH 5.62, ②: pH 5.98, ③: pH 6.57, ④: pH 7.02, ⑤: pH 7.50, ⑥: pH 7.90, ⑦: pH 8.00, ⑧: pH 8.50（0.05 Mリン酸緩衝液中, 光路長 10 mmで測定）
(b) マルビン（1×10^{-4} M）（②）とサポナリン（9×10^{-4} M）（①）の pH 7.90 での吸収スペクトル（0.05 Mリン酸緩衝液中, 光路長 10 mmで測定）

受粉にかかわっているコウモリにとって目立つ存在になっていると考えられる。

花色のコピグメンテーションの実際的な研究では，アントシアニンとコピグメントの同定と定量，次に試験管内でアントシアニンとコピグメントを，花弁と同じモル比で適当なpHの緩衝液中で混合し，可視部のスペクトルを測定，そのスペクトルが生花弁の吸収スペクトルとほぼ一致することなどを示す必要がある。

アントシアニンの中には，分子に結合している糖に芳香族有機酸を2分子以上結合した長い側鎖をもつポリアシルアントシアニンやフラボンなどを結合しているものがある。これらのアントシアニンでは，分子中に結合している有機酸やフラボンがコピグメントとして作用し，アントシアニンの発色や安定化にかかわっている。これらを分子内コピグメンテーション intramolecular copigmentation と呼び，前に述べたようなアントシアニン分子とフラボンなどのコピグメント分子の間のコピグメンテーションを，分子間コピグメンテーション intermolecular copigmentation と呼んでいる [6, 13, 33]。

【分子内コピグメンテーション】 青色～青紫色の花から色素の抽出に，当時一般に使われていた塩酸を用いずに，中性溶媒だけを用いて，天然の色調を失うことなく青色～青紫色色素を純化し，それらの色の発現機構を解明しようとする林孝三らによる一連の研究の流れの中で見出されたのが，ポリアシルアントシアニンの最初である。

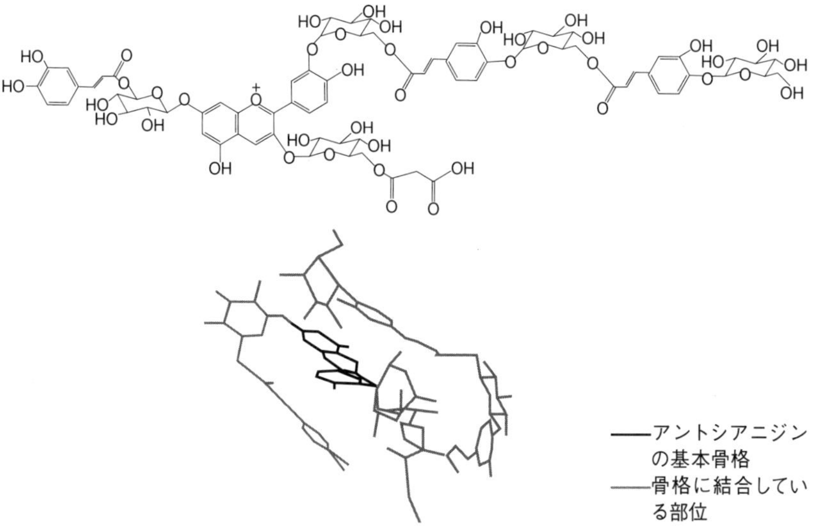

図 4-1-4 ブレチラアントシアニン（BA-3）の構造とそのスタックモデル[45]（Prof. R. Brouillard のご好意による）

最初にキキョウ[34, 35]から，ついでシネラリア[1, 36]，ロベリア[3]から取り出された。キキョウのアントシアニンは，最初赤色の塩化物として単離されたが，中性溶媒を用いて得られた青紫色の色素の結晶は，単一のアントシアニン（プラチコニン platyconin）で，その水溶液は天然の色調を示し，その吸収スペクトルも生花弁のものと一致した。また，赤色の塩化物を緩衝液（pH 5.5）に溶かすと再び青色を示し，吸収スペクトルは元の青紫色色素のそれと一致した。この色素は，2 分子のカフェ酸を結合しており，それがコピグメントとして作用して，中性の溶媒でも単独で青紫色を発色し，安定に保たれているものと考えられた。シネラリアやロベリアのアントシアニンも同様な性状を示した。これらの構造は，後に後藤ら[37〜39]によって明らかにされた。

2 分子以上の芳香族有機酸を結合しているポリアシルアントシアニンでは，分子内の芳香族有機酸の芳香核が，アントシアニジン核をサンドイッチ状にはさみ込むなどして作用し，安定な発色をしていると考えられている[6, 13, 33, 40〜43]。**図 4-1-4**は，シラン Bletilla striata の紫赤色花のアントシアニン，ブレチラアントシアニン bletilla anthocyanin の構造[44]とその安定化機構について Figueiredo ら[45]が提出したモデルである。アントシアニジン核を側鎖にあるカフェ酸の芳香環が，サンドイッチ状に上と下からはさみ込んでいる。

これまでに多くの種類のポリアシルアントシアニンが報告されており，そのいく

つかの構造を次に紹介しておきたい。4.14.2（アントシアニンの分析, p.643）の項も参照されたい。

【プラチコニン】　キキョウの青紫色花からの青紫色の色素[34, 35, 37]で，最初に報告されたポリアシルアントシアニンである。デルフィニジン型のアントシアニンで，7位に結合している側鎖に2分子のカフェ酸をもっている。

【シネラリン】　シネラリアの青色花からのデルフィニジン型のアントシアニン[1, 36, 38]で，7位にある側鎖に2分子のカフェ酸を結合しているが，B環の3'位にも側鎖があり1分子のカフェ酸を結合している。

【'ヘブンリー・ブルー' アントシアニン heavenly blue anthocyanin】　西洋アサガオ（'ヘブンリー・ブルー'）の青色花からのペオニジン型のアントシアニン[24, 46]で，側鎖に3分子のカフェ酸を結合している。

【ロベリニン lobelinin】　ロベリアの青紫色花からのデルフィニジン型のアントシアニン [3, 39] で，3 位の側鎖に 1 分子の p-クマル酸をもつが，B 環の 3' と 5' にも側鎖をもち，それぞれ 1 分子のカフェ酸を結合している．A，B の 2 種類があり，ロベリニン B では，側鎖のうちの 3' 位の側鎖がカフェ酸に代わってフェルラ酸 1 分子を結合している．

ロベリニン A　R=H
ロベリニン B　R=CH₃

【ゲンチオデルフィン gentiodelphin】　リンドウの青紫色花からのデルフィニジン型アントシアニン [4] で，5 位と 3' 位にそれぞれ 1 分子のカフェ酸を結合する側鎖をもっている．

【テルナチン A1　ternatin A1】　チョウマメ *Clitoria ternatea* の青色花からのデルフィニジン型アントシアニン [47, 48] で，B 環の 3' 位と 5' 位に p-クマル酸 2 分子をもつ長い側鎖を結合している．チョウマメの花のアントシアニンには，このテルナチン A1 のほかに B 環に結合する 2 つの側鎖がこれより短いもの，マロン酸が結合していないものなど多数含まれている [41]．

【ビオルデルフィン violdelphin】 デルフィニウム Delphinium hybridum の紫色花[49]，トリカブトの仲間 Aconitum chinense の青紫色花[50]からのデルフィニジン型アントシアニンで，7位にp-ヒドロキシ安息香酸2分子をもつ側鎖を結合している。

本多ら[41]は芳香族有機酸を結合する糖，すなわちポリアシルを結合している糖のアントシアニジン骨格における位置の違いによってポリアシルアントシアニンを次のような6つのグループに分けている。タイプ1：ポリアシルの結合がアントシアニンの3位の糖に結合，タイプ2：7位の糖に結合，タイプ3：3'位または3',5'位の糖に結合，タイプ4：7,3'位の糖に結合，タイプ5：3,7-，3,3'-，3,7,3'位の糖に結合，タイプ6：5位と3'位の糖に結合の6グループである。

このうち芳香族有機酸がアントシアニジンの7位と3'位の両方の糖に結合しているタイプのアントシアニンが最も安定な色を発現しているとしている。上に示したものでは，シネラリン，ブレチラアントシアニンがそれにあたる。ポリアシルアントシアニンは，生花弁の中では特徴的な3つの吸収極大を示すことが多く，たとえばブレチラアントシアニンの場合では，pH 4.01 で吸収極大値 510，545，587 nm を示す。これは，3種類の異性体 [AH^+]，[A]，[A^-] の構造をとるアントシアニンが混在していることを示すと考えられている[41]。

【フラボンまたはフラボノール結合アントシアニン】 アントシアニンやフラボン，フラボノールにマロン酸，コハク酸などのジカルボン酸が結合しているものの存在が知られているが，ジカルボン酸を介してフラボンやフラボノールが結合しているアントシアニンもいくつか報告されている。

ホテイアオイ *Eichhornia crassipes* の青紫色の花のアントシアニンは，デルフィニジン 3-ジグルコシドとフラボン（アピゲニンあるいはルテオリンの配糖体）と[51, 52]，また，チャイブ *Allium schoenoprasum* の淡紫色花のアントシアニンは，シアニジン 3-グルコシドとフラボノール（ケンフェロール配糖体）[53] とがそれぞれマロン酸を介して，ジエステル結合している。また，アガパンサス・プラエコックス *Agapanthus praecox* の青色花のアントシアニンは，コハク酸を介してフラボノールと結合している[54]。これらのアントシアニンでは，結合しているフラボンやフラボノールがアントシアニンに分子内コピグメントとして作用するため，色は青味を帯び，安定化している。

ホテイアオイのアントシアニン
(A, B の 2 種類，A: R=H, B: R=OH)

チャイブのアントシアニン
(R=H, R=C(O)CH$_3$ の 2 種類)

アガパンサス・プラエコックスのアントシアニン
(R=H, R=CH$_2$OH の 2 種類)

【金属複合体による青色】　金属元素が花の青色の発現にかかわっていることについての研究は，1919 年に提出された柴田らの金属錯体説[17]に始まっている。アントシアニンが酸性で安定であることから，その抽出と精製には常法として塩酸などの酸が使用されていた。しかし，得られたアントシアニンは，青い花からのアントシアニンも赤色で，花の青色とはまったく異なっていて，花の青色は再現できない。青色花での青色発現の機構を解明するため，青色花から色調を変えることなく青色色素を単離する研究が，林孝三らによって進められてきた。酸を用いずに中性溶媒でアントシアニンを抽出，精製することはアントシアニンが変性してしまうなど難しい問題であったが，林らは 1958 年ツユクサの青色花から中性溶媒を用いて青色色素を結晶として単離することに初めて成功し，コンメリニン commelinin と命名した[55, 56]。次いでヤグルマギクの青色花からプロトシアニン protocyanin が単離された[57, 58]。いずれもアントシアニン以外に金属元素とコピグメントを含んでおり，高分子の複雑な構造をしている。その後，ソライロサルビア，アジサイ，メコノプシスなどの青色も金属元素を含む複合体によって発色していることが明らかにされている。

【ツユクサからのコンメリニン】　アントシアニンのマロニルアオバニン（デルフィニジン 3-(6-p-クマロイルグルコシド)-5-(6-マロニルグルコシド)[59]とフラボンのフラボコンメリン[60]，マグネシウム（Mg）から構成されている。構造が高分子で複雑であり，これまでに多くの研究がなされてきている。

　三井，林ら[61, 62]は，コンメリニンに含まれる Mg は，青色が失われない限りは消失しないことを示し，コンメリニンの構成に本質的な役割を果たしているものとした。しかし，Mg などの 2 価の金属イオンは 3 価の鉄（Fe）やアルミニウム（Al）と違い，一般にはアントシアニンとキレートしないことから，林らのコンメリニン中の Mg は夾雑物であろうと考えられ，コンメリニンの青色発色について Mg の関与が疑われた。その後，構成成分であるアントシアニン，フラボン，Mg からコンメリニンが再構成できること，コンメリニン分子の合成には Mg イオンが必須であることが示された[63]。また，Mg 以外のカドミウム（Cd），マンガン（Mn），ニッケル（Ni），亜鉛（Zn），コバルト（Co）などの 2 価の金属イオンでもコンメリニンに類似の青色錯体であるメタル置換体-コンメリニン，Cd-, Mn-, Ni-, Zn-, Co-コンメリニンができることが明らかにされた[64]。

　再構成されたコンメリニンは，いずれのメタル置換体でも自然のコンメリニンに比して純度がはるかに高く，結晶化は比較的容易で単結晶が得られ，X 線結晶構造解析が可能になった。特に電子密度の大きい Cd-コンメリニンは良好な回折像を与えたが，当時の X 線解析では全体像の解明には至らなかった[65]。その後，近藤，

中川ら[66,67]は，Cd-コンメリニンを用いて放射光でのX線結晶構造解析によって全体像を解明した．2つのCdイオンが中心にあり，6分子のアントシアニン（4'-キノイダル塩基）と6分子のフラボンが配位している．

アントシアニンとフラボンは，それぞれ2分子ずつ会合して対を作り，アントシアニンの対の一方は2つの金属イオンのうちの一方に，他方はもう一方の金属イオンに結合していることを明らかにした．

最近になり，塩野ら[68]により自然からのコンメリニンの単結晶を用いたX線結晶構造解析が行われ，コンメリニン分子の構造について新しい知見が加えられている．コンメリニンの分子には，4つのMgイオンが同軸上に存在しており，その周囲に6分子のアントシアニン（4'キノイダル塩基）と6分子のフラボンが配位している．アントシアニンとフラボンは，それぞれ2分子ずつ会合して対を作り，アントシアニンの対の一方は内側の2原子のMgのうちの一方に，他方はもう一方の内側のMgに結合している．また，フラボンの対の一方は外側の2原子のMgの一方に，他方のフラボンは，もう一方の外側のMgに結合している．4つのMgイオンのうち内側の2つはアントシアニンに配位して青色の発現にかかわり，外側の2つはフラボンを配位して分子の安定化にかかわっているとしている．同時に再構成コンメリニンのMg-コンメリニン，Cd-コンメリニンについても解析を行って本質的には4つの金属イオンをもつ構造であることが示された（図4-1-5）．

【ヤグルマギク青色花からのプロトシアニン】 ヤグルマギクの青色花のアントシアニンが，1913年にWillstätter[15]によって赤色の塩化物として単離され，その構造が解明され，シアニンと命名された．これがアントシアニンの化学構造の解明の最初で，その後のアントシアニンの化学的な研究の出発点となった．また，単離された赤色のシアニン塩化物が，赤いバラの花にも含まれており，ヤグルマギクではなぜ青色を発色しているかという花色の変異の要因をめぐる問題は，その後の花色変異についての研究の出発点にもなった．

ヤグルマギクの青色色素の解明への契機になったのが，1958年のBayer[57]によるヤグルマギクの青色花からの青色色素プロトシアニンの単離，1961年の林ら[58]によるプロトシアニンの初めての結晶状の単離であった．Bayerら[69]は，金属元素としてFeとAlが含まれていること，有機成分としてシアニンと多糖類が含まれるとした．一方，林ら[70]は金属元素FeとMg，フラボノイドなどを含む高分子の金属錯体であると報告した．また，Asenら[71]は，Feとフラボンなどを含むとした．プロトシアニンについては，その後も多くの研究がなされ，構成成分であるアントシアニンは，シアニジン3-(6-スクシニルグルコシド)-5-グルコシド（cyanidin 3-(6-succinylglucoside)-5-glucoside）であること[72,73]，フラボンは，

262   4.1. フラボノイドと植物の色

コンメリニン分子の構造
対称軸の上から見た図　　対称軸の側面から見た図

オオボウシバナの花

Mg イオンの結合部位（側面図）
対合しているアントシアニンの一方は
Mg1 に，他方は Mg2 に結合

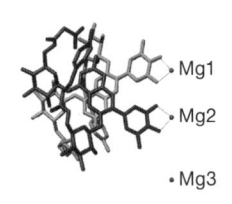

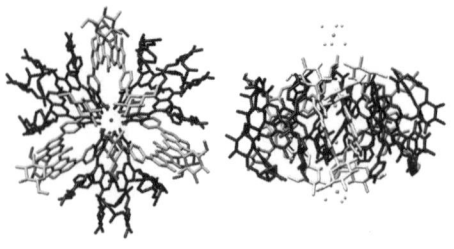

対合しているフラボンの一方は Mg3 に，
他方は Mg4 に結合

Mg イオンの結合部位（上から見た図）

Mg1（Mg2）とアントシアニンの結合　　Mg3 とフラボンの結合　　Mg4 とフラボンの結合

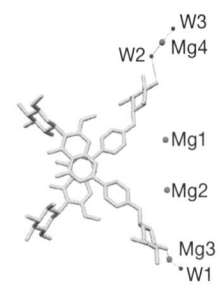

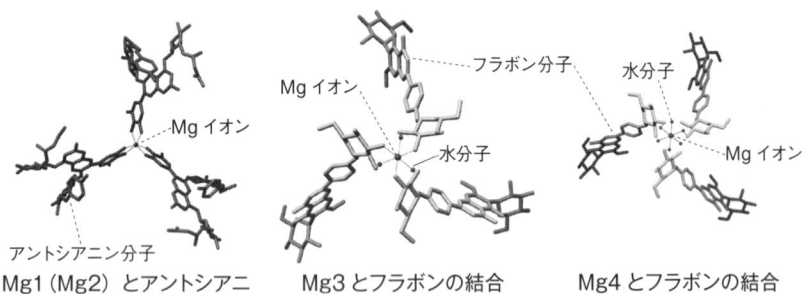

図 4-1-5　コンメリニンの構造（口絵 4 参照）[68]

アピゲニン 7-グルクロニド -4'-(6-マロニルグルコシド) apigenin 7-glucuronide-4'-(6-malonylglucoside) であること[73] が解明された。

　近藤ら[74, 75]は，アントシアニン，フラボン，Fe，Mg でプロトシアニンを再構成し，Fe と Mg イオンを中心としてアントシアニン 6 分子，フラボン 6 分子からなっているコンメリニンに類似の超分子であるとした。筆者のグループもコンメリニン再構成の方法で，精製したアントシアニンとフラボンを用いて再構成を試みていたが，Fe と Mg イオンを加えてもプロトシアニンは，再構成できなかった。しかし，

精製したプロトシアニンをギ酸酸性の条件で分解してから，セファデックスカラムで構成成分を分画，それらを用いて再構成するという手法でもう1つの因子の存在が判明し，それがカルシウム（Ca）イオンであることを突き止めることができた[76]。構成成分からの再構成では，Caイオンの存在が必須で，表4-1-3に見られるように反応系に加えられるCaイオンの量にともなって，プロトシアニンの生成量は増加した。アントシアニン，フラボン，Fe，Mg，Caイオンからプロトシアニンを再構成し，その結晶化にも初めて成功した。

　その後，再構成したプロトシアニンの単結晶も得られ，プロトシアニン分子の構造がX線結晶構造解析により解明された[77]。プロトシアニンは，アントシアニン cyanidin 3-(6-succinylglucoside)-5-glucoside，フラボン apigenin 7-glucuronide-4'-(6-malonylglucoside) と Fe，Mg，Ca の3種類の金属イオンからなっている。プロトシアニン分子には，4つの金属イオンが同軸上に存在しており，内側にFeとMg，外側に2個のCaがある。その周囲に6分子のアントシアニンと6分子のフラボンが配位している。アントシアニンとフラボンは，それぞれ2分子ずつ会合して対を作り，アントシアニンの対の一方はFeに，他方はMgに結合している。また，フラボンの対では，それぞれ外側にある別のCaに結合している（図4-1-6）。FeとMgは，キレートによってアントシアニンによる青色の発色に関与し，Caはフラボンの対と会合してプロトシアニン分子を安定に維持しているものと考えられる。

【アジサイの青色】 アジサイの花（がく片）の色は，青でも赤でも同じアントシアニン（デルフィニジン3-グルコシド）によって発現している。これまでにアジサイの青色の発現機構をめぐって古くから多くの研究がなされてきており，Allen[78]やAsenら[79]などの研究によって金属元素Alがかかわっていることは知られていたが，Alの他に有機酸の3-カフェオイルキナ酸 3-caffeoylquinic acid，3-p-クマロイルキナ酸 p-coumaroylquinic acid もコピグメントとして青色発現に関与していることが明らかになっている（図4-1-7）[80]。アントシアニン（デルフィニジンのB環のOHとのキレート）-Al-3-p-クマロイルキナ酸または3-カフェオイルキナ酸（カルボキシ基との結合）の結合によって安定化した青色を発現している。この青色錯体は，pH 3.23〜5.22では青色を示すが，pH 2.98で赤紫色に，pH 2.65以下では赤色に変化する。アジサイには，これらのコピグメントとともに異性体のクロロゲン酸（5-カフェオイルキナ酸）が含まれているが，これは青色錯体を形成できず，競合的に作用して3-カフェオイルキナ酸のコピグメント作用を阻害する。赤系のアジサイの品種では，クロロゲン酸が多く含まれているためAlが多くても美しい青を発色しないで，赤紫〜青紫色になる[81, 82]。アジサイのがく片の色素を含む細胞の液胞のpHは，青い細胞で4.1，赤い細胞では3.3で，青い細胞のpHが高い値を

表 4-1-3　プロトシアニンの再構成におよぼす Ca^{2+} の影響[76]

反応に加えた Ca^{2+} の量[a] （アントシアニンに対するモル比）	生成したプロトシアニンの量 （574 nm での吸光度[b]）
0	0.03
1	0.74
2	0.97
3	1.30
5	1.18
6	0.69

a：再構成反応でアントシアニン：フラボン：Fe^{2+}，Mg^{2+} のモル比 1：1：0.1：2 の混液に加えた Ca^{2+} の量（アントシアニンに対するモル比）
b：光路長 3 mm

示している[83]。

【サルビアの青色花の青色色素プロトデルフィン protodelphin】　ソライロサルビア Salvia patens の青色花の青色色素プロトデルフィンは，マロニルアオバニン，アピゲニン 7,4'-ジグルコシド，Mg からなる金属錯体で，これらの 3 成分からの再構成によっても構成成分が確認されている。Mg は，コンメリニンの場合と同様に Cd，Mn，Ni，Zn，Co のイオンでも置換できる。スペクトル特性など性状もコンメリニンと同じで，類似の構造をもつと考えられている[84]。近藤らは ESI-MS によってコンメリニン同様の構造をしているものと報告している[85]。同じサルビア属のサルビア・ウリギノーサ Salvia uliginosa の薄い青色の色素もアントシアニンがアセチル化されてはいるが[86]，ソライロサルビアと同じフラボンが含まれており，ソライロサルビアと同様に金属複合体 metal complex を形成しているものと推定されていたが[87]，これについてはその後，構成成分から再構成され，Mg を含む金属錯体であることが明らかにされ，シアノサルビアニン cyanosalvianin と命名されている[88]。

【メコノプシスの青色】　メコノプシス（Meconopsis spp., ヒマラヤンポピー）の青色は，シアニジン配糖体［cyanidin 3-(6-malonyl-2-xylosylglucoside)-7-glucoside］とコピグメントとしてケンフェロール配糖体［kaempferol 3-(6-glucosyl-glucoside) と kaempferol 3-(6-glucosylgalactoside)］が構成成分になっており[89,90]，アントシアニン，フラボノール，Fe，Mg を含む金属錯体で，コンメリニンやプロトシアニンとは違ったタイプの錯体であることが明らかにされている[91]。

　アントシアニンによる花の色の研究は，色素の精製方法，機器分析法の著しい発展などによって最近になって急速に展開した。今後は，分子生物学的な手法を用いた研究も期待される。また，花の色の発現機構が広く明らかにされてきたことに

4.1.1. 花の色   265

ヤグルマギクの花

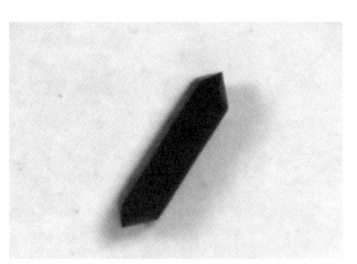

プロトシアニンの単結晶

プロトシアニン分子の構造

対称軸の上から見た図

側面から見た図

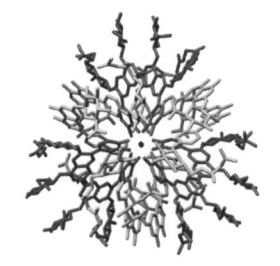

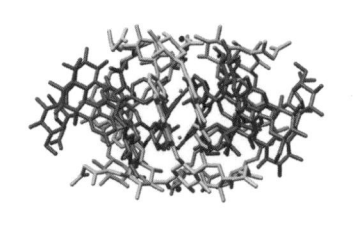

金属イオンとアントシアニン，フラボンとの結合（側面図）

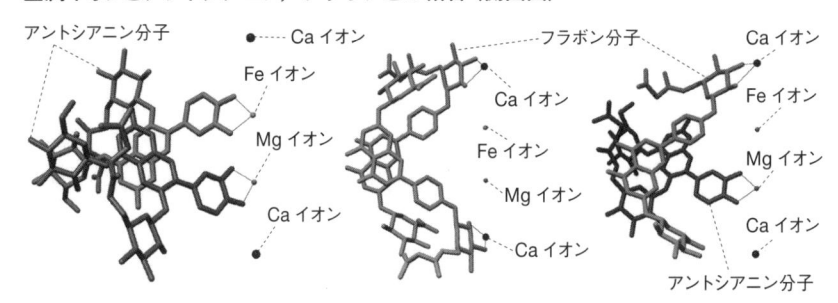

対合しているアントシアニンの一方は上側のFeイオンと，他方は下側のMgイオンと結合している

対合しているフラボンの一方は上側のCaイオンと，他方は下側のCaイオンと結合している

Mgイオンと結合しているアントシアニンと対をつくっているフラボンは上側のCaイオンと結合している

図4-1-6　プロトシアニンの構造（口絵5参照）[77]

よって，植物はそれぞれに固有の仕組みによって花色を発現していることが明らかになってきている。このことは，花色は植物にとっては花粉を媒介する昆虫などの動物とのかかわりの中で，それぞれに進化してきていることを示していると考えてよいであろう。花色と昆虫などの動物との共進化の観点から研究を展開することが今後重要になるであろう。

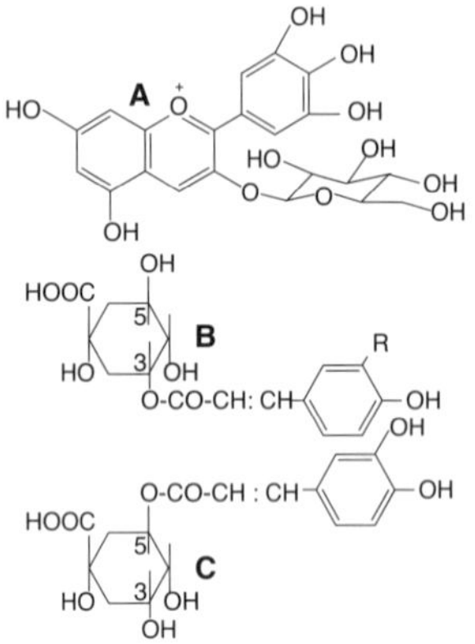

図 4-1-7 アジサイのアントシアニンとコピグメントの構造
A: デルフィニジン 3-グルコシド
B: R=OH　3-カフェオイルキナ酸
　　R=H　3-p-クマロイルキナ酸
C: クロロゲン酸

ここではアントシアニンによる花色研究の多くを取り上げることはできなかったが，内外で総説も多く出されているので参照されたい。

引用文献

(1) Yoshitama, K., Hayashi, K., Abe, K., Kakisawa, H. 1975. Further evidence for the glycoside structure of cinerarin. *Bot. Mag. Tokyo* **88**, 213-217.
(2) Yoshitama, K., Abe, K. 1977. Chromatographic and spectral characterization of 3'-glycosylation in anthocyanidins. *Phytochemistry* **16**, 591-593.
(3) Yoshitama, K. 1977. An acylated delphinidin 3-rutinoside-5, 3', 5'- triglucoside from *Loberia erinus*. *Phytochemistry* **16**, 1857-1858.
(4) Goto, T., Kondo, T., Tamura, H., Imagawa, H., Iino, A., Takeda, K. 1980. Structure of gentiodelphin, an acylated anthocyanin from *Gentiana makinoi*, that is stable in dilute aqueous solution. *Tetrahedron Lett.* **23**, 3695-3698.
(5) Saito, N., Harborne, J.B. 1983. A cyanidin glycoside giving scarlet coloration in plants of the Bromeliaceae. *Phytochemistry* **22**, 1735-1740.
(6) Brouillard, R., Dangles, O. 1994. Flavonoids and flower colour. *In* The Flavonoids. Advances in Research since 1986 (ed. Harborne, J.B.), Chapman and Hall, London, pp. 565-588.
(7) Saito, N., Hirata, K., Hotta, R., Hayashi, K. 1964. Isolation and crystallization of genuine red anthocyanins. *Proc. Japan Acad.* **40**, 516-521.
(8) Takeda, K., Hayashi, K. 1965. Crystallization and some properties of the genuine anthocyanin inherent to the deep violet color of pansy. *Proc. Japan Acad.* **41**, 449-454.
(9) Yazaki, Y., Hayashi, K. 1967. Analysis of flower colors in *Fuchsia hybrida* in reference to the concept of co-pigmentation. *Proc. Japan Acad.* **43**, 316-321.
(10) Takeda, K., Saito, N., Hayashi, K. 1968. Further experiments on the structure of genuine anthocyanins. *Proc. Japan Acad.* **44**, 352-357.
(11) Hoshino, T., Matsumoto, U., Goto, T. 1980. Evidences of the self-association of anthocyanins 1. Circular dichroism of cyanin anhydrobase. *Tetrahedron Lett.* **21**, 1751-1754.
(12) Hoshino, T., Matsumoto, T., Goto, T., Harada, N. 1982. Evidence for the self-association of anthocyanins IV. −PMR spectroscopic evidence for the vertical stacking of anthocyanin molecules. *Tetrahedron Lett.* **23**, 433-436.
(13) Goto, T., Tamura, H., Kawai, T., Hoshino, T., Harada, H., Kondo, T. 1986. Chemistry of

metalloanthocyanins. *Ann. New York Acad. Sci.* **471**, 155-173.
(14) Asen, S., Stewart, R.N., Norris, K.H., Massie, D.R. 1970. A stable blue non-metallic co-pigment complex of delphanin and *C*-glycosylflavones in Prof. Blaauw Iris. *Phytochemstry* **9**, 619-627.
(15) Willstätter, R., Everest, A.E. 1913. Über den Farbstoff der Kornblume. *Justus Liebigs Ann. Chem.* **401**, 189-232.
(16) Willstätter, R., Mallison, H. 1915. Über Variationen der Blütenfarben. *Justus Liebigs Ann. Chem.* **408**, 147-162.
(17) Shibata, K., Shibata, Y., Kashiwagi, I. 1919. Studies on anthocyanins: color variation in anthocyanins. *J. Amer. Chem. Soc.* **41**, 208-220.
(18) Robinson, R., Robinson, G.M. 1931. A survey of anthocyanins, I. *Biochem. J.* **25**, 1687-1705.
(19) Robinson, R., Robinson, G.M. 1939. The colloid chemistry of leaf and flower pigments and the precursors of the anthocyanins. *J. Amer. Chem. Soc.* **61**, 1605-1606.
(20) 林孝三 1988. 花色変異学説の発祥と研究の推移. 植物色素 ―実験・研究への手引― (林孝三 編著), 養賢堂, 東京. pp. 473-479.
(21) Hayashi, K., Isaka, T. 1946. Über Wasserstoffionenkonzentration des Pressaftes aus den anthocyanführenden Pflanzenorganen. *Proc. Imp. Acad. Tokyo* **22**, 255-257.
(22) Shibata, K., Hayashi, K., Isaka, T. 1949. Über Wasserstoffionenkonzentration des Pressaftes von den anthocyan-führenden Pflanzenorganen. *Acta Phytochim.* **15**, 17-33.
(23) Stewart, R.N., Norris, K.H., Asen, S. 1975. Microspectrophotometric measurement of pH and pH effect on color of petal epidermis cells. *Phytochemistry* **14**, 937-942.
(24) Asen, S., Stewart, R.N., Norris, K.H. 1977. Anthocyanin and pH involved in the color of 'Heavenly Blue' morning glory. *Phytochemistry* **16**, 1118-1119.
(25) Yoshida, K., Kondo, T., Okazaki, Y., Katou, K. 1995. Cause of blue petal colour. *Nature* **373**, 291.
(26) Fukuda-Tanaka, S., Inagaki, Y., Yamaguchi, Y., Saito, N., Iida, S. 2000. Colour-enhancing protein in blue petals. *Nature* **407**, 581.
(27) Takeda, K., Fujii, A., Senda, Y., Iwashina, T. 2010. Greenish blue flower colour of *Strongylodon macrobotrys*. *Biochem. Syst. Ecol.* **38**, 630-633.
(28) Yazaki, Y. 1976. Co-pigmentation and the color change with age in petals of *Fuchsia hybrida*. *Bot. Mag. Tokyo* **89**, 45-57.
(29) Asen, S., Stewart, R.N., Norris, K.H. 1972. Co-pigmentation of anthocyanins in plant tissues and its effect on color. *Phytochemistry* **11**, 1139-1144.
(30) Yabuya, T., Nakamura, M., Iwashina, T., Yamaguchi, M., Takehara, T. 1997. Anthocyanin-flavone copigmentation in bluish purple flowers of Japanese garden iris (*Iris ensata* Thunb.). *Euphytica* **98**, 163-167.
(31) Takeda, K., Harborne, J.B., Waterman, P.G. 1993. Malonylated flavonoids and blue flower colour in lupin. *Phytochemistry* **34**, 421-423.
(32) 岩科司, 大谷俊二, 林孝三 1984. *Strongylodon macrobotrys* (ヒスイカズラ) の花の色素成分と生体スペクトルによる花色の検討. 進化生研研報 **2**, 67-74.
(33) Brouillard, R. 1983. The in vivo expression of anthocyanin colour in plants. *Phytochemistry* **22**, 1311-1323.
(34) Saito, N., Osawa, Y., Hayashi, K. 1971. Platyconin, a new acylated anthocyanin in Chinese bell-flower, *Platycodon grandiflorum*. *Phytochemistry* **10**, 445-447.
(35) Saito, N., Osawa, Y., Hayashi, K. 1972. Isolation of a blue-violet pigment from the flowers of *Platycodon grandiflorum*. *Bot. Mag. Tokyo* **85**, 105-110.
(36) Yoshitama, K., Hayashi, K. 1974. Concerning the structure of cinerarin, a blue anthocyanin from garden cineraria. *Bot. Mag. Tokyo* **87**, 33-40.
(37) Goto, T., Kondo, T., Tamura, H., Kawahori, K., Hattori, H. 1983. Structure of platyconin. A diacylated anthocyanin isolated from the Chinese bell-flower *Platycodon grandiflorum*.

　　　　　Tetrahedron Lett. **24**, 2181-2184.
(38) Goto, T., Kondo, T., Kawai, T., Tamura, H. 1984. Structure of cinerarin, a tetra-acylated anthocyanin isolated from the blue garden cineraria, *Senecio cruentus*. *Tetrahedron Lett.* **25**, 6021-6024.
(39) Kondo, T., Yamashiki, J., Kawahori, K., Goto, T. 1989. Structure of lobelinins A and B, novel anthocyanins acylated with three and four different organic acids, respectively. *Tetrahedron Lett.* **30**, 6055-6058.
(40) Goto, T., Kondo, T. 1991. Structure and molecular stacking of anthocyanins – Flower color variation. *Angew. Chem. Int. Ed. Engl.* **30**, 17-33.
(41) Honda, T., Saito, N. 2002. Recent progress in the chemistry of polyacylated anthocyanins as flower color pigments. *Heterocycles* **56**, 633-692.
(42) Andersen, Ø.M., Jordheim, M. 2006. The anthocyanins. *In* Flavonoids. Chemistry, Biochemistry and Applications (eds. Andersen, Ø.M., Markham, K.R.), CRC Press, Boca Raton. pp. 471-551.
(43) Yoshida, K., Mori, M., Kondo, T. 2009. Blue flower color development by anthocyanins: from chemical structure to cell physiology. *Nat. Prod. Rep.* **26**, 884-915.
(44) Saito, N., Ku, M., Tatsuzawa, F., Lu, T.S., Yokoi, M., Shigihara, A., Honda, T. 1995. Acylated cyanidin glycosides in the purple red flowers of *Bletilla striata*. *Phytochemistry* **40**, 1523-1529.
(45) Figueiredo, P., George, F., Tatsuzawa, F., Toki, K., Saito, N., Brouillard, R. 1999. New features of intramolecular copigmentation by acylated anthocyanins. *Phytochemistry* **51**, 125-132.
(46) Kondo, T., Kawai, T., Tamura, H., Goto, T. 1987. Structure of heavenly blue anthocyanin, a complex monomeric anthocyanin from the morning glory *Ipomea tricolor*, by means of the negative NOE method. *Tetrahedron Lett.* **28**, 2273-2276.
(47) Saito, N., Abe, K., Honda, T., Timberlake, C.F., Bridle, P. 1985. Acylated delphinidin glycosides and flavonols from *Clitoria ternatea*. *Phytochemistry* **24**, 1583-1586.
(48) Terahara, N., Saito, N., Honda, T., Toki, K., Osajima, Y. 1990. Structure of ternatin A1, the largest ternatin in the major blue anthocyanins from *Clitoria ternatea* flowers. *Tetrahedron Lett.* **31**, 2921-2924.
(49) Kondo, T., Oki, K., Yoshida, K., Goto, T. 1990. Structure of violdelphin, an anthocyanin from violet flower of *Delphinium hybridum*. *Chem. Lett.* **1990**, 137-138.
(50) Takeda, K., Sato, S., Kobayashi, H., Kanaitsuka, Y., Ueno, M., Kinoshita, T., Tazaki, H., Fujimori, T. 1994. The anthocyanin responsible for purplish blue flower colour of *Aconitum chinense*. *Phytochemistry* **36**, 613-616.
(51) Toki, K., Saito, N., Iimura, K., Suzuki, T., Honda, T. 1994. (Delphinidin 3-gentiobiosyl) (apigenin 7-glucosyl) malonate from the flowers of *Eichhornia crassipes*. *Phytochemistry* **36**, 1181-1183.
(52) Toki, K., Saito, N., Morita, Y., Hoshino, A., Iida, S., Shigihara, A., Honda, T. 2004. (Delphinidin 3-gentiobiosyl) (luteolin 7-glucosyl) malonate from the flowers of *Eichhornia crassipes*. *Heterocycles* **63**, 899-902.
(53) Fossen, T., Slimestad, R., Øvstedal, D.O., Andersen, Ø.M. 2000. Covalent anthocyanin-flavonol complexes from flowers of chive, *Allium schoenoprasum*. *Phytochemistry* **54**, 317-323.
(54) Bloor, S.J., Falshaw, R. 2000. Covalently linked anthocyanin-flavonol pigments from blue *Agapanthus* flowers. *Phytochemistry* **53**, 575-579.
(55) Hayashi, K. 1957. Fortschritte der Anthocyanforschung in Japan mit besonderer Berücksichtigung der papierchromatographischen Methoden. *Pharmazie* **12**, 245-249.
(56) Hayashi, K., Abe, Y., Mitsui, S. 1958. Blue anthocyanin from the flowers of *Commelina*, the crystallization and some properties therof. *Proc. Japan Acad.* **34**, 373-378.
(57) Bayer, E. 1958. Über den blauen Farbstoff der Kornblume, I. *Chem. Ber.* **91**, 1115-1122.

(58) Hayashi, K., Saito, N., Mitsui, S. 1961. On the metallic components in newly crystallized specimen of Bayer's protocyanin, a blue metallo-anthocyanin from the cornflower. *Proc. Japan Acad.* **37**, 393-397.
(59) Goto, T., Kondo, T., Tamura, H., Takase, S. 1983. Structure of malonylawobanin, the real anthocyanin present in blue-colored flower petals of *Commelina communis*. *Tetrahedron Lett.* **27**, 1801-1804.
(60) Takeda, K., Mitsui, S., Hayashi, K. 1966. Structure of a new flavonoid in the blue complex molecule of commelinin. *Bot. Mag. Tokyo* **79**, 578-588.
(61) Mitsui, S., Hayashi, K., Hattori, S. 1959. Further studies on commelinin, a crystalline blue metallo-anthocyanin from the flower of *Commelina*. *Proc. Japan Acad.* **35**, 169-174.
(62) Hayashi, K., Takeda, K. 1970. Further purification and component analysis of commelinin showing the presence of magnesium in the blue complex molecule. *Proc. Japan Acad.* **46**, 535-540.
(63) Takeda, K., Hayashi, K. 1977. Reconstruction of commelinin from its components, awobanin, flavocommelin and magnesium. *Proc. Japan Acad., Ser. B* **53**, 1-5.
(64) Takeda, K. 1977. Further experiments of synthesizing crystalline blue-metalloanthocyanins using various kinds of bivalent metals. *Proc. Japan Acad., Ser. B* **53**, 257-261.
(65) 斉藤規夫, 上野勝彦, 武田幸作 1986. 青色メタロアントシアニン-コンメリニンおよびその金属置換体の結晶学的研究. 明治学院大学一般教育部付属研究所紀要 **10**, 63-81.
(66) Kondo, T., Yoshida, K., Nakagawa, A., Kawai, T., Tamura, H., Goto, T. 1992. Structural basis of blue-colour development in flower petals from *Commelina communis*. *Nature* **358**, 515-518.
(67) Nakagawa, A. 1993. X-ray structure determination of commelinin from *Commelina communis* and its blue-color development. *J. Cryst. Soc. Japan* **35**, 327-333.
(68) Shiono, M., Matsugaki, N., Takeda, K. 2008. Structure of commelinin, a blue complex pigment from the blue flowers of *Commelina communis*. *Proc. Japan Acad., Ser. B* **84**, 452-456.
(69) Bayer, E., Nether, K., Egeter, H., Fink, A., Wegmann, K. 1966. Komplexbildung und Blütenfarben. *Angew. Chem.* **78**, 834-841.
(70) Saito, N., Mitsui, S., Hayashi, K. 1961. Further analysis of organic and inorganic components in crystalline protocyanin. *Proc. Japan Acad.* **37**, 485-490.
(71) Asen, S., Jurd, L. 1967. The constitution of a crystalline blue cornflower pigment. *Phytochemistry* **6**, 577-584.
(72) Takeda, K., Tominaga, S. 1983. The anthocyanin in blue flowers of *Centaurea cyanus*. *Bot. Mag. Tokyo* **96**, 359-363.
(73) Tamura, H., Kondo, T., Kato, Y., Goto, T. 1983. Structures of a succinyl anthocyanin and a malonyl flavone, two constituents of the complex blue pigment of cornflower *Centaurea cyanus*. *Tetrahedron Lett.* **24**, 5749-5752.
(74) Kondo, T., Ueda, M., Tamura, H., Yoshida, K., Isobe, M., Goto, T. 1994. Composition of protocyanin, a self-assembled supramolecular pigment from the blue cornflower *Centaurea cyanus*. *Angew. Chem. Int. Ed. Engl.* **33**, 978-979.
(75) Kondo, T., Ueda, M., Isobe, M., Goto, T. 1998. A new molecular mechanism of blue color development with protocyanin, a supramolecular pigment from cornflower, *Centaurea cyanus*. *Tetrahedron Lett.* **39**, 8307-8310.
(76) Takeda, K., Osakabe, A., Saito, S., Furuyama, D., Tomita, A., Kojima, Y., Yamadera, M., Sakuta, M. 2005. Components of protocyanin, a blue pigment from the blue flowers of *Centaurea cyanus*. *Phytochemistry* **66**, 1607-1613.
(77) Shiono, M., Matsugaki, N., Takeda, K. 2005. Structure of the blue cornflower pigment. *Nature* **436**, 791.
(78) Allen, R.C. 1943. Influence of aluminium on the flower color of *Hydrangea macrophylla* DC.

Contrbs. Boyce Thompson Inst. **13**, 221-242.
(79) Asen, S., Siegelman, H.W. 1957. Effect of aluminium on absorption spectra of the anthocyanin and flavonols from sepals of *Hydrangea macrophylla* var. *merveille*. *Proc. Amer. Soc. Hort. Sci.* **70**, 478-481.
(80) Takeda, K., Kubota, R., Yagioka, C. 1985. Copigments in the blueing of sepal colour of *Hydrangea macrophylla*. *Phytochemistry* **24**, 1207-1209.
(81) Takeda, K., Kariuda, M., Itoi, H. 1985. Blueing of sepal colour *Hydrangea macrophylla*. *Phytochemistry* **24**, 2251-2254.
(82) Takeda, K., Yamashita, T., Takahashi, A., Timberlake, C.F. 1990. Stable blue complexes of anthocyanin-aluminium-3-p-coumaroyl- or 3-caffeoyl-quinic acid involved in the blueing of hydrangea flower. *Phytochemistry* **29**, 1089-1091.
(83) Yoshida, K., Toyama-Kato, Y., Kameda, K., Kondo, T. 2003. Sepal color variation of *Hydrangea macrophylla* and vacuolar pH measured with a proton-selective microelectrode. *Plant Cell Physiol.* **44**, 262-268.
(84) Takeda, K., Yanagisawa, M., Kifune, T., Kinoshita, T., Timberlake, C.F. 1994. A blue pigment complex in flowers of *Salvia patens*. *Phytochemistry* **35**, 1167-1169.
(85) Kondo, T., Oyama, K., Yoshida, K. 2001. Chiral molecular recognition on formation of a metalloanthocyanin: a supramolecular metal complex pigment from blue flowers of *Salvia patens*. *Angew. Chem. Int. Ed. Engl.* **40**, 894-897.
(86) Ishikawa, T., Kondo, T., Kinoshita, T., Haruyama, H., Inaba, S., Takeda, K., Grayer, R.J., Veitch, N.C. 1999. An acylated anthocyanin from the blue petals of *Salvia uliginosa*. *Phytochemistry* **52**, 517-521.
(87) Veitch, N.C., Grayer, R.J., Irwin, J.L., Takeda, K. 1998. Flavonoid cellobiosides from *Salvia uliginosa*. *Phytochemistry* **48**, 389-393.
(88) Mori, M., Kondo, T., Yoshida, K. 2008. Cyanosalvianin, a supramolecular blue metalloanthocyanin, from petals of *Salvia uliginosa*. *Phytochemistry* **69**, 3151-3158.
(89) Takeda, K., Yamaguchi, S., Iwata, K., Tsujino, Y., Fujimori, T., Fusain, S.Z. 1996. A malonylated anthocyanin and flavonols in the blue flowers of *Meconopsis*. *Phytochemistry* **42**, 863-865.
(90) Tanaka, M., Fujimori, T., Uchida, I., Yamaguchi, S., Takeda, K. 2001. A malonylated anthocyanin and flavonols in blue *Meconopsis* flowers. *Phytochemistry* **56**, 373-376.
(91) Yoshida, K., Kitahara, S., Ito, D., Kondo, T. 2006. Ferric ions involved in the flower color development of the Himalayan blue poppy, *Meconopsis grandis*. *Phytochemistry* **67**, 992-998.

2）園芸植物における花の色とアントシアニン＊

　園芸植物は，系統選抜，種属間交雑，染色体の倍数化，人為突然変異の誘発などの手法を用いて作り出されたものである。したがって，「花卉」における花色は野生種に比較して格段に多彩な変異をもつ。また花卉の品種改良は一般に，大輪化，八重咲き化，花色の鮮明化を目指すので，その結果として育成された品種には，花色素の抽出・分離にきわめて都合のよいものが多い。このため園芸品種は古くから花色変異の機構解明のためのよい研究材料になっており，アントシアニン研究の進

＊執筆：土岐健次郎・立澤文見・齋藤規夫　Kenjiro Toki, Fumi Tatsuzawa and Norio Saito

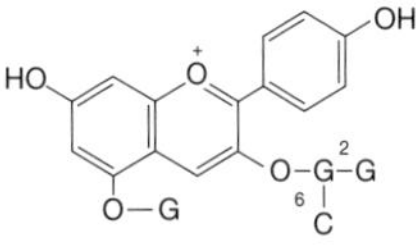

図 4-1-8　赤～赤紫色系アサガオの主要アントシアニン
G：グルコース　　C：カフェ酸
数字は結合位置（以降の図も同様）

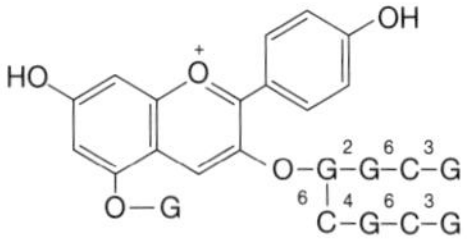

C ウェディングベルズアントシアニン（WBA）

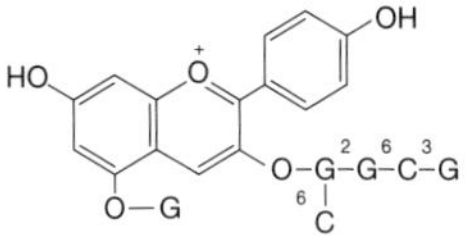

展に対して大いなる貢献をしてきた[1～3]。

1980年代後半より，分析技術の進歩にともなって園芸品種におけるアントシアニン研究はかなりの進展を示している。この間，数多くの新規アントシアニンの構造決定がなされたが[4]，特に花色の深色化や安定性に深くかかわると見られている，ポリアシル化アントシアニンについての研究がめざましい進展を見せている[5]。これらの新規アントシアニンの多くは園芸植物から抽出・分離されたものである。西洋アサガオの'ヘブンリー・ブルー'アントシアニン（HBA）[6]，チョウマメのテルナチン A1[7]，アネモネの仲間 *Anemone coronaria* の青紫色素[8] など複雑な化合物がその代表例である。

前項では，花色変異の基本原理について，いくつかの代表的な花および花色を取り上げ解説されている。ここでは重複を避けるため，できるだけ前項では取り上げられていない園芸植物を取り扱う。特に最近の成果を中心に，花卉のアントシアニンと花色変異の機構についてある程度解明がなされた種類を取り上げた。したがって種類選定にあたっては，生産花卉としての重要性について特には配慮しなかった。また取り上げた園芸植物の花色で，測色データのあるものを表4-1-4 に示したので参照されたい。

a）アサガオ

アサガオの園芸品種においては，花色が遺伝形質として取り上げられ，詳細な研究がなされている[9]。花色は青，紫，マゼンタ，赤色が基本で，これらの花色が Mg と Pr の2つの遺伝子に支配されていることはよく知られている。この4色にさらに Dusky，Dingy など4つの遺伝子が加わり，鈍色系の茶褐色や紅鳩・黒鳩色などを含めて20種類以上の花色が存在するとされている（表4-1-5）。さらにアントシアニンによらない，白色やクリーム色もあり，多彩である。また，これまでに

表 4-1-4 取り上げられている主な園芸植物の花色と主要アントシアニジン

RHSカラーチャートの色の分類	Grayed-Orange 163-177	Grayed-Red 178-184	Grayed-Purple 183-187	Red 36-56	Red-Purple 57-74	Purple 75-79	Purple-Violet 80-82	Violet 83-88	Violet-Blue 89-98	Blue 99-110
園芸植物名, RHSカラーチャート番号および主要アントシアニジン	シンビジウム 166 (Cy)	アサガオ 181-184 (Pg)	シンビジウム 186-187 (Cy)	ストック 36-62 (Pg); アルストロエメリア 41-45 (6OHPg, 6OHCy); アルストロエメリア 43-55 (6OHCy)	アルストロエメリア 58-74 (6OHDp); アサガオ 59-73 (Pg); バンダ 60-74 (Cy); シンビジウム 60-64 (Cy); ストック 62-74 (Pg); ロブラリア 74 (Pg)	ストック 75 (Pg); ストック 76 (Cy); シラン 75-78 (Cy); アサガオ 77 (Pn); アルストロエメリア 77-78 (Dp); ファレノプシス 78 (Cy)	アサガオ 80 (Pn); バンダ 80 (Dp, Cy); シラン 80-81 (Cy); カトレヤ類 80-82 (Cy); ファレノプシス 81 (Cy); ロブラリア 81 (Cy); ストック 81-82 (Cy)	アサガオ 83-87 (Pn); ストック 84 (Cy); シラン 87 (Cy); バンダ 88 (Dp, Cy)	ムラサキハナナ 90 (Cy); バンダ 90-93 (Dp, Cy); アサガオ 93-98 (Pn); アネモネ 96 (Dp)	アサガオ 101-102 (Pn)

花色は王立園芸協会 (RHS) カラーチャートで測定され、カラーチャートの色の順に従って並べた。
Pg:ペラルゴニジン, 6OHPg:6-ヒドロキシペラルゴニジン, Cy:シアニジン, 6OHCy:6-ヒドロキシシアニジン, Pn:ペオニジン, Dp:デルフィニジン, 6OHDp:6-ヒドロキシデルフィニジン

表 4-1-5　アサガオ園芸品種の主要アントシアニンの分布 [10, 11, 15, 17]

品種	色名[a]	アントシアニン(%)[b]												他
		A	B	C	D	E	F	G	H	I	J	K	L	
'相模の輝'	紅色	19	27	20										34
'花傘'	〃	12	24	26										38
'赤玉の光'	〃	5	12	39										44
'千羽鶴'	〃		6	65										29
'天下一'	桃色			81										19
'曙'	〃			73										27
'唐紫'	紫〜藤色				43	+	11		6					40
'暁の紫'	〃				14	+	15	12	+					59
'紫雲'	〃				11	+	10	21						58
'名月'	〃				15	tr	15	15						55
'藤娘'	〃				tr	tr			72					28
'暁の波'	〃				tr	+	tr		77					23
'深淵'	紺色				+	+	+	49						51
'染井の松'	〃				+	+	+	8	32					60
'暁の峰'	〃				12	47			6					35
'青垣山'	浅葱色				8	60		+						32
'渓流の調'	〃				+	58		7						35
'団十郎'	茶色									36	12			52
'茶の鼓'	〃									55	17			28
'雲仙の薪'	黒色											5	68	27
'古都鏡'	〃											18	58	24

a: 米田芳秋著『色分け花図鑑 朝顔』学習研究社 (2006) による [80]。b: アントシアニン A〜H の名称と構造は図 4-1-8 および図 4-1-9 を参照。I=Pg3GCG, J=Pg3GCG5G, K=Pn3G5G, L=Pn3GCG5G (Pg=ペラルゴニジン, Pn=ペオニジン, G=グルコース, C=カフェ酸)。+=存在, tr=微量

アサガオの花から 30 種類を超えるアントシアニンが単離されている。

　赤〜赤紫色の品種の花弁には，図 4-1-8 に示した 3 分子のカフェ酸がグルコースを介して結合したペラルゴニジン 3-ソフォロシド -5-グルコシド (C)，および 2 分子または 1 分子のカフェ酸が同様に結合した色素 (B および A) が主要色素として，共存または単独で含まれており，カフェ酸の結合分子数の多い色素 (C) の比率が高いほど，深色化する傾向がある [10]。

　他方，紫〜青紫〜青色の品種では，上記の色素の骨格であるペラルゴニジンがペオニジンに置き換わっている (図 4-1-9)。紫系品種群では，D (カフェ酸 0 分子) と F (同，1 分子)，青紫品種群では，G (同，2 分子)，F と D, 明紫青色品種群では，H (同，3 分子)，また青色品種群では，E (同，1 分子) が主要色素であった (表 4-1-5) [11]。ペオニジン系色素を含む品種の場合も，アントシアニン分子内のカフェ酸分子数が多いほど青味が強くなる傾向が見られ，アサガオ園芸品種の花色変異の一因は，分子内コピグメンテーションであるといって間違いない。しかし，最も青

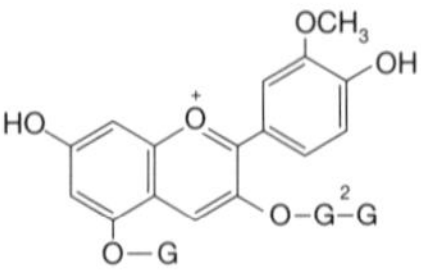

D

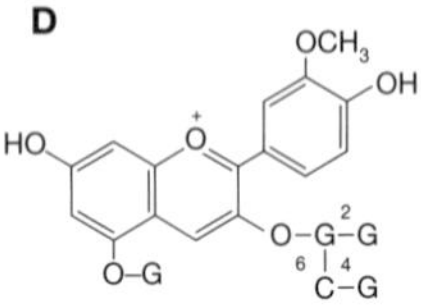

E

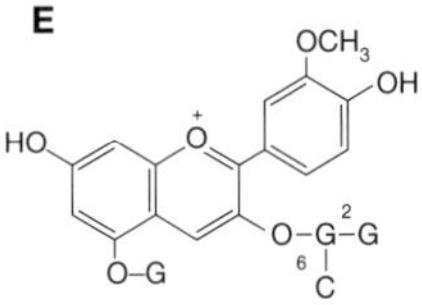

F

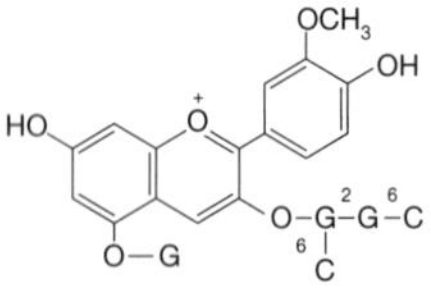

G

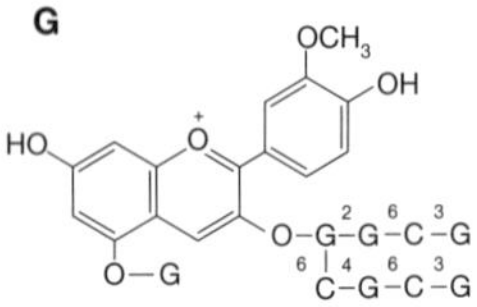

H ヘブンリーブルーアントシアニン（HBA）

図 4-1-9　紫～青紫～青色系アサガオの主要アントシアニン
G：グルコース　　C：カフェ酸

味の強い品種群についてはこれがあてはまらず，これとは別の要因を想定しなければならない．これまでに解明されているアサガオの花色変異機構のうち，最も特徴的でかつ重要なものは細胞液の pH である．アサガオの青色品種も花蕾時は紫赤色であることは栽培経験のある人にはよく知られており，この花色変化は pH 値の上昇によることが明らかになっている[12,13]．また，これを支配する遺伝子 PR もクローニングされている[14]．アサガオおよび近縁の西洋アサガオを用いた実験で，実際にアントシアニンを含む表皮細胞の pH は，花蕾時に 6.6，満開花では 7.7 であった[12]．紫色系統の花も開花にともない，pH 値が上昇することが知られているが，青色花に比べると低く，弱酸性に留まっていることから[13]，細胞液の pH は品種・系統間の花色の変異の要因にもなっていることが示唆される．

赤褐色系の品種では，実験に用いられた 15 品種とも主要色素はペラルゴニジン 3-グルコシドにカフェオイルグルコースの 1 ユニットが結合したアントシアニンであった（表 4-1-5）[15]．細胞液の pH は代表品種'団十郎'の場合，花蕾で 5.8，満開花では 6.8 であった[16]．これらの品種では，ペラルゴニジンの 5 位のヒドロキシ基がグリコシル化していないためと pH が高いことも要因となって，鈍い褐色味が生じているものと考えられる．このほか，黒鳩や紅鳩色の品種では，実験に用いられた 6 品種とも主要色素はペオニジン 3,5-ジグルコシドの 3 位のグルコースに 1 ユニットのカフェオイルグルコースが結合したアントシアニンであった[17]．これらの品種の鈍色系の発色の機構についてはよくわかっていないが，おそらくはアントシアニンの単純な構造と高い pH 値が関係しているものと考えられる．

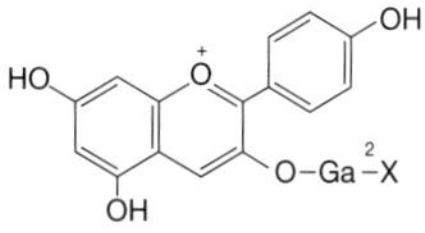

赤-1 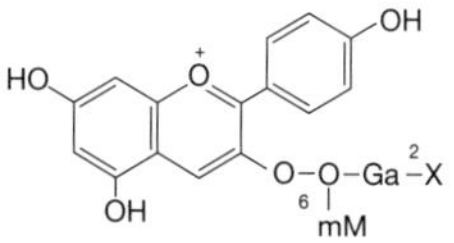   赤-3

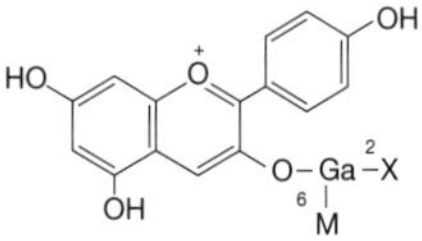

図 4-1-10 赤色系アネモネのアントシアニン
Ga：ガラクトース，X：キシロース，M：マロン酸，mM：メチルマロン酸，T：酒石酸，C：カフェ酸，G：グルコース
赤-1：7.3%，赤-2：35.4%，赤-3：9.8%，赤-4：14.5%

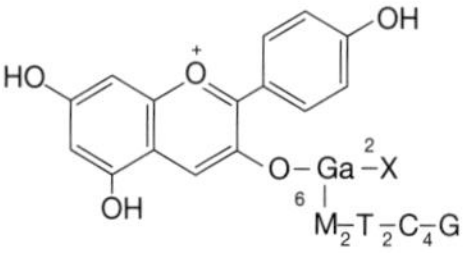

赤-2   赤-4

以上のように，アサガオのアントシアニンによる発色は，B環の2段階のヒドロキシ化，2種類の配糖体型（3-型と3,5-型），構造の異なるアントシアニンの混合比，カフェ酸との結合による分子内コピグメンテーション，細胞液のpH，濃淡に関係する単位面積当たりの含有量などが複雑にからみ合って多様な色彩変異を生じていると考えられる。

b) アネモネ

アネモネ *Anemone coronaria* の園芸品種の花色は，基本的に緋赤，赤紫，紫青と白色である。'セント・ブリジット'を用いた研究で，緋赤色品種には4種類のアントシアニン（図4-1-10）が含まれることが判明している[18]。いずれもペラルゴニジン3-ラチロシド（lathyroside, 2-キシロシル-ガラクトシド）（赤-1）を基本にしており，この色素およびこの色素のガラクトースの6位にマロン酸が1分子結合したもの（赤-2），同じくメチルマロン酸が1分子結合したもの（赤-3）と，同様にマロン酸，酒石酸，カフェ酸，グルコースが各1分子ずつ結合した化合物（赤-4）である。主要成分はペラルゴニジン3-マロニルラチロシド（赤-2）であり，35%を占める。

これら4色素とも発色はほとんど同じであり，分子内コピグメンテーションによる色相変更は起きていないと考えられる。赤紫色品種では，シアニジン3-カフェオイルグルコシルガラクトシド-7-カフェオイルグルコシド-3'-グルクロニド（桃-1）とその2種類の誘導体，桃-2（マロン酸でアシル化）および桃-3（マロン酸と酒石酸でアシル化）の3種類のアントシアニン（図4-1-11）が報告されている[19]。

青紫色品種では，赤紫色品種の3種類のアントシアニンのシアニジンがデルフィニジンに置き換わったもの，青-1，青-2，青-3と青-3からグルクロン酸を除いた構造の青-4および赤紫色品種の主要色素である桃-3が含まれている（図4-1-12）[8]。

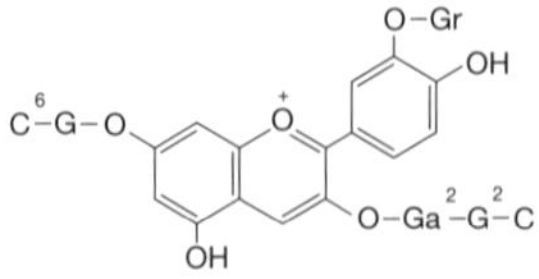

桃-1

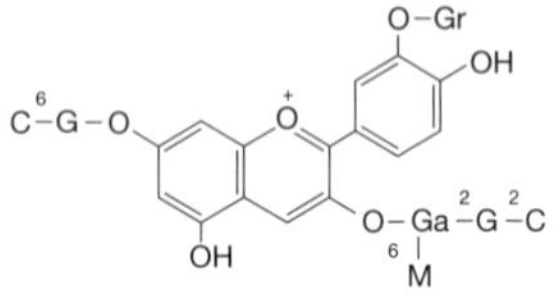

桃-2

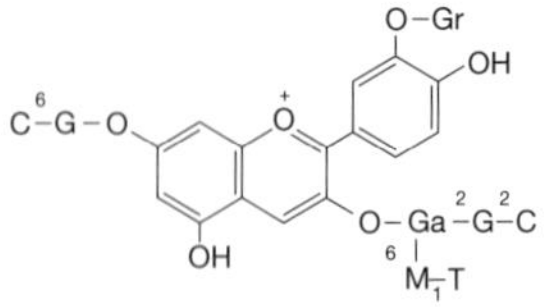

桃-3

図 4-1-11　桃色系アネモネの主要アントシアニン
G：グルコース，Ga：ガラクトース，Gr：グルクロン酸，C：カフェ酸，M：マロン酸，T：酒石酸
桃-1：5%，桃-2：8%，桃-3：66%

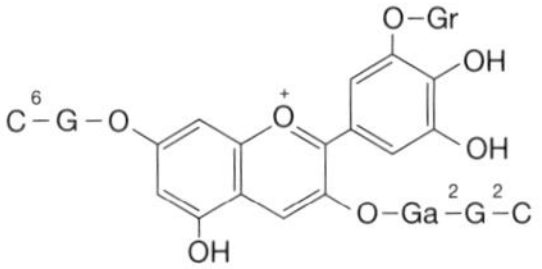

青-1

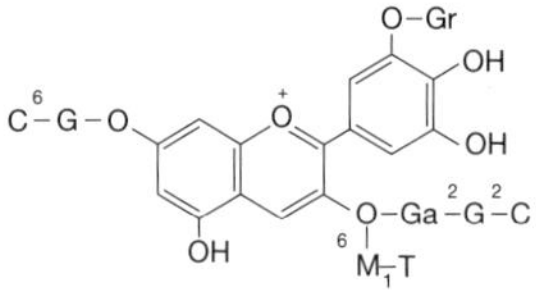

青-3

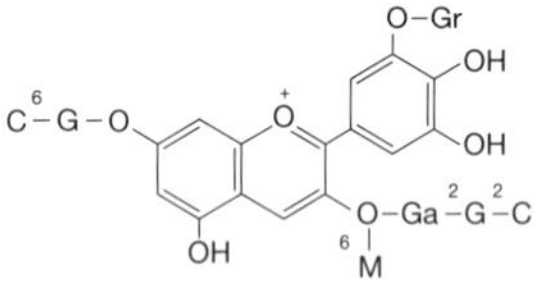

青-2

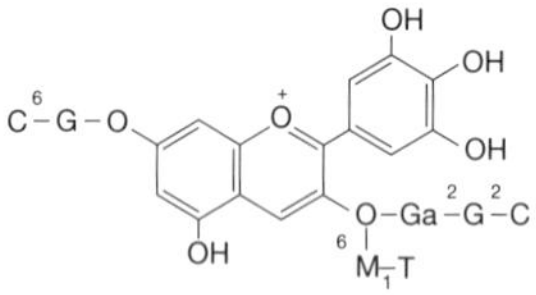

青-4

図 4-1-12　青紫色系アネモネの主要アントシアニン．
G：グルコース，Ga：ガラクトース，Gr：グルクロン酸，C：カフェ酸，M：マロン酸，T：酒石酸
青-1：6%，青-2：15%，青-3：36%，青-4：6%，桃-3：8%

赤紫色と青紫色花では，いずれも 2 分子のカフェ酸が結合したアントシアニンが主要色素であるため，分子内コピグメンテーションにより深色化していると考えられる。なお，これまでに細胞液 pH についての情報はない。

以上のようにアネモネの花色発現に関しては，3 段階のアントシアニン B 環のヒドロキシ化が基本要因であるが，赤紫および青紫色花については分子内コピグメンテーションが深色化の要因になっていると言えよう。

c）バーベナ

バーベナ *Verbena hybrida* の園芸品種の花色は，緋赤，桃，赤〜紫赤，赤紫〜紫，紫〜青紫のほかに白，杏色などがあり，さらに各色についてさまざまな濃淡があるので，かなり多彩である。これまでの研究報告によると，緋赤色花にはペラルゴニジン 3-マロニルグルコシド [20]，赤味紫色花にはデルフィニジン 3-マロニルグルコ

4.1.1. 花の色

表 4-1-6 バーベナ園芸品種・系統の花色とアントシアニン構成

品種名	色名	Pg[a]	Cy[a]	Dp[a]	配糖体型[b]
'ブレーズ'	朱赤	98	2	0	3G
'サングロリア'	赤	90	10	0	3G
'トリニダード'	明桃	97	3	0	3G5G
'トロピック'	濃桃	89	11	0	3G5G
'UR-RP-3'	深紅	58	41	1	3G5G
'Rp-1'	赤紫	50	50	0	3G5G
'スプレンダー'	紫	5	5	90	3G
'アメジスト'	青紫	2	6	92	3G5G

a: Pg=ペラルゴニジン，Cy=シアニジン，Dp=デルフィニジン．数値は%
b: 3G=3-グルコシド，3G5G=3,5-ジグルコシド

シド[20]，濃桃色花にはペラルゴニジン 3,5-ジアセチルグルコシド[21]，赤紫色花にはペラルゴニジンとシアニジンの 3-アセチルグルコシド-5-グルコシド[22]，青紫色花ではデルフィニジン 3,5-ジアセチルグルコシド[22]，紫赤色花には，ペラルゴニジンとシアニジンの 3-マロニルグルコシド[23] が主要色素として含まれることが明らかにされている．

すなわち，バーベナ園芸品種の花弁に含まれるアントシアニンは，アグリコンとしてはペラルゴニジン，シアニジンおよびデルフィニジン，配糖体は 3-グルコシドと 3,5-ジグルコシドである．さらにグルコースがマロン酸または酢酸で，あるいは両方でアシル化されるので微量成分を含めるときわめて多種類のアントシアニンが検出されている[20-24]．現在のところ脂肪族有機酸の結合が花色に影響をおよぼすという報告はない．またバーベナの3種類のアグリコンは互いに混在し，さまざまな量比を生じる．

Harborneがすでに述べているように，バーベナの花色は3種類のアグリコンの量比により変化し，ヒドロキシ化レベルの高いアントシアニンの比率が高いほど深色化する[2]．さらに，カーネーション[25]などと同様に，同じアントシアニジンでは3,5-ジグルコシドのほうが3-グルコシドよりも深い色相をもつ（**表4-1-6**）．すなわち，最も浅い朱赤色（ペラルゴニジン 3-グルコシド）から最も深いデルフィニジン 3,5-ジグルコシドによる青紫色まで多様な中間色が存在することになる．なおバーベナにおいても細胞液の pH などの情報はない．

d）フウリンソウ

フウリンソウ *Campanula medium* の園芸品種には，白，桃，赤紫，紫，青紫色の変異がある．これらのうち，桃色花にはルブロカンパニン rubrocampanin（80%以上），赤紫色花ではルブロカンパニンとプルプロカンパニン purprocampanin（そ

表 4-1-7 フウリンソウの花色と主要アントシアニン構成

品種	花色 [a]			主要アントシアニン(%) [b]					
	色名	L	b/a	A	B	C	D	E	F
'メイ・ピンク'	明桃	55.2	−0.3	82					
'メイ・パープルマーディン'	赤紫	43.7	−0.7	40	38				
'メイ・パープル'	紫	29.4	−1.2			83			
'メイ・ブルー'	青み紫	55.2	−1.4				10	75	7

a: L=明度, b/a=色相。測色値はハンター表色系。
b: A=ルブロカンパニン, B=プルプロカンパニン, C=カンパニン, D=ビオルデルフィン, E=ビスデアシルカンパニン, F=デアシルカンパニン (デルフィニジン 3-ルチノシド -7-グルコシド)

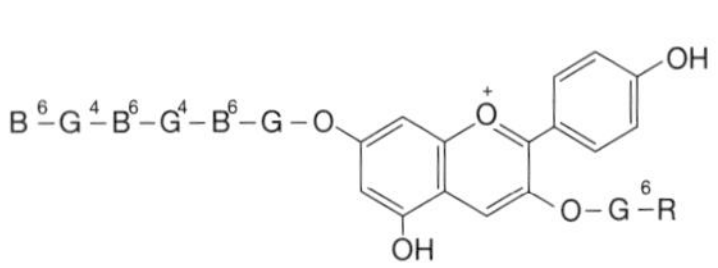

ルブロカンパニン (桃色花)

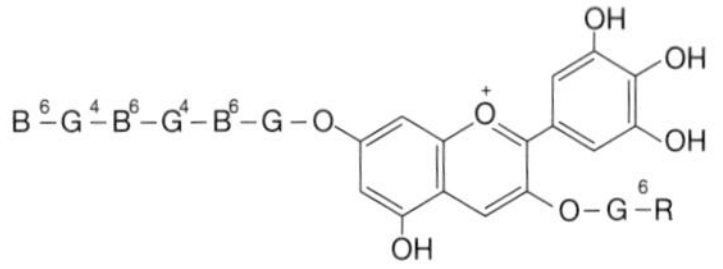

カンパニン (青紫花)

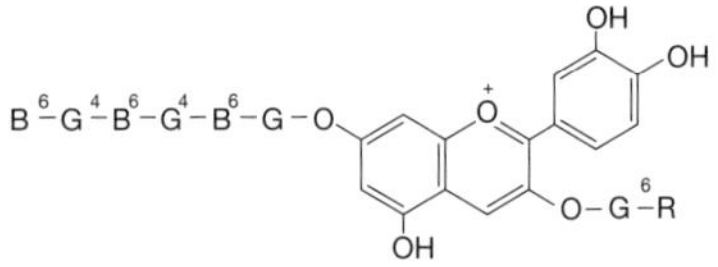

プルプロカンパニン (赤紫花)

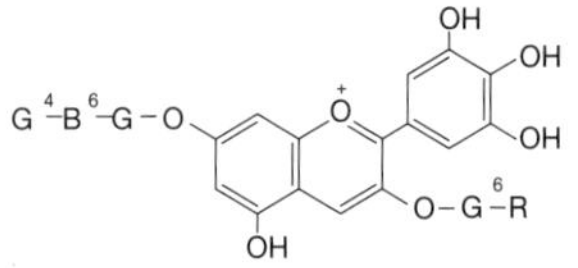

ビスデアシルカンパニン (紫青花)

図 4-1-13 フウリンソウのアントシアニン
 G:グルコース, R:ラムノース, B:p-ヒドロキシ安息香酸

れぞれ 40% 程度), 紫色花ではカンパニン campanin (80% 以上), 青紫色花ではビスデアシルカンパニン bisdeacylcampanin (75% 程度) が, 主要色素として含まれることがわかっている (図 4-1-13, 表 4-1-7)[26~28]。

 図 4-1-13 に示したように, ルブロカンパニン, プルプロカンパニンおよびカンパニンの構造上の相違点は, B環のヒドロキシ基の数である。すなわちルブロカンパニンは1つ, プルプロカンパニンは2つ, カンパニンは3つのヒドロキシ基が結合し, ほかの部分はまったく同じである。したがって, アントシアニンのヒドロキシ化レベルの違いによって, 桃色から紫色まで Chryth の花色は変異するといえる。また上記の3色素とも3分子の p-ヒドロキシ安息香酸が結合しており, これによりかなり深色化されている。このことが花色に反映しており, 同じペラルゴニジン系色素を含むバーベナ[20]やアネモネ[18]のように朱赤色ではなく桃色であるし, デルフィニジン系色素を主要色素として含んでいても赤い花をつけるサルスベリ Lagerstroemia indica [29]やアマ Linum grandiflorum [30]の例があるにもかかわらず, 紫色である。したがって, フウリンソウの花色はアントシアニンの3段階の

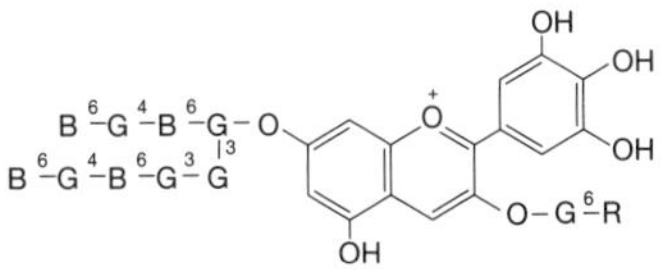

シアノデルフィン 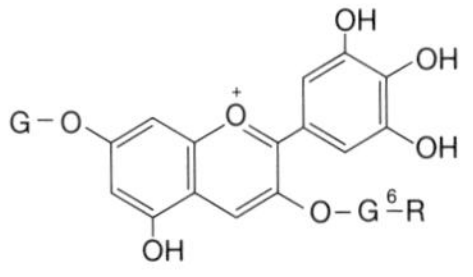　　　　　　　　　　デルフィニジン 3-ルチノシド-7-グルコシド

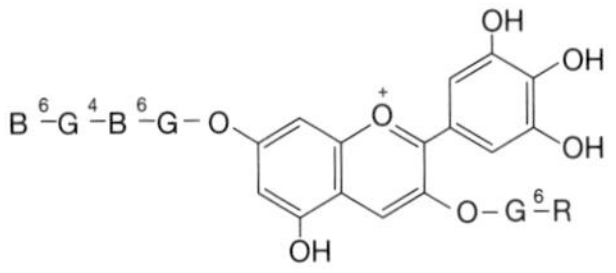

ビオルデルフィン 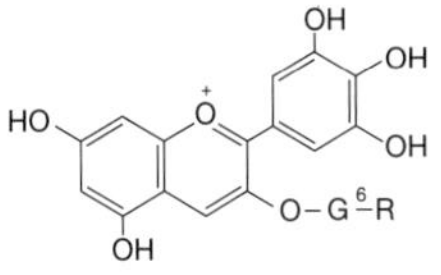　　　　　　　　　　デルフィニジン 3-ルチノシド

図 4-1-14　白，赤紫，紫，青色系デルフィニウムの主要アントシアニン
G：グルコース，R：ラムノース，B：*p*-ヒドロキシ安息香酸

ヒドロキシ化レベルにより変異し，かつ分子内コピグメンテーションにより全体として深色化しているといえる。

　紫色花と青紫色花の相違については，さらに別のメカニズムを想定する必要がある。両者の主要アントシアニンは，ともにデルフィニジンの配糖体であり，ヒドロキシ化レベルに差はない。また，より青みの強い青紫色花の方がむしろ*p*-ヒドロキシ安息香酸の結合分子数の少ない色素を主要成分としている。したがって分子内コピグメンテーションの強さによる色相の相違であるとは考えられない。もっと別の要因，例えば細胞液のpH，分子間コピグメンテーションなどが考慮されなければならない。

e) デルフィニウム

　デルフィニウム *Delphinium hybridum* の花色は，紫赤〜紫〜青色が主体であるが，赤色のほか，白，クリーム，緑色もある。白色品種の花被からデルフィニジン 3-ルチノシド-7-グルコシド[31]，紫赤〜紫桃色品種からデルフィニジン 3-ルチノシド[31]，紫系品種からはビオルデルフィン[32]，また青色系品種からシアノデルフィン cyanodelphin[33]が抽出分離され同定されている（図 4-1-14）。

　1994年当時入手できたデルフィニウム品種の花色とアントシアニン組成について表 4-1-8 に示した。一般に白色花にはアントシアニンは含まれないのが普通であるが，デルフィニウムの場合，微量ながら含まれる。しかし測色値からみても，このアントシアニンは花色には寄与していないようである[31, 34]。紫赤〜紫桃色系品種または個体の花の主要色素は，分子内に芳香族有機酸をもたない単純な色素である。紫色系および青色系デルフィニウムは，いずれもビオルデルフィンかシアノデ

表 4-1-8 デルフィニウム園芸品種の花色とアントシアニン構成

品種	花色[a]		主要アントシアニン[b]				
	L	b/a	A	B	C	D	他（計）
白色系							
'スノー・ホワイト'	64.3	−2.29	100	0	0	0	0
'ガラード'	58.0	−0.99	95	0	0	0	5
赤紫色系							
'アストラッド'	50.1	−0.50	6	86	1	0	7
紫色系							
'ギネバ'	51.3	−0.85	0	0	4	71	25
（青色花被）	51.1	−4.66	0	0	8	73	19
'ブラック・ナイト'	26.8	−0.89	0	0	26	42	32
（青色花被）	25.2	−2.49	0	0	23	54	23
'カメリアード'	48.9	−0.99	0	0	1	87	12
（青色花被）	45.7	−6.97	0	0	4	84	12
'キング・アーサー'	18.9	−1.69	4	0	47	0	49
'ランセロット'	44.3	−1.69	0	0	81	2	17
青色系							
'ベラモーサム・インプ'	26.9	−2.80	1	0	38	27	35
'ブルー・ジェイ'	26.4	−3.00	0	0	24	47	29
'ブルー・バード'	30.3	−3.67	0	0	17	49	34
'ブルー・スプリングス'（青）	37.8	−4.48	0	0	6	76	18
'ベラドンナ・インプ'	42.0	−5.50	0	2	20	68	10
'サマー・スカイズ'	44.4	−7.58	0	0	9	75	16

a: L=明度, b/a=色相。測色値はハンター表色系
b: A=デルフィニジン 3-ルチノシド -7-グルコシド，B=デルフィニジン 3-ルチノシド，C=ビオルデルフィン，D=シアノデルフィン

ルフィン，または両者を主要色素としている。

　図 4-1-14 のように，ビオルデルフィンは分子内に p-ヒドロキシ安息香酸を 2 分子，シアノデルフィンは同じく，4 分子もつポリアシルアントシアニンである。紫色系品種には，安定して紫色のものと部分的に青色になりやすいものがある。安定して紫色の品種（'キング・アーサー，'ランセロット'）はビオルデルフィンを主要成分とし，シアノデルフィンはほとんど発現しなかった。

　他方，部分的に青色になりやすい品種（'ギネバ'，'カメリアード'，'ブラック・ナイト'）は，むしろシアノデルフィンを主要成分としていた。また同じ品種の紫色部分と青色部分には，アントシアニン成分に相違は見られない。青色品種では，いずれもシアノデルフィンを主要成分として含んでいた。また青色系の中でも特に青色味の強い品種（'サマー・スカイズ'，'ベラドンナ・インプ'，'ブルー・スプリングス'青色系）は，シアノデルフィンの比率が高い[31]。

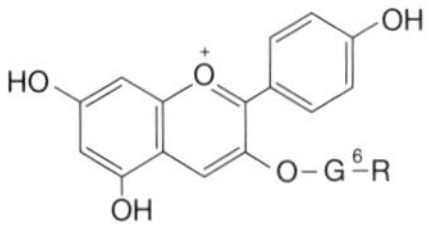

図 4-1-15　赤色系デルフィニウムの主要アントシアニン
G：グルコース，R：ラムノース，B：p-ヒドロキシ安息香酸，M：マロン酸

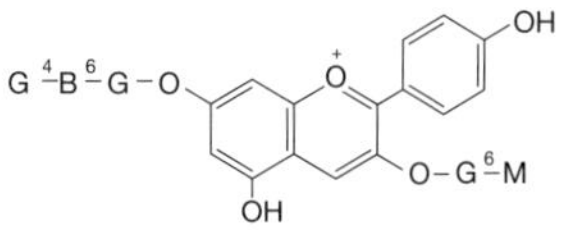

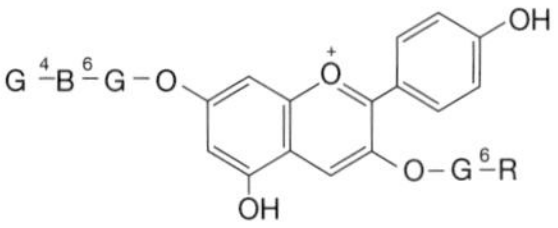

　以上の結果よりデルフィニウムが青色になるためにはシアノデルフィンを高い比率で含むことが必要であると推察できる．逆にシアノデルフィンを高い比率で含んでいても紫色に留まる場合もある（'カメリアード'など）わけであるから，p-ヒドロキシ安息香酸による分子内コピグメンテーション以外の要因が関与していると考えられる．
　赤色系品種からは，6種類のペラルゴニジン 3,7-配糖体の存在が報告されている（図4-1-15）[35]．主要アントシアニンの中にはp-ヒドロキシ安息香酸でアシル化されている色素があるが，1分子のみであるので発色にはさしたる影響をおよぼしていないと考えられる．そのほか淡黄色系品種，緑色系品種の発色はそれぞれ黄色系フラボノイド，クロロフィルによると考えられる．

f) サルスベリ

　サルスベリの花色は，白を除くと，赤・桃色系と赤紫・藤色系に大別できる．赤および赤紫系サルスベリのアントシアニンは，花色にかかわらずマルビジン，ペチュニジン，デルフィニジンそれぞれの 3-グルコシドであり，これら3色素がさまざまな比率で混在する．これら3つの色素の比率については，赤・桃色系では花色に関係が見られ，マルビジン比が高いほどわずかに深色化し，逆にデルフィニジン比が高いほど浅色化した．しかし，赤紫・藤色系では有意な相関はなかった．また細胞液の pH も個体により多少変動するが，サルスベリの赤色化，紫色化傾向とは相関がなく，この場合，花色を決定する本質的要因とはいえない．最も相関が高いのは，360 nm 付近に吸収をもつ物質のアントシアニンに対する量比であった．アントシアニンに対するコピグメント比率が高い場合に紫色化傾向が強くなり，低いと赤色化傾向が強くなる．すなわち，サルスベリの有色花の色相は，主として，分子間コピグメンテーションにより決定される．このコピグメントについては，呈色反

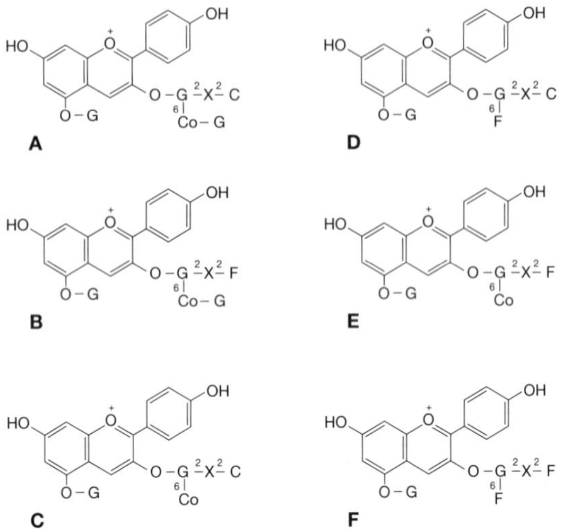

図4-1-16 赤紫色スイート・アリッサムのアントシアニン
G：グルコース，X：キシロース，C：カフェ酸，Co：p-クマル酸，F：フェルラ酸
*紫〜青紫色品種には，シアニジン・アナログ体が含まれる

応などからエラグ酸の配糖体と考えられている[29]。

g) スイートアリッサム

スイートアリッサム Lobularia maritima は白花が一般的であるが，淡黄，杏，赤紫，紫〜青紫色もある。アントシアニンについては，立澤らの報告がある[36-38]。紫〜青紫色品種の花弁からは9種類のアシル化アントシアニンを分離同定している。いずれもシアニジン 3-サンブビオシド-5-グルコシドを基本にした物質で，1分子または2分子のフェノール性有機酸でアシル化されている。特に結合有機酸2分子のものが6種類で，かつ量的比率も65％を占める。有機酸は，カフェ酸，p-クマル酸，フェルラ酸である。また赤紫色品種では，6種類のアントシアニンが同定されている（図4-1-16）。上記の紫〜青紫色品種のシアニジンがペラルゴニジンに置き換わった構造を有し，同定された6物質はいずれも2分子のフェノール性有機酸でアシル化されている。すなわち，赤紫と紫〜青紫色の相違は，アントシアニジンのB環のヒドロキシ化レベルによるもので，両色品種に共通して分子内コピグメンテーションにより深色化しているといえる。

h) ストック

ストック Matthiola incana の園芸品種は白，淡黄，銅，杏，桃，赤，紫赤，紫，青紫色の変異がある。このうち，白および淡黄色以外はアントシアニンによる花色である。齋藤らの報告によれば，紫〜青味紫系の品種は供試された16品種のいずれもが2分子のフェノール性有機酸でアシル化されたシアニジン 3-サンブビオシ

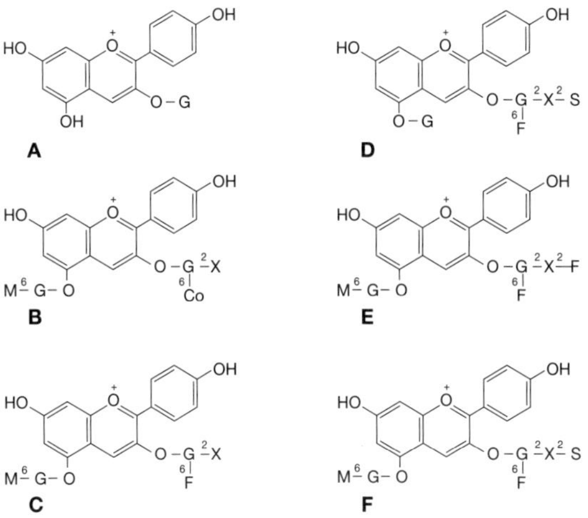

図 4-1-17 銅，杏，桃，赤，赤紫色系ストックの主要アントシアニン

G：グルコース，X：キシロース，Co：*p*-クマル酸，S：シナピン酸，F：フェルラ酸
＊：紫～青紫色品種には，シアニジン・アナログ体が含まれる

ド-5-グルコシドを主要アントシアニンとしており，シナピン酸とフェルラ酸，またシナピン酸と *p*-クマル酸の 2 種類の組み合わせが，花色の青色化に重要であると述べている [39]。

一方，銅，杏，桃，赤，紫赤色は，ペラルゴニジンによる発色であり，シアニジンに比較すると変化に富んでいる。銅色はペラルゴニジン 3-グルコシドが主体で，フェノール性有機酸の結合はない。ほかの花色品種はすべてペラルゴニジン 3-サンブビオシド-5-グルコシドを基本にしている。杏色のすべておよび桃色と赤～紫赤色の一部は，これにフェノール性有機酸が 1 分子結合したアントシアニンを主要色素にしている。また桃色系の半数および赤～紫赤色の品種のアントシアニンはフェノール性有機酸を 2 分子もつことが判明している（図 4-1-17，表 4-1-9）[40]。

スイートアリッサムと同様，アグリコンはペラルゴニジンとシアニジンのみであり，色相決定の最大の要因は B 環のヒドロキシ化であるといえるものの，シアニジン系の花色はかなり深色化しており，一般的にはデルフィニジン系の発色といえる。この原因のひとつは主要色素に結合している 2 分子のフェノール性有機酸による分子内コピグメンテーションであると考えられる。

一方，ペラルゴニジン系アントシアニンを含む品種の花色は多彩であり，色素構成も多様である。傾向としては 2 分子のフェノール性有機酸をもつアントシアニンの比率が高いほど深色化するといえそうであるが，例外が多く存在する。例えば，フェノール性有機酸 2 分子でも桃～赤色にとどまっている場合もあり，逆に 1 分子でも紫赤色を呈する品種も存在する。したがって，分子内コピグメンテーション以外の要因，細胞液の pH や分子間コピグメンテーションなどを考慮する必要があ

表 4-1-9 銅, 杏, 桃, 赤, 赤紫色系ストックのアントシアニン分布 [40]

品種名	測色値[a] b/a	A	主要アントシアニン(%)[b] B+D	C	E	F	他(計)
○銅色系							
'クリスマス・アプリコット'	2.41	61.8					38.2
'鈴鹿の暁'	1.48	78.9					21.1
'鈴鹿の虹'	0.03	68.6					31.4
○杏色系							
'黒川アプリコット'	0.71		31.2	49.5			19.3
'夕の舞'	0.56		25.8	52.5			22.0
'夕波'	0.51		27.6	51.0			21.4
○鮭肉色〜桃色系							
'晩麗'	−0.16		17.9	55.3			26.8
'秋の夢'	−0.20		18.5	50.8			30.7
'桜の舞'	−0.24		19.5	56.0			24.5
'早華'	−0.32		24.2	56.1			19.7
'淡桜'	−0.17		6.5	7.0	21.0	46.7	18.8
'初桜'	−0.53		6.6	6.2	27.0	42.3	17.9
'桃艶-2'	−0.54		5.9	4.1	26.9	47.9	15.2
○赤〜赤紫色系							
'黒川ピンク'	−0.26		30.5	42.7			26.8
'早艶'	−0.28		30.7	44.7			24.6
'秋の華'	−0.34		17.6	60.0			22.4
'彼岸王'	−0.15		5.6	12.1	17.8	34.3	30.2
'坊田ローズ'	−0.23		7.1	13.5	20.9	31.1	27.4
'寒千鳥'	−0.30		4.4	6.8	22.4	41.0	25.4
'桃千鳥'	−0.36		5.7	8.2	18.2	44.8	23.1

a: ハンター表色系
b: A= ペラルゴニジン 3-グルコシド, B= ペラルゴニジン 3-p-クマロイルサンブビオシド-5-マロニルグルコシド, C= ペラルゴニジン 3-フェルロイルサンブビオシド-5-マロニルグルコシド, D= ペラルゴニジン 3-フェルロイル・シナピルサンブビオシド-5-グルコシド, E= ペラルゴニジン 3-ジクマロイルサンブビオシド-5-マロニルグルコシド, F= ペラルゴニジン 3-フェルロイル・シナピルサンブビオシド-5-マロニルグルコシド

ろう。なお，銅色品種については，アサガオなどに見られるようにペラルゴニジンの 5 位の糖が欠損しているために，440 nm 付近の吸収が大きくなっていることが原因と考えられる [16]。

i) アルストロエメリア

アルストロエメリア Alstroemeria hybrids の園芸品種の花色は，白，黄色，黄赤，赤，赤紫，紫色の変異を示す。これまでに抽出分離され確認されているアントシアニンは 11 種類ある [41~45]。これらは，デルフィニジン，シアニジン，ペラルゴニジン，6-ヒドロキシデルフィニジン 6-hydroxy delphinidin, 6-ヒドロキシシアニジン，

6-ヒドロキシペラルゴニジンのそれぞれの3-配糖体であり，フェノール性有機酸によるアシル化はない．

黄赤色品種では，6-ヒドロキシペラルゴニジン 3-ルチノシドまたは 6-ヒドロキシシアニジン 3-ルチノシドをアントシアニンの主成分とし，これにカロテノイドが共存して花色を構成している．色素自体の発色から6-ヒドロキシペラルゴニジン配糖体を主成分とする方がより黄色みの強い花色となっている[45]．

赤色系品種には主要成分として6-ヒドロキシシアニジン 3-ルチノシドを含むものとシアニジン 3-ルチノシドを含むものがあり，後者はよりカロテノイドの影響を受けている．赤紫系品種は6-ヒドロキシデルフィニジン 3-ルチノシドを，紫系品種はデルフィニジン 3-ルチノシドを主要アントシアニンとして含有する．白および黄色花弁にもアントシアニンが含まれるが，微量のため花色にはほとんど影響しないと見られる．

アルストロエメリアの特徴として内花被に条斑が見られるが，この部位のアントシアニンは花色にかかわらず，シアニジン 3-ルチノシドであった[43]．以上のように，アルストロエメリアの花色の豊富さは，6種類のアントシアニジンとカロテノイドの存在によるもので，互いに混在することによりさまざまな中間色が出現していると見られる．

j) シネラリア

シネラリア園芸品種の花色は，白，淡黄，橙赤，桃，赤，紫赤，赤紫，藤，紫，青紫，紫青色ときわめて幅広い変異を示す．シネラリアの花弁からは，これまでに7種類のアントシアニンが抽出分離され，同定されている．青紫色花から，デルフィニジン 3,7,3'-トリグルコシドの3位のグルコースにマロン酸，7位のグルコースに2分子のカフェ酸とグルコース，3'位のグルコースにカフェ酸が結合した複雑な化合物であるシネラリン（図4-1-18）が構造決定された[46~49]．また，紫赤色花にはシネラリンのシアニジン・アナログ体であるルブロシネラリン rubrocinerarin が含まれる[49,50]．さらに，赤色品種の花にはシアニジン 3-マロニルグルコシド-3'-カフェオイルグルコシドとその脱マロニル色素がほぼ同量含まれ[51]，桃色品種には，ペラルゴニジン 3-マロニルグルコシド-7-カフェオイルグルコシル-カフェオイルグルコシドが主要色素として，ペラルゴニジン 3-マロニルグルコシド-7-カフェオイルグルコシドとペラルゴニジン 3-マロニルグルコシドが微量色素として含まれることがわかっている[52]．

シネラリアの場合，研究報告が花色全体を網羅していないので包括的なことは論じがたいことではある．しかし，現段階においても次のようなことはいえると思われる．アントシアニンのB環の3段階のヒドロキシ化レベル，すなわちペラルゴ

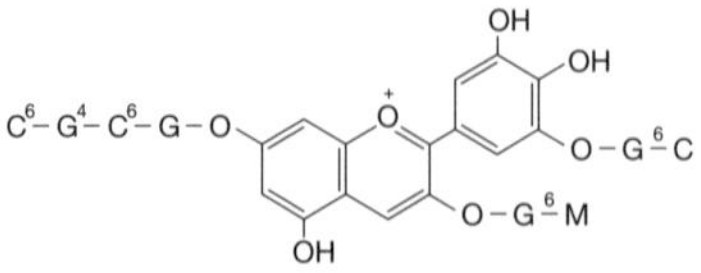

紫-1（シネラリン）

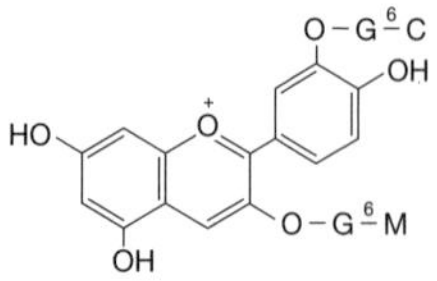

赤-1

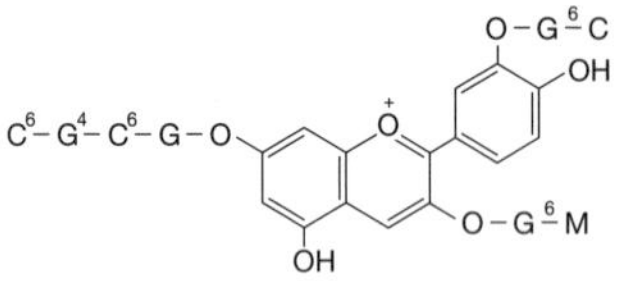

紫赤-1（ルブロシネラリン）

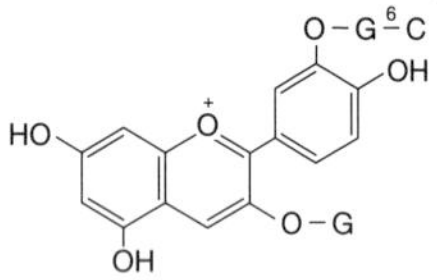

赤-2

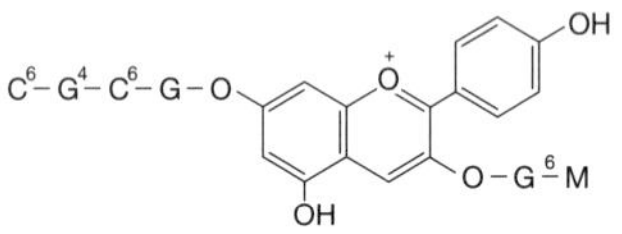

桃-1

図 4-1-18　シネラリアの主要アントシアニン
G：グルコース，C：カフェ酸，M：マロン酸

ニジン系，シアニジン系，デルフィニジン系色素が存在し，これによって基本的な色相が決定される。これにさらに2分子以上のカフェ酸の結合の有無と分子数により，花色が調節されていると考えられる。すなわちシアニジン系アントシアニンを例にとると，カフェ酸が1分子以下の結合の場合，赤色（クリムソンレッド）を発現し[51]，3分子の結合だと紫赤色（バーガンディー）になる[49,50]。また，3種類のアグリコンはある程度混在するし，シネラリンやルブロシネラリンの不完全体も多数出現し共存しているので，これらの量比により，多様な中間色を発現していると考えられる。

k）キンギョソウ

キンギョソウには，白，黄，橙，桃，赤，紫赤，藤色の花色がある。アントシアニンとしては，ペラルゴニジン，シアニジン，ペオニジンそれぞれの3-ルチノシドと3-グルコシドの合計6種類が同定されている[53,54]。このうち，主要色素として花色に関与しているのは，ペラルゴニジンとシアニジンの3-ルチノシドのみである。またこの2つの色素は互いに混在しない。ペラルゴニジン3-ルチノシドは桃色系，シアニジン3-ルチノシドは紫赤色系の花色を発現する。分子中にフェノール性有機酸をもたない3-配糖体としては，かなり深色化している。ペラルゴニジン3-配糖体の例としては，バーベナ（朱赤）[20]，カーネーション（赤）[25]，アスター Aster spp.（朱赤）[55]などがあるが，いずれもキンギョソウに比較すると赤みが強

い。またシアニジン 3-配糖体の場合はキク[56]と似ているが，ベゴニア・センパーフローレンス Begonia semperflorens（朱赤〜桃）[57]，ヒナギク（デージー）Bellis perennis（赤）[58]，ラナンキュラス Ranunculus asiaticus（桃）[59]などと比べると深い色合いである。したがって，細胞液の高 pH や分子間コピグメンテーションを検討する必要がある。

キンギョソウの花色を多彩にしているのは，オーロン（オーロイシン）の存在である。オーロン単独では黄色，ペラルゴニジンおよびシアニジン配糖体と共存すると，それぞれ橙（ブロンズ），赤（クリムソン，レッド）を発現する。また，白以外の各色において，濃淡が多く存在する。白には2タイプあり，純白と呼ばれるフラボノイドを一切含まないものと，アイボリーと呼ばれるフラボンおよびフラボノールを含むタイプである[53]。

l) ラン

ランの園芸品種には，アントシアニンによる花色として朱赤，赤，赤紫，紫から青紫色まである。また，カロテノイドやクロロフィルの影響による灰紫色なども存在する。さらに，アントシアニンによらない白，クリーム，緑色もあり多彩である。デンファレ属 Dendrobium [60〜63]，カトレヤ類 Cattleya [64〜66]，コチョウラン Phalaenopsis [67]，シラン Bletilla striata [68] およびバンダ Vanda [69] の赤紫〜紫色の花被に含まれるアントシアニンはシアニジン 3-マロニルグルコシド-7,3'-ジグルコシドを基本にし，1〜3分子のケイ皮酸または安息香酸でアシル化されたものである（図4-1-19）。花色はケイ皮酸や安息香酸の分子数が多いほど青色味が強くなる傾向が見られ，これらのランの花色変異の一因は分子内コピグメンテーションである。

そのほかの青色化の要因として，バンダの青紫色品種のようにアシル化されたシアニジン 3-マロニルグルコシド-7,3'-ジグルコシドに加えて，アシル化されたデルフィニジン 3-マロニルグルコシド-7,3'-ジグルコシドの比率が増加する傾向や[69]，青花シランのようにケイ皮酸によるアシル化とシアニジン骨格の B 環の脱グルコシル化（通常の赤紫色ではグルコシル化している）による青色化の傾向も見られる[70]。このほか，シンビジウム Cymbidium [71] やドラクラ Dracula [72] のように，シアニジン 3-グリコシドを基本にクロロフィルなどの影響が加わり，暗赤紫，灰紫や赤褐色の花色を示すものもある。ごく最近，ディサ Disa hybrid の朱赤，赤および赤紫色の花色が，シアニジン，ペラルゴニジンおよびカロテノイドのバランスにより発現していることがわかり[73]，これらのアントシアニンはマロニル化されたシアニジンおよびペラルゴニジン 3,5-ジグルコシドであることも確認されている。

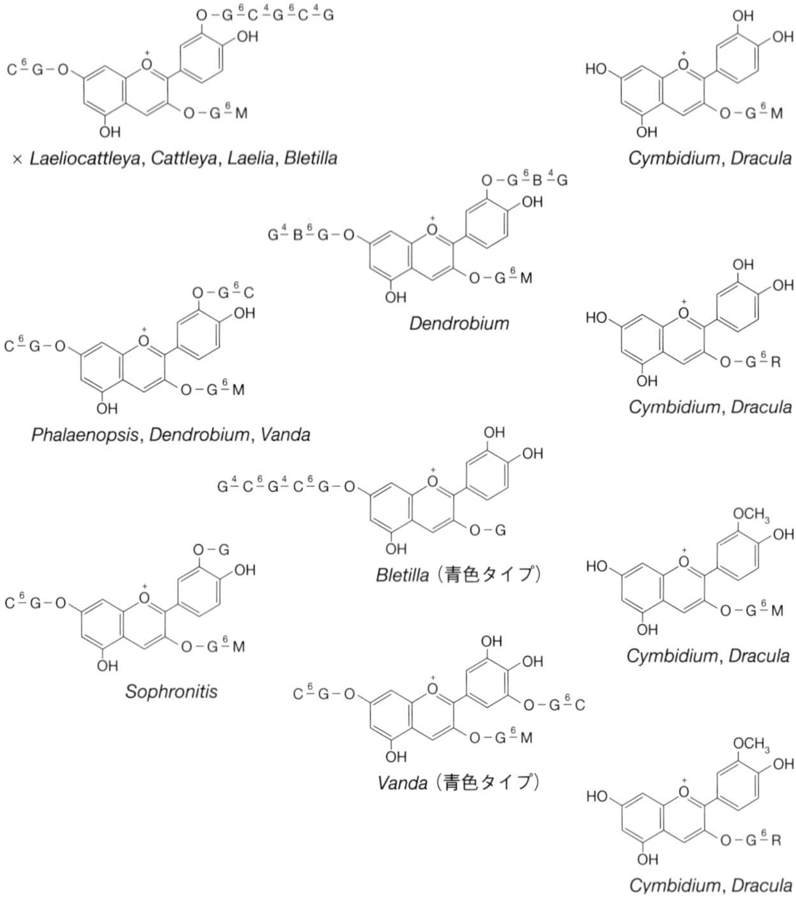

図 4-1-19　ラン科植物の主要アントシアニン
　G：グルコース，R：ラムノース，C：ケイ皮酸類，B：安息香酸類

m）そのほかの花卉

　主要花卉のキク Chrysanthemum morifolium＝Dendranthema morifolium は，マロニル化されたシアニジン 3-グルコシドのみをアントシアニン主要成分とし，そのほかにカロテノイドを含み，互いに共存するので，これらの色素の含有の有無，含有量と含有比により，白，黄，オレンジ系，紫赤，桃色の変異がある[56, 74, 75]。またクロロフィルによる緑色系もある。

　ツバキ類 Camellia spp. の花からは，多数のアントシアニンが同定されている[76-78]。これらは，限られた種に微量成分として含まれるデルフィニジン配糖体を

除くと，いずれもシアニジンの3-配糖体であり，またフェノール性有機酸によるアシル化は1分子のみであるため，分子内コピグメンテーションによる深色化は，あるとしてもごくわずかと見なされるため，花色の幅は狭く，赤〜桃赤色の範囲内に留まる。濃淡と絞り咲きなどの複色は変化に富み，白もある。

　ボタン Paeonia spp. の花のアントシアニンは，ペラルゴニジン，シアニジン，ペオニジンそれぞれの3-グルコシドと3,5-ジグルコシドで，相互に混在する。花色は，白以外に，赤，桃，赤紫，紫色に分かれ，ペラルゴニジン比率が高いほど，また3-グルコシド比率が高いほど浅色化し，ペオニジン比率が高いほど深色化する[79]。

引用文献

(1) Robinson, G.M., Robinson, R. 1931. A survey of anthocyanins. I. *Biochem. J.* **25**, 1687-1704.
(2) Harborne, J.B. 1976. Functions of flavonoids in plants. *In* Chemistry and Biochemistry of Plant Pigments, 2nd ed. (ed. Goodwin, T.W.), Academic Press, London. pp.736-778.
(3) Asen, S. 1976. Known factors responsible for infinite flower color variations. *Acta Horticulturae* **63**, 217-223.
(4) Andersen, Ø.M., Jordheim, M. 2006. The anthocyanins. *In* Flavonoids. Chemistry, Biochemistry and Applications (eds. Andersen Ø.M., Markham, K.R.) CRC Press, Boca Raton. pp.471-551.
(5) Honda, T., Saito, N. 2002. Recent progress in the chemistry of polyacylated anthocyanins as flower color pigments. *Heterocycles* **56**, 633-692.
(6) Goto, T., Kondo, T., Imagawa, H., Takase, S., Atobe, M., Miura, I. 1981. Heavenly blue anthocyanin I. *Chem. Lett.* 883-886.
(7) Terahara, N., Saito, N., Honda, T., Toki, K., Osajima, Y. 1990. Structure of ternatin A1, the largest ternatin in the major blue anthocyanins from *Clitoria ternatea* flowers. *Tetrahedron Lett.* **31**, 2921-2924.
(8) Saito, N., Toki, K., Moriyama, H., Shigihara, A., Honda, T. 2002. Acylated anthocyanins from blue-violet flowers of *Anemone coronaria*. *Phytochemistry* **60**, 365-373.
(9) Hagiwara, T. 1954. Recent genetics on the flower-colour of Japanese morning glory, with reference to biochemical studies. *Bull. Res. Coll. Agric. Sci. Nihon Univ.* **3**, 1-15.
(10) Lu, T.S., Saito, N., Yokoi, M., Shigihara, A., Honda, T. 1992. Acylated pelargonidin glycosides in the red-purple flowers of *Pharbitis nil*. *Phytochemistry* **31**, 289-295.
(11) Lu, T.S., Saito, N., Yokoi, M., Shigihara, A., Honda, T. 1992. Acylated peonidin glycosides in the violet-blue cultivars of *Pharbitis nil*. *Phytochemistry* **31**, 659-663.
(12) Yoshida, K., Kondo, T., Okazaki, Y., Katou, K. 1995. Cause of blue petal colour. *Nature* **373**, 291.
(13) Yamaguchi, T., Fukuda-Tanaka, S., Inagaki, Y., Saito, N., Yonekura-Sakakibara, K., Tanaka, Y., Kusumi, T., Iida, S. 2001. Genes encoding the vacuolar Na^+/H^+ exchanger and flower coloration. *Plant Cell Physiol.* **42**, 451-461.
(14) Fukuda-Tanaka, S., Inagaki, Y., Yamaguchi, T., Saito, N., Iida, S. 2000. Colour-enhancing protein in blue petals. Spectacular morning glory blooms rely on a behind-the-scenes proton exchanger. *Nature* **407**, 581.
(15) Saito, N., Lu, T.S., Akaizawa, M., Yokoi, M., Shigihara, A., Honda, T. 1994. Acylated pelargonidin glucosides in the maroon flowers of *Pharbitis nil*. *Phytochemistry* **35**, 407-

411.
(16) Yoshida, K., Osanai, M., Kondo, T. 2003. Mechanism of dusky reddish-brown "kaki" color development of Japanese morning glory, *Ipomoea nil* cv. Danjuro. *Phytochemistry* **63**, 721-726.
(17) Saito, N., Tatsuzawa, F., Kasahara, K., Yokoi, M., Iida, S., Shigihara, A., Honda, T. 1996. Acylated peonidin glycosides in the slate flowers of *Pharbitis nil*. *Phytochemistry* **41**, 1607-1611.
(18) Toki, K., Saito, N., Shigihara, A., Honda, T. 2001. Anthocyanins from the scarlet flowers of *Anemone coronaria*. *Phytochemistry* **56**, 711-715.
(19) Toki, K., Saito, N., Shigihara, A., Honda, T. 2003. Acylated cyanidin glycosides from the purple-red flowers of *Anemone coronaria*. *Heterocycles* **60**, 345-350.
(20) Terahara, N., Shioji, T., Toki, K., Saito, N., Honda T. 1989. Malonylated anthocyanins in *Verbena* flowers. *Phytochemistry* **28**, 1507-1508.
(21) Toki, K., Saito, N., Terahara, N., Honda, T. 1995. Pelargonidin 3-glucoside-5-acetylglucoside in *Verbena* flowers. *Phytochemistry* **40**, 939-940.
(22) Toki, K., Terahara, N., Saito, N., Honda, T., Shioji, T. 1991. Acetylated anthocyanins in *Verbena* flowers. *Phytochemistry* **30**, 671-673.
(23) Toki, K., Yamamoto, T., Terahara, N., Saito, N., Honda, T. 1991. Pelargonidin 3-acetylglucoside in *Verbena* flowers. *Phytochemistry* **30**, 3828-3829.
(24) Toki, K., Saito, N., Kuwano, H., Terahara, N., Honda, T. 1995. Acylated anthocyanins in *Verbena* flowers. *Phytochemistry* **38**, 515-518.
(25) Geissman, T.A., Mehlquist, G.A.L. 1947. Inheritance in the carnation, *Dianthus caryophyllus*. IV. The chemistry of flower color variation. I. *Genetics* **32**, 410-433.
(26) Terahara, N., Toki, K., Saito, N., Honda, T., Isono, T., Furumoto, H., Kontani, Y. 1990. Structures of campanin and rubrocampanin, two novel anthocyanins with *p*-hydroxybenzoic acid from the flowers of bellflower, *Campanula medium* L. *J. Chem. Soc. Perkin Trans. I* 3327-3332.
(27) Toki, K., Saito, N., Ito, M., Shigihara, A., Honda, T. 2006. An acylated cyanidin 3-rutinoside-7-glucoside with *p*-hydroxybenzoic acid from the red-purple flowers of *Campanula medium*. *Heterocycles* **68**, 1699-1703.
(28) Toki, K., Saito, N., Nishi, H., Tatsuzawa, F., Shigihara, A., Honda, T. 2009. 7-Acylated anthocyanins with *p*-hydroxybenzoic acid in the flowers of *Campanula medium*. *Heterocycles* **77**, 401-408.
(29) 土岐健次郎, 勝山信之 1995. サルスベリの花色素と花色変異. 園芸学会雑誌 **63**, 853-861.
(30) Toki, K., Saito, N., Harada, K., Shigihara, A., Honda, T. 1995. Delphinidin 3-xylosylrutinoside in petals of *Linum grandiflorum*. *Phytochemistry* **36**, 243-245.
(31) 土岐健次郎, 栗本秀昭, 笹木悟, 法貞聖一, 齋藤規夫, 野中瑞生 1994. デルヒニュームの花色素に関する研究（第1報）栽培品種の主要色素組成. 園芸学会雑誌 **63** 別冊 1, 426-427.
(32) Kondo, T., Oki, K., Yoshida, K., Goto, T. 1990. Structure of violdelphin, an anthocyanin from violet flower of *Delphinium hybridum*. *Chem. Lett.* **19**, 137-138.
(33) Kondo, T., Suzuki, K., Yoshida, K., Oki, K., Ueda, M., Isobe, M., Goto, T. 1991. Structure of cyanodelphin, a tetra-*p*-hydroxybenzoated anthocyanin from blue flower of *Delphinium hybridum*. *Tetrahedron Lett.* **32**, 6375-6378.
(34) Hashimoto, F., Tanaka, M., Maeda, H., Shimizu, K., Sakata, Y. 2000. Characterization of cyanic flower color of *Delphinium* cultivars. *J. Jap. Soc. Hort. Sci.* **60**, 428-434.
(35) Saito, N., Toki, K., Suga, A., Honda, T. 1998. Acylated pelargonidin 3,7-glycosides from red flowers of *Delphinium hybridum*. *Phytochemistry* **49**, 881-886.
(36) Tatsuzawa, F., Saito, N., Shinoda, K., Shigihara, A., Honda, T. 2006. Acylated cyanidin

3-sambubioside-5-glucosides in three garden plants of the Cruciferae. *Phytochemistry* **67**, 1287-1295.
(37) Tatsuzawa, F., Toki, K., Saito, N., Shinoda, K., Shigihara, A., Honda, T. 2007. Four acylated cyanidin sambubioside-5-glucosides from the purple-violet flowers of *Lobularia maritima*. *Heterocycles* **71**, 1117-1125.
(38) Tatsuzawa, F., Usuki, R., Toki, K., Saito, N., Shinoda, K., Shigihara, A., Honda, T. 2010. Acylated pelargonidin sambubioside-5-glucosides from the red-purple flowers of *Lobularia maritima*. *J. Jap. Soc. Hort. Sci.* **79**, 84-90.
(39) Saito, N., Tatsuzawa, F., Nishiyama, A., Yokoi, M., Shigihara, A., Honda, T. 1995. Acylated cyanidin 3-sambubioside-5-glucosides in *Matthiola incana*. *Phytochemistry* **38**, 1027-1032.
(40) Saito, N., Tatsuzawa, F., Hongo, A., Yokoi, M., Shigihara, A., Honda, T. 1995. Acylated pelargonidin 3-sambubioside-5-glucosides in *Matthiola incana*. *Phytochemistry* **41**, 1613-1630.
(41) Saito, N., Yokoi, M., Yamaji, M., Honda, T. 1985. Anthocyanidin glycosides from the flowers of *Alstroemeria*. *Phytochemistry* **24**, 2125-2126.
(42) Saito, N., Yokoi, M., Ogawa, M., Kamijo, M., Honda, T. 1988. 6-Hydroxyanthocyanidin glycosides in the flowers of *Alstroemeria*. *Phytochemistry* **27**, 1399-1401.
(43) 立澤文見, 村田奈芳, 篠田浩一, 鈴木亮子, 齋藤規夫 2003. アルストロメリア45品種における花色とアントシアニン組成について. 園芸学会雑誌 **72**, 243-251.
(44) Tatsuzawa, F., Saito, N., Murata, N., Shinoda, K., Shigihara, A., Honda, T. 2003. 6-Hydroxypelargonidin glycosides in the orange-red flowers of *Alstroemeria*. *Phytochemistry* **62**, 1239-1242.
(45) 立澤文見, 村田奈芳, 篠田浩一, 三宅勇, 齋藤規夫 2004. 6-ヒドロキシペラルゴニジン色素を含む黄赤色系アルストロメリア品種における花色とアントシアニン組成について. 園芸学研究 **3**, 7-10.
(46) Goto, T., Kondo, T., Kawai, H., Tamura, H. 1984. Structure of cinerarin, a tetraacylated anthocyanin isolated from the blue garden cineraria, *Senecio cruentus*. *Tetrahedoron Lett.* **25**, 6021-6024.
(47) Yoshitama, K., Hayashi, K. 1974. Concerning the structure of cinerarin, a blue anthocyanin from garden cineraria. *Bot. Mag. Tokyo* **87**, 33-40.
(48) Yoshitama, K., Hayashi, K., Abe, K., Kakisawa, H. 1975. Further evidence for the glycoside structure of cinerarin. *Bot. Mag. Tokyo* **88**, 213-217.
(49) Yoshitama, K., Abe, K. 1977. Chromatographic and spectral characterization of 3'-glycosylation in anthocyanins. *Phytochemistry* **16**, 591-593.
(50) Yoshitama, K. 1981. Caffeic acid 4-β-glucoside as the acyl moiety of the *Senecio cruentus* anthocyanin. *Phytochemistry* **20**, 186-187.
(51) Terahara, N., Toki, K., Honda, T. 1993. Acylated anthocyanins from flowers of cineraria, *Senecio cruentus*, red cultivar. *Z. Naturforsch.* **48c**, 430-435.
(52) Toki, K., Saito, N., Kuwano, H., Shigihara, A., Honda, T. 1995. Acylated pelargonidin 3,7-glycosides from pink flowers of *Senecio cruentus*. *Phytochemistry* **38**, 1509-1512.
(53) 土岐健次郎 1988. キンギョソウの花色素に関する研究. 南九州大学園芸学部研究報告 **18**, 1-68.
(54) 土岐健次郎, 川西洋志 1992. キンギョソウ栽培品種におけるペオニジン配糖体の分布と花の発達に伴うアントシアニンの量的変動. 園芸学会雑誌 **60**, 980-995.
(55) Guzewski, W.A. 1976. The inheritance of flower pigments in *Callistephus chinensis*. *Acta Horticulturae* **63**, 229-231.
(56) 河瀬晃四郎, 塚本洋太郎 1978. キクの花色に関する研究（第3報）. 花色に対する主要色素の量的効果とその花色の測色. 園芸学会雑誌 **45**, 65-75.
(57) 土岐健次郎, 市川潤, 木末光則 1996. ベゴニア・センパフローレンスの花色素と花色変異.（第

1報)紅色及び桃色系品種の色素成分の比較. 南九州大学園芸学部研究報告 **26A**, 13-20.
(58) Toki, K., Saito, N., Honda, T. 1991. Three cyanidin 3-glucuronylglucosides from red flowers of *Bellis perennis*. *Phytochemistry* **30**, 3769-3771.
(59) Toki, K., Takeuchi, M., Saito, N., Honda, T. 1996. Two malonylated anthocyanidin glycosides in *Ranunculus asiatics*. *Phytochemistry* **42**, 1055-1057.
(60) Saito, N., Toki, K., Uesato, K., Shigihara, A., Honda, T. 1994. An acylated cyanidin glycoside from the red-purple flowers of *Dendrobium*. *Phytochemistry* **37**, 245-248.
(61) Williams, C.A., Greenham, J., Harborne, J.B., Kong, J.-M., Chia, L.-S., Goh, N.-K., Saito, N., Toki, K., Tatsuzawa, F. 2002. Acylated anthocyanins and flavonols from purple flowers of *Dendrobium* cv. 'Pompadour'. *Biochem. Syst. Ecol.* **30**, 667-675.
(62) Tatsuzawa, F., Yukawa, T., Shinoda, K., Saito, N. 2005. Acylated anthocyanins in the flowers of genus *Dendrobium* section Phalaenanthe (Orchidaceae). *Biochem. Syst. Ecol.* **33**, 625-629.
(63) Tatsuzawa, F., Saito, N., Yukawa, T., Shinoda, K., Shigihara, A., Honda, T. 2006. Acylated cyanidin 3,7,3'-triglucosides with *p*-hydroxybenzoic acid from the flowers of *Dendrobium*. *Heterocycles* **68**, 381-386.
(64) Tatsuzawa, F., Saito, N., Yokoi, M., Shigihara, A., Honda, T. 1994. An acylated cyanidin glycoside in the red-purple flowers of × *Laeliocattleya* cv. Mini Purple. *Phytochemistry* **37**, 1179-1183.
(65) Tatsuzawa, F., Saito, N., Yokoi, M., Shigihara, A., Honda, T. 1996. Acylated cyanidin 3,7,3'-triglucosides in flowers of ×*Laeliocattleya* cv. Mini Purple and its relatives. *Phytochemistry* **41**, 635-642.
(66) Tatsuzawa, F., Saito, N., Yokoi, M., Shigihara, A., Honda, T. 1998. Acylated cyanidin glycosides in the orange-red flowers of *Sophoronitis coccinea*. *Phytochemistry* **49**, 869-874.
(67) Tatsuzawa, F., Saito, N., Seki, H., Hara, R., Yokoi, M., Honda, T. 1997. Acylated cyanidin glycosides in the red-purple flowers of *Phalaenopsis*. *Phytochemistry* **45**, 173-177.
(68) Saito, N., Ku, M., Tatsuzawa, F., Lu, T.S., Yokoi, M., Shigihara, A., Honda, T. 1995. Acylated cyanidin glycosides in the purple-red flowers of *Bletilla striata*. *Phytochemistry* **40**, 1523-1529.
(69) Tatsuzawa, F., Saito, N., Seki, H., Yokoi, M., Yukawa, T., Shinoda, K., Honda, T. 2004. Acylated anthocyanins in the flowers of *Vanda* (Orchidaceae). *Biochem. Syst. Ecol.* **32**, 651-664.
(70) Tatsuzawa, F., Saito, N., Shigihara, A., Honda, T., Toki, K., Shinoda, K., Yukawa, T., Miyoshi, K. 2010. An acylated cyanidin 3,7-diglucoside in the bluish flowers of *Bletilla striata* 'Murasaki Shikibu' (Orchidaceae). *J. Jap. Soc. Hort. Sci.* **79**, 215-220.
(71) Tatsuzawa, F., Saito, N., Yokoi, M. 1996. Anthocyanin in the flowers of *Cymbidium*. *Lindleyana* **11**, 214-219.
(72) Fossen, T., Øvstedal, D.O. 2003. Anthocyanins from flowers of the orchids *Dracula chimaera* and *D. cordobae*. *Phytochemistry* **63**, 783-787.
(73) Tatsuzawa, F., Ichihara, K., Shinoda, K., Miyoshi, K. 2010. Flower colours and pigments in *Disa* hybrid (Orchidaceae). *South Afr. J. Bot.* **76**, 49-53.
(74) Saito, N., Toki, K., Honda, T., Kawase, K. 1988. Cyanidin 3-malonylglucuronylglucoside in *Bellis* and cyanidin 3-malonylglucoside in *Dendranthema*. *Phytochemistry* **27**, 2963-2966.
(75) Nakayama, M., Koshioka, M., Shibata, M., Hiradate, S., Sugie, H., Yamaguchi, M. 1997. Identification of cyanidin 3-O-(3",6"-O-dimalonyl-β-glucopyranoside) as a flower pigment of *Chrysanthemum* (*Dendranthema*) *grandiflorum*. *Biosci. Biotech. Biochem.* **61**, 1607-1608.
(76) Li, J.-B., Hashimoto, F., Shimizu, K., Sakata, Y. 2008. Anthocyanins from the red flowers of *Camellia saluenensis* Staph. ex Bean. *J. Jap. Soc. Hort. Sci.* **77**, 75-79.
(77) Li, J.-B., Hashimoto, F., Shimizu, K., Sakata, Y. 2008. Anthocyanins from red flowers of

Camellia cultivar 'Dalicha'. *Phytochemistry* **69**, 3166-3171.
(78) Li, J.-B., Hashimoto, F., Shimizu, K., Sakata, Y. 2009. A new acylated anthocyanin from the red flowers of *Camellia honkongensis* and characterization of anthocyanins in the section *Camellia* species. *J. Integ. Plant Biol.* **51**, 545-552.
(79) Sakata, Y., Aoki, N., Tsunematsu, S., Nishikouri, H., Jojima, T. 1995. Petal coloration and pigmentation of tree peony bred and selected in Daikon Island (Shimane Prefecture). *J. Jap. Soc. Hort. Sci.* **64**, 351-357.
(80) 米田芳秋 2006. 色分け花図鑑 朝顔. 学習研究社, 東京.

3) 斑入り*
a) 模様の研究の意義

　美しい模様は花の品質価値の一つであり，美しい花を求めてさまざまな模様をもった品種が育成されてきた。17世紀のオランダではウイルス感染の病徴としてあらわれたチューリップの模様が珍奇なものとして異常な高値で取引されて，社会が大混乱に陥った歴史がある[1]。これは経済的愚行として語られることが多い事件ではあるものの，花の模様がもつ魅力を語る好例とも考えられる。園芸花卉の中の少なからぬ数の品種が，赤や白といった複数の色の組み合わせで模様を形成している。花の模様を研究する目的は，なによりも美しい花を育成するための実用的な情報を得ることである。さらに，模様を色素合成の能力が異なる組織の分化ととらえることで，基礎的な研究の対象として用いることもできる。

　花の模様は色素が不均一に存在することで形成される。色素は分布している場所やその濃度が視覚的に簡易に把握できる化合物である。それゆえに，色素を対象とした研究は実験系を構築することがきわめて容易である利点をもっている。メンデルの法則や細胞質遺伝，トランスポゾン transposon，特に近年では遺伝子導入によって誘導される転写後抑制 post transcriptional gene silencing :PTGS などの生物学の重要な概念が，植物色素を対象とした研究から導き出されたことは，色素研究の利点を証明するものである。これらの中でトランスポゾンの転移と PTGS の 2 つは，後述するように花の模様の形成に深く関与している現象である。

　多くの花の主要色素はアントシアニンである。色素の中でも，顕著な生理活性をもたないアントシアニンは変異が致死性をもたないために，多様な変異の発現が可能になると期待される。実際アントシアニンを主要色素とする植物には，さまざまな色調や模様の品種が存在する。アントシアニンと同様に生理活性をもたないベタレイン系色素を主要色素とする植物にもさまざまな模様が存在することも，この考え方の妥当性を示している。色素の中でもクロロフィルやカロテノイドといった光

＊執筆：中山真義　Masayoshi Nakayama

合成に必須な色素の欠損は，生育に重大な影響を与える可能性がある．ただし花は非光合成器官であることから，それなりに多様な変異の発現が期待される．それでも黄色色素であるカロテノイドの非均一な分布によって形成される模様を発現する花をもつ植物は，シュンギク Glebionis coronaria など例が少なく，アントシアニンによる模様をもった花に比べてきわめて限定的であるように思われる．したがって花の模様とは多くの場合，アントシアニンの生合成活性が花冠上の位置によって異なることが反映されたものと考えることができる．

多細胞生物においては，基本的にすべての細胞は同じ遺伝情報を有している．それにもかかわらず細胞が存在する位置によって，同じ環境因子のもとで'内生的'及び'自律的'に遺伝子の発現量を変化させる機構が機能することで，組織分化が生じている．花冠の模様は，アントシアニン生合成にかかわる遺伝子の発現が変化した組織分化が発生したことを示している．多くの花の模様においては，隣接した組織の間での形態的違いは認められないことから，ここにおける組織分化はアントシアニンの生合成に特化したものと考えられる．花の模様は，最も単純な組織分化の系として，その機構を理解するための優れた研究対象といえる[2]．

ここで論じている組織分化機構の研究は，分化した組織において特異的に発現する遺伝子を検出する研究とは異なり，組織分化が生じる機構を理解するための研究である．組織分化の問題につながる模様の形成機構を理解するためには，園芸学，生物有機化学，分子生物学，遺伝学など，多くの分野の総合的な知見を統合する必要がある．

b) 花の模様の種類

花の模様は多様である．同じような模様でも，植物によって表現する用語が異なる場合がある．これらの用語は長い歴史をもつ園芸文化を背景としているために，統一を試みることはかえって混乱を招くおそれがある．したがって本稿で用いている用語は，筆者が便宜的に整理して用いているものである[2]．

代表的な模様としては，花の外縁部と内部の色が異なるリング状の覆輪模様，花の葉脈に沿って，色が異なる星形模様，中心部と外縁部を結ぶ組織が扇状の模様を形成する扇型模様，細かい斑が無数に点在する吹っかけ絞り模様，比較的少数の小さな斑によって形成される鹿の子模様がある（**図4-1-20，口絵1**）．多くの種類の植物に模様が認められる一方で，その形成機構が研究されている植物は，ペチュニアやカーネーション，アサガオなどの一部の植物に限られている．これらの植物種の多くはアントシアニンの構造や生合成遺伝子についての情報が蓄積されているものである．このことは前述のように，模様の研究に多くの分野の情報を総合する必要性を裏づけているように思われる．

4.1.1. 花の色 295

図 4-1-20 花の模様の種類
a：覆輪模様；外縁白色型覆輪模様（ペチュニア），b：星型模様（ペチュニア），c：扇型模様および吹っかけ絞り模様；細かい模様が吹っかけ絞り模様（マルバアサガオ），d：鹿の子模様；中心部の細かい模様が鹿の子模様（アルストロメリア）

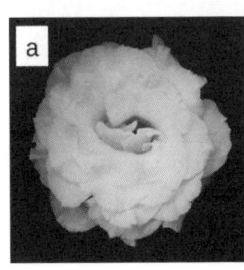

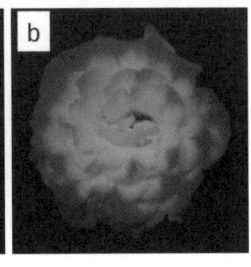

図 4-1-21 紫外光の下であらわれる模様。写真はトルコギキョウの白色品種
a：可視光下での様子，b：紫外光の下での様子。フラボノイドの濃度の高い部分が黒く見える

　アントシアニンと生合成経路を共有するフラボノイドもまた，花冠上で不均一な分布を示す。フラボノイド，特にフラボンとフラボノールは 360 nm 付近の紫外光を吸収する性質がある。それゆえに暗所においてこの波長の紫外光を当てて観察することで，一部の種類のフラボノイドは肉眼でも黒い物質として見ることができる。したがって紫外光のもとで観察することで，フラボノイドの不均一な分布を模様として認識することができる[3]（図4-1-21，口絵2）。鳥や昆虫など花粉媒介を行う動物は紫外光を認識できるので，こういったフラボノイドの不均一な分布を，模様として認識していると考えられる。したがってアントシアニン以外のフラボノイドも，植物における模様の本来の役割である，受粉に関係の深い花冠中央部を目立たせるネクターガイド効果[4]を担っていると考えられる。化合物の中にはカフェ酸のように紫外光によってけい光を発する物質もある。これら化合物の不均一な分布も，紫外光のもとでの観察によって模様として認識できる。

c）研究内容

アントシアニンによって形成される花の模様の研究は，(1) 花冠全体の模様の観察とともに (2) 色彩の境界組織を構成する細胞の観察から始まる。形成機構についての生理的な研究手法としては，色の異なる組織間で (3) アントシアニン関連化合物の組成と (4) アントシアニン生合成関連遺伝子の発現を比較する。これらの情報から，部位特異的なアントシアニンの生合成の抑制段階を明らかにすることができる。そのうえで (5) 転写の抑制，転写後の成熟の阻害，転写後の分解の活性化，翻訳の抑制など，アントシアニン生合成の抑制機構を明らかにするとともに (6) 発現抑制の対象となる遺伝子の構造的特徴を見出すように進展させる。さらに (7) それぞれの植物において模様に影響を与える環境条件などの要素を明らかにすることで，園芸花卉における模様の制御という実用的な情報を得ることができる。同時にこれらの情報は模様の形成機構を解明するためにも重要である。

多くの場合，アントシアニンの合成は開花時には終了するので，つぼみの段階から開花まで花弁の生育ステージを追って分析し，アントシアニンの生合成が特に盛んなステージでの現象に焦点を当てた議論が必要となる。模様に沿って組織を切り分けることが，分析実験の始まりとなる。アントシアニンの生合成が始まる前の段階で，生合成関連化合物の組成や発現遺伝子に違いが生じている場合もあるので，着色前の組織を将来の模様の形を予想して切り分けて分析する[5,6]。模様における白色組織の形成機構の研究手法は，白色品種・系統を用いてアントシアニン色素の生合成が抑制される機構を解明する方法と基本的に同じである。模様の研究の特徴は，ゲノム構成や環境条件が同じ組織を比較することで，単純化した議論が可能になることである。

【花冠の模様の観察】 模様の形には，その形成機構が反映されている。花冠組織を形成する細胞分裂は，中心部と外縁部を結ぶ放射状に起こる。この放射軸に沿った扇型の模様を不規則に発現する花の模様の形成には，トランスポゾンが関与している場合がある[7]。この花冠の白色組織においては，対象遺伝子へのトランスポゾンの挿入によって，アントシアニンの生合成が不活性化されている。トランスポゾンの脱離によって対象遺伝子の発現が復活した結果，色素生合成活性が再活性化し，着色組織が新たに形成される。トランスポゾンが脱離した細胞は，アントシアニンの生合成活性を維持したまま放射軸に沿って分裂するために，扇型に着色した模様が形成される。

トランスポゾンの脱離が花弁形成の初期に起こると大きな模様になり，後期に起こると小さなスポットやセクターが形成される[8]。扇型模様とともに刷毛で引いたような細かい斑が存在する模様の形成にも，トランスポゾンが関与していること

が示唆されている。一方で，突然あらわれる不安定な形の斑入り模様の形成には，ウイルスが関与している場合がある。

比較的安定した形の模様が形成される場合には，PTGS が関与している場合がある。PTGS は mRNA が転写され成熟した後に，配列特異的に分解される機構である[9]。二重鎖 RNA から形成される 21 bp 程度の短い RNA である siRNA（small interfering RNA）が，相同性の高い mRNA を対象として結合することで，分解を誘導する。PTGS は植物だけでなく，人間を含む高等生物においても広く機能し，遺伝子の発現制御を担う重要な機構であることが理解されつつある[10-15]。

組換え植物では，導入された遺伝子と相同性の高い遺伝子が，導入遺伝子によって誘導される PTGS によって，mRNA の量を減少させる[16, 17]。PTGS が花冠で部分的に機能すると模様が形成される。組換え植物では，非組換え植物である園芸植物のもつ星型模様や覆輪模様とよく似た模様が発現する[16, 18]。一方で園芸植物の模様は発現の安定性が高いことや模様の形が細かい部分で違うことなど，組換え植物とは異なる性質を示す。このことは，園芸植物で機能する内生的な PTGS の制御機構が，組換え植物において外生的に誘導された PTGS の制御機構とは異なることを示している。

【色彩の境界組織を構成する細胞の観察】 植物の種類や模様の種類によって，境界組織を構成する細胞の様子にはさまざまな違いが認められる[2]（図 4-1-20，口絵 1）。ペチュニアの覆輪模様や星形模様の境界組織は，段階的に色の濃さが変化する多くの細胞で構成されている。同じ覆輪模様でもパンジーの境界組織においては，少ない細胞の間で色の濃さが比較的大きく変化する。ホトトギス *Tricyrtis hirta* などに見られる鹿の子模様では，隣接する細胞間での色の濃さの著しい違いが認められる。ツツジでは鹿の子模様を形成する細胞はほかの細胞から隆起していることから，形態における違いも認められる。隣接する細胞間での明瞭な色の濃さの違いは，マルバアサガオ *Ipomoea purpurea* などの扇型模様の境界組織にも認められる。

一般的には，トランスポゾンの転移が関与する場合は，細胞間におけるアントシアニンの生合成活性が顕著に変化するために，模様の境界組織は明瞭に色の濃さの異なる細胞で構成される。一方で PTGS が関与する場合には，細胞間での色の濃さは段階的に変化する傾向が認められる[19]。境界組織を構成する細胞の色彩濃度の変化は，模様の形成機構を反映している。したがって花冠全体の観察とともに，顕微鏡を用いた観察によって，模様の形成にかかわる多くの情報を得ることができる。

【アントシアニン関連化合物の分析】 アントシアニンの生合成関連化合物の中で，多くの植物にアントシアニンと同等の濃度で存在するものに，フラボンやフラ

ボノールなどのフラボノイドの配糖体や，カフェ酸やクマル酸 coumaric acid などケイ皮酸類の配糖体がある．生合成的には①ケイ皮酸，②フラボノイド，③アントシアニンの順に上流から下流に位置することになる．これらの化合物は，アントシアニンと同じ条件での抽出や，TLC や HPLC での分析が可能である．それぞれのアグリコンは特徴的な吸光スペクトルを有するので，HPLC を行う際にフォトダイオードアレイ検出器 photodiode array detector を用いることで，吸光特性にもとづいてそれぞれのアグリコンの種類を推定することができる．またピーク面積にもとづいて定量を行うことができる．

TLC で化合物を展開した場合，アントシアニンは可視光下で有色のスポットとして検出できる．また一部の種類のフラボノイド配糖体は紫外光下で黒色のスポットとして，カフェ酸や p-クマル酸の配糖体は青紫色のけい光スポットとして検出される．TLC は HPLC に比べて分解能や定量性には劣るものの，多くの試料についての化合物組成の違いを同時に検討することができる利点をもっている．

【アントシアニン生合成関連遺伝子の発現解析】　アントシアニンの生合成関連遺伝子については，主要な生合成酵素の遺伝子が得られている．対象植物におけるこれらの遺伝子をクローニングし，配列を明らかにする．そのうえで，それぞれの色彩組織における mRNA 量をノーザンハイブリダイゼーション northern hybridization あるいは PCR（polymerase chain reaction）で検出する．発現量に顕著な違いが認められる遺伝子が，部位特異的な発現制御を受けていると考えられる．

アントシアニン生合成関連遺伝子の発現に量的に顕著な違いが認められない場合には，翻訳など他の段階で代謝の制御が行われている可能性がある．また，フラボノイドなど，アントシアニンの合成経路を共有する化合物の代謝に関与する遺伝子が関与している可能性もある．さらにはアントシアニンの液胞への輸送をつかさどる GST（glutathione S-transferase）の不活性化に関与する現象である可能性もある．複数の遺伝子の発現にちがいが認められる場合には，転写因子 transcription factor が関与している可能性や，一つの生合成段階の抑制が複数の遺伝子の転写に影響を与えている可能性が考えられる．いずれの場合においても，アントシアニンの生合成関連化合物の組成の変化を，総合的かつ合理的に説明し得るさまざまな代謝制御機構の可能性を追求する必要がある．

【遺伝子の発現抑制段階の特定】　部位特異的な発現制御の対象となる遺伝子が特定された場合には，白色組織で mRNA 量の減少を導く mRNA の代謝段階を明らかにすることになる．プロモーター部位の配列の変化などによって DNA からの転写段階における制御については，単離核を用いた run-on アッセイの結果や，スプライシングを受けていない pre-mRNA の発現量を比較することで判断できる．トラ

図 4-1-22 ウイルス感染によってチューリップに発現する模様
a：非感染の花，b：チューリップモザイクウイルスに感染した花。模様が発現するとともに色の濃さも変化している

ンスポゾンの挿入などによって対象遺伝子のコード領域に新たな配列が加わった場合には，転写が途中で終了してしまう場合や，異なる配列をもったmRNAとして転写される，あるいは転写の成熟過程で異常な位置でスプライシングが起きてしまうなどの現象が起こる。これらの理由によって着色組織で発現している正常なmRNAとは長さが異なる，機能をもたないタンパク質をコードしたmRNAが，白色組織で検出されるようになる。

mRNAの量が減少する機構として，mRNAの転写および成熟が正常に行われた後に，配列特異的に分解されるPTGSが機能している場合もある。PTGSは対象となる遺伝子と相同性の高いsiRNAの形成を必要とする。転写段階における違いが認められない一方でmRNA量が減少し，かつsiRNAが白色組織に特異的に検出される場合には，PTGSが機能していると考えられる。mRNAの発現量に違いが認められない場合には，翻訳段階が阻害されている可能性も考えられる。いずれも生命活動にとってきわめて重要なものであり，研究対象として魅力的なものと考えられる。

ウイルスの感染によって模様が発現する場合がある。身近な花の中でこういった模様を比較的容易に見出せるのは，チューリップである（図4-1-22，口絵3）。PTGSは本来二重鎖RNAを有するウイルス感染に対する防御作用として機能していたと考えられている。ウイルスの中にはPTGSを阻害する作用を有するタンパク質をコードする遺伝子をもつことで，植物の防御機構に抵抗する能力を有しているものもある。ウイルス感染によって模様が形成される現象の一部には，PTGSあるいはその阻害機構が関与していると考えられる。逆にこういったウイルスを感染させて花の色や模様の変化を調べることで，対象とする花においてPTGSが機能していることを判別できる。この種のタンパク質の中では，特にキュウリモザイクウイルス（CMV）がコードする2bタンパク質の機能についての研究が進められており[20, 21]，RNA依存性RNAポリメラーゼ RNA-dependent RNA polymerase: RDRの阻害や[22] mRNAの分解過程ではたらくRISC（RNA-induced silencing complex）を阻害することが示されている[23]。

【発現抑制を受ける遺伝子の構造解析】　部位特異的な発現制御の対象として特定された遺伝子については，そのゲノム構造の特徴を解析することで，模様の形成機構についての理解を深めることができる．園芸植物の多くは，複数の種間での交雑を人為的に行うことで育成されたものである．キクのように古代から改変が行われたことで，記録による原種の追跡がきわめて困難な植物[24]がある一方で，近代になってから人為的な交配が行われ，原種に関する記録が比較的整理されている植物もある．いずれにしても多くの園芸植物のゲノムは，複数の種に由来するたいへん複雑な構成をとっていると推察される．園芸花卉において模様の形成にかかわる特殊なゲノム構造が構成されてきた経緯を追究することは，研究の遂行にかなりの困難がともなうことが予想されるものの，たいへん魅力的な課題である．

　トランスポゾンが関与する花の白色組織における対象遺伝子のゲノムの長さは，トランスポゾンが挿入された分だけ着色組織のゲノムよりも長くなっている．トランスポゾンは挿入した場所に塩基配列の重複を生じる．また脱離する際にはフットプリント footprint と呼ばれる少数の塩基の挿入や欠損を起こす．ゲノムに認められるこれらの特徴によって，模様の形成におけるトランスポゾンの関与を示すことができる．

　トランスポゾンがプロモーター部位に挿入されている場合は，転写活性が低下することで mRNA が減少する．トランスポゾンがコード領域に挿入されている場合には，新たな停止コドンが生じることで転写が途中で止まる，あるいは転写が正常に遂行された場合でも新たなスプライシング部位が生じて正常な mRNA が形成されなくなるなどの理由で，活性をもたない酵素タンパク質が生成される．これらの場合は，着色組織の mRNA と比べて長さの異なる mRNA が白色組織で検出されるようになる．

　トランスポゾンの関与が示唆される模様の中には，刷毛で引いたような細かい斑が存在する模様もある．ここではアントシアニンの生合成の活性化と不活性化が交互に起こっている．同じ遺伝子にトランスポゾンが脱離と挿入を繰り返すと考えるのは難しいことから，このような花冠においては，トランスポゾンはアントシアニン生合成遺伝子のメチル化に影響を与えることで転写活性を変化させている可能性も示唆されている[25]．

　PTGS は二重鎖 RNA の形成によって始動すると考えられている．組換え植物においては，導入遺伝子が RDR の作用を受けて二重鎖 RNA が形成される．非組換え植物においては，対象となる遺伝子のゲノムの近傍に逆配列を示すゲノムが存在する繰り返し構造を形成している場合が多い[26~28]．こういった構造によって，対象とする mRNA が二重鎖を形成できると考えられている．トランスポゾンが転移

する際に遺伝子の増幅が起こることで，こういった構造が構成される可能性も指摘されている．一方で，ペチュニアの園芸植物のように，PTGSが関与しているにもかかわらず，このような逆配列の繰り返し構造が認められない植物もある[29]．こういった植物がどのようにして内生的にPTGSを発現しているのか興味ある問題である．

模様の形成機構に関する大きな謎は，PTGSを発現する組織がどのようにして決められるのかということである．PTGSが機能していない着色組織と機能している白色組織の決定は自律的に行われているはずである．これが組織分化の発現機能に直結した問題といえる．またPTGSが機能している模様においては，色彩の境界組織を構成する細胞の間での色の濃さの変化は段階的に起こる．このことはPTGSによるmRNA量の減少が段階的に起こることを示している．このようにmRNAの量を段階的に変化させる仕組みもまた興味ある問題である．

【模様を変化させる因子の探索】 光や温度によって模様が変化する性質をもった花を咲かせる植物がある．一般にアントシアニンの生合成は，低温や高照度によって活性化される．ただし，こういった条件が模様における着色組織の割合を減少させる場合もある．環境条件によってアントシアニンの合成が活性化する場合は，多くの生合成関連遺伝子の発現量が段階的に変化する場合が多いようである[30]．これに対して模様の形成において着色組織と白色組織の分化は，1つの遺伝子の発現量が劇的に変化することで決定されるようである．模様の形成において着色組織と白色組織を決定する機構は，アントシアニン濃度を決定する機構とは，基本的に異なるものであると考えられる．したがって着色面積の減少とアントシアニン濃度の低下は必ずしも同調していない．

植物体の老化にともなって花にあらわれる模様が変化する場合がある．さらに筆者らは，ペチュニアの模様を変化させ白色組織のない花を開花させるような化合物を見いだしている．園芸植物に対して模様に影響を与える要素の情報は，商品価値が高い花を栽培するために利用できる．またこういった化合物や環境条件は，mRNAの発現制御に影響を与える因子として，同機構を解明するための重要な情報となる．

d) 研究例

【ペチュニアの外縁白色型覆輪模様】 ペチュニアにはピコティー型と呼ばれる外縁が白色の覆輪品種がある．ピコティー型品種では，着色した内部組織にアントシアニンとフラボノールであるクェルセチン配糖体およびケイ皮酸誘導体であるカフェ酸配糖体およびp-クマル酸配糖体が含まれていた[5,6]．一方で，白色の外縁組織ではアントシアニンとフラボノール誘導体が検出されず，逆にカフェ酸配糖体

およびp-クマル酸配糖体が高濃度で蓄積していた。この傾向は花弁の生育初期段階から認められた。これらの化合物の生合成的関連にもとづくと，外縁の白色組織では，ケイ皮酸からジヒドロフラボノールに至る早い生合成段階で，アントシアニンの生合成が抑制されていると考えられる。

　アントシアニンの生合成関連遺伝子については，主要な生合成酵素の遺伝子がクローニングされている。さらにペチュニアでは，それぞれの生合成酵素遺伝子の発現を制御する転写因子も見出されている。これらの遺伝子についてクローニングを行い，各生育段階でのmRNAの発現をノーザンハイブリダイゼーションによって検出した。その結果，すべての生育段階でカルコン合成酵素遺伝子（CHS）のみの発現が，白色組織で着色組織よりも著しく減少していた。CHSによって合成されるカルコンは，アントシアニンとともにフラボノールの生合成前駆体でもある。ピコティー型品種の花においては，外縁部においてCHSの発現が特異的に抑制されたことによって，アントシアニンとフラボノールの合成が抑制されるとともに，CHSの上流に位置するカフェ酸及びp-クマル酸の配糖体が蓄積し，その結果，白色組織が形成されたと考えられる。

　ペチュニアにおいては，CHSは遺伝子ファミリーを形成している。その中で花弁においてアントシアニンの合成の大部分を担っているのはCHSAであることが明らかにされている[31]。ピコティー型品種においては，相同性の高い2つのCHSA遺伝子が同方向に並んだタンデムリピート構造をもつこと，CHSAのmRNAの減少はPTGSによって発現することが明らかになった[29]。ペチュニアの星型品種でも同様の構造をもったCHSAが存在し[29]，run-onアッセイの結果や，siRNAの存在，さらにはキュウリモザイクウイルスの感染によって白色組織が着色する現象によって，PTGSによりCHSAの発現が抑制されることが示されている[32〜34]。

【ペチュニアの外縁着色型覆輪模様】　ペチュニアにはピコティー型品種とは逆に，外縁が着色し，内部が白いモーン型品種がある。ピコティー型品種と同様に，着色した外縁組織にはアントシアニン，クェルセチン配糖体，カフェ酸配糖体およびp-クマル酸配糖体が含まれていた[5,6]。ピコティー型品種とは異なり，内部の白色組織において減少していたのはアントシアニンだけであり，クェルセチン配糖体は着色部より高濃度で含まれていた。この現象は，花弁生育の中期以降で認められた。モーン型品種の外縁の白色組織では，アントシアニン生合成の後期であるフラボノールとの分岐段階の代謝が抑制されていると考えられる。

　アントシアニン生合成関連遺伝子のmRNAの発現を調べた結果，いずれの遺伝子に関しても発現量に有為な違いは認められなかった[5]。さらに検討を進めると，フラボノールへの合成を触媒するフラボノール合成酵素 flavonol synthase: FLSの

mRNA の発現が，アントシアニンの生合成が最も盛んになる花弁生育段階の中期で，白色組織特異的に増加していた。FLS の基質となるジヒドロフラボノールは，アントシアニンの前駆体でもある。したがって花弁内部では FLS の活性化によってアントシアニンへの代謝が抑制されて，アントシアニン濃度が減少するとともにフラボノール濃度が増加し，その結果白色組織が形成されたと考えられる。このような例は，組換え植物においても示されている[35]。

この品種の主要なフラボノールはクェルセチン配糖体である[6]。外縁部と内部ではクェルセチン配糖体の組成が異なっており，内部に特異的に存在するクェルセチン配糖体がある。クェルセチンの配糖化に関しても内部組織に特異的な制御が機能しているように見える。FLS と同様に配糖化酵素遺伝子も部位特異的な制御を受けている可能性がある。これとは別に，内部組織と外縁組織ではフラボノイドが生合成される花弁生育段階が異なることで，二次的に組成の違いが生じた可能性も考えられる。

【カーネーションの扇型模様】　トランスポゾンが関与する現象は，カーネーション[36]，アサガオ[9,37]，ペチュニア[38]などの植物で解析が進められている。ここではカーネーションについての研究例を紹介する。カーネーションには白色の花弁に赤色の扇状の模様が不規則にあらわれる品種がある。これらの品種では，ジヒドロフラボノール還元酵素遺伝子(*DFR*)にトランスポゾン *dTdic1* が挿入されている。DFR はジヒドロフラボノールのロイコアントシアニンへの代謝を触媒する，アントシアニン生合成酵素の一つである。一般的なトランスポゾンが遺伝子の非翻訳領域に挿入されているのに対して，*dTdic1* は *DFR* の翻訳領域に挿入されていることが特徴である。DFR は *dTdic1* を含んで転写されるために，正常な DFR よりも長い mRNA が合成される。この長い mRNA によってコードされるタンパク質は活性をもたないため，アントシアニンの生合成が抑制されると考えられる。*dTdic1* が脱離して正常な *DFR* が合成される細胞ができると，それから派生する細胞においてもアントシアニンが生合成されるようになり，その結果扇型に着色した模様が形成される。

カーネーションの花の黄色は，DFR とカルコンイソメラーゼ（CHI）の 2 つの酵素の不活性化によって発色する[36]。CHI の不活性化は黄色色素であるカルコン配糖体の蓄積を導く。CHI に触媒される代謝は一部非酵素的にも行われることで，CHI のみの不活性化では赤色色素であるアントシアニンが微量に合成され，黄色色素と混ざることでオレンジ色が発色する。したがって黄色の発色のためには，DFR の不活性化によるアントシアニンの合成の阻害が必要となる。*dTdic1* は *CHI* と *DFR* の両者に挿入して不活性化を担っている。*dTdic1* が *CHI* から脱離した場

合には，DFR のみの不活性化によって白色の斑が形成される。dTdic1 が DFR から脱離した場合には，CHI のみの不活性化によってオレンジ色の斑が形成される。dTdic1 が 2 つの遺伝子から段階的に脱離すると，オレンジ色と白色で構成される二重の斑が形成されることになる。

【トルコギキョウの覆輪模様】 トルコギキョウ Eustoma grandiflorum には花弁の先端部分が着色する覆輪品種がある。これらの品種の花弁の着色面積率は，特に温度の影響を受ける[39]。著しい場合には花弁全体が着色して模様が消えてしまう。こういった現象は冬季における栽培で発生しやすく，トルコギキョウの商品価値を下げる大きな問題となっている[40]。トルコギキョウにおける覆輪花弁の着色面積率の増加は，低温によって誘導されると考えられ，栽培温室の温度を一定以上に保つための暖房費が負担となっていた。しかし，ある品種では低温で生育させても，1 日数時間高温に遭遇させることで，着色面積率の増加が抑制されることが示された[41]。トルコギキョウでは，覆輪花弁の模様の制御に与える影響は，高温の効果が低温の効果に優先しており，面積率の減少が高温によって誘導されるという，これまでと異なる考え方が導かれる。この性質にもとづいた栽培方法の開発によって，暖房費の削減が期待されている。

トルコギキョウでは着色面積率が増加しても，アントシアニンの濃度は変化しない[41]。白色組織で発現しているアントシアニン生合成の抑制を解除する機構と，解除された組織において生合成活性の調節を行う機構とは，基本的に異なるものである。環境条件が花の模様に与える影響を調べた研究は，ほかにペチュニアなどで報告があるものの例が少ない[42,43]。同じ植物種の中でも，品種によって異なる反応を示す例も報告されている。研究例を増やすとともに，模様の形成機構を理解することによって，実用的な模様の制御を可能にすることが期待できる。

【その他】 アサガオは江戸時代よりさまざまな模様をもつ品種が育成されている。これらの品種における模様については，主にトランスポゾンの関与に視点を置いた研究が精力的に行われている[8]。最近では，ダリアの模様の発現にも，PTGS による CHS の発現抑制が関与していることが明らかにされた[44]。またツバキ Camellia japonica の覆輪品種'玉之浦'の白色組織においても CHS の発現が抑制されていることが報告されている[45]。

引用文献

(1) 小林頼子 2002. 天上の甘露を享ける花——十七世紀オランダに咲いたチューリップの肖像．チューリップ・ブック：イスラームからオランダへ．八坂書房，東京．
(2) 中山真義 2009. 花の模様の形成機構. 植物の生長調節 **44**, 85-93.
(3) 福田直子，宮坂昌実，斉藤涼子，朽津和幸，中山真義 2005. トルコギキョウ白色系生花弁の紫

外光下における明暗像とフラボノイド含量の関係. 園芸学研究 **4**, 147-151.
(4) Nakayama, M., Okada, M., Taya-Kizu, M., Urashima, O., Kan, Y., Fukui, Y., Koshioka, M. 2004. Coloration and anthocyanin profile in tulip flowers. *Jap. Agric. Res. Quart.* **38**, 185-190.
(5) Saito, R., Fukuta, N., Ohmiya, A., Itoh, Y., Ozeki, Y., Kuchitsu, K., Nakayama, M. 2006. Regulation of anthocyanin biosynthesis involved in the formation of marginal picotee petals in *Petunia*. *Plant Sci.* **170**, 828-834.
(6) Saito, R., Kuchitsu, K., Ozeki, Y., Nakayama., M. 2007. Spatiotemporal metabolic regulation of anthocyanin and related compounds during the development of marginal picotee petals in *Petunia hybrida* (Solanaceae). *J. Plant Res.* **120**, 563-568.
(7) 伊藤佳央, 小関良宏, 吉田洋之, 岡村正愛, 梅基直行, 戸栗敏博, 中山真義, 福田直子, 緒方潤 2004. 花の模様は遺伝子のしわざだった！トランスポゾンがつくるさまざまな色と模様. 化学 **59**, 40-43.
(8) Iida, S., Morita, Y., Choi, J.D., Park, K.I., Hoshino, A. 2004. Genetics and epigenetics in flower pigmentation associated with transposable elements in morning glories. *Adv. Biophys.* **39**, 141-159.
(9) Voinnet, O. 2008. Use, tolerance and avoidance of amplified silencing by plants. *Trends Plant Sci.* **13**, 317-328.
(10) Baulcombe, D. 2002. Viral suppression of systemic silencing. *Trends Microbiol.* **10**, 306-308.
(11) Volpe, T.A., Kidner, C., Hall, I.M., Teng, G., Grewal, S.I.S., Martienssen, R.A. 2002. Regulation of heterochromatic silencing and histone H3 lysine-9 methylation by RNAi. *Science* **297**, 1833-1837.
(12) Mochizuki, K., Fine, N.A., Fujisawa, T., Gorovsky, M.A. 2002. Analysis of a piwi-related gene implicates small RNAs in genome rearrangement in *Tetrahymena*. *Cell* **110**, 689-699.
(13) Grishok, A., Pasquinelli, A., Conte, D., Li, N., Parrish, S., Ha, I., Baillie, D., Fire, A., Ruvkun, G., Mello, C. 2001. Genes and mechanisms related to RNA interference regulate expression of the small temporal RNAs that control *C. elegans* developmental timing. *Cell* **106**, 23-34.
(14) Giraldez, A.J., Cinalli, R.M., Glasner, M.E., Enright, A.J., Thomson, J.M., Baskerville, S., Hammond, S.M., Bartel, D.P., Schier, A.F. 2005. MicroRNAs regulate brain morphogenesis in zebrafish. *Science* **308**, 833-838.
(15) Hatfield, S.D., Shcherbata, H.R., Fischer, K.A., Nakahara, K., Carthew, R.W., Ruohola-Baker, H. 2005. Stem cell division is regulated by the microRNA pathway. *Nature* **435**, 974-978.
(16) Napoli, C., Lemieux, C., Jorgensen, R. 1990. Introduction of a chimeric chalcone synthase gene into petunia results in reversible co-suppression of homologous genes in trans. *Plant Cell* **2**, 279-289.
(17) Van der Krol, A.R., Mur, L.A., Beld, M., Mol, J.N.M., Stuitje, A.R. 1990. Flavonoid genes in *Petunia*: addition of a limited number of gene copies may lead to a suppression of gene expression. *Plant Cell* **2**, 291-299.
(18) Jorgensen, R.A., Cluster, P.D., English, J., Que, Q., Napoli, C.A. 1996. Chalcone synthase cosuppression phenotypes in petunia flowers: comparison of sense vs. antisense constructs and single-copy vs. comples T-DNA sequences. *Plant Mol. Biol.* **31**, 957-973.
(19) Jorgensen, R.A. 1995. Cosuppression, flower color patterns, and metastable gene expression states. *Science* **268**, 686-691.
(20) Brigneti, G., Voinnet, O., Li, W.X., Ji, L.H., Ding, S.W., Baulcombe, D.C. 1998. Viral pathogenicity determinants are suppressors of transgene silencing in *Nicotiana benthamiana*. *EMBO J.* **17**, 6739-6746.
(21) Guo, H.S., Ding, S.W. 2002. A viral protein inhibits the long range signaling activity of the gene silencing signal. *EMBO J.* **21**, 398-407.
(22) Diaz-Pendon, J.A., Li, F., Li, W.X., Ding, S.W. 2007. Suppression of antiviral silencing by

cucumber mosaic virus 2b protein in *Arabidopsis* is associated with drastically reduced accumulation of three classes of viral small interfering RNAs (W) (OA). *Plant Cell* **19**, 2053-2063.
(23) Zhang, X., Yuan, Y.R., Pei, Y., Lin, S.S., Tuschl, T., Patel, D.J., Chua, N.H. 2006. *Cucumber mosaic virus*-encoded 2b suppressor inhibits *Arabidopsis* Argonaute1 cleavage activity to counter plant defense. *Genes Dev.* **20**, 3255-3268.
(24) 柴田道夫 2003. キク. 植物育種学各論（日向康吉, 西尾剛 編著), 文永堂出版, 東京. pp. 267-272.
(25) 星野淳, 木下哲反 2007. 反復配列・DNA メチル化により制御される植物の生命現象. 化学と生物 **45**, 118-125.
(26) Kusaba, M., Miyahara, K., Iida, S., Fukuoka, H., Takano, T., Sassa, H., Nishimura, M., Nishio, T. 2003. Low glutelin content 1: a dominant mutation that suppresses the glutelin multigene family via RNA silencing in rice. *Plant Cell* **15**, 1455-1467.
(27) Senda, M., Masuta, C., Ohnishi, S., Goto, K., Kasai, A., Sano, T., Hong, J.S., MacFarlane, S. 2004. Patterning of virus-infected *Glycine max* seed coat is associated with suppression of endogenous silencing of chalcone synthase genes. *Plant Cell* **16**, 807-818.
(28) Della Vedova, C.B., Lorbiecke, R., Kirsch, H., Schulte, M.B., Scheets, K., Borchert, L.M., Scheffler, B.E., Wienand, U., Cone, K.C., Birchler, J.A. 2005. The dominant inhibitory chalcone synthase allele C2-Idf (inhibitor diffuse) from *Zea mays* (L.) acts via an endogenous RNA silencing mechanism. *Genetics* **170**, 1989-2002.
(29) Morita, Y., Saito, R., Ban, Y., Tanikawa, N., Kuchitsu, K., Ando, T., Yoshikawa, M., Habu, Y., Ozeki, Y., Nakayama M. 2012. Tandemly arranged *chalcone synthase A* genes contribute to the spatially regulated expression of siRNA and the natural bicolor floral phenotype in *Petunia hybrida. Plant J.* **70**, 739-749.
(30) Ban, Y., Honda, C., Hatsuyama, Y., Igarashi, M., Bessho, H., Moriguchi, T. 2007. Isolation and functional anayalsis of MYB transcription factor gene that is a key regulator for the development of red coloration in apple skin. *Plant Cell Physiol.* **48**, 958-970.
(31) Koes, R.E., Spelt, C.E., van den Elzen, P.J., Mol, J.N. 1989. Cloning and molecular characterization of the chalcone synthase multigene family of *Petunia hybrida. Gene* **81**, 245-257.
(32) Mol, J.N.M., Schram, A.W., de Vlaming, P., Gerats, A.G.M., Kreuzaler, F., Hahlbrock, K., Reif, H.J., Veltkamp, R. 1983. Regulation of flavonoid gene expression in *Petunia hybrida*: description and partial characterization of a conditional mutant in chalcone synthase gene expression. *Mol. Gen. Genet.* **192**, 424-429.
(33) Koseki, M., Goto, K., Masuta, C., Kanazawa, A. 2005. The star-type color pattern in *Petunia hybrida* 'Red Star' flowers is induced by the sequence-specific degradation of the chalcone synthase RNA. *Plant Cell Physiol.* **46**, 1879-1883.
(34) Teycheney, P.Y., Tepfer, M. 2001. Virus-specific spatial differences in the interference with silencing of the chs-A gene in non-transgenic petunia. *J. Gen. Virol.* **82**, 1239-1243.
(35) Gerates, A.G.M., de Vlaming, P., Doodeman, M., Al, B., Schram, A.W. 1982. Genetic control of conversion of dihydroflavonol into flavonols and anthocyanins in flowers of *Petunia hybrida. Planta* **155**, 364-368.
(36) Itoh, Y., Higeta, D., Suzuki, A., Yoshida, H., Ozeki, Y. 2002. Excision of transposable elements from the chalcone isomerase and dihydroflavonol 4-reductase genes may contribute to the variegation of the yellow-flowered carnation (*Dianthus caryophyllus*). *Plant Cell Physiol.* **43**, 578-585.
(37) Inagaki, Y., Hisatomi, Y., Suzuki, T., Kasahara, K., Iida, S. 1994. Isolation of a Suppressor-Mutator/Enhancer-like transposable element, *Tpn1*, from Japanese morning glory bearing variegated flowers. *Plant Cell* **6**, 375-383.

(38) van Houwelingen, A., Souer, E., Spelt, K., Kloos, D., Mol, J., Koes, R. 1998. Analysis of flower pigmentation mutants generated by random transposon mutagenesis in Petunia hybrida. Plant J. **13**, 39-50.
(39) 福田直子，大澤良，吉岡洋輔，中山真義 2005. トルコギキョウにおける覆輪安定性の数量化による品種間変異の評価. 園芸学研究 **4**, 265-269.
(40) 渡辺均 2006. トルコギキョウ覆輪花弁における着色割合の季節変動. 園芸学研究 **5**, 409-413.
(41) 福田直子，中山真義 2008. 温度条件がトルコギキョウ覆輪花弁の着色面積率に及ぼす影響. 園芸学研究 **7**, 531-536.
(42) Harder, V.R. 1938. Über Frab- und Musteränderungen bei Blüten. Naturwissenschaften **4**, 713-722.
(43) Griesbach, R., Beck, R.M., Hammond, J. 2007. Gene expression in the Star mutation of Petunia × hybrida Vilm. J. Amer. Soc. Hort. Sci. **132**, 680-690.
(44) Ohno, S., Hosokawa, M., Kojima, M., Kitamura, Y., Hoshino, A., Tatsuzawa, F., Doi, M., Yazawa, S. 2011. Simultaneous post-transcriptional gene silencing of two different chalcone synthase genes resulting in pure white flowers in the octoploid dahlia. Planta **234**, 945-958.
(45) Tateishi, N., Ozaki, Y. and Okubo, H. 2010. White marginal picotee formation in the petals of Camellia japonica 'Tamanoura'. J. Japan. Soc. Hort. Sci. **79**, 207-214.

4) 黄色の発現*

　白色と並んで，黄色は植物界に最も多い花の色とされているが，これらのほとんどはカロテノイド系の色素によって発現していると考えられている[1,2]。またベタレイン系色素を含有するいくつかの植物，たとえばオシロイバナ[3]，サボテン類[4]，マツバボタン[5]などの多くの黄色花は，ベタキサンチンによって発現している。フラボノイドのうち，イソフラボノイド，フラバノン，ジヒドロフラボノール，ジヒドロカルコンなどはすべて大きな光吸収帯が300 nm以下の短波長側にあるので，肉眼では見ることができない。フラボンもまたコピグメント作用以外では色素としての役割はないといってよい。その一方で，光吸収帯が350 nmよりも長波長側にあるカルコン，オーロンおよびフラボノールは黄色を発現するものが多い[6]。ここでは，これらのフラボノイドによって発現する黄色花をかいつまんで紹介する。

a) カルコンとオーロンによる発現

　表4-1-10には，これまで報告のあったカルコンとオーロンによる主な黄色花を示した。フラボノイドの中で最も濃い黄色を呈するのがオーロンである。この色素によって黄色を発現する代表的な植物はキンギョソウである[7~9]。主要色素はオーロイシジン 6-グルコシド aureusidin 6-glucoside とブラクテアチン 6-グルコシド bracteatin 6-glucoside である[10,20]。カルコンのカルコノナリンゲニン 4'-グルコシド chalcononaringenin 4'-glucoside と 3,4,2',4',6'-ペンタヒドロキシカルコン 4'-グルコシド 3,4,2',4',6'-pentahydroxychalcone 4'-glucoside による黄色花品種も報告されている

＊執筆：岩科　司　Tsukasa Iwashina

表 4-1-10　カルコンとオーロンによる代表的な植物の黄色花の発現

植物		フラボノイド	文献
キク科			
	ダリア	スルフレチン 6-グルコシド	17
		スルフレチン 6-ジグルコシド	17
		ブテイン 4'-グルコシド	17
		ブテイン 4'-(マロニルグルコシド)	16
		ブテイン 4'-(マロニルソフォロシド)	16
		イソリキリチゲニン 4'-グルコシド	59
		イソリキリチゲニン 4'-ジグルコシド	59
	ヤナギタウコギ	マリチメチン 6-グルコシド	19
		スルフレチン 6-グルコシド	19
		ブテイン	19
	ハルシャギク	マリチメチン	22
		マリチメチン 6-グルコシド	22
		オカニン	22
		オカニン 4'-グルコシド	22
		オカニン 4'-(6"-マロニルグルコシド)	23
		オカニン 4'-(6"-アセチルグルコシド)	23
	オオキンケイギク	マリチメチン	22
		マリチメチン 6-グルコシド	22
		オカニン	22
		オカニン 4'-グルコシド	22
	コスモス(黄色花品種)	スルフレチン 6-グルコシド	31, 32
		ブテイン 4'-グルコシド	31, 32
	キバナコスモス	スルフレチン	21
		ブテイン 4'-グルコシド	21
ナデシコ科			
	カーネーション(黄色花品種)	カルコノナリンゲニン 2'-グルコシド	35
サクラソウ科			
	シクラメン(黄色花品種)	カルコノナリンゲニン 2'-グルコシド	36, 37

[11]。オーロンの多くは紫外域と可視域の境界にあたる 400 nm 前後に光吸収帯をもつために，カルコンなどと比較するとより黄味の強い色として発現するが，キンギョソウの場合はさらに，主要色素であるオーロイシジン 6-グルコシドと，共存するフラボンの配糖体，特にアピゲニン 7-グルクロニド apigenin 7-glucuronide との間でコピグメントが生じることで，より黄味が強まっているとの報告もある[7]。

ダリアの仲間もまたオーロンとカルコンとによって発現する黄色花をもつ植物として知られている[59]。観賞用として広く栽培されているダリアの黄色花に含まれるオーロンはスルフレチン 6-グルコシド sulphuretin 6-glucoside などで[12]，これにブテインやイソリキリチゲニン isoliquiritigenin の種々の配糖体が共存している[12〜

植物	フラボノイド	文献
ゴマノハグサ科		
キンギョソウ	オーロイシジン 6-グルコシド	7, 8, 9, 10
	ブラクテアチン 6-グルコシド	10
	カルコノナリンゲニン 4'-グルコシド	11
	3,4,2',4',6'-ペンタヒドロキシカルコン 4'-グルコシド	11
ホソバウンラン	オーロイシジン 6-グルコシド	38
	ブラクテアチン 6-グルコシド	38
キバナウンラン	オーロイシジン 6-グルコシド	38
	ブラクテアチン 6-グルコシド	38
カタバミ科		
オオキバナカタバミ	オーロイシジン 4-グルコシド	30, 39
	オーロイシジン 6-グルコシド	30, 39
マンサク科		
トサミズキ	カルコノナリンゲニン 2'-グルコシド	40
ヒュウガミズキ	カルコノナリンゲニン 2'-グルコシド	40
コウヤミズキ	カルコノナリンゲニン 2'-グルコシド	40
キリシマミズキ	カルコノナリンゲニン 2'-グルコシド	40
シナミズキ	カルコノナリンゲニン 2'-グルコシド	40
ショウコウミズキ	カルコノナリンゲニン 2'-グルコシド	40
ボタン科		
ボタン(黄色花品種)	カルコノナリンゲニン 2'-グルコシド	50
Paeonia trollioides	カルコノナリンゲニン 2'-グルコシド	30
スイレン科		
スイレン（黄色花品種）	カルコノナリンゲニン 2'-ガラクシド	60

[15]。これらに加えて近年，マロン酸でアシル化されたカルコンも報告されている[16]。観賞用のダリアばかりでなく，野生の数種のダリア属植物の黄色花もまたオーロンとカルコンによって発現されていることも知られている[16〜18]。

スルフレチン 6-グルコシド

ブテイン

ダリアばかりでなく，キク科植物にはアントクロル系の色素によって発現している黄色花が比較的多くある。たとえば，センダングサ属植物 Bidens では，ヤナギタウコギ B. cernua の花からオーロンのマリチメチン 6-グルコシド maritimetin 6-glucoside とスルフレチン 6-グルコシド，およびカルコンのブテインが報告されている[19]。ハルシャギク属 Coreopsis の仲間の多くも黄色花をつけるが，ハルシャギク C. tinctoria やオオキンケイギク C. lanceolata からオーロンとしてマリチメチン 6-グルコシドが，またカルコンとしてオカニン okanin とその 4'-グルコシドが黄色色素として知られている[21, 22]。ハルシャギクからは近年，マロン酸や酢酸でアシル化されたオカニン 4'-(6"-マロニルグルコシド) と 4'-(6"-アセチルグルコシド) も分離された[23]。そのほかに，この属の多くの植物からもアントクロル系の色素が花から報告されている[24〜30]。

マリチメチン 6-グルコシド　　　　　　　　オカニン

コスモスの花は一般に紅色であるが，日本において黄色花の品種が作出されている。その主要色素はスルフレチン 6-グルコシドとブテイン 4'-グルコシドと同定されている[31, 32]。また本来の黄色花種であるキバナコスモス C. sulphureus の花からもスルフレチンとブテイン 4'-グルコシドが報告されている[21]。

そのほかにもキク科からはカルコンとオーロンが多くの植物から報告されており[27, 30, 33, 34]，今後もアントクロル系色素による黄色花が発見される可能性は大きい。

キク科以外でカルコンやオーロンによって発現している黄色花をもつ植物としてあげられるのがカーネーションである。ナデシコ属植物のほとんどは赤紫系の花色であるが，カーネーションにはかなり濃淡に幅のある黄色花の園芸品種が多く作出されており，そのほとんどすべてがカルコンのカルコノナリンゲニン 2'-グルコシドによって発現している[30, 35]。

シクラメン Cyclamen persicum もまた本来は基本的に赤系の花であるが，近年，黄色花品種が作出されており，この主要色素もカルコノナリンゲニン 2'-グルコシドであることが判明している[36, 37]。ゴマノハグ

カルコノナリンゲニン 2'-グルコシド

サ科では，ウンラン属植物 Linaria の黄色花がオーロンによって発現していることが知られている。ホソバウンラン L. vulgaris やキバナウンラン L. dalmatica など，8 種の花に 6 種類のオーロンが含まれており，そのうちの 2 種類がブラクテアチン 6-グルコシドおよびオーロイシジン 6-グルコシドと同定されている [38]。またカタバミ科の植物では，オオキバナカタバミ Oxalis cernua (＝O. pes-caprae) の主要色素がオーロイシジン 4-グルコシドと 6-グルコシドであることが報告されている [30, 39]。ボタン Paeonia suffruticosa の黄色花もカルコノナリンゲニン 2'-グルコシドであると報告されているが [50]，同じ属でありながらキボタン P. lutea では，カロテノイドのみで黄色が発現している [30]。

オーロイシジン 6-グルコシド　　　　　ブラクテアチン 6-グルコシド

3,4,2',4',6'-ペンタヒドロキシカルコン 4'-グルコシド

　マンサク科の植物は早春に黄色の花をつけるものが多いが，近年，6 種のトサミズキ属植物 Corylopsis，すなわちトサミズキ C. spicata，ヒュウガミズキ C. pauciflora，コウヤミズキ C. gotoana，キリシマミズキ C. glabrescens，シナミズキ C. sinensis およびショウコウミズキ C. coreana の黄色花がカルコンによるものであることが報告された [40]。主要色素はカーネーションやシクラメンのものと同じカルコノナリンゲニン 2'-グルコシドで，これに微量の数種のフラボノール配糖体が共存している。しかし同じマンサク科で，同様に早春に黄色花をつけるレンギョウ属植物 Forsythia の花色色素は多量のフラボノール（クェルセチン 3-ルチノシド）をともなったカロテノイド色素である [58]。トサミズキ属の植物はいずれも黄色花をつけるが，おそらくそのすべてがカルコンを含有していると推定される。さらに近年，スイレンの黄色花品種もまたカルコノナリンゲニンの配糖体によって発色していることが明らかになった [60]。

　オーロンは 2006 年の時点で，アグリコンと配糖体を合わせて 93 種類が，またカルコンについては 606 種類が報告されている [41]。これらは花色構成成分として

ばかりでなく、葉などのほかの器官からの分離も含めた数字であるが、赤〜青系の花に含まれるアントシアニンはこれまでに比較的分析が進められているものの、黄色系の花に含まれる色素成分については、あまり調査がなされていない。特に野生植物についてはその報告例が少ない。今後、これらの野生植物の花の分析が進むにつれて、アントクロル系の色素による黄色花の例が増加すると考えられる。

b) フラボノールによる発現

これまで報告のあるフラボノールによる黄色花の主な例を**表 4-1-11** に示した。カロテノイドほどではないが、オーロンやカルコンが比較的濃い黄色を呈するのに対して、フラボノールによる黄色花には淡い色のものが多い。しかし、その中でもフラボノール骨格の6位、あるいは8位に付加的にヒドロキシ基を結合しているものは、一般的なフラボノールよりも吸光係数が高いために濃い黄色を示し、黄色フラボノールと呼ばれている[42]。

その代表的なものはゴシペチン gossypetin とクェルセタゲチン quercetagetin である。前者はその名前のとおり、アオイ科のワタ属 *Gossypium* の黄色花に含まれる主要色素で、ワタ *G. arboreum*、ケブカワタ *G. hirsutum* およびペルーワタ *G. barbadense* では7-グルコシドおよび8-グルコシドとして存在している[43〜45]。この属に関連するトロロアオイ属 *Abelmoscus* でもやはりトロロアオイ *A. esculentus* (＝*Hibiscus esculentus*) など、3種の黄色花からゴシペチンとヒビセチン hibiscetin の配糖体が、またフヨウ属 *Hibiscus* でもローゼルの変種 *H. sadariffia* var. *altissima* の黄色花からゴシペチンの7-グルコシドと8-グルコシドおよびヒビセチン 3-グルコシドが検出されている[48, 49]。

ゴシペチン 7-グルコシド

クェルセタゲチン 7-グルコシド

ヒビセチン

アロパツレチン

クェルセタゲチンもまたその名前のとおりに、マリーゴールドの仲間の黄色花の色素成分である。アフリカンマリーゴールド *Tagetes erecta* からはフラボノールと

表4-1-11 フラボノールによる代表的な植物の黄色花の発現

植物	フラボノイド	文献
アオイ科		
ワタ	ゴシペチン 7-グルコシド	43〜45
	ゴシペチン 8-グルコシド	43〜45
	ゴシペチン 8-ラムノシド	46
ケブカワタ	ゴシペチン 7-グルコシド	43〜45
	ゴシペチン 8-グルコシド	43〜45
ペルーワタ	ゴシペチン 7-グルコシド	4〜45
	ゴシペチン 8-グルコシド	43〜45
トロロアオイ	ゴシペチン	30, 47, 48
	ヒビセチン	30, 47, 48
ローゼル	ゴシペチン 7-グルコシド	48, 49
	ゴシペチン 8-グルコシド	48, 49
	ヒビセチン 3-グルコシド	49
キク科		
アフリカンマリーゴールド	クェルセタゲチン 3-グルコシド (+カロテノイド)	51
フレンチマリーゴールド	アロパツレチン (+カロテノイド)	52
ヤグルマギクの仲間 (*Centaurea ruthenica*)	パツレチン	54
	パツレチン 7-グルコシド	54
	クェルセタゲチン	54
	クェルセタゲチン 7-グルコシド	54
	ジャセオシジン	54
	ジャセオシジン 7-グルコシド	54
キンポウゲ科		
クレマチス(黄色花品種)	クェルセチン 3-グルコシド	55
	クェルセチン 3-ガラクトシド	55
サボテン科		
サボテンの仲間 (*Astrophytum* spp.)	クェルセチン	57
ツバキ科		
キンカチャ	クェルセチン 3-ルチノシド	58
	クェルセチン 7-グルコシド	58
	クェルセチン 3-グルコシド (+アルミニウム)	58

してクェルセタゲチン 3-グルコシドが[51]，フレンチマリーゴールド *T. patula* からはアロパツレチン allopatuletin が報告されているが[52]，マリーゴールドの黄色花からはカロテノドの存在も知られている[53]。

パツレチン 7-グルコシド

表 4-1-12 黄色系および白色系クレマチスに含まれるフラボノイドの HPLC による質的量的比較 [55]

種および品種	花色	クェルセチン			ケンフェロール		総量 [a]
		1	2 および 3	4	5		
品種'月宮殿'	黄色	0.12	22.38	—	3.66	26.26(1.00)
カザグルマ(黄花)	黄色	0.23	19.22	0.08	1.10	20.63(0.79)
クレマチス・フロリダ 変種フロリダ	白色	0.01	0.13	34.77	4.29	39.19(1.49)
クレマチス・フロリダ 変種フロレプレオ	白色	0.01	0.12	32.15	4.95	37.50(1.43)
クレマチス・フロリダ 変種シーボルディアナ	白色	0.36	0.13	33.05	4.28	37.83(1.44)

[a] mAU×10^6.( )=品種'月宮殿'のピーク面積を 1.00 とした時の総フラボノイドの相対量.
1=クェルセチン 3-ルチノシド, 2=クェルセチン 3-ガラクトシド, 3=クェルセチン 3-グルコシド, 4=ケンフェロール 3-ルチノシド および 5=ケンフェロール 3-グルコシド

キク科ではさらに,ヤグルマギク属植物の黄色花も 6 位あるいは 8 位にヒドロキシ基が結合したフラボノールによって発現していることが報告されている。東ヨーロッパからシベリアにかけて自生しているヤグルマギクの仲間 Centaurea ruthenica の黄色花からは 13 種類のフラボノールが分離され,そのうちの 12 種類までがパツレチン patuletin やクェルセタゲチンとそれらの 7-グルコシドをはじめとする黄色フラボノールであった[54]。

クェルセチンのような 6 位や 8 位にヒドロキシ基を結合しない一般的なフラボノールは本来,通常の濃度ではきわめて淡い黄色であるが,高濃度に存在した場合には黄色色素として機能することが知られている。クレマチス Clematis の品種のほとんどは赤〜紫系の花色であるが,ごく少数,たとえば品種'月宮殿'やカザグルマ C. patens では淡黄色の花をつける。このような品種を,白花の種であるクレマチス・フロリダ Clematis florida などと含有フラボノイドの比較をすると,両者はクェルセチンの 3-グルコシド,3-ガラクトシドおよび 3-ルチノシド,ケンフェロールの 3-グルコシドと 3-ルチノシドから構成されており,質的にはほとんど変化がない。また量的にも総フラボノール量には変化がないか,むしろ白花のほうが多い。しかし,クェルセチンとケンフェロールの量を比較すると,クェルセチン含量,特にクェルセチンの 3-グルコシドと 3-ガラクトシドが,白色花に比べて約 19〜22 倍も含まれていることが判明した(表 4-1-12)。こうしてクレマチスの黄色花品種では,クェルセチンの配糖体を高濃度に花に蓄積することによって,黄色を発現していることが示されている[55]。

クレマチスの白花では,クェルセチンではなく,ケンフェロール,特にケンフェロール 3-ルチノシドを黄色花の約 32〜35 倍も蓄積しており,同じフラボノール

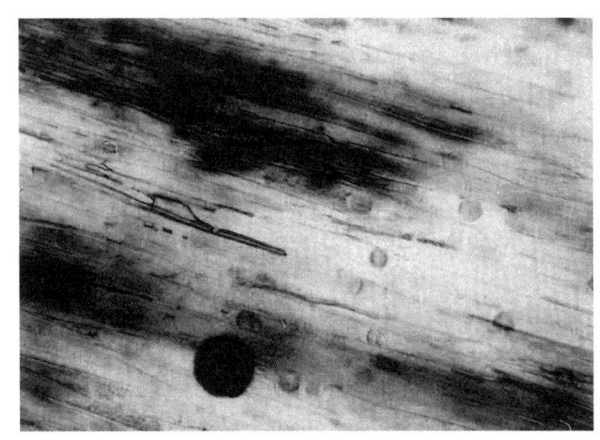

図4-1-23 サボテンの仲間，アストロフィツム・ミリオスティグマ *Astrophytum myriostigma* の黄色花弁中のクェルセチンの結晶（小さな球形）

であっても，ケンフェロール配糖体のように，B環にヒドロキシ基を1つしかもたない，すなわち光吸収帯がより短波長側（約348 nm，クェルセチン配糖体は約357 nm）にあるものでは，多量に存在しても色素としてあまり機能しないと考えられる。

　フラボノールが配糖体ではなく，アグリコンの状態で黄色の発現に貢献している例もある。サボテン科植物の黄色花は主としてベタキサンチンによって発現しているが[4]，一部の植物ではその主要色素がフラボノールであることが判明している。メキシコ原産のアストロフィツム属 *Astrophytum* はいずれも黄色の花をつけるが，これらに含まれる色素成分は微量のケンフェロールとイソラムネチンをともなった，糖を結合していないクェルセチンそのものであり，花弁の細胞内に結晶状に多量に蓄積することにより，黄色として発現している（図4-1-23）[56]。

　クェルセチンのアグリコンはヒドロキシ基に糖を結合していないために，助色団としての遊離のヒドロキシ基が多く，配糖体と比較して光吸収帯が長波長側（370 nm）にあり，そのために配糖体よりも比較的濃い黄色として発現する。しかしそれでも一般的なフラボノールによる黄色は総じて淡い色である。ところが近年，これに金属が加わることによって，一般的なフラボノールでも濃黄色を呈する例が示された。それはツバキ属のキンカチャ *Camellia chrysantha* で，この属では珍しく黄色の花をつける。この花の主要成分はクェルセチン 3-ルチノシド，7-グルコシドおよび 3-グルコシドであるが，濃黄色個体と淡黄色個体の花ではこれらのフラボノイドは量的に大きな差がなく，pHも同じであるが，アルミニウムの含有量が前者は後者の3倍もあり，この花の濃黄色はクェルセチン配糖体とアルミニウムとの相互作用によって発現すると示されている[57]。

　カルコン，オーロンおよびフラボノールのようなフラボノイド系の色素は，一部

の例外を除いて配糖体として存在し，その結果，一般に細胞内の液胞中に水に溶けた状態で存在している。これらの色素はそのままでも黄色を呈するが，アントシアニンと共存する時，コピグメント物質，あるいは金属錯体の一部としても機能しているものが多く，またカロテノイドと比較して，突然変異により欠失することも多く，白花に変異しやすいことから，カロテノイド系色素による黄色花よりも一般に幅の広い花色を呈することができる。

　最初にもふれたが，アントシアニンによって発現する紫～青色系の花色と比較して，含有されている色素の色がそのまま花の色として発現することが多い黄色系の花は，その発現の機構の単純さゆえに，特に野生植物では研究があまり進められてこなかった。しかし，より詳細にこれらの花色を分析することにより，カロテノイドによらない黄色花もまた見出される可能性は十分にある。

引用文献

(1) Goodwin, T.W., Britton, G. 1988. Distribution and analysis of carotenoids. *In* Plant Pigment (ed. Goodwin, T.W.), Academic Press, London, pp. 61-132.
(2) Harborne, J.B. 1993. Introduction to Ecological Biochemistry, 4th ed. Academic Press, London, pp. 36-70.
(3) Piattelli, M., Minale, L., Nicolaus, R.A. 1965. Pigments of Centrospermae – V. Betaxanthins from *Mirabilis jalapa. Phytochemistry* **4**, 817-823.
(4) 岩科司，大谷俊二，近藤典生　1985．柱サボテン亜科の花色とそのベタレイン色素の構成．進化生研報 **2**, 95-118.
(5) Trezzini, G.F., Zrÿd, J.-P. 1991. Two betacyanins from *Portulaca grandiflora. Phytochemistry* **30**, 1897-1988.
(6) Brouillard, R., Dangles, O. 1994. Flavonoids and flower colour. *In* The Flavonoids. Advances in Research since 1986 (ed. Harborne, J.B.), Chapman & Hall, London, pp. 565-588.
(7) Asen, S., Norris, K.H., Stewart, R.N. 1972. Copigmentation of aurone and flavone from petals of *Antirrhinum majus. Phytochemistry* **11**, 2739-2741.
(8) Geissman, T.A., Jorgensen, E.C., Johnson, B.L. 1954. The chemistry of flower pigmentation in *Antirrhinum majus*; color genotypes. I. The flavonoid components of the homozygous P, M., Y color types. *Arch. Biochem. Biophys.* **49**, 368-388.
(9) Jorgensen, E.C., Geissman, T.A. 1955. The chemistry of flower pigmentation in *Antirrhinum majus*; color genotypes. II. Glycosides of PPmmYY, PPMMYY, ppmmYY and ppMMYY color genotypes. *Arch. Biochem. Biophys.* **54**, 72-82.
(10) Harborne, J.B. 1963. Plant polyphenols. X. Flavone and aurone glycosides of *Antirrhinum. Phytochemistry* **2**, 327-334.
(11) Gilbert, R.I. 1973. Chalcone glycosides of *Antirrhinum majus. Phytochemistry* **12**, 809-810.
(12) Nordström, C.G., Swain, T. 1956. The flavonoid glycosides of *Dahlia variabilis*. Part II. Glycoside of yellow varieties "Pius IX" and "Coton". *Arch. Biochem. Biophys.* **60**, 329-344.
(13) Price, J.R. 1939. The yellow colouring matter of *Dahlia variabilis. J. Chem. Soc.* 1017-1018.
(14) Bate-Smith, E.C., Swain, T. 1953. The isolation of 2';4;4'-trihydroxychalkone from yellow varieties of *Dahlia variabilis. J. Chem. Soc.* 2185-2187.
(15) Bate-Smith, E.C., Swain, T., Nordström, C.G. 1955. Chemistry and inheritance of flower colour in the *Dahlia. Nature* **176**, 1016-1018.

(16) Harborne, J.B., Greenham, J., Eagles, J. 1990. Malonylated chalcone glycosides in *Dahlia*. *Phytochemistry* **29**, 2899-2900.
(17) Giannasi, D.E. 1975. The flavonoid systematics of the genus *Dahlia* (Compositae). *Mem. New York Bot. Gard.* **26**, 1-125.
(18) Lam, J., Wrang, P. 1975. Flavonoids and polyacetylenes in *Dahlia tenuicaulis*. *Phytochemistry* **14**, 1621-1623.
(19) Borisov, M.I., Isakova, T.I., Serin, A.G. 1980. Flavonoids of *Bidens cernua*. *Chem. Nat. Compds.* **15**, 197-198.
(20) Seikel, M.K., Geissman, T.A. 1950. Anthochlor pigments. VII. The pigments of *Antirrhinum majus*. *J. Amer. Chem. Soc.* **72**, 5725-5730.
(21) Shimokoriyama, M., Hattori, S. 1953. Anthochlor pigments of *Cosmos sulphureus, Coreopsis lanceolata,* and *C. saxicola*. *J. Amer. Chem. Soc.* **75**, 1900-1904.
(22) Shimokoriyama, M. 1957. Anthochlor pigments of *Coreopsis tinctoria*. *J. Amer. Chem. Soc.* **79**, 214-220.
(23) Zhang, Y., Shi, S., Zhao, M., Jiang, Y., Tu, P. 2006. A novel chalcone from *Coreopsis tinctoria* Nutt. *Biochem. Syst. Ecol.* **34**, 766-769.
(24) Crawford, D.J., Stuessy, T.F. 1981. The taxonomic significance of anthochlors in the subtribe Coreopsidinae (Compositae, Heliantheae). *Amer. J. Bot.* **68**, 107-117.
(25) Crawford, D.J., Smith, E.B. 1983. The distribution of anthochlor floral pigments in North American *Coreopsis* (Compositae): taxonomic and phyletic interpretations. *Amer. J. Bot.* **70**, 355-362.
(26) Geissman, T.A., Heaton, C.D. 1943. Anthochlor pigments. IV. The pigments of *Coreopsis grandiflora* Nutt. I. *J. Amer. Chem. Soc.* **65**, 677-683.
(27) Geissman, T.A., Harborne, J.B., Seikel, M.K. 1956. Anthochlor pigments. XI. The constituents of *Coreopsis maritima*. Reinvestigation of *Coreopsis gigantea*. *J. Amer. Chem. Soc.* **78**, 825-829.
(28) Julian, E.A., Crawford, D.J. 1972. Sulphuretin glycosides of *Coreopsis mutica*. *Phytochemistry* **11**, 1841-1843.
(29) Crawford, D.J. 1978. Okanin 4'-O-diglucoside from *Coreopsis petrophiloides* and comments on anthochlors and evolution in *Coreopsis*. *Phytochemistry* **17**, 1680-1681.
(30) Harborne, J.B. 1966. Comparative biochemistry of flavonoids – I. Distribution of chalcone and aurone pigments in plants. *Phytochemistry* **5**, 111-115.
(31) 稲津厚生 1993. コスモス（*Cosmos bipinnatus* Cav.）におけるイエロー花色品種の成立に関する生化遺伝学的研究. 玉川大学農学部研報 **33**, 75-140.
(32) 佐俣淑彦, 稲津厚生 1983. コスモスの新花色の育種－特に花色の遺伝ならびに生化学的分析－. 玉川学園学術教育研究所共同研究報告 **3**, 1-39.
(33) Bohm, B.A. 2001. Flavonoids of the Sunflower Family (Asteraceae), Springer, Wien.
(34) Harborne, J.B., Smith, D.M. 1978. Anthochlors and other flavonoids as honey guides in the Compositae. *Biochem. Syst. Ecol.* **6**, 287-291.
(35) Yoshida, H., Itoh, Y., Ozeki, Y., Iwashina, T., Yamaguchi, M. 2004. Variation in chalcononaringenin 2'-O-glucoside content in the petals of carnations (*Dianthus caryophyllus*) bearing yellow flowers. *Scientia Horticulturae* **99**, 175-186.
(36) Takamura, T., Tomihama, T., Miyajima, I. 1995. Inheritance of yellow-flowered characteristic and yellow pigments in diploid cyclamen (*Cyclamen persicum* Mill.) cultivars. *Scientia Horticulturae* **64**, 55-63.
(37) Miyajima, I., Maehara, T., Kage, T., Fujieda, K. 1991. Identification of the main agent causing yellow color of yellow-flowered cyclamen mutant. *J. Japan. Soc. Hort. Sci.* **60**, 409-414.
(38) Valdés, B. 1970. Flavonoid pigments in flower and leaf of the genus *Linaria* (Scrophulariaceae). *Phytochemistry* **9**, 1253-1260.

(39) Charaux, C., Rabate, J. 1931. La constitution chimique du salipurposide. *Bull. Soc. Chim. Biol.* **13**, 814-820.
(40) Iwashina, T., Takemura, T., Mishio, T. 2009. Chalcone glycoside in the flowers of six *Corylopsis* species as yellow pigment. *J. Japan. Soc. Hort. Sci.* **78**, 485-490.
(41) Veitch, N.C., Grayer, R.J. 2006. Chalcones, dihydrochalcones, and aurones. *In* Flavonoids. Chemistry, Biochemistry and Applications (eds. Andersen, Ø.M., Markham, K.R.), CRC Press, Boca Raton. pp. 1003-1100.
(42) Harborne, J.B. 1969. Gossypetin and herbacetin as taxonomic markers in higher plants. *Phytochemistry* **8**, 177-183.
(43) Parks, C.R. 1965. Floral pigmentation studies in the genus *Gossypium* I. Species specific pigmentation patterns. *Amer. J. Bot.* **52**, 309-316.
(44) Parks, C.R. 1965. Floral pigmentation studies in the genus *Gossypium* II. Chemotaxonomic analysis of diploid *Gossypium* species. *Amer. J. Bot.* **52**, 849-856.
(45) Parks, C.R. 1967. Floral pigmentation studies in the genus *Gossypium* III. Qualitative analysis of total flavonol content for taxonomic studies. *Amer. J. Bot.* **54**, 306-315.
(46) Waage, S.K., Hedin, P.A. 1984. Biologically-active flavonoids from *Gossypium arboreum*. *Phytochemistry* **23**, 2509-2511.
(47) Seshadri, T.R., Viswanadham, N. 1947. Colouring matter of the flowers of *Hibiscus esculentus*. *Curr. Sci.* **16**, 343.
(48) Hattori, S. 1962. Glycosides of flavones and flavonols. *In* The Chemistry of Flavonoid Compounds (ed. Geissman, T.A.), Pergamon Press, Oxford. pp. 317-352.
(49) Subramanian, S.S., Nair, A.G.R. 1972. Flavonoids of four malvaceous plants. *Phytochemistry* **11**, 1518-1519.
(50) Li, C., Du, H., Wang, L., Shu, O., Zheng, Y., Xu, Y., Zhang, J., Yang, R., Ge, Y. 2009. Flavonoid composition and antioxidant activity of tree peony (*Paeonia* section *Moutan*) yellow flowers. *J. Agric. Food Chem.* **57**, 8496-8503.
(51) 森田直賢 1957. せんじゅぎくの花片及び葉の Flavonoid に就いて. 薬学雑誌 **77**, 31-33.
(52) Bhardwaj, D.K., Bisht, M.S., Uain, S.C., Mehta, C.K., Sharma, G.C. 1980. Quercetagetin 5-methyl ether from the petals of *Tagetes patula*. *Phytochemistry* **19**, 713-714.
(53) 斎藤規夫 1988. 花の色. 増訂植物色素−実験・研究への手引− (林孝三 編著) 養賢堂, 東京. pp. 268-283.
(54) Mishio, T., Honma, T., Iwashina, T. 2006. Yellow flavonoids in *Centaurea ruthenica* as yellow pigments. *Biochem. Syst. Ecol.* **34**, 180-184.
(55) Hashimoto, M., Iwashina, T., Kitajima, J., Matsumoto, S. 2008. Flavonol glycosides from *Clematis* cultivars and taxa, and their contribution to yellow and white flower colors. *Bull. Natl. Mus. Nature Sci. Ser. B* **34**, 127-134.
(56) Iwashina, T., Ootani, S., Hayashi, K. 1988. On the pigmented spherical bodies and crystals in tepals of cactaceous species in reference to the nature of betalains or flavonols. *Bot. Mag. Tokyo* **101**, 175-184.
(57) Tanikawa, N., Kashiwabara, T., Hokura, A., Abe, T., Shibata, M., Nakayama, M. 2008. A peculiar yellow flower coloration of camellia using aluminum-flavonoid interaction. *J. Japan. Soc. Hort. Sci.* **77**, 402-407.
(58) 山田節子, 高野俊武, 涼野元, 林孝三 1960. チョウセンレンギョウの花のフラボノイド. 植物色素の研究 (X). 植物学雑誌 **73**, 265-266.
(59) Giannasi, D.E. 1975. Flavonoid chemistry and evolution in *Dahlia* (Compositae). *Bull. Torrey Bot. Club* **102**, 404-412.
(60) Zhu, M, Zheng, X., Shu, Q., Li, H., Zhong, P., Zhong, H., Xu, Y., Wang, L., Wang, L. 2012. Relationship between the composition of flavonoids and flower colors variation in tropical water lily (*Nymphaea*) cultivars. *PLos One* e34335.

4.1.2. 葉や茎の色*

葉の緑色は葉緑素（クロロフィル）による色調であり，また，黄色く色づいた葉や茎は，ほとんどの場合，カロテノイド系色素により着色していることが多い。赤から紫色の葉や茎は，フラボノイド系色素のアントシアニンにより着色している場合がほとんどである。しかし，ヒユ科，サボテン科などの植物の葉や茎の赤，ないし赤紫色は，そのほとんどがベタレイン系色素による着色である。葉や茎の場合は，実生や若葉の頃に赤味を帯びている植物も多いが，その色調を発現している色素は，ほとんどの場合がアントシアニンである。その色素の中では，クリサンテミンのような比較的構造が単純なものが一般的であるが[1,2]，アシル化アントシアニンなども報告されている。

赤から紫色を帯びた成葉に分布している色素は，単純な配糖体から構造が複雑なポリアシル化アントシアニンに至るまで多様である。たとえば，赤シソ Perilla ocimoides var. crispa [3] や紫キャベツ Brassica oleraceae [4]，サニーレタス Lactuca sativa の葉[5]のように1～2分子の芳香族，もしくは脂肪族有機酸でアシル化された比較的構造が単純なアントシアニンにより着色している植物から，園芸植物であるキク科のツルビロードサンシチ Gynura aurantiaca 'Purple Passion'[6] やツユクサ科のゼブリナの仲間 Zebrina pendula[7] やムラサキゴテン Setcreasea pallida [8] および野菜のスイゼンジナ Gynura bicolor[6] などに含まれる構造の複雑なポリアシル化アントシアニンにいたるまで構造は多様である。これらのアシル化アントシアニンを含む植物は，幼葉から成葉に至るまで，常時，葉の全体や裏面で同じアシル化アントシアニンが検出される。赤（紫）タマネギの鱗片葉 scale のアントシアニンはマロニルクリサンテミンが主色素であるが，その後の抽出方法の改善や NMR や LC-MS などを用いた分析手法の発達により，微量成分として4位が置換されたアントシアニジンのカルボキシピラノシアニジン carboxypyranocyanidin 配糖体や，B環の4'位がグリコシル化されたアントシアニンなどが報告されている[9,10]。葉では，時に昆虫の寄生によって虫えいが形成され，その部分が赤く着色することがあるが，この色調もアントシアニンによる[11]。

落葉期の着色である紅葉（赤色の葉）の場合，その赤色色素はアントシアニンであり，クリサンテミンやイデインなどの単純な色素が主成分であるが[12,13]，それに没食子酸などが結合したアシル化色素などもカエデの紅葉で検出されている。カエデの赤味を帯びた幼葉と同種の紅葉に含まれるアントシアニンとの比較から，いずれの葉にもクリサンテミンは含まれるが，幼葉にはさらに没食子酸が結合したア

---

*執筆：吉玉國二郎　Kunijiro Yoshitama

シル化色素とデルフィニジン 3-グルコシド delphinidin 3-glucoside が検出されることが報告されている (14)。

茎の赤,ないし赤紫色の着色は,ヒユ科植物(この場合はベタレイン系色素で着色している)などを除いては,ほとんどがアントシアニンによる。含まれている色素は,同じ植物で葉が着色している場合では葉と同じ色素が含まれていることが多い。近年,若葉や茎が赤紫に着色したスイゼンジナ (6),アブラナ科の紅菜苔 Brassica campestris var. chinensis (15),紫アスパラガス Asparagus officinalis (16) などが食卓にあがることがあるが,これらの色はいずれもアントシアニンによる。また,塊茎が食されるジャガイモ Solanum tuberosum の有色種(赤ないしは紫色)のアントシアニンは,メチル化タイプのアシル化ペチュニジン配糖体などが報告されている(17)。植物の葉に含まれるアントシアニンの分布については,表 4-14-2(p. 650～653)に示してある。

引用文献

(1) Yoshitama, K., Ozaku, M., Hujii, M., Hayashi, K. 1972. A survey of anthocyanins in sprouting leaves of some Japanese angiosperms. *Bot. Mag. Tokyo* **85**, 303-306.
(2) 吉玉國二郎, 石倉成行 1988. 日本の植物界におけるアントシアニン色素の分布. 増訂 植物色素 – 実験・研究への手引(林孝三 編著),養賢堂.東京. pp. 481-511.
(3) Kondo, T., Tamura, H., Yoshida, K., Goto, T. 1989. Structure of malonylshisonin, a genuine pigment in purple leaves of *Perilla ocimoides* L. var. *crispa* Benth. *Agric. Biol. Chem.* **53**, 797-800.
(4) Idaka, E., Suzuki, K., Yamakita, H., Ogawa, T., Kondo, T., Goto, T. 1987. Structure of monoacylated anthocyanins isolated from red cabbage, *Brassica oleracea*. *Chem. Lett.* 145-148.
(5) Yamaguchi, M., Kawanobu, S., Maki, T., Ino, I. 1996. Cyanidin 3-malonylglucoside and malonyl-coenzyme A: anthocyanidin malonyltransferase in *Lactuca sativa* leaves. *Phytochemistry* **42**, 661-663.
(6) Yoshitama, K., Kaneshige, M., Ishikura, N., Araki, F., Yahara, S., Abe, K. 1994. A stable reddish purple anthocyanin in the leaf of *Gynura aurantiaca* cv. 'Purple Passion'. *J. Plant Res.* **107**, 209-214.
(7) Idaka, E., Ohashi, Y., Ogawa, T., Kondo, T., Goto, T. 1987. Structure of zebrinin, a novel acylated anthocyanin isolated from *Zebrina pendula*. *Tetrahedron Lett.* **28**, 1901-1904.
(8) Idaka, E., Ogawa, T., Kondo, T., Goto, T. 1987. Isolation of highly acylated anthocyanins from Commelinaceae plants, *Zebrina pendula*, *Rhoeo spathacea* and *Setcreasea purpurea*. *Agric. Biol. Chem.* **51**, 2215-2220.
(9) Fossen, T., Andersen, Ø.M. 2003. Anthocyanins from red onion, *Allium cepa*, with novel aglycone. *Phytochemistry* **62**, 1217-1220.
(10) Fossen, T., Slimestad, R., Andersen, Ø.M. 2003. Anthocyanins with 4'-glucosidation from red onion, *Allium cepa*, *Phytochemistry* **64**, 1367-1374.
(11) 加藤信行, 吉玉國二郎, 岩科 司 2005. 虫えいの組織学的観察およびアントシアニン組成の調査. 筑波実験植物園研報 **24**, 56-62.
(12) 岩科 司 2000. 高速液体クロマトグラフィーによる秋の紅葉のアントシアニン色素の検出とその分布. 日本植物園協会誌 **34**, 70-90.

(13) Iwashina, T. 1996. Detection and distribution of chrysanthemin and idaein in autumn leaves of plants by high performance liquid chromatography. *Ann. Tsukuba Bot. Gard.* **15**, 1-8.
(14) Ji, S.-B, Yokoi, M., Saito, N., Mao, L. 1992. Distribution of anthocyanins in Aceraceae leaves. *Biochem. Syst. Ecol.* **8**, 771-781
(15) Suzuki, M., Nagata, T., Terahara, N. 1997. New acylated anthocyanins from *Brassica campestris* var. *chinensis*. *Biosci. Biotech. Biochem.* **61**, 1929-1930.
(16) Sakaguchi, Y., Ozaki, Y., Miyajima, I., Yamaguchi, M., Fukui, Y., Iwasa, K., Motoki, S., Suzuki, T., Okubo, H. 2008. Major anthocyanins from purple asparagus (*Asparagus officinalis*). *Phytochemistry* **69**, 1763-1766.
(17) Fossen, T., Øvstedal, D.O., Slimestad, R., Andersen, Ø.M. 2003. Anthocyanins from Norwegian potato cultivars. *Food Chem.* **81**, 433-437.

4.1.3. 花粉，種子，根，果実の色*
1) 花粉の色

花粉に含まれるフラボノイドについては，近年その生理的機能性についての研究がなされ，含有フラボノイドが花粉管伸長に重要なはたらきをしているなどの報告がある[1]。花粉の色調のうち黄色系は，主にカロテノイドによる色調であるが，花粉の赤色および紫色はアントシアニンによる色調である。花粉が濃い紫色や黒色に着色している植物も時々見かけられるが，量的な入手が困難なこともあり，これらの花粉に含まれるアントシアニンについて系統的に調べた研究はまだほとんどない。チューリップやカタクリ *Erythronium japonicum* の黒紫に着色した花粉粒の色素は，アントシアニンの一種であるチュリパニン (delphinidin 3-rutinoside) が主要色素として含まれているとの報告がなされている[2,3]。

2) 種子の色

近年，国民の健康指向などにより多量にポリフェノールを含むクロマメ（ダイズの一種）や黒ゴメおよび紫トウモロコシなどが注目されてきているが，それらの赤〜紫色そして黒色は，アントシアニンによって着色しているものが多い。黒色の種子はメラニンなどによる着色もあるが，アントシアニンを高濃度で含む場合も，その色調は濃い紫から次第に黒色を帯びるようになる。また，ユリ科のノシラン *Ophiopogon jaburan* 種皮の青紫色の色調はアントシアニンとフラボノールとのコピグメンテーションによって発現していることが明らかにされている[4]。

含まれているアントシアニンの構造は比較的単純なものが多く，紫イネ[5]や紫トウモロコシ[6]の主要成分はクリサンテミンであるが，そのほかの配糖体も同定されている。モロコシ属 *Sorghum* spp. 数種の種子では，3位のヒドロキシ基が欠失

---

* 執筆：吉玉國二郎　Kunijiro Yoshitama

した 3-デオキシアントシアニン 3-deoxyanthocyanin が同定されている[7]。ダイズやアズキ Vigna angularis など，マメ科植物の種子の着色種皮に含まれる色素はクリサンテミン，デルフィニジン 3-グルコシド，マルビジン 3-グルコシドなどが一般的である[8, 9]。種子に含まれるアントシアニンとその分布については**表 4-14-3**（p. 654〜656）にまとめた。

3) 根の色

根の色調のうち，黄色系は主にカロテノイド色素によるが，赤から紫色の色調は，そのほとんどがアントシアニン色素による。しかし，赤ビートなどのヒユ科（旧アカザ科）植物などの根の色素は，ベタレイン系色素である。これまで，ハツカダイコンや紫ダイコンに含まれるアシル化アントシアニンなどの報告が数多くなされている[10, 11]。最近，アントシアニンの抗酸化活性などの多様な生理的機能性に注目が集まっているため，根（特に塊根）に高濃度でこれらの色素を含む紫イモ（紫色のサツマイモ）[12, 13]や紫ダイジョ Dioscorea alata [14]などのアントシアニンが注目され，詳細に分析されている。含有色素はいずれもモノまたはジアシル化アントシアニンであるが，特に紫ダイジョのアシル化アントシアニンは，シナピン酸が1分子結合したタイプであるにもかかわらず，中性溶液中でも安定な色調を示す。紫イモのアシル化アントシアニンに関しては，その多様な機能性が詳細に調べられ，現在食品着色料としても用いられている[15]。

また，ニンジン Daucus carota の根の赤色は，β-カロテンの場合とアントシアニンによる着色の場合があるが，後者の場合（たとえば黒ニンジン black carrot）のアントシアニンの構造は最近 LC-MS を用いてさらに詳細に解析され[16]，色素の生理活性として癌細胞増殖抑制作用が報告されている[17]。根の細胞へのアントシアニンの高濃度での蓄積機構や，植物自身における蓄積色素の生理的機能性などに関してはまだほとんど解明されていない。

4) 果実の色

緑色以外の果実の色は，そのほとんどがカロテノイドとアントシアニンによる。ミカンなどの黄色系の色調はその大部分は，カロテノイドによって着色されているが，赤から紫色の色調はカロテノイドもしくはアントシアニンのいずれかによって着色されているものがほとんどである。果実に含まれているアントシアニンは花弁に含まれるタイプに比べ，その構造は比較的単純なものが多く，非アシル化タイプの色素が一般的である[18]。本邦に分布する野生種の果実に含まれるアントシアニンについては，以前に一度まとめられている[18]。

アントシアニンによる果実の色調は,果実の成熟の度合いによっても変化するが,その要因として成熟にともなう液胞内の pH の影響が知られている。初秋の頃果皮が多様な色調を呈するノブドウ Ampelopsis brevipedunculata の果実では,液胞内の pH 変化とともに,コピグメンテーションによって色調が変化することが明らかにされている[19]。また,アカネ科のルリミノキ Lasianthus japonicus の青色は,アントシアニンとアルミニウムとの金属錯塩により発現されていることが報告されている[20]。

　ユリ科の Dianella nigra と D. tasmanica の青色果実からはポリアシル化されたデルフィニジン 3,7,3',5'-テトラグルコシドが同定され,この果実の青色の色調は分子内コピグメンテーションにより安定化されていることが報告されている[21]。

　近年の健康ブームにより,ブルーベリーやハスカップ Lonicera caerulea [22] などのベリー系のアントシアニンに関しては,その構造や多様な機能性が詳細に調べられているが,含まれる色素の種類が多様であるわりには,その構造は単純な 3-配糖体が多い。最近,広く食用とされている果実の色素成分についてもアントシアニンとその分布を**表 4-14-3**(p. 654〜656)にまとめた。

引用文献

(1) Ylstra, B., Touraev, A., Maria, R., Benito Moreno, R.M., Stoger, E., Tunen, A.J., Vicente, O., Mol, J.N.M., Heberle-Bors, E. 1992. Flavonols stimulate development, germination, and tube growth of tobacco pollen. *Plant Physiol.* **100**, 902-907.
(2) Shibata, M., Yoshitama, K. 1968. On anthocyanin crystals isolated from stamina of tulip-flowers (cultivar 'Red Emperor'). *Kumamoto J. Sci.* **9**, 28-34.
(3) 加藤信行 1990. カタクリの斑入葉および花に含まれるアントシアニン. 新潟県生物教育研究会誌 **25**, 45-49.
(4) Ishikura, N., Yoshitama, K. 1984. Anthocyanin-flavonol co-pigmentation in blue seed coats of *Ophiopogon jaburan*. *J. Plant Physiol.* **115**, 171-175.
(5) Tamura, S., Yan, K., Shimoda, H., Murakami, N. 2010. Anthocyanins from *Oryza sativa* L. subsp. *indica*. *Biochem. Syst. Ecol.* **38**, 438-440.
(6) Fossen, T., Slimestad, R., Øvstedal, D.O., Andersen, Ø.M. 2002. Anthocyanins of grasses. *Biochem. Syst. Ecol.* **30**, 855-864.
(7) Pale, E., Kouda-Bonafos, M., Nacro, M., Vanhaelen, M., Vanhaelen-Fastre, R., Ottinger, R. 1997. 7-O-Methylapigeninidin, an anthocyanidin from *Sorghum caudatum*. *Phytochemistry* **45**, 1091-1092.
(8) 津久井亜紀夫, 林一也 2000. アントシアニンの原料および食品加工利用. アントシアニン −食品の色と健康−(大庭理一郎, 五十嵐喜治, 津久井亜紀夫 編著), 建帛社, 東京. pp. 57-102.
(9) Lee, H.J., Kaug, S.N., Shin, O.S., Shin, H.Y., Lim, G.S., Suh, Y.D., Baek, Y.I., Park, Y.K., Ha, J.T. 2009. Characterization of anthocyanins in the black soybean (*Glycine max* L.) by HPLC-DAD-ESI/MS analysis. *Food Chem.* **112**, 226-231.
(10) Ishikura, N., Hayashi, K. 1965. Separation and identification of the complex anthocyanins in purple radish. Studies on anthocyanins, XLVI. *Bot. Mag. Tokyo* **78**, 91-96.

(11) Otsuki, T., Matsufuji, H., Takeda, M., Toyoda, M., Goda, Y. 2002. Acylated anthocyanins from red radish (*Raphanus sativus* L.). *Phytochemistry* **60**, 79-87.
(12) Goda, Y., Shimizu, T., Kato, Y., Nakamura, M., Maitani, T., Yamada, T., Terahara, N., Yamaguchi, M. 1997. Two acylated anthocyanins from purple sweet potato. *Phytochemistry* **44**, 183-186.
(13) Odake, K., Terahara, N., Saito, N., Toki, K., Honda, T. 1992. Chemical structure of two anthocyanins from purple sweet potato, *Ipomoea batatas*. *Phytochemistry* **31**, 2127-2130.
(14) Yoshida, K., Kondo, T., Goto, T. 1991. Unusually stable monoacylated anthocyanin from purple yam *Dioscorea alata*. *Tetrahedron Lett.* **32**, 5579-5580.
(15) 須田郁夫 2004. 紫サツマイモ. 色から見た食品のサイエンス. Science Form 出版, 東京. pp. 81-87.
(16) Kammerer, D., Carle, R., Schieber, A. 2003. Detection of peonidin and pelargonidin glycosides in black carrots (*Daucus carota* ssp. *sativus* var. *atrorubens* Alef.) by high-performance liquid chromatography/electrospray ionization mass spectrometry. *Rapid Commun. Mass Spectr.* **17**, 2407-2412.
(17) Netzel, M., Netzel, G., Kammerer, D.R., Schieber, A., Carle, R., Simons, L., Bitsch, I., Bitsch, R., Konczak, I. 2007. Cancer cell antiproliferation activity and metabolism of black carrot anthocyanins. *Innov. Food Sci. Emerg. Technol.* **8**, 365-372.
(18) 吉玉國二郎, 石倉成行 1988. 日本の植物界におけるアントシアニン色素の分布. 増訂 植物色素 －実験・研究への手引 (林孝三 編著), 養賢堂, 東京. pp. 481-511.
(19) Yoshitama, K., Ishikura, N., Fuleki, T., Nakamura, S. 1992. Effect of anthocyanin, flavonol co-pigmentation and pH on the color of berries of *Ampelopsis brevipedunculata*. *J. Plant Physiol.* **139**, 513-518.
(20) Yoshitama, K., Yamaguchi, K., Yahara, S. 2000. The blue color of fruits *Lasianthus japonicus* and *L. fordii* is due to anthocyanins, flavanones and aluminium. *Polyphenols Communications*, pp. 271-272.
(21) Bloor, S.J. 2001. Deep blue anthocyanins from blue *Dianella* berries. *Phytochemistry* **58**, 923-927.
(22) Terahara, N., Sakanashi, T., Tsukui, A. 1993. Anthocyanins from the berries of haskaap, *Lonicera caerulea* L. *J. Home Econ. Jpn.* **44**, 197-201.

4.1.4. 木材の色 *

1) 材の色と色素

　木材は樹木の幹，枝，根の3部分において，形成層から内側に向かって形成された各種の細胞の集合体で，木材を構成する細胞は大部分が生活機能を失った細胞壁からできている。また，樹幹の断面において，樹皮より内側に厚さ数センチほどの淡白の辺材と，その内側に濃色を呈した心材とが見られる。オーストラリアに原生するユーカリの樹種であるレッドリバーガム *Eucalyptus camaldulensis* の心材は濃赤色を呈し，その外側の淡白な辺材と区別がつきやすいのは，その典型的な一例である。この辺材には，まだ生きた柔細胞が含まれているが，この細胞が死ぬことで

＊執筆：矢崎義和　Yoshikazu Yazaki

心材が形成される。なお，この心材には，水や中性溶媒で抽出される成分（抽出成分）が多量に含まれている[1]。

木材の化学組成は主成分としてのセルロース，ヘミセルロース hemicellulose，およびリグニン lignin と，それにエーテル，アセトン，エタノール，水などの中性溶媒で溶出される抽出成分とからなっている。セルロース，ヘミセルロースおよびリグニンは顕著な色をもたないので，木材の色は着色した抽出成分が木材に含まれることにより発現される。また，材が形成される初期にはほとんど色を呈しない抽出成分が，材中で時間の経過とともに酸化，重合して濃色となり有機溶媒に不溶の高分子重合体を形成したり，あるいは木材の主成分と結合して濃色の不溶物として材中に存在することにより，木材の色が発現される場合もある。

日本では銘木として心材が濃黒色で辺材が灰白色から淡黄褐色のカキノキ科 Ebenaceae のコクタン Diospyros spp.，心材が紫色のマメ科のシタン Dalbergia spp.，心材が濃暗赤色，紅褐色から淡褐色，辺材が淡黄色のセンダン科 Meliaceae のマホガニー Swietenia macrophylla，心材が黄褐色，橙褐色，帯黄色から赤褐色，濃赤色と多様な色彩をもつマメ科のカリン（別名パドウク Pterocarpus spp.）がよく知られている。しかし，この中でコクタンとカリン以外の樹種では，心材に含まれる色素成分が水や有機溶媒に不溶であるので，樹種に固有の色調を引き起こす化学成分については研究されていない。

a) コクタン

コクタンの心材に含まれる黒色の色素は，古くは不溶性タンニン－鉄化合物であると考えられていたが，心材にも辺材にもそのタンニン成分が含まれていないことが証明されて，この説は否定された[2]。それ以来，コクタンについての研究はなされていなかったが，2種のコクタン Diospyros canaliculata と D. crassiflora の樹皮から抗菌性を示すナフトキノン誘導体が発見され，これらの化合物が心材にも存在して黒色の発現に寄与していることが推測された[3]。

b) カリン（パドウク）

カリンは，微生物に対して高い耐久性を示し，500年間保存された木材の抽出成分が，新鮮な木材に比べて，まだかなりの量で含まれており，微生物に対して強い殺菌作用を示した。その抽出物中には，4, 2', 4'-トリヒドロキシカルコン，3, 5'-ジメトキシ-4-スチルベノール 3, 5'-dimethoxy-4-stilbenol，それに 7, 4'-ジヒドロキシフラバノンが含まれていた[4]。また，同じ属でインドに原産する紅木，レッドサンダー Pterocarpus santalinus の心材は，多様な色調を呈するが，その赤色の熱水抽出物は古くから絹や羊毛を染色する天然染料として，また古代インドで生まれた伝統医学の薬（アーユルヴェーダの薬）として，古くから利用されてきている[5]。

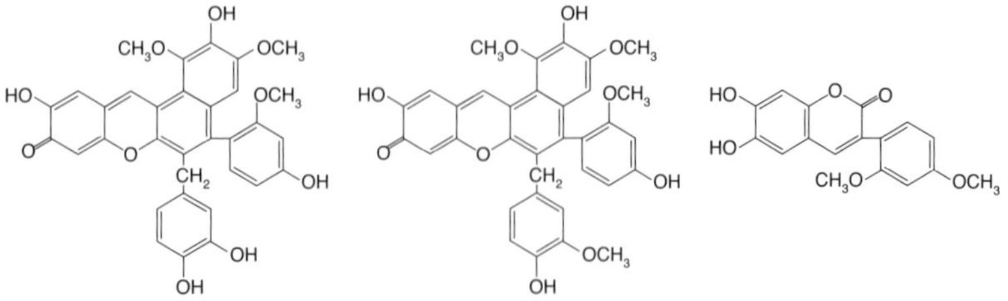

サンタリン A　　　　　　　サンタリン B　　　　　　　サンタリン AC

図 4-1-24　レッドサンダーの心材に含まれる赤色色素，サンタリン A，サンタリン B，サンタリン AC

　このレッドサンダーの心材に含まれる赤色の色素についての研究は Pelletier によって 1832 年に始まったが，この色素が Cain と Simonsen によって最初に結晶として単離されたのは 1912 年のことであった[6]。しかし，その化学構造がはっきり解明され始めたのは 1954 年の Robertson と Whalley の研究であった[7]。その後，1973 年に Ravindranath と Seshadri が，赤色を呈する心材から赤色のクロロホルム抽出物を得て，それをポリアミドのカラムを用いて 2 つの赤い色素［サンタリン santalin A と B］を単離して，この 2 つのメチルエーテル化合物について報告し[8]，翌年にこの 2 つの化合物の化学構造を提出した[9]。この Seshadri の研究グループとは別に，Arnone らが，分解生成物と NMR を駆使して，その詳細な化学構造を解析し，いずれもキサンテン xanthen の誘導体であることを解明した[10]。

　日本では，この赤色の抽出物を食品の着色料として利用する前に，その化学組成を研究し，まず赤橙色の針状の結晶サンタリン A を単離し，その化学構造を初めて FAB-MS，および ^{1}H-^{1}H COSY，^{13}C-^{1}H COSY，NOESY，HMBC の NMR スペクトルを用いて解析を行い，またサンタリン B もその化学構造が確認された。さらに黄色針状結晶サンタリン AC も単離され，クマリン誘導体（3-アリルクマリン 3-arylcoumarin derivative）と同定された（図 4-1-24）[11]。フラボノイド化合物として最初にレッドサンダーの心材から抽出され同定された物質はイソフラボンの 6-ヒドロキシ-7,2',4',5'-テトラメトキシイソフラボン 6-hydroxy-7,2',4',5'-tetramethoxyisoflavone，フラバノンのリキリチゲニン liquiritigenin，カルコンのイソリキリチゲニン[12]，さらに新物質であるイソフラボン誘導体の 4',5-ジヒドロキシ-7-メトキシイソフラボン 3'-（3"E-シンナモイルグルコシド）4',5-dihydroxy-7-O-methyl isoflavone 3'-（3"-E-cinnamoylglucoside）であった[13]。さらに，心材のエタノール抽出物から 2 個のオーロン配糖体である 6-ヒドロキシ-5-メチル-3',4',5'-トリメトキシオーロン 4-ラムノシド 6'-hydroxy-5-methyl-3',4',5'-trimethoxyaurone

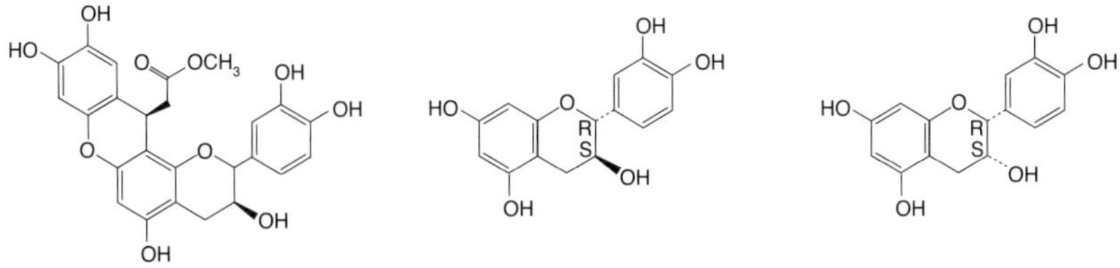

4.1.4. 木材の色　　327

スウィエテマクロフィラニン　　（+）-カテキン　　（−）-エピカテキン

図 4-1-25 マホガニー樹皮の赤色熱水抽出物から単離された新物質，スウィエテマクロフィラニン，カテキンおよびエピカテキン

4-rhamnoside と，6,4'-ジヒドロキシオーロン 4-ルチノシド 6,4'-dihydroxyaurone 4-rutinoside とが単離された[14]。なお，アジアとアフリカでは，レッドサンダーの心材から得られる赤色抽出物を布の染料として利用しているが，その代表的な樹種であるアジア産のレッドサンダーとインドカリン＝ヤエヤマシタン *Pterocarpus indicus*，それにアフリカ産のアフリカンパドゥク *Pterocarpus soyauxii* とアフリカキノカリン *P. erinaceus*，およびアフリカンサンダルウッド *Baphia nitida* を選んで，それらの材に含まれる化合物が HPLC を用いて分析されている[15]。

c）マホガニー

マホガニーの心材は，濃暗赤色，紅褐色，淡褐色，辺材は淡黄色を示し，その色合いから家具・造作物として最良とされている。しかし，この心材の色素に関する研究はほとんどなされていない。一方，その樹皮の熱水抽出物は赤色を呈し，切り傷を癒したり，時には皮のなめしのタンニンとして使われている。この赤色の熱水抽出物を与える樹皮から，(+)-カテキン，(−)-エピカテキン，それに淡赤色の非晶性の物質が単離され，この新物質はフェニルプロパノイドがカテキンに置換されたスウィエテマクロフィラニン swietemacrophyllanin と命名され，その化学構造は (2R, 3S, 7"R)-カテキン-8,7"-7, 2"-エポキシ-(メチル-4", 5"-ジヒドロキシフェニルプロパノエート) (2R, 3S, 7"R)-catechin-8,7"-7, 2"-epoxy-(methyl-4", 5"-dihydroxyphenylpropanoate) と同定された（図 4-1-25）[16]。

d）イログワ

イログワ *Morus tinctoria* の黄色を呈する心材から得られる黄色の抽出物は"オールド ファスチック"と称され，天然染料として利用されてきた。その主要成分であるモリンは古くから研究の対象とされてきた。まず，1863 年に Hlasiwetz と Pfaundler によりモリンの分子式が $C_{12}H_8O_6 \cdot H_2O$ であると提唱されたが，1875 年に Lüwe により $C_{15}H_{10}O_7 \cdot 2H_2O$ と変更され，最終的には 1896 年にその分子式は Barlich と Perkin によって $C_{15}H_{10}O_7$ と決定された[17]。その後 1906 年に von

ヘマトキシリン　　　　　　　　　　　　　　ヘマテイン

図 4-1-26 ログウッドの赤色心材からの淡黄色のヘマトキシリンと酸化されて赤色を呈するヘマテイン

Kostanecki ら[18]と，それに 1929 年に Robinson と Venkatraman による化学合成の結果，モリンの化学構造が 3,5,7,2',4'-ペンタヒドロキシフラボン 3,5,7,2',4'-pentahydroxyflavone と確立された[19]。日本では凉野によりマグワ *Morus alba* の心材から[20]，また近藤らによってヤマグワ *Morus bambycis* の心材からもモリンが単離された[21]。

e）ログウッド

ログウッド *Hematoxylon capechianum* は，中南米原産のマメ科の小喬木で，16 世紀以降ヨーロッパに渡り，重要な染料として使用されてきた。暗紫色から黒色の染色にはログウッドの "blood red（血の赤）"の色調を呈する心材（ドイツ語では"Blutholz"（血木材）と称される）が用いられた。現在は，この染色は合成染料に委ねられているが，この心材から得られる色素はヘマトキシリン hematoxylin として知られ，医薬研究の細胞染色剤として広く用いられている。1810 年に Chevreul によって心材の熱水抽出液を乾固した後にエタノール可溶部を得て，これからエタノールを蒸発させて微黄色の結晶が得られた[22]。しかし，この化学構造はその後 100 年近く経った 1908 年に Perkin と Robinson によってネオフラボノイド neoflavonoid であるクロマン chroman 化合物の一種と決定された[23]。この結晶は，アルカリ性溶液で紅紫色を呈し，酸性溶液では黄色に変わり，空気中に放置すれば赤色となる。なお，この赤色化はヘマトキシリンが空気酸化を受けて，キノンメチド構造をもつ赤色のヘマテイン hematein に変化するためで（図 4-1-26），この両者がログウッドの心材に含まれている[24]。なお，樹皮からフラボノイド成分としてフラボノールのクェルセチン 3-*O*-メチルエーテルとイソフラボンのゲニステインが報告されている[25]。

f）ブラジルウッド

ブラジルウッド（＝レッドウッド）*Caesalpinia echinata* は，もともとアメリカ大陸が発見される以前に東インド諸島からヨーロッパに染料として利用するために輸入され，約 1190 年にスペイン人の Kimichi がこの材を Bresil あるいは Brasil（燃え立つような赤）と命名した。ブラジルの国号はこれに由来している。このブラジ

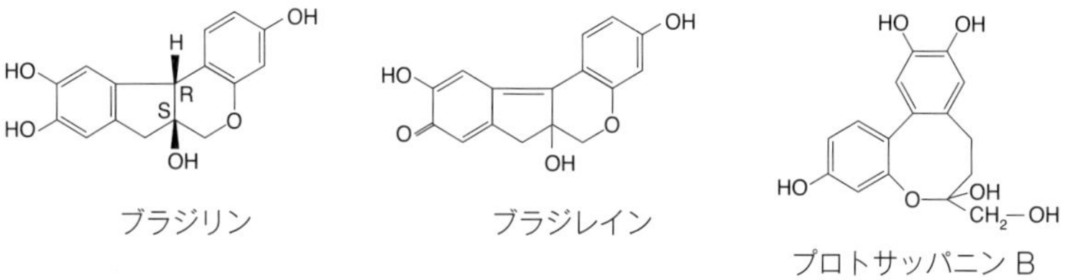

図 4-1-27 ブラジルウッドの赤色心材に含まれるブラジリン，ブラジレイン，プロトサッパニン B

ルウッドはブラジル北東部を原産地とするマメ科の常緑高木である。その心材は非常に硬く，濃赤色を呈しているが，樹木を切り倒した直後の心材は淡黄色を呈しており，それが空気に触れると急速に赤色に変色する。この赤色成分は熱水で簡単に抽出可能で，この抽出液は濃縮されて染料として利用された。その色素（ブラジリン brazilin）を最初に結晶として単離したのは，1808 年に Chevreul であるといわれているが，その化学構造に関しては，1864 年の Bolley，1873 年の Kopp の研究を経て，1876 年に Liebermann と Burg により，分子式が $C_{16}H_{14}O_5$ と示された[26]。その後，Gilbody らによる一連の研究を経て，1908 年に Perkin と Robinson によりネオフラボノイドとしての化学構造が提案され，1928 年に Perkin らの化学合成によりブラジリンの化学構造はクロマン化合物の一種であることが解明された[27]。ブラジリンは無色針状結晶で，空気中で光にあてると次第に橙色になり，アルカリ溶液中では赤紅色を呈する。これはログウッドのヘマトキシリンがヘマテインに変化するのと同様に，ブラジリンが空気酸化によりキノンメチド構造をもつ赤色のブラジレイン brazilein に変化するためである。

このブラジルウッドはペルナンブコ *Guilandina echinata* = *Caesalpinia echinata* とも称され，弦楽器の世界ではこの材木で作られた弓が最高のものとされている。日本では，これが弓用材としてなぜ優れているのか研究されており，ほかの代替材に比べてこの材の振動吸収力が異様に小さいことがわかった。しかも，この心材に含まれているブラジリン，プロトサッパニン B protosappanin B，ログウッドの心材から得られたヘマトキシリン，カテキンなどのフェノール化合物，それにペルナンブコの心材からの水抽出物をシトカスプルース *Picea sitchensis* の材へ注入して，その材の音響試験をした結果，ブラジリン，プロトサッパニン B，ヘマトキシリン，カテキンが木材の振動吸収力を小さくしていることが証明された（図4-1-27）。その結果，ペルナンブコが弓用材として最高の性能を示すのは，その心材に含まれるブラジリンとプロトサッパニン B に起因することがわかった[28～30]。

g）フジキ

フジキ Cladrastis platycarpa はマメ科に属する落葉高木で，主として日本の西南部に生育し，心材は鮮黄色を呈し，耐久性が高いので家具や枕木などに用いられている。今村らはフジキの材色の解明と化学分類学的見地から，16種類のイソフラボンと3種類のフラボノイドを分離した。このうち，16種類のイソフラボンはすべて無色であるが，材色に関連のある黄色色素はバイイン bayin，フラボン C-ジグルコシドのビセニン I vicenin I およびカルコン C-配糖体であるイソリキリチゲニン 3'-C-グルコシド isoliquiritigenin 3'-C-glucoside であり，特にカルコンの C-配糖体である後者が，その色調や含有量からみて，材色の主要な原因と推定された[31]。

h）ブラックウッド

ブラックウッド Acacia melanoxylon は，オーストラリア原産のマメ科の広葉樹高木で，材は濃褐色を呈し，時に赤色を帯び，濃褐色の縞があらわれるので，オーストラリアでは高級家具用材として珍重されている。この心材のエーテル抽出物からロイコアントシアニジンであるフラバン 3,4-ジオールのメルアカシジン melacacidin (7,8,3',4'-tetrahydroxyflavan 3,4-diol) が天然物として初めて単離された。このメルアカシジンを鉱酸で熱すると，アントシアニジンと同じ濃いスカーレット色を呈し，それに赤褐色の沈澱物を生じることから，ブラックウッド心材の色は，このメルアカシジンが主体となって高分子化したタンニン成分に起因するとした[32]。

i）クイラ

熱帯から亜熱帯の雨林に生育するクイラ kwila（＝タシロマメ Intsia bijuga）は，マメ科の広葉樹高木で，特にオーストラリアでは，その心材が赤褐色で，高比重，耐久性が高いことから，橋，船舶，枕木，土台，家具などに利用されてきた。しかし，ニューギニア産のこの心材には約30％にもおよぶメタノール抽出物を含み，この成分の分析結果から，フラボノイドとして大量のロビネチン robinetin (3,7,3',4',5'-pentahydroxyflavone) が含まれ，それに続いてジヒドロミリセチン，ナリンゲニン，少量のミリセチンが含まれていた。このほかに，心材には水に可溶な濃褐色物質も多量に含まれ，これはホルムアルデヒドと反応するので縮合型タンニン成分と推定された[33]。なお，ロビネチンは，心材の組織細胞内に純粋な結晶の大きな塊としても存在している[34]。

j）レッドビーチとマートルビーチ

ブナ科ナンキョクブナ属のニュージーランド産レッドビーチ red beech, Nothofagus fusca の心材は淡褐色から赤褐色を呈し，そのメタノール抽出物からタキシフォリン(ジヒドロクェルセチン)，カテキン，アロマデンドリン（ジヒドロケンフェロール），クェルセチン，ケンフェロール，ナリンゲニン，ノトファギン

nothofagin (4,2',4',6'-tetrahydroxydihydrochalcone C-glycoside) が単離された。なお，これらのフラボノイドを単離した後に得られる高分子の残渣には，ブタノール-塩酸と共沸することで赤色を呈するシアニジンを生成するロイコシアニジンがかなりの量で含まれているので，この材の淡赤褐〜赤褐色は，このタンニンに由来すると考えられている。また，オーストラリアのタスマニアに産するマートルビーチ myrtle beach, *Nothofagus cunninghamii* は，その心材の淡褐色〜赤褐色の色調から家具材として有名であるが，この心材の色調もタンニンに起因すると推定される[35]。

2) 材および樹皮のフラボノイド

広葉樹と針葉樹を問わず，数多くの樹種の材や樹皮には多くの種類のフラボノイド化合物が含まれている。このフラボノイド化合物に関する研究は，これまで主に2つの観点から進められてきた。それらは，植物分類学上でのフラボノイドを指標とする化学分類 chemotaxonomy からの研究と，木材の利用とそれにかかわりのある研究である。ことに，木材の利用に関しては，主に紙の製造におけるパルプ化阻害と変色，それに材や樹皮からのタンニンを木材接着剤として利用する際のタンニン資源としての研究である。

a) 化学分類におけるフラボノイド

Erdtman は針葉樹の心材に含まれる抽出成分の中でフラボノイドとしては，マキ属 *Podocarpus* のクェルセチン，マツ属 *Pinus* のクリシン，ジヒドロクリシン dihydrochrysin，ピノバンクシン pinobanksin，トガサワラ属 *Pseudotsuga* のタキシフォリン，カラマツ属 *Larix* のアロマデンドリンがそれぞれの属の分類の指標になる可能性を示唆した[36]。

さらに，Hergert が 1954 年以来，9 人の研究者による 12 編の論文をもとにして，イチイ属 *Taxus*，マキ属，オニヒバ属 *Libocedrus*，ネズコ属 *Tsuja*，ヌマスギ属 *Taxodium*，イチイモドキ属 *Sequoia*，トガサワラ属，カラマツ属，ヒマラヤスギ属 *Cedrus*，ツガ属 *Tsuga*，モミ属 *Abies*，トウヒ属 *Picea*，マツの樹種の材と樹皮に含まれるフラバノンとフラボンを指標にして，属の分類を試みた。

これらに属する樹種の材や樹皮にはクェルセチン，ミリセチン，ゲニステイン，ポドスピカチン podospicatin，ジヒドロクェルセチン（タキシフォリン），アロマデンドリン，ピノバンクシン，ピノセンブリン pinocembrin，ジヒドロミリセチン，ロビネチンが一般的なフラボノイドとして含まれている。しかし，マツ属の材と樹皮には，この属に独特なフラボノイドとして，クリシン，ピノストロビン pinostrobin，テクトクリシン tectochrysin，ガランギン galangin，アルピノン alpinone，イザルピニン izalpinin，クリプトストロビン cryptostrobin，ストロボピニ

ン strobopinin，ストロボバンクシン strobobanksin，ケンフェロール，ピノミリセチン pinomyricetin およびピノクェルセチン pinoquercetin が含まれていた[37]。

【サクラ属のフラボノイド】 広葉樹の材と樹皮に含まれているフラボノイドを指標として樹種を分類する試みは，針葉樹に比べてはるかに少ない。そのなかにあって，バラ科のサクラ属 Prunus では，その材や樹皮からのフラボノイド化合物を指標にした化学分類が，古くは朝比奈ら[38]と朝比奈・犬伏[39]により，数種の樹皮から単離したサクラネチン sakuranetin とナリンゲニンなどのフラバノン成分の分布から，これらの化合物がサクラ属の分類と関連があるのではないかと推考された。その後 1952 年から 1969 年にかけて，長谷川らがサクラ属の 13 樹種の材から 25 種類のフラボノイドを結晶として単離した[40〜49]。

この長谷川らの研究結果を中心にして，1962 年に Hergert がサクラ属の 24 樹種の材と樹皮に含まれるフラボノイド化合物を分類に関連させて表にまとめて報告した[50]。この属の材や樹皮には，ナリンゲニンとアロマデンドリンが分析したすべての材に含まれていた。

そのほかのフラボノイド化合物としては，フラバノンとしてサクラネチン，サクラニン sakuranin（サクラネチン 5-グルコシド），イソサクラネチン isosakuranetin，イソサクラニン isosakuranin（イソサクラネチン 7-グルコシド），プルニン prunin（ナリンゲニン 5-グルコシド），ピノセンブリン，ベレクンジン verecundin（ピノセンブリン 5-グルコシド），エリオジクチオールとその配糖体，ジヒドロウォゴニン dihydrowogonin とジヒドロテクトクリシン dihydrotectochrysin が，ジヒドロフラボノールとしてアロマデンドリン配糖体，7-メチルアロマデンドリン 7-methylaromadendrin，ピノバンクシン，ジヒドロクェルセチンとその配糖体，それに 7-メチルジヒドロクェルセチンが，フラボンとしてクリシン，クリシン 7-グルコシド，ゲンカニン genkwanin，ルテオリン，ルテオリン 7-グルコシドとテクトクリシンが，フラボノールとしてケンフェロール 7-グルコシド，クェルセチンとその配糖体が，フラバン 3-オールとしてカテキンとエピカテキンが，フラバン 3,4-ジオールとしてロイコシアニジン，イソフラボンとしてプルネチン prunetin，ゲニステインとゲニステイン 7-グルコシドが記述されている[50]。

なお，長谷川と林は，サクラ属のどの材にもナリンゲニンとアロマデンドリンが普遍的に含まれていたことに注目して，この 2 つの化合物がサクラ属における最も基本的な代謝産物として見なして，サクラ属 13 種の材からのメタノール抽出成分をセルロース TLC で 5 種の展開溶媒と 48 種のフラボノイド標品を用いて分析し，それぞれの材に含まれる成分を再精査し，それぞれの種間の関係，化合物の生合成経路と進化の関係を検討した（図 4-1-28）[51]。

4.1.4. 木材の色

【ユーカリ属のフラボノイド】 オーストラリアに原産するユーカリは約 600 種あり，その樹種の木材を組織解剖学的に分類することは困難な場合が多い。1950年代までに，化学成分を指標とした化学分類の気運が高まり，ユーカリ材に含まれる抽出成分の研究が行われた。ユーカリは別名ガムツリーとも称されているが，それは，ある種のユーカリはその樹幹や樹皮から血赤色から濃褐色のガム状物質（カイノー Kino，日本ではキノと称する）を分泌することに起因する。オーストラリアにおけるユーカリ材からのフラボノイドに関する研究は，このカイノーに含まれる抽出成分から始まった。まず，*Eucalyptus calophylla* と *E. corymbosa* のカイノーからアロマデンドリンとケンフェロールが単離された [52,53]。

また，*E. maculata* のカイノーからナリンゲニンと 7-メチルアロマデンドリンが単離された [54]。インドではユーカリ樹からのカイノーは薬として利用されており，*E. pilularis* のカイノーからロイコデルフィニジンが単離された [55]。また，オーストラリアでは，*E. calophylla* のカイノーから，(＋)-カテキン，(＋)-アフゼレキン afzelechin が単離され，ガロカテキン，エピカテキン，それに (－)-エピアフゼレキン類似物質がクロマトグラム上で検知された [56]。また，*E. hemiphloia* のカイノーからフラボノイドとして，アロマデンドリン，ケンフェロール，エンゲレチン engeletin（アロマデンドリン 3-ラムノシド），ナリンゲニン 8-ヘキサヒドロキシ-ヘキシル誘導体と思われるヘミフロイン hemiphloin，イソヘミフロイン isohemiphloinが単離された [57]。

なお，ユーカリ材からのカイノーを指標として，そのユーカリの樹種を分類したり，材に含まれるカイノーの量を簡単に測定する方法を確立する目的で *E. astringens*, *E. lehmannii*, *E. platypus* のカイノーが研究され，これらのカイノーの大部分は高分子化したロイコシアニジンと，それにかなりの量のエンゲレチンが含まれていることが判明した [58]。

b) 紙パルプ製造におけるフラボノイド

【オーストラリアのユーカリ材】 1960 年代後半に日本の紙パルプ会社がオーストラリアからユーカリの木材チップを輸入するようになり，この材に含まれる抽出成分がパルプ工程でパイプを詰まらせたり，パルプの廃液処理を難しくしたり，またパルプ化を阻害したり，パルプが黄色に変色する弊害が出たために，早急にユーカリ材の抽出成分の解析が必要とされた。

そこで，オーストラリア連邦政府の研究所ではこの問題に注目して，Hillis は，ユーカリ材に含まれる抽出成分を大きくエラグ酸，メチルエラグ酸とその配糖体，没食子酸，エラジタンニン，フラバン，スチルベン，不明物質とに分けて，68 樹種の材から得られたメタノール抽出物を BAW と 6％酢酸を溶媒とする 2 次元展開の

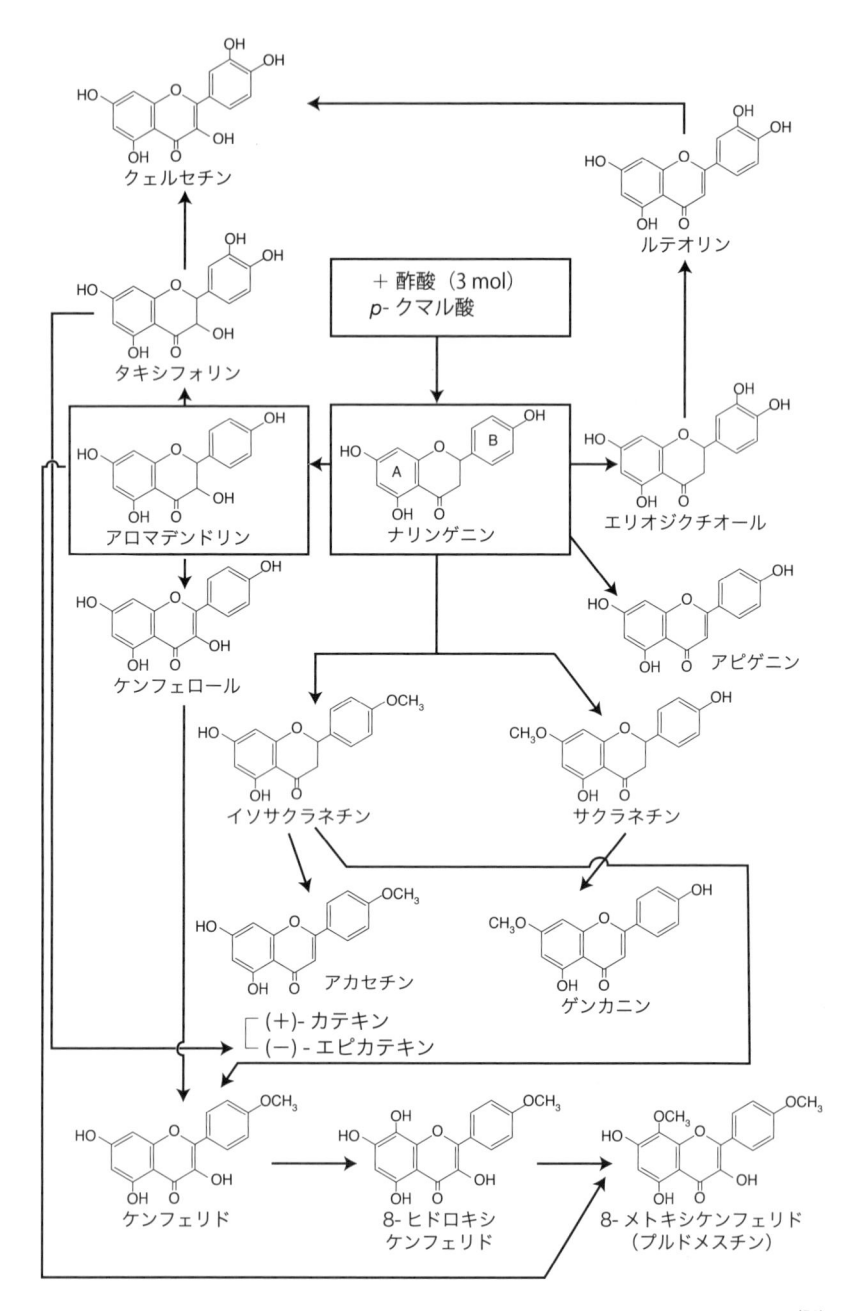

図 4-1-28　サクラ属の材から単離されたフラボノイド化合物から推定される生合成経路[51]

PCを用いて分析した。すると，*Eucalyptus tetradonta, E. papuana, E. calophylla, E. jacksonii, E. diversicolor*（Karri），*E. grandis, E. saligna, E. botryoides, E. resinifera, E. longifolia, E. lehmannii, E. tereticornis, E. camaldulensis, E. alba, E. vivinalis, E. marginata*（Jarrah），*E. fuilfoylei, E. umbra, E. panidulata, E.sideroxylon, E. leucoxylon, E. conica, E. polyanthemos*など，合計で41樹種の材から得られたメタノール抽出物の2次元PC上にバニリン-塩酸を噴霧すると，ピンク色を呈するフラバン化合物が多く検出された。

なお，心材が濃赤褐色を呈しているジャラ *E. marginata* やレッドリバーガムの抽出物では，特にバニリン-塩酸に強く反応するフラバン成分が大量に含まれており，その材色は縮合型タンニンに起因すると推定された[59]。そこで，ユーカリ材に含まれているエラグ酸とエラジタンニンを多く含む抽出成分，カイノー，それに木材の構成成分であるリグニンをクラフト蒸解液（19.35 g 水酸化ナトリウム，6.3 g 硫化ナトリウム（Na_2S），350 ml 蒸留水）に0.05％の濃度で溶解し，100℃で2時間処理し，その溶液の色を調べた。その結果，カイノーは濃黒色に，抽出成分は濃褐色に，またリグニンは濃黄色になった。このことから，カイノーや抽出成分がパルプの色に大きく影響を与えていることが判明した[60]。

【米国のダグラスファーと日本のカラマツ材】 アメリカでは1948年にダグラスファー douglas fir, *Pseudotsuga menziesii* の心材から初めてジヒドロクェルセチンが単離された。この化合物は，ダグラスファー材の亜硫酸塩 sulfite を用いるサルファイト法によるパルプ化を阻害する成分として知られていた[61]。木材のサルファイト蒸解の際には，このジヒドロクェルセチンが重亜硫酸塩 bisulfite と反応してクェルセチンとチオ硫酸塩 thiosulfate とが生成され，そのパルプが黄色に着色するのは，この生成されたクェルセチンに起因するとした[62]。日本でも，カラマツの心材に含まれるジヒドロクェルセチンが材のサルファイト法による蒸解を難しくしており，そのパルプの黄色に着色する原因とした[63,64]。

なお，パルプの製造において，材が多くのタンニンやカイノーのようなフェノール性抽出成分を多量に含んでいる場合には，その材から均一で無色のパルプを高収率で得ることはなかなか困難である。また，パルプ製造に利用される木材には，樹皮が材と一緒に混入している場合が多く，この樹皮にはタンニン成分が多量に含まれている場合が多いので，樹皮がなるべくパルプ用木材チップに混入しない方策を考えることが必要である。

c）タンニン資源としてのフラボノイド

植物性タンニンは，アルカロイドやゼラチンのようなタンパク質を沈殿させる性質があり，分子量が500〜3,000の水溶性ポリフェノールである。特にフラバ

ン 3-オールを基本とする縮合型タンニンは，多くの針葉樹や広葉樹の樹皮や材に大量に含まれている。1960 年代の重要なタンニン資源として，アカシア属のブラックワトル Acacia mearnsii の樹皮，カテキンの名称の由来となったカッチ Acacia catechu やニセアカシア Robinia pseudoacacia の心材，ウルシ科のケブラコ Schinopsis balansae と S. lorentzii の心材，それにマングローブ林に生えるヒルギ科 Rhizophoraceae のオオバヒルギの仲間 Rhizophora candelaria と R. mangle の樹皮がよく知られている。

　また，ブナ科のヨーロッパグリ Castanea sativa やイングリッシュオーク Quercus robur の樹皮，マツ科のドイツトウヒ Picea abies，ヨーロッパアカマツ Pinus sylvestris やヨーロッパカラマツ Larix decidua の樹皮，フトモモ科のユーカリ属 Eucalyptus astringens の樹皮の中には 50 %にもおよぶ大量の縮合型タンニン成分が含まれている[65]。

　これら縮合型タンニンの複雑に重合化した化学構造については，まず 1920 年には，カテキンのような無色の前駆体の重合化に起因するとする Freudenberg の提唱した"カテキン説"が有力であった[66, 67]。しかし，1970 年代になって，カテキンよりもむしろカテキン類化合物であるフラバン 3-オール，ロイコアントシアニジンであるフラバン 3, 4-ジオール，それにフラボノイド二量体化合物が自然界における縮合型タンニンの前駆体として認められるようになった[68]。なお，フラバン 3, 4-ジオール，フラボノイド二量体化合物のように塩酸溶液で煮沸してアントシアニジンを生成する化合物は，プロアントシアニジンと総称されている[69]。

　【ブラックワトル樹皮とケブラコ材のフラボノイド】　オーストラリア原産で，南アフリカやブラジルに植林されている広葉樹であるブラックワトル（日本ではアカシアモリシマとも称される）の樹皮から熱水抽出されて得られるワトルタンニンには，フラボノイド化合物として多くのフラバン 3-オールの重合体が含まれる。Roux らの研究によって，ワトルタンニンから，単体として，(−)-ロビネチニドール (−)-robinetinidol, (+)-カテキン, (+)-ガロカテキン[70], (−)-フィセチニドール (−)-fisetinidol, フスチン fustin, ジヒドロロビネチン dihydrorobinetin, ブチン butin, ブテイン, ロブテイン robtein, (+)-ロイコロビネチニジン (+)-leucorobinetinidin, ロイコフィセチニジン leucofisetinidin, ミリシトリン, クェルシトリンが単離された[71]。また，二量体として，(−)-ロビネチニドール-(4α→8)-(+)-ガロカテキン, (−)-ロビネチニドール-(4α→8)-(+)カテキン, (−)-フィセチニドール-(4α→8)-(+)-カテキン, (−)-フィセチニドール-(4β→8)-(+)-カテキン[72]と，それに三量体として(−)-ロビネチニドール-(4α→8")-(−)-ロビネチニドール-(4'α→6")-(+)-ガロカテキンと(−)-ロビネチニドール(4α→8")-(−)-ロビネチニドール-(4'α→6")-(+)-カテ

キンの化学構造が決定された[73]。

なお,このワトルタンニンと化学構造とその性質が類似のタンニンとしてケブラコタンニンがある。それはアルゼンチン産ケブラコ Schinopsis balansae と S. quebrachoo-colorado の心材から熱水抽出して得られるが,そのタンニンから(±)-フスチン,(−)-7,3',4'-トリヒドロキシフラバン 3,4-ジオール,(+)-カテキンとフィセチンが単離された[74]。

【ラジアータパインとサザンパイン樹皮のフラボノイド】 南半球のオーストラリア,ニュージーランドとチリに広く植林されている針葉樹のラジアータパイン Pinus radiata の樹皮にも縮合型タンニンが大量に含まれており,その基本構造はプロシアニジン型と報告されている[75]。この樹皮を酢酸エチル,アセトン,メタノールの中性溶媒で順次抽出して得られた抽出物には,乾燥樹皮の重量で約 20 %におよぶ分子量が 25,000 から 35,000 のプロシアニジン,プロデルフィニジン型の縮合型タンニンが含まれている。それにジヒドロクェルセチンが単離され,さらに少量のクェルセチン,ミリセチン,カテキン,ジヒドロクェルセチン配糖体が含まれ,またガロカテキンの存在も示唆された[76]。

また,樹皮を内樹皮と外樹皮に分けて,それぞれの熱水抽出物を検討した結果,内樹皮からの熱水抽出物に含まれるフラボノイドとしては,カテキンとその二量体であるプロシアニジン B-1 と B-3 が多く含まれ,外樹皮には,カテキン,プロシアニジン B-1,B-3,C-2(カテキン-($4\alpha\rightarrow 8$)-カテキン-($4\alpha\rightarrow 8$)-カテキン),それにさらに高分子化したプロシアニジンポリマーが含まれており,内樹皮から外樹皮の外側までに進むにつれて,この高分子化プロシアニジンポリマーの割合が多くなることがゲルろ過法で示された。

ほかのフラボノイドとしては,外樹皮にジヒドロクェルセチン,クェルセチンおよび少量のミリセチンが検出されている。なお,高分子化したプロシアニジンポリマーの分子量は 8,400 であることが,浸透圧法によって測定された。また,外樹皮からの熱水抽出物の約 75 %が高分子化したプロシアニジンポリマーであり,15 %がオリゴマー oligomers であった[77]。

米国の南部では,サザンパイン southern pine が大きな林産資源である。そのサザンパインの一種であるロブロリパイン Pinus taeda の内樹皮の 70 %アセトン抽出物からプロシアニジン三量体であるエピカテキン-($4\beta\rightarrow 8$)-エピカテキン-($4\beta\rightarrow 8$)-エピカテキン,エピカテキン-($4\beta\rightarrow 6$)-エピカテキン-($4\beta\rightarrow 8$)-カテキン,エピカテキン-($4\beta\rightarrow 8$)-エピカテキン-($4\beta\rightarrow 6$)-カテキン,それにエピカテキン-($4\beta\rightarrow 8$)-エピカテキン-($4\beta\rightarrow 8$)-エピカテキンが単離された[78]。また,内樹皮の 70 %アセトン抽出物の平均抽出物収率は,乾燥内樹皮の約 36 %と高かったが,このうちで酢酸

エチル可溶部は21％となり，しかもこの中から純粋な物質として単離された二量体であるプロシアニジンB-1（0.076％），B-3（0.021％），それにB-7（0.034％）の合計の収率は0.12％と非常に低かった。なお，純化されたプロシアニジン二量体を ^{1}H と ^{13}C NMR を用いて構造解析を行ったところ, B-1, B-3 と B-7 は，それぞれ（−）-エピカテキン-(4→8)-(＋)-カテキン，（＋)-カテキン-(4→8)-(＋)-カテキン，（−）-エピカテキン-(4→6)-(＋)-カテキンと同定された[79]。

【ベイツガ，ベイトウヒとカナダツガ樹皮のフラボノイド】 北米に産する針葉樹ベイツガ（ウエスタンヘムロック）*Tsuga heterophylla* の樹皮から得られた熱水抽出物には，カテキン，エピカテキン，少量のガロカテキン，エピガロカテキン，アフゼレキン，エピアフゼレキン，それに二量体のプロシアニジン B-1，B-2（エピカテキン-(4β→8)-エピカテキン），B-3 と，さらには B-4（カテキン-(4α→8)-エピカテキン）が含まれていた。

また，ベイトウヒ（シトカスプルース）*Picea sitchensis* の樹皮の熱水抽出物に含まれているフラボノイドとして，クェルセチン 3'-グルコシド，タキシフォリン配糖体，カテキン，ガロカテキン，プロシアニジン B-1 と B-3 が報告されている。なお，カナダツガ（イースタンヘムロック）*Tsuga canadensis* の内樹皮には，フラボノイド化合物としてベイツガと同様に，カテキン，エピカテキン，それにフラバン二量体の B-1～4 が含まれており，この中でも B-2 と B-4 が多く含まれていた。これらの樹皮は北米におけるタンニンの原料として利用され，これに関する多くの研究がなされている[80]。

【サザンレッドオークとカシワ樹皮のフラボノイド】 米国南部で紙パルプの木材資源として非常に重要な広葉樹であるブナ科コナラ属のサザンレッドオーク southern red oak, *Quercus falcata* の樹皮には，（＋)-カテキン，クェルセチン 3-ラムノシド，プロシアニジン二量体であるエピカテキン-(4β→8)-カテキン，カテキン-(4α→8)-カテキン，（＋)-7,3',4'-トリヒドロキシフラバン 3,4-ジオール，エピカテキン 3-ガレート-(4β→8)-カテキン，それにプロシアニジン単位からなるタンニン成分も単離された[81]。

また，中国ではカシワ *Quercus dentata* の樹皮から熱水抽出物で得られるタンニンが皮革のなめしの原料として利用されている。この樹皮の 50％アセトン抽出物から，フラボノイド成分として，（＋)-カテキンと 5 種類のプロアントシアニジンであるカテキン-(4α→8)-カテキン，ガロカテキン-(4α→8)-ガロカテキン，ガロカテキン-(4α→8)-カテキン，ガロカテキン-(4α→6)-カテキン，エピガロカテキン 3-ガレート-(4β→8)-カテキンが単離された[82]。

d) 樹種間でのフラボノイドの分布

ブラックワトルの心材にも樹皮と同じような一連のフラボノイドが含まれていることがわかり，Roux らは，それまでの幾多の研究結果をまとめて，マメ科のアカシア属，ハリエンジュ属 Robinia，サイカチ属 Glenditsia，ブテア属 Butea とシャジクソウ属 Trifolium，それにウルシ科の Schinopsis 属（ケブラコ）とウルシ属 Rhus の材や樹皮には，レゾルシノール型 resorcinol の A 環をもつフラバン 3-オール，フラバン 3,4-ジオール，ジヒドロフラボノール，フラボノール，フラバノン，イソフラボンが多く含まれること，またそのタンニン成分の A 環はレゾルシノール型であること，それに，これらの化合物の樹種間での分布を報告した[70]。

なお，ハリエンジュ属のニセアカシアの心材から得られたメタノール抽出物には，(+)-ジヒドロロビネチンを主成分として，ロビネチン，(+)-7, 3',4',5'-テトラヒドロキシフラバン 3,4-ジオール，ロイコロビネチニジン，(−)-ロビネチニドール，(−)-ロブチン (−)-robtin, ロブテイン，(+)-7,3',4'-トリヒドロキシフラバン 3,4-ジオール，それに微量ながら 4,2',4'-トリヒドロキシカルコンが含まれると報告されている[83]。

さらに，Roux らは，アカシア属の中で一般によく知られている樹種のブラックワトル，グリーンワトル Acacia decurrens，シルバーワトル A. dealbata とゴールデンワトル A. pycnantha の心材から得られたメタノール抽出物に含まれる (+)-7,3',4'-トリヒドロキシフラバン 3,4-ジオール，(+)-フスチン，(−)-フィセチニドール，フィセチンなどのフラボノイドの濃度を測定し，またこれらの樹皮から得られた抽出物に含まれる (−)-ロビネチニドール，(+)-カテキン，(−)-エピカテキン，(−)-エピカテキンガレート，(+)-ガロカテキン，(+)-ガロカテキンガレート，(−)-エピガロカテキンを測定して，それぞれのフラボノイド化合物の樹種間での分布を明らかにした[84]。

e) 天然にまれなプロシアニジン C-3 配糖体

材や樹皮に含まれるプロアントシアニジンはその縮合されたタンニンと一緒に共存しているが，一般のフラボノイドと異なり，プロアントシアニジン配糖体の存在はきわめてまれである。ことに，その化学構造の C-3 に糖が置換されたプロアントシアニジン配糖体はこれまでオキナワウラジロガシ Quercus miyagii とブラックジャックオーク Quercus marilandica の樹皮からしか単離されていない。

日本では沖縄の首里城構築にも使われ，建築材として重宝されてきたオキナワウラジロガシは，樹高 20 m，直径 1 m にも成長する常緑高木で，その樹皮の 85 % アセトン抽出物から，カテキン 3-ラムノシド，カテキン 3-グルコシド，プロシアニジン二量体のプロシアニジン B-1（エピカテキン-(4β→8)-カテキン），B-3（カテ

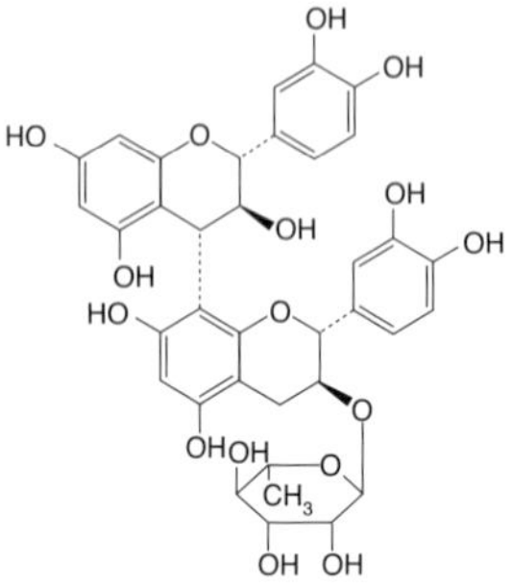

プロシアニジン B-3 3''-ラムノシド 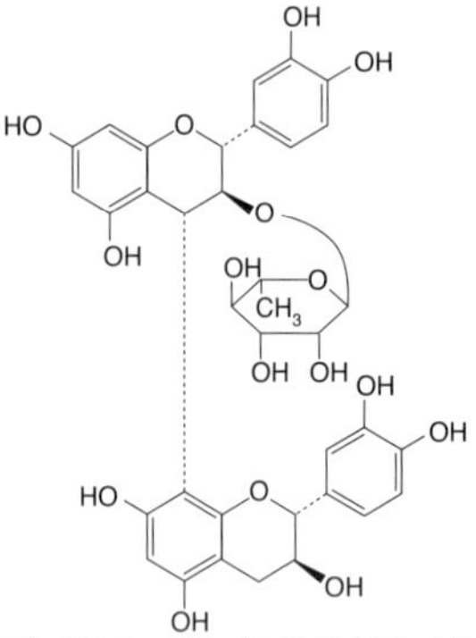　　　　　　プロシアニジン B-3 3-ラムノシド

図 4-1-29　天然で初めて単離されたプロシアニジン配糖体

キン-(4α→8)-カテキン），B-6（カテキン-(4α→6)-カテキン），B-7（エピカテキン-(4β→6)-カテキン），B-3 の C-3 の位置にラムノースが置換された配糖体であるカテキン-(4α→8)-カテキン 3-ラムノシドと，3-ラムノシル-カテキン-(4α→8)-カテキン，それに三量体のエピカテキン-(4β→8)-カテキン-(4α→8)-カテキンが単離された。この研究でプロシアニジンの C-3 に糖が置換されたプロシアニジン二量体の配糖体が天然から初めて単離された（図 4-1-29）[85]。

　また，アメリカの南東部の全域にわたって生育するブラックジャックオークは，その樹木のサイズが小さいことと，材の品質が悪いことの理由で商業用として利用されていない。しかし，その濃褐紫色を呈する心材とその樹皮には多くの抽出物を含むことから，その樹皮に含まれる化学物質の探索が行われた。その結果，樹皮の 50％アセトン抽出物から，(+)-カテキン，(−)-エピカテキン，(+)-3-O-(β-グルコピラノシル)カテキン，カテキン-(4α→8)-カテキン，エピカテキン-(4β→8)-カテキン，それに新たに 3-[β-d-グルコピラノシル]-カテキン-(4α→8)-カテキンと，さらに 3-[α-1-ラムノピラノシル-(1-6)-β-d-グルコピラノシル]-カテキンが単離された。ここで単離されたプロシアニジン二量体の配糖体である 3-(β-d-グルコピラノシル)-カテキン-(4α→8)-カテキンは，C-3 に糖が置換された天然から単離された第二番目のプロシアニジン配糖体である[86]。

　なお，樹皮および材のフラボノイドについては，1962 年に『The Chemistry of Flavonoid Compounds』[87]，フラボノイドを含めた樹木からの抽出成分に関しては，『Wood Extractives and Their Significance to the Pulp and Paper Industry』[88]，また，縮合型タンニンについては，『Chemistry and Significance of Condensed Tannins』[89] と題する成書に詳細な情報が網羅されている。また，日本木材学会

抽出成分と木材利用研究会（編）『樹木の顔－樹木抽出成分の効用と利用』と題する本も発刊されており，日本産樹種を中心とした50科180樹種におよぶ樹木からの抽出成分について，1991年から1998年にかけて「Chemical Abstract」に掲載された文献が広汎にまとめられている[90]。

引用文献

(1) Hillis, W.E. 1968. Chemical aspects of heartwood formation. *Wood Sci. Techn.* **2**, 241-259.
(2) Brooks, B.T. 1910. Coloring matter of ebony. *Phillip. J. Sci. Sect. A: Chem. Sci.* **5**, 445.
(3) Keute, V., Tangmouo, J.G., Meyer, J.J.M., Lall, N. 2009. Diospyrone, crassiflorone and plumbagin: three antimycobacterial and antigonorrhoeal naphthoquinones from two *Diospyros* spp. *Int. J. Antimicr. Agents* **34**, 322-325.
(4) Narayanan, R., Rao, P.S. 1962. Chemische Prüfung eines unbekannten *Pterocarpus* Holzes. *Holz als Roh- und Werkstoff* **20**, 182-185.
(5) Singh, S.S., Srivastava, A., Saxena, R., Pandey, S.C., Sharma, V. 2005. Red sandal (*Pterocarpus santalinus*): chemistry, biological activities and uses − a review. *J. Med. Arom. Plant Sci.* **27**, 303-308.
(6) Cain, J.C., Simonsen, J.L. 1912. Researches on santalin. I. Santalin and its derivatives. *J. Chem. Soc. Trans.* **101**, 1061-1074.
(7) Robertson, A., Whalley, W.B. 1954. The chemistry of the "insoluble red" woods. VI. Santalin and santarubin. *J. Chem. Soc.* 2794-2801.
(8) Ravindranath, B., Seshadri, T.R. 1973. Structural studies on santalin permethyl ether. *Phytochemistry* **12**, 2781-2788.
(9) Gurudutt, K.N., Seshadri, T.R. 1974. Constitution of the santalin pigments A and B. *Phytochemisty* **13**, 2845-2847.
(10) Arnone, A., Camarda, L., Merlini, L., Nasini, G. 1975. Structures of the red sandalwood pigments santalins A and B. *J. Chem. Soc. Perkin Trans. I* 186-194.
(11) Kinjo, J., Uemura, H., Nohara, T. 1995. Novel yellow pigment from *Pterocarpus santalinus*: biogenetic hypothesis for santalin analogs. *Tetrahedron Lett.* **36**, 5599-5602.
(12) Krishnaveni, K.S., Rao, J.V.S. 2000. An isoflavone from *Pterocarpus santalinus*. *Phytochemistry* **53**, 605-606.
(13) Krishnaveni, K.S., Rao, J.V.S. 2000. A new acylated isoflavone glucoside from *Pterocarpus santalinus*. *Chem. Pharm. Bull.* **48**, 1373-1374.
(14) Kesari, A.N., Gupta, R.K., Watal, G. 2004. Two aurone glycosides from heartwood of *Pterocarpus santalinus*. *Phytochemistry* **65**, 3125-3129.
(15) Surowiec, I., Nowik, W., Trojanowicz, M. 2004. Identification of "insoluble" red dyewoods by high performance liquid chromatography-photodiode array detection (HPLC-PDA) fingerprinting. *J. Sep. Sci.* **27**, 209-216.
(16) Farah, S., Suzuki, T., Katayama, T. 2008. Chemical constituents from *Swietenia macrophylla* bark and their antioxidant activity. *Pak. J. Biol. Sci.* **11**, 2007-2012.
(17) Bablich, H., Perkin, A.G. 1896. XLVIII-Morin. part I. *J. Chem. Soc. Trans.* **69**, 792-799.
(18) von Kostanecki, St., Lampe, V., Tambor, J. 1906. Synthesis of morin: (Provisional report). *Ber. Deuts. Chem. Ges.* **39**, 625-628.
(19) Robinson, R., Venkataraman, K. 1929. Anthoxanthins. VIII. Synthesis of morin and of

5,7,2',4'-tetrahydroxyflavone. *J. Chem. Soc.* 61-67.
(20) 凉野元 1954. 桑の有色成分について（その1）材の黄色色素としての Morin. 植物色素の研究 (VIII)．資源科学研究所彙報 **34**, 21-24.
(21) 近藤民雄, 伊藤博之, 須田元茂 1958. 木材の抽出成分（第7報）ヤマグワの抽出成分（その1）日本農芸化学会誌 **32**, 1-4.
(22) Perkin, W.H. Jr., Yates, J. 1902. Brazilin and haematoxylin. Part III. The constitution of haematoxylin. *J. Chem. Soc.* **81**, 235-246.
(23) Perkin, W.H. Jr., Robinson, R. 1908. Brazilin and haematoxylin. Part VIII. Synthesis of brazilinic acids, the lactones of dihydrobrazilinic and dihydrohaematoxylinic acids, anhydrobrazilic acid, etc. The constitution of brazilin, haematoxylin, and their derivatives. *J. Chem. Soc.* **93**, 489-517.
(24) Kahr, B., Lovell, S., Subramony, J.A. 1998. The progress of logwood extract. *Chirality* **10**, 66-77.
(25) Kandil, F.E., Michael, H.N., Ishak, M,S., Mabry, T.J. 1999. Phenolics and flavonoids from *Haematoxylon campechianum*. *Phytochemistry* **51**, 133-134.
(26) Gilbody, A.W., Perkin, W.H. Jr., Yates, J. 1901. Brazilin and haematoxylin. Part I. *J. Chem. Soc.* **79**, 1396-1411.
(27) Perkin, W.H. Jr., Ray, J.N., Robinson, R. 1928. Experiments on the synthesis of brazilin and haematoxylin and their derivatives. Part III. *J. Chem. Soc.* 1504-1513.
(28) Sakai, K., Matsunaga, M., Minato, K., Nakatsubo, F. 1999. Effects of impregnation of simple phenolic and natural polycyclic compounds on physical properties of wood. *J. Wood Sci.* **45**, 227-232.
(29) Matsunaga, M., Minato, K., Nakatsubo, F. 1999. Vibrational property changes of spruce wood by impregnation with water-soluble extractives of pernambuco (*Guilandina echinata* Spreng.) *J. Wood Sci.* **45**, 470-474.
(30) Matsunaga, M., Sakai, K., Kamitakahara, H., Minato, K., Nakatsubo, F. 2000. Vibrational property changes of spruce wood by impregnation with water-soluble extractives of pernambuco (*Guilandina echinata* Spreng.) II: structural analysis of extractive components. *J. Wood Sci.* **46**, 253-257.
(31) 今村博之 1980. 木材と色．植物色素 －実験研究への手引（林孝三 編著），養賢堂，東京．pp. 314-322.
(32) King, F.E., Bottomley, W. 1954. The chemistry of extractives from hardwoods. Part XVII. The occurrence of a flavan-3:4-diol (melacacidin) in *Acacia melanoxylon*. *J. Chem. Soc.* 1399-1403.
(33) Hillis, W.E., Yazaki, Y. 1973. Polyphenols of *Intsia* heartwoods. *Phytochemistry* **12**, 2491-2495.
(34) Hillis, W.E. 1998. Deposits in heartshakes in wood. Part 2. The formation site of organic materials. *Wood Sci. Tech.* **32**, 139-143.
(35) Hillis, W.E., Inoue, T. 1967. The polyphenols of *Nothofagus* species-II. The heartwood of *Nothofagus fusca*. *Phytochemistry* **6**, 59-67.
(36) Erdtman, H. 1955. The chemistry of heartwood constituents of conifers and their taxonomic importance. *Experientia, Suppl.* 156-180.
(37) Hergert, H.L. 1962. Economic importance of flavonoid compounds: wood and bark. *In* The Chemistry of Flavonoid Compounds (ed. Geissman, T.A.), Pergamon Press, New York. pp. 558-559.
(38) 朝比奈泰彦, 篠田淳三, 犬伏元太郎 1928. フラバノングルコシドについて．薬学雑誌 **48**, 207-214.
(39) 朝比奈泰彦, 犬伏元太郎 1928. ナリンゲニンの構造, フラバノン配糖体の研究（第2報）．薬学雑誌 **48**, 868-872.

(40) Hasegawa, M., Shirato, T. 1952. Flavonoids of various *Prunus* species. I. The flavonoids in the wood of *Prunus yedoensis*. *J. Amer. Chem. Soc.* **74**, 6114-6115.
(41) Hasegawa, M., Shirato, T. 1954. Flavonoids of various *Prunus* species. II. The flavonoids in the wood of *Prunus speciosa*. *J. Amer. Chem. Soc.* **76**, 5559-5560.
(42) Hasegawa, M., Shirato, T. 1954. Flavonoids of various *Prunus* species. III. The flavonoids in the wood of *Prunus campanulata*. *J. Amer. Chem. Soc.* **76**, 5560.
(43) Hasegawa, M., Shirato, T. 1955. Flavonoids of various *Prunus* species. IV. The flavonoids in the wood of *Prunus donarium* var. *spontanea*. *J. Amer. Chem. Soc.* **77**, 3557-3558.
(44) Hasegawa, M., Shirato, T. 1957. Flavonoids of various *Prunus* species. V. The flavonoids in the wood of *Prunus verecunda*. *J. Amer. Chem.* Soc. **79**, 450-452.
(45) Hasegawa, M. 1957. Flavonoids of various *Prunus* species. VI. The flavonoids in the wood of *Prunus aequinoctialis, P. nipponica, P. maximowiczii* and *P. avium*. *J. Amer. Chem. Soc.* **79**, 6114-6115.
(46) Hasegawa, M. 1956. Flavonoids of various *Prunus* species. VII. The flavonoids in the wood of *Prunus ssiori* and *Prunus spinulosa*. *J. Jap. Forest. Soc.* **38**, 107-108.
(47) Hasegawa, M. 1959. Flavonoids of various *Prunus* species. VIII. The flavonoids in the wood of *Prunus mume*. *J. Org. Chem.* **24**, 408-409.
(48) Hasegawa, M. 1969. Flavonoids of various *Prunus* species. IX. Two new flavonoid glycosides from the wood of *Prunus mume*. *Bot. Mag. Tokyo* **82**, 148-154.
(49) Hasegawa, M. 1969. Flavonoids of various *Prunus* species. X. Wood constituents of *Prunus tomentosa*. *Bot. Mag. Tokyo* **82**, 458-461.
(50) Hergert, H.L. 1962. Economic importance of flavonoid compounds: wood and bark. *In* The Chemistry of Flavonoid Compounds (ed. Geissman, T.A.), Pergamon Press, New York. pp. 559-561.
(51) 長谷川正男, 林孝三 1991. サクラ属の材成分とくにフラボノイドの生合成系とサクラ類の分類系について. 進化生研研報 **7**, 1-17.
(52) Hillis, W.E. 1951. The chemistry of eucalypts kinos. I. Chromatographic resolution. *Aust. J. Appl. Sci.* **2**, 385-395.
(53) Hillis, W.E. 1952. Eucalypt kinos. II. Aromadendrin, kaempferol, and ellagic acid. *Aust. J. Sci. Res., Ser. B: Biol. Sci.* **A5**, 379-386.
(54) Gell, R.J., Pinhey, J.T., Ritchie, E. 1958. The constituents of the kino of *Eucalyptus maculata* Hook. *Aust. J. Chem.* **11**, 372-375.
(55) Ganguly, A.K., Seshadri, T.R., Subramanian, P. 1958. A study of leucoanthocyanidins of plants-I. Isomers of leucodelphinidin from *Karada* bark and *Eucalyptus* gum. *Tetrahedron* **3**, 225-229.
(56) Hillis, W.E., Carle, A. 1960. The chemistry of eucalypt kinos. III. (+)-Afzelechin, pyrogallol, and (+)-catechin from *Eucalyptus calophylla* kino. *Aust. J. Chem.* **13**, 390-395.
(57) Hillis, W.E., Carle, A. 1963. The chemistry of eucalypt kinos. IV. *Eucalyptus hemiphloia* kino. *Aust. J. Chem.* **16**, 147-159.
(58) Hillis, W.E., Yazaki, Y. 1974. Kinos of *Eucalyptus* species and their acid degradation products. *Phytochemistry* **13**, 495-498.
(59) Hillis, W.E. 1972. Properties of eucalypt woods of importance to the pulp and paper industry. *Appita* **26**, 113-122.
(60) Hillis, W.E. 1969. The contribution of polyphenolic wood extractives to pulp colour. *Appita* **23**, 89-101.
(61) Pew, J.C. 1948. A flavanone from douglas-fir heartwood. *J. Amer. Chem. Soc.* **70**, 3031-3034.
(62) Kurth, E.F. 1953. Quercetin from fir and pine bark. *J. Indus. Engin. Chem.* (*Washington, D.C.*) **45**, 2096-2097.
(63) Migita, N., Nakano, J., Toroi, T. 1951. The antipulping effect of the flavanone of larch heart-

wood in sulfite cooks. *J. Jap. Tech. Assoc. Pulp Paper Ind.* **5**, 399-401.
(64) Migita, N., Nakano, J., Sakai, I., Ishi, S. 1952. The pulping effect of the flavanol of larch heartwood in the sulfite cook. *J. Jap. Tech. Assoc. Pulp Paper Ind.* **6**, 476-480.
(65) Haslam, E. 1989. Plant Polyphenols: Vegetable Tannins Revisited. Academic Press, London.
(66) Freudenberg, K. 1920. Die Chemie der Natürlichen Gerbstoffe. Julius Springer, Berlin.
(67) Freudenberg, K. 1962. Catechins and flavonoid tannins. *In* The Chemistry of Flavonoid Compounds (ed. Geissman, T.A.), Pergamon Press, New York. pp. 197-217.
(68) Roux, D.G. 1972. Review article. Recent advances in the chemistry and chemical utilization of the natural condensed tannins. *Phytochemistry* **11**, 1219-1230.
(69) Haslam, E. 1989. Plant Polyphenols: Vegetable Tannins Revisited. Cambridge University Press, Cambridge.
(70) Roux, D.G., Maihs, E.A. 1960. Condensed tannins. III. Isolation and estimation of (-)-7,3',4',5'-tetrahydroxyflavan-3-ol, (+)-catechin, and (+)-gallocatechin. *Biochem. J.* **74**, 44-49.
(71) Drews, S.E., Roux, D.G. 1963. Condensed tannins: 15. Interrelationship of flavonoid components in wattle-bark extract. *Biochem. J.* **87**, 167-172.
(72) Botha, J.J. Ferreira, D., Roux, D.G. 1978. Condensed tannins: direct synthesis, structure, and absolute configuration of four biflavonoids from black wattle bark ('Mimosa') extract. *J. Chem. Soc. Chem. Commun.* 700-702.
(73) Botha, J.J., Ferreira, D., Roux, D.G. 1979. Condensed tannins: condensation mode and sequence during formation of synthetic and natural triflavonoids. *J. Chem. Soc. Chem. Commun.* 510-512.
(74) Roux, D.G., Paulus, E. 1961. Condensed tannins: 8. The isolation and distribution of interrelated heartwood components of *Shinopsis* spp. *Biochem. J.* **78**, 785-789.
(75) Hillis, W.E. 1954. The precursors of the red color leather. Preliminary survey. *J. Soc. Leather Trades' Chemist* **38**, 91-102.
(76) Markham, K.R., Porter, L.J. 1973. Extractives of *Pinus radiata* bark. 1. Phenolic components. *N. Z. J. Sci.* **16**, 751-761.
(77) Yazaki, Y., Hillis, W.E. 1977. Polyphenolic extractives of *Pinus radiata* bark. *Holzforshung* **31**, 20-25.
(78) Hemingway, R.W., Foo, L.Y., Porter, L.J. 1982. Linkage isomerism in trimeric and polymeric 2,3-*cis*-procyanidins. *J. Chem. Soc. Perkin Trans. I.* 1209-1216.
(79) Hemingway, R.W., Karchesy, J.J., McGraw, G.W., Wielesek, R.A. 1983. Heterogeneity of interflavanoid bond location in loblolly pine bark procyanidins. *Phytochemistry* **22**, 275-281.
(80) Hergert, H.L. 1989. Hemlock and spruce tannins: an odyssey. *In* Chemistry and Significance of Condensed Tannins (eds. Hemingway, R.W., Karchesy, J.J.), Plenum Press, New York. pp. 3-19.
(81) Ohara, S., Hemingway, R.W. 1989. The phenolic extractives in southern red oak (*Quercus falcata* Michx. var. *falcata*) bark. *Holzforschung* **43**, 149-154.
(82) Sun, D., Wong, H., Foo, L.Y. 1987. Proanthocyanidin dimers and polymers from *Quercus dentata. Phytochemistry* **26**, 1825-1829.
(83) Roux, D.G., Paulus, E. 1962. Condensed tannins: 13. Interrelationships of flavonoid components from the heartwood of *Robinia pseudoacacia. Biochem. J.* **82**, 324-330.
(84) Roux, D.G., Maihs, E.A., Paulus, E. 1961. Condensed tannins: 9. Distribution of flavonoid compounds in the heartwoods and barks of some interrelated wattles. *Biochem. J.* **78**, 834-839.
(85) Ishimaru, K., Nonaka, G., Nishioka, I. 1987. Flavan-3-ol and procyanidin glycosides from *Quercus miyagii. Phytochemistry* **26**, 1167-1170.
(86) Bae, Y.-S., Burger, J.F.W., Steynberg, J.P., Ferreira, D., Hemingway, R.W. 1994. Flavan and

procyanidin glycosides from the bark of blackjack oak. *Phytochemistry* **35**, 473-478.
(87) Geissman, T.A. (ed.) 1962. The Chemistry of Flavonoid Compounds. Pergamon Press, New York.
(88) Hillis, W.E. (ed.) 1962. Wood Extractives and Their Significance to the Pulp and Paper Industry. Academic Press, New York.
(89) Hemingway, R.W., Karchesy, J.J. (ed.) 1989. Chemistry and Significance of Condensed Tannins. Plenum Press, New York.
(90) 日本木材学会抽出成分と木材利用研究会（編）2002. 樹木の顔　樹木抽出成分の効用と利用. 海青社，東京.

4.2. フラボノイド,アントシアニン,イソフラボノイドの生合成
4.2.1. フラボノイドの生合成*
1) フラボノイド生合成系の研究の歴史とその概観

　フラボノイド合成系の研究は,遺伝学的な研究からスタートしているといっても過言ではない。これはフラボノイド合成系から,さらに先に至るアントシアニン合成系によってアントシアニンが合成されると,表現型として赤色を呈するのに対し,この合成にかかわる酵素やその転写調節因子,さらに液胞への輸送にかかわるタンパク質の遺伝子に突然変異が生じてその機能が失われると,その表現型である赤色がなくなることから,最も判別しやすい表現型として昔から研究されてきた。突然変異体どうしの交配を行うことによって,合成系がどのような順番で,どのような階層性で制御されているのかが推定された。この遺伝学的な解析にはトウモロコシ,ペチュニア,キンギョソウが古くから用いられ,また日本においても1900年代からアサガオが材料として用いられてきた[1]。

　その中でも特筆すべき変異体として,易変性表現型を示す変異体がある。これが現代の分子生物学の進歩によって一気に開花し,原因遺伝子を特定するうえで重要な役割を果たした。しかし遺伝学的な解析だけでは,その合成系の詳細を明らかにすることはできず,長らく合成系の解明は闇のままであった。

　同じく天然物化学も20世紀からスタートし,さまざまな代謝産物が植物から抽出され,その構造決定がなされてきた。クロマトグラフィー法が開発され,分離・精製手段が進歩することによって著しい進展が見られ,特にHPLCの登場とその機能の高度化,さらにNMRやMSの進歩がさまざまなフラボノイドの精製や構造解析に大きな役割を果たしたことは,3章に述べられているとおりである。

　しかし,これらの方法はあくまでも蓄積している中間化合物や最終産物の同定という「静的」な解析であるのが特徴である。これに対して,第2次世界大戦後から放射性同位体 ^{14}C や ^3H が合成され,さらにこれらを用いたさまざまな化合物が合成され,これを植物に投与することによって,代謝流(系)という「動的」なフローをクロマトグラフィー法と組み合わせることによってその解析が可能となった。いわゆるトレーサー実験である。特に特定の位置をラベルした化合物を合成し,これを植物に投与し,最終化合物のどの位置にこのトレーサーが入るかを調べることによって,どのような生化学的な反応によって,これら化合物が合成されるかが明ら

＊執筆:小関良宏・松葉由紀・佐々木伸大　Yoshihiro Ozeki, Yuki Matsuba and Nobuhiro Sasaki

かにされるようになった。たとえば、^{14}C でラベルしたフェニルアラニンを投与した場合に最も効率よく同位体が取り込まれることから、フラボノイドのB環はフェニルアラニン由来であることが推定された。

しかし、このトレーサー実験には大きな落とし穴がある。筆者らもニンジン培養細胞に ^{14}C フェニルアラニンを投与してフラボノイド合成系のフローを推定しようとしたが、^{14}C が入ったのはアントシアニンとカフェ酸とクロロゲン酸のみであり、その他のラベルされた化合物は検出限界以下であった。この結果を見ると、フラボノイドはフェニルアラニンから脱アミノされて、C_6 の2か所の部分がヒドロキシル化されてカフェ酸となり、これからフラボノイドが合成されるという結論になる。

しかし、実際には図4-2-1で示すように、ヒドロキシ基が導入されるのは脱アミノされた C_6-C_3 構造の状態で1か所、フラボノイド骨格である C_6-C_3-C_6 構造が作られた後に1もしくは2か所入ることが後の研究で明らかになった。上記のニンジン培養細胞の場合、カフェ酸はフェニルプロパノイド合成系の途中で分岐してヒドロキシル化され、フラボノイド合成系の中間化合物としてではなく、最終産物の1つとしてニンジン培養細胞の中に蓄積されていたのである。このように大きな代謝産物プールがあると、そこにラベルが入って見間違ってしまうのである。実際にはフラボノイド合成系は非常に効率よく反応が行われるため、この中間産物の蓄積量は非常に少なく、これを決定しようとすると、非常に強い放射線量と高い比活性を有した化合物を投与しなければ検出できないのが一般的であるといえる。さらに、植物体は表皮にワックス層を有しているため、これらラベルした化合物を吸収させることが難しいことが多い。このため、ラベルした化合物を吸収しやすい培養細胞を用いた研究が盛んになされた。

一方、Stickland and Harrison のグループによって、古くから得られていた突然変異体を用いた化学的相補実験がなされた。これは、ある突然変異体の花弁などに推定される中間化合物を投与することによって、アントシアニンが合成されるようになれば、この中間化合物の前の生合成ステップのどこかが突然変異によって遺伝子が破壊されていることを明らかにする方法であり、これによって、フラボノイド合成系の中間ステップのいくつかが解明された [2]。

さらに生化学の進歩によって酵素活性の測定が行われるようになり、突然変異体において、どの酵素活性が消失しているのかが研究され、さまざまな酵素の点と点との間がつなげられていくようになった [3]。さらに天然物化学と同様に、さまざまなクロマトグラフィー基材の開発によって、酵素タンパク質の精製が行われるようになった。

フラボノイド合成系の解明において忘れてはならないのは Grisebach と

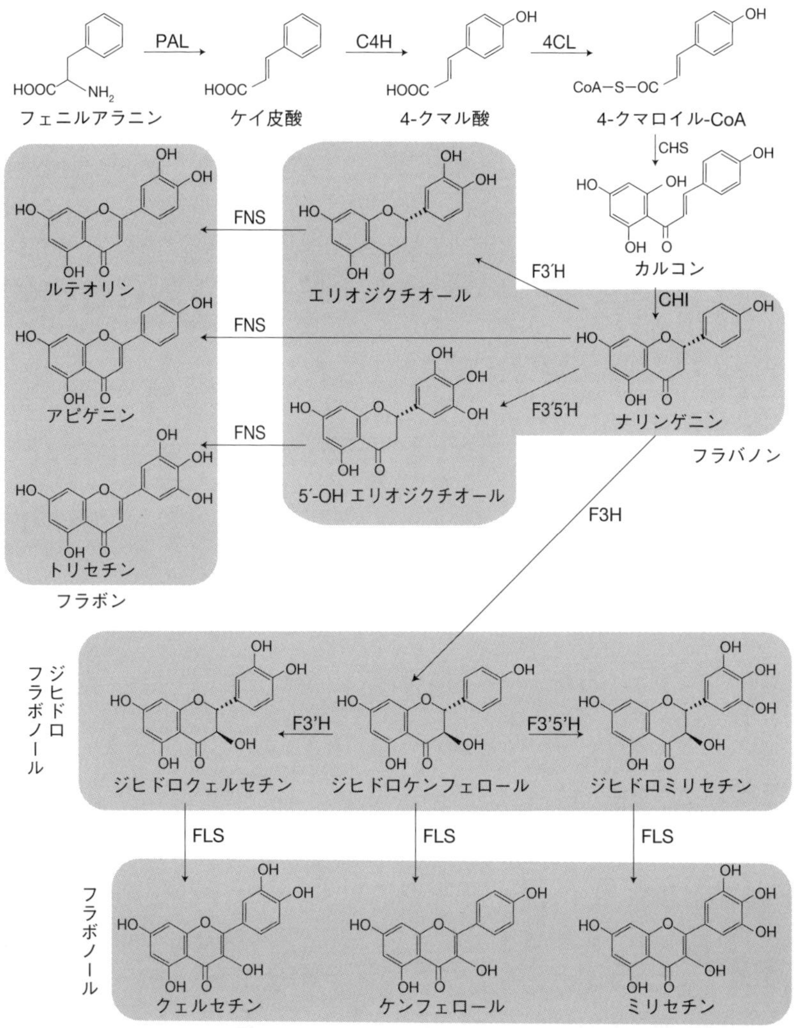

図 4-2-1 フラボノイド合成系

PAL：フェニルアラニン アンモニア-リアーゼ，C4H：ケイ皮酸 4-ヒドロキシラーゼ，4CL：4-クマル酸:CoA リガーゼ，CHS：カルコン合成酵素，CHI：カルコン異性化酵素，F3H：フラバノン 3-ヒドロキシラーゼ，FNS：フラボン合成酵素，F3'H：フラボノイド 3'-ヒドロキシラーゼ，F3'5'H：フラボノイド 3',5'-ヒドロキシラーゼ，FLS：フラボノール合成酵素

Hahlbrock のグループによるパセリ培養細胞を用いた研究である。彼らの先進的な研究によって，フラボノイド合成系の全容が明らかにされたといっても過言ではない[4]。

しかし，この二次代謝系の酵素活性の測定がなかなか進展しなかったのは，測定に必要な基質の準備の困難さのゆえである．この酵素活性の測定に必要な基質は，植物から抽出・精製して得るか，あるいは化学合成して用意する必要がある．しかし，上述のように植物内には代謝系の中間産物の合成蓄積量は非常に少ないため，これを精製して得ようとするのは困難である．したがって，多くの場合には化学合成する必要がある．後述するように，フラボノイド合成系の出発点となる酵素であるカルコン合成酵素 chalcone synthase（CHS）活性が測定できるようになったのは，その基質となる 4-クマロイル-CoA 4-coumaroyl-CoA（p-クマル酸 CoA p-coumaroyl-CoA）の合成方法が確立されたからである．当初は牛の肝臓から抽出したアシル CoA 合成酵素を用いて酵素的に合成されたが，その後化学合成法が確立され，現在ではこちらの方法が広く用いられている．

さらに我々のグループでは，最近はシロイヌナズナ（アラビドプシス *Arabidopsis thaliana*）（p.352 参照）から得た 4-クマル酸:CoA リガーゼ 4-coumarate:CoA ligase（4CL）遺伝子 cDNA を大腸菌における強制発現系に導入し，得られた組換え酵素を用いて 4-クマロイル-CoA を合成するようになっている．現在，化学的に合成できない中間産物については，同様にその中間産物を合成する酵素に対する cDNA をクローニングして強制発現させて得られた組換え酵素を用いて，さまざまな基質の合成が可能となっており，化学合成の弱い我々の研究室においても，基質を合成して得ることが可能となっている．

植物のタンパク質抽出液から酵素活性を測定するうえでもう 1 つ困難な点は，その酵素量が非常に少なく，このため活性が非常に低く，感度の高い測定方法を用いなければならない場合が多いことである．このためこの基質となる化合物を，放射性同位体を用いて合成するなどの方法がとられる場合が多い．しかし現在は微量の反応生成物を検出するための HPLC や GC が発達したため，これらの方法で分析・同定・定量が可能となってきている．また，植物のタンパク質粗抽出液に含まれる酵素タンパク質の量は非常に少ないため，これを精製しようとすると大量の植物材料から抽出・精製しなければならないことが多い．たとえばオーロイシジン合成酵素 aureusidin synthase においては 32 kg の花弁をスタート材料として抽出精製が行われ，それで得られた精製酵素はわずか 90 μg であった [5]．

それでも 200 μg 程度の酵素タンパク質が得られれば，これを抗原としてウサギから抗体を作成することが可能である．フェニルアラニンアンモニア-リアーゼ phenylalanine ammonia-lyase（PAL）および CHS は，精製抗体を用いることによって，これをプローブとして，さらに進展しつつあった分子生物学的手法を用いて，cDNA ライブラリーからのクローニングが可能となった [6, 7]．さらに高発現性ベク

ターの開発によって，抗体による検出ではなく，大腸菌由来の組換え酵素タンパク質での酵素活性の測定が可能となり，これによる同定が行われるようになった[6]。

この分子生物学の進展は，異種植物種から得られた cDNA をプローブとして，各種植物から相同性を用いた cDNA のクローニングを可能にした。さらに現在では，酵素タンパク質が精製されれば，それを抗原として抗体を作成するのではなく，そのタンパク質を部分分解酵素で断片化して得られたペプチドのアミノ酸配列を決定し，それを逆翻訳して塩基配列を推定し，縮重プライマーを合成して PCR によってクローニングすることが主流となっている。このペプチドのアミノ酸配列の解析についても，機器分析手法の進歩により，現在では数 μg の精製タンパク質が得られれば，数か所以上のアミノ酸配列が決定できるようになっている。

そこで得られた成果が，上述した易変性変異体における CHS を用いたキンギョソウからのトランスポゾンのクローニングである。パセリの CHS cDNA をプローブとしてキンギョソウのトランスポゾンがクローニングされた[8,9]。すなわちここでは，構造遺伝子に対する cDNA をタグとして，現在は逆にタグとして使われているトランスポゾンがクローニングされたわけである。同様な手法によって，トウモロコシやペチュニアなどの易変性変異体からトランスポゾン・ハンティングが行われた。次に逆にこのトランスポゾンを用いて別の表現型を示す易変性変異体から，別の構造遺伝子に対するゲノム配列がクローニングされるようになった。

この方法において最も注意しなければならないことは，こうして得られたトランスポゾンが挿入された構造遺伝子が本当にその変異の原因遺伝子であるかどうかを示すことである。トランスポゾンが挿入されていることによって，その遺伝子が破壊されている，これによって変異が起きているという必要条件は示すことができても，これが十分条件を示していることにはならない。遺伝学においては，必要十分条件が示されなければ，ある塩基配列が特定の酵素系の遺伝子の原因遺伝子であるとはいえない。DNA 型トランスポゾンにおいては，それが離脱することによって表現型が復帰することを証拠として示すことが可能であり，これがトランスポゾンを用いる利点である。

現在では，一歩進めて，シロイヌナズナやイネにおいては T-DNA 挿入変異体ライブラリーの整備，トランスポゾンを遺伝子導入して得られた変異体ライブラリーの整備が行われ，フラボノイド代謝系も含め，爆発的に植物の遺伝子解析がなされるようになった。この場合にも最も重要なことは，上述した必要十分条件を示すことである。導入した T-DNA あるいはトランスポゾンによって破壊された遺伝子が原因遺伝子であることを示すためには，複数の変異体において異なった位置に突然変異や DNA の挿入が起きて，特定の同一の表現型が生じることを示す。さらに破

壊されている遺伝子に対する DNA を正常型から得て，これを変異体に遺伝子導入することによって，その変異が復帰すること，すなわち相補されることを示す必要がある．

現在，フラボノイド合成系のアグリコンを合成する酵素系については，図 4-2-1 に示すようにすべてが明らかにされている．図に示すようにフラボノイド類はフェニルアラニンを出発材料として合成される．これを出発点とする化合物は C_6-C_3 構造を有したフェニルプロパノイドであり，フェニルプロパノイド合成系とよばれている．この代謝系は PAL，ケイ皮酸 4-ヒドロキシラーゼ cinnamate 4-hydroxylase（C4H），4CL によってフェニルアラニンから 4-クマロイル-CoA を合成するものであり，これはフラボノイドやアントシアニンの合成に使われるのみならず，リグニンなどの合成にも必要なものである．

ここで合成された 4-クマロイル-CoA を出発材料として，CHS によってフラボノイドの基本骨格である C_6-C_3-C_6 化合物であるカルコンが合成される．これがカルコン異性化酵素 chalcone isomerase（CHI）によってフラバノン（ナリンゲニン）になる．これがそのまま，もしくはフラボノイド 3'-ヒドロキシラーゼ flavonoid 3'-hydroxylase（F3'H）やフラボノイド 3',5'-ヒドロキシラーゼ flavonoid 3',5'-hydroxylase（F3'5'H）によって B 環の部分がヒドロキシル化され，さらに糖転移酵素 glycosyltransferase（GT）によって配糖体化（グリコシル化）されると，フラバノン配糖体となる．さらにフラバノンがフラボン合成酵素 flavone synthase（FNS）によってフラボンとなる．これらが F3'H や F3'5'H によるヒドロキシル化，メチル基転移酵素 methyltransferase（MT）によるメチル化，GT による配糖化といった修飾がなされ，フラボン化合物としてさまざまな植物種において合成・蓄積されている．

またフラバノンがさらにフラバノン 3-ヒドロキシラーゼ flavanone 3-hydroxylase（F3H）によってヒドロキシル化されジヒドロケンフェロールになり，これが F3'H によって B 環の 3' 位がヒドロキシル化されるとジヒドロクェルセチンに，あるいは F3'5'H によって B 環の 3' 位および 5' 位がヒドロキシル化されるとジヒドロミリセチンとなる．これら化合物を出発として，4.2.2. に示すアントシアニン合成系によってアントシアニジン，さらにカテキンやエピカテキンが合成される．合成されたフラボノールはさらに GT による配糖化を受けてさまざまな植物種において合成・蓄積されている．

またカテキンおよびエピカテキンは重合して，縮合性タンニンあるいはプロアントシアニジンとなる．アントシアニジンは GT による配糖化さらにアシル化がさまざまになされ，非常に多岐にわたる分子種となって，橙色，赤色，紫色，青色を呈

している。

　これらの酵素については21世紀に入る前に，ほとんどの遺伝子がクローニングされた。したがって，このアグリコン合成の部分の解析についてはほぼ終了しており，本稿では，その解明された経緯を解説する。また，20世紀終盤より，これから派生するイソフラボノイド合成系も解明され，これについては **4.2.3.** において解説されている。

　もう1つ残された研究として，アグリコンの修飾についての研究がある。各種植物が多種多様なフラボノイド分子を有しているのは，アグリコンは共通であって，その修飾が異なるためである。その多様性は植物種ごとに異なっており，化学分類 chemotaxonomy が可能なほどである。このアグリコンの修飾は植物にとって非常に重要であり，アグリコンのままでは脂溶性であるために細胞膜や液胞膜を透過して，膜を破壊してしまうフラボノイドを，修飾によって水溶性とし，液胞内に閉じ込めることが可能となる。さらに，もう1点，残された課題として液胞への輸送がある。この修飾と輸送については，現在研究が進められている。

2) フェニルプロパノイド合成系

　フェニルプロパノイド合成系にかかわる酵素活性の測定については，古典的となった実験書であるが『高等植物の二次代謝研究法』[10] が今でも用いられている。この実験書を用いて実験を行うにあたっての注意点の形で以下に述べる。

a) PAL

　フラボノイドを合成する最初のステップは PAL である。これがはたらき，代謝系が流れなければフラボノイドは合成されない。PAL はフェニルアラニンのアミノ基を外す酵素であり，瓜谷らの研究グループによって古くから研究が進められてきた[11]。酵素活性はフェニルアラニンから脱アミノして生じるケイ皮酸の吸光度（280 nm）の上昇を分光光度計によって測定するため，容易に活性を測定できる。ただし，ある種の植物種においては，粗酵素液に基質であるフェニルアラニンを加えなくても，280 nm の吸光度が上昇，もしくは低下するものがあるので，リファレンスをきちんととる必要がある。筆者らは反応液を2つ用意して，反応開始とともにフェニルアラニンを片方に加えて，両者を反応槽にかけ，2N の過塩素酸を加えて反応を停止する直前に，もう一方のリファレンス側にフェニルアラニンを加えて両者の反応を止め，遠心してタンパク質を除去し，反応側とリファレンス側に基質であるフェニルアラニンが入った状態として，フェニルアラニンが吸収する 280 nm の吸光度を打ち消すことで，酵素活性を測定している。

　最初にサツマイモの根のスライスから酵素精製が行われ，抗 PAL 抗体が作成さ

れた[12]。これを用いることで，田中らのグループによって，発現性ベクターに導入したサツマイモの cDNA ライブラリーから PAL cDNA が得られた[6]。いわゆる抗体スクリーニングで得られたものであるが，抗体スクリーニングは非常にコントラストが悪く，ポジティブ・クローンの同定が難しく，最終的には cDNA が導入された大腸菌由来の粗抽出液において PAL 活性が得られたことで確定された。しかし，この cDNA を有する大腸菌は大腸菌内のフェニルアラニンを脱アミノ化し，アンモニアを発生させてしまうため，大腸菌の成長が非常に悪く，死んでしまう場合が多かった。このような可能性は他の cDNA においても考えられ，二次代謝系にかかわる酵素をクローニングした場合，宿主の大腸菌を殺してしまう場合があるので，注意が必要である。

上述で得られたサツマイモ PAL cDNA をプローブとして用いて，大腸菌ではなく λ ファージ cDNA ライブラリーから，イネ，ニンジンなどの cDNA およびゲノム DNA が得られた。ここで λ ファージを用いることで，大腸菌では死んでしまうことを回避することが可能となった。

その後，さまざまな植物種のゲノムの研究によって *PAL* 遺伝子は，テーダマツを除くほぼすべての植物種において multi-gene family を形成していること，すなわちゲノム内には複数の *PAL* 遺伝子が存在していることが明らかになった。全ゲノムが解読されているシロイヌナズナにおいては 3 遺伝子存在することが知られている。これらの各メンバーは，すべて同時に発現するのではなく，分化状態や環境からのストレスに応じて異なった *PAL* 遺伝子が発現してくることが明らかになっている。すなわち，植物は多様な分化とストレスに対して，1 つの *PAL* 遺伝子の発現制御をして用いているのではなく，異なった *PAL* 遺伝子を進化の過程においてゲノム内に派生させ，各々の分化とストレスに対応できるように各々の条件によって使い分けていることが明らかになっている[13]。

さらにこのプロモーターについて詳細に検討されており，box-P, box-A, box-L が見出され[14]，それらシスエレメントに結合する転写調節因子のクローニングもなされている。

b) C4H

この遺伝子は細胞質内に存在しているのではなく，小胞体膜に存在するシトクロム P450 系の酵素であり，NADPH と O_2 を使ってモノオキシゲナーゼ monooxygenase 反応を起こす（P450 については 4.2.3-1）を参照）。このため，その酵素活性を測定するには細胞を破砕した後，低速の遠心で細胞壁などを沈殿させた上清に含まれるミクロソーム画分を超遠心で集めて，反応液に懸濁して，酵素活性を測定する。多くの酵素は細胞を液体窒素で急速に凍結して $-80{}^\circ\mathrm{C}$ で保存すれば酵

素活性が失われることはほとんどないが，本酵素においては凍結すると小胞体の膜構造が壊れるために，失活してしまう場合がある。また，その反応においては酵素を要求するため，多くの酵素では反応は静置して行うことによって失活することを防ぐところが，この酵素の場合には酸素を供給するために，小さな三角フラスコなどに反応液を薄く入れて激しく攪拌しないと酸素の供給が足らず，見かけの酵素活性が低く見えてしまうので，注意が必要である。

またケイ皮酸はアルカリ性条件下では 315 nm 以上の波長領域に吸収がなく，反応生成物である 4-クマル酸（p-クマル酸）は同上の条件下で 335 nm に吸収極大を有するので，反応終了後，まず反応液を酸性にしてエーテルで振りとって，次にこのエーテル層を 1 N の水酸化ナトリウムで振りとることで精製して吸光度を測定する。

一般に水溶性の酵素はさまざまなクロマトグラフィー基材が使えるが，膜に埋め込まれた酵素については，これをディタージェントを用いて可溶化しなければならず，このディタージェント存在下で精製に使えるクロマトグラフィー基材は少なく，精製するのは困難である。C4H においてもこれが当てはまったが，クロマトグラフィー基材の進歩のおかげで Teutsch ら [15] によって，C4H 酵素の精製から抗体の作成，この抗体を用いた cDNA のクローニングがなされ，CYP73A であることが明らかにされた。

c) 4CL

この酵素活性は比較的測定しやすく，分光器にセットした反応槽内で，この酵素の基質となる 4-クマル酸と CoA と ATP を加えることで，生じる 333 nm の吸光度の変化を時間を追って測定できる。生体内でのフラボノイド合成においては，主に 4-クマル酸を基質としていると推定されるが，4-クマル酸の代わりにカフェ酸やフェルラ酸に対しても反応し，その反応物である CoA 化合物はリグニン合成に回ると考えられている。これも PAL 遺伝子と同様に multi-gene family を形成しており [16]，シロイヌナズナゲノム内には 3 コピーあり，PAL 遺伝子と同様に，フラボノイドやアントシアニン合成においては特定の 4CL 遺伝子が発現して [17]，リグニン合成や病原菌感染などにおいては別の 4CL 遺伝子が発現するという遺伝子の機能分化が進化の過程で生じたことが明らかになっている。

3) フラボノイド合成系

前述のようにフラボノイド合成系のその基本骨格（アグリコン）を合成する酵素に対する遺伝子については，20 世紀中にほぼすべてクローニングされた。またアントシアニン合成にいたる酵素についてもクローニングがなされた。現在はその修

飾系と輸送系，さらに構造遺伝子の発現を制御する転写調節因子の研究が進められている。本書において，輸送系と転写調節因子についてはいまだ不明な点も多いため，略させていただく。また修飾系は数少ないフラボノイドの基本骨格をさまざまに修飾することによって，その多様性を生み出しているものであり，配糖化が最も重要な役割を担っている。その他の修飾としてメトキシル化やプレニル化があるが，後者については最近出された矢崎らの論文[18]を参考にされたい。

a) CHS

この酵素がフラボノイド合成系の鍵酵素であり，ここからフラボノイドが合成される。CHS の測定にはその基質である 4-クマロイル-CoA が必要であり，その合成法が確立されたことによって活性が測定できるようになったのは前述のとおりである。最初に CHS が精製されたのは Hahlbrock らのグループの研究である。しかし，CHS によって合成されたカルコンは容易に化学的に閉環してナリンゲニンになってしまうこと，さらに次のステップにくる CHI は非常に高い比活性を示すために，微量の CHI タンパク質がコンタミネーションしていると，これがはたらいてしまって CHS によって合成されたカルコンが閉環してしまう。このため，最初この酵素は CHS ではなく，フラバノン合成酵素[19]と命名されていた。

この酵素は C_6-C_3 化合物である 4-クマロイル-CoA を反応開始物質として，これに 3 つのマロニル-CoA が脱炭酸しながら縮合することによって，残りの C_6 部分が合成される。この酵素は約 40 kDa のタンパク質がホモダイマーを形成している。筆者らも精製を行ったが，非常に酸素に弱くて失活しやすく，精製に用いる緩衝液などはすべて脱気した後，ヘリウムで溶存酸素を追い出して用いる必要がある。

また，その cDNA はやはり Hahlbrock のグループによって，パセリ cDNA ライブラリーからクローニングされた[7]。この CHS 遺伝子も multi-gene family を形成しており，パセリでは 4 遺伝子存在し，その酵素活性が各々で若干異なることが示されている。

さらにこのプロモーターについて詳細に検討されており，そのプロモーターに結合する転写調節因子のクローニングもなされている。

b) CHI

CHI は非常に比活性の強い酵素であり，微量でありながら，その高い酵素活性のために非常に効率のよい反応が行われる。基質であるカルコン（カルコノナリンゲニン）は黄色であり，安価で市販されているナリンゲニン（無色）をアルカリで煮沸するだけで合成でき，分光器にセットした反応槽内で，酵素活性の測定はカルコンの黄色い色の波長である 340 nm の吸光度の減少を測定することで可能であり，フラボノイド合成系の酵素としては最も測定しやすく，学生実験に向いている。

CHI は Lamb のグループによって精製され，その抗 CHI 抗体が作成され，この抗体を用いた発現性ベクターに導入した cDNA ライブラリーからのクローニングがなされた[20]。

この遺伝子が破壊されると細胞内にカルコンが蓄積することになるが，これは前述のように化学的に閉環してしまう。CHI による酵素的な閉環では 2S 体のみが合成されるのに対し，化学的な閉環では 2S 体と 2R 体が合成されてしまう。化学的に合成された 2S 体，2R 体ともに次の F3H の基質になり，さらに次の酵素反応へと流れていくが，2R 体はジヒドロフラボノール 4-レダクターゼ dihydroflavonol 4-reductase（DFR）の基質とならないため，これが蓄積すると細胞膜や液胞膜を破壊するために，細胞が死に至る。黄色のカーネーションはこの CHI 遺伝子が破壊されたものである。

それではなぜカーネーションにおいて CHI 遺伝子が破壊されても花弁は死に至らないか？ その理由は，育種の過程においてカーネーションにおいて頻繁に転移挿入を示すトランスポゾン Tdic1 が CHI 遺伝子に挿入された植物体ができた時，CHI タンパク質ができなくなった状態において，本来は別の生体化合物を配糖化していた配糖化酵素がこのカルコンを基質として認識することが可能だったために，生じたカルコンは 2' 位が配糖化され，水溶性になるとともに自発的な閉環が起こらなくなり，これまた本来は別のフラボノイドなどを輸送していた輸送系が，生じたカルコン配糖体を液胞に輸送して局在化させることが可能であったため，このカルコン配糖体が液胞に蓄積することが可能となり，黄色のカーネーションが生じたと考えられる[21]。

c) FNS

FNS はフラバノンの 2 位と 3 位の間に二重結合を導入してフラボンを合成する酵素であり，この反応をつかさどる酵素活性として，パセリにおいては 2-オキソグルタレート 2-oxoglutarate 依存型の可溶性のジオキシゲナーゼ[22]として報告され，キンギョソウにおいては NADPH 依存型のミクロソーム画分に局在するシトクロム系の酵素として報告された[23]。現在では前者は FNS I とよばれ，セリ科においてのみ見出されており，一方，後者は FNS II とよばれ，その他の植物種においては，後者がこの反応をつかさどっていることが明らかにされている。FNS I の cDNA はパセリからクローニングされた[24]。

一方，FNS II は，その酵素の植物体からの精製はまだ成功していないが，ガーベラ Gerbera hybrids の野生型と fns 変異体との間で異なった発現をしている mRNA がディフェレンシャル・ディスプレイ differential display 法によって検出され，cDNA がクローニングされている[25]。また同時期に綾部と田中のグループによっ

てキンギョソウおよびトレニア cDNA ライブラリーから，先にクローニングした (2S)-フラバノン 2-ヒドロキシラーゼ (2S)-flavanone 2-hydroxylase cDNA をプローブとして cDNA がクローニングされた[26]（**4.2.3-1**)参照)。いずれの場合においても，これら酵素は CYP93B のミクロソーム画分に存在する酵素であるため，大腸菌で発現させてもその酵素活性は検出できず，組換え酵母における酵素活性の同定が行われた。

d) F3H

この酵素はフラバノンの3位にヒドロキシ基を導入するものであり，ジヒドロフラボノールを合成する2-オキソグルタレート依存型の可溶性のジオキシゲナーゼである。この酵素活性は最初，ストックの花弁から検出され[27]，その酵素が精製され，その酵素に対する抗体が調製され，さらにその精製酵素を部分分解して得られたペプチドのアミノ酸配列が決定され cDNA がクローニングされた[28]。この *F3H* 遺伝子を欠失したペチュニアやカーネーションにおいてフラバノンの蓄積が確認され，その花色は白色になることが示されている[28,29]。

e) F3'H および F3'5'H

これらの酵素も FNS II と同様に，酵素活性は NADPH 依存型のシトクローム P450 系の酵素であることが古くから知られ，ミクロソーム画分からその活性が検出された[30,31]。しかし，その酵素精製はできず，これらはペチュニアの突然変異体から，最初遺伝子としてクローニングされた。フラボノイドはカルコンとオーロン以外は淡い黄色，もしくは無色であるため，B 環の 3' 位もしくは 3', 5' 位がヒドロキシル化されてもはっきりとした表現型として目で判別することはできない。これに対してアントシアニンの場合は 4' 位のみにヒドロキシ基をもつペラルゴニジンは橙色，3' および 4' 位にヒドロキシ基をもつシアニジンは赤もしくは紅色，3', 4', 5' 位にヒドロキシ基をもつデルフィニジンは紫もしくは青色となるため，*F3'H* および *F3'5'H* が突然変異によって欠失すると花色が大きく変化し，変異が表現型として目で見える。このペチュニアの花色変異体である *Hf1*，*Hf2* の原因遺伝子として，P450 系のタンパク質の間で保存されているアミノ酸配列領域に対する cDNA をプローブとして *F3'5'H* 遺伝子が[32]，同様に *Ht1* の原因遺伝子として *F3'H* 遺伝子がクローニングされ[33]，それらに対する cDNA を酵母の発現性ベクターに導入して得られた組換え酵母からミクロソーム画分を調製して，その酵素活性が確認された。さらにペチュニアにおいては遺伝子組換えができるため，突然変異体にここで得られた cDNA を植物発現性ベクターに導入し，突然変異体に導入することによって花色が復帰すること，すなわち相補されることが明らかにされた。

このようにフラボノイドでは大きな色調の変化を示さないが、アントシアニンの時には非常に大きな花色変化を生じさせる。特に $F3'5'H$ は、デルフィニジンという紫色にアグリコンの色調を変化させるため、DFR 遺伝子発現がなくなっている白色花のカーネーションにペチュニア由来の $F3'5'H$ 遺伝子と DFR 遺伝子を遺伝子導入することによって青いカーネーションが作出され[34]、Moon シリーズとして市場に出回っている。さらに「不可能」という花言葉をもつ青いバラについても、ビオラ由来の $F3'5'H$ 遺伝子とアイリス由来の DFR 遺伝子を遺伝子導入することによって作出され[35]、2009 年秋から日本で売り出された。

f) FLS

フラボノール合成酵素(FLS)はジヒドロフラボノールを基質として 2-オキソグルタレート依存的なジオキシゲナーゼとして、その活性がパセリから検出されたが[36]、その酵素タンパク質の精製はできなかった。しかし、分子生物学的な手法の進展によって、植物の二次代謝にかかわるさまざまな 2-オキソグルタレート依存的なジオキシゲナーゼが明らかにされた後、FLS cDNA が同定された。

F3H は前述のように酵素タンパク質の精製からクローニングされたが、後述するフラボノイド合成の先にあるアントシアニン合成にかかわるアントシアニジン合成酵素 anthocyanidin synthase (ANS) 遺伝子である $A2$ 遺伝子がトウモロコシからトランスポゾン・タギングによって[37]、またキンギョソウにおける同遺伝子である $Candi$ が野生型と変異体との間のディフェレンシャル・スクリーニングによって得られ[38]、ともに 2-オキソグルタレート依存的なジオキシゲナーゼであると推定された。なお、これらが本当に ANS 活性を有しているのか、その酵素活性の生化学的同定にはさらに約 10 年の年月が必要であった[39]。

そこで、FLS はこれら 2-オキソグルタレート依存的なジオキシゲナーゼに共通に見られるアミノ酸配列領域をもとに、そのアミノ酸配列から縮重プライマーを設計し、PCR 法によってペチュニアからクローニングされた[40]。得られた cDNA を酵母で発現することによって、その酵素活性が確定され、さらにこの cDNA をアンチセンス方向に発現するようなコンストラクトを導入したペチュニアおよびタバコにおいては、フラボノールの合成が抑制され、アントシアニン合成へと代謝が流れて、花弁に蓄積するアントシアニン量が増大した[40]。

4) フラボノイド修飾における配糖化酵素

前述のように脂溶性のフラボノイドにおいて、配糖化酵素によって配糖化されて、水溶性になり、液胞膜を輸送タンパク質によって通過し、液胞内に局在化され蓄積される。フラボノイドの配糖化は、糖が酸素を介して結合している O-配糖体が多く、

また糖の先にさらに糖が結合して，さまざまな分子種が合成されている。一方，フラボノイドにおいては，もう1つの配糖化物として酸素を介さずに直接アグリコンの炭素に糖が結合している C-配糖体が存在する。

古くから O-配糖体型の配糖化酵素の研究が進められてきた。その糖供与体はUDP-グリコシドであり，細胞質内のさまざまな化合物の配糖化の基質となるものであり，UDP-グリコシドの糖の部分を ^{14}C でラベルした化合物が販売されており，これを用いて受容体のフラボノイドと供与体の ^{14}C UDP-グリコシドを粗酵素抽出液に混ぜて反応させ，酢酸エチルで振りとって，そこにくる放射活性を測定する，あるいはこれを濃縮してTLCなどで分離することで，反応生成物を同定することが可能である。

さらに近年，ようやくフラボノイド C-配糖体を合成する酵素とその遺伝子が単離され，これも同様にUDP-グリコシドを糖供与体とする反応であることが明らかになった[41]。

最初にUDP-グリコシド依存型配糖化酵素 UDP-glycoside transferase (UGT) 活性が検出されたのは，トウモロコシの花粉におけるクェルセチンへの配糖化活性であった[42]。しかし，その酵素タンパク質の精製は部分精製にとどまり，その遺伝子が得られたのは，フラボノイド配糖化酵素ではなく，トウモロコシの変異体からのアントシアニン配糖化酵素遺伝子であった。これ以降の配糖化酵素の研究はフラボノイドに対する配糖化酵素よりも，アントシアニンに対する配糖化酵素についての研究が多いので，次節 4.2.2. においてアントシアニン配糖化酵素とともにフラボノイド配糖化酵素についてもそこで詳細に解説する。

引用文献

(1) 星野敦，森田裕将，飯田滋 2002. 花を彩る遺伝子．蛋白質核酸酵素 **47**, 210-216.
(2) Stickland, R.G., Harrison, B.J. 1974. Precursors and genetic control of pigmentation. 1. Induced biosynthesis of pelargonidin, cyanidin and delphinidin in *Antirrhinum majus*. *Heredity* **33**, 108-112.
(3) Stotz, G., de Vlaming, P., Wiering, H., Schram, A.W., Forkmann, G. 1985. Genetic and biochemical studies on flavonoid 3'-hydroxylation in flowers of *Petunia hybrida*. *Theor. Appl. Genet.* **70**, 300-305.
(4) Heller, W., Forkmann, G. 1994. Biosynthesis of flavonoids. *In* The Flavonoids. Advances in Research since 1986 (ed. Harborne, J.B.), Chapman and Hall, London. pp.499-533.
(5) Nakayama, T., Yonekura-Sakakibara, K., Sato, T., Kikuchi, S., Fukui, Y., Fukuchi-Mizutani, M., Ueda, T., Nakao, M., Tanaka, Y., Kusumi, T., Nishino, T. 2000. Aureusidin synthase: a polyphenol oxidase homolog responsible for flower coloration. *Science* **290**, 1163-1166.

(6) Tanaka, Y., Matsuoka, M., Yamamoto, N., Ohashi, Y., Kano-Murakami, Y., Ozeki, Y. 1989. Structure and characterization of a cDNA clone for phenylalanine ammonia-lyase from cut-injured roots of sweet potato. *Plant Physiol.* **90**, 1403-1407.
(7) Reimold, U., Kröger, M., Keuzaler, F., Hahlbrock, K. 1983. Coding and 3' non-coding nucleotide sequence of chalcone synthase mRNA and assignment of amino acid sequence of the enzyme. *EMBO J.* **2**, 1801-1805.
(8) Bonas, U., Sommer, H., Saedler, H. 1984. The 17-kb *Tam1* element of *Antirrhinum majus* induces a 3-bp duplication upon integration into the chalcone synthase gene. *EMBO J.* **3**, 1015-1019.
(9) Sommer, H., Carpenter, R., Harrison, B.J., Saedler, H. 1985. The transposable element *Tam3* of *Antirrhinum majus* generates a novel type of sequence alteration upon excision. *Mol. Gen. Genet.* **199**, 225-231.
(10) 南川隆雄, 吉田精一 1981. 高等植物の二次代謝研究法. 学会出版センター, 東京.
(11) Minamikawa, T., Uritani, I. 1965. Phenylalanine ammonia-lyase in sliced sweet potato roots. *J. Biochem.* **57**, 678-688.
(12) Tanaka, Y., Uritani, I. 1977. Synthesis and turnover of phenylalanine ammonia-lyase in root tissue of sweet potato injured by cutting. *Eur. J. Biochem.* **73**, 255-260.
(13) Ozeki, Y., Matsui, M., Sakuta, M., Matsuoka, M., Ohasi, Y., Kano-Murakami, Y., Yamamoto, N., Tanaka, Y. 1990. Differential regulation of phenylalanine ammonia-lyase genes during anthocyanin synthesis and by transfer effect in carrot cell suspension cultures. *Physiol. Plant.* **80**, 379-387.
(14) Lois, R., Dietrich, A., Hahlbrock, K., Schulz, W. 1989. A phenylalanine ammonia-lyase gene from parsley: structure, regulation and identification of elicitor and light responsive *cis*-acting elements. *EMBO J.* **8**, 1641-1648.
(15) Teutsch, H.G., Hasenfraz, M.P., Lesot, A., Stolts, C., Garnier, J.M., Jeltsch, J.M., Durst, F., Werck-Reichhart, D. 1993. Isolation and sequence of a cDNA encoding the Jerusalem artichoke cinnamate 4-hydroxylase, a major plant cytochrome P450 involved in the general phenylpropanoid pathway. *Proc. Natl. Acad. Sci., USA* **90**, 4102-4106.
(16) Lozoya, E., Hoffmann, H., Douglas, C., Schuiz, W., Scheel, D., Hahlbrock, K. 1988. Primary structures and catalytic properties of isoenzymes encoded by the two 4-coumarate: CoA ligase genes in parsley. *Eur. J. Biochem.* **176**, 661-667.
(17) Heinzmann, U., Seitz, U., Seitz, U. 1977. Purification and substrate specifities of hydroxycinnamate: CoA ligase from anthocyanin-containing and anthocyanin-free carrot cells. *Planta* **135**, 313-318.
(18) Sasaki, K., Mito, K., Ohara, K., Yamamoto, H., Yazaki, K. 2008. Cloning and characterization of naringenin 8-prenyltransferase, a flavonoid-specific prenyltransferase of *Sophora flavescens*. *Plant Physiol.* **146**, 1075-1084.
(19) Kreuzaler, F., Ragg, H., Heller, W., Tesch, R., Witt, I., Hammer, D., Hahlbrock, K. 1979. Flavanone synthase from *Petroselinum hortense*. *Eur. J. Biochem.* **99**, 89-96.
(20) Mehdy, M.C., Lamb, C.J. 1987. Chalcone isomerase cDNA cloning and mRNA induction by fungal elicitor, wounding and infection. *EMBO J.* **6**, 1527-1533.
(21) Itoh, Y., Higeta, D., Suzuki, A., Yoshida, H., Ozeki, Y. 2002. Excision of transposable elements from the chalcone isomerase and dihydroflavonol 4-reductase genes may contribute to the variegation of the yellow-flowered carnation (*Dianthus caryophyllus*). *Plant Cell Physiol.* **43**, 578-585.
(22) Sutter, A., Poulton, J., Grisebach, H. 1975. Oxidation of flavanone to flavone with cell-free extracts from young parsley leaves. *Arch. Biochem. Biophys.* **170**, 547-556.
(23) Stotz, G., Forkmann, G. 1981. Oxidation of flavanones to flavones with flower extracts of *Antirrhinum majus* (snapdragon). *Z. Naturforsch.* **36c**, 737-741.

(24) Martens, S., Forkmann, G., Matern, U., Lukačin, R. 2001. Cloning of parsley flavone synthase I. *Phytochemistry* **58**, 43-46.
(25) Martens, S., Forkmann, G. 1990. Cloning and expression of flavone synthase II from *Gerbera* hybrids. *Plant J.* **20**, 611-618.
(26) Akashi, T., Fukuchi-Mizutani, M., Aoki, T., Ueyama, Y., Yonekura-Sakakibara, K., Tanaka, Y., Kusumi, T., Ayabe, S. 1999. Molecular cloning and biochemical characterization of a novel cytochrome P450, flavone synthase II, that catalyzes direct conversion of flavanones to flavones. *Plant Cell Physiol.* **40**, 1182-1186.
(27) Forkmann, G., Heller, W., Grisebach, H. 1980. Anthocyanin biosynthesis in flowers of *Matthiola incana*. Flavanone 3- and flavonoid 3'-hydroxylases. *Z. Naturforsch.* **35c**, 691-695.
(28) Britsch, L., Ruhnau-Brich, B., Forkmann, G. 1992. Molecular cloning, sequence analysis, and *in vitro* expression of flavanone 3β-hydroxylase from *Petunia hybrida*. *J. Biol. Chem.* **267**, 5380-5387.
(29) Mato, M., Onozaki, T., Ozeki, Y., Higeta, D., Itoh, Y., Yoshimoto, Y., Ikeda, H., Yoshida, H., Shibata, M. 2000. Flavonoid biosynthesis of white-flowered Sim carnations (*Dianthus caryophyllus*). *Scientia Horticulturae* **84**, 333-347.
(30) Fritsch, H., Grisebach, H. 1975. Biosynthesis of cyanidin in cell cultures of *Haplopappus gracilis*. *Phytochemistry* **14**, 2437.
(31) Stotz, G., Forkmann, G. 1981. Hydroxylation of the B-ring of flavonoids in the 3- and 5-position with enzyme extracts from flowers of *Verbena hybrida*. *Z. Naturforsch.* **37c**, 19-23.
(32) Holton, T.A., Brugliera, F., Lester, D.R., Tanaka, Y., Hyland, C.D., Menting, J.G.T., Lu, C.Y., Farcy, E., Stevenson, T.W., Cornish, E.C. 1993. Cloning and expression of cytochrome P450 genes controlling flower colour. *Nature* **366**, 276-279.
(33) Brugliera, F., Barri-Rewell, G., Holton, T.A., Mason, J.G. 1999. Isolation and characterization of a flavonoid 3'-hydroxylase cDNA clone corresponding to the *Ht1* locus of *Petunia hybrida*. *Plant J.* **19**, 441-451.
(34) Tanaka, Y., Tsuda, S., Kusumi, T. 1998. Metabolic engineering to modify flower color. *Plant Cell Physiol.* **39**, 1119-1126.
(35) Katsumoto, Y., Fukuchi-Mizutani, M., Fukui, Y., Brugliera, F., Holton, T.A., Karan, M., Nakamura, N., Yonekura-Sakakibara, K., Togami, J., Pigeaire, A., Tao, G.-Q., Nehra, N.S., Lu, C.-Y., Dyson, B.K., Tsuda, S., Ashikari, T., Kusumi, T., Mason, J.G., Tanaka, Y. 2007. Engineering of the rose flavonoid biosynthetic pathway successfully generated blue-hued flowers accumulating delphinidin. *Plant Cell Physiol.* **48**, 1589-1600.
(36) Britsch, L., Heller, W., Grisebach, H. 1981. Conversion of flavanone to flavone, dihydroflavonol and flavonol with an enzyme system from cell cultures of parsley. *Z. Naturforsch.* **36c**, 742-750.
(37) Menssen, A., Höhmann, S., Martin, W., Schnable, P.S., Peterson, P.A., Saedler, H., Gierl, A. 1990. The *En/Spm* transposable element of *Zea mays* contains splice sites at the termini generating a novel intron from a *dSpm* element in the *A2* gene. *EMBO J.* **9**, 3051-3057.
(38) Martin, C., Prescott, A., Mackay, S., Bartlett, J., Vrijlandt, E. 1991. Control of anthocyanin biosynthesis in flowers of *Antirrhinum majus*. *Plant J.* **1**, 37-49.
(39) Saito, K., Kobayashi, M., Gong, Z., Tanaka, Y., Yamazaki, M. 1999. Direct evidence for anthocyanidin synthase as a 2-oxoglutarate-dependent oxygenase: molecular cloning and functional expression of cDNA from a red forma of *Perilla frutescens*. *Plant J.* **17**, 181-190.
(40) Holton, T.A., Brueliera, F., Tanaka, Y. 1993. Cloning and expression of flavonol synthase from *Petunia hybrida*. *Plant J.* **4**, 1003-1010.
(41) Brazies-Hicks, M., Evans, K.M., Gershater, M.C., Puschmann, H., Steel, P.G.S., Edwards, R. 2009. The *C*-glycosylation of flavonoids in cereals. *J. Biol. Chem.* **284**, 17926-17934.

(42) Larson, R.L. 1971. Glucosylation of quercetin by a maize pollen enzyme. *Phytochemistry* **10**, 3073-3076.

4.2.2. アントシアニンの生合成*
1) アントシアニン基本骨格の生合成系

アントシアニンはさまざまな花色や種皮色などの発色をつかさどっているため,その合成系の酵素遺伝子,もしくはその合成系酵素遺伝子の転写調節因子遺伝子のどこかに突然変異が起これば,その発色の消失あるいは色合いの変化が生じるため,見た目で識別できる非常にわかりやすい表現型である。このため,この表現型をもとに,アントシアニン合成系の研究はフラボノイド合成系とともに遺伝学的な研究からスタートしている。100年以上前から,トウモロコシ,キンギョソウ,ペチュニア,アサガオ,カーネーションなどにおいて,アントシアニン合成系にかかわる遺伝子座は研究されており,特にトランスポゾンの転移によって生じる易変性表現型は,トランスポゾンの本体が分子生物学的に明らかにされた後,これをタグとして変異にかかわる遺伝子の同定に大きな役割を果たした[1]。

1章および4.1.1.などにおいて示されたように,アントシアニンはその基本骨格(アグリコン)であるアントシアニジンに糖や有機酸が複雑に修飾されている。アントシアニジンは,ほとんどの植物種において6種類しかないのに,それに糖や有機酸が植物種ごとに異なった修飾がなされ,600近くの分子種が植物界において合成されている。アントシアニジンの合成は,**4.2.1.**で述べたフラボノイド合成系と同様に,フェニルプロパノイド合成系によって合成された4-クマロイル-CoAに,3つのマロニル-CoAが脱炭酸しながら,CHSによって縮合され,その基本骨格となるC_6-C_3-C_6構造のカルコンが合成される。これがCHIによってフラバノン(ナリンゲニン)となり,さらにF3Hによってジヒドロケンフェロールになる。これがそのまま,もしくはF3'HやF3'5'Hによって,B環の部分がヒドロキシル化され,ジヒドロクェルセチン,あるいはジヒドロミリセチンとなり,これらがアントシアニン合成系の出発材料となる(**図4-2-2**)。さらにこのB環上の3'位,5'位のヒドロキシ基がメチル化されて,合計で6種類のアグリコンが基本骨格となっている。これらがDFR,ANS[ロイコアントシアニジン ジオキシゲナーゼ leucoanthocyanidin dioxygenase(LDOX)とも呼ばれる]によって,アントシアニジンが合成される(**図4-2-2**)。カテキンはロイコシアニジンから,ロイコアントシアニジン還元酵素 leucoanthocyanidin reductase(LAR)によって合成され,エピカ

＊執筆:小関良宏・松葉由紀・阿部裕・梅基直行・佐々木伸大 Yoshihiro Ozeki, Yuki Matsuba, Yutaka Abe, Naoyuki Umemoto and Nobuhiro Sasaki

テキンはシアニジンから、アントシアニジン還元酵素 anthocyanidin reductase（ANR）によって合成される（図 4-2-2）。これらカテキンやエピカテキンは重合して、プロアントシアニジンとなる。DFR、ANS および ANR については、その酵素タンパク質の精製という生化学的な手法ではなく、遺伝学的知見を分子生物学的手法で解析することによって、遺伝子のクローニングの方から明らかにされた。

DFR の酵素活性は最初、ベイマツ Douglas fir, *Pseudotsuga menziesii* の液体懸濁培養細胞の抽出液から検出され、NADPH を還元力として、ジヒドロクェルセチンからロイコシアニジンを合成する酵素活性として検出された[2]。しかし、その酵素タンパク質の精製よりも先に、その3年後に、キンギョソウの花色易変性突然変異体である *pallida*[recurrens] にコードされる遺伝子として、その易変性の原因となっているトランスポゾン *Tam3* をタグとしてクローニングされて塩基配列が明らかにされた[3]。

その後、この塩基配列をもとに、トウモロコシの *A1*、ペチュニアの *AN6*、オオムギの *ANT18*、アサガオの *A3*、カーネーションの *A* 遺伝子が *DFR* 遺伝子をコードしていることが明らかにされた。DFR 酵素活性は、植物種によってその基質特異性が異なっており、B 環のヒドロキシ基の数が大きな影響を与え、これが各々の植物種におけるペラルゴニジン、シアニジン、デルフィニジンの合成蓄積量に大きな影響を与えている。青いバラの作出において、バラが有していない *F3'5'H* 遺伝子を導入しただけでは、花色は青くならなかった。これはバラが有している内生の DFR の基質特異性がジヒドロミリセチンに対して低く、ジヒドロクェルセチンに対して高いため、ジヒドロクェルセチンからロイコシアニジンへの反応の方が花弁の中で優先的に進んでしまい、結果としてシアニジンの合成蓄積が進み、デルフィニジンはわずかしか合成蓄積されなかった。このため、青いバラの作出において、バラの内生の *DFR* 遺伝子の発現を RNAi 法で抑制し、さらにジヒドロミリセチンに対して高い基質特異性を有するアイリスの *DFR* 遺伝子とビオラの *F3'5'H* 遺伝子を強制発現させるコンストラクトが導入された[4]。これによって、バラの中でビオラの *F3'5'H* 遺伝子由来の酵素によって合成されたジヒドロミリセチンが、効率よくアイリスの *DFR* 遺伝子由来の酵素によってロイコデルフィニジンとなり、最も合成・蓄積量の高い組換え体においては、総アントシアニンの 98% 以上がデルフィニジンとなった[4]。

DFR に続く酵素である ANS は、DFR とは異なり、B 環のヒドロキシ基の数の違いによる基質特異性の大きな違いは見られない。ANS の酵素活性は植物からの抽出液では検出できず、このため生化学的な手法での精製は不可能であった。ANS は最初、トランスポゾン・タギングによってトウモロコシの *A2* 遺伝子として

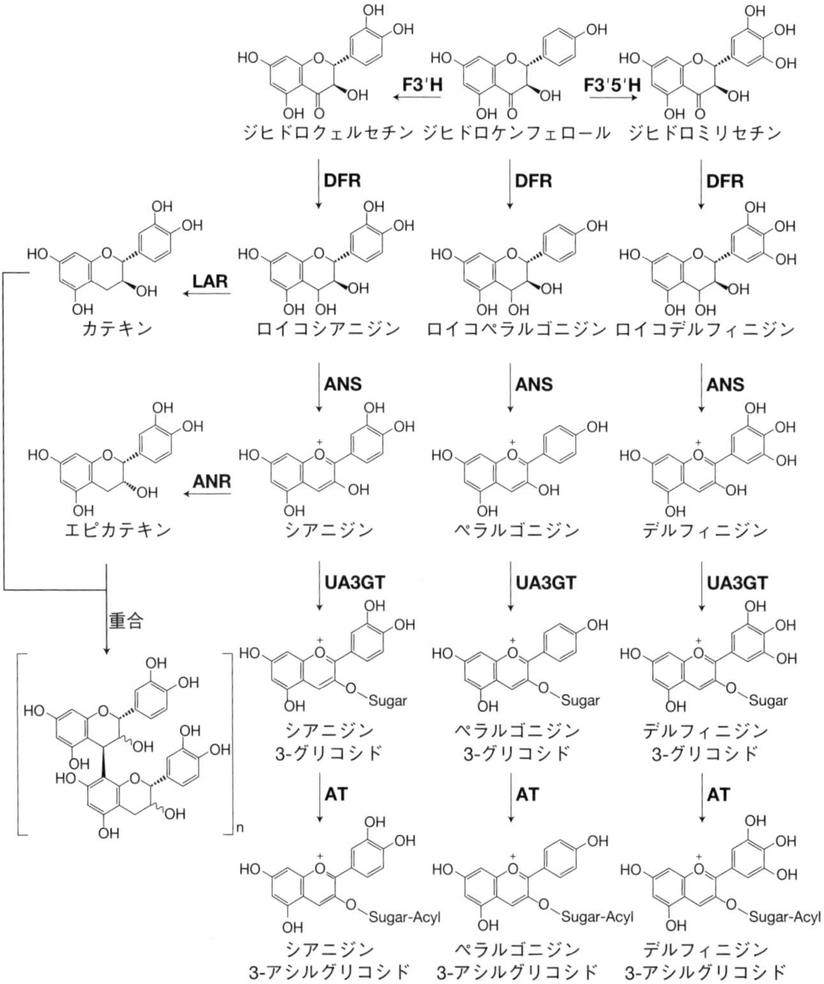

図 4-2-2　アントシアニン合成系
DFR：ジヒドロフラボノール 4-還元酵素，ANS：アントシアニジン合成酵素（ロイコアントシアニジン ジオキシゲナーゼ，LDOX），UA3GT：UDP-糖依存型アントシアニン 3-O-糖転移酵素，AT：アシル基転移酵素，LAR：ロイコアントシアニジン還元酵素，ANR：アントシアニジン還元酵素。B 環の 3' 位，5' 位のヒドロキシ基がメチル化されたものは省略してある。

1990 年に明らかにされた[5]。しかし，その酵素活性が組換え酵素タンパク質において検出され，2-オキソグルタル酸依存型のオキシゲナーゼ反応であることなど，その生化学的な性質が明らかにされたのは約 10 年後であった[6]。

2) プロアントシアニジン合成系

　フラボノイド合成系およびアントシアニジン合成系の酵素反応系とそれらに対する遺伝子が 20 世紀にほぼ明らかにされたのに対し，プロアントシアニジン合成系が明らかにされ始めたのは 21 世紀に入ってからである[7,8]。プロアントシアニジンはカテキンもしくはエピカテキンのモノマーが重合したものであり，未熟な組織・器官においては，重合度は低く，水溶性で無色であるが，成熟した組織・器官において，複雑に重合して高分子化しており，高分子化が高いものにおいては，水に不溶性となり，種皮に見られるように褐色を示す。このことから，この合成系の酵素遺伝子や転写調節因子遺伝子などに突然変異が入ると，種皮の色が薄くなる，もしくは無色になるため，表現型として見出しやすい。

　このため 20 世紀末から整備されてきたシロイヌナズナの T-DNA タグラインにおいて，その種皮の色がない・透明という意味で Transparent Testa（TT），Transparent Testa Glabra（TTG），BANYULS（BAN）と名づけられた突然変異体が数多くとられ，その分子生物学的な解析によって明らかにされてきた。エピカテキン合成系の突然変異体である BAN の原因遺伝子として ANR 酵素遺伝子がシロイヌナズナ（AtANR）から同定され[9]，またそのホモログがマメ科植物のタルウマゴヤシ（MtANR）から得られた[10]。これらを大腸菌タンパク質発現系で発現させて得られた酵素タンパク質を用いて，その生化学的性質が解明され，AtANR は NADPH のみを還元補酵素として用いるのに対し，MtANR は NADPH とともに NADH も用いることができることが明らかにされた[11]。

　これに対し，ロイコシアニジンからカテキンを合成する LAR は酵素タンパク質としてヌスビトハギの仲間 Desmodium uncinatum から精製され，その部分アミノ酸配列からこれに対する cDNA がクローニングされた[12]。この酵素はレダクターゼ-エピメラーゼ-デヒドロゲナーゼ reductase-epimerase-dehydrogenase（RED）タンパク質ファミリーに属し，還元力として NADPH を用いることが明らかにされた。これらによって合成されたモノマー分子が重合することによってプロアントシアニジンとなるが，その重合反応については未解明である。最近の知見では，エピカテキンは配糖化酵素によってグルコースが結合し[13]，これが液胞に輸送されることから[14]，この重合反応は液胞で起こると推測されるが，いまだに明確な重合の場，さらに重合にかかわる酵素については不明のままである。

3) アントシアニンの配糖化

　4.2.1. のフラボノイド生合成系において述べたように，最初の配糖化（グリコシ

ル化）酵素活性が検出されたのはフラボノイドに対する UDP-グリコシドを糖供与体とする配糖化酵素 UDP-sugar dependent glycosyltransferase (UGT) 活性であったが，その酵素タンパク質の精製はなされず，その遺伝子が明らかにされたのはトウモロコシの種皮のアントシアニン合成にかかわる UGT 遺伝子であった。すでに 1970 年代にトウモロコシの易変性変異体の中に bronze1 遺伝子にコントローリング・エレメント（当時はまだ McClintock の「動く遺伝子」トランスポゾン説は広くは信じられておらず，コントローリング・エレメントと呼ばれていた。この bronze 易変性変異体は McClintock が見出したものである[15]）が挿入されて，これがアントシアニン合成の易変性を引き起こしているということが明らかにされており，その原因遺伝子が配糖化にかかわる酵素であると知られていた[16,17]。その後の分子生物学の進歩により，これが McClintock の一番弟子である Fedoroff によって Ac/Ds 型のトランスポゾンの挿入が原因であることが明らかにされ，これによって初めてアントシアニン UGT 遺伝子の塩基配列が明らかにされた[18]。その後，この遺伝子断片をプローブとして，多くの植物種から相同性を用いたクローニングがなされた。

それらのアミノ酸配列を比較した時，特徴的かつすべての UGT に共通のアミノ酸配列領域が見出され，PSPG plant secondary product glycosyltransferases-box と命名された（図 4-2-3）[19]。この発見と PCR 法の確立によって，さらにさまざまな植物種から PSPG-box のアミノ酸配列領域に対する縮重プライマーを用いることによって，UGT が得られてきた。さらにこのクローニングが進むにつれて，同一の植物種において多数の UGT 遺伝子がゲノム内に存在することが明らかになった。さらにシロイヌナズナの全ゲノム解読によって，シロイヌナズナのゲノム内には 107 の UGT 遺伝子が存在し，super-family を形成していることが明らかになった[20]。

全ゲノム塩基配列がわかっている植物種はいまだ少なく，園芸植物などでは遅れている。このために，このような植物で発現している UGT 遺伝子をクローニングするにあたっては，いまだに PSPG-box のアミノ酸配列領域に縮重プライマーを合成して，cDNA をテンプレートとして PCR でクローニングする方法が用いられている。

このクローニングにおいて，2 通りの戦略がある。1 つは PSPG-box の 2 か所の部分に内向きにプライマーを設計して増幅する方法である。これによって，2 か所の PSPG-box 特異的な配列を用いるために特異性が上がり，UGT cDNA 以外の塩基配列が増幅されてくることが防げられる。しかし，この方法だと，異なった UGT 遺伝子が複数発現している場合，異なった UGT 遺伝子由来の cDNA の間で増幅されてくる cDNA 断片の長さは電気泳動上でほぼ同一であるため，1 本のアガロース・ゲル上のバンドに複数の異なった cDNA 断片が混在している状態になる。

このため，これらすべてをクローニングするためには，この cDNA 断片を切り

出してベクターに導入し，大腸菌に形質転換して，数多くのコロニーからプラスミドを抽出して，その塩基配列の決定を行って，どれが同じで，どれが異なっているのか仕分けする必要がある。これに対してもう1つの戦略として，5'側から3'側に向けて縮重プライマーを2本合成し，さらにcDNAを合成する際に2つのプライマーサイトを有したoligo-dTを用い，まず5'側の縮重プライマーとoligo-dTの外側のプライマーでcDNAを増幅し，増幅産物について第1回目のプライマーを除去するためにポリエチレングリコール沈殿で増幅されたcDNA断片のみを回収し，次に3'側の縮重プライマーとoligo-dTの内側のプライマーでnested PCRを行うことによって特異性を上げて，cDNA断片を増幅する方法がある。

　この方法であれば，多くのUGTはPSPG-boxの塩基配列部分はほとんど同じ長さであるが，その下流側のORF，さらに3' non-coding領域の塩基配列の長さは各UGT遺伝子で異なるため，アガロース・ゲル電気泳動上で異なった長さのcDNA断片として分離される。この長さの異なったcDNA断片をクローニングすることによって，異なった種類のUGT cDNAを得ることが可能になる。さらに，この方法であれば，PSPG-boxの相同性領域の下流の部分の塩基配列がわかるため，その部分の塩基配列に対する特異的プライマーを合成して5' RACE法を用いることによって，その全長を特異的に増幅することが可能である。この時に全長cDNAライブラリーを用いてPCRを行い，1stメチオニンの塩基配列を見出せば，全長のcDNAを獲得するための5'領域および3'領域のcDNAの塩基配列を明らかにすることができる（図4-2-3）。

　このようにして全長UGT cDNAが獲得できた時，これがどのような反応，代謝系にかかわっているのかを明らかにする方法として，上述のように大腸菌で発現させて組換えUGTタンパク質を合成させ，その抽出液における酵素活性を調べる方法がある。UGTは糖供与体であるUDP-グリコシドに対する基質特異性は非常に高い。これはPSPG-boxがUDP-グリコシドの結合領域であるために，このアミノ酸配列が保存されているとともに，この領域で糖を認識しており，このアミノ酸配列がどうなるかによって，そこに結合できる糖の分子種が決定される。ウド *Aralia cordata* においてUDP-ガラクトース配糖化酵素の1アミノ酸（図4-2-3のH→Q）の人為的変異によって，UDP-ガラクトースを認識していた酵素が，UDP-ガラクトースではなくUDP-グルコースを認識するようになることが明らかにされている[21]。またUGTの結晶構造解析が行われており，PSPG-boxがこの結合部位であることが明らかになっており，この領域が糖供与体の糖分子の特異性を非常に厳しく制御していることが明らかになっている[22]。

　これに対し，糖受容体側の特異性は，多くのUGTにおいて低い。1つのUGTが

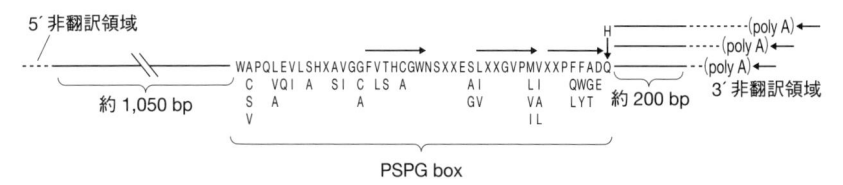

```
 5' 非翻訳領域                                                        H            (poly A)
                                                                     ↓            (poly A)
                      WAPQLEVLSHXAVGGFVTHCGWNSXXESLXXGVPMVXXPFFADQ              (poly A)
                      C   VQI A   SI C L S A          AI    LI    QWGE         3' 非翻訳領域
                      S   A       A               GV      VA    LYT
         約 1,050 bp   V                                     IL           約 200 bp
                                           PSPG box
```

図 4-2-3　UDP-グリコシド依存型フラボノイド配糖化酵素 (UGT) の構造
　左側が N 末 (5' 側), 右側が C 末 (3' 側) であり, 約 1,050 bp 近傍に植物の二次代謝産物の配糖化酵素に共通して見られるアミノ酸配列 (PSPG-box) が存在し, そのコンセンサスアミノ酸配列を示した。PSPG-box の最後が Q の場合には, UDP-グルコースを糖供与体とするが, ウドなどにおいては, ここが H となって UDP-ガラクトースを糖供与体とする。この H を人為的に Q に変えた酵素は UDP-グルコースを糖供与体とするようになる。この *UGT* 相同遺伝子 cDNA をクローニングするうえにおいて, PSPB-box の配列の矢印で示した部分に対する縮重プライマーを設計して, 3' 側の oligo-dT の外側にあるプライマー配列との間で PCR を行い, さらに特異性を上げるために, PSPG-box の 3' 側の別の配列に対する縮重プライマーを用いて nested PCR を行う。

　各種フラボノイドやアントシアニン分子種を糖受容体として認識して, 試験管内での酵素反応においては, これらすべてに配糖化する活性を示す場合がある。すなわち, 得られた UGT が生体内で何を基質とする UGT であるのかを, 組換え酵素による試験管内の酵素反応の基質特異性を調べることでは決定できないのが大きな問題となる。

　われわれもカーネーション花弁から UGT のクローニングを行い, 18 種類の UGT cDNA を得た[23]。それらを大腸菌の中で発現させて試験管内でその酵素活性を調べたところ, アントシアニジンに対する 3-UGT は非常に活性が高かったために, この cDNA が UA3GT であると推定できたが, カルコンに対しては, 2 つの UGT が配糖化する活性を有しており, どちらが本当に生体内でカルコンの配糖化にかかわっているのかは決定できなかった。

　クローニングできた UGT がどのような二次代謝産物を配糖化するのかを推定するために, そのアミノ酸配列の系統樹解析を行う方法がある。これまでに数多くの UGT のクローニングがなされ, その糖受容体の基質特異性が明らかにされてきた。そこで, これら既知の UGT と自分がクローニングした機能未知の UGT のアミノ酸配列を, 国立遺伝学研究所のサーバーにある CLUSTALW でアラインメントし, これをもとに近隣結合法 neighbor-joining method で系統解析し, その結果をもとに系統樹を作成する。解析の一例を図 4-2-4 に示すが, このように糖受容体の基質特異性が類似した UGT はいくつかのクレードにまとまり, クローニングした未知の UGT の糖受容体の基質特異性を推測することができる。

　系統樹解析によってどのような糖受容体に対する UGT グループに属するかの推

定がなされ，試験管内での酵素活性を調べることによって糖受容体の基質特異性が決定され，すなわち必要条件と思われるところは明らかにできるが，十分条件を示すには，この遺伝子発現を止めてみる，すなわちRNAi法やアンチセンス法などを用いた遺伝子導入植物体で，そのUGTの発現を低下させた時の化合物の合成蓄積プロファイルを調べ，どのような化合物の低下が見られるかで判定するしかない。

しかし，この場合においても，その方法がうまく機能しない可能性がある。それは，カーネーションにおけるCHIの項で述べたように，トランスポゾンの挿入によって遺伝子破壊が起きた時，生じたカルコンは本来の基質とは異なったUGTによってカーネーション花弁細胞内で配糖化されること，すなわちRNAiであるUGT遺伝子の発現を低下させても，生体内で本来は別のものを配糖化しているUGTが肩代わりして配糖化を行ってしまい，結果として $in\ vivo$ の代謝プロファイルに大きな変化が見られない可能性が残されている。

また，逆にそのUGTの発現を低下させた時に，配糖化すべき化合物が細胞内に蓄積し，それが脂溶性をもつなどの細胞にとって不利な状況になる場合には，死滅してしまって，遺伝子は導入されたがメチル化などによってその発現が抑えられた組換え体しか生き残らない場合も考えうる。

近年のトランスクリプトーム transcriptome 解析，プロテオーム proteome 解析，メタボローム metabolome 解析の展開によって，新たな方法論が呈示された。特にシロイヌナズナにおいては，これらのデータが蓄積しており，これらを統合してバイオインフォマティクス bioinformatics の手法を用いて解析することによって，未同定の反応系を推定することが可能となった。

その端緒は斉藤らのグループによるシロイヌナズナにおける新規フラボノイド配糖化酵素の同定である。最初に行われたのは，上述のように系統樹解析によってフラボノイド合成にかかわるUGTであると推測された遺伝子について，T-DNA挿入によって遺伝子破壊された変異体をリソースセンターから入手し，その変異体におけるフラボノイド合成・蓄積プロファイルを調べて野生型と比較することによって，どのような種類のフラボノイドUGTであるかを決定したものである [24]。

さらに別の方法として，シロイヌナズナのMYB転写調節因子の1つである $PAP1$ を強制発現させてアントシアニン合成，およびフラボノイド合成量を増加させた組換え体におけるメタボローム解析とトランスクリプトーム解析を組み合せて，合成・蓄積量が増大しているフラボノイドと UGT 遺伝子の関連づけを行い，その結果をもとに候補とされた UGT 遺伝子がT-DNAで破壊された変異体を入手して，野生型と比較して，どのようなフラボノイドの合成・蓄積が消失しているかを調べることからUGTの基質特異性を明らかにする手法がとられた [25]。

```
                    ┌──────── GtA3GT  ┐
               ┌────┤──────── PfA3GT  │
          ┌────┤    └──────── PhA3GT  │ 3GT clade
          │    └─────────── AtA3GT    │
       ┌──┤              ── AcA3GalT  ┘
       │  │       ┌──────── AtA5GT  ┐
       │  │   ┌───┤──────── PhA5GT  │ 5GT clade
    ───┤  └───┤   └──────── PfA5GT  │
       │      └──────────── VhA5GT  ┘
       │          ┌──────── BnSpGT  ┐
       │      ┌───┤──────── UGT84A2 │ ester bond type
       └──────┤   └──────── UGT84A1 │ clade
              └──────────── GgSpGT  ┘
              ┌──────────── AtF7RhaT ┐
          ┌───┤──────────── GtA3'GT  │ 3' or 7GT clade
          │   └──────────── SbF7GT   ┘
       ───┤      ┌───────── BpA3GGUAT ┐
          │  ┌───┤───────── CmF7GRhaT │ GGT clade
          └──┤   └───────── InA3GGT   │
             └──────────── Ph3GRhaT  ┘
    ──────────────────────── RhA53GT
```

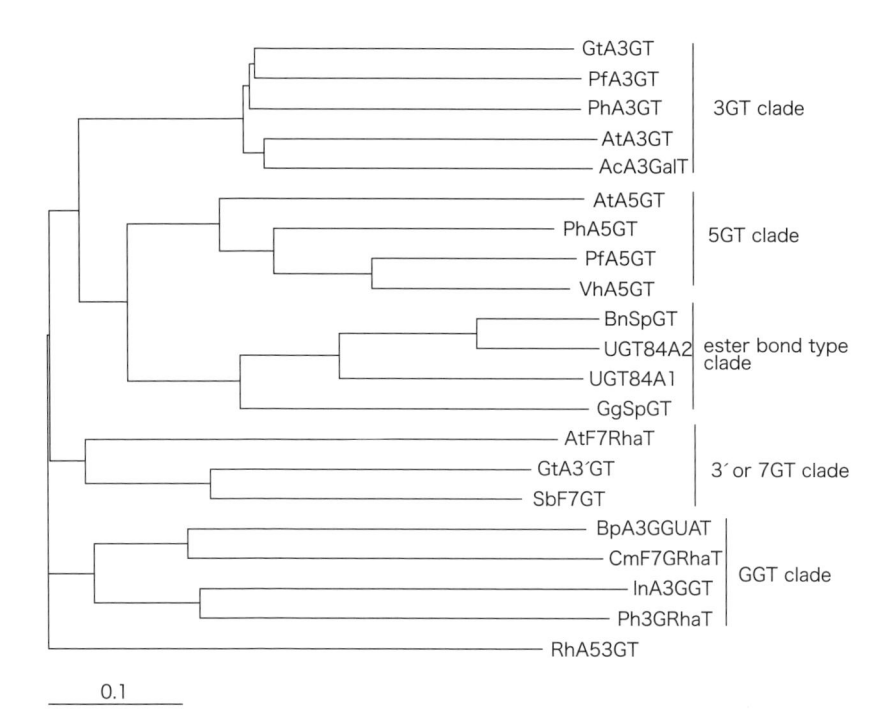

 _____
 0.1

図4-2-4 代表的なUDP-グリコシド依存型フラボノイド配糖化酵素（UGT）の系統樹解析
系統樹のクレードによって，糖受容体が推定できる。
GtA3GT(D85186)，エゾリンドウanthocyanidin 3-O-glucosyltransferase; PfA3GT (AB002818)，シソanthocyanidin 3-O-glucosyltransferase; PhA3GT(AB027454)，ペチュニアanthocyanidin 3-O-glucosyltransferase; AtA3GT(NM_121711)，シロイヌナズナanthocyanidin 3-O- gluctosyltransferase; AcA3aGT(AB103471)，ウドanthocyanidin 3-O- galactosyltransferase; AtA5GT(NM_124785)，シロイヌナズナanthocyanin 5-O-gluctosyltransferase; PhA5GT(AB027455)，ペチュニアanthocyanin 5-O-glucosyltransferase; PfA5GT(AB013596)，シソanthocyanin 5-O-glucosyltransferase; VhA5GT(AB013598)，バーベナanthocyanin 5-O-glucosyltransferase; BnSpGT (FM872276)，セイヨウアブラナ Brassica napus sinapate glucosyltransferase; UGT84A2(AY090952)，シロイヌナズナsinapate glucosyltransferase; UGT84A1 (BT002014)，シロイヌナズナsinapate glucosyltransferase; GgSpGT(AB362221)，センニチコウsinapate glucosyltransferase; AtF7RhaT(AY093133)，シロイヌナズナflavonol 7-rhamnosyltransferase; GtA3'GT(AB076697)，エゾリンドウanthocyanin 3'-O-glucosyltransferase; SbF7GT(AB031274)，コガネバナ Scutellaria baicalensis 7-O-glucosyltransferase; BpA3GGUAT(AB190262)，デージー Bellis perennis anthocyanin glucoside glucuronosyltransferase; CmF7GRhaT(AY048882)，ミカンの仲間 Citrus maxima flavonoid glucoside rhamnosyltransferase; InA3GGT(AB192314)，アサガオ Ipomoea nil anthocyanidin glucoside glucosyltransferase; mPh3GRhaT(X71059)，ペチュニアanthocyanidin glucoside rhamnosyltransferase; RhA53GT(AB201048)，バラanthocyanidin 5, 3-O-glucosyltransferase.

さらに遺伝子発現についてのデータが蓄積した近年は，フラボノイド合成系の酵素遺伝子が発現している時に，ともに発現している遺伝子を共発現相関解析によって調べ，フラボノイド酵素遺伝子群が発現している時に，ともに発現している UGT 遺伝子が同定され，さらにその UGT 遺伝子が T-DNA で破壊された変異株を入手し，そのノックアウト体における化合物のプロファイルを調べることによって，UGT の基質特異性が明らかにされた [26]。このオミクス手法を用いた最新の UGT 研究については Yonekura-Sakakibara の総説を参考にされたい [20]。

4) アントシアニンの有機酸による修飾

アントシアニンのもう 1 つの重要な修飾がアシル化である。アントシアニンに結合しているのは脂肪族アシル基と芳香族アシル基であり，前者はアスター花弁（マロニル基）やカーネーション花弁（マリル基）など，後者はリンドウ花弁（p-クマロイル基），ニンジン培養細胞（シナポイル基），ハマボウフウ Glehnia littoralis 培養細胞（フェルロイル基）などにおいて見出されている。アシル化はアントシアニンの液胞内での安定性ならびに水溶性に重要な役割を果たしている [27]。特に芳香族アシル基はアントシアニン分子内スタッキングすることによって，中性溶液内においてもアントシアニジン分子を安定化させ [28]，さらにその色合いを青へとシフトさせることが知られている [29]。

このアシル化反応は，アシル基供与体からのアシル基がアントシアニン アシル基転移酵素 anthocyanin acyltransferase（AAT）のはたらきによって，アントシアニンの糖の部分に転移される。歴史的に見ると，すでに 40 年以上前に，アシル基転移酵素 acyltransferase（AT）は，最初アントシアニンをアシル基受容体としてではなく，フラボノイド 7-グリコシドを受容体として，マロニル-CoA をアシル基供与体とする反応としてパセリ培養細胞から検出され [30]，その 15 年後にアスターの花弁からマロニル-CoA 依存型 AAT 活性が検出された [31]。

一方，芳香族アシル基については，ヒドロキシシンナモイル-CoA をアシル基供与体として，マンテマの仲間 Silene dioica の花弁からその酵素活性が検出された [32]。脂肪族アシル基に対する AAT タンパク質はサルビア Salvia splendens の花弁から精製され [33]，また芳香族アシル基 AAT タンパク質はエゾリンドウ Gentiana triflora の花弁から精製され，ともにその部分アミノ酸配列をもとに cDNA がクローニングされた [34, 35]。さらにアントシアニン以外の二次代謝産物に対するアシル-CoA をアシル基供与体とした AT に対する cDNA のクローニングとその解析がなされ，これらアシル-CoA 依存型 AT は BAHD ［ベンジルアルコール O-アセチル基転移酵素 benzylalcohol O-acetyltransferase（BEAT），アントシアニン O-

ヒドロキシケイ皮酸転移酵素 anthocyanin O-hydroxycinnamoyltransferase (AHCT), アントラニル酸 N-ヒドロキシケイ皮酸/ベンゾイル基転移酵素 anthranilate N-hydroxycinnamoyl/benzoyltransferase (HCBT) およびデアセチルビンドリン 4-O-アセチル基転移酵素 deacetylvindoline 4-O-acetyltransferase (DAT)] スーパーファミリーに属する酵素であることが明らかにされた [36, 37]。

これに対して, 近年, アシル-CoA ではなくアシル-グルコースをアシル基供与体とする AAT (アシル-グルコース依存型アントシアニン アシル基転移酵素 acyl-glucose dependent anthocyanin acyltransferase (AGAAT)) が見出されてきた。まず最初にチョウマメから芳香族アシル-グルコース依存型 AAT タンパク質が精製され, その部分アミノ酸配列から全長 cDNA がとられ, このタンパク質がセリンカルボキシペプチダーゼ様 serine carboxypeptidase-like (SCPL) タンパク質であることが明らかになった [38]。

SCPL タンパク質の大きな特徴は, 翻訳後にプロセッシングを受けて液胞内に輸送されることである。アシル-CoA 依存型 AAT は細胞質内に存在して反応を行っているのに対し, AGAAT は液胞内で芳香族アシル-グルコースを供与体として, アシル基転移反応を行っている可能性が高い。ヒドロキシケイ皮酸-グルコース hydroxycinnamic acid-glucoses (HCAGs) は細胞質内において UDP-glucose を糖供与体とし, HCA を糖受容体とする UGT によって合成される [39]。これらが液胞に輸送され, 液胞内で AGAAT によってアントシアニンへアシル基が転移されると考えられる。このため反応の場である液胞への HCAGs 輸送が重要なポイントになる。

ニンジンとハマボウフウはセリ科の非常に近縁の植物種である。アントシアニンを合成するニンジン培養細胞が確立されており, そこで合成・蓄積されている主要アントシアニンはシアニジン 3-(2"-キシロシル-6"-シナポイル-グルコシル-ガラクトシド) cyanidin 3-(2"-xylosyl-6"-sinapoyl-glucosyl-galactoside), (cyanidin 3-(Xyl-(sinapoyl-Glc)-Gal)) である [40]。一方, ハマボウフウ培養細胞において合成・蓄積されている主要アントシアニンは cyanidin 3-(Xyl-(feruloyl-Glc)-Gal) である [41]。すなわち, 両者のアントシアニンは, その糖の部分の構造はまったく同一であり, 異なっているのはアシル基としてシナポイル基か, フェルロイル基かだけである。

すでにニンジン培養細胞において, この酵素反応はアシル-グルコースを用いて AGAAT によって行われていることが報告されていた [42] ので, ニンジンとハマボウフウにおけるアシル基の違いがどうして決まるのかを明らかにするため, 両者の AGAAT のアシル基供与体に対する基質特異性を調べることにした。このためには, この酵素反応の基質である 4 種類の HCAGs, すなわち p-クマロイル-グルコース, カフェオイル-グルコース, シナポイル-グルコース, フェルロイル-グルコースが

表 4-2-1 アントシアニン合成を行うニンジンおよびハマボウフウ液体懸濁培養細胞からのタンパク質粗抽出液におけるヒドロキシケイ皮酸-グルコース依存型アシル基転移酵素活性のアシル基供与体に対する酵素活性

ヒドロキシケイ皮酸-グルコース	pkat/mg protein（相対活性（%））	
	ニンジン	ハマボウフウ
シナポイル-グルコース	149.9　（44.2）	55.3　（38.1）
フェルロイル-グルコース	339.1　（100.0）	145.0　（100.0）
カフェオイル-グルコース	5.8　（1.7）	ND
p-クマロイル-グルコース	114.6　（39.4）	83.4　（57.5）

ニンジンおよびハマボウフウ液体懸濁培養細胞から得たタンパク質粗抽出液を粗酵素液として，これにニンジン培養細胞から抽出・精製して得られたアントシアニンからアシル基を外して精製して得た cyanidin 3-(Xyl-Glc-Gal) をアシル基受容体とし，酵素合成した上記の各種ヒドロキシケイ皮酸-グルコースをアシル基供与体として反応させた時の酵素活性。括弧内はフェルロイル-グルコースに対する酵素活性を 100% とした時の相対活性を示す。ND= 未検出。

必要であるが，これまでの研究においては各種植物体からこれらを抽出・精製するしかなく，非常に手間と労力がかかっていた。しかし，当研究室においてセンニチコウ由来の UGT の中からいずれの HCA に対しても UDP-glucose を糖供与体として配糖化できる UGT cDNA が得られていたので，この UGT を大腸菌で発現させ，さらに高価な UDP-グルコースの使用量を抑えるために，水上らのグループが確立したシロイヌナズナのショ糖合成酵素 sucrose synthase (AtSUS1) を用いたショ糖からの逆反応による UDP-グルコース再生系[43]を組み合わせることによって，効率よくこれら 4 種類の HCAGs を酵素的に大量合成する系を確立することに成功した[39]。

この系によって合成した HCAGs をアシル基供与体として，ニンジン培養細胞から抽出精製した cyanidin 3-(Xyl-(sinapoyl-Glc)-Gal) を化学的に脱アシルして精製した cyanidin 3-(Xyl-Glc-Gal) をアシル基受容体として，ニンジンおよびハマボウフウ培養細胞からの粗抽出液における AGAAT のアシル基供与体に対する基質特異性を調べた。その結果，ハマボウフウのみならず，ニンジン粗酵素液においても，フェルロイル-グルコースに対する基質特異性が最も高かった（表4-2-1）。

一方で，両者の培養細胞に蓄積されている HCAGs を抽出して定量したところ，ニンジンはシナポイル-グルコースを大量に蓄積しているのに対し，ハマボウフウはフェルロイル-グルコースを大量に蓄積していることが明らかになった（図4-2-5）。このことは，ニンジンとハマボウフウにおけるアシル基の違いが AGAAT の基質特異性の違いではなく，細胞内（液胞内）において蓄積している HCAG 分子種の違いによって決定されていることを強く示唆している[39]。

ピンクや赤色のカーネーション花弁において蓄積している主要アントシアニンは，ペラルゴニジン（あるいはシアニジン）3,5-ジグルコシル-6″-4,6‴-1-サイクリッ

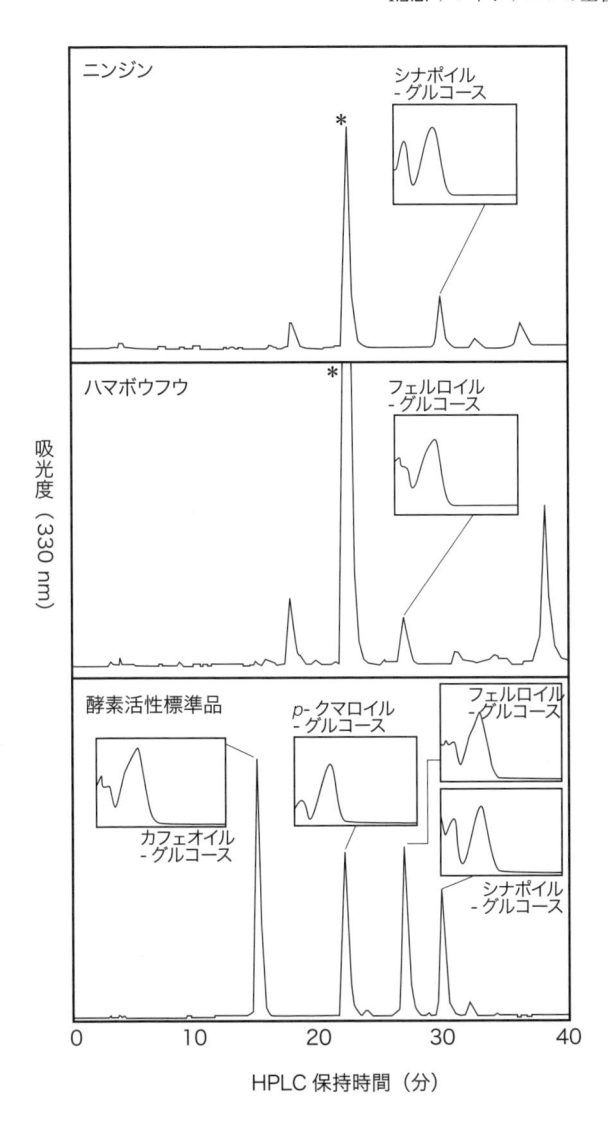

図 4-2-5　ニンジンおよびハマボウフウのアントシアニン合成液体懸濁培養細胞に含まれるヒドロキシケイ皮酸-グルコースの分子種と蓄積量

両者の培養細胞からの 80% メタノール抽出液を Develosil Combi RP-5 C30 column を用いた HPLC で分離した。下の図は酵素合成した各ヒドロキシケイ皮酸-グルコース標品の溶出プロファイル。ニンジンおよびハマボウフウに見られる＊印で示したピークはコクロマトグラフィーならびに吸収スペクトルから p-クマロイル-グルコースではない未同定の代謝産物のピークである。

クマレート pelargonidin（or cyanidin）3,5-diglucosyl-6″-4,6‴-1-cyclic malate [44] で，3位と5位のグルコースにマリル基が橋渡しする形で結合している珍しい構造を有している。このマリル基による橋渡しが，カーネーションの液胞内におけるこのアントシアニンの可溶化に非常に重要な役割を果たしており，マリル基が結合していないと，カーネーション花弁の液胞内で，アントシアニンは溶けることができなくなり，凝集して anthocyanic vacuolar inclusions（AVIs）を形成してしまう。

そこで，このマリル基転移酵素活性を測定するため，マリル-CoA が市販されていないこともあって，まずカーネーション花弁からの粗タンパク質抽出液におけるマリル基転移酵素活性を指標として，マリル基供与体の精製を行った。その結果，マリル基供与体として精製されてきたのは，マリル-CoA ではなく，マリル-1-β-グルコースであった。そこで，マリル-1-β-グルコースおよびマリル-1-α-グルコースを化学合成し，カーネーション花弁からの粗タンパク質抽出液におけるマリル基転移酵素活性を調べたところ，マリル-1-β-グルコースのみが活性を示し，マリル-1-α-グルコースはまったく活性を示さないこと，すなわち β と α が厳密に区別されていることが明らかになった [27]。この結果はカーネーションにおけるマリル基転移は，BAHD スーパーファミリーに属するアシル-CoA をアシル基供与体とするのではなく，SCPL タンパク質に属するアシル-グルコースをアシル基供与体とする AGAAT であること，すなわち芳香族アシル基だけではなく，脂肪族アシル基においても，AGAAT によるアシル基転移反応が存在することを示している。そこで既報の SCPL タンパク質群の保存性の高いアミノ酸配列領域に対する縮重プライマーを合成し，カーネーション花弁から AGAAT cDNA をクローニングし，塩基配列を決定したところ，SCPL タンパク質に属するものであることが明らかになった。さらにその AGAAT 遺伝子をクローニングして塩基配列を決定したところ，易変性変異を示す品種において，その AGAAT 遺伝子にトランスポゾンが挿入されていること，さらにそのトランスポゾンが脱離する際に生じるフットプリントが見出されたことから，ここで得られた遺伝子が AGAAT に対する遺伝子であることが明らかになった [45]。

しかし AGAAT の解析における大きな問題点は，UGT とは異なり，その酵素活性を大腸菌で生産させた組換えタンパク質では測定できないことである。これは AGAAT が細胞内で翻訳された後，プロセシングを受けて活性を有するようになることから，原核生物での発現系では，そのプロセシングが行われないために，酵素活性が検出できないのは当然の話である。それならば酵母のタンパク質発現系を用いれば，プロセシングされて酵素活性が見られるはずと考えられるが，これもわれわれの研究室で行った限り，酵素活性は測定できなかった。そこで，カーネーション，もしくはニンジン AGAAT cDNA を 35 S プロモーターに結合して，植物に遺

伝子導入して得られた組換え体であれば，組換え体の細胞の中でプロセシングが行われ，その酵素活性を検出できるはずと考えたのであるが，タバコ，シロイヌナズナ培養細胞，ペチュニアに遺伝子導入して得られた形質転換体の粗タンパク質抽出液において，AGAAT 活性は検出できなかった。この点が AGAAT の研究において非常に大きな壁となっている。

5) アントシアニン合成の場とその輸送と液胞への蓄積

アントシアニンは最終的には液胞に蓄積されるが，その合成は細胞質中で起きている。したがって，合成されたアントシアニンを液胞膜を通過させることが必要になる。さらに前の項にあった AGAAT のように，液胞は単なるアントシアニンの蓄積器官ではなく，その修飾反応が起こる「動的」な場でもある。さらに最近，我々の研究グループは，カーネーションの5位およびデルフィニウムの7位のアントシアニンの配糖化が UGT ではなく，アシル-グルコースを糖供与体とした液胞内型酵素で起きていることを明らかにした[46]。アントシアニン合成系についての解明が20世紀にほぼ終了したとともに，残された課題であるアントシアニンの液胞への輸送メカニズムについて，近年，盛んに研究が進められつつあるが，その結果は非常に混沌としていて，現状においてはさまざまな議論がなされており，「定説」となったものはない。

一般的に植物における二次代謝産物の輸送系について，バクテリアや動物で明らかにされたトランスポーターについての研究結果をもとに，2つの輸送系があると考えられている。1つは multidrug resistance-associated protein〔MRP/ABCC (ATP binding cassette subfamily C)〕[47,48]であり，これは ATP を加水分解して得られたエネルギーを直接的に使って輸送を行う。もう1つは multidrug and toxic compound extrusion（MATE）[49,50]であり，こちらは液胞膜上の H^+-ATPase (V-ATPase)，もしくは vacuolar H^+-pyrophosphatase（V-PPase）によって液胞膜に形成されるプロトンの電気化学的勾配を使って対向輸送を行う。バクテリアや動物に比較すると，植物におけるこれらトランスポーターに対する遺伝子の数は多く，シロイヌナズナにおいて129の ABC トランスポーター遺伝子があり，そのうち15が MRP/ABCC であり，また56の MATE トランスポーター遺伝子がゲノム内に存在していることが明らかにされている[50,51]。しかしトランスポーター自体の生化学的解析は非常に難しく，植物体からの精製はディタージェントによる可溶化が必要となり，非常に困難をきわめる。

最初にアントシアニンの輸送にかかわるタンパク質遺伝子として見出されたのが，トウモロコシの *Bz2* 遺伝子であった。トランスポゾン・タギングによって，

この Bz2 遺伝子が予想外にもトランスポーターそのものではなく,グルタチオン S-転移酵素 glutathione S-transferase（GST）をコードしていることが明らかになった[52]。その後,ペチュニア A9 遺伝子も同様に GST をコードしていて,A9 cDNA に 35S プロモーターを結合したコンストラクトをトウモロコシ bz2 変異体の黄色の表現型を示す種子にパーティクルガン particle gun 法で導入すると,輸送が復帰して導入された部分の表皮細胞が赤いスポットとなること[53],カーネーションの淡色花色を示す fl3 変異体の花弁に同様に,Bz2 もしくは A9 を一過的に発現させるとアントシアニンの輸送が起こって,淡色の花弁に濃い赤色のスポットが生じること[54]などから,GST がアントシアニンの輸送に重要な役割を果たしていることが明らかになった。シロイヌナズナにおいては GST 遺伝子はゲノム内に 54 あり[55],そのうちの TT19 として知られていた GST 遺伝子がアントシアニンのみならず,シロイヌナズナにおいてはプロアントシアニジンの輸送にかかわっていることが明らかにされた[56]。

これらの結果から,GST はアントシアニンのみならず,さまざまな二次代謝産物の液胞への輸送に重要な役割を果たしていることが明らかにされた。さらにその後の研究から,この GST はトランスポーター本体ではなく,アントシアニンなどに結合して,細胞内での輸送タンパク質 ligandin としてはたらき,これが MRP トランスポーターによって液胞に輸送されることが,シロイヌナズナの MRP トランスポーターのクローニングとこれを発現させた酵母から調製した膜小胞画分における輸送活性から明らかにされた[57,58]。さらにトウモロコシからも 10 種の MRP ホモログがとられ,そのうちの ZmMRP3 がアントシアニンの輸送にかかわっていることが示唆されている[59]。

これでアントシアニンのトランスポーターは GST を輸送タンパク質として,MRP トランスポーターによって液胞へ輸送されると決着したかのように見えたが,近年,MATE も液胞へアントシアニンを輸送する活性のあることが明らかにされた。最初に MATE が二次代謝産物の輸送にかかわるトランスポーターであることが明らかにされたのは,シロイヌナズナの TT12 変異体であり,これがプロアントシアニジンの輸送トランスポーターであることが明らかになった[60]。しかし,TT12 を酵母で発現させ,その酵母から調製した膜小胞画分における輸送活性を調べたところ,試験管内においてはカテキンやカテキン 3-グルコシドを輸送せず,シアニジン 3-グルコシドを輸送する活性を有していることが明らかになった[61]。さらに全ゲノム塩基配列が解明されたブドウにおいて,65 の MATE トランスポーター遺伝子が存在することが明らかにされ,そのうちの 2 つが酵母で発現させた膜小胞画分においてアントシアニン p-クマロイルグルコシドに対する輸送活性を有し,こ

れに対してアシル化されていないアントシアニングルコシドは輸送できないことが明らかになった[62]。

　以上のようにアントシアニンの液胞への輸送については MRP/GST 系が行っているのか，MATE 系が行っているのか，混沌とした状態である。おそらく，植物種によってのみならず，花弁や種皮などの分化した組織・器官の違いによって異なるトランスポーター系が作用している可能性がある。

　さらに，もう1つの考え方として，アントシアニンは直接，液胞に輸送されるのではなく，最初は小胞体 endoplasmic reticulum (ER) もしくは prevacuolar compartment で膜上のトランスポーターによって小胞体内に輸送され，この小胞体が ER-to-vacuole protein-sorting route に乗って液胞に輸送され，最終的にアントシアニンが液胞に蓄積するという考え方が Grotewold のグループによって提唱されている[63,64]。彼らはこれまでの MRP/GST 系による「ligandin transporter model」と上述の「vesicular transporter model」を提唱しており[65]，このどちらが正しいのか，両者とも正しいのか，あるいは組織・器官によって異なった輸送系が機能してアントシアニンを液胞へ輸送しているのか，決着がついていない。後者の「vesicular transporter model」はアントシアニンのみならず，フラボノイドの合成が細胞質の不特定の場所で起きているのではなく，これら合成系における P450 系膜タンパク質酵素である C4H，および F3'(5')H とフェニルアラニンからフラボノイド，もしくはアントシアニン合成にかかわる一連の酵素タンパク質群が，相互作用して結合した複合体を形成し，膜上でフェニルアラニンからの反応中間産物を細胞質に逃すことなく，高効率で最後の生成物まで合成してしまうという「メタボロン Metabolon」説[66-68]との関連性を示唆するものであり，このメタボロン中で合成されたアントシアニンやフラボノイドは，そのままやはりメタボロンに結合したトランスポーターによって膜内に輸送されるアイデアが考えられる。しかし，現時点においては「vesicular transporter model」もメタボロン説も実験的証拠に乏しく，モデルの域を出ない。今後の研究によって，アントシアニンおよびフラボノイド合成の場，さらにその輸送系について，明らかにされていくものと考えられる。

引用文献

(1) Grotewold, E. 2006. The genetics and biochemistry of floral pigments. *Annu. Rev. Plant Biol.* **57**, 761-780.

(2) Stafford, H.A., Lester, H.H. 1982. Enzymic and nonenzymic reduction of (+)-dihydroquercetin to its 3, 4-diol. *Plant Physiol.* **70**, 695-698.
(3) Martin, C., Carpenter, R., Sommer, H., Saedlerl, H., Coen, E.S. 1985. Molecular analysis of instability in flower pigmentation of *Antirrhinum majus*, following isolation of the *pallida* locus by transposon tagging. *EMBO J.* **4**, 1625-1630.
(4) Katsumoto, Y., Fukuchi-Mizutani, M., Fukui, Y., Brugliera, F., Holton, T.A., Karan, M., Nakamura, N., Yonekura-Sakakibara, K., Togami, J., Pigeaire, A., Tao, G.-Q., Nehra, N.S., Lu, C.-Y., Dyson, B.K., Tsuda, S., Ashikari, T., Kusumi, T., Mason, J.G., Tanaka, Y. 2007. Engineering of the rose flavonoid biosynthetic pathway successfully generated blue-hued flowers accumulating delphinidin. *Plant Cell Physiol.* **48**, 1589-1600.
(5) Messen, A., Höhmann, S., Martin, W., Schnable, P.S., Peterson, P.A., Saedler, H., Gierl, A. 1990. The En/Spm transposable element of *Zea mays* contains splice sites at the termini generating a novel intron from a *dSpm* element in the *A2* gene. *EMBO J.* **9**, 3051-3057.
(6) Saito, K., Kobayashi, M., Gong, Z., Tanaka, Y., Yamazaki, M. 1999. Direct evidence for anthocyanidin synthase as a 2-oxoglutarate-dependent oxygenase: molecular cloning and functional expression of cDNA from a red form of *Perilla frutescens*. *Plant J.* **17**, 181-189.
(7) Dixon, R.A., Xie, D.Y., Sharma, S.B. 2005. Proanthocyanidins – a final frontier in flavonoid research? *New Phytol.* **165**, 9-28.
(8) Xie, D.-Y., Dixon, R.A. 2005. Proanthocyanidin biosynthesis – still more questions than answers? *Phytochemistry* **66**, 2127-2144.
(9) Devic, M., Guilleminot, J., Debeaujon, I., Bechtold, N., Bensaude, E., Koornneef, M., Pelletier, G., Delseny, M. 1999. The *BANYULS* gene encodes a DFR-like protein and is a marker of early seed coat development. *Plant J.* **19**, 387-398.
(10) Xie, D.-Y., Sharma, S.B., Paiva, N.L., Ferreira, D., Dixon, R.A. 2003. Role of anthocyanidin reductase, encoded by *BANYULS* in plant flavonoid biosynthesis. *Science* **299**, 396-399.
(11) Xie, D.-Y., Sharma, S.B., Dixon, R.A. 2004. Anthocyanidin reductases from *Medicago truncatula* and *Arabidopsis thaliana*. *Arch. Biochem. Biophys.* **422**, 91-102.
(12) Tanner, G.J., Francki, K.T., Abrahams, S., Watson, J.M., Larkin, P.J., Ashton, A.R. 2003. Proanthocyanidin biosynthesis in plants. Purification of legume leucoanthocyanidin reductase and molecular cloning of its cDNA. *J. Biol. Chem.* **278**, 31647-31656.
(13) Pang, Y., Peel, G.J., Sharma, S.B., Tang, Y., Dixon, R.A. 2008. A transcript profiling approach reveals an epicatechin-specific glucosyltransferase expressed in the seed coat of *Medicago truncatula*. *Proc. Natl. Acad. Sci., USA* **105**, 14210-14215.
(14) Zhao, J., Dixon, R.A. 2009. MATE transporters facilitate vacuolar uptake of epicatechin 3'-O-glucoside for proanthocyanidin biosynthesis in *Medicago truncatula* and *Arabidopsis*. *Plant Cell* **21**, 2323-2340.
(15) McClintock, B. 1962. Topographical relations between elements of control systems in maize. *Carnegie Inst. Wash. Year Book* **61**, 448-461.
(16) Dooner, H.K., Coe, E.H. 1977. Gene dependent flavonoid glucosyltransferase in maize. *Biochem. Genet.* **15**, 153-156.
(17) Dooner, H.K., Nelson, O.E. 1977. Controlling element-induced alterations in UDP-glucose:flavonoid glucosyltransferase, the enzyme specified by the *bronze* locus in maize. *Proc. Natl. Acad. Sci., USA* **74**, 5623-5627.
(18) Fedoroff, N.V., Furtek, D.B., Nelson, O.E. 1984. Cloning of the *bronze* locus in maize by a simple and generalizable procedure using the transposable controlling element Activator (Ac). *Proc. Natl. Acad. Sci., USA* **81**, 3825-3829.
(19) Mackenzie, P.I, Owens, I.S., Burchell, B., Bock, K.W., Bairoch, A., Belanger, A., Fournel-Gigleux, S., Green, M., Hum, D.W., Iyanagi, T., Lancet, D., Louisot, P., Magdalou, J., Chowdhury, J.R., Ritter, J.K., Schachter, H., Tephly, T.R., Tipton, K.F., Nebert, D.W. 1997.

The UDP glycosyltransferase gene superfamily: recommended nomenclature update based on evolutionary divergence. *Pharmacogenetics* **7**, 255-269.
(20) Yonekura-Sakakibara, K. 2009. Functional genomics of natural product glycosyltransferases in *Arabidopsis*. *Plant Biotechnol.* **26**, 267-274.
(21) Kubo, A., Arai, Y., Nagashima, S., Yoshikawa, T. 2004. Alteration of sugar donor specificities of plant glycosyltransferases by a single point mutation. *Arch. Biochem. Biophys.* **429**, 198-203.
(22) Offen, W., Martinez-Fleites, C., Yang, M., Kiat-Lim, E., Davis, B.G., Tarling, C.A., Ford, C.M., Bowles, D.J., Davies, G.J. 2006. Structure of a flavonoid glucosyltransferase reveals the basis for plant natural product modification. *EMBO J.* **25**, 1396-1405.
(23) Ogata, J., Itoh, Y., Ishida, M., Yoshida, H., Ozeki, Y. 2004. Cloning and heterologous expression of a cDNA encoding flavonoid glucosyltransferases from *Dianthus caryophyllus*. *Plant Biotechnol.* **21**, 367-375.
(24) Jones, P., Messner, B., Nakajima, J., Schaffner, A.R., Saito, K. 2003. UGT73C_6 and UGT78D1, glycosyltransferases involved in flavonol glycoside biosynthesis in *Arabidopsis thaliana*. *J. Biol. Chem.* **278**, 43910-43918.
(25) Tohge, T., Nishiyama, Y., Yokota-Hirai, M., Yano, M., Nakajima, J., Awazuhara, M., Inoue, E., Takahashi, H., Goodenowe, D.B., Kitayama, M., Noji, M., Yamazaki, M., Saito, K. 2005. Functional genomics by integrated analysis of metabolome and transcriptome of *Arabidopsis* plants over-expressing an MYB transcription factor. *Plant J.* **42**, 218-235.
(26) Yonekura-Sakakibara, K., Tohge, T., Niida, R., Saito, K. 2007. Identification of a flavonol 7-O-rhamnosyltransferase gene determining flavonoid pattern in *Arabidopsis* by transcriptome coexpression analysis and reverse genetics. *J. Biol. Chem.* **282**, 14932-14941.
(27) Abe, Y., Tera, M., Sasaki, N., Okamura, M., Umemoto, N., Momose, M., Kawahara, N., Kamakura, H., Goda, Y., Nagasawa, K., Ozeki, Y. 2008. Detection of 1-O-malylglucose: pelargonidin 3-O-glucose-6"-O-malyltransferase activity in carnation (*Dianthus caryophyllus*). *Biochem. Biophys. Res. Commun.* **373**, 473-477.
(28) Yoshida, K., Kondo, T., Goto, T. 1992. Intramolecular stacking conformation of gentiodelphin, a diacylated anthocyanin from *Gentiana makinoi*. *Tetrahedron* **48**, 4313-4326.
(29) Dangles, O., Saito, N., Brouillard, R. 1993. Anthocyanin intramolecular copigment effect. *Phytochemistry* **34**, 119-124.
(30) Hahlbrock, K. 1972. Malonyl coenzyme A: flavanone glucoside malonyl-transferase from illuminated cell suspension cultures of parsley. *FEBS Lett.* **28**, 65-68.
(31) Teusch, M., Forkmann, G. 1987. Malonyl-coenzyme A: anthocyanidin 3-glucoside malonyltransferase from flowers of *Callistephus chinensis*. *Phytochemistry* **26**, 2181-2183.
(32) Kamsteeg, J., van Brederode, J., Hommels, C.H., van Nigtevecht, G. 1980. Identification, properties and genetic control of hydroxycinnamoyl-coenzyme A: anthocyanidin 3-rhamnosyl (1→6) glucoside, 4'''-hydroxycinnamoyl transferase isolated from petals of *Silene dioica*. *Biochem. Physiol. Pflanz.* **175**, 403-411.
(33) Suzuki, H., Nakayama, T., Fukui, N., Nakamura, N., Nakao, M., Tanaka, Y., Yamaguchi, M., Kusumi, T., Nishino, T. 2001. Malonyl-CoA:anthocyanin 5-O-glucoside-6-O-malonyltransferase from scarlet sage (*Salvia splendens*) flowers. Enzyme purification, gene cloning, expression, and characterization. *J. Biol. Chem.* **276**, 49013-49019.
(34) Fujiwara, H., Tanaka, Y., Fukui, Y., Nakao, M., Ashikari, T., Kusumi, T. 1997. Anthocyanin 5-aromatic acyltransferase from *Gentiana triflora*. Purification, characterization and its role in anthocyanin biosynthesis. *Eur. J. Biochem.* **249**, 45-51.
(35) Fujiwara, H., Tanaka, Y., Yonekura-Sakakibara, K., Fukuchi-Mizutani, M., Nakao, M., Fukui, Y., Yamaguchi, M., Ashikari, T., Kusumi, T. 1998. cDNA cloning, gene expression and subcellular localization of anthocyanin 5-aromatic acyltransferase from *Gentiana triflora*.

Plant J. **16**, 421-431.
(36) Nakayama, T., Suzuki, H., Nishino, T. 2003. Anthocyanin acyltransferases: specificities, mechanism, phylogenetics, and applications. J. Mol. Catalysis B: Enzymatic **23**, 117-132.
(37) Pierre, B. St., De Luca, V. 2000. Evolution of acyltransferase genes: origin and diversification of the BAHD superfamily of acyltransferases involved in secondary metabolism. Rec. Adv. Phytochem. **34**, 285-315.
(38) Noda, N., Kazuma, K., Sasaki, T., Tsugawa, H., Suzuki, M. 2006. Molecular cloning of 1-O-acetylglucose dependent anthocyanin aromatic acyltransferase in ternatin biosynthesis of butterfly pea (Clitoria ternatea). Plant Cell Physiol. **47s,** s109.
(39) Matsuba, Y., Okuda, Y., Abe, Y., Kitamura, Y., Terasaka, K., Mizukami, H., Kamakura, H., Kawahara, N., Goda, Y., Sasaki, N., Ozeki, Y. 2008. Enzymatic preparation of 1-O-hydroxycinnamoyl-β-D-glucoses and their application to the study of 1-O-hydroxycinnamoyl-β-D-glucose-dependent acyltransferase in anthocyanin-producing cultured cells of Daucus carota and Glehnia littoralis. Plant Biotechnol. **25**, 369-375.
(40) Harborne, J.B., Mayer, A.M., Bar-Nun, N. 1983. Identification of the major anthocyanin of carrot cells in tissue culture as cyanidin 3-(sinapoylxylosylglucosylgalactoside). Z. Naturforsch. **38C**, 1055-1056.
(41) Miura, H., Kitamura, Y., Ikenaga, T., Mizobe, K., Shimizu, T., Nakamura, M., Kato, Y., Yamada, T., Maitani, T., Goda, Y. 1998. Anthocyanin production of Glehnia littoralis callus cultures. Phytochemistry **48**, 279-283.
(42) Glässgen, W.E., Seitz, H.U. 1992. Acylation of anthocyanins with hydroxycinnamic acids via 1-O-acylglucosides by protein preparations from cell cultures of Daucus carota L. Planta **186**, 582-585.
(43) Masada, S., Kawase, Y., Nagatoshi, M., Oguchi, Y., Terasaka, K., Mizukami, H. 2007. An efficient chemoenzymatic production of small molecule glucosides with in situ UDP-glucose recycling. FEBS Lett. **581**, 2562-2566.
(44) Nakayama, M., Koshioka, M., Yoshida, H., Kan, Y., Fukui, Y., Koike, A., Yamaguchi, M. 2000. Cyclic malyl anthocyanins in Dianthus caryophyllus. Phytochemistry **55**, 937-939.
(45) Umemoto, N., Abe, Y., Cano, E.A., Okamura, M., Sasaki, N., Yoshida, S., Ozeki, Y. 2009. Carnation serine carboxypeptidase-like acyltransferase is important for anthocyanin malyltransferase activity and formation of anthocyanic vacuolar inclusions. 5th International Workshop on Anthocyanins 2009 in Japan, pp. 115.
(46) Matsuba, Y., Sasaki, N., Tera, M., Okamura, M., Abe, Y., Okamoto, E., Nakamura, H., Funabashi, H., Saito, M., Matsuoka, H., Nagasawa, K. and Ozeki, Y. 2010. A novel glucosylation reaction on anthocyanins catalyzed by acyl-glucose dependent glucosyltransferase in the petals of carnation and delphinium. Plant Cell **22**, 3374-3389.
(47) Klein, M., Burla, B., Martinoia, E. 2006. The multidrug resistance-associated protein (MRP/ABCC) subfamily of ATP-binding cassette transporters in plants. FEBS Lett. **580**, 1112-1122.
(48) Rea, P.A. 2007. Plant ATP-binding cassette transporters. Annu. Rev. Plant Biol. **58**, 347-375.
(49) Yazaki, K. 2005. Transporters of secondary metabolites. Curr. Opin. Plant Biol. **8**, 301-307.
(50) Yazaki, K., Sugiyama, A., Morita, M., Shitan, N. 2008. Secondary transport as an efficient membrane transport mechanism for plant secondary metabolites. Phytochem. Rev. **7**, 513-524.
(51) Sánchez-Fernández, R., Davies, T.G.E., Coleman, J.O.D., Rea, P.A. 2001. The Arabidopsis thaliana ABC protein superfamily, a complete inventory. J. Biol. Chem. **276**, 30231-30244.
(52) Marrs, K.A., Alfenito, M.R., Lloyd, A.M., Walbot, V. 1995. A glutathione S-transferase involved in vacuolar transfer encoded by the maize gene Bronze-2. Nature **375**, 397-400.
(53) Alfenito, M.R., Souer, E., Goodman, C.D., Buell, R., Mol, J., Koes, R., Walbot, V. 1998. Functional complementation of anthocyanin sequestration in the vacuole by widely divergent glutathione S-transferases. Plant Cell **10**, 1135-1150.

(54) Larsen, E.S., Alfenito, M.R., Briggs, W.R., Walbot, V. 2003. A carnation anthocyanin mutant is complemented by the glutathione S-transferases encoded by maize *Bz2* and petunia *An9*. *Plant Cell Rep.* **21**, 900-904.
(55) Dixon, D.P., Skipsey, M., Edwards, R. 2010. Roles for glutathione transferases in plant secondary metabolism. *Phytochemistry* **71**, 338-350.
(56) Kitamura, S., Shikazono, N., Tanaka, A. 2004. *TRANSPARENT TESTA 19* is involved in the accumulation of both anthocyanins and proanthocyanidins in *Arabidopsis*. *Plant J.* **37**, 104-114.
(57) Lu, Y.-P., Li, Z.-S., Rea, P.A. 1997. *AtMRP1* gene of *Arabidopsis* encodes a glutathione S-conjugate pump: Isolation and functional definition of a plant ATP-binding cassette transporter gene. *Proc. Natl. Acad. Sci., USA* **94**, 8243-8248.
(58) Lu, Y.-P., Li, Z.-S., Drozdowicz, Y.M., Hörtensteiner, S., Martinoia, E., Rea, P.A. 1998. AtMRP2, an *Arabidopsis* ATP binding cassette transporter able to transport glutathione S-conjugates and chlorophyll catabolites: functional comparisons with AtMRP1. *Plant Cell* **10**, 267-282.
(59) Goodman, C.D., Casati, D., Walbot, V. 2004. A multidrug resistance-associated protein involved in anthocyanin transport in *Zea mays*. *Plant Cell* **16**, 1812-1818.
(60) Debeaujon, I., Peeters, A.J.M., Léon-Kloosterziel, K.M., Koornneef, M. 2001. The *TRANSPARENT TESTA12* gene of *Arabidopsis* encodes a multidrug secondary transporter-like protein required for flavonoid sequestration in vacuoles of the seed coat endothelium. *Plant Cell* **13**, 852-871.
(61) Marinova, K., Pourcel, L., Weder, B., Schwarz, M., Barron, D., Routaboul, J.-M., Debeaujon, I., Klein, M. 2007. The *Arabidopsis* MATE transporter TT12 acts as a vacuolar flavonoid/H^+-antiporter active in proanthocyanidin-accumulating cells of the seed coat. *Plant Cell* **19**, 2023-2038.
(62) Gomez, C., Terrier, N., Torregrosa, L., Vialet, S., Fournier-Level, A., Verriès, C., Souquet, J.-M., Mazauric, J.-P., Klein, M., Cheynier, V., Ageorges, A. 2009. Grapevine MATE-type proteins act as vacuolar H^+-dependent acylated anthocyanin transporters. *Plant Physiol.* **150**, 402-415.
(63) Grotewold, E. 2004. The challenges of moving chemicals within and out of cells: insights into the transport of plant natural products. *Planta* **219**, 906-909.
(64) Poustka, F., Irani, N.G., Feller, A., Lu, Y., Pourcel, L., Frame, K., Grotewold, E. 2007. A trafficking pathway for anthocyanins overlaps with the endoplasmic reticulum-to-vacuole protein sorting route in *Arabidopsis* and contributes to the formation of vacuolar inclusions. *Plant Physiol.* **145**, 1323-1335.
(65) Grotewold, E., Davies, K. 2008. Trafficking and sequestration of anthocyanins. *Nat. Prod. Commun.* **3**, 1251-1258.
(66) Winkel-Shirley, B. 1999. Evidence for enzyme complexes in the phenylpropanoid and flavonoid pathways. *Physiol. Plant.* **107**, 142-149.
(67) Saslowsky, D., Winkel-Shirley, B. 2001. Localization of flavonoid enzymes in *Arabidopsis* roots. *Plant J.* **27**, 37-48.
(68) Ralston, L., Yu, O. 2006. Metabolons involving plant cytochrome P450s. *Phytochem. Rev.* **5**, 459-472.

4.2.3. イソフラボノイドの生合成*

イソフラボン isoflavone をはじめとするイソフラボノイドは,3-フェニルクロマン 3-phenylchroman 骨格を基本構造とし,2-フェニルクロマン骨格の一般のフラボノイド生合成中間体より分子内転位によりつくられる(図4-2-6)。イソフラボンができた後,プテロカルパン pterocarpan,イソフラバン isoflavan,3-イソフラベン isoflav-3-ene,クメスタン coumestan,ロテノイド rotenoid,クマロノクロモン coumaronochromone などのイソフラボノイド骨格が導かれる。それぞれの骨格にさまざまな修飾(グリコシル化,ヒドロキシル化,メチル化,プレニル化など)を受けた化合物が植物成分として含まれ,2007年までに1700種以上が知られている[1]。

イソフラボノイドの分布は特徴的で,マメ科ソラマメ亜科 subfamily Papilionoideae から90%近くが報告されている。イソフラボノイドにはエストロゲン estrogen (女性ホルモン) 活性に由来する抗ガン,骨粗鬆症予防など多彩な生理作用があり,非常に多くの薬理学的・生化学的な研究がなされている。実際ダイズイソフラボンなどは特定保健用食品として賞用され,ダイズ食品の摂取が少ない食習慣の人々には健康増進効果が期待される。その一方でエストロゲン作用をもつ物質の過剰摂取は健康に害をもたらすことも懸念され,かつてオーストラリアでマメ科牧草のイソフラボノイドによって家畜の不妊症が引き起こされた例もある。生態系では,イソフラボノイドが,そのエストロゲン作用により動物に対するマメ科植物の防御物質となってきたことは十分考えられる。

対微生物機能としては,イソフラボノイドはマメ科の誘導的抗菌物質ファイトアレキシン phytoalexin として知られている。またマメ科植物の特徴的な機能である根粒菌との共生窒素固定において,フラボノイドが共生菌の nod 遺伝子を誘導して宿主-根粒菌相互作用の種特異性に重要なはたらきをするが,ダイズと共生菌 *Bradyrhizobium japonicum* の間ではイソフラボンが本体である。その他にもマメ科のイソフラボノイドには魚毒性,昆虫忌避,アレロパシー活性などが知られ,マメ科植物の生物環境への適応に深くかかわる生態機能物質と位置づけられる。

また化合物の総計は少ないが,マメ科以外にも広い範囲の植物にイソフラボノイドが含まれ,2005年時点で48の科に213のイソフラボノイドが存在する[2]。非マメ科植物のイソフラボノイドの機能については,マメ科にならって防御的作用が想定されるが,詳細な研究は行われていない。マメ科および非マメ科のイソフラボノイドに関する総説をいくつかあげる[1~5]。

---

*執筆:綾部真一・明石智義・青木俊夫・内山 寛 Shin-ichi Ayabe, Tomoyoshi Akashi, Toshio Aoki and Hiroshi Uchiyama

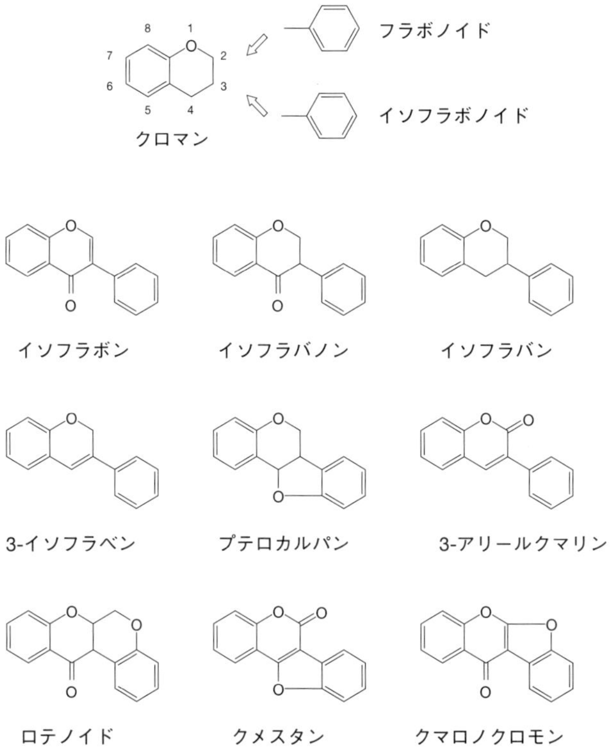

図 4-2-6 イソフラボノイドの骨格

 イソフラボノイドの生合成研究は天然物化学・生化学および植物病理学分野の研究者によって先導され，当初の焦点は生体内反応として大変珍しい分子内フェニル phenyl（より一般にはアリール aryl）基転位が，どのような酵素によってどのような機構で進行するかという点にあった．その後，生合成系の酵素に関する遺伝子レベルの知見の増加にともない，植物界でのイソフラボノイドの特徴的な分布と，生態機能を，生合成の仕組みの進化の観点から理解するような方向に展開している．実用面で健康食品や環境適応能の高い植物作出などへの応用も期待される．

 筆者らは 20 世紀中から，マメ科イソフラボノイド生合成の分子生物学を研究してきた．ここでは，生合成経路の基幹を成す，シトクロム P450 によるイソフラボノイド骨格の形成（1)），イソフラボンの生成過程（3)），イソフラボンから先のファイトアレキシン経路（5)）について，筆者らと他グループの研究の経緯と知見を解説する．関連してマメ科に特徴的な 5-デオキシ構造の構築（4)）と P450 の分子進化（2)），およびマメ科以外のイソフラボノイド生合成（7)）も紹介する．イソフ

ラボンの修飾反応(6))と生合成調節や応用を指向した最近の研究(8))にも触れたが網羅的ではなく,代表的な文献のみ引用した。なお筆者らはこれまでもいくつかの総説を著している[6〜10]。

1) マメ科におけるイソフラボノイド骨格の生合成:CYP93C IFS

イソフラボノイドの生合成に関する生化学的研究は,1970年代末より行われ[3],1980年代にはイソフラボノイド骨格を構築する分子内フェニル基転位反応の機構に関する重要な知見が得られた(図4-2-7)。ダイズ Glycine max の培養細胞を用いた研究で,Grisebachらはイソフラボノイド骨格がフラバノンからシトクロムP450(以下P450と略称)様酵素によって形成されることを明らかにした[11]。ついで三川・海老塚らは,クズ Pueraria lobata 細胞の洗浄ミクロソームを酵素として用い,反応がP450によることを確認するとともに,2-ヒドロキシイソフラバノン 2-hydroxyisoflavanone がフラバノンからの直接生産物であり,その2-ヒドロキシ基が分子状酸素に由来すること,また副産物として3-ヒドロキシフラバノンが生じることを見出した[12]。

ヘムタンパク質のP450は小胞体で還元酵素と複合系を成し,酵素分子を還元してほかの基質を酸化する。生物全体を通じて多数のP450分子種がきわめて多様な機能を示し,近年強い興味が持たれている[13]。中でも,P450遺伝子を利用する組換え植物(青いバラ)に代表される,植物P450研究の進展は目覚しい(4.2.1-3)-e)参照)。1980年代当時から多くの植物二次代謝へのP450の関与が予想されていたが,不安定な膜結合酵素であるP450の取り扱いはきわめて困難で,この頃は主に植物ミクロソーム画分での解析にとどまっていた。植物P450の個々の分子種としての解析は,P450の発見者のひとり佐藤了らによるリョクトウ Vigna radiata からのケイ皮酸4-ヒドロキシラーゼ(C4H)タンパク質の高度の精製などを除いては[14],1990年アボカド Persea americana からの初めてのP450遺伝子の同定に始まる[15],爆発的な分子生物学的な展開を待つことになる(C4Hについては 4.2.1-2)-b)参照)。現在,生物界で植物が最も多くのP450遺伝子を持ち(単独の植物には遺伝子の総数のほぼ1%のP450遺伝子が存在し,ゲノムサイズ約120Mbのシロイヌナズナは273のP450遺伝子をもつが,ゲノムサイズ約3GbのヒトではＰ57である),生態系ではたらく代謝産物の多様性を生み出した重要な要因であるとともに[16],植物ホルモンの合成・分解の主役のひとつと認識されている[17]。

1980年代初めまで,綾部はマメ科薬用植物カンゾウ属の一種 Glycyrrhiza echinata(以降本稿で「カンゾウ」はこの植物種を指す)の培養細胞が生産する黄色色素レトロカルコン retrochalcone(2つのベンゼン環の生合成起源が逆転し

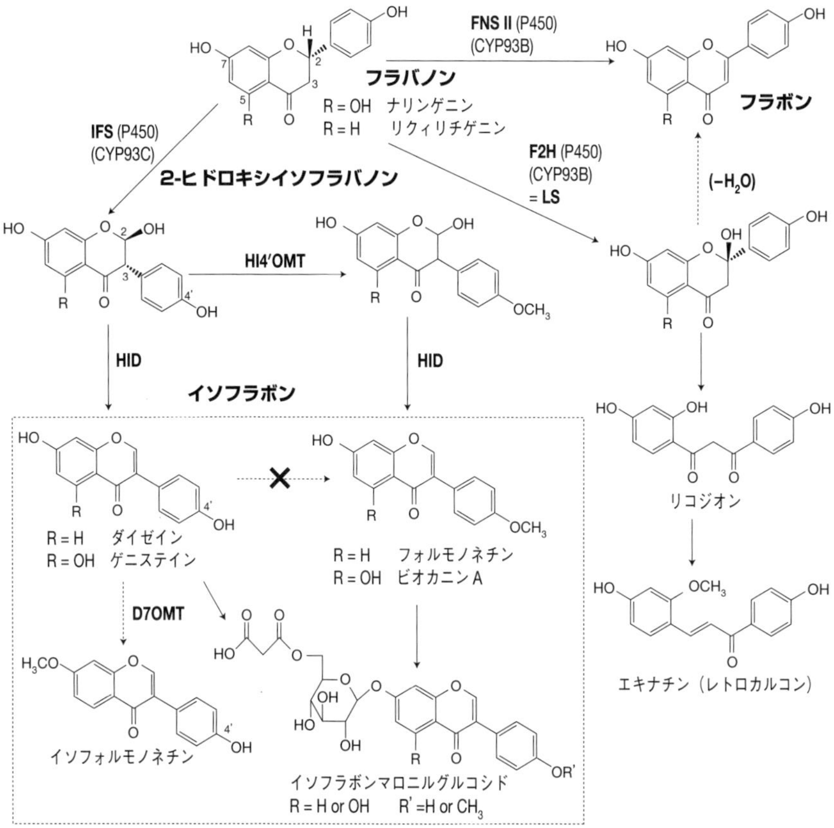

図 4-2-7　マメ科植物でのイソフラボンの生合成
イソフラボノイド骨格を形成する P450（CYP93C）による反応と，同ファミリーの P450 が関与するフラボンおよびレトロカルコン生合成系，および貯蔵型のイソフラボンマロニルグルコシドの構造も示してある．

たカルコン）の生合成を研究し[18]，生合成中間体としてジベンゾイルメタン dibenzoylmethane 骨格を持つリコジオン licodione を発見していた（図 4-2-7）．ジベンゾイルメタンの構造は，以前 Grisebach らにより P450 のフラボン合成酵素（FNS；後に FNS II と命名 = 4.2.1-3)-c) 参照）反応の中間産物と提案された 2-ヒドロキシフラバノンの開環型互変異性体である．すなわちレトロカルコン合成の前段階は FNS II と共通の P450 反応と考えられた．そこで 1990 年頃より生化学的解析を試み，5-デオキシフラバノンのリキリチゲニン liquiritigenin にはたらく P450 のリコジオン合成酵素 licodione synthase（LS）の活性をカンゾウ培養細胞ミクロソームより検出した[19]．同細胞はイソフラボンのフォルモノネチン formononetin も生産し，ク

ズでの報告同様[12]，ミクロソームによるリキリチゲニンからイソフラボンの生成も認められた。すなわち，単一のフラバノン前駆体に対する同一植物のP450による反応で，フラボン系とイソフラボノイドそれぞれへの生合成分岐が想定されたのである。

1995年頃には機能のわかった植物P450の遺伝子クローニングが報告され始めており，C4Hやペチュニア Petunia hybrida のフラボノイド3',5'-ヒドロキシラーゼ（F3'5'H）の遺伝子[20]，またリグニン合成系で働くP450遺伝子などが同定されていた。しかし，これまで述べたようにフラボンやイソフラボノイドを合成するP450は生化学的には確認されたが，遺伝子は未同定であり，カンゾウの培養細胞は分子生物学的にそれらフラボノイド系P450を研究する好材料と考えられた。

カンゾウ液体培養細胞に市販の酵母抽出物 yeast extract（YE）をエリシター elicitor として処理すると一過的にレトロカルコンの生合成が誘導され，一晩のうちに培養細胞と培地が濃黄色に染まる。新たに誘導した同植物のカルス由来の培養細胞では，YE処理でイソフラボノイド型のファイトアレキシン，(−)-メディカルピン (−)-medicarpin がつくられる（図4-2-10参照）。そこでヘム結合部位を挟むようにしたP450のコンセンサス配列のプライマーを設計し，YEで発現が誘導されるカンゾウP450遺伝子断片をPCR法で増幅すると，既知配列（C4Hとコニフェルアルデヒド5-ヒドロキシラーゼ coniferaldehyde 5-hydroxylase）に加えて数種の新規P450が得られ，その全長配列cDNAをクローニングした。

P450の配列はP450データベースに登録すると，アミノ酸配列に基づいて40％以上相同なファミリー（同一CYP番号），55％以上相同なサブファミリー（CYP番号後の同一アルファベット記号）に分類される。植物P450はCYP71から始まる番号（CYP99の先はCYP701から始まる3桁）が割り振られる（CYP73はC4H，CYP75AはF3'5'Hである）。カンゾウの新P450はCYP93の2サブファミリー（CYP93B，CYP93C）とCYP81Eに分類された。

次にこれらのP450タンパク質の機能を明らかにするため，cDNAを組換えた異種発現系（バキュロウィルスベクターを用いた昆虫培養細胞，または酵母発現系）のミクロソームを使い，想定される基質に対する反応を検討した。その結果，CYP93B1は (2S)-フラバノンの2位をヒドロキシル化する (2S)-フラバノン 2-ヒドロキシラーゼ (2S)-flavanone 2-hydroxylase（F2H）で，リキリチゲニンからの生成物は脱水によって7,4'-ジヒドロキシフラボンを与えるとともに，自動的に開環してリコジオンとなるので，これがLSの本体と決定された（図4-2-7）[21]。またCYP81E1はファイトアレキシン系の酵素として想定されていたイソフラボン 2'-ヒドロキシラーゼ isoflavone 2'-hydroxylase（I2'H）であった[22]（後述 4.2.3-5)-a)，図

4-2-10 参照)。

そして CYP93C2 が 2-ヒドロキシイソフラバノン合成酵素 2-hydroxyisoflavanone synthase (IFS) であることが判明した[23]。すなわち CYP93C2 を発現した酵母ミクロソームの反応で，リキリチゲニンからイソフラボノイドの骨格を持つ主生成物 2,7,4'-トリヒドロキシイソフラバノン (約 90％) と副産物の 3,7,4'-トリヒドロキシフラバノン (約 10％) が同定され，前者は自動的にまたは酸処理で速やかに脱水反応を起こし，イソフラボンのダイゼイン daidzein に変換された (**図 4-2-7**; **図 4-2-8** も参照)。副産物の生成は，クズの洗浄ミクロソームによる反応が再現されたものである。5-ヒドロキシ型のフラバノンのナリンゲニン naringenin からはゲニステイン genistein とその前駆体である 2,5,7,4'-テトラヒドロキシイソフラバノンや，対応する 3-ヒドロキシフラバノンが得られた。これによりダイズ，クズおよびカンゾウのミクロソームで解析されていた IFS の本体が，配列情報の明らかな cDNA・タンパク質として初めて同定された。

ほぼ同時にアメリカとカナダの 2 グループにより，微生物感染したダイズで発現する遺伝子から絞り込んだ P450 の 1 つ CYP93C1 が IFS であることが報告された[24,25]。CYP93C1 の配列は既に報告されていたが，機能が不明であったものである。1999 年から 2000 年に出版されたこれらの論文で，CYP93C サブファミリーの P450 がイソフラボノイド合成酵素であることが確立した。その後，ヒヨコマメ *Cicer arietinum*，ミヤコグサ *Lotus japonicus*，タルウマゴヤシ *Medicago truncatula* などのマメ科植物から同サブファミリーの IFS cDNA が同定されている[8]。

またこの間，田中らが F2H (CYP93B1) 配列に基づいてキンギョソウ *Antirrhium majus* とトレニア *Torenia foumieri* よりクローニングした P450 (CYP93B3,4) が，FNS II をコードすることを明らかにした[26]。これも Forkmann らによるガーベラ *Garbera hybrida* の CYP93B2 が FNS II であることの報告[27] とほぼ同時で，このサブファミリーの P450 のフラボン生合成における機能を日欧で互いに確証する結果となった (**4.2.1-3)-c)** 参照)。

さらに太田らによってダイズからクローニングされていた CYP93A[28] の機能がプテロカルパン骨格をヒドロキシル化する酵素であることも報告され (後述 **4.2.3-5)-d)**，**図 4-2-12** 参照)[29]，フラボノイド生合成における CYP93 ファミリーの P450 の関与が一躍関心を集めた。なおその後ダイズからトリテルペンを基質とするヒドロキシラーゼとして初めてクローニングされた P450 (オレアナン骨格の 24-ヒドロキシラーゼ) もこのファミリーのタンパク質であり (CYP93E1)[30]，植物二次代謝系 P450 の進化の観点から興味深い。

2) IFS の反応機構と進化

CYP93C の IFS は P450 として大変珍しい分子内アリール基（フェニル基）転位を触媒する。反応機構はフラバノンの 3 位からの水素の引き抜きに続くフェニル基の 2 位から 3 位への移動と，2 位へのヒドロキシ基の付加と考えられる（図 4-2-8 (a);右側）。これに対して CYP93B は同じ基質の 2 位からの水素の引き抜きを行う（図 4-2-8 (a)；左側）。CYP93C と CYP93B の配列の比較やホモロジーモデリングに基づいて，CYP93C2 の特徴的なアミノ酸残基に関する部位特異的変異体が作製され，組換え酵母ミクロソームで機能が解析された [31, 32]。その結果，CYP93C の活性部位に特徴的な 3 つのアミノ酸残基（Ser 310, Leu 371, Lys 375：数字は CYP93C2 のアミノ酸番号）がイソフラボノイド生成に重要であることがわかった。

これらの部位特異的変異タンパク質による反応では，アリール基転位反応の代わりに副産物の 3-ヒドロキシフラバノンを主生成物とする反応や，野生型では見られないフラボンを合成する反応が出現した。これらの 3 アミノ酸残基をすべて CYP93B1 の相当アミノ酸に置換した変異タンパク質は，100％フラボン合成酵素の機能を示した（図 4-2-8 (b)）。特徴的なことに変異タンパク質はおしなべて野生型より安定であった。これは野生型 CYP93C がタンパク質フォールディングなどの点で不利な構造をもっていることを意味する。また系統樹では，CYP93C は CYP93B より派生的である。このことからマメ科における CYP93C IFS は，広い範囲の植物に存在する CYP93B FNS II と共通の先祖からフラバノン 3-ヒドロキシラーゼを中間体として進化し，しかもタンパク質の安定性を犠牲にしてアリール基転位という新機能を獲得したと推定される。この新機能，すなわちイソフラボノイド合成能のマメ科植物にとっての生物学的重要性を強く示唆する結果である。

3) イソフラボンの生成：IFS 産物の脱水と 4'-O-メチル化反応

多くの海外研究者の論文では IFS は「イソフラボン」シンターゼの略語として取り扱われているが，あくまでこれは「2-ヒドロキシイソフラバノン」シンターゼ（または広義に「イソフラボノイド」シンターゼ）であって，イソフラボンは IFS 生成物の脱水反応によって生じる。この脱水反応はある程度自動的に（特に酸性溶媒中では一瞬のうちに）起きるが，酵素が触媒している可能性もある。三川らによりクズ培養細胞からこの反応を触媒する酵素 2-ヒドロキシイソフラバノンデヒドラターゼ 2-hydroxyisoflavanone dehydratase（HID）が精製されたが [33]，そのタンパク質のアミノ酸配列は不明であった。一方，マメ科のイソフラボノイドの多くに見られる 4' 位のメトキシ基を生み出す O-メチル基転移酵素 O-methyltransferase（OMT）に関する謎も残されていた。*In vitro*（試験管内）で IFS 産物を得ることが可能に

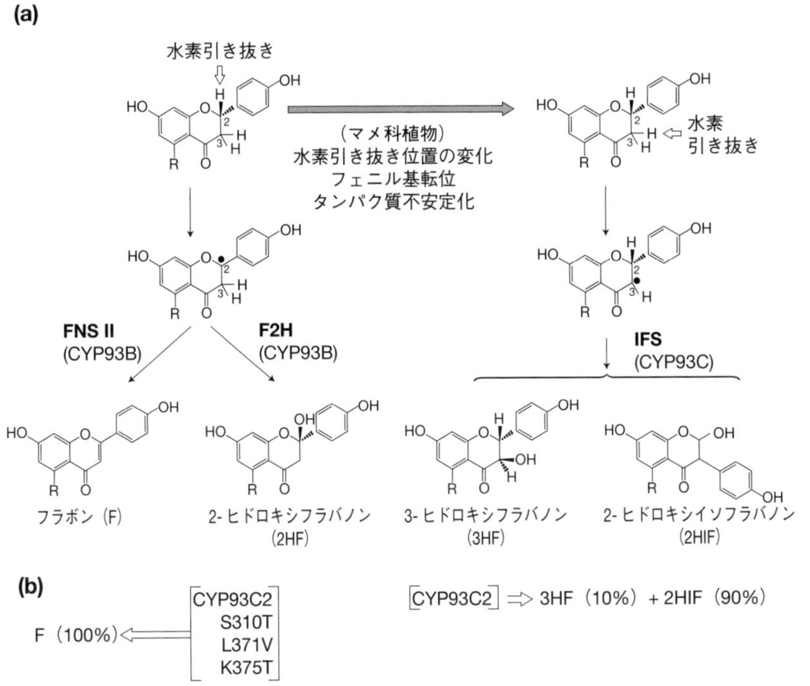

(a)

フラボン (F) / 2-ヒドロキシフラバノン (2HF) / 3-ヒドロキシフラバノン (3HF) / 2-ヒドロキシイソフラバノン (2HIF)

FNS II (CYP93B) / F2H (CYP93B) / IFS (CYP93C)

水素引き抜き

（マメ科植物）
水素引き抜き位置の変化
フェニル基転位
タンパク質不安定化

(b)

F (100%) ⇐ [CYP93C2 / S310T / L371V / K375T]

[CYP93C2] ⇒ 3HF (10%) + 2HIF (90%)

図 4-2-8 マメ科 IFS（CYP93C）の分子進化
(a) 先祖型 CYP93B（フラボン合成酵素）からの反応様式の変化。F2H 活性の出現，水素の引き抜き位置の変化にともなうフラバノン 3-ヒドロキシラーゼ活性の出現を経て，アリール基転位反応が生じたと考えられる。この過程でタンパク質は不安定化したが，マメ科はイソフラボノイド生合成系を獲得し生態系で優位に立った。(b) 野生型 CYP93C2 の反応産物と，3重変異型タンパク質による反応産物。変異導入により先祖返りが見られる。

なったことから，これらの反応の詳細を明らかにすることができた（図 4-2-7）。すなわちまず [^{14}C] 標識 *S*-アデノシルメチオニン *S*-adenosylmethionine（SAM）を利用して OMT の実体を解明し，その結果得られる放射能ラベル前駆体を用いて HID に迫ったのである。

a) 2-ヒドロキシイソフラバノン 4'-*O*-メチル基転移酵素

カンゾウやアルファルファ *Medicago sativa* など多くのマメ科植物に存在するフォルモノネチンは，形式的にはダイゼインの 4'-*O*-メチル化によって生成する（図 4-2-7）[3]。ダイゼインはダイズの代表的なイソフラボンであるが，フォルモノネチンを生産する植物（アルファルファ，カンゾウなど）にはほとんど見出されない。アルファルファなどの粗酵素液からダイゼインを基質とする OMT 活性が検出されるが，それは 7-*O*-メチル化によってイソフォルモノネチンのみをつくる。アルファルファで

は（また他のマメ科植物でも）イソフォルモノネチンはフォルモノネチンに比べてきわめて微量な成分である。この酵素［ダイゼイン 7-O-メチル基転移酵素 daidzein 7-O-methyltransferase（D7OMT）またはイソフラボンメチル基転移酵素 isoflavone O-methyltransferase（IOMT）］の cDNA はアルファルファから得られていた。Dixon らは，IOMT が実際にはフォルモノネチンの生合成にかかわっていると考え，細胞内で P450 の IFS や I2'H と小胞体膜上で酵素複合体をつくると，IOMT の位置特異性が変化し，イソフラボンの 4'-O-メチル化を行う機構を提唱した [3,34]。

この背景には古くから想定されていた二次代謝系の酵素タンパク質の相互作用による生合成の流れの制御（「チャンネリング機構」や「メタボロン説」とよばれる）の考え方や，Winkel-Shirley によるシロイヌナズナのフラボノイド生合成系の酵素のいくつかが複合体をつくっていることの発見がある [35]。しかしフォルモノネチン生合成に関しては間接的な証拠に基づく推定にすぎず，酵素複合体を取り出してフォルモノネチン生成を観察するといった直接的な証明はされていなかった。In vitro でフォルモノネチンの生合成を示した例は皆無だったのである。

われわれはカンゾウ IFS（CYP93C2）を発現した酵母とカンゾウ抽出液を組み合わせると in vitro でフォルモノネチンが生成することを初めて明らかにした [36]。このことより，ダイゼインではなく 2-ヒドロキシイソフラバノンの 4'-O-メチル化を行う酵素が存在することが想定された。その cDNA の本体を突き止めるのには，「機能発現分画スクリーニング法 functional expression fractionation screening」が威力を発揮した。すなわち，カンゾウの cDNA ライブラリーを発現している大腸菌 E. coli 集団をいくつかに分け，それぞれより調製した酵素液と組換え IFS の産物である 2-ヒドロキシイソフラバノンおよび [^{14}CH$_3$] SAM をインキュベート後，酸処理によって生じる [^{14}C]フォルモノネチンを TLC の放射性スポットとして検出する。活性のあった E. coli プールを分画し，アッセイを繰り返せば，標的 cDNA が絞り込まれていき，最終的に同定できる。50,000 クローンから 6 回の分画で，2-ヒドロキシイソフラバノン 4'-O-メチル基転移酵素 2-hydroxyisoflavanone 4'-O-methyltransferase（HI4'OMT）cDNA を取得した [37]。この酵素は D7OMT（IOMT）とは明らかに異なるタンパク質で，ダイゼインを基質としない。配列情報からは，すでに VanEtten らによって得られていたエンドウ Pisum sativum のファイトアレキシンである（+）-ピサチン（+）-pisatin 合成の最終段階を触媒する酵素，（+）-6a-ヒドロキシマーキアイン 3-O-メチル基転移酵素（+）-6a-hydroxymaackiain 3-O-methyltransferase［HMM］[38] と近いものであることが判明した（**4.2.3-5)-b)** 参照）。

b) 2-ヒドロキシイソフラバノンデヒドラターゼ

　機能発現分画スクリーニングは，酵素としては希薄な状態でのアッセイからスタートするので，反応の追跡を確実に行うことが成功の鍵となる．その点で放射能をトレーサーとすることができれば，きわめて好都合である．HI4'OMT 反応で得られる 4' 位に [$^{14}CH_3O$] をもつ放射性 2-ヒドロキシイソフラバノンからフォルモノネチンへの変換能を指標としたカンゾウ cDNA ライブラリーの機能発現分画スクリーニングを行って，2-ヒドロキシイソフラバノンの 2-3 位間の脱水によってイソフラボン骨格を与える HID の cDNA が得られた[39]．さらにその配列とダイズ EST データベースの情報に基づき，ダイズの HID cDNA も同定した．大腸菌で得られた組換えタンパク質は，クズで報告されていた HID の生化学的性質[33] とほぼ一致した．ダイズのイソフラボン（ダイゼインなど）とイソフラボノイドファイトアレキシン（グリセオリン類 glyceollins）は主に 4'-ヒドロキシ体である．カンゾウの HID は 4'-メトキシ型の 2-ヒドロキシイソフラバノンに特異性を示し，ダイズの同酵素は基質特異性が広く 4'-ヒドロキシ体を効率よくイソフラボンに変換した．すなわちこの酵素の基質特異性がその植物の含有するイソフラボノイドの置換パターンを反映している．

　なお，2-ヒドロキシイソフラバノンからイソフラボンへの脱水反応は非酵素的にも進行するが（p. 390 参照），中性の水溶液中に比べて HID 存在下では 10^5 倍の反応速度の上昇が見られた．したがって HID は，細胞内ではイソフラボンの急速な供給に役立っていると考えられる．

　さて HID は配列情報が未知の状態から，触媒機能のみを指標としてクローニングされた．明らかになったその配列を既知タンパク質と比較すると，まったく予想外のカルボキシルエステラーゼ carboxylesterase（CE）ファミリーの 1 つであることがわかった．これは α/β-ヒドロラーゼフォールドとよばれる構造をもつ加水分解酵素タンパク質であり，触媒トライアド catalytic triad, オキシアニオンホール oxyanion hole などのモチーフをもつ．ダイズ HID はわずかながら（1% 以下）CE 活性をもち，変異導入実験からこれらのモチーフが CE 活性とともに 2-ヒドロキシイソフラバノンの脱水においても機能していること，すなわち加水分解反応と脱水反応が共通の活性部位によって触媒されていることが示された．たまたま一次代謝系の CE がイソフラボン生成にかかわる脱水反応を行ったことから，イソフラボノイド代謝系にリクルートされたという進化の図式が考えられる．

　CE は異物の解毒などにはたらいていることが知られているが，HID は生合成反応における植物 CE の役割が同定されたはじめての例である．また CE は大腸菌から高等動物まで分布するが，植物 CE は独立したクレードを成すので，植物独特の

機能が期待される。注目に値するのは、同じ頃、松岡らによって報告されたイネの可溶性ジベレリン受容体 GID1 がこのグループのタンパク質であることである[40]。その後、活性型ジベレリンがシロイヌナズナとイネの GID1 の CE 活性部位に相当する部分に結合することが証明されている[41, 42]。CE ファミリータンパク質のポケットが、イソフラボノイドとジテルペンを受け入れて加水分解以外の機能を担うことが明らかになったわけで、今後きわめて多数のこのファミリータンパク質の中から、低分子物質の作用や代謝に関連する新機能が発見されることが期待される。ごく最近チューリップ *Tulipa gesneriana* の 6-チューリポサイド A 6-tuliposide A と呼ばれる成分から、ラクトン構造を持つチューリッパリン A tulipalin A をつくる酵素が CE であることが報告された[43]。

以上によりマメ科植物の 4'-ヒドロキシおよび 4'-メトキシイソフラボンの生成機構が完全に解明されたことになる。しかしこれはマメ科イソフラボノイド研究の一部に過ぎない。1980 年代から、この分野の次のような課題に興味が持たれ、一部は生化学的な研究が行われていた。ひとつはマメ科に特徴的な生態生理活性物質のイソフラボノイドの多くに見られる「5-デオキシ構造」、もう一つはイソフラボンから派生するイソフラボノイド骨格(図 4-2-6)の生合成機構である。

しかし各骨格の化合物は、個々のマメ科植物に特有の分布を示し、特別の価値や理由がない限り、分子レベルにまで踏み込んだ研究は行われていない。その中で、イソフラボノイド型ファイトアレキシンに関する、マメ科モデル植物(ミヤコグサやタルウマゴヤシ)の遺伝子情報などの研究リソースを生かした取組み、および主要マメ科作物のダイズやエンドウでの研究の進展が注目される。これらはプテロカルパン・イソフラバンという共通の骨格を生産するので、得られる情報が相互に利用しやすいというメリットもある。これらの例は将来応用に結びつくことも期待されるが、これまでのところ植物二次代謝の分子進化の観点から興味深い展開を見せている[9]。

4) 5-デオキシ(イソ)フラボノイド構造の構築

マメ科フラボノイドの構造的特徴として、通常のフラボノイドに存在する 5-ヒドロキシ基が欠如している「5-デオキシ体」が多く見られることがあげられる。特にイソフラボノイド系ファイトアレキシンの構造では顕著であり(たとえばプテロカルパンの 89%、イソフラバンの 91% が 5-デオキシ体)[44]、抗菌活性と関連しているとも考えられる。2 つの酵素がこの特徴的な構造の構築にかかわっている(図 4-2-9)。

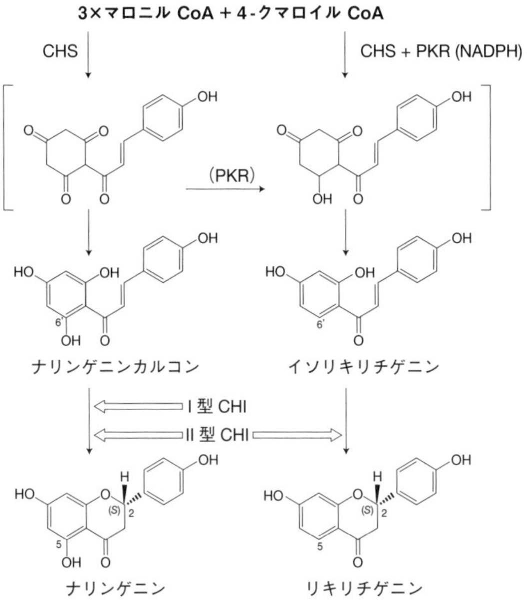

図 4-2-9　5-デオキシフラボノイドの生成

a）ポリケタイド還元酵素

　フラボノイド 5 位のヒドロキシ基はカルコン合成酵素（CHS）による反応中間体のポリケタイド polyketide のカルボニル基に由来するので，5-デオキシ体の生合成ではそのカルボニルの除去，すなわち脱酸素（還元）反応が起きなければならない。1980 年代に，カンゾウより NADPH 存在下で 6'-デオキシカルコンのイソリキリチゲニンを与える 6'-デオキシカルコン合成酵素 6'-deoxychalcone synthase（DOCS）活性が検出されると[45]，すぐに Grisebach グループによって CHS とともにはたらいて DOCS 活性を与えるポリケタイド還元酵素 polyketide reductase（PKR）がダイズより同定され，その cDNA がクローニングされた[46]。この酵素は糖代謝などではたらくアルド-ケト還元酵素 aldo-keto reductase ファミリーに属する。PKR cDNA はその後カンゾウを含む多くのマメ科植物で見出されている。この還元反応は，CHS によるカルコン合成が完成される前に，4-クマロイル CoA に最初に結合したマロニル CoA のカルボニル基に特異的に起きる。CHS によりつくられたナリンゲニンカルコン（カルコノナリンゲニン）は，もはや PKR によりデオキシカルコンとなることはない。したがって多くの文献に見られるカルコン還元酵素 chalcone reductase（CHR）の呼称は正確でない（単に PKR では微生物などのポリ

ケタイド還元酵素と区別しがたい場合には，われわれはカルコンポリケタイド還元酵素（chalcone PKR）とあらわしている）。

それではPKRはどのようにCHSとともにデオキシカルコンを合成するのだろうか。CHSタンパク質とPKRタンパク質が複合体をつくり，CHS活性部位のポリケタイド中間体がPKRにより還元されれば好都合であるが，これまで酵母 two-hybrid systemで両タンパク質の物理的相互作用は見出されていない。したがって不安定なCHS反応中間体がいったん酵素から離れ，PKRにより還元を受けた後，再びCHSに取り込まれるという常識的に不可解な図式が想定されなければならない。

これに関して，Noelらにより，アルファルファの'CHR'（PKR）タンパク質のX線結晶構造解析が行われ，活性部位の構造に基づいて還元の機構が提案された[47]。それによると，CHSの直接の生成物シクロヘキサントリオン cyclohexantrione 構造の化合物が酵素から放出されてエノール化する前（そしてトリオン部分が自由回転する前）に，該当するケトンがPKRにより還元される（図4-2-9）。シクロヘキサントリオンは，酵素活性部位から放出されると，即座にベンゼン環になるので，PKRがかくも素早く還元を行う機構は革新的なアイデアであり，実験的な証拠が強く求められる。

b) II型カルコン異性化酵素

カルコンからフラバノンへの異性化はカルコン異性化酵素（CHI）によって触媒される。6'-ヒドロキシカルコンのナリンゲニンカルコンからは5-ヒドロキシフラバノンのナリンゲニンが，6'-デオキシカルコンのイソリキリチゲニンからは5-デオキシフラバノンのリキリチゲニンが生成される。この反応は非酵素的にも進行し，ラセミ型（2RS体）のフラバノンを生成するが，酵素反応の場合，（2S）の配置をもつエナンチオマー enantiomer（鏡像異性体）のみが生じる。非マメ科植物のCHIは6'-ヒドロキシカルコンのみを基質とし（2S）-ナリンゲニンを与えるが，6'-デオキシカルコンは基質とできない（I型CHI）。一方，マメ科のCHIは6'-ヒドロキシおよびデオキシカルコンの両方を基質とする（II型CHI）。CHIのcDNAはいくつかの植物からクローニングされており，配列からI型とII型に区別することができるが，反応の基質特異性を左右するアミノ酸残基は決定されていない。マメ科の5-デオキシイソフラボノイド型ファイトアレキシン生合成にはPKRとともにII型CHIのはたらきが必須である。

配列情報に基づいたPCR法によってミヤコグサのCHI cDNAをクローニングしたところ，マメ科特有のII型に加えてI型の配列が得られた[48]。これはマメ科からI型*CHI*遺伝子を検出した初めての例である。しかも，かずさDNA研究所によるミヤコグサゲノム構造の解明の一環として，*CHI*遺伝子の構造を調べたところ，

3コピーのII型 *CHI* と1コピーのI型 *CHI* がわずか16 kbの間にタンデムクラスターを成していることがわかった。これは一般のI型 *CHI* 遺伝子が局所的重複を起こした後、I型の機能を保持する遺伝子とともに、変異してII型 *CHI* となった遺伝子があることを意味している。その後ダイズのCHIにも多様性があることが報告され[49]、III型やIV型のCHIも提案されているが、酵素機能をもつものではないと考えられる。

なおマメ科ネムノキ亜科 subfamily Mimosoideae アカシア属 *Acacia* spp. などの樹木は、5-デオキシ型のフラバン-3-オールを構成要素とするプロアントシアニジン（縮合型タンニン）を、特徴的な成分として含んでいる。他科の植物にも散在する5-デオキシフラボノイドとともに、現在その生合成に関する知見はなく、今後の研究に期待がもたれる。

5) イソフラボノイドファイトアレキシン（プテロカルパン、イソフラバン）の生合成

主要なマメ科農作物や牧草（ダイズ、エンドウ、アルファルファなど）のファイトアレキシンで最もよく見られる構造は、プテロカルパン骨格にヒドロキシ基、メトキシ基、プレニル基など植物によって異なる修飾がされているもので、骨格には不斉炭素（6a、11a位）が存在することにより便宜的に（＋）-型と（－）-型のエナンチオマーに分類される（*RS* 表記では、6a位のヒドロキシ基の置換の有無によって、同じエナンチオマーの骨格でも異なった表記となるのできわめてややこしい）。またミヤコグサなどではプテロカルパンと非常に近縁のイソフラバン骨格をもつファイトアレキシンが生成される。

a)（－）-メディカルピン

プテロカルパン骨格の生合成では、立体異性体の存在しないイソフラボンから、新たにジヒドロフラン環が立体特異的に形成される（図4-2-10）。アルファルファ、タルウマゴヤシ、カンゾウなどの生産する（－）-メディカルピンの生合成では、フォルモノネチンが出発物質で、ジヒドロフラン環の起源となるヒドロキシ基がCYP81EのP450 I2'H（p. 388に既述）により導入された後、2, 3位間の二重結合の還元［イソフラボン還元酵素 isoflavone reductase（IFR）］とケトン基の還元［ベスティトン還元酵素 vestitone reductase（VR）］による2つの不斉炭素の出現を経て、4位と2'位の間の脱水反応によって環状構造が形成される。最後の脱水酵素［7,2'-ジヒドロキシ-4'-メトキシイソフラバノール脱水酵素 7,2'-dihydroxy-4'-methoxyisoflavanol dehydratase（DMID）］が生化学的解析にとどまっているほかは、これらの酵素はそのcDNAや遺伝子がクローニングされている[3]。なおVRとDMIDが複合体をつくっていることが生化学的に示されている[50]。IFRとVR

は，アントシアニンと縮合型タンニン合成系のDFRやリグナン合成系のいくつかの還元酵素と同様SDR (short chain dehydrogenase/reductase) またはREDファミリーとよばれる酵素群の仲間である (**4.2.2-2**) 参照)。

タルウマゴヤシのCYP81E P450にはI2'H (CYP81E7) に加えて，ヒドロキシル化の位置特異性の異なるI3'H (CYP81E9) があり，異なる発現制御を受けている[51]。I3'Hによって生じる3',4'-ジヒドロキシ構造はメチル化の後，ピサチンなどで見られるメチレンジオキシ methylenedioxy 環を与えると考えられる。

b）(+)-ピサチン

エンドウのファイトアレキシンである (+)-ピサチンは，アルファルファやダイズの (−)-型プテロカルパンとは鏡像の関係にある (+)-型プテロカルパンの骨格をもっている (図4-2-10)。この立体化学が生じる機構や立体異性体の抗菌活性の生理学には非常に興味がもたれる。エンドウからも 2'-ヒドロキシイソフラボンからキラルな（不斉炭素をもつ）プテロカルパン前駆体を導く還元酵素のcDNAがクローニングされた[52]。しかし，IFRは (−)-ソフォロール sophorol を与え，また引き続くソフォロール還元酵素 sophorol reductase (SOR; アルファルファのVRに相当) も (−)-ソフォロールを基質とする (−)-骨格合成系の酵素であった。したがってそれらの立体特異性からは (+)-プテロカルパン骨格の生成機構を説明できない。にもかかわらずそのような還元酵素とその生成物が (+)-ピサチンの生合成に関与していることが，標識化合物の投与実験や毛状根を用いたRNAi実験などより実証されている[53, 54]。したがってSOR産物以降の段階で立体化学の逆転が起きると考えられる。不斉炭素をもたない3-イソフラベンの関与が想定され，また，ピサチンの6a-ヒドロキシ基は分子状酸素ではなく，水に由来するとの知見もある。現在VanEttenグループの精力的な研究が続けられており，近い将来 (+)-体生成の機構の全容が解明されると期待される。

(+)-ピサチン生合成の最終段階は (+)-6a-ヒドロキシマーキアイン (+)-6a-hydroxymaackiain の3-ヒドロキシ基へのメチル基転移反応であり，この反応を行う酵素HMMのcDNAは早い時期 (1997年) に報告されていた[38]。既述 (p. 392) のように4'位にメトキシ基を有するイソフラボンの合成に関与するHI4'OMTのcDNAがカンゾウよりクローニングされた時[37]，既知酵素で最も相同性の高いものがHMMであった。一方Dixonグループは，タルウマゴヤシのイソフラボノイド系メチル基転移酵素群が，HI4'OMTに類似のグループとD7OMTに類似のグループに分類されることを明らかにした[55]。HI4'OMTは全体として折れ曲がったコンホメーションの基質を好む。そして，(+)-ピサチンはエンドウの特異的なファイトアレキシンで，タルウマゴヤシやカンゾウは生産しないのにもかかわらず，これ

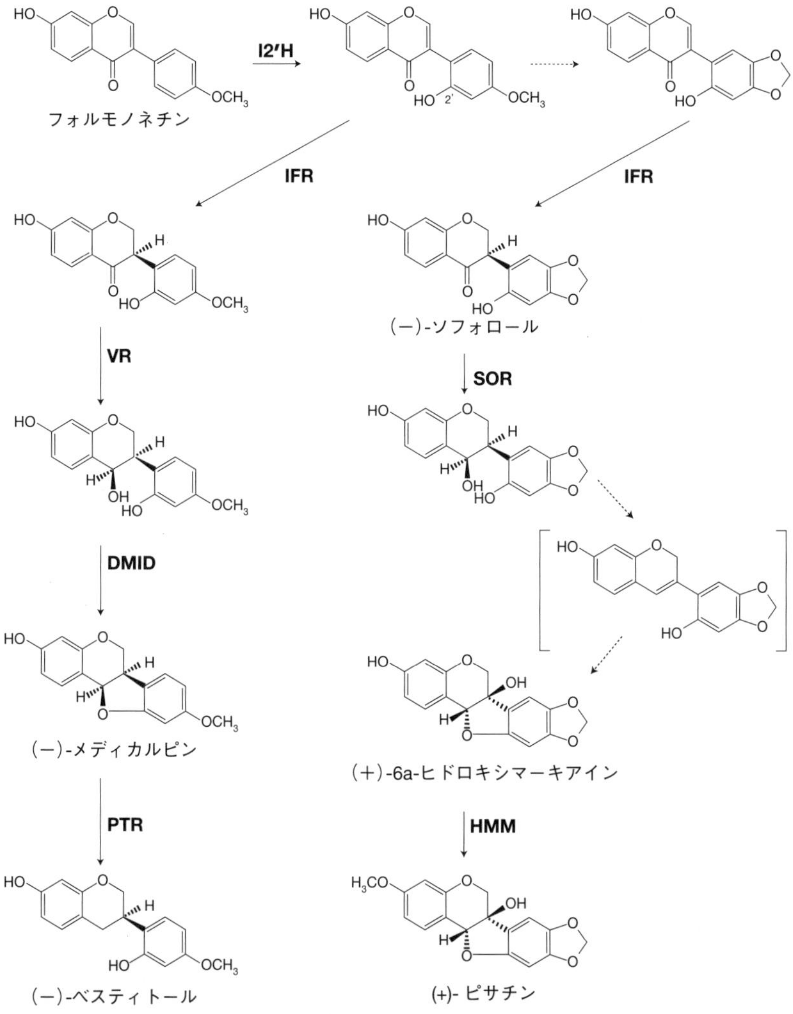

図 4-2-10 イソフラボノイドファイトアレキシンの生合成（1）
(−)-メディカルピン，(+)-ピサチン，(−)-ベスティトール

らの植物の HI4'OMT は，*in vitro* で (+)-6a-ヒドロキシマーキアインを基質として受け入れ，(+)-ピサチンをつくることがわかった。

Noel らにより，2-ヒドロキシイソフラバノン，(+)-6a-ヒドロキシマーキアインまたは (+)-ピサチンを共存させたタルウマゴヤシ HI4'OMT タンパク質の X 線結晶解析が行われた[56]。その結果，酵素の活性部位には，メチル基受容部分である

イソフラバノンの 4' 位とプテロカルパン骨格の 3 位が同じ位置に，そして両フラボノイドの骨格全体が折れ曲がった形で重ね合わさるように取り込まれていることが示された（図 4-2-11(a)）。このことから，エンドウの対微生物防御応答に関わる HMM は，HI4'OMT の基質ポケットにたまたま（＋）-プテロカルパン骨格が結合するという幸運な偶然 serendipity を有利に用いて進化したと論じられている。

しかしエンドウの OMT の進化に関する議論はこれだけではない。エンドウには HMM の 2 つのパラログ遺伝子（HMM1 と HMM2）が存在するが，筆者らと VanEtten らの共同研究により，それらのタンパク質（アミノ酸レベルの同一性は 96％）の酵素活性にきわめて特徴的な違いが見出された[57]。組換えタンパク質を用い，それぞれの酵素の活性（V_{max}/K_m）を比較すると，HMM1，HMM2 ともに HI4'OMT 活性を示し，その HI4'OMT 活性（100％）に対して，HMM1 の HMM 活性は 25％，HMM2 の HMM 活性は 6700％であった（カンゾウ HI4'OMT の HMM 活性は 5％）。すなわち，エンドウの HMM1 は，実は HI4'OMT であり，HMM2 が本来の HMM なのである。他植物の HI4'OMT タンパク質を含めた系統樹と進化の解析では，HMM1 と HMM2 が最も近縁ではあるが，HMM2 により多くのアミノ酸置換の履歴が推定された。エンドウでは HI4'OMT の重複の後，わずかな変異（活性部位についてはわずか 3〜4 個のアミノ酸の置換）によって効率よくファイトアレキシンを合成する活性が生じたと考えられる（図 4-2-11(b)）。

c) (−)-ベスティトール

プテロカルパン以外のイソフラボノイド型ファイトアレキシンの骨格の 1 つとしてイソフラバンがあり，マメ科植物への投与実験により，同じ置換パターンの両骨格の化合物間での相互変換が知られていた。(−)-ベスティトール (−)-vestitol を生産するミヤコグサより，プテロカルパンを還元してイソフラバンをつくるプテロカルパン還元酵素 pterocarpan reductase（PTR）の cDNA がクローニングされた（図 4-2-10）[58]。この反応がリグナン合成系の SDR 系酵素フェニルクマランベンジルエーテル還元酵素 phenylcoumaran benzylic ether reductase（PCBER）による反応と形式的に同一のジヒドロフラン環の還元的開裂反応であることに着目し，ミヤコグサ EST データベースを検索して PCBER 類似配列が 4 種類選抜された。それらの全長 cDNA より得た精製組換え酵素を用いて機能を解析すると，いずれもプテロカルパンからイソフラバンを生成したが，2 種類（PTR3, 4）は低活性で立体特異性を欠き，他の 2 種類（PTR1, 2）は高活性で（−）-体に特異的であった。もともと立体選択性のない酵素 PCBER がイソフラボノイド代謝系にリクルートされた後，PTR3, 4 から PTR1, 2 へと特異性を高めてきたと考えられる。

これまで酵素反応の様式とデータベースの情報から，新酵素遺伝子を同定する手

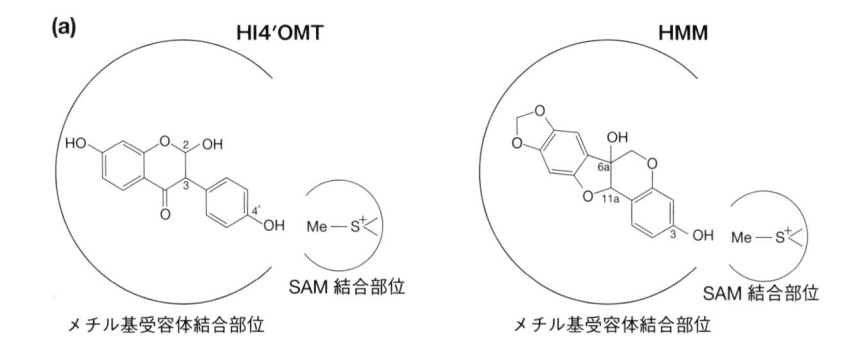

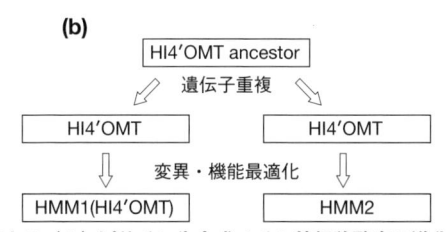

図 4-2-11 エンドウの (+)-ピサチン生合成メチル基転移酵素の進化
(a)イソフラボノイド生合成初期段階ではたらくHI4'OMTと(+)-ピサチン生合成酵素HMMは，非常に近縁なタンパク質で，それぞれのメチル基受容体結合部位に2-ヒドロキシイソフラバノンと (+)-6a-ヒドロキシマーキアインを結合できる．(b) エンドウでは先祖型HI4'OMTが重複した後，一方が (+)-ピサチン生合成のために最適化するような変異を遂げ，HMM2となった．

法が多くの成功を収めてきたが，この例ではP450，OMT，プレニル基転移酵素（次項参照）の場合とは異なり，まったく別の生合成系での還元的環開裂反応に注目したことが功を奏した．上記のように，これは実際の進化の過程で起こったことを反映していると考えられ，今後の生合成研究にヒントを与えるものであろう．

d) (−)-グリセオリン類

ダイズのファイトアレキシンは3種類の (−)-型プテロカルパンのグリセオリンである．(−)-プテロカルパン骨格形成後の生合成経路は1980年代に主にGrisebachグループによって明らかにされ，各段階を触媒する酵素活性が報告されている．分子生物学的研究としては，EbelらによるCYP93AのP450であるプテロカルパン 6a-ヒドロキシラーゼ pterocarpan 6a-hydroxylase (P6aH) cDNAの同定 (p. 389) が，イソフラボノイド特異的P450として最初に報告されたものとなった（図 4-2-12）[29]．

引き続く生合成段階では，P6aHによってつくられた (−)-グリシノール (−)-glycinolの2位または4位がプレニル prenyl化され，最後にこの部分がP450に

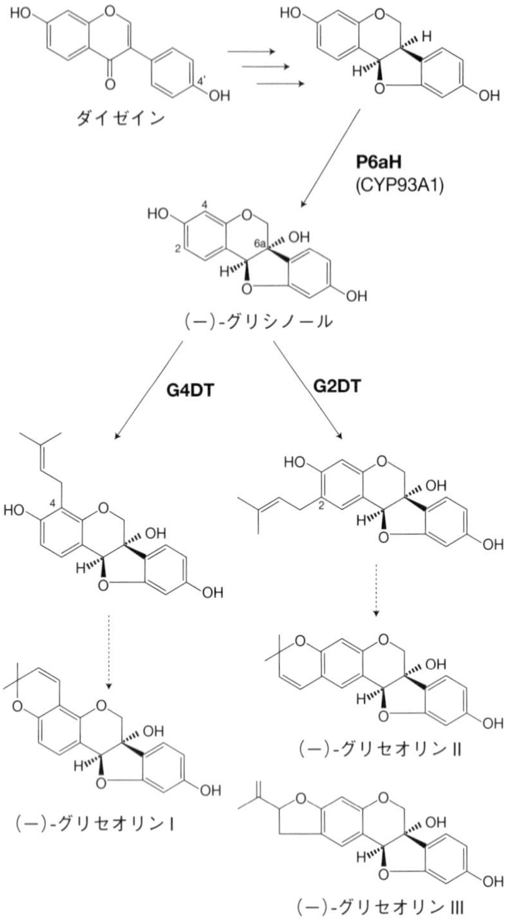

図 4-2-12 イソフラボノイドファイトアレキシンの生合成（2）
(−)-グリセオリン類

より環化して生合成が完成する。(−)-グリシノールにプレニル基のひとつのジメチルアリル dimethylallyl 基を置換して、(−)-グリセオリン I の直接の前駆体を生成する (−)-グリシノール 4-ジメチルアリル基転移酵素 (−)-glycinol 4-dimethylallyltransferase（G4DT）の cDNA が同定された（図 4-2-12）[59]。これは、矢崎らによるマメ科植物クララ Sophora flavescens のフラバノンへのプレニル基転移酵素が、トコフェロール合成系のホモゲンチジン酸 homogentisic acid のフィチル phytyl 基転移酵素のホモログであるとの情報に基づいて[60]、ダイズの EST から候

補遺伝子を選抜し，酵母発現系でのアッセイにより決定されたものである．

生化学的解析によって報告されていたとおり[61]，G4DTは植物二次代謝系酵素としては大変珍しい色素体局在性タンパク質であることが実証され，またプレニル構造は色素体特有のメチルエリスリトールリン酸 methylerythritol phosphate (MEP) 経路（非メバロン酸経路）の産物であることが明らかになった．

さらに最近，G4DTとともにダイズESTから得られたホモログから，位置特異性の異なるG2DTが同定された．これは(−)-グリセオリンIIおよびIIIの生合成に関与すると考えられる（図4-2-12）．なおクララ，ダイズ，ホワイトルーピン *Lupinus albus* などのマメ科植物から，抗菌性物質の生合成に関わるイソフラボンプレニル基転移酵素のcDNAが続々とクローニングされつつある．他のフラボノイドプレニル基転移酵素や，非マメ科植物ホップ *Humulus lupulus* の苦味成分生合成に関わる基質域の広いプレニル基転移酵素などとともに[62]，本転移酵素群の多様化過程は興味深い．

ダイズのファイトアレキシン合成で残された課題として，グリセオリン合成の最終段階の環化反応はP450によって行われるとされるので，その酵素の本体の同定が待たれる．またG4DT，G2DTの前の反応を行うP450が存在する小胞体と，G4DTが存在する色素体の間での，基質‐生成物の移動の機構も興味深い．

6) イソフラボン修飾系の酵素

a) ダイズのP450フラボノイド6-ヒドロキシラーゼ

ダイズ種子のイソフラボンアグリコンにはダイゼイン，ゲニステインに加え，グリシテイン glycitein（6-メトキシダイゼイン）が知られている．グリシテインの6位の酸素がどのように導入されるのかは不明であった．ダイズからクローニングされたP450（CYP71D9）はフラボノイド，特にフラバノンの6位をヒドロキシル化するがイソフラボンを基質としない[63]．しかしダイズIFSはCYP71D9反応産物の6-ヒドロキシリキリチゲニンを基質とすることから，グリシテイン生合成では，イソフラボン骨格形成以前に6位がヒドロキシル化され，6,7,4'-トリヒドロキシイソフラボン（デメチルグリシテイン）を経てこのイソフラボンがつくられることがわかった．

b) イソフラボン グリコシル基転移酵素，マロニル基転移酵素およびグリコシダーゼ

イソフラボンには，他のフラボノイドと同様にその配糖体やエステル体が液胞内に貯蔵されているものがある．ダイズではイソフラボンの7位に6-マロニルグルコースが結合した構造が主要なものである（図4-2-7）．病原菌感染や傷害など緊急

に防御物質が必要とされる時に，配糖体プールから生じたイソフラボンアグリコンがファイトアレキシンの原料として利用され，一次代謝からの合成系に合流するとの考えもある[64]。またプテロカルパン型のファイトアレキシンもマロニルグルコシル化される。

UDP-糖からイソフラボンへのグリコシル基転移酵素 UDP-glycosyltransferase (UGT) は，基質特異性の広い非特異的なものが知られていたが，吉川らにより，コガネバナ *Scutellaria baicalensis* のフラボノイド 7GT をプローブとして，カンゾウのイソフラボノイド特異的にその 7 位をグルコシル化する酵素の cDNA (UGT73F1) が新たにクローニングされた[65]。またダイズのイソフラボングルコシル基転移酵素（UGT88E3, UGT73F2）もクローニングされたが，UGT88E3 は，中山らによりダイズの根からの酵素タンパク質の精製に基づく方法で同定されたものである[66]。UGT73F1 と UGT73F2 は系統樹でクラスターをつくるが，UGT88E3 は離れており，カルコン 4'GT と近い。いずれも PSPG モチーフ（4.2.2-3）参照）をもつ UGT であるが，UGT88E3 タンパク質は他の UGT で触媒残基とされるヒスチジンを含む N 末部分が欠如しており，異なる触媒機構が想定される。さらにモデル植物タルウマゴヤシのトリテルペンやフラボノールとともに，イソフラボンを配糖化する UGT のタンパク質構造が解明されて反応特異性が議論され[67]，また EST 解析に基づいてイソフラボンやプテロカルパンに高い活性をもつものを含む，多くの UGT が同定されている[68]。

イソフラボノイド骨格形成機構の初期の研究に用いられた植物であるクズは（p.'386），イソフラボン *C*-グリコシドのプエラリン puerarin（ダイゼイン 8-*C*-グルコシド）を生産する。クズの根の EST ライブラリーから UGT を選抜し，IFS との共発現解析などによってイソフラボン系の酵素の絞り込みが試みられたが，*C*-グリコシル化を行う UGT は未同定である[69]。フラボンに対する *C*-グリコシル基転移酵素は最近明らかにされているので（4.2.1.-4）参照），プエラリン合成系も近いうちに解明が期待される。

イソフラボングルコシドに対するマロニル基転移酵素の cDNA が，ダイズやタルウマゴヤシから得られている[70,71]。これはマロニル CoA をドナーとする BAHD アシル基転移酵素 BAHD-acyltransferase とよばれるファミリーに属しており（4.2.2.-4）参照），タルウマゴヤシでは酵素が細胞質とともに核に局在する様子が示されている。さらにダイズからはイソフラボン配糖体とイソフラボンマロニル配糖体から遊離のイソフラボンを生成するグルコシダーゼが精製され，その cDNA がクローニングされた[72]。この酵素は主に根のアポプラスト apoplast に存在し，イソフラボンが分泌されて他生物に作用することとの関連で，興味がもたれている。

7) 非マメ科植物のイソフラボン生合成

マメ科以外に散在するイソフラボノイドは，どのように生合成され，どんな機能を持っているのだろうか。比較的多数のイソフラボン類を生産する植物に，単子葉植物のアヤメ科アヤメ属 *Iris* spp. がある。ジャーマンアイリス *Iris germanica* 不定根培養はイソフラボンの配糖体（イリジン iridin とイリステクトリン A iristectorin A）を蓄積し，化学的ストレス（$CuCl_2$ の添加）によって全イソフラボン量の増加と配糖体からアグリコン（イリゲニン irigenin = 5,7,3'-trihydroxy-6,4',5'-trimethoxyisoflavone とイリステクトリゲニン A iristectorigenin A = 5,7,3'-trihydroxy-6,4'-dimethoxyisoflavone）への変換が誘導されるので，有望な研究材料と考えられた[73]。

最近この材料の cDNA ライブラリーから，酵母発現系を用いた機能発現スクリーニング法により，フラバノンからイソフラボノイドを生成する酵素（Iris-IFS）の cDNA が同定された。Iris-IFS はマメ科の IFS と同じく P450 タンパク質で，酵素反応の副産物の解析より，反応機構も同じと考えられた。しかし，その配列はマメ科 IFS の属する CYP93C とは離れており，各種植物 P450 の系統樹解析から，進化の早い段階で CYP93C とは分岐したものと推定された。したがって，アヤメ属とマメ科で，異なる系統の P450 が，フラバノンの分子内アリール基転位という珍しい機能を独立に獲得したことが想定され，二次代謝における収斂進化の特異な例と考えられる[74]。反応に関わるアミノ酸残基など，今後の研究に期待がもたれる。

8) イソフラボノイド生合成系の調節，ゲノム学，代謝エンジニアリング

ダイズには2コピーの *IFS* 遺伝子が存在し，イソフラボンの器官特異的な蓄積との関連やエリシター処理や根粒菌接種に対するそれらの発現応答が解析されている。それぞれ特徴的，かつ一部重複する発現パターンを示すが，根粒菌に応答した *IFS1* の発現や胚での *IFS2* の高発現などが知られており，興味がもたれる。

Dhaubhadel らは，イソフラボン含量の異なるダイズ品種でのトランスクリプトーム transcriptome 解析により，ダイズの9個のカルコン合成酵素遺伝子のうち2種（*CHS7*，*CHS8*）が特にイソフラボン合成への関与が顕著であることを明らかにし，また *CHS8* の制御に関わる R1 MYB 型の転写因子の活性と細胞内局在が，リン酸化ポリペプチド結合タンパク質である 14-3-3 タンパク質との相互作用によって制御されることを見出した[75]。

モデルマメ科植物を用いたポストゲノム解析として，Dixon らは YE エリシターとジャスモン酸メチル methyl jasmonate（MJ）処理に応答したタルウマゴヤシ培養

細胞のトランスクリプトーム解析の結果を報告した[76]。病原菌（YE）が一次代謝からのファイトアレキシン合成を誘導し，また傷害（MJ）が液胞のイソフラボン配糖体からのアグリコンの放出とその後のファイトアレキシン合成を誘導することなどが示され，代謝系の変動の統合的な把握がなされている。他のモデル植物ミヤコグサでは，ゲノム中のイソフラボノイド系遺伝子の構成が明らかにされ，多くの遺伝子が多重遺伝子族を成し，しかもI型とII型のCHIで見られたように，染色体上にタンデムに集合した構成をもっていることが示された[77]。遺伝子重複が生合成の進化に寄与したことを示す事例である。最近Martinらは，ミヤコグサのゲノムデータから転写因子遺伝子を網羅的に探索し，エリシター処理した葉のトランスクリプトーム解析から，イソフラボノイドの生合成にはR2R3MYBサブグループ2およびそれに近縁なグループに属する複数の転写因子の協調的な作用が必要であることを示した[78]。

　IFSによる形質転換で非マメ科植物にイソフラボンをつくらせたり，マメ科植物のイソフラボン量を増やしたりする試みも行われている。導入されたIFSと他のフラボノイド生合成系が基質フラバノンを競合するので，フラボノール・アントシアニン系がブロックされたシロイヌナズナ tt6/tt3 変異体の利用や，トウモロコシ Zea mays のフェニルプロパノイド系促進にはたらく転写因子の共発現などの操作が行われている[79, 80]。酵素複合体がはたらいている可能性を考慮してIFSとCHIの融合タンパク質を発現させるといった試みもある[81]。

　また形質転換ミヤコグサ毛状根系でダイズのHIDをはたらかせ，本来の4'-メトキシイソフラボンとは異なるダイゼインをつくらせることができた[82]。一連の生合成系をセットとして微生物に導入して，植物代謝物を生産することも始められており，イソフラボン生産も試みられている。

　Yuらは，代謝エンジニアリングにより（イソ）フラボノイドのマメ科植物−根粒菌共生における機能に迫っている[83]。すなわち，IFSその他の生合成酵素をRNAiにより抑制したダイズやタルウマゴヤシの毛状根（コンポジットルート composite root）を用い，フラボノイドが根粒菌の nod 遺伝子を誘導するだけでなく，オーキシン輸送に干渉することを通じても共生に関与することを示している。

　植物病理学分野では既述のVanEttenがエンドウとその病原菌のファイトアレキシンをめぐる攻防を研究している。またGrahamはダイズイソフラボノイドの植物防御における機能を研究しており，最近のYuとのIFSやPKRのRNAi毛状根を利用した共同研究で，5-デオキシイソフラボノイドが直接的な抗菌物質としてはたらくばかりでなく，品種−病原菌レース特異的な抵抗反応のトリガーになる可能性を示し，注目される[84]。ミヤコグサへの共生根粒菌や植物成長促進微生物の着生に

よるイソフラボノイドファイトアレキシン生産の抑制や，宿主の異なる非共生根粒菌や寄生雑草の接触によるその生合成誘導といった，植物の巧妙な生態化学戦略も報告されている(85, 86)。

　以上イソフラボノイド生合成研究の流れを，当事者として関わった部分に重点をおいて解説した。マメ科のイソフラボンと主要なファイトアレキシンの骨格（プテロカルパン・イソフラバン）の生成過程，および基本的な修飾反応は，一部の経路を除いて，遺伝子レベルで解明された。今後はこれらの未解明部分の完成や，他のイソフラボノイド骨格（図4-2-6）の形成機構の解明が望まれる。酵素反応機構については，2種の酵素が関わる6'-デオキシカルコンの生成メカニズムや，IFSによるアリール基転位における活性部位アミノ酸残基の作用機構など，挑戦的な課題が残っている。また，生合成酵素とその産物や中間体の細胞内局在やオルガネラ間の輸送，タンパク質相互作用とメタボロンに関する問題など，他のフラボノイドと同様，未踏の領域が広がっている。

　イソフラボノイド生合成に関連する研究は，植物生態生理やストレス耐性の領域でも大きく発展しつつある。エリシターの認識とそのシグナル伝達系や植物の応答に関して，植物免疫の概念が導入され，動物の免疫応答と共通の基盤で研究が深化している。マメ科における自然免疫受容体と，根粒菌との共生ではたらく受容体の，進化的なつながりも明らかにされてきた。フラボノイドやイソフラボノイドの，植物の防御と共生や環境適応における役割や，ヒトに対する生理活性について，生化学的・遺伝学的な証拠も積み重なってきた。そして，将来期待される二次代謝産物の機能の究極的な分子レベルでの解明の基礎として，生合成過程の詳細な理解が不可欠なのである。

引用文献

(1) Veitch, N.C. 2009. Isoflavonoids of the Leguminosae. *Nat. Prod. Rep.* **26**, 776-802.
(2) Veitch, N.C. 2007. Isoflavonoids of the Leguminosae. *Nat. Prod. Rep.* **24**, 417-464.
(3) Dixon, R.A. 1999. Isoflavonoids: biochemistry, molecular biology, and biological functions. *In* Comprehensive Natural Products Chemistry. Volume 1. Polyketides and Other Secondary Metabolites Including Fatty Acids and Their Derivatives (ed. Sankawa, U.), Elsevier, Oxford. pp. 773-823.
(4) Lapcik, O. 2007. Isoflavonoids in non-leguminous taxa: a rarity or a rule? *Phytochemistry* **68**, 2909-2916.
(5) Mackova, Z., Koblovska, R., Lapcik, O. 2006. Distribution of isoflavonoids in non-leguminous taxa - an update. *Phytochemistry* **67**, 849-855.

(6) Aoki, T., Akashi, T., Ayabe, S. 2000. Flavonoids of leguminous plants: structure, biological activity, and biosynthesis. *J. Plant Res.* **113**, 475-488.
(7) Ayabe, S., Akashi, T., Aoki, T. 2002. Cloning of cDNAs encoding P450s in the flavonoid/isoflavonoid pathway from elicited leguminous cell cultures. *In* Methods in Enzymology, Vol. 357. Cytochrome P450, Part C (eds. Johnson, E.J., Waterman, M.R.), Academic Press, San Diego. pp. 360-369.
(8) Ayabe, S., Akashi, T. 2006. Cytochrome P450s in flavonoid metabolism. *Phytochem. Rev.* **5**, 271-282.
(9) 青木俊夫, 明石智義, 内山寛, 綾部真一 2009. マメ科特異的5-デオキシ型イソフラボノイド生合成遺伝子の解析からわかってきたこと. 植物の生長調節 **44**, 31-42.
(10) Ayabe, S., Uchiyama, H., Aoki, T., Akashi, T. 2010. Plant phenolics: phenylpropanoids. *In* Comprehensive Natural Products II: Chemistry and Biology, Volume 1: Natural Products Structural Diversity-I Secondary Metabolites: Organization and Biosynthesis (eds. Townsend, C., Ebizuka, Y.), Elsevier, Oxford. pp. 929-976.
(11) Kochs, G., Grisebach, H. 1986. Enzymic synthesis of isoflavones. *Eur. J. Biochem.* **155**, 311-318.
(12) Hashim, M.F., Hakamatsuka, T., Ebizuka, Y., Sankawa, U. 1990. Reaction mechanism of oxidative rearrangement of flavanone in isoflavone biosynthesis. *FEBS Lett.* **271**, 219-222.
(13) 武森重樹 2011. 生命をあやつる P450. 学会出版センター, 東京.
(14) Mizutani, M., Ohta, D., Sato, R. 1993. Purification and characterization of a cytochrome P450 (*trans*-cinnamic acid 4-hydroxylase) from etiolated mung bean seedlings. *Plant Cell Physiol.* **34**, 481-488.
(15) Bozak, K.R., Yu, H., Sirevag, R., Christoffersen, R.E. 1990. Sequence analysis of ripening-related cytochrome P-450 cDNAs from avocado fruit. *Proc. Natl. Acad. Sci., USA* **87**, 3904-3908.
(16) Kahn, R.A., Durst, F. 2000. Function and evolution of plant cytochrome P450. *In* Recent Advances in Phytochemistry, Vol. 34. Evolution of Metabolic Pathways (eds. Romeo, J.T., Ibrahim, R., Varin, L., De Luca, V.), Elsevier, Oxford. pp. 151-189.
(17) Mizutani, M., Ohta, D. 2010. Diversification of P450 genes during land plant evolution. *Annu. Rev. Plant Biol.* **61**, 291-315.
(18) 綾部真一 1989. カンゾウ培養細胞のフラボノイド生合成調節. 植物組織培養 **6**, 113-118.
(19) Otani, K., Takahashi, T., Furuya, T., Ayabe, S. 1994. Licodione synthase, a cytochrome P450 monooxygenase catalyzing 2-hydroxylation of 5-deoxyflavanone, in cultured *Glycyrrhiza echinata* L. cells. *Plant Physiol.* **105**, 1427-1432.
(20) Holton, T.A., Brugliera, F., Lester, D.R., Tanaka, Y., Hyland, C.D., Menting, J.G., Lu, C.Y., Farcy, E., Stevenson, T.W., Cornish, E.C. 1993. Cloning and expression of cytochrome P450 genes controlling flower colour. *Nature* **366**, 276-279.
(21) Akashi, T., Aoki, T., Ayabe, S. 1998. Identification of a cytochrome P450 cDNA encoding (2*S*)-flavanone 2-hydroxylase of licorice (*Glycyrrhiza echinata* L.; Fabaceae) which represents licodione synthase and flavone synthase II. *FEBS Lett.* **431**, 287-290.
(22) Akashi, T., Aoki, T., Ayabe, S. 1998. CYP81E1, a cytochrome P450 cDNA of licorice (*Glycyrrhiza echinata* L.), encodes isoflavone 2'-hydroxylase. *Biochem. Biophys. Res. Commun.* **251**, 67-70.
(23) Akashi, T., Aoki, T., Ayabe, S. 1999. Cloning and functional expression of a cytochrome P450 cDNA encoding 2-hydroxyisoflavanone synthase involved in biosynthesis of the isoflavonoid skeleton in licorice. *Plant Physiol.* **121**, 821-828.
(24) Steele, C.L., Gijzen, M., Qutob, D., Dixon, R.A. 1999. Molecular characterization of the enzyme catalyzing the aryl migration reaction of isoflavonoid biosynthesis in soybean. *Arch. Biochem. Biophys.* **367**, 146-150.

(25) Jung, W., Yu, O., Lau, S.M., O'Keefe, D.P., Odell, J., Fader, G., McGonigle, B. 2000. Identification and expression of isoflavone synthase, the key enzyme for biosynthesis of isoflavones in legumes. *Nature Biotechnol.* **18**, 208-212.
(26) Akashi, T., Fukuchi-Mizutani, M., Aoki, T., Ueyama, Y., Yonekura-Sakakibara, K., Tanaka, Y., Kusumi, T., Ayabe, S. 1999. Molecular cloning and biochemical characterization of a novel cytochrome P450, flavone synthase II, that catalyzes direct conversion of flavanones to flavones. *Plant Cell Physiol.* **40**, 1182-1186.
(27) Martens, S., Forkmann, G. 1999. Cloning and expression of flavone synthase II from *Gerbera* hybrids. *Plant J.* **20**, 611-618.
(28) Suzuki, G., Ohta, H., Kato, T., Igarashi, T., Sakai, F., Shibata, D., Takano, A., Masuda, T., Shioi, Y., Takamiya, K. 1996. Induction of a novel cytochrome P450 (CYP93 family) by methyl jasmonate in soybean suspension-cultured cells. *FEBS Lett.* **383**, 83-86.
(29) Schopfer, C.R., Kochs, G., Lottspeich, F., Ebel, J. 1998. Molecular characterization and functional expression of dihydroxypterocarpan 6a-hydroxylase, an enzyme specific for pterocarpanoid phytoalexin biosynthesis in soybean (*Glycine max* L.). *FEBS Lett.* **432**, 182-186.
(30) Shibuya, M., Hoshino, M., Katsube, Y., Hayashi, H., Kushiro, T., Ebizuka, Y. 2006. Identification of β-amyrin and sophoradiol 24-hydroxylase by expressed sequence tag mining and functional expression assay. *FEBS J.* **273**, 948-959.
(31) Sawada, Y., Kinoshita, K., Akashi, T., Aoki, T., Ayabe, S. 2002. Key amino acid residues required for aryl migration catalysed by the cytochrome P450 2-hydroxyisoflavanone synthase. *Plant J.* **31**, 555-564.
(32) Sawada, Y., Ayabe, S. 2005. Multiple mutagenesis of P450 isoflavonoid synthase reveals a key active-site residue. *Biochem. Biophys. Res. Commun.* **330**, 907-913.
(33) Hakamatsuka, T., Mori, K., Ishida, S., Ebizuka, Y., Sankawa, U. 1998. Purification of 2-hydroxyisoflavanone dehydratase from the cell cultures of *Pueraria lobata*. *Phytochemistry* **49**, 497-505.
(34) Liu, C.J., Dixon, R.A. 2001. Elicitor-induced association of isoflavone O-methyltransferase with endomembranes prevents the formation and 7-O-methylation of daidzein during isoflavonoid phytoalexin biosynthesis. *Plant Cell* **13**, 2643-2658.
(35) Burbulis, I.E., Winkel-Shirley, B. 1999. Interactions among enzymes of the *Arabidopsis* flavonoid biosynthetic pathway. *Proc. Natl. Acad. Sci., USA* **96**, 12929-12934.
(36) Akashi, T., Sawada, Y., Aoki, T., Ayabe, S. 2000. New scheme of the biosynthesis of formononetin involving 2,7,4'-trihydroxyisoflavanone but not daidzein as the methyl acceptor. *Biosci. Biotechnol. Biochem.* **64**, 2276-2279.
(37) Akashi, T., Sawada, Y., Shimada, N., Sakurai, N., Aoki, T., Ayabe, S. 2003. cDNA cloning and biochemical characterization of S-adenosyl-L-methionine: 2,7,4'-trihydroxyisoflavanone 4'-O-methyltransferase, a critical enzyme of the legume isoflavonoid phytoalexin pathway. *Plant Cell Physiol.* **44**, 103-112.
(38) Wu, Q., Preisig, C.L., VanEtten, H.D. 1997. Isolation of the cDNAs encoding (+)6a-hydroxymaackiain 3-O-methyltransferase, the terminal step for the synthesis of the phytoalexin pisatin in *Pisum sativum*. *Plant Mol. Biol.* **35**, 551-560.
(39) Akashi, T., Aoki, T., Ayabe, S. 2005. Molecular and biochemical characterization of 2-hydroxyisoflavanone dehydratase. Involvement of carboxylesterase-like proteins in leguminous isoflavone biosynthesis. *Plant Physiol.* **137**, 882-891.
(40) Ueguchi-Tanaka, M., Ashikari, M., Nakajima, M., Itoh, H., Katoh, E., Kobayashi, M., Chow, T.Y., Hsing, Y.I., Kitano, H., Yamaguchi, I., Matsuoka, M. 2005. *GIBBERELLIN INSENSITIVE DWARF1* encodes a soluble receptor for gibberellin. *Nature* **437**, 693-698.
(41) Murase, K., Hirano, Y., Sun, T.-p., Hakoshima, T. 2008. Gibberellin-induced DELLA

recognition by the gibberellin receptor GID1. *Nature* **456**, 459-464.
(42) Shimada, A., Ueguchi-Tanaka, M., Nakatsu, T., Nakajima, M., Naoe, Y., Ohmiya, H., Kato, H., Matsuoka, M. 2008. Structural basis for gibberellin recognition by its receptor GID1. *Nature* **456**, 520-523.
(43) Nomura, T., Ogita, S., Kato, Y. 2012. A novel lactone-forming carboxylesterase: molecular identification of a tuliposide A-converting enzyme in tulip. *Plant Physiol.* **159**, 565-578.
(44) Tahara, S., Ibrahim, R.K. 1995. Prenylated isoflavonoids - an update. *Phytochemistry* **38**, 1073-1094.
(45) Ayabe, S., Udagawa, A., Furuya, T. 1988. NAD (P) H-dependent 6'-deoxychalcone synthase activity in *Glycyrrhiza echinata* cells induced by yeast extract. *Arch. Biochem. Biophys.* **261**, 458-462.
(46) Welle, R., Schröder, G., Schiltz, E., Grisebach, H., Schröder, J. 1991. Induced plant responses to pathogen attack. Analysis and heterologous expression of the key enzyme in the biosynthesis of phytoalexins in soybean (*Glycine max* L. Merr. cv. Harosoy 63). *Eur. J. Biochem.* **196**, 423-430.
(47) Bomati, E.K., Austin, M.B., Bowman, M.E., Dixon, R.A., Noel, J.P. 2005. Structural elucidation of chalcone reductase and implications for deoxychalcone biosynthesis. *J. Biol. Chem.* **280**, 30496-30503.
(48) Shimada, N., Aoki, T., Sato, S., Nakamura, Y., Tabata, S., Ayabe, S. 2003. A cluster of genes encodes the two types of chalcone isomerase involved in the biosynthesis of general flavonoids and legume-specific 5-deoxy(iso)flavonoids in *Lotus japonicus*. *Plant Physiol.* **131**, 941-951.
(49) Ralston, L., Subramanian, S., Matsuno, M., Yu, O. 2005. Partial reconstruction of flavonoid and isoflavonoid biosynthesis in yeast using soybean type I and type II chalcone isomerases. *Plant Physiol.* **137**, 1375-1388.
(50) Guo, L., Dixon, R.A., Paiva, N.L. 1994. The 'pterocarpan synthase' of alfalfa: association and co-induction of vestitone reductase and 7,2'-dihydroxy-4'-methoxy-isoflavanol (DMI) dehydratase, the two final enzymes in medicarpin biosynthesis. *FEBS Lett.* **356**, 221-225.
(51) Liu, C.-J., Huhman, D., Sumner, L.W., Dixon, R.A. 2003. Regiospecific hydroxylation of isoflavones by cytochrome P450 81E enzymes from *Medicago truncatula*. *Plant J.* **36**, 471-484.
(52) Paiva, N.L., Sun, Y., Dixon, R.A., VanEtten, H.D., Hrazdina, G. 1994. Molecular cloning of isoflavone reductase from pea (*Pisum sativum* L.): evidence for a 3R-isoflavanone intermediate in (+)-pisatin biosynthesis. *Arch. Biochem. Biophys.* **312**, 501-510.
(53) DiCenzo, G.L., VanEtten, H.D. 2006. Studies on the late steps of (+) pisatin biosynthesis: evidence for (−) enantiomeric intermediates. *Phytochemistry* **67**, 675-683.
(54) Kaimoyo, E., VanEtten, H.D. 2008. Inactivation of pea genes by RNAi supports the involvement of two similar O-methyltransferases in the biosynthesis of (+)-pisatin and of chiral intermediates with a configuration opposite that found in (+)-pisatin. *Phytochemistry* **69**, 76-87.
(55) Deavours, B.E., Liu, C.J., Naoumkina, M.A., Tang, Y., Farag, M.A., Sumner, L.W., Noel, J.P., Dixon, R.A. 2006. Functional analysis of members of the isoflavone and isoflavanone O-methyltransferase enzyme families from the model legume *Medicago truncatula*. *Plant Mol. Biol.* **62**, 715-733.
(56) Liu, C.J., Deavours, B.E., Richard, S.B., Ferrer, J.L., Blount, J.W., Huhman, D., Dixon, R.A., Noel, J.P. 2006. Structural basis for dual functionality of isoflavonoid O-methyltransferases in the evolution of plant defense responses. *Plant Cell* **18**, 3656-3669.
(57) Akashi, T., VanEtten, H.D., Sawada, Y., Wasmann, C.C., Uchiyama, H., Ayabe, S. 2006. Catalytic specificity of pea O-methyltransferases suggests gene duplication for (+)-pisatin

biosynthesis. *Phytochemistry* **67**, 2525-2530.
(58) Akashi, T., Koshimizu, S., Aoki, T., Ayabe, S. 2006. Identification of cDNAs encoding pterocarpan reductase involved in isoflavan phytoalexin biosynthesis in *Lotus japonicus* by EST mining. *FEBS Lett.* **580**, 5666-5670.
(59) Akashi, T., Sasaki, K., Aoki, T., Ayabe, S., Yazaki, K. 2009. Molecular cloning and characterization of a cDNA for pterocarpan 4-dimethylallyltransferase catalyzing the key prenylation step in the biosynthesis of glyceollin, a soybean phytoalexin. *Plant Physiol.* **149**, 683-693.
(60) Sasaki, K., Mito, K., Ohara, K., Yamamoto, H., Yazaki, K. 2008. Cloning and characterization of naringenin 8-prenyltransferase, a flavonoid-specific prenyltransferase of *Sophora flavescens*. *Plant Physiol.* **146**, 1075-1084.
(61) Biggs, D.R., Welle, R., Grisebach, H. 1990. Intracellular-localization of prenyltransferases of isoflavonoid phytoalexin biosynthesis in bean and soybean. *Planta* **181**, 244-248.
(62) Tsurumaru, Y., Sasaki, K., Miyawaki, T., Uto, Y., Momma, T., Umemoto, N., Momose, M., Yazaki, K. 2012. HIPT-1, a membrane-bound prenyltransferase responsible for the biosynthesis of bitter acids in hops. *Biochem. Biophys. Res. Commun.* **417**, 393-398.
(63) Latunde-Dada, A.O., Cabello-Hurtado, F., Czittrich, N., Didierjean, L., Schopfer, C., Hertkorn, N., Werck-Reichhart, D., Ebel, J. 2001. Flavonoid 6-hydroxylase from soybean (*Glycine max* L.), a novel plant P-450 monooxygenase. *J. Biol. Chem.* **276**, 1688-1695.
(64) Barz, W., Welle, R. 1992. Biosynthesis and metabolism of isoflavones and pterocarpan phytoalexins in chickpea, soybean and phytopathogenic fungi. *In* Recent Advances in Phytochemistry, Vol. 26. Phenolic Metabolism in Plants (eds. Stafford, H.A., Ibrahim, R.K.), Plenum Press, New York. pp. 139-164.
(65) Nagashima, S., Inagaki, R., Kubo, A., Hirotani, M., Yoshikawa, T. 2004. cDNA cloning and expression of isoflavonoid-specific glucosyltransferase from *Glycyrrhiza echinata* cell-suspension cultures. *Planta* **218**, 456-459.
(66) Noguchi, A., Saito, A., Homma, Y., Nakao, M., Sasaki, N., Nishino, T., Takahashi, S., Nakayama, T. 2007. A UDP-glucose: isoflavone 7-*O*-glucosyltransferase from the roots of soybean (*Glycine max*) seedlings. Purification, gene cloning, phylogenetics, and an implication for an alternative strategy of enzyme catalysis. *J. Biol. Chem.* **282**, 23581-23590.
(67) Shao, H., He, X., Achnine, L., Blount, J.W., Dixon, R.A., Wang, X. 2005. Crystal structures of a multifunctional triterpene/flavonoid glycosyltransferase from *Medicago truncatula*. *Plant Cell* **17**, 3141-3154.
(68) Modolo, L.V., Blount, J.W., Achnine, L., Naoumkina, M.A., Wang, X., Dixon, R.A. 2007. A functional genomics approach to (iso)flavonoid glycosylation in the model legume *Medicago truncatula*. *Plant Mol. Biol.* **64**, 499-518.
(69) He, X., Bount, J.W., Ge, S., Tang, Y., Dixon, R.A. 2011. A genomic approach to isoflavone biosynthesis in kudzu (*Pueraria lobata*). *Planta* **233**, 843-855.
(70) Suzuki, H., Nishino, T., Nakayama, T. 2007. cDNA cloning of a BAHD acyltransferase from soybean (*Glycine max*): isoflavone 7-*O*-glucoside-6"-*O*-malonyltransferase. *Phytochemistry* **68**, 2035-2042.
(71) Yu, X.H., Chen, M.H., Liu, C.J. 2008. Nucleocytoplasmic-localized acyltransferases catalyze the malonylation of 7-*O*-glycosidic (iso) flavones in *Medicago truncatula*. *Plant J.* **55**, 382-396.
(72) Suzuki, H., Takahashi, S., Watanabe, R., Fukushima, Y., Fujita, N., Noguchi, A., Yokoyama, R., Nishitani, K., Nishino, T., Nakayama, T. 2006. An isoflavone conjugate-hydrolyzing β-glucosidase from the roots of soybean (*Glycine max*) seedlings: purification, gene cloning, phylogenetics, and cellular localization. *J. Biol. Chem.* **281**, 30251-30259.
(73) Akashi, T., Ishizaki, M., Aoki, T., Ayabe, S. 2005. Isoflavonoid production by adventitious-root

cultures of *Iris germanica* (Iridaceae). *Plant Biotechnol.* **22**, 207-215.
(74) Pichersky, E., Lewinsohn, E. 2011. Convergent evolution in plant specialized metabolism. *Annu. Rev. Plant Biol.* **62**, 549-566.
(75) Li, X., Chen, L., Dhaubhadel, S. 2012. 14-3-3 proteins regulate the intracellular localization of the transcriptional activator GmMYB176 and affect isoflavonoid synthesis in soybean. *Plant J.* **71**, 239-250.
(76) Naoumkina, M., Farag, M.A., Sumner, L.W., Tang, Y., Liu, C.J., Dixon, R.A. 2007. Different mechanisms for phytoalexin induction by pathogen and wound signals in *Medicago truncatula*. *Proc. Natl. Acad. Sci., USA* **104**, 17909-17915.
(77) Shimada, N., Sato, S., Akashi, T., Nakamura, Y., Tabata, S., Ayabe, S., Aoki, T. 2007. Genome-wide analyses of the structural gene families involved in the legume-specific 5-deoxyisoflavonoid biosynthesis of *Lotus japonicus*. *DNA Res.* **14**, 25-36.
(78) Shelton, D., Stranne, M., Mikkelsen, L., Pakseresht, N., Welham, T., Hiraka, H., Tabata, S., Sato, S., Paquette, S., Wang, T.L., Martin, C., Bailey, P. 2012. Transcription factors of *Lotus*: regulation of isoflavonoid biosynthesis requires coordinated changes in transcription factor activity. *Plant Physiol.* **159**, 531-547.
(79) Liu, C.J., Blount, J.W., Steele, C.L., Dixon, R.A. 2002. Bottlenecks for metabolic engineering of isoflavone glycoconjugates in *Arabidopsis*. *Proc. Natl. Acad. Sci., USA* **99**, 14578-14583.
(80) Yu, O., Shi, J., Hession, A.O., Maxwell, C.A., McGonigle, B., Odell, J.T. 2003. Metabolic engineering to increase isoflavone biosynthesis in soybean seed. *Phytochemistry* **63**, 753-763.
(81) Tian, L., Dixon, R.A. 2006. Engineering isoflavone metabolism with an artificial bifunctional enzyme. *Planta* **224**, 496-507.
(82) Shimamura, M., Akashi, T., Sakurai, N., Suzuki, H., Saito, K., Shibata, D., Ayabe, S., Aoki, T. 2007. 2-Hydroxyisoflavanone dehydratase is a critical determinant of isoflavone productivity in hairy root cultures of *Lotus japonicus*. *Plant Cell Physiol.* **48**, 1652-1657.
(83) Subramanian, S., Stacey, G., Yu, O. 2007. Distinct, crucial roles of flavonoids during legume nodulation. *Trends Plant Sci.* **7**, 282-285.
(84) Graham, T.L., Graham, M.Y., Subramanian, S., Yu, O. 2007. RNAi silencing of genes for elicitation or biosynthesis of 5-deoxyisoflavonoids suppresses race-specific resistance and hypersensitive cell death in *Phytophthora sojae* infected tissues. *Plant Physiol.* **144**, 728-740.
(85) Masunaka, A., Hyakumachi, M., Takenaka, S. 2011. Plant growth-promoting fungus, *Trichoderma koningi* suppresses isoflavonoid phytoalexin vestitol production for colonization on/in the roots of *Lotus japonicus*. *Microbes Environ.* **26**, 128-134.
(86) Ueda, H., Sugimoto, Y. 2010. Vestitol as a chemical barrier against intrusion of parasitic plant *Striga hermonthica* into *Lotus japonicus* roots. *Biosci. Biotechnol. Biochem.* **74**, 1662-1667.

4.3. ベタレインの生合成
4.3.1. ベタレイン生合成とその調節[*]
1）トレーサー実験による生合成研究

高等植物の花，果皮，紅葉などに見られる赤色の多くはアントシアニンによって発色されているのに対し，ナデシコ科とザクロソウ科を除くナデシコ目植物においてはその赤色はベタシアニンによって発色されている。アントシアニンとベタシアニンが同一植物に共存する例は報告されておらず，高等植物における両赤色色素の分布は互いに排他的である。ベタシアニンは，アントシアニンとは異なり，その分子中に窒素を含むことから，古くは含窒素アントシアニン nitrogenous anthocyanin と呼ばれていた[1,2]。ベタシアニンは，同じくナデシコ目特有の黄色色素であるベタキサンチンとともにベタレインと総称され，その分子中のベタラミン酸部分が基本骨格（共通部分）となっている（図4-3-1）。

ベタシアニンはジヒドロインドール dihydroindole（シクロドーパ）部分とジヒドロピリジン dihydropyridine（ベタラミン酸）部分のインモニウムコンジュゲート immonium conjugate である。これに対し，ベタキサンチンはジヒドロインドール部分が種々のアミノ酸，アミンに置換された構造をとっており，これにより色調も赤から黄色に変化する。ベタシアニンは15位の立体異性であるベタニンとイソベタニンの2種のアグリコンがあり，5位と6位のヒドロキシ基の配糖化（グリコシル化）とそれに引き続くアシル化により多様な分子種が存在する（3.5参照）。

アントシアニンをはじめとするフラボノイドの生合成は，二次代謝の中でも最も研究が進んでおり，合成系の酵素群に関してはほぼその全容が明らかにされ，近年においてはこれらの遺伝子の転写調節の詳細にいたるまで研究が進められている（4.2参照）。これに対し，ベタレインの生合成に関しては，近年いくつかの酵素の実態が明らかにされてきてはいるものの，基本的にはトレーサー実験にもとづき推定された生合成系という域を出ないものである。1960年代後半から70年代にかけて行われた，^{14}Cを用いたトレーサー実験により，ベタレインはチロシンからドーパを経て生合成されることが明らかにされた[3,4]（図4-3-2）。

さらに，ベタレインの中間産物であるベタラミン酸，およびベタシアニンの構成要素であるシクロドーパは，いずれもドーパより合成されることが示された。このうち，ベタラミン酸はドーパの4位と5位の炭素間の開環（エクストラジオール型開環）後，3位の炭素と窒素が結合することにより形成されることが，^{14}Cと^{3}H

---

[*] 執筆：作田正明　Masaaki Sakuta

R₁=R₂=H　ベタニジン
R₁=グルコシル　R₂=H　ベタニン
R₁=グルクロン酸-グルコシル　R₂=H　アマランチン
R₁=マロニル-グルコシル　R₂=H　フィロカクチン
R₁=フェルロイル-グルコシル　R₂=H　ランブランチンⅡ
R₁=H　R₂=グルコシル　ゴムフレニンⅠ

ベタシアニン

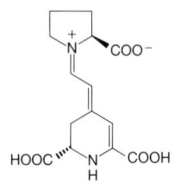

ドーパキサンチン　　ベタキサンチン　　インディカキサンチン

図 4-3-1　ベタレインの構造

でダブルラベルした標識化合物を用いた実験によって明らかにされた[5]。このベタラミン酸が，アミノ酸，アミンと縮合することにより種々のベタキサンチンが合成される（図4-3-1）。一方，ドーパからドーパキノンを経て合成されるシクロドーパは，ベタラミン酸と縮合してベタシアニンのアグリコンであるベタニジンを形成する。ベタラミン酸とアミノ酸，アミン，シクロドーパとの縮合は非酵素的に起こると推定されている[6,7]。

ベタシアニンは通常配糖体として液胞に蓄積されるが，配糖化のステップに関しては，ベタニジンが配糖化されベタシアニンが生成されるという報告と[8,9]，シクロドーパが配糖化された後，ベタラミン酸との縮合によりベタシアニンが生成されるという報告[10〜13]の両者がある。

2) チロシンのヒドロキシル化

ベタシアニン生合成に関する研究は，四半世紀にわたり，トレーサー実験を中心として展開されてきたが，1990年代に入り，ようやく生合成に関与する酵素の実

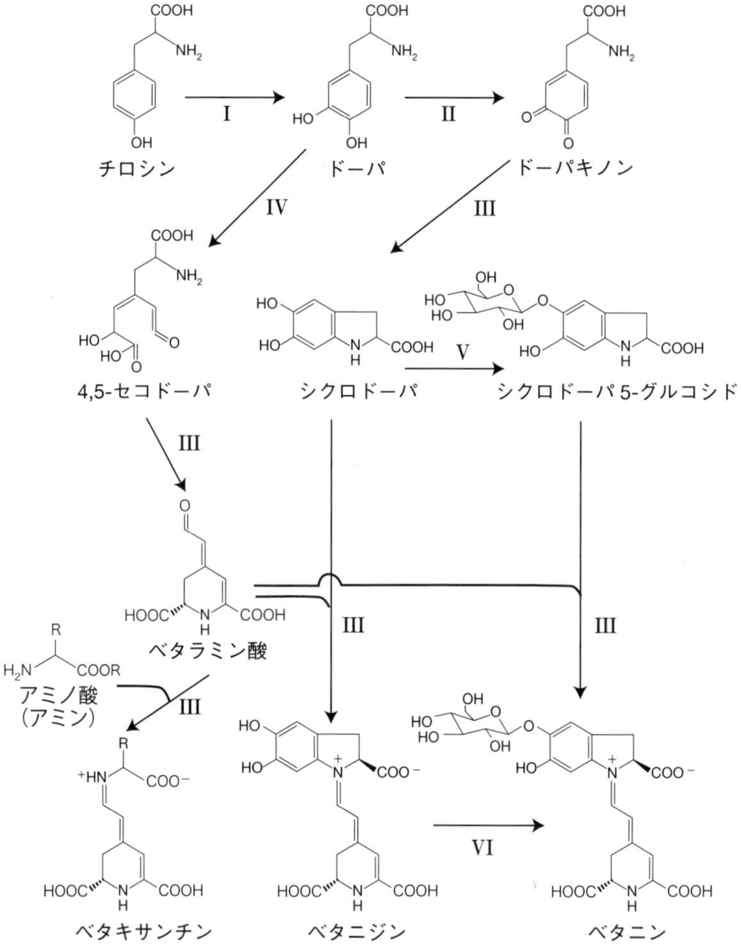

I　チロシンヒドロキシラーゼ　　II　フェノールオキシダーゼ
III　非酵素的自発反応　　　　　　IV　ドーパ 4,5-ジオキシゲナーゼ
V　シクロドーパ 5-グルコシル転移酵素
VI　ベタニジン 5-グルコシル転移酵素

図 4-3-2　ベタレイン合成系

態が明らかにされてきた。多くの二次代謝産物は，一次代謝の中間産物やアミノ酸などから派生する代謝産物として位置づけることができるが，その入り口となる初発段階が生合成の調節にかかわっている場合が多い。たとえばアントシアニンは，フェニルアラニンからフェニルプロパノイド経路，フラボノイド経路により合成さ

れるが、アントシアニンの合成、蓄積に先立ってフェニルプロパノイド経路の鍵酵素である PAL、フラボノイド経路の鍵酵素である CHS が誘導される（4.2 参照）。

　ベタシアニン合成においても、前駆物質であるチロシンからドーパへのヒドロキシル化とベタレインの共通骨格であるベタラミン酸を合成するステップの両者が、ベタシアニン合成のキーステップとして注目されており、このうち最初のチロシンのヒドロキシル化にはチロシナーゼ tyrosinase が関与していると考えられている[14, 15]。チロシナーゼは、チロシンからドーパへのヒドロキシル化反応とドーパからドーパキノンへの酸化反応（図 4-3-2, I および II）の両者を触媒する二元機能性酵素 bifunctional enzyme である[16]。チロシナーゼの生成物であるドーパキノンは非酵素的に閉環して、ベタシアニン合成の前駆体であるシクロドーパが生成されると考えられている[7]。

　一方、ベタレイン分子に共通するベタラミン酸部分は、ドーパのエクストラジオール型開環により生成されるが（図 4-3-2, IV）、チロシナーゼによる 2 段階の反応でチロシンから速やかにドーパキノンが生成されるとすると、ベタラミン酸合成に必要なドーパはどこから供給されるのかという問題が生じる。これに対し、チロシンのヒドロキシル化とドーパの酸化はそれぞれ独立した酵素（チロシンヒドロキシラーゼ tyrosine hydroxylase とポリフェノールオキシダーゼ polyphenol oxidase）により触媒されるという考えがある。

　動物においてドーパはメラニンや神経伝達物質であるドーパミン dopamine、およびノルアドレナリン noradrenalin 合成の前駆物質であり、ドーパ代謝に関しては多くの研究がなされ、チロシナーゼのほかにチロシンヒドロキシラーゼ、ドーパオキシダーゼ dopa oxydase の関与が明らかにされている。チロシナーゼはカテコールオキシダーゼ cathecol oxydase とも呼ばれ、モノフェノールモノオキシゲナーゼ活性をもち、モノフェノールを基質として、これを O-ジフェノール（カテコール）に変換した後、さらに酸化し O-キノン（ベンゾキノン）を生成する。

　動物のカテコールオキシダーゼは、種々のカテコール誘導体を基質とするが、中でもチロシン、ドーパに対して高い活性を示すためチロシナーゼの別名がある。これに対し、チロシンヒドロキシラーゼは、チロシンからドーパを生成し、生成されたドーパはそれ以上酸化されず、安定である。動物のカテコールアミン含有細胞では、ドーパがデカルボキシラーゼによりドーパミンに変換される。

　このような動物細胞におけるドーパ代謝と比較すると、植物においてもチロシナーゼのほかにチロシンヒドロキシラーゼ、ドーパオキシダーゼ（ポリフェノールオキシダーゼ）が存在、機能している可能性は高い。実際、ハッショウマメ *Mucuna pruriens*（=*Stizolobium hassjoo*）、ソラマメ *Vicia faba* などにおいてはドー

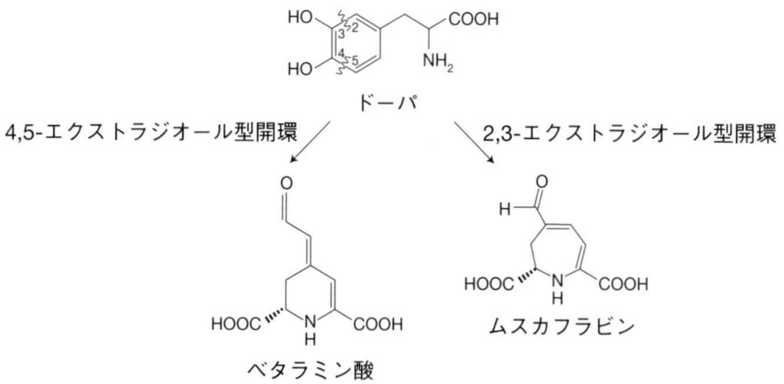

図 4-3-3　ドーパのエクストラジオール型開環

パ蓄積が見られ，ハッショウマメにおいて，その含量は5％レベルに達する。こういった事実は高等植物においてもチロシナーゼとは別にチロシンヒドロキシラーゼが存在することを示唆している。ベタレイン生合成において，チロシンヒドロキシラーゼとポリフェノールオキシダーゼが，チロシンのヒドロキシル化とドーパの酸化をそれぞれ担っていると考えると，中間産物であるベタラミン酸の合成が矛盾なく説明できる。

こういった観点からすると，高等植物において初めて確認されたマツバボタン培養細胞におけるチロシンヒドロキシラーゼの存在は[17]，ベタレイン合成の初期過程を解明するうえで注目される。

3）ベタラミン酸の合成

すべてのベタレイン合成に共通な中間産物であるベタラミン酸は，ドーパの4位と5位の炭素間の開環後，3位の炭素と窒素が結合することにより形成される。このドーパの開環を触媒するのがドーパ 4,5-ジオキシゲナーゼ dopa 4,5-dioxygenase である。ドーパジオキシゲナーゼは菌類のベニテングダケで初めて報告されたが[18]，このドーパジオキシゲナーゼはドーパの2，3および4，5の炭素間をそれぞれ開環し，2，3の炭素間の開環ではムスカフラビン，4，5の炭素間の開環ではベタラミン酸が形成されることが後に明らかにされた[19,20]（図 4-3-3）。

このうちムスカフラビンは，菌類に特有な色素で高等植物には見られないことから，ドーパの2，3および4，5の炭素間をそれぞれ開環するベニテングダケのドーパジオキシゲナーゼは，高等植物のドーパジオキシゲナーゼとは性質を異にする別の酵素であることがわかった[21]。ハッショウマメでは，同じくドーパのエクストラジオール型開環により，2，3の炭素間の開環ではスチゾロビニン酸 stizolobinic acid, 4, 5 の炭素間の開環ではスチゾロビン酸 stizolobic acid が形成されるが⁽²²⁾、これらの反応はスチゾロビニン酸合成酵素、スチゾロビン酸合成酵素といったそれぞれ別の酵素により触媒される⁽²³⁾。

高等植物のベタレイン生成に関与するドーパ 4,5-ジオキシゲナーゼの存在は、2004 年スイスのグループによるマツバボタン *Portulaca grandiflora* を用いた遺伝学的相補実験により初めて示された⁽²⁴⁾。彼らは、マツバボタンの花色に関する遺伝系列から cDNA サブトラクションにより、ドーパ 4,5-ジオキシゲナーゼの候補となる cDNA を単離した。これらをマツバボタンのドーパ 4,5-ジオキシゲナーゼ欠損系列である白花にパーティクルガンにより導入し、遺伝子が導入された細胞でベタシアニンの合成、蓄積を確認することにより、ドーパ 4,5-ジオキシゲナーゼ cDNA を同定した。このドーパ 4,5-ジオキシゲナーゼ遺伝子のホモログは、ナデシコ目植物のみならず、高等植物の広い範囲に分布するが、ベタレインを生成するナデシコ目植物のドーパ 4,5-ジオキシゲナーゼには、共通の保存配列が見られる⁽²⁴⁾。

最近、佐々木らはオシロイバナのドーパ 4,5-ジオキシゲナーゼ組換えタンパク質が、ドーパをベタラミン酸に変換することを *in vitro* で示し⁽²⁵⁾、さらにベタレインを合成しない植物より得た、ドーパ 4,5-ジオキシゲナーゼホモログより調整した組換えタンパク質でも *in vitro* で活性が検出されることを報告している⁽²⁶⁾。

また、ベタレインを生成するヨウシュヤマゴボウでは、機能が異なる複数のドーパ 4,5-ジオキシゲナーゼホモログが存在することが明らかにされている⁽²⁷⁾。これらは代謝の分子進化という観点からきわめて興味深い事実であるが、これらすべてを統括できるような説明は今のところ得られておらず、今後のさらなる研究の展開が期待される。

4) 配糖化

ベタシアニンは、通常配糖体の形で液胞に蓄積されるが、生合成の異なるステップ、すなわちベタニジンレベルおよびシクロドーパレベルそれぞれにおける配糖化が報告されている。前者は、フラボノイドなどにも見られるアグリコンの配糖化に相当するもので、部位特異的な 2 つの配糖化酵素 UDP-グルコース：ベタニジン 5-および 6-グルコシル転移酵素がリビングストーンデージー *Dorotheanthus bellidiformis* の培養細胞より単離精製されている[9]。これらのグルコシルトランスフェラーゼは、配糖化するヒドロキシ基の部位に関しては特異性を示す一方で、ベタシアニンのみならずフラボノールやアントシアニジンの配糖化をも触媒することが報告されている[27,28]。

これに対して、アマランチン amaranthin 合成においては、ベタニジンよりもシ

クロドーパ 5-グルコシドの方がより効果的な前駆物質であることが，ケイトウの芽生えを用いた投与実験により示されている[29]。また，ビートでは，シクロドーパ 5-グルコシドの蓄積が確認されている[10, 30]。さらに最近では，ベタレインを合成するいくつかの植物から，シクロドーパ 5-グルコシル転移酵素の活性が検出され[11]，さらにシクロドーパ 5-グルコシル転移酵素 cDNA が，オシロイバナとケイトウから単離されている[13]。

オシロイバナの赤色花被の発達にともなうシクロドーパ 5-グルコシル転移酵素遺伝子の発現パターンと酵素活性の変動は一致する。またケイトウからは，シクロドーパ 5-グルクロノシルトランスフェラーゼ活性も検出されており，これはグルクロン酸の付加もシクロドーパ レベルで起こることを示している[12]。こういった一連の報告は，ベタシアニンの配糖化には 2 つのルートが存在することを示唆している。どちらのルートがベタシアニン生合成における主要経路であるのか，もしくは植物種により合成経路の違いがあるのか，今後の研究に期待するところが大きい。

5) 生合成の制御要因

ベタレインの生合成は，ほかの二次代謝産物の生合成の場合と同様に，種々の環境要因によって制御される。中でもフィトクロムを介した赤色光 / 近赤外光の可逆反応によるベタシアニン生合成の制御に関しては多くの研究がある[31~35]。植物の成長調節物質もベタシアニンの生合成に影響するが，そのなかでもよく知られているのがサイトカイニンによるベタシアニン合成の制御である[1]。ハゲイトウの黄化芽生えに暗所でサイトカイニンを投与するとベタシアニン合成が誘導され[36]，子葉下部の表皮および上胚軸の内皮に特異的にベタシアニンの蓄積が見られる[37]。さらに，カイネチンと光の相互作用によるベタシアニン合成の促進に関しては詳細な解析がなされている[38~40]。

こういった知見をもとに，ハゲイトウの芽生えにおけるベタシアニン合成を指標とした，サイトカイニンのバイオアッセイ系が確立され[41]，種々の生理条件がアッセイにおよぼす影響についても検討がなされている[34, 42~44]。

サイトカイニン以外の植物成長調節物質もベタシアニン合成に大きな影響をおよぼす。ヨウシュヤマゴボウ懸濁培養細胞では 2,4-D（5 μM）はベタシアニン蓄積を著しく促進する[45]のに対し，ビートのカルスにおけるベタシアニン蓄積は，2,4-D により阻害される[46]。一方，同じく合成オーキシンである NAA（1 ppm）は，マツバボタンのカルスにおけるベタシアニン蓄積を促進する。これに対し，ジベレリン，アブシジン酸はベタシアニン蓄積を抑制することが，ハゲイトウの芽生え[47~49]やヨウシュヤマゴボウ懸濁培養細胞において報告されている[50]。

このように，ベタシアニン合成を制御する生理的要因に関しては，多くの研究がなされてきてはいるが，生合成系遺伝子の転写制御，さらには情報伝達機構といった分子レベルでの研究は皆無というのが現状である。これは生合成系の分子生物学的研究の立ち遅れに起因するものであり，近い将来合成系の酵素，およびこれをコードする遺伝子群の全容が明らかにされた時点で，ベタレイン生合成の制御に関する分子レベルでの研究が飛躍的に進展することが予測され，新たな展開が期待される。

4.3.2. ベタレインとアントシアニンの排他的な分布*

高等植物の花，果実，葉，根などに含まれる赤から紫，青色の色はそのほとんどがフラボノイドの一種であるアントシアニンにより発色されている。アントシアニンはシダ植物以上の高等植物に広く分布するが，ナデシコ科とザクロソウ科を除くナデシコ目植物では，アントシアニンは存在せず，フラボノイドとは，構造の異なる色素ベタレインが発色源となっている（図4-3-4）。ベタレインはベニテングタケなど，菌類の一部にも存在するが，高等植物では，ナデシコ目植物だけにしか存在しない。ベタレインを合成するサボテン科植物43属259種の花や果実の色素成分が分析されているが，赤から赤紫色の色素はすべてベタシアニンで，アントシアニンは検出されていない[51]。両赤色色素が同一植物に共存する例は現在にいたるまで報告されておらず，植物界における両者の分布は互いに排他的である[52]。

このようなアントシアニンとベタレインの植物界における排他的な分布は，植物の化学分類という面から古くより注目されているが，この事実に対する「なぜ」という問いに対してはまったく答えがなく，ミステリーとさえいわれている[53~55]。本項では，高等植物に普遍的に存在するアントシアニンがナデシコ目植物ではなぜ合成されないのか，という問題に関する分子生物学的側面からのアプローチを紹介し，植物の二次代謝の多様性と進化という観点から，アントシアニン合成の分子進化について述べる。

1) ナデシコ目植物におけるフラボノイド合成

ナデシコ目植物は，サボテン，オシロイバナ，ケイトウ，ビート，ホウレンソウ，ヨウシュヤマゴボウ，カーネーション，ナデシコなど広範囲の植物を含み，高等植物の中でも大きな分類群の1つである。ナデシコ目はかつて中心子目と呼ばれており，独立中心胎座という子房構造に特徴が見られる植物群である（図4-3-4）。しかし，ナデシコ目植物の11科のうち，カーネーションやカワラナデシコ *Dianthus*

---

*執筆：嶋田勢津子・作田正明　Setsuko Shimada and Masaaki Sakuta

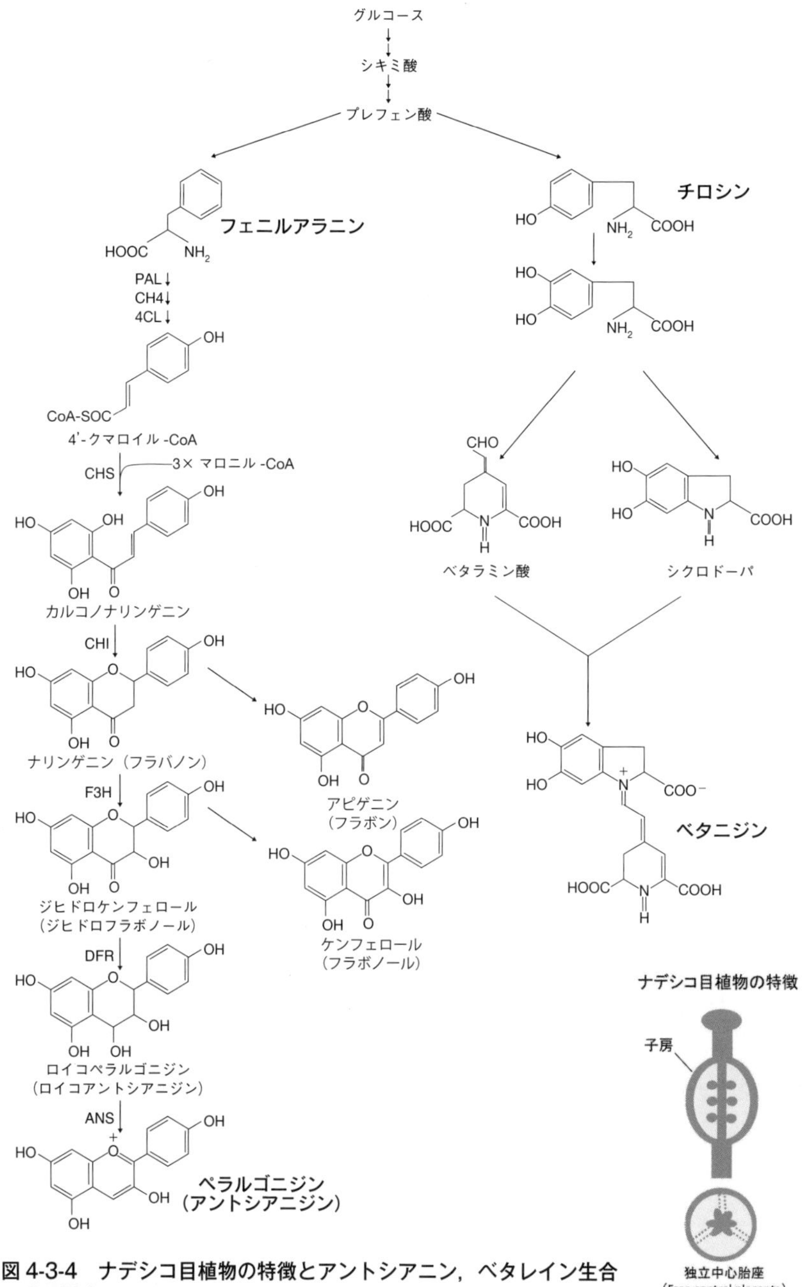

4.3.2. ベタレインとアントシアニンの排他的な分布　421

図 4-3-4　ナデシコ目植物の特徴とアントシアニン，ベタレイン生合成の概略

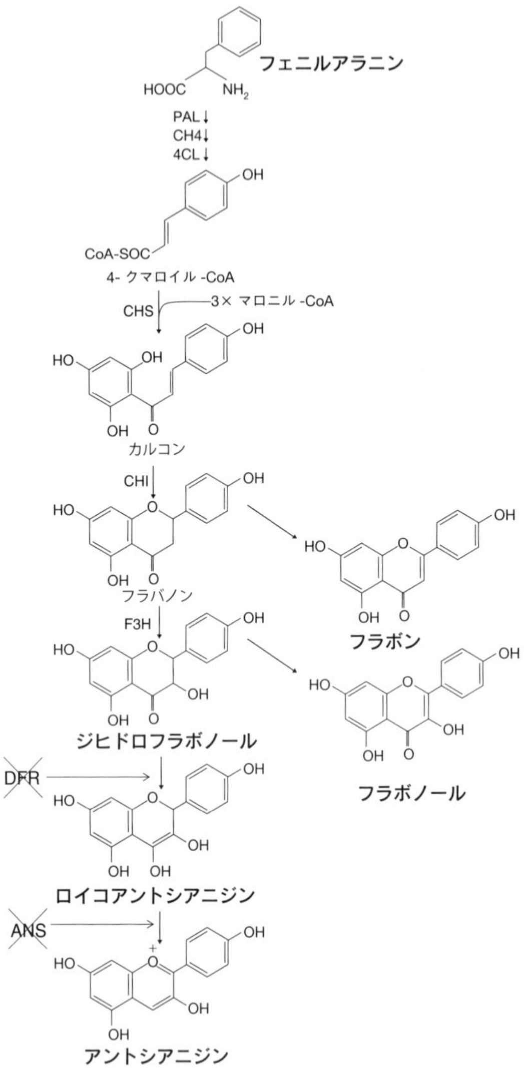

図 4-3-5 ナデシコ目植物におけるアントシアニン合成能の欠落

superbus を含むナデシコ科やザクロソウ科では，ベタレインは合成されず，アントシアニンが合成，蓄積される。このようなナデシコ目であるにもかかわらず，アントシアニンを合成する植物群も，rbcL や atpB，18 S rDNA 配列をもとに作製した系統樹[56]では，ベタシアニンを合成する科と別々のクラスターを形成すること

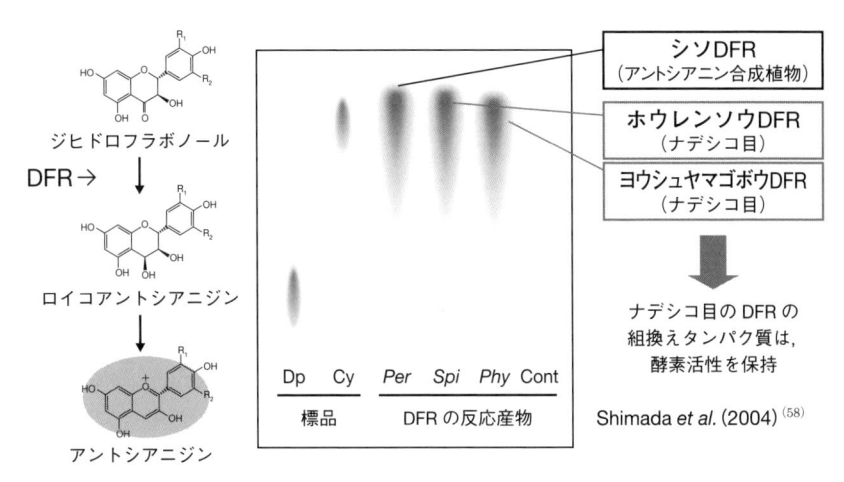

図 4-3-6　ナデシコ目植物の DFR の活性測定

ナデシコ目植物のホウレンソウ（*Spi*），ヨウシュヤマゴボウ（*Phy*）の組換え DFR 酵素を用いたジヒドロクェルセチンからロイコシアニジンの酵素活性測定の結果を示している。反応後，産物であるロイコシアニジンに塩酸を加えてシアニジンに変換し，TLC で検出した。組換え酵素を発現していない大腸菌からの粗抽出液を用いたコントロールでは，シアニジンは検出されないが，ナデシコ目植物の DFR を用いた反応産物からは，ポジティブコントロールであるアントシアニン合成植物のシソ DFR（*Per*）と同様にシアニジンのスポットが検出された。左は，標品として Cy：シアニジン，Dp：デルフィニジンを展開したものである。

はなく，系統的に近縁な位置にある。

アントシアニンが存在しないナデシコ目の植物においても，これと生合成上近縁なフラボンやフラボノールは豊富に存在する[51,57]。たとえば，ナデシコ目のサボテンの一種ランポウギョク *Astrophytum myriostigma* では，多量のフラボノール配糖体（クェルセチン 3-ガラクトシド，クェルセチン 3-ラムノシルグルコシド）や，フラボノールアグリコン（クェルセチン，ケンフェロール，イソラムネチン）が合成，蓄積されており，黄色の花弁中では球状の非晶質体として観察される。こういった事実は，ナデシコ目植物では，アントシアニンとフラボノールの共通の前駆物質であるジヒドロフラボノールは合成されるが，ジヒドロフラボノールからアントシアニンにいたるアントシアニン合成の最終ステップが欠落していることを示唆している（図 4-3-5）。

2) ナデシコ目植物にも *DFR* と *ANS* は存在する

このジヒドロフラボノールからアントシアニンにいたるステップを触媒するのが，DFR dihydroflavonol 4-reductase および ANS anthocyanidin synthase である。このうち DFR に関してはホウレンソウ *Spinacia oleracea* とヨウシュヤマゴボ

ウより RACE 法により *DFR* cDNA の全長が単離されている。両 *DFR* はアントシアニン合成植物の *DFR* とアミノ酸配列で 62〜82％の相同性が見られ，ナデシコ目で例外的にアントシアニンを合成するナデシコ科のカーネーションと最も相同性が高い。DFR は，NADPH を補酵素としてジヒドロフラボノールをロイコアントシアニジンに還元する反応を触媒するが，ナデシコ目植物の DFR には N 末端側の NADPH 結合部位や 3β-ヒドロキシステロイド デヒドロゲナーゼ/DFR スーパーファミリーに特徴的な配列も保存されており，アントシアニン合成植物の DFR と比べ，構造に関しては顕著な違いは見られなかった。実際ホウレンソウとヨウシュヤマゴボウ DFR の組換えタンパク質は *in vitro* において，ジヒドロクェルセチンからロイコシアニジンへの転換を触媒することが示されており（図 4-3-6），ナデシコ目植物の DFR は酵素としての機能を保持していることが明らかにされている[58]。

一方の ANS についてもホウレンソウやヨウシュヤマゴボウより cDNA が単離されており，これらの ANS は双子葉のアントシアニン合成植物の ANS とアミノ酸配列で 70〜83％の相同性が見られ，DFR と同様，カーネーションの ANS と最も高い相同性を示した。ホウレンソウ，ヨウシュヤマゴボウの ANS は，ほかの ANS と同様，鉄との配位にかかわるとされる特徴的な 3 つのアミノ酸残基や，2-オキソグルタル酸 2-oxoglutaric acid との結合に関与するとされているアルギニン残基も保存されていた。これらの ANS についても，組換えタンパク質が作製され，ロイコシアニジンを基質とした酵素反応[59]により，反応産物としてシアニジンが検出された（図 4-3-7）。このことより，ナデシコ目植物の ANS は，DFR と同様，酵素としての触媒機能を保持していることが明らかになった[60]。

3) ナデシコ目植物における *DFR* と *ANS* の機能

ナデシコ目植物は機能を保持した *DFR*，*ANS* をもつにもかかわらず，アントシアニンは合成しない。こういった事実は *DFR*，*ANS* の発現制御がアントシアニン合成能の欠失の背景にあること示唆している。ナデシコ目植物においても，フラボノイド合成系の鍵酵素である *CHS* は根，茎，葉，芽生えのいずれにも発現しているのに対し，*DFR*，*ANS* は種子のみに特異的に発現しており，それ以外の器官においては mRNA の蓄積はほとんど見られない（図 4-3-8）。この結果は，ナデシコ目植物でアントシアニンが存在しないのは，*DFR*，*ANS* の器官特異的な発現制御に起因することを示している。

では，ナデシコ目植物においてこれらの遺伝子は何のために存在しているのであろうか。従来から，高等植物において DFR は，アントシアニン合成のみならず，プロアントシアニジン（縮合性タンニン）合成に関与することが知られており，さ

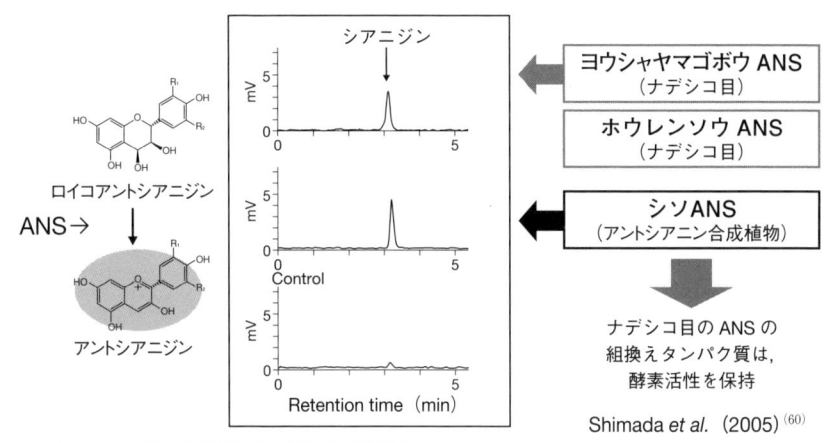

図 4-3-7 ナデシコ目植物の ANS の活性測定

ナデシコ目植物のホウレンソウ，ヨウシュヤマゴボウの組換え ANS 酵素を用いたロイコシアニジンからシアニジンの酵素活性測定の産物の HPLC 解析の結果を示している。ナデシコ目植物のヨウシュヤマゴボウの ANS の産物もアントシアニン合成植物であるシソの ANS と同様にシアニジンが検出された。ホウレンソウ ANS についても同様な結果だった。

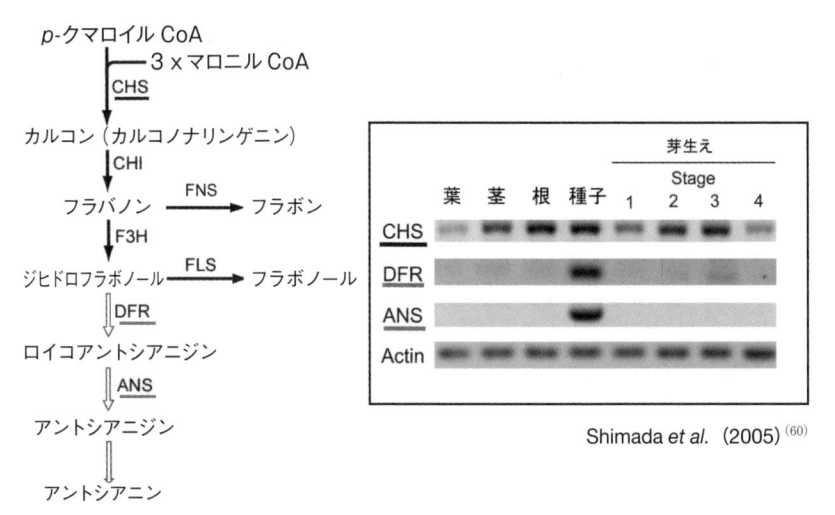

図 4-3-8 DFR と ANS の発現解析

ホウレンソウの各器官（葉，茎，根，種子，芽生えの各ステージ 1：子葉，2：第一葉，3：第二葉，4：第三葉が展開時）から RNA を抽出し，フラボノイド（アントシアニン）合成酵素遺伝子である *CHS*, *DFR*, *ANS* の半定量的 RT-PCR の結果を示している。コントロールとしてアクチン（*Actin*）遺伝子を用いた。

らに近年では ANS もその生成物であるアントシアニジンからエピフラバン 3-オールの合成を通して，プロアントシアニジン合成に関与することが示されている[61]。

426 4.3. ベタレインの生合成

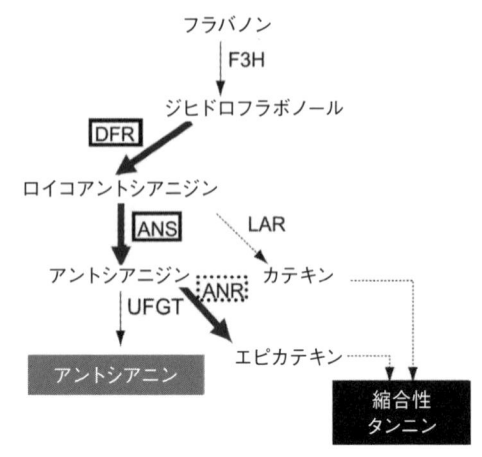

図 4-3-9　ナデシコ目植物における *DFR* と *ANS* の機能
F3H：フラバノン 3-ヒドロキシラーゼ，FLS：フラボノール合成酵素，LAR：ロイコアントシアニジン還元酵素，UFGT：UDP-グルコースフラボノイド 3-*O*-グルコシル転移酵素．

これらのことより，ナデシコ目の *DFR* と *ANS* は，種皮でのプロアントシアニジン合成に寄与しているものと考えられる（図 4-3-9）．プロアントシアニジンは，高等植物の種皮に普遍的に存在する物質であり，代謝進化という観点から，アントシアニン合成とプロアントシアニジン合成との相互関係はきわめて興味深い．しかしながら，カテキン，エピカテキンが重合してプロアントシアニジンが生成されるステップに関与する酵素およびその遺伝子，さらにはアントシアニンおよびプロアントシアニジンの細胞内輸送の機構など，両者へのメタボリックフローの調節に関与すると思われる諸現象に関しては，不明な点が多く，今後に期待する部分が大きい．

4）ナデシコ目植物における *DFR* と *ANS* の転写調節

高等植物の二次代謝成分の中でも，フラボノイド，さらにアントシアニン合成系は，合成酵素遺伝子の単離から発現制御機構まで，分子レベルで研究が進められている（4.5. 参照）．フラボノイド合成系の遺伝子は，それらのプロモーターに MYB 型転写因子と bHLH 型の転写因子が結合し，相互作用することによって転写活性化されるというモデルが提唱されている[62～65]．これらの転写因子は異種のフラボノイド合成酵素遺伝子も転写活性化することができ，この機構は高等植物の中でよく保存されている[66～68]．そこで，これまでに明らかにされているアントシアニン合成植物の発現制御機構と比較しながら，ナデシコ目植物の *DFR* と *ANS* の発現制御機構についての解析が試みられている．

ナデシコ目植物の *DFR* と *ANS* の転写開始点から上流域約 1 kb が単離され，転

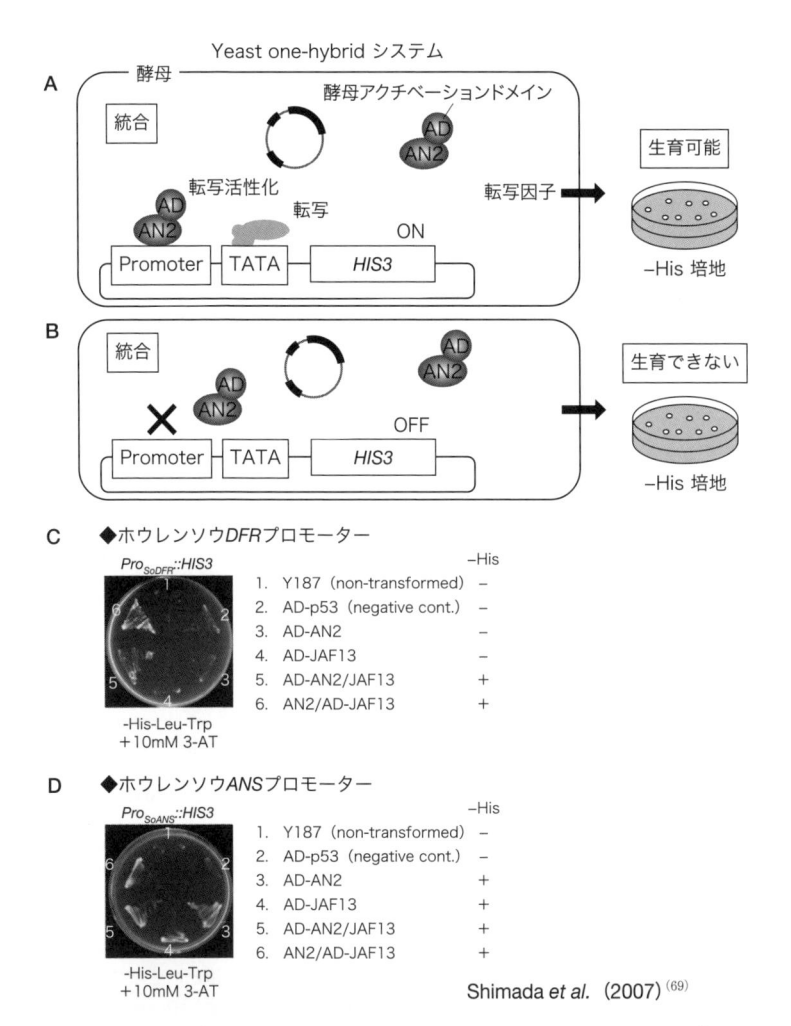

図 4-3-10　Yeast One Hybrid 法を用いた phAN2, phJAF13 と *DFR*, *ANS* プロモーター結合実験

プロモーターに *HIS3* をつないだコンストラクトを酵母に導入し，転写因子と酵母転写活性化領域（AD）の融合タンパク質の発現を誘導して，ヒスチジン欠損（−HIS）培地で生育を観察した。転写因子とプロモーターが結合すると *HIS3* が発現し，−HIS 培地で生育でき（**A**），結合しないと生育できない（**B**）。*DFR*（**C**），*ANS*（**D**）プロモーターのコンストラクトを導入した酵母に各転写因子を発現させた時の，−HIS 培地での生育（＋），生育なし（−）の結果を示している。ペチュニアのアントシアニン合成系の転写因子 phAN2, phJAF13 は，両因子を誘導するとホウレンソウ *DFR* プロモーターに結合し，*ANS* プロモーターには，それぞれ単独でも結合する。ProSo*DFR*：ホウレンソウ *DFR* プロモーター，ProSo*ANS*：ホウレンソウ *ANS* プロモーター，Y187：転写因子を発現させていないコントロール。

428　4.3. ベタレインの生合成

図 4-3-11　パーティクルガン法を用いた phAN2, phJAF13 と DFR, ANS プロモーター活性化実験

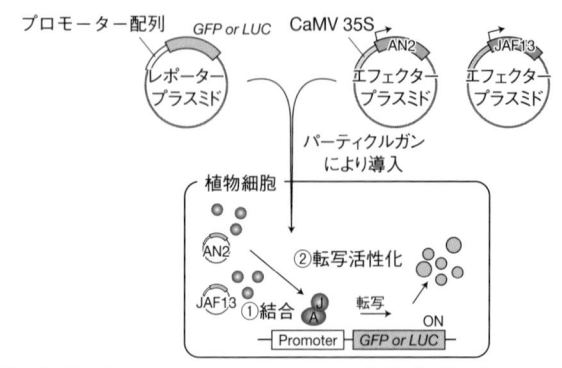

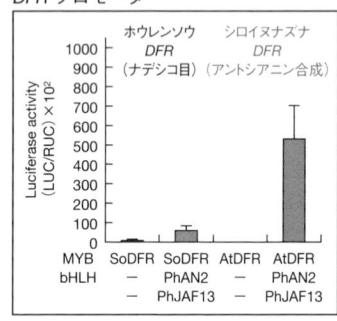

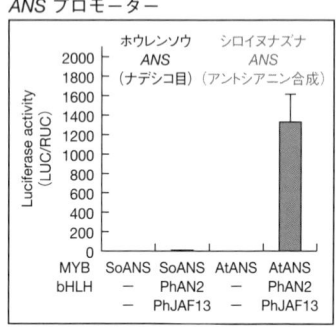

DFR, ANS プロモーターにレポーター遺伝子（GFP, LUC）をつないだキメラ遺伝子と CaMV35S プロモーターにつないだ phAN2 と phJAF13 遺伝子の各プラスミドをパーティクルガンによりホウレンソウの葉の細胞に導入し，蛍光強度を測定することにより，転写活性化能を評価した（左）。そのうち，LUC 遺伝子を用いたルシフェラーゼ活性測定の結果を示した（右）。横軸の上段はプロモーターを，中段は導入した MYB 型転写因子，下段はMYC 型転写因子を示している。縦軸は，ルシフェラーゼの蛍光強度と内部標準の比をあらわしている。アントシアニン合成植物のシソ DFR, ANS プロモーターは phAN2 と phJAF13 に対して活性化するのに対し，ナデシコ目植物の DFR, ANS プロモーターは活性化されない。SoDFR：ホウレンソウ DFR プロモーター，SoANS：ホウレンソウ ANS プロモーター，AtDFR：シロイヌナズナ DFR プロモーター，AtANS：シロイヌナズナ ANS プロモーター。

写因子結合サイトのデータベースによりプロモーター領域の解析がなされた[69]。その結果 DFR, ANS のプロモーター領域には，組織特異的発現制御や光制御にかかわるとされる Dof 結合サイト[70]のほかに，トウモロコシのフロバフェン合成を制御する P[71]や，ペチュニアの花弁表皮組織において CHSJ の制御にかかわる Ph3[72]，インゲンマメ Phaseolus vulgaris CHS 制御にかかわる SBF-1[73]といった転写因子の予想結合部位が存在した。こういったフラボノイド合成酵素遺伝子の

プロモーター領域に見られる，いくつかのモチーフのほかに，*DFR*, *ANS* のプロモーターには種子特異的発現にかかわるとされる RY モチーフ [74] が存在し，これは両遺伝子の種子特異的発現を裏づける事実として興味深い．

こういった特徴をもつ *DFR*, *ANS* プロモーターの機能解析を目的として，アントシアニン合成の制御に関与するとされる既知の転写因子と，両遺伝子のプロモーターとの相互作用について検討が行われた．その結果，*DFR*, *ANS* のプロモーター領域はアントシアニン合成にかかわるとされているペチュニアの MYB 型転写因子 PhAN2，bHLH 型の転写因子 PhJAF13 [75] と結合することが yeast one-hybrid 法により明らかとなった（図4-3-10）．

この結果にもとづき，ホウレンソウおよびシロイヌナズナの *DFR* と *ANS* のプロモーターにレポーター遺伝子（*GFP* と *LUC*）をつないだキメラ遺伝子と CaMV35S でドライブした PhAN2，PhJAF13 をパーティクルガンにより，ホウレンソウの葉の細胞に導入し，*in planta* でのトランジエントアッセイが行われた．その結果，PhAN2，PhJAF13 はシロイヌナズナの *DFR*, *ANS* のプロモーターは活性化するが，ホウレンソウの *DFR* と *ANS* のプロモーターは活性化しなかった（図4-3-11）．これらのことより，アントシアニン合成の制御にかかわるとされる PhAN2，PhJAF13 は，ホウレンソウの *DFR* と *ANS* のプロモーターに結合はするものの，転写を活性化することはできないことが明らかとなった．進化の過程でシスエレメントに起きた変異は，遺伝子の本質的な機能は保ちつつ，その発現の組織特異性を大きく変えることにより，結果として形態的な多様性が生み出されるという考え [76, 77] は，そのまま代謝進化にも適用できるのかもしれない．

代謝進化に関しては，進化の過程で起こった合成酵素遺伝子の機能の改変が代謝系の変化を引き起こし，これにより代謝の多様性が生じたというのが現在の主流の考え方である．これに対し，ナデシコ目のフラボノイド合成の場合には，ゲノムに機能を保持したアントシアニン合成遺伝子が存在するものの，その発現制御が異なるためにアントシアニンの合成能はないと考えることができ，発現調節に起因した代謝進化の例として興味深い．

引用文献

(1) Piatteri, M. 1976. Betalains. *In* Chemistry and Biochemistry of Plant Pigments. 2nd ed. Vol. 1 (ed. Goodwin, T.W.), Academic press, New York. pp. 560-596.
(2) Mabry, T.J. 1980. Betalains. *In* Secondary Plant Products. Encyclopedia of Plant Physiology, Vol. 8 (eds. Bell, E.A., Charlwood, B.V.), Springer, Berlin. pp. 513-533.

(3) Garay, A.S., Towers, G.H.N. 1966. Studies on the biosynthesis of amaranthin. *Can. J. Bot.* **44**, 231-236.
(4) Nassif-Makki, H., Constabel, F. 1972. Zur Bedeutung von Tyrosin als Vorstufe der Betalainsynthese. *Z. Pflanzenphysiol.* **67**, 201-206.
(5) Fischer, N., Dreiding, A.S. 1972. Biosynthesis of betalains. On the cleavage of the aromatic ring during enzymic transformation of dopa into betalamic acid. *Helv. Chim. Acta* **55**, 649-658.
(6) Schliemann, W., Kobayashi, N., Strack, D. 1999. The decisive step in betaxanthin biosynthesis is a spontaneous reaction. *Plant Physiol.* **119**, 1217-1232.
(7) Strack, D., Vogt, T., Schliemann, W. 2003. Recent advance in betalain research. *Phytochemistry* **62**, 247-269.
(8) Sciuto, S., Oriente, G., Piattelli, M. 1972. Betanidin glycosylation in *Opuntia dillenii*. *Phytochemistry* **11**, 2259-2262.
(9) Heuer, S., Strack, D. 1992. Synthesis of betanin from betanidin and UDP-glucose by a protein preparation from cell suspension cultures of *Dorotheanthus bellidiformis* (Burm.f.) N.E.Br. *Planta* **186**, 626-628.
(10) Wyler, H., Meuer, U., Bauer, J., Stravas-Mombelli, L. 1984. Cyclodopa glucoside (=(2S) 5- (β-d-glucopyranosyloxy)-6-hydroxyindoline-2-carboxylic acid) and its occurrence in red beet (*Beta vulgaris* var. *rubra* L.). *Helv. Chim. Acta* **67**, 1348-1355.
(11) Sasaki, N., Adachi, T., Koda, T., Ozeki, Y. 2004. Detection of UDP-glucose:*cyclo*-DOPA 5-*O*-glucosyltransferase activity in four o'clocks (*Mirabilis jalapa* L.). *FEBS Lett.* **568**, 159-162.
(12) Sasaki, N., Abe, Y., Wada, K., Koda, T., Goda, Y., Adachi, T., Ozeki, Y. 2005. Amaranthin in feather cockscombs is synthesized via glucuronylation at the cyclo-DOPA glucoside step in the betacyanin biosynthetic pathway. *J. Plant Res.* **118**, 439-442.
(13) Sasaki, N., Wada, K., Koda, T., Kasahara, K., Adachi, T., Ozeki, Y. 2005. Isolation and characterization of cDNAs encoding an enzyme with glucosyltransferase activity for cyclo-DOPA from four o'clocks and feather cockscombs. *Plant Cell Physiol.* **46**, 666-670.
(14) Steiner, U., Schliemann, W., Strack, D. 1996. Assay for tyrosine hydroxylation activity of tyrosinase from betalain-forming plants and cell cultures. *Anal. Biochem.* **238**, 72-75.
(15) Steiner, U., Schliemann, W., Böhm, H. Strack, D. 1999. Tyrosinase involved in betalain biosynthesis of higher plants. *Planta* **208**, 114-124.
(16) Strack, D., Schliemann, W. 2001. Bifunctional polyphenol oxidases: novel functions in plant pigment biosynthesis. *Angew. Chem. Int. Ed. Engl.* **40**, 3791-3794.
(17) Yamamoto, K., Kobayashi, N., Yoshitama, K., Teramoto, S., Komamine, A. 2001. Isolation and purification of tyrosine hydroxylase from callus cultures of *Portulaca grandiflora*. *Plant Cell Physiol.* **42**, 969-975.
(18) Girod, P.A., Zrÿd, J.P. 1991. Biogenesis of betalains: purification and partial characterization of dopa 4,5-dioxygenase from *Amanita muscaria*. *Phytochemistry* **30**, 169-174.
(19) Hinz, U.G., Fivaz, J., Girod, P.A., Zrÿd, J.P. 1997. The gene coding for the DOPA dioxygenase involved in betalain biosynthesis in *Amanita muscaria* and its regulation. *Mol. Gen. Genet.* **256**, 1-6.
(20) Mueller, L.A., Hinz, U., Zrÿd, J.P. 1997. The formation of betalamic acid and muscaflavin by recombinant dopa-dioxygenase from *Amanita*. *Phytochemistry* **44**, 567-569.
(21) Mueller, L.A., Hinz, U., Uze, M., Sautter, C., Zrÿd, J.P. 1997. Biochemical complementation of the betalain biosynthetic pathway in *Portulaca grandiflora* by a fungal 3,4-dihydroxyphenylalanine dioxygenase. *Planta* **203**, 260-263.
(22) Saito, K., Komamine, A. 1976. Biosynthesis of stizolobinic acid and stizolobic acid in higher plants: an enzyme system (s) catalyzing the conversion of dihydroxyphenylalanine into

stizolobinic acid and stizolobic acid from etiolated seedlings of *Stizolobium hassjoo*. *Eur. J. Biochem.* **68**, 237-243.
(23) Saito, K., Komamine, A. 1978. Biosynthesis of stizolobinic acid and stizolobic acid in higher plants: stizolobinic acid synthase and stizolobic acid synthase, new enzymes which catalyze the reaction sequences leading to the formation of stizolobinic acid and stizolobic acid from 3,4-dihydroxyphenylalanine in *Stizolobium hassjoo*. *Eur. J. Biochem.* **82**, 385-392.
(24) Christinet, L., Burdet, F.X., Zaiko, M., Hinz, U., Zrÿd, J.P. 2004. Characterization and functional identification of a novel plant 4,5-extradiol dioxygenase involved in betalain pigment biosynthesis in *Portulaca grandiflora*. *Plant Physiol.* **134**, 265-274.
(25) Sasaki, N., Abe, Y., Goda, Y., Adachi, T., Kasahara, K., Ozeki, Y. 2009. Detection of DOPA 4,5-dioxygenase (DOD) activity using recombinant protein prepared from *Escherichia coli* cells harboring cDNA encoding DOD from *Mirabilis jalapa*. *Plant Cell Physiol.* **50**, 1012-1016.
(26) Tanaka, Y., Sasaki, N., Ohmiya, A. 2008. Biosynthesis of plant pigments: anthocyanins, betalains and carotenoids. *Plant J.* **54**, 733-749.
(27) Vogt, T., Zimmermann, E., Grimm, R., Meyer, M., Strack, D. 1997. Are the characteristics of betanidin glucosyltransferases from cell-suspension cultures of *Dorotheanthus bellidiformis* indicative of their phylogenetic relationship with flavonoid glucosyltransferases? *Planta* **203**, 349-361.
(28) Vogt, T. 2002. Substrate specificity and sequence analysis define a polyphyletic origin of betanidin 5- and 6-*O*-glucosyltransferase from *Dorotheanthus bellidiformis*. *Planta* **214**, 492-495.
(29) Sciuto, S., Oriente, G., Piattelli, M., Impelizzeri, G., Amico, V. 1974. Biosynthesis of amaranthin in *Celosia plumosa*. *Phytochemistry* **13**, 947-951.
(30) Kujala, T., Loponen, J., Pihlaja, K. 2001. Betalains and phenolics in red beetroot (*Beta vulgarias*) peel extracts: extraction and characterisation. *Z. Naturforsch.* **56c**, 343-348.
(31) Nicola, M.G., Piattelli, M., Amico, V. 1973. Phytocontrol of betaxanthin synthesis in *Celosia plumosa* seedlings. *Phytochemistry* **12**, 353-357.
(32) Nicola, M.G., Piattelli, M., Amico, V. 1973. Effect of continuous far red on betaxanthin and betacyanin synthesis. *Phytochemistry* **12**, 2163-2166.
(33) Nicola, M.G., Amico, V., Piattelli, M. 1974. Effect of white and far-red light on betalain formation. *Phytochemistry* **13**, 439-442.
(34) Elliott, D.C. 1979. Temperature-sensitive responses of red light-dependent betacyanin synthesis. *Plant Physiol.* **64**, 521-524.
(35) Spasic, M., Milic, B., Obrenivic, S. 1985. Superoxide dismutase activity versus betacyanin induction under continuous red illumination in *Amaranthus* seedlings. *Biochem. Physiol. Pflanz.* **180**, 319-322.
(36) Bauberger, E., Mayer, A.M. 1960. Effect of kinetin on formation of red pigment in seedlings of *Amaranthus retroflexus*. *Science* **141**, 1094-1095.
(37) Elliott, D.C. 1983. Accumulation of cytokinin-induced betacyanin in specific cells of *Amaranthus tricolor* seedlings. *J. Exp. Bot.* **34**, 67-73.
(38) Kochhar, H.K. 1972. Action of inhibitors of protein and nucleic acid synthesis on light-dependent and kinetin-stimulated betcyanin synthesis. *Phytochemistry* **11**, 127-132.
(39) Kochhar, H.K. 1972. Phytocontrol of betacyanin synthesis in *Amaranthus caudatus* seedlings in the presence of kinetin. *Phytochemistry* **11**, 133-137.
(40) Kochhar, H.K., Kochhar, S., Mohr, H. 1981. Action of light and kinetin on betalain synthesis in seedlings of *Amaranthus caudatus*: a two-factor analysis. *Ber. Deutsch. Bot. Ges.* **94**, 27-34.
(41) Biddington, N.K., Thomas, T.H. 1973. A modified *Amaranthus* betacyanin bioassay for the

rapid determination of cytokinins in plant extracts. *Planta* **111**, 183-186.
(42) Elliott, D.C. 1979. Analysis of variability in the *Amaranthus* bioassay for cytokinins: effects of water stress on benzyladenin- and fusicoccin-dependent responses. *Plant Physiol.* **63**, 269-273.
(43) Elliott, D.C. 1979. Analysis of variability in the *Amaranthus* bioassay for cytokinins: effects of "aging" excised cotyledons. *Plant Physiol.* **63**, 274-276.
(44) Elliott, D.C. 1979. Temperature-dependent expression of betacyanin synthesis in *Amaranthus* seedlings. *Plant Physiol.* **63**, 277-279.
(45) Sakuta, M., Hirano, H., Komamine, A. 1991. Stimulation by 2,4-dichlorophenoxyacetic acid of betacyanin accumulation in suspension cultures of *Phytolacca americana*. *Physiol. Plant.* **83**, 154-158.
(46) Constabel, F., Nassif-Makki, H. 1971. Betalainbildung in *Beta*-Calluskulturen. *Ber. Deutsch. Bot. Ges.* **84**, 629-636.
(47) Biddington, N.K., Thomas, T.H. 1977. Interaction of abscisic acid, cytokinin and gibberellins in the control of betacyanin synthesis in seedlings of *Amaranthus caudatus*. *Physiol. Plant.* **40**, 312-314.
(48) Stobert, A.K., Kinsman, L.T. 1977. The hormonal control of betacyanin synthesis in *Amaranthus caudatus*. *Phytochemistry* **16**, 1137-1142.
(49) Guruprasad, K.N., Laloraya, M.M. 1980. Dissimilarity in the inhibition of betacyanin synthesis caused by gibberellic acid and abscisic acid. *Biochem. Physiol. Pflanz.* **175**, 582-586.
(50) Hirano, H., Sakuta, M., Komamine, A. 1996. Inhibition of betacyanin accummulation by abscisic acid in suspension cultures of *Phytolacca americana*. *Z. Naturforsch.* **51c**, 818-822.
(51) 岩科 司 2001. ベタレイン色素を合成する植物の科におけるフラボノイドとその分布（総説）. 筑波実験植物園研報 **20**, 11-74.
(52) Harborne, J.B. 1996. The evolution of flavonoid pigments in plants. *In* Comparative Phytochemistry (ed. Swain, T.), Academic Press, London. pp. 271-295.
(53) Stafford, H.A. 1990. Flavonoid evolution: an enzymic approach. *Plant Physiol.* **96**, 680-685.
(54) Stafford, H.A. 1994. Anthocyanins and betalains: evolution of the mutually exclusive pathways. *Plant Sci.* **101**, 91-98.
(55) Grotewold, E. 2006. The genetics and biochemistry of floral pigments. *Ann. Rev. Plant Biol.* **57**, 761-780.
(56) Wikstrom, N., Savolainen, V., Chase, M.W. 2001. Evolution of the angiosperms, calibrating the family tree. *Proc. Biol. Sci.* **268**, 2211-2220.
(57) Iwashina, T., Ootani, S., Hayashi, K. 1988. On the pigmentation spherical bodies and crystals in tepals of Cactaceous species in reference to the nature of betalains or flavonols. *Bot. Mag. Tokyo* **101**, 175-184.
(58) Shimada, S., Takahashi, K., Sato, Y., Sakuta, M. 2004. Dihydroflavonol 4-reductase cDNA from non-anthocyanin-producing species in the Caryophyllales. *Plant Cell Physiol.* **45**, 1290-1298.
(59) Saito, K., Kobayashi, M., Gong, Z., Tanaka, Y., Yamazaki, M. 1999. Direct evidence for anthocyanidin synthase as a 2-oxoglutarate-dependent oxygenase: molecular cloning and functional expression of cDNA from a red forma of *Perilla frutescens*. *Plant J.* **17**, 181-189.
(60) Shimada, S., Inoue, T.Y., Sakuta, M. 2005. Anthocyanidin synthase in non-anthocyanin-producing Caryophyllales species. *Plant J.* **44**, 950-959.
(61) Xie, D.Y., Sharma, S.B., Paiva, N.L., Ferreira, D., Dixon, R.A. 2003. Role of anthocyanidin reductase, encoded by *BANYULS* in plant flavonoid biosynthesis. *Science* **299**, 352-353.
(62) Holton, T.A., Cornish, E.C. 1995. Genetics and biochemistry of anthocyanin biosynthesis. *Plant Cell* **7**, 1071-1083.

（63）Forkmann, G., Martens, S. 2001. Metabolic engineering and applications of flavonoids. *Curr. Opin. Biotech.* **12**, 155-160.
（64）Winkel-Shirley, B. 2001. Flavonoid biosynthesis. A colorful model for genetics, biochemistry, cell biology, and biotechnology. *Plant Physiol.* **126**, 485-493.
（65）Koes, R., Verweij, W., Quattrocchio, F. 2005. Flavonoids, a colorful model for the regulation and evolution of biochemical pathways. *Trends Plant Sci.* **10**, 236-242.
（66）Lloyd, A.M., Walbot, V., Davis, R.W. 1992. *Arabidopsis* and *Nicotiana* anthocyanin production activated by maize regulators R and C1. *Science* **258**, 1773-1775.
（67）Mooney, M., Desnos, T., Harrison, K., Jones, J., Carpenter, R., Coen, E. 1995. Altered regulation of tomato and tobacco pigmentation genes caused by the *delila* gene of *Antirrhinum*. *Plant J.* **7**, 333-339.
（68）Baudry, A., Heim, M.A., Dubreucq, B., Caboche, M., Weisshaar, B., Lepiniec, L. 2004. TT2, TT8, and TTG1 synergistically specify the expression of *BANYULS* and proanthocyanidin biosynthesis in *Arabidopsis thaliana*. *Plant J.* **39**, 366-380.
（69）Shimada, S., Otsuki, H., Sakuta, M. 2007. Transcriptional control of anthocyanin biosynthetic genes in the Caryophyllales. *J. Exp. Bot.* **58**, 957-967.
（70）Yanagisawa, S., Schmidt, R.J. 1999. Diversity and similarity among recognition sequences of Dof transcription factors. *Plant J.* **17**, 209-214.
（71）Grotewold, E., Drummond, B.J., Bowen, B., Peterson, T. 1994. The myb-homologous P gene controls phlobaphene pigmentation in maize floral organs by directly activating a flavonoid biosynthetic gene subset. *Cell* **76**, 543-553.
（72）Solano, R., Nieto, C., Avila, J., Canas, L., Diaz, I., Paz-Ares, J. 1995. Dual DNA binding specificity of a petal epidermis-specific MYB transcription factor (MYB.Ph3) from *Petunia hybrida*. *EMBO J.* **14**, 1773-1784.
（73）Lawton, M.A., Dean, S.M., Dron, M., Kooter, J.M., Kragh, K.M., Harrison, M.J., Yu, L., Tanguay, L., Dixon, R.A., Lamb, C.J. 1991. Silencer region of a chalcone synthase promoter contains multiple binding sites for a factor, SBF-1, closely related to GT-1. *Plant Mol. Biol.* **16**, 235-249.
（74）Ezcurra, I., Ellerstrom, M., Wycliffe, P., Stalberg, K., Rask, L. 1999. Interaction between composite elements in the napA promoter, both the B-box ABA-responsive complex and the RY/G complex are necessary for seed-specific expression. *Plant Mol. Biol.* **40**, 699-709.
（75）Quattrocchio, F., Wing, J.F., van der Woude, K., Mol, J., Koes, R. 1998. Analysis of bHLH and MYB domain proteins, speciesspecific regulatory differences are caused by divergent evolution of target anthocyanin genes. *Plant J.* **13**, 475-488.
（76）Shapiro, M.D., Marks, M.E., Peichel, C.L., Blackman, B.K., Nereng, K.S., Jonsson, B., Schluter, D., Kingsley, D.M. 2004. Genetic and developmental basis of evolutionary pelvic reduction in threespine sticklebacks. *Nature* **428**, 717-723.
（77）Gompel, N., Prud'homme, B., Wittkopp, P.J., Kassner, V.A., Carroll, S.B. 2005. Chance caught on the wing, *cis*-regulatory evolution and the origin of pigment patterns in *Drosophila*. *Nature* **433**, 481-487.

4.4. トランスポゾン*

4.4.1. フラボノイドとトランスポゾン

　トランスポゾン transposon は，染色体上を転移 transposition し得る一定の DNA 配列をもつ遺伝因子で，転移因子 transposable element とも呼ばれる。より広義な，動く遺伝子 mobile gene，可動（性）遺伝因子 mobile genetic element の呼称も使われるが，これらは部位特異的組換え系や可動イントロンなども含むことに留意する必要がある [1,2]。

　フラボノイドとトランスポゾンは，その研究史から切っても切れない関係にある。1940年代に Barbara McClintock は，トウモロコシの穀粒を用いた遺伝学から，染色体の新しい場所に転移し，近傍の遺伝子の発現に影響を与え，染色体切断を引き起こすトランスポゾンを発見して「調節因子 controlling element」と名づけた [3,4]。トウモロコシの穀粒（糊粉層）にはアントシアニンが蓄積する。その蓄積にかかわる遺伝子の発現がトランスポゾンにより制御されて生じる遺伝的斑入りは，トランスポゾンを解析するうえで重要な表現型マーカーの1つであった。1970年代以降のクローニング技術の向上によりトランスポゾンの実体が解明され，原核生物から真核生物に普遍的に存在する重要な遺伝因子であることが明らかになると，McClintock は1983年にノーベル医学生理学賞を受賞した。1980年代には，トランスポゾンを分子マーカーとして多くのアントシアニン色素生合成系遺伝子や，その調節遺伝子が初めてクローニングされた [5,6]。

　このようにフラボノイドとトランスポゾンの研究はともに発展してきた。なお，McClintock が解析したトウモロコシの斑入りには，トランスポゾンによる体細胞変異が引き起こしたキメラ（遺伝的に異なる細胞群よりなる個体）斑だけでなく，体細胞変異をともなわない，すなわち遺伝子の DNA 配列は変わらないが発現が変化する「エピジェネティクス epigenetics」による現象も含まれている [4,7,8]。このため McClintock はエピジェネティクスの先駆者としても再評価されている。エピジェネティクスは，遺伝子発現の基本的な制御機構であり，1990年代後半から爆発的に研究が進展している。その黎明期をフラボノイドが支えたことになる。

　本項ではフラボノイド研究の視点から，トランスポゾンの構造と種類，転移の制御，トランスポゾンによる遺伝子の制御，トランスポゾンを利用した遺伝子のクローニングと機能解析について概説する。

＊執筆：星野 敦・森田裕将　Atsushi Hoshino and Yasumasa Morita

4.4.2. トランスポゾンの構造と種類

1) 自律性因子と非自律性因子の分類

トランスポゾンは，内部のシス配列に転移酵素を作用させて転移する。染色体に挿入する時に，挿入先の短い配列を重複して標的配列重複 target site duplication を形成し，ゲノムから脱離 excision する時には，フットプリントと呼ばれる DNA 配列の小さな再編成を残すことが多い（図 4-4-1A）。

トランスポゾンは，活性な転移酵素遺伝子を保持して自ら転移する自律性因子と，自律性因子などから転移酵素を供給されて転移する非自律性因子に分類される（図 4-4-1B, C）。非自律性因子の多くは，元になる自律性因子の内部が欠損したもので，単純な塩基置換や欠失のほか，宿主の遺伝子領域の一部を取り込んだ複雑な構造のトランスポゾンも多い[9]。また，非自律性因子には，シス配列を欠くために自らは転移できないが，転移酵素を発現してほかの非自律性因子を転移させるものや，元になった自律性因子以外の類似する自律性因子の転移酵素を使って転移するものもある。植物ゲノム中には，シス配列を欠損したものなど，もはや転移できないトランスポゾンの残骸も多量に存在する。

2) 転移様式による分類

トランスポゾンは，転移の様式により，クラス I とクラス II に大別できる（図 4-4-1A, B）。クラス I のトランスポゾンは RNA を中間体として，逆転写酵素により cDNA に変換されて転移する。RNA 型因子，レトロトランスポゾン retrotransposon，レトロポゾン retroposon，レトロ因子 retroelement とも呼ばれ，転移にともなってコピー数が増える「複製的転移」を行う（図 4-4-1A）。

クラス II のトランスポゾンは DNA のままで転移するので，DNA 型因子，あるいは DNA トランスポゾンとも呼ばれている。多くは染色体上から切り出されて新しい染色体上の位置に転移する「保存的転移」を行い，通常は転移にともなうコピー数増加を起こさない（図 4-4-1A）。複製的転移を行うと考えられているトランスポゾンや，植物の発達段階に応じて保存的転移と複製的転移の両方を行うトランスポゾンなどの例外もある[10,11]。McClintock が研究し，フラボノイド研究で重要な役割を果たしたトランスポゾンはクラス II に含まれる。

3) 配列の特徴，構造よる分類

トランスポゾンは転移酵素遺伝子，シス配列，標的配列重複の特徴などから，さらに細かく分類されている。生物種を超えて存在する類似したトランスポゾンは，

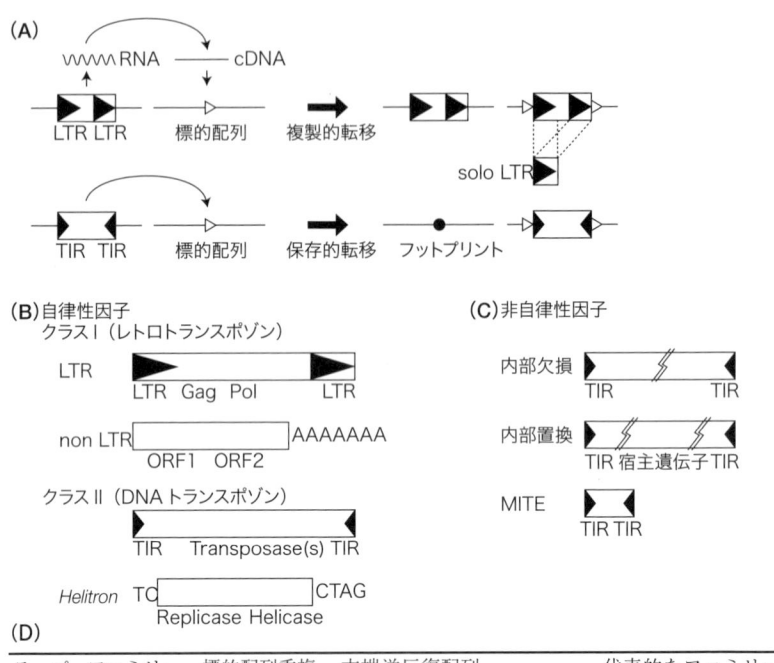

(A)

```
       RNA → cDNA
  ▶▶──────▽───    ⇒    ▶▶──▷    ▶▶─────▶▶
  LTR LTR  標的配列    複製的転移              ╲
                                          solo LTR ▷

  ▶◀──────▽───    ⇒    ──●──    ▶─────◀
  TIR TIR  標的配列    保存的転移  フットプリント
```

A図上段：LTR型レトロトランスポゾンの複製的転移、下段：保存的転移とフットプリント

(B) 自律性因子

クラス I（レトロトランスポゾン）

LTR: ▶[LTR Gag Pol LTR]▶

non LTR: [ORF1 ORF2]AAAAAAA

クラス II（DNAトランスポゾン）

▶[TIR Transposase(s) TIR]◀

Helitron TC[Replicase Helicase]CTAG

(C) 非自律性因子

内部欠損: ▶[TIR ╱╱ TIR]◀

内部置換: ▶[TIR 宿主遺伝子 TIR]◀

MITE: ▶◀
      TIR TIR

(D)

スーパーファミリー	標的配列重複	末端逆反復配列	代表的なファミリー
Ac/Ds (*hAT*)	8 bp	5'-cAGGGATGAAA 3'-tAGGGATGAAA	*Ac/Ds*（トウモロコシ）
En/Spm（CACTA）	3 bp	CACTACAAGAAAA	*En/Spm*（トウモロコシ）
Mutator	9 bp	AGAATAATTGCCA··· (~220 bp)	*MuDR*（トウモロコシ）
Tc1/Mariner	2 bp（TA）	CTCCCTCCGTT	*Stowaway* （さまざまな植物）
PIF/Harbinger	3 bp（TWA）	GGCCTTGTTCGGTT	*Tourist*（イネ科植物）
Helitron	A-*Helitron*-T	5'-TC 3'-CTAG	*Helitron* （さまざまな植物）

図 4-4-1 トランスポゾンの構造と種類

A：トランスポゾンの転移様式。RNAを中間体とするクラスIのトランスポゾンは複製的転移を行う（上）。ここでは、LTR型のレトロトランスポゾンを例にあげている。通常、クラスIIのトランスポゾンは保存的転移を行い、脱離にともなってフットプリントが形成される（下）。挿入に伴って標的配列を重複するトランスポゾンが多い。

B：クラスI、クラスIIの自律性トランスポゾンの構造と分類。non LTR型は3'末端にAの配列が連続したポリA構造をもつ。

C：非自律性因子の構造。クラスIIのトランスポゾンを例に記載したが、クラスIでも同様の欠損などにより非自律性因子が形成される。

D：クラスIIのスーパーファミリー。標的配列重複の塩基数はスーパーファミリーごとに異なる。*Tc1/Mariner*は5'-TA-3'、*PID/Harbinger*は5'-TWA-3'（WはAかT）を標的配列とし、*Helitron*は標的配列重複を作らずに5'-AT-3'の間に挿入する。末端反復配列は代表的なファミリーの配列で、*Stowaway*、*Tourist*、*Helitron*についてはコンセンサス配列を示した。

スーパーファミリー，グループ，クラスなどの用語でまとめられている。

クラスⅠのトランスポゾンは，両末端に比較的長い繰り返し配列，LTR（long terminal repeat）をもつ LTR 型と，もたない non-LTR 型に大別される（図 4-4-1B）。LTR 型では Ty1-*copia*，Ty3-*gypsy* が，non-LTR 型では LINE（long interspersed nuclear element）と SINE（short interspersed nuclear element）が主要なグループである[1,2,5,10]。LTR 型には，特徴的なエンドヌクレアーゼをコードする *Penelope* や，転移酵素をコードしない TRIM などのマイナーなグループもある[12,13]。

クラスⅡのトランスポゾンは，両末端に逆向きの反復配列（末端逆反復配列，terminal inverted repeats, TIR）を有して保存的転移を行うタイプと，末端逆反復配列をもたずにローリングサークル型の複製により，複製的転移を行うとされるタイプ *Helitron* に大別できる[2,10]（図 4-4-1B）。前者には多くのスーパーファミリーが知られる。最も代表的なものは，最初に研究されたトウモロコシのトランスポゾンの名前を冠する，*Ac/Ds*（*Activator/Dissociation*），*En/Spm*（*Enhancer/Suppressor-mutator*），*Mutator* スーパーファミリーである[1,2,4,5,11]。ほかの植物で見つかる活性なトランスポゾンも，これらに属する場合が多く，フラボノイド研究とのかかわりも深い[5,6,14,15]。*Ac/Ds* スーパーファミリーは，ショウジョウバエの *hobo*，トウモロコシの *Ac/Ds*，キンギョソウの *Tam3* の各トランスポゾンの頭文字を取って *hAT* スーパーファミリー，また *En/Spm* スーパーファミリーも両末端配列の DNA 配列から CACTA スーパーファミリーの呼称も使われる。

一方，MITEs Miniature inverted repeat transposable elements と呼ばれる，一群のトランスポゾンがある[16]。末端逆反復配列をもつことに加えて，500 bp 以下の長さであること，転移酵素遺伝子をもたないこと，コピー数が多いことが分類基準である。しかし，元をたどれば MITEs も自律性因子から派生した非自律性因子であるとされ，MITEs とそれ以外のトランスポゾンを厳密に区別することは困難である。代表的なものとして，それぞれ *Tc1/mariner* と *PIF/Harbinger* スーパーファミリーに属する *Stowaway* と *Tourist* ファミリーがあげられる。

4）ゲノムの主要構成要素としてのトランスポゾン

多くの真核生物のゲノムは，トランスポゾンが占める DNA 配列の割合が高い。ゲノムサイズが大きいほど割合が高くなり，シロイヌナズナ（120 Mb），イネ（390 Mb），トウモロコシ（2,300 Mb）では，それぞれ 15%，30%，85% がトランスポゾンだとされている[17~19]。そのほとんどは，不活性で転移しないトランスポゾンとその残骸である。植物種によっては，特定のファミリーのトランスポゾンが，セントロメア近傍やヘテロクロマチン領域に偏って存在する[7,8]。

4.4.3. トランスポゾンの活性制御

1) 転移活性の観察と活性化

　高頻度に突然変異を起こす性質は易変性 mutable, 易変性を獲得した遺伝子座は易変性変異座 mutable allele と呼ばれ, 特にクラスIIのトランスポゾンは易変性の主要因である (図4-4-2A, 後述)。トランスポゾンの転移活性は, 易変性変異座が賦与するキメラ斑の出現頻度で推定できる。キメラ斑の出現頻度はトランスポゾンの「脱離」頻度を反映するので, キメラ斑が多く生じる場合はトランスポゾンの転移活性が高く, 逆に少ない場合には活性が低いと推定できる。脱離は転移そのものではないので, 厳密には, 脱離したトランスポゾンが染色体に再挿入して転移が成立したことを検討する必要がある。

　トランスポゾンの転移は転写レベルで制御されている。クラスIのトランスポゾンではそれ自身の, クラスIIのトランスポゾンでは転移酵素遺伝子の転写が活性を決める主要因である。En/Spm では, 転移酵素遺伝子に, その産物である転移酵素自身が結合して転写を制御する自己制御系の存在が示唆されている[20]。さらにトランスポゾンの転移は, 植物の発達段階や環境に制御されることがある。トウモロコシの Ac/Ds, En/Spm, Mutator は, 糊粉層の発達にともない活性化される[21]。また, Ac/Ds スーパーファミリーに属するキンギョソウの Tam3 は, 植物を15℃で生育すると25℃に比べて1,000倍以上も活性が高い[14]。ペチュニアのトランスポゾンでも温度に依存した転移が観察されている[15]。

　一方, トランスポゾンはストレスによって活性化される[5, 7, 8, 22]。組織培養, 病原菌の侵入, 種間交雑による雑種形成などのトランスポゾンを活性化するストレスは, ゲノムストレス, あるいはゲノムショックと呼ばれる。組織培養による転移の活性化はタバコのクラスIのトランスポゾンで初めて証明され[23], イネではクラスI (Tos17 など) とクラスII (mPing) の両方のトランスポゾンの活性化が確認されている[24~26]。シロイヌナズナやコムギでは, 異質倍数体 allopolyploid の形成によりトランスポゾンの転写が活性化される[22]。活性化の分子機構は未解明な点が多い。人為的な環境制御やストレスにより転移を活性化することで, 突然変異の誘発が行われている。

2) 転移の抑制

　トランスポゾンは, そのDNAがメチル化されることで転移が抑制される[7, 8]。DNA中のシトシン塩基は, DNAメチル化酵素の作用により S-アデノシル-L メチオニンからメチル基が転移される。このDNAメチル化は, DNA配列とそこに結

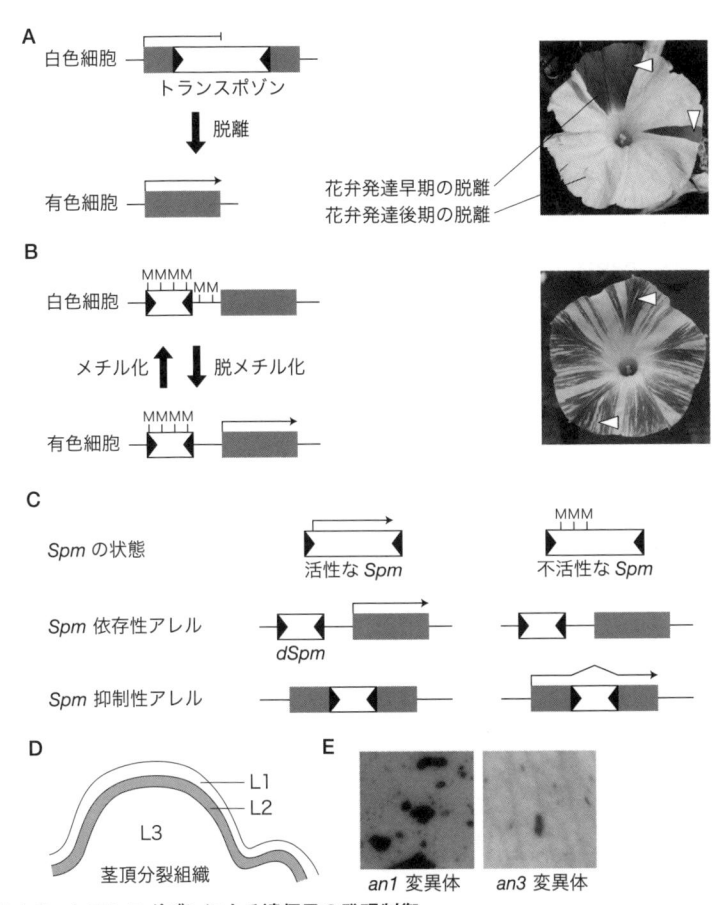

図 4-4-2 トランスポゾンによる遺伝子の発現制御
　A：雀斑変異では，トランスポゾンの脱離により *DFR* 遺伝子の発現が回復して，細胞系譜を反映したキメラ斑が生じる。いったん，機能が回復した *DFR* 遺伝子にトランスポゾンが再挿入することはまれなため，白色細胞から有色細胞への一方向の変化（復帰変異）が観察される。復帰変異した1つの細胞から花弁の両面にキメラ斑が形成されることがあり（白い三角），両面のキメラ斑は花弁の縁で両端が完全に一致する。これは，花の原基中で，花弁の表と裏に分化する以前の細胞が復帰変異したことを示している [46, 47]。
　B：ソライロアサガオの *pearly-variegate* 変異体。*DFR* 遺伝子のメチル化と脱メチル化が連続して可逆的に起こり，これに応じた遺伝子発現が起きる。この可逆性のために，雀斑変異では観察できない白色細胞のスポットが有色細胞のセクター中にあらわれる（白い三角）。
　C：トウモロコシの自律性トランスポゾンである *Spm* は，DNA メチル化と活性状態に相関がある。この活性状態に応じて，非自律性の *dSpm* が挿入した遺伝子は発現したり，発現が抑制されたりする。
　D：植物の茎頂分裂組織。
　E：ペチュニアの花弁に生じたキメラ斑。それぞれ転写因子と F3H をコードする *An1* と *An3* 遺伝子の変異体で，後者のキメラ斑の縁は輪郭が不明瞭である。
写真は，Francesca Quattrocchio 博士のご厚意による。

合するタンパク質の相互作用に影響して，転写やクロマチン修飾などを調節することで遺伝子発現を変化させる．DNA メチル化が欠損すると，トランスポゾンの転写抑制が解除されるだけでなく，実際に転移することもある[27]．DNA メチル化の阻害剤（アザシチジン azacytidine）を植物に与えることで，人為的に転移を活性化できるトランスポゾンも存在する[28]．ゲノム配列の中からトランスポゾンを識別してメチル化する機構として，低分子 RNA が関与する RNAi RNA interference に類似した，RdDM RNA dependent DNA methylation がはたらいている．ヒストンを含むクロマチンタンパク質も，この機構の中で DNA メチル化と協調してトランスポゾンを抑制している[7, 8]．DNA メチル化を中心とした抑制機構が引き起こす，DNA 配列の変化をともなわないトランスポゾンの遺伝的な活性変化は，エピジェネティクスの好例である．

一方，特定のトランスポゾンを抑制する遺伝子も存在する．トウモロコシの *En/Spm*, *Mutator*, キンギョソウの *Tam3* をそれぞれ抑制する，*En-I102*, *Mu killer*, *Stabilizer* などである[14, 29, 30]．このうち *En-I102* は，*En/Spm* の内部が欠損した構造をしており，不完全な転移酵素を発現して，完全な転移酵素の機能を優性的に阻害すると考えられている[29]．また，*Mu killer* は *Mutator MuDR* の 5' 領域が逆向き反復配列を形成した構造である[30]．この反復配列が隣接する外部プロモーターにより転写された RNA が，RNAi および RdDM を引き起こして *Mutator* の転移を抑制するらしい．

4.4.4. トランスポゾンによる遺伝子の発現制御

1）突然変異による制御

トランスポゾンの配列や挿入位置によっても異なるが，トランスポゾンの挿入 insertion 変異は近傍遺伝子の発現を抑制することが通常である[4, 8, 14]．遺伝子のコード領域に挿入して正常な転写産物の産生を妨げたり，プロモーターやエンハンサーに挿入して転写を抑制したりする．イントロンへの挿入も，異常な転写終結やスプライシングにより遺伝子発現を抑制する．一方で遺伝子の発現を促進する場合もあり，プロモーター領域に挿入したトランスポゾンが，その内部から外向きの転写を起こすことで下流の遺伝子を異所的 ectopic に発現させる例がある[8, 31]．

クラス II のトランスポゾンは遺伝子中から脱離［欠失 deletion 変異が生じる］することで，挿入によりいったん変化させた遺伝子発現を元の状態に回復させることができる．これが易変性変異によるキメラ斑形成の基本的な機構になる．典型的な易変性変異として，アサガオの雀斑を図 4-4-2A に例示する．雀斑は *DFR* 遺伝子のイントロンに，*En/Spm* スーパーファミリーに属する *Tpn1* が挿入した変異である[32]．

DFR 遺伝子の転写は *Tpn1* 内部で終結する。このため *DFR* 遺伝子が発現せずに白い花弁細胞が形成されるが，*Tpn1* が脱離すると，*DFR* 遺伝子の機能が回復して有色細胞が形成される。体細胞で脱離すると花にキメラ斑があらわれたり，野生型と同じ全色花ばかり咲かせる枝変わりが生じたりする[33,34]。生殖細胞で脱離すれば，次世代で野生型に復帰した生殖細胞復帰変異体が得られる。なお，植物の生殖細胞はL2の細胞層から形成される。一般に花弁はL1層にアントシアニンを蓄積するが，L1層だけが復帰変異した全色花から種子を得ても，生殖細胞復帰変異体は得られない（図4-4-2D）。

トランスポゾンは挿入と欠失だけでなく，逆位，重複，染色体切断など多様な変異を起こす[4,5]。また，トランスポゾンどうしやトランスポゾン内部での遺伝的組換えにより変異を起こすこともある。たとえば，クラスIに属するLTR型のトランスポゾンでは，LTR配列間の相同組換えにより1つのLTRだけを残して欠失することがある。残されたLTRはsolo LTRと呼ばれ，植物ゲノム中に多く存在する（図4-4-1A）。これらの突然変異も遺伝子発現に影響する[35]。

また，トランスポゾンが脱離した後に残されるフットプリントの配列が，遺伝子発現に影響をおよぼすこともある[14,36]。遺伝子のコード領域にフットプリントが形成されると，アミノ酸配列が変化して，本来の機能とは異なる翻訳産物が蓄積することがあり，正常な翻訳産物の機能をタンパク質レベルで優性的に抑制する場合もある[37]。

2）エピジェネティックな制御

トランスポゾンの近傍遺伝子はエピジェネティックな制御も受ける[7,8]。トランスポゾンの転移を抑制するDNAメチル化などが，近傍遺伝子の発現に影響するためだと考えられている。エピジェネティックに発現状態が異なる遺伝子座は，エピアレル epiallele と呼ばれる。エピアレルの安定性には多様性が見られ，世代を超えて伝達される安定なアレルや，体細胞レベルで変化してキメラ斑のような斑入りを与える不安定なアレルがある。また，DNAメチル化と遺伝子発現の間に正の相関（DNAメチル化されて遺伝子が発現する）があるエピアレルと，負の相関（DNAメチル化されて遺伝子が発現しない）を示すエピアレルがある。不安定で遺伝子発現との間に負の相関があるエピアレルとして，ソライロアサガオ（西洋アサガオ）の *pearly-variegate* があげられる。このアレルを有する変異体は，*DFR* 遺伝子のプロモーターに *Mutator* スーパーファミリーに属する *ItMu1* の挿入をもち，キメラ斑のような絞り模様の花を咲かせる（図4-4-2B）。*ItMu1* は安定な挿入で転移を起こさず，それ自身のDNAメチル化の変化ではなく，連続的に変化するDNAメ

チル化をプロモーター上に誘導することで *DFR* 遺伝子を間接的に制御していると思われる[6]。

一方,自律性因子の DNA メチル化状態が,非自律性因子が挿入した遺伝子の発現を間接的に制御することがある。これは,自律性因子から供給される転移酵素と非自律性因子の相互作用が,発現制御にはたらくためだと考えられている。McClintock も観察したトウモロコシの穀粒の斑入りはその代表例である[4](図4-4-2C)。内部が欠損した非自律性の *Spm* である *dSpm* がプロモーターに挿入した *DFR* 遺伝子は,メチル化されていない活性な自律性因子 *Spm* が共存すると発現し,メチル化された不活性な *Spm* との共存下では発現しない(*Spm* 依存性アレル)。逆に,*dSpm* がエキソン中のイントロンとの境界近くに挿入した *DFR* 遺伝子は,不活性な *Spm* と共存した時には,スプライシングによって転写産物から *dSpm* に由来する配列が除かれるために発現するが,活性な *Spm* と共存すると発現しない(*Spm* 抑制性アレル)。活性な *Spm* から供給される転移酵素が *dSpm* に結合して,依存性アレルでは下流の *DFR* 遺伝子の転写が促進され,抑制性アレルでは転写やスプライシングが抑制されると考えられている。

4.4.5. トランスポゾンを利用した遺伝子のクローニングと機能解析
1) トランスポゾントラッピング

トランスポゾンの変異原としての性質は,ブドウの果皮の着色[35],バラの四季咲き性[38]や,各種の園芸植物における花色の改変など,新しい品種を生み出す突然変異育種に利用されてきた。さらに,遺伝子のクローニングと機能解析にも利用され,トランスポゾントラッピング transposon trapping,トランスポゾンタギング transposon tagging,逆遺伝学的なトランスポゾンタギングなどが行われている[5,39](図4-4-3A)。

トランスポゾントラッピングは,既知の遺伝子配列を用いて,その遺伝子に挿入したトランスポゾンをクローニングする手法で,同時に遺伝子の機能を知ることもできる。CHS から UF3GT までのアントシアニン生合成酵素の遺伝子と,これらの転写を活性化する調節遺伝子は,DNA 配列の類似性をもとに cDNA やゲノム断片を得ることが容易であり,トランスポゾントラッピングに利用されることが多い[5,6]。一般にキメラ斑を与えるトランスポゾンの関与が明らかな易変性変異座で行われる。しかし,キメラ斑を与えない遺伝子座から,遺伝的あるいはエピジェネティックに転移が抑制されたトランスポゾンが期せずして得られることがある。また,遺伝子レベルでの研究が少ない植物からは,転移の実例が少ないトランスポゾンが得られている[40,41]。

アントシアニンの着色変異体でトランスポゾントラッピングを行う時には，蓄積するフラボノイドが原因遺伝子を特定する手がかりになる。変異体では，生合成経路において原因遺伝子が制御する反応よりも上流の中間体やその派生物が増加するので，これらを同定することで原因遺伝子を推測できる。一方，下流の中間体を変異体の着色を失った組織に与えることで，着色を回復させることが可能な場合があり，原因遺伝子の推測に役立つ。たとえば，アサガオの CHS 変異体の花弁にナリンゲニンを与えると着色が回復する[42]。さらに，花にキメラ斑があらわれる変異体では，キメラ斑の縁の着色が推測材料になる。ペチュニアでは，原因遺伝子が酵素をコードする場合に，キメラ斑の縁が不明瞭になる。これは，復帰変異細胞から周囲の変異型細胞に染み出した下流の中間産物が，変異型細胞がもつ下流の酵素によりアントシアニンに代謝されるためである。調節遺伝子の変異体では，変異型細胞に下流の酵素はないのでアントシアニンが合成されず，明瞭な縁のキメラ斑が形成されると考えられている（図 4-4-2E）[43, 44]。

2) トランスポゾンタギング

トランスポゾンにより突然変異を起こした遺伝子（「トランスポゾンでタグ（標識 tag）された」という）を，表現型とトランスポゾンをマーカーとしてクローニングする手法がトランスポゾンタギングである（図 4-4-3A）。遺伝子の配列や産物に関する情報を必要としないことを最大の利点とするクローニング手法で，植物の分子生物学に盛んに用いられている。活性なトランスポゾンをもつ，トウモロコシ，ペチュニア，キンギョソウ，アサガオ，イネなどで行われ，数多くのフラボノイド関連遺伝子もクローニングされてきた[5, 15, 39]。内在性のトランスポゾンが不活性なシロイヌナズナでは，異種植物のトランスポゾンを導入した形質転換植物を作出することで行われている。

トランスポゾンタギングの概略は，以下のとおりである。まず，トランスポゾンにタグされた変異体と対照植物を用意する。基本的に，変異の原因となったトランスポゾンは予め判明している必要がある。このため，特定のトランスポゾンが活性な系統に由来する変異体を用いることが一般である。対照植物には，突然変異を起こす以前の親系統や，突然変異体から分離した生殖細胞復帰変異系統など，変異体とトランスポゾンの挿入位置が均一な同質遺伝子系統 isogenic line が使われる。ついで，トランスポゾンの配列をプローブとしたサザンハイブリダイゼーションや，トランスポゾンの隣接配列を増幅する PCR により，表現型に連鎖するトランスポゾンを同定する（図 4-4-3A）。さらに，同定したトランスポゾンに隣接する遺伝子をクローニングした後，それが実際に目的遺伝子であることを確認する。確認は，

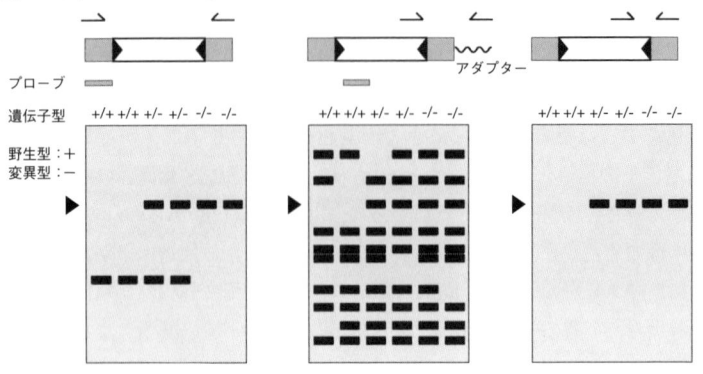

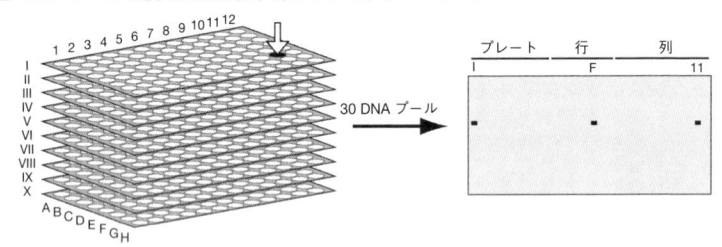

図 4-4-3 トランスポゾンを利用した遺伝子のクローニングと機能解析
A：トランスポゾンが挿入した遺伝子に由来する DNA 断片は PCR で検出する．トランスポゾントラッピングとトランスポゾンタギングではサザンハイブリダイゼーションでも検出できる．下のパネルは PCR 産物の電気泳動像，またはサザンハイブリダイゼーションのオートラジオグラフィーの模式図．黒い三角の先に目的とする遺伝子に由来するバンドがあらわれている．
B：逆遺伝学的なトランスポゾンタギングでは，3 次元の DNA プールを用いることでスクリーニングを省力化する．この例では，96 ウェルプレートの各ウェルに，植物ごとに抽出した DNA が保存されている（左）．プレートごと，行ごと，列ごとに DNA を混合して 30 とおりのプールを作成して，PCR の鋳型とする．PCR 産物の電気泳動像（右）から，目的遺伝子の変異体の DNA はプレート I の F11 に保存されていることがわかる．

トランスポゾンの脱離と表現型の回復を生殖細胞復帰変異体で見るか，独立したトランスポゾンの挿入変異を複数見つけることで行う．

3) 逆遺伝学的なトランスポゾンタギング

逆遺伝学的なトランスポゾンタギングは，トランスポゾンによってランダムな挿入変異を誘発した多数の植物群の中から，目的遺伝子にトランスポゾンが挿入した変異体をスクリーニングする方法である[5, 15, 39]（**図 4-4-3A**）．逆遺伝学とは，遺伝

子の機能を，そのDNA配列の改変などによってあらわれる表現型や遺伝形質の変化から調べることで，この方法もDNA配列が明らかな目的遺伝子をトランスポゾンで改変して変異体の形質を調べるので，逆遺伝学の一部である。

　実際のスクリーニングは，遺伝子とトランスポゾンに特異的なプライマーを使ったPCRで行われる。多数の植物について個々にPCRを行うことは効率が悪い。そこで，植物ごとに抽出したDNAを混合した3次元のDNAプールを作成して，少ないPCRで多くの植物をスクリーニングする工夫が取り入れられる（図4-4-3B）。発展型の手法として，PCRで増幅したトランスポゾンの隣接配列を次世代型DNAシークエンサーで網羅的に解読してデータベース化し，*in silico*で変異体を探す方法もあらわれている[45]。今後，さらにシークエンサーの能力が向上すれば，変異体の全ゲノム配列を個体ごとに決定して，トランスポゾンが挿入した遺伝子を探索する順方向の遺伝学的手法も実用化されるであろう。

引用文献

(1) Berg, D.E., Howe, M.M. (eds.) 1989. Mobile DNA. American Society for Microbiology Press, Washington D.C.
(2) Craig, N.L., Craigie, R., Gellert, M., Lambowitz, A.M. (eds.) 2002. Mobile DNA II. American Society for Microbiology Press, Washington D.C.
(3) McClintock, B. 1987. The discovery and characterization of transposable element. The collected papers of Barbara McClintock. *In* Gene, Cells and Organism (ed. Moore, J.A.), Garland Publishing, New York.
(4) Fedoroff, N.V. 1989. Maize transposable elements. *In* Mobile DNA (eds. Berg, D.E., Howe, M.M.), American Society for Microbiology Press, Washington D.C. pp. 375-411.
(5) Kunze, R., Saedler, H., Lonnig, W.E. 1997. Plant transposable elements. *Adv. Bot. Res.* **27**, 331-470.
(6) Chopra, S., Hoshino, A., Boddu, J., Iida, S. 2006. Flavonoid pigments as tools in molecular genetics. *In* The Science of Flavonoids (ed. Grotewold, E.), Springer, New York. pp. 147-173.
(7) Lisch, D. 2009. Epigenetic regulation of transposable elements in plants. *Annu. Rev. Plant Biol.* **60**, 43-66.
(8) Slotkin, R.K., Martienssen, R. 2007. Transposable elements and the epigenetic regulation of the genome. *Nat. Rev. Genet.* **8**, 272-285.
(9) Dooner, H.K., Weil, C.F. 2007. Give-and-take: interactions between DNA transposons and their host plant genomes. *Curr. Opin. Genet. Dev.* **17**, 486-492.
(10) Curcio, M.J., Derbyshire, K.M. 2003. The outs and ins of transposition: from mu to kangaroo. *Nat. Rev. Mol. Cell Biol.* **4**, 865-877.
(11) Walbot, V., Rudenko, G.N. 2002. *MuDR/Mu* transposable elements of maize. *In* Mobile DNA II (eds. Craig, N.L., Craigie, R., Gellert, M., Lambowitz, A.M.), American Society for Microbiology Press, Washington D.C. pp. 533-564.
(12) Eickbush, T.H., Jamburuthugoda, V.K. 2008. The diversity of retrotransposons and the properties of their reverse transcriptases. *Virus Res.* **134**, 221-234.

(13) Witte, C.P., Le, Q.H., Bureau, T., Kumar, A. 2001. Terminal-repeat retrotransposons in miniature (TRIM) are involved in restructuring plant genomes. *Proc. Natl. Acad. Sci., USA* **98**, 13778-13783.
(14) Coen, E.S., Robbins, T.P., Almeida, J., Hudson, A., Carpenter, R. 1989. Consequences and mechanisms of transposition in *Antirrhinum majus*. In Mobile DNA (eds. Berg, D.E., Howe, M.M.), American Society for Microbiology Press, Washington D.C. pp. 413-436.
(15) Gerats, T. 2009. Identification and exploitation of petunia transposable elements: a brief history. In Petunia (eds. Gerats, T., Strommer, J.), Springer, New York. pp. 365-379.
(16) Feschotte, C., Zhang, X., Wessler, S.R. 2002. Miniature inverted-repeat transposable elements and their relationship to established DNA transposons. In Mobile DNA II (eds. Craig, N.L., Craigie, R., Gellert, M., Lambowitz, A.M.), American Society for Microbiology Press, Washington D.C. pp. 1147-1158.
(17) The Arabidopsis Genome Initiative 2000. Analysis of the genome sequence of the flowering plant *Arabidopsis thaliana*. *Nature* **408**, 796-815.
(18) Itoh, T., Tanaka, T., Barrero, R.A., Yamasaki, C., Fujii, Y., Hilton, P.B., et al. 2007. Curated genome annotation of *Oryza sativa* ssp. *japonica* and comparative genome analysis with *Arabidopsis thaliana*. *Genome Res.* **17**, 175-183.
(19) Schnable, P.S., Ware, D., Fulton, R.S., Stein, J.C., Wei, F., Pasternak, S., et al. 2009. The B73 maize genome: complexity, diversity, and dynamics. *Science* **326**, 1112-1115.
(20) Cui, H., Fedoroff, N.V. 2002. Inducible DNA demethylation mediated by the maize *Suppressor-mutator* transposon-encoded TnpA protein. *Plant Cell* **14**, 2883-2899.
(21) Levy, A.A., Walbot, V. 1990. Regulation of the timing of transposable element excision during maize development. *Science* **248**, 1534-1537.
(22) Madlung, A., Comai, L. 2004. The effect of stress on genome regulation and structure. *Ann. Bot.* **94**, 481-495.
(23) Hirochika, H. 1993. Activation of tobacco retrotransposons during tissue culture. *EMBO J.* **12**, 2521-2528.
(24) Hirochika, H. 2001. Contribution of the *Tos17* retrotransposon to rice functional genomics. *Curr. Opin. Plant Biol.* **4**, 118-122.
(25) Jiang, N., Bao, Z., Zhang, X., Hirochika, H., Eddy, S.R., McCouch, S.R., et al. 2003. An active DNA transposon family in rice. *Nature* **421**, 163-167.
(26) Kikuchi, K., Terauchi, K., Wada, M., Hirano, H.Y. 2003. The plant MITE *mPing* is mobilized in anther culture. *Nature* **421**, 167-170.
(27) Miura, A., Yonebayashi, S., Watanabe, K., Toyama, T., Shimada, H., Kakutani, T. 2001. Mobilization of transposons by a mutation abolishing full DNA methylation in *Arabidopsis*. *Nature* **411**, 212-214.
(28) Eun, C.H., Takagi, K., Park, K.I., Maekawa, M., Iida, S., Tsugane, K. 2012. Activation and epigenetic regulation of DNA transposon *nDart1* in rice. *Plant Cell Physiol.* **53**, 857-868.
(29) Cuypers, H., Dash, S., Peterson, P.A., Saedler, H., Gierl, A. 1988. The defective En-I102 element encodes a product reducing the mutability of the En/Spm transposable element system of *Zea mays*. *EMBO J.* **7**, 2953-2960.
(30) Slotkin, R.K., Freeling, M., Lisch, D. 2005. Heritable transposon silencing initiated by a naturally occurring transposon inverted duplication. *Nat. Genet.* **37**, 641-644.
(31) Barkan, A., Martienssen, R.A. 1991. Inactivation of maize transposon *Mu* suppresses a mutant phenotype by activating an outward-reading promoter near the end of *Mu1*. *Proc. Natl. Acad. Sci., USA* **88**, 3502-3506.
(32) Inagaki, Y., Hisatomi, Y., Suzuki, T., Kasahara, K., Iida, S. 1994. Isolation of a *Suppressor-mutator/Enhancer*-like transposable element, *Tpn1*, from Japanese morning glory bearing variegated flowers. *Plant Cell* **6**, 375-383.

(33) Takahashi, S., Inagaki, Y., Satoh, H., Hoshino, A., Iida, S. 1999. Capture of a genomic *HMG* domain sequence by the *En/Spm*-related transposable element *Tpn1* in the Japanese morning glory. *Mol. Gen. Genet.* **261**, 447-451.
(34) Inagaki, Y., Hisatomi, Y., Iida, S. 1996. Somatic mutations caused by excision of the transposable element, *Tpn1*, from the *DFR* gene for pigmentation in sub-epidermal layer of periclinally chimeric flowers of Japanese morning glory and their germinal transmission to their progeny. *Theor. Appl. Genet.* **92**, 499-504.
(35) Kobayashi, S., Goto-Yamamoto, N., Hirochika, H. 2004. Retrotransposon-induced mutations in grape skin color. *Science* **304**, 982.
(36) Wessler, S.R. 1988. Phenotypic diversity mediated by the maize transposable elements *Ac* and *Spm*. *Science* **242**, 399-405.
(37) Singer, T., Gierl, A., Peterson, P.A. 1998. Three new dominant *C1* suppressor alleles in *Zea mays*. *Genet. Res. Camb.* **71**, 127-132.
(38) Iwata, H., Gaston, A., Remay, A., Thouroude, T., Jeauffre, J., Kawamura, K., et al., 2012. The *TFL1* homologue *KSN* is a regulator of continuous flowering in rose and strawberry. *Plant J.* **69**, 116-125
(39) Maes, T., De Keukeleire, P., Gerats, T. 1999. Plant tagnology. *Trends Plant Sci.* **4**, 90-96.
(40) Choi, J.D., Hoshino, A., Park, K.I., Park, I.S., Iida, S. 2007. Spontaneous mutations caused by a *Helitron* transposon, *Hel-It1*, in morning glory, *Ipomoea tricolor*. *Plant J.* **49**, 924-934.
(41) Nakatsuka, T., Nishihara, M., Mishiba, K., Hirano, H., Yamamura, S. 2006. Two different transposable elements inserted in flavonoid 3′5′-hydroxylase gene contribute to pink flower coloration in *Gentiana scabra*. *Mol. Genet. Genomics* **275**, 231-241.
(42) Hoshino, A., Park, K.I., Iida, S. 2009. Identification of *r* mutations conferring white flowers in the Japanese morning glory (*Ipomoea nil*). *J. Plant Res.* **122**, 215-222.
(43) van Houwelingen, A., Souer, E., Spelt, K., Kloos, D., Mol, J., Koes, R. 1998. Analysis of flower pigmentation mutants generated by random transposon mutagenesis in *Petunia hybrida*. *Plant J.* **13**, 39-50.
(44) Alfenito, M.R., Souer, E., Goodman, C.D., Buell, R., Mol, J., Koes, R., et al. 1998. Functional complementation of anthocyanin sequestration in the vacuole by widely divergent glutathione *S*-transferases. *Plant Cell* **10**, 1135-1149.
(45) Vandenbussche, M., Janssen, A., Zethof, J., van Orsouw, N., Peters, J., van Eijk, M.J., et al. 2008. Generation of a 3D indexed *Petunia* insertion database for reverse genetics. *Plant J.* **54**, 1105-1114.
(46) Martin, C., Gerats, T. 1993. Control of pigment biosynthesis genes during petal development. *Plant Cell* **5**, 1253-1264.
(47) Vincent, C.A., Carpenter, R., Coen, E.S. 1995. Cell lineage patterns and homeotic gene activity during *Antirrhinum* flower development. *Curr. Biol.* **5**, 1449-1458.

4.5. 遺伝子発現の調節*

　高等植物における二次代謝産物の合成は,周囲の環境からのストレスや発達段階,器官,組織による違いなど,さまざまな要因によって制御されている。そのため二次代謝産物は,特定の植物種,組織,発達段階において合成され,光,病原菌感染,物理的傷害,温度,ホルモンなどのシグナルによっても誘導される。多くの二次代謝産物の中でも,フラボノイド化合物はUV照射からの防御,ポリネーターの誘引,病原菌や昆虫からの防御といったさまざまな生理機能をもち,これらの機能が発現するためには,適切な場所において適切なタイミングで合成されることが重要であり,合成系の精密な転写制御が必要である。フラボノイド合成系は植物の転写制御機構の中で最もよく研究されているものの1つである。その大きな理由として,フラボノイド合成酵素遺伝子の発現に異常が見られる多くの色素欠損変異体の解析が,この経路の制御因子の単離を容易にしたことがあげられる[1,2]（表4-5-1）。

　フラボノイド合成は,一連の合成酵素遺伝子群の発現が協調的に制御されることにより誘導される。遺伝子の発現様式の違いから,フラボノイド合成経路の酵素遺伝子群は,合成系の前半のステップを触媒する酵素遺伝子 early biosynthetic genes (EBGs) と後半の late biosynthetic genes (LBGs) の大きく2つに分類される[1,3,4]（図4-5-1）。トウモロコシでは,EBGs, LBGs の両方の遺伝子が同じ制御因子によって協調的に活性化される[5]のに対し,多くの双子葉植物ではEBGsとLBGsが異なる因子により制御されることが示唆されている[6,7]。本章では,主なフラボノイド化合物の合成制御機構について,転写因子を中心に紹介するとともに,その制御ネットワークとほかの生物プロセス,植物多様性へのかかわりについて論じる。

4.5.1. 主なフラボノイド化合物の転写制御

1) アントシアニン合成制御

　アントシアニン合成制御には,R2R3-MYB, basic helix-loop-helix (bHLH) ファミリーに属する転写因子が中心的な役割を果たすことが知られている（図4-5-1および4-5-2）。これらの因子はトウモロコシ,ペチュニア,キンギョソウ,シロイヌナズナにおいて詳細な解析が行われており,近年多種の植物より次々と相同遺伝子が単離されている。MYB型転写因子は動物の myb がん遺伝子と相同なタンパク質として単離されたが,3つのヘリックスターンヘリックス helix-turn-helix が3回繰り返すリピート構造（R1, R2, R3 repeats）をもつ動物のmybに対し,植物のMYB型転写因子のほとんどは2つのリピート構造（R2, R3 repeats）をもつR2R3-

---

＊執筆：由田和津子・作田正明　Kazuko Yoshida and Masaaki Sakuta

表 4-5-1 フラボノイド合成の転写制御因子

フラボノイド	植物種	転写因子ファミリー				引用文献
		MYB	bHLH	WDR	その他	
アントシアニン	トウモロコシ	C1	R	PAC1		8, 9, 22, 23
		P1	B			
			Lc			
	ペチュニア	AN2	AN1	AN11		12, 19, 20
			JAF13			
	キンギョソウ	Rosea1	Delila			13, 14
		Rosea2	Mutabilis			
		Venosa				
	シロイヌナズナ	PAP1 / MYB75	TT8	TTG1		15, 16, 17, 18
		PAP2 / MYB90	GL3			
			EGL3			
	タルウマゴヤシ	LAP1				24
	リンゴ	MYB10				77
プロアントシアニジン	シロイヌナズナ	TT2	TT8	TTG1	TT1 (zinc finger)	25, 28, 29, 30, 31
					TT16 (MADSbox)	
					TTG2 (WRKY)	
	ブドウ	VvMYBPA1				33, 34
		VvMYBPA2				
	ミヤコグサ	LjTT2a	LjTT8	LjTTG1		35, 36, 37
		LjTT2b				
		LjTT2c				
	ポプラ	MYM134				39
フラボノール	シロイヌナズナ	AtMYB12				41, 42
		AtMYB11				
		AtMYB111				
フロバフェン	トウモロコシ	P1				43
	サトウモロコシ	Y1				44
環境ストレス						
光	パセリ				CPRF1 (bZIP)	48
					CPRF2 (bZIP)	
	シロイヌナズナ	PAP1			HY5 (bZIP)	49
		PAP2				
	ブドウ	VvMYBA				51
	ポプラ	MYB134				51
物理的障害	ポプラ	MYB134				39
感染応答	パセリ			PsGBF		53
	ダイズ				SBZ1 (bZIP)	54
栄養飢餓	シロイヌナズナ	PAP2				55, 56

本章で紹介した正の制御因子を経路の最終産物および，関与する環境ストレスごとに表記した．

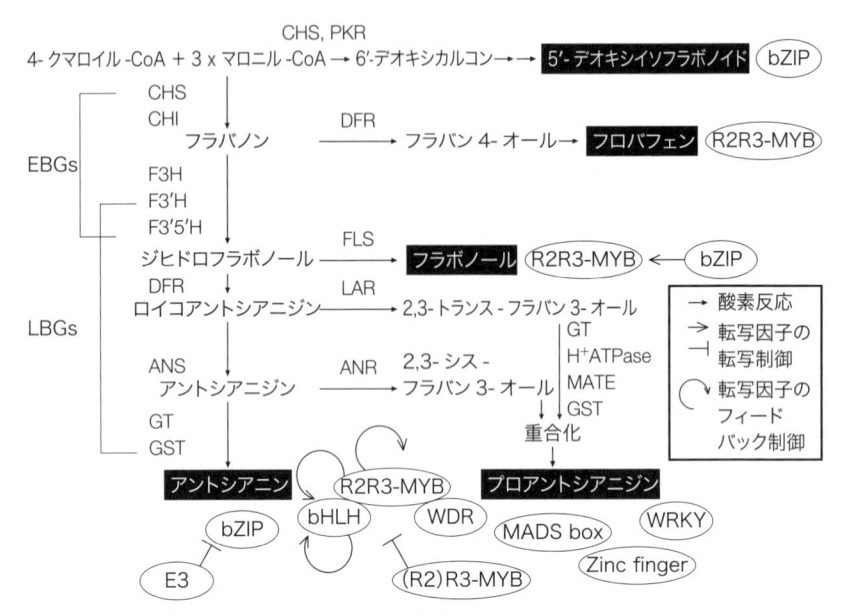

図 4-5-1 フラボノイド合成経路とその転写制御因子

フラボノイド合成経路とその転写制御の概略を示した。各化合物をつなぐ矢印は酵素反応を示し，触媒する酵素名を矢印の横または上に示した。黒の囲い文字は反応系の最終産物を示しており，その合成に関わる転写因子ファミリーを付近に示した。
EBGs; early biosynthetic genes, LBGs; late biosynthetic genes, CHS; カルコン合成酸素, CHI; カルコン イソメラーゼ, F3H; フラバノン 3-ヒドロキシラーゼ, FLS; フラボノール合成酵素, DFR; ジヒドロフラボノール 4-還元酵素, ANS; アントシアニジン合成酵素, LAR; ロイコアントシアニジン還元酵素, ANR; アントシアニジン還元酵素, GT; グルコース転移酵素, GST; グルタチオン S-転移酵素, bZIP; basic-leucine zipper, bHLH; basic helix-loop-helix, WDR; WD40 repeat, E3; e3 ubiquitin ligase.

MYB 型である (図 4-5-2)。R2R3-MYB 型転写因子は植物の中で大きな遺伝子族を形成し，アントシアニン合成制御以外にも細胞の分化や発達，ストレス応答など多種多様なプロセスを制御するものが報告されている。最初に単離されたアントシアニン合成の転写因子はトウモロコシ COLORLESS 1 (C1) であり，これは，R2R3-MYB 型の転写因子である[8]。C1 とそのホモログである PURPLE LEAF (Pl) は単独では転写活性化能をもたず，bHLH 型の転写因子である RED (R) とそのホモログ BOOSTER (B) に依存してアントシアニン配糖化酵素をコードする *Bronze 1 (Bz1)* プロモーター上の Anthocyanin Regulatory Element (ARE) に結合して *Bz1* の転写を活性化することが報告された[9]。R / B をはじめとする植物の bHLH 型転写因子は動物の myc 転写因子に相同なタンパク質で，MYB 型転写因子同様大きな遺伝子ファミリーを形成する。この転写活性化能には bHLH ドメインが必須

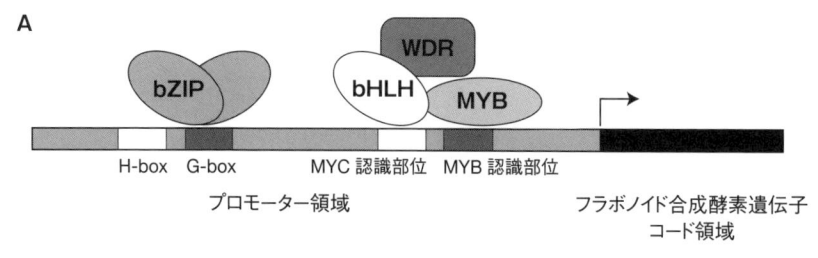

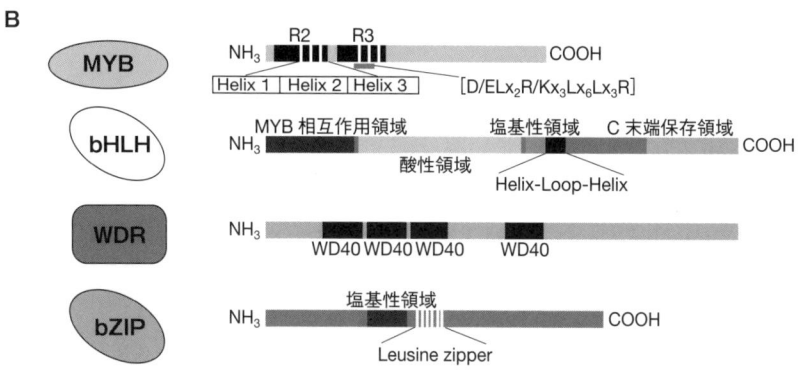

図 4-5-2　転写因子複合体による転写制御と転写制御因子のドメイン構造
A：フラボノイド合成酵素遺伝子のプロモーター領域に存在するシスエレメントに結合する転写因子複合体の模式図
B：フラボノイド合成に関与する転写制御因子のドメイン構造

であり，このドメインの塩基性領域 basic region は E-box（CANNTG）の6塩基を認識し，HLHドメインはホモ，ヘテロダイマー形成に関与する[10, 11]（図 4-5-2）。R2R3-MYB と bHLH の組み合わせによるアントシアニン合成制御は多くの植物で報告されており，植物種間で共通の転写制御機構と考えられる。

たとえば，ペチュニアの bHLH 型転写因子 Anthocyanin 1（AN1）と JAF13 は R2R3-MYB 型転写因子の AN2 と物理的に相互作用することによって，*ANS*，*DFR* の転写を活性化する[12]。キンギョソウでは，3つの MYB 型転写因子 Rosea1, Rosea2, Venosa と2つの bHLH 型転写因子 Delila, Mutabilis が単離された。これらの因子を欠損する植物の花弁はそれぞれ違った部位のアントシアニン蓄積に異常をきたすことから，これらの組み合わせにより花弁における部位特異的なアントシアニン合成が制御され，花の色のバリエーションが作り出されると考えられる[13, 14]。

また，シロイヌナズナの R2R3-MYB 型転写因子の PRODUCTION OF ANTHOCYANIN PIGMENT1（PAP1 / MYB75）および PAP2 / MYB90 は，植物体で過剰発現させるとアントシアニン合成酵素遺伝子 *F3H*，*DFR*，*ANS* だけでなく，アントシアニン

の配糖化酵素や液胞への輸送にかかわる MATE 様トランスポーター，glutathione-S-transferase（GST）をコードする一連の遺伝子の転写を活性化し，異所的なアントシアニン蓄積を誘導する[15, 16]。シロイヌナズナは通常，限られた時期，部位にのみアントシアニンを蓄積するが，PAP1 過剰発現体ではすべての発達段階の成長組織において濃い紫色の着色が見られる[15~17]。PAP1／2 は bHLH 型転写因子である TRANSPARENT TESTA8（TT8），GLABRA3（GL3），ENHANCER OF GLABRA3（EGL3）と物理的に相互作用し，植物細胞内でこれらの転写因子を一過的に発現させると PAP1／2 による *DFR* プロモーターに対する転写活性化能が増加する[18]ことから，bHLH 型転写因子は R2R3-MYB 型転写因子の転写活性において重要な役割を果たすと考えられる。

　R2R3-MYB 型，bHLH 型転写因子に加えて，アントシアニン合成の転写制御には第 3 の因子，WDR（WD40-repeat）タンパク質が関与することが，ペチュニアで最初に報告された[19]。ペチュニアの WDR タンパク質 AN11 の欠損変異体である an11 は花色を失い，この変異は AN1 または AN2 を過剰発現させることで回復する。an11 変異体では R2R3-MYB，bHLH 型転写因子の発現パターンは変化しないことから，AN11 は MYB や bHLH の転写制御ではなく，転写後調節にかかわっていることが示唆された[19]。

　さらに AN11 のオーソログであるシロイヌナズナの WDR タンパク質 TRANSPARENT TESTA GLABRA1（TTG1）は MYB，bHLH 型転写因子と物理的に相互作用することが示され，WDR は MYB／bHLH 型転写因子と相互作用することによって，これらの因子の転写活性化能を調節していることが示唆されている[20]。ほかにもトウモロコシ Pale Aleurone Color 1（PAC1），ワタの TTG1 など非常に高い相同性を有する AN11 のオーソログは多くの植物で単離され，これらがお互いの機能を相補することから，R2R3-MYB／bHLH／WDR によるアントシアニン合成制御は植物界で広く保存されていると考えられる。

　さらに，MYB，bHLH 型転写因子も異なる植物種で機能を相補する。たとえばタバコで MYB 型転写因子 PAP1 を異所的発現させた場合，シロイヌナズナで過剰発現させた時と同様に全身にアントシアニン蓄積が見られ[15, 21]，トウモロコシのアントシアニン合成を制御する bHLH 型転写因子 Lc をペチュニアまたはアルファルファで過剰発現させると，光などのストレスによってアントシアニン蓄積が誘導された[22, 23]。それに対し，PAP1 をマメ科のタルウマゴヤシやアルファルファで過剰発現させてもアントシアニン合成を誘導しないことが最近の研究で明らかとなった[24]。これらのマメ科植物では PAP1 に類似した R2R3-MYB 型転写因子 Legume Anthocyanin Production 1（LAP1）によってアントシアニン合成が誘導さ

れ，LAP1 を過剰発現させると全身に多量のアントシアニンが蓄積する．

また，R2R3-MYB / bHLH 転写因子が標的とする遺伝子のセットは植物種によって異なっている．トウモロコシの C1 / Pl と R / B は，フラボノイド合成経路の EBGs / LBGs 両方の転写を活性化してアントシアニン合成を誘導するのに対し，ペチュニア AN2 と JAF13 は LBGs のみを活性化する．このように，R2R3-MYB / bHLH による制御機構はさまざまな植物種の間で基幹となるシステムであるが，個々の植物種では独自の制御機構が発達し，フラボノイド合成系が多様化してきたと考えられる．

2）プロアントシアニジン合成制御

プロアントシアニジン（PA）は，植物においてさまざまなストレスに対する防御，種子の休眠や長命に寄与している[2, 25]．PA は果実や成長組織，花，種子で合成されるが，シロイヌナズナでは PA は種子の内皮に特異的に蓄積し，その酸化物により種子が茶色に着色する[25]．種子が着色しない変異体 transparent testa（tt）は，シロイヌナズナにおいてフラボノイド合成に変異が起こっている植物体として単離された[26〜28]．これまでに，PA 代謝に関与する 20 以上の遺伝子座 *TT1* 〜 *TT19*, *TTG1*, *TTG2*, *BANYULS*（*BAN*）が見つかっており，*TT* 遺伝子座として単離されたなかで，12 遺伝子座は PA 合成経路ではたらき，さらに 6 つの遺伝子座 *TT1*, *TT2*, *TT8*, *TT16*, *TTG1*, *TTG2* は転写制御因子をコードしている[25]．*TT1* はジンクフィンガードメインをもつタンパク質をコードしており[28]，*TT2* は C1 と相同性の高い R2R3-MYB 転写因子をコードする[29]．*TT16* は ARABIDOPSIS BSISTER（ABS）MADS ドメインタンパク質をコードしており，これら 3 つの転写制御因子は，シロイヌナズナの胚珠で特異的に発現する[30]．それに対し bHLH 型転写因子をコードする *TT8* は比較的広い範囲で転写され，前述のように，PA だけでなくアントシアニン合成にもかかわる．*TTG2* は構成的に発現する WRKY 型の転写因子をコードしており，*TTG1* と同様にトライコムの形成や種子のムシレージ生成に関与している[31]．

シロイヌナズナの PA 合成の制御因子の中でも，前述のアントシアニン合成制御で報告されている MYB / bHLH / WDR タンパク質複合体を構成する TT2, TT8, TTG1 の相互作用による制御について詳細に解析されている．これら 3 者の複合体は，アントシアニン合成経路と共通している *ANS*, *DFR* に加え，アントシアニン合成と PA 合成の分岐点に位置する *anthocyanidin reductase*（*ANR*）の転写を活性化する．シロイヌナズナにおける ANR は *BAN*（*BANYULS*）遺伝子によってコードされており，アントシアニジンを 2,3-*cis*-flavan 3-ols（エピカテキン）に変

換する反応を触媒する，合成の鍵酵素である[32]（図4-5-1）。BANプロモーターの発現は種子内皮の，PAが蓄積する細胞でのみ発現する[25]。BANだけでなく，TT2 / TT8 / TTG1は，PAの液胞輸送に関与すると考えられるトランスポーターをコードするTT12, AHA10の転写をも制御することからも，シロイヌナズナの種子におけるPA合成がこの複合体によって特異的に制御されていることがわかる。

R2R3-MYB / bHLH / WDRによるPA合成制御は，シロイヌナズナ以外にも複数の植物種で報告されており，近年，TT2のオーソログと考えられる転写因子がいくつか単離された。TT2と高い相同性をもつブドウのVvMYBPA1およびVvMYBPA2は，bHLH型の転写因子の存在下でANRおよびleucoanthocyanidin reductase（LAR）のプロモーターを活性化し，ブドウの果実でのPA合成を制御している[33,34]。LARは，ロイコアントシアニジンから2,3-trans flavan-3-ols（カテキン）への反応を触媒する，PA合成のもう1つの経路の鍵酵素である（図4-5-1）。マメ科のモデル植物であるミヤコグサでは，ゲノム上でタンデムに配列する3コピーのTT2ホモログLjTT2a, LjTT2b, LjTT2cが見つかった[35]。これらは，VvMYBPAとは異なり，bHLH型転写因子の存在下でANRの転写を活性化するものの，LARプロモーターに対しては転写活性化能を示さない。ミヤコグサではTT8, TTG1のホモログも単離され，シロイヌナズナと相同なMYB / bHLH / WDR複合体によってPA合成が制御される[36,37]。

そのほかにも，ポプラのPA合成制御因子であるMYB134もTT2と高い相同性を示し，ストレス応答性のPA合成を制御する[38]。PA合成制御にかかわるMYB型転写因子のR2R3-MYBドメインは概してTT2との相同性が高く，アントシアニン合成系のAN2, PAP1などを含むMYB型転写因子と系統樹を作成すると，異なったクレードに分かれる[33〜37]。これらの転写因子はPAとアントシアニン合成の分岐点に存在するLAR, ANR遺伝子のプロモーター上にあるシスエレメントを特異的に認識すると考えられるが，R2R3-MYBファミリーの転写因子の間でプロモーター配列の結合特異性がどのように決定されるのか，興味がもたれる。

3）フラボノール合成制御

淡黄色のフラボノールは，植物の中に最も豊富に含まれるフラボノイドであり[39]，光に応答してフラボノール配糖体が蓄積されることから，UV防御物質として機能すると考えられている[40]。フラボノール合成を制御する転写因子として，AtMYB12が初めてシロイヌナズナより単離された[41]。AtMYB12は標的遺伝子のプロモーター上のMyb Responsive Element（MRE）を介してCHS, CHI, F3H, FLS, さらにフラボノールの配糖化にかかわると考えられるUGTの転写を活性化する

が，アントシアニン，PA 合成に特異的な *DFR* のプロモーターは活性化しないことから，これはフラボノール合成に特異的な転写因子であると考えられる[41, 42]。AtMYB12 と AtMYB11，AtMYB111 は高い相同性をもつ多重遺伝子族であり，その標的遺伝子は共通している。これらの相同遺伝子は，発現場所が異なることから，植物体での異なる器官・発達段階におけるフラボノール合成を制御していると考えられている[42]。

4) フロバフェン合成制御

フロバフェンはトウモロコシ，サトウモロコシ *Sorghum bicolor* といくつかのイネ科の植物で合成される赤色の色素で，3-デオキシフラボノイドが重合したものである。これはPAのように，果皮において防御的な役割を果たすと考えられている[2]。フロバフェン合成経路に関与する転写因子にはトウモロコシより単離された Pericarp1 (P1) とそのオーソログとしてサトウモロコシより単離された Y1 があり，これらは R2R3-MYB 型転写因子である[43, 44]。P1 は *CHS*，*CHI*，*DFR* の転写を活性化するが，*F3H* やほかのアントシアニン合成遺伝子には影響をおよぼさない[45]。P1 は ACCT / AACC という R2R3-MYB 結合コンセンサス配列を含む haPBS：high-affinity P1 binding site に結合する。トウモロコシにおけるアントシアニン合成を制御する C1 / Pl とは異なり，P1 は bHLH 型転写因子非存在下でフロバフェン合成酵素遺伝子の転写を活性化する[46]。また P1 は，イネ科の中で広がったグループである P-to-A R2R3-Myb sub-group に属し[47]，トウモロコシ，モロコシ，イネなど，フロバフェンを合成する種で高度に保存されている。

4.5.2. 環境に応答して誘導されるフラボノイド合成経路の転写制御

成長組織におけるアントシアニンの蓄積は，植物がストレスにさらされていることをあらわす場合が多い。アントシアニンに限らず，多くのフラボノイド化合物は普段合成される細胞，器官以外でも，光やエリシター，物理的傷害や栄養飢餓ストレスなどのシグナルによってその合成が誘導される。これらのストレスに応答するプロモーター領域に，何らかの形で活性化された転写因子が結合することによって，発現誘導の調節が行われる。

1) 光に応答した遺伝子発現制御

パセリやシロイヌナズナの *CHS* プロモーターには UV-B / A，青色光によって誘導される遺伝子発現に必要十分なモチーフ light-responsive unit (LRU) が存在する。LRU は H-box [(T / A) CT (C / A) ACCTA (C / A) C (C / A)] または MYB 認

識部位 (MRE) と ACGT エレメントからなる。いくつかの植物の CHS 遺伝子の ACGT エレメントは植物のプロモーターに保存されているモチーフである G-box の一部を構成する。

ACGT エレメントに結合する転写因子として，パセリより basic-leucine zipper (bZIP) 型転写因子 CPRF-1, 2, 3 が単離され，なかでも CPRF-1 の転写は UV 光により CHS 発現に先立って誘導されることから，CPRF-1 は UV 誘導性の CHS 発現制御を担うと考えられる[48]。

シロイヌナズナの bZIP 型転写因子 ELONGED HYCOPOTYL5 (HY5) もまた，LRU の G-box に結合し，光応答性の CHS 発現に必要な因子である[49]。HY5 は光応答の正の制御因子であり，hy5 変異体は光に対するさまざまな応答を欠損する。また，HY5 は光形態形成に関与するリプレッサータンパク質 CONSTITUTIVE PHOTOMORPHOGENIC1 (COP1) と相互作用する。COP1 は暗所では核に，明所では細胞質に局在する，ring-finger zinc 結合ドメインと WD40 リピート構造をもつタンパク質でユビキチンリガーゼ (E3) 活性をもち，HY5 以外にもアントシアニン合成の正の制御因子である COP1-interactive protein7 (CIP7) とも相互作用し，これらの因子を不活性化すると考えられる[50]。

Light Responsive Unit にも存在する H (MRE) box は，MYB 型転写因子によっても認識される。アントシアニン合成に関与する MYB 型転写因子のいくつかは，光によって誘導され，光応答性の遺伝子発現を制御する。ブドウのアントシアニン合成制御因子 VvMYBA は光照射によりその転写量が増加し，アントシアニン合成酵素遺伝子群の発現を誘導する[51]。ポプラの PA 制御因子である MYB134 は UV-B によってその発現が誘導され，これにともない，葉で PA が蓄積することが報告されている[38]。UV-B に応答した PA 合成の誘導は，少数の植物でしか報告されておらず，UV-B によって誘導される PA 蓄積は光照射による直接的な応答であるのか，UV 照射による活性酸素の増加などによる二次的な応答なのかはまだ不明である。

2）物理的傷害，病原菌感染に応答したフラボノイド合成制御

光によって誘導されるポプラの MYB134 は物理的傷害によってもその発現が増加する[38]。MYB134 過剰発現植物体では，PA 蓄積にともなってフェノール化合物の配糖体の量が減少し，害虫やペストによる食害が増すという結果が報告されたが[52]，PA をはじめとするフェノール化合物は，光，病原菌の感染，物理的傷害といったストレス条件下において共通した要素である酸化ストレスに対して，抗酸化物質として機能していると考えられる。

病原菌の感染に対して応答するフラボノイド合成系の転写因子に関しては報告例は少ない。還元型グルタチオン処理したパセリのcDNAライブラリーより，CHS1プロモーター上のG-boxに結合するbHLH型転写因子PsGBFが単離された[53]。また，ダイズのCHSの感染応答に重要なプロモーター領域に結合するbZIP型転写因子SBZ1が単離されたが，この発現量はエリシター処理によって変化せず，翻訳後調節によって活性が制御されることが考えられる[54]。

3）栄養飢餓ストレスによるフラボノイド合成制御

フラボノイド合成は窒素やリン酸飢餓といった栄養飢餓ストレスによっても誘導される。シロイヌナズナのPAP1/PAP2は，光だけでなく，窒素飢餓，リン酸飢餓，高ショ糖濃度に応答して一連のアントシアニン合成酵素遺伝子の遺伝子発現を制御し，アントシアニン合成，蓄積を誘導する[16]。特にPAP2は窒素，リン酸飢餓により強く誘導され[55,56]，PAP1はショ糖によるフラボノイド合成誘導において重要な役割を果たすと言われている[57]。通常PAP2はPAP1に比べ発現量が低いにもかかわらず，窒素飢餓によりPAP2の発現量はPAP1を上回るという実験結果から[55]も，PAP1とPAP2は異なる制御を受け，ストレス応答において別々の役割を果たすことが示唆されている。bHLH型転写因子であるGL3もまた，窒素飢餓によってその発現が誘導されることから[55]，PAP2-GL3複合体が窒素飢餓において重要であると考えられる。また，gl3変異体で窒素飢餓によるアントシアニン誘導が起こらないことから，このストレスによるGL3の機能はEGL3やTT8によって相補されない，GL3特有のものであることがわかる[58]。

強光や栄養飢餓はまた，フラボノール合成を誘導するが，このときフラボノール合成酵素遺伝子のほとんどはpap1過剰発現体では誘導されないため，これらはPAP1とは独立したシグナル伝達経路によって活性化されると考えられる。前述のように，フラボノール合成はシロイヌナズナにおいて，MYB12とそのホモログMYB11，111によって制御されている[41,42]。最近，MYB12はbZIP型転写因子HY5と相互作用することが報告されたことから，フラボノール合成の光応答はHY5-COP1を介した制御を受けることが考えられる[59]。

4.5.3. フラボノイド合成の転写制御ネットワーク

遺伝子の転写は，複数のタンパク質によって行われるダイナミックな反応である。転写因子が単独，またはほかの因子と相互作用することにより標的遺伝子のプロモーター領域に結合するとRNAポリメラーゼIIを含む転写開始複合体をリクルートする。よって，それぞれの転写因子の発現および，ほかの因子との相互作用によっ

て受ける翻訳後調節が，転写開始の鍵となると考えられる．フラボノイド合成制御におけるこれらの転写制御ネットワークについて，現在までに報告されている知見を紹介する．

1) MYB / bHLH / WDR 複合体による制御

フラボノイド合成を制御する転写因子の中でも，最も精力的に研究されているモデルが R2R3-MYB 型転写因子，bHLH 型転写因子および WDR タンパク質複合体による制御モデルである．MYB / bHLH / WDR 複合体は，フラボノイド合成経路の LBG のプロモーター領域に結合して，アントシアニンや PA 合成を制御すると考えられている [20, 35, 60]．MYB 型転写因子は DNA と直接相互作用するのに対し，bHLH 型転写因子は HLH 領域を介してホモダイマーまたはヘテロダイマーを形成することによって DNA に結合すると考えられている [11, 61]．また，アントシアニン合成に関与する MYB 型転写因子と相互作用する bHLH は，N 末端側に，MYB 型転写因子と相互作用するドメイン MIR：MYB interaction region をもち，Lc や GL3 のこの部分を削ると MYB 型転写因子との結合能がなくなる [62, 63]（図 4-5-2）．またこのドメインには，転写活性化に重要なアミノ酸残基が存在することも報告されている [64]．bHLH ドメインと MIR の間には酸性アミノ酸に富むドメインがあり，一般的にこの領域は転写を開始する RNA ポリメラーゼ II 複合体と相互作用する転写活性化ドメインを形成すると考えられるが，bHLH 型転写因子ではこのドメインの転写活性化に対する影響は不明である．C 末端側に存在する ACT-like ドメインは，ホモ，ヘテロダイマー形成に関与することも報告されており [65]，bHLH 型転写因子の構造と機能のかかわりは複雑であり，今後詳細な解析が必要である．WDR タンパク質は MYB，bHLH 型転写因子に物理的に相互作用することが報告され [20]，bHLH と相互作用することにより核へ移行することが示唆されている [66]．WDR タンパク質には，トリプトファン-アスパラギン酸（WD）を含む 40 残基のコア領域の繰り返しが存在し，β-プロペラタンパク質グループに属する．この構造の特性から，タンパク質-タンパク質相互作用の機能をもつが，固有の酵素様機能はもたないと考えられる．よって WDR タンパク質は MYB / bHLH 型転写因子の相互作用の基盤となると考えられるが，DNA 結合部位をもたないため転写活性化に直接関与するかどうかは不明である．

MYB / bHLH / WDR 複合体は，フラボノイド合成に限らず，トライコムの形成，根毛の形成といった植物の表皮細胞分化においても広く機能する [67, 68]．シロイヌナズナの葉や茎において，特定の表皮細胞は巨大な分岐した毛状の突起をもつトライコムに分化する．根においても，特定の細胞は皮層細胞に対する位置に依存

4.5.3. フラボノイド合成の転写制御ネットワーク

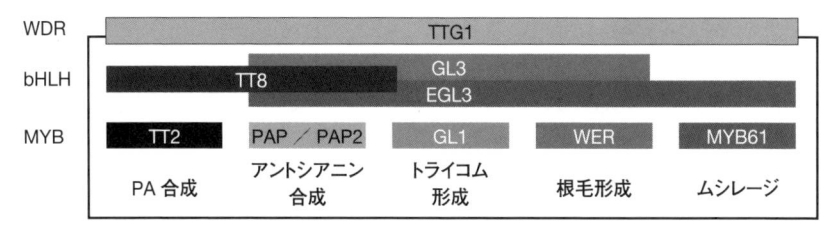

WDR	TTG1				
bHLH	TT8	GL3 / EGL3			
MYB	TT2	PAP / PAP2	GL1	WER	MYB61
	PA合成	アントシアニン合成	トライコム形成	根毛形成	ムシレージ

図 4-5-3　TTG1 を中心とした表皮細胞分化制御ネットワーク

TTG1 は bHLH，MYB 型転写因子を通して，表皮細胞における各現象を制御する．各転写因子名を四角で囲い，左側に転写因子が属するファミリーを示した．
PAP; PRODUCTION OF ANTHOCYANIN PIGMENT, TT; TRANSPARENT TESTA, TTG1; TRANSPARENT TESTA GLABRA1, GL; GLABRA, EGL3; ENHANCER OF GLABRA3, WER; WEREWOLF.

して根毛へと分化する．シロイヌナズナにおける表皮細胞のトライコムへの分化は，WDR タンパク質である TTG1，bHLH 型転写因子 GL3，および EGL3，MYB 型転写因子 GL1（GLABRA1）によって決定される[69]．さらに，R1-MYB ドメインのみをもつシングルリピートの MYB 型転写因子である TRY（TRIPTYCHON）は，トライコム形成の抑制因子であり，トライコムの間隔をあける機能があると考えられる[70]．根毛形成も類似したメカニズムで制御される．GL3 および EGL3，また GL1 のパラログである WER（WEREWOLF）と TTG1 が非根毛細胞への分化に必須であり[71]，TRY のパラログである CPC（CAPRICE）[72]が抑制因子としてはたらく．このように，表皮細胞の運命決定は，フラボノイド合成転写制御と共通した TTG1 を頂点とするヒエラルキーネットワークによって制御されている（図 4-5-3）．アサガオの種子における PA 合成制御因子である bHLH2 の欠損変異体では，種皮の色だけでなく，トライコム形成に異常をきたす[73]という事実からも，両経路の統合的な制御が強く示唆される．

このネットワークの中で，bHLH 型転写因子はフラボノイド合成・表皮細胞分化の経路で置き換えが可能である．たとえば，EGL3 / GL3 の過剰発現は tt8 変異体の PA 欠損を部分的に相補する[71]．また EGL3 または GL3 を GL1 と共発現させることにより，トライコムの数が増加するのに対し，EGL3 または GL3 を PAP1 と発現させることでアントシアニン合成を誘導する[71]．つまり EGL3 / GL3 は双方の経路の MYB 型転写因子と相互作用可能である．これらの結果は，フラボノイド合成経路でも，表皮細胞分化においても，細胞の特性は個々の MYB 型転写因子によって決定されることを示唆するものであり，WDR / bHLH / MYB のヒエラルキーの最も下段に MYB 型転写因子が位置するといえる（図 4-5-3）．

MYB 型転写因子は，シロイヌナズナでは 126 遺伝子という大きな遺伝子ファ

ミリーを形成し，植物のさまざまなプロセスを制御している[74]。このようなさまざまな MYB 型転写因子の bHLH との結合特性についての網羅的な解析の結果，MYB / bHLH 相互作用に必要なコンセンサス配列 $[DE]Lx_2[RK]x_3Lx_6Lx_3R$ が決定された[18]。この配列は，R3 リピートドメインのヘリックス 1 と 2 に位置し，親水性で極性のあるアミノ酸によって形成されることから，タンパク質表面に露出すると考えられる（図 4-5-2）。このモチーフ中のどのアミノ酸をほかのアミノ酸に置換しても，bHLH との結合能力が低下することが示された。トウモロコシにおいても同様に，$[DE]Lx_2[RK]x_3Lx_6Lx_3R$ をもつ MYB 型転写因子 C1 / Pl によるアントシアニン合成誘導には bHLH 型転写因子が必要であるのに対し，フロバフェン合成を制御する P1 はこのモチーフをもたず，bHLH と相互作用しない。このモチーフ付近で C1 と P1 の間で異なるアミノ酸すべてを C1 のものに置換した変異 P1 タンパク質 P1* は，転写を活性化する標的遺伝子が変化するだけでなく，bHLH 型転写因子である R に対する依存性が高くなることが証明された[75]。これらの結果からも，アントシアニン合成，および表皮細胞分化に関与する MYB 型転写因子は，このモチーフを通して MYB / bHLH（/ WDR）複合体を形成することがわかる。

2) フラボノイド合成経路の転写因子の転写制御

転写制御因子の活性は前述のようなタンパク質相互作用をはじめとするさまざまな機能によって調節されるが，最も単純な調節方法は転写因子の量を制御することであると考えられる。

シロイヌナズナの PA 合成制御を担う MYB 型転写因子 TT2 のプロモーター活性および転写は，PA 合成の鍵酵素をコードする *BAN* 遺伝子の発現パターンと一致することから[25, 29]，*TT2* の遺伝子発現がシロイヌナズナの種皮における PA 合成の決定要因であると考えられる。また，TT2 とアントシアニン合成制御因子の PAP1 と相互作用する bHLH 型転写因子をコードする *TT8* のプロモーターおよび発現解析により，種皮における *TT8* の発現パターンもまた PA 蓄積と部分的に呼応し，芽生えにおけるアントシアニン蓄積とも一致することから，*TT8* の発現もフラボノイドの組織特異的な蓄積に必要であることが示唆された[76]。*TT8* の転写は TT2 および PAP1，TTG1 によって活性化され，これらの因子の *TT8* プロモーターへの結合は，TT8 またはそのほかの bHLH 型転写因子 GL3，EGL3 に依存することが明らかとなった[76]。*TT8* の発現は TT8 自身またはそのホモログによって局部的に増幅されることから，MYB / bHLH / WDR を介した TT8 のフィードバック制御は，組織特異的なフラボノイド蓄積に重要であると考えられる。ほかにも，ペチュ

ニアの花弁におけるアントシアニン合成を制御する bHLH 型転写因子 AN1 は，花弁の発達に応じてその発現が誘導されるが，この遺伝子の転写もまた，MYB 型転写因子である AN2 および AN4 によって活性化される [12]。

このように，フラボノイド合成経路の LBGs を制御する bHLH 型転写因子の遺伝子発現は，酵素遺伝子群と同様に MYB / bHLH / WDR によって調節されていると考えられる。

MYB 型転写因子の転写制御に関しては，最近リンゴにおいて MYB10 のフィードバック制御が報告された [77]。MYB10 は，リンゴの果実におけるアントシアニン合成を制御し，このプロモーター領域の構造変化によって果実の着色が調節されている。MYB10 プロモーター上のミニサテライトのリピートの数によって，このプロモーターの活性化の度合いが決定され，MYB10 がこのモチーフに結合し自身の転写を活性化することによって，果実におけるアントシアニン蓄積を制御する。

さらに最近，シロイヌナズナのフラボノール合成制御にかかわる *MYB12*，*MYB111* の UV 応答性の発現には bZIP 型転写因子 HY5 が必要であり，HY5 は直接 *MYB12* プロモーターに結合することが報告された [59]。

組織特異的およびストレス・光によって誘導されるフラボノイド合成の制御因子の発現誘導にかかわる転写制御因子の解析はここにあげた数報にとどまり，フラボノイド合成制御の上流因子および，それを統合するシグナルに関してさらなる解析が望まれる。

3）フラボノイド合成の抑制因子

組織特異的なフラボノイド合成は主に MYB / bHLH / WDR によって制御されているが，この合成系の抑制因子の多くも，MYB，bHLH ファミリーに属する。

トウモロコシにおいて，C1-I 遺伝子座は，フレームシフトによりほとんどの活性化ドメインを失い，MYB 型転写因子 C1 の DNA 結合または R / B 因子との相互作用を競合的に阻害すると考えられている [78]。また，仁の色が濃くなる変異体より単離された IN1（Intensifer 1）の全長 cDNA は AN1，TT8 と相同性があるものの，スプライシング異常で短いタンパク質をコードし，これもフラボノイド合成制御にはたらく bHLH 型転写因子に対して競合阻害すると考えられる [79]。イチゴで単離された FaMYB1 は，フラボノール，アントシアニン合成遺伝子の阻害因子としてはたらく R2R3-MYB 型転写因子であり [80]，これをタバコで過剰発現させると花色が薄くなり，*ANS*，*GT* の発現が低下することが報告された。FaMYB1 はペチュニアの bHLH である AN1 と相互作用することから，アントシアニン合成の MYB 型転写因子と bHLH 型転写因子との結合を競合的に阻害すると考えられる。

MYB／bHLH／WDR によるフラボノイド合成と類似した制御を受ける表皮細胞分化においては，TRY，CPC をはじめとする R3 モチーフのみをもつシングルリピート MYB 型タンパク質が転写抑制因子として機能するが，フラボノイド合成においても R3-MYB 型の転写抑制因子が報告されている。ペチュニアの PhMYBx は CPC や TRY と構造が類似し，AN1 と物理的に相互作用し，過剰発現させることにより AN1 の標的遺伝子の発現を抑制することから，AN1 を含むタンパク質複合体を不活性化すると考えられる[61]。また近年，シロイヌナズナより単離された R2 ドメインの一部を含む R3-MYB 型タンパク質 AtMYBL2 は，DNA 結合能をもたないものの [DE]Lx$_2$[RK]x$_3$Lx$_6$Lx$_3$R モチーフをもち，bHLH 型転写因子 TT8 と相互作用することによって DFR をはじめとする TT8 の標的遺伝子を抑制することが示された[81, 82]。また，MYBL2 の過剰発現体はアントシアニンおよび PA の蓄積の阻害が見られることから，MYBL2 は TT2-TT8-TTG1 および PAP1-TT8（GL3／EGL3）-TTG1 複合体を不活性化することが示唆される[82]。

　シロイヌナズナにおける栄養飢餓によるアントシアニン合成誘導は PAP2 による制御を受けると考えられるが[56]，窒素飢餓に対するこの経路の誘導は LATERAL ORGAN BOUNDARY DOMAIN（LBD）ファミリーに属する転写因子 BD37，LBD38，LBD39 によって抑制されることが報告された[83]。これらの転写因子はアントシアニン合成以外にも，窒素飢餓に対して応答する遺伝子発現を抑制して窒素代謝を調節することから，アントシアニン合成制御因子のさらに上流より代謝制御を行うと考えられる。

　このように，組織特異的，ストレス応答性のフラボノイド合成の抑制は，分化やストレス応答にかかわるシグナルによってほかの代謝経路と統合されることが予想される。これらの抑制因子を用いた遺伝学的解析により，上流の制御因子および共通して制御される経路を見出すことが期待される。

　ここ十数年で，フラボノイド合成経路の転写因子が次々と同定され，この転写制御機構に対する理解が飛躍的に進んだ（表 4-5-1）。色素変異体から単離された異なるファミリーの転写因子間の相互作用による制御は，植物種の間で進化的に保存された共通の制御機構であることがわかってきた。その一方で，複合体を構成する転写因子がゲノム上で多重遺伝子族を形成し，機能分化している。多重遺伝子族の形成は，植物ゲノムの特徴でもあり，特にフラボノイド合成経路の酵素遺伝子は数コピーからなる場合が多い。多重遺伝子族の中の個々の遺伝子は周りの環境からのシグナルや発達段階に応じて異なる発現様式を示し，それぞれの遺伝子は独立した転写制御を受ける[84, 85]。このような酵素遺伝子および転写因子の多様化が，複雑な遺伝子発現様式を生み出し，植物多様性の分子基盤の一部を成すと考えられる。

また，フラボノイド合成にかかわる転写因子は細胞分化やストレス応答と制御機構を共有することから，フラボノイドが細胞の特性，機能に寄与し，細胞分化と密接な関係にあることがわかる。フラボノイド合成の転写制御を中心として，上流，下流に派生するネットワークが解明されることにより，細胞の分化およびストレス応答，進化，多様性といった植物科学における広い範囲の理解につながり，さらには有用な化合物を蓄積する植物を効率よく作り出す重要なツールとして，転写制御因子の生物工学・農学への応用が期待される。

引用文献

(1) Mol, J., Grotewold, E., Koes, R. 1998. How genes paint flowers and seeds. *Trends Plant Sci.* **3**, 212-217.
(2) Winkel-Shirley, B. 2001. Flavonoid biosynthesis. A colorful model for genetics, biochemistry, cell biology, and biotechnology. *Plant Physiol.* **126**, 485-493.
(3) Pelletier, M.K., Burbulis, I.E., Winkel-Shirley, B. 1999. Disruption of specific flavonoid genes enhances the accumulation of flavonoid enzymes and end-products in *Arabidopsis* seedlings. *Plant Mol. Biol.* **40**, 45-54.
(4) Nesi, N., Debeaujon, I., Jond, C., Pelletier, G., Caboche, M., Lepiniec, L. 2000. The TT8 gene encodes a basic helix-loop-helix domain protein required for expression of DFR and BAN genes in *Arabidopsis* siliques. *Plant Cell* **12**, 1863-1878.
(5) Irani, N.G., Hernandez, J.M., Grotewold, E. 2003. Regulation of anthocyanin pigmentation. *Rec. Adv. Phytochem.* **38**, 59-78.
(6) Quattrocchio, F., Wing, J.F., Leppen, H.T.C., Mol, J.N.M., Koes, R.E. 1993. Regulatory genes controlling anthocyanin pigmentation are functionally conserved among plant species and have distinct sets of target genes. *Plant Cell* **5**, 1497-1512.
(7) Quattrocchio, F., Wing, J., van der Woude, K., Mol, J., Koes, R. 1998. Analysis of bHLH and MYB domain proteins：species-specific regulatory differences are caused by divergent evolution of target anthocyanin genes. *Plant J.* **13**, 475-488.
(8) Paz-Ares, J., Ghosal, D., Weinland, U., Peterson, P.A., Saedler, H. 1987. The regulatory *c1* locus of *Zea mays* encodes a protein with homology to *myb* proto-oncogene products and with structural similarities to transcriptional activators. *EMBO J.* **6**, 3553-3558.
(9) Goff, S.A., Cone, K.C., Chandler, V.L. 1992. Functional analysis of the transcriptional activator encoded by the maize *B* gene：evidence for a direct functional interaction between two classes of regulatory proteins. *Genes Dev.* **6**, 864-875.
(10) Voronova, A., Baltimore, D. 1990. Mutations that disrupt DNA binding and dimer formation in the E47 helix-loop-helix protein map to distinct domains. *Proc. Natl. Acad. Sci., USA* **87**, 4722-4726.
(11) Murre, C., Bain, G., van Dijk, M.A., Engel, I., Furnari, B.A., Massari, M.E., Matthews, J.R., Quong, M.W., Rivera, R.R., Stuiver, M.H. 1994. Structure and function of helix-loop-helix proteins. *Biochim. Biophys. Acta* **21**, 129-135.
(12) Spelt, C., Quattrocchio, F., Mol, J.N., Koes, R. 2000. Anthocyanin 1 of petunia encodes a basic helix-loop-helix protein that directly activates transcription of structural anthocyanin genes. *Plant Cell* **12**, 1619-1632.
(13) Martin, C., Prescott, A., Mackay, S., Bartlett, J., Vrijlandt, E. 1991. Control of anthocyanin

464 4.5. 遺伝子発現の調節

biosynthesis in flowers of *Antirrhinum majus*. *Plant J.* **1**, 37-49.
(14) Martin, C., Gerats, T. 1993. The control of pigment biosynthesis genes during petal development. *Plant Cell* **5**, 1253-1264.
(15) Borevitz, J.O., Xia, Y., Blount, J., Dixon, R.A., Lamb, C. 2000. Activation tagging identifies a conserved MYB regulator of phenylpropanoid biosynthesis. *Plant Cell* **12**, 2383-2393.
(16) Tohge, T., Nishiyama, Y., Hirai, M.Y., Yano, M., Nakajima, J., Awazuhara, M., Inoue, E., Takahashi, H., Goodenowe, D.B., Kitayama, M., Noji, M., Yamazaki, M., Saito, K. 2005. Functional genomics by integrated analysis of metabolome and transcriptome of *Arabidopsis* plants over-expressing an MYB transcription factor. *Plant J.* **42**, 218-235.
(17) Gonzalez, A., Zhao, M., Leavitt, J.M., Lloyd, A.M. 2008. Regulation of the anthocyanin biosynthetic pathway by the TTG1 / bHLH / Myb transcriptional complex in *Arabidopsis* seedlings. *Plant J.* **53**, 814-827.
(18) Zimmermann, I.M., Heim, M.A., Weisshaar, B., Uhrig, J.F. 2004. Comprehensive identification of *Arabidopsis thaliana* MYB transcription factors interacting with R / B-like BHLH proteins. *Plant J.* **40**, 22-34.
(19) de Vetten, N., Quattrocchio, F., Mol, J., Koes, R. 1997. The *an11* locus controlling flower pigmentation in petunia encodes a novel WD-repeat protein conserved in yeast, plants, and animals. *Genes Dev.* **11**, 1422-1434.
(20) Baudry, A., Heim, M., Dubreucq, B., Caboche, M., Weisshaar, B., Lepiniec, L., 2004. TT2, TT8 and TTG1 synergistically specify the expression of *BANYULS* and proanthocyanidin biosynthesis in *Arabidopsis thaliana*. *Plant J.* **39**, 366-380.
(21) Xie, D.Y., Sharma, S.B., Wright, E., Wang, Z,Y., Dixon, R.A. 2006. Metabolic engineering of proanthocyanidins through co-expression of anthocyanidin reductase and the PAP1 MYB transcription factor. *Plant J.* **45**, 895-907.
(22) Ray, H., Yu, M., Auser, P., Blahut-Beatty, L., McKersie, B., Bowley, S., Westcott, N., Coulman, B., Lloyd, A., Gruber, M.Y. 2003. Expression of anthocyanins and proanthocyanidins after transformation of alfalfa with maize *Lc*. *Plant Physiol.* **132**, 1448-1463.
(23) Bradley, J.M., Davies, K.M., Deroles, S.C., Bloor, S. J., Lewis, D.H. 1998. The maize Lc regulatory gene up-regulates the flavonoid biosynthetic pathway of *Petunia*. *Plant J.* **13**, 381-392.
(24) Peel, G.J., Pang, Y., Modolo, L.V., Dixon, R.A. 2009. The LAP1 MYB transcription factor orchestrates anthocyanidin biosynthesis and glycosylation in *Medicago*. *Plant J.* **59**, 136-149.
(25) Debeaujon, I., Nesi, N., Perez, P., Devic, M., Grandjean, O., Caboche, M., Lepiniec, L. 2003. Proanthocyanidin-accumulating cells in *Arabidopsis* testa : regulation of differentiation and role in seed development. *Plant Cell* **15**, 2514-2531.
(26) Shirley, B.W., Kubasek, W.L., Storz, G., Bruggemann, E., Koornneef, M. 1995. Analysis of *Arabidopsis* mutants deficient in flavonoid biosynthesis. *Plant J.* **8**, 659-671.
(27) Abrahams, S., Tanner, G.J., Larkin, P.J., Ashton, A.R. 2002. Identification and biochemical characterization of mutants in the proanthocyanidin pathway in *Arabidopsis*. *Plant Physiol.* **130**, 561-576.
(28) Sagasser, M., Lu, G.H., Hahlbrock, K., Weisshaar, B. 2002. *A. thaliana TRANSPARENT TESTA 1* is involved in seed coat development and defines the WIP subfamily of plant zinc finger proteins. *Genes Dev.* **16**, 138-149.
(29) Nesi, N., Jond, C., Debeaujon, I., Caboche, M., Lepiniec, L. 2001. The *Arabidopsis TT2* gene encodes an R2R3 MYB domain protein that acts as a key determinant for proanthocyanidin accumulation in developing seed. *Plant Cell* **13**, 2099-2114.
(30) Nesi, N., Debeaujon, I., Jond, C., Stewart, A.J., Jenkins G.I. 2002. The *TRANSPARENT TESTA16* locus encodes the ARABIDOPSIS BSISTER MADS domain protein and is required

for proper development and pigmentation of the seed coat. *Plant Cell* **14**, 2463-2479.
(31) Johnson, C.S., Kolevski, B., Smyth, D.R. 2002. *TRANSPARENT TESTA GLABRA2*, a trichome and seed coat development gene of *Arabidopsis*, encodes a WRKY transcription factor. *Plant Cell* **14**, 1359-1375.
(32) Xie, D.Y., Sharma, S.B., Paiva, N.L., Ferreira, D., Dixon, R.A. 2003. Role of anthocyanidin reductase, encoded by *BANYULS* in plant flavonoid biosynthesis. *Science* **299**, 396-399.
(33) Bogs, J., Jaffé, F.W., Takos, A.M., Walker, A.R., Robinson, S.P. 2007. The grapevine transcription factor VvMYBPA1 regulates proanthocyanidin synthesis during fruit development. *Plant Physiol.* **143**, 1347-1361.
(34) Terrier, N., Torregrosa, L., Ageorges, A., Vialet, S., Verriès, C., Cheynier, V., Romieu, C. 2009. Ectopic expression of VvMybPA2 promotes proanthocyanidin biosynthesis in grapevine and suggests additional targets in the pathway. *Plant Physiol.* **149**, 1028-1041.
(35) Yoshida, K., Iwasaka, R., Kaneko, T., Sato, S., Tabata, S., Sakuta, M. 2008. Functional differentiation of *Lotus japonicus* TT2s, R2R3-MYB transcription factors comprising a multigene family. *Plant Cell Physiol.* **49**, 157-169.
(36) Yoshida, K., Iwasaka, R., Shimada, N., Ayabe, S.I., Aoki, T., Sakuta, M. 2010. Transcriptional control of the dihydroflavonol 4-reductase multigene family in *Lotus japonicus*. *J. Plant Res.* **123**, 801-805.
(37) Yoshida, K., Kume, N., Nakaya, Y., Yamagami, A., Nakano, T., Sakuta, M. 2010. Comparative analysis of the triplicate proanthocyanidin regulators in *Lotus japonicus*. *Plant Cell Physiol.* **51**, 912-922.
(38) Mellway, R.D., Tran, L.T., Prouse, M.B., Campbell, M.M., Constabel, C.P. 2009. The wound-, pathogen-, and ultraviolet B-responsive MYB134 gene encodes an R2R3 MYB transcription factor that regulates proanthocyanidin synthesis in poplar. *Plant Physiol.* **150**, 924-941.
(39) Bohm, B.A. 1975. Chalcones, aurones and dihydrochalcones, *In* The Flavonoids (eds. Harborne, J.B., Mabry, T.J., Mabry, H.), Academic Press, New York. pp. 442-504.
(40) Weisshaar, B., Jenkins, G.I. 1998. Phenylpropanoid biosynthesis and its regulation. *Curr. Opin. Plant Biol.* **1**, 251-257.
(41) Mehrtens, F., Kranz, H., Bednarek, P., Weisshaar, B. 2005. The *Arabidopsis* transcription factor MYB12 is a flavonol-specific regulator of phenylpropanoid biosynthesis. *Plant Physiol.* **138**, 1083-1096.
(42) Stracke, R., Ishihara, H., Huep, G., Barsch, A., Mehrtens, F., Niehaus, K., Weisshaar, B. 2007. Differential regulation of closely related R2R3-MYB transcription factors controls flavonol accumulation in different parts of the *Arabidopsis thaliana* seedling. *Plant J.* **50**, 660-677.
(43) Styles, E.D., Ceska, O. 1989. Pericarp flavonoids in genetic strains of *Zea mays. Maydica* **34**, 227-237.
(44) Chopra, S., Brendel, V., Zhang, J., Axtell, J.D., Peterson, T. 1999. Molecular characterization of a mutable pigmentation phenotype and isolation of the first active transposable element from *Sorghum bicolor. Proc. Natl. Acad. Sci., USA* **96**, 15330-15335.
(45) Grotewold, E., Chamberlin, M., Snook, M., Siame, B., Butler, L., Swenson, J., Maddock, S., Clair, G.S., Bowen, B. 1998. Engineering secondary metabolism in maize cells by ectopic expression of transcription factors. *Plant Cell* **10**, 721-740.
(46) Grotewold, E., Drummond, B.J., Bowen, B., Peterson, T. 1994. The *myb*-homologous *P* gene controls phlobaphene pigmentation in maize floral organs by directly activating a flavonoid biosynthetic gene subset. *Cell* **76**, 543-553.
(47) Dias, A.P., Braun, E.L., McMullen, M.D., Grotewold, E. 2003. Recently duplicated maize R2R3 Myb genes provide evidence for distinct mechanisms of evolutionary divergence after duplication. *Plant Physiol.* **131**, 610-620.
(48) Weisshaar, B., Armstrong, G.A., Block, A., da Costa, E., Silva, O., Hahlbrock, K. 1991. Light-

inducible and constitutively expressed DNA-binding proteins recognizing a plant promoter element with functional relevance in light responsiveness. *EMBO J.* **10**, 1777-1786.
(49) Ang, L.H., Chattopadhyay, S., Wei, N., Oyama, T., Okada, K., Batschauer, A., Deng, X.W. 1998. Molecular interaction between COP1 and HY5 defines a regulatory switch for light control of *Arabidopsis* development. *Mol. Cell* **1**, 213-222.
(50) Yamamoto, Y.Y., Matsui, M., Ang, L.H., Deng, X.W. 1998. Role of a COP1 interactive protein in mediating light-regulated gene expression in arabidopsis. *Plant Cell* **10**, 1083-1094.
(51) Matus, J.T., Loyola, R., Vega, A., Peña-Neira, A., Bordeu, E., Arce-Johnson, P., Alcalde, J.A. 2009. Post-veraison sunlight exposure induces MYB-mediated transcriptional regulation of anthocyanin and flavonol synthesis in berry skins of *Vitis vinifera*. *J. Exp. Bot.* **60**, 853-867.
(52) Mellway, R.D., Constabel, C.P. 2009. Metabolic engineering and potential functions of proanthocyanidins in poplar. *Plant Signal Behav.* **4**, 790-792.
(53) Qian, W., Tan, G., Liu, H., He, S., Gao, Y., An, C. 2007. Identification of a bHLH-type G-box binding factor and its regulation activity with G-box and Box I elements of the PsCHS1 promoter. *Plant Cell Rep.* **26**, 85-93.
(54) Yoshida, K., Wakamatsu, S., Sakuta, M. 2008. Characterization of SBZ1, a soybean bZIP protein that binds to the chalcone synthase gene promoter. *Plant Biotech.* **25**, 131-140.
(55) Lea, U.S., Slimestad, R., Smedvig, P., Lillo, C. 2007. Nitrogen deficiency enhances expression of specific MYB and bHLH transcription factors and accumulation of end products in the flavonoid pathway. *Planta* **225**, 1245-1253.
(56) Morcuende, R., Bari, R., Gibon, Y., Zheng, W., Pant, B.D., Bläsing, O., Usadel, B., Czechowski, T., Udvardi, M.K., Stitt, M., Scheible, W.R. 2007. Genome-wide reprogramming of metabolism and regulatory networks of *Arabidopsis* in response to phosphorus. *Plant Cell Environ.* **30**, 85-112.
(57) Teng, S., Keurentjes, J., Bentsink, L., Koornneef, M., Smeekens, S. 2005. Sucrose-specific induction of anthocyanin biosynthesis in *Arabidopsis* requires the MYB75 / PAP1 gene. *Plant Physiol.* **139**, 1840-1852.
(58) Lillo, C., Lea, U.S., Ruoff, P. 2008. Nutrient depletion as a key factor for manipulating gene expression and product formation in different branches of the flavonoid pathway. *Plant Cell Environ.* **31**, 587-601.
(59) Stracke, R., Favory, J.J., Gruber, H., Bartelniewoehner, L., Bartels, S., Binkert, M., Funk, M., Weisshaar, B., Ulm, R. 2010. The *Arabidopsis* bZIP transcription factor HY5 regulates expression of the PFG1 / MYB12 gene in response to light and ultraviolet-B radiation. *Plant Cell Environ.* **33**, 88-103.
(60) Lepiniec, L., Debeaujon, I., Routaboul, J.M., Baudry, A., Pourcel, L., Nesi, N., Caboche, M. 2006. Genetics and biochemistry of seed flavonoids. *Annu. Rev. Plant Biol.* **57**, 405-430.
(61) Koes, R., Verweij, W., Quattrocchio, F. 2005. Flavonoids : a colorful model for the regulation and evolution of biochemical pathways. *Trends Plant Sci.* **10**, 236-242.
(62) Payne, C.T., Zhang, F., Lloyd, A.M. 2000. GL3 encodes a bHLH protein that regulates trichome development in arabidopsis through interaction with GL1 and TTG1. *Genetics* **156**, 1349-1362.
(63) Grotewold, E., Sainz, M.B., Tagliani, L., Hernandez, J.M., Bowen, B., Chandler, V.L. 2000. Identification of the residues in the Myb domain of maize C1 that specify the interaction with the bHLH cofactor R. *Proc. Natl. Acad. Sci., USA* **97**, 13579-13584.
(64) Pattanaik, S., Xie, C.H., Yuan, L. 2008. The interaction domains of the plant Myc-like bHLH transcription factors can regulate the transactivation strength. *Planta* **227**, 707-715.
(65) Feller, A., Hernandezm, J.M., Grotewold, E. 2006. An ACT-like domain participates in the dimerization of several plant basic-helix-loop-helix transcription factors. *J. Biol. Chem.* **281**, 28964-28974.

(66) Sompornpailin, K., Makita, Y., Yamazaki, M., Saito, K. 2002. A WD-repeat-containing putative regulatory protein in anthocyanin biosynthesis in *Perilla frutescens*. *Plant Mol. Biol.* **50**, 485-495.
(67) Broun, P. 2004. Transcription factors as tools for metabolic engineering in plants. *Curr. Opin. Plant Biol.* **7**, 202-209.
(68) Grotewold, E. 2005. Plant metabolic diversity : a regulatory perspective. *Trends Plant Sci.* **10**, 57-62.
(69) Ramsay, N.A., Glover, B.J. 2005. MYB-bHLH-WD40 protein complex and the evolution of cellular diversity. *Trends Plant Sci.* **10**, 1063-1070.
(70) Schellmann, S., Schnittger, A., Kirik, V., Wada, T., Okada, K., Beermann, A., Thumfahrt, J., Jurgens, G., Hulskamp, M. 2002. *TRIPTYCHON* and *CAPRICE* mediate lateral inhibition during trichome and root hair patterning in *Arabidopsis*. *EMBO J.* **21**, 5036-5046.
(71) Zhang, F., Gonzalez, A., Zhao, M., Payne, C.T., Lloyd, A. 2003. A network of redundant bHLH proteins functions in all TTG1-dependent pathways of *Arabidopsis*. *Development* **130**, 4859-4869.
(72) Wada, T., Kurata, T., Tominaga, R., Koshino-Kimura, Y., Tachibana, T., Goto, K., Marks, M.D., Shimura, Y., Okada, K. 2002. Role of a positive regulator of root hair development, *CAPRICE*, in *Arabidopsis* root epidermal cell differentiation. *Development* **129**, 5409-5419.
(73) Park, K.I., Ishikawa, N., Morita, Y., Choi, J.D., Hoshino, A., Iida, S. 2007. A bHLH regulatory gene in the common morning glory, *Ipomoea purpurea*, controls anthocyanin biosynthesis in flowers, proanthocyanidin and phytomelanin pigmentation in seeds, and seed trichome formation. *Plant J.* **49**, 641-654.
(74) Stracke, R., Werber, M., Weisshaar, B. 2001. The R2R3-MYB gene family in *Arabidopsis thaliana*. *Plant Biol.* **4**, 447-456.
(75) Hernandez, J., Heine, G., Irani, N.G., Feller, A., Kim, M.-G., Matulnik, T., Chandler, V.L., Grotewold, E. 2004. Different mechanisms participate in the R-dependent activity of the R2R3 MYB transcription factor C1. *J. Biol. Chem.* **279**, 48205-48213.
(76) Baudry, A., Caboche, M., Lepiniec, L. 2006. TT8 controls its own expression in a feedback regulation involving TTG1 and homologous MYB and bHLH factors, allowing a strong and cell-specific accumulation of flavonoids in *Arabidopsis thaliana*. *Plant J.* **46**, 768-779.
(77) Espley, R.V, Brendolise, C., Chagné, D., Kutty-Amma, S., Green, S., Volz, R., Putterill, J., Schouten, H.J., Gardiner, S.E., Hellens, R.P., Allan, A.C. 2009. Multiple repeats of a promoter segment causes transcription factor autoregulation in red apples. *Plant Cell* **21**, 68-83.
(78) Paz-Ares, J., Ghosal, D., Saedler, H. 1990. Molecular analysis of the C1-I allele from *Zea mays* : a dominant mutant of the regulatory C1 locus. *EMBO J.* **9**, 315-321.
(79) Burr, F.A., Burr, B., Scheffler, B.E., Blewitt, M., Wienand, U., Matz, E.C. 1996. The maize repressor-like gene *intensifier1* shares homology with the *r1 / b1* multigene family of transcription factors and exhibits misssplicing. *Plant Cell* **8**, 1249-1259.
(80) Aharoni, A., De Vos, C.H., Wein, M., Sun, Z., Greco, R., Kroon, A., Mol, J.N., O'Connell, A.P. 2001. The strawberry *FaMYB1* transcription factor suppresses anthocyanin and flavonol accumulation in transgenic tobacco. *Plant J.* **28**, 319-332.
(81) Matsui, K., Umemura, Y., Ohme-Takagi, M. 2008. AtMYBL2, a protein with a single MYB domain, acts as a negative regulator of anthocyanin biosynthesis in *Arabidopsis*. *Plant J.* **55**, 954-967.
(82) Dubos, C., Le Gourrierec, J., Baudry, A., Huep, G., Lanet, E., Debeaujon, I., Routaboul, J.M., Alboresi, A., Weisshaar, B., Lepiniec, L. 2008. MYBL2 is a new regulator of flavonoid biosynthesis in *Arabidopsis thaliana*. *Plant J.* **55**, 940-953.
(83) Rubin, G., Tohge, T., Matsuda, F., Saito, K., Scheible, W.R. 2009. Members of the LBD family

of transcription factors repress anthocyanin synthesis and affect additional nitrogen responses in *Arabidopsis. Plant Cell* **21**, 3567-3584.
(84) Ryder, T.B., Hedrick, S.A., Bell, J.N., Liang, X.W., Clouse, S.D., Lamb, C.J. 1987. Organization and differential activation of a gene family encoding the plant defense enzyme chalcone synthase in *Phaseolus vulgaris. Mol. Gen. Genet.* **210**, 219-233.
(85) Wingender, R., Rohrig, H., Horicke, C., Wing, D., Schell, J. 1989. Differential regulation of soybean chalcone synthase genes in plant defence, symbiosis and upon environmental stimuli. *Mol. Gen. Genet.* **218**, 315-322.

4.6. 紫外線防御とフラボノイド*

　今から約40億年前，原始の海では太陽紫外線を含めてさまざまなエネルギーを利用して無機物から有機物が生成され，やがて核酸を遺伝物質として自己と同じものを複製することができる生命体が誕生したと考えられている[1]。一方，太陽紫外線は生命体の遺伝物質の核酸に傷をもたらし，死をもたらす脅威でもあった。ここでは太陽紫外線と生命のかかわり[2]について概説し，フラボノイドによる紫外線防御についての研究動向を紹介する。

4.6.1. 太陽紫外線

　地表に届く太陽光線は290〜400 nmの紫外線，400〜780 nmの可視光線，780 nm以上の赤外線である。紫外線は波長によって，A紫外線（UV-A, 320〜400 nm），B紫外線（UV-B, 280〜320 nm），C紫外線（UV-C, 200〜280 nm）の3つに分かれる。このうち波長の1番短いUV-Cと次に短いUV-Bの一部はオゾン層に吸収されるため，地表には届いていない（図4-6-1）。さらに，地表に降り注ぐ紫外線量は常に一定ではなく，太陽高度に関連した緯度，季節，時刻，高度（標高が1 km上昇するごとにUV-Bは10〜12％増加）のみならず，天気（薄い雲でもUV-Bの80％以上が透過），反射（新雪では80％，砂浜では10〜25％反射するため，通常よりも紫外線量が増加）により異なる。DNA損傷生成はDNAの吸収極

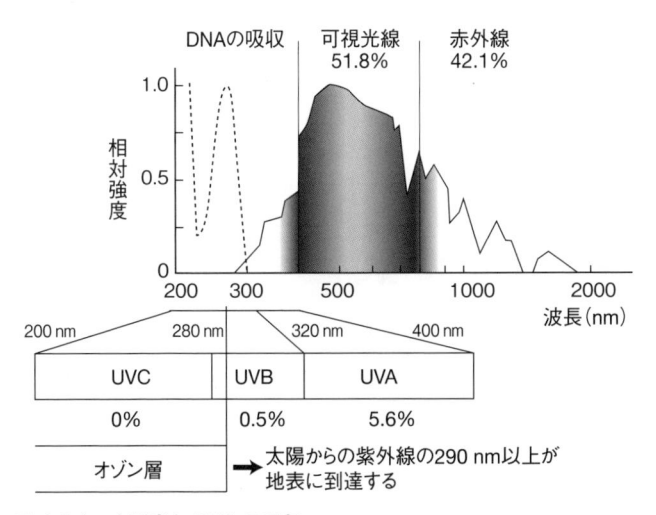

図4-6-1　太陽光とDNAの吸収

＊執筆：高橋昭久・大西武雄・武田幸作　Akihisa Takahashi, Takeo Ohnishi and Kosaku Takeda

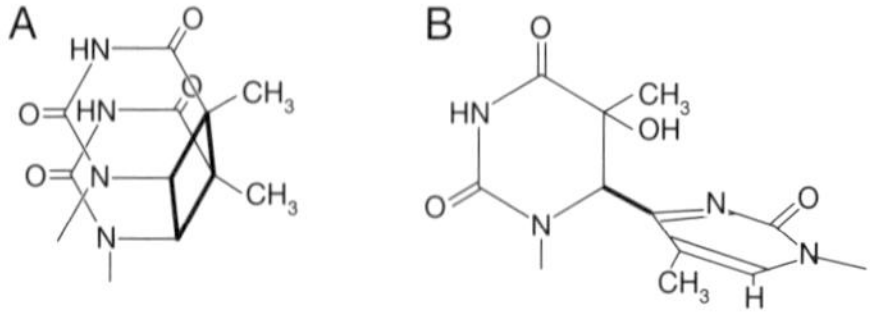

図 4-6-2　ピリミジンダイマー
A, CPD；B, 6-4PP

大の UV-C で最も起こりやすいが，太陽光においては地表に降り注ぐ放射スペクトルと DNA の吸収スペクトルの重なる UV-B が最も危険視されている（図 4-6-1）。

4.6.2. 太陽紫外線による DNA 損傷

　紫外線による最も重大な生物影響は遺伝物質 DNA の損傷である。紫外線による DNA 損傷には主に塩基損傷があげられる。塩基損傷の代表例として，DNA 鎖上の隣り合ったピリミジン塩基（チミンまたはシトシン）の C_5 位と C_6 位の結合によってできるシクロブタン型ピリミジンダイマー（CPD）と 6-4 型光産物（6-4PP）がある（図 4-6-2）。このうち，約 70〜80 % が CPD である [3]。

4.6.3. 太陽紫外線と生物進化

　太陽紫外線による遺伝情報の損傷部位では，複製や修復過程でエラーが混入する可能性があり，結果的に元とは異なった塩基配列となることがある。生命誕生から今日までの生命の連続性を考えれば，幾世代にもわたるこのような突然変異による遺伝情報の変化は，進化の原動力の 1 つであったとも考えられる。太陽紫外線は水中を透過しにくいが，可視光線は水中を透過しやすいため，やがてこの光エネルギーを利用した光合成生物が水中に出現してきたことで，大気中に酸素が増加したのであろう。大気中で紫外線のエネルギーを吸収した酸素はオゾンに変わり，そのオゾンによって有害な太陽紫外線が地上に降り注ぐことが遮られるようになったのであろう。このような劇的な地球環境変化によって，やがて生命体は陸上へと生活圏を広げ，今日の多様性に富んだ地球生命の繁栄をもたらしたと考えられている。

　有害な太陽紫外線を吸収してくれるオゾン層は成層圏に分布しているが，1 気圧に圧縮するとわずか約 3.2 mm の厚さにすぎない。近年，人類によるフロンガスの大量消費などにより，年々このオゾン層破壊にともなうオゾンホールが拡大し，地球上生物の存亡が危惧されている（図 4-6-3）。もし，オゾン層が 30 % 減少すると，UV-B の地表到達量が増え，DNA 損傷量が倍になると考えられている [4]。当然，植物におよぼす影響も懸念されている [5]。

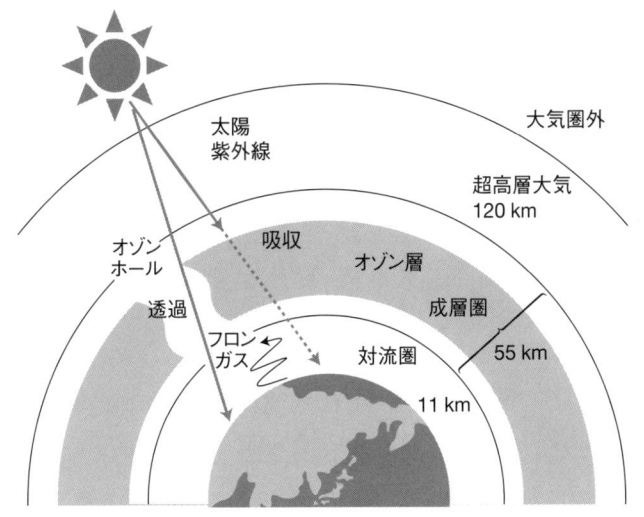

図 4-6-3　オゾン層の大気中分布

4.6.4. 太陽紫外線による DNA 損傷の修復

地球上に生命が誕生してまもなく、生命体は遺伝情報に傷ができても、元に戻すという修復能力を身につけてきたと考えられている。植物にもその能力は脈々と引き継がれている[6]。主な太陽紫外線による DNA 損傷 CPD の修復機構として光回復と暗回復が知られている。

1) 光回復

光回復は太陽紫外線で生じた DNA 損傷の CPD に光回復酵素が特異的に結合し、可視光線のエネルギーを利用して損傷を修復することができる。すなわち、太陽光でできた傷を、太陽光を利用してなおすということである。光回復はたった１つの酵素で修復反応が完結でき、その反応様式がシンプルなのが特徴である（図 4-6-4）。光回復は約４億年前の原始地球光環境のオゾン層形成前の生物からもち備えていたと考えられており、細菌から植物、昆虫、脊椎動物（ただしヒトにはない）にいたる幅広い生物種に存在している[7]。

生物はあらかじめ紫外線を照射しておけば、次に照射する紫外線に抵抗性になることが知られている。このような適応応答の機構として、大腸菌ではあらかじめの紫外線照射で光回復酵素遺伝子が誘導される[8]。この現象はミドリムシにも存在する[9]。最近、岡崎市の基礎生物学研究所の大型スペクトログラフを用いた実験によって、UV-B がキュウリ[10]やシロイヌナズナ[11]の光回復酵素遺伝子を発現

472　4.6. 紫外線防御とフラボノイド

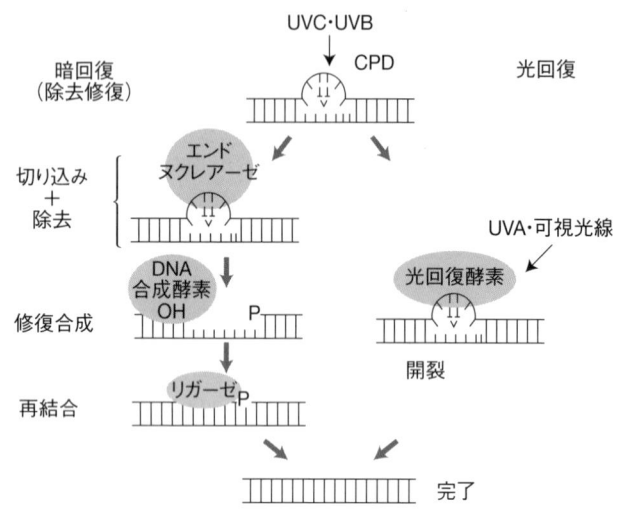

図 4-6-4　暗回復と光回復

誘導することが報告されている。また，光回復酵素活性がイネの紫外線感受性に大きく影響していることが報告されている[12]。

2）暗回復

　暗回復は光回復と異なり，太陽の光エネルギーを利用しない。暗回復としてヌクレオチド除去修復があり，CPD や 6-4PP を，ヌクレオチドの切り込み，除去，修復合成，再結合の各ステップにそれぞれの酵素がはたらくことにより完了する（図4-6-4）。ヌクレオチド除去修復も生物に広く保存されており，この修復酵素を欠損したヒト色素性乾皮症患者の露光部位に皮膚がんが発生しやすいことが知られている[13]。

　また，ヌクレオチド除去修復のみでは CPD を完全に取り除くことは難しく，損傷生成から1日経過してもゲノムに多くの損傷が残っていることが示されている[14]。損傷が残ると，複製や転写の途中で DNA 合成が止まり，代謝異常を引き起こし，細胞の致死要因となるとともに，突然変異生成の要因となり，生物にとって非常に有害である。特に，植物はミドリムシなどは例外として，自由に動きまわることができずに，光合成のために太陽エネルギーを利用しなければならないので，太陽紫外線による DNA 損傷生成は常に隣り合わせの宿命にある。よって，植物にとって，DNA 損傷が残存しないようにすることは重要である。

　こうした危機から身を守るため，生物は転写と共役した修復と複製後修復と呼ば

れる機構をもち備えている。転写と共役した修復は RNA 合成酵素が損傷にあうと，ヌクレオチド除去修復が活性化されて転写反応進行中の鋳型鎖から速やかに損傷を除去する機構である[15]。複製後修復は修復のための機構ではなく，DNA 合成酵素が損傷にあうことで複製フォークが停止した時に，通常の複製反応とは異なるいくつかの経路によって損傷の存在する塩基の複製を行い，複製をひとまず完了させる機構であり，ゲノムに残存した損傷は後から別の機構により修復される[16]。

複製後修復は①相同組換えにより複製を行う経路，②無傷の姉妹鎖を使って複製を行う経路，③損傷の残っている DNA 鎖を鋳型に強行的に複製反応を進める損傷乗越え複製経路が知られている。損傷乗越え複製以外の経路では損傷のない DNA 鎖を鋳型として複製を行うため，読み誤りはないが，損傷乗越え複製は損傷 DNA を鋳型にして複製を行うため，読み誤りが生じやすい。そのため損傷乗越え複製は普段の複製時には機能しないように厳密に制御されている[16]。

4.6.5. 紫外線吸収物質の蓄積による紫外線防御機構

生物は紫外線吸収物質を蓄積することで，太陽紫外線による DNA 損傷生成の脅威から身を守ってきたと考えられている。動物，特にヒトでは日焼けで生じるメラニン色素が紫外線吸収物質として有名である。以前からメラニン合成酵素のチロシナーゼが紫外線で誘導されることが知られていた。最近，ゲノムの守護神として知られるがん抑制遺伝子産物の p53 がメラニン合成細胞を刺激するホルモンやある種のペプチドの分解を調節することが明らかにされた[17]。p53 によるがんを起こさせないための新たなしくみとして，実に興味深い。植物においても紫外線吸収物質の形質発現機構を調べていくと，生命現象の根幹に迫る大発見につながるのかもしれない。

マイコスポリン様アミノ酸（MAA）は芽胞形成菌類の菌糸から初めて見つかり，ラン藻からも親水性の紫外線吸収物質として抽出された[18]。この MAA はラン藻などに限らず，肉眼で観察できるナマコやウニなどを含めて，海洋性の生物における紫外線吸収物質として重要視されている。MAA は 310〜360 nm に吸収極大を示し，紫外線を引き金に合成されることが知られている[19]。

一方，陸上植物の起源として知られる緑藻は，シキミ酸経路やフェニルプロパノイド経路などの新しい合成経路を獲得し，さらに，コケ植物の一部から高等陸上植物において，最も効果的な紫外線吸収物質であるフラボノイドの合成が可能になったものと考えられている[20]。植物が陸上に進出した歴史とフラボノイドの合成経路の獲得の歴史が，非常によく一致していることは興味深い。また，フラボノイドは紫外線を引き金に合成されることが知られている。フラボノイドは 230〜

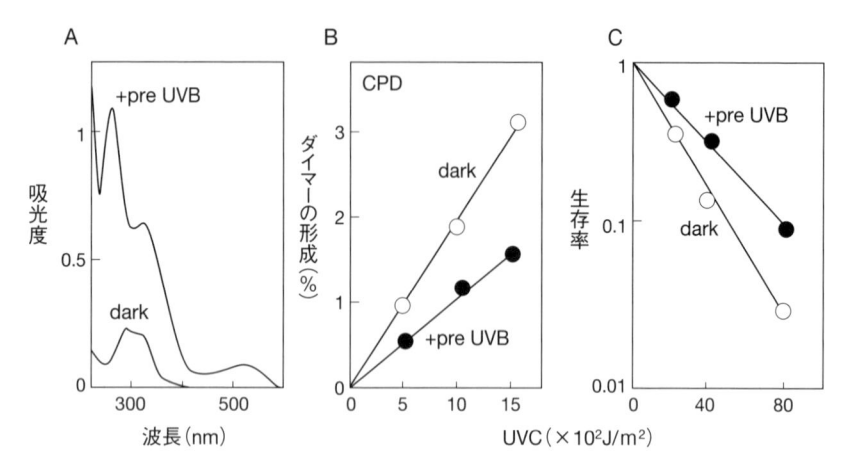

図 4-6-5　アントシアニンによる紫外線防御
A：紫外線吸収, B：CPD 量, C：生存率

320 nm の紫外域を強く吸収し，古くから紫外線防御効果としての役割が示唆されていた[21, 22]。フラボノイドは表皮の液胞に多く含まれ，子孫存続のための種子や芯にも多く，非常に合目的にかなっている。これら紫外線吸収物質の蓄積も，進化の過程で生物がもち備えた太陽紫外線から身を守る適応応答の1つであろう。

フラボノイドの成分分析や局在分析などの研究は進展していたが，1990 年頃まで紫外線防御におけるフラボノイドの役割について十分に実証されてこなかった。そこで，筆者らは可視光線と近紫外線（UV-A と UV-B）の混合光照射によってフラボノイドの一種であるアントシアニン cyanidin 3-(6"-malonylglucoside) を高産生することができるヤグルマギク懸濁培養細胞[23]を用いて，フラボノイドの蓄積量と短波長の紫外線（UV-C）照射による DNA 損傷の CPD 量と生存率を調べた。

あらかじめ近紫外線（UV-B）を含む混合光照射によってアントシアニンを高産生させた細胞は，暗所で培養した細胞と比べて，紫外線域に高い吸収を示し（図4-6-5A），UV-C による DNA 損傷生成量が減り（図4-6-5B），UV-C に抵抗性になること（図4-6-5C）を明らかにした[24]。同様に，アントシアニンの蓄積は UV-B による DNA 損傷生成量も減らし，UV-B に抵抗性になることも確認している[24]。

我々の報告後，遺伝子工学の進歩によって，フラボノイド合成遺伝子の変異植物やフラボノイド合成遺伝子導入植物がシロイヌナズナ[25~28]，オオムギ[29]，ペチュニア[30]などで作製され，フラボノイドの紫外線防御効果が確かめられている。また，オオバコにおける紫外線吸収物質の蓄積量が，植生地の紫外線量が多くなるほど増加することが報告されている[31]。

これら表皮細胞のみならず，葉のワックス[32〜34]などに局在するフラボノイドが紫外線防御にはたらいていることが明らかにされてきた。フラボノイドの紫外線防御機構として，紫外線吸収作用のみならず，抗酸化作用で紫外線によるラジカル産生を軽減するはたらきも知られている[35]。さらに，フラボノイドを抗光発がん剤，抗光老化剤，抗免疫力低下剤として，ヒトの紫外線防御を狙った基礎研究も進められている[36〜38]。

一方，トウモロコシ[39]やイネ[40]において，フラボノイドの蓄積は，実験室での紫外線の急照射に対するCPD生成量の軽減に貢献するものの，野外でのCPD量には影響しないことが報告されている。また，イネ[12,41,42]やキュウリ[43]などでは，フラボノイド蓄積量と紫外線感受性に有意な相関は認められないものもある。野外では紫外線とともに可視光線も降り注いでいるため，光回復が大きく影響しているのかもしれない。実際，どの紫外線防御機構が主にはたらくかは植物種によって異なり，UV-B被曝環境によっても異なるようである。

自然界の植物が太陽紫外線から身を守る方法としては，表皮細胞のフラボノイドで紫外線を吸収するとともに，フラボノイドで吸収しきれずに細胞内に透過した紫外線が引き起こすDNA損傷や活性酸素などをいかに消去・修復するかが重要なのであろう。さらに，紫外線耐性突然変異体を用いた研究によって，細胞核内のDNA量を増やすこと（核内倍加）が植物の紫外線耐性を強化するしくみの1つであることが明らかにされた[44]。核内倍加という現象は多くの植物種で知られている。このようにさまざまな植物の紫外線防御機構の存在は，植物にとって太陽紫外線がいかに脅威であったかを物語っているのであろう。

引用文献

(1) Miller, S.L., Urey, H.C. 1959. Organic compound synthesis on the primitive Earth. *Science* **130**, 245-251.
(2) Takahashi, A., Ohnishi, T. 2004. The significance of the study about the biological effects of solar ultraviolet radiation using the Exposed Facility on the International Space Station. *Biol. Sci. Space* **18**, 255-260.
(3) Mitchell, D.L., Nairn, R.A. 1989. The biology of the (6-4) photoproduct. *Photochem. Photobiol.* **49**, 805-819.
(4) Lloyd, S.A. 1993. Stratospheric ozone depletion. *Lancet* **342**, 1156-1158.
(5) Rozema, J., Boelen, P., Blokker, P. 2005. Depletion of stratospheric ozone over the Antarctic and Arctic: responses of plants of polar terrestrial ecosystems to enhanced UV-B, an overview. *Environ. Pollut.* **137**, 428-442.
(6) Tuteja, N., Singh, M.B., Misra, M.K., Bhalla, P.L., Tuteja, R. 2001. Molecular mechanisms of

DNA damage and repair: progress in plants. *Crit. Rev. Biochem. Mol. Biol.* **36**, 337-397.
(7) Sancar, A. 1994. Structure and function of DNA photolyase. *Biochemistry* **33**, 2-9.
(8) Ihara, M., Yamamoto, K., Ohnishi, T. 1987. Induction of *phr* gene expression by irradiation of ultraviolet light in *Escherichia coli. Mol. Gen. Genet.* **209**, 200-202.
(9) Takahashi, A., Shibata, N., Nishikawa, S., Ohnishi, K., Ishioka, N., Ohnishi, T. 2006. UV-B light induces an adaptive response to UV-C exposure *via* photoreactivation activity in *Euglena gracilis. Photochem. Photobiol. Sci.* **5**, 467-471.
(10) Takeuchi, Y., Inoue, T., Takemura, K., Hada, M., Takahashi, S., Ioki, M., Nakajima, N., Kondo, N. 2007. Induction and inhibition of cyclobutane pyrimidine dimer photolyase in etiolated cucumber (*Cucumis sativus*) cotyledons after ultraviolet irradiation depends on wavelength. *J. Plant Res.* **120**, 365-374.
(11) Ioki, M., Takahashi, S., Nakajima, N., Fujikura, K., Tamaoki, M., Saji, H., Kubo, A., Aono, M., Kanna, M., Ogawa, D., Fukazawa, J., Oda, Y., Yoshida, S., Watanabe, M., Hasezawa, S., Kondo, N. 2008. An unidentified ultraviolet-B-specific photoreceptor mediates transcriptional activation of the cyclobutane pyrimidine dimer photolyase gene in plants. *Planta* **229**, 25-36.
(12) Hidema, J., Kumagai, T. 2006. Sensitivity of rice to ultraviolet-B radiation. *Ann. Bot.* **97**, 933-942.
(13) Hanawalt, P.C. 2002. Subpathways of nucleotide excision repair and their regulation. *Oncogene* **21**, 8949-8956.
(14) Hwang, B.J., Ford, J.M., Hanawalt, P.C., Chu, G. 1999. Expression of the p48 xeroderma pigmentosum gene is p53-dependent and is involved in global genomic repair. *Proc. Natl. Acad. Sci., USA* **96**, 424-428.
(15) Sarasin, A., Stary, A. 2007. New insights for understanding the transcription-coupled repair pathway. *DNA Repair (Amst.)* **6**, 265-269.
(16) Lee, K.Y., Myung, K. 2008. PCNA modifications for regulation of post-replication repair pathways. *Mol. Cell* **26**, 5-11.
(17) Cui, R., Widlund, H.R., Feige, E., Lin, J.Y., Wilensky, D.L., Igras, V.E., D'Orazio, J., Fung, C.Y., Schanbacher, C.F., Granter, S.R., Fisher, D.E. 2007. Central role of p53 in the suntan response and pathologic hyperpigmentation. *Cell* **128**, 853-864.
(18) Shibata, K. 1969. Pigments and a UV-absorbing substance in corals and a blue-green alga living in the Great Barrier Reef. *Plant Cell Physiol.* **10**, 325-335.
(19) Portwich, A., Garcia-Pichel, F. 1999. Ultraviolet and osmotic stresses induce and regulate the synthesis of mycosporines in the *Cyanobacterium chlorogloeopsis* PCC6912. *Arch. Microbiol.* **172**, 187-192.
(20) Björn, L.O., Widell, S., Wang, T. 2002. Evolution of UV-B regulation and protection in plants. *Adv. Space Res.* **30**, 1557-1562.
(21) Shibata, K. 1915. Untersuchungen über das Vorkommen und die physiologische Bedeutung der Flavonderivate in den Pflanzen. *Bot. Mag. Tokyo* **29**, 118-132.
(22) Caldwell, M.M., Robberecht, R., Flint, S.D. 1983. Internal filters: prospects for UV-acclimation in higher plants. *Phys. Plant.* **58**, 445-450.
(23) Kakegawa, K., Kaneko, Y., Hattori, E., Koike, K., Takeda, K. 1987. Cell cultures of *Centaurea cyanus* produce malonated anthocyanin in UV light. *Phytochemistry* **26**, 2261-2263.
(24) Takahashi, A., Takeda, K., Ohnishi, T. 1991. Light-induced anthocyanin reduces the extent of damage to DNA in UV-irradiated *Centaurea cyanus* cells in culture. *Plant Cell Physiol.* **32**, 541-547.
(25) Li, J., Ou-Lee, T.M., Raba, R., Amundson, R.G., Last, R.L. 1993. *Arabidopsis* flavonoid mutants are hypersensitive to UV-B irradiation. *Plant Cell* **5**, 171-179.
(26) Lois, R., Buchanan, B.B. 1994. Severe sensitivity to ultraviolet radiation in an *Arabidopsis*

mutant deficient in flavonoid accumulation. II. Mechanisms of UV-resistance in *Arabidopsis*. *Planta* **194**, 504-509.
(27) Bharti, A.K., Khurana, J.P. 1997. Mutants of *Arabidopsis* as tools to understand the regulation of phenylpropanoid pathway and UVB protection mechanisms. *Photochem. Photobiol.* **65**, 765-776.
(28) Ryan, K.G., Swinny, E.E., Winefield, C., Markham, K.R. 2001. Flavonoids and UV photoprotection in *Arabidopsis* mutants. *Z. Naturforsch.* **56c**, 745-754.
(29) Reuber, S., Bornman, J.F., Weissenbock, G. 1996. A flavonoid mutant of barley (*Hordeum vulgare* L.) exhibits increased sensitivity to UV-B radiation in the primary leaf. *Plant Cell Environ.* **19**, 593-601.
(30) Ryan, K.G., Swinny, E.E., Markham, K.R., Winefield, C. 2001. Flavonoid gene expression and UV photoprotection in transgenic and mutant *Petunia* leaves. *Phytochemistry* **59**, 23-32.
(31) Murai, Y., Takemura, S., Takeda, K., Kitajima, J., Iwashina, T. 2009. Altitudinal variation of UV-absorbing compounds in *Plantago asiatica*. *Biochem. System. Ecol.* **37**, 378-384.
(32) Cuadra, P., Harborne, J.B. 1996. Changes in epicuticular flavonoids and photosynthetic pigments as a plant response to UV-B radiation. *Z. Naturforsch.* **51c**, 671-680.
(33) Cuadra, P., Harborne, J.B., Waterman, P.G. 1997. Increases in surface flavonols and photosynthetic pigments in *Gnaphalium luteoalbum* in response to UV-B radiation. *Phytochemistry* **45**, 1377-1383.
(34) Harborne, J.B., Williams, C.A. 2000. Advances in flavonoid research since 1992. *Phytochemistry* **55**, 481-504.
(35) Urquiaga, I., Leighton, F. 2000. Plant polyphenol antioxidants and oxidative stress. *Biol. Res.* **33**, 55-64.
(36) Afaq, F., Mukhtar, H. 2006. Botanical antioxidants in the prevention of photocarcinogenesis and photoaging. *Exp. Dermatol.* **15**, 678-684.
(37) Adhami, V.M., Syed, D.N., Khan, N., Afaq, F. 2008. Phytochemicals for prevention of solar ultraviolet radiation-induced damages. *Photochem. Photobiol.* **84**, 489-500.
(38) Dinkova-Kostova, A.T. 2008. Phytochemicals as protectors against ultraviolet radiation: versatility of effects and mechanisms. *Planta Med.* **74**, 1548-1559.
(39) Stapleton, A.E., Walbot, V. 1994. Flavonoids can protect maize DNA from the induction of ultraviolet radiation damages. *Plant Physiol.* **105**, 881-889.
(40) Kang, H.-S., Hidema, J., Kumagai, T. 1998. Effects of light environment during culture on UV-induced cyclobutyl pyrimidine dimers and their photorepair in rice (*Oryza sativa* L.). *Photochem. Photobiol.* **68**, 71-77.
(41) Dai, Q., Coronel, V.P., Vergara, B.S., Barnes, P.W., Quintos, A.T. 1992. Ultraviolet-B radiation effects on growth and physiology of four rice cultivars. *Crop Sci.* **32**, 1269-1274.
(42) Teranishi, M., Iwamatsu, Y., Hidema, J., Kumagai, T. 2004. Ultraviolet-B sensitivities in Japanese lowland rice cultivars: cyclobutane pyrimidine dimer photolyase activity and gene mutation. *Plant Cell Physiol.* **45**, 1845-1856.
(43) Adamse, P., Britz, S.J. 1996. Rapid fluence-dependent responses to ultraviolet-B radiation in cucumber leaves: the role of UV-absorbing pigments in damage protection. *J. Plant Physiol.* **148**, 57-62.
(44) Hase, Y., Trung, K.H., Matsunaga, T., Tanaka, A. 2006. A mutation in the *uvi4* gene promotes progression of endo-reduplication and confers increased tolerance towards ultraviolet B light. *Plant J.* **46**, 317-326.

4.7. ファイトアレキシン*

　本項では，現生態系でフラボノイドが果たしている重要な役割の1つである植物の病原抵抗性について，生態化学的視点[1]から解説を行う。後述するように，ファイトアレキシン（PA）は，植物が病原菌の攻撃を受けた時，植物組織内で誘導的に生成する低分子量の抗菌活性を有する二次代謝産物に与えられた名称である。

　植物の微生物に対する防御には，物理的な障壁となるクチクラ，ヘミセルロース，セルロースなどの層状構造，リグニンやタンニンの沈着，毛茸なども役立っている。また，酵素作用や酵素阻害タンパク質の関与する生物学的な防御の手立ても知られているが，抗菌物質による化学的防御は最も直接的な効果が見られるものである。植物の防御に機能している二次代謝産物は，構造的にきわめて多様であるが生合成的にはごく限られた経路に分けられている。

　①脂肪酸・ポリケタイド経路によるもの，②シキミ酸経路を経て生成するフェニルプロパノイドを基本骨格とするもの，③メバロン酸経路または非メバロン酸経路で生成したイソペンテニル・ユニットを素材として構成されたテルペノイド，④アミノ酸や糖，核酸を基質として一次代謝から分岐した経路で生合成されたもの，窒素原子を含むものが少なくない，⑤いくつかの経路が複合して生成されたもの，に分類される。PA の誘導生成にもこれらの生合成系が発動される。

　フラボノイドは複合経路による生合成例の1つで，2個のベンゼン環とそれらにはさまれた C_3 部分からなり，IおよびIIの太線で示した部分がシキミ酸経路由来，A環はポリケタイド経路で炭素鎖の延長，環化によって形成される（図4-7-1）。骨格Iで示した C_3 部分が直鎖状のものを狭義のフラボノイド，枝分かれしたIIのものをイソフラボノイドとして，両者を合わせて広義のフラボノイドと呼んでいる。カルコン，ジヒドロカルコン類以外は C_3 部分で酸素原子を含む環構造を形成しており，その部分構造によって多くのサブグループに区分される。また，I，IIの炭素骨格からなるもの，およびそれらのメチルエーテル誘導体を単純フラボノイド，糖やイソペンテニル・ユニットと結合した誘導体は複合型フラボノイドと呼ぶ。

　二次代謝産物は古くは，一次代謝の副産物，老廃物ともいわれ，生体には余計なものと見なされていたが，近年，二次代謝産物が，生物間の相互関係を媒介するシグナル物質として機能していることや，分類学上の近縁グループを特徴づける化学物質であることがわかってきた。固着生活を営む植物は，動物や病原菌から身を守るとともに，種の交配や種子の伝播，養分の獲得に他生物の協力を要し，二次代謝産物はそのためのメッセージとしても利用される。

＊執筆：田原哲士　Satoshi Tahara

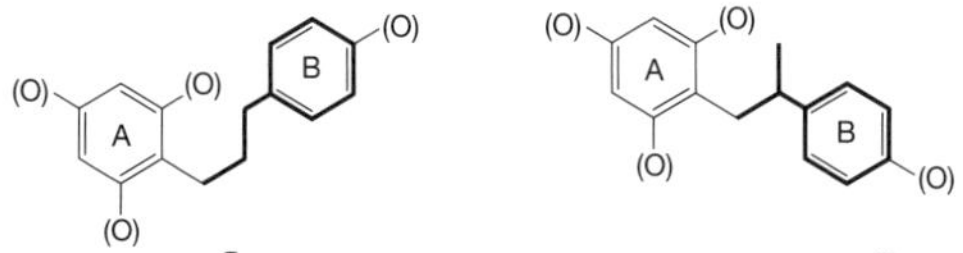

図 4-7-1 フラボノイドの炭素骨格
太線部分がシキミ酸経路によって生成したもの。−(O) は酸素原子と結合していることが多いことを示す。多くはA環とC₃部分でヘテロ環を形成している。

このように，植物の二次代謝産物は機能，構造ともに多岐にわたり，植物の病原防御にかかわっているフラボノイド・ファイトアレキシンはその一端にすぎない。

植物病原菌と植物の相互作用により，抗菌物質が誘導的に生成することを実験的に証明し，新たな概念を提案したのは Müller と Börger で，1940年のことであった[2, 103]。彼らはジャガイモ Solanum tuberosum とジャガイモ疫病菌 Phytophthora infestans の病原性，および非病原性のレースを用いて，非病原性のレースであらかじめ処理したジャガイモに，その後に病原性のレースを接種しても菌の増殖が抑制される現象を発見した。その増殖抑制が，非病原性レースの接種刺激によりジャガイモの表面近くに新生した低分子量の抗菌物質によると結論し，感染刺激を受けた組織が新生する抗菌物質をファイトアレキシンと命名した。

4.7.1. 植物由来の抗菌物質について

はじめに，植物の化学的防御に機能している抗菌物質の区分と定義を示して PA の位置づけを明確にしておきたい。マメ科植物の PA 探索とそれを指標とした化学分類学的研究を行っていた Ingham（1973）は，植物が生成する二次代謝産物で微生物に対する抵抗性に役立っている抗菌物質を，それらの生成時期と果たしている役割を考慮して，4つに区分けすることを提案した（表4-7-1）[3]。抗菌物質の出現する時期により，感染前抗菌物質と感染後抗菌物質に二分し，さらにそれぞれを防御機能の発現の仕方によって2つのグループに分けている。Ingham の区分，定義は植物の生成する抗菌物質の把握に便利で，多くの研究者に受け入れられたが，インヒビティン inhibitin の区分にあいまいさが残されている。

Müller と Börger が定義した PA は，微生物と植物の相互作用によって新生する抗菌物質とされ，厳密に言えば，相互作用の前から少量でも植物に存在していた化合物はインヒビティンのように PA と区別されるべきである。しかし，健全な植物に含まれるか否かの判断は，往々にしてその化合物の有無ではなく，分析の検出限界に支配される。さらに，微生物と植物の相互作用が接種処理のような操作を意味するのであれば問題ないが，健全に見える植物が微生物からの影響を受けていない

表 4-7-1 植物が生成する抗菌物質の区分と定義

Ingham [3] を改変

I 感染前抗菌物質 Pre-infectional compounds

1. プロヒビティン：植物が微生物の攻撃にさらされる前から生合成して保持しており，防御機能を果たす抗菌物質（タマネギ Allium cepa 鱗茎表層に含まれるカテコール catechol やキハダ Phellodendron amurense の樹皮に含まれるベルベリン berberin など）

2. インヒビティン：微生物の攻撃前にも少量含むが，微生物との相互作用で防御能を果たすに足る量が生成される抗菌物質（ジャガイモ塊茎が腐敗し始めた時，健全部との境に蓄積して腐敗菌の増殖を抑制するクロロゲン酸やスコポレチン scopoletin など）

II 感染後抗菌物質 Post-infectional compounds

1. ポストインヒビティン：傷害や感染を受けた植物内で不活性前駆物質から，活性本体に変換され機能を果たす抗菌物質（ネギ属植物が構成的に生合成しているアリイン alliin 同族体に酵素アリイナーゼが作用して生成するアリシン allicin 同族体など）

2. ファイトアレキシン：植物が微生物との生理的相互作用を通して，防御遺伝子の機能発現により新生する抗菌物質（エンドウのピサチン pisatin（構造式(1)），サツマイモのイポメアマロン（構造式(2)），ランのオルキノール orchinol（構造式(3)），ニンジンの6-メトキシメレイン（構造式(4)）など）

＊例にあげた化合物のそれぞれがいずれかの区分に割り当てられるのではなく，特定の植物でどのように発現，機能を果たしているかによって区分されるものである。それゆえ，シロバナハウチワマメの葉に構成的に含まれるルテオン luteone（図 4-7-2）はプロヒビティンに区分され，シロバナハウチワマメ芽生えで誘導生成されるルテオンはファイトアレキシンに区分されるような例もある。

と断言することは困難である。

　また，微生物との相互作用だけでなく，重金属塩や天然の有機化合物，合成代謝阻害剤，温度変化や紫外線などが PA の生成を誘導することも知られている。Stoessl（1976）は，植物による PA の誘導生成を外的ストレスに対して植物が示す代謝変動の一部ではないかと考え，植物によって誘導生成される二次代謝産物をストレス・メタボライトと呼ぶことを提唱している[2]。一方 VanEtten ら（1994）は，植物由来抗菌物質の区分を単純化するために，微生物との相互作用により新生した抗菌物質のうち，前駆物質の活性化によって生成するポストインヒビティン post-inhibitin 以外はすべて PA とし，残りの植物由来抗菌物質（Ingham の規定したプロヒビティン prohibitin，感染前に少量存在していたインヒビティンおよびポストインヒビティン）を一括してファイトアンチシピン phytoanticipin と呼ぶことを提案した[4]。

　近年，研究対象，研究法，研究者層の広がりにより，PA が拡大解釈される傾向にあり，生物的ならびに非生物的な PA 誘導因子（インデューサーとも言われたが，現在ではエリシター elicitor という用語がもっぱら用いられている）を部位や成長段階の異なる植物，培養細胞などに作用させることで生成した抗菌物質は広く PA と呼ばれる傾向にある。

4.7.1. 植物由来の抗菌物質について

ファイトアレキシン(1)～(21)の構造式

(1) ピサチン
(2) イポメアマロン
(3) オルキノール
(4) 6-メトキシメレイン
(5) ピノセンブリン
(6) ジヒドロクェルセチン
(7) 7-ヒドロキシフラバン (R = H)
(8) 4',7-ジヒドロキシフラバン (R = OH)
(9) グリセオリン II
(10) グリセオリン III
(11) イリリン A (R = CH_3)
(12) イリリン B (R = H)
(13) アヤメニン A (R = OCH_3)
(14) アヤメニン B (R = H)
(15) クリシン
(16) サクラネチン
(17) アピゲニニジン (R = H)
(18) ルテオリニジン (R = OH)
(19) ベタブルガリン
(20) ベタガリン
(21) 5-ヒドロキシ-6,7-メチレネジオキシ-ジヒドロフラボノール

　植物は光合成によって得た一次代謝産物を成長と体の維持，繁殖，防御に振り分け，種の繁栄を図っていると考えられている。しかし，そのエネルギーの配分についてどのような基準があるかは判然としない。抗菌物質を構成的に生産し，隔離貯

蔵して危機に備えるか,攻撃を受けてから誘導的に生成するかは,個々の植物にとって十分な理由があって選択されている戦略かもしれないが,詳細はわからない。遺伝的形質によって支配されているにしても,そこにいたる過程では,その植物のおかれた環境や共進化,生物経済などが反映されているであろう。丈夫な構造を作ったり,防御物質を合成するのにより多く投資して,干渉型の競争に優ることにより,防御を達成している植物から,防御への投資を抑えて,優れた繁殖能力と大きな成長速度に支えられた消費型の防御を選択している植物まで,その防御戦略もきわめて多様である。

植物由来の抗菌物質研究法の具体については,PA 誘導生成のための Drop Diffusate 法[5],TLC bioautography による PA の部分分画と活性検定法[6],抗菌試験[7],植物原抗菌物質の検出・抽出・単離精製,構造解析[8],ジャガイモの PA 探索[9] など参考文献を示すにとどめる。

4.7.2. ファイトアレキシンの多様な構造とそれらを産生する植物

1940 年 Müller と Börger により,植物の動的病原抵抗性に関する PA の概念が提唱され,それまで独立に行われていたいくつかの研究が収斂して新たな展開が図られるようになった。第二次世界大戦中,戦後の厳しい研究条件のもとでも,各種植物を用いた PA 生成の追試実験,研究法の改善・工夫が続けられた。20 年後の 1960 年に PA の具体例とされるエンドウ *Pisum sativum* のピサチン pisatin (構造式(1)) が単離され[10],1962 年にはその構造も報告された[11, 104]。PA に関する最初の総説(Cruickshank, 1963)には,1940 年以降の研究の歩みが詳しくたどられている[12]。その段階で PA と認められている化合物として,ピサチン以外にもサツマイモ *Ipomoea batatas* のイポメアマロン ipomeamarone (構造式(2)),ランの仲間 *Orchis militaris* のオルキノール orchinol (構造式(3)) およびニンジン *Daucus carota* の 6-メトキシメレイン 6-methoxymellein (構造式(4)) があげられている。これらの化合物の研究経過は,PA の初期研究として,現象解釈による概念の提起から実体の究明,本質理解への展開モデルとして研究史に残るものである。

PA 研究の初期に集積された知見は次のように要約される[Cruickshank の総説[12]とその中での引用文献参照]。

 i) 感染刺激を受けた植物が,微生物に対する抵抗応答として抗菌物質を生成することは,植物界でかなり一般的なことと思われる。

 ii) PA 生成は,生きた植物の組織でのみ起こり,老化した組織や組織の薄片では生成量が低くなる。

 iii) 生成される抗菌物質は,生成する植物に特有の化合物で,相互作用の相手で

ある微生物の種類によって異なる化学物質が誘導されるわけではない。

iv) 当該植物の病原菌によって PA 生成が誘導されることもあるが，他種植物の病原菌との相互作用によって誘導する方が効率的であることが多い。

v) PA を生成する植物に病原性を示す（親和関係にある）微生物は，その植物の PA に対して非親和性の微生物よりも感受性が低い傾向にある。

vi) PA の誘導生成は，生きた微生物だけでなく，重金属塩や代謝阻害物質，低温障害などによっても引き起こされる[13]。

植物の動的な防御機構の発動により新規化合物が顕在化するという PA 研究は，1960 年代に植物病理学者や植物生理学者のみならず，多くの植物化学者，有機化学者の参画をうながし，大きく進展することとなった。その間の成果は 1982 年に出版された PA のモノグラフとして結実している[14]。1980 年までに，マメ科植物の PA として 101 種類の化合物が知られ[15]，その内訳はイソフラボノイド 87，フラバノン 1，フラボノイド以外の化合物 13 種類であった。マメ科以外では，14 科に属する植物から 72 化合物が報告されていた[14]。主な化合物の内訳は，セスキテルペノイド 24；スチルベノイド 16；フェニルプロパノイド 9；広義のフラボノイド 7，そのほかとなっている。マメ科植物では 86％がイソフラボノイド，マメ科以外ではセスキテルペノイドやスチルベノイドが多い。

Harborne の 1999 年の総説によれば，それまでに約 300 種類の化合物が PA として報告されており，PA の探索がなされた植物は 900 種（うち 600 種はマメ科植物）にのぼるという[16]。PA の数はその後もかなり増えていると思われる。PA は植物の化学的防御に機能する二次代謝産物として，植物の生理・生態・共進化などの結果として発達してきたものであり，さらに，PA が植物と微生物（カビ，バクテリア，ウイルス）との相互関係のみならず，植食動物に対する植物の被食防衛にも機能していることからすれば，PA は比較生化学的観点から全体像を把握することが求められ，その存在意義は生態化学的な面から問われるべきものと思われる。

以下では，最近の植物分類体系[17]に沿ってどのようなタイプの二次代謝産物が PA として機能しているかを，フラボノイドに重点をおきながら概観する。いずれも代表的なものを示したもので，博捜を期したものではない。詳細は，総説[16,18,19]，単行本[14,20～22]を参照されたい。

1) 裸子植物のファイトアレキシン

裸子植物は約 800 種が知られるというが，PA は 10 化合物が報告されている（表 4-7-2）。ストローブマツ *Pinus strobus* にマツノザイセンチュウ *Bursaphelenchus xylophilus* が寄生すると，テーダマツの PA として報告されているフラバノンのピ

表 4-7-2 裸子植物のファイトアレキシン [a, b]

科名	ファイトアレキシンのクラス	化合物の例またはグループ名／由来植物
ヒノキ科 Cupressaceae	Tropolone	2 tropolone glucosides / *Cupressus sempervirens* (セイヨウイトスギ)
マツ科 Pinaceae	Stilbenoid	2 stilbenes / *Pinus resinosa*
	Lignan	hydroxymatairesinol / *Picea abies* (ドイツトウヒ)
	Terpenoid	3 monoterpenes, sesquiterpene / *Pinus contorta*
	Flavanone	**pinocembrin** (5) / *Pinus taeda* (テーダマツ)
	Dihydroflavonol	**dihydroquercetin** (6) / *Pseudotsuga menziesii* (アメリカトガサワラ)

a：文献 (16), (18), (19) に最近の知見を追加した。
b：フラボノイドは太字で表示し，構造式番号を添えた。その他の化合物は，化合物名またはより小さなグループ名を示す。

ノセンブリン pinocembrin（構造式(5)）やスチルベンの 3-*O*-メチルジヒドロピノシルビン 3-*O*-methyldihydropinosylvin が生成蓄積するという[23]。裸子植物の PA としてフラボノイドの2化合物（構造式(5), (6)）が知られるが，イソフラボノイドは見あたらない。狭義のフラボノイドは，ツノゴケ類 Anthocerotopsida を除くすべての陸生植物により生合成されることが知られているが，イソフラボノイドはマメ科植物に偏在していて，そのほかの科の植物における分布は限られている。裸子植物では，ナンヨウスギ科 Araucariaceae，ヒノキ科 Cupressaceae，マキ科 Podocarpaceae の植物からもイソフラボンが単離されている[24]。

2) 単子葉植物のファイトアレキシン

単子葉植物の代表的な PA，ならびに従来 PA 生成が知られていなかった科に属する植物の例を，表 4-7-3 に示した。サトイモ科のアメリカミズバショウ *Lysichiton americanum* では塩化第二銅 $CuCl_2$ 誘導により，初めての例としてニトロ基を含む抗菌物質が得られている[25]。フラボノイド PA として，ヒガンバナ科のラッパズイセンはフラバン（構造式(7), (8)）を，オオホザキアヤメ科（広義のショウガ科）の *Costus speciosus* は，ダイズの PA として知られるイソフラボノイドのグリセオリン II glyceollin II（構造式(9)）と III（構造式(10)）を生成する。アヤメ科の植物は，イソフラボノイドを生成することでも知られるが，キショウブ *Iris pseudacorus* の葉を塩化銅溶液で誘導処理すると，抗菌性のイソフラボン（イリリン A irilin A（構造式(11)）；イリリン B irilin B（構造式(12)））およびクマロノクロモン（アヤメニン A ayamenin A（構造式(13)）；アヤメニン B ayamenin B（構造式(14)））が生成した。アヤメ属から PA あるいはストレス化合物が得られたのは初めてである[26]。ランの PA としては，ジヒドロフェナンスレン dihydrophenanthrene 骨格（スチルベノイド）

表 4-7-3 単子葉植物のファイトアレキシン[a, b]

科名	ファイトアレキシンのクラス	化合物の例またはグループ名／由来植物
ネギ科 Alliaceae	Cyclic dione	4-hexylcyclopentane-1,3-dione / *Allium cepa*（タマネギ）
ヒガンバナ科 Amaryllidaceae	Flavan	**7-hydroxyflavan**(7), **7,4'-dihydroxyflavan**(8) / *Narcissus pseudonarcissus*（ラッパズイセン）
サトイモ科 Araceae	2-Phenyl-1-nitroethane	2-(*p*-hydroxyphenyl)-1-nitroethane / *Lysichiton americanum*（アメリカミズバショウ）[c(25)]
キジカクシ科 Asparagaceae	Phenylpropanoid	norlignan / *Asparagus officinalis*（アスパラガス）
オオホザキアヤメ科 Costaceae	Pterocarpan	**glyceollin II**(9), **glyceollin III**(10) / *Costus speciosus*
ヤマノイモ科 Dioscoreaceae	Stilbenoid	dihydropinosylvin, batatasin 1 / *Dioscorea batatas*（ナガイモ）
アヤメ科 Iridaceae	Isoflavone	**irilin A**(11), **irilin B**(12) / *Iris pseudacorus*（キショウブ）[c(26)]
	Coumaronochromone	**ayamenin A**(13), **ayamenin B**(14) / *I. pseudacorus*[c(26)]
ユリ科 Liliaceae	Benzodioxin-2-one	yulinelide / *Lilium leichtlinii* var. *maximowiczii*（コオニユリ）
シュロソウ科 Melanthiaceae	Stilbenoid	resveratrol(57) / *Veratrum grandiflorum*（バイケイソウ）[c(91)]
バショウ科 Musaceae	Phenalenone	musanolone / *Musa acuminata*（バナナ）
ラン科 Orchidaceae	Dihydrophenanthrene	orchinol(3) / *Orchis militaris*
	Flavone	**chrysin**(15) / *Cypripedium macranthos*[(27)]（アツモリソウ）
イネ科 Poaceae	Stilbenoid	piceatannol / *Saccharum officinarum*（サトウキビ）
	Flavanone	**sakuranetin**(16) / *Oryza sativa*（イネ）
	Diterpenoids	momilactone 類, oryzalexin 類 / *O. sativa*
	Deoxyanthocyanidin	**apigeninidin**(17), **luteolinidin**(18) / *Sorghum* spp.
	Anthranilic acid amide	avenanthramide A, B / *Avena sativa*（エンバク）

a：文献（16），（18），（19）に最近の知見を追加した。
b：フラボノイドは太字で表示し，構造式番号を添え，その他の化合物は，化合物名またはより小さなクラス名を示す。
c：塩化銅溶液で誘導。

のオルキノールがよく知られているが，最近フェナンスレン誘導体であるルシアンスリン lusianthrin（4,7-dihydroxy-2-methoxyphenanthrene）とともに，ほかの植物のPA として報告のあるフラボンのクリシン（**構造式**(15)）が見出されている[(27)]。

イネ科植物の PA は比較的広く研究されている。イネではフラバノンのサクラネチン（構造式(16)）のほかに 14 種類のジテルペノイドが知られており[28]，培養細胞にエリシターとしてオリゴキチンが作用した際に見られる情報伝達の分子機構も明らかにされつつある[29]。ソルガムやサトウキビはデオキシアントシアニジン類である化合物（構造式(17), (18)）を PA としている。エンバク *Avena sativa* はアンスラニル酸部分構造に由来する窒素原子を含む PA が特徴的で，オオムギは類似アミド構造のクマロイルアグマチン coumaroylagmatin やフェルロイルアグマチン feruloylagmatin，その酸化二量体のホルダチン hordatine 類が，コムギではベンゾキサジノン benzoxazinone 系の抗菌物質が，PA あるいはインヒビティンとして機能し，それらの一部では発芽時に一過的な生合成量の高まりが観察されている[16, 30]。

バショウ科のバナナでは，この属に特有のフェナレノン骨格の PA が生成され，構造の確認された関連化合物 25 種類のうち，10 種類以上に抗菌活性が見られる[31]。

3) 双子葉植物のファイトアレキシン

双子葉植物で PA を生成することが知られている 28 科につき，代表的な化合物の区分，名称，由来植物を表 4-7-4 にまとめた。最もよく研究されているのは，マメ科植物である。ナス科，クワ科，アブラナ科，バラ科などがそれに次ぎ，それぞれの科を特徴づける化合物群が報告されている。以下に主要な科について簡単な説明を行う。

【マメ科】種数も多く世界中に分布し，重要な栽培品種を多く含むこと，最初に構造が明らかにされた PA がエンドウのピサチンであったことから，早くよりマメ科植物の PA には興味がもたれていた。マメ科植物の PA は，圧倒的にイソフラボノイドが多い。狭義のフラボノイドに比べ，分布が片寄り，生理活性二次代謝産物としての機能性に優れていると予想されるイソフラボノイドが PA として広く見出されることは，理にかなっているように考えられる。

マメ科以外でイソフラボノイドを生成する植物は，1990 年頃には，20 科で化合物数 81 程度とされていた[32]が，2007 年には 59 科 225 化合物に増えている[24, 32]。Lapcik ら[33]は，シロイヌナズナがイソフラボノイドを生成するにもかかわらず，この植物には既知のイソフラボン合成酵素 isoflavone synthase（フラバノン骨格をイソフラバノン骨格に変換する鍵酵素）遺伝子とホモロジーを有する塩基配列が見出されないことから，少なくともアブラナ科植物には既知の酵素とは異なる系統のものが存在するであろうと述べている。今後，マメ科以外の植物で，イソフラボノイドを PA として生成する植物の例が増えるかもしれない。マメ科植物の代表的な PA については，フラボノイドのクラス別に分け，表 4-7-5 にまとめ，構造も示した。

マメ科植物の PA の中で，唯一ジャケツイバラ亜科から得られたものが 2-(p-ヒドロキシフェノキシ)-5,7-ジヒドロキシクロモン 2-(p-hydroxyphenoxy)-5,7-dihydroxychromone (構造式(55)) である。この化合物の生成時にフェニルアラニンの炭素骨格が取り込まれたことから，環の間の酸素原子はフラボン骨格ができた後に導入されたものと推測されている[34]。同じ化合物がキク科のカワラヨモギ *Artemisia capillaris*，およびバラ科のハマナス *Rosa rugosa* からも，構成成分として得られている[35, 36]。

マメ科のイソフラボノイド PA については，その化学構造からして，生合成的により原初的なイソフラボンから代謝の段階がより進んで抗菌比活性も増大したイソフラバンを生成するように分化した跡をたどることができる[37]。図 4-7-2 のイソフラボン → イソフラバノン → プテロカルパン → イソフラバンへの変換にはそれぞれの段階に対応した酵素が必要で，その有無により代謝産物が決まる。それゆえに生成する PA の質や生成比により，それを指標にした科内の植物の連や属でのグルーピング[16]や属内の種レベルでのグルーピング[38]など化学分類学への展開も可能である。

【ヒユ科】マメ科以外では単子葉植物のアヤメ科に次いで多くのイソフラボノイドを生成する科のひとつで，ビート *Beta vulgaris* は PA としてもイソフラボンのベタブルガリン betavulgarin (構造式(19)) とフラバノンのベタガリン betagarin (構造式(20)) を生成する。1,600 あまりの既知のイソフラボノイドのうち，15 % 程度がマメ科以外の植物に由来する[24, 39]が，今のところイソフラボノイドを PA として生成する植物は，マメ科を除くとアヤメ科，オオホザキアヤメ科，ヒユ科に限られる。

【セリ科】クマリン類，特にフロクマリン furocoumarin が一般的な PA で，10 種類を超す化合物が知られている[16]。ニンジン属のみは例外的で，イソクマリン系のメトキシメレイン (構造式(4)) とポリアセチレンのファルカリノール falcarinol (構造式(59)) を生成する。後者の関連化合物であるファルカリンジオール falcarindiol (構造式(60)) は，構成的な成分としてセリ科植物には広く見られるものである。

【キク科】防御物質としてセスキテルペンラクトン類を構成的に生成するものが多く，PA 生成はまれではないかと考えられていた。しかし，種数が最も多いこともあり，報告されている PA 数も増えてきている。キク科の中でキク連とアザミ連の植物は，ポリアセチレン系の化合物を，ヒマワリ連は，クマリン類とアセトフェノン類を，またタンポポ連は，セスキテルペンラクトン類を PA としている[16]。

【アブラナ科】PA 研究の歴史は浅く，1986 年に Takasugi ら[40]により最初の報告がなされた。現在では化合物(61)～(64)を含め 30 種類以上の同族化合物が各種アブラナ科植物より得られている[41]。いずれもインドール環を有し，さらに 1～2 個のイオウ原子を含む。重要中間体 3-indolylmethyl isothiocyanate を経由するブラッ

表 4-7-4 双子葉植物のファイトアレキシン[a, b]

科名	ファイトアレキシンのクラス	化合物の例またはグループ名／由来植物
キツネノマゴ科 Acanthaceae	Naphthofuranone	naphtho[1,2-b]furane-4,5-dione / *Avicennia marina*（ヒルギダマシ）
ヒユ科 Amaranthaceae	Isoflavone	**betavulgarin**[19] / *Beta vulgaris*（ビート）
	Flavanone	**betagarin**[20] / *B. vulgaris*
	Dihydroflavonol[92]	**5-hydroxy-6,7-methylenedioxydihydroflavonol**[21] / *B. vulgaris*
セリ科 Apiaceae	Furanocoumarin	xanthotoxin / *Pastinaca sativa*（パースニップ）
	Isocoumarin	6-methoxymellein[4] / *Daucus carota*（ニンジン）
キク科 Asteraceae	Acetylene	safynol / *Carthamus tinctorius*（ベニバナ）
アブラナ科 Brassicaceae	Indole	cyclobrassinin[63] / *Brassica campestris*（ハクサイ）
サボテン科 Cactaceae	Aurone	**4,5-methylenedioxy-6-hydroxyaurone**[22] / *Cephalocereus senilis*
パパイア科 Caricaceae	Acetophenone	danielone / *Carica papaya*（パパイア）[93]
ナデシコ科 Caryophyllaceae	Anthranilic acid amide	dianthalexin / *Dianthus caryophyllus*（カーネーション）
カツラ科 Cercidiphyllaceae	Biphenyl lignan	magnolol / *Cercidiphyllum japonicum*（カツラ）
ヒルガオ科 Convolvulaceae	Sesquiterpene	ipomeamarone / *Ipomoea batatas*（サツマイモ）
ウリ科 Cucurbitaceae	Flavonol[44]	**rhamnetin**[23] / *Cucumis sativus*（キュウリ）
	Flavone *C*-glucoside[45]	**cucumerin A**[24] / *C. sativus*
トウダイグサ科 Euphorbiaceae	Diterpene	casbene / *Ricinus communis*（トウゴマ）
マメ科 Fabaceae	Pterocarpan	**pisatin**[1] / *Pisum sativum*（エンドウ）
オトギリソウ科 Hypericaceae	Naphthodianthrone	hypericin / *Hypericum perforatum*[94]（セイヨウオトギリ）
アマ科 Linaceae	Phenylpropanoid	conyferyl alcohol / *Linum usitatissimum*（アマ）
アオイ科 Malvaceae	Sesquiterpene	hemigossypol / *Gossypium hirsutum*（リクチメン）
	Sesquiterpene	11-nor-2-*O*-methylisohemigossypolone / *Pachira aquatica*（パキラ）[47]
	Sesquiterpene	7-hydroxycalamenene / *Tilia × europaea*（セイヨウシナノキ）

マメ科植物については，化合物のクラス別に表 4-7-5 に示した。

4.7.2. ファイトアレキシンの多様な構造とそれらを産生する植物　489

科名	ファイトアレキシンのクラス	化合物の例またはグループ名／由来植物
アオイ科（続き）	Triterpene	arjunoric acid / *Theobroma cacao*（カカオ）[95]
	Sulfur	cyclic octasulfur / *T. cacao*[95]
	Coumarin	isopimpinerin / *Corchorus olitorius*（モロヘイヤ）
クワ科 Moraceae	2-Arylbenzophenone	moracin A [67] / *Morus alba*（マグワ）
	Flavone	**kuwanone C** [25] / *M. alba*
	Chalcone complex	**chalcomoracin** [26] / *M. alba*
	1,3-Diphenylpropane	brossonin A [27], B [28] / *Broussonetia papyrifera*（カジノキ）
	1,3-Diphenylpropane	spirobrossonin A [29], B [30] / *B. papyrifera*
	Flavan	**broussin** [31], [32] / *B. papyrifera*
	Catechin	**broussinol** [33] / *B. papyrifera*
ハス科 Nelumbonaceae	Sesquiterpene	carrisone / *Nelumbo nucifera*（ハス）[96]
ケシ科 Papaveraceae	Benzophenanthridine	sanguinarine / *Papaver bracteatum*（ボタンゲシ）
ヤマゴボウ科 Phytolaccaceae	Saponin	phytolaccoside / *Phytolacca americana*（ヨウシュヤマゴボウ）
オオバコ科 Plantaginaceae	Phenylpropanoid	acteoside / *Rehmannia glutinosa*（ジオウ）
スズカケノキ科 Platanaceae	Coumarin	xanthoarnol / *Platanus × acerifolia*（モミジバスズカケノキ）[97]
バラ科 Rosaceae	Biphenyl	aucuparin [68] / *Sorbus aucuparia*（ヨーロッパナナカマド）
	Dibenzofuran	eriobofuran [69] / *Eriobotrya japonica*（ビワ）
アカネ科 Rubiaceae	Anthraquinone	1-*O*-methylpurpurin / *Cinchona ledgeriana*（キナノキ）
ミカン科 Rutaceae	Acetophenone	xanthoxylin / *Citrus limon*（レモン）
	Coumarin	scoparone [90] / *Citrus sinensis*（オレンジ）
	Carbazole alkaloid[96]	carbalexin A / *Glycosmis parviflora*[50]
ナス科 Solanaceae	Acetylene	falcarinol [59] / *Lycopersicon esculentum*（トマト）
	Sesquiterpene	rishitin [75] / *Solanum tuberosum*（ジャガイモ）
ニレ科 Ulmaceae	Sesquiterpene	mansonone A / *Ulmus americana*（アメリカニレ）
ブドウ科 Vitaceae	Stilbene oligomer	ε-viniferin / *Vitis vinifera*（ブドウ）

a：文献 (16), (18), (19) に最近の知見を追加した．
b：フラボノイドは太字で表示し，構造式番号を添えた．その他の化合物は，化合物名またはより小さなクラス名を示す．

表 4-7-5　マメ科植物のファイトアレキシン[a]

化合物のクラス		化合物数	化合物の例／由来植物
Isoflavone	単純型	12	genistein [35] / *Cajanus cajan*（キマメ）
	複合型	4	weighteone [36] / *Laburnum anagyroides*（キングサリ）
Isoflavanone	単純型	8	sativanone [38] / *Medicago sativa*（アルファルファ）
	複合型	3	kievitone [39] / *Phaseolus vulgaris*（インゲンマメ）
Pterocarpan	単純型	23	medicarpin [40] / *Trifolium pratense*（ムラサキツメクサ）
	複合型	20	glyceollin I [41] / *Glycine max*（ダイズ）
Pterocarpen		1	anhydroglycinol [42] / *Tetragonolobus maritimus*
Isoflavan	単純型	13	vestitol [43] / *Lotus uliginosus*
	複合型	3	phaseollinisoflavan [44] / *P. vulgaris*
Coumestan	単純型	1	coumestrol [45] / *P. vulgaris*
	複合型	2	psoralidin [46] / *Phaseolus lunatus*（ライマメ）
2-Arylbenzofuran[b]		3	vignafuran [47] / *Vigna unguiculata*（ササゲ）
Coumaronochromone [100]		1	lupinalbin A [48] / *Vigna angularis*（アズキ）
Flavone [101]		1	7,4'-dihydroxyflavone [49] / *M. sativa*
Flavanone		1	liquilitigenin [50] / *Lens culinaris*（レンズマメ）
Dihydroflavonol		4	shutenol [51] / *Shuteria vestita*
Dihydrochalcone		1	odoratol [52] / *Lathyrus odoratus*（スイートピー）
β-Hydroxychalcone [101]		1	β-hydroxy-4,2',4'-trihydroxychalcone [53] / *M. sativa*
Chalcone		1	pinostrobin chalcone [54] / *Cajanus cajan*
2-Phenoxychromone		1	2-(*p*-hydroxyphenoxy)-5,7-dihydroxychromone [55] / *Cassia obtusifolia*（エビスグサ）
Chromone[c]		2	lathodoratin [56] / *L. odoratus*
Stilbene		6	resveratrol [57] / *Arachis hypogaea*（ラッカセイ）
Furanoacetylene		7	wyerone [58] / *Vicia faba*（ソラマメ）

a：Harborne[16] および Ingham[15] を基礎にして追加修正を行った。化合物数は新規なものについての追加は行っていない。
b：マメ科植物の 2-arylbenzofuran 類は生合成的に isoflavone に関連づけられることが知られている[98]。一方，クワ科などの 2-arylbenzofuran 類，たとえモラシン A moracin A [67] などはスチルベン経路による[99]。
c：非ベンゼン環部分炭素 5 個はイソロイシン由来とされている[102]。

シニン brassinin（**構造式**[62]）の生合成経路[40] やシロイヌナズナでトリプトファン由来のインドール-3-アセトニトリル indole-3-acetonitrile とシステイン cysteine の複合体からカマレキシン camalexin（**構造式**[64]）が生成する経路も報告されている[42]。

【サボテン科】フラボノイドのオーロン類はキク科，カヤツリグサ科，マメ科などに分布し，約 30 種類が知られる。オーロン類のうち**構造式**[22]で示されるものは，PA としては唯一の例と思われる。

R′=H, wighteone (36)
R′=OH, luteone (37)
ルピナス連 *Lupinus* 属
(pre-infectional & post-infectional)

プレニル化

イソフラボン類

インゲン連 *Cajanus* 属

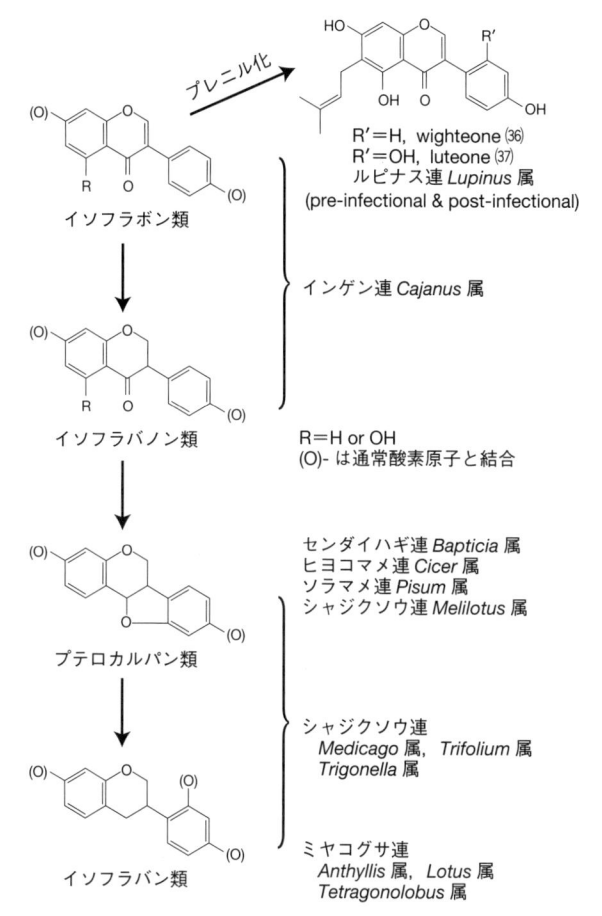

イソフラバノン類

R＝H or OH
(O)- は通常酸素原子と結合

プテロカルパン類

センダイハギ連 *Bapticia* 属
ヒヨコマメ連 *Cicer* 属
ソラマメ連 *Pisum* 属
シャジクソウ連 *Melilotus* 属

イソフラバン類

シャジクソウ連
　Medicago 属, *Trifolium* 属
　Trigonella 属

ミヤコグサ連
　Anthyllis 属, *Lotus* 属
　Tetragonolobus 属

図 4-7-2　マメ科植物ファイトアレキシンに見られる系統的な進化（文献 (37) を改変）

【ナデシコ科】窒素原子を含み双子葉植物では唯一のアンスラニル酸 anthranilic acid のアミド誘導体を PA として生成する。単子葉植物イネ科の項を参照されたい。

【ヒルガオ科】サツマイモ塊根が黒斑病菌に冒された時に生成するセスキテルペン PA のイポメアマロン類（3種類）は，その生成量が際だって大きい。主成分であるイポメアマロン（**構造式**(2)）は，乾燥した病斑部重量の約1％生成するという[43]。通常の PA 生成量は，せいぜい新鮮重の 0.01％オーダー以下と思われる。

【ウリ科】PA を生成することは長く知られていなかった。近年，フラボノールのラムネチン rhamnetin（**構造式**(23)）やフラボン C-配糖体のククメリン A cucumerin A（**構造式**(24)）およびその位置異性体であるククメリン B が PA として報告された[44, 45]。

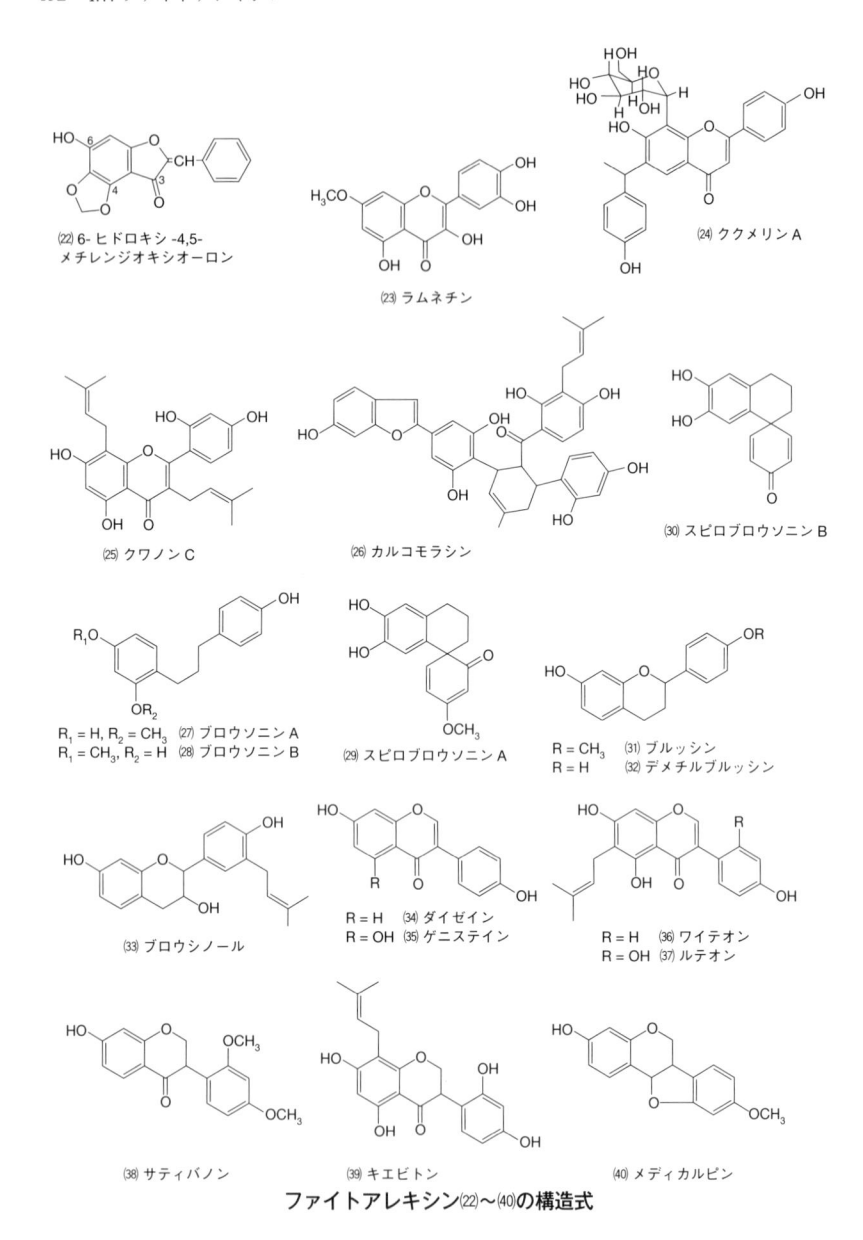

(22) 6-ヒドロキシ-4,5-
メチレンジオキシオーロン

(23) ラムネチン

(24) ククメリン A

(25) クワノン C

(26) カルコモラシン

(30) スピロブロウソニン B

R₁ = H, R₂ = CH₃ (27) ブロウソニン A
R₁ = CH₃, R₂ = H (28) ブロウソニン B

(29) スピロブロウソニン A

R = CH₃ (31) ブルッシン
R = H   (32) デメチルブルッシン

(33) ブロウシノール

R = H   (34) ダイゼイン
R = OH (35) ゲニステイン

R = H   (36) ワイテオン
R = OH (37) ルテオン

(38) サティバノン

(39) キエビトン

(40) メディカルピン

ファイトアレキシン(22)～(40)の構造式

【アオイ科】ワタ属植物からは，PAとしてカダレン cadarene 型セスキテルペンの単量体，二量体であるヘミゴシポール hemigossypol，ゴシポール gossypol 類が古くから知られていた。その後フヨウ属のケナフ *Hibiscus cannabinus* より，同骨格

でイソプロピル側鎖の失われた o-ヒビスカノン o-hibiscanone（構造式(65)）とヒビスカナール hibiscanal が [46]．傷害を受けバクテリアに汚染されたパキラ属のパキラ Pachira aquatica の心材部分よりメチル側鎖の失われた 11-ノル-2-O-メチルイソヘミゴシポロン 11-nor-2-O-methylisohemigossypolone（構造式(66)）が見られた [47]．カカオノキ属 Theobroma，シナノキ属 Tilia，ツナソ属 Corchorus にも PA が知られている．

【クワ科】マグワおよびカジノキ Broussonetia papyrifera の PA は，高杉らの広範な研究結果が総説 [16, 19] にも詳しく紹介されている．クワの根は漢方薬として使用され，古くからフラボノイド成分の研究が行われている [48, 105]．PA としては，レスベラトロール resveratrol 類が2種類，2-アリルベンゾフラン（モラシン A（構造式(67)）の同族体で生合成的にはスチルベン経路による）が13種類，フラボンのクワノン C kuwanon C（構造式(25)），カルコンと2-アリルベンゾフランの Diels-Alder 型反応生成物であるカルコモラシン chalcomoracin（構造式(26)）が報告されている．一方，カジノキの PA としては，1,3-ジアリルプロパン 1,3-diarylpropane 骨格で鎖状のブロウソニン A broussonin A（構造式(27)），B（構造式(28)）のほか4種類，スピロ環を形成したスピロブロウソニン spirobroussonin 類 A（構造式(29)），B（構造式(30)）やフラバンのブルッシン broussin（構造式(31)）やデメチルブルッシン demethylbroussin（構造式(32)），3-ヒドロキシフラバンのブロウシノール broussinol（構造式(33)）が特徴的なものである．

【バラ科】いわゆるタンニン植物といわれ，食害や病害を受けにくいとされている．バラ科植物における PA 生成は，ナシ亜科の植物にほぼ集中しており，リンゴ属 Malus やカナメモチ属 Aronia はアウクパリン aucuparin（構造式(68)）のようなビフェニル型の PA を5種，ナシ属 Pyrus やシャリントウ属 Cotoneaster は，エリオボフラン eriobofuran（構造式(69)）のようなジベンゾフラン型（炭素骨格はビフェニル型）の化合物を15種類，ナナカマド属 Sorbus やカナメモチ属のうちで以前に Photinia 属とされていた植物は両方のタイプの PA を生成する [16]．バラ亜科のワレモコウ Sanguisorba minor はアセトフェノン類を PA としている．また，リンゴやナシを非生物的エリシターで処理すると，ルテオリニジン luteolinidin（構造式(13)）の前駆体であるルテオフォロール luteoforol（構造式(70)）が生成され，病原バクテリアに対して PA 様の作用を示すといわれている [49]．

【ミカン科】アセトフェノン類，クマリン類，カルバゾールアルカロイド carbazole alkaloid 類が知られている．PA として新しいグループに属する carbazol 系のカルバレキシン carbalexin 類 A（構造式(71)），B（構造式(72)），C（構造式(73)）は，ミカン亜科のハナシンボウギ属植物 Glycosmis parviflora が Botrytis cinerea の攻撃や傷害，UV 照射を受けた時に生成した [50]．レモン Citrus limon は風変わりな含窒

素アセトフェノン PA，*p*-プレニルオキシイソニトロソアセトフェノン *p*-prenyloxy-isonitrosoacetophenone（構造式(74)）を生成する[19]。

【ナス科】ジャガイモは PA 研究の起点であり，ナス科植物の PA はマメ科に次いで広く研究されている[9, 51]。代表的な化合物は，ジャガイモ，タバコ *Nicotiana tabacum*，トマト *Lycopersicon esculentum*，トウガラシ *Capsicum frutescens*，ナス *Solanum melongena* などによって広く生成されるセスキテルペノイドである。それ以外にも，フェニルプロパノイドのフェノールカルボン酸およびクマリン類（ジャガイモ），ステロイドグルコアルカロイド（ジャガイモとトマト），ポリアセチレン類（トマト）がある。ジャガイモのセスキテルペン PA は，Katsui らにより，本体が明らかにされた[9]。彼らは，疫病菌抵抗性品種'リシリ' *S. tuberosum* × *S. demissum* に *Phytophthora infestans* を接種，誘導生成する抗菌物質として，主成分リシチン rishitin（構造式(75)），ルビミン lubimin（構造式(76)），オキシルビミン oxylubimin（構造式(77)）のほかに 17 種類のセスキテルペノイドを，PA あるいはその関連化合物として確認した[9]。

収量は，350 kg のジャガイモ塊茎スライスからリシチンが 4〜6 g，ルビミンとオキシルビミンがそれぞれ約 500 mg，ほかは後二者の 1/10 以下であった。

その後ソラベチボン solavetibone（構造式(78)），フィツベリン phytuberin（構造式(79)），フィツベロール phytuberol（構造式(80)）などのセスキテルペン PA がジャガイモより得られた[51]。トウガラシからはカスピジオール caspidiol（構造式(81)）が，タバコからはセスキテルペン（構造式(75)，(76)，(78)〜(81)），グルチノソン glutinoson（構造式(82)）が得られている。トマト，ナス，シロバナヨウシュチョウセンアサガオ *Datura stramonium* の PA も報告されている[51]。

4.7.3. ファイトアレキシンの生理・生化学

PA の概念が提出されて 70 年，化合物として認知されるようになって 50 年となるが，PA 研究が大きく発展した 1960〜80 年代によく聞かれた問いは，PA はすべての植物によって生成されるものか？ PA は *in vivo* で確かに機能を果たしているのか？ PA に関する知見は植物の病気を制御するのに役立つのか？ というものであった。現在では，それらに対してかなり肯定的な回答が与えられている[37, 52]。本項では，PA の生理・生化学的な特性について解説を行う[53]。

1）ファイトアレキシンの誘導生成と抗菌性

PA は，微生物と植物の相互作用によって誘導生成される低分子量の抗菌性物質で，それらの誘導生成因子がエリシターと呼ばれる。微生物のみならず生体成分や

4.7.3. ファイトアレキシンの生理・生化学

(41) グリセオリン I
(42) アンヒドログリシノール
(43) ベスティトール
(44) ファゼオリニンフラバン
(45) クメストロール
(46) ソラリジン
(47) ビグナフラン
(48) ルピナルビン A
(49) 7,4'-ジヒドロキシフラボン
(50) リキリチゲニン
(51) シューテロール
(52) オドラトール
(53) β-ヒドロキシ-4,2',4'-トリヒドロキシカルコン
(54) ピノストロビンカルコン
(55) 2-(p-ヒドロキシフェノキシ)-5,7-ジヒドロキシクロモン
(56) ラソドラチン
(57) レスベラトロール
(58) ワイエロン

ファイトアレキシン(41)～(58)の構造式

合成化合物，重金属塩，傷害，低温，紫外線などがその作用を示す。ここでは，生物的 biotic あるいは非生物的 abiotic エリシターが植物に作用した時に植物がどのように応答するかを紹介する。

ダイズの系統 Harosoy 63 はダイズの疫病菌 *Phytophthora megasperma* var. *sojae* のレース 1 とは非親和的（発病しない）で，レース 3 とは親和的（発病する）である。それぞれのレースの培養液中には共通のエリシターも含まれるが，レース 1 の培養液にのみ含まれ，透析膜を通過するエリシターが存在する。後者のエリシターが Harosoy 63 に対するレース 1 の非親和性と，それを欠くレース 3 の親和性を決めていることになるので，このレース 1 にのみ含まれるようなエリシターを特異的エリシター specific elicitor とし，両レースに共通に含まれる非特異的エリシター non-specific elicitor とは区別されている [54]。この区分にしたがえば，少なくとも質的には微生物の共通成分や他生物由来の有機化合物，生物活性を有する合成化合物，重金属塩などはすべて非特異的エリシターということになる。

植物と微生物の相互作用によって PA が誘導生成されることから，両者の接触あるいは植物への貫入に際し，相互認識が物質を介して起こるとすれば，微生物や植物の細胞壁や細胞膜の部分分解物，微生物の二次代謝産物，植物細胞の破壊によって遊離した植物成分などがエリシターとなることは理解しやすい。しかし，実際には生物的エリシターから重金属塩や合成化合物，紫外線などの非生物的な要因もエリシターとなることから，エリシターの受容体や作用部位も多様で，しかも直接的な作用から間接的な作用までさまざまと思われる。

ダイズ Harosoy 63 の芽生えから得た子葉の裏面に傷害を与え，各種重金属塩，カビの細胞外成分，細胞壁成分，細胞膜成分などのエリシターで処理，グリセオリン類の 24 時間後の蓄積量，18 時間後の生成量，8 時間後の分解量を測定し，対照区との比較が行われている。その結果，エリシターによって，蓄積量，生成速度，分解速度に大きな違いがあり，生成量と分解量の差である蓄積量がたとえ同じでも，それを結果する動態は多様で，各エリシターの作用特性は異なるとされた [55]。

エリシターの種類や作用メカニズム，エリシターに対する植物の初期応答，情報伝達については総説を参照されたい [56, 57]。

各種のエリシターが植物細胞に作用すると，PA 生成に必要な遺伝子の発現にスイッチを入れる共通のシグナル物質に収斂するのではないかと考えられた。病原菌が植物を攻撃すると，抵抗性植物は過敏感反応を起こして，オキシダティブバーストによる活性酸素生成，カスケード型の防御応答を示すようになる。活性酸素のひとつである過酸化水素が共通のシグナル物質の候補となったこともある。最近は，オキシダティブバーストにより活性化されたオクタデカノイド経路の産物であるジャスモン酸やそのメチルエステル，アミノ酸複合体がそのような役割を果たしていると考える向きもある [58]。

a) エリシターにより誘導生成する PA は *de novo* 合成されたものか，貯蔵前駆体に

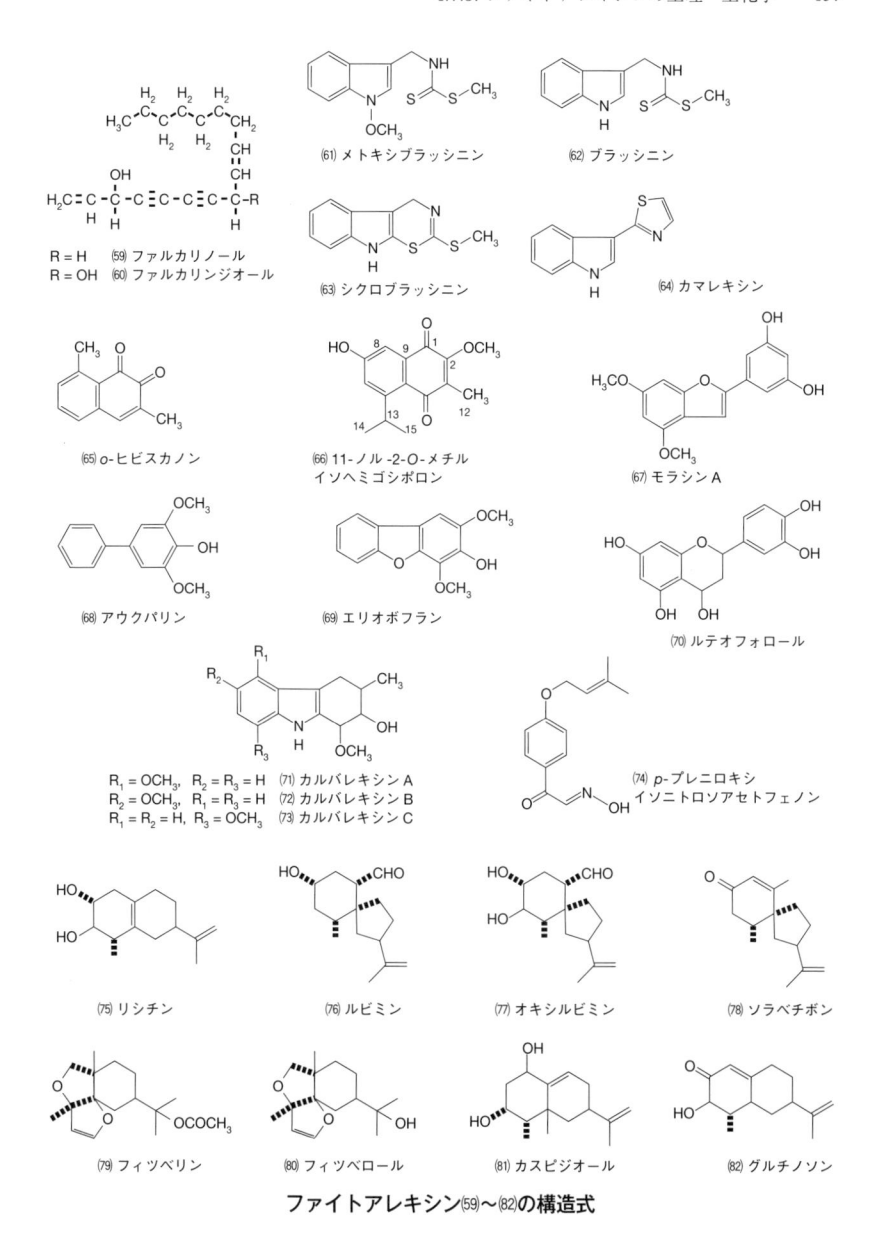

4.7.3. ファイトアレキシンの生理・生化学

ファイトアレキシン(59)～(82)の構造式

由来するものか？

多くのマメ科植物では，イソフラボンやプテロカルパンがマロニル化配糖体あるいは配糖体として液胞中に貯蔵されている。その量は，アグリコンやPAとして検

4.7. ファイトアレキシン

(83) フォルモノネチン (R = H)
(84) ビオカニン A (R = OH)
(85) 6-プレニルナリンゲニン
(86) マーキアイン
(87) ファゼオリジン
(88) ファゼオリン
(89) エデュノール
(90) スコパロン

α-GalNAc-O-Ser-Ser-Gly
(91) サブレシン A

β-Gal(1→4)-α-GalNAc-O-Ser-Ser-Gly-Asp-Glu-Thr
(92) サブレシン B

ファイトアレキシン(83)〜(90)およびサブレシン類(91), (92)の構造式

出される量の 10 倍以上のレベルにあることも珍しいことではない。感染刺激やエリシター処理による PA 生成が，貯蔵形態の化合物の加水分解や構造変換によるのか，一次代謝産物のフェニルアラニンからの de novo 合成によるのかは，興味深いところである。

構成的にフォルモノネチン（構造式(83)）のマロニル化配糖体を生成するヒヨコマメの培養細胞に，病原菌 Ascochyta rabiei 由来のエリシターを作用させた場合，主たる PA であるメディカルピン（構造式(40)）とマーキアイン maackiain（構造式(86)）の生成は，転写阻害剤のアクチノマイシン D actinomycin D，翻訳阻害剤のシクロヘキシミド cycloheximide により，濃度依存的に阻害された。また，^{14}C-フェニルアラニンを加えてエリシター処理を行えば，PA は標識されるが，フェニルアラニンアンモニアリアーゼ phenylalanine ammonia-lyase（PAL）阻害剤の 1-2-アミノオキシ-3-フェニルプロピオン酸 1-2-aminooxy-3-phenylpropionic acid を共存させると，生成する PA は標識されない。前駆体となる ^{14}C-フォルモノネチンを加えてエリシター処理を行うと，フォルモノネチンの配糖体と PA が標識され，PAL 阻害剤を共存させると PA の量は 80 % に低下するが，比放射活性は 1.5 倍に増大した。実験結果から，PA はエリシター処理で de novo 合成されるが，その経路の鍵酵素である PAL が阻害されると貯蔵型の配糖体から生成されると結論された[59]。

一方，5 日間育てたムラサキツメクサの芽生え根部をカーボランダムでこすって

傷を与え，キトヘキサオース chitohexaose，$CuCl_2$ 溶液に根部を浸した場合の PA の誘導生成も調べられた[60]。エリシターの影響を受けないムラサキツメクサの芽生えは，生育中に，フォルモノネチンとマーキアインのマロニル化配糖体を蓄積する。濃度を変えてエリシターを作用させ，照明下 12 時間，暗黒下 12 時間保持した後に，根における配糖体とアグリコンの量を測定したところ，エリシターの濃度が 0.5～1.0 mM で，配糖体はほぼ消失し，アグリコン（**構造式**[83][84]）の生成は最大に達した。その間エリシター処理区では配糖体やマロニルエステルの生成酵素は，消失あるいは著しく低下し，それらを分解する酵素の活性は変化なしか，わずかに増大した。PAL 阻害剤を共存させても，アグリコン類の量に変化はなかったことから，ムラサキツメクサにエリシターを作用させた場合，PA の de novo 合成は起こらず，蓄積していた配糖体類からアグリコンが生成するだけであるとされた。

最近の報告[61]によれば，マメ科フェヌグリーク（コロハ *Trigonella foenum-graecum*）の芽生えに，水耕栽培条件下で $CuCl_2$ をエリシターとして作用させると，主たる PA であるメディカルピンの生成が見られるが，$CuCl_2$ の濃度が 0.5～1.0 mM の場合には，マロニル化配糖体から生成し，0.01 mM の場合には，de novo 合成によって生成するとされている。

このようなエリシターに対する異なる応答が，前駆体の貯蔵形態や植物種の違いによるのか，植物の生理的状況によるのかは不明である。鉢植え植物に病原菌を接種し，感染が進行する過程の PA および前駆体の動態を，HPLC と質量分析を組み合わせた方法で追跡した試みもある。生育中のタルウマゴヤシ *Medicago truncatula* の葉に，アルファルファ茎枯病菌 *Phoma medicaginis* の胞子を接種し，PA のメディカルピンが生成する様子が 9 日後まで追跡された[62]。健全なタルウマゴヤシは，フォルモノネチンのマロニル化配糖体を含むが，フォルモノネチンの配糖体やメディカルピンは見られない。茎枯病菌の感染により，フォルモノネチンのマロニル化配糖体のレベルは，5 日くらいまで対照区の 2～3 倍にあがり，フォルモノネチンの配糖体は，3～4 日目をピークに検出され，メディカルピンは，5～6 日目に最も多く検出された。対照区に比べ，エリシター処理区のフォルモノネチンのマロニル化配糖体が 12 時間以降はるかに高いレベルで維持されたことから，感染刺激を受けた葉の中ではアグリコンが増加し，メディカルピンおよびフォルモノネチンの配糖体類が活発に de novo 合成されていると結論されている。

b) PA 生成に共生微生物はどのような影響をおよぼすか？

植物による PA 生成は敵対する病原菌に対する防御機構の一環であるが，自然界で植物は多くの微生物と共存し，一部のものとは共生関係を維持している。共生微生物が宿主の PA 生成系にどのような影響を与えるかについては，多くの研

究がなされている。ヒヨコマメをバクテリゼーションの要領で根粒菌 Rhizobium sp. 処理を行うと、Fusarium oxysporum の感染刺激に対してフェニルプロパノイド関連の防御遺伝子の発現が無処理のものより増強されること [63] やラッカセイ Arachis hypogaea における PA 生成は、根粒菌の Bradyrrizobium sp. の接種により高められること [64] が報告されている。植物のリン吸収を助ける AM (arbuscular mycorrhizal) 菌 Glomus intraradices と病原菌の Rhizoctonia solani をアルファルファに同時に接種すると、後者単独の場合より防御機能が低下するという [65]。

一方、インゲン Phaseolus vulgaris では、病原性の Fusarium solani との相互作用では、キチナーゼ chitinase と PAL の転写、および酵素活性の顕著な増加が起こるが、菌根菌 Glomus mosseae が着生する過程で防御関連遺伝子の発現は、非着生対照区と差がなかったといわれている [66]。アルファルファに菌根菌 G. intraradices を接種し、経日的に防御遺伝子 PAL、カルコンイソメラーゼ chalcone isomerase (CHI)、イソフラボン還元酵素 isoflavone reductase (IFR) の mRNA 量を追跡した試験 [67] では、菌根菌の増殖は接種 16 日ぐらいから見られ、それに 2 日ほど先行して、PAL および CHI 遺伝子の転写量が非接種対照区のそれぞれ 2 倍および 6 倍以上に増加した。しかし、それらの増加は一過性で、急激に低下し、19 日目には対照区より低いレベルに落ち着いた。その間 IFR の転写量は対照区と差がなく、主たる PA であるメディカルピンは検出されなかったことから、菌根菌の着生過程で、植物は PA を生成する防御応答を、抑制あるいは制御していると結論している。AM 菌は宿主範囲が広く、8 割ぐらいの植物と共生できるが、植物なしには繁殖できない。ランは種子が発芽した時に腐生性の強い植物病原菌の R. solani などと共生してラン菌根を形成、菌から栄養素を得て、ある段階まで成長するとオルキノールなどの PA を生成し、病原菌を排除する。植物と菌根菌との相互作用の場では、植物の防御機能の何らかの制御がはたらいていると考えるべきであろう。

c) PA の抗菌活性

ダイズの乾燥種子は、ダイゼイン (構造式[34]) やゲニステイン (構造式[35]) の配糖体を数 1,000 ppm 程度含んでいるが、通常 PA の生成量は新鮮重の数 100 ppm ぐらいで、その抗菌活性は、胞子発芽や菌糸の伸長抑制が数 10〜100 ppm 溶液中で観察される。PA の活性は、検定菌の種類や測定法によって大きく異なる。通常 PA の誘導生成は、植物病原菌と相互作用した細胞の周辺でのみ活発に起こるので、植物組織を均質化して定量分析した値よりもはるかに高濃度で局所的に集積していると思われる。PA の抗菌作用は、低濃度では殺菌的ではなく、静菌的である。PA の構造は多様で、作用機構もいろいろと思われるが、セスキテルペノイドや脂肪族の化合物、フェニルプロパノイドなど α, β-不飽和カルボニル部分構造を有するもの

も多く,それらの抗菌活性は菌体成分とのマイケル付加反応性にあると推測されている。

マメ科植物に一般的なイソフラボノイド PA 類は,エストロジェン作用を示すものも多く,平面的な構造がステロイドの鋳型にはまること,細胞膜の形態異常や細胞成分の漏出などを起こすことから,作用部位は菌類の細胞膜で,ステロールのアゴニストとして作用し,細胞膜の秩序や透過性を妨害すると考えられている。

ピサチンの脱メチル化やキエビトン kievitone (構造式(39)) 側鎖二重結合への水付加などわずかな極性の変化で,抗菌活性が大きく低下することから,分配係数と抗菌活性の密接な関係がうかがわれる。PA の抗菌活性や生成量[51,68],PA の作用特性[69,70]については総説を参照されたい。

2) ファイトアレキシンの代謝的運命

PA は天然の有機化合物であり,微生物によって代謝される運命にある。1958 年に Müller は,植物病原菌が PA を不活性化する可能性に言及し,その後,植物病原菌の PA 解毒代謝能と寄生能の密接な関係も指摘された[71]。動物における生体異物の代謝は二相の反応,すなわち体外排出しやすい各種抱合体を生成する反応と,酸化,還元,加水分解などによって抱合体を作るために必要な官能基を導入する反応からなっているが,微生物の場合は,毒物が細胞に浸透しにくいか,細胞から排出されやすい産物に変換されれば,毒性を免れることから,部分的に極性を増大させる反応が主体で,抱合体形成はまれである。

親和関係にある場合,病原菌が宿主の PA に対する解毒分解能を獲得していることが多いので PA の微生物代謝研究は,通常その PA を生成する植物の病原菌を用いて行う。また,Botrytis cinerea のような多犯性植物病原菌は各種の PA に耐性を示すので,多様な代謝能を有すると想定され,代謝実験によく使用される[72]。自然界では植物由来の抗菌物質も土壌微生物により無機化されることが多いので,PA の分解能を有する微生物を土壌中に求めることもある。土壌中では,特定の微生物が 1 つの化合物を完全分解するのではなく,自分の能力の範囲内で分解を行い,自分の手に余るものは次の微生物に引き継ぐことで,微生物集団として無機化を達成していると考えられる。

1982 年には,セスキテルペン 5 種類,ポリアセチレン 3 種類,イソフラボノイド 10 種類について[71],1999 年にはフラボノイド PA および関連化合物 30 種類[73]のカビによる代謝研究例が示されている。最近の総説[74]には,アブラナ科植物のインドール系 PA 6 種類と関連化合物,マメ科植物のイソフラボノイド 7 種類,ナス科セスキテルペン PA 3 種類,そのほかポリアセチレン類,アベナルミン類,ス

表4-7-6 フラボノイド・ファイトアレキシンおよび関連化合物のカビによる代謝

化合物	微生物	生成物	反応の様式（図4-7-3参照）
単純型イソフラボン			
formononetin [83]	Fusarium avenaceum	calycosin	b
	F. proliferatum	daidzein	a
	F. proliferatum	7-O-methylformononetin	O-メチル化
biochanin A [84]	F. oxysporum	pratensein	b
	Ascochyta rabiei	fragments	骨格の分解
daidzein [34]	Aspergillus saitoi	8-hydroxydaidzein	b
genistein [35]	A. saitoi	8-hydroxygenistein	b
複合型イソフラボン			
wighteone [36]	A. flavus	wighteone hydrate	k
luteone [37]	A. flavus	luteone hydrate	k
	Botrytis cinerea	cyclic ether, glycol	j, l, m
複合型イソフラバノン			
kievitone [39]	F. solani	kievitone hydrate	k
複合型フラバノン			
6-prenylnaringenin [85]	A. flavus	6-prenylnaringenin hydrate	k
	B. cinerea	cyclic ether, glycol	j, l, m
単純型プテロカルパン			
medicarpin [40]	Stemphylium botryosum	isoflavan (vestitol, [43])	d
	B. cinerea	6a-hydroxymedicarpin	c
	F. proliferatum	demethylmedicarpin	a
	Nectria haemotococca, F. solani	1a-hydroxydienone	h

文献（71），（73），（74）を参照されたい。反応様式は図4-7-3の説明に示されている記号に対応している。
メディカルピンやマーキアインのプテロカルパン環を1a-hydroxy-1,4-dien-3-one誘導体に変換するAscochyta rabieiのプテロカルパン1a-ヒドロキシラーゼは構成的酵素でFADで活性化され，

チルベン類の植物病原菌による代謝が紹介されている。フラボノイドPAおよび関連化合物の微生物代謝研究例を表4-7-6に，図4-7-3には全体像把握のため，具体的な化合物の代謝産物と簡単な説明を示した。

PAの一般的な解毒代謝反応は，テルペノイドやポリアセチレンの場合，ケトンやアルデヒドのアルコールへの還元，エステルの加水分解，逆アルドール反応による炭素鎖切断，不飽和結合部への水素添加，水付加，酸素添加反応などである。アブラナ科PAは，インドール環を有し，窒素やイオウ原子を含む側構造をもつため，ほかのPAとは異なる反応も含まれる。詳細は，引用した総説[71〜74]とその引用文献を参照されたい。

通常，代謝反応による極性の増大により，抗菌活性は著しく低下し，実質的に不

化合物	微生物	生成物	反応の様式 (図4-7-3 参照)
単純型プテロカルパン			
maackiain [86]	S. botryosum	maackiain isoflavan	d
	N. haematococca, A. rabiei	6a-hydroxymaackiain	c
		1a-hydroxydienone	h
pisatin [1]	N. haematococca, A. rabiei	6a-hydroxymaackiain	a
		1a-hydroxydienone	h
複合型プテロカルパン			
phaseollidin [87]	F. solani	phaseollidin hydrate	k
phaseollin [88]	Colletotrichum lindemuthianum	6a,7-dihydroxyphaseollin	b, c
	Septoria nodorum	12,13-dihydrodihydroxy- phaseollin	j, m
	S. botryosum	phaseollinisoflavan	d
	F. solani, Cladosporium herbarum	1a-hydroxydienone	h
edunol [89]	A. flavus	cyclic ether, glycol	j, l, m

P450 阻害剤には感受性を示さないモノオキシゲナーゼである。Botrytis cinerea の反応 j を触媒する酵素は基質によって誘導される酵素で，FAD で活性化され，P450 阻害剤には感受性を示さないモノオキシゲナーゼである。前者の反応が arene oxide を経るかどうかについては，検討されていない [90]。( ) 内の数字は構造式の番号。

活性となるものも少なくない。一方，プテロカルパンからイソフラバンへの代謝のように，一段階の反応が必ずしも活性の低下をもたらさないこともあるが，そのような例は異物代謝において，特に珍しいことではない。

PA を生成する植物自身の代謝による構造の多様化も起こる。役割を果たした PA が健全細胞中で共代謝 cometabolism を受けたり，細胞毒性を軽減するための代謝反応が起こるものと思われる。

3) ファイトアレキシンは植物の病原抵抗性に機能しているのか？

糸状菌は約 10 万種，細菌は 2,000 種ほど知られているという。それらのうち，前者は 8,000 種，後者は 200 種ほどが生きた植物から直接養分を奪ったり，枯死

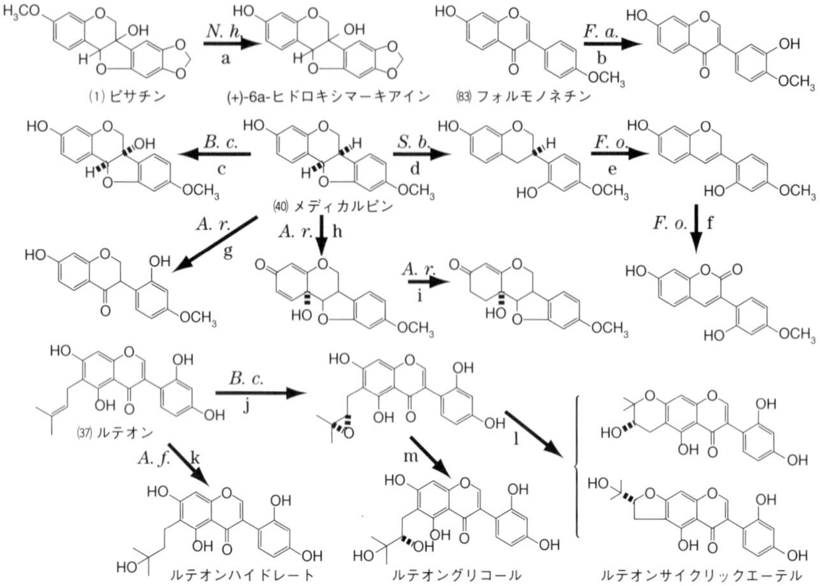

図 4-7-3　フラボノイド・ファイトアレキシンのカビによる解毒代謝の様式

略号　*A. f.*：*Aspergillus flavus*, *A. r.*：*Ascochyta rabiei*, *B. c.*：*Botrytis cinerea*；*F. a.*：*Fusarium avenaceum*, *F. o.*：*Fusarium oxysporum*, *N. h.*：*Nectria haematococca*, *S. b.*：*Stemphylium botriosum*

a：オキシゲナーゼによる脱メチル化，b：オキシゲナーゼによるベンゼン環のヒドロキシル化，c：脂肪族環接合部への酸素原子かん入，d：エーテル環の還元的開裂，e：脱水素反応による共役二重結合の導入，f：酸素原子隣接メチレンの酸化による 3-アリルクマリン 3-arylcoumarin の生成，g：エーテル環の酸化的開裂，h：アレンオキシドを経由すると思われるヒドロキシジエノン環への変換，i：α, β-不飽和結合の水素添加，j：プレニル側鎖二重結合のエポキシ化，k：プレニル側鎖二重結合への水付加，l：自動的異性化反応によるエーテル環の形成，m：エポキシ環の非酵素的な加水分解によるグリコール部分構造の形成．

h および j の反応は FAD 依存のモノオキシゲナーゼにより触媒される．これらの酵素はいずれも P450 阻害剤の影響を受けない (90)．k の反応は，キエビトンやファゼオリジン(87)の解毒代謝として知られているものと共通のものである．m の反応は，ファゼオリン(88)のベンゾピラン部分をジヒドロキシ-ジヒドロベンゾピランに代謝する過程と同様である．

させる能力を備えた植物病原微生物とされている．しかし，特定の植物種に寄生できるものはたかだか数十種，宿主を枯死させるような激しい病徴を呈するものは通常数種にすぎない．大半の微生物は腐生生活を営み，動植物の遺骸や排出物を利用，代謝分解して物質循環に寄与している．病原性は植物体への侵入する力，宿主植物の抵抗性に打ち勝つ力，発病させる力がそろった時，初めて完全なものとなる．イネいもち病菌の胞子をトマトに接種すると，菌は葉の表層を貫通して侵入するが，細胞層で伸長や細胞分裂が阻止されて死滅する．これは，いもち病菌がトマトの抵

抗性を打破できず，感染にいたらないためと説明されている。植物の種が異なっても葉の表層構造は似ており，各植物に侵入できる菌は少なくないと思われるが，実際にはごく限られた病原菌しか感染性を示さない。この事実は，侵入後に植物が発揮する抵抗性が多くの場合十分機能して，感染が阻止されていることを示唆しているが，植物の備えている病原防御のシステムが有効に機能しているという決定的な証拠は必ずしも十分ではなかった。植物がPAを生成しながらも病気にかかるという事実から，植物の病原抵抗へのPAの実質的な寄与を疑問視する向きもあった。しかし，その不信感は，植物体内でPA生成系が妨害された場合に何が起こるか，あるいは病気に感染する場合に，PAはどういう状況にあるかが明らかにされるにしたがって払拭されることとなった。以下に，その論拠のいくつかを紹介する。

a) PAの解毒分解能が病原性の要因になっていること

1960年代に各種植物からPAが単離・同定されると，それらを用いた抗菌試験や解毒分解の研究が可能となった。研究者は早くから特定植物が生成するPAに対し，その植物の病原菌は非病原菌に比べて感受性が低いことに気づいていた。PA溶液に各種の菌を加え，一定時間後の回収量を見ると非病原菌に比べ，病原菌の方が有意に少なかったことから，代謝分解能とPA感受性の相関が確認された[5]。エンドウ萎凋病菌 *Nectria haematococca* によるピサチンの解毒反応は，3位メトキシ基のオキシゲナーゼによる脱メチル化で，反応生成物（＋）-6a-ヒドロキシマーキアイン（図4-7-3）の抗菌力は著しく低下することが1974年に明らかにされた[71]。その後，VanEttenらは分離した多くのエンドウの病原菌，非病原菌につき，詳細な解析を行い，エンドウに対する病原性の要因の1つが確かにピサチンの脱メチル化能にあると結論した。ピサチン脱メチル化酵素 pisatin demethylase（PDA）遺伝子を欠損株に導入すると，エンドウに対して病原性となり，PDA遺伝子を有する菌の遺伝子発現を妨害すると病原性が低下することも立証されている。これらの結果を総合して，エンドウではピサチンが病原抵抗性に確かに寄与していると結論されている[75]。

b) **PA生合成に関与している酵素を阻害すると病原抵抗性植物が病原感受性になること**

ミカン科のアレモウ *Citrus macrophylla* やカラタチ *Poncirus trifoliata* はクマリン類PAのスコパロン scoparone（構造式⑩）を生成し，*Phytophthora citrophthora*（褐色腐敗病菌）に抵抗性である。菌の接種により約450 μg / fresh wt.(g) のスコパロンを生成，その50％阻害濃度は約100 μg / ml で，感染は阻止される。スコパロンはフェニルプロパノイドの一種で，フェニルアラニンにPALが作用，生成するケイ皮酸から生合成される。これら抵抗性の柑橘の樹皮をPALの阻害剤であるアミノオキシ酢酸 aminooxyacetic acid（10 mM）で処理すると，スコパロンの生成

量が 1/10 以下に減少し，病原菌の増殖が感受性品種と同程度になった[76]。この結果は，スコパロンが誘導生成される条件下で抵抗性を示す植物が，その生合成を阻害されると感受性になり，病原菌の増殖を許すことを意味しており，その病原抵抗性が PA であるスコパロン生成によることを示している。

c) PA 生成遺伝子を導入すれば病原感受性植物を抵抗性に形質転換できること

植物の病原抵抗性が PA 生成系に依拠している確かな証拠を得ることは容易ではなかった。他種植物の PA 生合成遺伝子を導入した植物で，新たな病原抵抗性が発現すれば，最も説得力のある証拠となる。この考えは，1993 年 Hain ら[77]によって初めて実現された。ブドウ科やマメ科のラッカセイ属植物の PA であるレスベラトロール resveratrol（構造式(57)）は，スチルベン類生成の最も早い段階の産物で，p-クマロイル-SCoA をスターターに，ポリケタイド経路でマロニル-SCoA 由来の C_2 ユニット 3 個分の鎖を延長，フラボノイド（C_6-CO-CH=CH-C_6）の場合と違って，末端のカルボキシ炭素を切除して形成された C_6-CH=CH-C_6 の炭素骨格に由来する。2 つの芳香環（C_6）間の炭素 2 個部分が鎖状のスチルベン類（レスベラトロールやその関連化合物），ならびに環化した 2-アリルベンゾフラン（クワの PA であるモラシン moracin 類）やフェナンスレン phenanthrene（ランの PA であるオルキノール類やナガイモのバタタシン batatasin 類）を生成する。

ブドウのスチルベン合成酵素遺伝子をタバコのプロトプラストに導入，形質転換カルスとし，再分化によりタバコを得た。これを *Phytophthora megasperma*（ダイズ疫病菌）由来のエリシターで処理すると，レスベラトロールが誘導生成された。これは，ブドウでスチルベン合成酵素誘導にいたるエリシターからの情報伝達系が，タバコにおいても同様にはたらくことを意味している。レスベラトロール誘導生成能の高かった形質転換タバコでは，レスベラトロールが 400 μg/新鮮葉 g 程度生成し，*Botrytis cinerea* による病徴は親の非転換タバコの場合の 20% 以下に軽減した。以上の結果は，レスベラトロール生成系の導入がタバコに新たな病原抵抗性を賦与したことを示している。

d) エンドウ褐紋病菌は，エンドウのピサチン生成を遅延，抑制させるサプレッサーを生成して親和関係を成り立たせていること

Müller と Börger が観察した非親和性レースの病原菌処理が，PA 生成を通してジャガイモに親和性レースの感染を阻止させるようになる現象は，'非受容性の誘導'といわれる。一方，オオムギに親和性のうどんこ病菌を接種して，一定時間おいた後に菌を除いて，そのうえにコムギうどんこ病菌や，ウリ類のうどんこ病菌を接種すると，本来親和性のない菌が感染できるようになる[78]。この現象は，親和性レースが，宿主に非親和性レースをも受け入れさせることから，'受容性の誘導

と呼ばれている。

　植物病原菌による受容性の誘導（＝宿主抵抗性の抑制）の具体例として，ピサチンを誘導生成するエンドウとエンドウ褐紋病菌 *Mycosphaerella pinodes* の関係について紹介する[79]。エンドウと親和関係にある褐紋病菌は，エンドウの抵抗性を抑制するシグナル物質を生産する。この種のシグナル物質は，ほかの植物とその病原菌との間でも知られており，サプレッサーと総称される[80]。エンドウ褐紋病菌の胞子発芽液には，エンドウにピサチンを誘導生成させるエリシターとともに，その生成を抑制するグリコペプチド性のサプレッサーが含まれている。褐紋病菌の生成するエリシターは，病原性の程度と相関がなく，非特異的なものであったが，サプレッサーの活性は褐紋病菌の病原力と正の相関があり，サプレッサーが褐紋病菌の宿主特異性を決定する要因とされた。

　本体は単離・同定されて，サプレシン A supprescin A（**構造式**[91]）および B（**構造式**[92]）と命名された。サプレシンは，原形質膜の ATPase を阻害し，PAL や CHS などのピサチン生合成遺伝子の発現を遅延させ，活性は B（**構造式**[92]）の方が大きい。興味深いことに，サプレシンはエンドウのピサチン生合成を抑制するだけでなく，エンドウをサプレシンで前処理すると，本来親和性のないナシ黒斑病菌 *Alternaria alternata* やムラサキツメクサ輪紋病菌 *Stemphylium sarcinaeforme*，キク花腐病菌 *Mycosphaerella ligulicola*，ウリ蔓枯病菌 *M. melonis* がエンドウに感染するようになった（感受性の誘導）。この事実はエンドウのピサチン生合成が抑制されれば，非親和性の植物病原菌が親和性に転ずることを意味している。このような現象が自然界でまれなのは，エンドウでは通常ピサチンの誘導生成による病原抵抗性が広く機能していることの何よりの証拠でもある。

　エンドウの褐紋病菌は，エンドウだけでなく，ムラサキツメクサ，ナツフジ *Millettia japonica*，キハギ *Lespedeza buergeri*，アルファルファに対しても感染性を有している。これらの植物を褐紋病菌のサプレシンで処理した後に，非親和性のナシ黒斑病菌を接種すると感染した。上記のエンドウ以外は PA としてピサチンを生成しないので，エンドウ褐紋病菌のサプレッサーは親和関係にあるマメ科植物であれば，その植物の生成するピサチン以外の PA でも抑制すると考えられる。さらに，エンドウ褐紋病菌の宿主とならないマメ科植物では，褐紋病菌のサプレッサーが PA を誘導するエリシターとして作用することも知られている。

　現生態系は，生産者である植物や光合成細菌の生体および生産物をベースにして，そのうえにそれらを利用して生存する植食者，植物病原微生物，さらにそのうえに捕食者がピラミッド型に層をなして構成されている。各層を形成する生物種が多様

で，そのピラミッドの底辺（生産者）が大きく，高さが低いほど生態系は安定したものであり，それぞれの生物の遺骸や排出物を分解する腐生性微生物の能力が多様で，高いほど物質循環がスムーズに維持される．生態系がこれまで安定的に保たれてきたのは，生産者である植物が進化の過程で防御の手だてを十分に発達させて，生きたまま植食者に食い尽くされたり，病気によって全滅することがなかったことによる．防御能が十分機能しているため再生産される植物のごく一部（10～15%ともいう）が，植食者や病原菌によって利用されているにすぎず，その枠内で繁殖した植食者を栄養源とする捕食者の数量は，利用できる植食者の量による制限を受ける．すなわち，植物の防御システムが許容する範囲内でしか，食物連鎖のより上位のものの数量が増えることができないという Bottom-up Regulation が機能していると考えられている．

　生産者である植物とそれらの消費者が共存している生態系では，防御能を発達させた植物とそれを攻撃して代謝可能な栄養成分を奪おうとする植食者や植物病原菌との間で，絶えることのない武装競走 arms race [81] が展開されている．それにもかかわらず，生態系が緩衝能に富んだ動的平衡状態を維持し得てきたのは，生産者である植物がその防御システムを通して，常に圧倒的に優位な位置を占めてきたからであろう．その防御システムの一部が植物の病原抵抗性にかかわるもので，病原菌の攻撃を受けた植物は，構成的抗菌物質を機能させたり誘導的に抗菌物質（PA）を生成して病原菌に対抗，撃退している．とはいえ，植物と微生物の関係は，病原菌との関係のように敵対的なものはごく少なく，根粒菌や菌根菌に象徴されるような共生的な関係や物質循環に果たしている微生物の役割は限りなく大きく多様である．

　生態系を支配している原理が生物合理的であるなら，植物の生産性に依存する人類もそれに沿った技術を採択することが重要であろう．植物の防御的機能は優れたものであり，植物防疫や機能性代謝産物の生産にも応用が期待される．植物を利用した太陽エネルギーの利用技術ともいわれる農業の場でも，防御能を発達させてきた植物の特性を活用すれば，環境や他生物への負のインパクトを軽減した生物生産を達成できるであろう．他種植物の PA 生成系を特定の作物に導入して新たな武器を装備させれば，作物はそれと親和関係を築きあげてきた病原菌との武装競走に勝利できるので，遺伝子組替え技術を農作物や樹木，園芸植物に応用しようとの機運は大いに高まっている．

　病害抵抗性トランスジェニック植物の開発[82]，PA 生産性を高めた植物による機能性食品の創成[83]や植物防疫の強化方策[84]に関する総説も少なくない．イソフラボノイドを非マメ科植物に生合成させて，① 病原抵抗性を高める，② 保健栄

養効果を期待して，ダイゼインやゲニスティンを食糧生産用のイネ科植物に作らせる，③ 主要作物に窒素固定菌との共生に必要なシグナル物質を作らせ，根粒菌を着生させる，との試みも盛んである[85〜87]。ポリフェノールの効用に着目して，レスベラトロール生合成能を賦与，あるいは高めた作物を創成しようとの試みも同様の発想にもとづくものである[88]。

フラボノイドは共生のシグナル物質でもあるが，土壌病原性の卵菌では，宿主植物の根から土壌水中に滲出するフラボノイドが，運動性を有する遊走子の宿主特異的な誘引物質として機能し，感染を成立させる[89]。このような例では，作物によるシグナル物質の生合成を妨害したり，非親和性の植物にそれを生成させれば，難防除土壌病原菌の制御につながるかもしれない。

抗菌活性や動物の摂食抑制効果を有するPAは，食品への混入を避けるために，作物における導入遺伝子の部位特異的な発現や生育の限られた段階での発現なども求められるであろう。多くの研究報告において，所期の目的達成に組替え技術の応用は有効であったと肯定的に評価されているが，特定品種の大規模反復栽培が行われている現行農業において，人間の論理で形質転換された作物を利用するに際しては，生態系への影響も十分に考慮する必要がある。

一方で，植物の防御においては，投資と効果がトレードオフの関係にあるとされ，種内では個体サイズ（あるいは成長速度）と防御能，産生する種子数と防御能の間には逆の相関があるといわれている。防御能を高めた組替え作物により，高品質の収穫物を高収量で得るのは簡単ではないと思われるが，植物あっての人類が，植物の発達させた能力を生物工学的技術を通して，生物生産に利用することは，共存の思想から著しく逸脱するものではないであろう。LISA（Low Input Sustainable Agriculture）を支える有力な技術として成熟してゆくことが期待される。

引用文献

(1) Harborne, J.B. 1993. Introduction to Ecological Biochemistry, Fourth Ed., Academic Press, London. pp. 1-297.
(2) Daverall, B.J. 1982. Introduction. *In* Phytoalexins (eds. Bailey, J.A., Mansfield, J.W.), Blackie, Glasgow. pp. 1-20.
(3) Ingham, J.L. 1973. Disease resistance in higher plants: the concept of pre-infectional and post-infectional resistance. *Phytopathol. Z.* **78**, 314-335.
(4) VanEtten, H.D., Mansfield, J.W., Bailey, J.A., Farmer, E.E. 1994. Two classes of plant antibiotics: Phytoalexins versus "Phytoanticipins". *Plant Cell* **6**, 1191-1192.
(5) Harborne, J.B., Ingham, J.L. 1978. Biochemical aspects of the coevolution of higher plants with their fungal parasites. *In* Biochemical Aspects of Plant Animal Coevolution (ed.

Harborne, J.B.), Academic Press, London. pp. 343-405.
(6) Homans, A.L., Fuchs, A. 1970. Direct bioautography on thin-layer chromatograms as a method for detecting fungitoxic substances. *J. Chromatogr.* **51**, 327-329.
(7) 磯野清, 島津昭, 大岳望, 上野民夫 1984. 微生物. 生理活性物質のバイオアッセイ（池川信夫, 丸茂晋吾, 星元紀 編), 講談社サイエンティフィク, 東京. pp. 17-41.
(8) 小林昭男, 小清水弘一 1981. 植物原抗菌物質. 農薬実験法第二巻殺菌剤編（深見順一, 上杉康彦, 石塚皓造, 富沢長次郎 編), ソフトサイエンス社, 東京. pp. 383-408.
(9) 正宗直, 佐藤章夫, 勝井信勝 1981. Phytoalexin. 農薬実験法第二巻殺菌剤編（深見順一, 上杉康彦, 石塚皓造, 富沢長次郎 編), ソフトサイエンス社, 東京. pp. 409-422.
(10) Cruickshank, I.A.M., Perrin, D.R. 1960. Isolation of a phytoalexin from *Pisum sativum* L. *Nature* **187**, 799-800.
(11) Perrin, D.R., Bottomley, W. 1962. Studies on phytoalexins. V. The structure of pisatin from *Pisum sativum* L. *J. Amer. Chem. Soc.* **84**, 1919-1922.
(12) Cruickshank, I.A.M. 1963. Phytoalexins. *Ann. Rev. Phytopathol.* **1**, 351-374.
(13) Uritani, I., Uritani, M., Yamada, H. 1960. Similar metabolic alterations in sweet potato by poisonous chemicals and by *Ceratocystis fimbliata*. *Phytopathology* **50**, 30-34.
(14) Bailey, J.A., Mansfield, J.W. (eds.) 1982. Phytoalexins. Blackie, Glasgow. pp. 334.
(15) Ingham, J.L. 1982. Phytoalexins from the Leguminosae. *In* Phytoalexins (eds. Bailey, J.A., Mansfield, J.W.), Blackie, Glasgow. pp. 21-80.
(16) Harborne, J.B. 1999. The comparative biochemistry of phytoalexin induction in plants. *Biochem. Syst. Ecol.* **27**, 335-365.
(17) 大場秀章（編著） 2009. 植物分類表. アボック社, 鎌倉. pp. 513.
(18) Iwashina, T. 2003. Flavonoid function and activity to plants and other organisms. *Biol. Sci. Space* **17**, 24-44.
(19) Gottstein, D., Gross, D. 1992. Phytoalexins of woody plants. *Trees* **6**, 55-68.
(20) Daniel, M., Purkayastha, R.P. (eds.) 1995. Handbook of Phytoalexin Metabolism and Action, Marcel Dekker, New York. pp. 615.
(21) Sharma, R.P., Salunkhe, D.K. (eds.) 1991. Mycotoxins and Phytoalexins, CRC Press, Boston. pp. 603.
(22) 市原耿民, 上野民夫（編） 1997. 植物病害の化学. 学会出版センター, 東京. pp. 290.
(23) Hanawa, F., Yamada, T., Nakashima, T. 2001. Phytoalexins from *Pinus strobus* bark infected with pinewood nematode *Bursaphelenchus xylophilus*. *Phytochemistry* **57**, 223-228.
(24) Lapcik, O. 2007. Isoflavonoids in non-leguminous taxa: a rarity or a rule. *Phytochemistry* **68**, 2909-2916.
(25) Hanawa, F., Tahara, S., Towers, G.H.N. 2000. Antifungal nitro compounds from skankcabbage (*Lysichiton americanum*) leaves treated with cupric chloride. *Phytochemistry* **53**, 55-58.
(26) Hanawa, F., Tahara, S., Mizutani, J. 1991. Isoflavonoids produced by *Iris pseudacorus* leaves treated with cupric chloride. *Phytochemistry* **30**, 157-163.
(27) Shimura, H., Matsuura, M., Takada, N., Koda, Y. 2007. An antifungal compound in symbiotic germination of *Cypripedium macranthos* var. *rebunense* (Orchidaceae). *Phytochemistry* **68**, 1442-1447.
(28) 赤塚尹巳, 児玉治 1997. イネのファイトアレキシン-化学構造, 生合成, 動的防御機構. 植物病害の化学（市原耿民, 上野民夫 編), 学会出版センター, 東京. pp. 156-164.
(29) Okada, A., Okada, K., Miyamoto, K., Koga, J., Shibuya, N., Nojiri, H., Yamane, H. 2009. OsTGAP, a bZIP transcription factor, coordinately regulates the inductive production of diterpenoid phytoalexins in rice. *J. Biol. Chem.* **284**, 26510-26518.
(30) 宮川恒, 石原亨, 上野民夫 1998. エンバクのアベナンスラミド. 日本農芸化学会誌 **72**, 669-672.
(31) 平井伸博 1998. バナナのファイトアレキシン. 日本農芸化学会誌 **72**, 661-664.

(32) Harborne, J.B. (ed.) 1994. The Flavonoids. Advances in Research since 1986. Chapman & Hall, London. pp. 676.
(33) Lapcik, O., Honys, D., Koblovska, R., Mackova, Z., Vitkova, M., Klejdus, B. 2006. Isoflavonoids are present in *Arabidopsis thaliana* despite the absence of any homologue to known isoflavonoid synthases. *Plant Physiol. Biochem.* **44**, 106-114.
(34) Sharon, A., Ghirlando, R., Gressel, J. 1992. Isolation, purification, and identification of 2-(*p*-hydroxyphenoxy)-5,7-dihydroxychromone: a fungal-induced phytoalexin from *Cassia obtusifolia*. *Plant Physiol.* **98**, 303-308.
(35) 小宮威彌, 津久井誠, 大塩春治 1976. 茵蔯蒿の研究（第1報）新利胆成分 Capillarisin. 薬学雑誌 **96**, 841-845.
(36) Hashidoko, Y., Tahara, S., Mizutani, J. 1991. 2-Phenoxychromones and a structurally related flavone from leaves of *Rosa rugosa*. *Phytochemistry* **30**, 3837-3838.
(37) Harborne, J.B. 1993. Higher plant-lower plant interactions: phytoalexins and phytotoxins. *In* Introduction to Ecological Biochemistry, Fourth Ed., Academic Press, London. pp. 264-297.
(38) Ingham, J.L. 1990. A further investigation of phytoalexin formation in the genus *Trifolium*. *Z. Naturforsch.* **45c**, 829-834.
(39) Andersen, Ø.M., Markham, K.R. (eds.) 2006. Flavonoids. Chemistry, Biochemistry, and Applications, CRC Press, Boca Raton. pp. 1237.
(40) 門出健次, 高杉光雄 1995. アブラナ科植物のファイトアレキシン. 日本農薬学会誌 **20**, 339-343.
(41) Pedras, M.S.C., Sarwar, M.G., Suchy, M., Adio, A.M. 2006. The phytoalexins from cauliflower, caulilexins A, B, and C: isolation, structure determination, synthesis and antifungal activity. *Phytochemistry* **67**, 1503-1509.
(42) Böttcher, C., Westphal, L., Schmotz, C., Prade, E., Scheel, D., Glawischnig, E. 2009. The multifunctional enzyme CYP71B15 (PHYTOALEXIN DEFICIENT3) converts cysteine-indole-3-acetonitrile to camalexin in the indole-3-acetonitrile metabolic network of *Arabidopsis thaliana*. *Plant Cell* **21**, 1839-1845.
(43) 久保田尚志, 松浦輝男 1953. 甘藷黒斑病に関する化学的研究（第6報）イポメアマロンの構造. 日本化学雑誌 **74**, 248-251.
(44) Fawe, A., Abou-Zaid, M., Menzies, J.G., Bélanger, R.R. 1998. Silicon mediated accumulation of flavonoid phytoalexins in cucumber. *Phytochemistry* **48**, 396-401.
(45) McNally, D.J., Wurms, K.V., Labbé, C., Quideau, S., Bélanger, R.R. 2003. Complex *C*-glucosyl flavonoid phytoalexins from *Cucumis sativus*. *J. Nat. Prod.* **66**, 1280-1283.
(46) Bell, A.A., Stipanovic, R.D., Zang, J., Mace, M., Reibenspies, J.H. 1998. Identification and synthesis of trinorcadenane phytoalexins formed by *Hibiscus cannabinus*. *Phytochemistry* **49**, 431-440.
(47) Shibatani, M., Hashidoko, Y., Tahara, S. 1999. Accumulation of isohemigossypolone and its related compounds in the innerbark and heartwood of diseased *Pachira aquatica*. *Biosci. Biotechnol. Biochem.* **63**, 1777-1780.
(48) Nomura, T. 1988. Phenolic compounds of the mulberry tree and related plants. *Prog. Chem. Org. Nat. Prod.* **53**, 87-201.
(49) Spinelli, F., Speakman, J.-B., Rademacher, W., Halbwirth, H., Stich, K., Costa, G. 2005. Luteoforol, a flavan-4-ol, is induced in pome fruits by prohexadione-calcium and shows phytoalexin-like properties against *Erwinia amylovora* and other plant pathogens. *Eur. J. Plant Pathol.* **112**, 133-142.
(50) Pacher, T., Bacher, M., Hofer, O., Greger, H. 2001. Stress induced carbazole phytoalexins in *Glycosmis* species. *Phytochemistry* **58**, 129-135.
(51) Kuć, J. 1982. Phytoalexins from the Solanaceae. *In* Phytoalexins (eds. Bailey, J.A., Mansfield, J.W.), Blackie, Glasgow. pp. 81-105.

(52) Purkayastha, R.P. 1995. Progress in phytoalexin research during the past 50 years. *In* Handbook of Phytoalexin Metabolism and Action (eds. Daniel, M., Purkayastha, R.P.), Marcel Dekker, New York. pp. 1-39.
(53) 日本植物病理学会（編） 1995. 植物病原体と宿主の相互作用. 植物病理学事典, 養賢堂, 東京. pp. 445-538.
(54) Keen, N.T. 1975. Specific elicitors of plant phytoalexin production: determinants of race specificity in pathogens? *Science* **187**, 74-75.
(55) Yoshikawa, M. 1978. Diverse modes of action of biotic and abiotic phytoalexin elicitors. *Nature* **275**, 546-547.
(56) Vasconsuelo, A., Boland, R. 2007. Molecular aspects of early stages of elicitation of secondary metabolites in plants. *Plant Sci.* **172**, 861-875.
(57) 道家紀志 2005. 植物におけるオキシダティブバーストとシグナル伝達. 化学と生物 **43**, 501-508.
(58) 山根久和 1998. ジャスモン酸とファイトアレキシン. 日本農芸化学会誌 **72**, 665-668.
(59) Machenbrock, U., Barz, W. 1991. Elicitor-induced formation of pterocarpan phytoalexins in chickpea (*Cicer arietinum* L.) cell suspension cultures from constitutive isoflavone conjugates upon inhibitor of phenylalanine ammonia lyase. *Z. Naturforsch.* **46c**, 43-50.
(60) Tebayashi, S., Ishihara, A., Iwamura, H. 2001. Elicitor-induced changes in isoflavonoid metabolism in red clover roots. *J. Exp. Bot.* **52**, 681-689.
(61) Tsiri, D., Chinou, I., Halabalaki, M., Haralampidis, K., Granis-Spyropoulos, C. 2009. The origin of copper-induced medicarpin accumulation and its secretion from roots of young fenugreek seedlings are regulated by copper concentration. *Plant Sci.* **176**, 367-374.
(62) Jasinski, M., Kachlicki, P., Rodziewicz, P., Figlerowicz, M., Stobiecki, M. 2009. Changes in the profile of flavonoid accumulation in *Medicago truncatula* leaves during infection with fungal pathogen *Phoma medicaginis*. *Plant Physiol. Biochem.* **47**, 847-853.
(63) Arfaoui, A., El Hadrami, A., Mabrouk, Y., Sifi, B., Boudabous, A., El Hadrami, I., Daayf, F., Chérif, M. 2007. Treatment of chickpea with *Rhizobium* isolates enhances the expression of phenylpropanoid defence-related genes in response to infection by *Fusarium oxysporum* f. sp. *ciceris*. *Plant Physiol. Biochem.* **45**, 470-479.
(64) Azilicueta, C.E., Zawoznik, M.S., Tomaro, M.L. 2004. Phytoalexin synthesis is enhanced in groundnut plants inoculated with *Bradyrhizobium* sp. (arachis). *Crop Protection* **23**, 1069-1074.
(65) Guenoune, D., Galili, S., Phillips, D.A., Volpin, H., Chet, I., Okon, Y., Kaplnik, Y. 2001. Defence response elicited by the pathogen *Rhizoctonia solani* is suppressed by colonization of the AM-fungus *Glomus intraradices*. *Plant Sci.* **160**, 925-932.
(66) Mohr, U., Lange, J., Boller, T., Wiemken, A., Vögel-Lange, R. 1998. Plant defence genes are induced in the pathogenic interaction between bean roots and *Fusarium solani*, but not in the symbiotic interaction with the arbuscular mycorrhizal fungus *Glomus mosseae*. *New Phytol.* **138**, 589-598.
(67) Volpin, H., Phillips, D.A., Okaon, Y., Kaplunik, Y. 1995. Suppression of an isoflavonoid phytoalexin defence response in mycorrhizal alfalfa roots. *Plant Physiol.* **108**, 1449-1454.
(68) Adesanya, S.A., Roberts, M.F. 1995. Inducible compounds in *Phaseolus*, *Vigna*, and *Dioscorea* species. *In* Handbook of Phytoalexin Metabolism and Action (eds. Daniel, M., Purkayastha, R.P.), Marcel Dekker, New York. pp. 333-373.
(69) Smith, D.A. 1982. Toxicity of phytoalexins. *In* Phytoalexins (eds. Bailey, J.A., Mansfield, J.W.), Blackie, Glasgow. pp. 218-252.
(70) Smith, D.A., Banks, S.W. 1986. Biosynthesis, elicitation and biological activity of isoflavonoid phytoalexins. *Phytochemistry* **25**, 979-995.
(71) VanEtten, H.D., Matthews, D.E., Smith, D. 1982. Metabolism of phytoalexins. *In* Phytoalexins

(eds. Bailey, J.A., Mansfield, J.W.), Blackie, Glasgow. pp. 181-217.
(72) Alen, J., Collado, I.G. 2001. Biotransformation by *Botrytis cinerea*. *J. Mol. Catal. B: Enzymatic* **13**, 77-93.
(73) Farooq, A., Tahara, S. 1999. Fungal metabolism of flavonoids and related phytoalexins. *Curr. Top. Phytochem.* **2**, 1-33.
(74) Pedras, M.S.C., Ahiahonu, P. 2005. Metabolism and detoxification of phytoalexins and analogs by phytopathogenic fungi. *Phytochemistry* **66**, 391-411.
(75) Delserone, L.M., McCluskey, K., Matthews, D.E., VanEtten, H.D. 1999. Pisatin demethylation by fungal pathogens and nonpathogens of pea: association with pisatin tolerance and virulence. *Physiol. Mol. Plant Pathol.* **55**, 317-326.
(76) Afek, U., Sztejnberg, A. 1995. Scoparone (6,7-dimethoxycoumarin), a *Citrus* phytoalexin involved in resistance to pathogens. *In* Handbook of Phytoalexin Metabolism and Action (eds. Daniel, M., Purkayastha, R.P.), Marcel Dekker, New York. pp. 263-286.
(77) Hain, R., Reif, H.-J., Krause, E., Langebartels, R., Kindl, H., Vornam, B., Wiese, W., Schmelzer, E., Schreier, P.H., Stöcker, R.H., Stenzel, K. 1993. Disease resistance results from foreign phytoalexin expression in a novel plant. *Nature* **361**, 153-156.
(78) 白石友紀, 山田哲治 1993. 宿主特異性とサプレッサー. 植物細胞工学 **5**, 16-22.
(79) 奥八郎, 白石友紀 1997. 病原菌の病原性と化学. 植物病害の化学（市原耿民, 上野民夫 編）, 学会出版センター, 東京. pp. 18-31.
(80) Staples, R.C., Mayer, A.M. 2003. Suppression of host resistance by fungal plant pathogens. *Israel J. Plant Sci.* **51**, 173-184.
(81) Harborne, J.B. 1993. The co-evolutionary arms race: plant defence and animal response. *In* Introduction to Ecological Biochemistry, Fourth Ed., Academic Press, London. pp. 186-210.
(82) 西澤洋子, 鈴木匡, 日比忠明 1999. 病害抵抗性トランスジェニック植物の開発はどこまで進んだか. 化学と生物 **37**, 295-305, 385-392.
(83) Boue, S.M., Cleaveland, T.E., Carter-Wientjes, C., Shih, B.Y., Bhatnagar, D., McLachlan, J.M., Burow, M.E. 2009. Phytoalexin-enriched functional foods. *J. Agric. Food Chem.* **57**, 2614-2622.
(84) Essenberg, M. 2001. Prospects for strengthening plant defences through phytoalexin engineering. *Physiol. Mol. Plant Pathol.* **59**, 71-81.
(85) Schijlen, E.G.W.M., De Vos, C.H.R., Van Tunen, A.J., Bovy, A.G. 2004. Modification of flavonoid biosynthesis in crop plant. *Phytochemistry* **65**, 2631-2648.
(86) Liu, R., Hu, Y., Li, J., Lin, Z. 2007. Production of soybean isoflavone genistein in non-legume plants via genetically modified secondary metabolism pathway. *Metab. Engin.* **9**, 1-7.
(87) Sreevidya, V.S., Rao, C.S., Sullia, S.B., Ladha, J.K., Reddy, P.M. 2006. Metabolic engineering of rice with soybean isoflavone synthase for promoting nodulation gene expression in rhizobia. *J. Exp. Bot.* **57**, 1957-1969.
(88) Paiva, N.L., Hipskind, J.D. 2001. Resveratrol glucoside engineering: plant and human health benefits. *Rec. Adv. Phytochem.* **35**, 233-255.
(89) Islam, M.T., Tahara, S. 2001. Chemotaxis of fungal zoospores with special reference to *Aphanomyces cochlioides*. *Biosci. Biotechnol. Biochem.* **65**, 1933-1948.
(90) Tahara, S. 2007. A journey of twenty-five years through the ecological biochemistry of flavonoids. *Biosci. Biotechnol. Biochem.* **71**, 1384-1404.
(91) Hanawa, F., Tahara, S., Mizutani, J. 1992. Antifungal stress compounds from *Veratrum grandiflorum* leaves treated with cupric chloride. *Phytochemistry* **31**, 3005-3007.
(92) Takahashi, H., Sasaki, T., Ito, M. 1987. New flavonoids isolated from infected sugarbeet roots. *Bull. Chem. Soc. Japan* **60**, 2261-2262.
(93) Echeverri, F., Torres, F., Quiñones, W., Cardona, G., Archbold, R., Roldan, J., Brito, I., Luis, J.G., Lahlou, E.-H. 1997. Danielone, a phytoalexin from papaya fruit. *Phytochemistry* **44**, 255-

256.
(94) Walker, T.S., Bais, H.P., Vivanco, J.M. 2002. Jasmonic acid-induced hypericin production in cell suspension cultures of *Hypericum perforatum* (St. John's Wort.). *Phytochemistry* **60**, 289-293.
(95) Resende, M.L.V., Flood, J., Ramsden, J.D., Rowan, M.G., Beale, M.H., Cooper, R.M. 1996. Novel phytoalexins including elemental sulphur in the resistance of cocoa (*Theobroma cacao* L.) to Verticillium wilt (*Verticillium dahliae* Kleb.). *Physiol. Mol. Plant Pathol.* **48**, 347-359.
(96) 高杉光雄 1998. 野菜と薬用植物のファイトアレキシン. 日本農芸化学会誌 **72**, 657-660.
(97) Alami, I., Clérivet, A., Naji, M., Van Munster, M., Macheix, J.J. 1999. Elicitation of *Platanus* × *acerifolia* cell-suspension cultures induces the synthesis of xanthoarnol, a dihydrofuranocoumarin phytoalexin. *Phytochemistry* **51**, 733-736.
(98) Martin, M., Dewick, P.M. 1979. Biosynthesis of the 2-arylbenzofuran phytoalexin vignafuran in *Vigna unguiculata. Phytochemistry* **18**, 1309-1317.
(99) Von Reuß, S.H., König, W.A. 2004. Corsifurans A-C, 2-arylbenzofurans of presumed stilbenoid origin from *Corsinia coriandrina* (Hepaticae). *Phytochemistry* **65**, 3113-3118.
(100) Abe, N., Sato, H., Sakamura, S. 1987. Antifungal stress compounds from adzuki bean, *Vigna angularis* treated with *Cephalosporium gregatum. Agric. Biol. Chem.* **51**, 349-353.
(101) Kobayashi, A., Yata, S., Kawazu, K. 1988. A β-hydroxychalcone and flavonoids from alfalfa callus stimulated by a fungal naphthoquinone, PO-1. *Agric. Biol. Chem.* **52**, 3223-3227.
(102) Al-Douri, N.A., Dewick, P.M. 1988. Biosynthesis of the 3-ethylchromone phytoalexin lathodoratin in *Lathyrus odoratus. Phytochemistry* **27**, 775-783.
(103) Müller, K.O., Börger, H. 1940. Experimentelle Untersuchungen über die *Phytophthora*-Resistenz der Kartoffel zugleich ein Beitrag zum Problem der "erwobenen Resistenz" in Pflanzenreich. *Arb. Biol. Reichsamst. Land und Forstwirt.* **23**, 189-231.
(104) Perrin, D.D., Perrin, D.R. 1962. The NMR spectrum of pisatin. *J. Amer. Chem. Soc.* **84**, 1922-1925.
(105) Nomura, T., Hano, Y. 1994. Isoprenoid-substituted phenolic compounds of moraceous plants. *Nat. Prod. Rep.* **11**, 205-218.

4.8. アレロパシー*
4.8.1. アレロパシーとは

　アレロパシー allelopathy は，H．Molish が，『アレロパシー』（1937）という本を出版してその概念を発表したのが端緒である[1]。ギリシャ語の $\alpha\lambda\lambda\eta\lambda\omega\nu$（お互いの）と $\pi\alpha\theta o\varsigma$（あるものの身にふりかかるもの）を合成して作られた語である。狭義には「植物が放出する化学物質がほかの植物・微生物に阻害的あるいは促進的な何らかの作用をおよぼす現象」を意味するが，最近の研究は，昆虫や線虫・小動物に対する作用にも広がっている。広義には，「生物が同一個体外に放出する化学物質が，同種の生物を含むほかの生物個体における，発生，生育，行動，栄養状態，健康状態，繁殖力，個体数，あるいはこれらの要因となる生理・生化学的機構に対して，何らかの作用や変化を引き起こす現象」と定義されている[2]。アレロパシーは，「他感作用」と訳され，作用物質を「他感物質」（アレロケミカル allelochemicals）と呼ぶ。阻害作用が顕著にあらわれることが多いが，促進作用も含む概念である。

　アレロパシーは自然界では複雑な現象であり，特定の物質（単一のこともあれば複合のこともある）が，特定の条件下で，特定の作用経路を経て，特定の生理作用を行う現象である。したがって，どんな植物に対しても常にアレロパシーを示す植物があるわけではない。特異性がアレロパシーの本質であり，皆殺し的な現象ではなく，むしろ，生物多様性を豊かにする要因の1つと推定されている。

　二次代謝産物として知られる，植物に特異的に存在するアルカロイドやサポニンやフラボノイドなどの物質は，従来，「老廃物」もしくは「貯蔵物質」と考えられてきた。それで，生命維持に必要不可欠の物質を「一次代謝産物」と呼ぶのに対して，特定の植物にのみ存在し，生命維持に直接関与しない物質を「二次代謝産物」と呼ぶ。二次代謝産物は植物にのみ存在し，すでに1万種類以上が知られている。これらの物質の中には，生薬，毒薬，麻薬などに利用されてきたものもあるが，植物自身にとっての存在意義は不明であった。近年，「二次代謝産物は植物の進化の過程で偶然に生成され，ほかの昆虫・微生物・植物などから身を守ったり，何らかの化学交信や情報伝達を行う手段として有利にはたらいた場合に，その植物が生き残ってきた」とするアレロパシー仮説が提唱され，進化上の意義が提唱されている。アレロパシーは現在一属一種しか生き残っていないような古い植物（化石植物）や，成長が遅い植物や弱い植物が生き残ってきた要因の1つであり，むしろ生物多様性を高める要因であったと推定されている[2]。

＊執筆：藤井義晴　Yoshiharu Fujii

4.8.2. 外来植物の侵入に関する新兵器仮説とカテキン

近年，世界各地で，侵略的外来植物の侵入と蔓延が問題となっている。外来植物が侵略的で蔓延する原因の1つにアレロパシーがあるとの説が提唱されている。この現象に関与する物質は，フラボノイドの一種のカテキンであると報告されている。しかし，この説には賛否両論がある。

アメリカ合衆国モンタナ大学のCallawayらは，欧州コーカサス地方原産のヤグルマギク属の植物 Centaurea diffusa が，原産地では蔓延していないのに，北アメリカに侵入すると蔓延する原因として，随伴雑草に対するヤグルマギク属植物の放出するアレロケミカルであるカテキンの感受性の違いで説明できると報告している[3]。すなわち，欧州ではこの植物の随伴雑草は，これがもつアレロケミカルであるカテキンに対し耐性をもつため蔓延することがないが，新天地の北米に侵入した時，この物質と初めて出合う植物はこれを新兵器と受け止め，生育が抑制される結果，この植物が蔓延するのを許してしまうと説明し，これを「新兵器仮説」と呼んでいる。この関係を，活性炭を用いたポット試験で証明したとして報告している。

この仮説は魅力的で，日本でも戦後蔓延しているセイタカアワダチソウ Solidago altissima はアレロパシーが強いことで有名であり，外来植物のリスクの1つとしてのアレロパシーは重要であると考えられ，この論文を契機に，外来植物のアレロパシーに関する研究が世界各地で盛んになった。

しかし，Callawayらの最初の論文では，作用成分は (−)-カテキンであり，活性が強く，アレロパシーの原因物質であると報告されていたが，その後 (±)-カテキンに訂正され (図4-8-1)，土壌中の濃度については，特定の土壌でのみ検出されるという修正論文が出ている[4]。彼らのグループは生態学者であり，物質同定に関して十分ではないという疑問が出され，また土壌中に放出されるカテキンの量と活性では現象が説明できないという疑問を示した論文がいくつか発表された。

Blairら[5]は，この植物が生育する土壌からカテキンを定量したが，ほとんど検出されないか，検出された場合も報告されている量より3桁低い濃度でしか検出されず，作用する濃度にはないと報告している。また，古林ら[6]は，カテキンを含む，カテコール構造をもつ物質の土壌中における動きについて研究し，いろいろな土壌で，これらの物質は土壌中の有機物や粘土鉱物により吸着されて活性を失うと報告している。また，Dukeらは，最近，この植物のアレロケミカルは，カテキン以外の物質であろうとする論文を報告している[7]。

4.8.3. ニセアカシアのアレロパシーとフラボノイドの寄与

外来植物のニセアカシア（ハリエンジュ）Robinia pseudoacacia は，痩せた土地で

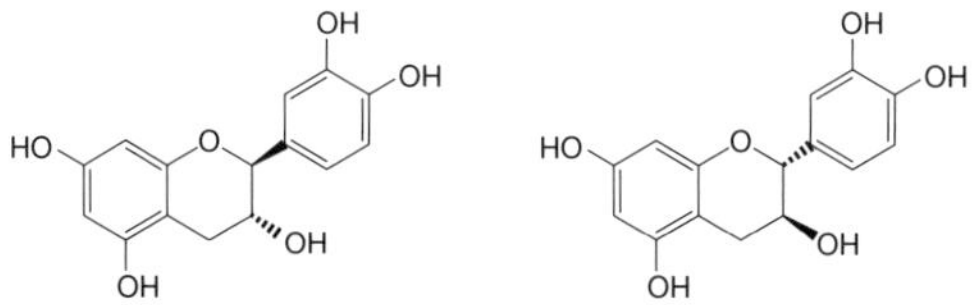

図4-8-1 *Centaurea diffusa* に含まれる（−）-カテキンと（＋）-カテキン

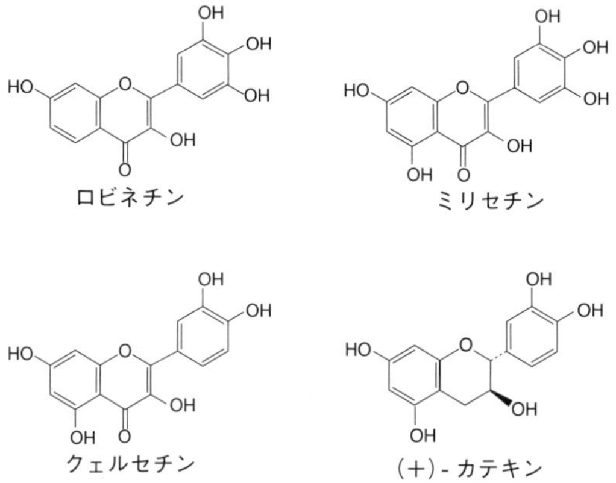

ロビネチン　　　　　ミリセチン

クェルセチン　　　　（＋）-カテキン

図4-8-2 ニセアカシアに含まれるフラボノイド類

も生育が旺盛で，国土保全に有用なマメ科樹木として導入されたが，強健で，全国の河川敷などに逸脱して雑草（雑木）化して問題となっている。筆者らのグループは，アレロパシーの検定でニセアカシアに強い活性を見出したので，アレロパシーに関与する物質の単離を試みた。その結果，主たる活性物質として，フラボノイドであるロビネチン，ミリセチン，クェルセチン，および（＋）-カテキン（図4-8-2）を同定した[8]。これらの中で，（＋）-カテキンの含有量が0.04％と多く，検定植物レタスの根の伸長を50％阻害する濃度（EC_{50}）が10 ppmと強力であることから，アレロパシーへの寄与が高いと推定した。

その後，筆者らのグループでは，ヘアリーベッチ（ビロードクサフジ）*Vicia villosa*から新規アレロケミカルとしてシアナミドを発見し[9]，シアナミドの植物界における分布を調べる目的で，131科340属452種の維管束植物と101種のシダ植物，計553種の植物を検索した結果，ニセアカシアにもシアナミドが大量に含まれていることが明らかになった[10]。シアナミドの含有量は，植物体乾燥重1 kgあたり約3 gと多く，（＋）-カテキンは植物体乾燥重あたり約400 mgであり，植物生育阻害活性は両者ともほぼ同等であることから，阻害活性への寄与率を比較すると，シアナミドの方が約8倍高いと推定される。

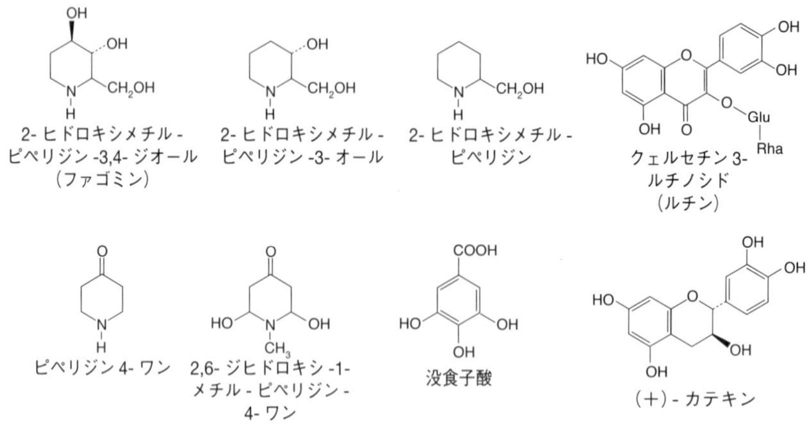

図4-8-3 ソバに含まれるアレロパシー候補物質

4.8.4. ソバのアレロパシーと全活性法によるルチンの寄与

ソバ *Fagopyrum esculentum* が雑草との競合に強いことは経験的に知られていた。江戸時代に宮崎安貞は著書『農業全書』の中で,「ソバはあくが強く,雑草の根はこれと接触して枯れる」と記載している。ソバによる雑草抑制作用は,成長速度が早く,葉を広げて雑草を日陰にする効果と,養分吸収力の強さによるところが大きいが,農業環境技術研究所でソバ類のアレロパシー活性を検定した結果,ソバとダッタンソバ *Fagopyrum tataricum* が強い活性を示すことを確認した。

畑にて栽培したソバ(階上早生種)の新鮮葉2 kgを80%メタノールで抽出し,常法にしたがい,分画し,各種クロマトグラフィーで精製した結果,ソバの葉の抽出液中に含まれる植物生育阻害物質として,図4-8-3に示すように,ファゴミン fagomineとその関連の5種のピペリジンアルカロイド(イソキノリンアルカロイド)と,没食子酸,ルチンおよび(+)-カテキンなどのカテコール構造をもつフラボノイドを検出した[11, 12]。水耕栽培をした時,これらの物質の培養液中の濃度は0.01～0.05 ppmの範囲であったが,ソバの根に付着する水を集めて分析すると,0.1～2 ppmの濃度で検出され,ソバの根から生育環境中へのこれら物質が放出されていることが確認された。

これらの物質の植物体内の存在量から,圃場で鋤こんだ場合の濃度を計算し,その寄与率を計算した結果,最も多量に含まれるルチンで粗抽出液による阻害活性をほとんど説明できると報告した(図4-8-4)[13]。図4-8-4は,ソバから検出されたアレロケミカル候補物質の濃度を実測し,粗抽出液中でどの成分が寄与しているのかを調べたものであり,濃度が最も高く,活性も強いのはルチンでその阻害活性が

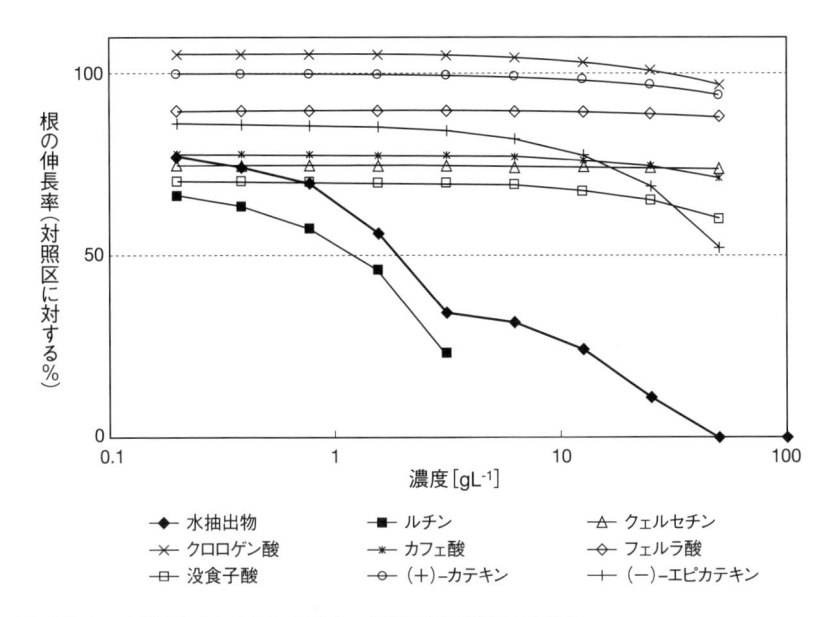

図4-8-4 ソバに含まれるアレロパシー候補物質の寄与率の推定

ほぼすべて説明できることを示している。このような証明法を従来の「比活性」に替えて「全活性法」と呼ぶことを提唱している。

4.8.5. ダッタンソバに含まれる植物成長阻害物質の単離・同定

ソバの近縁植物であるダッタンソバも生物検定法で強いアレロパシー活性を示した。ダッタンソバはニガソバとも呼ばれ、種子は苦いが、多量にルチンを含むため、近年東北地方で健康食品として栽培されている。そこで、ダッタンソバのアレロケミカルの同定を試みた。ダッタンソバの新鮮葉2 kgを80％メタノールで抽出し、ソバの場合と同様の手法で、溶媒分画とカラムクロマトグラフィーを繰り返し、図4-8-5に示す物質を分離した。

同定された物質は、クェルシトリン（クェルセチン 3-ラムノシド）、ルチン、ジオスメチン（diosmetin, 5,7,3'-trihydroxy-4'-methoxyflavone）7-ラムノシド（新規のフラボノイド）、およびクェルセチンの4種類のカテコール構造をもつフラボノイドと、2種類のピペリジンカルボン酸であり、これらの構造はNMRによって確認された。こられの化合物のレタスに対する生育阻害作用を検定した結果、レタスに対するEC$_{50}$は20～100 ppmであった。ダッタンソバの場合も、ルチンを植物体中に大量に含有しており、同定した4種類の化合物の生育阻害活性と植物体中の含有量から、

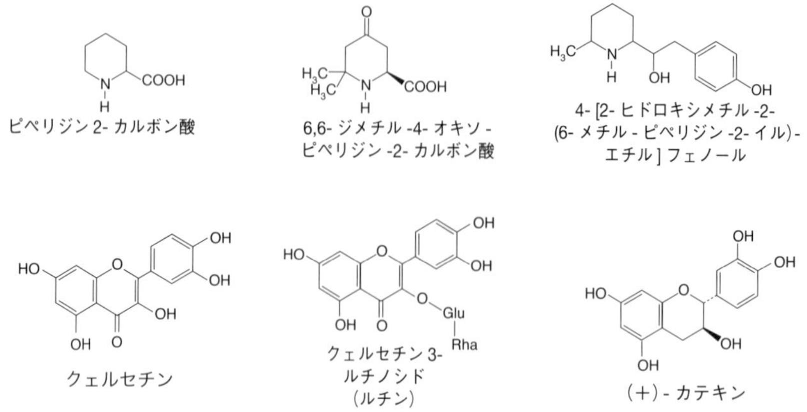

図 4-8-5 ダッタンソバに含まれるアレロパシー候補物質

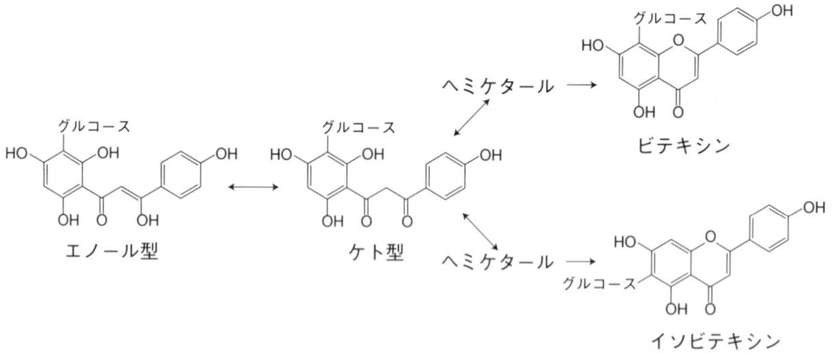

図 4-8-6 リョクトウのアレロケミカルとして報告のあるフラボノイド類

ダッタンソバの場合も，ルチンがアレロパシーに最も寄与していると考察している(14)。

4.8.6. リョクトウのビテキシン・イソビテキシンとアレロケミカル領域

　TangとZhangは，リョクトウ *Vigna radiata* のアレロパシーを研究し，根から出るアレロケミカルをXAD-4樹脂に吸着させる独自の手法で濃縮して分析した結果，主成分が，新規のフラボノイドである3-C-グルコシル-2,4,6,4'-テトラヒドロキシベンゾイルメタン 3-C-glucosyl-2,4,6,4'-tetrahydroxybenzoylmethane と，この物質が異性化して生成するビテキシンおよびイソビテキシンであると報告している（図 4-8-6）(15)。これらの物質は，種子にも含まれ，種子が発芽する時に，その根の周辺にも放出されて周辺の植物の生育に影響をおよぼすとしており，これをアレ

ロケミカル領域 allelochemical sphere と名づけている。その厚さは種皮の周辺では，0.4～1.2 mm とごくわずかであるが，発芽した種子の幼根の周囲をテフロンリングで仕切ったところ，この領域内では，ほかの植物の生育が著しく阻害される現象を観察し，これらの物質の影響で，ほかの植物の発芽・生育が阻害されるとしている。

筆者らは，この方法にヒントを得て，1～2か月栽培した植物の根を仕切る筒を作成し，プラントボックスを用いて寒天培地中で栽培し，周辺植物への影響を5日間で検定する「プラントボックス法」を開発した[2]。

4.8.7. フラボノイドなどの色素の植物生育阻害活性

色素として知られているいろいろな化合物について，その植物阻害活性を測定してみた。その結果，これらの色素の中で比較的強い植物生育阻害活性をもっていたのはアントラキノン類で，シアニジンなどのカテコール構造をもつフラボノイドはこれに次ぐ活性があった。色素の発色団は植物の発芽や成長にも何らかの影響をもつ可能性がある。

植物生態系を対象として，実際に現場で作用しているアレロケミカルとして，フラボノイド類を証明することは，カテキンに関する論争などからみて，まだ十分ではない。一方，アレロケミカルを，新たな生理活性物質の発見の糸口と考え，植物におよぼす作用を調べることは，地道に検定すればそれほど困難ではない。これまでに蓄積されたフラボノイドや関連色素に関する知見から，これらの植物生理活性物質としての作用を克明に調べることで，新たな生理活性物質が発見される可能性がある。このような物質は，これまで天然色素や天然物由来の食品添加物としてすでに安全性が確認されているものが多いので，今後これらの物質をもとにした，より安全性の高い生理活性物質が見出され，安全な農薬や新たな医薬品として開発されることが期待される。

引用文献

(1) Molisch, H. 1937. Der Einfluss einer Pflanze auf die andere - Allelopathie, Jena, Fisher. pp. 18-20.
(2) 藤井義晴 2000. アレロパシー，他感物質の作用と利用．農山漁村文化協会，東京．pp. 231.
(3) Callaway, R.M., Ascheoug, E.T. 2000. Invasive plants versus their new and old neighbors: a mechanism for exotic invasion. *Science* **290**, 521-523.
(4) Perry, L.G., Thelen, G.C., Ridenour, W.M., Callaway, R.M., Paschke, M.W., Vivanco, J.M. 2007. Concentrations of the allelochemical (±)-catechin in *Centaurea maculosa* soils. *J. Chem. Ecol.* **33**, 2337-2344.

(5) Blair, A.C., Nissen, S.J., Brunk, G.R., Hufbauer, R.A. 2006. A lack of evidence for an ecological role of the putative allelochemical (±) -catechin in spotted knapweed invasion success. *J. Chem. Ecol.* **32**, 2327-2331.
(6) Furubayashi, A., Hiradate, S., Fujii, Y. 2007. Role of catechol structure in the adsorption and transformation reactions of L-DOPA in soils. *J. Chem. Ecol.* **33**, 239-250.
(7) Duke, S.O., Blair, A.C., Dayan, F.E., Johnson, R.D., Meepagala, K.M., Cook, D., Bajsa, J. 2009. Is(-)-catechin a novel weapon of spotted knapweed (*Centaurea stoebe*)? *J. Chem. Ecol.* **35**, 141-153.
(8) Nasir, H., Iqbal, Z., Hiradate, S., Fujii, Y. 2005. Allelopathic potential of *Robinia pseudo-acacia* L. *J. Chem. Ecol.* **31**, 2179-2192.
(9) Kamo, T., Hiradate, S., Fujii, Y. 2003. First isolation of natural cyanamide as a possible allelochemical from hairy vetch *Vicia villosa*. *J. Chem. Ecol.* **29**, 273-282.
(10) Kamo, T., Endo, M., Sato, M., Kasahara, R., Yamaya, H., Hiradate, S., Fujii, Y., Hirai, N., Hirota, M. 2003. Limited distribution of natural cyanamide in higher plants: occurrence in *Vicia villosa* subsp. *varia*, *V. cracca*, and *Robinia pseudo-acacia*. *Phytochemistry* **69**, 1166-1172.
(11) Iqbal, Z., Hiradate, S., Noda, A., Isojima, S., Fujii, Y. 2002. Allelopathy of buckwheat : assessment of allelopathic potential of extract of aerial parts of buckwheat and identification of fagomine and other related alkaloids as allelochemicals. *Weed Biol. Manag.* **2**, 110-115.
(12) Iqbal, Z., Hiradate, S., Noda, A., Fujii, Y. 2003. Allelopathic activity of buckwheat : isolation and characterization of phenolics. *Weed Sci.* **51**, 657-662.
(13) Golisz, A., Lata, B., Gawronski, S.W., Fujii, Y. 2007. Specific and total activities of the allelochemicals identified in buckwheat. *Weed Biol. Manag.* **7**, 164-171.
(14) Fujii, Y., Golisz, A., Furubayashi, A., Iqbal, Z., Nasir, H. 2005. Allelochemicals from buckwheat and tatary buckwheat and practical weed control in the field. *Proc. 20th Asia-Pacific Weed Sci. Soc. Conf.* **20**, 227-233.
(15) Tang, C.-S., Zhang, B. 1986. Qualitative and quantitative determination of the allelochemical sphere of germinating mung bean. *In* The Science of Allelopathy (eds. Putnam, A., Tang, C.-S.) , John Wiley and Sons, New York. pp. 229-242.

4.9. フラボノイドと昆虫とのかかわり

4.9.1. フラボノイドと昆虫の寄主選択*

'花と蝶'と愛でられるように,フラボノイドと昆虫のかかわり合いといえば,送粉者をひき寄せる色とりどりの花色に代表される。花は多数種の昆虫に糖蜜やアミノ酸などの栄養素を提供する貴重な存在ではあるが,多くの昆虫の生活環にとっては,ほんのひとときのエネルギーを与えてくれる蜜源への目印でしかない。一方,食植性昆虫の多くは,特に幼虫時代,特定のグループの植物に依存し,葉や茎,場合によっては花弁や幹や根の組織までも重要な食物資源として利用している[1]。栄養源としての一次代謝産物とともに,これらの植物組織に含まれる多種多様のフラボノイドは,二次代謝産物の主役の1つとして,彼らの食事メニューの中で,昆虫自身の代謝生理に少なからぬ影響を与えているものと考えられている。また,彼らが食草を探し出す(寄主認識)ために重要な役割を果たしている場合がある。たとえば,カイコはクワの葉に含まれるフラボノイドなどによって食欲が促進されるし,アゲハチョウの成虫は食草ミカン科植物の葉に含まれるフラボノイドの種類と濃度を的確に判断して産卵する。また,チョウの中には,フラボノイドを翅の色彩に取り込むものもいる。ここに,昆虫に対する植物フラボノイドの色覚以外の生理・生態学的機能について紹介する。

1) チョウの産卵選択とフラボノイド

a) アゲハチョウの産卵刺激物質

アゲハチョウ *Papilio xuthus* は幼虫時代,ミカン科植物を食草とする狭食性のチョウである。母チョウは,ウンシュウミカン *Citrus unshiu*,カラタチ *Poncirus trifoliata*,サンショウ *Zanthoxylum piperitum* などミカン科植物を的確に探し出して産卵する能力をもっている。この3種の植物は互いに属も葉の形状や香りも異なるが,成虫は分け隔てなく産卵することから,産卵行動を誘起させるための何らかの共通因子が含まれているに違いない。食草生葉のメタノール抽出物をしみ込ませたろ紙片に雌成虫をとまらせると,たちどころに産卵を始めることから,葉に特有の化学因子を手がかりに寄主を認識していることが判明した[2]。これは,食草以外の葉の抽出物ではまったく誘起されない。雌成虫の前脚には食草特有の産卵刺激物質 oviposition stimulant を知覚する味覚感覚毛が密生しており,これを葉の表面に叩きつけるようにして化学受容 chemoreception している[2]。抽出物に含

---

*執筆:西田律夫　Ritsuo Nishida

図4-9-1 アゲハチョウ科の産卵刺激物質

(1) ビセニン-2　アゲハチョウ（ミカン科）
(2) ヘスペリジン　アゲハチョウ・クロアゲハ（ミカン科）
(5) ルテオリン 7-(6"-マロニル-グルコシド)　クロキアゲハ（セリ科）
(6) イソラムネチントリグルコシド　ギフチョウ（ウマノスズクサ科）

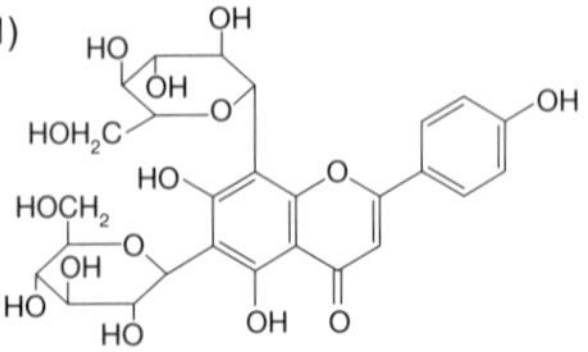

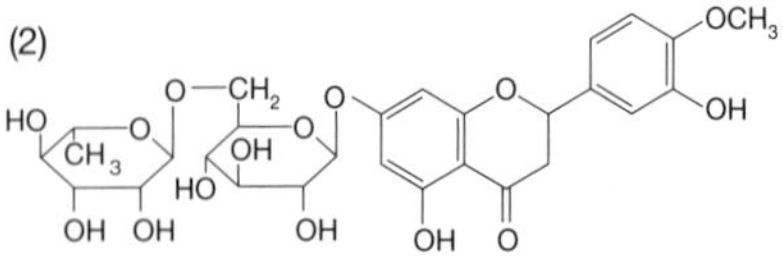

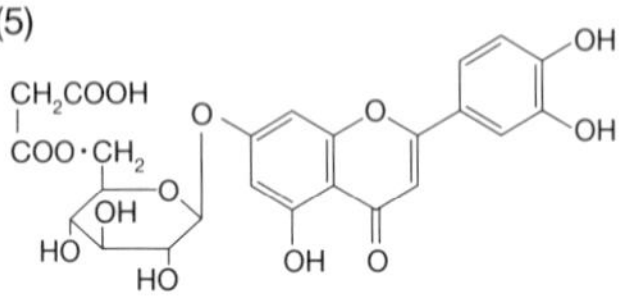

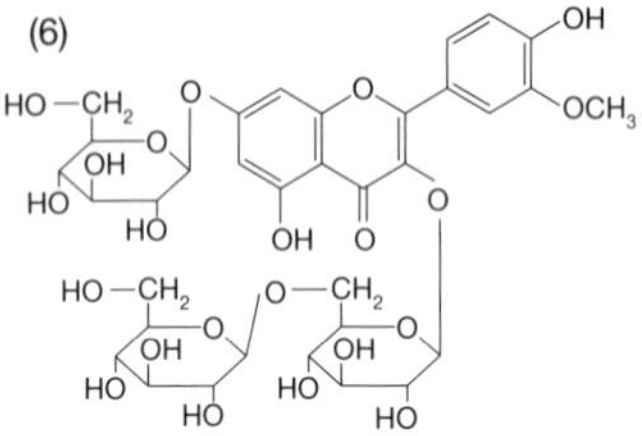

まれる産卵刺激因子は水溶性の複雑な組成を示すが，ブタノール層に含まれるフラボノイド類が重要な役割を果たしている。ウンシュウミカンの場合は，ビセニン-2 vicenin-2 (1)，ヘスペリジン (2)，ナリルチン narirutin (3)，ルチン (4) が，ブタノールに転溶されない一連の水溶性成分（アデノシン adenosine，シネフリン synephrine，chiro-イノシトール chiro-inositol，スタキドリン stachydrine など）との協力により作用を示す [2]（図 4-9-1）。

上記4種のフラボノイドはいずれも配糖体であるが，それぞれフラボンのC-グルコシド（図 4-9-1 (1)），フラバノン（図 4-9-1 (2) と (3)），フラボノールのルチノシドであり，アゲハチョウが多様なフラボノイド配糖体を知覚する能力があることを示している。フラバノン配糖体は柑橘類に広く分布しているが，サンショウなどにも含まれることから，食草認識 host recognition の指標として，重要な役割を果たしているものと考えられる。

このように多様なフラボノイド類がかかわっていることから考えると，活性発現にはあまり構造上の制約がないように思われるが，ヘスペレチン 7-β-グルコピラノシド hesperetin 7-β-glucopyranoside（図 4-9-1 (2)）に結合するラムノースの位置は6"位（ルチノース）に特異的なものであり，2"位（ナリンギン），3"位，4"位に rhamnose が結合した異性体はまったく活性を示さず，糖の結合様式もきわめて重要であることを示している [3]。これらのことから，構造と活性の関係はかなり精密な受容メカニズムにより制御されていることがうかがわれる。

アゲハチョウと近縁のクロアゲハ P. protenor も柑橘類に好んで産卵する．この場合はヘスペリジン（2）と並んで，アゲハチョウでは活性を示さなかったナリンギンが主要因子となっている[4]．このことは，両種の寄主選好性 host preference の微妙な差異を反映しているのかもしれない．アメリカ産のクロキアゲハ P. polyxenes は，日本のキアゲハ P. machaon と同様にセリ科のニンジン，パセリなどを食草としており，食性が最も進化したグループであるといわれている．この場合も，複数成分が関係しているが，産卵刺激物質の1つとしてルテオリン7-グルコシドのマロン酸エステル（5）が同定されている[5]（図4-9-1）．

一方，アゲハチョウ科の中で最も原始的なウスバシロチョウ亜科のギフチョウ Luehdorfia japonica（食草：ウマノスズクサ科カンアオイ属）は，ミヤコアオイ Heterotropa aspera の葉に含まれるイソラムネチン isorhamnetin の3配糖体（6）によって産卵刺激を受ける[6]（図4-9-1）．この物質は他の植物からの報告がないことから，寄主特有の物質と考えられ，チョウにとってみれば寄主を特定する優れた情報物質といえる．しかし，この場合においてさえ，未知の水溶性物質の関与が認められており，アゲハチョウ類の産卵刺激作用発現には'フラボノイドを含む複数成分の協力作用'，すなわち'ブレンドの味'としての味覚情報が重要な意味をもっているようである．

アゲハチョウ科の中でも，産卵刺激物質としてフラボノイドが関与していない例として，ジャコウアゲハ Atrophaneura alcinous（食草：ウマノスズクサ科）におけるアリストロキア酸 aristolochic acids とセコイトール sequoyitol やトラフタイマイ Eurytides marcellus（食草：バンレイシ科）における3-カフェオイル-muco-キナ酸 3-caffeoyl-muco-quinic acid があげられる[7]．アゲハチョウ科は，ケシ科などを寄主とするウスバシロチョウ属→ウマノスズクサ科を寄主とするギフチョウ族とキシタアゲハ族→モクレン科／クスノキ科／バンレイシ科を寄主とするアオスジアゲハ族→ミカン科を主な寄主とする真正アゲハ族に進化していったと考えられている[2]．

アゲハチョウ雌成虫前脚ふ節の産卵刺激受容にかかわる味覚レセプターとして，産卵刺激物質の1つシネフリンに特異的なレセプター遺伝子が明らかにされた[8]．フラボノイドを含む産卵刺激因子の複合活性発現作用の全容解明に期待が寄せられる．とくに種分化の過程でフラボノイドをはじめとする植物化学情報の化学受容システムをどのように適応・改変させていったのか，食性進化プロセスの分子メカニズムに興味がもたれる．

このほかチョウ類ではシロチョウ科，タテハチョウ科，マダラチョウ科において産卵刺激物質の究明が進んでいるが，オオカバマダラ Danaus plexippus では，食草

(7) クェルセチン トリグリコシド

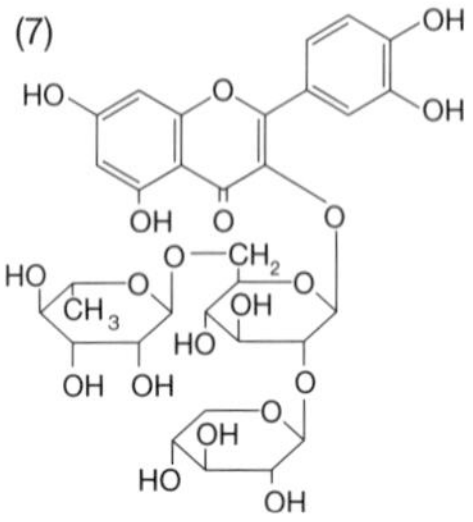

(8) フェラムリン

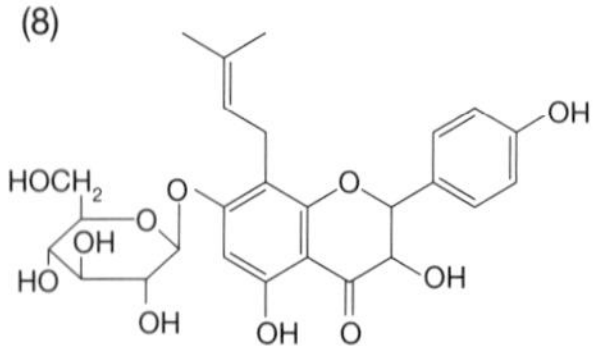

図 4-9-2 アゲハチョウ科の産卵阻害物質

トウワタ属 Asclepias のフラボノール配糖体（クェルセチン 3 - (2"-β-キシロシル)-β-D-ガラクトシド quercetin 3- (2"-β-xylosyl)-β-D-galactoside など）が産卵刺激物質として明らかにされている[7]。興味深いことに，この場合は，同属を特徴づけるカルデノリド（強心配糖体）はまったく関与せず，フラボノイド単独で活性発現する。昆虫にとってフラボノイドは，最も普遍的に植物を特徴づける目印となっていることがうかがえる。

b）アゲハチョウの産卵阻害物質

アゲハチョウの幼虫はミカン科植物ならたいていの種を寄主として利用できるが，コクサギ Orixa japonica の葉をまったく食べない。また，アゲハチョウの母チョウは，決してコクサギに産卵することはない。同植物には，幼虫の摂食と成虫の産卵を強力に阻害する複数の成分が含まれており，産卵阻害物質 oviposition deterrent の 1 つがクェルセチンの 3 配糖体であることがわかった（図 4-9-2 (7)）[9]。興味深いことに本物質は産卵刺激物質の 1 つであるルチン（(4)）のグルコースの 2 位にキシロースが結合した物質である。本物質は濃度依存的にウンシュウミカン抽出物の産卵刺激作用を抑制することから，拮抗阻害である可能性が示唆された。

同様に，前述のクロアゲハはミカン科のキハダ Phellodendron amurense を食草としない。この場合は寄主に特徴的なプレニル化されたジヒドロフラボノールであるフェラムリン phellamurin が産卵阻害因子として同定されている（図 4-9-2(8)）[10]。上記 2 例とも，それぞれの葉の主要フラボノイドであり，キハダにおけるこの化合物の含有量は 18,000 ppm に達する。いずれも，産卵刺激物質と同様に前脚ふ節の味覚感覚毛によって受容されていると考えられ，刺激／阻害の分子メカニズムに関心が寄せられる。生態学的な見地からは，昆虫の捕食圧によって誘導される阻害因子の進化機構を考察するうえで，興味ある題材を投げかけている。

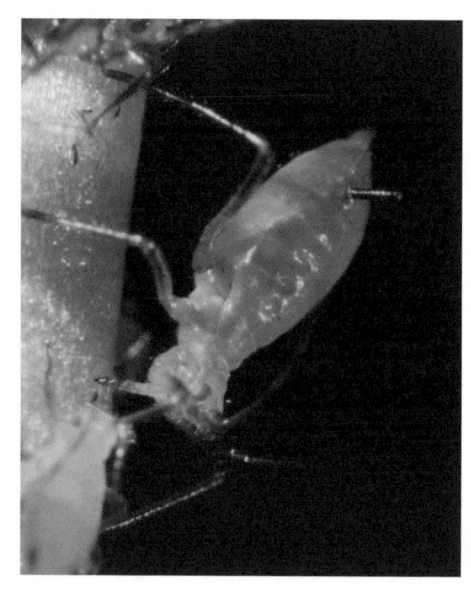

図 4-9-3 ソラマメの茎を吸汁するソラマメヒゲナガアブラムシ

2) 吸汁性昆虫とフラボノイド

アブラムシ（アリマキ）やウンカ・ヨコバイ類はセミと同じ口吻をもつカメムシ目（半翅目）の仲間であり，植物の茎や葉脈に口吻を突き刺し，主に篩管から養分を吸汁する。直接的な栄養搾取のみでなく，植物ウイルスの媒介により農作物に多大な被害を与えるため，多くの種が深刻な害虫としてリストされている。これらの昆虫の口吻部には，味覚感覚器官があり，フラボノイドなど寄主植物特有の二次代謝産物や一次代謝産物としての栄養成分を的確に感知している。

a）アブラムシの口針鞘形成刺激因子

植物にはいろいろな種類のアブラムシが寄生するが，そのほとんどは狭食性であり，限られた植物群のみを利用している。たとえば，マメアブラムシ（マメ科），ダイコンアブラムシ（アブラナ科），イバラヒゲナガアブラムシ（バラ科），ムギミドリアブラムシ（イネ科）など寄主植物にちなんだ名前をもつものが多い。「アブラムシは植物化学者である」と言われるように，その口吻の '舌先' は鋭敏な化学センサーでもある[11]。

ソラマメヒゲナガアブラムシ *Megoura crassicauda* は，ソラマメ *Vicia faba* やカラスノエンドウ *V. angustifolia* などソラマメ属に寄生する（図4-9-3）。食草の茎に口針を突き刺すと，タンパク質に富んだ唾液を出しながら，stylet と呼ばれる '探り針' で組織細胞間隙を探りながら（probing），養分の流れる篩管へと伸展させる。この

(9)

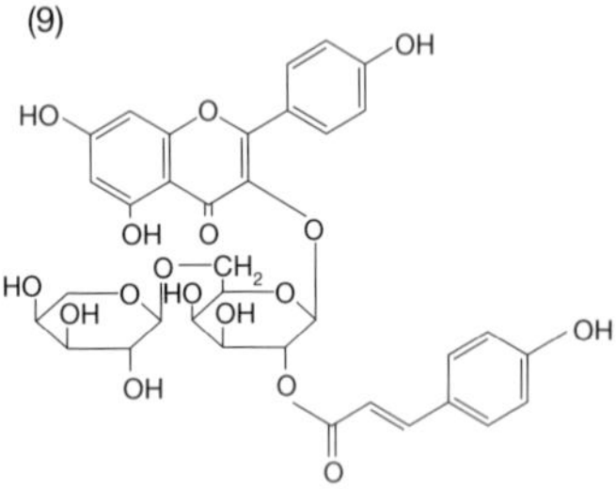

(10)

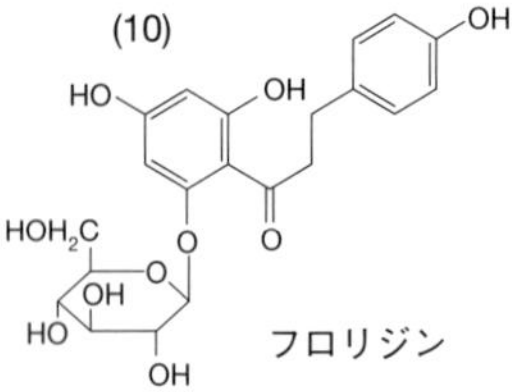

フロリジン

(11)

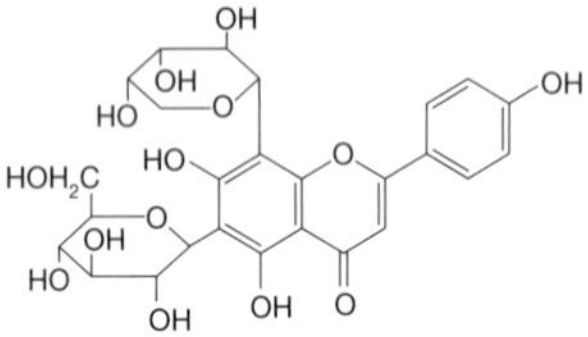

シャフトシド

図 4-9-4　吸汁性昆虫の口針鞘形成促進物質

時の唾液で形成された痕跡は塩基性フクシンで染色すると‘口針鞘’として観察できる。試行錯誤で挿入するため，複数に枝分かれした口針鞘が認められることが多い。同様の口針鞘は，きわめて薄く引き伸ばしたパラフィルム越しに寄主植物の抽出液を水溶液として与えた時にも形成される。口針鞘形成は寄主特異的な応答によるものと考えられることから，これを指標としてカラスノエンドウに含まれる口針鞘形成促進物質 probing stimulant を探索した結果，2 種類のアシル化フラボノイド配糖体（クェルセチン 3-*β*-L-アラビノピラノシル -(1 → 6)-(2''-(*E*)-*p*-クマロイル)-*β*-ガラクトピラノシド quercetin 3-*β*-L-arabinopyranosyl-(1 → 6)-(2''-(*E*)-*p*-coumaroyl)-*β*-D-galactopyranoside)（**図 4-9-4 (9)**）およびクェルセチン 3-*β*-L-アラビノピラノシル -(1 → 6)-(2''-(*E*)-*p*-クマロイル)-*β*-グルコピラノシド quercetin 3-*β*-L-arabinopyranosyl-(1 → 6)-(2''-(*E*) -*p*-coumaroyl)-*β*-D-glucopyranoside を同定した [12]（**図 4-9-4**）。植物組織には，アシル化されていないジグリコシドが多量に含まれているが，寄主にきわめて特異的に含まれる *p*-クマロイル化体を認識していることは注目される。これらの物質の植物組織内でのミクロな分布形態は不明であるが，口針鞘は細胞間隙を縫うように伸展することから，同物質は細胞壁に沿って局在する可能性が示唆された [12]。口針鞘形成促進因子が，寄主認識のプロセスでどのような機能を果たしているのか，今後の研究に待たれる。

これまでに数種のアブラムシ類から，口針鞘形成促進物質が同定されているが，フラボノイド関連としてはリンゴアブラムシ *Aphis pomi* などに対する，リンゴ

Malus pumila に含まれるジヒドロカルコン配糖体フロリジン phlorizin (図4-9-4(10)) が知られている[13]。

b) ウンカの吸汁行動とフラボノイド

トビイロウンカ *Nilaparvata lugens* は，史上深刻な飢饉を起こしてきた元凶として知られるイネの大害虫である。イネ（品種：日本晴）の茎葉抽出物は，前述のアブラムシの場合と同様にトビイロウンカの口針挿入をうながす作用をもつ。シャフトシド (11) をはじめとするフラボン C-配糖体が特異的な口針鞘形成促進物質として明らかにされた[14]（図4-9-4）。これらの物質は，ウンカがイネの茎から柔組織を経て，篩管へ到達する過程をうながす重要な役割をもつと考えられる。アブラムシの場合と同様に，いったん篩管に達すると，ショ糖など同組織に含まれる吸汁促進因子により，吸汁行動に切り替わるものと考えられる。

一方，Stevenson ら[15]は，トビイロウンカに強い抵抗性を示すイネの品種 (Ratthu Heenati) などの篩管液を分析し，抵抗性を示す品種にはシャフトシドをはじめとするフラボン C-配糖体が感受性品種の場合よりも高濃度含まれていることを見出した（図4-9-4）。これらの物質を含むショ糖溶液では生存率が著しく低下することから，フラボン C-配糖体は，直接的に吸汁を抑制すると考えられた。このことは，上記の口針挿入を促進する作用とは矛盾するように思われるが，感受性品種でも粗抽出物には高含量のフラボン類が含まれ，篩管液ではその含量が低いことから，ウンカのイネへの認識・定着は口針挿入促進因子（フラボン類）と吸汁促進因子（ショ糖，アミノ酸など）の組織内成分の分布（あるいは濃度勾配）によって巧妙に制御されていることを示唆しているようである。吸汁性昆虫に対する抵抗性品種の開発には，このような植物組織学的観点を含む総合的な理解が必要と思われる。

3) 昆虫の摂食・代謝に関与するフラボノイド

a) 咀嚼性昆虫の摂食刺激因子

カイコ *Bombyx mori* はクワのみを寄主とする単食性の昆虫であり，それ以外の植物の葉をまったく食べない。「カイコはなぜクワの葉だけを食べるのか？」の疑問を投げかけ，世界に先駆けて昆虫の寄主認識メカニズムを最初に解明したのは浜村らであった[16]。カイコ幼虫の摂食行動はクワ葉の中に含まれる誘引因子 attractant（シトラール citral，3-ヘキセン-1-オール 3-hexene-1-ol など揮発性成分），噛みつき因子 biting factor（β-シトステロール β-sitosterol，イソクェルシトリン），のみ込み因子 swallowing factor（セルロース）および補助因子（糖・無機塩）などにより制御されている。興味深いことにクワの葉にはほとんど含まれていないクワ木質部のモリンにも噛みつき活性が認められたが，クェルセチンなどには活性はな

く，フラボンにおけるヒドロキシ基とメトキシ基の置換様式が重要であることが指摘されている[17]。

アゲハチョウの幼虫はミカン科植物の葉を的確に認識する。はたして，前述(4.9.1-1)-a)）のアゲハチョウ成虫の産卵刺激物質と同じ構成成分を幼虫も感じているのであろうか。最近，ウンシュウミカンに含まれるアゲハチョウ幼虫の摂食刺激物質の1つとしてポリメトキシフラボンのイソシネンセチン isosinensetin (5,7,8,3',4'-pentamethoxyflavone) が明らかにされた[18]。産卵刺激物質のフラボノイド配糖体（図4-9-1（1～4））は関与しておらず，グルコースなどの糖類，脂肪酸のモノグリセリドなど一次代謝成分と環状ペプチドのシトルシン I citrusin I と協力的に作用していることが判明した。成虫と幼虫の刺激成分の唯一の共通成分はアミノ酸誘導体のスタキドリンのみであった。成虫は，複雑な植生の中から特異的な植物成分を検知して正確に寄主植物を探し出さなければならないが，幼虫は母蝶によって選ばれた食草から離れることはほとんどないので，むしろ一次代謝成分をベースとした栄養価の高い葉を味覚刺激として検出しているらしい。ポリメトキシフラボンは糖類とモノグリセリドの摂食反応を増強するが，特定の構造のものだけに活性が認められている。

これまでに，多くの咀嚼性昆虫において，寄主認識にかかわる摂食刺激物質 feeding stimulant が明らかにされている。その多くは，寄主組織に含まれる特徴的な二次代謝物質であり，フラボノイドも重要な因子として位置づけられている。以下に数種のコウチュウ目についてその例を列挙する。

イチゴハムシ Galerucella vittaticollis はイチゴの葉も食害するが，ソバなどタデ科を好む。タデ科数種から成虫の摂食刺激物質としてクェルセチンの3-配糖体としてアラビノシド（アビクラリン），ガラクトシド（ヒペリン hyperin），グルコシド（イソクェルシトリン），ラムノシド（クェルシトリン），ルチノシド（ルチン）が同定された[19]。しかし，クェルセチン 3-アラビノグルコシド（ペルタトシド peltatoside）には活性がなかった。ヒユ科のナガエツルノゲイトウ Alternanthera philoxeroides を摂食するハムシの一種（Agasicle sp.）では，6-メトキシルテオリン 7-β-L-ラムノシド 6-methoxyluteolin 7-β-L-rhamnoside が摂食刺激物質として報告されている[20]。ナス科植物の大害虫ニジュウヤホシテントウ Epilachna vigintioctopunctata の摂食刺激因子としてホオズキ Physalis alkekengi よりルテオリン 7-グルコシドが同定された[21]。

ニレの仲間 Ulmus americana の樹幹に穿孔するニレキクイムシ Scolytus multistriatus の摂食刺激物質として，(+)-カテキン 7-キシロシドとトリテルペン（ルペイル セロテート lupeyl cerotate）が同定された[22]。一方，地中海沿岸で

(12), (13) 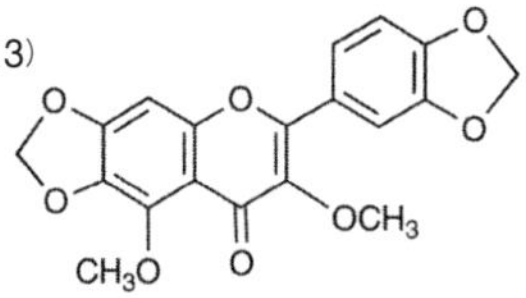 メリテルナチン

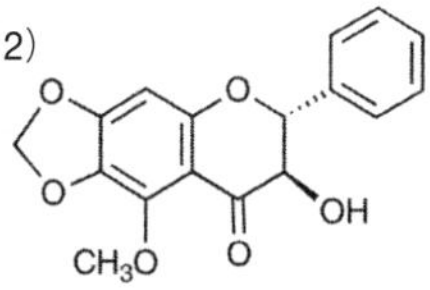

(14) ロテノン

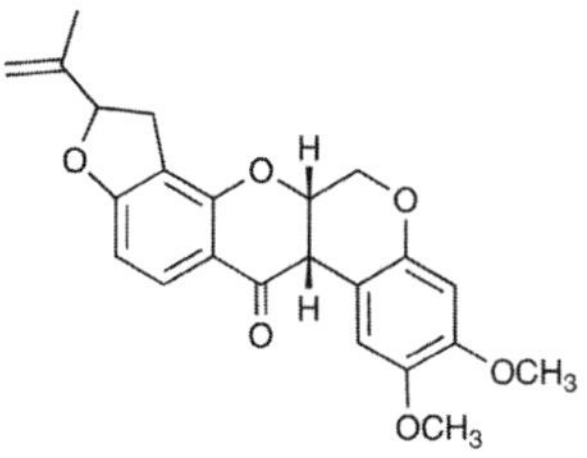

図 4-9-5 摂食阻害／殺虫性フラボノイド

アプリコット Prunus armerniaca など落葉果樹の幹を攻撃する同属キクイムシ S. mediterraneus は，ジヒドロフラボノールのジヒドロケンフェロールやジヒドロクェルセチン（タキシフォリン taxifolin）に強い摂食刺激を受ける[23]。

b）咀嚼性昆虫に対する化学障壁

上記のように，食植性昆虫の多くは，寄主植物の認識のため，寄主のフラボノイドを特異的な'味覚'として利用している。逆に，非寄主植物に含まれている異質なフラボノイドによって摂食阻害を受ける場合も知られる。たとえば，イタドリハムシ Gallerucida bifasciata の幼虫は，寄主でないオオイヌタデ Persicaria lapathifolia の葉に含まれる摂食阻害物質 feeding deterrent である 3-ヒドロキシ-5-メトキシ-6,7-メチレンジオキシフラバノン 3-hydroxy-5-methoxy-6,7-methylenedioxyflavanone（12）によって死亡する[24]（図 4-9-5）。類似のメチレンジオキシタイプのフラボノイド，メリテルナチン meliternatin（3,5-dimethoxy-3',4'; 6,7-bismethylendioxyflavone）（13）が，コクゾウムシ Sitophilus zeamais 幼虫の摂食阻害物質としてマメ科のアワダンの仲間 Melicope subunifoliolata から単離されている[25]（図 4-9-5）。この物質は，ネッタイシマカ Aedes aegypti 幼虫に対する殺虫作用も認められた。

植物界には，カテキンやタンニンに代表されるように，外界に対する化学障壁として機能するポリフェノールは枚挙にいとまがない[26]。この項で紹介した摂食阻害因子は，ターゲットとする咀嚼性害虫を用いた広汎な植物からスクリーニングされてきたものであり，なかには阻害作用か毒作用か明確でない場合も多い[27]。顕著な毒作用としては，古くからマメ科のドクフジ属 Derris およびアイフジ属 Lonchocarpus の根から抽出され，天然殺虫剤として実用化されてきたロテノン rotenone（14）をはじめとするイソフラボン類は特筆すべき存在であろう（図 4-9-5）。

(15) クェルセチン 5-グルコシド (16) プロリナリン A

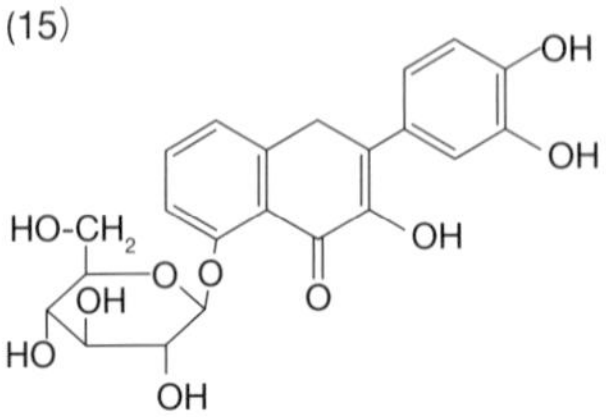

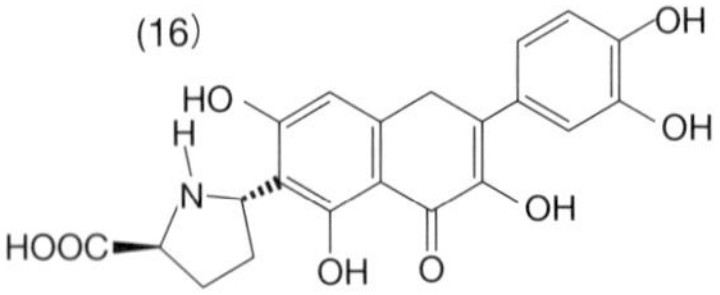

図 4-9-6 カイコ繭に含まれるフラボノイド

この場合は，ミトコンドリア内の電子伝達系におけるユビキノンへの電子の移動を妨げることにより効果を発揮する[28]。今後も，昆虫―植物相互作用に視点をおき，かつその作用メカニズムに注目しながら選択的な害虫防除素材を開拓していくことが求められる．

4) フラボノイドを蓄積する昆虫

a) チョウの翅に蓄積されたフラボノイド

チョウの翅を彩る色素の主役は窒素代謝の産物であるプテリン，メラニン，オンモクロームなどであるが，なかには，食草由来のフラボノイドやカロテノイドを積極的に蓄積する種類が知られている．これまでに，ジャノメチョウ科，シジミチョウ科，アゲハチョウ科などからフラボン，フラボノール類の蓄積が報告されている．食草のフラボノイドのプロフィールをそのまま翅に映し出している場合，特定の物質だけを選択蓄積 sequestration する場合，あるいは生体内で生化学変換している場合がある．たとえば，ジャノメチョウ科のシロジャノメ *Melanargia galathea* は多種のイネ科植物を食べ，それぞれの食草に特徴的なフラボノイド（トリシン 7-グルコシド，ルテオリン 7-トリグルコシドなど）からなる複雑なパターンを与える．必ずしも食草のフラボノイドパターンとは一致しないが，幼虫時代にどの植物を食べたかがわかるほどの恒常的な'フィンガープリント'として翅に出現する．シロジャノメは当初，広範なイネ科植物を食べるジェネラリストと考えられていたが，上の実験から野生の個体はオオウシノケグサ *Festuca rubra* に特化していることが判明した[29]．

ヨーロッパのヒメシジミの一種 *Polyommatus icarus* の幼虫は，シロツメクサ（クローバー *Trifolium repens*）の花を摂食し，クェルセチン 3-ガラクトシドを翅に取り込む[30]．花に含まれるミリセチン 3-ガラクトシドなどは糞として排泄される．フラボノイドは主に後翅に含まれるが，雌は雄の倍量を蓄積する．雄はフラボノイドをたくさん蓄え，UV を強く吸収する翅をもった雌と好んで交尾することが，野

外実験で確かめられた [31]。幼虫時代に何を食べたかは，栄養価などとの関連で種族保存に重要な意味をもつことから，雄による巧妙な性選択がはたらいているものと考察される。日本のヤマトシジミ *Pseudozizeeria maha* でも，食草のカタバミ *Oxalis corniculata* からイソオリエンチンやイソビテキシンなどフラボン C-配糖体の蓄積が明らかにされている [32]。この場合は，雄の方がより多く翅に蓄える反面，雌は胴体部に集積し，卵にも送り込むことから，配偶行動よりも微生物など外敵からの防御や紫外線に対する防護効果などがはたらいているのかもしれない [32]。

b) **カイコ繭の色とフラボノイド**

カイコの繭はフィブロインやセリシンなどのタンパク質から成るが，ごく少量のワックスや炭水化物とともに色素としてフラボノイドが沈着していることが古くから知られている。田村ら [33] は，カイコの Multi-Bi 系統の繭殻から3種のフラボノイドを単離し，それぞれクェルセチン5-グルコシド（15）およびクェルセチンの5,4'-ジグルコシル体，5,7,4'-トリグルコシル体と同定した（図4-9-6）。このフラボノイドのような5位配糖体は天然界ではきわめて珍しく，食草のクワ葉には含まれないことからカイコ自身が葉に含まれるクェルセチン配糖体を加工している可能性が推定された。

平山ら [34] は，この位置特異的なグルコシル化を検証するために，人工飼にクェルセチンを加えて飼育したカイコの各組織中の配糖体を分析した。中腸には5-グルコシル体，血液と絹糸腺には5,4'-ジグルコシル体を検出した。クェルセチン，UDP-グルコースと組織膜のインキュベーションの結果，前者については中腸膜，後者は絹糸腺膜に特異的なグルコシル転移酵素が存在することを突き止めた。カイコにおける UDP-グルコシル転移酵素遺伝子群が数多く見出されていることから [35]，その分子遺伝学的背景に興味がもたれる。

一方，黄色繭を紡ぐ中国系統のカイコ品種 Daizo から新規フラボノイドとして8位に L-プロリン proline を結合したクェルセチンであるプロリナリン A prolinalin A（16）および，そのジアステレオマーの B が明らかにされている（図4-9-6）[36]。果たしてこれらの珍奇な物質がどのようにして生合成されるようになったのか，その生理・生態学的意味は謎のままである。

これまでにフラボノイドを介した昆虫と植物の密接なかかわり合いについては，Harborne & Grayer [26]，Simmonds [37]，岩科 [38] の総説などがあるが，この領域への体系的な取り組みは，自然生態系にかかわる情報化学ネットワークへの理解や，これらを素材とした植物保護を農業生態系に応用していくうえで重要な意味をもっている。特に，世界の農業において，それぞれの環境に則した害虫管理手法を編み

出していくために，この視点を欠かすことはできない。遺伝子組換え技術が発達した今日では，このような情報化学物質 semiochemicals, infochemicals のデータを集積することは，植物二次代謝産物の生合成系を改変・制御した多様な害虫抵抗性品種作出の可能性を秘めている。一方では，幅広い知見をさらに結集し，自然生態系ネットワーク総体をよく理解したうえでの環境への配慮が必要となってくるものと思われる。

引用文献

(1) Schoonhoven, L.M., Jermy, T., van Loon, J.J.A. 1998. Insect-Plant Biology. Chapman & Hall, London. 409 pp.
(2) 西田律夫 1995. 蝶と食草－その食性進化の謎. 共進化の謎に迫る－化学の目で見る生態系（高林純示, 西田律夫, 山岡亮平 共著), 平凡社, 東京. pp. 11-102.
(3) Nishida, R. 1989. Flavonoid-mediated host recognition by swallowtail butterflies. In Flavonoids in Biology and Medicine III (ed. Das, N.P.), National University of Singapore, Singapore. pp. 199-212.
(4) Honda, K. 1986. Flavanone glycosides as oviposition stimulants in a papilionid butterfly, *Papilio protenor. J. Chem. Ecol.* **12**, 1999-2010.
(5) Feeny, P., Sachdev-Gupta, K., Rosenberry, L., Carter, M. 1988. Luteolin 7-*O*-(6-*O*-malonyl)-β-D-glucoside and *trans*-chlorogenic acid: oviposition stimulants for the black swallowtail butterfly. *Phytochemistry* **27**, 3439-3448.
(6) Nishida, R. 1994. Oviposition stimulant of a zeryntiine swallowtail butterfly, *Luehdorfia japonica. Phytochemistry* **36**, 873-877.
(7) 本田計一, 西田律夫（分担執筆） 1999. チョウ類の産卵刺激・阻害物質. 環境昆虫学－行動・生理・化学生態（日高敏隆, 松本義明 監修, 本田計一, 本田洋, 田付貞洋 編), 東京大学出版会, 東京. pp. 333-350.
(8) Ozaki, K., Ryuda, M., Yamada, A., Utoguchi, A., Ishimoto, H., Calas, D., Marion-Poll, F., Tanimura, T., Yoshikawa, H. 2011. A gustatory receptor involved in host plant recognition for oviposition of a swallowtail butterfly. *Nature Communications* **2** : 542 doi: 10.1038/ncomms1548.
(9) Nishida, R., Ohsugi, T., Fukami, H., Nakajima, S. 1990. Oviposition deterrent of a Rutaceae-feeding swallowtail butterfly, *Papilio xuthus*, from a non-host rutaceous plant, *Orixa japonica. Agric. Biol. Chem.* **54**, 1265-1270.
(10) Honda, K., Hayashi, N. 1995. A flavonoid glucoside, phellamurin, regulates differential oviposition on a rutaceous plant, *Phellodendron amurense*, by two sympatric swallowtail butterflies, *Papilio protenor* and *P. xuthus*: the front line of a coevolutionary arms race? *J. Chem. Ecol.* **21**, 1531-1539.
(11) van Emden H.F. 1972. Aphids as phytochemists. *In* Annual Proceedings of the Phytochemical Society, Number 8. Phytochemical Ecology (ed. Harborne, J.B.), Academic Press, London. pp. 34-36.
(12) Takemura, M., Nishida, R., Mori, N., Kuwahara, Y. 2002. Acylated flavonol glycosides as probing stimulants of a bean aphid, *Megoura crassicauda*, from *Vicia angustifolia. Phytochemistry* **61**, 135-140.

(13) Montgomery, M.E., Arn, H. 1974. Feeding response of *Aphis pomi, Myzus persicae*, and *Amphorophora agathonica* to phlorizin. *J. Insect Physiol.* **20**, 413-421.
(14) Kim, M., Koh, H.-S., Fukami, H. 1985. Isolation of C-glycosylflavones as probing stimulants of planthoppers in rice plant. *J. Chem. Ecol.* **11**, 441-452.
(15) Stevenson, P.C., Kimmins, F.M., Grayer, R.J., Raveendranath, S. 1996. Schaftoside from rice phloem as feeding inhibitors and resistance factors to brown planthoppers, *Nilaparvata lugens. Entomol. Exp. Appl.* **80**, 246-249.
(16) Hamamura, Y., Hayashiya, K., Naito, K., Nishida, J. 1962. Food selection by silkworm larvae. *Nature* **194**, 754-755.
(17) 林屋慶三 1966. 家蚕の人工飼料. 防虫科学 **31**, 137-145.
(18) Murata, T., Mori, N., Nishida, R. 2011. Larval feeding stimulants for a Rutaceae-feeding swallowtail butterfly, *Papilio xuthus* L. in *Citrus unshiu* leaves. *J. Chem. Ecol.* **37**:1099-1109.
(19) 太田泉, 松田一寛, 松本義明 1998. タデ科植物に含まれる Quercetin 配糖体のイチゴハムシの摂食行動に及ぼす影響. 日本応用動物昆虫学会誌 **42**, 45-49.
(20) Zielske, A., Simons, J., Silverstein, R. 1972. A flavonoid feeding stimulant in alligatorweed. *Phytochemistry* **11**, 393-396.
(21) 堀雅敏, 荒木佑子, 菅野亘, 臼井義隆, 松田一寛 2005. ホオズキ葉から分離されたニジュウヤホシテントウの摂食刺激因子. 日本応用動物昆虫学会誌 **49**, 251-254.
(22) Doskotch R.W., Mikhail, A.A., Chatterji, K. 1973. Structure of the water-soluble feeding stimulant for *Scolytus multistriatus*: a revision. *Phytochemistry* **12**, 1153-1155.
(23) Levy, E.C., Ishaaya, I., Gurevitz, E., Cooper, R., Lavie, D. 1974. Isolation and identification of host compounds eliciting attraction and bite stimuli in the fruit tree bark beetle, *Scolytus mediterraneus. J. Agric. Food Chem.* **22**, 376-379.
(24) Abe, M., Niizeki, M., Matsuda, K. 2007. A feeding deterrent from *Persicaria lapathifolia* (Polygonaceae) leaves to larvae of *Gallerucida bifasciata* (Coleoptera: Chrysomelidae). *Appl. Entomol. Zool.* **42**, 449-456.
(25) Ho, S.H., Wang, J., Sim, K.Y., Ee, G.C.L., Imiyabir, Z., Yap, K.F., Shaari, K., Goh, S.H. 2003. Meliternatin: a feeding deterrent and larvicidal polyoxygenated flavone from *Melicope subunifoliolata. Phytochemistry* **62**, 1121-1124.
(26) Harborne, J.B., Grayer, R.J. 1993. Flavonoids and insects. *In* The Flavonoids: Advances in Research since 1986 (ed. Harborne, J.B.), Chapman & Hall, London. pp. 589-618.
(27) Jacobson, M. 1990. Plant-derived Insect Deterrents. CRC Press, Boca Raton. 213 pp.
(28) Nath, M., Venkitasubramanian, T.A., Krishnamurti, M. 1980. Action and structure - activity relationship of rotenoids as inhibitors of respiration *in vitro. Bull. Environ. Contain. Toxicol.* **24**, 116-123.
(29) Wilson, A. 1985. Flavonoid pigments of butterflies in the genus *Melanargia. Phytochemistry* **24**, 1685-1691.
(30) Schittko, U., Burghardt, F., Fiedler, K., Wray, V., Proksch, P. 1999. Sequestration and distribution of flavonoids in the common blue butterfly *Polyommatus icarus* reared on *Trifolium repens. Phytochemistry* **51**, 609-614.
(31) Knüttel, H., Fiedler, K. 2001. Host-plant-derived variation in ultraviolet wing patterns influences mate selection by male butterflies. *J. Exp. Biol.* **204**, 2447-2459.
(32) Mizokami, H., Yoshitama, K. 2009. Sequestration and metabolism of host-plant flavonoids by the pale grass blue, *Pseudozizeeria maha* (Lepidoptera: Lycaenidae). *Entomol. Sci.* **12**, 171-176.
(33) Tamura, Y., Nakajima, K., Nagayasu K., Takabayashi, C. 2002. Flavonoid 5-glucosides from the cocoon shell of the silkworm, *Bombyx mori. Phytochemistry* **59**, 275-278.
(34) Hirayama, C., Ono, H., Tamura, Y., Konno, K., Nakamura, M. 2008. Regioselective formation

of quercetin 5-O-glucoside from orally administered quercetin in the silkworm, *Bombyx mori. Phytochemistry* **69**, 1141-1149.
(35) Huang, F.F., Chai, C.L., Zhang, Z., Liu, Z.H., Dai, F.Y., Lu, C., Xiang, Z.H. 2008. The UDP-glucosyltransferase multigene family in *Bombyx mori. BMC Genomics* **9**, 563 (pp. 1-14).
(36) Hirayama, C., Ono, H., Tamura, Y., Nakamura, M. 2006. C-Prolinylquercetins from the yellow cocoon shell of the silkworm, *Bombyx mori. Phytochemistry* **67**, 579-583.
(37) Simmonds, M.S.J. 2003. Flavonoid-insect interactions: recent advance in our knowledge. *Phytochemistry* **64**, 21-30.
(38) Iwashina, T. 2003. Flavonoid function and activity to plants and other organisms. *Biol. Sci. Space* **17**, 24-44.

4.9.2. 花の色と昆虫*

植物は動物のように自由に動くことができないので，環境に適応するためにいろいろな方法で，今日まで巧みに生き残ってきている。受粉作用の場合もその1つで，受粉を有利にするために，花にはさまざまな姿形や花色，におい，蜜などがあり，動物を巧みにおびき寄せて受粉を成功させている。この場合，フラボノイド化合物は高等植物の花の色を作り出している中心的な色素であり，また，動物では昆虫が受粉作用の中心的な送粉者となっている。ここでは，花色を構成している色素のうち，フラボノイド化合物に焦点を絞り，話題として取り上げる。

訪花昆虫にはさまざまな種類があるが，受粉作用に関係のない場合を除けば，分類上は限られた種類の昆虫に限定されている。それらは，膜翅類のミツバチやワスプ（ジガバチなど）の仲間が最も多く，次がハエ（双翅類），それに，チョウとガ（鱗翅類）の仲間である。その他にあまり重要でないと見なされている昆虫に甲虫（鞘翅類）の仲間が知られている。これらの昆虫にはそれぞれ花の色の好みがあることが知られている。よく知られている例として，ミツバチの仲間は一般に青色花や黄色花を好む傾向があり，チョウでは赤やピンクの花色を好む傾向がある。さらにミツバチではヒトとは異なって紫外光領域は知覚できるが，赤色光の領域は知覚できないことも知られている。古くから知られている受粉作用に関係する動物の花色の好みの傾向を**表4-9-1**に示した[1~4]。

昆虫の視覚生理の研究や昆虫と受粉作用についての生態学的ないし博物学的研究については，すでに多くの成書や総説にまとめられている。ここでは，2，3の比較的新しい本を取り上げたので参照されたい[3~6]。また，岩科も受粉作用と色素の関係を取り上げているので参照されたい[7]。

顕花植物の多くが昆虫による受粉を行っているため，また，その中心となる昆

＊執筆：齋藤規夫・立澤文見　Norio Saito and Fumi Tatsuzawa

表 4-9-1　受粉作用で見られる主要な送粉者の好みの花の色

動物	花の色の好み	備考
ミツバチ類	黄色や青色傾向の強い花色，それに白色花も	紫外光も視覚できるが，赤色には盲目である。デルフィニジンが中心で，シアニジンを含むこともある
ジガバチやスズメバチ類(Wasps)	茶褐色やスミレ色	デルフィニジンを主に含んでいる
チョウ類	ピンク色や紫色などの鮮やかな花色	デルフィニジンとシアニジンを主に含んでいる
ガ類	赤色や紫色の花色を好む仲間と白色や淡いピンク色に引かれる仲間がいる	ほとんどは夜行性だがスズメガなどのように昼間に活動するものもある。花色としてはシアニジンが中心である
ハエ類	暗い褐色，紫色や赤紫色など	格子縞など特殊な模様がある花も見られる。シアニジンが主体
甲虫類	全体的に鈍く，クリーム色や緑色がかった花色で，時には赤色の花も見られる	花色については鈍感である。シアニジンとペラルゴニジンの混合
鳥類	鮮明な緋色，それに赤色と黄色の二色花も好まれる	赤色には敏感である。ペラルゴニジンとシアニジンが主体
ネズミ類	外側は暗赤色などで着色し，内側が白色を示している花など	活動は夜間に行われる。シアニジンが検出されている

　虫がシアニック系の花色を好むミツバチであるので，明らかにアントシアニンの分布にも特定の方向性が生じている。温帯地方の植物には，特にハチ類の活躍が大きく，ミツバチの好みの色である青色化の方向への花色の適応進化が見られるとされている。温帯植物の中心メンバーであるシソ科 Lamiaceae，ハナシノブ科 Polemoniaceae，ハゼリソウ科 Hydrophyllaceae やムラサキ科 Boraginaceae の植物では青色の花をもつ植物の出現が大きいことが知られている[1]。図 4-9-7 には Harborne によって示された，これらの植物での長い期間に生じてきた花色の突然変異と，昆虫による花色の選択から生じてきたアントシアニン色素合成の進化の方向性が示されている[1]。このような色素の植物に出現する方向性は，ほかの動物，たとえばハチドリでも考えられている（図 4-9-7）。

　特定のアントシアニンやその他のフラボノイド化合物が訪花昆虫を引きつける役割をしていることは明らかであるが，しかし，実際の花で，花色を作り出している色素とその花色に引きつけられる昆虫との詳細な関係を取り扱った，生化学的ないし植物化学的な研究はまだ少ない。4.1 に取り上げられているように（p.245 参照），花の色の化学的な基礎知識は非常に多く蓄積されてきた。しかし，花の色と対応し

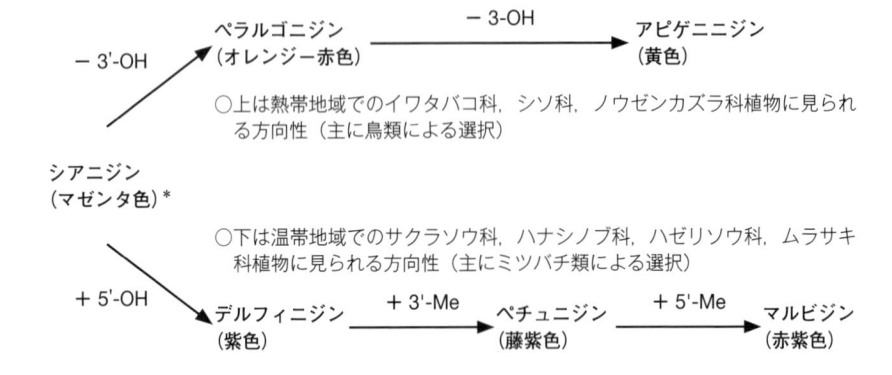

```
                    － 3-OH
 － 3'-OH   ペラルゴニジン ──────→ アピゲニニジン
           (オレンジー赤色)              (黄色)

           ○上は熱帯地域でのイワタバコ科，シソ科，ノウゼンカズラ科植物に見られ
            る方向性（主に鳥類による選択）

シアニジン
(マゼンタ色)*
           ○下は温帯地域でのサクラソウ科，ハナシノブ科，ハゼリソウ科，ムラサキ
            科植物に見られる方向性（主にミツバチ類による選択）

 ＋ 5'-OH   デルフィニジン ──+ 3'-Me──→ ペチュニジン ──+ 5'-Me──→ マルビジン
           (紫色)                    (藤紫色)                (赤紫色)
```

シアニジンは花色色素としては基本的ないし原始的なアントシアニジンと見なされている。

温帯地方の植物では，シアニジンのままでも配糖化やアシル化，それに，特別なコピグメントや金属が加わり，青色の複合体色素を作るという複雑な機構が発達している。一般に植物では青色化の形質獲得にはさまざまな進んだ複雑な適応がはたらいていると見なされる。

* ( ) は色を示す．－は喪失突然変異，＋は獲得突然変異，Me：メチルエーテル，数字はアントシアニジンへの結合位置

	R_1	R_2	R_3
シアニジン	OH	H	OH
ペラルゴニジン	H	H	OH
アピゲニニジン	H	H	H
デルフィニジン	OH	OH	OH
ペチュニジン	OCH_3	OH	OH
マルビジン	OCH_3	OCH_3	OH

図 4-9-7　代表的なシアニック系の花色をもつ植物におけるアントシアニジン合成の進化の方向性*[1]

た色素と昆虫の関係を論じているものはまだ少なく，おおかたの場合は推定の域を出ていない．ともかく，花色色素は，受粉に際して送粉者を花に引きつけるはたらきの色，匂い，蜜という3つの要因を構成している化学物質の1つであり，花の姿形などと同じく受粉作用には重要な役割をしている．また，このため多くの植物では，昆虫の好みの色に対して強い適応がなされてきたとも考えられている．

1）ミツバチによる受粉

送粉者となっているミツバチの仲間の花への訪問の方法は，ハチの種類によってその習性はさまざまで，それぞれ花の選択が異なっている．たとえば，ヒメハナバチ *Andrena* の仲間は，オフリス *Ophrys* という特定のランのみを訪花する．一方，

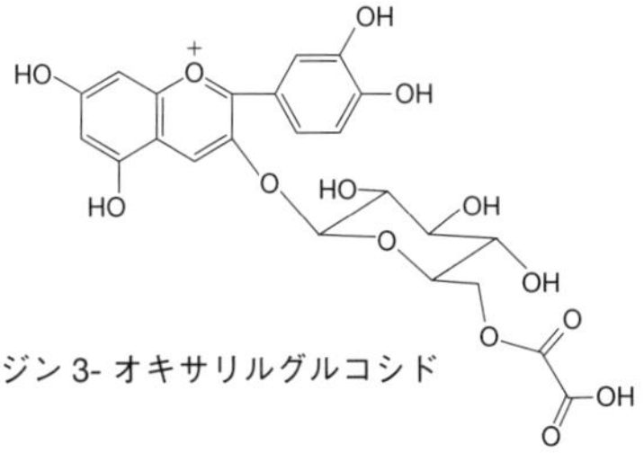

a) シアニジン 3-オキサリルグルコシド

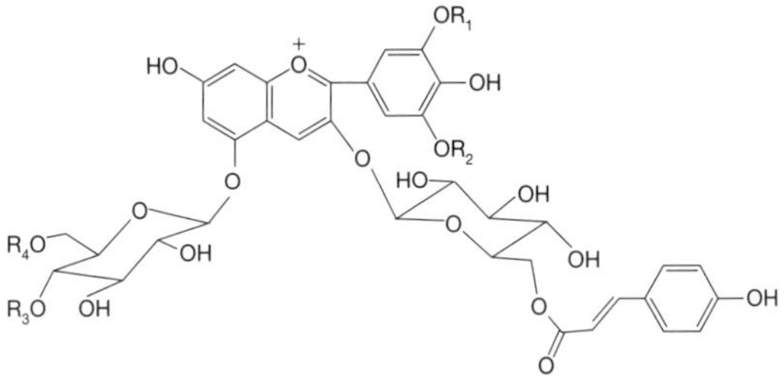

b : デルフィニジン 3-(6-p-クマロイル-グルコシド)-5-(4,6-ジマロニル-グルコシド); $R_1=R_2=H$, $R_3=R_4=$ マロン酸
c : マルビジン 3-(6-p-クマロイル-グルコシド)-5-(4,6-ジマロニル-グルコシド); $R_1=R_2=CH_3$, $R_3=R_4=$ マロン酸
d : デルフィニジン 3-(6-p-クマロイル-グルコシド)-5-(6-マロニル-グルコシド); $R_1=R_2=R_3=H$, $R_4=$ マロン酸
e : マルビジン 3-(6-p-クマロイル-グルコシド)-5-(6-マロニル-グルコシド); $R_1=R_2=CH_3$, $R_3=H$, $R_4=$ マロン酸
f : デルフィニジン 3-(6-p-クマロイル-グルコシド)-5-グルコシド; $R_1=R_2=R_3=R_4=H$
g : マルビジン 3-(6-p-クマロイル-グルコシド)-5-グルコシド; $R_1=R_2=CH_3$, $R_3=R_4=H$

図 4-9-8　ラン科オフリス（a）とシソ科植物（b～g）におけるハチが好む花に存在する主要アントシアニン

普通のミツバチやマルハナバチなどでは，特に花を区別することなく広く訪花する習性が知られている．花色から見れば，カロテノイド色素を除けば，おおかたの花の色はフラボノイド色素だけで構成されている．また，それぞれの花は多くの場合，単一の色だけのもの以外に，同じ花弁でも色の濃淡が見られるものも多く，個々の花特有の色模様が作り出されるなど複雑である．この模様は，多くの場合ミツバチにとって，花粉の多くある花の中心や花蜜に向かうのに都合よく作られている．

　非常に進んだ複雑な例では，上述のランのオフリスの花があげられる．この花は花色ばかりでなく，形までがヒメハナバチの雌にそっくりである．このために雄バチが積極的に訪花し，花と擬似性交する．この行動により花の受粉が成立している．オフリスの花の唇弁部などはビロード状の暗赤褐色を示し，ハチの腹部の色と形に酷似している．この色はアントシアニンとカロテノイドおよび若干のクロロフィ

表 4-9-2 ハナシノブ科植物に見られる送粉者，花色，色素タイプとの関係 [9]

植物*	花色	花弁に含まれる色素**
ハチドリにより受粉される植物		
Cantua buxifolia	スカーレット	Cy
Loeselia mexicana	橙赤色	Pg
Ipomopsis aggregata spp. aggregata	輝く赤色	Pg
I. aggregata spp. bridgesii	赤色からマゼンタ	Pg，Cy
I. rubra	スカーレット	Pg
Collomia rawsoniana	橙赤色	Cy
ミツバチにより受粉される植物		
Polemonium caeruleum	青色	Dp
Gilia capitata (タマザキヒメハナシノブ)	青－スミレ色	Dp
G. latiflora	スミレ色	Dp／Cy
Eriastrum densifolium	青色	Dp
Langloisia matthewsii	ピンク色	Dp／Cy
Linanthus liniflorus (アママツバ)	ライラック	Dp／Cy
鱗翅類により受粉される植物		
Phlox diffusa	ピンク色からライラック	Dp／Cy
P. drummondii	ピンク色からライラック	Dp／Cy（Pg）
Ipomopsis thurberi	スミレ色	Dp
Leptodactylon californicum	輝くバラ色	Dp／Cy
L. pungens	ピンク色から紫	Dp／Cy
Linanthus dichotomus	赤みがかった茶色から白色	Cy

*グループ分けは Grant and Grant による [31]
**Pg＝ペラルゴニジン，Cy＝シアニジン，Dp＝デルフィニジン

ルの混合で構成されていて，アントシアニンは Strack らにより，シアニジン 3-オキサリルグルコシドとシアニジン 3-グルコシドであることが明らかにされている（図 4-9-8a）[8]。

　これに対して，普通のミツバチは幅広くいろいろな植物の花を訪問するが，表 4-9-1 に示したように，ほかの花より青色や黄色の花を好んでいることが知られている。ミツバチは主に温帯で活動しているので，温帯にはミツバチの好む花色をもつ植物が多く存在している。これまでに調査されてきたシアニック系の花色分析で

4.9.2. 花の色と昆虫　541

表 4-9-3　シソ科植物に見られる花の色とアントシアニジンと送粉者[2,10]

| 花の色による区分 | 出現頻度と平均含有比* | | | | | 期待される |
(グループ)	Pg	Cy	Pn	Dp	Mv	送粉者
スカーレット	6／6 (79%)	4／6 (21%)	−	−	−	鳥類
赤紫色(パープル)	2／8 (52%)	8／8 (70%)	2／8 (45%)	−	−	鱗翅類
紫色	−	10／10 (89%)	3／10 (38%)	−	−	鱗翅類
スミレ色ないし赤みがかったスミレ色	−	8／11 (59%)	−	8／11 (50%)	2／11 (71%)	ミツバチ類
青色	−	5／15 (30%)	−	13／15 (77%)	6／15 (58%)	ミツバチ類

* Pg= ペラルゴニジン，Cy= シアニジン，Pn= ペオニジン，Dp= デルフィニジン，Mv= マルビジン
分子の数字は出現個体数，分母は調査個体数。( ) の数値は HPLC で測定された平均含有比

の結果からは，青色花の基本のアントシアニジンはデルフィニジンとそのメチルエーテル誘導体のマルビジンとペチュニジンが中心となっている（図 4-9-7）。このため温帯の青色花の出現には，デルフィニジンの合成能力が重要な要素とされている[1, 2]。

　花の色と受粉作用の関係を調査した例として，カリフォルニア地方を中心としたハナシノブ科植物の結果を表 4-9-2 に示した[9]。この場合も，ミツバチとかかわっている植物はピンク色から青色の花色を示し，調査された花ではすべてデルフィニジンを含んでいた。しかし，半分の植物にはシアニジンもまた含まれていた。他方，気温の高い亜熱帯ないし熱帯でのハチドリの助けを借りて受粉している同じ科の植物では，花色は橙赤色から赤色で，明るい赤色系の花色が中心である。これらの構成色素はペラルゴニジンが主体で，それ以外にシアニジンも重要な色素となっている。この 2 つのグループの花色に比べ，ミツバチの好む花色にやや近いグループとして，チョウやガ（鱗翅類）が好む花色をもつ植物も取り上げられている。この場合，鱗翅類は赤色がかった花色からスミレ色にわたる花色を好みとしており，構成色素としてはデルフィニジンとシアニジンである。

　色素調査のもう 1 つの例として，シソ科植物があげられる[2, 10]。この科の植物も温帯に多く分布している。表 4-9-3 に示したように齋藤と Harborne はキュー植物園に植栽されていた 49 種類の植物について，送粉者と花色を区分けし，花の構成色素との関連性を調べている。調査した植物には合計 30 種類以上ものアントシアニンが含まれており，同定されている。

　ミツバチの好みとするシソ科植物の青色の花に含まれる代表的なアントシアニンの構造を図 4-9-8b〜g に示した。調査結果はアグリコンのレベルで見ると，ハナ

シノブ科の場合とだいたい一致している。シソ科でのミツバチの好みの花色は紫色から青色で，ハナシノブ科の調査とおおよそ一致する。構成アントシアニンはデルフィニジンとマルビジンが主要色素で，シアニジンも含まれている。この色素構成と対称的な植物はハチドリが受粉をする花のグループで，ペラルゴニジンとシアニジンが主要アントシアニジンとなっている。この結果はハナシノブ科のそれとほぼ同じである。また，花色も明るい赤色系であった。シソ科植物で鱗翅類の好みの花色は，ハチドリとミツバチの好みの花色の中間であり，シアニジンが主要アントシアニジンとなっている赤紫色から紫色を示すものであった。

上記の2つの調査結果から，ミツバチの好む青色系の花色は，大まかに見てもデルフィニジンとの関係が深く，この色素が中心となっていることがわかる。これまでは花色との関係をアントシアニンのアグリコンの段階で調査し説明，整理してきた。しかし，花の色の問題は，実際はもっと複雑で，第4章の1で詳細に解説されているように，花色の発現にはアグリコンの構造の違いだけでなく，さらにアントシアニンのいろいろな高次構造により発現している[11～13]。特に，青色の発現にはアントシアニジンだけでなく，さらに，液胞内に共存している種々の化合物の助けにより，複雑な青色色素複合体を形成するという化学的適応が見られる。このため，たとえば青色花では，青いケシ *Meconopsis* の花，ヤグルマギクの青色花，それにアサガオ類の青色花などのように，シアニジンやペオニジンからでも青色が発現しており，デルフィニジンの合成能力の存否だけでは決められない。アントシアニジンの構造だけでなく，存在する細胞の液胞内のpH，そこに共存しているポリフェノール類や金属，また，アントシアニジンに結合している糖や芳香族有機酸残基などからの影響も強く花色の発現にかかわっていることが知られてきている。

別の面から見れば植物にはミツバチの好みの対象である青色花に対する適応が，想像以上に合理的かつ複雑に発現されていることが明らかになってきている。今後，これらの関係も含めた花の色と昆虫の関係の考察が望まれる。

その他，花の着色を詳しく見ると多くの場合，色の濃淡などによる模様がある。この模様はランダムに作られているのではなく，多くの場合，蜜や花粉の豊富な場所や受粉に都合のよい場所へ導く模様となっている。特にハニーガイド（蜜標）honey guide と呼ばれている模様は重要で，ミツバチを効率よく花蜜や花粉のある場所に導くはたらきをしている。このハニーガイドにもさまざまなタイプが知られているが，一般には花冠や花筒上に濃色の点や線条痕として出現しており，アントシアニンが特定の細胞組織に高濃度に合成されて形成されている。

例として，ジギタリス *Digitalis purpurea* では，花にシアニジンとペオニジンの3,5-ジグルコシドによる淡い赤色の着色が見られるが，釣鐘状の花の内側には同じ

色素の高濃度に蓄積された細胞組織が，点状ないし斑点状に分布している。この模様は花の中心の花蜜の存在している場所に昆虫を導いている[1]。イワタバコ科のストレプトカルプス属 Streptocarpus 植物では，管状の花の内部に外側の色と同じ色素の濃い線条痕がある。この場合の青色花は，マルビジン 3-ルチノシド -5-グルコシドから構成されている[1]。ケシ属 Papaver 植物では，花の中心部に濃い大きな斑点がある。この斑点部のアントシアニンはシアニジン 3-グルコシドであり，それ以外の着色部はヒナゲシ P. rhoeas ではシアニジン 3-ソフォロシドである。一方，オニゲシ P. orientale ではペラルゴニジン 3-ソフォロシドで着色されている[1]。アルストロエメリア属 Alstroemeria 植物では，同じように花弁に黒赤色の線状の斑点があり，花の中心部に向かっている。この斑点にはシアニジン 3-ルチノシドが高濃度に蓄積されているが，花被のほかの部分の着色の色素としては種や品種によって，シアニジン，デルフィニジン，6-ヒドロキシシアニジンや 6-ヒドロキシデルフィニジンの 3-グルコシドと 3-ルチノシドが単独ないし混合した色素として存在している[14]。

　ミツバチの視覚はよく研究されており，ヒトと違って赤色光領域は盲目であるが，紫外光領域を識別する能力は十分にある[3〜5]。このため，ヒトには無色のフラボンやフラボノールでも紫外光領域に強い吸収帯（230〜380 nm）をもっているので昆虫にとっては有色で重要な色素となって機能している。温帯では青色系の花色と同じように，紫外光領域に近い部分に光吸収帯をもつ黄色花はミツバチの好みの対象でもある。また，ヒトから見れば白色花であるフラボンやフラボノールを含んでいるだけの花も同じである。多くの黄色花はカロテノイド（350〜500 nm 領域に強い吸収がある）により発現されているが，フラボノイド化合物のカルコンやオーロンもこの原因色素となる。特に黄色花では，紫外光領域に強い吸収帯があるフラボンやフラボノールが特定な所に存在し，ハニーガイドとなっている花もある。この場合，ヒトにはこのような模様を見ることができない。このようなハニーガイドが存在することを，Tompson らが生化学的手法により最初に研究し，報告している[15]。

　キク科植物のアラゲハンゴンソウ Rudbeckia hirta の変異株'ブラック -アイ スーザン' の黄色花でこの現象が最初に発見された。この花では，外側の舌状花はカロテノイドにより紫外光を反射し，明るく見えるが，中心部の舌状花と筒状花はフラボノイドのパツレチン 7-グルコシド（**図 4-9-9**）のほか 2 種類のフラボノールを含んでいるために黒く見える。**図 4-9-9** にこのようなハニーガイド，ないし模様を構成しているフラボノイドの構造を示し，**表 4-9-4** には紫外光領域の模様を構成する主要なフラボノイドを示す。しかし，これらの植物の黄色はカロテノイド色素

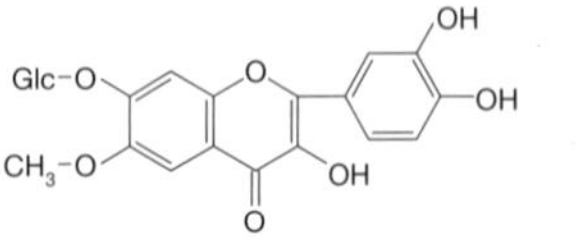

パツレチン 7-グルコシド

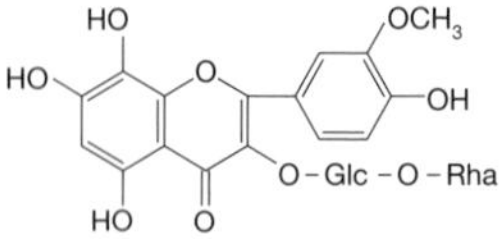

ゴシペチン 3'-メチルエーテル-3-ルチノシド

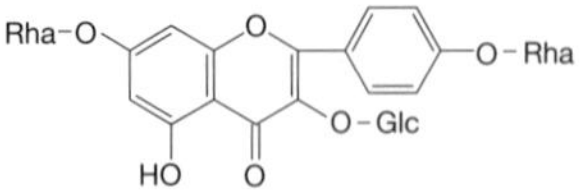

ケンフェロール 3-グルコシド 7,4'-ジラムノシド

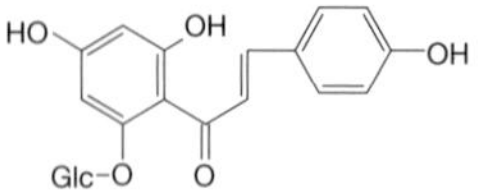

イソサリプルポシド

図 4-9-9 ミツバチによって受粉される黄色花のハニーガイドに存在するフラボノイド[15〜17]
*Glc=グルコース，Rha=ラムノース

が中心である。

　ルドベッキアでは油溶性のカロテノイドと水溶性のフラボノイドという 2 種類の性質の異なる色素によって黄色が表現されている。しかも，はたらきも異なっており，カロテノイドは明るく目立つ黄色で遠くからミツバチを引きつける。一方，フラボノイドは，ミツバチが花に近づき，上空に来た時に，紫外光に敏感なハチをこのハニーガイドで導き，花蜜が豊富にある花の中心に誘導する役割をしている。高度に進化しているキク科植物に，このように黄色で，しかも 2 つの異なる機能の異なった色素から構成されているハニーガイドをもつ花があることは，大変興味深い。

　このような花色をもっている植物としては，キク科ではエリオフィルム属 *Eriophyllum* やヒマワリ属 *Helianthus* の花でも報告されている[16]。ほかの科では，マメ科のコロニラ属 *Coronilla* 植物[17]とバラ科のキジムシロ属 *Potentilla* 植物[18]でも知られており，前者からはフラボノールのゴシペチンとケンフェロールの誘導体が，後者からはカルコンのイソサリプルポシド（カルコノナリンゲニン 2'-グルコシド）が検出されている。アカバナ科のマツヨイグサ属 *Oenothera* 植物にもイソサリプルポシドが含まれており，ハニーガイドの模様を表現している[19]。キク科のセンダングサ属 *Bidens* 植物でもカルコンとオーロンでハニーガイドが構成されているという報告がある[20]。しかし，キク科で連の異なるアンテミデアエ連 Anthemideae 植物では花にカルコンとオーロンを含んでいるが，これまでの調査では紫外光領域のハニーガイド様の模様は認められていない[21]。日本でも佐々木と高橋がカブでイソラムネチンの配糖体でこのようなはたらきを報告している[22]。そのほか，オトギリソウ属の *Hypericum calycimum* についても報告されている[23]。

表 4-9-4　黄色花での紫外光領域の模様形成にあずかるフラボノイド化合物と植物

黄色花の植物	黄色色素ないしフラボノイド化合物	文献
キク科植物		
Bidens laevis （キクザキセンダングサ， ウインターコスモス）	カルコン*	(20)
Coreopsis bigelovii	カルコン（marein と coreopsin）*	(16)
Eriophyllum spp.	quercetagetin 7-glucoside *, patuletin 7-glucoside	(16)
Helianthus annuus （ヒマワリ）	quercetin 3-glucoside quercetin 7-glucoside	(16)
H. gracilentus	coreopsin *, sulphurein *	(16)
Lasthenia chrysostoma	カルコン*	(24)
Rudbeckia hirta （アラゲハンゴンソウ）	quercetagetin 7-glucoside *, patuletin 7-glucoside	(15)
マメ科植物		
Coronilla valentina spp. glauca	gossypetin 3'-methyl ether 3-rutinoside *	(1, 17)
C. emerus	kaempferol 3-glucoside -7,4'- dirhamnoside	(17)
アカバナ科植物		
Oenothera spp. （マツヨイグサ属）	カルコン（isosalipurposide）*	(19)
バラ科植物		
Potentilla spp. （キジムシロ属）	カルコン（isosalipurposide）* あるいはクェルセチン配糖体	(18)

*黄色色素に分類されるフラボノイド

2) ワスプ類による受粉

同じハチの仲間でもジガバチやスズメバチの仲間はミツバチと行動の違いが多いのでワスプ（Wasp）類として整理されている。Scogin と Freeman はゴマノハグサ科のイワブクロ属 Penstemon 植物 87 種の花色と送粉者（ハチドリ，ミツバチ，ワスプとハエ類）を取り上げ，色素分析をしている[25]。その一部を**表 4-9-5** に示した。結果として，ハチドリとミツバチの花色の好みは，1）で説明した結果とよく一致している。ハチドリはペラルゴニジンで構成されている明るい赤色花を好み，ミツバチはデルフィニジンとシアニジンで構成されている青色花を好んだ。それに対してワスプ類ではミツバチと若干異なる紫色から青色の花色を選んでいる。色素構成は 6 種類のうち 4 種類がデルフィニジン配糖体であり，2 種類はシアニジンとデルフィニジン配糖体であった。花色の好みはミツバチのそれとは微妙な違いがあると

表 4-9-5 ワスプ，ミツバチそれにハチドリの受粉作用を受けるゴマノハグサ科のイワブクロ(Penstemon)属植物の花色とアントシアニン [25]

イワブクロ属植物	花色	アントシアニン*
ハチドリによる受粉		
P. centranthifolius	スカーレット	Pg 3,5-Glc
ミツバチによる受粉		
P. grinnellii	青色	Cy 3,5-Glc, Dp 3,5-Glc
ワスプによる受粉		
P. spectabilis (P. centranthifolius × P. grinnellii)	紫色	Cy 3,5-Glc, Dp 3,5-Glc
P. azureus	紫青色	Cy 3,5-Glc, Dp 3,5-Glc
P. alpinus	青色	Dp 3,5-Glc
P. cyaneus	青色	Dp 3,5-Glc
P. payeltensis	−	Dp 3,5-Glc
P. incertus	青色	Dp 3,5-Glc

* Pg 3,5-Glc＝ペラルゴニジン 3,5-ジグルコシド，Cy 3,5-Glc＝シアニジン 3,5-ジグルコシド，Dp 3,5-Glc＝デルフィニジン 3,5-ジグルコシド.

されているが，ワスプ類の好みの花についてはもっと多くの調査が必要であろう．

3) 鱗翅類による受粉

この仲間は，3つのグループに分けられ，整理されている[25]。1つはチョウで1日のうち，太陽光のある時間に訪花する習性をもっており，花の上に止まり，花蜜を吸う。2つめのグループのガは主に夜間に活動するが，3つめのグループとして，長い口吻をもつ大型のスズメガの仲間があり，通常のガと違って昼間の太陽光のある時間にも行動し，花に対してホバーリングしながら花蜜を集めている。この3つのグループの中で，チョウとスズメガの仲間は主にシアニック系の花色を好み，それらはアントシアニンが主要色素となっている花である。一方，ガは夜行性であるので，夜でも目立つ白色花を好み，それらはフラボンやフラボノールが構成色素の中心となっている。アントシアニンとしては単純な構造を示すシアニジン 3-グルコシドなどが含まれる（図 4-9-10）。

カリフォルニアで調査されたハナシノブ科植物の結果を表 4-9-6 に示す[9]。チョウの仲間が好む4種類の植物が調査されたが，ピンク色からスミレ色の花色で，構成色素はデルフィニジンとシアニジンの 3,5-ジグルコシドで構成されている。ミツバチの好みの花色より赤みが強くなりシアニジンの寄与が大きくなっている。

普通のガの例としてリナンサスの品種'イブニングスノー' *Linanthus dichotomus*

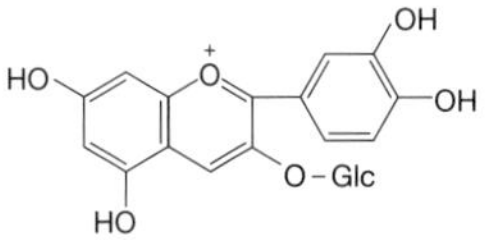

シアニジン 7-グルコシド 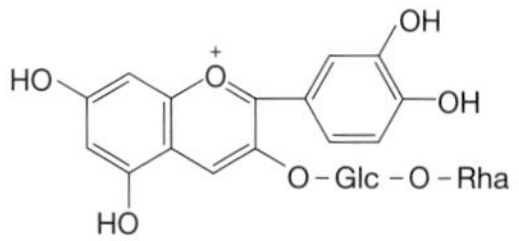　　　シアニジン 3-ルチノシド

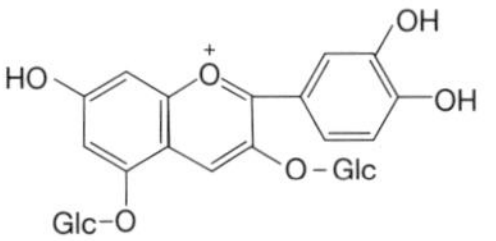

シアニジン 3,5-ジグルコシド 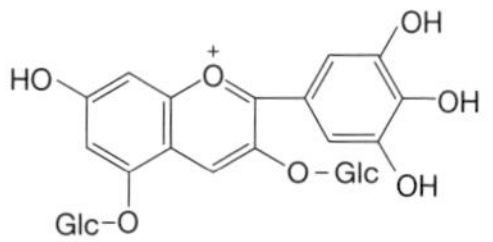　　デルフィニジン 3,5-ジグルコシド

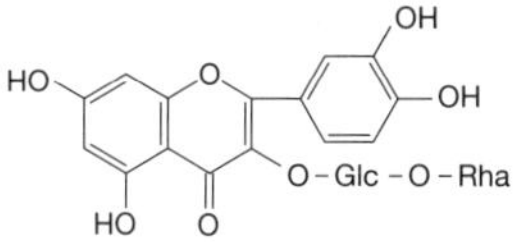

クェルセチン 3-ルチノシド

図 4-9-10　甲虫類，ハエおよびガによって受粉される花に含まれるフラボノイド
Glc= グルコース，Rha= ラムノース

表 4-9-6　ハナシノブ科植物に見られる鱗翅類の好みの花色と色素 [9]

植物種*	花色	構成色素**
夜行性のガ類による受粉		
Linanthus dichotomus	花弁の裏側は赤褐色，内側は白色	Cy 3-Glc
スズメガ類の受粉		
Phlox superba	−	Cy 3-diGlc, Cy 3-Glc
Ipomopsis thurberi	スミレ色	Dp 3-PC-Glc-5-Glc
I. aggregata	赤色，ピンク色と白色	Pg 3-PC-Glc-5-Glc
チョウ類による受粉		
Phlox diffusa	ピンク色からライラック色	Cy 3-diGlc, Dp 3-diGlc
P. drummondii	ピンク色からスミレ色	Cy 3-diGlc, Dp 3-diGlc
Leptodactylon californicum	明るいバラ色	Cy 3-diGlc, Dp 3-diGlc
L. pungens	ピンク色から紫色	Cy 3-diGlc, Dp 3-diGlc

*グループ分けは Grant and Grant によった [31]
**Cy 3-Glc=cyanidin 3-glucoside, Cy 3-diGlc=cyanidin 3-diglucoside, Pg 3-PC-Glc-5-Glc=pelargonidin 3-(*p*-coumaroyl-glucoside)-5-glucoside, Dp 3-diGlc=delphinidin 3-diglucoside, Dp 3-PC-Glc-5-Glc=delphinidin 3-(*p*-coumaroyl-glucoside)-5-glucoside.

'Evening Snow' が取り上げられているが，この花はつぼみの時の外側は，シアニジン 3-グルコシドにより赤褐色に着色している．開花すると花弁の内側の白色が

表 4-9-7　甲虫類により受粉される花のフラボノイドと色 [2]

植物種	好みの花色	構成色素	文献
白色花			
Magnolia × soulangiana（マグノリア×スーランジアナ）	紫色がかった白色	kaempferol 3-rutinoside quercetin 3-rutinoside quercetin 3-glucoside シアニック系の花色にはすべて peonidin 3-rutinoside-5-glucoside	(26)
M. × soulangiana var. *alba*	白色		
M. lennei	バラ色がかった白色		
M. liliflora（シモクレン）	紫色がかった白色		
M. sieboldii（オオバオオヤマレンゲ）	白色		
M. sinensis	白色		
M. stellata（シデコブシ）	白色		
赤色の鉢型の花			
Anemone coronaria（アネモネ）	赤色	pelargonidin 3-(2-xylosyl-6-malonyl-galactoside)+ glucosyl-caffeic acid + tartaric acid	(27)
Tulipa agenensis（チューリップ）	赤色	pelargonidin 3-rutinoside, cyanidin 3-rutinoside	(28)
Ranunculus asiaticus（ラナンキュラス）	赤色	delphinidin 3-[2-(xylosyl)-6-(malonyl)-glucoside],cyanidn 3-[2-(xylosyl)-6-(malonyl)-glucoside]	(29)
Papaver rhoeas（ヒナゲシ）	赤色／黒色	cyanidin 3-sophoroside, cyanidin 3-glucoside	(28)

表に露出し，白色花となってくる。一方，スズメガの仲間では昼間に行動し，明るい色のある花を訪れ，時にはハチドリと競争しているものもいる。好みの花色の色素構成は一段と複雑となり，ミツバチの好む花の場合のように，アシル化された色素が関与している。

　特殊な例としてイポモプシス属の仲間 *Ipomopsis aggregata* は，花色は初めは赤色からピンク色を示すが，夜間の気温が低くなる 7 月の中頃からは白色花に変わる。夜間の気温が高い間はハチドリにより主に受粉するが，7 月の中頃からハチドリが気温の高いメキシコ地方に移動すると，代わりにスズメガの仲間が受粉の助けを行う。夜間の気温が低くなると色素合成が抑えられ，花色が白くなることと相関して

4) ハエ類と甲虫類

これまで取り上げてきた昆虫以外に，受粉に関係するものにハエ類と甲虫類がよく知られている。しかし，両種類についての好みの花色と色素の関係の調査報告はいずれもまだ少ない。甲虫類による受粉は被子植物出現の初期の時代から存在していたと考えられ，最も原始的な形と見なされている[4, 5]。草本のハナシノブ科植物やゴマノハグサ科植物などの受粉は，ミツバチが中心となっているが，このタイプの受粉は甲虫類による受粉作用の後に出現，発達進化したものと考えられている。甲虫類の好みの花色の特徴を**表 4-9-7** にあげたが，白色や緑色がかった花色に多く集まっており，ミツバチのように青色花などに強く引かれることがなく，色についてはむしろ鈍感である。色以外の，花に果実の香りがともなったりしている場合のほうがむしろ多く集まっている。

表 4-9-7 にはこれまで調査されている甲虫が受粉を助ける植物の色素と花色の関係を示した。それほど複雑な構造の色素はなく，甲虫類はどちらかといえば色彩の鮮やかさなどには鈍感のようである。

ハエ類には2つの受粉タイプが知られている。1つはツリアブの仲間に見られる受粉の形で，これはセリ科，ウコギ科，ニシキギ科 Celastraceae やゴマノハグサ科植物で観察されている。この場合は花弁が大きく開いたり，また，柱頭が露出したりしている特徴的な花が多く見られる。花色の好みはミツバチと似ているが，一般に緑がかった白色花や淡い紫色ないし青色の花が多い。もう1つのグループのハエ類は，暗い赤褐色系の花色を好んでいるように思われるが，花色よりは匂いに強く引きつけられて集まる行動が観察されている。例としては，サトイモ科，ヤッコソウ科 Mitrastemonaceae，ウマノスズクサ科やアオギリ科 Sterculiaceae の植物で観察されている。これらの植物では受粉作用の成立には花色が直接関係しているとは思われず，むしろ花のもっている独特な匂いが大きくはたらいていると見なされている。また，この匂いには強烈なものがあり，人や家畜の糞の匂いに似ている。これまでにサトイモ科の植物の花で色素分析が報告されているが，構成色素は単純な構造のものばかりで，シアニジン 3-ルチノシドや 3-グルコシドである。まれにペラルゴニジン 3-グルコシドが存在していることもある[30]。ハエ類や甲虫類の好んでいる花の色素構成はいずれも単純な構造の色素からなっているという報告であるが，この領域についてももっと多くの調査が必要であろう。

引用文献

(1) Harborne, J.B. 1993. Introduction to Ecological Biochemistry, Fourth edition. Academic Press, London.
(2) Harborne, J.B., Grayer, R.T. 1993. Flavonoids and insects. In The Flavonoids. Advances in Research since 1986 (ed. Harborne, J.B.), Chapman & Hall, London. pp. 589-618.
(3) Barth, F.G. 1991. Insects and Flowers, the Biology of Partnership. Princeton University Press, Princeton. (渋谷達明監訳 1997. 昆虫と花 —共生と共進化. 八坂書房, 東京.)
(4) Proctor, M., Yeo, P. 1973. The Pollination of Flowers. Collins, London.
(5) Proctor, M., Yeo, P., Lack, A. 1996. The Natural History of Pollination. Timber Press, Portland.
(6) 井上健, 湯本貴和 (編) 1992. 昆虫を誘い寄せる戦略. (川那部浩哉 監修), 平凡社, 東京.
(7) Iwashina, T. 2003. Flavonoid function and activity to plants and other organisms. *Biol. Sci. Space* **17**, 24-44.
(8) Strack, D., Busch, E., Klein, E. 1989. Anthocyanin patterns in European orchids and their taxonomic and phylogenetic relevance. *Phytochemistry* **28**, 2127-2139.
(9) Harborne, J.B., Smith, D.M. 1987. Correlations between anthocyanin chemistry and pollination ecology in the Polemoniaceae. *Biochem. Syst. Ecol.* **6**, 127-130.
(10) Saito, N., Harborne, J.B. 1992. Correlations between anthocyanin type, pollinator and flower colour in the Labiatae. *Phytochemistry* **31**, 3009-3015.
(11) Harborne, J.B., Williams, C.A. 2000. Advances in flavonoid research since 1992. *Phytochemistry* **55**, 481-504.
(12) 斎藤規夫 1990. 青色花の色素と花色の安定化. バイオホルティ **2**, 49-59.
(13) 斎藤規夫 2002. 花の色とアントシアニンの化学. 蛋白質核酸酵素 **47**, 202-209.
(14) 立澤文見, 村田奈芳, 篠田浩一, 鈴木亮子, 斎藤規夫 2003. アルストロメリア45品種における花色とアントシアニン組成について. 園芸学会雑誌 **72**, 243-251.
(15) Thompson, W.R., Meinwald, J., Aueshansley, D., Eisner, T. 1972. Flavonols; pigments responsible for ultraviolet absorption in nectar guide of flower. *Science* **177**, 528-530.
(16) Harborne, J.B., Smith, D.M. 1987. Anthochlors and other flavonoids as honey guides in the Compositae. *Biochem. Syst. Ecol.* **6**, 287-291.
(17) Harborne, J.B., Boardley, M. 1983. Trisubstituted flavonol glycosides in *Coronilla emerus* flowers. *Phytochemistry* **22**, 622-623.
(18) Harborne, J.B., Nash, R.J. 1984. Flavonoid pigments responsible for ultraviolet patterning in plants of the genus *Potentilla*. *Biochem. Syst. Ecol.* **12**, 315-318.
(19) Dement, W.A., Raven, P.H. 1974. Pigments responsible for ultraviolet patterns in flowers of *Oenothera* (Onagraceae). *Nature* **252**, 705-706.
(20) Scogin, R., Zakar, K. 1976. Anthochlor pigments and floral UV patterns in the genus *Bidens*. *Biochem. Syst. Ecol.* **4**, 165-167.
(21) Harborne, J.B., Heywood, V.H., King, L. 1976. Evolution of yellow flavonols in flowers of Anthemideae. *Biochem. Syst. Ecol.* **4**, 1-4.
(22) Sasaki, K., Takahashi, T. 2002. A flavonoid from *Brassica rapa* flower as the UV-absorbing necter guide. *Phytochemistry* **61**, 339-343.
(23) Gronquist, M., Bezzerides, A., Attygalle, A., Meinwald, J., Eisner, M., Eisner, T. 2001. Attractive and defensive functions of the ultra-violet pigments of flower (*Hypericum calycimum*). *Proc. Natl. Acad. Sci., USA* **98**, 13743-13750.
(24) Brehm, B., Krell, D. 1975. Flavonoid localization in epidermal papillae of flower parts: a specialized adaptation for ultraviolet absorption. *Science* **190**, 1221-1223.
(25) Scogin, R., Freeman, C.E. 1987. Floral anthocyanins of the genus *Penstemon*: correlations with taxonomy and pollination. *Biochem. Syst. Ecol.* **15**, 355-360.
(26) Francis, F.J., Harborne, J.B. 1966. Anthocyanins and flavonol glycosides of magnolia flowers. *Proc. Amer. Soc. Hort. Sci.* **89**, 657-665.

(27) Toki, K., Saito, N., Shigihara, A., Honda, T. 2001. Anthocyanins from the scarlet flowers of *Anemone coronaria*. *Phytochemistry* **56**, 711-715.
(28) Harborne, J.B. 1967. Comparative Biochemistry of the Flavonoids. Academic Press, London.
(29) Toki, K., Takeuchi, M., Saito, N., Honda, T. 1996. Two malonated anthocyanidin glycosides in *Ranunculus asiaticus*. *Phytochemistry* **42**, 1055-1057.
(30) Williams, C.A., Harborne, J.B., Mayo, S.J. 1981. Anthocyanin pigments and leaf flavonoids in the family Araceae. *Phytochemistry* **20**, 217-234.
(31) Grant, V., Grant, K. 1965. Flower Pollination in the Phlox Family. Columbia University Press, New York.

4.10. 食品のフラボノイド*
4.10.1. 食用植物および食品中に見出されるフラボノイド

　食用植物中のフラボノイドのほとんどが，そのフェノール性ヒドロキシ基にグルコースやラムノースなどの単糖あるいは糖鎖の結合した配糖体として存在している。C-グリコシルフラボンのように骨格の炭素に直接糖が結合したものもある。一方，種子部分にはアグリコンあるいはその重合体として多く存在する。現在までに見出されているフラボノイドの総数は，種々のアグリコン，配糖体，重合体を合わせると 8,000 種を超えると言われている。その中で食用植物に見出された主要なフラボノール，フラボン，フラバノール，プロアントシアニジン（主として，プロシアニジン B-1～B-4），およびフラバノンについて表 4-10-1 にまとめてある[1~14]。
　それによると，フラボノールは最も広く存在し，たいていの野菜，果物，穀類などの全器官，特に緑葉に多く含まれている。通常，ケンフェロール，クェルセチン，ミリセチンおよびイソラムネチンなどをアグリコンとする配糖体として存在している。その中でも特に，クェルセチンの 3 位の配糖体であるルチンやイソクェルシトリン，クェルシトリンなどは食用植物の主要なフラボノイドであり，リンゴやクランベリーなどのベリー類，ケール Brassica oleracea やレタス Lactuca sativa などの野菜，およびトウガラシやサツマイモの葉などに比較的多量に含まれている。タマネギやシャロット Allium cepa にはクェルシトリンやイソラムネチンの 4'-グルコシドや 3,4'-ジグルコシドが特異的に含まれている。ホウレンソウにはルチン，スピナセチン spinacetin 配糖体，パツレチン patuletin 配糖体として，また，ブロッコリーとケール，ニラ Allium tubelosum，エンダイブ Cichorium endiva にはケンフェロールの 3 位の配糖体として含まれている。また，ソバやイチジク Ficus carica にはルチンが多く含まれている。
　フラボノールに比べると，フラボンは含有植物の種類が限定されていることがわかる（表 4-10-1）。食用植物に存在する主要なフラボンはアピゲニン，ルテオリン，およびジオスメチン diosmetin をアグリコンとする配糖体であり，パセリやセロリ Apium graveolens などのセリ科野菜やコーリャン（モロコシ Sorghum bicolor）などに含まれている。特にセロリにはアピゲニンの 7 位の配糖体であるアピインが比較的多量に存在する。そのほか，ピーマン，パプリカ，トウガラシ（以上すべて Capsicum annuum），レタス，ハーブ類（オレガノ Origanum vulgare，タイム Thymus spp.，ローズマリー Rosmarinus officinalis など），柑橘類にもアピゲニンや

＊執筆：寺原典彦　Norihiko Terahara

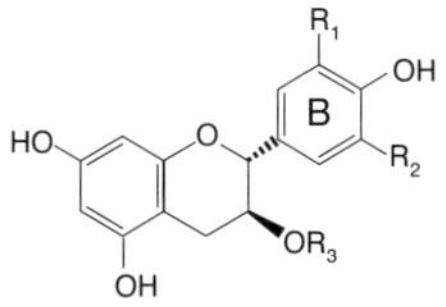

(+)-型（2R3S）

R₁ = OH, R₂ = R₃ = H　（+）-カテキン
R₁ = R₂ = OH, R₃ = H　（+）-ガロテキン

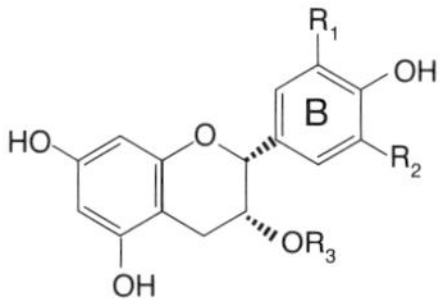

(−)-エピ型（2R3R）

R₁ = OH, R₂ = R₃ = H　（−）-エピカテキン
R₁ = R₂ = OH, R₃ = H　（−）-エピガロカテキン
R₁ = OH, R₂ = H, R₃ = G　（−）-エピカテキンガレート
R₁ = R₂ = OH, R₃ = G　（−）-エピガロカテキンガレート
G：ガレート

図4-10-1　代表的なフラバノール（カテキン）

ルテオリンの配糖体が含まれる。また，柑橘類は特徴的なポリメトキシフラボンであるノビレチン nobiletin やタンジェレチン tangeretin をアグリコンとして含む。特に沖縄の在来柑橘であるシークヮーサー *Citrus depressa* に豊富に含有され，機能性成分として注目されている。一方，*C*-グリコシルフラボンは，ビテキシン，イソビテキシン，オリエンチン，イソオリエンチンなどとして，柑橘果実および果皮や雑穀類に含有されている。

　また，フラバノール（カテキン）は果物類や香辛料に含まれており，特に茶葉には高濃度に含まれる。食用植物中のカテキンはB環のヒドロキシル化レベルがカテコール型（カテキン），あるいはピロガロール型（ガロカテキン）のものが多く，また通常は（−）エピ型，および（＋）型カテキンとして存在する（図4-10-1）。遊離状やガロイルエステル，およびプロアントシアニジンの構成成分としてブドウやリンゴなど樹木性植物に広く分布する。わが国の食用植物の中では，緑茶がその主要な供給源になっており，（−）-エピガロカテキンガレートを主体とし，（−）-エピカテキンガレート，（−）-エピガロカテキン，（−）-エピカテキンの4種類が主に存在する。一方，ブドウやリンゴ，モモ *Prunus persica*，ナシ *Pyrus pyrifolia*，マンゴー *Mangifera indica*，ネクタリン *Prunus persica* var. *mucipersica*，プラム（スモモ）*Prunus salicina*，ラズベリー *Rubus idaeus* などの樹木性果実は遊離型の（＋）-カテキン，（−）-エピカテキン，（−）-エピガロカテキンなどが含まれる。このほか，イチゴには（＋）-カテキン，野菜のルバーブ *Rheum rhabarbarum* には（＋）-カテキンと（−）-エピカテキン，ソラマメには（−）-エピカテキンや（−）-エピガロカテキン，（＋）-カテキン，ササゲ *Vigna sinensis* とリョクトウ *Vigna radiata* には（−）-エピガロカテキンと（−）-エピガロカテキンガレートなどが知られている（図4-10-1）。遊離のカテキンは苦味を呈し，タンパク質と沈殿を生じないが，そのガレートは渋味があり，タンパク質と結合して沈殿を生ずるタンニン作用をもつ。茶葉から製造する紅

茶のフラバノールは発酵過程で緑茶の約半量となるが，酸化重合したテアフラビン theaflavin などが紅茶の色や機能性に寄与している。フラバノールは，緑茶，ウーロン茶，紅茶，プーアール茶などの加工食品にも含まれる。

プロアントシアニジンは2分子以上のカテキンが結合した重合体であり，縮合性タンニンとも呼ばれ，食用植物のタンニンの大部分がこれに属する。プロアントシアニジンにはそれを構成するカテキンの種類，縮合位置とその立体配置，および重合度などによってきわめて多数のものが存在する。特に茶葉にはカテキンの各種誘導体や，ジヒドロカルコンを構成成分とするアッサミカイン assamicain など特殊な構造のものが多数見出されている[10, 11]。ほかにプロアントシアニジンはカキ Diospyros kaki，リンゴ，ナシ，ブドウなどの樹木性の果実類の果肉や種子，あるいはカカオ Theobroma cacao などに多く見出されている。オオムギ Hordeum sativum のタンニンはビールの濁りの原因として，モロコシキビ Sorghum bicolor のタンニンは開発途上国の重要な食糧の栄養低下の面から，茶葉やニッケイ Cinnamomum sieboldii 類は機能性の点からそれぞれ詳細な研究が行われているが，ほかの多くの食品のタンニンの解明はまだ不十分である。プロシアニジンは重合することによりその機能性が高くなり，さらに単量体であるカテキンにはない有用生理活性が付与することが知られている。

タンニンが色や味の重要な役目を演じている嗜好飲料の茶やカカオ（タンニン含量4.3％）を除けば，一般の農産物食品ではタンニンの含量は低い。これはタンニン類が苦渋味を呈して食品の風味を損なうために，タンニン含量の少ない品種が選抜，育成された結果であると考えられる。穀類や豆などでは種皮にタンニンの大部分が含まれており，果物では未熟果や野生種のタンニン含量は高いが，これは外敵に対する防御のためと考えられている。

フラバノンは，ウンシュウミカン Citrus unshiu，グレープフルーツ C. paradisi，レモン C. limon など，ほぼすべての柑橘類果実中に存在しており，野菜類にはほとんど存在しないのが特徴である。ナリンゲニンとその7位-ネオヘスペリドース配糖体であるナリンギン（グレープフルーツ），ヘスペレチンとその7位-ルチノース配糖体であるヘスペリジン（マンダリン系柑橘），エリオジクチオールとその7位-ルチノース配糖体であるエリオシトリン eriocitrin など，数多くのフラバノン配糖体が見出されている。一方，ナッツ類ではアーモンド Prunus dulcis に少量，また野菜類の中ではトマト果実にナリンギンが存在する。また，ブドウ，アズキ Vigna angularis，ラッカセイはジヒドロフラボノールのジヒドロクェルセチン（タキシフォリン）を含んでいる。

柑橘類のフラバノン配糖体のうち，ヘスペリジンなどのルチノシド(ラムノシル-

(1→6)-グルコシド)は一般に無味であるが,ナリンギン,ネオヘスペリジンなどのネオヘスペリドシド(ラムノシル-(1→2)-グルコシド)は苦味を呈し,その含有の違いがウンシュウミカン,バレンシアオレンジ Citrus sinensis などのスイートオレンジと,夏ミカン Citrus natsudaidai,グレープフルーツなどのビターオレンジを区別する主因となっている。苦いネオヘスペリドシドを開環してカルコンに変えると甘くなり,還元してジヒドロカルコンにするとさらに甘味が強くなることが見出され,甘味料として注目されるようになった[10]。

　そのほか食用植物に見出される主要なフラボノイドとして,イソフラボンやアントシアニンがある。イソフラボンはマメ科を中心とした植物に特徴的に見られ,特にダイズの主要なフラボノイドである。日本を含むアジア地域においては,貴重な栄養源として摂取されてきたダイズが主なイソフラボン源といえる。ダイズのイソフラボンは,ダイゼインやゲニステイン,グリシテインをアグリコンとする配糖体であるダイジンやゲニスチン,グリシチン glycitin で,さらに糖部位にマロン酸が結合したアシル化体も存在する。ほかにイソフラボンは,インゲン Phaseolus vulgaris,ソラマメ,ラッカセイ,ヒヨコマメ Cicer arietinum などにも微量ながら存在する。また,ダイゼインはデンプン原料であるクズにも少量存在する。イソフラボンはきな粉,豆腐,豆乳,湯葉,みそ,しょうゆ,納豆,油揚げなどの大豆加工品にも含まれている[10]。

　食用植物の可食部に見られるアントシアニンはシアニジンをアグリコンとするものが主体であるが,ブドウ,ブルーベリーなどにはB環にメトキシ基をもつペオニジン,ペチュニジン,マルビジンなども多く含まれる。また,黒豆や紫トウモロコシの中には最も一般的なアントシアニンのシアニジン3-グルコシドが含まれている。このほか,イチゴ,ブドウ,リンゴ,モモ,サクランボ Prunus avium,クワの実など多くの果実の表皮にも,アントシアニンが含有されている。ナス,ヤマブドウ Vitis coignetiae のように主要なアントシアニン1種(それぞれ,ナスニン,マルビン)をほぼ独占的に含む食用植物と,品種改良の進んだブドウ(ピオーネ,藤稔,巨峰など),紫キャベツ,赤カブ Raphanus sativus,紫サツマイモなどのように多種類のアントシアニンを含むものとがある。たとえば,ビルベリー Vaccinium myrtillus やブルーベリー V. corymbosum 果実中には15種類も存在することがわかっている。また,ブドウ,紫キャベツ,赤カブ,紫サツマイモ,紫ジャガイモなどにはアシル化アントシアニンが豊富に含まれることが知られている。最近では,アントシアニンを含有する農産物の育成が盛んに行われており,紫黒米や紫サツマイモ(特に品種アヤムラサキ),紫ジャガイモなどがすでにさまざまな加工品として利用されるまでになっている。

表 4-10-1 食用植物に含まれるフラボノイド*

果物類

植物名	存在部位	フラボノール Ke	フラボノール Qu	フラボノール My	フラボノール 他	フラボン Ap	フラボン Lu	フラボン 他	フラバノール(カテキン) C	EC	GC	EGC	ECG	EGCG	他	プロアントシアニジン B1~4	他	フラバノン Nar	フラバノン Hes	フラバノン 他	その他の成分
アカスグリ	果実	○	○	–	–	–	–	–	○	○	○	–	–	–	–	○	–	–	–	–	–
アカラズベリー	果実	○	○	–	–	–	–	–	○	○	○	–	–	–	–	○	–	–	–	–	–
アンズ	果実	–	○	–	–	–	–	–	○	○	○	–	–	–	–	○	–	–	–	–	–
イチゴ	果実	–	○	–	○	○	–	–	○	○	○	○	–	–	–	–	–	–	–	–	–
オリーブ	果実	–	○	–	–	–	–	–	–	–	–	–	–	–	–	–	–	–	–	–	–
クロキイチゴ	果実	○	○	○	–	–	–	–	○	○	○	–	–	–	–	○	–	–	–	–	–
クロスグリ	果実	○	○	–	–	–	–	–	○	○	○	–	–	–	–	○	–	–	–	–	–
コケモモ	果実	○	○	–	–	–	–	–	–	–	–	–	–	–	–	○	–	–	–	–	–
セイヨウミザクラ	果実	–	○	○	–	–	–	–	○	○	○	–	–	–	–	○	–	–	–	–	○
セイヨウモモ	果実	○	○	–	–	–	–	–	○	○	○	–	–	–	–	○	–	–	–	–	–
ツルコケモモ	果実	○	○	–	–	–	–	–	○	○	○	–	–	–	–	○	–	–	–	–	–
ナシ	果実	–	○	–	–	–	–	–	○	○	○	–	–	–	–	○	–	–	–	–	–
ネクタリン	果実	○	○	–	–	–	–	–	○	○	○	–	–	–	–	○	–	–	–	–	–
バナナ	果実	–	○	–	–	–	–	–	–	–	–	–	–	–	–	–	–	–	–	–	–
ブルーベリー	果実	○	○	–	–	–	–	–	○	○	○	–	–	–	–	○	–	–	–	–	–
ブドウ	果実	○	○	–	–	–	–	○	○	○	○	–	–	–	○	○	–	–	–	–	タキシフォリン
モモ	果実	–	○	–	–	–	○	–	○	○	○	–	–	–	–	○	–	–	–	–	–
リンゴ	果実	–	○	–	–	○	○	–	○	○	○	–	–	–	–	○	–	–	–	–	–
(柑橘類)																					
ウンシュウミカン	果実	–	–	–	–	–	–	–	–	–	–	–	–	–	–	–	–	○	○	○	–
グレープフルーツ	果実	–	–	–	–	–	–	–	–	–	–	–	–	–	–	–	–	○	○	–	–
ザボン	果実	–	–	–	–	–	–	–	–	–	–	–	–	–	–	–	–	–	○	–	–
シークヮーサー	果実	–	–	–	–	–	–	–	–	–	–	–	–	–	–	–	–	○	–	○	–
ナツミカン	果実	–	–	–	–	–	–	–	–	–	–	–	–	–	–	–	–	–	–	–	–
ダイダイ	果実	–	–	–	–	–	–	–	–	–	–	–	–	–	–	–	–	–	–	○	–
ヒュウガナツ	果実	–	–	–	–	–	–	–	–	–	–	–	–	–	–	–	–	○	○	○	–
ポンカン	果実	–	–	–	–	–	–	–	–	–	–	–	–	–	–	–	–	○	–	○	–
ユズ	果実	–	–	–	–	–	–	–	–	–	–	–	–	–	–	–	–	○	○	○	–
ライム	果実	–	–	○	–	–	–	–	–	–	–	–	–	–	–	–	–	–	–	–	–

4.10.1. 食用植物および食品中に見出されるフラボノイド

		Ke	Qu	My	Lu	Ap	C	EC	GC	EGC	ECG	EGCG	Nar	Hes	B-1~4	その他
レモン	果実	○	○	-	○	-	-	-	-	-	-	-	-	○	○	
野菜類																
アーティチョーク	葉	-	○	-	-	-	-	-	-	-	-	-	-	-	-	
アズミカブ	葉	○	○	-	-	-	-	-	-	-	-	-	-	-	-	
クズ	根	-	-	-	-	-	-	-	-	-	-	-	-	-	-	イソフラボン
サトウキビ	茎	○	-	-	○	○	-	-	-	-	-	-	-	-	-	
ジン	葉	-	○	-	○	○	-	-	-	-	-	-	-	-	-	
タマネギ	球根	○	○	-	-	-	-	-	-	-	-	-	-	-	-	
テンサイ	根	-	-	-	-	-	-	-	-	-	-	-	-	-	-	イソフラボン, カルコン
トマト	果実	○	○	-	-	-	-	-	-	-	-	-	○	-	-	
ホウレンソウ	葉	-	○	-	-	-	-	-	-	-	-	-	-	-	-	
豆類																
アズキ	種子	-	-	-	-	-	○	-	-	-	-	-	-	-	○	タキシフォリン
インゲンマメ	子葉	○	-	-	-	-	○	○	-	-	-	-	-	-	○	イソフラボン
ソラマメ	種子	○	-	-	-	-	○	○	-	-	-	-	-	-	○	イソフラボン
ダイズ	種子	-	-	-	-	-	○	-	-	-	-	-	-	-	-	イソフラボン
ナッツ類																
ラッカセイ	種子	-	-	-	-	-	○	-	-	-	-	-	-	-	○	タキシフォリン
穀類																
ソバ	種子	-	-	-	-	-	○	-	-	-	-	-	-	-	○	
モロコシキビ	種子	○	-	-	-	-	○	○	-	-	-	-	-	-	○	カルコン
ハーブ・香辛料																
オレガノ	葉	-	-	-	○	-	-	-	-	-	-	-	-	-	-	
コーヒー	果肉	-	○	-	-	-	-	-	-	-	-	-	-	-	-	
セージ	葉	-	-	-	○	○	-	-	-	-	-	-	-	-	-	
タイム	葉	-	-	-	○	○	-	-	-	-	-	-	-	-	-	
チャ	葉	○	○	-	-	-	○	○	○	○	○	○	-	-	-	
バジル	葉	-	-	-	○	-	-	-	-	-	-	-	-	-	-	
ホップ	花	-	-	-	-	-	-	-	-	-	-	-	-	-	-	カルコン
ローズマリー	葉	-	-	-	○	-	-	-	-	-	-	-	-	-	-	

*配糖体はアグリコンとして示してある。Ke:ケンフェロール, Qu:クェルセチン, My:ミリセチン, Lu:ルテオリン, Ap:アピゲニン, C:(+)-カテキン, EC:(−)-エピカテキン, GC:(+)-ガロカテキン, EGC:(−)-エピガロカテキン, ECG:(−)-エピカテキンガレート, EGCG:(−)-エピガロカテキンガレート, Nar:ナリンゲニン, Hes:ヘスペレチン, B-1~4:プロシアニジン B-1~B-4.

アントシアニンの含量は植物や品種によって大いに異なるが、深紫色～黒色を呈するキイチゴ属 Rubus（ラズベリー R. idaeus, ブラックベリー R. fruticosus），スグリ属 Ribes（クロスグリ R. nigrum），スノキ属 Vaccinium（クランベリー V. macrocarpon, ブルーベリー, コケモモ V. vitis-idaeus, ビルベリー, ハックルベリー Gaylussacia spp.），ブドウ属（ブドウ）などの果実では 0.2 % にも達している。また、紫サツマイモなども品種改良が進み、1 % 以上のものも作出されている。それらのいくつかは食品の着色料として利用されている[12～14]。

このように，フラボノイドは野菜，果物，穀類などの農産物やハーブなどに広く含まれる。また，食用植物を原料とするチョコレート，ココア，緑茶，紅茶，ワインなどの加工食品にも多く含まれる。日常の食事として，野菜や果物からは主に生食や加工食品としてフラボノイドを摂取しているが，フラボノイドを豊富に含むベリー類，ハーブ，緑茶，イチョウ葉などからの抽出物を食用色素，食品添加物，健康食品などとして摂取する場合もある。

4.10.2. フラボノイドを含む主な食品素材
1) ブドウ

ブドウには生食用とワイン原料用が栽培されているが，世界的に見ると 80 % 以上がワイン用である。また，ブドウの品種はアメリカ種とヨーロッパ種に大別され，ワイン原料にはヨーロッパ種が主に用いられる。ヨーロッパ種の主な品種には赤ワイン用の'カベルネ・ソーヴィニョン'，'メルロー'，'ピノ・ノワール'，および白ワイン用の'シャルドネ'，'ソーヴィニョン・ブラン'，'セミヨン'などがある。ブドウの果皮と種子には，フラボノイドをはじめとする多種類のポリフェノールが含まれる。赤ワインには果皮に含まれるアントシアニンなどの赤色色素と，種子に含まれる苦みや渋みなどの成分であるカテキンやプロアントシアニジンなどのフラボノイドが豊富に含まれるが，白ワインにはこれらが約 1/10 と少ない。

赤ワインがフラボノイドとともに注目を集めるようになったのは，'フレンチ・パラドックス'と呼ばれる疫学的事実との関連からである。すなわち，欧米諸国で見られる心臓病による死亡率と動物性脂肪の摂取量との間には正の相関があるが，フランスの場合，高脂肪摂取の割に死亡率が低いことをいう。その原因として，フランス人が多飲する赤ワイン中の抗酸化性ポリフェノールが動脈硬化のリスクを低減していると説明されている[10～14]。

2) 茶

茶はツバキ科の常緑樹であるチャノキの葉から作られる。その製法により，非発

酵茶（緑茶），半発酵茶（ウーロン茶），発酵茶（紅茶）に大別され，世界で最も飲まれている嗜好飲料である。

緑茶成分の研究は早くから着手され，カフェインをはじめ，ビタミン類，カテキン，タンニン，香気成分などが含まれていることが知られている。中でもカテキンは緑茶成分中最も含有量の高い成分で，(−)-エピガロカテキンガレート（EGCG），(−)-エピカテキンガレート，(−)-エピガロカテキン，(−)-エピカテキンなどが主なもので，品種や季節，栽培法によっても異なるが，乾物重量の15〜20％にも達する。カテキンの中では，EGCGが50％を占めている。また，タンニンの含量はプロアントシアニジンが1〜2％，加水分解性（水解性）タンニンが1〜3％となっている。緑茶カテキンは機能性の研究も多方面で進められ，抗酸化性や発がん抑制作用をはじめ，多くの活性が見出されており，特にEGCGは生活習慣病予防効果が高いことが明らかにされている。

発酵茶（ウーロン茶，紅茶など）は発酵過程を経るために，色や香りだけでなく，その他の成分も緑茶とかなり異なる。発酵期間に比例してビタミンCやカテキン含量が減り，カテキンの酸化生成物であるテアフラビンやテアルビジン thearubigin などが増加する[10, 11]。

3) カカオ

カカオは，中央アメリカから南アメリカの熱帯地域を原産とするアオイ科（狭義アオギリ科）の常緑樹である。カカオの種子（カカオ豆）は食物繊維やポリフェノールが豊富で，ミネラルバランスもよく，それから作られたカカオマスはチョコレートやココアの原料であり，多種類のポリフェノールを含む。カカオのポリフェノール成分は，(+)-カテキン，(−)-エピカテキン，プロシアニジン，クェルセチン配糖体などのフラボノイド，およびフェノール酸類であり，高い抗酸化性や体調調節機能を示す。カカオのポリフェノールはカテキンを主要成分とした緑茶のポリフェノールよりは，プロアントシアニジンの多い赤ワインやリンゴのポリフェノール組成に類似している。

4.10.3. フラボノイドの吸収と体内利用

食生活で食物から摂取するフラボノイドの量は食生活習慣によって異なるが，1日50 mg〜1 g程度と言われている。摂取されたフラボノイドの吸収部位は種類によって異なっており，クェルセチンは小腸において，カテキン類は胃下部から小腸上部，またイソフラボンのゲニステインは小腸下部から大腸上部にかけて，ダイゼインは胃から吸収されやすいが，アントシアニンは胃から小腸上部にかけて吸収さ

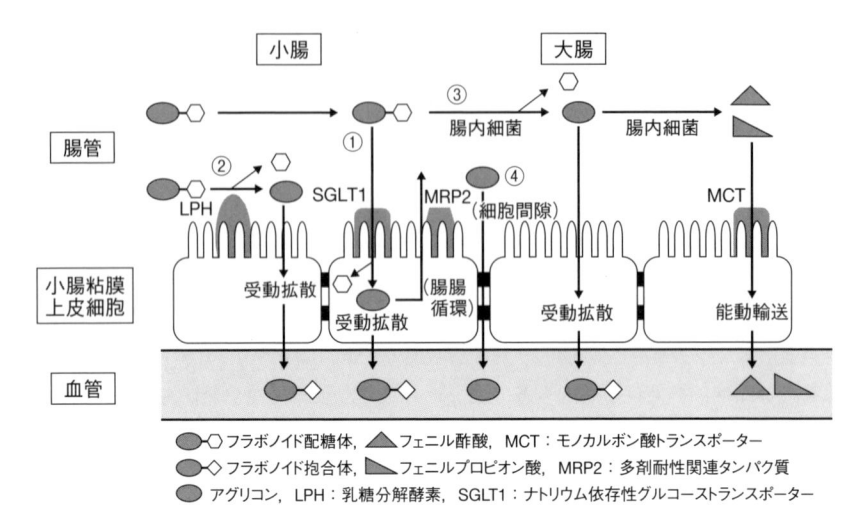

図4-10-2 フラボノイドの吸収機構（文献（15）の図を一部改変）

れやすいことがわかっている。

　フラボノイドの吸収機構については，強い抗酸化力をもつクェルセチン配糖体やカテキンで最もよく研究されている．図4-10-2に示したように，①摂取したクェルセチン配糖体が小腸管腔においてナトリウム依存性グルコーストランスポーター（SGLT1）を介して小腸粘膜上皮の細胞に取り込まれ，腸管上皮細胞内のβ-グルコシダーゼで加水分解を受けてからアグリコンの形で受動拡散により取り込まれる場合がある．その後一部はグルクロン酸抱合体となってから血管（門脈），さらに肝臓に移行する．さらに，肝臓で抱合化を受けることもある．別の一部は小腸粘膜上皮に存在する多剤耐性関連タンパク質（MRP2）により，いったん，細胞内に取り込まれたフラボノイドが腸管腔内に排出される場合（腸腸循環）もある．また，②小腸粘膜上皮細胞上の乳糖分解酵素（LPH）により加水分解を受けてから，そのアグリコンが受動拡散により取り込まれる場合が知られている．一方，小腸で吸収されなかった配糖体は，③大腸へと移行して多くは糞中に排出されるが，一部は腸内細菌によって加水分解を受けて生成したアグリコンが，細胞膜との親和性にもとづく受動拡散により細胞に取り込まれた後，抱合化を受け，その後門脈へと移行する．その後，アグリコンの一部は腸内細菌でフェニル酢酸類とフェニルプロピオン酸類に変換される．また，モノカルボン酸トランスポーター（MCT）を介して効率よく能動的に吸収・利用される場合もある[15～17]．さらに，④カテキンが腸管上皮細胞の細胞間隙から吸収されることや，受動拡散輸送以外の吸収機構が存在することも

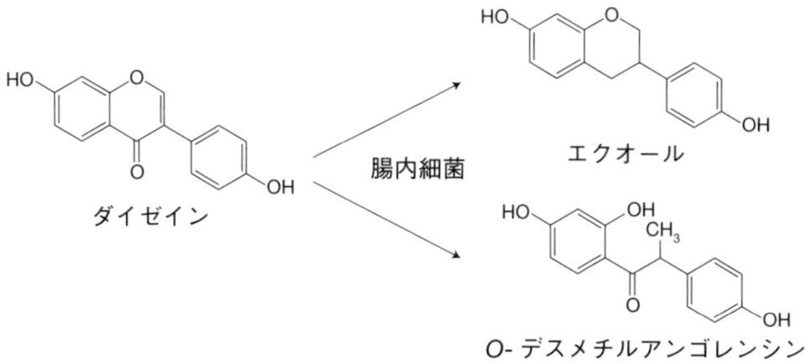

図 4-10-3　ダイゼインの腸内細菌による代謝

示唆されている。

　いずれの場合も，フラボノイドの脂溶性と吸収性が相関することから，フラボノイドが細胞膜との親和性にもとづく受動拡散輸送によって吸収されると考えられている。一方，アントシアニンの吸収機構はかなり異なっている。アントシアニンの吸収の有無とその割合はその化学構造によって大きく左右され，低分子量のアントシアニン（モノグリコシド）の吸収率（尿回収率）は平均 0.4% と考えられている。低分子量のアントシアニンは腸管から水溶性の高い配糖体のまま取り込まれ，血中に移行するが，一部はメチル化やグルクロン酸化した抱合体として血中に見出される。同様にアシル化アントシアニンの腸管からの吸収についても一部報告がある[18〜22]。

　フラボノイドは吸収後さまざまな代謝産物へと変化するが，そのほとんどがグルクロン酸もしくは硫酸抱合体（一部メチル抱合体）として血中へ移行し，体内を循環する。抱合化を受ける組織は吸収細胞もしくは肝臓であるが，フラボノイドの種類により異なることが示唆されている[15]。

　血中の代謝物量は摂取にともない，一時的に上昇し，数時間の半減期で減少する。生体に吸収されたフラボノイドは 1 日以内に尿としてほとんど排泄されるので，その血中濃度を維持するには，毎回の食事からフラボノイドを摂取することが必要になる。

　従来，生体内で分解や抱合化を受けていないもとの（インタクトな）フラボノイドが，生体内でも抗酸化性などの活性成分本体であると考えられてきたが，その吸収性や体内利用性は一般に低いこと，および抱合体や代謝物自体の機能性は低いことより疑問視されている。最近ではレセプターを介した情報伝達機構によって細胞内の抗酸化能を発揮するという報告もある[23]。一方，ダイゼインの腸内細菌による代謝産物の一つであるエクオール equol は，もとのダイゼインよりもエストロゲン様作用が強いといわれ，乳がんの罹患率を低減させ，骨粗鬆症予防効果があるために注目されている（図 4-10-3）。エクオールは各個人の腸内細菌相によりその

産生能が異なることが指摘されており，欧米人で約3割，日本人では約半数がエクオール産生能の高いグループに属する[24~26]。

4.10.4. フラボノイドの抗酸化活性と機能性

フラボノイドは食品科学の観点からは，非栄養素に分類されている。従来は消化酵素を阻害すること，苦味や渋味を呈すること，摂食後の体内吸収は必ずしもよくないことなどから，農作物や食品中から取り除かれる傾向にあった。しかし，日常的に食事として摂取していることや，動物実験で抗酸化作用，心血管系疾患や高血圧の軽減，抗アレルギーや抗炎症作用，抗糖尿病や抗肥満作用などさまざまな機能性を発揮することが知られるようになったことから，生体調節機能をもつ第三次機能成分（機能性食品因子）として見直されるようになった。緑茶カテキン，赤ワインポリフェノール，大豆イソフラボンなどの機能性は生活習慣病あるいはメタボリックシンドロームのリスク低減化効果に関係するフィトケミカルとして特に注目されている[8~10, 24~28]。

米国では1990年代にいわゆるデザイナーフーズ計画といわれるがんを予防する食品成分に関する研究に国の研究費が多額に投じられ，野菜の成分が栄養素のみならず，非栄養素成分であるフラボノイドにおいても人の健康と深い関係があることが報告された。今日では，がんのみならず，そのほかの慢性疾患予防に対するフラボノイドなどの野菜成分の有効性にも着目した研究が進められている[28]。

フラボノイドの抗酸化活性については，多くの研究者により明らかにされており，その作用磯序として，フリーラジカル捕捉作用，金属イオンとのキレート作用，脂質過酸化連鎖反応停止作用などが考えられている。また，その抗酸化活性の強弱はフラボノイドがもつヒドロキシ基の有無，構造上の位置が影響するといわれている。B環上の4'位にヒドロキシ基をもつフラボノイド，4'位とそれに隣接するヒドロキシ基をもつカテコール型のフラボノイドは抗酸化活性に優れている。また，2位と3位が単結合の場合に比べ二重結合の方が，またフェノール性ヒドロキシ基の数が多い方が抗酸化活性は高いなどの構造–活性相関が知られている[26]。茶カテキンの(−)-エピカテキンガレート，EGCGでは，フラバノール骨格の3位に結合している没食子酸部分のピロガロール構造が，その強い抗酸化活性と密接にかかわっている。アントシアニンは全般的に高い抗酸化活性を示すが，アシル化アントシアニンではアシル基がカフェ酸などのフェノール性ヒドロキシ基をもつ芳香族有機酸の場合，アシル基による抗酸化活性も加わるため，全体的な抗酸化活性はさらに強くなる。紫キャベツや紫サツマイモ中のアントシアニンは，芳香族有機酸を2個以上もつポリアシル化アントシアニンを主に含み，色調安定性や機能性が高いこ

とから注目されている。しかし、フラボノイドを摂取した場合は吸収と体内利用で述べたように、小腸や肝臓で一部のフェノール性ヒドロキシ基が各種の抱合を受けて、抗酸化活性が低下する傾向がある。

　日常摂取するフラボノイドは排泄されるまでの消化管において抗酸化活性を示し、消化管粘膜を酸化ストレスから保護する。また、吸収された場合は血液中のフラボノイドの代謝物が血管壁に移行して抗酸化活性を発揮し、動脈硬化を防ぐ。同様に、フラボノイドが脳血液関門を通過して抗酸化活性を発揮し、中枢神経系疾患であるアルツハイマー病、パーキンソン病、筋萎縮性側索硬化症などのリスクを低減化することがわかってきた[24〜26]。

　そのほか、抗酸化活性とのはっきりした因果関係は不明であるが、抗変異原性（フラボノール配糖体など）、抗がん性（クェルセチン、ケンフェロールなど）、血圧上昇抑制作用、抗菌・抗ウイルス作用（ルチン、カテキン、ヘスペリジン、ナリンギンなど）、抗う蝕作用（カテキン）、抗アレルギー作用（メチル化カテキン）、肝障害抑制作用（カテキンなど）などの機能性が判明している[9〜11]。

　また、アントシアニンの機能性も盛んに研究されており、シアニジン 3-グルコシドによる虚血灌流障害の抑制、ブルーベリーアントシアニンによる視覚機能改善作用と微小循環系改善作用、ナスニンによる肝障害の抑制、デルフィニジンによる腫瘍細胞の増殖の抑制とDNA酸化障害の抑制、紫サツマイモのアシル化アントシアニンによるグリセミック・インデックスの低下作用などが知られている[27]。

4.10.5. フラボノイドのタンパク質との相互作用と機能性

　老化やさまざまな疾病にフリーラジカルの関与が指摘されていることから、強力な抗酸化活性をもつクェルセチン、カテキン、アントシアニンなどのフラボノイドは、特に生活習慣病予防効果が期待されているのは前述のとおりである。一方、フラボノイドの中でもヒドロキシ基をもたないフラボンやフラバノンは抗酸化活性が微弱である。しかし、フラボンおよびフラバノンは、生体内のさまざまなタンパク質、酵素や受容体に可逆的に結合することで発現するタンパク質調節機能を示すものがある。これは、ヒドロキシ基の有無ではなく、フラボノイドの立体構造にもとづいたタンパク質への親和性に起因するものと考えられている。このように、タンパク質との相互作用についても、フラボノイドが示す生体調節機能の本質を理解する糸口になるものとして注目されている[30]。

1）各種酵素との相互作用

　フラボノイドは各種消化関連酵素を阻害する作用が見出されている。膵臓リパー

ゼ阻害による脂質吸収抑制効果は抗肥満作用に関連し[29]．また，腸管の糖質分解酵素（α-アミラーゼ，α-グルコシダーゼ，スクラーゼなど）阻害により糖質の吸収を抑制して，食後血糖値の上昇を抑制し，抗糖尿病作用にいたる[30]．

また，フラボノイドは，ATP－結合タンパク質の機能を阻害することが知られており，ATPaseなどATPが関与する種々のキナーゼに影響を与える[31]．さらに，フラボノイドは各種酸化還元酵素，たとえば不飽和脂肪酸代謝に関与するリポキシゲナーゼ，アラキドン酸カスケードに関与するシクロオキシゲナーゼ cyclo-oxygenase，メラニンの生産に関与するチロシナーゼ，活性酸素の生産系であるキサンチンオキシダーゼ xanthineoxidase，解毒などに関与するチトクローム P-450 などの活性に影響を与える[32]．

2) 受容体（レセプター）との相互作用

アデノシンレセプターは，免疫系，心血管系，神経系などのホメオスタシスに関与するが，ある種のフラボノイドはこのアデノシンレセプターと相互作用をする．最近，緑茶カテキンであるEGCGがある種のレセプターと結合し，このレセプターを介してがん細胞の増殖抑制作用や抗アレルギー作用を発現することが明らかになっている[33]．また，イソフラボンが核内受容体であるエストロゲンレセプターに強く結合し，女性ホルモン作用を示すことはよく知られている．特に，ダイズのイソフラボンは化学構造上の類似性から女性ホルモンであるエストロゲン様作用を示し，骨粗鬆症などの低減効果が知られ，アピゲニンやケンフェロールの数倍強い結合性をもっているといわれている[24,34]．

一方，アリル炭化水素レセプターは，ダイオキシンのレセプターとして注目され，薬物代謝関連の酵素誘導などにかかわっているが，このレセプターにフラボノイドが結合することが明らかにされ，受容体機能の発現と阻害の両面から詳細な研究が行われている[35]．このほか，核内受容体であるペルオキシソーム増殖因子活性化レセプターとの相互作用も脂質代謝制御の観点から注目されている[36]．

4.10.6. 発酵紅酢中の新規アシル化ポリフェノール成分の構造と機能性

本節では，食品中のフラボノイドの研究例として，著者らがかかわっている紫サツマイモアントシアニン色素を有効利用した加工食品の成分研究について紹介する．品種'アヤムラサキ'[37]などの高色価紫サツマイモは（独）九州沖縄農業研究センターを中心に品種改良が進められ，それらを用いた多くの加工食品が開発・商品化されている．紫サツマイモのアントシアニン類（YGM類）の化学構造は著者らを中心に研究され，主要なものはジおよびモノアシル化ペオニジン系およびシ

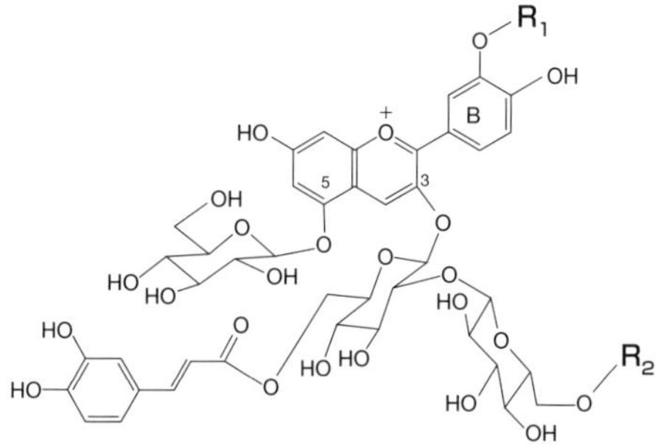

YGM	R$_1$	R$_2$
1a	H	p-ヒドロキシベンゾイル
1b	H	カフェオイル
2	H	H
3	H	フェルロイル
4b	CH$_3$	カフェオイル
5a	CH$_3$	p-ヒドロキシベンゾイル
5b	CH$_3$	H
6	CH$_3$	フェルロイル

図4-10-4 紫サツマイモの主要アントシアニン色素（YGM）の構造

アニジン系配糖体であることが判明している（図4-10-4）[38〜40]。

紫サツマイモ加工食品の1つとして，宮崎県JA食品開発研究所（JA食研）により'アヤムラサキ'を用いた発酵紅酢（紅酢）が開発された。これは鮮明な赤色の発酵酢で，原料の紫サツマイモ成分，および発酵生成成分が合わさった機能性を有するものと期待され，健康飲料の素材として注目されている。

著者らはJA食研および九州大学と共同で紅酢成分を研究し，新規な発酵生成物である5-デグルコシルアントシアニン（DGY）類とアシル化ソフォロース（ACS）類を見出した[41〜43]。さらに，これらは抗酸化活性やα-グルコシダーゼ阻害活性（抗糖尿病につながる食後血糖上昇抑制作用）が比較的高いことを見出した[41〜45]。本節ではDGY類とACS類の構造決定，抗酸化活性，および生成機構の検討について述べる。

1) DGY類およびACS類の単離と構造決定

紅酢をODS-HPLC分析した結果，図4-10-5のようになった。すなわち，紅酢中のYGM類は原料の紫サツマイモ色素と比べて組成に大差はないが，いずれも含量が減少しており，新たにDGY類およびACS類が認められた。そこで，紅酢を図

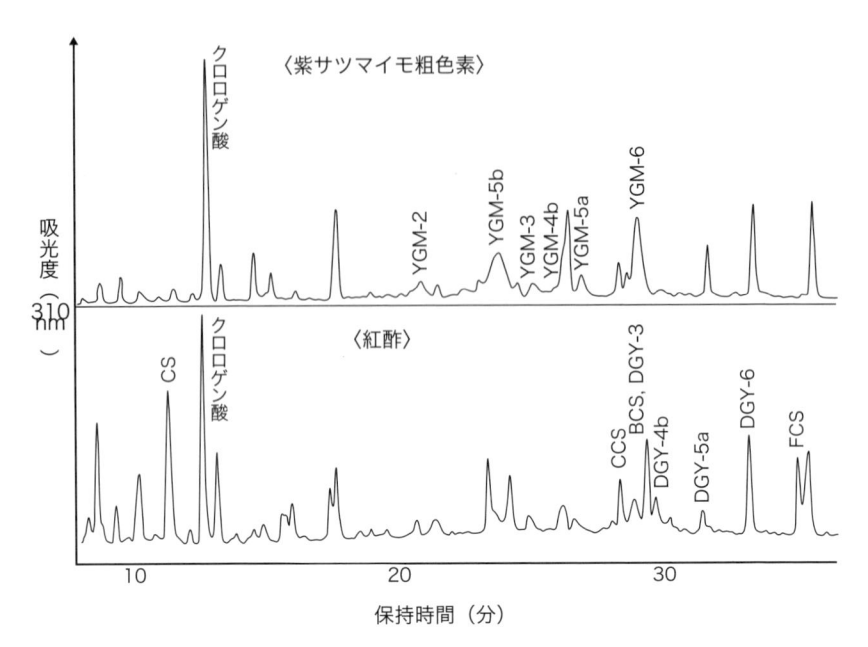

<HPLC 分析条件>
　カラム：カデンツァ CD-C18（インタクト，I.D. 4.6 × 250 mm）
　温度：30 ℃
　流速：0.6 mL / min
　検出：PDA 多波長検出器
　溶媒：A，0.4 % ギ酸；B，0.4 % ギ酸－50 % アセトニトリル
　溶出：グラジエント溶出　B25 % → 60 %（50 分間）

図 4-10-5　紫サツマイモ粗色素および紅酢中のポリフェノール類の HPLC 分析
　　省略名は表 4-10-2 を参照

4-10-6 のように各種カラムを通して精製し，DGY 類および ACS 類を単離した。

　単離ポリフェノールについて，高分解能質量スペクトル（ESI/FT-ICRMS）を測定した結果，それぞれ DGY 類は陽イオン，ACS 類は陰イオンの明瞭な分子イオンピークを与え，一義的に組成式および分子量を決定できた（表 4-10-2）。また，DMSO-d_6 － CF$_3$COOD（9:1, v/v）溶液とし，1 次元 ^{13}C および ^{1}H NMR を測定した。さらに，2 次元 DQF-COSY, TOCSY, NOESY, HSQC および HMBC スペクトルを測定し，^{13}C および ^{1}H シグナルの帰属に用いた。アグリコン-グルコース-アシル基間の結合関係や立体構造については，NOE や HMBC スペクトルのクロスピークを詳細に解析することで決定できた。その結果，DGY 類 4 種（DGY-3, -4b, -5a, -6：図 4-10-7），および ACS 類 4 種（6-カフェオイルソフォロース（CS）：既知物質[41]，6,6'-ジカフェオイルソフォロース（CCS），6'-フェルロイル-6-カフェオイルソフォ

4.10.6. 発酵紅酢中の新規アシル化ポリフェノール成分の構造と機能性

紅酢(10 L)
　↓・吸着樹脂(アンバーライト XAD-2000)カラム精製
赤色粉末(9 g)
　↓・PVP(ポリクラール VT)カラム分離
7 画分
　↓・ODS-HPLC 分取，濃縮・乾固
赤色粉末(DGY-3, -4b, -5a, -6),
　　および淡赤色粉末(CS, CCS, FCS, BCS)
　＜分取条件＞
　　カラム：イナートシル ODS(GL サイエンス，I.D. 20 × 250 mm)
　　温度：室温
　　流速：7.0 mL / min
　　検出：310 nm
　　溶媒：A，0.4% ギ酸；B，0.4% ギ酸—50% アセトニトリル
　　溶出：イソクラティック溶出

図 4-10-6　紅酢から DGY 類および ACS 類の単離・精製

表 4-10-2　DGY 類および ACS 類の高分解能質量スペクトルデータ

	質量数(m/z)		分子式
	測定値	計算値	
DGY-3	949.2040	949.2397($C_{46}H_{45}O_{22}^+$)として	$C_{46}H_{45}O_{22}^+$
DGY-4b	949.2385	949.2397($C_{46}H_{45}O_{22}^+$)として	$C_{46}H_{45}O_{22}^+$
DGY-5a	907.2289	907.2291($C_{44}H_{43}O_{21}^+$)として	$C_{44}H_{43}O_{21}^+$
DGY-6	963.2554	963.2553($C_{47}H_{47}O_{22}^+$)として	$C_{47}H_{47}O_{22}^+$
CS	503.1406	503.1406($C_{21}H_{27}O_{14}^-$)として	$C_{21}H_{28}O_{14}$
CCS	665.1726	665.1723($C_{30}H_{33}O_{17}^-$)として	$C_{30}H_{34}O_{17}$
BCS	623.1617	623.1618($C_{28}H_{31}O_{16}^-$)として	$C_{28}H_{32}O_{16}$
FCS	679.1877	679.1880($C_{31}H_{35}O_{17}^-$)として	$C_{31}H_{36}O_{17}$

ロース (FCS)，6'-p-ヒドロキシベンゾイル -6-カフェオイルソフォロース (BCS)：図 4-10-8) を構造決定できた[43]。

　いずれも，少なくとも 1 つはカフェ酸をもつジアシル化ポリフェノール類で (CS のみモノアシル体)，DGY 類 (DGY-3, -4b, -5a, -6) は YGM 類 (YGM-3, -4b, -5a, -6) のそれぞれの 5-グルコシル体に，ACS 類 (CS, CCS, FCS, BCS) は YGM 類 (YGM-2/5, -2b/4b, -3/6, -1a/5a) のそれぞれの 3 位糖鎖に相当する構造であることが判明した。これらアシル化ポリフェノール類の化学構造は，UV-Vis スペクトルやアルカリ加水分解物の HPLC 同定の結果からも支持された[43]。

2) DGY 類および ACS 類の抗酸化活性

　単離された DGY 類および ACS 類の抗酸化活性は DPPH (1,1-ジフェニル-2-ピクリルヒドラジル)-比色法により測定し，DPPH ラジカル消去活性 (RS %) で評価

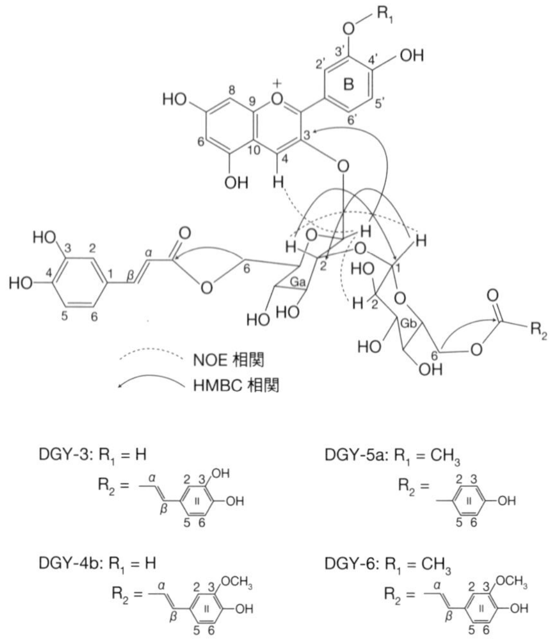

図 4-10-7 DGY 類の化学構造

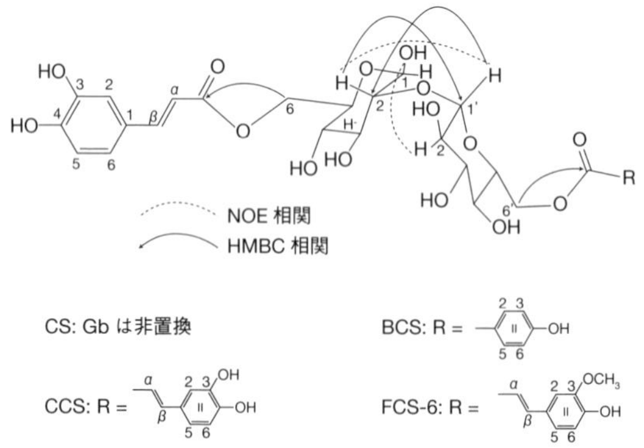

図 4-10-8 ACS 類の化学構造

した[44]。DPPH はそれ自体が安定な紫色のラジカルであり，抗酸化物質（電子／水素供与体）が存在すると電子／水素を奪って非ラジカル体（淡黄色）に変化し，見かけ上紫色が次第に退色するため活性酸素のモデル物質と見なすことができる。本法では，500〜1000 μM 試料-エタノール溶液（25 μL），エタノール（375 μL），

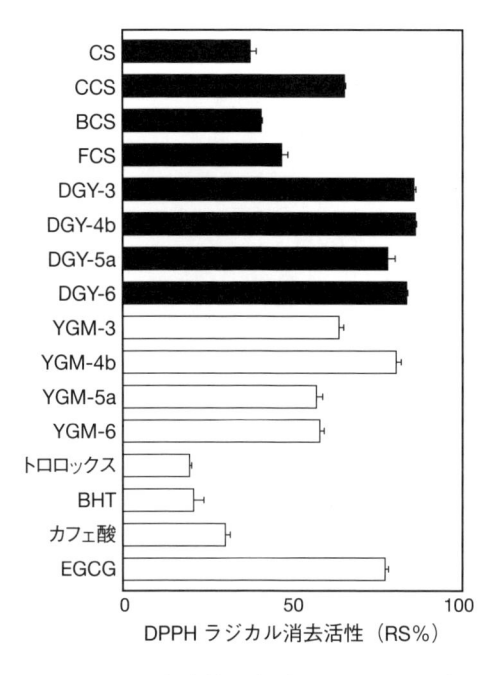

4.10.6. 発酵紅酢中の新規アシル化ポリフェノール成分の構造と機能性

図 4-10-9 DGY 類，ACS 類および関連化合物の DPPH ラジカル消去活性(RS %)
BHT = 2,6-di-t-butyl-4-methylphenol，EGCG =(−)-エピガロカテキンガレート；RS % 値＝平均値± SD(n = 4)

0.1 M トリス-塩酸緩衝液（pH 7.4：350 μL），および 500 μM DPPH-エタノール溶液（250 μL）を順に加えて混ぜ，暗所に 20 分間放置した後，分光光度計で残存 DPPH の 520 nm における吸光度を 4 回測定した。DPPH ラジカル消去活性(RS %) は RS %＝100（$A_i−A_s+A_b$）/A_i で求めた。ただし，A_i, A_s および A_b はそれぞれ，初期，試料，ブランクの DPPH の吸光度（520 nm）である。なお，比較標準抗酸化物としてトロロックス trolox, BHT（2,6-ジ-t-ブチル-4-メチルフェノール），カフェ酸，および EGCG などを用いた。

その結果，DGY 類の抗酸化活性は高いものでは EGCG と同等であった。その活性の高さは DGY-4b＞-3＞-6＞-5a で，それぞれ相当する YGM 類（YGM-4b＞-3＞-6＞-5a）と同じ順であり，かつ高かった。この序列はカテコール構造を B 環上，あるいはアシル残基上に多くもつほど高いためと考えられた。つまり，DGY-4b（カフェ酸 2 つ），DGY-3（カフェ酸 + シアニジン）＞DGY-6（カフェ酸 1 つ），DGY-5a（カフェ酸 1 つ）の順であった（図 4-10-9）。また，ACS 類の抗酸化活性は DGY 類ほどではないものの YGM 類に近く，CCS＞FCS＞BCS＞CS の順であった。すなわち，ジアシル体はモノアシル体 CS より高く，またジアシル体どうしでは分子内のカフェ酸以外の第 2 のアシル残基の抗酸化活性がカフェオイル＞フェルロイル＞p-ヒドロキシベンゾイルの順であり，遊離の有機酸の活性の順とも一致した（データは示

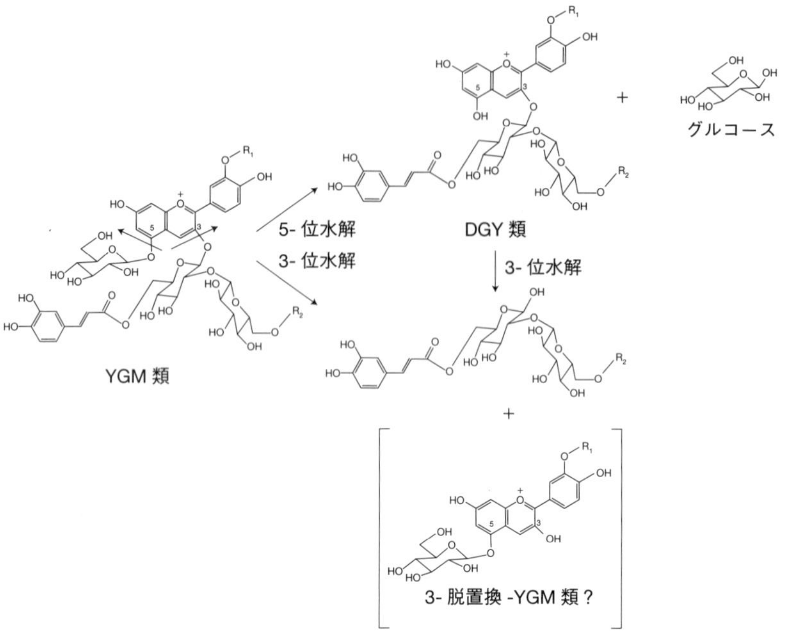

図 4-10-10　紅酢中での DGY 類および ACS 類の推定生成機構

していない)。CCS のように DGY 類同様カテコール構造（カフェ酸）を分子内に多くもつほど高かったが，この結果は，一般に，カフェ酸誘導体のもつカテコール構造が活性酸素に電子／水素原子を与えやすく，したがって抗酸化活性が高い事実[48,49]と一致している。

3) DGY 類および ACS 類の生成機構

このように，紅酢中には紫サツマイモ由来の YGM 類およびクロロゲン酸以外に新規な発酵生成物である DGY 類と ACS 類が存在することが判明した。DGY 類および ACS 類は原料の紫サツマイモアントシアニン（YGM）類の5-脱グルコシル体および3位-糖鎖に相当する構造であることから，YGM 類が発酵中あるいは貯蔵中に，主に加水分解（水解）を受けて生成したものと考えられた。すなわち，DGY 類は YGM 類の 5 位グリコシド結合が水解を受け，ACS 類は YGM 類（あるいは DGY 類）の 3 位グリコシド結合が水解を受け，生成したものと考えられた（図4-10-10）。この生成機構は単離 YGM 類の希酢酸水溶液の加熱実験により，DGY 類と ACS 類の生成が確認できたことより支持された[43,46]。

YGM 類は食すると，前述のように配糖体のままで（つまり分解されることなく）腸管から吸収されるものの，吸収率は小さい[22]。一方，紅酢を経口摂取した場合，

DGY類およびACS類は元のYGM類より分子サイズが小さいことから,紫サツマイモアントシアニンそのものより吸収されやすいものと考えられ,紅酢中の酢酸やYGM類,およびクロロゲン酸などとも相まって,総合的に健康維持に寄与するものと期待される。

紅酢中には今回同定した以外にも多数のHPLCピークが見られる(図4-10-5)ことから,新規の機能性ポリフェノールが同定でき,かつ新しい機能性が見つかる可能性があり,今後構造と機能性の両面からさらなる検討を進める予定である。

引用文献

(1) 下郡山正巳 1988. 植物色素の類別とその特性. フラボノイド系. 植物色素−実験・研究への手引(林孝三 編),養賢堂,東京. pp. 12-22.
(2) Macheix, J.-J., Fleuriet, A., Billot, J. 1990. Main phenolics of fruits. *In* Fruit Phenolics (eds. Macheix, J.-J., Fleuriet, A., Billot, J.), CRC Press, Boca Raton. pp. 1-103.
(3) Harborne, J.B. 1994. The Flavonoids. Advances in Research since 1986. Chapman and Hall, London.
(4) 岩科司 1992. 植物におけるフラボノイド化合物の分布と特性. 食品と開発 **27**, 39-44.
(5) USDA Database for the Flavonoid Content of Selected Foods, Release 2.1 2007. Prepared by the Nutrient Data Laboratory, Food Composition Laboratory, Beltsville Human Nutrition Research Center, Agricultural Research Service, and U.S. Department of Agriculture.
(6) Kyle, J.A.M., Duthie, G.G. 2006. Flavonoids in foods. *In* Flavonoids. Chemistry, Biochemistry and Application (eds. Andersen, Ø.M., Markham, K.R.), CRC Press, Boca Raton. pp. 219-262.
(7) Grotewold, E. 2008. The Science of Flavonoids. Springer, New York.
(8) 岩科司 1994. 食品に含まれるフラボノイドとその機能. 食品工業 **37**, 52-70, 67-79, 67-81, 55-69.
(9) Rice-Evans, C.A., Packer, L. 2003. Flavonoids in Health and Disease, Marcel Dekker, New York.
(10) 中林敏郎 1995. ポリフェノール成分と変色. 食品の変色の化学(木村進,中林敏郎,加藤博通 編著),光琳,東京, pp. 1-157.
(11) 伊奈和夫,坂田完三,富田勳,伊勢村護 (共編) 2002. 茶の化学成分と機能. 弘学出版,東京.
(12) 田所忠宏(編著) 1995. 各種食品の成分—色素類. 栄養・食糧学データハンドブック(日本栄養・食糧学会 編),同文書院,東京, pp. 165-168.
(13) 五十嵐喜治(編著) 1995. 食品の色,味,香り,テクスチャー—色. 栄養・食糧学データハンドブック(日本栄養・食糧学会 編),同文書院,東京. pp. 174-175.
(14) Mazza, G., Miniati, E. 1993. Anthocyanins in Fruits, Vegetables, and Grains. CRC Press, Boca Raton.
(15) 小西豊 2006. フェノール酸の吸収機構とその生理的意義. 化学と生物 **44**, 532-538.
(16) Walle, T. 2004. Absorption and metabolism of flavonoids. *Free Radic. Biol. Med.* **36**, 829-837.
(17) Murota, K., Terao, J. 2003. Antioxidative flavonoid quercetin: implication of its intestinal absorption and metabolism. *Arch. Biochem. Biophys.* **417**, 12-17.
(18) Tsuda, T., Horio, F., Osawa, T. 1999. Absorption and metabolism of cyanidin 3-O-beta-D-glucoside in rats. *FEBS Lett.* **449**, 179-182.
(19) Miyazawa, T., Nakagawa, K., Kudo, M., Muraishi, K., Someya, K. 1999. Direct intestinal absorption of red fruit anthocyanins, cyanidin 3-glucoside and cyanidin 3,5-diglucoside, into

rats and humans. *J. Agric. Food Chem.* **47**, 1083-1091.
(20) Matsumoto, H., Inaba, H., Kishi, M., Tominaga, S., Hirayama, M., Tsuda, T. 2001. Orally administered delphinidin 3-rutinoside and cyanidin 3-rutinoside are directly absorbed in rats and humans and appear in the blood as the intact forms. *J. Agric. Food Chem.* **49**, 1546-1551.
(21) Ichiyanagi, T., Terahara, N., Rahman, M.M., Konishi, T. 2006. Gastrointestinal uptake of nasunin, acylated anthocyanin in eggplant. *J. Agric. Food Chem.* **54**, 5306-5312.
(22) Suda, I., Oki, T., Masuda, M., Nishiba, Y., Furuta, S., Matsugano, K., Sugita, K., Terahara, N. 2002. Direct absorption of acylated anthocyanin in purple-fleshed sweetpotato into rats. *J. Agric. Food Chem.* **50**, 1672-1676.
(23) Halliwell, B., Rafter, J., Jenner, A. 2005. Health promotion by flavonoids, tocopherols, tocotrienols, and other phenols: direct or indirect effects? Antioxidant or not? *Amer. J. Clin.Nutr.* **81**, 268S-276S.
(24) 食品機能の科学編集委員会（編） 2008. フラボノイドの生理活性. 大豆イソフラボノイドと植物エストロゲン. 食品機能の科学. 産業技術サービスセンター, 東京.
(25) Setchell, K.D.R., Eva L.-Olsen, E. 2003. Dietary phytoestrogens and their effect on bone: evidence from *in vitro* and *in vivo*, human observational, and dietary intervention studies. *Amer. J. Clin. Nutr.* **78**, 593S-609S.
(26) 津志田藤二郎 1998. フラボノイドの構造と機能. フラボノイドの医学（吉川敏一 編）, 講談社サイエンティフィク, 東京. pp. 7-17.
(27) 津田孝範, 須田郁夫, 津志田藤二郎 （編著） 2009. アントシアニンの科学-生理機能・製品開発への新展開. 建帛社, 東京.
(28) 太田明一（監修） 1996. 植物性由来食品素材. 新食品機能素材の開発. シーエムシー, 東京. pp. 280-381.
(29) Kooa,S.I., Nohb, S.K. 2007. Green tea as inhibitor of the intestinal absorption of lipids: potential mechanism for its lipid-lowering effect. *J. Nutr. Biochem.* **18**, 179-183.
(30) Tadera, K., Minami, Y., Takamatsu, K., Matsuoka, T. 2006. Inhibition of α-glucosidase and α-amylase by flavonoids. *J. Nutr. Sci. Vitaminol.* **52**, 149-153.
(31) Ferriola, P.C., Cody, V., Middleton Jr, E. 1989. Protein kinase C inhibition by plant flavonoids: kinetic mechanisms and structure-activity relationships. *Biochem. Pharmacol.* **38**, 1617-1624.
(32) Hodek, P., Trefilb, P., Stiborováa, M. 2002. Flavonoids-potent and versatile biologically active compounds interacting with cytochromes P450. *Chemico-Biol. Interact.* **139**, 1-21.
(33) Tachibana, H., Koga, K., Fujimura, Y., Yamada, K. 2004. A receptor for green tea polyphenol EGCG. *Nat. Struct. Mol. Biol.* **11**, 380-381.
(34) Zhang, Y., Songa, T.T., Cunnickb, J.E., Murphya, P.A., Suzanne Hendricha, S. 1999. Daidzein and genistein glucuronides in vitro are weakly estrogenic and activate human natural killer cells at nutritionally relevant concentrations. *J. Nutr.* **129**, 399-405.
(35) Ramadass, P., Meerarani, P., Toborek, M., Robertson, L.W., Hennig, B. 2003. Dietary flavonoids modulate PCB-induced oxidative stress, CYP1a1 induction, and AhR-DNA binding activity in vascular endothelial cells. *Toxicol. Sci.* **76**, 212-219.
(36) Thuillier, P., Brash, A.R., Kehrer, J.P., Stimmel, J.B., Leesnitzer, L.M., Yang, P., Newman, R.A., Fischer, S.M. 2002. Inhibition of peroxisome proliferator-activated receptor (PPAR) -mediated keratinocyte differentiation by lipoxygenase inhibitors. *Biochem. J.* **366**, 901-910.
(37) Yoshinaga, M. 1995. New cultivar "Ayamurasaki" for colorant production. Sweetpotato Research Front (KNAES), 2.
(38) Odake, K., Terahara, N., Saito, N., Toki, K., Honda, T. 1992. Chemical structure of two anthocyanins from purple sweetpotato, *Ipomoea batatas. Phytochemistry* **31**, 2127-2130.

(39) Goda, Y., Shimizu, T., Kato, Y., Nakamura, M., Maitani, T., Yamada, T., Terahara, N., Yamaguchi, M. 1997. Two acylated anthocyanins from purple sweetpotato, *Ipomoea batatas*. *Phytochemistry* **44**, 183-186.

(40) Terahara, N., Kato, Y., Nakamura, M., Maitani, T., Yamaguchi, M., Goda, Y. 1999. Six diacylated anthocyanins from purple sweetpotato, *Ipomoea batatas* cv Yamagawamurasaki. *Biosci. Biotech. Biochem.* **63**, 1420-1424.

(41) Terahara, N., Matsui, T., Fukui, K., Matsugano, K., Sugita, K., Matsumoto, K. 2003. Caffeoylsophorose in a red vinegar produced through fermentation with purple sweet potato, *J. Agric. Food Chem.* **51**, 2539-2543.

(42) 寺原典彦　2004.　ワイン等飲料の色素分析．植物色素研究法（植物色素研究会　編），大阪公立大学共同出版会，大阪．pp. 29-37.

(43) Terahara, N., Matsui, T., Minoda, K., Nasu, K., Kikuchi, R., Fukui, K., Ono, H., Matsumoto, K. 2009. Functional new acylated sophoroses and deglucosylated anthocyanins in a fermented red vinegar. *J. Agric. Food Chem.* **57**, 8331-8338.

(44) Fujise, T., Terahara, N., Fukui, K., Sugita, K., Ohta, H., Toshiro Matsui, T., Matsumoto, K. 2008. Durable antihyperglycemic effect of 6-O-caffeoylsophorose with α-glucosidase inhibitory activity in rats. *Food Sci. Technol. Res.* **14**, 477-484.

(45) Qiu, J., Saito, N., Noguchi, M., Fukui, K., Yoshiyama, K., Matsugano, K., Terehara, N., Matsui, T. 2011. Absorption of 6-O-caffeoylsophorose and its metabolites in Sprague-Dawley rats detected by electrochemical detector high-performance liquid chromatography and electrospray ionization time-of-flight mass spectrometry methods. *J. Agric. Food Chem.* **59**, 6299-6304.

(46) 福井敬一，松ヶ野一郷，寺原典彦，松井利郎，松本清　2005．紫かんしょ由来アシル化アントシアニンの弱酸性加水分解による 6-O-caffeoylsophorose の生成．日本食品科学工学会誌，**52**，306-310.

(47) Yamaguchi, T., Takamura, H., Matoba, T., Terao, J. 1998. HPLC method for evaluation of the radical-scavenging activity of foods by using 1,1-diphenyl-2-picrylhydrazyl. *Biosci. Biotechnol. Biochem.* **62**, 1201-1204.

(48) Castelluccio, C., Paganga, G., Melikan, N., Bolwell, G.P., Pridham, J., Sampson, J., Rice-Evans, C. 1995. Antioxidant potential of intermediates in phenylpropanoid metabolism in higher plants. *FEBS Lett.* **368**, 188-192.

(49) B.-Williams, W., Cuvelier, M.E., Berset, C. 1995. Use of a free radical method to evaluate antioxidant activity. *Lebensmit.-Wiss. Technol.* **28**, 25-30.

4.11. 遺伝子組換えによる花色の改変＊

　遺伝子組換え植物の作出には，①改変したい性質にかかわる遺伝子（ここでの場合花色を制御する遺伝子）の取得，②遺伝子を導入する適切な品種を遺伝子型や商品性を考慮して選抜，③選抜した品種に遺伝子を導入し，植物体を作製する方法（形質転換系）の開発，④目的の植物の中で導入した遺伝子が期待どおり機能するように発現を制御，といった技術的な課題がある。さらに商業化には，国や地域の法律や規制にしたがい，認可をとる必要がある。花色の主成分であるアントシアニンやフラボノイドの生合成にかかわる酵素や酵素遺伝子の発現を制御する転写因子は，すでに数多く単離されている[1～3]。上記の②，③，④を行うことができれば，花色にかかわる遺伝子の発現を組換え植物において制御することにより，花の色を変えることができる[2～4]。

　狙った色の花を得るためには，特定の成分のフラボノイドを花弁の細胞で蓄積させればよいのだが，その成分を合成するために必要な遺伝子を導入するだけでは目的のフラボノイドだけを蓄積させることは困難で，競合する代謝経路を欠損する植物品種を選んで遺伝子を導入するか，競合する代謝経路を人為的に抑制する必要がある場合が多い。また，アントシアニジン 3-グルコシドにいたる生合成経路（図4-11-1）はどの植物でもほぼ共通しているが，それ以後の糖，アシル基，メチル基による修飾は種によって異なる。生合成経路とそれにかかわる酵素の特異性などを理解しておくことも，目的の色を実現するためには必要である。また，遺伝子導入をした形質転換植物は個体ごとに導入遺伝子の発現レベルが異なるので，さまざまな表現型の系統が得られる。言い換えれば，数多くの形質転換系統を得るために，効率のよい形質転換系を開発する必要がある。以下代表的な例をあげながら本分野の現状と今後の課題を解説したい。ほかの例については文献 (2)，(4) を，遺伝子組換え花卉の実用化については文献 (3)，(5) を参照いただきたい。

4.11.1. 白い花の作出

　アントシアニンの合成にいたる酵素遺伝子や酵素遺伝子の発現を制御する転写因子に変異が生じると，アントシアニンの生合成が妨げられ，花色は白く，あるいは薄く変化する。自然界でも突然変異やトランスポゾンの挿入により，白い花や斑入りの花が生じる。このような花を実験材料として用い，フラボノイド合成にかかわる遺伝子が同定されることも多い。

　人為的に白い花を作製する場合にはアントシアニン合成にかかわる遺伝子のいず

＊執筆：田中良和　Yoshikazu Tanaka

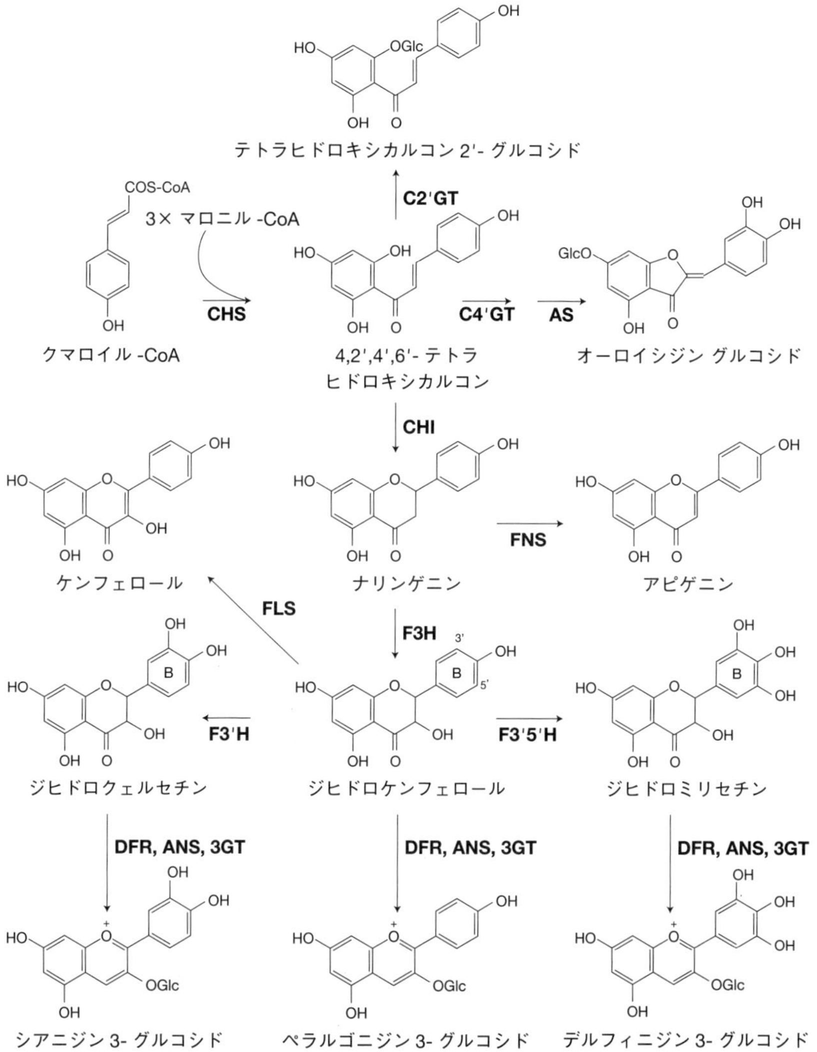

図 4-11-1 アントシアニジンの生合成経路
アントシアニジンは糖やアシル基でさらに修飾される。CHS, カルコンシンターゼ；C2'GT, テトラヒドロキシカルコン 2'-グルコシルトランスフェラーゼ；C4'GT, テトラヒドロキシカルコン 4'-グルコシルトランスフェラーゼ；AS, オーロイシジンシンターゼ；CHI, カルコンイソメラーゼ, F3H, フラバノン 3-ヒドロキシラーゼ；FLS, フラボノールシンターゼ；FNS, フラボンシンターゼ；F3'H, フラボノイド 3'-ヒドロキシラーゼ；F3'5'H, フラボノイド 3',5'-ヒドロキシラーゼ；DFR, ジヒドロフラボノール 4-レダクターゼ；ANS, アントシアニジンシンターゼ；3GT, フラボノイド 3-グルコシルトランスフェラーゼ；Glc, グルコース

れかの発現を抑制すればよい。人為的に遺伝子の発現を抑制する方法としては，アンチセンス法，センス法（コサプレッション法）がかつては用いられたが，得られる遺伝子組換え植物系統の数％程度で目的遺伝子の抑制とそれにともなう表現型の変化が観察されるにすぎなかった。近年では，高頻度で目的遺伝子の発現抑制を実現できるRNAi法（抑制したい遺伝子の配列を含む二本鎖RNAを転写させる方法）が用いられることが多い。

たとえば，トレニア（ハナウリクサ *Torenia* × *hybrida*）において，アントシアニジンシンターゼ（ANS）遺伝子の発現を上記3つの方法で抑制した場合，RNAiを用いると高い頻度（約50％）で花の色が白く変化したが，ほかの方法では1％程度であった[6]。ただ，これら3つの方法とも目的遺伝子の転写物（mRNA）と同じか，相補的な配列をもつRNAを転写させ，転写後の遺伝子抑制 post transcriptional gene silencingに依存した方法であるためか，抑制の安定性に改善の余地がある。具体的には，組換え植物を取得した当初は白かった花弁が，数か月から数年維持しておくと花弁の一部または全体が元の花色に戻ることがよく観察される[7]。相同組換えを利用した染色体遺伝子のノックアウトなどの不可逆的に目的遺伝子を破壊する方法が一般化することが望まれる。

転写後の遺伝子抑制や遺伝子ノックアウトによらずにフラボノイドの生合成を抑制する方法も提案されている。トキワハゼ *Mazus japonicus* のカルコンシンターゼ（CHS）の活性中心，あるいは基質結合領域のアミノ酸を変化させた変異タンパク質の遺伝子をシロイヌナズナとペチュニアで発現させると，アントシアニン量が減少した[8]。また，シロイヌナズナのカルコンイソメラーゼ（CHI）に対するヒト一本鎖抗体の遺伝子をシロイヌナズナで発現させると，胚軸や種子での色素形成が抑制された[9]。ただ，いずれの方法もアントシアニン量は減少しているものの，その程度は低く，現段階では実用的な手法ではない。

花の色を白くあるいは薄くするためには，CHSを抑制した例が最も多く，ペチュニア[10～12]，バラ[13]，キク[14]，トレニア[15,16]，リンドウ[17,18]，トルコギキョウ[19]などで報告されている。トルコギキョウ，ペチュニア，トレニアでは花弁が一様に白くなるのではなく，花弁の一部が白くなったり，模様ができたりすることが観察されている。ただCHSの発現が抑制された植物は，フラボノイドを合成することができなくなる。フラボノイドは，紫外線からの植物体の保護，活性酸素除去，ストレス応答にもかかわっているため，フラボノイドを合成できない植物は弱勢化するおそれがある。上述のANS遺伝子を抑制したトレニアの場合も野外での生育はよくなかった[20]。

4.11.2. 黄色い花の作出

　黄色のフラボノイド（カルコン，オーロン）の蓄積による黄色い花の作出が試みられている。生合成の中間体である 4,2',4',6'-テトラヒドロキシカルコン（THC）（カルコノナリンゲニン）は CHI のはたらきにより無色のナリンゲニンに異性化される。タバコにおいて CHI の発現を RNAi 法により抑制すると，花粉では THC が蓄積し，黄色くなった。一方花弁ではアントシアニン量は大きく減少したが THC は微量しか蓄積せず，黄色にはいたらなかった[21]。

　THC は 2' 位の配糖化（グリコシル化）や 6' 位のデオキシ化によりフラバノンへ閉環しなくなり，黄色が保たれることが期待される。カーネーションから得た THC 2' グルコシルトランスフェラーゼ（C2'GT）活性をもつ遺伝子をペチュニアで発現させると，THC 2'-グルコシドが合成されたが，蓄積量が少なかったため黄色にはいたらなかった[22]。黄色カーネーションは THC 2'-グルコシドを蓄積しているので，同様な色の品種が遺伝子組換えで作製できる可能性はあるが，黄色く見えるためには THC 2'-グルコシドが十分量蓄積されねばならない。生合成に加え，液胞への輸送も強化する必要があるかもしれない。6' 位のヒドロキシ基の還元はポリケタイド還元酵素により触媒される。アルファルファ[23]またはカンゾウ *Glycyrrhiza galbra*[24] 由来の本酵素を白いペチュニアで発現させると 6'-デオキシカルコンが蓄積するが，ごく淡い黄色にとどまっている[23, 24]。

　オーロイシジンなどのオーロンはキンギョソウなどの一部の植物に含まれる。キンギョソウの C4'GT とオーロイシジンシンターゼ（AS）遺伝子（図 4-11-1）をトレニアで発現させるとオーロイシジンが合成される。あわせてアントシアニンの合成をフラバノン 3-ヒドロキシラーゼ（F3H）またはジヒドロフラボノール 4-リダクターゼ（DFR）の遺伝子の発現を RNAi 法により抑制すると，花色が青から黄に変化した[25]。一方，C4'GT と AS 遺伝子をペチュニアで発現させてもオーロイシジンは蓄積しなかった。オーロイシジンを多くの種で蓄積させ，黄色花を作出するためには未解決の課題があることが示唆された。ゼラニウム *Pelargonium zonale* などの人気のある植物種には黄色い品種がないことから，黄色い品種の開発は重要である。黄色を呈する化合物であるカロテノイドやベタレインを蓄積させることを可能にすることも望まれる。

4.11.3. デルフィニジン蓄積による青い花の作出

1）基本戦略

　アントシアニンの B 環のヒドロキシル化パターンはアントシアニンの色に大きな影響を与える。ヒドロキシ基が増えると吸収極大が長波長にシフトするので，ヒ

ドロキシ基を増やす（すなわちデルフィニジンを蓄積させる）ことが花色を青くするための基本的な方策である。多くの青い花にはデルフィニジンに由来するアントシアニンが含まれるが，主要な花きであるバラ，カーネーション，キク，ユリ，ガーベラ Gerbera × hybrida などにはデルフィニジンは含まれず，青や紫の品種はない。これらの花でデルフィニジンを合成させることができれば，花の色は青く変化することが期待される。もちろんほかの章で述べられているように花の色が青くなるためにはさまざまな要素が必要であるし，デルフィニジンを蓄積しなくてもアサガオやヤグルマギクのように複雑なメカニズムにより青い花を咲かせることは可能ではあるが，デルフィニジンを合成させることは一つの酵素反応で達成できるので多くの種で青い花を作製するには現実的な手段である。

　フラボノイド 3'-ヒドロキシラーゼ（F3'H）とフラボノイド 3',5'-ヒドロキシラーゼ（F3'5'H）は，ジヒドロフラボノール，フラバノン，フラボノール，フラボンのB環のヒドロキシル化反応を触媒できる。F3'5'H は，3' 位がヒドロキシル化されたフラボノイドも基質とすることができる。F3'H と F3'5'H はそれぞれシアニジンとデルフィニジンの合成に必要である（図 4-11-1）。両遺伝子はペチュニアをはじめ多くの植物から単離されている。ペチュニアなどのデルフィニジンに由来するアントシアニンを蓄積する植物では F3'5'H の発現に加え，ジヒドロフラボノール 4-レダクターゼ（DFR）の基質特異性がデルフィニジンの蓄積に適していることがある。ペチュニア DFR はジヒドロケンフェロール（DHK）を基質としないが，ジヒドロミリセチンを還元する反応を効率よく触媒することが知られている[26]。

　F3'5'H が欠損しているペチュニアにおいて F3'5'H 遺伝子を発現させると，デルフィニジンに由来するアントシアニン量が増加する[27, 28]。またタバコ（シアニジンを蓄積）で F3'5'H 遺伝子を発現させると，デルフィニジンが合成され，花色はやや青みを帯びる[27]。フウリンソウ Campanula medium，トルコギキョウ，ペチュニア由来の F3'5'H 遺伝子をタバコで発現させた場合，フウリンソウ F3'5'H 遺伝子が最も効率よくデルフィニジンを生産した[29]。また，チョウマメとバーベナの F3'5'H 遺伝子をバーベナで発現させた場合，チョウマメ由来の遺伝子を発現させた場合の方が，デルフィニジン生産量が多く，花色も明瞭に変化した[30]。また，バラではパンジーの遺伝子がよく機能した。

　このように遺伝子の由来によって効果が異なることは興味深い。効果が異なる原因は，転写効率や翻訳効率，転写物や酵素の安定性，酵素の速度論的性質などが考えられる。たとえばさまざまな F3'5'H 遺伝子を酵母などで発現させ，速度論的に最も効率のよい F3'5'H を選抜することはできるのだが，その結果が植物細胞内での効率をどの程度予見するかは不明であるし，ましてその酵素遺伝子がどの程度目

的な植物で発現・機能するかは，目的の植物に導入してみて初めてわかる。したがって，現実には目的の植物にさまざまな F3'5'H 遺伝子を導入して，デルフィニジンの生産量や表現型の変化を評価することが必要である。遺伝子導入から開花までには半年（ペチュニア，タバコの場合）から1年（バラやカーネーションの場合）かかる。これが組換え植物の開発に時間がかかる要因の1つである。

2）青いカーネーションの作出

カーネーションはペラルゴニジンまたはシアニジンに由来するアントシアニンを合成する。ペチュニアなどの F3'5'H 遺伝子を発現させるとデルフィニジンが合成され，花色は青い方向に変化はする。ただ F3'5'H 遺伝子を過剰発現するだけではカーネーションがもつ合成経路の酵素（DFR や F3'H）との競合があるため，デルフィニジンの含有率は高くても3分の2程度にしか達せず，ペラルゴニジンやシアニジンが共存するため，花色はあまり青くは見えない。目的のフラボノイドを蓄積するためには，以下に述べるように，内在性の酵素との競合を回避するか，競合に勝てるための工夫を行う必要がある。

DFR 遺伝子だけが発現していない白い品種において，F3'5'H 遺伝子とペチュニア DFR 遺伝子を発現させると，ほぼデルフィニジンに由来するアントシアニンのみが蓄積し，色も青く変化した。導入品種，遺伝子の由来やそれを制御するプロモーター，形質転換系統により，多様な表現型をもつ組換えカーネーションが得られた。①キンギョソウの CHS プロモーターの制御下にあるペチュニアの F3'5'H cDNA と構成的プロモーターの制御下にあるペチュニアの DFR cDNA，または②キンギョソウの CHS プロモーターの制御下にあるパンジーの F3'5'H cDNA とペチュニアの DFR 染色体遺伝子（5'および3'非翻訳領域を含む）などを含むベクターを導入した系統から選抜された，スプレータイプの延べ6品種およびスタンダードタイプ4品種がコロンビアとエクアドルで栽培され，日米などで市販されている[3]。10年以上挿し芽により増殖しているが表現型は安定である。

組換えカーネーションが合成しているアントシアニンは，デルフィニジン 3,5-ジグルコシド-6"-O-4,6"'-O-1-サイクリック-マリル-ジエステル delphinidin 3,5-diglucoside-6"-O-4,6"'-O-1-cyclic-malyl diester などで，カーネーションのペラルゴニジンおよびシアニジンに由来するアントシアニンと同様の配糖化とアシル基の修飾を受けている[31]。カーネーションのアントシアニン合成にかかわる酵素は，もともとカーネーションがもっていない B 環にヒドロキシ基が3個結合したフラボノイドも代謝できることがわかる。

これらのカーネーションを比較すると，アントシアニンの構造に差はないがより

青く見える品種がある。これは，このような品種にはコピグメント効果を示すアピゲニン 6-*C*-グルコシル -7-*O*-グルコシド -6'''-マリル　エステル apigenin 6-*C*-glucosyl-7-*O*-glucoside-6'''-malyl ester を含むからであった [31]。

ペチュニアには F3'5'H に電子を伝達するチトクローム b_5 が存在し，デルフィニジンに由来するアントシアニンの蓄積に寄与している [32]。カーネーションでペチュニアの F3'5'H とそのチトクローム b_5 を発現したところ，DFR が欠損していないカーネーションでもデルフィニジン含有率が上昇し，十分な花色変化がもたらされた [24]。競合する経路を抑制しなくても，目的のフラボノイドが効率よく生合成される仕組みを利用できればよいわけである。

3）青いバラの作出

バラの花弁にはデルフィニジンは含まれず，これが青いバラがない一因になっている。シアニジンの誘導体で青色のロザシアニン rosacyanin [33] を微量に含む品種もあるが，その生合成経路は不明であるので，遺伝子工学的にこれを増加させるのは現実的ではない。パンジーの F3'5'H 遺伝子をバラで発現させるとデルフィニジンが合成され，色も変化するが，デルフィニジンの含有率，量は宿主品種により大きく異なり，花色も宿主品種に依存する。白いバラの品種では DFR のみが欠損しているものを見出すことができなかったので，前述のカーネーションと同様な手法は適応できなかった。

バラの中でも比較的 pH が高く，コピグメント効果が期待できるフラボノールが多く，シアニジンやペラルゴニジン量があまり多くない系統を選抜した。F3'5'H 遺伝子をこれらの品種で発現させると，デルフィニジン含有率が 90 % を超え，花色も従来のバラよりも青く変化した，青紫色の系統を得ることができた [34]。この際，トレニア由来のアントシアニン芳香族5-アシルトランスフェラーゼ遺伝子もあわせて発現させ，全アントシアニンの半分近くがアシル化アントシアニンになった系統も得られたが，花色はデルフィニジンのみを発現しているものと差は見られなかった。最終的に選抜した系統について，遺伝子組換え植物の野外栽培や商業化に必要な「遺伝子組換え生物等の使用等の規制による生物多様性の確保に関する法律」（通称カルタヘナ法）にもとづき，生物多様性影響評価を行った。生物多様性に影響を与えることはないと判断され，大臣承認を取得後，生産・販売を行っている。上述のカーネーションについても日本国内で販売している品種については同様に認可を取得済みである。

上述の手法ではデルフィニジン含有率は，品種に大きく依存する。どんな品種でもデルフィニジン含有率が高くなるようにバラの DFR 遺伝子の発現を RNAi 法に

より抑制することを試みた。①パンジーのF3'5'H遺伝子の構成的な発現，②パンジーのF3'5'Hとアイリスの DFR 遺伝子の構成的な発現，③パンジーのF3'5'Hとアイリスの DFR 遺伝子の構成的な発現ならびに，バラの DFR 遺伝子の RNAi による抑制の計3ベクターをバラ品種'ラバンデ'に導入し，数十から100程度の遺伝子組換えバラ系統を取得した。①，②，③の順にデルフィニジン含有率が上昇し，それにつれ花の色が青く変化していくことがわかった。③ではほぼ100 %に達した。③を導入した系統の中から選抜した系統を花粉親にしてシアニジンを生産している赤いバラと交雑したところ，導入遺伝子をもつ後代系統はいずれもデルフィニジン含有率はほぼ100 %であった（ただしデルフィニジンの含有量や花色は個体ごとに異なる）。ちなみに③を含むバラの主要アントシアニンはデルフィニジン 3,5-ジグルコシドとデルフィニジン 3-グルコシドで，通常のバラのアントシアニンと同様な糖による修飾を受けていた [34]。

別章で述べられているように花の青い色は複雑な要因が重なってできている。バラやカーネーションでそのような要因を再現することができれば，もっと青い品種が誕生することが期待される。

4.11.4. ペラルゴニジンまたはシアニジンによる花の赤色化

ペチュニアは上述のようにDFRの基質特異性のゆえにペラルゴニジンを合成することはできず，それに由来するオレンジ系の色の品種がない [26]。一方多くのDFRはDHKを基質として利用できる。DHKを蓄積しているペチュニア（F3'5'H，F3'H，フラボノールシンターゼ（FLS）が欠損している）においてトウモロコシのDFR遺伝子を発現させたところ，ペラルゴニジンが蓄積され，オレンジ色のペチュニアが作製できた [35]。同じペチュニアにガーベラのDFR遺伝子を導入したところ，より多くのペラルゴニジンを蓄積し，花色も濃いペチュニアができた [36]。同様のペチュニアにバラのDFR遺伝子を導入するとペラルゴニジンが生成され花色も変化した [37]。ペラルゴニジン蓄積にはDHKを蓄積している系統を用いることが必要である。たとえばF3'5'H遺伝子が欠損していないペチュニアにバラDFR遺伝子を導入しても，ペラルゴニジンは生成しない。導入遺伝子に由来する酵素が機能を発揮するためには，宿主の遺伝型を選ぶ必要があることを示す一例である。

競合する経路を人為的に抑制することも可能である。シアニジンを蓄積するペチュニアにおいてF3'H遺伝子の発現を抑制しバラDFR遺伝子を発現した場合 [7]，タバコにおいてF3'HとFLSを抑制し，ガーベラDFR遺伝子を抑制した場合 [38] には，ペラルゴニジンが蓄積され，花色はそれぞれオレンジ色や濃い赤に変化した。オステオスペルマム *Osteospermum* × *hybrida* でF3'5'H遺伝子の発現を抑制

し，ガーベラ DFR 遺伝子を発現させた場合も，ペラルゴニジンが蓄積し花色が赤く変化した例がある（つぼみの時の色の変化が顕著）[39]。一方，ニーレンベルギア *Nierembergia* sp. では F3'5'H 遺伝子を抑制し，バラ DFR 遺伝子を発現しても花色は白くなっただけで，ペラルゴニジンの蓄積にはいたらなかった[40]。これはジヒドロフラボノールからアントシアニンではなくフラボノールに生合成が進んだためと考えられる。さらに FLS 遺伝子の発現を抑制した場合には，ペラルゴニジンが蓄積し，ピンク色に変化した[20]。

デルフィニジンを生産する青いトレニア（マルビジン 3-グルコシド-5-(クマロイル）グルコシドなどとフラボンを含む）において F3'5'H 遺伝子の発現を抑制すると，ペオニジンを蓄積するようになる[15]。さらに F3'H 遺伝子を過剰発現させるとペオニジン量が増加し，色も濃くなる[41]。F3'H と F3'5'H 両遺伝子の発現を抑制すると微量のペラルゴニジンが検出され，淡いピンク色になる。さらに，バラまたはゼラニウムの DFR 遺伝子を発現させるとペラルゴニジンが蓄積し，花の色がピンク色に変化した。ゼラニウムの DFR 遺伝子を導入した時の方がペラルゴニジン量は多かった[42]。同じ活性を示す酵素の遺伝子であっても得られる効果が異なる一例である。

ペチュニアは，花色のモデル植物として研究されてきた。アントシアニンの構造，液胞の pH，フラボノールの有無が花色に大きな影響を与える[43]。野生型では液胞の pH が低いため，デルフィニジンに由来するマルビジン 3-(クマロイルまたはカフェオイル）ルチノシド-5-グルコシド（野生型のペチュニアの主要色素）を含んでいても花色は赤紫色である。赤いペチュニアはシアニジン配糖体（シアニジン 3-ソフォロシドなど）を主に含み[44]，pH は低い。ペチュニア（マルビジン 3-(クマロイルまたはカフェオイル）ルチノシド-5-グルコシドを蓄積）において，F3'5'H，アントシアニジン 3-ルチノシドアシルトランスフェラーゼ，FLS の 3 つの遺伝子の発現を抑制すると，主要アントシアニンはシアニジンとペオニジンに変化し，フラボノールも減少するため，花色は赤くなる。この場合，ホストに検出されないジヒドロクェルセチン（DHQ）が検出される[7]。アントシアニンおよびフラボノールの前駆体と考えられるジヒドロフラボノールは，組換えペチュニアではしばしば観察されるが，宿主では観察されない。宿主では前駆体が蓄積しないように酵素の発現のタイミングや酵素の速度論的パラメーターが最適化されているが，組換え体では，これらの最適化が不十分であると考えられる。

リンドウにはペラルゴニジンに由来する真っ赤な品種がない。F3'5'H 遺伝子の発現を抑制し，主要色素をシアニジンに改変すると花の色も赤い方向に変化したリンドウが報告されている[45]。シクラメンにおいても F3'5'H 遺伝子を抑制すること

により花弁のシアニジンの割合が増加し，花色が変化した[46]。さらに代謝を改変していけばペラルゴニジンを蓄積し，花色も赤くなることが期待できる。今後の発展が楽しみである。

4.11.5. アントシアニンの修飾による花色の変化

アントシアニンを修飾する糖やアシル基を転移する反応を触媒する酵素遺伝子は数多く得られているが，実際にアントシアニンの構造を変化させた例は少なく，花の色を変えた例はまれである。アントシアニンへの糖の付加により吸収極大は短波長に，芳香族アシル基の付加により長波長にシフトすることが知られている。脂肪族アシル基の付加ではアントシアニンの色は変化しない。

イチゴの果実（主にペラルゴニジンを含む）のアントシアニジン 3GT 遺伝子の発現を抑制するとアントシアニン量が減少した[47]。ペチュニアのアントシアニジン 3-グルコシドラムノシルトランスフェラーゼ遺伝子の発現を抑制すると，花色は変化する[48]が，これはラムノースの有無による効果というよりは，ラムノースの付加が妨げられたので，ラムノシル化以後の芳香族アシル基の付加と B 環のメチル化が抑制されたためであろう。デルフィニジン 3-グルコシドを蓄積するペチュニアにおいて，トレニアのアントシアニン 5GT とリンドウのアントシアニン 3'GT 遺伝子を発現させると，デルフィニジン 3,5,3'-トリグルコシドが合成されるが，その割合は全アントシアニン量の 2〜6％に留まっている[49]。この結果は，アントシアニンを複雑に修飾することは関連する生合成酵素遺伝子の発現により可能ではあるが，その含有率を高め，目的の化合物や表現型を得るためには，いっそうの工夫が必要であることも示唆している。アサガオのアントシアニジン 3-グルコシド-2"GT 遺伝子を赤いペチュニアで発現させるとシアニジン 3-ソフォロシド量が上昇したが花色への影響ははっきりしなかった[50]。

ダリアのアントシアニン 3-マロニルトランスフェラーゼ遺伝子をペチュニアではたらかせるとシアニジン 3-(マロニル) グルコシドが生産されたが色の変化は観察されなかった[51]。シロイヌナズナのアントシアニン 3-芳香族アシルトランスフェラーゼ遺伝子をタバコで発現したところ，シアニジン 3-(クマロイル) グルコシドが検出された。この化合物はもとのタバコのアントシアニン（シアニジン 3-ルチノシド）よりも長波長に吸収極大をもつことが確認できたが，花色の変化は明瞭でなかった[52]。アントシアニンのアシル化によって花色を青くするためには複数のアシル基を付加し，ポリアシルアントシアニンを蓄積する必要があるのかもしれない。リンドウ（デルフィニジン 3-グルコシド -5-(クマロイルまたはカフェオイル) グルコシド -3'-(クマロイルまたはカフェオイル) グルコシドを含む）において，

アントシアニン 5,3'-アシル基転移酵素と F3'5'H の遺伝子の発現を抑制すると、アシル化アントシアニンの量が減少し、花色は薄くなった[18]。

シロイヌナズナの転写因子（後述）をタバコの一種 Nicotiana benthamiana の葉で一時的に発現させると、葉でもデルフィニジン 3-ルチノシドが合成される。ブドウのアントシアニンメチルトランスフェラーゼ遺伝子もあわせて発現させると、マルビジン 3-ルチノシドが主なアントシアニンになった[53]。

4.11.6. フラボノール、フラボン量の改変による花色変化

フラボノールとフラボンは、アントシアニンと共存した際にはコピグメントとして青色化効果を示す場合がある（4.1. 参照）。また、特にフラボノールは、アントシアニンと共通の前駆体から合成されるため（図 4-11-1）、アントシアニン量とは負の相関関係がある。実際、白いペチュニア品種 'Mitchell' において DFR 遺伝子を過剰発現させた場合と、FLS 遺伝子の発現を抑制した場合には、アントシアニンの蓄積が観察され、花色はピンクになった[54]。これはジヒドロフラボノールが有色と無色の分岐点にある化合物であることを示している。同様に、ペチュニア[55]、タバコ[55]、トルコギキョウ[56] において FLS 遺伝子の発現を抑制すると、アントシアニンが増加することと、コピグメント効果がなくなることにより、花色は濃く、赤く変化する。逆に、ペチュニアにバラの FLS やトレニアのフラボンシンターゼ（FNS）遺伝子を導入した場合には、アントシアニン量が減少し、色が薄くなる[7]。

一方で、理解に苦しむ結果が得られることもある。トレニア（アントシアニンの数倍量のフラボンを蓄積）において FNS 遺伝子を抑制したところ、前駆体であるフラバノンは蓄積したが、アントシアニン量も減少し、花の色は薄い青色に変化した[41]。

4.11.7. アントシアニン量の上昇による着色

当然のことながら、アントシアニン合成の律速となっている酵素レベルを上昇させると、アントシアニン量は増加する。一例をあげると、アイノコレンギョウ（Forsythia × intermedia 品種 'Spring Glory'、カロテノイドを蓄積しているため黄色）においてキンギョソウの DFR 遺伝子とストックの ANS 遺伝子の両方を発現させるとシアニジンが合成され花色はブロンズ色に変化し、栄養器官でも着色が認められた[57]。

アントシアニンを含むフラボノイドの生合成にかかわる酵素遺伝子は、Myb および bHLH の 2 種の転写調節因子により発現が調節されている。ペチュニア、トウモロコシ、キンギョソウなどで転写調節因子の遺伝子が単離されている（4.5. 参

照)。トウモロコシのbHLH型転写因子 (Lc) をタバコで過剰発現させると,花弁はピンクから濃い赤色に変化し,通常はアントシアニンが蓄積しない栄養器官でも着色が認められた[58]。Lc遺伝子を過剰発現した白いペチュニアは葉,茎,ガクがアントシアニンの蓄積により紫色に変化し,花弁も少し着色した[59]。しかしながら,同じLc遺伝子をトルコギキョウやリーガルゼラニウム *Pelargonium* × *domesticum* で発現させてもアントシアニンの上昇は認められなかった[60]。シロイヌナズナのPAP1 (Myb) およびPAP2 (MYB) を過剰発現させるとタバコの葉でアントシアニンが蓄積し,花色は赤くなる[61]。

キンギョソウのDel (bHLH) とRosea1 (Myb) をトマトで果実特異的に発現させるとアントシアニンとフラボノールの両方の蓄積量が上昇し,紫色の果実になった(宿主の果実はカロテノイドによる赤色)[62]。同様の手法は花にも適応できると思われる。以上の結果から,アントシアニンの転写制御は顕花植物においては基本的には共通ではあるが,種による多様性もあることから,アントシアニン量を増加させるには適切な転写因子を選ぶ必要があることが示唆される。

遺伝子組換えの手法を適応すると目的のフラボノイドやアントシアニンを異種の植物で合成することが可能になったが,その分子種だけを大量に,あるいは特異的に,蓄積させることはまだ困難な場合がある。導入した遺伝子やそれに由来する酵素が異種の植物の中で機能するかどうかも,今までに知見のない植物では未知数である。また,アントシアニンは,共存する金属イオンやpHによっても色が変化するため,構造を変えるだけでは必ずしも目的の色を達成できるわけではない。本分野は日本における長い研究の集積のおかげで,国内の研究チームが国際競争力を発揮している分野である。いっそうの発展を期待したい。

引用文献

(1) Tanaka, Y., Sasaki, N., Ohmiya, A. 2008. Plant pigments for coloration: anthocyanins, betalains and carotenoids. *Plant J.* **54**, 733-749.
(2) Davies, K.M., Schwinn, K.E. 2006. Molecular biology and biotechnology of flavonoid biosynthesis. Flavonoids. Chemistry, Biochemistry and Applications (eds. Andersen, Ø.M., Markham, K.R.), CRC Press, Boca Raton. pp. 143-218.
(3) Tanaka, Y., Brugliera, F., Chandler, S. 2009. Recent progress of flower color modification by biotechnology. *Int. J. Mol. Sci.* **10**, 5350-5369.
(4) Tanaka, Y., Ohmiya, A. 2008. Seeing is believing: engineering anthocyanin and carotenoid biosynthetic pathways. *Curr. Opin. Biotechnol.* **19**, 190-197.
(5) Chandler, S., Tanaka, Y. 2007. Genetic modification in floriculture. *Crit. Rev. Plant Sci.* **26**, 169-197.

(6) Nakamura, N., Fukuchi-Mizutani, M., Suzuki, K., Miyazaki, K., Tanaka, Y. 2006. RNAi suppression of the anthocyanidin synthase gene in *Torenia hybrida* yields white flowers with higher frequency and better stability than antisense and sense suppression. *Plant Biotechnol.* **23**, 13-17.
(7) Tsuda, S., Fukui, Y., Nakamura, N., Katsumoto, Y., Yonekura-Sakakibara, K., Fukuchi-Mizutani, M., Ohira, K., Ueyama, Y., Ohkawa, H., Holton, T.A., Kusumi, T., Tanaka, Y. 2004. Flower color modification of *Petunia hybrida* commercial varieties by metabolic engineering. *Plant Biotechnol.* **21**, 377-386.
(8) Hanumappa, M., Choi, G., Ryu, S., Choi, G. 2007. Modulation of flower colour by rationally designed dominant-negative chalcone synthase. *J. Exp. Bot.* **58**, 2471-2478.
(9) Santos, M.O., Crosby, W.L., Winkel, B.S.J. 2004. Modulation of flavonoid metabolism in *Arabidopsis* using a phage-derived antibody. *Mol. Breed.* **13**, 333-343.
(10) Napoli, C.L., Lemieux, C., Jorgensen, R. 1990. Introduction of a chimeric chalcone synthase gene into petunia results in reversible co-suppression of homologous genes *in trans*. *Plant Cell* **2**, 279-289.
(11) van der Krol, A.R., Mur, L.A., Beld, M., Mol, J.N.M., Stuitje, A.R. 1990. Flavonoid genes in petunia: addition of a limited number of gene copies may lead to a suppression of gene expression. *Plant Cell* **2**, 291-299.
(12) van der Krol, A.R., Lenting, P.E., Veenstra, J., van der Meer, I.M, Koes, R.E., Gerats, A.G.M, Mol, J.N.M., Stuitje, A.R. 1988. An antisense chalcone synthase gene in transgenic plants inhibits flower pigmentation. *Nature* **333**, 866-869.
(13) Gutterson, N. 1995. Anthocyanin biosynthetic genes and their application to flower colour modification through sense suppression. *Hort. Sci.* **30**, 964-966.
(14) Courtney-Gutterson, N., Napoli, C., Lemieux, C., Morgan, A., Firoozababy, E., Robinson, K.E.P. 1994. Modification of flower color in Florist's *Chrysanthemum*: production of a white-flowering variety through molecular genetics. *Bio/Technol.* **12**, 268-271.
(15) Suzuki, K., Zue, H., Tanaka, Y., Fukui, Y., Fukuchi-Mizutani, M., Murakami, Y., Katsumoto, Y., Tsuda, S., Kusumi, T. 2000. Flower color modifications of *Torenia hybrida* by cosuppression of anthocyanin biosynthesis genes. *Mol. Breed.* **6**, 239-246.
(16) Aida, R., Kishimoto, S., Tanaka, Y., Shibata, M. 2000. Modification of flower color in torenia (*Torenia fournieri* Lind.) by genetic transformation. *Plant Sci.* **153**, 33-42.
(17) Nishihara, M., Nakatsuka, T., Hosokawa, K., Yokoi, T., Abe, Y., Mishiba, K., Yamamura, S. 2006. Dominant inheritance of white-flowered and herbicide-resistant traits in transgenic gentian plants. *Plant Biotechnol.* **23**, 25-31.
(18) Nakatsuka, T., Mishiba, K.I., Kubota, A., Abe, Y., Yamamura, S., Nakamura, N., Tanaka, Y., Nishihara, M. 2009. Genetic engineering of novel flower colour by suppression of anthocyanin modification genes in gentian. *J. Plant Physiol.* **167**, 231-237.
(19) Deroles, S.C., Bradley, J.M., Schwinn, K.E., Markham, K.R., Bloor, S.J., Manson, D.G., Davies, K.M. 1998. An antisense chalcone synthase cDNA leads to novel color patterns in lisianthus (*Eustoma grandiflorum*) flowers. *Mol. Breed.* **4**, 59-66.
(20) Tanaka, Y., Brugliera, F., Kalc, G., Senior, M., Dyson, B., Nakamura, N., Katsumoto, Y., Chandler, S., 2010. Flower colour modification by engineering the flavonoid biosynthetic pathway : practical perspectives. *Biosci. Biotechnol. Biochem.* **74**. 1760-1769.
(21) Nishihara, M., Nakatsuka, T., Yamamura, S. 2005. Flavonoid components and flower color change in transgenic tobacco plants by suppression of chalcone isomerase gene. *FEBS Lett.* **579**, 6074-6078.
(22) Togami, J., Okuhara, H., Nakamura, N., Ishiguro, K., Hirose, C., Ochiai, M., Fukui, Y., Yamaguchi, M., Tanaka, Y. 2011. Isolation of cDNAs encoding tetrahydroxychalcone 2'-glucosyltransferase activity from carnation, cyclamen, and catharanthus. *Plant Biotechnol.*

(23) Davies, K.M., Bloor, S.J., Spiller, G.B., Deroles, S.C. 1998. Production of yellow colour in flowers: redirection of flavonoid biosynthesis in *Petunia*. *Plant J.* **13**, 259-266.
(24) Tanaka, Y., Katsumoto, Y., Brugliera, F., John, M. 2005. Genetic engineering in floriculture. *Plant Cell, Tissue Organ Cult.* **80**, 1-24.
(25) Ono, E., Fukuchi-Mizutani, M., Nakamura, N., Fukui, Y., Yonekura-Sakakibara, K., Yamaguchi, M., Nakayama, T., Tanaka, T., Kusumi, T., Tanaka, Y. 2006. Yellow flowers generated by expression of the aurone biosynthetic pathway. *Proc. Natl. Acad. Sci. USA* **103**, 11075-11080.
(26) Forkmann, G., Ruhau, B. 1987. Distinct substrate specificity of dihydroflavonol 4-reductase from flowers of *Petunia hybrida*. *Z. Naturforsch.* **42c**, 1146-1148.
(27) Holton, T.A., Brugliera, F., Lester, D.R., Tanaka, Y., Hyland, C.D., Menting, J.G.T., Lu, C.-Y., Farcy, E., Stevenson, T.W., Cornish, E.C. 1993. Cloning and expression of cytochrome P450 genes controlling flower colour. *Nature* **366**, 276-279.
(28) Shimada, Y., Nakano-Shimada, R., Ohbayashi, M., Okinaka, Y., Kiyokawa, S., Kikuchi, Y. 1999. Expression of chimeric P450 genes encoding flavonoid-3',5'-hydroxylase in transgenic tobacco and petunia plants. *FEBS Lett.* **461**, 241-245.
(29) Okinaka, Y., Shimada, Y., Nakano-Shimada, R., Ohbayashi, M., Kiyokawa, S., Kikuchi, Y. 2003. Selective accumulation of delphinidin derivatives in tobacco using a putative flavonoid 3',5'-hydroxylase cDNA from *Campanula medium*. *Biosci. Biotechnol. Biochem.* **67**, 161-165.
(30) Togami, J., Tamura, M., Ishiguro, K., Hirose, C., Okuhara, O., Ueyama, Y., Nakamura, N., Yonekura-Sakakibara, K., Fukuchi-Mizutani, M., Suzuki, K., Fukui, Y., Kusumi, T., Tanaka, Y. 2006. Molecular characterization of the flavonoid biosynthesis of *Verbena hybrida* and the functional analysis of verbena and *Clitoria ternatea* F3'5'H genes in transgenic verbena. *Plant Biotechnol.* **23**, 5-11.
(31) Fukui, Y., Tanaka, Y., Kusumi, T., Iwashita, T., Nomoto, K. 2003. A rationale for the shift in colour towards blue in transgenic carnation flowers expressing the flavonoid 3',5'-hydroxylase gene. *Phytochemistry* **63**, 15-23.
(32) De Vetten, N., Ter Horst, J., Vab Schaik, H.-P., De Boer, A., Mol, J., Koes, R. 1999. A cytochrome b5 is required for full activity of flavonoid 3',5'-hydroxylase, a cytochrome P450 involved in the formation of blue flower colors. *Proc. Natl. Acad. Sci., USA* **96**, 778-783.
(33) Fukui, Y., Nomoto, K., Iwashita, T., Masuda, K., Tanaka, Y., Kusumi, T. 2006. Two novel blue pigments with ellagitannin moiety, rosacyanins A1 and A2, isolated from the petals of *Rosa hybrida*. *Tetrahedron* **62**, 9661-9670.
(34) Katsumoto, Y., Mizutani, M., Fukui, Y., Brugliera, F., Holton, T., Karan, M., Nakamura, N., Yonekura-Sakakibara, K., Togami, J., Pigeaire, A., Tao, G.-Q., Nehra, N., Lu, C.-Y., Dyson, B., Tsuda, S., Ashikari, T., Kusumi, T., Mason, J., Tanaka, Y. 2007. Engineering of the rose flavonoid biosynthetic pathway successfully generated blue-hued flowers accumulating delphinidin. *Plant Cell Physiol.* **48**, 1589-1600.
(35) Meyer, P., Heidemann, I., Forkmann, G., Saedler, H. 1987. A new petunia flower colour generated by transformation of a mutant with a maize gene. *Nature* **330**, 677-678.
(36) Helariutta, Y., Elomaa, P., Kotilainen, H., Seppanen, P., Teeri, T.H. 1993. Cloning of cDNA for dihydroflavonol 4-reductase (DFR) and charaterization of dfr expression in the corollas of *Gerbera hybrida* var. Regina (Compositae). *Plant Mol. Biol.* **22**, 183-193.
(37) Tanaka, Y., Fukui, Y., Fukuchi-Mizutani, M., Holton, T.A., Higgins, E., Kusumi, T. 1995. Molecular cloning and characterization of *Rosa hybrida* dihydroflavonol 4-reductase. *Plant Cell Physiol.* **36**, 1023-1031.
(38) Nakatsuka, T., Abe, Y., Kakizaki, Y., Yamamura, S., Nishihara, M. 2007. Production of red-

flowered plants by genetic engineering of multiple flavonoid biosynthetic genes. *Plant Cell Rep.* **26**, 1951-1959.
(39) Seitz, C., Vitten, M., Steinbach, P., Hartl, S., Hirsche, J., Rhthje, W., Treutter, D., Forkmann, G. 2007. Redirection of anthocyanin synthesis in *Osteospermum hybrida* by a two-enzyme manipulation strategy. *Phytochemistry* **68**, 824-833.
(40) Ueyama, U., Katsumoto, Y., Fukui, Y., Fukuchi-Mizutani, M., Ohkawa, H., Kusumi, T., Iwashita, T., Tanaka, Y. 2006. Molecular characterization of the flavonoid biosynthetic pathway and flower color modification of *Nierembergia* sp. *Plant Biotechnol.* **23**, 19-24.
(41) Ueyama, Y., Suzuki, K., Fukuchi-Mizutani, M., Fukui, Y., Miyazaki, K., Ohkawa, H., Kusumi, T., Tanaka, Y. 2002. Molecular and biochemical characterization of torenia flavonoid 3'-hydroxylase and flavone synthase II and modification of flower color by modulating the expression of these genes. *Plant Sci.* **163**, 253-263.
(42) Nakamura, N., Fukuchi-Mizutani, M., Fukui, Y., Ishiguro, K., Suzuki, K., Suzuki, H., Okazaki, K., Daisuke, S., Tanaka, Y. 2010. Generation of pink flower varieties from blue *Torenia hybrida* by redirection of its flavonoid biosynthetic pathway from delphinidin to pelargonidin. *Plant Biotechnol.* **27**, 375-383.
(43) Holton, T.A., Cornish, E.C. 1995. Genetics and biochemistry of anthocyanin biosynthesis. *Plant Cell* **7**, 1071-1083.
(44) Ando, T., Tatsuzawa, F., Saito, N., Takahashi, M., Tsunashima, Y., Numajiri, H., Watanabe, H., Kokubun, H., Hara, R., Seki, H., Hashimoto, G. 2000. Differences in the floral anthocyanin content of red petunias and *Petunia exserta*. *Phytochemistry* **54**, 495-501.
(45) Nakatsuka, T., Mishiba, K., Abe, Y., Kubota, A., Kakizaki, Y., Yamamura, S., Nishihara, M. 2008. Flower color modification of gentian plants by RNAi-mediated gene silencing. *Plant Biotechnol.* **25**, 61-68.
(46) Boase, M.R., Lewis, D.H., Davies, K.M., Marshall, G.B., Patel, D., Schwinn, K.E., Deroles, S.C. 2010. Isolation and antisense suppression of flavonoid 3',5'-hydroxylase modified flower pigments and colour in cyclamen. *BMC Plant Biol.* **10**, 107.
(47) Griesser, M., Hoffmann, T., Bellido, M.L., Rosati, C., Fink, B., Kurtzer, R., Aharoni, A., Munoz-Blanco, J., Schwab, W. 2008. Redirection of flavonoid biosynthesis through the down-regulation of an anthocyanidin glucosyltransferase in ripening strawberry fruit. *Plant Physiol.* **146**, 1528-1539.
(48) Brugliera, F., Holton, T.A., Stevenson, T.W., Farcy, E., Lu, C.Y., Cornish, E.C. 1994. Isolation and characterization of a cDNA clone corresponding to the Rt locus of *Petunia hybrida*. *Plant J.* **5**, 81-92.
(49) Fukuchi-Mizutani, M., Okuhara, H., Fukui, Y., Nakao, M., Katsumoto, Y., Yonekura-Sakakibra, K., Kusumi, T., Hase, T., Tanaka, Y. 2003. Biochemical and molecular characterization of a novel UDP-glucose:anthocyanin 3'-*O*-glucosyltransferase, a key enzyme for blue anthocyanin biosynthesis, from gentian. *Plant J.* **132**, 1652-1663.
(50) Morita, Y., Hoshino, A., Kikuchi, Y., Okuhara, H., Ono, E., Tanaka, Y., Fukui, Y., Saito, N., Nitasaka, E., Noguchi, H., Iida, S. 2005. Japanese morning glory dusky mutants displaying reddish-brown or purplish-gray flowers are deficient in a novel glycosylation enzyme for anthocyanin biosynthesis, UDP-glucose: anthocyanidin 3-*O*-glucoside-2"-*O*-glucosyltransferase, due to 4-bp insertions in the gene. *Plant J.* **42**, 353-363.
(51) Suzuki, H., Nakayama, T., Yonekura-Sakakibara, K., Fukui, Y., Nakamura, N., Yamaguchi, M., Tanaka, Y., Kusumi, T., Nishino, T. 2002. cDNA cloning, heterologous expressions, and functional characterization of malonyl CoA: anthocyanidin 3-*O*-glucoside-6"-*O*-malonyltransferase from dahlia flowers. *Plant Physiol.* **130**, 2142-2151.
(52) Luo, J., Nishiyama, Y., Fuell, C., Taguchi, G., Elliott, K., Hill, L., Tanaka, Y., Kitayama, M., Yamazaki, M., Bailey, P., Parr, A., Michael, A.J., Saito, K., Martin, C. 2007. Convergent

evolution in the BAHD family of acyl transferases: identification and characterization of anthocyanin acyl transferases from *Arabidopsis thaliana*. *Plant J.* **50**, 678-695.
(53) Hugueney, P., Provenzano, S., Verries, C., Ferrandino, A., Meudec, E., Batelli, G., Merdinoglu, D., Cheynier, V., Schubert, A., Ageorges, A. 2009. A novel cation-dependent *O*-methyltransferase involved in anthocyanin methylation in grapevine. *Plant Physiol.* **150**, 2057-2070.
(54) Davies, K.M., Schwinn, K.E., Deroles, S.C., Manson, D.G., Lewis, D.H., Bloor, S.L., Bradley, J.M. 2003. Enhancing anthocyanin production by altering competition for substrate between flavonol synthase and dihydroflavonol 4-reductase. *Euphytica* **131**, 259-268.
(55) Holton, T.A., Brugliera, F., Tanaka, Y. 1993. Cloning and expression of flavonol synthase from *Petunia hybrida*. *Plant J.* **4**, 1003-1010.
(56) Nielsen, K., Deroles, S.C., Markham, K.R., Bradley, M.J., Podivinsky, E., Manson, D. 2001. Antisense flavonol synthase alters copigmentation and flower colour in lisianthus. *Mol. Breed.* **9**, 217-229.
(57) Rosati, C., Simoneau, P., Treutter, D., Poupard, P., Cadot, Y., Cadic, A., Duron, M. 2003. Engineering of flower color in forsythia by expression of two independently-transformed dihydroflavonol 4-reductase and anthocyanidin synthase genes of flavonoid pathway. *Mol. Breed.* **12**, 197-208.
(58) Lloyd, A.M., Walbot, V., Davis, R.W. 1992. *Arabidopsis* and *Nicotiana* anthocyanin production activated by maize regulators *R* and *C1*. *Science* **258**, 1773-1775.
(59) Bradley, J.M., Davies, K.M., Deroles, S.C., Bloor, S.J., Lewis, D.H. 1998. The maize *Lc* regulatory gene up-regulates the flavonoid biosynthetic pathway of *Petunia*. *Plant J.* **13**, 381-392.
(60) Bradley, J.M., Deroles, S.C., Boasea, M.R., Bloor, S., Swinny, E., Davies, K.M. 1999. Variation in the ability of the maize *Lc* regulatory gene to upregulate flavonoid biosynthesis in heterologous systems. *Plant Sci.* **140**, 31-39.
(61) Borevitz, J.O., Xia, Y., Blount, J., Dixon, R.A., Lamb, C. 2000. Activation tagging identifies a conserved MYB regulator of phenylpropanoid biosynthesis. *Plant Cell* **12**, 2383-2393.
(62) Butelli, E., Titta, L., Giorgio, M., Mock, H.-P., Matros, A., Peterek, S., Schijlen, E.G.W.M., Hall, R.D., Bovy, A.G., Luo, J., Martin, C. 2008. Enrichment of tomato fruit with health-promoting anthocyanins by expression of select transcription factors. *Nature Biotechnol.* **26**, 1301-1308.

4.12. フラボノイドの薬理作用＊

4.12.1. フラボノイドの構造と生理活性

　植物体には多種多様なフラボノイドが存在するが，その基本構造は脂溶性の平面を構成するジフェニルプロパン diphenylpropane である。したがって，リン脂質二重層から成る生体膜表面やタンパク質の疎水性部分に相互作用する。すなわち，細胞膜や細胞内小器官膜との結合，あるいは酵素や転写因子などの機能性タンパク質への特異的な結合により，フラボノイドはさまざまな生理活性を発揮することができると考えられる。一方，フラボノイドの多くはフェノール性ヒドロキシ基を複数もつポリフェノールである。フェノール性ヒドロキシ基の電子供与性により，フラボノイドは強力な抗酸化作用を発揮することができる。生体内に取り込まれたフラボノイドは，これらの物理的および化学的性質にもとづいて，存在部位において多彩な生理活性を発揮すると予想される。フラボノイドの生理活性が初めて注目されたのは 1936 年の Szent-Györgyi らの論文[1]であり，その中で柑橘フラボノイドがビタミン C と同様に血管透過性亢進を抑制することが報告された。彼らはフラボノイドをビタミン P と名づけたが，現在ではフラボノイドはビタミンの範疇には入っていない。その理由は体内蓄積が不明であることと，欠乏症が見られないためである。一方で，さまざまな薬用植物やハーブ類が示す薬理作用の本体としてのフラボノイドの生理活性が今日まで明らかにされてきた。その代表的なものを表 4-12-1 に示した。これらの生理活性は特に発がん抑制[2]，抗動脈硬化作用および中枢神経保護作用に関係するものが多い。さらに抗アレルギー作用にもかかわっている。したがって，フラボノイドは生体に対して多機能を発揮するバイオファクターであるといえる。

　フラボノイドの化学的側面である抗酸化活性は，水素供与体あるいは電子供与体として作用することによりラジカルを捕捉することに由来する[3]。強力な抗酸化活性を有するカテコール型フラボノイドでは，ラジカル捕捉反応中間体としてセミキノンラジカルが発生して過酸化水素を発生する場合もある。細胞実験においてフラボノイドの生理活性や細胞毒性の発現はこの過酸化水素発生によることもありうるので注意が必要である（図 4-12-1）。また，カテコール型フラボノイドの酸化反応生成物であるキノン体は，タンパク質を化学修飾することにより，さまざまな生理病理学的反応を惹起する可能性もある（図 4-12-1）。フラボノイドの薬理作用を考察するうえで，化学反応による構造変換と生理活性発現との関係を明らかにする

＊執筆：榊原啓之・下位香代子・寺尾純二　Hiroyuki Sakakibara, Kayoko Shimoi and Junji Terao

表 4-12-1　フラボノイドの代表的な生理活性

アポトーシスの誘導
プロテインキナーゼ C の阻害
ヒスタミン遊離の阻害
細胞周期の調節
受容体（アリル炭化水素，エストロゲン，67-kDa laminin など）との相互作用
細胞内シグナル伝達系の調節（Nrf2/kep1, MEK/ERK など）

抗酸化

O-セミキノンラジカル　　　　O-キノン

AOO·　AOOH　　AOO·　AOOH　　タンパク質-SH　タンパク質

チオールタンパク質
のアリール化

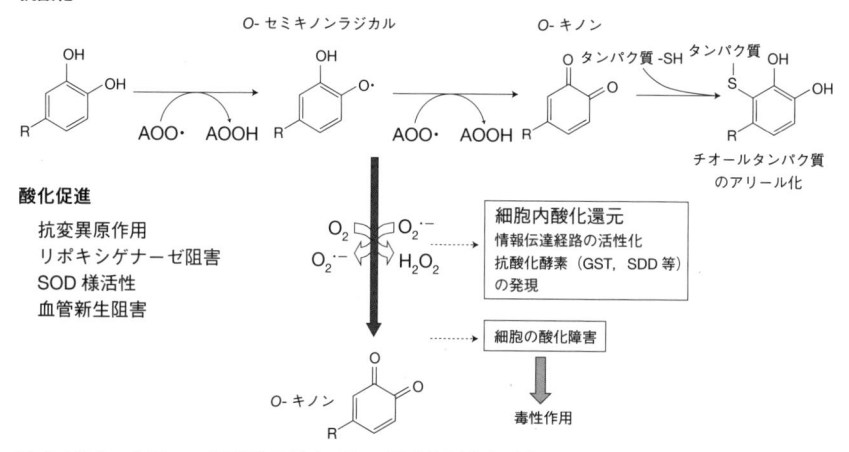

酸化促進

抗変異原作用
リポキシゲナーゼ阻害
SOD 様活性
血管新生阻害

O_2　$O_2^{·-}$
$O_2^{·-}$　H_2O_2

細胞内酸化還元
情報伝達経路の活性化
抗酸化酵素（GST，SDD 等）の発現

細胞の酸化障害

毒性作用

O-キノン

図 4-12-1　カテコール型フラボノイドの抗酸化反応と酸化ストレス

ことが重要である。

4.12.2. フラボノイドの生体利用性と細胞への取り込み機構

　ヒトにとってフラボノイドは生体異物であるため，経口摂取したフラボノイドはほとんど吸収されずに糞中に排泄されるか，少量が吸収されたとしても腸管上皮において第二相解毒酵素で代謝変換されることが多い[4]。さらに肝臓において二次的代謝を受けるため，血流に存在するフラボノイドは主に多種類の代謝物として存在し，腎臓から尿へと速やかに排泄される。ただし，腸管上皮細胞および肝臓における代謝変換はフラボノイドの構造によって大きく変動する。たとえば，フラボノール類やフラボン類はそのほとんどが腸管吸収過程でグルクロン酸や硫酸抱合体に変換するが，アントシアニジン類は代謝されずに血流中に移行するといわれる。茶カテキンではガレートタイプのエピガロカテキンガレート epigallocatechin-3-O-gallate およびエピカテキンガレート epicatechin-3-O-gallate も代謝されずに血流に存在する。いずれにせよ，フラボノイドを経口摂取すると一過性に血中フラボノイド，あ

表 4-12-2　主要なフラボノイドの logP 値 [5]

アピゲニン	apigenin	2.92 ± 0.06
ルテオリン	luteolin	3.22 ± 0.08
ケンフェロール	kaempherol	3.11 ± 0.54
クェルセチン	quercetin	1.82 ± 0.32
イソラムネチン	isorhamnetin	2.25[a]
クェルセチン 7-グルコシド	quercetin 7-glucoside	0.97 ± 0.0
クェルセチン 3-グルコシド	quercetin 3-glucoside	0.76 ± 0.01
クェルセチン 3-ルチノシド	quercetin 3-rutinoside（rutin）	−0.64 ± 0.05
クェルセチン 3-スルフェート	quercetin 3-sulfate	−1.11 ± 0.01
クェルセチン 3-ガラクトシド	quercetin 3-galactoside	−0.39[a]
クェルセチン 3-グルクロニド	quercetin 3-glucuronide	−0.82[a]

[a] 計算値

るいはその代謝物濃度が上昇するが（$10^{-9} \sim 10^{-6}$ mol/L），1時間から数時間でほぼ消失する．したがって，血中濃度を維持するためには間隔をおいた連続投与摂取が必要である．

　血漿などの細胞外液から細胞へのフラボノイド取り込み機構には不明な点が多いが，細胞膜脂質二重層を受動輸送 passive transport するためには，ある程度の疎水性が必要である．表4-12-2 に疎水性パラメータである logP 値を主要なフラボノイドについて示した．フラボノイドアグリコンは logP 値が2前後の疎水性を示し，細胞内に受動拡散で取り込まれると考えられる [5]．一方，植物体に多く分布する配糖体や代謝物抱合体の logP 値は1以下であり，水溶性が高いためそのまま受動拡散で取り込まれることは考えにくい．おそらく高水溶性フラボノイドは特異的なトランスポーターを介して細胞内に取り込まれると考えられるが，最近そのトランスポーター候補に bilitranslocase があげられている [6]．bilitranslocase は本来ビリルビン bilirubin のトランスポーターとして発見されたものであるが，Passamonti らは本トランスポーターがアントシアニンやクェルセチン抱合体 quercetin conjugate の血管内皮細胞への取り込みにはたらくことを示した [7]．さらにフラボノイド特異的な輸送機構が詳細に解明されることが期待される．

4.12.3. 血管系への作用

　日本人の主要な死亡原因は，心臓病および脳卒中（脳梗塞）である．これらの病因の直接の原因は，血管系疾患，特に動脈硬化によって引き起こされる．フラボノイドは，動脈硬化の発症予防にも関与することが示唆されている．図4-12-2 に動脈硬化の発症メカニズムをまとめた．感染や高血圧，糖尿病，酸化ストレスなどにより血管内皮細胞が障害（刺激）を受けると，内皮細胞表面にセクレチン

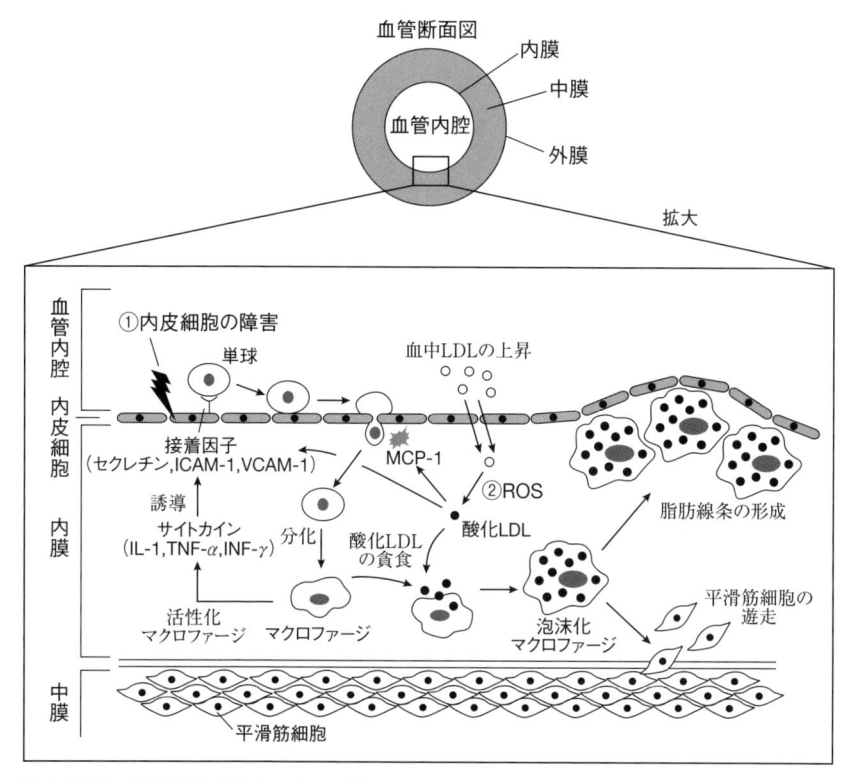

図 4-12-2 動脈硬化の発症メカニズム
ICAM-1：intercellular adhesion molecule（細胞接着分子）1，VCAM-1：vascular adhesion molecule（血管細胞接着分子）1，
LDL：low-density lipoprotein（低比重リポタンパク質），MCP-1：monocyte chemotactic protein（単球走化性タンパク質）1，
IL：インターロイキン，ROS：活性酸素種

や ICAM-1; intercellular adhesion molecule 1，VCAM-1; vascular adhesion molecule 1 などの接着因子の発現が亢進される（図4-12-2①）。これらの接着因子のはたらきにより，血中（血管内腔）を流れる単球（単球白血球）が血管内皮細胞の表面に接着するとともに内膜への侵入が誘導され，その後マクロファージ macrophage へと分化する。そして，T細胞から放出されたサイトカイン cytokine 刺激により活性化したマクロファージは，接着因子の発現に関与する多様な炎症性サイトカイン（IL-1, TNF-α など）の発現を上昇させる。一方，血中で濃度が高まった LDL; low-density lipoprotein が内膜へと流入する。内膜内で LDL は活性酸素種（ROS）により酸化され，酸化 LDL oxidized LDL となる（図4-12-2②）。酸化 LDL は内膜内で多彩な作

用を示す．たとえば，内膜への単球侵入を補助する MCP-1; monocyte chemotactic protein 1 の内皮細胞における産生を亢進することや，酸化 LDL の構成成分の 1 つであるリゾホスファチジルコリン lysophosphatidylcholine が ICAM-1 の発現を選択的に上昇させることが報告されている．さらに，酸化 LDL 自体はマクロファージに取り込まれ続け，最終的にマクロファージの泡沫化を誘発する．泡沫化したマクロファージは，平滑筋細胞を刺激し平滑筋細胞を遊走させる．遊走された平滑筋細胞は本来の収縮する能力を失って分泌型に変化しており，マクロファージと同様に酸化 LDL を取り込むことにより動脈硬化発症に関与する[8~11]．さらに，生じた泡沫化マクロファージは放出されることなく内膜に蓄積し，動脈硬化の初期病変である脂肪線条を形成する．以上の発現機序から，動脈硬化の初期病変の主要なトリガーは，

① ROS や炎症反応による血管内皮細胞の障害
② LDL の酸化

と考えられている．前節でも記述したように，特に骨格内にフェノール性ヒドロキシ基を豊富に有するフラボノイドは強い抗酸化作用を有する．フラボノイドの骨格中のヒドロキシ基とカルボニル基は，鉄や銅などの遷移金属とキレートすることで，遷移金属を介した酸化反応（フェントン反応など）を抑制できる．骨格中のヒドロキシ基，特にカテコール性ヒドロキシ基は，ペルオキシラジカル，ヒドロキシルラジカル，スーパーオキサイドアニオンラジカルなどの ROS を消去することにより酸化反応の抑止にはたらく．Kamada らは，ウサギを用いた in vivo 試験で，クェルセチン配糖体の日常的な摂取が高コレステロール食摂取に起因する血中および大動脈中の脂質量を低下させるとともに，動脈中で惹起された脂質過酸化反応を抑制することを報告した[12]．多くのフラボノイドは吸収時にグルクロン酸などの抱合体に代謝された後に血中へ移行するが，通常の場合，抱合体化したフラボノイドが血管内皮細胞を通過して内膜に到達することは困難である．しかし，血管内皮に炎症が生じると容易に内膜へ通過することが示されている[13]．一方，ヒドロキシ基が抱合化されるとフラボノイドの抗酸化活性は減弱するが，フラボノイド抱合体は，炎症時に細胞から放出される脱抱合体化酵素（β-グルクロニダーゼ）のはたらきにより[14]，あるいは活性化マクロファージに取り込まれた後に脱抱合し[15]，抗酸化活性の強いアグリコン体に戻る可能性が示唆されている．興味深いことに，クェルセチンなどの一部のフラボノイドは，血中で LDL と共有結合し，内膜内での LDL の酸化を抑制するだけでなく，酸化 LDL を分解するはたらきをもつ酵素パラオキソナーゼ paraoxonase の活性を保護する作用があるとの報告もある[11]．このように，クェルセチン，アピゲニン，ルテオリン，カテキン類などの多くのフラ

ボノイドが，抗酸化的に血管内皮細胞の障害や LDL の酸化を抑制することで，動脈硬化の発症を予防することが示唆されている[8～14]。

フラボノイドの抗炎症作用も動脈硬化の予防に関与する。炎症性サイトカインの1つである TNF-α は，正常時には発現しておらず，血管障害が生じると発現する。発現した TNF-α は，接着因子である ICAM-1 や VCAM-1，セクレチン secretin などの接着因子の発現増強を通じて，動脈硬化の進行に関与すると考えられる。クェルセチンやアピゲニン，ケンフェロール，ルテオリン，クリシン，フロレチンなどのフラボノイドは，TNF-α が誘導する ICAM-1 や VCAM-1，セクレチンなどの接着因子の発現を効果的に抑制することが示された[16～18]。この抑制機構の1つは，TNF-α 刺激により細胞内で進行するシグナル伝達系の遮断によると考えられている。細胞膜上の TNF-α 受容体を介して細胞内に TNF-α のシグナルが伝達されると，NFκB/IκB 複合体へと作用する。細胞質内に局在している NFκB/IκB 複合体は，不活性体であるが，TNF-α 由来のシグナルにより IκB がリン酸化（活性化）されると，NFκB は IκB から解放され，核内へと移行し ICAM-1 などの標的遺伝子の転写を誘導する。フラボノイドは，IκB のリン酸化を抑制することで NFκB の核内移行を抑止し，その結果 ICAM-1 などの接着因子の発現を抑制する[16]。IκB のリン酸化抑制作用以外にも，数多くの炎症発現の抑制メカニズムが報告されていることから，フラボノイドは抗酸化作用と同時に抗炎症性作用からも動脈硬化の進展を予防する可能性がある。フラボノイドは血管平滑筋細胞にも作用する可能性がある。クェルセチン抱合体代謝物であるクェルセチン 3-グルクロニドは JNK や ERK1/2 などの MAPK 活性化抑制を介して平滑筋細胞の肥大や遊走を抑えることも示された[19, 20]。

4.12.4. 脳・神経系への作用

心理的ストレスが負荷した生体は典型的な2種類の応答をする。1つは自律神経系の活性化にともなう副腎髄質からのアドレナリン放出であり，もう1つは視床下部－下垂体－副腎皮質（HPA）系の活動亢進による副腎皮質からのグルココルチコイド gulcocorticoid の分泌である（図 4-12-3）。前者の場合，神経活動の亢進により最終的には副腎髄質内の交感神経が活性化され，アドレナリン adrenaline やノルアドレナリン noradrenaline などのカテコールアミン類が血中へ分泌される。分泌されたカテコールアミン類は，心筋収縮力の上昇，血管拡張，消化管運動の低下などの生体変化を誘発することで，'ストレスから身を守る'ための生体応答を引き起こす。後者の場合，生体がストレスを受けると，その情報は脳内の視床下部（室傍核）に伝達される。そのシグナルにより，副腎皮質刺激ホルモン放出因子（CRF）が下

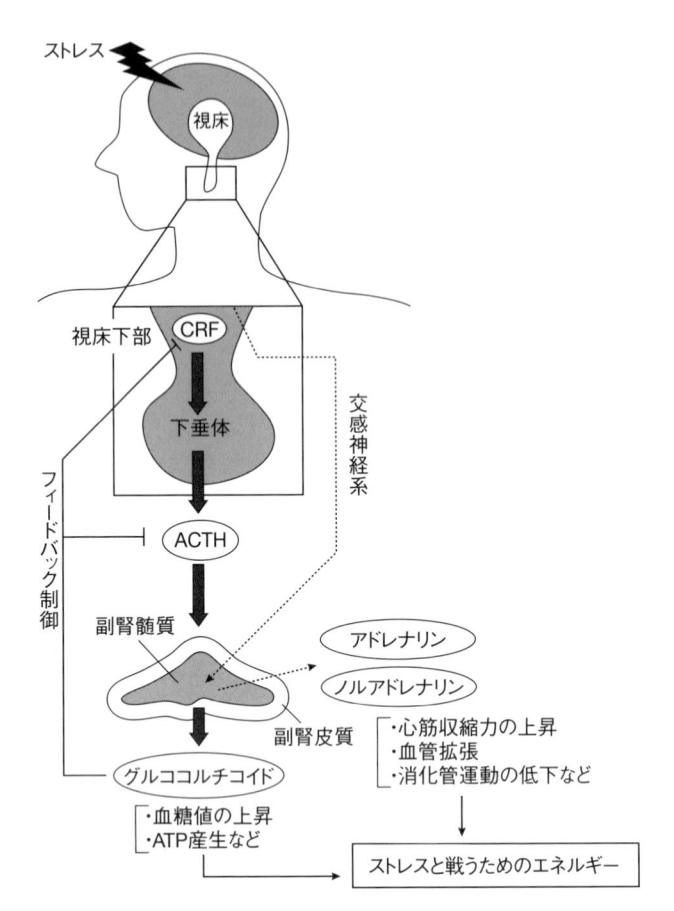

図 4-12-3　ストレス負荷時の生体応答
　CRF：副腎皮質刺激ホルモン放出因子，ACTH：副腎皮質刺激ホルモン

垂体門脈中に分泌される。下垂体に到達した CRF の刺激により，副腎皮質刺激ホルモン（ACTH）産生細胞からの ACTH の分泌が促進される。そして，末梢血を経由して副腎皮質に到達した ACTH によりグルココルチコイド（ヒトではコルチゾール cortisol，マウスやラットではコルチコステロン corticosterone）の分泌が促進される。分泌されたグルココルチコイドは，視床下部，下垂体にはたらきかけ，CRF および ACTH の分泌を抑制することで HPA 系の亢進を調節するとともに（フィードバック制御），血糖値の上昇，ATP 産生の亢進などの反応を惹起することで，こちらもまた'ストレスから身を守る'ための応答を引き起こす。なお，ストレスと生体応答についての詳細は，いくつかの総説や著書にまとめられているので参考にされた

い[21～23]。

このように，我々の身体は心理的ストレスに対する防御機構を有している。しかしながら，きわめて過度なストレスあるいは軽度であるがストレス負荷が長期間持続された場合，これらの防御機構が破綻することによりうつ病などのさまざまな精神疾患が惹起されると考えられている。たとえば，急激な血中グルココルチコイド濃度の上昇，あるいは慢性的なストレス負荷により血中グルココルチコイド濃度が高まり続けると，脳機能障害が引き起こされることが知られている[24]。したがって，過度のストレスおよび微弱なストレスの継続的負荷時の血中グルココルチコイド濃度上昇を抑える食品因子の研究，いわゆる'抗ストレス食品'研究が盛んに行われており，フラボノイドについても数多くの報告がある。Sakakibaraらは軽度のストレスを長期的に負荷した動物モデル（単独隔離ストレスモデル）を用い，主要なフラボノイドの一種であるクェルセチンを豊富に含む生薬・セントジョーンズワート（セイヨウオトギリソウ *Hypericum perforatum*）を日常的に摂取することにより，ストレス負荷時に上昇する血中コルチコステロン濃度が抑制されることを報告した[25]。また，ラットに過度なストレス（水浸拘束ストレス）を負荷した時に急激に上昇する血中コルチコステロン濃度が，クェルセチンの事前投与により抑制されることも示された[26]。さらに，クェルセチンはストレス負荷時の血中ACTH濃度および視床下部内CRF量の上昇も同時に抑制したことから，摂取したクェルセチンは過度なストレス負荷時に誘導されるHPA系の亢進を抑制できると思われた。体内に吸収されたクェルセチンは血液脳関門を通過して脳内に到達すると考えられていることから[27,28]，これらの作用は実際に脳内で起こると思われる。同様の作用はアピゲニンやエピガロカテキンガレートでも報告されている[29,30]。しかしながら，体内に吸収されたフラボノイドによるストレス負荷時のHPA系の亢進調節メカニズムについては不明な点が多いため，今後の研究結果が待たれる。

ストレス性疾患の1つであるうつ病の詳細な発症メカニズムはいまだ解明されていないが，主要な仮説に'モノアミン仮説'がある（図4-12-4）。これは，「脳内のセロトニンserotoninやノルアドレナリンなどのモノアミン系神経伝達物質が欠乏することでうつ病が発症する」との仮説である。芳香族アミノ酸の1つであるトリプトファンがニューロンneuronに取り込まれ，数種類の生合成経路を経た後，最終的にセロトニンになる。生合成されたセロトニンは，シナプスsynapse間隙へ放出された後，後シナプスニューロン上のセロトニン受容体を介して，そのシグナルを伝達する。シナプス間隙にたまったセロトニンは，セロトニントランスポーターにより，シナプス前ニューロンへ再取り込みされる。うつ状態ではシナプス間隙のセロトニン濃度が低下しているため，セロトニン

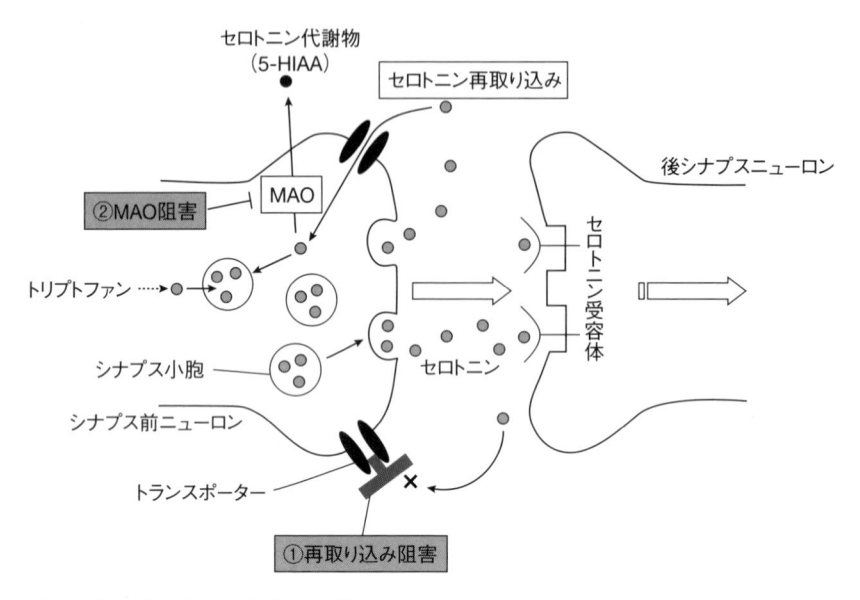

図 4-12-4 うつ病のモノアミン仮説
MAO：モノアミンオキシダーゼ，5-HIAA：5-ヒドロキシインドール酢酸

受容体に作用できるセロトニンが不足する．そこで，セロトニントランスポーターを選択的に阻害する化合物が抗うつ薬として利用されている（図4-12-4①）．一方，シナプス前ニューロンに再取り込みされたセロトニンは，モノアミン酸化酵素 monoamine oxidase（MAO）により酸化され，5-HIAA などへと代謝される（結果的に，脳内のセロトニン量が減少する）．したがって，MAO 阻害効果をもつ成分もモノアミン系神経伝達物質量を調節することでうつ病を緩和・治療することができると考えられている（図4-12-4②）．フラボノイドの効果では，特に後者の活性についての研究報告が多い．なかでもケンフェロール，アピゲニン，ルテオリン，クェルセチンに強い MAO 阻害効果があり，クリシン，ダイゼイン，ペラルゴニジン，シアニジン，タキシフォリンの効果は弱く，ミリセチンやナリンゲニンには阻害効果は見られないとされている[31~34]．以上のことから，ケンフェロール，アピゲニン，ルテオリン，クェルセチンには，MAO 阻害効果を介した脳神経系保護作用があることが期待されるが，ケンフェロールを除いていずれも *in vitro* の結果にもとづくものである．したがって，摂取した成分の体内利用性と血液脳関門透過性を含めた脳への蓄積を明らかにしなければならない．

引用文献

(1) Rusznyak, S., Szent-Györgyi, A. 1936. Vitamin nature of flavones. *Nature* **138**, 798.
(2) Murakami, A., Ashida, H., Terao, J. 2008. Multitargeted cancer prevention by quercetin. *Cancer Lett.* **269**, 315-325.
(3) Terao, J. 2009. Dietary flavonoids as antioxidants. *Forum Nutr.* **61**, 87-94.
(4) Terao, J. 2010. Flavonols: metabolism, bioavailability, and health impact. *In* Plant Polyphenolic and Human Health (ed. Fraga C.G.), John Wiley & Sons, Hoboken. pp. 185-196.
(5) Terao, J., Murota, K., Kawai, Y. 2010. Antiatherosclerotic effects of dietary flavonoids: insight into their molecular actionmechanism at the target site Vol. 2 . *In* Recent Advances in Polyphenol Research (eds. Santos-Buelga, C. *et al.*), Wiley-Blackwell, Hoboken. pp. 299-318.
(6) Passamonti, S., Terdoslavich, M., Franca, R., Vanzo, A., Tramer, F., Braidot, E., Petrussa, E., Vianello, A. 2010. Bioavailability of flavonoids: a review of their membrane transport and the function of bilitranslocase in animal and plant organisms. *Curr. Drug Metab.* **10**, 369-394.
(7) Maestro, A., Terdosiavich, M., Vanzo, A., Kuku, A., Tramer, F., Nicolin, V., Micali, F., Decorti, G., Passamonti, S. 2010. Expression of bilitranslocase in the vascular endothelium and its function as a flavonoid transporter. *Cardiovasc. Res.* **85**, 175-183.
(8) Zhu, Y., Lin, J.H., Liao, H.L., Verna, L., Stemerman, M.B. 1997. Activation of ICAM-1 promoter by lysophosphatidylcholine: possible involvement of protein tyrosine kinases. *Biochim. Biophys. Acta* **1345**, 93-98.
(9) Kris-Etherton, P.M., Lefevre, M., Beecher, G.R., Gross, M.D., Keen, C.L., Etherton, T.D. 2004. Bioactive compounds in nutrition and health-research methodologies for establishing biological function: the antioxidant and anti-inflammatory effects of flavonoids on atherosclerosis. *Annu. Rev. Nutr.* **24**, 511-538.
(10) Patrick, L., Uzick, M. 2001. Cardiovascular disease: C-reactive protein and the inflammatory disease paradigm: HMG-CoA reductase inhibitors, alpha-tocopherol, red yeast rice, and olive oil polyphenols. A review of the literature. *Altern. Med. Rev.* **6**, 248-271.
(11) Aviram, M., Fuhrman, B. 2002. Wine flavonoids protect against LDL oxidation and atherosclerosis. *Ann. N.Y. Acad. Sci.* **957**, 146-161.
(12) Kamada, C., da Silva, E.L., Ohnishi-Kameyama, M., Moon, J.H., Terao, J. 2005. Attenuation of lipid peroxidation and hyperlipidemia by quercetin glucoside in the aorta of high cholesterol-fed rabbit. *Free Radic. Res.* **39**, 185-194.
(13) Mochizuki, M., Kajiya, K., Terao, J., Kaji, K., Kumazawa, S., Nakayama, T., Shimoi, K. 2004. Effect of quercetin conjugates on vascular permeability and expression of adhesion molecules. *Biofactors* **22**, 201-204.
(14) Shimoi, K., Saka, N., Nozawa, R., Sato, M., Amano, I., Nakayama, T., Kinae, N. 2001. Deglucuronidation of a flavonoid, luteolin monoglucuronide, during inflammation. *Drug Metab. Dispos.* **29**, 1521-1524.
(15) Kawai, Y., Nishikawa, T., Shiba, Y., Saito, S., Murota, K., Shibata, N., Kobayashi, M., Kanayama, M., Uchida, K., Terao, J. 2008. Macrophage as a target of quercetin glucuronides in human atherosclerotic arteries: implication in the anti-atherosclerotic mechanism of dietary flavonoids. *J. Biol. Chem.* **283**, 9424-9434.
(16) Chen, C.C., Chow, M.P., Huang, W.C., Lin, Y.C., Chang, Y.J. 2004. Flavonoids inhibit tumor necrosis factor-alpha-induced up-regulation of intercellular adhesion molecule-1 (ICAM-1) in respiratory epithelial cells through activator protein-1 and nuclear factor-kappa B: structure-activity relationships. *Mol. Pharmacol.* **66**, 683-693.
(17) Stangl, V., Lorenz, M., Ludwig, A., Grimbo, N., Guether, C., Sanad, W., Ziemer, S., Martus, P., Baumann, G., Stangl, K. 2005. The flavonoid phloretin suppresses stimulated expression of endothelial adhesion molecules and reduces activation of human platelets. *J. Nutr.* **135**,

172-178.
(18) Shimoi, K., Saka, N., Kaji, K., Nozawa, R., Kinae, N. 2000. Metabolic fate of luteolin and its functional activity at focal site. *Biofactors* **12**, 181-186.
(19) Yoshizumi, M., Tsuchiya, K., Suzaki, Y., Kirima, K., Kyaw, M., Moon J.-H., Terao, J., Tamaki, T. 2002. Quercetin glucuronide prevents VSMC hypertrophy by angiotensin II via the inhibition of JNK and AP-1 signaling pathway. *Biochem. Biophys. Res. Comm.* **293**, 1458-1465.
(20) Ishizawa, K., Ishizawa-Izawa, Y., Ohnishi, S., Motobayashi, Y., Kawazoe, K., Hamano, S., Tsuchiya, K., Tomita, S., Minakuchi, K., Tamaki, T. 2009. Quercetin glucuronide inhibits cell migration and proliferation by platelet-derived growth factor in vascular smooth muscle cells. *J. Pharmacol. Sci.* **109**, 257-264.
(21) 日本比較内分泌学会, 田中滋康, 中山和久（編）1997. ホルモンの分子生物学5. ストレスとホルモン. 学会出版センター, 東京.
(22) 杉春夫 2008. ストレスとはなんだろう. 講談社, 東京.
(23) Kyrou, I., Tsigos, C. 2008. Chronic stress, visceral obesity and gonadal dysfunction. *Hormones* **7**, 287-293.
(24) Herman, J.P., Cullinan, W.E. 1997. Neurocircuitry of stress: central control of the hypothalamo–pituitary–adrenocortical axis. *Trends Neurosci.* **20**, 78-84.
(25) Sakakibara, H., Miyashita, T., Matsui, A., Ozaki, A., Suzuki, A., Ikeda, T., Morishita, K., Shimoi, K. 2009. Effects of St John's Wort extracts on corticosterone levels dysregulated by social isolation stress. *J. Trad. Med.* **26**, 86-92.
(26) Kawabata, K., Kawai, Y., Terao, J. 2010. Suppressive effect of quercetin on acute stress-induced hypothalamic-pituitary-adrenal axis response in Wistar rats. *J. Nutr. Biochem.* **21** 374-380.
(27) Youdim, K.A., Qaiser, M.Z., Begley, D.J., Rice-Evans, C.A., Abbott, N.J. 2004. Flavonoid permeability across an in situ model of the blood-brain barrier. *Free Radic. Biol. Med.* **36**, 592-604.
(28) de Boer, V.C., Dihal. A.A., van der Woude, H., Arts, I.C., Wolffram, S., Alink, G.M., Rietjens, I.M., Keijer, J., Hollman, P.C. 2005. Tissue distribution of quercetin in rats and pigs. *J. Nutr.* **135**, 1718-1725.
(29) Yi, L.T., Li, J.M., Li, Y.C., Pan, Y., Xu, Q., Kong, L.D. 2008. Antidepressant-like behavioral and neurochemical effects of the citrus-associated chemical apigenin. *Life Sci.* **82**, 741-751.
(30) Adachi, N., Tomonaga, S., Tachibana, T., Denbow, D.M., Furuse, M. 2006. (−)-Epigallocatechin gallate attenuates acute stress responses through GABA ergic system in the brain. *Eur. J. Pharmacol.* **531**, 171-175.
(31) Dreiseitel, A., Korte, G., Schreier, P., Oehme, A., Locher, S., Domani, M., Hajak, G., Sand, P.G. 2009. Berry anthocyanins and their aglycones inhibit monoamine oxidases A and B. *Pharmacol. Res.* **59**, 306-311.
(32) Sloley, B.D., Urichuk, L.J., Morley, P., Durkin, J., Shan, J.J., Pang, P.K., Coutts, R.T. 2000. Identification of kaempferol as a monoamine oxidase inhibitor and potential neuroprotectant in extracts of *Ginkgo biloba* leaves. *J. Pharm. Pharmacol.* **52**, 451-459.
(33) Han, X.H., Hong, S.S., Hwang, J.S., Lee, M.K., Hwang, B.Y., Ro, J.S. 2007. Monoamine oxidase inhibitory components from *Cayratia japonica*. *Arch. Pharm. Res.* **30**, 13-17.
(34) Yoshino, S., Hara, A., Sakakibara, H., Kawabata, K., Tokumura, A., Ishisaka, A., Kawai, Y., Terao, J., 2011 Effect of quercetin and glucuronide metabolites on the monoamine oxidase-A reaction in mouse brain mitochondria. *Nutrition.* **27**, 847-852

4.13. 樹皮および材のフラボノイドの利用＊

4.13.1. 接着剤としての利用

　樹皮や材から得られるフラボノイド化合物が工業的に抽出され，利用されているのは，フラバン 3-オールを単量体とするポリマーである。このポリマーは，酸で熱することで縮合して水や中性有機溶媒に不溶の沈殿物となるので，縮合型タンニンと称されている。また，縮合型タンニンはホルムアルデヒドと反応して不溶性ポリマーを形成するので，これが木材接着剤として利用できる基礎反応となっている。この縮合型タンニンの典型的な資源とタンニンを構成するフラバン 3-オールの主な単量体は表 4-13-1 に示される。

　一方，加水分解型タンニンは酸性水溶液中で容易に加水分解し，糖成分としてグルコースを，酸成分として没食子酸やエラグ酸を生成する。ここで，没食子酸を生成するものをガロタンニン，エラグ酸を生成するものをエラジタンニンと称する。このタンニンを多く含む植物は，ウルシ科のヌルデ Rhus javanica の葉につく虫えい（ゴール，商品名 Chinese tannin，五倍子），Rhus coriaria の葉 sumac tannin，シクンシ科モモタマナ属の Terminalia chebula の実 myrobalans，ブナ科クリ属 Castanea sativa の材抽出物 chestnut，マメ科ジャケツイバラ属 Caesalpinia coriaria のさや divi-divi などが知られている。この加水分解型タンニンは通常の条件下ではホルムアルデヒドとは反応しないので，木材接着剤の主成分としてはまだ利用されていない。

　世界の縮合型タンニンの年間生産量は，南アフリカとブラジルでそれぞれブラックワトル Acacia mearnsii の樹皮からワトルタンニンが約 5 万 t，それにアルゼンチンのケブラコ Schinopsis spp. の材からケブラコタンニンが約 5 万 t などと合計で約 15 万 t であると推定されている。このうち，約 12 万 t（80%）が皮のなめし剤として利用され，残りの約 3 万 t（20%）が木材接着剤として主に南アフリカとオーストラリアで利用されていると推定されている。

　ブラックワトルは，マメ科に属する植物で空気中の窒素を固定し，原生地のオーストラリアでは大陸南東部とタスマニアの広い範囲に自生する早生樹種である[1]。このブラックワトルはその種子が 1864 年にオーストラリアから南アフリカに導入されて植林地が確立され，1950 年代にはその広さは 36 万 ha にまで拡大したが，その後減少して 1986 年には 12 万 4000 ha で安定している[2]。また，ブラジルでは，1928 年に南アフリカからその種子が導入され，1930 年から商業的に植林地が確立

＊執筆：矢崎義和　Yoshikazu Yazaki

表 4-13-1 縮合型タンニンの代表的な資源

植物名	属名	部位	産地	タンニンの単量体
アカシア(ワトル)	Acacia	樹皮	南アフリカ, ブラジル	ロビネチニドール, カテキン
ケブラコ	Schinopsis	心材	アルゼンチン	ロビネチニドール, カテキン
ラジアータパイン	Pinus	樹皮	オーストラリア, チリ, ニュージーランド	カテキン
カラマツ	Larix	樹皮	中国, 日本	カテキン
オウシュウナラ	Quercus	樹皮	ヨーロッパ	カテキン, ガロカテキン
オオバヒルギ	Rhizophora	樹皮	ニューギニア	ガロカテキン

され, 1991年にはその広さが12万haとなった[3]。南アフリカでは, 1900年初頭にこのブラックワトルの樹皮から皮のなめし用タンニンの抽出工場が設置され, その生産は現在まで続いている。

1918年にタンニンをフェノール樹脂の硬化促進剤として利用できることが提唱されたが[4], タンニンの木材接着剤としての研究は1940年代後半になって初めてオーストラリア連邦科学産業研究機構 (CSIRO) のDaltonによって開始された。Daltonは, アカシア (ブラックワトル), ユーカリ *Eucalyptus crebra*, ホワイトサイプレスパイン *Callitris glauca*, ブラックサイプレスパイン *Callitris calcarata* の樹皮, ユーカリ [*Eucalyptus redunca* (ワンドウ), *E. consideniana*] の材からタンニンを熱水抽出し, 接着剤としての利用を検討した。その結果, ワトル, サイプレスパインとユーカリ *E. crebra* 樹皮のタンニンは, 耐水性接着性能を示したが, ユーカリ材のタンニンからは満足する接着が得られなかった。この接着性能の違いは抽出物中に含まれる成分の違いによる。たとえば, 樹皮のタンニンはホルムアルデヒドと反応する縮合型タンニンが主成分であり, 一方ユーカリ材のワンドウと *E. consideniana* のタンニン抽出物はホルムアルデヒドと反応しない成分であった[5]。なお, ワンドウの主成分は後にスチルベンであることがわかった[6]。また, タンニンを水, パラホルムアルデヒド, 木粉と混合して接着剤調整をすると, そのタンニン混合物の粘度が非常に高く, 接着剤として使用できない。これに対して, Daltonはタンニンのスルホン化を行い, タンニン混合物を低粘度化して耐水性のある接着剤として利用できることを報告した[7]。

その後, CSIROではタンニンの木材接着剤としての利用においてHillisらのカテキンとホルムアルデヒド[8], またポリフェノールとホルムアルデヒド[9]の基本的な反応機構について研究が行われ, 当時ニューギニアで生産されていたオオバヒルギ属植物 *Rhizophora* spp. からのマングローブタンニンの木材接着性についてPlomleyらが報告した[10]。これに続いて, Plomleyが商業用ワトルタンニンから耐水性接着剤が製造できる基礎技術を確立し[11], このワトルタンニンの木材接着

剤としての工業化が世界で初めてオーストラリアで，1966年に合板工場と，1968年にパーチクルボード（PB）工場とで実現した。それ以来，オーストラリアのPB工場では床材となるPB製造用にこのワトルタンニン接着剤が使用され，現在は年間8,000 t以上のワトルタンニンが南アフリカから輸入されていると推定される。

一方，南アフリカでは1960年代にワトルタンニンの過剰生産とその当時クロムなめしが盛んになり，タンニンの価格が大きく暴落した。そのような状況下で，ワトルタンニンの新しい利用を見つけ出すことが緊急を要し，Bondtite社が中心となり1966年にCSIROが開発した技術を基に，1972年にPB用，1974年に合板用，1982年にはフィンガージョイント用接着剤としてワトルタンニンの木材接着剤としての利用を工業化して現在に至っている[12]。

このオーストラリアと南アフリカにおけるワトルタンニンの木材接着剤への利用を参考に，1985年にオーストラリア国際農業研究センター（ACIAR）は，中国林業科学研究院と"ワトル造林とタンニン抽出物の利用"と題する共同研究を開始して，オーストラリアの首府キャンベラ付近から採取したブラックワトルの種子を中国の福建省，浙江省，江西省，広西省などの地域で育成して，1987年には1万haを超す植林地を確立した。これにともないワトルタンニンの生産は1989年には100 t，1991～92年には300 tと増加し，1994年には1000～2000 tが見込まれた[13]。

この研究では，まず中国で得られるワトルタンニンが南アフリカの工業製品のワトルタンニンと比較して，その分子サイズ分布に違いがあるかどうかを検討した。その結果，中国のワトルタンニンは，木材接着剤への利用という観点からすると，むしろ優れていることがわかった[14]。また，実験室レベル[15]，パイロットプラント試験[16]，それに実際の工場試験の結果から，中国の工場で生産されたワトルタンニンが外装用合板の接着剤として利用できることが検証された。また，このワトルタンニン接着剤の特徴として，接着剤を単板に塗布した後に熱圧するまでの堆積時間が30分～16時間に及ぶ広い範囲でも，高品質の合板を製造できるということもわかった。このことは中国でのワトルタンニン接着剤を工業化するのに最適な要素であった[17]。

Daltonによる開拓的研究の後に，ラジアータタンニンの耐水性木材接着剤としての利用に関する研究が1960年代まで行われ，ラジアータパイン樹皮が接着剤生産の有力な資源と成り得るとの高い可能性が示唆された[11, 18, 19]。しかし，樹皮からのタンニン収率が低いこと，接着剤が高粘度となること，抽出されたタンニンの品質が大きく変動するという，この3つの問題がラジアータタンニンの木材接着剤への工業的利用を大きく妨げていた。

タンニン抽出物の収率は，何年生の樹木でどこの部分から樹皮が採取されたのか

と，その樹皮の貯蔵条件，またタンニンの抽出方法と抽出条件などに大きく影響される。このほかにその収率は，抽出溶媒の種類，pH，抽出温度，樹皮粉末のサイズなどにも大きく左右される[20]。たとえば，アルカリ水溶液を溶媒とし，アルカリ量を増加するとタンニン収率も増加する。しかし，このアルカリ量が過剰でpHが10.5以上になるとタンニンのホルムアルデヒドとの反応性をもつ化学構造であるフラバノイドのA環が壊されて，接着剤として利用できなくなる[21]。1980年代にニュージーランドで工業的タンニン抽出に失敗したのは，この原因に起因するところが大きい。

オーストラリアの工業界においては，工業化の目標とされる抽出収率は15%以上と考えられている。タンニン溶液の粘度はタンニン抽出収率の増加にともなって増し，接着剤調整が困難になる。たとえば，100℃熱水，60℃温水，20℃冷水抽出をバッチ式で行うと，それぞれ，10%，5%，2.5%のタンニン抽出収率が得られるが，固形物45%，pH4の溶液の粘度は18,000，2,800および300 mPa·sとなり，100℃抽出物は接着剤調整が不可能である。この高粘度の原因となる成分は，限外ろ過法による分析の結果，高分子量のタンニンと同定された[22]。

タンニン抽出物の品質変動は，抽出物に含まれるタンニン含量，すなわちホルムアルデヒドと反応するフラバノイド化合物とその分子量分布に起因する。ホルムアルデヒドと反応するタンニン（フラバノイド）は主に外皮から，また反応しない炭水化物は内皮から抽出される[20, 22]。また，樹木の根本に近い部分からの厚い樹皮では内皮に比べて外皮の割合が大きく，樹冠に近い薄い樹皮では内皮と外皮の割合が小さくなるので，樹木のどこの部分から得られた樹皮が抽出されるのかで，タンニン抽出物の品質が異なってくる。そのうえ，熱水で長時間抽出するとタンニンが縮合して分子量が大きくなり，高分子量のタンニンが多い抽出物となる。この問題を解決するために，限外ろ過法を用いて，一定の分子サイズをもつタンニン分画を得ることにより，品質に変動のないタンニンを得て，高性能の接着性を示すことができた。そこで，この限外ろ過法の適用が特許化された[23]が，この技術はタンニン抽出装置のほかに高価な限外ろ過装置を必要とするので，安価な木材接着剤への利用では実用化されていない。

Hergertは，1950年代からベイツガ（ウエスタンヘムロック）*Tsuga heterophylla* をはじめとする北米に産する針葉樹のカナダツガ（イースタンヘムロック）*Tsuga canadensis*，ベイトウヒ（シツカスプルース）*Picea sitchensis*，それにベイマツ（ダグラスファー）*Pseudotsuga menziesii* などの樹皮の抽出成分，ことにタンニンの化学的，化学工学的研究を行い，1954年にはカナダのバンクーバーにベイツガ樹皮からのタンニン抽出工場を設立した。しかし，木材接着剤として利用できる良質な

タンニン抽出物を経済的に得ることができなかったので，1975年にこのタンニン抽出工場を閉鎖せざるを得なかった。この頃から，縮合型タンニンの化学構造の解明が進み，これらの樹皮からのタンニンの化学構造が明らかにされつつあった。1988年にHergertは，第1回北米タンニン学会で学会賞を受賞し，その受賞記念講演で，「これから将来のタンニン研究の方向としては，化学構造解明の研究も必要ではあるが，それよりもむしろ，タンニンのより経済的な抽出方法についての研究がさらにもっと必要ではないか」と，タンニン抽出方法の研究を強調している[24]。

　このような背景の中にあって，ラジアータパイン樹皮からタンニンを高収率で抽出する試みがなされた。まず，1992年にチリで，サルファイト・尿素法が提案された。これは，樹皮をサルファイトを含んだ熱水を用いて抽出することで，タンニンを低分子化させ，さらに尿素を加えてタンニンの縮合を妨ぎ，適当な粘度をもつタンニンを抽出する方法である。チリではこの方法を用いて年間500tのタンニンを工業的に生産している[25]。しかし，オーストラリアではこの抽出方法は，その結果に再現性が乏しかった。次にオーストラリアで開発されたスクイーズ・プレス法は，抽出溶媒として熱水と抽出時のpHを8.3とする水酸化ナトリウム溶液の2液を用い，抽出の際に圧力を加えて抽出液を樹皮から絞り出す方法である。抽出には2液を用いるが，これは熱水で低分子のタンニンを抽出し，さらにpH 8.3の熱水抽出で高分子タンニンを得ることを目的とする。この方法によると，樹皮をそれほど粉砕せず（12.5mm以下），樹皮と溶媒の比を1:3としても約6%濃度の抽出液が得られ，これを，向流抽出法で3回連続抽出すると抽出液の濃度が約18%まで増加する。また，抽出物収率は約30%で，その抽出物の接着試験では，合成フェノール樹脂と同等の接着性能が示された[26]。なお，この方法は，限外ろ過法に次ぐ画期的な技術であったので，工業的に直ちに利用できる樹皮について，この技術の適応性を検討した。

　まず，オーストラリアNSW州のオベロンからの12年生の若いラジアータパイン，南オーストラリア州マウントギャンビアからのフランス海岸松（カイガンショウ）*Pinus pinaster*，クイーンズランド州からのキューバマツ（カリビアパイン）*P. caribaea*と米国南部のサザンパインの一種であるスラッシュパイン*P. elliottii*，それにフィンランドから入手したオウシュウアカマツ（スコッチパイン）*P. sylvestris*とドイツトウヒ*Picea abies*の樹皮を，2液スクイーズ・プレス法を用いて抽出し，得られたタンニンの接着試験をしたところ，ラジアータパイン，フランス海岸松とカリビアパインからの抽出タンニンが規格に合格する接着性能を示した。しかし，その他の樹皮からの抽出で得られた，規格に不合格であったタンニンには，ホルムアルデヒドと反応するフラボノイド化合物の含有率（スティアスニー値）がいずれ

も65％以下であり，このタンニンに含まれるフラボノイド含有率65％がタンニン木材接着剤の良否を決定する因子として同定された[27]。

ディファイブレーター法は，ハンマーミルで粉砕した樹皮を重量比で1：6の割合で熱水と混合し，ディファイブレーター（解繊機）を用いて繊維化しながらスラリーを得て，これをろ過して抽出液を得る方法である。この特徴は，樹皮の解繊には数秒以下と抽出に要する時間がきわめて短く，そのため，抽出時に自己縮合が起こらず，きわめて低分子量のタンニンが得られる。樹皮の粉砕も簡単，前述の2段階抽出は不要，しかも30％の抽出収率が得られ，また，抽出物に含まれる反応性タンニン量もきわめて多く，そのため，これまで得られたタンニン抽出物の中で最高の木材接着性能を示した。さらに，従来の抽出方法では，性能のよい接着剤を得ることが不可能だった若いラジアータパイン樹木からの樹皮でも，このディファイブレーター抽出法によって，高性能の接着剤を得ることができた[28]。最後の加圧熱水抽出法は，樹皮に対し4倍量の水に1％水酸化ナトリウムを添加し，140℃・初気圧10気圧・抽出時間0分（処理温度140℃到達直後冷却）の条件で31.3％の抽出物収率を得た。この加圧熱水法は，従来法に比較し溶媒量が1/5であり，さらに抽出時間も短時間であるため，抽出に必要とされるエネルギー量が従来の方法と比較して1/6程度であることが明らかにされた。また，1tのタンニンを抽出する際に，従来の方法を用いれば6,700［kg-CO_2］の放出があり，この加圧熱水抽出法では1,000［kg-CO_2］の放出があると計算された[29]。しかし，このような研究にもかかわらず，ラジアータパイン樹皮からのタンニンを木材接着剤として利用することは，現在のところ実現していない。これは，どの方法を用いても，工場を建設するために大きな資本が必要とされ，また，一方で南アフリカから安価なワトルタンニンが入手できることにも起因する。

オーストラリアにおけるラジアータパイン樹皮からのタンニンのほかに，1970年代から1990年代にかけて，ドイツではトルコから大量に木材を輸入して廃棄物として蓄積される*Pinus brutia*樹皮[30]，アメリカでは南部のサザンパインに属するスラッシュパインとロブロリパイン*P. taeda*樹皮[31]，スペインのフランス海岸松樹皮[32]からのタンニン接着剤への利用に関する研究が進められた。さらに，ドイツではトルコからの*P. brutia*，メキシコからの*P. oocarpa*，チリからのラジアータパイン，インドネシアからのスマトラマツ*P. merkusii*，ユーゴスラビアからのオウシュウクロマツ*P. nigra*，それにオウシュウアカマツの樹皮[33]とドイツウヒの樹皮[34]，南アフリカではマツ属の樹皮[35]から熱水抽出して得られるタンニンを木材接着剤として利用する多くの試みがなされたが，その実用化は成功していない。その理由として，接着剤として利用される時に一番重要なホルムアルデヒド

と反応するタンニンの基本骨格であるフラバノイド構造のA環が，ワトルタンニンはレゾルシノール型のヒドロキシ基置換を持ち，一方のマツ属の樹皮から抽出されるタンニンは，フロログルシノール型のヒドロキシ基置換をもっている。このために，マツ樹皮からのタンニンは，ホルムアルデヒドとワトルタンニンの10倍の速さで反応するので[20]，この反応速度をコントロールすることが困難であること，また，その反応性が高いので，自然界においてタンニンの分子量分布が高分子領域に偏り，そのために，抽出物の粘度が高粘度になること，また，抽出工程でタンニンの高分子化が起こり，抽出されるタンニンの品質管理が大変難しいことに起因している。そのうえ，アルカリに対する安定性が，ワトルタンニンに比べて，マツ樹皮から得られるタンニンは非常に敏感なので[22]，木材接着剤としての工業化に大変不利な条件となっている。

これまで，樹皮や材からタンニンを抽出して，その抽出されたタンニンを木材接着剤として利用することが研究されてきたが，最近になって，タンニンを樹皮から抽出することなく樹皮を微粉末にして，それを接着剤として利用する新しい試みがなされた。これは，もともと，ラジアータパイン樹皮からタンニンを効率よく熱水抽出液を得るためには，抽出液と抽出残渣とを分離するろ盤の目を詰まらせる原因となる樹皮微粉末を，抽出に先立って粉砕した樹皮粉末から取り除く必要があった。そこで，粉砕された樹皮粉末をふるいにかけたところ，63 μm以下の分画は，濃赤色の粉末になり，この分画にはタンニンが高濃度で含まれていることが判明した。そして，この高濃度のタンニン分画を接着剤として直接利用する技術が開発された[36]。この樹皮接着剤は，樹皮微粉末（<63 μm）（100部），パラホルムアルデヒド（10部），水（165部）として，不揮発分が40%になるように調整し，さらに水酸化ナトリウム水溶液でpH 8に調整するだけである。なお，架橋剤としてのパラホルムアルデヒドに代わって，PF（フェノール・ホルムアルデヒド）樹脂を用いることで，樹皮に含まれるタンニンだけに依存する品質の不安定性を大きく改善することができる[37]。まず，アカシア樹皮粉末接着剤が工業的に利用されることになり，これに続いて，近い将来ラジアータマツ樹皮が同じように工業化される予定である。

また，ラジアータタンニンは高い反応性をもっているので，ホルムアルデヒドを必要としないタンニンの自己縮合だけによる接着剤への利用も試みられた。それは，タンニン水溶液を180℃にて熱すると有機溶媒に不溶な固形物が得られる。これはタンニンがホルムアルデヒドの存在なしに縮合する自己縮合の結果である[29]。まず，ラジアータタンニンと木粉を重量比1：1で混合し，190℃，100 MPaで10分間圧縮するとプラスチック様の外観を示す成型物が得られた。この成型物は9〜10 GPa程度の高い曲げ弾性率を示し，その曲げ強度は60 MPa前後の値が得られた。

さらに，タンニン含浸木粉を成型した場合では，その曲げ強度は 70 〜 80 MPa の値が得られた。そのうえ，72 時間煮沸試験の結果から，タンニン成型物は高耐水性フェノール樹脂成型物と同程度の耐水性を示した[38]。このように，この研究では 100% 植物由来の成分で，フェノール樹脂成型物に匹敵する強度を有する成型材料を製造できることが示され，またこの技術が他のパネル製造にも応用できることが期待されている。

なお，高品質な大径木が地球上から消失しつつある現状に加え，将来の人口増加にともなう木材の需要増加を解決するために，低品質で小径木の木材原料をより小さい木材エレメントに細分化し，それから接着剤を用いて，より大きなサイズで高品質の均一な性質をもつ工業材料として再構成木材を製造することは，これからの森林資源の有効利用という面から大変重要である。しかしながら，合板，パーチクルボード (PB)，集成材，単板積層材 (LVL)，ファイバーボードのような再構成木材を製造する際には，木材接着剤が必要とされる。現在は，再構成木材の接着剤として，尿素 (UF) 樹脂，メラミン (MF) 樹脂，メラミン尿素 (MUF) 樹脂，フェノール (PF) 樹脂，レゾルシノール (RF) 樹脂，タンニン系接着剤，これに水性高分子-イソシアネート系接着剤が用いられている。この中で，合成フェノール性や天然タンニン接着剤で結合された再構成木材の接着層だけは 72 時間の煮沸試験に耐えるので，オーストラリアではこれらの接着層を「結合 A 型」として分類している[39]。そのうえ，この「結合 A 型」の接着層は長期の応力下で 50 年以上も耐えることが推定され，PF 樹脂，RF 樹脂，タンニンおよびこれらの混合樹脂は外装用木材の構造用接着剤として利用できることが国際的にも認められている[40, 41]。

また，樹皮や材からのフラボノイドであるフラバン 3-オールに由来する縮合型タンニン接着剤は木材接着剤の中でも合成フェノール接着剤と比較して反応性が高く，またその他の接着剤に対して耐水性に優れ，構造用接着剤として利用される唯一の高性能木材接着剤である。これからますますこの分野での研究が進められ，木材接着剤への利用が盛んになることが期待される。

4.13.2. 健康食品としての利用

独立行政法人国立健康・栄養研究所の健康食品安全情報ネットの関連用語によると，健康食品とは，一般に「健康によい」として売られている食品全般が該当し，それについての明確な定義はなく，また国民生活センターでは「消費者が健康によいと積極的な効果を期待して摂取する医薬品以外の食品」としている。国立健康・栄養研究所の「健康食品」の安全性・有効性情報には，2009 年 12 月の時点で，「健康食品」に利用されている 361 にもおよぶ健康食品の素材（成分）に関する情報

が表示されてある。それによると、この361項目の健康食品素材の中で、樹皮や材から抽出して得られたフラボノイドが健康食品の素材となっているのは、唯一松樹皮抽出物である。これはフランス海岸松からの樹皮抽出物であり、ピクノジェノール pycnogenol は米国における、またフラバンジェノールは日本における登録商標として一般に知られている[42]。

ピクノジェノールは、フランス南西部のガスコーニュ地方ランドの海岸に生育するフランス海岸松の樹皮から得られた抽出物である。この植物は、maritima pine *Pinus maritima* とも称され、もともとは海岸の砂状土壌に自然に生育していたが、ビスケイ湾が侵食されて砂状になるので、その砂漠化した土地を回復するために人工的にフランス海岸松が植林されて現在に至っている[43]。このマツの森林は、1751年の文献に"ボルドーのランド"として記述され、また、1910年のエンサイクロペディア・ブリタニカ第11版に、フランス海岸松は、他のいかなる樹種よりも海岸の砂の土壌で最もよく生育し、海岸の砂状化を防ぐことができる重要な樹種であると記述されている[44]。なお、フランス海岸松は、西オーストラリアや、南オーストラリアでもよく生育することが知られている[45]。

アメリカ特許(US Patent 6,372,266 B1)によれば、粉砕したフランス海岸松樹皮(100 kg)を12時間熱水(350 L)処理して、それを絞り出して250 Lの抽出液を得る。その抽出液を20℃に冷まして、ろ過し、そのろ液に塩化ナトリウムを飽和状態まで加えて、再びろ過し、そのろ液に対して1/10の量の酢酸エチルをろ液に加えて抽出を行い、これを3回繰り返して、酢酸エチル可溶部を得る。これに無水硫酸ナトリウムを加えて水分を取り除き、真空で酢酸エチルを蒸発させて取り除き、酢酸エチルの元の量の1/5まで濃縮し、この濃縮液を3倍量のクロロホルム溶液に、攪拌しながら加えると、プロアントシアニジンの沈殿物が得られる。この沈殿物をろ集して、再び酢酸エチルで溶解し、クロロホルムで沈殿させて精製する[46]。

なお、この精製法についての最初の特許(US Patent 3,436,407)によると、1 kgの樹皮から約5 gの精製抽出物が得られている[47]。この精製抽出物は、明るいベージュ色を呈し、水やエチルアルコールに可溶、クロロホルム、1,3-ブタジエン、石油エーテル、エチルエーテルに不溶、乾燥状態では、長い期間保存できる。この抽出物を10%の塩酸で煮沸すると、暗赤色を呈し、これをイソアミルアルコールで振ると、イソアミルアルコール層に暗赤色が転移して、アントシアニジンと同じ化学的、物理的性質を示す。この抽出物の化学組成は、80〜85%のプロアントシアニジン、5%のカテキンとエピカテキン、2〜4%のカフェ酸、フェルラ酸を含む有機酸、8%までが水分と不純物からなっている[46]。

ピクノジェノールのもつ生理活性は、その強力な抗酸化作用に基づいている。

A: 京都福寿園の抹茶（緑茶）からの抽出物，B: マツ樹皮抽出物（ピクノジェノール），C: パリで収集されたイチョウの葉から得られた抽出物 Gingko biloba extract, D: 岐阜からのバイオ・ノーマライザー Bio-Normalizer, E: カリフォルニアからのフラボノイド・ブレンドでアスコルビン酸を含む試料（GNLD flavonoid blend with ascorbate），F: アスコルビン酸を含まない試料（GNLD flavonoid blend without ascorbate），それに G: β-カテキン β-catechin について，これら試料のヒドロキシ・ラジカル消去能とスーパーオキシド・アニオン消去能を ESR を用いて測定した。

その結果，スーパーオキシド・アニオン消去能が一番高かったのは，A: 緑茶抽出物で，それに続いて，E: アスコルビン酸を加えたフラボノイド・ブレンド，B: ピクノジェノール，F: アスコルビン酸を加えていないフラボノイド・ブレンド，G: β-カテキン，C: イチョウ葉抽出物，最後に D: バイオ・ノーマライザーであった。また試料を，アスコルビン酸を酸化酵素で処理してから再び測定した結果，A, B, E, F, C, G, D の順であった。A: 緑茶抽出物，E, F: フラボノイド・ブレンド，それに G: β-カテキンにおけるラジカル消去能は大変減少したので，これらの試料にはアスコルビン酸が含まれていることが示唆された。この点で，ピクノジェノールは，ほとんど減少が見られなかった。またそれぞれの試料を，限外ろ過法を用いて，分子量を 100,000 以下と，10,000 以下とに分画して測定したところ，どちらの場合でも，スーパーオキシド・アニオン消去能は，A, E, B, F, C, G, D であった。この場合に，ピクノジェノールの分子量 10,000 以下の消去能は分子量 100,000 以下の約 2/3 に減少したので，この分子量 10,000 〜 100,000 の間になお強い消去活性があるものと推測された。さらに，試料を 100℃ で 10 分間処理した場合には，ピクノジェノールだけは熱処理の影響を少しも受けなかったが，その他の試料はすべて，そのヒドロキシ・ラジカル消去能が約半分に減少した。この結果，ピクノジェノールは，熱処理に最も強い抵抗性を示し，アスコルビン酸酸化酵素にも耐え，大変高い抗酸化活性を示すことが明らかになった[48]。

ピクノジェノールの強い抗酸化活性と抗炎症性の作用につき，精製マツ抽出物を Sephadex LH-20 を用いて，分子量サイズで分画して，1) 単量体フラボノイド（タキシフォリン，カテキン，エピカテキン）とフェノール酸（カフェ酸，フェルラ酸，バニリン酸), 2) プロシアニジン二量体（B-1, B-3, B-6, B-7 など），三量体，四量体，それに，3) 四量体以上のオリゴマーと分画して，それぞれの活性を測定したところ，すべての分画で強い抗酸化活性と抗炎症活性が得られたが，その中でも 3) の四量体以上のオリゴマーの分画に最も高い活性が観察された。しかも，フリーラジカル消去活性と抗炎症活性との間には，高い相関関係（r＝0.992）があることも判明した[49]。

このほか、ピクノジェノールは血液循環や免疫反応にも大きな影響を与えるが、これらは基本的には高い抗酸化活性による活性酸素や活性窒素を消去させる能力、それにまた、ピクノジェノールがタンパク質と結びつき、ことに各種の酵素と結びつき、その酵素活性を抑制することに起因する。これらに関する詳細について、広範な総説と書籍が出版されている[50, 51, 52]。

ピクノジェノールに次いで樹皮からのフラボノイド化合物が健康食品として利用されている商品として、エンゾジェノールがある。これは、ニュージーランドのカンタベリー大学で、ラジアータパインからの樹皮抽出物を健康食品として開発したものである。先のピクノジェノール用の樹皮抽出物の精製は、樹皮粉末の熱水抽出液を酢酸エチルで液/液抽出を行い、その酢酸エチル濃縮液を3倍量のクロロホルム溶液に加えて、その沈殿物を得ることで行っている。このようにピクノジェノール用の抽出物の精製には、水の他に酢酸エチルとクロロホルムを用いていた。これに対して、エンゾジェノールの場合には、熱水抽出液を1 μm のフィルターを用いたマイクロろ過を行い、そのろ液を1,000～5,000ダルトン（Da）分画分子量膜を用いた限外ろ過で得られるろ液を乾燥させてエンゾジェノール用の抽出物を調整している。このようにして得られた抽出物中には、低分子量のフェノール性成分として、(+)-カテキン、(+)-ガロカテキン、(+)-ジヒドロクェルセチン（タキシフォリン）、クェルセチン、ミリセチン、3,5,3',4'-テトラヒドロキシスチルベンと、その4'-β-グルコシド、それにプロシアニジン二量体のB-1, B-3, B-6, および三量体のC-2が含まれている。この成分はフランス海岸松からのピクノジェノール用の精製抽出物とほとんど同じである。また、この純水抽出法では、15年生のラジアータパインの樹の中部以上の部分から得られる外樹皮が薄くて若い樹皮が最も適しており、その精製抽出物の抽出率は、6.5～9.6%であった[53, 54]。なお、この抽出精製方法は、オーストラリアのCSIROで1980年にラジアータパイン樹皮から常に一定の性質をもつ高性能木材接着剤を製造するために開発された方法と基本的には同じである[55]。

ラジアータパイン樹皮（エンゾジェノール）とフランス海岸松樹皮（ピクノジェノール）の抽出物、ブドウ種子とブドウ果皮からの抽出物、カテキン、トロロックス、アスコルビン酸（ビタミンC）のヒポキサンチン－キサンチン酸化酵素系におけるスーパーオキシド・ラジカル消去能をNBTとWST-1分析により測定した。その結果、エンゾジェノールとピクノジェノールのマツ樹皮由来の抽出物は、ビタミンCとトロロックスよりも強いスーパーオキシド・ラジカル消去能を示した。また、グレープ皮抽出物は弱い抗酸化物ではあったが、トロロックスより少々効果的なフリー・ラジカル消去能を示した[56]。

次に，エンゾジェノール（240 mg）とビタミンC（120 mg）をそれぞれ1日2回，年齢が55～75歳の男性14名と女性10名に12週間与えて，試験の0週間，6週間，12週間後に血液を採り，そのプラズマをELISA法により，タンパク質の酸化を測定する目的でタンパク質のカーボニル濃度を分析した。また，DNA傷害を測定する目的で 単離された末梢血単核細胞を，アルカリコメット分析を用いて分析した。その結果，6週間，12週間とサプリメントを与えたことで，タンパク質のカーボニル濃度が著しく減少し，またDNA傷害は，6週間後では効果がなかったが，12週間後には著しく減少した。このように，ヒトでの臨床試験の結果でも，エンゾジェノールが健康によいことが示された [57, 58]。

また，44人の常習喫煙者に12週間エンゾジェノール（480 mg）とビタミンC（60 mg）を一緒に毎日与えた場合と，ビタミンC（60 mg）だけを与えた場合の酸化ストレスと炎症の内皮細胞の働きと生化学的マーカーに与える影響を調べた結果，どちらの場合でも，気管支動脈の内皮作用は改善された。しかし，タンパク質のカーボニルレベルは，ビタミンCだけのものよりも，両方一緒に与えた方がはるかに減少した [59]。

さらに，普通の薬では手に負えない12人の頭痛もちの人が毎日エンゾジェノール（120 mg），ビタミンC（60 mg）とビタミンE（30 IU）を3か月間飲み続けたところ，頭痛の回数が減少し，また頭痛の激しさも減少した [60]。

また，毎日エンゾジェノール（960 mg）とビタミンC（120 mg）を50～65歳の年齢の22人の男性に与え，コントロールとしてビタミンC（120 mg）のみを20人の男性に与えて，5週間後に文脈の記憶，早いイメージの認識，簡単な反応時間，選択反応時間，視覚の認識に対する反応時間，複雑な視覚の認識に対する反応時間，空間での作業記憶，遅延認識記憶について検査したところ，空間作業記憶と早いイメージの認識についての反応はコントロールがビタミンCだけの人たちに比べて，改善された [61]。

なお，樹皮の伝統医薬としての役目，フラボノイドの一般的な解説，フリー・ラジカルの脅威，ラジアータパインからのエンゾジェノール，エンゾジェノールの抗酸化物質としての意義，マウスでの延命効果とストレス解消など，このエンゾジェノールについての解説書がある [62]。

これらの松樹皮に続いて，最近になって新しくアカシア樹皮フラボノイドを健康食品として利用するようになった。これは，もともと日本の企業とオーストラリアのモナッシュ大学との共同研究の一端として発展したものである。それはエンゾジェノールがオーストラリアと日本で非常に高価で販売されており，これは，樹皮からの生理活性物質の収率が樹皮の乾燥重量に対して特許では6.5～9.6% [53, 54]

と記されているが，実際には5%[58]と大変低いことと，それにマツの樹齢，樹木から樹皮の採取場所，それに抽出物中のフラボノイドと糖類などの成分の割合とその分子量調整のために限外ろ過という高価な工程が必要であることに大きく起因していると推定された．

日本とオーストラリアの共同研究では，まず，ラジアータパイン樹皮の外樹皮と内樹皮において，外樹皮は熱水によって主にタンニン成分としてのプロシアニジンが得られ[20]，また内樹皮から冷水によって抽出される物質が木材腐朽菌の菌糸を大きく成長させる生理活性を示したことと，抽出物の成分は主に糖類と少量の低分子プロシアニジンからなり，抽出物の収率はそれぞれ20%以上で得られることが判明した[63]．そこで，樹齢，樹木からの樹皮の採取場所にこだわらず，まず樹木を切り倒した直後に内樹皮と外樹皮に分離し，内樹皮は冷水で，外樹皮は熱水で抽出して，それぞれの抽出液を乾燥させ，そのフラボノイドと糖類を望まれる割合で再混合することで，エンゾジェノールとほぼ同じ組成をもつ抽出物を収率20%と高く，また容易に得ることができた．

このように調整された抽出物のスーパーオキシド消去活性 Superoxide Scavenging Activity（SOSA）が，日本食品分析センターで測定された．また，それと同時に，タンニン木材接着剤の開発で接着試験のベンチマークとなっている南アフリカから輸入したワトルタンニン，それにワトルタンニンのエタノール可溶部，ビタミンC，カテキン，ガロカテキンのSOSA値を測定したところ，それぞれ，1,900，2,400，360，340，1,500（$\times 10^3$ units/g）という値が得られた[64]．このように，ワトルタンニンの抗酸化活性（SOSA）は，ビタミンCやカテキンの約5～7倍であり，また，その後の研究で，このワトルタンニンのSOSA値はマツ樹皮からの抽出物のSOSA値の約10倍であることが見出された．

しかし，アカシア樹皮は，これまでにヒトの食経験がないことから，この樹皮から熱水抽出して得られるワトルタンニンの毒性と安全性を確認する必要があり，マウスを用いた急性経口毒性試験では，LD_{50}値は，雄では4,468 mg/kg，雌では3,594 mg/kgであり，いずれも3,000 mg/kg投与で，死亡例を認めなかった．

また，*Escherichia coli* WP2 uvrA株および*Salmonella typhimurium* TA株系4菌種を用いて，代謝活性化を含む復帰突然変異試験を156～5,000 μg/プレート容量のワトルタンニンを試験した結果，いずれの菌種についても復帰変異コロニー数の増加が見られず，ワトルタンニンの突然変異誘起性は陰性であると結論された[64]．

これらの結果を基にして，マウス，ラット，モルモット，ウサギを用いて，dbマウスの血糖上昇抑制，体脂肪低減，抗酸化，美肌，抗疲労，更年期障害，抹消血

流促進，制癌，HR-1 かゆみに関する生理試験を実施し，またこれと並行して，ラット4週間，13週間連続投与毒性試験とマウスの小核試験による安全性試験も行われた．さらに，ヒトにおける安全性試験で，健常男性成人を対象に1錠（300 mg）中にワトルタンニン（125 mg）を含有する錠形食品を用いて，2つの単回摂取試験で2錠（250 mg）から12錠（1,500 mg）までの摂取量に関しては，その食品の安全性に問題はないと判断され，次に2つの4週間反復摂取試験の結果から，この錠形食品の健常男性成人における無影響は8錠(1,000 mg)/日以上であり，このワトルタンニンを含む食品の安全性ならびに忍容性はきわめて高いと結論された[65]．

ワトルタンニンの化学成分については，これまでに南アフリカのRoux一派の広範な研究によって，その主成分の化学構造についての情報が得られているが，さらにワトルタンニンとその生理活性についての研究はこれまでにはなされていなかった．しかし，最近になって，脂肪分解酵素であるリパーゼと，糖のα-1,4-グルコシド結合の加水分解酵素であるα-グルコシダーゼの活性について酵素試験を実施したところ，ワトルタンニンがこれらリパーゼとα-グルコシダーゼの活性を強く抑制することが示され，さらに，雄のICRマウス（4週齢）に，ワトルタンニン水溶液を与えた直後にオリーブオイルを与えたところ，血漿中のトリグリセライド（中性脂肪）の濃度の上昇が抑制された．また，同じように，過剰のマルトースとスクロースを与えた場合にも，血漿中のグルコースの上昇を抑制し，その抑制効果はマルトースに対してより顕著であった．なお，グルコースを与えた場合には血漿中のグルコースの増加を抑制したが，スターチを与えた場合には，その抑制効果はやや弱めであった．このことから，ワトルタンニンがリパーゼやα-グルコシダーゼの活性を阻害して，脂肪と炭水化物の腸内での吸収を減少させていると推定された[66]．

また，ワトルタンニンがリパーゼの酵素活性とスターチをグルコースが数個つながった状態まで分解するα-アミラーゼの酵素活性を阻害することが確認されたので，次に，この酵素活性阻害を引き起こすワトルタンニンの成分を同定する目的で，ワトルタンニンをカラムクロマトグラフィー（Diaion HP20SS, Sephadex LH-20とMCI-gel CHP20P）を用いて分離し，その得られた分画についての酵素試験と，それに^{13}C NMRとMALDI-TOF-MS分析を行い，それぞれの分画に含まれる成分の化学構造を解析した．その結果，リパーゼやα-アミラーゼの活性阻害を引き起こす成分は，主に5-デオキシフラバン-3-オール 5-deoxyflavan-3-ol ユニットからなるプロアントシアニジン オリゴマーであることが判明した．また，ワトルタンニンを構成している成分として，Roux一派によって既に構造解析がなされた化合物のほかに，新物質として，4'-O-methylrobinetinidol 3'-O-β-d-glucopyranoside, fisetinidol-(4α-6)-gallocatechin と epirobinetinidol-(4β-8)-catechin が単離同定さ

れた⁽⁶⁷⁾。

このように，ワトルタンニンがリパーゼや炭水化物分解酵素の活性阻害を起こすことが確認されたので，ワトルタンニンによる抗肥満効果の存在が示唆された。そこで，肥満・糖尿病マウス（KKAy）に，正常，高脂肪，高脂肪＋ワトルタンニンの飼料を7週間与えた後に，それぞれの体重，血糖値，インスリンの量が測定された。また，骨格筋，肝臓，脂肪組織における肥満と糖尿病抑制に関与する遺伝子であるmRNAとタンパク発現量も測定された。その結果，ワトルタンニンを与えたグループでは，体重も，血糖値も，それにインスリン量も有意に抑制された。また，エネルギー消費に関与する遺伝子（*PPARα*，*PPARδ*，*CPT1*，*ACO*，*UCP3*）のmRNA発現量，それに*CPT1*，*ACO*，*UCP3*のタンパク発現量についても，ワトルタンニンを加えたグループが他のグループに比較して有意に高かった。さらに，ワトルタンニングループは，肝臓における脂肪酸合成に関与する遺伝子（*SREBP-1C*，*ACC*，*FAS*）の発現量を抑制し，それに脂肪細胞から分泌されるタンパク質でインスリン感受性を上昇させるアディポネクチンのmRNA発現量を増加させ，白色脂肪組織のTNF-αの発現量を減少させた。このようなことで，ワトルタンニンの抗肥満作用は，骨格筋のエネルギー消費に関与する遺伝子の発現量が増加することと，肝臓における脂肪酸合成と脂肪の吸収を減少させることに起因すると結論された⁽⁶⁸⁾。

さらには，ワトルタンニンがアトピー性皮膚炎に起因する搔痒(そうよう)を抑制する効果を示すことが，無毛マウス（HR-1ヘアレスマウス，4週齢）を用いた皮膚搔痒行動抑制試験から明らかにされた。それは，アトピー性皮膚炎はセラミドの合成障害に起因すると考えられているが，ワトルタンニンを加えたグループでは，セラミド分解酵素のmRNA発現量が減少することにより，皮膚のセラミド発現量が減少しなかった。このことから，搔痒抑制のメカニズムは，ワトルタンニンがアトピー性皮膚炎に起因するセラミド分解酵素発現を抑制することにより皮膚の乾燥を妨げることであると推論された⁽⁶⁹⁾。

現在，ワトルタンニン成分の分子生物学的研究と，抗酸化活性に関連するいくつかの動物，およびその延長上にある臨床試験が活発に進められており，そのワトルタンニンの生理活性に関与する成分がいかなるメカニズムによってその生理作用を引き起こし，それがヒトの健康にどのように貢献しているのか，その実体がこれからますます明らかにされることが期待される。

このように，樹皮からのフラボノイド化合物の利用として，まずアカシア樹皮からのワトルタンニンが木材接着剤として利用され，それに引き続いてマツ樹皮から

のラジアータタンニンが開発されつつあり,一方,健康食品としての利用では,これとは逆に,マツ樹皮からのピクノジェノールとエンゾジェノールが商品化され,それに続いてアカシア樹皮からのワトルタンニンが健康食品として開発されつつあることは大変興味深い。また,木材接着剤への利用では,タンニンの基本骨格であるフラバノイド構造のA環のヒドロキシ基置換がホルムアルデヒドとの反応性に関与し,また,健康食品としての利用では,B環のヒドロキシ基置換が抗酸化活性に関与していることは,大変興味深い。なお,このアカシア樹皮やマツ樹皮だけではなく,自然界にある木材資源をさらに有効に利用する研究がこれからますます盛んになることが期待される。

引用文献

(1) Turnbull, J.W. (ed.) 1986. Multipurpose Australian Trees and Shrubs. ACIAR, Canberra, pp. 164-167.
(2) Donald, D.G.M. 1986. South African nursery practice – The state of the art. *South Afr. For. J.* **139**, 36-47.
(3) Stein, P.P., Tonietto, L. 1991. Black wattle silviculture in Brazil. *In* Black Wattle and its Utilisation. Abridged English Edition (eds. Brown, A.G., Ho, C.K.), RIRDC, Canberra, pp. 78-79.
(4) McCoy, J.P.A. 1918. Hardening fusible phenolic condensation products. US Patent 1, 269, 627.
(5) Dalton, L.K. 1950. Tannin-formaldehyde resins as adhesives for wood. *Aust. J. Appl. Sci.* **1**, 54-70.
(6) Hillis, W.E. 1972. Properties of eucalypt woods of importance to the pulp and paper industry. *Appita* **26**, 113-122.
(7) Dalton, L.K. 1953. Resins from sulphited tannins as adhesives for wood. *Aust. J. Appl. Sci.* **4**, 136-145.
(8) Hillis, W.E., Urback, G. 1959. Reaction of (+)-catechin with formaldehyde. *J. Appl. Chem.* **9**, 474-482.
(9) Hillis, W.E., Urbach, G. 1959. Reaction of polyphenols with formaldehyde. *J. Appl. Chem.* **9**, 665-673.
(10) Plomley, K.F., Gottstein, J.W., Hillis, W.E. 1964. Tannin – formaldehyde adhesives for wood. I. Mangrove tannin adhesives. *Aust. J. Appl. Sci.* **15**, 171-182.
(11) Plomley, K.F. 1966. Tannin-formaldehyde adhesives for wood. II. Wattle tannin adhesives. *Div. For. Prod. Tech. Paper* **39**, 1-16.
(12) Pizzi, A. 1983. Wood Adhesives Chemistry and Technology, Vol. 1. Dekker, New York.
(13) Yazaki, Y. 1994. Black wattle (*Acacia mearnsii*) bark research in ACIAR. Proc. Intern. Symp. on the Utilization of Fast-growing Trees, pp. 581-588.
(14) Zheng, G., Lin, Y., Yazaki, Y. 1988. Comparing molecular size distribution of tannin extracts from *Acacia mearnsii* bark from different countries. *Holzforschung* **42**, 407-408.
(15) Zhao, L., Cao, B., Wang, F., Yazaki, Y. 1994. Chinese wattle tannin adhesives suitable for producing exterior grade plywood in China. *Holz als Roh- und Werkstoff* **52**, 113-118.
(16) Zhao, L., Cao, B., Wang, F., Yazaki, Y. 1995. Chinese wattle tannin adhesives for exterior grade plywood. *Holz als Roh- und Werkstoff* **53**, 117-122.

(17) Zhao, L., Cao, B., Wang, F., Yazaki, Y. 1996. Factory trials of Chinese wattle tannin adhesives for antislip plywood. *Holz als Roh- und Werkstoff* **54**, 89-91.
(18) Booth, H.E., Herzberg, W.J., Humphreys, F.R. 1958. *Pinus radiata* bark tannin. *Aust. J. Sci.* **21**, 19-20.
(19) Herzberg, W.J. 1960. *Pinus radiata* tannin-formaldehyde resin as an adhesive for plywood. *Aust. J. Appl. Sci.* **11**, 462-472.
(20) Yazaki, Y., Hillis, W.E. 1977. Polyphenolic extractives of *Pinus radiata* bark. *Holzforschung* **31**, 20-25.
(21) Yazaki, Y., Aung, T. 1989. Effect of NaOH on Stiasny values of extractives from *Pinus radiata* bark. *Holzforschung* **43**, 281-282.
(22) Yazaki, Y., Hillis, W.E. 1980. Molecular size distribution of radiata pine bark extracts and its effect of properties. *Holzforschung* **34**, 125-130.
(23) Yazaki, Y, Hillis, W.E., Collins, P.J. 1980. Purification of bark and wood extracts for wood adhesives. Australian Patent 533791.
(24) Hergert, H.L. 1989. Hemlock and spruce tannins: an odyssey. *In* Chemistry and Significance of Condensed Tannins (eds. Hemingway, R.W., Karchesy, J.J.), Plenum Press, New York, p. 18.
(25) Sealy-Fisher, V.J., Pizzi, A. 1992. Increased pine tannins extraction and wood adhesives development by phlobaphenes minimization. *Holz als Roh- und Werkstoff* **50**, 212-220.
(26) Yazaki, Y., Collins, P.J. 1994. Wood adhesives from *Pinus radiata* bark. *Holz als Roh- und Werkstoff* **52**, 185-190.
(27) Yazaki, Y., Collins, P.J. 1994. Wood adhesives based on tannin extracts from barks of some pine and spruce species. *Holz als Roh- und Werkstoff* **52**, 307-310.
(28) Yazaki, Y., Collins, P.J. 1998. A novel tannin extraction from radiata pine bark for high quality wood adhesives. *Proc. Fourth Pacific Rim Bio-Based Composites Symp.*, November 2-5, Bogor, pp. 226-235.
(29) Inoue, S., Asaga, M., Ogi, T., Yazaki, Y. 1998. Extraction on polyflavanoids from radiata pine bark using hot compressed water at temperatures higher than 100℃. *Holzforschung* **52**, 139-145.
(30) Ayla, C., Weissmann, G. 1982. Verleimungsversuche mit Tanninformaldehydharzen aus Rindenextrakten von *Pinus bruita* Ten. *Holz als Roh- und Werkstoff* **40**, 13-18.
(31) Hemingway, R.W., McGraw, G.W. 1977. Southern pine bark polyflavonoids: structure, reactivity, use in wood adhesives. *TAPPI Biol. Wood Chem. Conf.* p. 261-269.
(32) Vázquez, G., Antorrena, G., Francisco, J.l., Arias, M.C., González, J. 1993. Exterior plywood resins formulated from *Pinus pinaster* bark extracts. *Holz als Roh- und Werkstoff* **51**, 221-224.
(33) Weissmann, G. 1986. Studies on pine bark extracts. *Inter. J. Adhes. and Adhesives*, January, pp. 31-35.
(34) Weissmann, G. 1981. Untersuchung der Rindenextrakte von *Picea abies* Karst. *Holz als Roh- und Werkstoff* **39**, 457-461.
(35) Pizzi, A. 1982. Pine tannin adhesives for particleboard. *Holz als Roh- und Werkstoff* **40**, 293-301.
(36) 中本祐昌，角田敏彦，小野啓子，矢野浩之，矢崎義和，フィチェン・ジャン，フランク・ローソン，ピーター・ハインツ，テオドール・ウールヘル　2003．タンニン高含有粉末の製造方法及びその用途．公開特許公報　公開番号：特開 2003-26185．
(37) 矢野浩之，小川壮介，川井秀一，稲井淳文，本間洋子，山内秀文，那須秀雄，山崎道人，矢田元一　2005．タンニン高含有アカシア樹皮粉末の製造と接着剤への応用．木材工業 **60**, 478-482．
(38) Yano, H., Collins, P.J., Yazaki, Y. 2001. Plastic-like moulded products made from renewable forest resources. *J. Materials Sci.* **36**, 1939-1942.
(39) Australian Standard. 1979. Methods of test for veneer and plywood. AS 2098.2 Bond quality of plywood (Chisel test).

(40) Knight, R.A.G. 1968. The efficiency of adhesives for wood. Ministry of Technology, *For. Prod. Res. Bull. No.* **38**, HMSO London.
(41) Dinwoodie, J.M. 1979. The properties and performance of particleboard adhesives. *J. Inst. Wood Sci.* **8**, 59-68.
(42) 独立行政法人国立健康・栄養研究所, http://hfnet.nih.go.jp.
(43) Diderot, D. 1751. Encyclopédie ou Dictionnaire raisonné des scoemces. Des arts et des métoers, par une société de gens de letters, Vol. XII, Samuel Faulche, Neufchastel. pp. 629-636.
(44) The Encyclopaedia Britannica 1910/1911. Eleventh Edition, Vol. XXI, pp. 621-625.
(45) Hopkins, E.R., Butcher, T.B. 1993. Provenance comparisons of *Pinus pinaster* Ait. in western Australia. *Calm Sci.* **1**, 55-105.
(46) Suzuki, N., Kohama, T. 2002. Medicinal composition for treating dysmenorrhea and endometriosis industrial use. US Patent No. 6372266 B1.
(47) Masquelier, J. 1969. Hydroxyflavin 3,4-diols, a method of producing them and medicament based thereon. US Patent No. 3,436,407 (A).
(48) Noda, Y., Anzai, K., Mori, A., Kohno, M., Shimei, M., Packer, L. 1997. Hydroxyl and superoxide anion radical scavenging activities of natural source antioxidants using the computerised JES-FR30 ESR spectrometer system. *Biochem. Mol. Biol. Internat.* **42**, 35-44.
(49) Blazso, G., Gabor, M., Sibbel, R., Rohdewald, P. 1994. Antiflammatory and superoxide radical scavenging activities of a procyanidins containing extract from the bark of *Pinus pinaster* Sol. and its fractions. *Pharm. Pharmacol. Lett.* **3**, 217-220.
(50) Packer, L., Rimbach, G., Virgili, F. 1999. Antioxidant activity and biological properties of a procyanidin-rich extract from pine (*Pinus maritima*) bark, Pycnogenol. *Free Radic. Biol. Medic.* **27**, 704-724.
(51) Drehsen, H. 1999. From ancient pine bark uses to pycnogenol. *In* Antioxidant Food Supplements in Human Health (eds. Packer, L., Hiramatsu, M., Yoshikawa, T.), Academic Press, San Diego, pp. 313-322.
(52) Virgili, F., Kobuchi, H., Noda, Y., Cossins, E., Packer, L. 1999. Procyanidins from *Pinus maritima* bark: antioxidant activity, effects on the immune systems, and modulation of nitrogen monoxide metabolism. *In* Antioxidant Food Supplements in Human Health (eds. Packer, L., Hiramatsu, M., Yoshikawa, T.), Academic Press, San Diego, pp. 323-342.
(53) Gilmour, I.A., Duncan, K.W. 1997. Process for extraction of proanthocyanidins from botanical material. Australian Patent No. 727283.
(54) Duncan, K.W., Gilmour, I.A. 1999. Process for extraction of proanthocyanidins from botanical material. American Patent No. 5968517.
(55) Yazaki, Y., Hillis, W.E., Collins, P.J. 1980. Purification of bark and wood extract. Australian Patent No. 533791.
(56) Wood, J.E., Senthilmohan, S.T., Peskin, A.V. 2002. Antioxidant activity of procyanidin-containing plant extracts at different pHs. *Food Chem.* **77**, 155-161.
(57) Senthilmohan, S.T., Zhang, J., Stanley, R.A. 2003. Effects of flavonoid extract Enzogenol® with vitamin C on protein oxidation and DNA damage in older human subjects. *Nutr. Res.* **23**, 1199-1210.
(58) Shand, B., Strey, C., Scott, R., Morrison, Z., Gieseg, S. 2003. Pilot study on the clinical effects of dietary supplementation with Enzogenol®, a flavonoid extract of pine bark and vitamin C. *Phytother. Res.* **17**, 490-494.
(59) Young, J.A., Shand, B.I., McGregor, P.M., Scott, R.S., Frampton, C.M. 2006. Comparative effects of enzogenol® and vitamin C supplementation versus vitamin C alone on endothelial fuction and biochemical markers of oxidative stree and inflammation in chronic smokers.

    Free Radic. Res. **40**, 85-94.
(60) Chayasirisobhon, S. 2006. Use of a pine bark extract and antioxidant vitamin combination product as therapy for migraine in patients refractory to pharmacologic medication. *Headache* **46**, 788-793.
(61) Pipingas, A., Siberstein, R.B., Vitetta, L., Rooy, C.V., Harris, E.V., Young, J.M., Frampton, C.M., Sali, A., Nastasi, J. 2008. Improved cognitive performance after dietary supplementation with a *Pinus radiata* bark extract formulation. *Phytother. Res.* **22**, 1168-1174.
(62) Duncan, K. (ed.) 1998. Fighting Free Radicals The ENZOGENOL™ Story. The Pacific Scientific Press, Christchurch.
(63) Morita, S., Yazaki, Y., Johnson, G. 2001. Mycelium growth promotion by water extractives from the inner bark of radiata pine (*Pinus radiata* D. Don). *Holzforschung* **55**, 155-158.
(64) 中本祐昌, 角田敏彦, 小野啓子, 矢崎義和, リビア・ヨランダ・トンギ, フランク・ローソン, ピーター・ハインツ, テオドル・ウールヘル 2004. 活性酸素消去剤及びその組成物. 公開特許公報 特開 2004-352639.
(65) 片岡武司, 小川壮介, 松前智之, 矢崎義和, 山口英世 2011. アカシアポリフェノール含有食品の安全性：健常男性成人における安全性評価試験. 応用薬理 **82**, 3-52.
(66) Ikarashi, N., Takeda, R., Ito, K., Watanabe, O., Sugiyama, K. 2011. The inhibition of lipase and glucosidase activities by *Acacia* polyphenols. *Evidence-based Complementary Alternative Medicine* vol. 2011, Article ID 272075, 8 pages, doi: 10.1093/ecam/neq043.
(67) Kusano, R., Ogawa, S., Matsuo, Y., Tanaka, T., Yazaki, Y., Kouno, I. 2011. α-Amylase and lipase inhibitory activity and structural characterization of *Acacia* bark proanthocyanidins. *J. Nat. Prod.* **74**, 119-138.
(68) Ikarashi, N., Toda, T., Okaniwa, T., Ito, K., Ochiai, W. and Sugiyama, K. 2010. Anti-obesity and anti-diabetic effects of acacia polyphenols in obese diabetic KKAy mice fed high-fat diet. *Evidence-based Complementary Alternative Medicine* vol. 2011, Article ID 952031, 10 pages, doi: 10.1093/ecam/nep241.
(69) Ikarashi, N., Sato, W., Toda, T., Ishii, M., Ochiai, W., Sugiyama, K. 2012. Inhibitory effect of polyphenols-rich fraction from the bark of *Acacia mearnsii* on itching associated with allergic dermatitis. *Evidence-based Complementary Alternative Medicine* vol. 2012, Article ID 120389, 9 pages, doi: 10.1155/ecam/120389.

4.14 植物界におけるフラボノイドの分布 *

2006年の時点で天然物として報告されたフラボノイドは7,000種類を超える[1]。そしてそのほとんどがコケ類, シダ類および顕花植物からである。最も多く報告されているフラボノイドのクラスがイソフラボノイドとフラボノールで, それぞれ約600種類。最も少ないのがオーロンで約90種類である。

4.14.1. アントシアニン以外のフラボノイドの分布

前述の通り, アントシアニンも含めたフラボノイドを合成する能力のある生物は極めて少しの例外を除いて, 基本的にコケ類, シダ類, 裸子植物および被子植物である[2]。

1) コケ類のフラボノイド

コケ類に含まれるフラボノイドについては, すでにいくつかの総説がある[3~5]。コケ類からはフラボンやフラボノールなど, ほとんどすべてのフラボノイドのクラスが報告されているが, 最も多いのがフラボンの O- および C- 配糖体である。結合している糖の種類としてはやはりグルコースが多いが, グルクロン酸や, 時にガラクツロン酸のようなウロン酸を結合しているものが相対的に多い。

オーロンはこれまでにヒョウタンゴケ *Fumaria hygrometrica* からブラクテアチンが[6], ゼニゴケ *Marchantia polymorpha* など2種のゼニゴケ属植物, ヒメジャゴケ *Conocephalum supradecompositum* および *Carrpos spaerocarpa* からオーロイシジン 6- グルクロニドが報告されている[7,8]。ジヒドロカルコンはシゲリケビラゴケ *Radula variabilis* などのケビラゴケ属植物からまれなジヒドロカルコン[1-(2,5-dihydro-6,8-dihydroxy-3-methyl-1-benzoxepin-7-yl)-3-prenyl-1-propanone]と 2',6'- ジヒドロキシ -4'- メトキシ- 3'- プレニルジヒドロカルコン 2',6'-dihydroxy-4'-methoxy- 3'-prenyldihydrochalcone が分離されているが[9,10], カルコンは著者の知る限りまだ報告はない。またジヒドロカルコンの C- 配糖体である 4,2',4',6'-テトラヒドロキシジヒドロカルコン 3',5'-ジ-C-グリコシドが2種のヒメノフィトン属 *Hymenophyton* 植物から検出されて

1-(2,5-ジヒドロ -6,8-ジヒドロキシ-3-メチル 1-ベンゾキセピン-7-イル)-3-フェニル-1-プロパノン

2',6'-ジヒドロキシ -4'-メトキシ -3'-プレニルジヒドロカルコン

---

* 執筆:岩科　司　Tsukasa Iwashina

いる[11]。フラバノンはナリンゲニンとその 7-グルコシドがいくつかのフラボンの配糖体とともにウキゴケ属 Riccia の R. crystallia から分離されている[12]。なお，これらのオーロン，ジヒドロカルコンおよびフラバノンが報告されている種はいずれも苔類である。

コケ類からは種々のビフラボノイドが分離されているが，これらはいずれも蘚類からである[13~17]。またイソフラボノイドも蘚類のハリガネゴケ Bryum capillare からオロボール orobol とプラテンセイン pratensein の 7-グルコシドおよび 7-(6''-マロニル)-グルコシドが分離されている[18]。ジヒドロフラボノールは Georgia pellucida から報告されているが，完全な同定には至っていない[19]。

オロボール　　プラテンセイン

最も原始的な苔類と考えられているナンジャモンジャゴケ属 Takakia の 2 種，ナンジャモンジャゴケ T. lepidozioides と T. ceratophylla からもフラボノイドが報告されている[20]。前者からは 22 種類のフラボン，フラボノールおよびそれらの O- および C-配糖体が分離されている。また後者からもほぼ同様のフラボノイドが検出されたが，フラボノールを欠失している。

2) シダ類のフラボノイド

少なくとも，これまで調査が行われたシダ類の多くからフラボノイドが検出されている。コケ類と同様に，最も多く出現するのはフラボンとフラボノールおよびそれらの O- および C-配糖体である。またこれらとは別に，ホウライシダ科 Parkeriaceae のギンシダ属 Pityrogramma，エビガラシダ属 Cheilanthes，タチシノブ属 Onychium などでは，フラボノイドアグリコンが葉の裏を中心に粉末あるいは樹脂状浸出物として存在している[21~23]。

ビフラボノイドはイワヒバ属 Selaginella（イワヒバ科 Selaginellaceae）とマツバラン属 Psilotum，イヌナンカクラン属 Tmesipteris（マツバラン科 Psilotaceae）を中心に分布している[24~27]。上記の属以外では，シダ類におけるビフラボノイドの分布は散在的で，ゼンマイ Osmunda japonica [28] とヘゴ Cyathea spinulosa＝(Alsophila spinulosa)[29] から報告されているにすぎない。

キルトミネチン　　ファレロール

カルコンおよびジヒドロカルコンは，いずれも前述のホウライシダ科の細胞外浸出物の成分としては得られているが [22,30,31]，配糖体としての報告はない。またフラバノンは細胞外浸出物として分離されている以外に [32]，ヤブソテツ属 *Cyrtomium* では *C*-メチル化されたキルトミネチン cyrtominetin やファレロール farrerol が配糖体としても報告されている [33,34]。しかしオーロンの報告はまだシダ類からはない。

フラバン 3-オールは，それらが重合されたプロアントシアニジンを伴って分布していることが多い。例えば，ドリオプテリン dryopterin はオシダ *Dryopteris filix-mas* から付加的な α-ピロン環をもつフラバン 3-オールとして分離されたが [35]，これを構成要素として含むプロアントシアニジンもカナワラビ属植物 *Arachniodes* から分離されている [36]。また *C*-メチル基をもつフラバン 3,4-ジオールもヘツカシダ *Bolbitis subcordata*（ツルキジノオ科 Lomariopsidaceae）から報告されている [37]。シダ類のフラボノイドについても総説があるので参照されたい [3,36]。

3) 裸子植物のフラボノイド

フラボノイド各種の中で，主に裸子植物を中心に分布しているのがビフラボノイドであり，総説として述べられている [38~42]。これまでに多くの植物でこの仲間のフラボノイドが検出されている。

裸子植物の中で，最もフラボノイドの報告の多いのがイチョウ *Ginkgo biloba* で，さまざまにグリコシル化あるいはアシル化されたフラボノールを中心として [43~45]，ビフラボノイド [46,47]，フラバンおよびプロアントシアニジン [48]，フラボン [49] がこれまでに分離同定されている。イチョウのフラボノイドについてはすでに総説もあるので参照されたい [109]。

グネツム目 Gnetales を構成するグネツム科 Gnetaceae，マオウ科 Ephedraceae およびウェルウィッチア科 Welwitschiaceae からは断片的にフラボノイドの報告がなされている [110]。すなわちグネツム属 *Gnetum* ではグネツム *G. gunemon* から *C*-グリコシルフラボンのスウェルチジン swertisin，イソビテキシンとその 7-グルコシド，ビセニン-2，イソスウェルチジン isoswertisin，スウェルチアジャポニン swertiajaponin，イソスウェルチアジャポニン isoswertiajaponin などが [50,51,58]，マオウ属 *Ephedra* ではビセニン-1，-2，-3 およびルセニン-1，-2，-3 のような 6,8-ジ-*C*-配糖体 [51,52] とプロアントシアニジン [53,54] およびケンフェロールとクェルセチンの 3-ラムノシド，ヘルバセチン herbacetin の 7-グルコシドなどのフラボノール *O*-配糖体 [59]，そしてキソウテンガイ *Welwitschia mirabilis* からは 3 種類の *C*-グリコシルフラボン，クリソエリオール chrysoeriol の 6-*C*-グルコシドと 6,8-

ジ-*C*-グリコシド，およびルセニン-2 が検出されている^(51, 52)。しかし，グネツム目のいずれの科からも，他の裸子植物で一般的なビフラボノイドは報告されていない。

スウェルチジン　　　　　　イソスウェルチジン

スウェルチアジャポニン　　　イソスウェルチアジャポニン

ヘルバセチン　　　　　　クリソエリオール

グネツム目とは逆に，ソテツ目 Cycadales にはアメントフラボン amentoflavone やソテツフラボン sotetsuflavone のようなビフラボンが主要フラボノイドとして含まれており^(55, 56)，その他のフラボノイドとしては，タイワンソテツ *Cycas taiwaniana* から *C*-グリコシルフラボンのビテキシンが⁽⁵⁷⁾，*Dioon spinulosum*

アメントフラボン　　　　　　ソテツフラボン

からオリエンチンとビテキシンが[60]、また多くの種からプロアントシアニジンが報告されている[64]。

マツ目 Pinales に含まれるマツ科 Pinaceae、ナンヨウスギ科 Araucariaceae、マキ科 Podocarpaceae、コウヤマキ科 Sciadopityaceae、ヒノキ科（スギ科も含む）Cupressaceae、イチイ科（イヌガヤ科も含む）Taxaceae からはこれまでに膨大なフラボノイドの報告がある。裸子植物から広く報告されているビフラボンは古くはマツ科にはないとされていたが[46]、その後、トウヒ属の *Picea smithiana*（=*P. morinda*）からビフラボンが検出され[62]、またさらにモミ属の *Abies webbiana* から新規のビフラボンであるアビエシン abiesin が分離同定された[63]。これらの結果、ビフラボノイドは今日までにグネツム目の3科を除くすべての裸子植物の科から報告されたことになる。

アビエシン

その他に、フラボンとフラボノールもコウヤマキ科とナンヨウスギ科を除くすべての科から、またフラバンとプロアントシアニジンもすべての科から報告されている[64]。裸子植物はこのようにビフラボノイドとフラバン、さらにはその重合体であるプロアントシアニジンに富んでいる。例えば、アスナロ *Thujopsis dolabrata* の葉からはフラバンの（+）-カテキンや（−）-エピカテキン、さらにはジヒドロフラボノールのジヒドロクェルセチンなどとともに、13種類のプロアントシアニジンが分離同定されている[65]。またフラバノンもスギ *Cryptomeria japonica* [66] や数種のマツ属[67]、カラマツ[68] などから散在的に報告されている。ヒノキ *Chamaecyparis obtusa* からは材からジヒドロカルコンも報告されている[69]。ナンヨウスギ科では、ビフラボノイドが広く分布している報告がある以外では[70]、プロアントシアニジンの存在が知られているのみである[71,72]。

4) 双子葉植物のフラボノイド

双子葉植物については、もちろんすべての植物が分析されているわけではないが、おそらくフラボノイドが存在しないものを見つけることのほうがむしろ困難であると考える。植物におけるフラボノイドの重要な機能として考えられている紫外線防御についても、光合成を行っていない、すなわち緑色植物と比較してあまり強烈な紫外線を浴びず、また浴びる時間も少ないと考えられる無葉緑植物、例えばハマウツボ科 Orobanchaceae のナンバンギセル *Aeginetia indica* やヤセウツボ *Orobanche minor* からもルテオリンやアピゲニンの 7-グルクロニドなどのフラボンが分離されているし[73]，イチヤクソウ科 Pyrolaceae のギンリョウソウモドキ *Monotropa uniflora* からはクェルセチンの 3-グルクロニドと 3-グルコシドが報告されている[74]。さらにはツチトリモチ科 Balanophoraceae のキイレッチ

3-ヒドロキシフロレチン

トリモチ *Balanophora tobiracola* からもジヒドロカルコンの 3-ヒドロキシフロレチン 3-hydroxyphloretin とその 4'-グルコシドも分離されている[75]。また各器官が極めて退化しているカワゴケソウ科 Podostemaeae のカワゴロモ *Hydrobryum japonicum* やカワゴケソウ *Cladopus japonicus* でさえも前者からアピゲニン，ルテオリンおよびこれらの 7-グルコシドのようなフラボンが，後者からはカルコノナリンゲニン 2'-グルコシドやフラボノールのクェルセチン 3-グルコシドや 3-アセチルグルコシドが近年報告されている[76]。このように双子葉植物では，ほとんどすべての科にわたって，またほとんどの器官にフラボノイドが存在すると考えられ，実際に多くの植物で報告がある。したがって，個々の科に対するフラボノイドの分布を述べると，膨大な数になるために，いくつかの代表的な科についてのみ，その特徴を述べる。

a) マメ科のフラボノイド

植物界で最も多様なフラボノイドの種類が認められる科の一つがマメ科である。特にイソフラボノイドはこれまで報告のあるほとんどのものがマメ科植物に由来している[77]。その中でも特に多様な種類のイソフラボノイドが分離されているのはクズ属 *Pueraria* [87]，クララ属 *Sophora* [88]，エノキマメ属 *Flemingia* [89]，クロヨナ属 *Pongamia* [90]，フジキ属 *Cladorastis* [91]，デイコ属 *Erythrina* [92,93] などである。しかし，これらの合成能力はかなり器官特異的で，例えばダイズ *Glycine max* では種子，胚軸，子葉，根にはダイゼインやゲニステインおよびそれらの誘導体などのイソフラボノイドを多量に蓄積するが，葉では少量で，その代わりにフラボノールのクェルセチンやケンフェロールの配糖体，あるいはそのどちらかが主要成分となり，また同じ葉でも毛茸ではフラボンのアピゲニン，あるいはルテオリンのアグリコンが主要フラボノイドである。さらに花では種々のケンフェロール配糖体に加えて，アントシアニンが発生する[78〜81]。これはおそらく，それぞれの器官におけるフラボノイドの機能の違いによるものと考えられる。

マメ科のフラボノイドとしては，やはりフラボンとフラボノールの報告が多く，さらにフラバノンはもとより，シタン属 *Pterocarpus* 植物からはオーロイシジン 6-ラムノシドなどのオーロン[82]，アカシア属 *Acacia* の各種[83]，ムラサキソシンカ

Bauhinia purpurea [84]，ジャケツイバラ *Caesalpinia decapetala* var. *japonica* [85] よりブテインなどのカルコンが報告されている。アカシア属ではさらにジヒドロフラボノール，フラバンおよびプロアントシアニジンも分離されている [82]。ジヒドロカ

ランケオチン B

ルコンはソロハギ *Flemingia strobilifera* などからフロレチン 2'-グルコシドがオーロン，カルコン，フラバノンとともに報告されている [86]。主に裸子植物を中心に分布するビフラボノイドもまたクロヨナ *Pongamia pinnata* からランケオラチン B lanceolatin B が分離されている [94]。マメ科のフラボノイドについてはその他の化合物とともにすでに総書もあるので参照されたい [77]。

b) キク科のフラボノイド

マメ科と並んで多様なフラボノイドが報告されているのがキク科である。両科共に地球上のさまざまな環境に適応して，極めて多くの種が分化し，その結果としてフラボノイドも多様化していると推定されるが，マメ科と異なり，イソフラボノイドはニシヨモギ *Artemisia indica* [95] やタカサブロウ *Eclipta prostrata* [96] など，わずかの種で報告されているのみである。フラボンやフラボノールの報告が多いのはマメ科と同様であるが，特に 6 位や 8 位にヒドロキシ基あるいはメトキシ基の結合したものが配糖体，あるいはアグリコンの状態で，粉状浸出物やワックスとして，例えばヨモギ属 *Artemisia* [97]，アザミ属 *Cirsium* [98]，エゾヨモギギク属 *Tanacetum* [99]，キク属 *Chrysanthemum* [181] などで多く報告されている。

植物界では比較的まれなフラボンやフラボノールのスルフェイト（硫酸塩）もまたブリッケリア属 *Brickellia* [104] やオグルマ属 *Inula* [105]，キオン属 *Senecio* [106] のようなキク科では散在的に報告されている。

カルコンやオーロンもまたキク科では他の植物群と比較して出現頻度が高い。例えば，センダングサ属 *Bidens* [100]，ダリア属 *Dahlia* [101]，ハルシャギク属 *Coreopsis* [102]，ヤグルマギク属 [103] などでは，花の黄色色素としてばかりでなく，葉などからも数種類が報告されている。またセンダングサ属では，ホソバノセンダングサ *B. parviflora* からジヒドロカルコンも分離されている [103]。

キク科は植物の中では一般に進化的な科とされているが，木本や比較的原始的な植物群で見出されるフラバンも報告がある。例えば，ヒロハヤマヨモギ *Artemisia stolonifera* では (+)-カテキンと (−)-エピカテキンが分離されているが [107]，著者の知る限りプロアントシアニジンの報告はない。キク科のフラボノイドについてもすでに総書が出版されているので，参照されたい [61, 108]。

c) シソ科とセリ科のフラボノイド

　香りのある，すなわちテルペン系の化合物を多く産するこれらの科はフラボノイドも比較的多様である．特に多く含まれているのはフラボンのジャセオシジン jaseosidin やサルビゲニン salvigenin，フラボノールのパキポドール pachypodol やレツシン retusin のようなポリメチル化されたフラボノイドで，多くの場合，細胞外浸出物としてテルペノイドとともにワックスとして存在する．これらのメチル化フラボノイドはタイム *Thymus* spp. やローズマリー *Rosmarinus* spp. などの一般によく知られたシソ科のハーブ類からも報告されている[111]．またキク科とともに，6位や8位にヒドロキシ基やメトキシ基が結合したフラボンやフラボノールも多くの植物から報告されており[112, 113]，C-グリコシルフラボンも分布するが[114]，イソフラボノイド，ビフラボノイド，プロアントシアニジン，カルコン，ジヒドロカルコン，オーロンなどはほとんど知られていない[115]．

　　　　ジセセオジン　　　　　　　　　サルビゲニン

　　　　パキポドール　　　　　　　　　レツシン

　シソ科と同じように香りをもつ植物の多い科として，セリ科があげられる．この科のフラボノイドもまたフラボンとフラボノールを中心とした配糖体が広く分布しているが[116, 117]，シソ科とは異なり，細胞外浸出物としてのポリメチル化フラボノイドの報告はほとんどない[118]．セリ科植物に含まれる特徴的なフラボノイドとして，他の植物群では比較的まれなアピオースを結合するフラボノイドがあげられる．これらはパセリ *Petroselinum crispum* などで，主要成分としてよく検出される[119, 120]．また硫酸塩が結合したフラボノイドスルフェイトもこの科では多く報告されている[164]．シシウド属 *Angelica* のアシタバ *A. keiskei* からはキサントアンゲロール xanthoangelol I, J，キサントケイスミン xanthokeismin A〜C などの他の植物からは報告されていない，特異な側鎖をもった抗酸化性の強いカルコンが多数報告

されている (121, 122)。これらのフラボノイドはアシタバの茎や葉に含まれる黄色の液に多量に含まれている。ダイゼイン 7-グルコシドのようなイソフラボノイドもミシマサイコ属 *Bupleurum* の植物から報告がある (123)。

キサントアンゲロール I

キサントアンゲロール J

キサントケイスミン A

キサントケイスミン B

キサントケイスミン C

d) カバノキ科やブナ科などのフラボノイド

シラカバ *Betula platyphylla* var. *japonica* やダケカンバ *B. ermanii*, あるいはハンノキ *Alnus japonica* やオオバヤシャブシ *A. sieboldiana* のようなカバノキ科の植物は木本植物で多く見出されるフラバン 3-オールのカテキンやエピカテキン, およびプロアントシアニジンが樹皮などから多く報告されている (124, 125)。これとは別に, 主に芽のワックスを中心にアカセチン, ペクトリナリゲニン pectolinarigenin, ベツレトール betuletol のようなフラボン, フラボノール, さらにはイソサクラネチン, アルピネチン alpinetin, アルヌスチノール alnustinol のようなフラバノンがアグリコンの状態で多数報告されている (126~128)。しかし, 同じ風媒の科であるブナ科では, カシワ *Quercus dentata* やウラジロガシ *Q. salicina*, クリ *Castanea crenata* などからカテキン類の報告は多数あるが (129, 130), 芽などにアグリコンの状態で存在するフラボノイドの報告はほとんどない。

ペクトリナリゲニン　　　ベツレトール　　　イソサクラネチン

アルピネチン　　　アルヌスチノール

e) ミカン科のフラボノイド

　ミカン科 Rutaceae は世界に150属900種ほどが知られているが，含まれているフラボノイドには特異的なものが多い。ほとんどすべてのミカン属 Citrus 植物の果実にはフラボンのアグリコンが質量ともに豊富に含まれている[131]。これらのフラボンの多くのものはタンジェレチン tangeretin やノビレチン nobiletin のように，5位にもメトキシ基が結合したものである。フラボンやフラボノールのような4位にカルボニル基があるフラボノイドでは，基本骨格が形成されると同時に隣の5位のヒドロキシ基との間で水素結合が生じるために，5位がメチル化されたり，グリコシル化されることは比較的まれである[132]。やはり果実に多量に含まれるテルペノイドとともに，ワックスの状態で存在すると思われる。これらのフラボンとは別に，果実にはヘスペレチン，ナリンゲニン，エリオジクチオールなどのフラバノンの配糖体も多量に含まれていることも特徴である[133, 134]。

タンジェレチン　　　ノビレチン

　ミカン科はその他の属でもフラボノイドは豊富であり，例えば，アワダン Melicope triphylla では多種類のフラボノールが[135]，ゲッキツ Murraya paniculata ではカルコン，フラバノン，フラボン，フラボノールが[136]，オオバキハダ Phellodendron amurense var. japonica ではジヒドロフラボノール，フラバノン，フラボノール[137]など，多数の報告がある。

f) その他の科のフラボノイド

　前述したように，これまで被子植物からのフラボノイドの報告は膨大な数であるが，そのごく一部の科の特徴的なフラボノイドを日本に自生する植物を中心にあげ

る。

　ウマノスズクサ科 Aristolochiaceae のなかで，カンアオイ属 Asarum の植物の葉からはこれまでフラボノール配糖体がいくつか報告されていたが，近年これに加えて，カルコノナリンゲニンの 2',4'-ジグルコシド，4,2',4'-トリグルコシドなどの新規のカルコン配糖体が分析されたすべての種から分離されている[138, 139]。また 2',4'-ジグルコシドは近縁の中国固有の Saruma henryi からも分離された[140]。

　日本固有で単型属であるシラネアオイ Glaucidium palmatum（シラネアオイ科 Glaucidiaceae）に含まれるフラボノイドはいずれもフラボノイドに結合する糖としてはまれなアロースを結合しているフラボノールで，ケンフェロール，クェルセチンおよびラムノシトリン rhamnocitrin の 3-アロシドと同定されている[141]。

ラムノシトリン

　メギ科はイカリソウ属 Epimedium を中心にフラボノイドの探索が行われており，イカリイン icariin やエピメディン類 epimedin などの数多くのプレニル化フラボノールが分離されている[142, 143]。しかし同じメギ科の日本固有の植物であるトガクシソウ Ranzania japonica ではプレニル化されていないフラボノールのラムネチン rhamnetin の 3-ソフォロシドと 3-グルコシドが報告された[144]。

　キンポウゲ科は世界で 50 属以上 1,500～3,000 種が知られているにもかかわらず，そのフラボノイドについてはあまり報告されていない。しかし，限られた情報から類推すると，基本的に比較的複雑にグリコシル化，さらにはアシル化されたフラボノールが特徴の科と推定できる。例えば，トリカブト属 Aconitum ではクェルセチンの 3 位に 2 分子のグルコースと 1 分子のラムノースに加えて，有機酸として p-クマル酸あるいはカフェ酸が，さらに 3 あるいは 4 分子の酢酸が結合したフラボノイドが分離されているし[145]，キンポウゲ属 Ranunculus でも 3 分子以上の糖を結合したクェルセチンや，それがさらにマロン酸やカフェ酸でアシル化されたものが報告されている[146]。日本固有のキンポウゲ科植物であるキタダケソウ Callianthemum hondoensis でも，近年，フラボノイドの同定が行われ，ケンフェロールやクェルセチンに 3 分子の糖が結合した配糖体がいくつか報告されている[147]。

5) 単子葉植物のフラボノイド

a) ラン科のフラボノイド

　単子葉植物の中で最も大きいラン科は約 2 万もの種を包含している。そのかなりのものが比較的大きく，また観賞価値も高い花をつけるために，園芸植物も含めた

イカリイン

エピメディン C

ラムネチン

多くの植物でアントシアニンについては比較的よく調査されている（4.2.参照）。しかし，アントシアニン以外のフラボノイドや花以外の器官のものについては分析例が少ない。これまでの情報による限り，フラボノールが中心のようであり，他にフラボン，フラバノン，ジヒドロフラボノール，プロアントシアニジンなども極めて少数ながら知られている。1997年までにラン科で報告されたフラボノイドについてはすでに総説されているので参照されたい[148]。

b) ユリ科のフラボノイド

近年，ユリ科は分子系統学的手法に基づいた情報から，いくつかの科に細分されているが，ここでは広義のユリ科のフラボノイドについて紹介する。単子葉植物の中で，ユリ科は比較的フラボノイドの情報が多い科である。フラボノイドのクラスとしては，フラボノール主体の植物，例えば，チューリップ属 *Tulipa* [149]，ネギ属 *Allium* [150]，エンレイソウ属 *Trillium* [151] などと，フラボン O-配糖体主体の属，例えば，イヌサフラン属 *Colchicum* [149] やチゴユリ属 *Disporum* [152] など，および C-グリコシルフラボンが主体の属，例えば，アロエ属 *Aloe* を中心とした狭義のツルボラン科 Asphodelaceae 植物[153]とに分けることが出来る。このアロエとその関連属ではフラボノイドはアントラキノン類と共存することが多い[153]。またアマドコロ *Polygonatum odoratum* var. *phuriflorum* では，フラボンの O-および C-配糖体が共存する[154]。ツルボ *Scilla scilloides* では，ユリ科ではまれなイソフラボノイド（ホモイソフラボン）も報告されている[155]。日本固有の植物であるオゼソウ *Japonolirion osense*（狭義のサクライソウ科 Petrosaviaceae）からはフラボノール

O-配糖体や C-グリコシルフラボンとともに極めてまれな C-グリコシルフラボノール（6-C-グルコシルクェルセチンと 6-C-グルコシルケンフェロール，およびそれらの 3-グルコシド）が分離された[156]。2010 年の時点で，C-グリコシルフラボノールの O-配糖体はこれら以外に報告はない。

6-C-グルコシルケンフェロール

c) アヤメ科のフラボノイド

アヤメ科にはアヤメ属 *Iris*，グラジオラス属 *Gladiolus*，フリージア属 *Freesia*，サフラン属 *Crocus* などの観賞用植物が多くあるために，特に花を中心にフラボノイドの報告は比較的多い。アントシアニン以外のフラボノイドで，主要成分となっているのはアヤメ属では C-グリコシルフラボン[157, 158]，グラジオラス属ではフラボノール[159]，サフラン属ではフラボンの C- および O-配糖体，さらにはフラボノールやジヒドロフラボノールも報告されている[160, 161]。またヒオウギアヤメ *I. setosa* やエヒメアヤメ *I. rossi* のようなアヤメ属の一部の種ではフラボノイドに加えて，関連するキサントンのマンギフェリンなども共存する[157, 182]。

アヤメ属で特筆されるべきもうひとつのフラボノイドはイソフラボンである。イソフラボノイド系の化合物は基本的にマメ科に準固有であるが，それに次いで多くの種類が報告されているのがアヤメ属である。これまでに 40 種類前後が知られているが，そのほとんどがイソフラボン類である[162]。近年，クマロノクロモン coumaronochromone に属するイソフラボノイドも分離されている[163]。アヤメ属のフラボノイドについては，1998 年までに報告されたものについては総説があるので参照されたい[162]。

d) イネ科のフラボノイド

イネ科植物に含まれるフラボノイドは基本的にフラボン O-配糖体と C-グリコシルフラボンである。特に他の植物群では比較的まれであるトリシン tricin が多くの植物から報告されている[165]。フラボンと比較するとフラボノールの出現は相対的に少ないが，ヨシ属 *Phragmites* では両者が共存しているし[166]，ノガリヤス属 *Calamagrostis* では両者に加えて，フラバノンも報告されている[167, 168]。またチガヤ *Imperata cylindrica* ではカルコンやフラバンの報告もある[169]。しかし，イネ科は 650～700 属約 8,000～9,000 もの種を擁する大きな科であることに加えて，花が微細であるなどの理由から分類が比較的困難であるために，フラボノイドの研究例が相対的に少なく，今後多くの成分が見出される可能性は十分にある。

トリシン

6) その他の生物のフラボノイド

フラボノイドを合成することができる生物は基本的にコケ類,シダ類,裸子植物および被子植物であることはすでに述べた。特に幼虫時代に植物を食料としているチョウなどの鱗翅目の昆虫やバッタ類の一部では,ケンフェロールやクェルセチンなどのアグリコンや配糖体が報告されている[170〜172]。しかし,これらのフラボノイドは一般に植物由来と考えられている[170]。

明らかに自分自身でフラボノイドを合成する動物として,これまで報告されているのがサンゴの仲間であるリュウキュウキッカサンゴ *Echinopora lamellosa* である。これからはイソフラボノイド系の化合物,ネオデュノール メチルエーテル neodunol methyl ether が分離されている[173]。これは著者の知る限り,海生動物でフラボノイドが発見された唯一の例である。

ネオデュノール メチルエーテル

菌類では,コウジカビ属 *Aspergillus* からフラボノイドが報告されている。そのひとつはクロルフラボニン chlorflavonin と呼ばれるフラボノールで,コメなどに感染し,病変米の原因となる *A. candidus* から発見されている[174, 175]。このフラボノイドはB環の3'位に塩素が結合しているまれな構造である。菌類ではさらに,きのこの仲間であるスッポンタケ *Phallus impudicus* よりジヒドロカルコンそのものが報告されている[176]。粘菌類のモジホコリ *Physarum polycephalum* などでは,フラボンの存在が示唆されたが,その同定には至っていない[177]。

クロルフラボニン

ジヒドロカルコン

藻類からはこれまでに,1種類の緑藻,2種類の褐藻,および2種類の紅藻からフラボノイドが報告されている。フラボノイドが分離された緑藻は車軸藻のフラスコモの仲間の *Nitella hookeri* で,4種類のフラボン 6,8-ジ-C-配糖体であることが判明しているが,完全な同定には至っていない[178]。褐藻では,コモングサの仲間 *Spathoglossum variabile*(アミジグサ科 Dictyotaceae)とウスイロモク *Sargassum pallidum*(ホンダワラ科 Sargassaceae)でフラボノイドが検出されている。前者では塩素が結合した2種類のオーロン(4'-クロロ-2-ヒドロキシオーロンと4'-クロロオーロン)が[179],また後者からはイソフラボンのカイルコシン caylcosin とフラバノンのリキリチゲニンが分離されている[180]。また紅藻では,フジマツモ科 Rhodamelaceae の *Osumundea pinnatifida* からフラボンのスクテラレイン 4'-メチ

ルエーテル scutellarein 4'-methyl ether が (54),また同じ科のトゲノリ *Acanthophora spicifera* から (−)-カテキンおよびフラボノールのクェルセチンとその 3 - (6''- *p*- クマロイルグルコシド)(チリロシド tiliroside), さらにはアカントフォリン acanthophorin A および B と命名された 2 種類の新規の配糖体が分離されている。これはそれぞれケンフェロールとクェルセチンの 3- フコシド fucoside と同定された (53)。

4'-クロロ-2-ヒドロキシオーロン　　4'-クロロオーロン　　スクテラレイン 4'-メチルエーテル

カイルコシン　　リキリチゲニン　　チリロシド

以上のように,藻類以下の植物や菌類からのフラボノイドの報告は極めてまれである。また菌類から報告されたフラボノイドは高等植物では未知のものがほとんどである点で,生合成経路が異なっている可能性もある。藻類では今後,研究が進むに従って,特に車軸藻のような緑藻からフラボノイドが発見される可能性も大きいと考えている。

引用文献

(1) Andersen, Ø.M., Markham, K.R. (eds.) 2006. Flavonoids. Chemistry, Biochemistry and Applications. Taylor & Francis, Boca Raton.
(2) Iwashina, T. 2000. The sturucture and distribution of the flavonoids in plants. *J. Plant. Res.* **113**, 287-299.
(3) Markham, K.R. 1988. Distribution of flavonoids in the lower plants and its evolutionary significance. *In* The Flavonoids. Advances in Research since 1980 (ed. Harborne, J.B.), Chapman and Hall, London, pp. 427-468.
(4) Mues, R., Zinsmeister, H.D. 1988. The chemotaxonomy of phenolic compounds in bryophytes. *J.*

Hattori Bot. Lab. **64**, 109-141.
(5) Geiger, H., Seeger, T., Zinsmeister, H.D., Fraham, J.-P. 1997. The occurrence of flavonoids in arthrodontous mosses – An account of the present knowledge. *J. Hattori Bot. Lab.* **83**, 273-308.
(6) Weitz, S., Ikan, R. 1977. Bracteatin from the moss *Fumaria hygrometrica*. *Phytochemistry* **16**, 1108-1109.
(7) Markham, K.R., Porter, L.J. 1978. Production of an aurone by bryophytes in the reproductive phase. *Phytochemistry* **17**, 159-160.
(8) Markham, K.R. 1980. Phytochemical relationships of *Carrpos* with *Corsinia* and other Marchantialean genera. *Biochem. Syst. Ecol.* **8**, 11-15.
(9) Asakawa, Y., Toyota, M., Takemoto, T. 1978. Seven new bibenzyls and a dihydrochalcone from *Radula variabilis*. *Phytochemistry* **17**, 2005-2010.
(10) Asakawa, Y., Takikawa, K., Toyota, M., Takemoto, T. 1982. Novel bibenzyl derivatives and ent-cuparene-type sesquterpenoids from *Radula* species. *Phytochemistry* **21**, 2481-2490.
(11) Markham, K.R., Porter, L.J., Campbell, E.O., Chopin, J., Bouillant, M.-L. 1976. Phytochemical support for the existence of two species in the genus *Hymenophyton*. *Phytochemistry* **15**, 1517-1521.
(12) Markham, K.R., Porter, L.J. 1975. Evidence of biosynthetic simplicity in the flavonoid chemistry of the Ricciaceae. *Phytochemistry* **14**, 199-201.
(13) Geiger, H., Stein, W., Mues, R., Zinsmeister, H.D. 1987. Bryoflavone and heteroflavone, two new isoflavone-flavone dimmers from *Bryum capillare*. *Z. Naturforsch.* **42c**, 863-867.
(14) Markham, K.R., Andersen, Ø.M., Viotto, E.S. 1988. Unique biflavonoid types from the moss *Dicranoloma robustum*. *Phytochemistry* **27**, 1745-1749.
(15) Lindberg, G., Österdahl, B.-G., Nilsson, E. 1974. Chemical studies on bryophytes. 16. 5',8''-Biluteolin, a new biflavone from *Dicranum scoparium*. *Chem. Scrip.* **5**, 140-144.
(16) Österdahl, B.-G. 1983. Chemical studies on bryophytes. 23. ^{13}C NMR Analysis of a biflavone from *Dicranum scoparium*. *Acta Chem. Scand.* **37B**, 69-78.
(17) Becker, R., Mues, R., Zinsmeister, H.D., Herzog, F., Geiger, H. 1986. A new biflavone and further flavonoids from the moss *Hylocomium splendens*. *Z. Naturforsch.* **41c**, 507-510.
(18) Anhut, S., Zinsmeister, H.D., Mues, R., Barz, W., Mackenbrock, K., Köster, J., Markham, K.R. 1984. The first identification of isoflavones from a bryophyte. *Phytochemistry* **23**, 1073-1075.
(19) Vandekerkhove, O. 1977. Isolierung und Charakterisierung eines Dihydroflavonols bei dem Laubmoos *Georgia pellucida* (L.) Rabh. *Z. Pflanzenphysiol.* **82**, 455-457.
(20) Markham, K.R., Porter, L.J. 1979. Flavonoids of the primitive liverwort *Takakia* and their taxonomic and phylogenetic significance. *Phytochemistry* **18**, 611-615.
(21) Wollenweber, E., Dietz, V.H., Schilling, G., Favre-Bonvin, J., Smith, D.M. 1985. Flavonoids from chemotypes of the goldback fern, *Pityrogramma triangularis*. *Phytochemistry* **24**, 965-971.
(22) Ramakrishnan, G., Banerji, A., Chadha, M.S. 1974. Chalcones from *Onychium auratum*. *Phytochemistry* **13**, 2317-2318.
(23) Erdtman, H., Novotný, L., Romanuk, M. 1966. Flavonols from the fern *Cheilanthes farinosa* (Forsk.) Kaulf. *Tetrahedron Suppl.* **8**, 71-74.
(24) Okigawa, M., Hwa, C.W., Kawano, N., Rahman, W. 1971. Biflavones in *Selaginella* species. *Phytochemistry* **10**, 3286-3287.
(25) Voirin, B. 1972. Distribution des composés polyphénoliques chez les Lycopodinées. *Phytochemistry* **11**, 257-262.
(26) Markham, K.R. 1984. The structures of amentoflavone glycosides isolated from *Psilotum nudum*. *Phytochemistry* **23**, 2053-2054.

(27) Wallace, J.W., Markham, K.R. 1978. Apigenin and amentoflavone glycosides in the Psilotaceae and their phylogenetic significance. *Phytochemistry* **17**, 1313-1317.
(28) Okuyama, T., Ohta, Y., Shibata, S. 1979. The constituents of *Osumunda* spp. (III) Studies on the sporophyll of *Osumunda japonica*. *Shoyakugaku Zasshi* **33**, 185-186.
(29) Wada, H., Satake, T., Murakami, T., Kojima, T., Saiki, Y., Chen, C.-M. 1985. Chemische und chemotaxonomische Untersuchungen der Pterophyten. LIX. Chemische Untersuchungen der Inhaltsstoffe von *Alsophila spinulosa* Tryon. *Chem. Pharm. Bull.* **33**, 4182-4187.
(30) Wollenweber, E. 1982. The occurrence of flavanones in the farinose exudate of the fern *Onychium siliculosum*. *Phytochemistry* **21**, 1462-1464.
(31) Wollenweber, E. 1978. The distribution and chemical constituents of the farinose exudates in gymnogrammoid ferns. *Amer. Fern J.* **68**, 13-28.
(32) Wollenweber, E., Dietz, V.H., Schillo, D., Schilling, G. 1980. A series of novel flavanones from fern exudates. *Z. Naturforsch.* **35c**, 685-690.
(33) Iwashina, T., Kitajima, J., Matsumoto, S. 2006. Flavonoids in the species of *Cyrtomium* (Dryopteridaceae) and related genera. *Biochem. Syst. Ecol.* **34**, 14-24.
(34) 岸本安生 1956. ヤブソテツ属のフラボノイド その2. フラボノイド配糖体について（シダ類の薬学的知見第 10 報）. 薬学雑誌 **76**, 250-253.
(35) Karl, C., Pedersen, P.A., Müller, G. 1981. Dryopterin, ein neuartiges C17-Flavan aus *Dryopteris filix-mas*. *Z. Naturforsch.* **36c**, 607-610.
(36) Murakami, T., Tanaka, N. 1988. Occurrence, structure and taxonomic implications of fern constituents. *In* Progress in the Chemistry of Organic Natural Products (eds. Herz, W., Grisebach, H., Kirby, G.W., Tamm, Ch.), Springer, Wien. pp. 1-353.
(37) Tanaka, N., Komazawa, Y., Obara, K., Murakami, T., Saiki, Y., Chen, C.-M. 1980. Chemische und chemotaxonomische Untersuchungen der Inhaltsstoffe von *Bolbitis subcordata* (Copel.) Ching. *Chem. Pharm. Bull.* **28**, 1884-1886.
(38) Geiger, H., Quinn, C. 1975. Biflavonoids. *In* The Flavonoids (eds. Harborne, J.B., Mabry, T.J., Mabry, H.), Chapman and Hall, London. pp. 692-742.
(39) Geiger, H., Quinn, C. 1982. Biflavonoids. *In* The Flavonoids. Advances in Research (ed. Harborne, J.B.), Chapman and Hall, London. pp. 505-534.
(40) Geiger, H., Quinn, C. 1988. Biflavonoids. *In* The Flavonoids. Advances in Research since 1980 (ed. Harborne, J.B.), Chapman and Hall, London. pp.99-124.
(41) Geiger, H. 1994. Biflavonoids and triflavonoids. *In* The Flavonoids. Advances in Research since 1986 (ed. Harborne, J.B.), Chapman and Hall, London. pp. 95-115.
(42) Ferreira, D., Slade, D., Marais, J.P.J. 2006. Bi-, tri-, tetra-, penta-, and hexaflavonoids. *In* Flavonoids. Chemistry, Biochemistry and Applications (eds. Andersen, Ø.M., Markham, K.R.), CRC Press, Boca Raton. pp. 1101-1128.
(43) Nasr, C., Haag-Berrurier, M., Lobstein-Guth, A., Anton, R. 1986. Kaempferol coumaroyl glucorhamnoside from *Ginkgo biloba*. *Phytochemistry* **25**, 770-771.
(44) Pietta, P., Mauri, P., Bruno, A. 1991. Identification of flavonoids from *Ginkgo biloba* L., *Anthemis nobilis* L. and *Equisetum arvense* L. by high-performance liquid chromatography with diode-array UV detection. *J. Chromatog.* **553**, 223-231.
(45) Tang, Y., Lou, F., Wang, J., Li, Y., Zhuang, S. 2001. Coumaroyl flavonol glycosides from the leaves of *Ginkgo biloba*. *Phytochemistry* **58**, 1251-1256.
(46) 沢田徳之助 1958. 松柏類及び近縁植物葉中のフラボノイドの研究（第 5 報）二重分子フラボノイドの分布と植物分類との関連性. 薬学雑誌 **78**, 1023-1027.
(47) Hyun, S.K., Kang, S.S., Son, K.H., Chung, H.Y., Choi, J.S. 2005. Biflavone glucosides from *Ginkgo biloba* yellow leaves. *Chem. Pharm. Bull.* **53**, 1200-1201.
(48) Stafford, H.A., Kreitlow, K.S., Lester, H.H. 1986. Comparison of proanthocyanidins and related compounds in leaves and leaf-derived cell cultures of *Ginkgo biloba* L. *Pseudotsuga*

menziesii Franco, and *Ribes sanguineum* Pursh. *Plant Physiol.* **82**, 1132-1138.
(49) Hasler, A., Sticher, O. 1992. Identification and determination of the flavonoids from *Ginkgo biloba* by high-performance liquid chromatography. *J. Chromatog.* **605**, 41-48.
(50) Wallace, J.W., Morris, G. 1978. C-Glycosylflavones in *Gnetum gnemon*. *Phytochemistry* **17**, 1809-1810.
(51) Wallace, J.W., Porter, P.L., Besson, E., Chopin, J. 1982. C-Glycosylflavones of the Gnetopsida. *Phytochemistry* **21**, 482-483.
(52) Wallace, J.W. 1979. C-Glycosylflavones in the Gnetopsida: a preliminary report. *Amer. J. Bot.* **66**, 343-346.
(53) Zeng, L.-M., Wang, C.-J., Su, J.-Y., Li, D., Owen, N.L., Lu, Y., Lu, N., Zheng, Q.-T. 2001. Flavonoids from the red alga *Acanthophora spicifera*. *Chinese J. Chem.* **19**, 1097-1100.
(54) Sabina, H., Aliya, R. 2009. Seaweed as a new source of flavone, scutellarein 4'-methyl ether. *Pak. J. Bot.* **41**, 1927-1930.
(55) Dossaji, S.F., Mabry, T.J., Bell, E.A. 1975. Biflavonoids of the Cycadales. *Biochem. Syst. Ecol.* **2**, 171-175.
(56) 刈米達夫, 沢田徳之助 1958. 松柏類及び近縁植物葉中のフラボノイドの研究 (第 2 報) ソテツ及びエンコウスギ葉中のフラボノイドについて. 薬学雑誌 **78**, 1013-1015.
(57) Niemann, G.J., Miller, H.J. 1975. C-Glycosylflavonoids in the leaves of gymnosperms. *Biochem. Syst. Ecol.* **2**, 169-170.
(58) Ouabonzi, A., Bouillant, M.L., Chopin, J. 1983. C-Glycosylflavones from *Gnetum buchholzianum* and *Gnetum africanum*. *Phytochemistry* **22**, 2632-2633.
(59) Nawwar, M.A.M., El-Sissi, H.I., Barakat, H.H. 1984. Flavonoid constituents of *Ephedra alata*. *Phytochemistry* **23**, 2937-2939.
(60) Carson, J.L., Wallace, J.W. 1972. The detection of C-glycosylflavones in *Dioon spinulosum*. *Phytochemistry* **11**, 842-843.
(61) Emerenciano, V.P., Militão, J.S.L.T., Campos, C.C., Romoff, P., Kaplan, M.A.C., Zambon, M., Brant, A.J.C. 2001. Flavonoids as chemotaxonomic markers for Asteraceae. *Biochem. Syst. Ecol.* **29**, 947-957.
(62) Azam, A., Qasim, M.A., Khan, M.S.Y. 1985. Biflavones from *Picea morinda* Linn. *J. Indian Chem. Soc.* **52**, 788-789.
(63) Chatterjee, A., Kotoky, J., Das, K.K., Banerji, J., Chakraborty, T. 1984. Abiesin, a biflavonoid of *Abies webbiana*. *Phytochemistry* **23**, 704-705.
(64) Niemann, G.J. 1988. Distribution and evolution of the flavonoids in gymnosperms. *In* The Flavonoids. Advances in Research since 1980 (ed. Harborne, J.B.), Chapman and Hall, London, pp. 469-478.
(65) Nonaka, G., Goto, Y., Kinjo, J., Nohara, T., Nishioka, I. 1987. Tannins and related compounds. LII. Studies on the constituents of the leaves of *Thujopsis dolabrata* Sieb. et Zucc. *Chem. Pharm. Bull.* **35**, 1105-1108.
(66) Ohmoto, T., Yoshida, O. 1983. Constituents of pollen. XI. Constituents of *Cryptomeria japonica* D. Don. *Chem. Pharm. Bull.* **31**, 919-924.
(67) Lindstedt, G., Misiorny, A. 1951. Constituents of pine heartwood XXV. Investigation of fourty-eight *Pinus* species by paper partition chromatography. *Acta Chem. Scand.* **5**, 121-128.
(68) 野村一高, 武藤憲由 1976. カラマツ当年生枝の成分に関する研究 (III). 生長休止期のフェノール成分. 日本林学会誌 **58**, 258-265.
(69) Ohashi, H., Ido, Y., Imai, T., Yoshida, K., Yasue, M. 1988. 4,4'-Dihydroxychalcone from the heartwood of *Chamaecyparis obtusa*. *Phytochemistry* **27**, 3993-3994.
(70) Ilyas, N., Ilyas, M., Rahman, W., Okigawa, M., Kawano, N. 1978. Biflavones from the leaves of *Araucaria excelsa*. *Phytochemistry* **17**, 987-990.
(71) 肥田美知子 1958. 針葉樹の紅葉および紅葉中のアントシアニジン, ロイコアントシアニジン

について. 植物学雑誌 **71**, 845-846.
(72) Lebreton, P., Thivend, S., Boutard, B. 1980. Distribution des Pro-anthocyanidines ches les gymnospermes. *Plant. Med. Phytother.* **14**, 105-129.
(73) Iwashina, T. 2010. Flavonoids from two parasitic and achlorophyllous plants, *Aeginetia indica* and *Orobanche minor* (Orobanchaceae). *Bull. Natl. Mus. Nature Sci. Ser. B* **36**, 127-132.
(74) Bohm, B.A., Averett, J.E. 1989. Flavonoids in some Monotropoideae. *Biochem. Syst. Ecol.* **17**, 399-401.
(75) Ito, K., Itoigawa, M., Haruna, M., Murata, H., Furukawa, H. 1980. Dihydrochalcones from *Balanophora tobiracola*. *Phytochemistry* **19**, 476-477.
(76) Murai, Y., Fujinami, R., Imaichi, R., Iwashina, T. 2009. Flavonoids from riverweeds, *Cladopus japonicus* and *Hydrobryum japonicum* (Podostemaceae). *Biochem. Syst. Ecol.* **37**, 538-540.
(77) Bisby, F.A., Buckingam, J., Harborne, J.B. (eds.) 1994. Phytochemical Dictionary of the Leguminosae. Vol. 1. Plants and Their Constituents. Chapman & Hall, London, 1051 pp.
(78) Iwashina, T., Githiri, S.M., Benitez, E.R., Takemura, T., Kitajima, J., Takahashi, R. 2007. Analysis of flavonoids in flower petals of soybean near-isogenic lines for flower and pubescence color genes. *J. Heredity* **98**, 250-257.
(79) Iwashina, T., Oyoo, M.E., Khan, N.A., Matsumura, H., Takahashi, R. 2008. Analysis of flavonoids in flower petals of soybean flower color variants. *Crop Sci.* **48**, 1918-1924.
(80) Iwashina, T., Benitez, E.R., Takahashi, R. 2006. Analysis of flavonoids in pubescence of soybean near-isogenic lines for pubescence color loci. *J. Heredity* **97**, 438-443.
(81) Buttery, B.R., Buzzell, R.I. 1975. Soybean flavonol glycosides: identification and biochemical genetics. *Can. J. Bot.* **53**, 219-224.
(82) Moham, P., Joshi, T. 1989. Two anthochlor pigments from heartwood of *Pterocarpus marsupium*. *Phytochemistry* **28**, 2529-2530.
(83) Tindale, M.D., Roux, D.G. 1969. A phytochemical survey of the Australian species of *Acacia*. *Phytochemistry* **8**, 1713-1727.
(84) Bhartiya, H.P., Dubey, P., Katiyar, S.B., Gupta, P.C. 1979. A new chalcone glycoside from *Bauhinia purpurea*. *Phytochemistry* **18**, 689.
(85) Namikoshi, M., Nakata, H., Nuno, M., Ozawa, T., Saitoh, T. 1987. Homoisoflavonoids and related compounds III. Phenolic constituents of *Caesalpinia japonica* Sieb. et Zucc. *Chem. Pharm. Bull.* **35**, 3568-3575.
(86) Saxena, V.K., Nigam, S.S., Singh, R.B. 1976. Glycosidic principles from the leaves of *Flemingia strobilifera*. *Planta Med.* **29**, 94-97.
(87) Kinjo, J., Furusawa, J., Baba, J., Takeshita, T., Yamasaki, M., Nohara, T. 1987. Studies on the constituents of *Pueraria lobata*. III. Isoflavonoids and related compounds in the roots and the voluble stems. *Chem. Pharm. Bull.* **35**, 4846-4850.
(88) Tang, Y., Lou, F., Wang, J., Zhuang, S. 2001. Four new isoflavone triglycosides from *Sophora japonica*. *J. Nat. Prod.* **64**, 1107-1110.
(89) Ahn, E.-M., Nakamura, N., Akao, T., Nishihara, T., Hattori, M. 2004. Estrogenic and antiestrogenic activities of the roots of *Moghania philippinensis* and their constituents. *Biol. Pharm. Bull.* **27**, 548-553.
(90) Yadav, P.P., Ahmed, G., Maurya, R. 2004. Furanoflavonoids from *Pongamia pinnata*. *Phytochemistry* **65**, 439-443.
(91) Ohashi, H., Nozaki, K., Hibino, Y., Imamura, H. 1974. The extractives of Japanese *Cladrastis* species. II. Structures of two new isoflavones, platycarpanetin and 5-methoxyafrormosin, from the wood of *Cladrastis platycarpa* Makino. *Mokuzai Gakkaishi* **20**, 336-341.
(92) Waffo, A.K., Azebaze, G.A., Nkengfack, A.E., Fomum, Z.T., Meyer, M., Bodo, B., van Heerden,

F.R. 2000. Indicanines B and C, two isoflavonoid derivatives from the root bark of *Erythrina indica*. *Phytochemistry* **53**, 981-985.
(93) Xiaoli, L., Naili, W., Sau, W.M., Chen, A.S.C., Xinsheng, Y. 2006. Four new isoflavonoids from the stem bark of *Erythrina variegata*. *Chem. Pharm. Bull.* **54**, 570-573.
(94) Saleh, M.M., Mallik, K., Mallik, A.K. 1991. A chromenoflavanone and two caffeic esters from *Pongamia glabra*. *Phytochemistry* **30**, 3834-3836.
(95) Chanphen, R., Thebtaranonth, Y., Wanauppathamkul, S., Yuthavong, Y. 1998. Antimalarial principles from *Artemisia indica*. *J. Nat. Prod.* **61**, 1146-1147.
(96) Bhargava, K.K., Krishanaswamy, N.R., Seshadri, T.R. 1970. Isolation of desmethylwedelolactone and its glucoside from *Eclipta alba*. *Indian J. Chem.* **10**, 810-811.
(97) Liu, H., Li, G., Wu, H. 1981. Studies on the constituents of ging-hao (*Artemisia annua* L.) *Acta Pharm. Sinica* **16**, 66-67.
(98) Iwashina, T., Kadota, Y., Ueno, T., Ootani, S. 1995. Foliar flavonoid composition in Japanese *Cirsium* species (Compositae), and their chemotaxonomic significance. *J. Jap. Bot.* **70**, 280-290.
(99) Wollenweber, E., Mann, K., Valant-Vetschera, K.M. 1989. External flavonoid aglycones in *Artemisia* and some further Anthemideae (Asteraceae). *Fitoterapia* **60**, 460-463.
(100) Karikome, H., Ogata, K., Sashida, Y. 1992. New acylated glucosides of chalcone from the leaves of *Bidens frondosa*. *Chem. Pharm. Bull.* **40**, 689-691.
(101) Giannasi, D.E. 1975. The flavonoid systematics of the genus *Dahlia* (Compositae). *Mem. New York Bot. Gard.* **26**, 1-125.
(102) Crawford, D.J., Smith, E.B. 1983. The distribution of anthochlor floral pigments in North American *Coreopsis* (Compositae): taxonomic and phyletic interpretations. *Amer. J. Bot.* **70**, 355-362.
(103) Wang, N.L., Wang, J., Yao, X.S., Kitanaka, S. 2006. Two neolignan glucosides and antihistamine release activities from *Bidens parviflora* Willd. *Chem. Pharm. Bull.* **54**, 1190-1192.
(104) Timmermann, B.N., Grahams, S.A., Mabry, T.J. 1981. Sulfated and 6-methoxyflavonoids from *Brickellia baccharidea* (Compositae). *Phytochemistry* **20**, 1762.
(105) Öksüs, S., Topcu, G. 1987. Triterpene fatty acid esters and flavonoids from *Inula britannica*. *Phytochemistry* **26**, 3082-3084.
(106) Mansour, R.M.A., Saleh, N.A.M. 1981. Flavonoids of three local *Senecio* species. *Phytochemistry* **20**, 1180-1181.
(107) Świader, K., Lamer-Zarawska, E. 1996. Flavonoids of rare *Artemisia* species and their antifungal properties. *Fitoterapia* **67**, 77-78.
(108) Bohm, B.A. 2001. Flavonoids of the Sunflower Family (Asteraceae). Springer, Wien. 831 pp.
(109) Yoshitama, K. 1997. Flavonoids of *Ginkgo biloba*. In *Ginkgo biloba* – A Global Treasure (eds, Hori, T., Ridge, R.W., Tulecke, W., Tremouillaux-Guiller, J., Del Tredici, P., Tobe, H.), Springer, Tokyo. pp. 287-299.
(110) Tivend, S., Lebreton, P., Ouabonzi, A., Bouillant, M. 1979. Renmarques d'orde biochimique sur les affinités systématiques des Gnétophytes (1). *C.R. Acad. Sci. Paris, Ser. D* **289**, 465-467.
(111) Tomás-Barberán, F.A., Wollenweber, E. 1990. Flavonoid aglycones from the leaf surfaces of some Labiatae species. *Plant Syst. Evol.* **173**, 109-118.
(112) Harborne, J.B., Williams, C.A. 1971. 6-Hydroxyluteolin and scutellarein as phyletic markers in higher plants. *Phytochemistry* **10**, 367-378.
(113) Tomás-Barberán, F.A., Grayer-Barkmeijer, R.J., Gil, M.I., Harborne, J.B. 1988. Distribution of 6-hydroxy-, 6-methoxy- and 8-hydroxyflavone glycosides in the Labiatae, the Scrophulariaceae and related families. *Phytochemistry* **27**, 2631-2645.

(114) Husain, S.Z., Markham, K.R. 1981. The glycoflavone vicenin-2 and its distribution in related genera within the Labiatae. *Phytochemistry* **20**, 1171-1173.
(115) Giannasi, D.E. 1988. Flavonoids and evolution in the dicotyledons. *In* The Flavonoids. Advances in Research since 1980 (ed. Harborne, J.B.), Chapman and Hall, London. pp. 479-504.
(116) Saleh, N.A.M., El-Negoumy, S.I., El-Hadidi, M.N., Hosni, H.A. 1983. Comparative study of the flavonoids of some local members of the Umbelliferae. *Phytochemistry* **22**, 1417-1420.
(117) Harborne, J.B., Williams, C.A. 1972. Flavonoid patterns in the fruits of the Umbelliferae. *Phytochemistry* **11**, 1741-1750.
(118) Wollenweber, E., Dietz, V.H. 1981. Ocurrence and distribution of free flavonoid aglycones in plants. *Phytochemistry* **20**, 869-932.
(119) Hemming, R., Ollis, W.D. 1953. The flavonoid glycosides of parsley II. – The structure of apiin. *Chem. Ind.* 85-86.
(120) Hulyalkar, P.K., Jones, J.K.N., Perry, M.B. 1965. The chemistry of d-apiose. Part II. The configuration of d-apiose in apiin. *Can. J. Chem.* **43**, 2085-2091.
(121) Akihisa, T., Tokuda, H., Hasegawa, D., Ukiya, M., Kimura, Y., Enjo, F., Suzuki, T., Nishino, H. 2006. Chalcones and other compounds from exudates of *Angelica keiskei* and their cancer chemopreventive effects. *J. Nat. Prod.* **69**, 38-43.
(122) Aoki, N., Muko, M., Ohta, E., Ohta, S. 2008. C-Geranylated chalcones from the stems of *Angelica keiskei* with superoxide-scavenging activity. *J. Nat. Prod.* **71**, 1308-1310.
(123) Zhang, T., Zhou, J., Wang, Q. 2007. Flavonoids from aerial part of *Bupleurum chinense* DC. *Biochem. Syst. Ecol.* **35**, 801-804.
(124) Keinänen, M., Julkunen-Tiitto, R., Rousi, M., Tahvanainen, J. 1999. Taxonomic implications of phenolic variation in leaves of birch (*Betula* L.) species. *Biochem. Syst. Ecol.* **27**, 243-254.
(125) Fuchino, H., Konishi, S., Satoh, T., Yagi, A., Saitsu, K., Tatsumi, T., Tanaka, N. 1996. Chemical evaluation of *Betula* species in Japan. II. Constituents of *Betula platyphylla* var. *japonica*. *Chem. Pharm. Bull.* **44**, 1033-1038.
(126) Wollenweber, E. 1975. Flavonoidmuster im Knospenexkret der Betulaceen. *Biochem. Syst. Ecol.* **3**, 47-52.
(127) Asakawa, Y., Genjida, F., Hayashi, S., Matsuura, T. 1969. A new ketol *Alnus frima* Sieb. et Zucc. (Betulaceae). *Tetrahedron Lett.* 3235-3237.
(128) Tori, M., Hashimoto, A., Hirose, K., Asakawa, Y. 1995. Diarylheptanoids, flavonoids, stilbenoids, sesquiterpenoids and a phenanthrene from *Alnus maximowiczii*. *Phytochemistry* **40**, 1263-1264.
(129) Sun, D., Wong, H., Fou, Y. 1987. Proanthocyanidin dimmer and polymers from *Quercus dentata*. *Phytochemistry* **26**, 1825-1829.
(130) Ishimaru, K., Nonaka, G.-I., Nishioka, I. 1987. Tannins and related compounds. LV. Isolation and characterization of acutissimins A and B, novel tannins from *Quercus* and *Castanea* species. *Chem. Pharm. Bull.* **35**, 602-610.
(131) Mizuno, M., Iinuma, M., Ohara, M., Tanaka, T., Iwamasa, M. 1991. Chemotaxonomy of the genus *Citrus* based on polymethoxyflavones. *Chem. Pharm. Bull.* **39**, 945-949.
(132) Harborne, J.B. 1967. Comparative biochemistry of flavonoids – V. Luteolin 5-glucoside and its occurrence in the Umbelliferae. *Phytochemistry* **6**, 1569-1573.
(133) Nishiura, M., Esaki, S., Kamiya, S. 1969. Flavonoids in *Citrus* and related genera. Part I. Distribution of flavonoid glycosides in *Citrus* and *Poncirus*. *Agric. Biol. Chem.* **33**, 1109-1118.
(134) Nishiura, M., Kamiya, S., Esaki, S. 1971. Flavonoids in *Citrus* and related genera. Part III. Flavonoid pattern and *Citrus* taxonomy. *Agric. Biol. Chem.* **35**, 1691-1706.
(135) 比嘉松武，大城哲哉，萩原和仁，与義誠一 1991. アワダン (*Melikope triphylla* Merr.) のフラ

ボノイド成分（第2報）. 薬学雑誌 **110**, 822-827.
(136) Kinoshita, T., Firman, K. 1997. Myricetin 5,7,3',4',5'-pentamethyl ether and other methylated flavonoids from *Murraya paniculata*. *Phytochemistry* **45**, 179-181.
(137) Chiu, C.-Y., Li, C.-Y., Chiu, C.-C., Niwa, M., Kitanaka, S., Damu, A.G., Lee, E.-J., Wu, T.-S. 2005. Constituents of leaves of *Phyllodendron japonicum* Maxim. and their antioxidant activity. *Chem. Pharm. Bull.* **53**, 1118-1121.
(138) Iwashina, T., Kitajima, J. 2000. Chalcone and flavonol glycosides from *Asarum canadense* (Aristolochiaceae). *Phytochemistry* **55**, 971-974.
(139) Iwashina, T., Kitajima, J., Shiuchi, T., Itou, Y. 2005. Chalcone and other flavonoids from *Asarum* sensu lato (Aristolochiaceae). *Biochem. Syst. Ecol.* **33**, 571-584.
(140) Iwashina, T., Marubashi, W., Suzuki, T. 2002. Chalcones and flavonols from the Chinese species, *Saruma henryi* (Aristolochiaceae). *Biochem. Syst. Ecol.* **30**, 1101-1103.
(141) Iwashina, T., Ootani, S. 1990. Three flavonol allosides from *Glaucidium palmatum*. *Phytochemistry* **29**, 3639-3641.
(142) 竹本常松・醍醐晧二・徳岡康雄 1975. *Epimedium* 属植物の成分研究（第1報）イカリソウのフラボノイド その1. 薬学雑誌 **95**, 312-320.
(143) Sun, P., Chem, Y., Shimizu, N., Takeda, T. 1998. Studies on the constituents of *Epimedium koreanum*. III. *Chem. Pharm. Bull.* **46**, 355-358.
(144) Iwashina, T., Kitajima, J. 2009. Flavonol glycosides from the monotypic genus *Ranzania* endemic to Japan. *Biochem. Syst. Ecol.* **37**, 122-123.
(145) Díaz, J.G., Ruiz, J.G., Días, B.R., Sazatornil, J.A.G., Herz, W. 2005. Flavonol 3,7-glycosides and dihydroxyphenethyl glycosides from *Aconitum napellus* subsp. *lusitanicum*. *Biochem. Syst. Ecol.* **33**, 201-205.
(146) Fiasson, J.L., Gluchoff-Fiasson, K., Dahlgren, G. 1997. Flavonoid patterns in European *Ranunculus* L. subgenus *Batrachium* (Ranunculaceae). *Biochem. Syst. Ecol.* **25**, 327-333.
(147) Asakawa, M., Iwashina, T., Kitajima, J. 2010. Flavonol glycosides from *Callianthemum hondoense* and *Callianthemum alatavicum* in Japan and Tien Shan Mountains. *Biochem. Syst. Ecol.* 38, 250-252.
(148) 岩科司 1997. ラン科植物のフラボノイド－その花色への貢献と分布. 筑波実験植物園研報 **16**, 75-113.
(149) Williams, C.A., Harborne, J.B., Mathew, B. 1988. A chemical appraisal via leaf flavonoids of Dahlgren's Liliiflorae. *Phytochemistry* **27**, 2609-2629.
(150) Yoshida, T., Saito, T., Kadoya, S. 1987. New acylated flavonol glucosides in *Allium tuberosum* Rottler. *Chem. Pharm. Bull.* **35**, 97-107.
(151) Yoshitama, K., Shida, Y., Oyamada, T., Takasaki, N., Yahara, S. 1997. Flavonol glycosides in the leaves of *Trillium apetalon* Makino and *T. kamtschaticum* Pallas. *J. Plant Res.* **110**, 443-448.
(152) Saito, Y., Iwashina, T., Peng, C.-I, Kokubugata, G. 2009. Taxonomic reconsideration of *Disporum luzoniense* (Liliaceae s.l.) using flavonoid characters. *Blumea* **54**, 59-62.
(153) 岩科司・天野實・水野茂博・大谷俊二 1986. *Aloe* 属植物の花から分離したフラボノイドおよびキノン系色素とその種間および種内変異の意義. 進化生研報 **3**, 116-131.
(154) 森田直賢・有澤宗久・吉川明茂 1976. 薬用資源の研究（第38報）アマドコロ属（Liliaceae）植物の成分研究 その1 アマドコロ *Polygonatum odoratum* (Mill.) Druce var. *pluriflorum* (Miq.) Ohwi の葉の成分について. 薬学雑誌 **96**, 1180-1183.
(155) Nishida, Y., Eto, M., Miyashita, H., Ikeda, T., Yamaguchi, K., Yoshimitsu, H., Nohara, T., Ono, M. 2008. A new homostilbene and two new homoisoflavones from the buds of *Scilla scilloides*. *Chem. Pharm. Bull.* **56**, 1022-1025.
(156) Iwashina, T., Kitajima, J., Kato, T., Tobe, H. 2005. An analysis of flavonoid compounds in leaves of *Japonolirion* (Petrosaviaceae). *J. Plant Res.* **118**, 31-36.

(157) 林孝三・大谷俊二・岩科司　1989. ヒオウギアヤメおよびその近縁植物における色素成分の比較分析——各種のフラボノイドを中心として. 進化生研研報 **6**, 30-60.
(158) Iwashina, T., Kamenosono, K., Yabuya, T. 1996. Isolation and identification of flavonoid and related compounds as co-pigments from the flowers of *Iris ensata*. *J. Jap. Bot.* **71**, 281-287.
(159) Takemura, T., Takatsu, Y., Kasumi, M., Marubashi, W., Iwashina, T. 2005. Flavonoids and their distribution patterns in the flowers of *Gladiolus* cultivars. *Acta Horticulturae* **673**, 487-493.
(160) Williams, C.A., Harborne, J.B., Goldblatt, P. 1986. Correlations between phenolic patterns and tribal classification in the family Iridaceae. *Phytochemistry* **25**, 2135-2154.
(161) Nørbæk, R., Brandt, K., Nielsen, J.K., Ørgaard, M., Jacobsen, N. 2002. Flower pigment composition of *Crocus* species and cultivars used for a chemotaxonomic investigation. *Biochem. Syst. Ecol.* **30**, 763-791.
(162) 岩科司・大谷俊二　1998. アヤメ属植物のフラボノイド：その構造, 分布, 機能（総説）. 筑波実験植物園研報 **17**, 147-183.
(163) Shu, P., Qui, M.J., Shen, W.J., Wu, G. 2009. A new coumaronochromone and phenolic constituents from the leaves of *Iris bungei* Maxim. *Biochem. Syst. Ecol.* **37**, 20-23.
(164) Harborne, J.B., King, L. 1976. Flavonoid sulphates in the Umbelliferae. *Biochem. Syst. Ecol.* **4**, 111-115.
(165) Harborne, J.B., Williams, C.A. 1976. Flavonoid patterns in leaves of the Gramineae. *Biochem. Syst. Ecol.* **4**, 267-280.
(166) Nawwar, M.A.M, El Sissi, H.I., Baracat, H.H. 1980. The flavonoids of *Phragmites australis* flowers. *Phytochemistry* **19**, 1854-1856.
(167) Tateoka, T., Hiraoka, A., Tateoka, T.N. 1977. Natural hybridization in Japanese *Calamagrostis* II. *Calamagrostis langsdorffii* × *C. sacharinensis*, an example of an agamic complex. *Bot. Mag. Tokyo* **90**, 193-209.
(168) 館岡亜緒, 館岡孝, 前田昌徹, 平岡厚　1987. 日本産ノガリヤス属（イネ科）の分類学的研究へのルチンの検出の寄与について. 植物地理・分類研究 **35**, 13-20.
(169) Ghosal, S., Kumar, Y., Chakrabarti, D.K., Lal. J., Singh, S.K. 1986. Parasitism of *Imperata cylindrica* on *Pancratium biflorum* and the concomitant chemical changes in the host species. *Phytochemistry* **25**, 1097-1102.
(170) 梅鉢幸重　2000. 動物の色素. 内田老鶴圃, 東京.
(171) Wilson, A. 1985. Flavonoid pigments of butterflies in the genus *Melanargia*. *Phytochemistry* **24**, 1685-1691.
(172) Hopkins, T.L., Ahmad, S.A. 1991. Flavonoid wing pigments in grass-hoppers. *Experientia* **47**, 1089-1091.
(173) Sanjuja, R., Martin, G.E., Weinheimer, A.J., Alan, M. 1984. Secondary metabolites of the coelenterate *Echinopora lamellosa*. *J. Heterocyclic Chem.* **21**, 845-848.
(174) Bird, A.E., Marshall, A.C. 1969. Structure of chlorflavonin. *J. Chem. Soc.* (C) 2418-2420.
(175) Marchelli, R., Vining, L.C. 1973. The biosynthetic origin of chlorflavonin, a flavonoid antibiotic from *Aspergillus candidus*. *Can. J. Biochem.* **51**, 1624-1629.
(176) List, P.H., Freud, B. 1968. Geruchsstoffe der Stinkmorchel, *Phallus impudicus* L. 18. Mitteilung über Pilzinhaltsstoffe. *Planta Med.* (*Suppl.*) 123-132.
(177) Nair, P., Zabka, G.G. 1966. Pigmentation and sporulation in selected myxomycetes. *Amer. J. Bot.* **53**, 887-892.
(178) Markham, K.R., Porter, L.J. 1969. Flavonoids in the green algae (chlorophyta). *Phytochemistry* **8**, 1777-1781.
(179) Atta-ur-Rahman, Chouahary, M.I., Hayat, S., Khan, A.M., Ahmed, A. 2001. Two new aurones from marine brown algae *Spatoglossum variabile*. *Chem. Pharm. Bull.* **49**, 105-107.
(180) Liu, X., Wang, C.-Y., Shao, C.-L., Wei, Y.X., Wang, B.-G., Sun, L.-L., Zheng, C.-J., Guan, H.-S. 2009. Chemical constituents from *Sargassum pallidum* (Turn) C. Agardh. *Biochem. Syst.*

Ecol. **37**, 127-129.
(181) Uehara, A., Nakata, M., Kitajima, J., Iwashima, T. 2012. Internal and external flavonoids from the leaves of Japanese *Chrysanthemum* species (Asteraceae). *Biochem. Syst. Ecol.* **41**, 142-149.
(182) Mizuno, T., Okuyama, T., Iwashima, T. 2012. Phenolic compounds from *Iris rosii*, and their chemotaxonomic and systematic sugnificanse. *Biochem. Syst. Ecol.* **44**, 157-160.

4.14.2. アントシアニンの分布*

植物界におけるアントシアニンの分布に関しては，これまで広く調査されてきた。その分布パターンは化学分類学的側面から考察され，科または属ごとに色素の分布パターンには一定の特徴が見られることが分かってきている。これまで，多種類の植物種で新しく単離同定されたアントシアニンに関しては 6〜7 年おきに出版される Harborne らにより編集された『The Flavonoids』あるいは『The Flavonoids: Advances in Research』という図書にまとめられ，そのデータが蓄積されてきている[1〜4]。Harborne 亡き後は，その仕事は Andersen と Mabry に引き継がれ，最近までのデータは 2006 年に出版された『Flavonoids』にまとめられた[5]。我が国におけるアントシアニンの分布調査に関しては，1950 年代に林がペーパークロマトグラフィーを用いて本邦に生育する植物の紅葉色素の一斉分析を行ったのが初めてであり[6]，その後，石倉[7]，吉玉[8]，加藤[9]，岩科[10,11]らによってその調査が続行された。本邦に分布する野生種で同定されたアントシアニンについては 1988 年に刊行された『植物色素』に詳細にまとめられている[12]。さらに，斉藤，御巫らは 1990 年代までの多数の文献を精査しアントシアニンの分布パターンについてまとめている[13]。また，1970 年代の中頃にキキョウ[14]やサイネリア[15]で相次いで見つかったポリアシル化アントシアニンで見られるような複雑な構造をもつ一群の色素に関しては，NMR や MS などの各種分析機器の改良に伴う解析技術の向上により詳細な構造解明が進んだ。2002 年までに報告された 100 種を超えるポリアシル化アントシアニンの構造と分布に関しては，すでに本田と斉藤によってまとめられている[16]。本章においては，植物に分布するアントシアニンを花，葉と茎および根，果実と各器官ごとに分け 1988 年から 2012 年までに報告された研究成果をできるだけコンパクトにまとめた（表 14-2-1〜3）。近年における NMMS などの分析機器の格段の進歩に伴い，ポリアシル化アントシアニンやアントシアニンとフラボノイドとの複合体[17]のような複雑な構造をもつ色素が報告さ

* 執筆：吉玉　國二郎　Kunijiro Yoshitama

表 4-14-1 花に含まれるアントシアニン

No.	植物名	含有アントシアニン	色素存在部位	参考文献
	ナデシコ科 Caryophyllaceae			
1	カーネーション *Dianthus caryophyllus*	Cy3,5-glc(6'',6'''-mal diester) Cy3-[6-(mly)glc]-5-glc Pg3,5-glc(6'',6'''-mal diester) Dp3,5-glc(6'',6'''-mal diester) Dp3-[6-(mly)glc]-5-glc Dp3,5,-di[6-mly)glc]	花	19, 20, 21
	ロウバイ科 Calycanthaceae			
2	ロウバイ *Chimonanthus praecox*	Cy3-glc　　aclCy3-glc	花被	22
	キンポウゲ科 Ranunculaceae			
3	オキナグサ *Pulsatilla cernua*	Pg3-[2-(2-(caf)glc)gal]	花	23
4	*Ranunculus asiaticus*	Cy3-[2-(xyl)-6-(mal)glc] Cy3-[2-(xyl)-glc] Dp3-[2-(xyl)-6-(mal)glc] Dp3-[2-(xyl)-glc]	花	24
5	ハナトリカブト *Aconitum chinense*	Dp3-[6-(rha)glc]-7-[6-(4-(6(hba)glc)hba)glc]	花	25
6	クレマチス *Clematis* cv.	Cy3-[2-(2-*E*-caf-glc)-gal] Cy3-[2-(*E*-caf-glc)-6-(mal)gal] Cy3-[2-(*E*-caf-glc)-6-(suc)gal] Cy3-(2-*E*-caf-glc)-(1-2)-6-(mal)gal Cy3-[2-(2-*E*-caf-glc)-6-(mal)gal]-3'-glu Cy3-[2-(2-*E*-fer-glc)-6-(mal)gal]-3'-glu	花	133
	スイレン科 Nymphaeaceae			
7	ウォーターリリー *Nymphaéa marliacea*	Dp3-[2-(gao)-6-(ace)gal]	花	26
	ケシ科 Papaveraceae			
8	メコノプシス・グランディス *Meconopsis grandis*	Cy3-[2-xyl)-6-(mal)glc]-7-glc	花	27
9	メコノプシス・ホリデュラ *Meconopsis horridula*	Cy3-[2-(xyl)-6-(mal)glc]-7-glc	花	28
	アブラナ科 Cruciferae			
10	イベリス・ウンベラータ *Iberis umbellata*	Cy3-[2-glc-6-(cum)glc]-5-[6-(mal)glc] Cy3-[2-(2-(fer)glc)-6-(cum)glc]-5-[6-(mal)glc] Cy3-[2-(2-(sin)glc)-6-(cum)glc]-5-[6-(mal)glc] Cy3-[2-(2-(sin)glc)-6-(4-(glc)cum)glc]-5-[6-(mal)glc] Cy3-[2-(2-(fer)glc)-6-(4-(6-(4-(glc)fer)glc)cum)glc]-5-[6-(mal)glc]	花	29

No.	植物名	含有アントシアニン	色素存在部位	参考文献
11	バージニアストック *Malcolmia maritima*	Cy3-[2-(2-(sin)-3-(glc)xyl)-6-(cum)glc]-5-[6-(mal)glc] Cy3-[2-(2-(sin)-3-(glc)xyl)-6-(cum)glc]-5-glc Cy3-[2-(3-(glc)xyl)glc]-5-glc	花と茎	30
12	ムラサキハナナ *Orychophragonus violaceus*	Cy3-[2-(2(4(6 (4-(glc)caf)glc)caf)xyl)-6-(4(glc)cum)glc]-5-(6-(mal)glc) Cy3-[2-(4(6 (4-glc)caf)glc)caf)xyl)-6(4(glc)sin)glc]-5-(6-(mal)glc)	花	31
13	*Heliophila coronopifolia*	Dp3-[2-xyl-6-(*cis*-cum)glc]-5-[6-(mal)glc] Dp3-[2-xyl-6-(*t*-caf)glc]-5-[6-(mal)glc] Dp3-[2-xyl-6-(*t*-cum)glc]-5-[6-(mal)glc] Dp3-[2-xyl-6-(*t*-fer)glc]-5-[6-(mal)glc] Dp3-[2-xyl-6-(*cis*-cum)glc]-5-glc Dp3-[2-xyl-6-(*t*-caf)glc]-5-glc Cy3-[6-(fer)samb]-5-[6-(mal)glc] Cy3-[6-(cum)samb]-5-[6-(mal)glc]	花	134
マメ科 Leguminosae (Fabaceae)				
14	ツルマメ *Glycine soja*	Mv3,5-di-glc Pt3,5-di-glc Dp3,5-di-glc Dp3-glc	花	132
15	ヒスイカズラ *Strongylodon macrobotrys*	Mv3,5-di-glc	花	130
アマ科 Linaceae				
16	ベニバナアマ *Linum grandiflorum*	Cy3-[6-(rha)glc] Dp3-[2-(xyl)-6-(rha)glc] Dp3-[6-(rha)glc]	花	32
トウダイグサ科 Euphorbiaceae				
17	ベニヒモノキ *Acalypha hispida*	Cy3-[2-(gao)-6-(rha)gal] Cy3-[2-(gao)gal] Cy3-gal	花	33
ツバキ科 Theaceae				
18	トウツバキ *Camellia reticulata*	Cy3-[2-(xyl)-6-(*Z*-cum)gal] Cy3-[2-(xyl)-6-(*E*-cum)gal] Cy3-[2-(xyl)-6-(*E*-caf)gal] Cy3-[2-(xyl)-6-(ace)gal] Cy3-[2-(xyl)-6-(ace)glc] Cy3-(xyl)gal	花	34
フウチョウソウ科 Capparidaceae				
19	セイヨウフウチョウソウ *Cleome hassleriana*	Cy3-[2-(6-(caf)glc)-6-(*E*-cum)glc]-5-glc Cy3-[2-(6-(*E*-sin)glc)-6-(*E*-cum)glc]-5-glc Cy3-[2-(6-(fer)glc)-6-(*E*-cum)glc]-5-glc Pg3-[2-(6-(*E*-sin)glc)-6-(*E*-cum)glc]-5-glc Pg3-[2-(6-(*E*-cum)glc)-6-(*E*-cum)glc]-5-glc	花	35
ツリフネソウ科 Balsaminaceae				
20	ツリフネソウ *Impatiens textori*	Mv3-[6-(mal)glc] Mv3-[6-(3-OH-3M-glt)glc]	花	36

No.	植物名	含有アントシアニン	色素存在部位	参考文献
アオイ科 Malvaceae				
21	ツリーマロウ *Lavatera maritima*	Mv3-[6-(mal)glc]-5-glc Mv3-[6-(mal)glc]	花	37
22	タチアオイ 'Nigra' *Alcea rosea* 'Nigra'	Dp3-glc Cy3-glc Pt3-glc Mv3-glc Dp3-Rt Cy3-Rt Pt3-(rha)glc Mv3-(rha)glc Mv3-(mal)glc	花	127
シュウカイドウ科 Begoniaceae				
23	ベゴニア *Begonia* sp.	Cy3-[2-(xyl)-6-(caf)glc] Cy3-[2-(xyl)-6-(Z-caf)glc] Cy3-[2-(glc)-6-(cum)glc] Cy3-[2-(glc)-6-(Z-cum)glc] Cy3-[2-(xyl)-6-(cum)glc] Cy3-[2-(xyl)-6-(Z-cum)glc]	花	38
ミソハギ科 Lythraceae				
24	*Lagerstroemia speciosa*	Mv3-glc Mv3,5-di-glc	花	131
ノボタン科 Melastomataceae				
25	シコンノボタン *Tibouchina urvilleana*	Mv3-[6-(cum)glc]-5-[2-(ace)xyl]	花	39
ヒルガオ科 Convolvulaceae				
26	アサガオ *Ipomoea purpurea*	Cy3-[2-(6-(4-(6-(3-(glc)caf)glc)caf)glc)glc] Cy3-[2-(glc)glc] Cy3-[2-(6-(caf)glc)glc] Cy3-[2-(glc)-6-(caf)glc]	花 (赤褐色)	40
27	アサガオ *Ipomoea purpurea*	Cy3-[2-(6-(3-(glc)caf)glc)-6-(4-(6-(caf)glc) caf)glc)glc]-5-glc Cy3-[2-(6-(3-(glc)caf)glc)-6-(caf)glc]-5-glc Cy3-[2-(6-(caf)glc)-6-(caf)glc]-5-glc Cy3-[2-(glc)glc]-5-glc	花 (青紫色)	41
サクラソウ科 Primulaceae				
28	シクラメン（ボンファイアー）*Cyclamen persicum*	Pn3-[2-(rha)glc]	花	42
29	シクラメン（シェラローズ）*Cyclamen persicum*	Pn3,5-di-glc Cy3,5-di-glc Mv3,5-di-glc	花	42
リンドウ科 Gentianaceae				
30	リンドウ *Gentiana* sp.	Dp3,3'-di-glc-5-[6-(caf)glc] Dp3,3'-di-glc-5-[6-(cum)glc] Dp3-glc-5,3'-di[6-(caf)glc] Dp3-glc-5-[6-(caf)glc]-3'-[6-(cum)glc] Dp3-glc-5-[6-(cum)glc] Dp3-glc-5-[6-(caf)glc]-3'-[6-(caf)glc]	花 (青)	43
31	リンドウ *Gentiana* sp.	Cy3-glc Cy3-glc-5,3'-di[6-(caf)glc] Cy3-glc-5-[6-(caf)glc] Cy3-glc-5-[6-(cum)glc]	花 (ピンク)	44

No.	植物名	含有アントシアニン	色素存在部位	参考文献
	キョウチクトウ科 Apocynaceae			
32	キョウチクトウ Catharanthus roseus	Ros3-[6-(rha)gal] 7-O-Me-Cy3-[6-(rha)gal] Ros3-[6-(rha)gal] 7-O-Me-Cy3-[6-(rha)gal]	花	45
	ムラサキ科 Boraginaceae			
33	ロボステモン Lobostemon sp.	Cy3,5-di-glc　　Cy3-[6-(rha)glc] Cy3-glc　　　　Dp3,5-di-glc Dp3,5-di-glc　　Dp3-[6-(rha)glc] Dp3-glc	花	46
	シソ科 Labiatae			
34	サルビア Salvia patens	Dp3-[6-(4-(cum)glc]-5-[4-(ace)6(mal)glc]+ Apn7,4'-di-glc+Mg (protodelphin)	花	47
35	サルビア S. uliginosa	Dp3-[6-(4-(cum)glc]-5-[4(ace)-6(mal)glc]	花	48
36	サルビア S. uliginosa	Dp3-[2-(rha)glc]-7-[6(mal)glc]	花 （青）	49
	ゴマノハグサ科 Scrophulariaceae			
37	スカーレット モンキーフラワー Mimulus cardinalis	Cy3-glc Pg3-glc	花	50
38	ルイス モンキーフラワー M. lewisii	Cy3-glc Pg3-glc	花	50
39	オオイヌノフグリ Veronica persica	Dp3-[2-(6-(cum)glc)-6-(cum)glc]-5-glc	花（青）	72
	ハマウツボ科 Orobanchaceae			
40	ナンバンギセル Aeginetia indica	Cy3-Rt　　Cy3-gly	花	129
	スイカズラ科 Caprifoliaceae			
41	アメリカニワトコ Sambucus canadensis	Cy3-[6-(Z-cum)-2-(xyl)glc]-5-glc Cy3-[6-(cum)-2-(xyl)glc]-5-glc Cy3-[6-(cum)-2-(xyl)glc Cy3-[2-(xyl)glc] Cy3,5-di-glc Cy3-glc	花	51
	キキョウ科 Campanulaceae			
42	ロベリア Lobelia erinus	Cy3-[6-(4-(Z/E-cum)rha)glc]-5-[6- (mal)glc]-3'-[6-(caf)glc]]	花	52
	クサトベラ科 Goodeniaceae			
43	ハツコイソウ Leschenaultia spp.	Dp3-[6-(mal)glc]-7-[6-(4-(6-(4-(glc)caf)glc) caf)glc] Dp3-(mal)glc-7-[(cum)glc-(caf)glc-glc]	青花	53

No.	植物名	含有アントシアニン	色素存在部位	参考文献
キク科 Compositae(Asteraceae)				
44	チコリ *Cichorium intybus*	Dp3,5-di[6-(mal)glc] Dp3,-[6-(mal)glc]-5-glc Dp3-glc-5-[6-(mal)glc] Dp3,5-di-glc	花	54
45	スプレーギク *Dendranthema grandiflorum*	Cy3-[3,6-di(mal)glc]	花(紫赤)	55
46	ブルーデージー *Felicia amelloides*	Dp3-[2-(rha)glc]-7-[6-(mal)glc]	花	56
ユリ科 Liliaceae				
47	ムスカリ *Muscari armeniacum*	Dp3-[6-(cum)glc]-5-[6-(mal)-4-(rha)glc] Dp3-glc　　Pt3-glc　　Mv3-glc	花(青)	57
48	タイワンホトトギス *Tricyrtis formosana*	Cy3-[6-(mal)glc]-8-C-glc	花	58
49	チューリップ *Tulipa* 'Queen Wilhelmina'	Cy3-[6-(2-(ace)rha)glc] Cy3-Rt Pg3-[6-(2-(ace)rha)glc] Pg3-Rt		59
50	ヒヤシンス *Hyacinthus orientalis*	Pg3-[6-(caf)glc]-5-[6-(mal)glc] Pg3-[6-(caf)glc]-5-glc Pg3-[6-(cum)glc]-5-[4-(mal)glc] Pg3-[6-(cum)glc]-5-[6-(ace)glc] Pg3-[6-(fer)glc]-5-[6-(mal)glc] Pg3-[6-(fer)glc]-5-glc Pg3-glc-5-[6-(mal)glc] Pg3-[6-(Z-cum)glc]-5-glc	赤花	60
51	ヒヤシンス *Hyacinthus orientalis*	Cy3-[6-(cum)glc]-5-[6-(mal)glc] Dp3-[6-(cum)glc]-5-[6-(mal)glc] Dp3-[6-(cum)glc]-5-[6-(mal)glc] Dp3-[6-(cum)glc]-5-glc Dp3-[6-(Z-cum))glc]-5-[6-(mal)glc] Pg3-[6-(cum)glc]-5-[6-(mal)glc] Pt3-[6-(mal)glc]-5-[6-(mal)glc]	青花	61
52	アガパンサス *Agapanthus praecox* ssp. *Orientalis*	Dp3-[6-(cum)glc]-7-glc]Kae3-glc-7xyl-4'-glc suc Dp3-[6-(cum)glc]-7-glc]Kae3,7-di-glc-4'-glc suc	花	69
53	アリウム *Allium* 'Blue Perfume'	$(6^I$-(Dp3-(3^I-(ace)glc^I)))(2^{VI}-(Kae3-(2^{II}-(3^{III}-(glc^V)glc^{III})-4^{II}-(*t*-cum)-6^{II}-(glc^{IV})glc^{II})-7-(glu^{VI})))mal $(6^I$-(Dp3-(3^I-(ace)glc^I)))(2^{VI}-(Kae3-(2^{II}-glc^{III})glc^{II})-7-(glu^{VI}))) $(6^I$-(Dp3-(3^I-(ace)glc^I)))(2^{VI}-(Kae3-(2^{II}-(3^{III}-(glc^V)glc^{III})-4^{II}-(*cis*-cum)-6^{II}-(glc^{IV})glc^{II})-7-(glu^{VI})))mal	花	135

4.14.2. アントシアニンの分布

No.	植物名	含有アントシアニン	色素存在部位	参考文献
アロストロエメリア科 Alstroemeriaceae				
54	アルストロエメリア *Alstroemeria* 'Westland', 'Tiara'	Cy-6OH-3-[6-(mal)glc] Cy-6OH-3-Rt Cy-6OH-3-glc Dp-6OH-3-[6-(mal)glc] Dp-6OH-3-Rt Dp-6OH-3-glc Pg-6OH-3-Rt Pg-6OH-3-glc Cy3-[6-(mal)glc] Cy3-Rt Cy3-glc, Dp3-[6-(mal)glc] Dp3-Rt Dp3-glc	花	62, 63
ミズアオイ科 Pontederiaceae				
55	ホテイアオイ *Eichhornia crassipes*	(6'''-(Dp3-[6''-(glc)glc))(6''-(Apn7-glc))mal (6'''-(Dp3-[6''-(glc)glc))(6''-(Ltn7-glc))mal	青花	16, 64
アヤメ科 Iridaceae				
56	クロッカス *Crocus antalyensis*	Dp3,5-di-glc Dp3,7-di-glc Dp3-glc-5-[6-(mal)glc] Pt3,5-di-glc Pt3,7-di-glc	花	66
57	*C. chrysanthus*	Dp3-Rt Pt3-[6-(mal)glc]-7-[6-(mal)glc] Pt3-Rt Mv3-[6-(mal)glc]-7-[6-(mal)glc]	花	656
58	*C. sieberi* ssp. *sublimis*	Dp3,5-di-glc Pt3,5-di-glc	花	66
59	ホザキアヤメ *Babiana stricta*	Mv3-glc-5-[2-(sul)-6-(mal)glc] Mv3-glc-5-[2(sul)glc] Mv3-glc-5-[6-(mal)glc]	花	67
イネ科 Gramineae (Poaceae)				
60	ヨシ *Phragmites australis*	Cy3-[6-(mal)glc] Cy3-[6-(suc)glc] Cy3-glc	花	68
ラン科 Orchidaceae				
61	*Dracula chimaera*	Cy3-[6-(mal)glc] Cy3-Rt Cy3-glc Pn3-[6-(mal)glc] Pn3-Rt	花	70
62	*D. cordobae* × *laeliocattleya*	Cy3-[6-(mal)glc] Cy3-Rt Cy3-glc Pn3-[6-(mal)glc] Pn3-Rt	花	70
63	*Sophronitis coccinea*	cumCy3-[mal-glc]7,3'-di-glc Cy3,3'-di-glc-7-[6-(caf)glc] Cy3-[6-(mal)glc]-7-[6-(caf)glc]-3'-glc Cy3-[6-(mal)glc]-7-[6-(fer)glc]-3'-glc ferCy3,7,3'-tri-glc	花	71

含有アントシアニンの構造の略記（**表 4-14-2**，**4-14-3** も共通）

Ap: apigeninidin, Lt: luteolinidin, Cy: cyanidin, Dp: delphinidin, Mv: malvidin, Pg: pelargonidin, Pn: peonidin, Pt: petunidin, Ros: rosinidin, glc: glucose, rha: rhamnose, ara: arabinose, xyl: xylose, gal: galactose, glu: glucuronic acid, Rt: rutinose, gly:glycoside, samb: sambubioside, caf: caffeic acid, fer: ferulic acid, cum: *p*-coumalic acid, gao: gallic acid, sin: sinapic acid, hba: *p*-hydroxybenzoic acid, mal: malonic acid, suc: succinic acid, mly: malic acid, oxa: oxalic acid, ace: acetic acid, glt: glutaric acid, Apn: apigenin, Ltn: luteolin, Kae: kaempferol, sul: sulfate, M: methyl, *t*:trans, acl: acylated, gly: glycoside

表 4-14-2 葉（紅葉，若葉および葉芽），茎に生じるアントシアニン

(1984 年以降)

No.	植物名	含有アントシアニン	色素存在部位	参考文献
	サンショウモ科 Salviniaceae			
1	*Azolla cristata*	Lt5-glc	葉	126
2	*A. pinnata*	Lt5-glc	葉	126
	ニレ科 Ulmaceae			
3	ハルニレ *Ulmus davidianum* var. *japonica*	Cy3-glc	葉（虫えい）	73
	クスノキ科 Lauraceae			
4	タブノキ *Machilus thunbergii*	Cy3-Rt Cy3-glc Pn-gly	葉（虫えい）	73
	ヤマグルマ科 Trochodendraceae			
5	ヤマグルマ *Trochodendron arabioides*	Cy3-glc Dp3-glc	幼葉	74
	〃	Cy3-glc Cy3,5-di-glc	紅葉	74
	スイレン科 Nymphaeaceae			
6	ホワイトウオーターリリー *Nymphaéa alba*	Cy3-[2-(gao)-6-(ace)gal] Cy3-[6-(ace)gal] Cy3-gal Dp3-[2-(gao)-6-(ace)gal] Dp3-[6-(ace)gal] Dp3-gal	葉	75
7	*N.* × *marliacea*	Dp3-[2-(gao)-6-(ace)gal] Dp3-[6-(ace)gal] Dp3-gal	葉	76
	ツバキ科 Theaceae			
8	チャ *Camellia sinensis*	Cy3-gal Dp3-[6-(cum)gal] Dp3-gal	葉	77
	アブラナ科 Cruciferae			
9	コウサイタイ *Brassica campestris* var. *chinensis*	Cy3-[2-(2-(sin)glc)-6-(fer)glc]-5-[6-(mal)glc] Cy3-[2-(2-(sin)glc)-6-(cum)glc]-5-[6-(mal)glc] Cy3-[2-(2-(sin)glc)-6-(fer)glc]-5-glc Cy3-[2-(2-(sin)glc)-6-(cum)glc]-5-glc	葉と茎	78
10	ブロッコリー *B. oleracea*	Cy3,5-di-glc Cy3-(sin)di-glc Cy3-(fer)di-glc Cy3-[(sin)(fer)di-glc]-5-glc Cy3-[(di-sin)di-glc]-5-glc Cy3-[(di-sin)di-glc]-5-(mal)glc	実生	79
11	シロイヌナズナ *Arabidopsis thaliana*	Cy3-[6-(4-(glc)cum)-2-(2-(sin)xyl)glc]-5-[6-(mal)glc]	葉と茎	80
	マンサク科 Hamamelidaceae			
12	トサミズキ *Coylopsis spicata*	Cy3-glc Cy3-gly	紅葉	9, 10
13	マルバノキ *Disanthus cercidifolius*	Cy3-glc	紅葉	9, 10

No.	植物名	含有アントシアニン			色素存在部位	参考文献
14	フウ *Liquidambar formosana*	Cy3-glc	Cy3-gly		紅葉	9, 10
15	モミジバフウ *L. styraciflua*	Cy3-glc	Cy3-gly		紅葉	9, 10
16	マルバマンサク *Hamamelis japonica* var. *obtusata*	Mv3-gly	Pt3-gly	Dp3-gly	幼葉	81
	〃	Mv3-gly	Pn3-gly	Cy3-glc	紅葉	81
バラ科 Rosaceae						
17	ベニシタン *Cotoneaster horizontalis*	Cy3-gal			紅葉	9, 10
18	イヌザクラ *Prunus buergeriana*	Cy3-glc			紅葉	9, 10
19	ユスラウメ *P. tomentosa*	Cy3-glc			紅葉	9, 10
20	シャリンバイ *Rhaphiolepsis indica*	Cy3-gal	Cy3-glc		紅葉	9, 10
21	クマイチゴ *Rubus crataegifolius*	Cy3-glc			紅葉	9, 10
22	ナナカマド *Sorbus commixta*	Cy3-gal	Cy3-glc		紅葉	9, 10
23	シモツケ *Spiraea japonica*	Cy3-gal	Cy3-glc		紅葉	9, 10
24	コゴメウツギ *Stephanandra incisa*	Cy3-gal			紅葉	9, 10
カタバミ科 Oxalidaceae						
25	オキザリス *Oxalis triangularis*	Mv3-[6-(rha)glc]-5-glc Mv3-mal-[6-(rha)glc]-5-glc Mv3-di-mal-[6-(rha)glc]-5-glc			葉	82
トウダイグサ科 Euphorbiaceae						
26	シラキ *Sapium japonicum*	Cy3-glc			紅葉	9,10
ドクウツギ科 Coriariaceae						
27	ドクウツギ *Coriaria japonica*	Cy3-glc	Cy3-gal		紅葉	9,10
カエデ科 Aceraceae						
28	ヨーロッパカエデ *Acer platanoides*	Cy3-[2-(gao)-6-(rha)glc] Cy3-[2,3-di(gao)glc] Cy3-glc	Cy3-[2-(gao)glc] Cy3-Rt		紅葉	83
29	ホソカエデ *A. capillipes*	Cy3-glc Dp3-Rt	Cy3-Rt Dp3-glc		幼葉	84
	〃	Cy3-glc, Dp3-glc			紅葉	84

No.	植物名	含有アントシアニン		色素存在部位	参考文献
30	オオイタヤメイゲツ A. japonicum	Cy3-glc　Cy3-Rt Cy3-[2-(gao)-6-(rha)glc]	Cy3-[2-(gao)glc]	幼葉	84
	〃	Cy3-glc　Cy3,5-di-glc		紅葉	84
31	マンシュウカエデ A. mandshuricum	Cy3-glc　Cy3-Rt Cy3-[2-(gao)-6-(rha)glc] Dp3-Rt　Dp3-glc	Cy3-[2-(gao)glc]	幼葉	84
	〃	Cy3-glc		紅葉	84
32	メグスリノキ A. nikoense	Cy3-glc　Cy3-Rt Cy3-[2-(gao)-6-(rha)glc]	Cy3-[2-(gao)glc]	幼葉	84
	〃	Cy3-glc　Cy3,5-di-glc		紅葉	84
ムクロジ科 Sapindaceae					
33	モクゲンジ Koelreuteria paniculata	Cy3-glc		紅葉	9, 10
アワブキ科 Sabiaceae					
34	アワブキ Meliosma myriantha	Cy3-glc　Cy3-gal		紅葉	9, 10
ミツバウツギ科 Staphyleaceae					
35	ゴンズイ Euscaphis japonica	Cy3-glc		紅葉	9, 10
36	ミツバウツギ Staphylea bumalda	Cy3-glc		紅葉	9, 10
ミソハギ科 Lythraceae					
37	Lagerstroemia speciosa	Cy3-glc		葉	131
キョウチクトウ科 Apocynaceae					
38	テイカカズラ Trachelospermum asiaticum	Cy3-glc		幼葉	85
	〃	Cy3-gal		紅葉	85
シソ科 Labiatae					
39	シソ Perilla ocimoides	Cy3-[6-(cum)glc]-5-[6-(mal)glc]		葉（赤）	86
ナス科 Solanaceae					
40	ジャガイモ Solanum tuberosum	Pn3-[6-(4-(caf)rha)glc]-5-glc Pn3-[6-(4-(cum)rha)glc]-5-glc Pt3-[6-(4-(caf)rha)glc]-5-glc Pt3-[6-(4-(cum)rha)glc]-5-glc Mv3-[6-(4-(caf)rha)glc]-5-glc Pt3-[6-(4-(fer)rha)glc]-5-glc		塊茎	87
キク科 Compositae (Asteraceae)					
41	ギヌラ Gynura aurantiaca	Cy3-[6-(mal)glc]-7-[6-(4-(6(caf)glc)caf)glc]-3'-[6-(caf)glc]		葉	88
42	レタス Lactuca sativa	Cy3-[6-(mal)glc]		葉（紫色）	89

No.	植物名	含有アントシアニン	色素存在部位	参考文献
ユリ科 Liliaceae				
43	アスパラガス *Asparagus officinalis*	Cy3-[3-(glc)-6-(rha)glc]	茎	90
44	タマネギ *Allium cepa*	Cy3,4'-di-glc　　Cy3,5-di-glc Cy3-[3-(glc)-6-(mal)glc] Cy3-[3-(glc)-6-(mal)glc]-4'-glc Cy3-[3-(glc)-6(Me-mal)glc] Cy3-[3-(glc)glc]　Cy3-[6-(mal)glc] Cy3-glc　　Cy4'-glc Cy7-[3-(glc)-6-(mal)glc]-4'-glc Pn3-[6-(mal)glc]　Pn3-[6-(mal)glc]-5-glc	鱗茎	91
45	ギョウジャニンニク *A. victorialis*	Cy3-[3-(mal)glc]　　Cy3-[3,6-di-(mal)glc] Cy3-[6-(mal)glc]　Cy3-glc	茎	92
ツユクサ科 Commelinaceae				
46	パープルハート *Tradescantia pallida*	Cy3-[6-(2,5-di-(fer)ara)glc]-7,3'-[6-(fer)glc]	葉	93
47	ゼブリナ *Zebrina pendula*	Cy3-[6-(2,5-di-(caf)ara)glc] Cy7,3'-[6-(caf)glc]	葉	94
イネ科 Gramineae (Poaceae)				
48	トウモロコシ *Zea mays*	Cy3-[3,6-di-(mal)glc]　Cy3-[6-(mal)glc] Cy3-glc　Pn3-glc	葉	95

れるなど，まとめるに際しての色素構造の略記に苦慮したが，本稿では最近出版された Andersen and Jordhaim の表記方法 [5] を参考にした．また，種の分類に関しては先の出版時 [12] と同様 Engler の分類体系に従った [18]．

新規アントシアニンの報告と化学分類

　アントシアニンは，菌類や藻類および被子植物のナデシコ目内の数種の科（ヒユ科やオシロイバナ科など）に属する植物以外に広く分布していることから，これまで，化学分類を行う際の一つの指標として広く用いられてきた．近年は，これまでの PC および TLC を用いた分析方法から，HPLC による迅速かつ微量での詳細な比較分析が可能になったこと，NMR や MS および LC-MS などによる詳細な構造解析が可能になったことなどから，初期のアグリコンおよび単純な配糖体などを指標とした化学分類から，より複雑な構造をベースにした分類学的考察が可能になってきている．また，近年の分析手法の発達の結果，新規のアントシアニジン（アグリコン）として，5（もしくは 7）メトキシ 3-デオキシアントシアニジンがイネ科モロコシ *Sorghum* spp. の穀粒で [122, 123]，ピラノアントシアニジン pyranoanthocyanidin がスグリ科の果実で [98, 99] および C-グルコシルアントシアニジンがユリ科のタイワンホトトギス *Trichyrtis formosana* の花被で [58] 報告されているが，これらの色素が

表 4-14-3　種子および果実に生じるアントシアニン　　　　　　　（1984年以降）

No.	植物名	含有アントシアニン		色素存在部位	参考文献
	クワ科 Moraceae				
1	クワ Morus nigra	Cy3-glc	Cy3-Rt	果実	96
	ツバキ科 Theacea				
2	モカン Visnea mocanera	Cy3-gal Dp3-glc Pt3-glc	Cy3-glc Pn3-glc Mv3-glc	果実	97
	スグリ科 Grossulariaceae				
3	カシス（クロスグリ） Ribus nigrum	Cy3-[6-(cum)glc]　　Cy3-ara Cy3-glc　　Dp3-[6-(cum)glc] Dp3-Rt　　Mv3-Rt Mv3-glc　　Pg3-Rt Pg3-glc　　Pn3-Rt Pn3-glc　　Pt3-Rt Pt3-glc　　Pyranocyanidin C Pyranocyanidin D　　Pyranodelphnidin C Pyranodelphnidin D		果実	98, 99
	バラ科 Rosaceae				
4	ブラックベリー Rubus laciniatus	Cy3-[6-di-(oxa)glc]		果実	100
5	スミノミザクラ Prunus cerasus	Cy3-[2-(glc)-6-(rha)glc]　　Cy3-Rt Cy3-glc		果実	101
6	イチゴ Fragaria × ananassa	Pg3-glc　　Afzelechin(4α-8)Pg3-glc Epiafzelechin(4α-8)Pg3-glc Catechin(4α-8)Pg3-glc Epiatechin(4α-8)Pg3-glc		果実	102, 103
	マメ科 Leguminosae				
7	ダイズ Glycine max	Cy 3-glc　　Dp 3-glc　　Pt 3-glc Pg3-glc　　Cy　　Cat-Cy3-glc Pn3-glc		種皮	104 105
8	Glycine maxima	Cy3-glc		種皮	106
9	Glycine hispida	Cy3-glc		種皮	106
10	ケツルアズキ Vigna mungo	Dp3-glc		種皮	106
11	リョクトウ V. radiata	Dp3-glc		種皮	106
12	ヤブツルアズキ V. angularis	Cy		種皮	106
13	クロアズキ Phaseolus angularis	Dp3-glc		種皮	106
14	ベニバナインゲン P. coccineus	Dp3-glc		種皮	106
15	インゲンマメ P. vulgaris	Cy3,5-di-glc　　Cy3-glc Dp3-glc　　Pg3-glc Pt3-glc　　Pt3,5-di-glc Mv3-glc　　Mv3,5-di-glc		種皮	107
16	ライマメ P. lunatas	Pn3-glc　　Pn3-Rt		種皮	106

4.14.2. アントシアニンの分布　655

No.	植物名	含有アントシアニン	色素存在部位	参考文献
ムクロジ科 Sapindaceae				
17	レイシ Litchi chinensis	Cy3-Rt　Cy3-glc Cy3-gal　Pg3,7-di-glc	果実	108
ブドウ科 Vitaceae				
18	ブドウ Vitis vinifera	Dp3-[6-(ace)glc]　Cy3-[6-(ace)glc] Pt3-[6-(ace)glc] Pn3-[6-(ace)glc]　Mv3-[6-(ace)glc] Dp3-[6-(cum)glc]　Cy3-[6-(cum)glc] Mv3-[6-(cum)glc]　Pt3-[6-(cum)glc] Dp3-glc　Cy3-glc　Mv3-glc Pn3-glc　Pt3-glc　Pt3,5-di-glc Pn3-[6-(caf)glc]　Mv3-[6-(caf)glc]	果実	109
トケイソウ科 Passifloraceae				
19	ムラサキクダモノトケイソウ Passiflora edulis	Cy3-[6-(mal)glc] Cy3-glc Pg3-glc	果実	110
20	クロミノトケイソウ P. suberosa	Cy3-[6-(mal)glc]　Cy3-glc Pg3-glc　Dp3-[6-(mal)glc] Dp3-glc　Pg3-glc　Pg3-[6-(mal)glc] Pt3-[6-(mal)glc]　Pt3-glc	果実	110
ミズキ科 Cornaceae				
21	エゾゴゼンタチバナ Cornus suecica	Cy3-[2-(glc)gal]　Cy3-glc Cy3-[2-(glc)glc]　Cy3-gal	果実	111
ウコギ科 Araliaceae				
22	ヤツデ Fatsia japonica	Cy3-[2-(xyl)gal]	果実	112
ツツジ科 Ericaceae				
23	ブルーベリーの一種 Vaccinium padifolium	Cy3-[6-(rha)-2-(xyl)glc]　Dp3-rha Mv3-[2-(xyl)glc]　Mv3-Rt Pn3-[2-(xyl)glc]　Pn3-[6-(rha)-2-(xyl)glc] Pt3-[2-(xyl)glc]　Pt3-[6-(rha)-2-(xyl)glc]	果実	113, 114
24	ジャマイカ ビルベリー V. meridionale	Cy3-gal　Cy3-ara Dp3-gly	果実	115
キョウチクトウ科 Apocynaceae				
25	テイカカズラ Trachelospermum asiaticum	Cy3-glc	果実	85
スイカズラ科 Caprifoliaceae				
26	ハスカップ Lonicera caerulea	Cy3-Rt　Cy3,5-di-glc Pn3-Rt　Cy3-glc Pn3-glc　Pg3-glc	果実	116

No.	植物名	含有アントシアニン	色素存在部位	参考文献
キク科 Compositae				
27	ヒマワリ *Helianthus annuus*	Cy3-ara　　Cy3-glc Cy3-xyl　　Cy-[di(mal)-glc] Cy-[di(mal)-xyl]　　Cy3-[mal-ara] Cy3-[mal-glc]　　Cy3-[mal-xyl]	種子	117
ユリ科 Liliaceae				
28	ニュージーランドブルーベリー *Dianella nigra*	Dp3-glc-7,3',5'-tri[6-(cum)glc] Dp3,7,3',5'-tetra[6-(cum)glc]	果実	118
29	ツバメオモト *Clintonia udensis*	Dp3-Rt　　Cy3-Rt	果皮	119
イネ科 Gramineae				
30	イネ *Oryza sativa*	Cy 3-glc Cy 3-Rt	種皮	120
31	イネ *O. sativa* subsp. *indica*	Cy3-glc Pn3-glc Cy3-[6-(glc)glc]	種皮	120
32	コムギ *Triticum aestivum*	Cy 3-glc Cy 3-gal Pn3-glc	種子	121
33	モロコシ *Sorghum bicolor*	5 M-Lt	穀粒	122
34	トウジンビエ *S. caudatum*	7M-Ap　　Lt5-glc	穀粒	123
Palmae ヤシ科				
35	キャベツヤシ *Euterpe edulis*	Cy3-Rt Cy3-glc	果実	124

化学分類学的な指標になるかは，同じ分類群に属する他種のさらに広範な調査が必要である．また，コケ類のイチョウウキゴケ *Ricciocarpos natans* ではリキオニジンという変わったアグリコンも報告されている[125]．さらに，6位や8位にヒドロキシ基を持つアグリコンがアルストロエメリアの花被で同定されている[62,63]．配糖体タイプとして，以前は3位や5位での配糖化がほとんどであったが，キク科のシネラリア[15]やキキョウ科のロベリア[52]などで，A環の7位やB環の3'位や5'位配糖体タイプが同定されて以降，多様な配糖体構造をもつものが数多く報告されている．この配糖体のタイプも種間の比較考察の場合には考慮すべき指標の一つであろう．

以前はアシル化アントシアニンに関しては，色素の分離や構造解析が困難であり，構造が比較的簡単なモノアシル化アントシアニンの構造が解析されていた程度であったが，キキョウ[14]やシネラリア[15]でポリアシル化アントシアニンが発見されて以降，HPLC，NMR，MSなどの分離および構造解析技術の格段の進展により，

これまでにモノおよびジアシル化アントシアニンに加え100種類以上のポリアシル化アントシアニンが同定されてきている[16]。アシル基としても，従来から知られていた，p-クマル酸，カフェ酸，フェルラ酸に加え，シリンガ酸などのケイ皮酸タイプの芳香族有機酸から，p-ヒドロキシ安息香酸，プロトカテク酸，没食子酸などの芳香族有機酸，さらにマロン酸，酢酸，クエン酸，酒石酸，リンゴ酸，グルタル酸[36]などの多様な脂肪族有機酸がアシル基として同定されてきている。ポリアシル化アントシアニンの場合は芳香族有機酸と脂肪族有機酸の両者でアシル化されているタイプがほとんどで，これまで報告されてきたこの種の色素は7グループに大別されている[16]。また，ミズアオイ科のホテイアオイ等で最初に報告されたアントシアニンとフラボン，フラボノールの有機酸を介しての複合色素[17, 64]はその後もアガパンサス[69]で報告されている。アヤメ科のホザキアヤメ *Babiana stricta* では SO_4 が結合した色素が報告されており[67]，今後さらに同属内の他種に分布する色素の分析が待たれる。以上で述べたように，新規のアントシアニンも加えて，現在までに550種ほどのアントシアニンが同定されている[5]。

最近のアントシアニンに関する報告は，高性能の分析機器を使用した複雑なアントシアニン構造分析に関する報告がほとんどで，対象とする植物種も外来の園芸品種が多い。しかし，本邦には，アントシアニンを含む野生種がまだ数多く分布し，未調査の種も多い。今後は新規色素の解析と平行して，それらの植物の色素分析をさらに地道に進めてゆくことも必要であろう。

引用文献

(1) Timberlake, C.F., Bridle, P. 1975. Anthocyanins. *In* The Flavonoids (eds. Harborne, J.B., Mabry, T,J., Mabry, H.), Chapman and Hall, London, 214-266.
(2) Hrazdina, G. 1982. Anthocyanins. *In* The Flavonoids: Advances in Research (eds. Harborne, J.B., Mabry, T.J.), Chapman and Hall, London, 135-188.
(3) Harborne, J.B., Grayer, R.J. 1988. The anthocyanins. *In* The Flavonoids. Advances in Research since 1980 (ed. Harborne, J.B.), Chapman and Hall, London, 1-20.
(4) Strack, D., Wray, V. 1994. The anthocyanins. *In* The Flavonoids: Advances in Research since 1986 (ed. Harborne, J.B.) Chapman and Hall, London, 1-22.
(5) Andersen, Ø.M, Jordheim, M. 2006. The anthocyanins. *In* Flavonoids. Chemistry, Biochemistry and Applications (eds. Andersen, Ø.M, Markham, K.R.), Taylor & Francis, Boca Raton, 471-551.
(6) Hayashi, K., Abe, Y. 1955. Studien über Anthocyane XXVII. Papierchromatographische Übersichit der Anthocyane im Pflanzenreich (II). Farbstoffe des roten Herbstlaubes. *Bot. Mag. Tokyo* **68**, 299-307.
(7) Ishikura, N., Ito, S., Shibata, M. 1978. Paper chromatographic survey of anthocyanins in Luguminosae III. Identification and distribution pattern of anthocyanins in twenty-two

(7) legumes. *Bot. Mag. Tokyo* **91**, 25-30.
(8) Yoshitama, K., Ishii, K., Yasuda, H. 1980. A chromatographic survey of anthocyanins in the flora of Japan, I. *J. Fac. Sci. Shinshu Univ.* **15**, 19-26.
(9) 加藤信行 1982. 草本植物の紅葉におけるアントシアニンの定性とその分布. 新潟県生物教育研究会誌 **17**, 1-6.
(10) Iwashina, T. 1996. Detection and distribution of chrysanthemin and idaein in autumn leaves of plants by high performance liquid chromatography. *Ann. Tsukuba Bot. Gard.* **15**, 1-18.
(11) 岩科司 2000. 高速液体クロマトグラフィーによる秋の紅葉のアントシアニン色素の検出とその分布. 日本植物園協会誌 **34**, 70-90.
(12) 吉玉国二郎, 石倉成行 1988. 日本の植物界におけるアントシアニン色素の分布. 増訂 植物色素 −実験・研究への手引 (林孝三 編著), 養賢堂, 東京. 481-511.
(13) 斉藤規夫, 世宝, 御巫由紀 1991. 高等植物における Anthocyanin の分布. 明治学院論叢 **486**, 41-128.
(14) Saito, N., Osawa, Y., Hayashi, K. 1972. Isolation of a blue-violet pigment from the flowers of *Platycodon grandiflorum*. *Bot. Mag. Tokyo* **85**, 105-110.
(15) Yoshitama, K., Hayashi, K. 1974. Concerning the structure of cinerarin, a blue anthocyanin from garden cineraria. Studies on anthocyanins, LXVI. *Bot. Mag. Tokyo* **87**, 33-40.
(16) Honda, T., Saito, N. 2002. Recent progress in the chemistry of polyacylated anthocyanins as flower color pigments. *Heterocycles* **56**, 633-692.
(17) Toki, K., Saito, N., Iinuma, K., Suzuki, T., Honda, T. 1994. (Delphinidin 3-gentiobiosyl)(apigenin 7-glucosyl)malonate from the flowers of *Eichhornia crassipes*. *Phytochemistry* **36**, 1181-1183.
(18) 伊藤洋 1986. 新高等植物分類表. 北隆館, 東京.
(19) Bloor, S.J. 1998. A macrocyclic anthocyanin from red/mauve carnation flowers. *Phytochemistry* **49**, 225-228.
(20) Gonnet, J.F., Fenet, B. 2000. "Cyclamen red" colors based on macrocyclic anthocyanin in carnation flowers. *J. Agric. Food. Chem.* **48**, 22-26.
(21) Nakayama, M., Koshioka, M., Yoshida, H., Kan, Y., Fukui, Y., Koike, A., Yamaguchi, M. 2000. Cyclic malyl anthocyanins in *Dianthus caryophyllus*. *Phytochemistry* **55**, 937-939.
(22) Iwashina, T., Konta, F., Kitajima, J. 2001. Anthocyanins and flavonols of *Chimonanthus praecox* (Calycanthaceae) as flower pigments. *J. Jap. Bot.* **76**, 166-172.
(23) Yoshitama, K., Saeki, A., Iwata, T., Ishikura, N., Yahara, S. 1998. An acylated pelargonidin diglycoside from *Pulsatilla cernua*. *Phytochemistry* **47**, 105-107.
(24) Toki, K., Takeuchi, M., Saito, N., Honda, T. 1996. Two malonylated anthocyanidin glycosides in *Ranunculus asiaticum*. *Phytochemistry* **42**, 1055-1057.
(25) Takeda, K., Sato, S., Kobayashi, H., Kanaitsuka, Y., Ueno, M., Kinoshita, T., Tazaki, H., Fujimori, T. 1994. The anthocyanin responsible for purplish blue flower colour of *Aconitum chinense*. *Phytochemistry* **36**, 613-616.
(26) Fossen, T., Larsen, A., Andersen, Ø.M. 1998. Anthocyanins from flowers and leaves of *Nymphaea × marliacea* cultivars. *Phytochemistry* **48**, 823-827.
(27) Takeda, K., Yamaguchi, S., Iwata, K., Tsujino, Y., Fujimori, T., Husain, S.Z. 1996. A malonylated anthocyanin and flavonols in the blue flowers of *Meconopsis*. *Phytochemistry* **42**, 863-865.
(28) Tanaka, M., Fujimori, T., Uchida, I., Yamaguchi, S., Takeda, K. 2001. A malonylated anthocyanin and flavonols in blue *Meconopsis* flowers. *Phytochemistry* **56**, 373-376.
(29) Saito, N., Tatsuzawa, F., Suenaga, E., Toki, K., Shinoda, K., Shigihara, A., Honda T. 2008. Tetra-acylated cyanidin 3-sophoroside-5-glucosides from the flowers of *Iberis umbellata* L. (Cruciferae). *Phytochemistry* **69**, 3139-3150.
(30) Tatsuzawa, F., Saito, N., Toki, K., Shinoda, K., Shigihara, A., Honda, T. 2008. Triacylated

cyanidin 3-(3x-glucosylsambubioside)-5-glucosides from the flowers of *Malcolmia maritima*. *Phytochemistry* **69**, 1029-1036.
(31) Honda, T., Tatsuzawa, F., Kobayashi, N., Kasai, H., Nagumo, S., Shigihara, A., Saito, N. 2005. Acylated anthocyanins from the violet-blue flowers of *Orychophragonus violaceus*. *Phytochemistry* **66**, 1844-1851.
(32) Toki, K., Saito, N., Harada, K., Shigihara, A., Honda, T. 1995. Delphinidin 3-xylosylrutinoside in petals of *Linum grandiflorum*. *Phytochemistry* **39**, 243-245.
(33) Reiersen, B., Kiremire, B.T., Byamukama, R., Andersen, Ø.M. 2003. Anthocyanins acylated with gallic acid from chenille plant, *Acalypha hispida*. *Phytochemistry* **64**, 867-871.
(34) Li, J.-B., Hashimoto, F., Shimizu, K., Sakata, Y. 2008. Anthocyanins from red flowers of *Camellia* cultivar 'Dalicha'. *Phytochemistry* **69**, 3166-3171.
(35) Jordheim, M., Andersen, Ø.M., Nozzolillo, C., Amiguet, V.T. 2009. Acylated anthocyanins in inflorescence of spider flower (*Cleome hassleriana*). *Phytochemistry* **70**, 740-745.
(36) Tatsuzawa, F., Saito, N., Mikanagi, Y., Shinoda, K., Toki, K., Shigihara, A., Honda T. 2009. An unusual acylated malvidin 3-glucoside from flowers of *Impatiens textori* Miq. (Balsaminaceae). *Phytochemistry* **70**, 672-674.
(37) Harborne, J.B., Saito, N., Detoni, C.H. 1994. Anthocyanins of *Cephaelis, Cynomorium, Euterpe, Lavatera* and *Pinanga*. *Biochem. Syst. Ecol.* **22**, 835-836.
(38) Chirol, N., Jay, M. 1995. Acylated anthocyanins from flowers of *Begonia*. *Phytochemistry* **40**, 275-277.
(39) Terahara, N., Suzuki, H., Toki, K., Kuwano, H., Saito, N., Honda, T. 1993. A diacylated anthocyanin from *Tibouchina urvilleana* flowers. *J. Nat. Prod.* **56**, 335-340.
(40) Saito, N., Tatsuzawa, F., Kasahara, K., Iida, S., Honda, T. 1998. Acylated cyanidin 3-sophorosides in brownish-red flowers of *Ipomoea purpurea*. *Phytochemistry* **49**, 875-880.
(41) Saito, N., Tatsuzawa, F., Yoda, K., Yokoi, M., Kasahara, K., Iida, S., Shigihara, A., Honda, T. 1995. Acylated cyanidin glycosides in the violet-blue flowers of *Ipomoea purpurea*. *Phytochemistry* **40**, 1283-1289.
(42) Webby, R.F., Boase, M.R. 1999. Peonidin 3-*O*-neohesperidoside and other flavonoids from *Cyclamen persicum* petals. *Phytochemistry* **52**, 939-941.
(43) Hosokawa, K., Fukushi, E., Kawabata, J., Fujii, C., Ito, T., Yamamura, S. 1997. Seven acylated glucosides in blue flowers of *Gentiana*. *Phytochemistry* **45**, 167-171.
(44) Hosokawa, K., Fukushi, E., Kawabata, J., Fujii, C., Ito, T., Yamamura, S. 1995. Three acylated glucosides in pink flowers of *Gentiana*. *Phytochemistry* **40**, 941-944.
(45) Toki, K., Saito, N., Irie, Y., Tatsuzawa, F., Shigihara, A., Honda, T. 2008. 7-*O*-Methylated anthocyanidin glycosides from *Catharanthus roseus*. *Phytochemistry* **69**, 1215-1219.
(46) Van Wyk, B.-E., Winter, P.J.D., Buys, M.H. 1997. The major flower anthocyanins of *Lobostemon* (Boraginaceae). *Biochem. Syst. Ecol.* **25**. 39-42.
(47) Takeda, K., Yanagisawa, M., Kifune, T., Kinoshita, T., Timberlake, C.F. 1994. A blue pigment complex in flowers of *Salvia patens*. *Phytochemistry* **35**, 1167-1169.
(48) Mori, M., Kondo, T., Yoshida, K. 2008. Cyanosalvianin, a supramolecular blue metalloanthocyanin, from petals of *Salvia uliginosa*. *Phytochemistry* **69**, 3135-3158.
(49) Ishikawa, T., Kondo, T., Kinoshita, T., Haruyama, H., Inaba, S., Takeda, K., Grayer, R.J., Veitch, N.C. 1999. An acylated anthocyanin from the blue petals *Salvia uliginosa*. *Phytochemistry* **52**, 517-521.
(50) Wilbert, S.M., Schemske, D.W., Bradshaw Jr., H.D. 1997. Floral anthocyanins from two monkey flower species with different pollinators. *Biochem. Syst. Ecol.* **25**, 437-443.
(51) Nakatani, N., Kikuzaki, H., Hikida, J., Ohba, M., Inami, O., Tamura, I. 1995. Acylated anthocyanins from fruits of *Sambucus canadensis*. *Phytochemistry* **38**, 755-757.

(52) Saito, N., Toki, K., Kuwano, H., Moriyama, H., Shigihara, A., Honda, T. 1995. Acylated cyanidin 3-rutinoside-5,3'-diglucoside from the purple-red flower of *Lobelia erinus*. *Phytochemistry* **39**, 423-426.
(53) Saito, N., Tatsuzawa, F., Yazaki, Y., Shigihara, A., Honda, T. 2007. 7-Polyacylated delphinidin 3,7-diglucosides from the blue flowers of *Leschenaultia* cv. Violet Lena. *Phytochemistry* **68**, 673-679.
(54) Nørbæk, R., Nielson, K., Kondo, T. 2002. Anthocyanins from flowers of *Cichorium intybus*. *Phytochemistry* **60**, 357-359.
(55) Nakayama, M., Koshioka, M., Shibata, M., Hiradate, S., Sugie, H., Yamaguchi, M. 1997. Identification of cyanidin-O-(3'',6''-O-dimalonyl-β-glucopyranoside) as a flower pigment of chrysanthemum (*Dendranthema grandiflorum*). *Biosci. Biotechnol. Biochem.* **61**, 1607-1608.
(56) Bloor, S.J. 1999. Novel pigments and copigmentation in the blue marguerite daisy. *Phytochemistry* **50**, 1395-1399.
(57) Yoshida, K., Aoki, H., Kameda, K., Kondo, T. 2002. Structure of muscarinin A, an acylated anthocyanin, from purplish-blue spicate flower petals of *Muscari armeniacum*. *ITE Lett. on Batteries, New Technologies & Medic.* **3**, 35-38.
(58) Saito, N., Tatsuzawa, F., Miyoshi, K., Shigihara, A., Honda, T. 2003. The first isolation of C-glycosylanthocyanin from the flowers of *Tricyrtis formosana*. *Tetrahedron Lett.* **44**, 6821-6823.
(59) Torskangerpoll, K., Fossen, T., Andersen, Ø.M. 1996. Anthocyanin pigments of tulips. *Phytochemistry* **52**, 1687-1692.
(60) Hosokawa, K., Fukunaga, Y., Fukushi, E., Kawabata, J. 1995. Acylated anthocyanins from red *Hyacinthus orientalis*. *Phytochemistry* **39**, 1437-1441.
(61) Hosokawa, K., Fukunaga, Y., Fukushi, E., Kawabata, J. 1995. Seven acylated anthocyanins in the blue flowers of *Hyacinthus orientalis*. *Phytochemistry* **38**, 1293-1298.
(62) Tatsuzawa, F., Murata, N., Shinoda, K., Saito, N., Shigihara, A., Honda, T. 2001. 6-Hydroxycyanidin 3-malonylglucoside from the flowers of *Alstroemeria* "Tiara". *Heterocycles* **55**, 1195-1199.
(63) Tatsuzawa, F., Saito, N., Murata, N., Shinoda, K., Shigihara, A., Honda, T. 2002. Two novel 6-hydroxyanthocyanins in the flowers of *Alstroemeria* "Westland". *Heterocycles* **57**, 1787-1792.
(64) Toki, K., Saito, N., Tsutsumi, S., Tamura, C., Shigihara, A., Honda, T. 2004. (Delphinidin 3-gentiobiosyl)(luteolin 7-glucosyl)malonate from the flowers of *Eichhornia crassipes*. *Heterocycles* **63**, 899-902.
(65) Nørbæk, R., Kondo, T. 1998. Anthocyanins from flowers of *Crocus* (Iridaceae). *Phytochemistry* **47**, 861-864.
(66) Nørbæk, R., Kondo, T. 1999. Further anthocyanins from flowers of *Crocus antalyensis* (Iridaceae). *Phytochemistry* **50**, 325-328.
(67) Toki, K., Saito, N., Ueda, T., Chibana, T., Shigihara, A., Honda, T. 1994. Malvidin 3-glucoside-5-glucoside sulfates from *Babiana stricta*. *Phytochemistry* **37**, 885-887.
(68) Fossen, T., Andersen, Ø.M. 1998. Cyanidin 3-O-(6''-succinyl-β-glucopyranoside) and other anthocyanins from *Phragmites australis*. *Phytochemistry* **49**, 1065-1068.
(69) Bloor, S.J., Falshaw, R. 2000. Covalently linked anthocyanin-flavonol pigments from blue *Agapanthus* flowers. *Phytochemistry* **53**, 575-579.
(70) Fossen, T., Øvstedal, D.O. 2003. Anthocyanins from flowers of the orchirds *Dracula chimaera* and *D. cordobae*. *Phytochemistry* **63**, 783-787.
(71) Tatsuzawa, F., Saito, N., Yokoi, M., Shigihara, A., Honda, T. 1998. Acylated cyanidin glycosides in the orange-red flowers of *Sophronitis coccinea*. *Phytochemistry* **49**, 869-874.

(72) Ono, E., Ruike, M., Iwashita, T., Nomoto, K., Fukui, W. 2010. Co-pigmentation and flavonoid glycosyltransferases in blue *Veronica persica* flowers. *Phytochemistry* **71**, 726-735.
(73) 加藤信行，吉玉国二郎，岩科 司 2005. 虫えいの組織学的観察およびアントシアニン組成の調査. 筑波実験植物園研報 **24**, 56-62.
(74) 加藤信行. 1994. ヤマグルマの葉に含まれるアントシアニン色素. 新潟県生物教育研究会誌 **29**, 1-5.
(75) Fossen, T., Andersen, Ø.M. 2001. Cyanidin 3-(6''-acetylgalactoside) and other anthocyanins from reddish leaves of the water lily, *Nymphaea alba*. *J. Hortic. Sci. Biotechnol.* **76**, 213-215.
(76) Fossen, T., Andersen, Ø.M. 1997. Acylated anthocyanins from leaves of the water lily, *Nymphaéa* × *marliacea*. *Phytochemistry* **46**, 353-357.
(77) Terahara, N., Takeda, Y., Nesumi, A., Honda, T. 2001. Anthocyanins from red flower tea (Benibana-cha), *Camellia sinensis*. *Phytochemistry* **56**, 359-361.
(78) Suzuki, M., Nagata, T., Terahara, N. 1997. New acylated anthocyanins from *Brassica campestris* var. *chinensis*. *Biosci. Biotech. Biochem.* **61**, 1929-1930.
(79) Moreno, D.A., Perez-Balibrea, S., Ferreres, F., Gil-Izquierdo, A., Garsia-Viguera, C. 2010. Acylated anthocyanins in broccoli sprouts. *Food Chem.* **123**, 358-363.
(80) Bloor, S.J., Abraham, S. 2002. The structure of the major anthocyanin in *Arabidopsis thaliana*. *Phytochemistry* **59**, 343-346.
(81) 加藤信行. 1986. マルバマンサクのアントシアニン色素. 新潟県生物教育研究会誌 **21**, 1-7.
(82) Pazmiño-Durán, E.A., Giusti, M.M., Wrolstad, R.E., Glória, M.B.A. 2001. Anthocyanins from *Oxalis triangularis* as potential food colorants. *Food Chem.* **75**, 211-216.
(83) Fossen, T., Andersen, Ø.M. 1999. Cyanidin 3-(2'',3''-digalloylglucoside) from red leaves of *Acer platanoides*. *Phytochemistry* **52**, 1697-1700.
(84) Ji, S.-B., Yokoi, M., Saito, N., Mao, L. 1992. Distribution of anthocyanins in Aceraceae leaves. *Biochem. Syst. Ecol.* **8**, 771-781.
(85) 加藤信行 1991. テイカカズラの葉，つる，および果実に含まれるアントシアニン色素. 新潟県生物教育研究会誌 **26**, 49-54.
(86) Kondo, T., Tamura, H., Yoshida, K., Goto, T. 1989. Structure of malonylshisonin, a genuine pigment in purple leaves of *Perilla ocimoides* L. var. *crispa* Benth. *Agric. Biol. Chem.* **53**, 797-800.
(87) Fossen, T., Øvstedal, D.O., Slimestad, R., Andersen, Ø.M. 2003. Anthocyanins from Norwegian potato cultivars. *Food Chem.* **81**, 433-437.
(88) Yoshitama, K., Kaneshige, M., Ishikura, N., Araki, F., Yahara, S., Abe, K. 1994. A stable reddish purple anthocyanin in the leaf of *Gynura aurantiaca* cv. 'Purple Passion'. *J. Plant Res.* **107**, 209-214.
(89) Yamaguchi, M., Kawanobu, S., Maki, T., Ino, I. 1996. Cyanidin 3-malonylglucoside and malonyl-coenzyme A: anthocyanidin malonyltransferase in *Lactuca sativa* leaves. *Phytochemistry* **42**, 661-663.
(90) Sakaguchi, Y., Ozaki, Y., Miyajima, I., Yamaguchi, M., Fukui, Y., Iwasa, K., Motoki, S., Suzuki, T., Okubo, H. 2008. Major anthocyanins from purple asparagus (*Asparagus officinalis*). *Phytochemistry* **69**, 1763-1766.
(91) Fossen, T., Slimestad, R., Andersen, Ø.M. 2003. Anthocyanins with 4'-glucosidation from red onion, *Allium cepa*. *Phytochemistry* **64**, 1367-1374.
(92) Andersen, Ø.M., Fossen, T. 1995. Anthocyanins with an unusual acylation pattern from stem of *Allium victorialis*. *Phytochemistry* **40**, 1809-1812.
(93) Baublis, A.J., Berber-Jimenez, M.D. 1995. Structural and conformational characterization of a stable anthocyanin from *Tradescantia pallida*. *J. Agric. Food Chem.* **43**, 640-646.
(94) Idaka, E., Ohashi, Y., Ogawa, T., Kondo, T., Goto, T. 1987. Structure of zebrinin, a novel

acylated anthocyanin isolated from *Zebrina pendula*. *Tetrahedron Lett.* **28**, 1901-1904.
(95) Fossen, T., Slimestad, R., Andersen, Ø.M. 2001. Anthocyanins from maize (*Zea mays*) and reed canarygrass (*Phalaris arundinacea*). *J. Agric. Food Chem.* **49**, 2318-2321.
(96) Hassimotto, N.M.A., Genovese, M.I., Lajolo, F.M. 2007. Identification and characterization of anthocyanins from wild mulberry (*Morus nigra*) growing in Brazil. *Food Sci. Technol. Int.* **13**, 17-25.
(97) Hernandez-Perez, M., Hernadez, T., Gomez-Cordoves, C., Estrella, I., Rabanal, R.M. 1996. Phenolic compositions of the "Mocan" (*Visnea mocanera* L. f.). *J. Agric. Food Chem.* **44**, 3512-3515.
(98) Lu, Y., Sun, Y., Yeap Foo, L. 2000. Novel pyranoanthocyanins from black currant seeds. *Tetrahedron Lett.* **41**, 5975-5978.
(99) Lu, Y., Yeap Foo, L., Sun, Y. 2002. Novel pyranoanthocyanins from black currant seeds. *Tetrahedron Lett.* **43**, 7341-7344.
(100) Stintzing, F.C., Stintzing, A.S., Carle, R., Wrolstad, R.E. 2002. A novel zwitterionic anthocyanin from evergreen blackberry (*Rubus laciniatus* Wild). *J. Agric. Food Chem.* **50**, 369-399.
(101) Wang, H., Nair, M.G., Iezzoni, A.F., Strasburg, G.M., Booren, A.M., Gray, J.I. 1997. Quantification and characterization of anthocyanins in Balaton tart cherries. *J. Agric. Food Chem.* **45**, 2556-2560.
(102) Fossen, T., Rayyan, S., Andersen, Ø.M. 2004. Dimeric anthocyanins from strawberry (*Fragaria ananassa*) consisting of pelargonidin 3-glucoside covalently linked to four flavan-3-ols. *Phytochemistry* **65**, 1421-1428.
(103) Andersen, Ø.M., Fossen, T., Torskangerpoll, K., Fossen, A., Hauge, U. 2004. Anthocyanin from strawberry (*Fragaria ananassa*) with the novel aglycone, 5-carboxypyranopelargonidin. *Phytochemistry* **65**, 405-410.
(104) Choung, M.-G., Baek. I.-Y., Kang, S.-T., Han, W.-Y., Shin, D.-C., Moon, H.-P., Kang, K.-H. 2001. Isolation and determination of anthocyanins in seed coats of black soybean (*Glycine max* (L.) Merr.). *J. Agric. Food Chem.* **49**, 5848-5851.
(105) Lee, J.H., Kang, N.S., Shin, S.-O., Lim, S.-G., Suh, D.-Y., Baek, I.-Y., Park, K.-Y., Ha, T.J. 2009. Characterization of anthocyanins in the black soybean (*Glycine max* L.) by HPLC-DAD-ES/MS analysis. *Food Chem.* **112**, 226-231.
(106) Yoshida, K., Sato, Y., Okuno, R., Kameda, K., Isobe, M., Kondo, T. 1996. Structural analysis and measurement of anthocyanins from colored seed coats of *Vigna*, *Phaseolus*, and *Glycine* legumes. *Biosci. Biotechnol. Biochem.* **60**, 589-593.
(107) Takeoka, G.R., Dao, L.T., Full, G.H., Wong, R.Y., Harden, L.A., Edwards, R.H., Berrios, J. 1997. Characterization of black bean (*Phaseolus vulgaris* L.) anthocyanins. *J. Food Chem.* **45**, 3395-3400.
(108) Zhang, Z., Xuequi, P., Yang, C., Ji, Z., Jiang, Y. 2004. Purification and structural analysis of anthocyanins from litchi pericarps. *Food Chem.* **84**, 601-604.
(109) Balidi, A., Romani, A., Mulinacci, N., Vincieri, F.F., Casetta, B. 1995. HPLC/MS application to anthocyanins of *Vitis vinifera* L. *J. Agric. Food Chem.* **43**, 2104-2109.
(110) Kidoy, L., Nygard, A.M., Andersen, Ø.M., Petersen, A.T., Aksnes, D.W., Kiremire, B.T. 1997. Anthocyanins in fruits of *Passiflora edulis* and *P. suberosa*. *J. Food Compost. Anal.* **10**, 49-54.
(111) Slimestad, R., Andersen, Ø.M. 1998. Cyanidin 3-(2-glucosylgalactoside) and other anthocyanins from fruits of *Cornus suecica*. *Phytochemistry* **49**, 2163-2166.
(112) Terahara, N., Saito, N., Toki, K., Sakata, Y., Honda, T. 1992. Cyanidin 3-lathyroside from berries of *Fatsia japonica*. *Phytochemistry* **31**, 1446-1448.
(113) Cabrita, L., Froystein, N.A., Andersen, Ø.M. 2000. Anthocyanin trisaccharides in blue berries

of *Vaccinium padifolium. Food Chem.* **69**, 33-36.
(114) Cabrita, L., Andersen, Ø.M. 1999. Anthocyanin in blue berries of *Vaccinium padifolium. Phytochemistry* **52**, 1693-1696.
(115) Garzon, G.A., Narvaez, C.E., Riedl, K.M., Schwartz, S.J. 2010. Chemical composition, anthocyanins, non-anthocyanin phenolics and antioxidant activity of wild bilberry (*Vaccinium meridionale* Swartz) from Colombia. *Food Chem.* **122**, 980-986.
(116) Chaovanalikit, A., Thompson, M.M., Wrolstad, R.E. 2004. Characterization and quantification of anthocyanins and polyphenolics in blue honeysuckle (*Lonicera caerulea* L.). *J. Agric. Food Chem.* **52**, 848-852.
(117) Mazza, G., Gao, L. 1994. Malonylated anthocyanins in purple sunflower seeds. *Phytochemistry* **35**, 237-239.
(118) Bloor, S.J. 2001. Deep blue anthocyanins from blue *Dianella* berries. *Phytochemistry* **58**, 923-927.
(119) Nakamura, T., Ootsuka, M., Nakagawa, Y., Kaneda, N., Funamoto, T., Tomita, K., Iwashina, T. 1994. Leaf flavonoids and pericarp anthocyanins from *Clintonia udensis* (Liliaceae). *J. Jap. Bot.* **69**, 147-152.
(120) Tamura, S., Yan, K., Shimoda, H., Murakami, N. 2010. Anthocyanins from *Oryza sativa* L. subsp. *indica. Biochem. Syst. Ecol.* **38**, 438-440.
(121) Abdel-Ala, E.-S.M., Hucl, P. 2003. Composition and stability of anthocyanins in blue-grained wheat. *J. Agric. Food Chem.* **51**, 2174-2180.
(122) Lo, S.-C., Weiergang, I., Bonham, C., Hipskind, J., Wood, K., Nicholson, R.L. 1996. Phytoalexin accumulation in sorghum: identification of a methyl ether of luteolinidin. *Physiol. Mol. Plant. Pathol.* **49**, 21-31.
(123) Pale, E., Kouda-Bonafos, M., Nacro, M., Vanhaeken, M., Vanhaelen-Fastre, R., Ottinger, R. 1997. 7-*O*-Methylapigeninidin, an anthocyanidin from *Sorghum caudatum. Phytochemistry* **45**, 1091-1092.
(124) Harborne, J.B., Saito, N., Detoni, C.H. 1994. Anthocyanins of *Cephaelis, Cynomorium, Euterpe, Lavatera* and *Pinanga. Biochem. Syst. Ecol.* **22**, 835-836.
(125) Kunz, S., Burkhardt, G., Becker, H. 1994. Riccionidins A and B, anthocyanidins from the cell walls of the liverworm *Ricciocarpos natans. Phytochemistry* **35**, 233-235.
(126) Iwashina, T., Kitajima, J., Matsumoto, S. 2010. Luteolinidin 5-*O*-glucoside form *Azolla* as a stable taxonomic marker. *Bull. Natl. Mus. Nat. Sci. Ser. B.* **36**, 61-64.
(127) Hosaka, H., Mizuno, T., Iwashina, T. 2012. Flavonoid pigments and color expresson in the flowers of black hollyhock (*Alcea rosea* 'Nigra'). *Bull. Natl. Mus. Nat. Sci. Ser. B.* **38**, 69-75.
(128) Iwashina, T., Murai, Y. 2010. Quantitative variation of anthocyanins and other flavonoides in autumn leaves of *Acer palmatum. Bull. Natl. Mus. Nat. Sci. Ser. B.* **34**, 53-62.
(129) Iwashina, T. 2010. Flavonoids from two parasitic and achlorophyllous plants, *Aeginetia indica* and *Orobanche minor* (Orobanchaceae). *Bull. Natl. Mus. Nat. Sci. Ser. B.* **36**, 127-132.
(130) Takeda, K., Fujii, A. Senda, Y., Iwashina, T. 2010. Greenish blue flower colour of *Strongylodon macrobotrys. Biochem. System. Ecol.* **38**, 630-633.
(131) Koshio, K., Murai, Y., Sanada, A., Taketomi, T., Yamazaki, M., Kim, T.-S., Boo, H.O., Obushi, M., Iwashina, T. 2012. Positive relationship between anthocyanin and corosoloc acid contents in leaves of *Lagerstroemia speciosa* Pars. *Trop. Agric. Develop.* **56**, 49-52.
(132) Takahashi, T., Dubouzet, J.G., Matsumura, H., Yasuda, K., Iwashina, T. 2010. A new allele of flower color gene *W1* encoding flavonoid 3'5'-hydroxylase is responsible for light purple flowers in wild soybean *Glycine soja. BMC Plant Biol.* **10**, 155-167.
(133) Hashimoto, M., Suzuki, T., Iwashina, T. 2011. New acylated anthocyanins and other

flavonoids from the red flowers of *Clematis* culrivars. *Nat. Prod. Commun.* **6**, 1631-1636.
(134) Saito, N., Tatsuzawa, F., Toki, K., Shinoda, K., Shigihara, A., Honda, T. 2011. The blue anthocyanin pigments from the blue flowers of *Heliophila coronopifolia* L. (Brassicaceae). *Phytochemistry* **72**, 2219-2229.
(135) Saito, N., Nakamura, M, Shinoda, K., Murata, N., Kanazawa, T., Kato, K., Toki, K., Kasai, H., Honda, T., Tatsuzawa, F. 2012. Covalent anthocyanin-flavonol complexes from the violet-blue flowers of *Allium* 'Blue Perfume'. *Phytochemistry* **80**, 99-108.

事項索引

【英数字】

2D NMR → 二次元 MNR

allelochemicals → 他感物質
ampelopsin → ジヒドロミリセチン
ANS anthocyanidin synthase 423
ANS 活性 359
APCI atmospheric pressure chemical ionization 108
apigenin 6-C-glucoside → イソビテキシン
apigenin 7-apiosylglucoside → アピイン
apigenin 7-glucoside → コスモイシン
apigenin 7-glucuronide-4'-(6-malonylglucoside) 263
apigenin 8-C-glucoside → ビテキシン
aromadendrin → ジヒドロケンフェロール

basic helix-loop-helix（bHLH）448
basic-leucine zipper（bZIP）型転写因子 456
Beer の法則 33
bilitranslocase 592
bottom-up regulation 508
butein 4'-glucoside → コレオプシン

C4H（ケイ皮酸 4-ヒドロキシラーゼ）354
capensinidin → 5-メチルマルビジン 5-methyl malvidin
carajurin → 5,4'-ジメチル-6-ヒドロキシアピゲニニジン 5,4'-dimethyl-6-hydroxy apigeninidin
carajurone → 5-メチル-6-ヒドロキシアピゲニニジン
CC-COSY → シフト相関スペクトル
CD → 円二色性
CH-COSY → シフト相関スペクトル
CHI 356
CHS → カルコン合成酵素
^{13}C NMR 45
COLOC correlation spectroscopy via long range coupling spectrum 54
CPD → シクロブタン型ピリミジンダイマー
CRF → 副腎皮質刺激ホルモン放出ホルモン
cyanidin 3,5-diglucoside → シアニン

cyanidin 3-(6-succinylglucoside-5-glucoside 263
cyanidin 3-galactoside → イデイン
cyanidin 3-glucoside → クリサンテミン
C-グリコシルフラボン C-glycosylflavone 20, 253, 553
C-配糖体 C-glycoside 18-20, 147, 155, 156, 159, 172, 177, 181, 182, 185, 193, 218, 330, 360

daidzein 7-glucoside → ダイジン
delphinidin 3-p-coumaroylglucoside-5-malonylglucoside → マロニルアオバニン
delphinidin 3-p-coumaroylrutinoside-5-glucoside → ビオラニン
delphinidin 3-rutinoside → チュリパニン
DFR dihydroflavonol 4-reductase 423
DHK → ジヒドロケンフェロール
DHQ → ジヒドロクェルセチン
4,7-dihydroxy-2-methoxyphenanthrene → ルシアンスリン
3,5-dimethoxy-3',4'; 6,7-bismethylendioxy-flavone → メリテルナチン
drop diffusate 法 482

EI マススペクトル 58
ESI 法 electrospray ionization 60, 108
europinidin → 5-メチルペチュニジン

F3'5'H → フラボノイド 3',5'-ヒドロキシラーゼ
F3'H → フラボノイド 3'-ヒドロキシラーゼ flavonoid 3'-hydroxylase（F3'H）
F3H → フラバノン 3-ヒドロキシラーゼ flavanone 3-hydroxylase（F3H）
FAB 法 Fast Atom Bombardment ionization 59
FLS → フラボノール合成酵素
FNS → フラボン合成酵素

genistein 7-glucoside → ゲニスチン
genistin → ゲニステイン 7-グルコシド
2-glucosylglucose → ソフォロース
6-glucosylglucose → ゲンチオビオース
GST glutathione S-transferase 298
GT → 糖転移酵素

HBA → 'ヘブンリー・ブルー' アントシアニン heavenly blue anthocyanin（HBA）
hesperetin 7-neohesperidoside → ネオヘスペリジン
hesperetin 7-rutinoside → ヘスペリジン
HH-COSY → シフト相関スペクトル
HHDP → ヘキサヒドロジフェン酸
hirsutidin → 7-メチルマルビジン
HMBC Hetero-nuclear Multiple-Bond Connectivity 51
HMQC Hetero-nuclear Multiple Quantum Coherence 51
HOHAHA homo-nuclear Hartmann-Hahn experiment 54
HPA → 視床下部-下垂体-副腎皮質系
HPLC → 高速液体クロマトグラフィー
HSQC Hetero-nuclear Single Quantum Coherence 51

isosalipurposide 22
isovitexin 7-O-glucoside → サポナリン

J 値 → 結合定数

kaempferol 3-(6-glucosylgalactoside) 264
kaempferol 3-galactoside → トリフォリン

Lambert の法則 33
LC/MS/MS 法 63
LDL low-density lipoprotein 593
　酸化 LDL oxidized LDL 593
light-responsive unit（LRU）455
logP 値 592
luteolin 8-C-glucoside → オリエンチン

MALDI 法 matrix assisted laser desorption ionization 60
MAO → モノアミン酸化酵素
MRI Magnetic Resonance Imaging（核磁気共鳴画像法）38
MS/MS 法 62
MS 装置 → 質量分析計
MS 法 → 質量分析法
MT → メチル基転移酵素
MYB / bHLH / WDR 複合体 454
MYB 型転写因子 426
myricetin 3-rhamnoside → ミリシトリン

naringenin 7-neohesperidoside → ナリンギン

NFlB/IIB 複合体 595
NMR → 核磁気共鳴
NOE → 核 Overhauser 効果
NOESY（NOE correlated spectroscopy; nuclear Overhauser enhancement and exchange spectroscopy; nuclear Overhauser effect difference spectroscopy）54

OD → 光学密度

PAL 352, 353 → フェニルアラニンアンモニア-リアーゼ
PAL 阻害剤 498, 505
PCR polymerase chain reaction 298
3,7,3',4',5'-pentahydroxyflavone → ロビネチン
5,7,8,3',4'-pentamethoxyflavone → イソシネンセチン
phloretin 2'-glucoside → フロリジン
pre-mRNA 298
PRODUCTION OF ANTHOCYANIN PIGMENT1（PAP1）451
PTGS → 転写後抑制
pulchellidin → 5-メチルデルフィニジン

QMS → 四重極質量分析計
quercetin 3-rhamnoside → クェルシトリン

R2R3-MYB 448
RDR → RNA 依存性 RNA ポリメラーゼ
resveratrol 3-glucoside → ピセイド
6-rhamnosylglucose → ルチノース
RISC RNA-induced silencing complex 299
RNA 依存性 RNA ポリメラーゼ RNA-dependent RNA polymerase: RDR 299
rosinidin → 7-メチルペオニジン
run-on アッセイ 298

siRNA small interfering RNA 297, 299

taxifolin → ジヒドロクェルセチン
7,8,3',4'-tetrahydroxyflavan 3,4-diol → メルアカシジン
TLC → 薄層クロマトグラフィー
TLC bioautography 482
TNF-a 595
TOCSY　totally correlated spectroscopy 54
TOFMS → 飛行時間質量分析計

事項索引　667

4,2',6'-trihydroxy-4'-methoxydihydrochalcone 2'-glucoside → アセボチン
5,7,3'-trihydroxy-6,4'-dimethoxy-isoflavone → イリステクトリゲニン A
5,7,3'-trihydroxy-6,4',5'-trimethoxyisoflavone → イリゲニン

UDP-グリコシド　*360*
UDP-グリコシド依存型配糖化酵素 UDP-glycoside transferase（UGT）*360*
UGT → UDP-グリコシド依存型配糖化酵素
UV-A　*469*
UV-B　*469*
UV-C　*469*

WDR（WD40-repeat）*452*
Wessely-Moser 再配列 Wessely-Moser rearrangement　*172*

2-xylosylglucose → サンブビオース

【ア行】

アウクパリン aucupari　*493*
アカセチン　*628*
アカントフォリン acanthophorin
　　── A acanthophorin A　*634*
　　── B acanthophorin B　*634*
アクテオシド　*216*
アグリコン aglycone　*17, 18, 19, 20, 21, 23*
アセボチン asebotin（4,2',6'-trihydroxy-4'-methoxydihydrochalcone 2'-glucoside）*22*
アッサミカイン assamicain　*554*
アピイン apiin（apigenin 7-apiosylglucoside）*20, 552*
アビエシン abiesin　*624*
アビクラリン avicularin　*156, 530*
アピゲニニジン apigeninidin　*87*
アピゲニニン　*625*
　　7-グルクロニド　*625*
アピゲニン apigenin　*594, 595, 598*
　　── 7-グルクロニド apigenin 7-glucuronide *308*
　　── 7-グルクロニド-4'-(6-マロニルグルコシド）apigenin 7-glucuronide-4'-(6-malonylglucoside）*262*
　　── 7-(6''-マロニルグルコシド）apigenin 7-(6''-malonylglucoside）*253*
　　── 7-α-ラムノピラノシル (1 → 4)-α-ラムノピラノシド-4'-α-ラムノピラノシド apigenin 7-α-rhamnopyranosyl(1 → 4)-α-rhamnopyranoside-4'-α-rhamnopyranoside *189*
　　── 7-ルチノシド　*155*
　　── 8-C-グルコシド → ビテキシン
apigenin 6-C-glucoside → イソビテキシン
apigenin 7-apiosylglucoside → アピイン
apigenin 7-glucoside → コスモイシン
　　──の構造　*20, 166*
アマランチン amaranthin　*418*
アメントフラボン amentoflavone　*623*
アヤメニン ayamenin
　　ayamenin A　*484*
　　ayamenin B　*484*
アリストロキア酸 aristolochic acids　*525*
アルヌスチノール alnustinol　*628*
アルピネチン alpinetin　*628*
アルピノン alpinone　*331*
アルブチン arbutin　*204*
アレロケミカル領域 allelochemiocal sphere　*520*
アレロパシー allelopathy　*515*
　　──仮説　*515*
アロパツレチン allopatuletin　*313*
アロマデンドリン　*331, 332, 333* → ジヒドロケンフェロール
　　── 3-ラムノシド　*333* → エンゲレチン
安息香酸　*217, 287*
アントシアニジン anthocyanidin　*17, 25*
　　──の基本構造　*18*
アントシアニン anthocyanin　*17, 19, 293*
　　定性・定量分析　*77*
アントラキノン　*220* → キノン
アンヒドロ塩基　*249*
　　──アニオン　*253*

イオントラップ質量分析計（ITMS）*61*
イカリイン icariin　*630*
イザルピニン izalpinin　*331*
イソクェルシトリン isoquercitrin　*18, 21, 253, 529, 530, 552* → クェルセチン 3-O-グルコシド
イソサクラネチン isosakuranetin　*332, 628*
　　7-グルコシド　*332* → イソサクラニン
イソサリプルポシド（カルコノナリンゲニン 2'-グルコシド）*544, 625*
イソシネンセチン isosinensetin（5,7,8,3',4'-pentamethoxyflavone）*530*

イソシャフトシド isoschaftoside 173
イソスウェルチアジャポニン isoswertiajaponin 622
イソスウェルチジン isoswertisin 622
イソビテキシン isovitexin（apigenin 6-C-glucoside） 20, 156, 159, 172, 194, 253, 520, 533, 553, 622
　7-グルコシド 253
　isovitexin 7-O-glucoside → サポナリン
イソフラバノン isoflavanone 27, 486, 487
イソフラバン isoflavan 27, 384, 394, 397, 400, 487, 503
イソフラボノイド isoflavonoid 27
イソフラボン isoflavone 26
　――の基本構造 18
イソヘミフロイン isohemiphloin 333
イソマンギフェリン isomangiferin 218
イソラムネチン isorhamnetin 315, 423, 525, 552
イソリキリチゲニン 395, 396
　C-グルコシド isoliquiritigenin 3'-C-glucoside 330
一重線（s）singlet 40
イデイン idaein（cyanidin 3-galactoside）19, 319
イポメアマロン ipomeamarone 482, 491
イリゲニン irigenin（5,7,3'-trihydroxy-6,4',5'-trimethoxyisoflavone）405
イリジン iridin 405
イリステクトリゲニン A iristectorigenin A（5,7,3'-trihydroxy-6,4'-dimethoxy-isoflavone）405
イリステクトリン A iristectorin A 405
イリリン irilin
　irilin A 484
　irilin B 484
インヒビティン inhibitin 479, 480

うつ病 597

エクオール equol 561, 562
エピカテキン epicatechin 24, 25, 332, 333, 338, 352, 363, 364, 366, 426, 453, 609, 610
　(−)-―― 327, 339, 340, 553, 624, 559, 626, 327
　――の構造 24
エピガロカテキン epigallocatechin 24, 25, 206, 338
　――の構造 24

エピジェネティクス epigenetics 434, 440
エピメジン epimedin 630
エラグ酸 ellagic acid 219, 282, 333, 335, 601
エリオジクチオール 629
エリオジクチオール eriodictyol 23, 332
　――の構造 23
エリシター elicitor 480, 494
エレクトロスプレーイオン化法 ESI 法を参照
円二色性 circularly polarization（CD）64

扇型模様 294
オーロイシジン aureusidin 22, 27, 177
　――6-グルコシド aureusidin 6-glucoside 307, 308, 311
　――6-ラムノシド 625
オーロイシン aureusin 22, 287
　二量体の構造 27
　――の構造 23
オーロン aurone 22
　――の基本構造 18
オカニン okanin 26, 27, 310
オキシルビミン oxylubimin 494
2-オキソグルタレート 2-oxoglutarate 357, 359
オキソニウム塩 oxonium salt 19, 77, 78, 247, 248, 249
オキソニウム酸素 oxonium oxygen 19
オリエンチン orientin（luteolin 8-C-glucoside） 18, 20, 154, 156, 553, 624
　――の構造 20
オルキノール orchinol 482, 485, 500, 506
o-ヒビスカノン o-hibiscanone 493
オロボール orobol 207, 621
　7-グルコシド orobol 7-glucoside 207

【カ行】

カイルコシン caylcosin 633
化学シフト chemical shift 39
化学受容 chemoreception 523
化学的相補実験 348
化学分類 420
核 Overhauser 効果 Overhauser nuclear overhauser effect（NOE）43
拡散透過法 diffuse transmission method 37
拡散反射法 diffuse reflectance method 37
核磁気共鳴 Nuclear Magnetic Resonance（NMR）38
核磁気共鳴画像法→ MRI

カスピジオール caspidiol *494*
カテキン catechin *24, 25, 55, 206, 327, 329, 330, 332, 336-338, 352, 363, 364, 366, 378, 426, 454, 493, 516, 521, 531, 553, 554, 558-560, 562, 563, 564, 591, 602, 609, 610, 611, 613*
　（+）-――― *327, 333, 336, 338-340, 517, 518, 530, 553, 559, 624, 626, 327*
　―――の構造 *24*
　(2R, 3S, 7"R)-カテキン-8,7"-7, 2"-エポキシ-(メチル-4"、5"-ジヒドロキシフェニルプロパノエート) (2R, 3S, 7"R)-catechin-8,7"-7, 2"-epoxy-(methyl-4", 5"-dihydroxyphenylpropanoate) *327*
鹿の子模様 *294*
3-カフェオイル-$muco$-キナ酸 3-caffeoyl-$muco$-quinic acid *525*
3-カフェオイルキナ酸 3-caffeoylquinic acid *263*
5-カフェオイルキナ酸→クロロゲン酸
ガランギン galangin *331*
カルコノナリンゲニン chalcononaringenin *22, 169, 177, 194, 196, 356, 395, 577*
　――― 2',4'-ジグルコシド *630*
　――― 2'-グルコシド→イソサリプルポシド
4,2',4'-トリグルコシド *630*
　――― 4,2',4'-トリグルコシド chalcononaringenin 4, 2', 4'-triglucoside *163*
　――― 4'-グルコシド chalcononaringenin 4'-glucoside *307*
　―――の構造 *22*
カルコモラシン chalcomoracin *493*
カルコン chalcone *22*
　―――の基本構造 *18*
カルコンイソメラーゼ（CHI）chalcone isomerase *303, 500, 576*
カルコン合成酵素 chalcone synthase（CHS）*350*
カルコン合成酵素遺伝子 CHS *302, 405*
カルバレキシン
　――― carbalexin A *493*
　――― carbalexin B *493*
　――― carbalexin C *493*
カルボキシピラノシアニジン carboxypyranocyanidin *319*
ガロカテキン gallocatechin *24, 25, 206, 337, 338, 553, 613*
　―――の構造 *24*
β-カロテン β-carotene *36, 37, 322*

ガンカオニン Q gancaonin Q *21*
　―――の構造 *20*
易変性表現型 *347*
カンパニン campanin *278*
緩和時間 *41*

キサンテン xanthen *326*
キサントアンゲロール xanthoangelol
　――― I xanthoangelol I *627*
　――― J xanthoangelol J *627*
キサントケイスミン xanthokeismin
　――― A xanthokeismin A *627*
　――― B xanthokeismin B *627*
　――― C xanthokeismin C *627, 628*
寄主選好性 host preference *525*
拮抗阻害 *526*
キナ酸 quinic acid *216*
キノイド塩基→アンヒドロ塩基
キノン quinone *219*
　アントラキノン anthraquinone *219*
　ナフトキノン naphtoquinone *219, 325*
　ベンゾキノン benzoquinone *219*
キメラ *434*
キメラ斑 *438, 440*
吸光度 absorbance *33* →光学密度
吸収極大波長 absorption maximum wavelength *33*
吸汁促進因子 *529*

グアイヤベリン guaijaverin *156*
クェルシトリン quercitrin（quercetin 3-rhamnoside）*21, 253, 336, 519, 530, 552*
　―――の構造 *162*
クェルセタゲチン quercetagetin *312, 313, 314*
クェルセチン quercetin *18, 21, 150, 151, 153, 154, 158, 163, 182, 189, 192, 301, 302, 314, 330-332, 335, 337, 360, 423, 517, 519, 526, 529, 530, 533, 552, 559, 563, 594, 595, 597, 598, 611, 625, 630, 633*
　――― 3-(2"-β-キシロシル)-β-D-ガラクトシド quercetin 3-(2"-β-xylosyl)-β-D-galactoside *526*
　――― 3-β-L-アラビノピラノシル-(1→6)-(2"-(E)-p-クマロイル)-β-ガラクトピラノシド quercetin 3-β-L-arabinopyranosyl-(1→6)-(2"-(E)-p-coumaroyl)-β-D-galactopyranoside *528*

―― 3-β-L-アラビノピラノシル-(1 → 6)-(2''-(E)-p-クマロイル)-β-グルコピラノシド quercetin 3-β-L-arabinopyranosyl-(1 → 6)-(2''-(E)-p-coumaroyl)-β-D-glucopyranoside 528
―― 3-O-グルコシド quercetin 3-O-glucoside 18
―― 3-O-ルチノシド→ルチン
―― 3-アセチルグルコシド 625
―― 3-ガラクトシド 423, 422, 314
―― 3-グルクロニド 595, 625
―― 3-グルコシド 625
―― 3-フコシド fucoside 634
―― 3-ラムノシド 622 → クェルシトリン quercitrin（quercetin 3-rhamnoside）
―― 3-ルチノシド 182, 311, 315
―― 4'-グルコシド 48, 49, 51, 55, 252
―― 6-C-β-グルコピラノシド-3-β-グルコピラノシド quercetin 6-C-β-glucopyranoside-3-β-glucopyranoside 194
―― 7-ラムノシド 162
――の構造 21
マキ属の―― 331
ククメリン cucumerin
―― A 491
―― nB 491
クマル酸 coumaric acid 298
4-クマル酸：CoA リガーゼ（4CL）4-coumarate:CoA ligase 350
4-クマロイル CoA 4-coumaroyl-CoA 350
クマロノクロモン coumaronochromone 384, 484, 632
クメスタン coumestan 27, 206, 384
クリサンテミン chrysanthemin（cyanidin 3-glucoside）19, 93, 319, 321, 322
グリシチン glycitin 555
グリシテイン glycitein(6-メトキシダイゼイン) 403, 555
クリシン chrysin 150, 158, 331, 332, 485, 595, 598
クリソエリオール chrysoeriol 622
クリプトストロビン cryptostrobin 331
β-グルクロニダーゼ→脱抱合体化酵素
グルココルチコイド 596
グルコシル (1→3) グルコシド→3-ラミナーリビオシド 3-laminaribioside
3-C-グルコシル-2,4,6,4'-テトラヒドロキシベンゾイルメタン 3-C-glucosyl-2,4,6,4'-tetrahydroxybenzoylmethane 520
グルチノソン glutinoson 494

クロスグリ→カシス
クロマン chroman 328, 329
クロルフラボニン chlorflavonin 633
クロロゲン酸 chlorogenic acid 151, 216, 263
クワノン C kuwanon C 493
ケイ皮酸 215, 217, 287, 297, 298, 302, 353, 355, 505, 657
血液脳関門 597
結合定数 coupling constant 41
ゲニスチン genistin（genistein 7-glucoside）26, 555
ゲニステイン genistein 26, 27, 185, 202, 328, 331, 332, 389, 403, 500, 509, 555, 559, 625
―― 7-グルコシド genistein 7-glucoside 182, 183, 332 → ゲニスチン
――の構造 26
ケラシアニン keracyanin 93, 95, 111
ゲンカニン genkwanin 332
ゲンチオデルフィン gentiodelphin 257
ゲンチシン酸 gentisic acid 61
ケンフェロール kaempferol 21, 150, 151, 153, 154, 158, 163, 314, 315, 330, 332, 333, 423, 544, 552, 563, 564, 595, 598, 625, 630, 633
―― 3-ガラクトシド→トリフォリン
―― 3-フコシド fucoside 634
―― 3-ラムノシド 622
――の構造 21
光学密度 optical density（OD）33 → 吸光度
口針鞘形成促進物質 probing stimulant 528
高速液体クロマトグラフィー high performance liquid chromatography（HPLC）77, 298
高速原子衝撃イオン化法→FAB 法
酵素パラオキソナーゼ paraoxonase 594
広帯域プロトンデカップリング法 broad-band proton decoupling 46
ゴシペチン gossypetin 312, 544
―― 7-グルコシド 312
ゴシポール gossypol 492
コスモシイン cosmosiin（apigenin 7-glucoside）20
コハク酸 succinic acid 78, 91, 159, 259
ゴムフレニン gomphlrenin
―― I gomphlrenin I 227, 229, 230, 233, 235
―― II gomphlrenin II 227, 230, 233

―― III gomphlrenin III *227, 230, 233*
コレオプシン coreopsin（butein 4'-glucoside）*22*
コンメリニン commelinin *260, 261, 262, 264*

【サ行】

サイトカイニン *419*
サクラニン sakuranin（サクラネチン 5-グルコシド）*332*
サクラネチン sakuranetin *332, 486*
―― 5-グルコシド *332* → サクラニン
サトウモロコシ → コーリャン
サプレシン supprescin
　supprescin A *507*
　supprescin B *507*
サプレッサー *506, 507*
ザポチン zapotin *151*
サポナリン saponarin（isovitexin 7-O-glucoside）*20, 253*
サルビゲニン salvigenin *627*
三重線（t）triplet *40*
サンタリン santalin
　―― A santalin A *326*
　―― AC santalin AC *326*
　―― B santalin B *326*
三糖配糖体 → トリグルコシド
産卵刺激物質 oviposition stimulant *523*
産卵阻害物質 oviposition deterrent *526*

シアニジン cyanidin *19, 38, 46, 48, 49, 51, 86-89, 93, 95, 101, 103, 109, 114, 119, 122, 126, 130, 131, 134, 246, 259, 261, 275, 277, 282-289, 331-333, 358, 364, 374, 424, 521, 541-543, 545, 555, 569, 578-584*
　―― 3-(2''-キシロシル-6''-シナポイル-グルコシル-ガラクトシド) cyanidin 3-(2''-xylosyl-6''-sinapoyl-glucosyl-galactoside) *373*
　―― 3,5-ジグルコシド → シアニン
　―― 3,5-ジグルコシド-6''-4,6'''-1-サイクリックマレート cyanidin 3,5-diglucosyl-6''-4,6'''-1-cyclic malate *374*
　―― 3-オキサリルグルコシド *540*
　―― 3-グルコシド *95, 101, 102, 259, 286, 288, 378, 540, 543, 546, 547, 549, 555, 563*
　―― 3-マロニルグルコシド-7,3'-ジグルコシド *287*
　―― 3-ルチノシド *286, 549* → ケラシアニン
　cyanidin 3-galactoside → イデイン
　――の構造 *19*
シアニン cyanin（cyanidin 3,5-diglucoside）*19, 83, 84, 95, 249, 252, 261, 264*
シアノサルビアニン cyanosalvianin *264*
シアノデルフィン cyanodelphin *279, 280, 281*
α-シアノ-4-ヒドロキシケイ皮酸 α-cyano-4-hydroxycinnamic acid *61*
ジェヌインアントシアニン genuine anthocyanin *249*
ジオキシゲナーゼ *357, 359*
ジオスメチン
　7-ラムノシド *519*
紫外光 *295*
シクロドーパ cycloDOPA *223, 413, 414, 416* → ジヒドロインドール
シクロブタン型ピリミジンダイマー（CPD）*470*
四重極質量分析計（QMS）*61*
四重線（q）quartet *40*
視床下部－下垂体－副腎皮質（HPA）系 *595*
質量分析計（MS装置）Mass Spectrometer *57*
　磁場型―（磁場型 MS）*61*
質量分析法（MS法）Mass Spectrometry *57*
シトクロム P450 系 *354*
β-シトステロール β-sitosterol *529*
シトラール citral *529*
シトルシン I citrusin I *530*
シナピン酸 sinapic acid *60, 61, 91, 103, 283, 322*
ジヒドロウォゴニン dihydrowogonin *332*
ジヒドロカルコン dihydrochalcone *22*
6,4'-ジヒドロキシオーロン 4-ルチノシド 4,6,4'-dihydroxyaurone 4-rutinoside *327*
5,6-ジヒドロキシ-2,3-ジヒドロインドール-2-カルボン酸 5,6-dihydroxy-2,3-dihydroindole-2-carboxylic acid *238*
　――の構造 *238*
5,7-ジヒドロキシ-6-ヒドロキシメチル-8-メチルフラバン 4-オール 5,7-dihydroxy-6-hydroxymethyl-8-methylflavan 4-ol *25*
4,6'-ジヒドロキシ-5-メチル-3-,,4,,5'-トリメトキシオーロン 4,6'-dihydroxy-5-methyl-3',4',5'-trimethoxyaurone

4-rhamnoside *326*
5-4'-ジヒドロキシ-7-メトキシイソフラボン 3'-(3"E-シンナモイルグルコシド) 5-4'-dihydroxy-7-O-methyisoflavone 3'-(3"E-cinnamoylglucoside) *326*
ジヒドロクェルセチン dihydroquercetin (taxifolin) *23-25, 204, 330, 332, 335, 337, 352, 363, 364, 424, 531, 554, 582, 624*
　　──の構造 *24*
ジヒドロケンフェロール dihydrokaempferol (aromadendrin) *23-25, 205, 211, 330, 352, 363, 531, 578*
　　──の構造 *24*
ジヒドロテクトクリシン dihydrotectochrysin *332*
ジヒドロフラボノール dihydroflavonol *23, 423*
　　──の基本構造 *18*
ジヒドロフラボノール還元酵素遺伝子 (DFR) dihydroflavonol reductase *303*
ジヒドロミリセチン dihydromyricetin (ampelopsin) *23-25, 330, 331, 352, 363, 364, 578*
　　──の構造 *24*
ジヒドロロビネチン dihydrorobinetin *336, 339*
ジフェニルプロパン diphenylpropane *590*
シフト相関スペクトル correlation spectroscopy *49*
ジメチルアリル dimethylallyl *21*
5,4'-ジメチル-6-ヒドロキシアピゲニニジン 5,4'-dimethyl-6-hydroxyapigeninidin *87*
5,4'-ジメチル-6-ヒドロキシルテオリニジン 5,4'-dimethyl-6-hydroxyluteolinidin *87*
3,5'-ジメトキシ-4-スチルベノール 3,5'-dimethoxy-4-stilbenol *325*
ジャセオシジン jaseosidin *627*
シャフトシド schaftoside *173, 529*
酒石酸 tartaric acid *91, 253, 275*
受動輸送 passive transport *592*
衝突室 collision cell *106*
情報化学物質 semiochemicals, infochemicals *534*
食草認識 host recognition *524*
深色移動 bathochromic shift *163*
3'-(3"E-シンナモイルグルコシド) → 5,4'-ジヒドロキシ-7-メトキシイソフラボン
シンナモイル系 cinnamoyl system *158, 159, 163, 204*

新兵器仮説 *516*
スウィエテマクロフィラニン swietemacrophyllanin *327*
スウェルチアジャポニン swertiajaponin *622*
スウェルチジン swertisin *253, 622*
　　──4'-グルコシド swertisin 4'-glucoside → フラボコンメリン flavocommelin
スクテラレイン 4'-メチルエーテル scutellarein 4'-methyl ether *633*
スチゾロビニン酸 stizolobinic acid *417*
スチゾロビン酸 stizolobic acid *418*
スチルベン *218, 333, 484, 501, 506, 602*
ストロボバンクシン strobobanksin *332*
ストロボピニン strobopinin *331*
スピナセチン spinacetin *552*
スピラエオシド spiraeoside (クェルセチン 4'-グルコシド) *38, 252, 253*
スピロブロウソニン spirobroussonin
　spirobroussonin A *493*
　spirobroussonin B *493*
スピン−スピンカップリング spin-spin coupling *40*
スルフレイン sulphurein (sulfurein) *22*
スルフレチン sulphuretin (sulfuretin) *22, 310*
　　──6-グルコシド sulphuretin 6-glucoside *308*
　　──の構造 *23*

積分球 integrating sphere *37*
セコイトール sequoyitol *525*
摂食刺激因子 *529*
摂食刺激物質 *530*
摂食阻害物質 *531*
セミキノンラジカル *590*
前駆イオン *106*
浅色移動 hypsochromic shift *164*
選択蓄積 sequestration *532*

咀嚼性昆虫 *529*
ソテツフラボン sotetsuflavone *623*
ソラベチボン solavetibone *494*

【タ行】

代謝進化 *426*
ダイジン daidzin (daidzein 7-glucoside) *26, 555*
ダイゼイン daidzein *26, 389, 391, 392, 393,*

事項索引　　673

403, 406, 500, 509, 555, 559, 561, 598, 625
　7-グルコシド 628
　8-C-グルコシド→ プラエリン
　——の構造 26
多価プロトン化分子（[M+nH]n⁺）60
他感作用 515
他感物質 515
タキシフォリン taxifolin（ジヒドロクェルセチン）330, 331, 531, 554, 598, 610, 611
多重線（m）multiplet 40
脱抱合体化酵素（β-グルクロニダーゼ）594
タマリキセチン
　——7-ルチノシド 162
単色光 monochromatic light 33
タンジェレチン tangeretin 553, 629
単糖配糖体→ モノグリコシド
タンニン tannin
　水解性——hydrolysable 219

チュリパニン tulipanin（delphinidin 3-rutinoside）19, 111, 321
チリロシド tiliroside 634
チロシナーゼ tyrosinase 416
チロシンヒドロキシラーゼ 416

テアフラビン theaflavin 554, 559
テアルビジン thearubigin 559
3-デオキシアントシアニン
　3-deoxyanthocyanin 322
2-デカルボキシベタニジン
　2-decarboxybetanidin 230
テクトクリシン tectochrysin 331, 332
テトラフラボノイド tetraflavonoid 27
デメチルブルッシン demethylbroussin 493
テルナチン A1 ternatin A1 257, 271
デルフィニジン delphinidin 19, 86, 87, 88, 89, 103, 109, 114, 246, 263, 275, 277, 279, 281, 284, 358, 359, 364, 541–543, 545, 563, 578, 581, 582
　——3,5-ジグルコシド-6″-O-4,6″-O-1-サイクリック-マリル-ジエステル delphinidin 3,5- diglucoside-6″-O-4,6″-O-1-cyclic-malyl diester 579
　——3-(6-p-クマロイルグルコシド)-5-(6-マロニルグルコシド）→ マロニルアオバニン
　——3-(6″-マロニルグルコシド)delphinidin 3-(6″-malonylglucoside) 253
　——3,7,3′-トリグルコシド 285
　——3-p-クマロイルラムノグルコシド-5-グルコシド delphinidin 3-p-coumaroyl-rhamnoglucoside-5-glucoside → ビオラニン
　——3-p-クマロイルルチノシド-5-グルコシド delphinidin 3-p-coumaroylrutinoside-5-glucoside 252, 253
　——3-p-coumaroylrutinoside-5-glucoside → ビオラニン
　——3-グルコシド 3-glucoside 263, 266, 322, 320
　——3-マロニルグルコシド-7,3′-ジグルコシド 287
　——3-ルチノシド（チュリパニン）285
　——の構造 19
転移因子 434
電子イオン化（EI）法 electron Ionization 58
転写因子 transcription factor 298
転写後抑制 post transcriptional gene silencing（PTGS）293
転写制御ネットワーク 458
天然殺虫剤 531

透過測定 transmission measurement 34
透過率 transmittance 33
糖転移酵素 glycosyltransferase（GT）352
ドーパ DOPA 69, 413, 414, 416, 417, 418
ドーパオキシダーゼ dopaoxydase 416
ドーパキサンチン dopaxanthin 232
トランジェントアッセイ 429
トランスポゾン 293, 351, 434
ドリオプテリン dryopterin 622
トリシン tricin 632
　——7-グルコシド 532
トリセチニジン tricetinidin 87
トリセチン tricetin 150
7,3′,4′-トリヒドロキシフラバン 3,4-ジオール 7, 3′, 4′-trihydroxyflavan 3,4-diol 25
7, 3′, 4′-トリヒドロキシフラボン 7-ルチノシド
　——の構造 166
トリフォリン trifolin（kaempferol 3-galactoside）21
トリプトファン-ベタキサンチン tryptophan-betaxanthin 227
トリフラボノイド triflavonoid 27
トレーサー実験 347

【ナ行】

ナフタレン naphthalene *36*
ナフトキノン→キノン
ナリルチン narirutin *524*
ナリンギン naringin（ナリンゲニン 7-ネオヘスペリドシド naringenin 7-neohesperidoside）*23, 524, 554, 555, 563*
ナリンゲニン naringenin *23, 169, 194, 202, 207, 330, 332, 333, 352, 356, 363, 389, 396, 443, 554, 577, 598, 629*
────5-グルコシド *332* → プルニン
────7-ヘスペリドシド → ナリンギン
────の構造 *23*

二次元 NMR（2D NMR）*49*
二次代謝産物 *515*
二重線（d）doublet *40*
二糖配糖体→ ジグルコシド
二量体 dimer *25*

ネオデュノール メチルエーテル neodunol methyl ether *633*
ネオフラボノイド neoflavonoid *328*
ネオヘスペリジン neohesperidin（ヘスペレチン 7-ネオヘスペリドシド hesperetin 7-neohesperidoside）*23, 555*
3-ネオヘスペリドシド 3-neohesperidoside *101*
ネオベタキサンチン neobetaxanthin *231*
ネオベタニン *230, 235, 236*

ノーザンハイブリダイゼーション northern hybridization *298*
ノトファギン nothofagin（4,2',4',6'-tetrahydroxydihydrochalcone *C*-glycoside）*330*
ノビレチン nobiletin *553, 629*
11-ノル-2-*O*-メチルイソヘミゴシポロン 11-nor-2-*O*--methylisohemigossypolone *493*

【ハ行】

バイイン bayin *330*
パキポドール pachypodol *627*
薄層クロマトグラフィー thin layer chromatography（TLC）*77, 298*
パツレチン patuletin *314, 552*
ハニーガイド（蜜標）honey guide *542*
p-クマル酸 CoA *p*-coumaroyl-CoA → 4-クマロイル CoA
p-クマロイルキナ酸 *p*-coumaroylquinic acid *263*

p-ヒドロキシ安息香酸 *91, 102, 258, 278, 279, 280, 281*
2-(*p*-ヒドロキシフェノキシ)-5,7-ジヒドロキシクロモン 2-(*p*-hydroxyphenoxy)-5,7-dihydroxychromone *487*
p-プレニルオキシイソニトロソアセトフェノン *p*-prenyloxyisonitrosoacetophenone *494*
バルバロイン *220*

ビオカニン A biochanin A *26, 27*
────の構造 *26*
ビオラニン violanin（delphinidin 3-*p*-coumaroylrutinoside-5-glucoside＝デルフィニジン 3-*p*-クマロイルルチノシド-5-グルコシド delphinidin 3-*p*-coumaroylrutinoside-5-glucoside）*19, 249*
ビオルデルフィン violdelphin *258, 279, 280*
光異性化 photoisomarization *37*
光分解 photodestruction *37*
飛行時間質量分析計（TOFMS）*61*
ピサチン pisatin *398, 482, 501, 505, 507*
ビスデアシルカンパニン bisdeacylcampanin *278*
ピセイド piceid（レスベラトロール 3-グルコシド resveratrol 3-glucoside）*218*
ビセニン vicenin
────-1 vicenin-1 *330, 622*
────-2 vicenin-2 *182, 183, 185, 524, 622*
────-3 vicenin-3 *622*
ビタミン P *590*
ビテキシン vitexin（アピゲニン 8-*C*-グルコシド apigenin 8-*C*-glucoside）*18, 20, 156, 173, 253, 520, 553, 623, 624*
────の構造 *20*
2-ヒドロキシイソフラバノン 2-hydroxyisoflavanone *386, 390, 392, 393, 401*
6-ヒドロキシシアニジン 6-hydroxycyanidin *87, 119, 120, 122, 284, 543*
3-ルチノシド *285*
6-ヒドロキシデルフィニジン 6-hydroxydelphinidin *87, 284, 285, 543*
3-ヒドロキシピコリン酸 3-hydroxypicolinic acid *61*
3-ヒドロキシフロレチン 3-hydroxyphloretin *625*
6-ヒドロキシペラルゴニジン 6-hydroxy-

事項索引 675

pelargonidin *87*
 3-ルチノシド *285*
3-ヒドロキシ-3-メチルグルタル酸→ ヒロセレニン hylocerenin
6-ヒドロキシン-7, 2', 4', 5'-テトラメトキシイソフラボン 6-hydroxy-7, 2', 4', 5'-tetramethoxyisoflavone *326*
ピノクェルセチン pinoquercetin *332*
ピノストロビン pinostrobin *331*
ピノセンブリン pinocembrin *331, 332, 483*
 ――5-グルコシド *332* → ベレクンジン
ピノミリセチン pinomyricetin *332*
ヒビスカナール hibiscanal *493*
ヒビセチン hibiscetin *312*
ビフラボノイド biflavonoid *27*
ヒペリン hyperin *530*
表皮細胞分化 *458*
ピラノフラボン pyranoflavone *21*
ピラン pyran *21*
ビリルビン bilirubin *592*
ヒロセレニン hylocerenin *226, 236*

斑 *434*
ファイトアレキシン phytoalexin *26, 384, 388, 392-394, 396-398, 400, 401, 404, 406, 478*
ファイトアンチシピン phytoanticipin *480*
ファルカリノール falcarinol *487*
ファルカリンジオール falcarindiol *487*
ファレロール 7-O-グルコシド farrerol 7-glucoside *209*
フィトクロム *419*
(−)-フィセチニドール (−)-fisetinidol *336, 339*
フィツベリン phytuberin *494*
フィツベロール phytuberol *494*
フィロカクチン→ マロン酸
フーリエ変換イオンサイクロトロン共鳴質量分析計 (FT-ICR-MS, FTMS) *61*
フェニルアラニン phenylalanine *17, 348, 352, 353, 354, 379*
フェニルアラニンアンモニア-リアーゼ phenylalanine ammonia-lyase (PAL) *350*
フェニルエタノイド phenylethanoid *216*
フェニル基 phenyl *26, 390*
3-フェニルクロマン 3-phenylchroman 骨格 *26*
フェニルプロパノイド phenylpropanoid *17, 327, 348, 352, 353*
フェラムリン phellamurin *526*

プエラリン puerarin (ダイゼイン 8-C-グルコシド) *404*
フェルラ酸 ferulic acid *91*
フォトダイオードアレイ検出器 photodiode array detector *298*
フォルモノネチン formononetin *26, 27, 387, 391-393, 397, 498, 499*
 ――の構造 *26*
副腎皮質刺激ホルモン放出ホルモン (CRF) *595*
副腎皮質刺激ホルモン (ACTH) 産生細胞 *596*
覆輪模様 *294*
フスチン fustin *336, 337*
武装競走 arms race *508*
ブチン butin *336*
吹っかけ絞り模様 *294*
フットプリント footprint *300*
ブテイン butein *22, 308, 310, 336*
 ――4-グルコシド→ コレオプシン
 ――の構造 *22*
プテロカルパン pterocarpane *27, 206, 384, 389, 394, 397, 398, 400, 404, 487, 497, 503*
フミリキサンチン humilixanthin *227, 229*
ブラクテアチン bracteatin *22, 23*
 ――6-グルコシド bracteatin 6-glucoside *307, 311*
 ――の構造 *23*
ブラクテイン bractein *23*
ブラジリン brazilin *329*
ブラジレイン brazilein *329*
ブラッシニン brassinin *487*
プラテンセイン pratensein
 ――7-グルコシド pratensein 7-glucocide *207, 621*
フラノフラボン furanoflavone *21*
フラバノール→ フラバン 3-オール
フラバノン flavanone *23*
フラバノン 3-ヒドロキシラーゼ flavanone 3-hydroxylase (F3H) *352, 358*
フラバン 3,4-ジオール flavan 3,4-diol *25, 219*
 ――の基本構造 *18*
フラバン 3-オール flavan 3-ol (フラバノール flavanol) *24, 219, 554*
 ――の基本構造 *18*
フラバン 4-オール flavan 4-ol *25*
フラビリウムカチオン flavylium cation *247*
フラボコンメリン flavocommelin (スウェルチ

ジン 4'-グルコシド) 252, 260
フラボノイド 3',5'-ヒドロキシラーゼ
　flavonoid 3',5'-hydroxylase (F3'5'H) 352,
　358
フラボノイド 3'-ヒドロキシラーゼ flavonoid
　3'-hydroxylase (F3'H) 352, 358
フラボノール 297
　——の基本構造 18
フラボノール合成酵素 flavonol synthase(FLS)
　302, 359, 426, 450, 457
フラボン flavone 19, 297
　——の基本構造 18
フラボン合成酵素 flavone synthase (FNS)
　352, 357
フラン furan 21
プランタマジョシド plantamajoside 216
プリカーサーイオン precursor ion 106
ブルッシン broussin 493
プルニン prunin 332
プルネチン prunetin 332
プルプロカンパニン purprocampanin 277,
　278
プレニル化 526
プレニル基 prenyl 21, 397, 402
プロアントシアニジン proanthocyanidin (PA)
　25, 424, 453
ブロウシノール broussinol 493
ブロウソニン broussonin
　broussonin A 493
　broussonin B 493
フロクマリン furocoumarin 487
プロシアニジン procyanidin 337, 338, 554,
　559, 613
　—— B-1 procyanidin B-1 25, 337-339,
　　552, 610, 611
　　——の構造 26
　—— B-2 procyanidin B-2 338
　—— B-3 procyanidin B-3 337-339, 610,
　　611
　—— B-4 procyanidin B-4 26, 338, 552
　　——の構造 26
　—— B-6 procyanidin B-6 340, 610, 611
　—— B-7 procyanidin B-7 338, 340, 610
　—— C-2 procyanidin C-2 337, 611
　—— C-3 procyanidin C-3 339
プロダクトイオン product ion 106
プロトサッパニン B protosappanin B 329
プロトシアニン protocyanin 68, 260, 261,
　262, 263, 264
プロトデルフィン protodelphin 264

プロトン化分子 ($[M+H]^+$) 60
プロヒビチン prohibitin 480
プロモーター領域 428
フロリジン phloridzin (フロレチン 2'-グルコ
　シド phloretin 2'-glucoside) 22, 529, 626
プロリナリン A prolinalin A 533
フロレチン phloretin 22, 213, 595
　—— 2'-グルコシド→フロリジン
　——の構造 22
分子イオン 58
分子円二色度 molar circular-dichroic
　absorption 65
分子進化 420

ペオニジン peonidin 19, 44, 86, 88, 246
　—— 3-[2-(グルコシル)-6-(4-グルコ
　シルカフェオイル)-グルコシド]-5-
　グルコシド peonidin 3-[2-(glucosyl)
　-6-(4-glucosylcaffeoyl)-glucoside]
　-5-glucoside 43
　—— 3-グルコシド 286
　—— 3-ソフォロシド-5-グルコシド 273
　—— 3-ルチノシド 286
ヘキサトリエン hexatriene 36, 37
ヘキサヒドロジフェン酸 hexahydrodipheic
　acid (HHDP) 219
3-ヘキセン-1-オール 3-hexene-1-ol 529
ペクトリナリゲニン pectolinarigenin 628
　—— 7-ルチノシド 144
ヘスペリジン hesperidin (ヘスペレチン 7-ル
　チノシド hesperetin 7-rutinoside) 23, 524,
　554, 563
ヘスペレチン hesperetin 23, 554, 629
　—— 7-β-グルコピノシド hesperetin
　7-β-glucopyranoside 524
　—— 7-ネオヘスペリドシド→ネオヘスペ
　リジン
　—— 7-ルチノシド→ヘスペリジン
　——の構造 23
ベタガリン betagarin 487
ベタキサンチン 413
ベタシアニン 413
ベタブルガリン betavulgarin 487
ベタラミン酸 betalamic acid 69, 223, 227,
　231, 232, 236, 413, 414, 416, 417, 418
ベタレイン betalain 223, 293, 413
ペチュニジン petunidin 19, 86, 87, 88, 89,
　103, 246, 281, 541, 555
　—— 3-p-クマロイルルチノシド-5-グルコ
　シド petunidin 3-p-coumaroylrutinoside-5-

glucoside *253*
ベツレトール betuletol *628*
'ヘブンリー・ブルー' アントシアニン heavenly blue anthocyanin（HBA）*256, 271*
ヘマテイン hematein *328, 329*
ヘマトキシリン hematoxylin *328, 329*
ヘミゴシポール hemigossypol *492*
ヘミフロイン hemiphloin *333*
ペラルゴニジン pelargonidin *19, 86-88, 103, 114, 131, 134, 273, 274, 277, 282-284, 286, 287, 289, 358, 364, 374, 541, 542, 545, 579-583, 598*
―― 3,5-ジグルコシド-6''-4,6'''-1-サイクリックマレート pelargonidin 3,5-diglucosyl-6''-4,6'''-1-cyclic malate *374*
―― 3,5-ジグルコシド→ペラルゴニン
―― 3-グルコシド *283, 286*
―― 3-サンブビオシド-5-グルコシド *283*
―― 3-ソフォロシド-5-グルコシド *273*
―― 3-マロニルグルコシド *285*
―― 3-マロニルグルコシド-7-カフェオイルグルコシド *285*
―― 3-マロニルグルコシド-7-カフェオイルグルコシル-カフェオイルグルコシド *285*
―― 3-ルチノシド *286*
ペラルゴニン pelargonin（ペラルゴニジン 3,5-ジグルコシド pelargonidin 3,5-diglucoside）*248, 287*
ペルタトシド peltatoside *530*
ヘルバセチン herbacetin
―― 7-グルコシド *622*
ベレクンジン verecundin（ピノセンブリン 5-グルコシド）*248, 249, 332*
ベンゾイル系 benzoyl system *158, 159*
ベンゾキノンキノン を参照
ベンゾピラン benzopyran *19*
3,4,2',4',6'-ペンタヒドロキシカルコン 4'-グルコシド 3,4,2',4',6'-pentahydroxychalcone 4'-glucoside *307*
3,5,7,2',4'-ペンタヒドロキシフラボン 3,5,7,2', 4'-pentahydroxyflavone *328*

放射性同位体（ラジオアイソトープ）*69*
放射線障害防止法 *73*
飽和状態 saturation *41*
ポーチュラカキサンチン II portulacaxanthin II *232*
星形模様 *294*

ポストインヒビティン post-inhibitin *480*
ポドスピカチン podospicatin *331*
ポリエン polyene *36*
ポリマー polymer *25*

【マ行】

マーキアイン maackiain *498, 499*
マクロファージ macrophage *593*
マトリックス支援レーザーイオン化法 → MALDI 法
マリチメチン *159*
―― 6-グルコシド maritimetin 6-glucoside *310*
マルビジン malvidin *19, 86, 87, 88, 103, 246, 281, 541, 542, 555*
―― 3,5-ジグルコシド→マルビン
―― 3-p-クマロイルルチノシド-5-グルコシド malvidin 3-p-coumaroylrutinoside-5-glucoside *253*
マルビン（マルビジン 3,5-ジグルコシド malvidin 3,5-diglucosid）*95, 249, 253, 254, 555*
マルボン malvone *95*
マロニルアオバニン malonylawobanin（デルフィニジン 3-p-クマロイルグルコシド 5-マロニルグルコシド delphinidin 3-p-coumaroylglucoside-5-malonylglucoside）*103, 104, 106, 107, 260, 264*
マロン酸（フィロカクチン phyllocactin）*78, 83, 84, 91, 102, 159, 226, 236, 253, 257, 259, 275, 277, 285, 309, 310, 555*
マンギフェリン *218*

味覚感覚器官 *527*
蜜標→ハニーガイド
ミラキサンチン V miraxanthin V *227*
ミリシトリン myricitrin（ミリセチン 3-ラムノシド myricetin 3-rhamnoside）*21, 336*
ミリセチン myricetin *21, 150, 151, 154, 163, 189, 330, 331, 337, 517*
―― 3-ガラクトシド *532*
―― 3-ラムノシド→ミリシトリン
――の構造 *21*

ムスカフラビン *417*
ムスカプルプリン muscapurpulin *231*
ムスカプルプリン酸 muscapurpulic acid *231*

7-メチルアピゲニニジン 7-methylapigeninidin *87*

7-メチルアロマデンドリン
  7-methylaromadendrin *332*, *333*
7-メチルペオニジン 7-methylpeonidin *87*
7-メチルマルビジン 7-methylmalvidin *87*
メチル基転移酵素 methyltransferase（MT）*352*
5-メチルシアニジン 5-methylcyanidin *87*
5-メチルデルフィニジン 5-methyldelphinidin *87*
5-メチル-6-ヒドロキシアピゲニニジン
  5-methyl-6-hydroxyapigeninidin *87*
5-メチル-6-ヒドロキシルテオリニジン
  5-methyl-6-hydroxyluteolinidin *87*
4-メチルピリジン-2,6-ジカルボン酸
  4-methylpyridine-2,6-dicarboxylic acid *238*
  ——の構造 *238*
5-メチルペチュニジン 5-methypetunidin *87*
5-メチルマルビジン 5-methymalvidin *87*
5-メチルルテオリニジン 5-methylluteolinidin *87*
メディカルピン medicarpin *388*, *498*, *499*, *500*
6-メトキシダイゼイン *403* → グリシテイン
6-メトキシメレイン 6-methoxymellein *482*, *487*
6-メトキシルテオリン 7-β-L-ラムノシド
  6-methoxyluteolin 7-β-L-rhamnoside *530*
3-メトキシチラミン-ベタキサンチン
  3-methoxytyramine-betaxanthin *227*
メリテルナチン meliternatin
  (3,5-dimethoxy-3',4'；
  6,7-bismethylendioxyflavone) *531*
メルアカシジン melacacidin
  (7,8,3',4'-tetrahydoroxyflavan 3,4-diol) *330*

没食子酸 gallic acid *25*, *91*, *159*, *206*, *219*, *518*, *319*, *319*
モノアミン仮説 *597*
モノアミン酸化酵素 monoamine oxidase（MAO）*598*
モノオキシゲナーゼ monooxygenase *354*
モラシン A moracin A *493*
モリン morin *151*, *327*, *328*, *529*

【ヤ行】

ヨウシュヤマゴボウ懸濁培養細胞 *419*

【ラ行】

ラジオアイソトープ→ 放射性同位体
3-ラミナリビオシド 3-laminaribioside *101*

ラムネチン rhamnetin *315*, *423*, *491*, *525*, *552*, *630*
ラムノシトリン rhamnocitrin *630*
ラムノシル -(1→2)- グルコシド→ 3-ネオヘスペリドシド 3-neohesperidoside
ランケオラチン Blanceolatin B *626d*
ランプランチン
  ——I *230*
  ——II *230*, *231*, *233*
リキオニジン *656*
リキリチゲニン liquilitigenin *490*
リキリチゲニン liquiritigenin *326*, *633*
リシチン rishitin *494*
硫酸抱合体 *591*
リンゴ酸 malic acid *78*, *91*, *253*

ルセニン
  ——-1 *622*
  ——-2 *622*, *623*
  ——-3 *622*
ルチン rutin（クェルセチン 3-O-ルチノシド quercetin 3-O-rutinoside）*18*, *21*, *183*, *518*, *519*, *520*, *524*, *526*, *530*, *552*, *563*
ルテオフォロール luteoforol *493*
ルテオリニジン luteolinidin *87*, *493*
ルテオリン luteolin *332*, *594*, *595*, *598*, *625*
  ——7-グルクロニド *625*
  ——7-グルクロニド 7-glucuronide *20*
  ——7-グルコシド *332*
  ——7-トリグルコシド *532*
  luteolin 8-C-glucoside → オリエンチン三量体の構造 *27*
  ——の構造 *20*, *166*
ルビミン lubimin *494*
ルブロカンパニン rubrocampanin *277*, *278*
ルブロシネラリン rubrocinerarin *285*, *286*
ルペイル セロテート lupeyl cerotate *530*

レスベラトロール 3-グルコシド→ ピセイド
レスベラトロール resveratrol *506*
レツシン retusin *627*

ロイコアントシアニジン leucoanthocyanidin *25*, *424*
ロイコシアニジン leucocyanidin *25*, *303*, *331*, *332*, *333*, *363*, *364*, *366*, *424*
  ——の構造 *25*
ロイコデルフィニジン leucodelphinidin *25*, *333*, *364*
  ——の構造 *25*

ロイコフィセチニジン leucofisetinidin *336*
ロイコペラルゴニジン leucopelargonidin *25*
　——の構造 *25*
(+)-ロイコロビネチニジン
　(+)-leucorobinetinidin *336*
ロテノイド rotenoid *27, 206, 384*
ロテノン rotenone *531*

(−)-ロビネチニドール (−)-robinetinidol *336, 339*
ロビネチン robinetin (3,7,3',4',5'-pentahydroxy flavone) *330, 331, 339, 517*
(−)-ロブチン (−)-robtin *339*
ロブテイン robtein *336, 339*
ロベリニン lobelinin *257*

生物名索引

学名

【A】

Abelmoscus *312*
　esculentus *312*
Abies *331*
　webbiana *624*
Acacia *25, 339, 612, 625*
　catechu *336*
　dealbata *339*
　decurrens *339*
　mearnsii *336, 339, 601, 602*
　melanoxylon *330*
Acalypha hispida *645*
Acer *319*
　capillipes *651*
　japonicum *652*
　mandshuricum *652*
　nikoense *652*
　ornatum var.
　　matsumurae *19*
　platanoides *651*
Aceraceae *651*
Aconitum *141, 630*
　chinense *644*
Aconitum chinense *258*
Aedes aegypti *531*
Aeginetia indica *624, 647*
Agapanthus *657*
　praecox *259*
Agasicle sp. *530*
Aizoaceae *223*
Allium *631*

cepa *319, 552, 653*
schoenoprasum *259*
tubelosum *552*
victorialis *653*
Alsophila
　spinulosa → Cyathea spinulosa
Alstroemeria *543, 649, 656*
　hybrids *284, 285*
　spp. *117*
Alstroemeriaceae *649*
Alternaria alternata *507*
Aleurites cordata *21*
Alnus
　japonica *628*
　sieboldiana *628*
　spp. *142*
Alternanthera
　alternata *507*
　philoxeroides *530*
Aloe *631*
Amanita muscaria *223, 417, 420*
Amaranthaceae *223, 245, 487*
Amaranthus spinosus *233*
Ampelopsis
　brevipedunculata *323*
Ananas comosus *247*
Andrena *538*
Anemone *275, 276*
　coronaria *275*
Angelica *627*
　keiskei *627, 628*
Anthemideae *544*

Anthocerotopsida *484*
Antirrhinum majus *20, 23, 286, 287, 307, 308, 347, 351, 357-359, 389, 437, 438, 440, 443, 448, 451, 577, 579, 584, 585*
Aphis pomi *528*
Apium graveolens *552*
Apocynaceae *647, 652, 655*
Arabidopsis thaliana *350, 351, 366, 367, 370, 374, 378, 394, 429, 437, 443, 448, 451-454, 456, 457, 459-462, 471, 474, 486, 490, 576, 584, 585, 650*
Arachis hypogaea *500, 554, 555*
Arachniodes *622*
Araliaceae *549, 655*
Araucariaceae *624*
Aristolochiaceae *549, 630*
Aronia *493*
Artemisia *626*
　capillalis *487*
　indica *626*
　stolonifera *626*
Asarum *630*
　canadense *194*
Asclepias *526*
Ascochyta rabiei *498*
Asparagus officinalis *320, 653*
Asplenium viride *141*
Aspergillus *633*
　candidus *633*

Aster spp. *286, 372*
Astrophytum 315
  myriostigma 423
Atrophaneura alcinous
  525
Auracomnium palustrea
  27
Avena sativa 486
Azolla
  cristata 650
  pinnata 650

[B]

Babiana stricta 649, 657
Balanophoraceae *625*
Balanophora tobiracola
  625
Balsaminaceae *645*
Baphia nitida 327
Baptisia australis 26
Begoniaceae *646*
Basella rubra 233
Basellaceae *223*
Bauhinia purpurea 625
Begonia
  semperflorens 287
  sp. *646*
Bellis perennis 287
Beta vulgaris 223, 420,
  421, 322
Betula
  ermanii 628
  platyphylla var. *japonica*
    628
  spp. *142*
Bidens 310, 544, 626
  cernua 310
  laevis 545
  parviflora 626
Bletilla striata 255, 287
Boerhaavia erecta 233
Bolbitis subcordata 622
Bombyx mori 529, 533
Boraginaceae *537, 538,*
  647
Botrytis cinerea 493
Bougainvillea glabra 236
Bradyrhizobium
  japonicum 384
Bradyrrizobium

sp. *500*
Brassica
  campestris var.
    chinensis 320, 650
    oleracea 319, 552, 555,
      557, 650
Brickellia 626
Bromeliaceae *247*
Broussonetia papyrifera
  493
Bupleurum 628
Bursaphelenchus
  xylophilus 483
Butea 339
Byrsonima crassifolia 206
Bryum capillare 207, 621

[C]

Cactaceae *223, 245, 420,*
  490
Caesalpinia
  coriaria 601
  decapetala var. *japonica*
    626
  echinata 328, 329
Calamagrostis 632
Callianthemum
  hondoensis 630
Callitris
  calcarata 602
  glauca 602
Calycanthaceae *644*
Campanula medium 277,
  278, 578
Capsicum annuum 552
Campanulaceae *647*
Camellia 315
  chrysantha 315
  japonica 304
  reticulata 645
  sinensis 25, 558, 650
Caprifoliaceae *647, 655*
Capparidaceae *645*
Capsicum
  annuum 552
  frutescens 494
Carrpos spaerocarpa 620
Caryophyllaceae *413, 420,*
  422, 491, 644
Castanea

  crenata 628
  sativa 336, 601
Catharanthus roseus 647
Cattleya 287, 288
Cedrus 331
Celastraceae *549*
Celosia argentea 233, 245,
  419, 420
  var. *cristata 223*
  var. *plumosa 227*
Centaurea 314, 626
  cyanus 67, 88, 248, 249,
    260, 261, 474, 542, 578
  diffusa 516
  ruthenica 314
Cercidiphyllum
  japonicum 23
Chamaecyparis obtusa
  624
Cheilanthes 621
  cheiri 114, 122
  farinosa 142
Chenopodiaceae *223*
Chimonanthus praecox
  644
Chrysanthemum 300
  indicum 19
  morifolium 288
Cicer arietinum 26, 498,
  500, 555
Cichorium endiva 552
Cinnamomum sieboldii
  554
Cineraria cruenta 247,
  255, 256, 285, 643, 656
Cirsium 626
  japonicum 144
Citrus 629
  aurantum 23
  depressa 553
  grandis var. *buntan 23*
  hassaku 23
  incanus 205
  junos 23
  limon 23, 493, 554
  natsudaidai 23, 555
  paradisi 23, 554, 555
  sinensis 555
  unshiu 523, 526, 530,
    554, 555

Cladopus japonicus 625
Cladorastis 625
　platycarpa 330
Clematis 141, 314
　cv. 644
　florida 314
　patens 314
Cleome hassleriana 645
Clintonia udensis 656
Clitoria ternatea 257, 271, 578
Colchicum 631
Commelinaceae 319, 653
Commelina communis 88, 246, 248
Compositae 310, 487, 490, 648, 652, 656
Conocephalum supradecompositum 620
Convolvulaceae 646
Corchorus 493
Coriaria
　japonica 651
Coriariaceae 651
Coreopsis 310, 626
　lanceolata 310
　maritima 22
　tinctoria 310
Cornaceae 655
Cornus suecica 655
Coronilla 544, 545
Corylopsis 311
　coreana 311
　glabrescens 311
　gotoana 311
　pauciflora 211, 311
　sinensis 311
　spicata 311, 650
Cosmos
　bipinnatus 20
　sulphureus 22, 310
Costus speciosus 484
Cotoneaster 493
　horizontalis 651
Crataegus monogyna 25
Crocus 632
　antalyensis 649
　chrysanthus 649
　sieberi 649

Croton lechleri 206
Cruciferae 486, 487, 527, 644, 650
Cryptomeria japonica 624
Cupressaceae 624
Cyathea spinulosa 621
Cycas taiwaniana 623
Cyclamen
　persicum 310, 311, 646
Cymbidium 287, 288
Cyrtomium 622
　devexiscapulae 207

[D]

Dahlia 22, 88, 246, 249, 304, 308, 583, 626
　variabilis 22, 83
Dalbergia spp. 325
Danaus plexippus 525
Datura stramonium 494
Daucus 487
　carota 322, 354, 372, 481, 482
Delphinium hybridum 258, 279-281
Dendranthema morifolium → *Chrysanthemum morifolium*
Dendrobium 287, 288
Derris 531
Desmodium uncinatum 366
Dianella
　nigra 323, 656
　tasmanica 323
Dianthus
　caryophyllus 22, 246, 277, 286, 294, 303, 310, 311, 357-359, 364, 372, 374, 376, 378, 420, 577, 578, 579, 580, 644
　superbus 420
Dictyotaceae 633
Didiereaceae 223
Digitalis purpurea 542
Dioon spinulosum 623
Dioscorea alata 322
Diospyros
　canaliculata 325

　crassiflora 325
　kaki 554
　spp. 325
Disa hybrid 287
Disanthus
　cercidifolius 650
　spp. 325
　superbus 420
Disporum 631
Dracula 287, 288
　chimaera 649
　cordobae 649
Dorotheanthus
　bellidiformis 418
Dryopteris filix-mas 622

[E]

Ebenaceae 325
Eclipta prostrata 626
Eichhornia crassipes 259, 649, 657
Echinopora lamellosa 633
Ephedra 622
Ephedraceae 622
Epilachna
　vigintioctopunctata 530
Epimedium spp. 180, 630
Ericaceae 655
Eriophyllum 544, 545, 630
Erythrina 625
Erythronium japonicum 321
Eucalyptus
　alba 335
　astringens 333, 336
　botryoides 335
　calophylla 333, 335
　camaldulensis 324, 335
　conica 335
　consideniana 602
　corymbosa 333
　crebra 219, 602
　diversicolor 335
　fuilfoylei 335
　grandis 335
　hemiphloia 333
　jacksonii 335
　lehmani 335
　lehmannii 333
　leucoxylon 335

longifolia 335
marginata 335
panidulata 335
papuana 335
pilularis 333
platypus 333
polyanthemos 335
redunca 602
resinifera 335
saligna 335
sidexylon 335
tereticornis 335
tetradonta 335
umbra 335
vivinalis 335
Euphorbiaceae 645, 651
Eurytides marcellus 525
Euscaphis japonica 652
Eustoma grandiflorum 304, 576, 578, 584, 585
Euterpe edulis 656

[F]

Fabaceae 26
Faboideae 26
Fagopyrum
　esculentum 518, 530, 552
　tataricum 518, 519
Fatsia japonica 78, 655
Festuca rubra 532
Ficus carica 21, 552
Flaveria spp. 180
Flemingia 625
　strobilifera 626
Forsythia
　koreana 21
　× *intermedia* 'Spring Glory' 584
Forsythia 311
　chiloensis 19
　vesca 19
Fragaria
　chiloensis 19
　vesca 19
Freesia 632
Fuchsia hybrida 21, 249, 253
Fumaria hygrometrica 620

Fusarium
　oxysporum 500
　solani 500

[G]

Galerucella vittaticollius 530
Gallerucida bifasciata 531
Gaylussacia spp. 558
Gentiana
　makinoi 247
　scabra var. *buergeri* 246, 257, 372, 576, 582, 583
　sp. 646
　triflora 372
Gentianaceae 646
Georgia pellucida 621
Gerbera 581
　hybrids 357
　jamesonii 578
Ginkgo biloba 610, 622
Gladiolus 632
Glaucidiaceae 630
Glaucidium palmatum 630
Glebionis cornaria 294
Glehnia littoralis 372, 374
Glenditsia 339
Glomus
　intraradices 500
　mosseae 500
Glycine
　hispida 654
　max 26, 70, 78, 384, 386, 397, 403, 555, 625, 385, 396, 321, 322, 402, 654
　　Harosoy 63 496
　maxima 654
　soja 645
Glycosmis parviflora 493
Glycyrrhiza
　echinata 386
　eurycarpa 180
　galbra 395, 397, 400, 404, 577
　uralensia 21
Gnetaceae 622
Gnetum 622

gunemon 622
Gomphrena globosa 227, 245
Goodeniaceae 647
Gossypium 312, 492
　arboreum 312, 452
　barbadense 312
　herbaceum 21
　hirsutum 312
Gramineae 455, 491, 527, 649, 653, 656
Grossulariaceae 654
Guilandina echinata 329
Guillaja 141
Gynura
　aurantiaca 652
　'Purple Passion' 319
　bicolor 319, 320

[H]

Hamamelidaceae 311, 650
Hamamelis japonica var. *obtusata* 651
Helianthus 544, 545
　annuus 656
Helichrysum bracteatum 23
Heliophila coronopifolia 645
Hematoxylon capechianum 328
Heterotropa aspera 525
Hibiscus 312
　cannabinus 492
　sadariffia var. *altissima* 312
Hordeum sativum 364, 474, 486, 506, 554
Humulus lupulus 21, 403
Hydrangea 260, 263
　macrophylla 67
Hydrobryum japonicum 625
Hydrophyllaceae 537, 538
Hygrocybe spp. 223
Hygrophorus spp. 223
Hylocereus polyrhizus 223, 226
Hymenophyton 620
Hypericum

生物名索引　683

calycimum 544
perforatum 597

[I]

Iberis umbellata 644
Illicium anisatum 206
Impatiens textori 645
Imperata cylindrica 632
Intsia bijuga 330
Inula 626
Ipomoea
　batatas 322, 482, 481,
　　491, 555, 562-566, 570
　purpurea 114, 131, 250,
　　271, 274, 275, 284,
　　297, 303, 304, 364,
　　440, 443, 459, 542,
　　578, 583, 646
　nil 250
　tricolor 274
　cv. 'Heavenly Blue' 250,
　　256, 271
　cv. 'Danjuro' 274
Ipomopsis
　aggregata 540, 548
Iridaceae 484, 487, 649
Iris 359, 581, 632
　ensata 88, 253
　germanica 405
　hollandica
　　'Prof. Blaauw' 252
　pseudacorus 484
　setosa 632

[J]

Japonolirion osense 189,
　631

[K]

Kalmia latifolia 22
Karri → Eucalyptus
　diversicolor
Kino 333
Koelreuteria poniculata
　652
kwila 330

[L]

Lactuca sativa 319, 652
Lagerstroemia

indica 278, 281
　speciosa 646, 652
Lamiaceae 537-539, 541,
　542, 647, 652
Lampranthus peersii 233
Lampranthus sociorum
　233
Larix 331
　decidua 336
　kampferi 24, 335, 624
Lasianthus japonicus 323
Lauraceae 525, 650
Leguminosae 26, 384, 452,
　454, 486, 487, 490, 527,
　645, 654
Leschenaultia spp. 647
Lespedeza buergeri 507
Libocedrus 331
Liliaceae 323, 578, 648,
　653, 656
Linaceae 645
Linanthus dichotomus
　'Evening Snow' 546
Linaria 311
　dalmatica 311
　decidua 336
　vulgaris 311
Linum grandiflorum 278,
　645
Liquidambar
　formosana 651
　styraciflua 651
Linanthus dichotomus
　'Evening Snow' 546
Litchi chinensis 655
Lobelia erinus 247, 255,
　647, 656
Lobostemon 647
Lobularia maritima 281,
　282
Lomariopsidaceae 622
Lonchocarp 531
Lonicera caerulea 323,
　655
Luehdorfia japonica 525
Lupinus
　albus 403
　Russel hybrids 253
Lycopersicon esculentum
　494, 554, 585

Lysichiton americanum
　484
Lythraceae 552, 646, 652

[M]

Machilus thunbergii 24,
　650
Magnolia kobus 21
Malcolmia maritima 645
Malus 22, 493
　pumila 461, 528, 552-
　　555, 559
　sylvestris 25
Malvaceae 312, 492, 559,
　646
Mangifera indica 218, 553
Marchantia polymorpha
　620
Mathiola incana 282, 358
Mazus japonicus 576
Meconopsis 260, 264, 542
　grandis 644
　horridula 644
Medicago truncatula 366,
　397, 398, 404, 405, 452,
　499
Megoura crassicauda 527
Melanargia galathea 532
Melastomataceae 646
Meliaceae 325
Melicope
　subunifoliolata 531
　triphylla 629
Meliosma myriantha 652
Millettia japonica 507
Mimulus
　cardinalis 647
　lewisii 647
Mirabilis jalapa 245, 418,
　419, 420
Mitrastemonaceae 549
Monotropa uniflora 625
Moraceae 486, 493, 654
Morus
　alba 21, 23, 328, 493
　bambycis 328
　nigra 506, 529, 555, 654
　tinctoria 327
Mucuna pruriens var.
　utilis 416

Murraya paniculata 629
Mycosphaerella
　ligulicola 507
　melonis 507
　pinodes 507
Myrica rubra 21

[N]

Nectria haematococca 505
Nicotiana
　benthamiana 584
　tabacum 359, 438, 452, 494, 578, 579, 583, 584
Nierenbergia sp. 582
Nilaparvata lugens 529
Nitella hookeri 633
Nothofagus
　cunninghamii 331
　fusca 330
Nyctaginaceae 223, 245
Nymphaéa
　alba 650
　marliacea 644, 650
Nymphaeaceae 644, 650

[O]

Oenothera 544, 545
Onychium 621
Ophiopogon jaburan 321
Ophrys 538, 539
Opuntia spp. 233
Orchis militaris 482
Orchidaceae 649
Origanum vulgare 552
Orixa japonica 526
Orobanchaceae 624, 647
Orobanche minor 624
Orychophragonus
　violaceus 645
Oryza sativa 321, 351, 393, 394, 437, 438, 443, 486, 529, 555, 650, 656
Osteospermum hybrida 581
Osmunda japonica 621
Osumundea pinnatifida 633
Oxalidaceae 311, 651
Oxalis
　cernua 311
　corniculata 533
　triangularis 651

[P]

Pachira aquatica 493
Paeonia
　lutea 311
　spp. 88, 289
　suffruticosa 311
Palmae 656
Papaver 543
　orientale 543
　rhoeas 543
Papaveraceae 525, 644
Papilio
　machaon 525
　polyxenes 525
　protenor 525, 526
　xuthus 523, 525, 526, 530
Papilionoideae 26
Passiflora
　edulis 655
　suberosa 655
Passifloraceae 655
Pelargonium
　× *domesticum* 585
　zonale 577, 582
Penstemon 545, 546
Perilla ocimoides 652
　var. *crispa* 319
Persicaria lapathifolia 531
Petrosaviaceae 631
Petroselinum
　crispum 20, 351, 356, 357, 359, 456, 457, 525, 627
　hortense 70
Petunia 88, 301-303, 347, 351, 358, 359, 364, 429, 438, 443, 448, 451, 452, 453, 461, 462, 474, 576-584
　Mitchell 584
　hybrida 388
Phalaenopsis 287
Phallus impudicus 633
Phaseolus
　angularis 654
　coccineus 654
　lunatas 654
　vulgaris 428, 500, 555, 654
Phellodendron amurense 526
　var. *japonica* 629
Phlox 540, 547
Phoma medicaginis 499
Photinia 493
Phragmites 632
　australis 649
Physalis alkekengi 530
Physarum polycephalum 633
Phytolacca americana 71, 233, 418-420, 423, 424
Phytolaccaceae 223
Phytophthora
　infestans 479, 494
　megasperma 506
　var. *sojae* 496
Picea 331
　abies 336, 605
　morinda → *Picea smithiana*
　sitchensis 338, 604
　smithiana 624
Pieris japonica 22
Pinaceae 336, 624
Pinales 624, 627
Pinus 331
　aeda 337
　brutia 606
　caribaea 605
　contorta 24
　elliottii 605
　maritima 609
　merkusii 606
　nigra 606
　pinaster 605, 609, 611
　radiata 337, 603, 605-607, 611, 613
　strobus 483
　sylvestris 336, 605, 606
　taeda 337
Pisum sativum 397, 400, 482, 506, 507
Pityrogramma 621
　calomeranos 142

生物名索引 685

Platycodon grandiflorum 246, 255, 256, 643, 656
Pneumatopteris pennigera 25
Podocarpaceae 624
Podocarpus 331
Polemoniaceae 537, 538, 540, 541, 546-549
Polygonatum odoratum var. phuriflorum 631
Polygonum
　hydropiper 19
　orientale 20
　sachalinense 21
Polyommatus icarus 532
Poncirus trifoliata 523
Pongamia 625
　pinnata 626
Pontederiaceae 649
Portulaca grandiflora 245, 417-419
Portulacaceae 223, 245
Potentilla 544, 545
Populus spp. 142
Primula spp. 142
Primulaceae 646
Prunus 332
　armerniaca 531
　avium 555
　buergeriana 651
　cerasus 207, 654
　dulcis 554
　persica 553, 555
　　var. mucipersica 553
　salicina 553
　tomentosa 651
Pseudotsuga 331
　menziesii 335, 364, 604
Pseudozizeeria maha 533
Psilotum 621
Pterocarpus 625
　erinaceus 327
　indicus 327
　santalinus 325-327
　soyauxii 327
　spp. 325
Pueraria 625
　lobata 386, 555
Pulsatilla cernua 644

Punica granatum 246
Pyrolaceae 625
Pyrus 493
　pyrifolia 553, 554

[Q]

Quercus
　dentata 338, 628
　falcata 338
　marilandica 339, 340
　miyagii 339
　robur 336
　salicina 628

[R]

Radula variabilis 620
Ranunculaceae 630, 644
Ranunculus 630
　asiaticus 287, 644
Ranzania japonica 630
Raphanus sativus 555
Rhaphiolepis indica 651
Rhizobium sp. 500
Rhizoctonia solani 500
Rhizophora
　candelaria 336
　mangle 336
　spp. 602
Rhizophoraceae 336
Rhodamelaceae 633
Rhododendron spp. 24
Rheum
　nobile 180
　rhabarbarum 553
Rhus 339
　coriaria 601
　javanica 219, 601
Ribes 558
Riccia 621
　crystallia 621
Ricciocarpos natans 656
Rivina humilis 227
Robinia 339
　pseudoacacia 336, 339, 516
Rosa 88, 246, 261, 359, 442, 576, 578-582, 584
　gallica 19
　'Josephine Bruce' 84, 249

'Tassin' 84, 248
　rugosa 487
Rosaceae 486, 493, 527, 651, 654
Rosmarinus
　officinalis 552
　spp. 627
Rubus 558
　crataegifolius 651
　fruticosus 26, 558
　idaeus 25, 553, 558
　laciniatus 654
　nigrum 558, 654
　ruticosus 26, 558
Rudbeckia hirta 543, 545

[S]

Sabiaceae 652
Salix sieboldiana 206
Salvia
　patens 67, 647
　uliginosa 647
Salvia 88, 246, 264
　patens 647
　splendens 372
　uliginosa 264
Salviniaceae 650
Sambucus canadensis 647
Sanguisorba minor 493
Sapindaceae 652, 655
Sapium japonicum 651
Saponaria officinalis 20
Sargassaceae 633
Sargassum pallidum 633
Saruma henryi 630
Schinopsis 339
　balansae 336, 337
　lorentzii 336
　quebrachoo-colorado 337
　spp. 601
Sciadopitydaceae 624
Scilla scilloides 631
Scolytus
　mediterraneus 531
　multistriatus 530
Scrophulariaceae 310, 549, 647
Scutellaria baicalensis 404

Selaginella 621
Senecio 626
　cruentus 247, 255, 256, 285, 643, 656
Sequoia 331
Setcreasea pallida 319
Silene dioica 372
Sitophilus zeamais 531
Stizolobium hassjoo 416
Solamum
　melongena 19, 494, 555
　tuberosum 320, 479, 494, 506, 555, 652
　S. tuberosum × S. demissum 494
Solanaceae 486, 494, 652
Solidago altissima 516
Sophora 625
　flavescens 402, 403
Sophronitis coccinea 649
Sorbus 493
　commixta 651
Sorghum 321
　bicolor 455, 552, 554, 656
　caudatum 656
　spp. 653
　vulgare 206
Spathoglossum variabile 633
Spinacia oleracea 180, 420, 423, 424, 429, 552
Spiraea japonica 651
Staphylea bumalda 652
Staphyleaceae 652
Stephanandra incisa 651
Stemphylium sarcinaeforme 507
Stephanandra incisa 651
Sterculiaceae 549, 559
Streptocarpus 543
Strongylodon macrobotrys 250, 253, 645
Swietenia macrophylla 325, 327

[T]

Tagetes
　erecta 312
　patula 313

　spp. 180
Takakia 621
　ceratophylla 621
　lepidozioides 621
Tanacetum 626
Taxaceae 624
Taxodium 331
Taxus 331
Terminalia chebula 601
Theaceae 645, 650, 654
Theobroma 493
　cacao 554, 559
Thelypteridaceae 25
Thujopsis dolabrata 624
Thymus spp. 552, 627
Tibouchina urvilleana 646
Tilia 493
Tmesipteris 621
Torenia fournieri 358, 389, 576, 583, 584
Trillium 631
Trachelospermum
　asiaticum 652, 655
Tradescantia pallida 653
Trichyrtis
　formosana 653
　hirta 297
Trifolium 339
　pratense 21, 26, 498, 507
　repens 26, 532
　subterraneum 27
Trigonella foenum-graecum 499
Triticum aestivum 656
Trochodendraceae 650
Trochodendron arabioides 650
Tsuga 331
　canadensis 338, 604
　heterophylla 338, 604
Tsuja 331
Tulipa 293, 299, 631
　gesneriana 19, 321

[U]

Ulmaceae 650
Ulmus
　americana 530

　davidianum var. japonica 650
Uncarina spp. 142

[V]

Vaccinium 558
　corymbosum 323, 555, 557
　macrocarpon 552, 558
　meridionale 655
　myrtillus 555, 558
　padifolium 655
　vitis-idaea 25, 558
Vanda 287
Verbena hybrida 276, 286, 578
Veronica persica 647
Vicia
　angustifolia 527
　faba 416, 527, 553, 555
Vigna
　angularis 78, 322, 554, 654
　mungo 654
　radiata 520, 553, 654
　sinensis 553
Viola tricolor 19, 88, 246, 297, 578-580
　'Jet Black' 249
Visnea mocanera 654
Vitex lucens 20
Vitis 558
　coignetiae 555
　vinifera 442, 454, 456, 553-555, 611, 655
Vitaceae 655

[W]

Welwitschia mirabilis 622
Welwitschiaceae 622

[Z]

Zanthoxylum piperitum 523, 524
Zea mays 321, 347, 351, 359, 360, 364, 377, 378, 427, 428, 434, 437, 438, 441-443, 448, 450, 452, 453, 455, 460, 461, 475, 555, 581, 584, 653

生物名索引　687

Zebrina pendula 319, 653
Zygocactus truncates 245

和名

【ア行】

アーモンド 554
アイノコレンギョウ 584
アイフジ属 531
アイリス 359, 581
アオイ科 312, 492, 559, 646
アオギリ科 549, 559
アオチャセンシダ 141
アカザ科 223
アカシア属 25, 339, 612, 625
アカネ科 323
アガパンサス 657
アカヤマタケ属の一種 223
アゲハチョウ 523, 525, 526, 530
アゲハチョウ科 525, 532
アサガオ 114, 131, 250, 271, 274, 275, 284, 294, 303, 304, 364, 440, 443, 459, 542, 578, 583, 646
アザミ属 626
アジサイ属 67, 260, 263
アシタバ 627, 628
アズキ 78, 322, 554, 654
アスター 286, 372
アストロフィツム属 315
アスナロ 624
アスパラガス 320, 653
アセビ 22
アネモネ属 275, 276
アブラギリ 21
アブラナ科 486, 487, 527, 644, 650
アブラムシ 527
アフリカキノカリン 327
アフリカンサンダルウッド 327
アフリカンパドウク 327
アフリカンマリーゴールド 312
アプリコット 531
アマ 278

アマドコロ 631
アマ科 645
アミジグサ科 633
アメリカニワトコ 647
アメリカミズバショウ 484, 484, 487, 649 アヤメ科 484, 487, 649
アヤメ属 359, 581, 632
アラゲハンゴンソウ *Rudbeckia hirta* 543, 545
アラビドプシス→シロイヌナズナ
アルストロエメリア属 117, 284, 285, 543, 649, 656
アルファルファ 396, 397, 452, 507, 577
アルファルファ茎枯病菌 499
アロエ属 631
アロストロエメリア科 649
アワダン 629
アワブキ 652
アワブキ科 652
アンテミデアエ連 544
イースタンヘムロック→カナダツガ
イカリソウ属 180, 630
イタドリハムシ 531
イチイモドキ属 331
イチイ科 624
イチイ属 331
イチゴ 530, 555
イチゴハムシ 530
イチジク 21, 552
イチヤクソウ科 625
イチョウ 610, 622
イチョウウキゴケ 656
イヌザクラ 651
イヌサフラン属 631
イヌナンカクラン属 621
イネ 321, 351, 393, 394, 437, 438, 443, 486, 529, 555, 650, 656
イネ科 455, 491, 527, 649, 653, 656
イバラヒゲナガアブラムシ 527
イベリス・ウンベラータ

644
イログワ 327
イロサルビア 67, 647
イワヒバ属 621
イワブクロ属 545, 546
イングリッシュオーク 336
インゲン 428, 500, 555, 654
インドカリン→ヤエヤマシタン
インドワタ 21

ウエスタンヘムロック→ベイツガ
ウェルウィッチア科 622
ウォーターリリー 644, 650
ウキゴケ属 621
ウコギ科 549
ウコギ科 549, 655
ウスイロモク 633
ウマノスズクサ科 549, 630
ウラジロガシ 628
ウラルカンゾウ 21
ウリ科 491
ウリ蔓枯病菌 507
ウルシ属 339
ウンカリナ属の一種 142
ウンシュウミカン 523, 526, 530, 554, 555
ウンラン属 311
エゾゴゼンタチバナ 655
エゾヘビイチゴ 19
エゾヨモギギク属 626
エゾリンドウ 372
エノキマメ属 625
エビガラシダ属 621
エンダイブ 552
エンドウ 397, 400, 482, 506, 507
エンドウ褐紋病菌 507
エンバク 486
エンレイソウ属 631

オウシュウアカマツ 336, 605, 606
オウシュウクロマツ 606
オオイタドリ 21
オオイタヤメイゲツ 652
オオイヌタデ 531
オオイヌノフグリ 647

オオウシノケグサ 532
オオカバマダラ 525
オオキバナカタバミ 311
オオキンケイギク 310
オオケタデ 20
オオバキハダ 629
オオバコ 474
オオバヤシャブシ 628
オオヒモゴケ 27
オオホザキアヤメ科 484, 487
オオムギ 364, 474, 486, 506, 554
オキザリス s 651
オキナグサ 644
オキナワウラジロガシ 339
オグルマ属 626
オシダ 622
オシロイバナ 245, 418, 419, 420
オシロイバナ科 223, 245
オステオスペルマム 581
オゼソウ 189, 631
オトギリソウ 544
オニゲシ 543
オニヒバ属 331
オフリス 538, 539
オヤマリンドウ 247
オレガノ 552

【カ行】

カーネーション 22, 246, 277, 286, 294, 303, 310, 311, 357-359, 364, 372, 374, 376, 378, 420, 577, 578, 579, 580, 644
ガーベラ属 357, 578, 581
カイコ 529, 533
カイノー 333
カエデ 319
カエデ科 651
カカオノキ属 493, 554, 559
カキ 554
カキノキ科 325
カザグルマ 314
カシス（クロスグリ）558, 654
カジノキ 493
カシワ 338, 628

カタクリ 321
カタバミ 533
カタバミ科 311, 651
カッチ 336
カツラ 23
カトレヤ属 287
カナダサイシン 194
カナダツガ 338, 604
カナメモチ属 493
カナワラビ属 622
カバノキ類 142
カブ 555
カヤツリグサ科 490
カラスノエンドウ 527
カラタチ 523
カラハナソウ 21, 403
カラマツ 24, 335, 624
カラマツ属 331
カリビアンマツ→キューバマツ
カリン（マメ科）325
カルミアの仲間 22
カワゴケソウ 625
カワゴロモ 625
カワラナデシコ 420
カワラヨモギ 487
カンアオイ属 630
カンゾウ 386, 395, 397, 400, 404, 577

キアゲハ 525
キイチゴ属 558
キイレツチトリモチ 625
キオン属 626
キキョウ 246, 255, 256, 643, 656
キキョウ科 647
キク 19, 246, 300, 576, 578
キク科 310, 487, 490, 648, 652, 656
キク花腐病菌 507
キジムシロ属 544, 545
キショウブ 484
キソウテンガイ 622
キタダケソウ 630
ギヌラ 652
キノ→カイノー
キハギ 507
キハダ 526
キバナウンラン 311

キバナコスモス 22, 310
ギフチョウ 525
キボタン 311
キャベツ 319, 552, 555, 557, 650
キャベツヤシ 656
キューバマツ 605
キュウリ 471, 475
ギョウジャニンニク 653
キョウチクトウ 647
キョウチクトウ科 647, 652, 655
キリシマミズキ 311
キンカチャ 315
キンギョソウ 20, 23, 286, 287, 307, 308, 347, 351, 357-359, 389, 437, 438, 440, 443, 448, 451, 577, 579, 584, 585
ギンシダ 142
ギンシダ属 621
キンポウゲ科 630, 644
キンポウゲ属 630
ギンリョウソウモドキ 625

クイラ→タシロマメ
クサトベラ科 647
クズ 386, 555
クズ属 625
クスノキ科 525, 650
グネツム 622
グネツム科 622
グネツム属 622
クマイチゴ 651
グラジオラス属 632
クララ 402, 403
クララ属 625
クランベリー 552, 558
クリ 628
グリーンワトル 339
グレープフルーツ 23, 554, 555
クレマチス 141, 314, 644
クロアゲハ 525, 526
クロアズキ 78, 322, 554, 654
クロスグリ 558, 654
クロッカス 649
クロマメ→ダイズ
クロミノトケイソウ 655

生物名索引　　689

クロヨナ　626
クロヨナ属　625
クワ　506, 529, 555, 654
クワ科　486, 493, 654

ケイトウ　233, 245, 419, 420
ケール　552
ケシ科　525, 644
ケシ属　543
ゲッキツ　629
ケツルアズキ　654
ケナフ　492
ケブカワタ　312
ケブラコ　336, 337, 601

コウサイタイ（紅菜苔）320
コウジカビ属　633, 650
コウヤマキ科　624
コウヤミズキ　311
コガネバナ　404
コクサギ　526
コクゾウムシ　531
コクタン　325
コケモモ　25, 558
コゴメウツギ　651
コスモス　20
コチョウラン属　287
コナシダ　142
コナラ属　338
コバノミツバツツジ　88
コブシ　21
ゴマノハグサ科　310, 549, 647
コムギ　656
コムギうどんこ病菌　506
コーリャン　552, 554, 656
コロニア属　544, 545
コロハ　499
ゴンズイ　652

【サ行】

サイカチ属　339
サクライソウ科　631
サクラソウ科　646
サクラソウ類　142
サクランボ　555
サクラ属　332
ザクロ　246
ザクロソウ科　413, 420, 422
ササゲ　553
サザンレッドオーク　338
サツマイモ　322, 481, 482, 491, 555, 562-566, 570
サトイモ科　549
サトウキビ　486
サニーレタス　319
サフラン属　632
サボテン　420
サボテン科　223, 245, 420, 490
サボンソウ　20
サルスベリ　278, 281
サルビア　67, 88, 246, 264, 647
サルビア・ウリギノーサ　264
サンショウ　523, 524
サンショウモ科　650

シークヮーサー　553
ジガバチ　536, 545
ジギタリス　542
シキミ　206
シクラメン　310, 311, 646
シゲリケビラゴケ　620
シコンノボタン　646
シシウド属　627
シジミチョウ科　532
シソ　319, 652
シソ科　537-539, 541, 542, 647, 652
シタン　325
シタン属
シトカスプルース→ベイトウヒ
シナノキ属　493
シナミズキ　311
シネラリア　247, 255, 256, 285, 643, 656
シモツケ　651
ジャーマンアイリス　405
ジャガイモ　320, 479, 494, 506, 555, 652
ジャガイモ疫病菌　479, 494
シャクヤク　88
ジャケツイバラ　626
ジャコウアゲハ　525

シャコバサボテン　245
シャジクソウ属　339
ジャノメチョウ科　532
ジャマイカ ビルベリー　655
ジャラ　335
シャリントウ属　493
シャリンバイ　651
シャロット　319, 552, 653
シュウカイドウ科　646
ジュズサンゴ　227
シュンギク　294
ショウコウミズキ　311
ショウジョウバエ　437
シラカバ　628
シラキ　651
シラネアオイ　630
シラネアオイ科　630
シラン　255, 287
シルバーワトル　339
シロイヌナズナ　350, 351, 366, 367, 370, 374, 378, 394, 429, 437, 443, 448, 451-454, 456, 457, 459-462, 471, 474, 486, 490, 576, 584, 585, 650
シロジャノメ　532
シロチョウ科　525
シロツメクサ　26, 532
シロバナヨウシュチョウセンアサガオ　494
シンビジウム属　287

スイートアリッサム　281, 282
スイカズラ科　647, 655
スイゼンジナ　319, 320
スイレン科　644, 650
スカーレット モンキーフラワー　647
スギ　624
スグリ科　654
スグリ属　558
スコッチパイン→オウシュウアカマツ
スズメガ　546, 548
スズメバチ　545
スッポンタケ　633
ストック　282, 358
ストレプトカルプス属　543

ストローブマツ 483
スノキ属 558
スベリヒユ科 223, 245
スミノミザクラ 207, 654
スモモ 553

セイタカアワダチソウ 516
セイヨウオトギリソウ 597
セイヨウサンザシ 25
セイヨウフウチョウソウ 645
セッケンボク属 141
ゼニアオイ 88
ゼニゴケ 620
ゼブリナ 319, 653
ゼラニウム 577, 582
セリ科 357, 487, 549, 552, 627
セロリ 552
センダングサ属 310, 544, 626
センダン科 325
セントジョーンズワート → セイヨウオトギリソウ
センニチコウ 227, 245
センニンソウ属 141, 314
ゼンマイ 621

ソバ 518, 530, 552
ソライロアサガオ 441
ソライロサルビア 260, 264
ソラマメ 416, 527, 553, 555
ソラマメヒゲナガアブラムシ 527
ソルガム 486
ソロハギ 626

【タ行】

ダイコン 88, 322
ダイコンアブラムシ 527
ダイズ 26, 63, 70, 384, 386, 397, 403, 496, 555, 385, 396, 321, 322, 402, 625, 645, 654
　クロマメ 78
ダイダイ 23
タイム 552, 627
タイワンソテツ 623
タイワンホトトギス 653

タカサブロウ 626
ダグラスファー 335, 364, 604
ダケカンバ 628
タシロマメ 330
タチシノブ属 621
ダッタンソバ（ニガソバ）518, 519
ダッチアイリス 252
タテハチョウ科 525
タバコ 359, 438, 452, 494, 578, 579, 583, 584
タブノキ 24, 650
タマネギ 319, 552, 653
ダリア 22, 88, 246, 249, 304, 308, 583, 626
タルウマゴヤシ 366, 397, 398, 404, 405, 452, 499

チガヤ 632
チゴユリ属 631
チャイブ 259
チャノキ 25, 558, 650
チューリップ 19, 293, 299, 321
チューリップ属 631
チョウセンレンギョウ 21
チョウマメ 257, 271, 578
チリイチゴ 19

ツガ属 331
ツチトリモチ科 625
ツツジ科 655
ツツジ属 24
ツナソ属 493
ツノゴケ類 484
ツバキ 304
ツバキ科 645, 650, 654
ツバキ属 315
ツバメオモト 656
ツユクサ 88, 246, 248
ツユクサ科
ツユクサ科 319, 653
ツリアブ 549
ツリフネソウ 645
ツリフネソウ科 645
ツルキジノオ科 622
ツルビロードサンシチ 319
ツルボ 631
ツルムラサキ 233

ツルムラサキ科 223
テイカカズラ 652, 655
デイコ属 625
ディサ 287
ディディエレア科 223
デージー → ヒナギク
テーダマツ 354, 483
デルフィニウム 258, 279-281
デンドロビウム属 287, 288

ドイツトウヒ 336, 605
トウガラシ 494, 552
トウジンビエ 656
トウダイグサ科 645, 651
トウツバキ 645
トウヒ属 331
トウモロコシ 321, 347, 351, 359, 360, 428, 364, 377, 378, 427, 434, 437, 438, 441-443, 448, 450, 452, 453, 455, 460, 461, 475, 555, 581, 584, 653
トウワタ属 526
トガクシソウ 630
トガサワラ属 331
トキワハゼ 576
ドクウツギ 651
ドクウツギ科 651
ドクフジ属 531
トケイソウ科 655
トサミズキ 311, 650
トサミズキ属 311
トビイロウンカ 529
トマト 494, 554, 585
ドラクラ 287
ドラゴンフルーツ 223, 226
トラフタイマイ 525
トリカブト属 141, 630
トルコギキョウ 304, 576, 578, 584, 585
トレニア（ハナウリクサ）358, 389, 576, 583, 584
トロロアオイ 312
トロロアオイ属 312

【ナ行】

ナガイモ 506
ナガエツルノゲイトウ 530

生物名索引　691

ナガバヤブソテツ 207
ナシ 553, 554
ナシ黒斑病菌 507
ナシ属 493
ナス 19, 494, 555
ナス科 486, 494, 652
ナツフジ 507
ナツミカン 23, 555
ナデシコ 420
ナデシコ科 413, 420, 422, 491, 644
ナデシコ属 310
ナデシコ目 413, 418, 420, 423, 426, 429
ナナカマド 651
ナナカマド属 493
ナンジャモンジャゴケ 621
ナンジャモンジャゴケ属 621
ナンバンギセル 624, 647
ナンヨウスギ科 624

ニーレンベルギア 582
ニオイアラセイトウ 114, 122
ニガソバ→ダッタンソバ
ニシキギ科 549
ニジュウヤホシテントウ 530
ニシヨモギ 626
ニセアカシア（ハリエンジュ）336, 339, 516
ニッケイ 554
ニュージーランドブルーベリー 323, 656
ニラ 552
ニレ 530
ニレキクイムシ 530
ニレ科 650
ニンジン 322, 354, 372, 481, 482
ニンジン属 487

ヌマスギ属 331
ヌメリガサ属の一種 223
ヌルデ 219, 601

ネギ属 631
ネクタリン 553
ネズコ属 331

ネッタイシマカ 531

ノアザミ 144
ノガリヤス属 632
ノシラン 321
ノブドウ 323
ノボタン科 646

【ハ行】

バージニアストック 645
パープルハート 653
バーベナ 276, 286, 578
パイナップル 247
パイナップル科 247
パキラ 493
パキラ属 493
ハゲイトウ 419
ハスカップ 323, 655
パセリ 70, 20, 351, 356, 357, 359, 456, 457, 525, 627
ハゼリソウ科 537, 538
ハチドリ 537, 541, 542, 546, 548
ハツカダイコン 322
ハックルベリー 558
ハツコイソウ 647
ハッサク 23
ハッショウマメ 416
パドウク→カリン（マメ科）
ハナウリクサ→トレニア
ハナシノブ科 537, 538, 540, 541, 546, 548, 549
ハナショウブ 88, 253
ハナトリカブト 644
バナナ 646, 652
パプリカ 552
ハマウツボ科 624, 647
ハマゴウの仲間 20
ハマナス 487
ハマベハルシャギク 22
ハマボウフウ 372, 374
ハマミズナ科 223
バラ Rosa 19, 84, 88, 246, 249, 261, 359, 442, 576, 578-582, 584
バラ科 486, 493, 527, 651, 654
ハリエンジュ→ニセアカシア

ハリエンジュ属 339
ハリガネゴケ 207, 621
ハリビユ 233
ハルシャギク 310
ハルシャギク属 310, 626
ハルニレ 650
バレンシアオレンジ 555
パンジー 19, 88, 246, 249, 297, 578-580
バンダ属 287
ハンノキ 628
ハンノキの仲間 142
バンレイシ科 525

ビート 223, 420, 421, 322
ピーマン 552
ヒオウギアヤメ 632
ビオラ 359
ヒスイカズラ 250, 253, 645
ヒナギク（デージー）287
ヒナゲシ 543
ヒノキ 624
ヒノキ科 624
ヒマラヤスギ属 331
ヒマラヤダイオウ 180
ヒマラヤンポピー→メコノプシス
ヒマワリ 656
ヒマワリ属 544, 545
ヒメシダ科 25
ヒメジャゴケ 620
ヒメノフィトン属 620
ヒメハナバチ 538
ヒュウガミズキ 211, 311
ヒユ科 223, 245, 487
ヒョウタンゴケ 620
ヒヨコマメ 26, 498, 500, 555
ヒルガオ科 646
ヒルギ科 336
ビルベリー 555, 558
ビロードクサフジ→ヘアリーベッチ
ヒロハヤマヨモギ 626

フウ 651
ブーゲンビレア 245
フウチョウソウ科 645
フウリンソウ 277, 278,

578
フェヌグリーク→コロハ
フクシア 21, 249, 253
フサゲイトウ 227
フジキ 330
フジキ属 625
フジマツモ科 633
ブテア属 339
ブドウ 442, 454, 456, 553-555, 61, 655
ブドウ科 655
ブドウ属 558
フトモモ科 219, 336
ブナ科 336
フヨウ属 312
ブラジルウッド 328, 329
ブラックウッド 330
ブラックサイプレスパイン 602
ブラックジャックオーク 339, 340
ブラックベリー 26, 558, 654
ブラックワトル 336, 339, 601, 602
フラベリア属の一種 180
プラム 553
フランス海岸松 605, 609, 611
フリージア属 632
ブリッケリア属 626
ブルーベリー 323, 555, 557
——の一種 655
フレンチマリーゴールド 313
ブロッコリー 552, 650
ブンタン 23
ヘアリーベッチ（ビロードクサフジ） 517
ベイツガ 338, 604
ベイトウヒ 338, 604
ベイマツ 335, 364, 604
ヘゴ 621
ベゴニア・センパーフローレンス 287
ベゴニアの一種 646
ペチュニア 88, 301-303, 338, 347, 351, 358, 359, 364, 429, 438, 443, 448,

451-453, 461, 462, 474, 576-584
ヘツカシダ 622
ベニシタン 651
ベニタデ 19
ベニテングタケ 223, 417, 420
ベニバナアマ 645
ベニバナインゲン 654
ベニヒモノキ 645
ペルーワタ 312
ペルナンブコ 329
ホウレンソウ 180, 420, 423, 424, 429, 552
ホオズキ 530
ホザキアヤメ 649, 657
ホソエデ 651
ホソバウンラン 311
ホソバノセンダングサ 626
ボタン 88, 289, 311
ホップ 403
ホテイアオイ 259, 649, 657
ホトトギス 297
ポプラ 456
ホワイトウォーターリリー 650
ホワイトサイプレスパイン 602
ホワイトルーピン 403
ホンダワラ科 633

【マ行】

マートルビーチ 331
マオウ科 622
マオウ属 622
マキ科 624
マキ属 331
マグワ 21, 23, 328, 493
マダラチョウ科 525
マツノザイセンチュウ 483
マツバボタン 245, 417-419
マツバラン属 621
マツヨイグサ属 544, 545
マツ科 336, 624
マツ属 331
マツ目 624, 627
マホガニー 325, 327
マメアブラムシ 527

マメ科 26, 384, 452, 454, 486, 487, 490, 527, 645, 654
マルバアサガオ 114, 131, 250, 271, 274, 275, 284, 297, 303, 304, 364, 440, 443, 459, 542, 578, 583, 646
マルバノキ 650
マルバマンサク 651
マンゴー 218, 553
マンサク科 311, 650
マンシュウカエデ 652
ミカン科 493, 523, 525
ミカン属 629
ミシマサイコ属 628
ミズアオイ科 649
ミズキ科 655
ミソハギ科 552, 646, 652
ミツバウツギ 652
ミツバウツギ科 652
ミツバチ 536, 537, 539-546, 548, 549
ミドリムシ 471, 472
ミヤコアオイ 525
ミヤコグサ 397, 400, 406, 454
ムギミドリアブラムシ 527
ムギワラギク 23
ムクジロ科 652, 655
ムラサキクダモノトケイソウ 655
ムラサキゴテン 319
ムラサキセンダイハギ 26
ムラサキソシンカ 625
ムラサキツメクサ 21, 26, 498, 507
ムラサキツメクサ輪紋病菌 507
ムラサキハナナ 645
ムラサキ科 537, 538, 647
メグスリノキ 652
メコノプシス 260, 264, 542
——・グランディス 644
——・ホリデュラ 644

モカン 654
モクゲンジ 652
モクレン科 525
モジホコリ 633
モミジバフウ 651
モミ属 331
モモ 553, 555
モロコシ 206, 653, 656
モロコシキビ 455
モロコシ属 321

【ヤ行】

ヤエヤマシタン 327
ヤグルマギク 67, 88, 248, 249, 260, 261, 474, 542, 578
ヤグルマギク属 314, 626
ヤセウツボ 624
ヤッコソウ科 549
ヤツデ 78, 655
ヤナギタウコギ 310
ヤブソテツ属 622
ヤブツルアズキ 78, 322, 554, 654
ヤマグルマ 650
ヤマグルマ科 650
ヤマグワ 328
ヤマゴボウ科 223
ヤマトシジミ 533
ヤマナラシ類. 142
ヤマブドウ 555
ヤマモミジ 19
ヤマモモ 21
ヤマヤナギ 206
ヤムイモ 322

ユーカリ 219, 602
ユズ 23

ユスラウメ 651
ユリ 578
ユリ科 323, 648, 653, 656

ヨウシュヤマゴボウ 71, 233, 418-420, 423, 424
ヨーロッパアカマツ 336, 605, 606
ヨーロッパカエデ 651
ヨーロッパカラマツ 336
ヨーロッパグリ 336, 601
ヨシ 649
ヨシ属 632
ヨモギ属 626

【ラ行】

ライマメ 654
ラジアータマツ 337, 603, 605-607, 611, 613
ラズベリー 25, 553, 558
ラッカセイ 500, 554, 555
ラッパズイセン 484
ラナンキュラス 287, 644
ラン 287, 482
ラン科 649

リーガルゼラニウム 585
リナンサス 546
リビングストーンデージー 418
リュウキュウキッカサンゴ 633
リョクトウ 520, 553, 654
リンゴ 461, 528, 552-555, 559
リンゴアブラムシ 528
リンゴ属 Malus 22, 493
リンドウ 246, 257, 372,

576, 582, 583, 646
リンドウ科 646

ルイス モンキーフラワー 647
ルドベッキア 544
ルバーブ 553
ルピナス 253
ルリミノキ 323

レイシ 655
レタス 552, 652
レッドウッド→ブラジルウッド
レッドサンダー 325-327
レッドビーチ 330
レッドリバーガム 324, 335
レモン 23, 493, 554
レンギョウ属 311

ロウバイ 644
ロウバイ科 644
ローズマリー 552, 627
ログウッド 328
ロッジポールマツ 24
ロブロリパイン 337
ロベリア Lobelia erinus 647
ロベリア 247, 255, 647, 656
ロボステモン 647

【ワ行】

ワタ 312, 452
ワタ属 312, 492
ワレモコウ 493

執筆者一覧

(五十音順　(　)内の数字は執筆担当箇所)

あおき としお
青木俊夫 (4.2.3)
　日本大学生物資源学部

あかし ともよし
明石智義 (4.2.3)
　日本大学生物資源学部

あべ ゆたか
阿部　裕 (4.2.2)
　国立医薬品食品衛生研究所

あやべ しんいち
綾部真一 (4.2.3)
　日本大学生物資源学部

いわしな つかさ
岩科　司 (編, 3.2〜3.5, 4.1.1.-4), 4.14.1)
　国立科学博物館植物研究部

うちやま ひろし
内山　寛 (4.2.3)
　日本大学生物資源学部

うめき なおゆき
梅基直行 (4.2.2)
　キリンホールディングス株式会社 フロンティア技術研究所

おおにしたけお
大西武雄 (4.6)
　奈良県立医科大学（名誉教授）

おぜきよしひろ
小関良宏 (4.2.1, 4.2.2)
　東京農工大学大学院工学研究院

きたじまじゅんいち
北島潤一 (3.2.3-5))
　昭和薬科大学

きのした たけし
木下　武 (2.3, 3.1.2-5))
　Science Education Co. Inc（元 三共株式会社バイオメディカル研究所）

さいとうのりお
齋藤規夫 (編, 2.2, 3.1.2-7), 4.1.1-2), 4.9.2)
　明治学院大学（名誉教授）

さかきばらひろゆき
榊原啓之 (4.12)
　宮崎大学農学部

さくた まさあき
作田正明 (2.5, 4.3.1, 4.3.2, 4.5)
　お茶の水女子大学大学院人間文化創成科学研究科

ささき のぶひろ
佐々木伸大 (4.2.1, 4.2.2)
　岩手生物工学研究センター

しまだ せつこ
嶋田勢津子 (4.3.2)
　理化学研究所 植物ゲノム機能研究グループ

しもい かよこ
下位香代子 (4.12)
　静岡県立大学環境化学研究所

たかはしあきひさ
高橋昭久 (4.6)
　群馬大学先端科学研究指導者育成ユニット

たけだ こうさく
武田幸作 (編, 1, 3.1.1, 3.1.2-1)〜4), 6), 3.1.3, 4.1.1-1), 4.6)
　東京学芸大学（名誉教授）

たつざわ ふみ
立澤文見 (4.1.1-2), 4.9.2)
　岩手大学農学部

たなかよしかず
田中良和 (4.11)
　サントリーグローバルイノベーションセンター株式会社 研究部

たはらさとし
田原哲士 (4.7)
　北海道大学（名誉教授）

てらお じゅんじ
寺尾純二 (4.12)
　徳島大学大学院ヘルスバイオサイエンス研究部

寺原典彦（4.10）
　南九州大学健康栄養学部

土岐健次郎（4.1.1-2）)
　南九州大学園芸学部

中山真義（4.1.1-3）)
　農業・食品産業技術総合研究機構花き研究所

西田律夫（4.9.1）
　京都大学大学院農学研究科

藤井義晴（4.8）
　東京農工大学農学研究院

星野　敦（4.4）
　基礎生物学研究所・総合研究大学院大学

本多利雄（2.2, 3.1.2-7)）
　日本複素化学研究所（「ヘテロサイクルス」エグゼクティブエディター），星薬科大学（名誉教授）

松葉由紀（4.2.1, 4.2.2.)
　東京農工大学大学院

村井良徳（3.1.2-4), 6), 3.2.3.-6)）
　国立科学博物館植物研究部

森田裕将（4.4）
　香川大学農学部

矢崎義和（4.1.4, 4.13）
　Department of Chemical Engineering, Monash University (Honorary Senior Research Fellow), Australia

由田和津子（4.5）
　Centre for Forest Biology, University of Victoria, Canada

吉玉國二郎（4.1.2, 4.1.3, 4.14.2）
　熊本大学（名誉教授）

渡辺正行（2.1, 2.4）
　日本分光株式会社 分光分析技術部

植物色素フラボノイド

2013年6月30日　初版第1刷発行

編●武田幸作・齋藤規夫・岩科 司

発行者●斉藤　博
発行所●株式会社　文一総合出版
〒162-0812　東京都新宿区西五軒町2-5
電話●03-3235-7341
ファクシミリ●03-3269-1402
郵便振替●00120-5-42149
印刷・製本●奥村印刷株式会社

定価はカバーに表示してあります。
乱丁，落丁はお取り替えいたします。

© 2013 Kosaku Takeda, Norio Saito, Tsukasa Iwashina.
ISBN 978-4-8299-6521-4　Printed in Japan